PLANTA

ARCHIV FÜR WISSENSCHAFTLICHE BOTANIK

UNTER MITWIRKUNG VON

W. BENECKE-MÜNSTER, A. ERNST-ZÜRICH, H. v. GUTTENBERG-ROSTOCK, S. KOSTYTSCHEW-LENINGRAD, K. LINSBAUER-GRAZ, E. PRINGSHEIM-PRAG, G. TISCHLER-KIEL, F. v. WETTSTEIN-GÖTTINGEN

HERAUSGEGEBEN VON

WILHELM RUHLAND UND **HANS WINKLER**
LEIPZIG · HAMBURG

1. BAND

MIT 222 TEXTABBILDUNGEN UND 4 TAFELN

Springer-Verlag Berlin Heidelberg GmbH
1926

ISBN 978-3-642-49533-5   ISBN 978-3-642-49824-4 (eBook)
DOI 10.1007/978-3-642-49824-4

ZEITSCHRIFT FÜR WISSENSCHAFTLICHE BIOLOGIE

HERAUSGEGEBEN VON

F. BALTZER-BERN, W. BENECKE-MÜNSTER, A. BENNINGHOFF-KIEL, P. BUCHNER-GREIFS-WALD, W. von BUDDENBROCK-KIEL, C. ELZE-ROSTOCK, A. ERNST-ZÜRICH, A. FISCHEL-WIEN, K.v.FRISCH-MÜNCHEN, R. GOLDSCHMIDT-BERLIN, H. von GUTTENBERG-ROSTOCK, V. HAECKER-HALLE A.S., W. HARMS-TÜBINGEN, M. HARTMANN-BERLIN, C. HEIDER-BERLIN, C. HERBST-HEIDELBERG, R. von HERTWIG-MÜNCHEN, R. HESSE-BONN, R. HEYMONS-BERLIN, H. JORDAN-UTRECHT, E. KALLIUS-HEIDELBERG, S. KOSTYTSCHEW-LENINGRAD, A. KÜHN-GÖTTINGEN, K. LINSBAUER-GRAZ, H. LOHMANN-HAMBURG, W. von MÖLLENDORFF-KIEL, J. MEISENHEIMER-LEIPZIG, K. PETER-GREIFSWALD, H. PETERSEN-WÜRZBURG, E. PRINGSHEIM-PRAG, L. RHUMBLER-HANN.MÜNDEN, B.ROMEIS-MÜNCHEN, W.RUHLAND-LEIPZIG, P.SCHULZE-ROSTOCK, H.SPEMANN-FREIBURG, A. STEUER-INNSBRUCK, G. TISCHLER-KIEL, O. VOGT-BERLIN, W. VOGT-MÜNCHEN, F. WASSERMANN-MÜNCHEN, E. WEINLAND-ERLANGEN, F. v. WETTSTEIN-GÖTTINGEN, H. WINKLER-HAMBURG, H. WINTERSTEIN-ROSTOCK, R. WOLTERECK-LEIPZIG

=== ABTEILUNG E ===

PLANTA

ARCHIV FÜR WISSENSCHAFTLICHE BOTANIK

HERAUSGEGEBEN VON

WILHELM RUHLAND UND HANS WINKLER
LEIPZIG   HAMBURG

1. BAND

MIT 222 TEXTABBILDUNGEN UND 4 TAFELN

Springer-Verlag Berlin Heidelberg GmbH

1926

INHALT DES ERSTEN BANDES

DIE PERMEABILITÄT VON BEGGIATOA MIRABILIS.
EIN BEITRAG ZUR ULTRAFILTERTHEORIE DES PLASMAS.

Von
W. Ruhland und C. Hoffmann.
Mit 10 Textabbildungen.
(Eingegangen am 15. November 1924.)

I. Einleitung.

In der physiologischen Literatur der letzten Jahrzehnte ist ein immer lebhafter werdender Fluß der Arbeiten über die Permeabilität lebender Zellen und damit zusammenhängende Fragen zu beobachten, was in Anbetracht der grundlegenden Bedeutung des Problems nicht nur für die Stoffwechselphysiologie. sondern auch für die Pharmakologie, Pathologie und Toxikologie nicht verwundern kann. Aber auch auf ganz anderen Gebieten, so z. B. im Zusammenhang mit der pflanzlichen Reizleitung ist man gerade in letzter Zeit wiederholt auf Permeabilitätsfragen gestoßen.

Die meisten Forscher auf dem Gebiete der Permeabilität gingen wohl von der Voraussetzung aus, es müsse *eine* allgemeine, mehr oder minder einfache Gesetzmäßigkeit die Aufnehmbarkeit der verschiedensten Stoffe beherrschen, welche aufzudecken eben das Ziel ihrer Untersuchungen war. Es ist wohl zum mindesten zweifelhaft, ob die frühe Voranstellung des letzten Ziels, die in mehreren Hypothesen und Theorien ihren Ausdruck fand, noch bevor befriedigendes Erfahrungsmaterial vorlag, zum Vorteil für die Entwicklung unserer Kenntnisse gewesen ist. Einseitige Betrachtungsweise und Parteistreit sind jedenfalls oft an Stelle eines soliden, ruhigen Fortschreitens gesicherten Wissens getreten. Wie gering dies letztere im Lärm der Meinungen geblieben ist, muß jedem auffallen, der ein einschlägiges Handbuch zu Rate zieht.

Insbesondere tritt z. B. bei einer Durchsicht der verdienstvollen und kritischen Zusammenfassung bei Höber (1922/24) oder derjenigen von W. Stiles (1921/23) hervor, daß gegen alle bisher zur Erklärung der Permeabilität lebender Zellen entwickelten Vorstellungen gewichtige Einwände erhoben worden sind, und daß wir von einer *einheitlichen*

Erklärung heute weiter denn je entfernt sind. Mancher wird aus den vielen einschlägigen Diskussionen und wenigen Beobachtungen den Eindruck haben, daß das Suchen nach einer solchen aussichtslos ist, daß sich mit anderen Worten in verschiedenen Stoffgruppen verschiedene Gesetzmäßigkeiten, vielleicht aber außerdem noch spezifische Besonderheiten der Objekte geltend machen. In der Tat kann neuerdings z. B. an der Sonderstellung der Elektrolyte, die mit Wirkungen auf den Quellungszustand des Plasmas zusammenhängen dürften, kein Zweifel mehr sein.

Weit ausführlicher aber werden uns im folgenden die Nichtelektrolyte beschäftigen. Gerade ihr diosmotisches Verhalten war es, an dem sich so grundverschiedene Theorien und Hypothesen wie die Lipoid-, die Haftdruck-, Adsorptions-, Ultrafiltertheorie usw. versuchten. Bald schien sich ein Stoff besser in diese, bald in jene zu fügen, so daß das Bild recht verworren, die Skepsis (z. B. STILES l. c.) immer größer wurde.

Wir sind geneigt, die Schuld hieran weniger den Tatsachen als ihrer unzulänglichen Erforschung zuzuschreiben. Da wir auf manche Einzelheiten später einzugehen haben werden, genüge hier der Hinweis, daß die zur Theoriebildung verwendeten Beobachtungen sich meist nur auf eine oder wenige Stoffgruppen (Farbstoffe, Narkotica, Alkaloide usw.) stützten.

Man darf wohl sagen, daß es eigentlich nur OVERTON gewesen ist, welcher alle möglichen ihm erreichbaren und für derartige Studien verwendbaren organischen Stoffe genauer geprüft hat. Das hat zum nicht unerheblichen Teil wohl auch seiner daraufhin aufgestellten Lipoidtheorie zu ihrem großen Erfolge verholfen.

Leider hat OVERTON die diosmotischen Versuche, welche seiner Theorie zur Grundlage gedient haben, nur in höchst summarischer Weise, in Form knapper Vorträge veröffentlicht (Literatur weiter unten). Angaben über das benutzte Objekt finden sich nur beim ersten Versuche (1895, S. 21) mit Äthylalkohol (Spirogyra); ob bei den übrigen dieses selbe Objekt und eventuell ob nur dieses oder noch weitere benutzt wurden, wird nicht mitgeteilt.

Die angewandte Methode bestand offenbar meist in der Feststellung des plasmolytischen Grenzwertes, wobei die plasmolysierenden Stoffe teils unvermischt, teils — bei größerer Giftigkeit oder geringer Löslichkeit — in Kombination mit Rohrzucker gelöst worden. Zahlenmäßige Angaben über die Resultate finden sich nur ganz vereinzelt, das Verhalten der Stoffe wird vielmehr fast durchgehends nur durch Worte wie „äußerst schnell“, „recht schnell“, „mäßig“, „langsam“, „äußerst langsam“ und „nicht oder kaum merklich“ in die Zellen eindringend gekennzeichnet.

Es ist also kaum möglich, zu diesen Versuchen ohne Nachprüfung im einzelnen Stellung zu nehmen. Wir legen aber im Hinblick auf unsere eigenen Untersuchungen besonderen Nachdruck noch auf folgende zwei Mängel der zu so überragender Bedeutung gelangten Versuche OVERTONs, nämlich erstens die von ihm nur ganz kurz und gelegentlich gestreifte und deshalb ungeklärte Frage der zweifellosen *Schädlichkeit* einer sehr großen Zahl der von ihm untersuchten Stoffe, während der zweite Einwand an den Umstand, daß nicht alle Stoffe auf ihr Eindringen in die Zelle *nach einer und derselben Methode* untersucht worden sind, anknüpft.

Betreffs des ersten Punktes bedarf es kaum weiterer Ausführungen; es wurde ja vielfach festgestellt, daß eine Schädigung der Zelle durch den permeierenden Stoff nicht ohne weiteres sichtbar zu werden braucht, sondern sich zunächst nur in einer zu hohen Permeabilität zeigt, die für die intakte Zelle nicht besteht. Es hätte also einer ganz besonders sorgfältigen Kontrolle daraufhin durch Weiterbeobachtung der Versuchsobjekte, Wiederholung der Versuche an den gleichen Zellen usw. bedurft, um schwerwiegende Irrtümer auszuschließen, und eine große Zahl der aufgeführten Stoffe hätte aus den Versuchen wohl ganz ausscheiden müssen.

Was den zweiten Punkt anbelangt, so handelt es sich vor allem darum, daß das Ergebnis derjenigen Versuche, bei denen an gewissen Reaktionen, Speicherungen usw. im Zellinnern die Durchtrittsgeschwindigkeit namentlich sehr schwer löslicher und deshalb zu plasmolytischen Versuchen ungeeigneter Stoffe erkannt wurde, mit den nach letzterer Methode gewonnenen Resultaten nicht ohne weiteres verglichen werden darf. Denn bei derartigen Reaktionen usw. können Geschwindigkeit und Empfindlichkeit derselben und andere sekundäre Momente das Urteil über den Grad der Permeierfähigkeit gänzlich fälschen. Wenn z. B. OVERTON selbst (1897) feststellt, daß Strychnin noch in einer Verdünnung von 1 g auf 10 000—20 000 l Wasser in Spirogyravacuolen einen mikroskopisch deutlich sichtbaren Niederschlag erzeugt, so ist klar, daß bei Versuchen mit diesem Alkaloid eben wegen der außerordentlichen Empfindlichkeit der Reaktion schon der Eintritt geringster Mengen angezeigt wird, und die Eintritts*geschwindigkeit* infolgedessen überschätzt werden muß. Ein Vergleich solcher „optischer Messungen" (HÖBER 1922) mit plasmolytischen entbehrt jeder Grundlage und ist unstatthaft. Nicht einmal die verschiedenen Alkaloide untereinander dürfen, wie dies immer geschehen ist, auf Grund derartiger Versuche hinsichtlich der Permeierfähigkeit verglichen werden, da Empfindlichkeit ihrer Fällung mit Tannin (ebenso mit J_2, $HgCl_2$ usw.) sehr verschieden ist. Und was hier über die Alkaloide ausgeführt wurde, gilt mutatis mutandis auch von anderen im Zellinnern chemische Reaktionen hervorrufenden und speicherbaren Körpern wie Farbstoffen usw., deren

1*

diosmotisches Verhalten seit OVERTON gerade besonders häufig als Grundlage für Theorien der Permeabilität herangezogen worden ist.

Das Objekt (*Beggiatoa mirabilis*), an welchem die nachfolgenden Untersuchungen angestellt worden sind, *gestattete, alle diese verhängnisvollen Fehlerquellen zu vermeiden*. Schädigungen durch die geprüften Stoffe wurden in weiter unten angegebener Weise stets aufs sorgfältigste berücksichtigt und konnten am Objekt unschwer erkannt werden. Ein weit größerer Vorzug desselben aber bestand darin, daß es gestattete, sämtliche Stoffe, auch die soeben behandelten, auf ihre Eintrittsgeschwindigkeit *nach einer und derselben* (plasmolytischen) *Methode* zu prüfen, und jene *zahlenmäßig* zu bestimmen. So war zum ersten Male ein einwandfreier Vergleich der chemisch verschiedenartigsten Verbindungen untereinander ermöglicht, die nach ihrer Durchtrittsgeschwindigkeit *in eine einfache Reihe* geordnet werden konnten. Diese bildete die Grundlage für die Diskussion des Permeabilitätsproblems.

Wie weiter unten zu zeigen sein wird, fielen die Resultate mit Eindeutigkeit im Sinne der vor 12 Jahren von einer von uns (RUHLAND 1912) aufgestellten sogenannten Ultrafiltertheorie aus. Diese Theorie war seinerzeit nachdrücklich und wiederholt (RUHLAND 1912, S. 431; 1914, S. 391, 438 usw.) als für kolloide Stoffe gültig bezeichnet worden. Ihre Gültigkeit für molekular gelöste war dagegen damals (vgl. besonders RUHLAND 1914, S. 438ff.) ohne besonders daraufhin gerichtete Versuche als sehr unwahrscheinlich bezeichnet worden. Wenn wir nunmehr, also eigentlich gegen unsere Erwartung, auch für echt gelöste Stoffe die Gültigkeit der Ultrafiltertheorie feststellten, so wird man darin Voreingenommenheit kaum zu suchen haben. Es soll allerdings nicht verschwiegen werden, daß uns auch die Untersuchungen von BIGELOW (1911) und BARTELL und ROBINSON (1918), die bei Rohrzuckerversuchen den Einfluß der Porenweite anorganischer „Membranen" festgestellt hatten[1]), zu den Versuchen mit anregten. Die Messungen wurden durchgängig von HOFFMANN ausgeführt, dem auch öfter ihm unbekannte Lösungen zur Messung mit bestem Erfolg übergeben wurden. Auch dritte Personen wurden gelegentlich zur Wahrung voller Unbefangenheit dazu herangezogen. Deshalb, vielmehr aber, weil es sich überall, wie schon hervorgehoben, um leicht wiederholbare, zahlenmäßige Messungen handelte, glauben wir *prinzipielle* Irrtümer ausgeschlossen zu haben, die überall da, wo es sich nur um Schätzungen nach dem Augenmaße handelt, eine verhängnisvolle Rolle spielen können und gerade bei unserem Problem zu dessen Schaden so oft gespielt haben.

---

[1]) Die Untersuchungen COLLANDERs (1924) über Ferrocyankupfermembranen erschienen erst, als unsere Ergebnisse an *Beggiatoa mirabilis* bereits feststanden. Vgl. auch RUHLAND und HOFFMANN (1924).

II. Das Objekt (Beggiatoa mirabilis).
a. Allgemeines.

Den äußeren Anstoß zu diesen Studien gaben in erster Linie weniger allgemeinere Erwägungen im Sinne der Einleitung als ein besonderes Objekt: Die sonst aus den Küstengebieten im Meerwasser bekannte *B. mirabilis*, welche von KOLKWITZ (1918) im Solgraben der Saline von Artern a. d. Unstrut festgestellt worden war.

Nach den Untersuchungen von A. FISCHER (1895) konnte man vermuten, daß manche, wenn nicht alle Bacterien sich durch eine höhere Permeabilität im Vergleich zu den Zellen anderer Pflanzen auszeichnen, wenngleich die Befunde von SHEARER (1919) damit nicht ohne weiteres zu vereinbaren waren. Klarheit darüber mußten die Riesenzellen des genannten Organismus am ehesten ermöglichen, und wenn die diosmotischen Verhältnisse bei ihm den Untersuchungen FISCHERS entsprachen, so bot sich vielleicht ein Weg, vor allem Permeabilitätsmessungen mit einer Reihe *indifferenter* Stoffe auszuführen, die weder schädigend wirken noch Speicherungsreaktionen veranlassen konnten, als zelleigene Stoffe aber besondere Bedeutung beanspruchten: mit den Kohlenhydraten, für welche die Permeabilität gewöhnlicher Pflanzenzellen zu gering ist.

Gleich die ersten Versuche mit dem Objekt ergaben, daß diese Voraussetzungen zutrafen, ja, darüber hinaus, daß einige besondere Verhältnisse vorlagen, welche die *Beggiatoa* noch geeigneter für solche Studien machten als selbst bei weitgehenden Erwartungen angenommen werden konnte. Deshalb wurde der Bereich der in die Untersuchung einzubeziehenden Stoffe bald so erweitert, wie es die Festhaltung der in der Einleitung betonten Grundsätze gestattete.

Einige Worte über das Auftreten des Organismus in Artern dürften gerechtfertigt sein: Gemäß der vom Salzamt in Artern ausgegebenen Analyse der Sole und auch nach den Angaben von KOLKWITZ enthält das Wasser an sich keinen Schwefelwasserstoff, dieser wird vielmehr erst durch Zersetzung faulender Tier- und Pflanzenreste — vor allem Diatomeen — an bestimmten Stellen des Solgrabens frei, wo durch Stauungen die sonst starke Strömung des Wassers gemindert wird. Dort findet sich dann eine üppige Vegetation von Schwefelbacterien, meist *B. mirabilis*, *B. alba* var. *marina*, *B. minima*, *Thiophysa volutans*, *Chromatium*arten, *Spirillum* und anderen Formen, auch Purpurbacterien. Die Flora zeigt je nach der Üppigkeit der einzelnen Arten einen jahreszeitlichen Wechsel. So wurde von *B. mirabilis* stets vom Herbst bis Frühjahr das reichste und beste Material gefunden, ja *Thiophysa volutans* war fast ausschließlich in diesen Monaten zu beobachten.

B. mirabilis überzieht, oft vermischt mit anderen Species, in weiten prachtvollen, spinnwebeartigen Netzen den meist geschwärzten

Schlamm. Es sind vielfach große bis 1,5 cm lange und 40—50 μ breite Fäden, die sich oft aus tausenden von Zellen zusammensetzen. Jede Zelle ist etwa halb so lang als breit. Der ganze Faden wird von einer deutlich sichtbaren Membran umgeben, während die einzelnen Zellen durch dünne, oft schwer sichtbare Quermembranen getrennt sind. Im übrigen sei auf die ausführliche Darstellung bei HINZE (1902) verwiesen.

Nur ein Punkt sei hier noch berührt, den wir noch nirgends erwähnt fanden, daß nämlich der ganze Faden von einem äußerst dünnen und feinen *Schleimmantel* umgeben ist. Diese Schleimschicht ist direkt nicht nachweisbar. Man kann sich nur von ihrer Existenz überzeugen, wenn man kriechende *Beggiatoa*-Fäden in einer feinen Suspension beobachtet. Dann haften die Partikel an dieser Schicht und werden vom nachwandernden Fadenende langsam abgestreift. Sie bilden so eine anfangs deutlich sichtbare Kriechspur, die durch allmähliches Verquellen des Schleimes verwischt wird. Die Schicht ist viel feiner als die Schleimhülle der Oscillarien. Für diese ist bereits von G. SCHMID (1918, 1919) die Fechnersche Theorie, wonach in dieser Schleimabsonderung die Bewegungsursache zu suchen sei, abgelehnt worden. SCHMID sucht diese vielmehr in osmotisch bewirkten Kontraktionswellen und der Quellung des ausgeschiedenen Schleims. Bei *B. mirabilis* scheint uns infolge der Geringfügigkeit der Schleimabscheidung eine Anwendung der Fechnerschen Theorie von vornherein unmöglich. Hingegen lassen die Befunde an den Membranen eher die Schmidsche Annahme zu. Inwieweit dabei osmotische Druckdifferenzen von Wirkung sind, sei für dieses Objekt noch dahingestellt.

Der von *B. mirabilis* überzogene Schlamm wurde für den Bahntransport in etwa 1—2 l fassende Glasgefäße gebracht und noch am gleichen Tage im Laboratorium in flache, etwa 5 cm hohe Krystallisierschalen gegossen. Mit natürlichem Arterner Salzwasser — im folgenden stets als Arternwasser bezeichnet — wurde die 0,5—1 cm dicke Schlammschicht 3—4 cm hoch überschichtet, und dann die Schalen durch einen Glasdeckel gegen rasches Verdunsten geschützt. Diese Kulturgefäße dürfen, vor allem im Sommer, nicht zu warm stehen, da sonst die äußerst empfindliche *B. mirabilis* binnen kurzem zugrunde geht. Unter solchen Umständen treten besonders sulfatzersetzende Bacterien auf und geben zu reichlicher H_2S-Entwicklung und Entstehung eines starken Schwefelniederschlag Veranlassung, der das Kulturwasser trübt.

Ob die Kulturen ins Licht gestellt oder verdunkelt wurden, richtete sich nach der jeweiligen H_2S-Entwicklung. Nahm die H_2-S-Entwicklung ab, was sich sofort an der Abnahme der Schlammschwärzung zeigte, so wurden die Kulturen verdunkelt, um dadurch den Einfluß des durch die Assimilation der zahlreichen Diatomeen gelieferten Sauerstoffes auszuschalten. Im umgekehrten Falle, bei zu starker H_2-S-Entwicklung, wurden die Kulturen dem Licht (jedoch nicht dem direkten Sonnenlicht) ausgesetzt. An und für sich ist es bei *B. mirabilis* gleichgültig, ob sie im Licht oder Dunkeln kultiviert wird. Das Kulturwasser wurde etwa alle 10—14 Tage abgehebert und durch frisches Arternwasser ersetzt. Dieses wurde in größerer Menge aus dem Arterner Solgraben geholt und im Keller des Instituts unter Lichtabschluß kühl aufbewahrt. Das so aufbewahrte Wasser zeigte keinerlei Veränderung. Seine Gefrierpunktserniedrigung hatte sich auch nach Jahresfrist nicht geändert, und aus dem Solgraben frisch geholtes Material gedieh in solchem über ein Jahr im Keller aufbewahrtem Wasser ausgezeichnet

In derartigen Kulturen hielt sich *Beggiatoa* im Durchschnitt etwa 2 Monate sehr frisch und lebenskräftig. Dann nahm jedoch die üppige *Beggiatoa*-Vegetation meist rasch ab, und die Fäden zeigten ein krankhaft verändertes Aussehen. Im Sommer trat diese Erscheinung oft schon nach 4 Wochen ein, während im Winter im günstigsten Falle Kulturen bis zu 6 Monaten normal erhalten werden konnten. Es wurde deshalb alle 2—3 Monate, im Sommer noch öfter, aus dem Solgraben frisches Material geholt, um eine Beeinflussung der Resultate durch Material kranker Kulturen zuverlässig auszuschließen.

Versuche, *B. mirabilis* nach der von KEIL (1912) angegebenen Methode in Glocken mit Schwefelwasserstoff-, Sauerstoff- und Kohlensäureatmosphäre in Reinkultur zu züchten, mißlangen. Vermutlich sind die Partiärdrucke der einzelnen Gase für *B. mirabilis* andere als die, die KEIL für seine Arten fand[1]). Da für unsere Zwecke Reinkulturen nicht erforderlich waren, wurden weitere Versuche in dieser Richtung nicht angestellt. Es sei nur noch bemerkt, daß Objektträgerkulturen nach den Angaben von WINOGRADSKY (1887) ohne weiteres gelingen.

b. Die Membran.

Während es außerhalb unseres Untersuchungsplanes lag, etwa die schon erwähnten Studien von HINZE nach der Seite der allgemeinen Organisation der *Beggiatoa*-Zelle fortsetzen und vervollständigen zu wollen, mußten doch einzelne wichtige Strukturfragen noch weiter aufgeklärt werden, deren volles Verständnis die Verwendung des Objektes für unsere Zwecke zur Voraussetzung hatte.

Es wird aus dem Folgenden verständlich werden, aus welchen Gründen hierzu in erster Linie die feinere Struktur der Membran der Zelle gehörte. Es muß auf sie zunächst näher eingegangen werden, da sich auf die — auch an sich sehr bemerkenswerten — Membranverhältnisse unsere Versuchsmethodik gründet. Der Ausgangspunkt zu diesen Studien waren Plasmolyseversuche.

---

[1]) KEIL gibt keine Species an. *B. mirabilis* war aber sicher nicht dabei.

Angaben über Plasmolyse an *B. mirabilis* finden sich nur in der großen Arbeit von HINZE: „Untersuchungen über den Bau von *Beggiatoa mirabilis* Cohn" (1902). Die von ihm verwendeten Plasmolytica waren 20proz. Rohrzuckerlösung, Glycerin und $2^1/_2$ und 5proz. KNO$_3$-Lösung. Jedoch löste sich nirgends das Plasma von der Membran, sondern es trat eine mehr oder weniger ausgeprägte Schrumpfung des ganzen Fadens ein. HINZE kommt daher zu dem Resultat, daß Plasmolyse bei diesem Organismus nicht möglich ist, da nach seiner Meinung „die Zellwand für die angewandten Substanzen einen hohen Filtrationswiderstand" besitzen soll. Jede nähere Angabe fehlt, und auch die übrige Literatur über *B. mirabilis*, meist älteren Datums (F. COHN 1865, 1867; WARMING 1875; ENGLER 1884; KOLKWITZ 1897; BÜTSCHLI 1890; MASSART 1902), weist keine Angaben über Plasmolyse auf.

Auch bei Durchsicht der hauptsächlichsten Literatur über andere *Beggiatoa*-Species (COHN 1865, 1867; ENGLER 1885; WINOGRADSKY 1883, 1887, 1888; KEIL 1911; MOLISCH 1912 u. a.) finden sich weitere Mitteilungen darüber nicht vor. Nur eine Arbeit von A. FISCHER: „Die Plasmolyse der Bakterien" (1891) weist eine Stelle auf, an der von der Plasmolyse einer *Beggiatoa* die Rede ist. Es betrifft dies aber *B. alba*, eine Form, welche bedeutend kleiner ist als *B. mirabilis*. Jüngere, schwefelarme oder schwefelfreie Fäden dieser Species werden nach FISCHER von einer $^3/_4$ proz. und stärkeren NaCl-Lösung plasmolysiert. Sehr schwefelreiche Fäden dagegen eignen sich für den Versuch nicht.

Die ersten eigenen Plasmolyseversuche an *B. mirabilis* zeigten tatsächlich die von HINZE erwähnten Schrumpfungen, in deren Verlauf eine Plasmolyse nie auftrat. Eine kleine Änderung in den Versuchsbedingungen führte aber zu überraschenden Resultaten und ermöglichte es, im weiteren Verlaufe auch zu einem vollen Verständnis der merkwürdigen, diosmotischen Verhältnisse bei *B. mirabilis* zu gelangen.

Nachdem die soeben erwähnten Vorversuche die Unmöglichkeit, *B. mirabilis* in gewöhnlicher Weise zu plasmolysieren, ergeben hatten, wurden Lösungen, in denen als Lösungsmittel Arternwasser diente, verwendet, doch konnte eine Plasmolyse auch auf diesem Wege nicht erzielt werden. Wurden nämlich *stark* hypertonische Lösungen benutzt, so trat fast momentan ein vollständiges Schrumpfen der untersuchten Fäden ein, während bei *schwach* hypertonischen Lösungen unter Verkürzung des ganzen Fadens an einzelnen Zellen infolge Wasserentzugs zarte Einkerbungen auftraten ((Abb. 1 *b*). Oder die Fäden begannen an einzelnen Stellen leicht *einzuknicken* (Abb. 1 *a*). Häufig traten bei geringem Wasserentzug auch *Einkerbungen am Ansatz der Quermembranen* auf (Abb. 1 *b*). Ihnen folgten meist an anderen Zellen Einker-

bungen der Längswand zwischen je zwei Quermembranen. Nie aber
wurde ein Loslösen des Plasmas von der Membran beobachtet, obwohl
innerhalb der Zellen große Vacuolen vorhanden sind, die eine Plasmolyse im weitesten Maße erwarten lassen, und trotz der deutlich ausgebildeten Zellmembran.

Als die Ursache des eigenartigen Verhaltens ist, wie weiter zu zeigen
sein wird, offenbar ein fester Verband von Plasma und Membran anzusehen, aber nicht nur dies, sondern auch die besondere *Beschaffenheit*
der Membran ist dabei noch von Einfluß. Ihr kommen, wie die nachfolgende Untersuchung zeigte, Eigenschaften zu, welche die Schrnmp-
fungserscheinungen ohne weiteres erklären. Wir beschränkten uns bei
diesen Membranstudien auf das, was zum Verständnis der die diosmotischen Untersuchungen ermöglichenden Fundamentalerscheinung
der Schrumpfung notwendig war, strebten also keine erschöpfende Behandlung der Membranfrage an.

Schon bei HINZE finden sich einige interessante Beobachtungen über
die Membran. Nach ihm besteht die Längswand aus zwei verschieden

Abb. 1. „Knicken" der Fäden in schwach hypertonischen Lösungen. *a* schwach, *b* stark vergrößert. (Vgl. Text.)

quellbaren Schichten, die sich unter Einwirkung verschiedener Reagenzien voneinander lösen. HINZE verwandte dazu Chlorzinkjodlösung, in
welcher eine Spaltung in jene beiden, normal nicht als getrennt wahrnehmbare Schichten nach etwa einer halben Stunde eintrat, ferner
60 proz. Chloralhydrat-, konz. H_2SO_4-, KNO_3-Lösung und kochende
Kalilauge. Bei Verwendung von KNO_3 trat die Spaltung nur vorübergehend auf. Die bei HINZE abgebildete Chlorzinkjodspaltung (Tafel 4,
Abb. 4) zeigt deutlich, doppelt konturiert, eine abgehobene äußere und
eine ebenfalls doppelt konturierte innere Membranschicht. An den
Quermembranen tritt die Spaltung nicht auf. Hinsichtlich der chemischen Beschaffenheit der Membran fand HINZE, daß die üblichen Cellu-
losereagenzien wie Chlorzinkjod, Jod und Schwefelsäure versagten, auch
eine Auflösung in Kupferoxydammoniak trat nicht ein. Desgleichen
verlief die Chitinprobe nach VAN WISSELINGH negativ. Doch wurde
durch Rutheniumrot eine starke Rotfärbung der Längs- und Querwände
erzielt, mit Safranin eine Orangefärbung. „Die Wände geben also die
Reaktionen der sogenannten Pektinstoffe, allerdings läßt sich damit
noch nicht behaupten, daß sie lediglich aus denselben bestehen, was
indes nicht unwahrscheinlich wäre."

Was die chemische Natur der Membran anlangt, so können die Angaben für den Cellulose- und Pektinnachweis bestätigt werden. Gegen die Cellulosenatur der Membran spricht auch, daß sie von konz. Chromsäure nicht angegriffen wird. Es kann noch hinzugefügt werden, daß in Methylenblaulösung die Membranen einen violetten Farbton annehmen, während das tote Plasma rein blau gefärbt erscheint, eine Tatsache, die gleichfalls auf das Vorhandensein von Pektinen hinweist. Die Chitinprobe nach VAN WISSELINGH wurde nicht wiederholt.

Betrachten wir aber nun die eigenartige Spaltung der Längsmembran. Hier gelang es, bei einer Wiederholung der Hinzeschen Spaltungsversuche, nie, mit Chlorzinkjod eine Spaltung zu erzielen. Erst bei Verwendung anderer Spaltungsmittel wurden ähnliche Bilder, wie sie HINZE gibt, zum Teil sogar noch weit deutlichere, erhalten. Bringt man nämlich eine Anzahl Fäden in eine 10 proz. KNO_3-Lösung in aqu. dest. und untersucht die Fäden nach etwa 15 Minuten, so ist allgemein eine Spaltung der Membran eingetreten. Anfangs erstreckt sich die

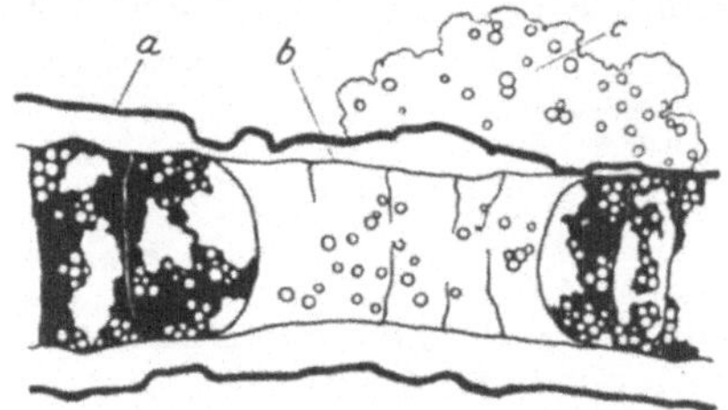

Abb. 2. Fadenspaltung in 10 proz. Kalisalpeterlösung. *a* abgehobene äußere Membranschicht, *b* innere Membranschicht. Durch eine Verletzung der beiden ist Plasma, *c*, aus dem Faden herausgetreten.

Spaltung meist nur über 3—5 Zellen. Solche Spaltungszellen finden sich aber in großer Zahl an einem und demselben Faden. Erst nach längerer Wirkungsdauer breitet sich die Spaltung über größere Fadenstrecken aus, aber nie über den gesamten Faden. Die Angabe HINZES, daß die Spaltung in KNO_3 später wieder zurückgehe, auch daß KNO_3 momentan spalte, konnte nicht bestätigt werden. Abb. 2 zeigt einen Faden in 10 proz. KNO_3-Lösung, an dem der Spaltungsprozeß unter dem Mikroskop verfolgt wurde. Da infolge einer Zellverletzung gerade an der Spaltungsstelle das Protoplasma (*c*) ausgetreten war, sieht man hier mit voller Deutlichkeit eine äußerst *dünne* und *feine innere Membranschicht* (*b*) neben einer ebenso deutlich sichtbaren, abgehobenen äußeren (*a*). Soweit die Innenschicht am Plasma anlag, war sie nur sehr schwer erkennbar. Abb. 3 zeigt die gleiche Stelle im Anfangsstadium bei hoher Einstellung.

Man sieht dabei, wie die Spaltung in blasenartigen Abhebungen ihren Anfang nimmt.

Ganz ähnliche Spaltungsbilder wie in Abb. 2 ergaben sich nun ferner bei Behandlung mit folgenden Säuren: Schwefelsäure, Salzsäure, Salpetersäure, Essigsäure und Ameisensäure. Hier treten die Spaltungen momentan auf, aber nur, wenn die Säuren genügend konzentriert sind. In verdünnten Säuren (etwa unter 7—8 vH. Säuregehalt) unterbleibt die Spaltung ganz, auch bei längerer Einwirkung. In den konzentrierten Säuren können die Protoplasten stark schrumpfen und sich dabei von der Innenmembran lösen, wobei es bisweilen auch zur Verquellung der

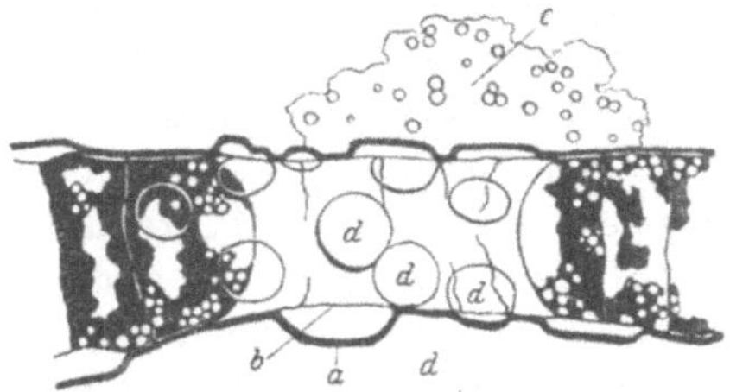

Abb. 3. Beginnende Spaltung in 10 proz. Kalisalpeterlösung. *a—c* wie in Abb. 2, bei *d* beginnt die Außenmembran sich in Form von Blasen abzuheben.

Quermembranen kommen kann. So zeigt Abb. 4 einen in konzentrierter Salpetersäure gespaltenen Faden, an dem die Protoplasten stark geschrumpft sind und sich von der Innenmembran gelöst haben.

Neben diesen eben angeführten Spaltungsmitteln fanden sich nun noch eine Reihe anderer, die bei flüchtiger Betrachtung ganz die gleiche Wirkung auf die Membran hatten wie die konzentrierten Säuren. Es sind dies Kalilauge, Natronlauge, Chloralhydrat und Ammoniak. Abgesehen von letzterem, der wie die Säuren nur in konzentrierteren

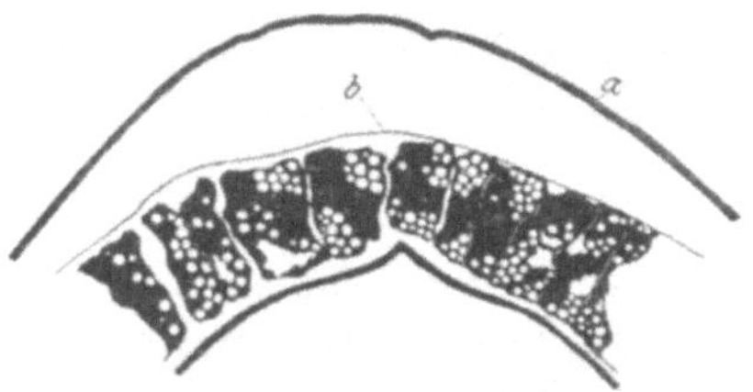

Abb. 4. Spaltung in konzentrierter Salpetersäure. Bezeichnungen wie in Abb. 2.

Lösungen spaltet, sind die übrigen drei Stoffe auch in verdünnten Lösungen wirksam. Bringt man *Beggiatoa*-Fäden in n oder 0,5 n KOH, so hebt sich momentan längs des ganzen Fadens die Außenmembran ab, während der innere „Protoplastenfaden" — so möge der im Inneren der abgehobenen Membran liegende Zellfaden bezeichnet werden — sich auffällig kontrahiert. Dabei löste er sich an den Apicalzellen von der Außenmembran und ließ diese besonders an den Fadenenden als weit abgehobenen Membranschlauch zurück (Abb. 5).

Mitunter platzte auch solch ein Membranschlauch, wohl infolge weitgehender Quellungen im Innenraume (vgl. weiter unten). Dann wurde der gesamte Protoplastenfaden rasch aus der abgehobenen Hülle herausbefördert, so daß der Faden scheinbar aus seiner Haut kroch, und schließlich Membran und Protoplastenfaden, ohne zu zerfallen, nebeneinander lagen.

Untersucht man aber die durch die Laugen hervorgerufenen Spaltungen genauer, so findet sich ein überraschender Unterschied gegenüber denen in Säuren. *Es gelingt nämlich bei solchen in Laugen gespaltenen wie auch aus der Haut geschlüpften Fäden nie, eine innere dem Plasma noch anliegende Membranschicht nachzuweisen,* weder im Hell- noch im Dunkelfeld[1]), noch durch geeignete Membranfärbungen. Auch beim Einbringen eines herausgeschlüpften Protoplastenfadens — er läßt sich ohne weiteres von einer Lösung in die andere übertragen — in einen Tropfen verdünnter „Burritusche" ließ sich eine Membran auch spurenweise nicht mehr nachweisen. Die Tuschepartikel gelangten unmittelbar an das Plasma heran, so daß der innere Faden also offenbar einen nackten Protoplastenfaden darstellt. Auch an Mikrotomschnitten

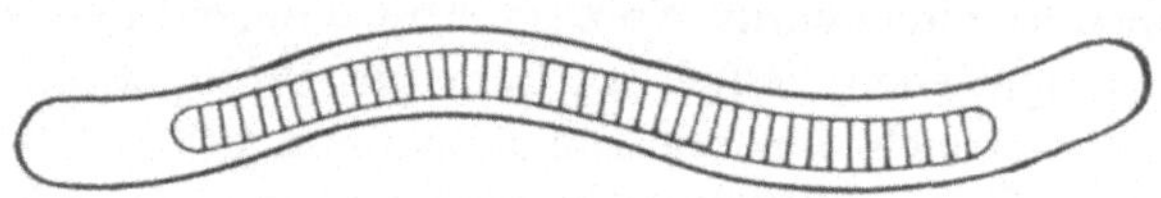

Abb. 5.   Faden bei Behandlung mit starker Kalilauge, schematisch.   (Vgl. Text.)

solcher in Kalilauge gespaltenen Fäden war nie eine innere dem Plasma anliegende Membranschicht nachweisbar, weder an Quer- noch an Längsschnitten.

Wenn aber hier die innere Membranschicht fehlt, so wird es überhaupt fraglich, ob die Laugen eine der in Säuren analoge Spaltung hervorrufen. Man könnte auf den Gedanken kommen, daß sich in den Laugen die Membran in ihrer Gesamtheit abgehoben habe, eine Trennung beider Schichten also nicht erfolgt sei. Diese Erklärung dürfte aber aus folgenden Gründen abzulehnen sein: Nach ihr bliebe unverständlich, wie plötzlich eine Trennung der Längs- von den Querwänden eintreten sollte und zwar so akkurat und sauber, daß nie an der Längswand ein Rest von Querwänden haften bleibt, wie es bei einem Zerreißen doch ohne Zweifel zu erwarten wäre. Etwas Derartiges wäre vielmehr nur unter der Annahme verständlich, daß eine *Auflösung* der Quermembran erfolgte, was jedoch der Beobachtung widerspricht, daß auch in den kontrahierten Protoplastenfäden Quermembranen vor-

---

[1]) Hierbei wurde ein Paraboloidkondensor von Zeiss mit Apochromaten und Kompensationsokularen verschiedener Stärke verwendet. Als Lichtquelle diente eine kleine Bogenlampe.

handen sind. Ganz ungeklärt bleibt aber bei dieser Annahme ferner
die Contraction des Protoplastenfadens (vgl. die Messungen S. 14 u. 15).

Wenn sich aber die Gesamtmembran nicht abheben kann, dann bleibt
zur Erklärung der Laugenwirkung nur noch die eine Möglichkeit, daß
die innere Membranschicht dabei *verquillt oder aufgelöst* wird. Man
könnte sogar versucht sein, mit einem derartigen Verquellen der inneren
Membranschicht das Abheben der äußeren Schicht und die Contraction
des inneren Protoplastenfadens zu erklären, indem beides durch den
Quellungsdruck bewirkt würde. Vergleicht man aber einmal die überaus geringe Dicke der aus der KNO_3-Spaltung bekannten zarten Innenmembran mit dem gesamten enormen Hohlraum zwischen kontrahiertem Protoplastenfaden und abgehobener Außenmembran, so wirkt
es von vornherein unwahrscheinlich, daß die gequollene Membran noch
ein Gel darstellen soll von gallertiger Konsistenz, dessen Quellungsdruck die ganze Spaltung bewirken könnte.

Gegen die Annahme der Entstehung eines solchen dichteren Quellungsgels sprechen auch die folgenden Versuche: Es wurde versucht,
in einer Tuschesuspension durch Zerquetschen die Membranschläuche
zu verletzen und ein Eindringen von Tuschepartikeln in den fraglichen
Raum zu beobachten. Es gelang dies einwandfrei nur wenige Male.
Viel häufiger jedoch wurde die folgende Erscheinung beobachtet: Bei
dem Versuch, die Membranschläuche zu zerquetschen, kommt es öfter
dazu, daß der kontrahierte Protoplastenfaden stellenweise zerfällt,
ohne daß aber der Membranschlauch zerreißt. Dann fließen Plasma-
teilchen und Schwefeltropfen leicht zwischen der abgehobenen Membran
und unzerstörten Teilen des Protoplastenfadens entlang. Aus beiden
Beobachtungen muß man auf einen *leichtflüssigen Zustand* des vermeintlichen Quellungsgels der inneren Membranschicht schließen, in
dem kaum noch ein merklicher Quellungsdruck zu erwarten ist.

Noch deutlicher wird das Verhalten der inneren Membranschicht
aus folgender Tatsache: Für das in KOH beobachtete Herausschlüpfen
der Protoplastenfäden läßt sich die Ursache nur im *Quellungsdruck* der
verquellenden inneren Membranschicht suchen. Dabei braucht das
Quellungsgel durchaus nicht den gesamten Hohlraum (der Länge nach)
zwischen Membranschlauch und Protoplastenfaden auszufüllen. Es
genügt, wenn das Gel den verhältnismäßig dünnen Hohlzylinder, der
sich *nur in Länge* des Protoplastenfadens zwischen diesem und der
Außenmembran befindet, im Querdurchmesser ausfüllt, um im gegebenen Fall ein Herauspressen zu bewirken. Nun zeigt es sich, daß
dieses Herauspressen *nur kurz* nach Beginn der KOH-Wirkung eintritt,
auch bei künstlichen Verletzungen. Nach kurzer Zeit jedoch, beispiels-
weise schon etwa 4—6 Minuten nach Beginn der KOH-Wirkung ließ
sich meist kein Herauspressen mehr beobachten, auch bei künstlichen

Verletzungen nicht. Dies würde sich so erklären, daß die *anfänglich gequollene Innenmembran* aus dem *Gel- in den Solzustand* übergegangen und chemisch (hydrolytisch) verändert ist.

So ergibt sich aus diesen Versuchen, daß *bei der Einwirkung der Laugen die innere Membranschicht eine Verquellung erfährt, die schließlich zu einer Auflösung führt*. Der vorangehende Prozeß der Spaltung, d. h. das Abheben der äußeren Membranschicht und die Contraction des Protoplastenfadens kann aber mit dieser Lösung nicht erklärt werden. Dieser wird vielmehr ganz analog der Säurespaltung verlaufen, nur mit dem Unterschied, daß nach Eintritt der Spaltung die innere Membranschicht, die bei der Säurewirkung erhalten bleibt, unter dem Einfluß der Laugen verquillt.

Was nun das Zustandekommen der Spaltung anlangt, so hatte die Beobachtung des Vorganges schon gezeigt, daß er mit einer Ausdehnung der äußeren Membranschicht und einer deutlichen Contraction des inneren Protoplastenfadens verbunden war. Diese Beobachtung mußte aber noch durch Messungen ergänzt werden. Obwohl infolge der außerordentlichen Länge der Fäden und ihrer häufigen Schlingen und Biegungen wegen Längsmessungen nur sehr ungenau sind, wurde eine Anzahl derselben an Fäden, die in KOH gespalten waren, ausgeführt.

Aus einer größeren Anzahl Messungen seien die zuverlässigsten ausgewählt. Sie ergaben folgende Werte:

Tabelle 1.

Länge der Fäden.				
		Nach der Spaltung		
Vor der Spaltung	Protoplastenfaden		Außenmembran	
	Länge	vH. Abnahme	Länge	vH. Zunahme
1. 106[1])	92	13,2	108	1,9
2. 77	65	15,58	78	1,3
3. 215	183	14,9	220	2,32
4. 116	96,5	16,81	119	2,6

Die Zahlen zeigen für den inneren *Protoplastenfaden* eine deutliche *Contraction*, im Durchschnitt um 15,12 vH. Für die *Außenmembran* läßt sich, da die geringen Längenunterschiede innerhalb der Fehlergrenzen der Messungen liegen, nur sagen, daß die *Längenzunahme*, wenn sie überhaupt stattfindet, im Vergleich zur Contraction des Protoplastenfadens nur gering sein kann.

Die Breitenänderung der Fäden ist dagegen ganz exakt meßbar. Hier wurden die folgenden Werte festgestellt:

---

[1]) Die bei Maßangaben gebrauchten Zahlen bedeuten überall Teilstriche des Meßokulars. Ein Teilstrich = 3,2 μ.

Tabelle 2.

Vor der Spaltung	Nach der Spaltung			
	Protoplastenfaden		Außenmembran	
	Breite	vH. Quer-contraction	Breite	vH. Breiten-zunahme
1. 15,5	12	22,58	17	9,67
2. 13	13	0	17	30,8
3. 11	9	18,18	14	27,27
4. 13	12,5	3,84	17	30,77
5. 15	12	20,0	17,2	14,67
6. 12	10,5	12,5	15,8	31,67
7. 14	12	14,28	18,5	32,14

Der Protoplastenfaden hat also im Durchschnitt um 13,5 vH. der Breite des Normalfadens *abgenommen*, die äußere‘ Membran dagegen um 25,28 vH. im Durchschnitt *zugenommen*. Messungen der Breitenzunahme und Quercontractionen der Fäden bei Spaltungen in KNO_3 und HNO_3 ergaben ganz ähnliche Werte. Für KNO_3 fand sich eine Breitenzunahme von durchschnittlich 24,3 vH., eine Quercontraction von durchschnittlich 12,8 vH. Bei HNO_3 wurde nur die Quercontraction gemessen, sie ergab im Durchschnitt 13,8 vH. Längsmessungen sind bei KNO_3 wegen der nur partiell auftretenden Abhebung nicht möglich, bei HNO_3 ebensowenig, und zwar hier wegen der auftretenden Gasentwicklung beim Zusatz der Säure, wodurch die Fäden stark deformiert werden.

Der ganze Spaltungsvorgang geht also unter einer deutlichen *Längen- und Breitenabnahme* des Protoplastenfadens vor sich, während für die Außenmembran eine *Breitenzunahme eindeutig* festgestellt werden konnte, eine gleichzeitige *Längenzunahme* derselben ist *fraglich oder jedenfalls nur geringfügig*.

Dazu sei noch bemerkt, daß die Spaltung in KOH sowohl bei Verwendung hypertonischer Lösungen, wie auch hypotonischer eintritt. Nur ist bei letzteren die Contraction durch den größeren Wassergehalt der Zellen etwas gehemmt. Es kann daher die Contraction des Protoplastenfadens, ganz gleich, ob die innere Membranschicht aufgelöst ist oder nicht, durch einen Wasserentzug nicht erklärt werden. Vergleicht man ferner die oben gemessenen prozentualen Längen- und Breitenabnahmen des Protoplastenfadens mit Werten, die sich für die Längen- und Breitenabnahme von Fäden infolge der Abtötung im schwachen Flemmingschen Fixierungsgemisch [1]) ergeben, wobei eine Spaltung nicht erfolgt, so zeigt sich, daß die bei der Spaltung gemessene Abnahme in

---

[1]) Hierbei wurde das zur Herstellung benötigte Aqua dest. durch Arternwasser ersetzt.

Länge und Breite überwiegt. Für abgetötete Fäden ergab sich eine Längenabnahme im Durchschnitt von etwa 10vH., eine Quercontraction von meist 0 vH, im Höchstfall 3 vH. Das bedeutet aber gegenüber den gespaltenen Fäden für die Längenabnahme eine Differenz von etwa 5 vH., für die Breitenabnahme von 10vH.

Aus allen diesen Tatsachen ergibt sich nun aber eine sehr einfache und einleuchtende Erklärung des normalen Membranzustandes:

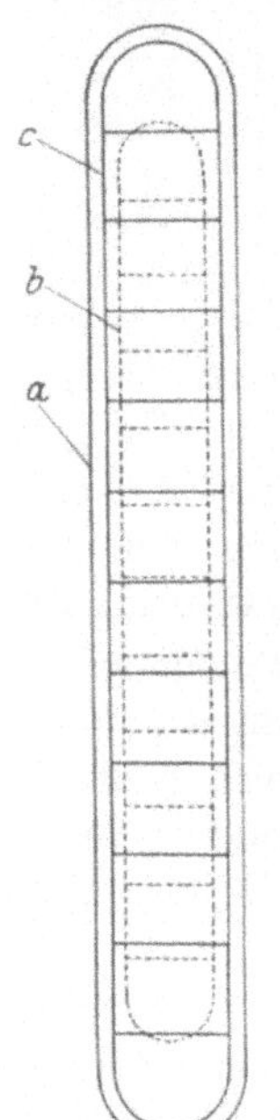

Abb. 6. Schema der Membranspaltung. *a* äußere,abgehobene Membranschicht *b* innere, kontrahierte Membranschicht („Protoplastenfaden"), gestrichelt, Umriß des ungespaltenen, normalen Fadens.

Die beiden Schichten der Membran besitzen antagonistische Spannungsverhältnisse. Die äußere Schicht (Abb. 6 a), am normalen Faden elastisch verkürzt, besitzt ein Ausdehnungsbestreben, hauptsächlich in der Querrichtung des Fadens. Die innere Schicht (Abb. 6 b), am normalen Faden in Längs- und Querrichtung elastisch gedehnt, zeigt ein starkes Contractionsbestreben. Am normalen ungespaltenen Faden halten sich beide Schichten *im Gleichgewicht.* Durch die „Spaltung" wird der *Zusammenhang beider Schichten aufgehoben,* so daß sich beide Spannungskräfte auswirken können. Bei der Contraction der Innenmembranschicht sind auch noch die *Querwände* mit wirksam, also im Normalzustand ebenfalls elastisch gedehnt. Denn würden diese nur passiv durch die Contraction der Innenmembran zusammengedrückt, so müßte wegen ihrer Zartheit ein mehr oder weniger deutliches Falten oder Einbiegen erwartet werden. An kontrahierten Fäden liegen sie aber immer völlig glatt zwischen den einzelnen Zellen.

Abb. 6 zeigt diese Verhältnisse in schematischer Darstellung.

Bei der Spaltung in KOH und anderen Laugen tritt nach derselben eine Auflösung der inneren Membranschicht auf.

Anfänglich bleibt häufig der Zusammenhang beider Membranschichten bei Einwirkung des Spaltungsmittels (KNO_3) partiell gewahrt, und es tritt nur ein blasenartiges Abheben der äußeren Membranschicht ein. Bei längerer Einwirkung geht die Trennung etwas weiter, doch bleibt immer in einigen mehr oder weniger breiten Falten der Zusammenhang beider Schichten erhalten.

Auch die in hypotonischen Lösungen auftretende Verkürzung der Protoplastenfäden findet in dem Contractionsbestreben der inneren Membranschicht ihre Erklärung. Und daß schließlich beim einfachen Abtöten (z. B. durch Flemmings Lösung) eine bedeutend geringere Contraction des ganzen Fadens eintritt, als der Protoplastenfaden bei der Spaltung zeigt, beruht nur darauf, daß hier *eine weitere Verkürzung*

des Fadens durch die fest anliegende Außenmembran verhindert wird.
Diese wirkt einerseits wegen ihrer nach außen gerichteten Spannungs-
tendenz hemmend, anderseits kann sie sich überhaupt nur bis zu einem
bestimmten Punkt elastisch verkürzen, wie der folgende Versuch zeigt:

Es wurde ein in Kalilauge gespaltener Faden in eine 20 proz. Rohrzuckerlösung gebracht. Dabei stülpte sich die äußere Membran vorübergehend in vielen Falten nach innen ein und war nach einiger Zeit wieder
in die ursprüngliche glatte Lage (d. h. weit vom inneren Faden abgehoben) zurückgegangen. Infolge des hohen Filtrationswiderstandes
der Membran gegen den Rohrzucker entsteht anfänglich ein osmotischer
Potentialsprung, der sich aber infolge der Permeabilität der Membran
für Rohrzucker (vgl. über diese Vorgänge die Versuche auf S. 53) wieder
ausgleicht. Daraus geht aber hervor, daß eine stärkere durch Wasserentzug bedingte Volumabnahme der Zellen nicht durch Verkürzung der
äußeren Membran, sondern nur durch *Einfaltung* erzielt werden kann.

Schließlich sei hier auch auf die Möglichkeit einer gewissen *mechanischen Bedeutung* dieser beiden antagonistisch wirkenden Spannungskräfte der Membran hingewiesen. Wie im folgenden Teil dieser Arbeit
gezeigt werden wird, ist der in den Zellen herrschende Turgordruck
(der osmotische Überwert der Zelle gegen das Arternwasser) ganz
erstaunlich geringfügig, so daß er für eine Festigung des ganzen
Fadens nicht wesentlich in Frage kommt. Das oben nachgewie-
sene Ausdehnungsbestreben der äußeren Membran wird gleichsinnig
mit dem überaus bescheidenen Turgordruck zu einer gewissen Straffung
der Innenmembran beitragen und damit dem ganzen so zarten Faden
eine etwas größere Festigkeit (Aussteifung) verleihen. Bezeichnen wir
die Quercontractionskraft der letzteren im Normalzustand der Fäden
mit c, die, wie gezeigt, fast nur quer gerichtete Dilatationskraft der
Außenmembran mit d und den Turgordruck mit t, so würden wir im
natürlichen Zustande der nicht-apicalen Zellen haben:

$$c = t + d$$

und im turgorlosen Zustande befänden sich beide Membranen im
Spannungsgleichgewicht. Tatsächlich kontrahiert sich der Faden schon
bei Nachlassen des minimalen Turgordrucks deutlich. (Bei so kleinen
Zustandsänderungen des Fadens werden die fraglichen Kräfte praktisch
als konstant betrachtet werden dürfen.)

Ungeklärt bleibt nur der *spezifische Mechanismus* bei der Wirkung
der Spaltungsmittel, die den Zusammenhang beider Membranschichten
aufheben. Säuren und Laugen könnten dabei hydrolytisch auf eine
Kittsubstanz wirken, die letzteren außerdem auf diese wie auf die
Innenmembran verquellend. Darauf würde dann die Wirkung der
Laugen auch bei schwächeren Konzentrationen zurückzuführen sein.

Fraglich bleibt aber die Ursache der Wirkung von KNO_3, KNO_2, KSCN und NH_4NO_3. Da NO_3' und SCN' gemäß der Hofmeisterschen lyotropen Reihe als besonders quellungsfördernd gelten, könnte man auch hier an eine quellungsfördernde Wirkung auf die Kittsubstanz denken. Da sich aber auf Grund der Spaltung der beiden Salze nicht feststellen läßt, ob das Rhodanid wirksamer ist als das Nitrat und sich ebensowenig für die übrigen Neutralsalze, die keine Spaltung bewirken, eine bestimmte Anordnung ergibt, liegt zunächst kein zwingender Grund für diese Annahme einer quellungsfördernden Wirkung dieser Salze vor.

Die Wirkung des Kalisalpeters und auch der konzentrierten Säuren könnte auch auf ihrer Eigenschaft als Oxydationsmittel beruhen. Da aber andere Oxydationsmittel wie Kaliumchlorat, Kaliumpermanganat und Wasserstoffsuperoxyd keine Spaltung bewirken, wird in einer Oxydationswirkung die Ursache nicht zu suchen sein.

Sehr auffällig ist nun die Tatsache, daß *weder an natürlich abgestorbenen Fäden noch an solchen, die auf die verschiedenste Art und Weise abgetötet waren, sich durch die genannten Mittel noch eine Spaltung erzielen läßt.* Zur Abtötung wurden Flemmingsches schwaches Fixierungsgemisch, Sublimat, Chromsäure, Alkohol, Chloroform, Joddämpfe, Hitze und schließlich länger anhaltendes Einfrieren der Fäden benützt. Man muß daraus schließen, daß beim Tode auch in der Membran, zum mindesten in der inneren Schicht oder der Kittsubstanz tiefgreifende Veränderungen stattfinden, so daß sich, zumal schon *natürliches* Absterben die fragliche Wirkung hat, von selbst der Gedanke an die Beteiligung lebender Substanz an der Membranstruktur, wie sie z. B. HANSTEEN-CRANNER (1914 und 1922) und MAC DOUGAL (1923) bei anderen Pflanzen annehmen, aufdrängt.

Da unsere Vermutungen sogar soweit gingen, daß der inneren Membranschicht ein ganz vorwiegend *plasma*artiger Charakter zukomme, wurden Verdauungsversuche mit einem hervorragend wirksamen Trypsinpräparat angestellt: Zur Verwendung gelangten Fäden, deren Membran in einer 10proz. KNO_3-Lösung zur Spaltung gebracht worden war. Die so gespaltenen Fäden wurden zunächst in eine größere Menge der Verdauungslösung gebracht, um die anhaftende KNO_3-Lösung ganz auszuwaschen. Erst dann wurden sie in einen Tropfen frischer Verdauungslösung auf einen Objektträger übertragen. Die aufgelegten Deckgläser wurden mit Paraffin abgedichtet, und die fertigen Präparate im Thermostaten bei 37° C aufbewahrt.

Die Verdauungslösung bestand in einer Lösung, die etwa 0,3proz. Trypsin (Trypsin sicc. von Dr. G. Grübler & Co., Leipzig) und 5proz. Na_2CO_3 enthielt. Neben einem Kontrollpräparat mit Fibrin wurden noch zwei weitere Kontrollpräparate hergestellt, in deren einem das Ferment durch Hitze unwirksam gemacht worden war, während sich im zweiten nur reine Na_2CO_3-Lösung befand. In diesen beiden Präparaten blieben die Fäden unverdaut. Dagegen war in der wirksamen Trypsinlösung nach 24 Stunden — zum Teil auch schon früher — ein Teil der Plasmakörper *mitsamt der anliegenden inneren Membran verschwunden.* Daß auch die innere Membranschicht verdaut war, zeigten besonders deutlich einige genau aufgezeichnete Fadenstellen, bei denen nach der Spaltung die innere Membranschicht vom Plasma losgelöst sichtbar gewesen war: Hier war nach dem Versuch von der inneren Membranschicht nichts mehr zu sehen, während die äußere Schicht noch vollständig erhalten war.

Betreffs der verdauenden Wirkung des Trypsins auf Plasma, welche hier und auch bei anderen Pflanzen *direkt*, d. h. ohne Vorbehandlung desselben mit Äther, Chloroform und dergleichen hervortritt, und also älteren Feststellungen sowie den darauf aufgebauten weitgehenden Schlüssen über die chemische Struktur des Plasmas widerspricht, verweisen wir auf die nachfolgende Arbeit von A. WEIS (1925). *Hier interessiert uns vor allem die gleichzeitige Verdauung der Innenmembran.*

Wir halten uns demnach für berechtigt, auf ihren eiweiß- oder plasmaartigen Charakter zu schließen, der auch den festen, jede Plasmolyse ausschließenden innigen Verband von Plasma und Gesamtmembran verständlich macht. Vielleicht läßt sich die eigenartige Natur der Innenmembran am besten mit der sogenannten „Pellicula" gewisser Protozoen vergleichen. Dem widerspricht auch nicht ihre elastische Dehnbarkeit; möglicherweise ist sie nur ein noch ausgesprochener membranartiges Gebilde als das genannte Protozoenorganoid.

c) Die Schrumpfung.

Die Kenntnis der eigenartigen Membranverhältnisse ermöglicht nunmehr ein Verständnis der eingangs beschriebenen Schrumpfungserscheinungen. Wie aus S. 17 hervorgeht, befinden sich am turgorlosen Faden beide Membranschichten im Spannungsgleichgewicht. Am voll turgeszenten Faden ist dieses Gleichgewicht durch den nach außen gerichteten Turgor im Sinne des Ausdehnungsbestrebens der Außenmembran verschoben. Der ganze Faden ist also stärker gedehnt als im turgorlosen Zustand. Tritt durch Wasserentzug eine Turgorverminderung ein, so wird der Faden *eine Verkürzung* erleiden, bis beide Membranschichten wieder im Spannungsgleichgewicht stehen. Bei weiterem Wasserentzug kann aber, da die äußere Membran sich nur innerhalb der Turgordehnung elastisch verkürzen kann (vgl. S. 17) und, wie gezeigt, wegen des innigen Zusammenhanges von Plasma und Membran eine Plasmolyse unmöglich ist, eine Volumverminderung der Vacuole nur unter *Einfaltungen und Knickungen,* wie sie eingangs (S. 9, Abb. 1) beschrieben wurden, erfolgen, und zwar an solchen Zellen zuerst, die wegen ihres etwas *geringeren* osmotischen Wertes den Grenzzustand am raschesten erreichen.

Damit gelangen wir in den Bereich der Möglichkeit, diese *in dem Spannungsantagonismus der beiden Membranschichten und dem festen Verband von Plasma und Innenmembran begründete Schrumpfungserscheinungen als rein osmotische Vorgänge an der lebenden Zelle zu Messungen zu benutzen*, zu denen bei gewöhnlichen Objekten die typische Plasmolyse dient. Dies wird im folgenden näher zu begründen sein.

III. Diosmotische Versuche.
A. Allgemeines.

Will man den osmotischen Wert des Zellsaftes der *Beggiatoa*-Zellen bestimmen, so ist von vornherein zu erwarten, daß dieser ein recht erheblicher sein muß, da der Faden in einem Medium von hohem osmotischen Wert lebt und sich aus diesem Medium mit Wasser versorgen muß. Der gesamte osmotische Wert des Zellsaftes wird sich nun zusammensetzen aus einer Größe, die dem osmotischen Wert des umgebenden Mediums entspricht, und einem gewissen Überwert über dieses.

Der osmotische Wert des umgebenden Mediums läßt sich aber aus der Gefrierpunktserniedrigung des Arternwassers ohne Schwierigkeit berechnen. Diese ergab sich aus einer Anzahl von Messungen als

$$\varDelta = 2{,}196° \text{ C},$$

das würde nach der Formel

$$P_t = 12{,}05 \cdot \varDelta \cdot \frac{273 + t}{273 - \varDelta}$$

(RENNER, 1912), wobei P_t den osmotischen Druck der Lösung bei $t°$ bedeutet, für eine Temperatur von 18° C einen dem Druck von 28,4 *Atmosphären* entsprechenden osmotischen Wert für das Arternwasser ergeben.

Zur Bestimmung des osmotischen Überwertes der Zellen würde nun die „plasmolytische[1]“ Grenzkonzentration zu bestimmen sein. Die Differenz zwischen dem osmotischen Wert dieser Grenzlösung und dem des Arternwassers ergäbe dann den osmotischen Überwert der Fäden. Anstatt nun das reine Plasmolyticum in den für diese Bestimmungen nötigen, verhältnismäßig hohen Konzentrationen auf die Fäden wirken zu lassen, was schon deshalb, weil die Fäden in solchen reinen Lösungen sogleich geschädigt werden, unstatthaft ist, werden wir zweckmäßig das Plasmolyticum *im Arternwasser* lösen und mit dieser Lösung die „plasmolytische“ Grenzkonzentration bestimmen. Dann ergibt der

---

[1] Es wird zunächst von der Besonderheit von *Beggiatoa*, daß an Stelle einer Plasmolyse nur Schrumpfungen auftreten, abgesehen.

osmotische Wert des zugesetzten Plasmolytikums direkt den osmotischen Überwert des Zellsaftes.

Das für eine solche Bestimmung verwendete Plasmolyticum muß nun aber ein ganz unschädlicher, möglichst wenig permeierender, chemisch indifferenter Stoff sein, am besten ein Nichtelektrolyt. Weiter unten (Abschnitt IIID) wird genauer zu zeigen sein, daß in die lebende ungeschädigte *Beggiatoa*-Zelle fast *alle Stoffe*, zum Teil sogar erstaunlich leicht *permeieren*, in noch weit höherem Maße als es A. Fischer (1891, 1894) bei seinen Bacterien fand, und Janse (1887), Drews (1895), Kotte (1914) an Meeresalgen beobachteten.

Verhältnismäßig sehr langsam unter den brauchbaren (d. h. genügend löslichen und unschädlichen) Stoffen permeiert Raffinose. Der speziellen Darstellung der angewendeten Methodik vorgreifend seien gleich die Resultate dieser grenzplasmolytischen Bestimmung mit Raffinose angeführt. Die Raffinose wurde in Arternwasser gelöst, und die Messung ergab darauf eine plasmolytische Grenzkonzentration von 0,00 015 G.M. Das bedeutet also den erstaunlich geringen osmotischen Überwert über dem Arternwasser von 0,00 336 *Atmosphären*. Mit einigen anderen ähnlich brauchbaren Stoffen wurde **genau** derselbe Wert gemessen, welcher somit trotz seiner Kleinheit als zuverlässig bezeichnet werden muß.

Nun wird höchstwahrscheinlich nur dieser minimale Überwert des Zellsaftes durch zelleigene Stoffe aufgebracht, während die Hauptmenge des Zellsaftes, dessen osmotischer Wert den des außen umgebenden Mediums kompensiert, im wesentlichen die gleiche Zusammensetzung haben dürfte wie das Arternwasser. Dies schließen wir aus der überaus hohen Permeabilität der Fäden für die einzelnen Bestandteile des Arternwassers, speziell auch für das NaCl (siehe Tab. 6, S. 32), wie sie unseres Wissens von keinem anderen daraufhin geprüften Organismus auch nur annähernd erreicht wird. Daß sich *Beggiatoa* dauernd auch nur partiell, gegen das Eindringen dieser Stoffe wehren könnte, ist danach nicht anzunehmen. Vielmehr wird bei Differenzen im Binnen- und Außengehalt rascher Ausgleich eintreten. Demgemäß wird auch bei Änderungen im Salzgehalt des Außenmediums, die im Binnenlande (Artern in Thür.) durch Regengüsse oder Trockenheit leicht eintreten können, das osmotische Gleichgewicht sich rasch und einfach ohne Neubildung oder Abbau zelleigener, osmotisch wirksamer Substanzen neu einstellen können.

B. Methodisches.

a. Das Verhalten des Objekts.

Richten wir aber nun einmal unsere Aufmerksamkeit auf die *praktische Durchführung* solcher Messungen in Rücksicht auf die eigenartigen, oben dargestellten Verhältnisse bei *Beggiatoa*, vor allem auf das an Stelle einer Plasmolyse auftretende Schrumpfen und „Knicken" der Fäden.

Wir erinnern uns (S. 19), daß diese Knickungen sogleich auf einen Wasserentzug hin eintreten, der über den Zustand der Membranentspannung hinausführt. Somit sind diese Knickungen mit dem beginnenden Abheben des Plasmas von der Membran bei der Grenzplasmolyse direkt vergleichbar. Das beweisen oft wiederholte Parallelversuche mit den gleichen osmotisch wirksamen Außenstoffen, die immer wieder dieselben Grenzwerte ergaben und nicht zum letzten die für die Permeierfähigkeit der Nichtelektrolyte gefundene wichtige Gesetzmäßigkeit.

Will man nun diese Erscheinung an Stelle der Plasmolyse zu osmotischen Messungen verwenden, so hat man nur auf folgendes Rücksicht zu nehmen:

Beim Durchsaugen von Lösungen durch die Präparate (ein Übertragen von Flüssigkeit zu Flüssigkeit kommt natürlich nicht in Frage) reißen sich einzelne Fadenteile leicht von der Unterlage los und werden dann in Richtung der Strömung mehr oder weniger gebogen und gekrümmt. Wegen der verhältnismäßig geringen mechanischen Festigkeit der Fäden kann es dabei leicht zu Knickungen an der Konkavseite kommen, die nicht osmotischer Natur sind. Diese werden daher beim Nachlassen der Strömung sofort ausgeglichen, während die typisch osmotischen Knickungen auch dann noch erhalten bleiben. Außerdem treten diese in ganz charakteristischer Weise, anscheinend in bestimmter Entfernung voneinander, meist abwechselnd auf beiden Seiten des Fadens auf und sind dadurch schon von den Knickungen durch Strömung zu unterscheiden. Stets ist eine Knickung von osmotischer Natur, sobald sie *gegen* die Strömung gerichtet auftritt.

Auf alle Fälle einwandfrei bleibt aber das andere Merkmal, die Einkerbungen zwischen zwei Quermembranen, und da meist beide Erscheinungen zugleich an demselben Faden auftreten, ist die osmotischen Wirkung einer zugefügten Lösung eindeutig zu erkennen.

Für eine völlig genaue *Messung des Turgordruckes* der Fäden müßte natürlich theoretisch die den Einkerbungen vorhergehende völlige Membranentspannung in Rechnung gestellt werden, die wegen der außerordentlichen Elastizität und Zartheit der Membranen trotz des geringen Turgors (vgl. S. 21) etwa 10 vH. beträgt. Für *Permeabilitätsstudien* aber handelt es sich nur darum, ob der Beginn des Knickens einen eben so scharf definierten und konstanten Grenzwert kennzeichnet, wie es bei der sogenannten „Grenz"plasmolyse gewöhnlicher Zellen der Fall ist. Daß die Knickungen dieser Forderung tatsächlich Genüge leisten, wurde bereits (S. 21) hervorgehoben.

Das *Prinzip dieser Permeabilitätsmessungen* war nun folgendes: Es wurde die Zeit gemessen, innerhalb der sich die in der hypertonischen Lösung eines Stoffes an einem Faden auftretenden Knickungen und Einkerbungen vollständig ausgeglichen hatten. Da die Schrumpfungen, ganz gleich ob stark oder schwach hypertonische Lösungen zur Anwendung kamen, fast überall momentan, d. h. sobald die Lösung an den Faden herantrat, erscheinen, so wird einfach die Zeit vom Beginn des Einwirkens des Plasmolytikums bis zum Ausgleich der Schrumpfungen bestimmt. Beide Punkte sind bei geeigneter Versuchsanordnung genau bestimmbar, und so ist auch ein genaues Messen dieses Zeitintervalls möglich. Innerhalb dieser Zeit wird aber, da in der Außenlösung die zu untersuchenden Stoffe im Arternwasser gelöst geboten werden, und daher, wie wir schon oben sahen, nur diese osmotisch wirksam sind, die Menge der von außen gebotenen Gramm-Moleküle des zu untersuchenden Stoffes eingedrungen sein, wobei sich selbstverständlich diese Mengen auf das Volum der Zellflüssigkeit beziehen (FITTING 1917). Durch Berechnung der in der Zeiteinheit aufgenommenen Gramm-Moleküle erhält man dann Durchschnittswerte, die einen Vergleich der einzelnen Stoffe untereinander gestatten. Bei der Berechnung dieser Werte konnte der äußerst winzige Turgordruck der Fäden unberücksichtigt bleiben.

Da in manchen Fällen die Wasserlöslichkeit der Stoffe zu gering war, oder diese in den erforderlichen Konzentrationen bereits schädlich wirkten, um, wie es sonst meist geschah, diejenige Außenkonzentration zu ermitteln, in welcher gerade nach fünf Minuten ein Rückgang der Erscheinung eingetreten war, mußten unter solchen Umständen die „Momentanwerte" für den Vergleich der Durchtrittsfähigkeit der Stoffe genügen, d. h. diejenigen Minimalkonzentrationen, in denen ein sofortiger Rückgang des „Knickens" erfolgte. Diese Werte konnten dann zur Berechnung der Permeabilitätskoeffizienten (LEPESCHKIN 1909, TRÖNDLE 1910) benutzt werden, wobei nur wegen des Fehlens eines im strengsten Sinne importunfähigen Stoffes der diesen am nächsten kommende, also als Vergleichsstoff die am langsamsten permeierenden Raffinose verwendet wurde, welche praktisch dieselben Dienste leistet.

Permeabilitätsmessungen nach der *plasmolytischen Methode,* wie sie FITTING (1915, 1917, 1919) weitgehend ausgearbeitet hat, kamen dagegen hier nicht in Betracht, denn es war ein Maßstab für den jeweiligen Schrumpfungsgrad nicht gegeben.

Nun erhebt sich aber die Frage, ob wirklich der *Rückgang und schließliche Ausgleich einer Schrumpfung durch das Eindringen* des außen gebotenen Stoffes bedingt sein muß. So könnte — vorausgesetzt, daß nicht gar Schädigungen der Zelle im Spiele sind — ein Ausgleich auch dadurch zustande kommen, daß nicht das außen gebotene Plasmolytikum permeiert, sondern daß ein Bestandteil des mit der Außenlösung gebotenen Arternwassers in die Zelle eindringt und den Ausgleich bedingt, und schließlich konnte ein solcher auch durch Anatonose bewirkt werden.

Beide Einwände lassen sich leicht widerlegen. Im ersten Falle, einigermaßen angenähert aber wohl auch im zweiten, könnte man erwarten, daß bei Darbietung osmotisch gleichwertiger Lösungen ganz verschiedener Stoffe und völliger Impermeabilität der Fäden für diese Stoffe, der Ausgleich im gleichen Zeitintervall erfolgen müßte, was aber den Tatsachen nicht im entferntesten entspricht. Oder man müßte umgekehrt erwarten, daß Lösungen, in denen die anfänglich durch sie bewirkten Schrumpfungen auf eine dieser beiden Arten in gleichen Zeiten ausgeglichen werden, auch osmotisch gleichwertig sind. Damit stimmen aber die Befunde an *Beggiatoa* ebensowenig überein. So waren folgende Konzentrationen von Harnstoff und Rohrzucker nötig um einen Ausgleich der momentan eingetretenen Schrumpfungen binnen 5 Minuten zu erzielen:

Rohrzucker 0,00 033 G.M.
Harnstoff   1,48   G.M.

Die Differenz in den osmotischen Werten dieser beiden Lösungen ist so auffallend (sie beträgt etwa das 8200fache), daß an beide Erklärungsmöglichkeiten gar nicht gedacht werden kann. Eine Anatonose wird außerdem schon durch die kurzen Zeiten, innerhalb derer ein Ausgleich anfänglicher Schrumpfungen erfolgt, ausgeschlossen. *Wir können daher den Rückgang der Schrumpfungen nur auf die Permeabilität der Zellen für die jeweiligen Stoffe zurückführen*, falls die Permeabilität der Fäden, und insbesondere, wenn sie so hoch ist wie im Falle des Harnstoffes, nicht nur durch eine Schädigung (pathologische Durchlässigkeitserhöhung, Exosmose) seitens der von außen gebotenen Lösungen vorgetäuscht wurde. Wie schon in der Einleitung betont, wurde diesem Punkte ganz besonders sorgfältige Beachtung gewidmet. Die Fäden von *B. mirabilis* bieten in ihrer Beweglichkeit ein sicheres Kriterium dafür, daß sie sich vollständig im normalen Zustand befinden. Die Fäden wurden daher nach den Versuch n, d. h. nach erfolgtem Ausgleich, weiter beobachtet, und es zeigte sich, daß sie im Falle der Unschädlichkeit der angewandten Stoffe und Konzentrationen immer beweglich waren. Erst einige Zeit später, je nach der spezifischen Wirkung der Stoffe, stellten dann die Fäden die Bewegung ein und begannen mehr oder minder rasch zu zerfallen. Von den im folgenden untersuchten Salzen wirkten verhältnismäßig rasch schädlich die Magnesiumsalze und NaCl. Bei diesen wurde die Bewegung durchschnittlich 1—2 Stunden nach Beendigung des Versuches eingestellt. Im allgemeinen trat jedoch in Salzlösungen ein Stillstand der Bewegung erst nach 2—4 Stunden ein, bei organischen Stoffen (siehe S. 38) blieben die Fäden sogar oft bis zum nächsten Tage beweglich.

Schließlich spricht auch die folgende Tatsache gegen eine durch

Schädigung gesteigerte Permeabilität der Fäden: Man kann innerhalb der gleichen Zeit, in der ein Stoff in den Faden eindringt, ihn durch Zufügen einer großen Menge reinen Arternwassers auch wieder „auswaschen". An solchen „ausgewaschenen" Fäden kann man die Messung der gleichen Lösung auch ein zweites und drittes Mal vornehmen. Dies wurde häufig und in allen zweifelhaften Fällen durchgeführt. Da bei der zweiten und dritten Messung die Fäden bereits dem Einflusse der zu untersuchenden Lösung ausgesetzt waren, hätte man erwarten müssen, daß bei einer Schädigung des Plasmas durch die Lösung in den letzten beiden Messungen die Ausgleichszeiten etwas kleiner seien oder die Grenzkonzentrationen höher ausfielen als beim ersten Versuch. Dies war tatsächlich schon bei wenig schädlichen Stoffen zu beobachten, welche alsdann für die weiteren Studien unberücksichtigt blieben. Die Resultate aller drei Messungen mit den Stoffen, die unseren allgemeinen Schlußfolgerungen zugrunde liegen, waren aber gleich. Im einzelnen sei hier auch auf die einschlägigen Bemerkungen auf S. 40 bei der Behandlung der organischen Stoffe hingewiesen. Wir müssen also *die an den Fäden gemessenen Permeabilitäten als den normalen Verhältnissen entsprechend ansehen, sie sind nicht durch einen schädigenden Einfluß der gebotenen Stoffe abnorm erhöht,* und beim Rückgang des „Knickens" der Fäden ist auch keine pathologische Exosmose im Spiele.

Für die Konzentration der zu den Permeabilitätsmessungen verwendeten Lösungen gaben die für jeden Stoff vorher ausgeführten Bestimmungen der Grenzkonzentrationen[1]) Anhaltspunkte. Zur Bestimmung der Grenzlösungen sei hier noch ganz allgemein gesagt, daß diejenige Mindestkonzentration als Grenzkonzentration angesehen wurde, bei der an etwa 50 vH. der untersuchten Fäden die Knickungen und Einkerbungen auftraten. Die nächst tiefere Konzentration läßt dann entweder bei keinem Faden oder nur bei vereinzelten die Knickungen in Erscheinung treten, die nächst höhere dagegen bei allen oder wenigstens bei mehr als 50 vH. der Fäden.

b. Die Lösungen.

Die bei den Versuchen verwendeten Lösungen wurden alle volumnormal in Arternwasser (vgl. S. 20) hergestellt. Für Permeabilitätsmessungen besteht bekanntlich eine gewisse Schwierigkeit, ob die Lösungen gewichts- oder volumnormal hergestellt werden sollen. RENNER (1912, S. 498) macht darauf aufmerksam, daß eine Verwendung volumnormaler Lösungen bei geringen Permeabilitäten irreführend wirken kann. Da aber anderseits gewichtsnormale Lösungen sich in einfachen Volumverhältnissen nicht verdünnen lassen, emp-

---

1) Der Ausdruck ist hier und im folgenden auf die zum Eintreten des „Knickens" notwendige Minimalkonzentration zu beziehen und vertritt infolge des Fehlens einer eigentlichen Plasmolyse die „plasmolytische" Grenzkonzentration der anderen Objekte.

fiehlt er doch volumnormale Stammlösungen zu verwenden, und die räumlichen Konzentrationen in numerische umzurechnen (S. 494). FITTING (1915) verwendet gewichtsnormale Stammlösungen, verdünnt sie aber volumnormal. In seiner Arbeit 1919 wird eine „volummolare" Stammlösung volumnormal verdünnt. Der Ausdruck „volummolar" ist nicht ganz klar.

Da für die folgenden Versuche gleich die Stammlösungen der hochmolekularen Stoffe meist schon $^1/_{100}$ n oder zum Teil sogar $^1/_{1000}$ n hergestellt wurden, können die Konzentrationsunterschiede zwischen volum- und gewichtsnormalen Werten als ganz unerheblich bezeichnet werden. Die Grenzlösungskonzentration für Saccharose wurde mit 0,00025 vn bestimmt, das entspricht einer 0,0002500625 gn-Konzentration, eine Differenz, die ohne weiteres vernachlässigt werden kann. Bei Stoffen mit geringerem Molekulargewicht wurden meist n oder höchstens $^1/_{10}$ n Stammlösungen hergestellt, doch wird der bei ihnen an sich größere Unterschied zwischen volum- und gewichtsnormal in den Versuchen wegen der meist überaus hohen Permeabilität der Fäden für diese Stoffe ganz bedeutungslos. Es ist daher von einer Umrechnung der gefundenen volumnormalen Grenzkonzentration Abstand genommen worden; die jeweiligen Konzentrationen werden unten als grammolekulare bezeichnet.

Die volumnormal hergestellte Stammlösung wurde zunächst auf eine Zwischenkonzentration verdünnt, aus der die Grenzlösungen hergestellt wurden. Es wurde dabei eine Bürette mit Schellbachstreifen benutzt, die eine Ablesung bis auf $^1/_4$ Teilstrich = 0,025 ccm zuließ, und eine Maßpipette, die ein sicheres Ablesen bis auf $^1/_2$ Teilstrich = 0,05 ccm ermöglichte. Doch ließ sich durch Herstellung verschieden großer Mengen der Grenzlösungen leicht erreichen, daß höchstens zehntel, meist sogar nur ganze oder halbe Kubikzentimeter abzumessen waren.

c. Apparatur und Ausführung der Messungen.

Für die Bestimmung der Grenzkonzentrationen wurden kleine Kammern verwendet, die auf folgende Weise hergestellt waren: Halbierte Deckgläser (Abb. 7 a) wurden mit einer sehr feinen Paraffinschicht auf einen Objektträger so gegeneinander aufgekittet, daß sie eine etwa 3—4 mm breite Rinne (Abb. 7 b) in der Längsrichtung des Objektträgers freiließen. Über diese schmale Rinne wurde ein ganzes Deckglas gelegt und auf den halben Deckglasstücken mit Paraffin festgekittet. Dabei war darauf zu achten, daß die Paraffinschicht so dünn wie nur möglich war und vollständig bis an die Rinne heranging, diese selbst aber völlig paraffinfrei blieb.

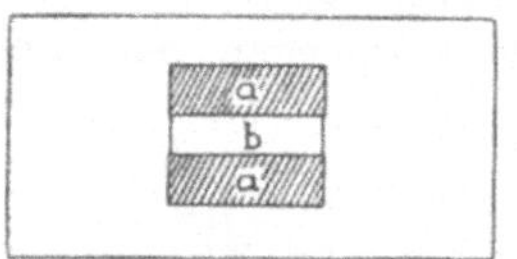

Abb. 7. Objektträgerkammer zur Bestimmung der Grenzkonzentration. *a* halbierte Deckgläser, *b* Strömungsrinne.

Mittels eines schmalen Fließpapierstreifens und einer kleinen Saugpipette wurden größere aus zahlreichen *Beggiatoa*-Fäden bestehende Flocken in diese Kammer eingesaugt, und die so fertig gemachten Präparate im feuchten Raum bei Tageslicht für etwa 1 Stunde stehen gelassen. Während dieser Zeit lösten sich die Flocken meist zu einer größeren Anzahl einzeln kriechender Fäden auf, die schließlich fest am Substrat saßen. Bei Beginn eines Versuches wurde zunächst mit einem Fließpapierstreifen in ziemlich starkem Strom reines Arternwasser durchgesaugt. Dadurch wurden außer den Schmutzpartikeln auch alle lose anhaftenden Fäden weggespült, so daß man dann beim Durchsaugen der Versuchslösung einigermaßen sicher war, daß der einmal eingestellte Faden nicht mehr fortgespült wurde. Die Verwendung dieser Kammern ermöglichte und gewährleistete ein wirkliches Durchsaugen der Versuchslösung und verhinderte, daß diese, wie es bei lose aufliegenden Deckgläsern leicht der Fall ist, nur außen um das Deckglas herum fließt und nur langsam in das Präparat eindringt. Für eine ganze Gruppe von Untersuchungen wurde stets Material gleicher Kulturen verwendet.

Für die Ausführung der Permeabilitätsmessungen aber genügten

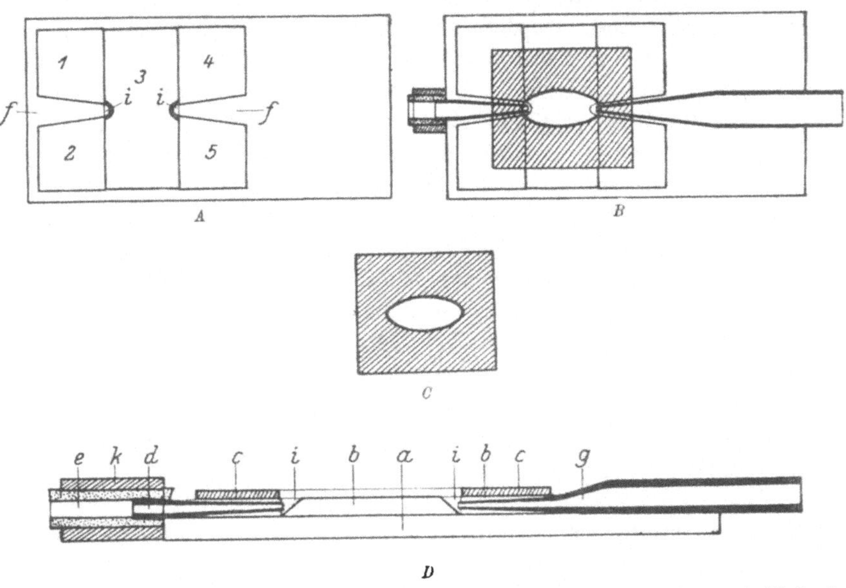

Abb. 8. Strömungskammer für Permeabilitätsmessungen. *A—C* vgl. Text, *D* Längsschnitt durch die Mitte der Kammer: *a* Objektträger, *b* aufgekittete Glasstücke, *c* aufgekitteter Deckglasring, *d* Zuflußröhren, *e* (Ventil-)Gummi, *g* Abflußrohr, *i* abgeschrägte Stellen am mittelsten aufgekitteten Glasstück (A₃), *k* Festigungsröhrchen.

auch diese Kammern nicht, da für diese Messungen folgendes zu berücksichtigen war: Das Plasmolyticum mußte *möglichst rasch und vollständig* (ohne anfängliche Verdünnung oder Vermischung mit der ursprünglichen Flüssigkeit) an den Faden herangebracht werden, während die Fäden dauernd beobachtbar bleiben mußten. Dazu wurde die folgende Apparatur notwendig:

Auf einen breiten Objektträger wurden fünf aus einem dicken Objektträger geschnittene Glasstücke mit Canadabalsam aufgekittet. Form und Anordnung dieser Stücke zeigt Abb. 8 *A*. Das große Mittel-

stück war an den mit i bezeichneten Stellen schräg eingefeilt. In der
Rinne f (Abb. 8 A) wurde eine capillar ausgezogene Glasröhre mit
Paraffin und Siegellack so befestigt, daß die Mündung genau an die
mit i bezeichnete abgeschrägte Stelle des Mittelstückes zu liegen kam.
Die Capillare darf nicht zu fein sein, darf aber anderseits nicht über
die aufgekitteten Glasstücke herausragen. Außerhalb der Rinne ging
die Capillare rasch in die Dicke der Glasröhre über, die etwa 1—1 $^1/_2$ cm
über den ganzen Objektträger herausragte. Dieses Röhrchen diente
als Abflußrohr der Kammer. In der gegenüberliegenden Rinne f'
wurde nun in ganz ähnlicher Weise als Zuflußröhrchen eine Capillare
eingelegt, die aber nach außen zu höchstens zu 2—3 mm Dicke zunahm
und etwa 3—4 mm über den Objektträgerrand herausragte. Über dieses
herausragende Ende wurde ein ganz dünner Gummischlauch gezogen
— es wurde der für Fahrräder verwendete Ventilgummi benutzt —
von etwa 7—8 mm Länge. Um der ganzen Zuflußröhre mitsamt der
Gummiverbindung größeren Halt zu geben wurde ein kleines Stück
Glasrohr von der Länge des Gummis, über diesen bis an den Objektträger herangeschoben und mit diesem durch Siegellack fest verbunden
(Abb. 8 Dk). Die Capillaren müssen in den Rinnen ganz in Paraffin
eingebettet liegen, so daß keine Hohlräume vorhanden sind. Auf dem
so vorbereiteten Objektträger (Abb. 8 B) wird nun mit Paraffin ein
Deckglas befestigt, in das die in Abb. 8 C angegebene Öffnung durch
Flußsäure eingeätzt war. Das Deckglas muß so aufgelegt sein, daß die
Mündungen der Capillaren genau unter die Spitzen der ausgeätzten
Deckglasöffnungen zu liegen kommen. Mit einem vollen Deckglas
konnte dann diese Kammer mit Hilfe von chemisch reiner Vaseline
vollständig geschlossen werden.

Diese so hergestellten Strömungskammern hatten den Vorteil, daß
der Kammerraum vor allem in seiner Höhe auf ein Minimum beschränkt
war, und man so auch mit stärkeren Objektiven an die Objekte
herangelangte. Außerdem war bei geeigneter Versuchsanordnung ein
dauerndes Durchströmen möglich. Die Versuchsanordnung war folgende:
Die ganze Kammer ist mit Objektklammern auf dem Objekttisch des
Mikroskops so befestigt, daß das Abflußrohr über den Rand des Objekttisches herausragt und abtropfen kann, während die eigentliche Kammer
im Zentrum des Tisches liegt. Links vom Mikroskop befinden sich an
einem Stativ zwei Tropftrichter, der eine mit gewöhnlichem Arternwasser, der andere mit der Versuchslösung gefüllt. Die Trichter führen
durch je eine Gummiverbindung in je eine Glasröhre mit Glashahn, die
in Höhe des Mikroskoptisches an einem zweiten Stativ horizontal befestigt sind. Jede dieser Röhren trägt am anderen Ende einen etwa
3—6 cm langen Gummischlauch, der in ein spitz ausgezogenes Glasröhrchen mündet. Dessen Spitze kann fest in die Gummiverbindung

des Zuflußröhrchens an der Kammer eingeschoben werden, wodurch ein rasches Wechseln der Lösungen möglich wird. Die Strömungsgeschwindigkeit wurde für eine ganze Versuchsreihe durch die Stellung der Trichterhähne reguliert. Das Unterbrechen der Strömung geschah durch die Hähne an den Glasröhren. Die Schlauchstücke zwischen diesen Röhren und der Kammer ermöglichen ein leichtes Wechseln der Lösungen und Verschieben des Objekttisches.

Das Füllen der Kammer geschah meist durch Einsaugen des Materials durch die Zuflußöffnung; nur wenn das Deckglas der Kammer abgehoben war, wurde letztere vereinzelt direkt gefüllt und dann erst mit dem Deckglas geschlossen. Die *fertig gemachten* Präparate wurden aus den gleichen Gründen wie auf S. 26 erwähnt, für etwa eine Stunde im feuchten Raum gehalten und kamen erst dann zur Verwendung. Zu Beginn eines Versuches wurde stets unter starker Strömung Arternwasser durch die Kammer geschickt, um die lose sitzenden Fäden wegzuspülen. Noch während dieses Durchströmens der Kammer wurden geeignete Fäden im Mikroskop eingestellt und auf ihre Beschaffenheit und Verhalten beobachtet. Waren die Fäden normal, d. h. waren keine auffallenden kranken oder zerfallene Zellen an ihnen, so wurden sie zur Untersuchung verwendet. Bei gutem Material glückt es öfter, die Permeabilitätszeit mehrerer Fäden gleichzeitig zu messen.

Die Lösungen wurden möglichst rasch, aber sehr vorsichtig gewechselt, wobei jede Strömung abgestellt war. Erst nach dem Wechseln wurde die Strömung wieder angestellt. Die durchschnittliche Strömungsdauer betrug, sofern ein Versuch nicht schon vorher beendet war, mindestens 1 1/2, meist sogar 2 Minuten. Damit ergab sich volle Garantie, daß die erste Lösung vollständig entfernt war. Denn aus Versuchen, Arternwasser, das ungefähr einen Chloridgehalt von 3 vH. hat, durch destilliertes Wasser zu verdrängen, hatte sich ergeben, daß das aus der Abflußröhre tropfende Wasser bei nicht zu starker Strömung — etwa alle 2—3 Sekunden ein Tropfen — schon nach 45 Sekunden fast keine Reaktion mit Silbernitrat mehr gab. Wenn man bedenkt, daß der gesamte Hohlraum der Kammer, also mit Zu- und Abflußrohr in dieser Zeit fast chlorfrei war, daß das Abflußrohr aber mindestens 3/4 dieses gesamten Hohlraums ausmacht, so muß die eigentliche Kammer spätestens im Viertel dieser Zeit von der neuen Lösung vollständig durchspült sein, also etwa in 10 Sekunden. Da sich aber zeigt, daß bei den Versuchen meist schon nach 3—5 Sekunden die Schrumpfung erfolgt, so wird das Verdrängen der ersten Lösung in noch kürzerer Zeit als 10 Sekunden vor sich gehen. Infolgedessen wurde als Beginn eines Versuches stets das Einschalten der Strömung angesehen, und zu diesem Zeitpunkt eine Stoppuhr eingeschaltet.

Ganz kurz sei hier schließlich noch ein Wort über die Brauchbarkeit

der Methodik und die Wahrung der Objektivität der Messungen gesagt:
Es gelang bei der Verwendung dieser Methode mit Hilfe der Permeabilitätsmessungen auf einen bei der Herstellung der untersuchten Lösungen
gemachten kleinen Rechenfehler aufmerksam zu werden, auch wurde
auf eine zunächst übersehene, schwache bacterielle Zersetzung bei einer
der untersuchten Lösungen durch eine derartige Permeabilitätsbestim-
mung bemerkt. Dabei sei hier gleich bemerkt, daß die Untersuchungen
der organischen Stoffe, um ein Einwirken von Bacterien auszuschließen,
alle am Tage der Herstellung der Stammlösungen vorgenommen wurden.
Um die Objektivität der Messungen zu prüfen, wurden dem Versuchs-
ansteller (HOFFMANN) numerierte Lösungen unbekannter Konzentrationen von Stoffen, die teils schon untersucht waren, teils zum ersten
Male bestimmt wurden, gegeben. Bei den Wiederholungsversuchen
führten auch diese Bestimmungen stets zu den früher gefundenen
Resultaten.

C. Permeabilitätsbestimmungen an Salzen.

a) *Lebende Fäden.*

In der Wahl der zu untersuchenden Salze war eine gewisse Be-
schränkung durch das als Lösungsmittel notwendig zu verwendende
Arternwasser geboten. So schieden von vornherein alle Sulfate aus, da
diese mit dem Ca-Ion des Lösungsmittels unlösliche Niederschläge
bildeten, desgleichen alle Oxalate und Tartrate; ferner alle Barium-,
Calcium- und Strontiumsalze, da diese mit dem SO_4-Ion des Arternwassers reagierten.

Als Beispiel sei hier der Kürze halber nur die Messung an einem Salze
(KCl) genauer ausgeführt. In der Tabelle 3 bedeutet „+ = Reaktion"
das Eintreten, „— = Reaktion" das Ausbleiben der Schrumpfung. Da
nun diejenige Konzentration als Grenzlösung gelten soll, in der rund

Tabelle 3. KCl.

1. Konzentration in G.M.	2. Anzahl der unter- suchten Fäden	3. + = Reaktion	4. — = Reaktion
0,2	14	100 vH.	0 vH.
0,15	11	82 „	18 „
0,1	19	37 „	63 „
0,05	18	6 „	94 „

50 vH. der Fäden die Schrumpfung zeigen, die anderen 50 vH. noch nicht
so ergibt sich, daß für KCl die Grenzlösung zwischen 0,1 G.M. und
0,15 G.M. liegt, und zwar etwas näher an 0,1 G.M. heran. Da es bei
sehr stark permeierenden Stoffen — wie sie die Salze meist darstellen —
die Schrumpfung in der 0,2 G.M. KCl-Lösung wurde durchschnittlich
schon in 20 Sekunden ausgeglichen — keinen Zweck hat, feiner ab-

gestufte Lösungen zu verwenden, so bleibt nur durch Interpolation die Grenzlösung noch etwas genauer zu bestimmen. Für KCl würde sich dann rund 0,12 G.M. als Grenzlösung ergeben.

Auf gleiche Art wurden noch einige andere Salze untersucht, deren Grenzwerte in Tabelle 4 zusammengestellt sind.

Tabelle 4.

1. Salze	2. Konzentration der Grenzlösung in G.M.
KCl	0,12
NaCl	0,15
NH_4Cl	0,175
$MgCl_2$	0,055
KNO_3	0,25
$NaNO_3$	0,25
NH_4NO_3	0,20
$Mg(NO_3)_2$	0,095
KSCN	0,40
K-Acetat	0,035
K-Citrat	0,0003

Vergleicht man die Konzentrationen der Grenzlösungen untereinander, so ist man überrascht, wie außerordentlich verschieden sie sind. Wollte man daraus für die Fäden den osmotischen Überdruck über dem reinen Arternwasser berechnen, so käme man zu Resultaten, die miteinander gänzlich unvereinbar wären. Für KNO_3 z. B. würde sich ohne Berücksichtigung der den Knickungen vorhergehenden Volumabnahme der Fäden durch Contraction (S. 22) und ohne Berücksichtigung irgendwelcher durch das Arternwasser bedingter Dissoziationsänderung der Salzlösung ein osmotischer Überwert von etwa 8,5 Atmosphären ergeben, für Kaliumcitrat dagegen nur ein solcher von 0,018 Atmosphären. Es liegt auf der Hand, daß diese außerordentlichen Differenzen in der verschiedenen Permeabilität des Plasmas für die einzelnen Stoffe begründet sein müssen.

Ordnet man nun die oben gefundenen Werte der K-Salze nach fallenden Konzentrationen der Grenzlösungen, so wie es in Tabelle 5 geschehen ist, so ergibt sich die bekannte lyotrope Reihe der Anionen.

Tabelle 5.

1. Salze	2. Grenzlösung in G.M.
KSCN	0,40
KNO_3	0,25
KCl	0,12
K-Acetat	0,035
K-Citrat	0,0003

Diese lyotrope Reihe lautet (nach HÖBER 1922):
$$SCN > J > Br > NO_3 > ClO_3 > Cl > Acetat > Citrat > Tartrat > SO_4$$

Das Verhalten der Kationen, die sich nach der Hofmeisterschen Reihe wie folgt ordnen:
$$NH_4 > K > Na > Li > Mg > Ca > Sr > Ba$$

zeigt sich dagegen, wie dies auch sonst häufig beobachtet ist, vielfach durch das zugehörige Anion beeinflußt.

Die gleiche Anordnung der Salze tritt nun aber auch bei den folgenden Permeabilitätsmessungen entgegen: Es wurden für jede Lösung

die Permeabilitäten von durchschnittlich 15—20 Fäden gemessen und
aus den dabei erhaltenen Ausgleichszeiten die Durchschnittswerte berechnet. Da sich die zum Ausgleich der Schrumpfungen nötige Zeit
meist bis auf 5—10 Sekunden genau feststellen läßt, sind die Zeitwerte
auf 5 Sekunden abgerundet. Die Resultate der Messungen an Salzen
sind in Tabelle 6 zusammengestellt:

Tabelle 6.

1. Salze	2. Anzahl der untersuchten Fäden	3. Konzentration der plasmolyt. Grenzlösungen in G.M.	4. Konzentration der Versuchs- lösungen in G.M.	5. Ausgleichs- zeiten	6. In einer Minute aufgenommen G.M.
KNO_3	19	0,25	0,4	1' 45''	0,226
$NaNO_3$	16	0,25	0,4	1' 40''	0,247
NH_4NO_3	17	0,2	0,4	1' 30''	0,264
$Mg(NO_3)_2$	22	0,095	0,4	4' 25''	0,091
KCl	21	0,12	0,4	3' 5''	0,13
$NaCl$	17	0,15	0,4	3' 50''	0,104
NH_4Cl	14	0,175	0,4	3' —	0,131
$MgCl_2$	13	0,055	0,4	16' 10''	0,025
K-Acetat	23	0,035	0,285	11' 35''	0,024

Vergleicht man die Werte in der Spalte 6 untereinander, so zeigt
sich auch hier, daß die Nitrate viel leichter permeieren als die Chloride,
fast doppelt so leicht und um ein Vielfaches leichter als das Acetat.
Das bestätigt aber das mit den Grenzlösungen gewonnene Resultat,
daß die Durchtrittsgeschwindigkeit im Sinne der lyotropen Reihe
beeinflußt ist, und darin liegt ein erneuter Hinweis dafür, daß die
außerordentlich verschiedenen Grenzkonzentrationen dieser Salze tatsächlich durch die verschiedene Permeabilität der Fäden für sie bedingt
sind.

Ob bei den Versuchen zu Beginn die Permeabilität größer ist als
am Ende oder während ihrer Dauer unveränderlich gleich bleibt, ließ
sich mit derartigen Versuchen nicht entscheiden, da ein brauchbarer
Maßstab für den jeweiligen Schrumpfungsgrad fehlt. Es ließ sich
jedoch feststellen, *daß mit steigendem Konzentrationsgefälle die in der
Zeiteinheit aufgenommenen Salzmengen abnahmen.* Das Permeieren
kann also nicht in einer einfachen Diosmose bestehen. Für diese gilt
das Ficksche Diffusionsgesetz, welches gerade umgekehrt besagt, daß
die Aufnahmegeschwindigkeit der Außenkonzentration proportional
geht. Dem widersprechen die Werte der Tabelle 7, welche folgendermaßen gewonnen wurden: Es wurden die Ausgleichszeiten von neun
Lösungen einer Konzentrationsreihe von $MgCl_2$ gemessen und für jede
Konzentration die in 1 Minute aufgenommenen G.M. berechnet. Dabei
ergab sich:

Tabelle 7.

1. G.M.-Gehalt der Außenlösung	2. Zahl der Messungen	3. Ausgleichs- zeiten	4. Gramm-Moleküle Minuten
0,5	18	18′ 30″	0,0270
0,4	13	16′ 10″	0,0247
0,3	19	11′ 10″	0,0269
0,2	20	6′ 10″	0,0324
0,1	14	2′ 50″	0,0353
0,09	17	2′ 40″	0,0342
0,08	20	1′ 40″	0,0480
0,07	17	1′ 5″	0,0656
0,06	19	1′ 10″	0,0533

Deutlich tritt hier mit steigendem Konzentrationsgefälle eine Abnahme der in 1 Minute aufgenommenen Salzmengen hervor. Man wird hieraus mit Wahrscheinlichkeit vermuten dürfen, daß auch zu Beginn eines Versuches mehr G.M. permeieren als am Ende, obwohl wie erwähnt, mehrere sukzessive Messungen an *einem* Objekt während des Verlaufs *eines* einzigen Schrumpfungsausgleiches nicht durchführbar sind. Die obigen Messungen zeigen aber fernerhin, daß man bei Salzen die Bestimmung der Ausgleichszeiten bei angenähert *gleichen Konzentrationsgefällen* vornehmen muß, wenn die Resultate vergleichbar sein sollen. Für die Werte in Tabelle 6 ist dies berücksichtigt, mit Ausnahme der Bestimmung des Acetates.

Bei all diesen und auch späteren Versuchen mit organischen Stoffen wurde auch ein eventueller Einfluß von Licht und Temperatur (TRÖNDLE 1910, 1916/18, 1922) auf die Permeabilität im Auge behalten. Der Einfluß der Temperatur wurde nur innerhalb der Grenzen untersucht, die tatsächlichen Temperaturschwankungen bei den einzelnen Messungen entsprachen, also etwa zwischen 15° und 20° C. Es zeigte sich dabei jedoch keir Unterschied in den Ausgleichszeiten. Auch ein Einfluß des Lichtes auf die Permeabilität konnte bei *B. mirabilis* nicht festgestellt werden.

b) *Tote Fäden.*

Es ist nun sehr bemerkenswert, daß es an unserem Objekt gelingt, ganz analoge Grenzlösungsbestimmungen, wie am lebenden Faden, auch am abgetöteten Objekt auszuführen. Die Membranen der Fäden sind also semipermeabel. Solche semipermeable Zellhäute sind von A. J. BROWN (1907, 1909), SCHRÖDER (1910, 1911, 1922), REICHARD (1910), SHULL (1913), RIPPEL (1918, 1919), COLLINS (1918), PRAT (1923), CZAJA (1922), an verschiedenen Objekten (Gramineen, Leguminosen, *Utricularia* und anderen)[1] gefunden und näher untersucht worden.

---

[1] Hierhin dürften wohl auch die eigenartigen Samenhaare der Loasaceen zu rechnen sein. Vgl. RUHLAND, Ztschr. f. Bot. XIV (1922). S. 80.

Die erhebliche Bedeutung des Umstandes, daß auch an den toten Fäden Schrumpfungserscheinungen auftreten, erblicken wir darin, daß wir dadurch in den Stand gesetzt waren, zugleich auch den Einfluß der Membran auf die Stoffaufnahme durch die lebende Zelle zu untersuchen und wenigstens in ganz roher Annäherung zahlenmäßig festzulegen, wie es bisher noch bei keinem anderen Objekte geglückt ist.

Leider war es nicht möglich, hierzu *natürlich* abgestorbene Fäden zu verwenden, da die Fäden nach dem Absterben sehr rasch zerfallen oder deformiert werden. Die Fäden mußten daher *künstlich*, und zwar durch schwaches Flemmingsches Fixierungsgemisch, Joddämpfe, 80 proz. Alkohol, 2 proz. Chromsäure oder mäßige Hitze abgetötet werden. Im letztgenannten Falle wurden die Fäden in einem Flüssigkeitstropfen auf dem Objektträger für kurze Zeit auf etwa 60°, nie aber bis zur Siedehitze erwärmt. Gerade bei diesem letzteren Verfahren, dem Abtöten durch mäßige Erwärmung, konnte man eine geringere Veränderung der zarten Membran gegen den natürlichen, lebenden Zustand erwarten als bei den übrigen Abtötungsmitteln, welche sie chemisch oder physikalisch wohl tiefgreifender beeinflussen werden.

Dieser Einfluß des Tötungsmittels auf die Membrandurchlässigkeit wurde an einigen Salzen geprüft und zeigte sich zum Teil als ganz außerordentlich groß. Indem wir der Kürze halber auf eine tabellarische Wiedergabe der Versuche verzichten, sei nur soviel erwähnt, daß die nach den verschiedenen Methoden mit demselben Salz erhaltenen Grenzwerte im Extrem um über 300 vH. differierten. Dabei fielen insbesondere die in Alkohol getöteten Fäden durch hohe Grenzlösungen auf, eine Tatsache, die vielleicht in der härtenden Wirkung des Alkohols auf Plasma und Membran (größere mechanische Widerstandsfähigkeit gegen die infolgedessen erst bei erhöhtem Wasserentzug eintretenden Einknickungen und Einkerbungen) ihre Ursache hat.

Ganz gut entsprechen den durch Erwärmung getöteten Zellen, soweit die wenigen mit ihnen geglückten Versuche ein Urteil gestatten, in ihrem Verhalten bei der Grenzwertsbestimmung die im Flemmingschen Gemisch fixierten. Deshalb und weil weiter die ersteren nur in besonderen Glücksfällen sich für unsere Zwecke verwendbar erwiesen, insofern sie auch bei vorsichtiger Wärmezufuhr meist deformiert wurden, die Querwände leicht verquollen usw., wurden für die weiteren Bestimmungen am toten Objekt nur solche Fäden verwendet, die im Flemmingschen Gemisch getötet waren, da hierbei meist tadellose Fäden erhalten wurden und nur selten kleine Deformationen auftraten. Gegenüber den durch Erwärmen getöteten Fäden zeigen sie eine etwas größere Durchlässigkeit.

Die abgetöteten Fäden können entweder in destilliertes Wasser übergeführt, und zur Bestimmung gleichfalls Lösungen in Aqua destillata verwendet werden, oder die Fäden gelangen nach dem Abtöten in Arternwasser zurück, wobei eine zunächst auftretende Schrumpfung ausgeglichen wird, und die zu untersuchenden Stoffe werden dann gleichfalls in Arternwasser gelöst verwendet. Ein Unterschied in der Höhe der Grenzlösungen auf Grund dieser verschiedenen Methode ergab sich nie.

Da man stets darauf gefaßt sein muß, daß tote Fäden in den Strömungskammern weggespült werden, mußte hier eine andere Versuchsart gesucht werden. Es wurde dafür die von SCHMID (1923) für die Plasmolyse von Oscillarien gebrauchte, leider recht primitive „Tropfen"-methode[1]) benutzt. Die Fäden wurden in einem möglichst kleinen offenen Tropfen unter dem Mikroskop beobachtet und die Versuchslösung aus einer kleinen Pipette rasch aufgetropft. Um bei dauernder Beobachtung das Zuführen der Lösungen zu erleichtern, wurde mit schwachem Objektiv und möglichst starkem Okular gearbeitet. Die bei dieser Methode auftretende Verdünnung der Lösungen ließ sich nicht vermeiden. Sie wurde aber durch Auftropfen von regelmäßig 3 Tropfen Lösung möglichst konstant gehalten.

Diese an sich wenig befriedigende Methodik ließ immerhin eine leidlich sichere Bestimmung der Grenzwerte an toten Fäden zu. Feinere Konzentrationsunterschiede, wie sie am lebenden Faden deutlich meßbar sind, können hierbei freilich nicht ebenso deutlich werden, zumal da ein Ausgleich der eintretenden Schrumpfungen an den toten Fäden meist sehr rasch erfolgt: Entsprechend der bei dem Auftropfen auftretenden Verdünnung der untersuchten Lösungen um etwa $^1/_4$ der Anfangskonzentration, wurden auch die gefundenen Grenzwerte um $^1/_4$ reduziert. In den Tabellen sind überall diese korrigierten Werte angegeben.

Die Wahl der untersuchten Salzlösungen an toten Fäden war ganz auf die Frage der Gültigkeit der lyotropen Reihen gerichtet. Für die *Anionen* wurden die in Tabelle 8 in fallender Reihenfolge ihrer Konzentrationen geordneten Grenzwerte gefunden.

Es sind mit Ausnahme des Rhodanids alles Na-Salze, deren Anordnung der auf S. 31 zitierten lyotropen Reihe der Anionen entspricht, nur die Stellung des SO_4-Ions ist abweichend.

Interessant ist ein Vergleich (Tab. 8) der Grenzwerte gleicher Salze für tote und lebende

Tabelle 8.

	Grenzlösung für den toten Faden in G.M.	Grenzlösung für den lebenden Faden in G.M.
KSCN	0,9	0,4
NaBr	0,3	—
NaNO$_3$	0,3	0,25
NaCl	0,15	0,15
Na$_2$SO$_4$	0,03	—
Na$_2$S$_2$O$_3$	0,045	—
Na-Tartrat	0,0019	—

---

[1]) SCHMID bestimmte die bei der Plasmolyse von Oscillarien auftretende Längscontraction der Fäden, indem er die Fäden im offenen Tropfen beobachtete und das Plasmolytikum aus einer kleinen Pipette auftropfen ließ.

Fäden. Es ist dabei besonders auffällig, daß für NaCl beide Werte zusammenfallen, wenn man für die toten Fäden den reduzierten Wert nimmt. *Es scheint also dem Plasma für die Regulation der Aufnahme dieses Salzes in den fraglichen Konzentrationen, wenn überhaupt, nur ein ganz geringfügiger Anteil zuzukommen.* Dies gewinnt an Bedeutung, wenn man bedenkt, daß *Beggiatoa* in einem Medium von besonders hohem NaCl-Gehalt lebt.

Die *Kationenwirkung* wurde für die toten Fäden außer an den Alkalisalzen auch noch an einigen Erdalkali- und Schwermetallsalzen untersucht. Zur Verwendung kamen überall Nitrate. Die Resultate sind in Tabelle 9 wieder nach abnehmendem Grenzwert geordnet.

Tabelle 9.

Nitrate	Grenzlösung in G.M.	Nitrate	Grenzlösung in G.M.
NH$_4$	0,3	Ba	0,071
Na	0,3	Ca	0,068
K	0,26	Co	0,068
Li	0,15	Pb	0,045
Mg	0,15	Cu	0,0068
Sr	0,075	Al	0,006

Für die Alkali- und Erdalkalisalze ist die Übereinstimmung mit der Hofmeisterschen Kationenreihe unverkennbar (siehe S. 31). Die Zahl der untersuchten Schwermetallsalze ist jedoch zu klein, um auf irgendeinen Zusammenhang mit Reihen schließen zu können, wie sie sich in der physikalischen Chemie z. B. in der Abnahme des elektrolytischen Lösungsdruckes auch für diese Kationen finden.

c) *Ergebnis.*

Vergleicht man nun die an lebenden wie auch an toten Fäden gewonnenen Resultate mit dem, was in der Literatur über das Eindringen der Salze in die Zellen anderer Pflanzen bekannt ist, so muß vor allem auffallen, daß die lebenden Zellen von *Beggiatoa* für die Salze ganz überraschend stark permeabel sind. Trotz dieses sehr starken Gegensatzes in quantitativer Hinsicht aber herrscht in qualitativer eine völlige Übereinstimmung, die sehr bemerkenswert ist. Ordnet man nämlich die Kationen bzw. Anionen der Salze entsprechend ihrer Fähigkeit, zu permeieren, in steigender oder fallender Reihe, so fallen diese Reihen mit Ionenreihen, wie sie in der Literatur über das Eindringen von Salzen in gewöhnliche Zellen wiederholt angegeben werden, völlig zusammen. Da sich in einer Arbeit von KAHHO (1924) eine Zusammenstellung der Literatur findet, welche die Beeinflussung des Permeierens der Salze im Sinne der lyotropen Reihen betrifft, sei hier von einer

Aufzählung dieser Arbeiten abgesehen. KAHHO kommt in dieser Arbeit auf Grund eigener Versuche zu dem Resultat, daß „das Eindringen der Neutralsalze in das Pflanzenplasma" abhängig ist „von ihrem Vermögen den kolloidalen Zustand der Plasmaoberflächenkolloide zu verändern, wobei die Wirkung eines jeden Salzes sich additiv aus den entgegengesetzten Wirkungen seiner Ionen ergibt". Den *Kationen* würde dabei eine entquellende Wirkung auf die Kolloide des Plasmas zuzuschreiben sein, die dessen Permeabilität für die Salze herabsetzt. Diese Wirkung nimmt nach KAHHO ab nach der Reihenfolge:

$$Ca > Ba > Mg > Li > Na > K > NH_4.$$

Die Anionen wirken entgegengesetzt, also „peptisierend (lösend) auf die Plasmakolloide", was zu einer Steigerung der Permeabilität des Plasmas führe. Diese Anionenwirkung nimmt ab in der Reihenfolge:

$$J > Br > NO_3 > Cl > Tartrat > SO_4.$$

Die Salzaufnahme wird also auf eine rein physikalisch-chemische Wirkung der Salze auf die Plasmakolloide zurückgeführt, und das Gleiche würde auch für unser Objekt anzunehmen sein. *Diese prinzipielle Übereinstimmung des Beggiatoenplasmas mit dem gewöhnlicher Pflanzenzellen sei hier im Hinblick auf die allgemeinere Bedeutung unserer weiter unten zu besprechenden Ergebnisse mit Nichtelektrolyten besonders hervorgehoben.*

Eine solche rein physikalisch-chemische Natur der Salzwirkung wird auch durch die Tatsache wahrscheinlich, daß es bei *Beggiatoa* gelingt, analoge Permeabilitätsverhältnisse für Salze auch an toten Fäden nachzuweisen. Während sich die von BROWN und anderen untersuchten semipermeablen Zellhäute für Salze als mehr oder weniger impermeabel erwiesen, die permeierenden Salze aber kein ausgeprägtes Verhalten ihrer Ionen etwa im Sinne lyotroper Reihen zeigten, ist hier die Membran ganz im Sinne dieser Reihen beeinflußt. Von PRAT (1923) wurde eine ähnliche Semipermeabilität für die Zellwände von *Utricularia*-Blättern beobachtet, doch lassen die dort mitgeteilten Versuche nur den Schluß zu, daß die Permeabilität der Zellwände für einwertige Elemente geringer ist als für zweiwertige.

Aus dem gleichsinnigen Durchlässigkeitsverhalten lebender und toter Zellen gegen Salze könnte man versucht sein, für die *ganze* Membran eine eiweißhaltige Zusammensetzung anzunehmen, da Polysaccharide ein abweichendes Quellungsverhalten zeigen (vgl. besonders WALTER 1923). Wir würden also auf diesem Wege zu Folgerungen gelangen, wie sie ähnlich früher (vgl. S. 18) aus ganz andersartigen Beobachtungen bezüglich der (pelliculaartigen) Natur der Innenmembran gezogen wurden.

D. Permeabilitätsbestimmungen mit organischen Stoffen.
a) *Lebende Fäden.*

Als viel interessanter und bedeutungsvoller erwiesen sich nun die diosmotischen Verhältnisse hinsichtlich organischer Stoffe. Die Bestimmung der Grenzlösungen wie auch die Permeabilitätsmessungen wurden nach der gleichen Methode wie bei den Salzen vorgenommen.

Wie aus den weiter unten gegebenen Tabellen ersichtlich, ist der Durchlässigkeitsgrad der *Beggiatoa*-Fäden je nach der Natur der organischen Stoffe ganz außerordentlich verschieden. Das war von OVERTON und anderen auch bereits an anderen Pflanzenzellen festgestellt worden. Vergleicht man letztere mit den *Beggiatoa*-Fäden daraufhin, so fällt vor allem auf, daß diese *in weit höherem Maße permeabel sind als jene.* Dasselbe haben ja bereits oben unsere Mitteilungen über *Salze* gezeigt.

Diese erstaunlich hohe Durchlässigkeit erwies sich nun gerade bei den organischen Stoffen als eine weitere für unsere Zwecke überaus wertvolle Eigenschaft des Untersuchungsobjektes. Sie erstreckte sich vor allem auch auf eine ganze Reihe *chemisch indifferenter,* physiologisch wichtiger Stoffe, wie z. B. der Kohlenhydrate und mancher anderen, deren Importfähigkeit in gewöhnlichen Pflanzenzellen zu gering ist, um plasmolytisch gemessen werden zu können. Als nicht minder bedeutungsvoll erwies sich gerade für die Untersuchung der organischen Stoffe die bereits früher (vgl. S. 21) hervorgehobene besondere Eigentümlichkeit der *B. mirabilis, daß der osmotische Wert ihrer Zellen nur außerordentlich knapp über dem des Mediums liegt,* so daß die als Kriterium für die Durchlässigkeit benutzte Erscheinung des „Knickens" bereits in ganz niedrigen Konzentrationen der im Solwasser zu lösenden Stoffe hervorgerufen wird.

Dieser Umstand ermöglichte uns — sofern die Durchlässigkeit keine zu hohe war — eine Reihe besonders interessanter, *schwach wasserlöslicher* oder *in höheren Konzentrationen bereits schädlich wirkender Stoffe* in den Bereich der Untersuchungen einzubeziehen, welche an anderen Objekten entweder überhaupt nicht oder doch nur nach besonderen, einen Vergleich mit den übrigen Stoffen nicht zulassenden Methoden (Färbungen und andere Speicherungen) geprüft werden konnten.

So war es denn auch möglich, die Versuche alle *nach einer und derselben Methode* anzustellen und überall *zahlenmäßige* Ergebnisse zu erhalten, die einen unmittelbaren Vergleich über die Plasmadurchlässigkeit für chemisch sehr verschiedene Stoffe gestatteten.

Bei den weniger leicht permeierenden Stoffen, so z. B. bei den Kohlenhydraten, mehrwertigen Alkoholen usw. ließen sich die Werte mit bedeutend größerer Schärfe bestimmen als bei rascher permeieren-

den organischen Stoffen oder gar den Salzen, da hier selbst in den Grenzlösungen die Schrumpfungen verhältnismäßig langsam ausgeglichen
werden, während dies bei so rasch permeierenden Stoffen wie Glykol,
Harnstoff usw. augenblicklich erfolgt.

Es erscheint wichtig, hier hervorzuheben, daß ähnlich wie dies
oben (S. 33) schon für Salze nachgewiesen wurde, auch bei den organischen Stoffen mit zunehmender Außenkonzentration eine Abnahme
der pro Zeiteinheit aufgenommenen Mengen erfolgt. Dies lehrt z. B.
die Tabelle 10, wo die Zahlen der Spalte 3 Mittelwerte darstellen, die
aus der zum Rückgang der Schrumpfung in den unter 2 mitgeteilten
Konzentrationen notwendigen Zeit berechnet wurden. Die Unterschiede sind sehr bedeutend.

Tabelle 10.

1. Stoffe	2. Konzentration der untersuchten Lösung in G.M.	3. Die pro Minute auf- genommenen Gramm- Moleküle
Rhamnose	a. 0,0006 b. 0,00075	a. 0,000171 b. 0,000111
Arabinose	a. 0,0015 b. 0,0025	a. 0,00030 b. 0,00020
Harnstoff	a. 0,6 b. 2,0	a. 0,420 b. 0,279

Für organische Stoffe sind derartige Beobachtungen neu[1]). Von
anorganischen Salzen wissen wir (vgl. z. B. FITTING 1915), daß ihre
Aufnahme mit der Zeit abnimmt, offenbar unter der Wirkung der Salze
selbst. Es ist sehr wahrscheinlich, daß die höheren Konzentrationen
diese Erscheinung, d. h. die allmähliche Aufnahmeverringerung, im
Laufe eines Versuchs steigern, wenngleich ein zeitlicher Verfolg des
Vorganges, etwa von Minute zu Minute, bei unseren Versuchen nicht
möglich war. Eine genaue Analyse derartiger Vorgänge, z. B. gerade
für die Zuckerarten wäre höchst wünschenswert gewesen. Sie ließ sich
aber ohne weiteres nicht durchführen und wurde, als nicht zum engeren
Rahmen unserer Ziele gehörig, beiseite gelassen.

Es wäre sicherlich nicht gerechtfertigt, aus solchen Versuchen wie
den in Tabelle 10 zusammengestellten zu folgern, daß *alle* Stoffe in
der gleichen Außenkonzentration zu verwenden seien. Denn abgesehen,

---

1) FITTING (1919) teilt jedoch bereits mit, daß einige seiner Versuche mit
Tradescantia discolor „vielleicht zugunsten der Annahme, daß die Glycerinlösungen als solche die Permeabilität für Glycerin sehr schnell herabsetzen,
und zwar um so stärker, je konzentrierter sie sind", sprechen. Vgl. im übrigen
die Zusammenfassung dieses Autors a. a. O., S. 167 f.

daß schon die Löslichkeitsverhältnisse, Giftwirkungen und die äußerst verschiedene Permeierfähigkeit das unausführbar machen, würde wohl auch bei gleicher oder annähernd gleicher Konzentration eine sehr verschieden weitgehende und spezifische Alterierung der Aufnahmefähigkeit angesichts der so weit differenten chemischen Natur der einzelnen Stoffe anzunehmen sein. Wir haben die Vergleichbarkeit auf einem anderen Wege zu erreichen gesucht, und die Eindeutigkeit der Versuchsergebnisse scheint uns ein starkes Argument dafür zu sein, daß sie wenigstens in der Annäherung erreicht worden ist, auf die es uns hier ankam, d. h. bis zum Hervortreten der grundlegenden Gesetzlichkeit des Aufnahmevermögens der Zellen. Diese ergab sich, wie sogleich zu zeigen sein wird, so klar, daß man viel eher in den von ihr mehr oder weniger abweichenden Einzelfällen hier und da u. a. an solche störenden Konzentrationseinflüsse zu denken geneigt sein könnte.

Eine Reihe der Versuche (a) mit organischen Stoffen wurde so angestellt, daß diejenige Schrumpfung hervorrufende Konzentration bestimmt wurde, in welcher jene gerade nach 5 Minuten ausgeglichen wurde. Für das Auffinden dieser Konzentration geben bereits die Grenzlösungen einen Anhaltspunkt, so daß es bei einer Anzahl Stoffe glückte, sogleich die richtige Konzentration zu treffen. Für die anderen Stoffe mußten jeweils mehrfache Versuche angestellt werden, und die fraglichen Konzentrationen konnten schließlich durch Interpolation aus den Konzentrationswerten zweier Lösungen errechnet werden, von denen die eine in etwas mehr, die andere in etwas weniger als 5 Minuten permeierte. Für einige wenige Stoffe, so z. B. für Raffinose war diese Bestimmung nicht möglich, da hier in der Grenzlösung selbst sogar in mehr als 5 Minuten noch kein Ausgleich erfolgt. Daß sie für Stoffe unterblieben sind, die zu wenig wasserlöslich waren, um mit ihnen Grenzkonzentrationen zu bestimmen (z. B. Tyrosin, ameisensaures Äthyl und Isobutyl, Acetonitril, Butyro- und Valeronitril, Propylen- und Butylenglykol, Phlorrhizin, Acet- und Formanilid, Sulfonal, Saligenin, höhere einwertige Alkohole usw.) oder, wie Thioharnstoff, Acet- und Propylaldehyd, Methyl- und Äthylacetat, Propionitril, Formamid, ein- und mehrwertige Phenole, einwertige Alkohole der Fettreihe, Aldehyde, Aceton usw. (mindestens in den nötigen Konzentrationen) schädlich oder stark giftig wirkten, bedarf keiner weiteren Ausführung. Letztere Wirkung trat in schwächerem Maße auch bei einzelnen der unten verwendeten Stoffe hervor und wurde immer hervorgehoben[1]), so daß derartige Versuche dann nur einen sehr bedingten roh orientierenden Wert haben. So sind Monoacetin und Propionamid in höheren Kon

---

[1]) In den Tabellen dadurch, daß die auf sie bezüglichen Zahlen in Klammern gesetzt wurden.

zentrationen schädlich. Dies letztere gilt auch für die Urethane, die aber zum Teil in den zur Bestimmung der Grenzlösungen ausreichenden Konzentrationen noch verwendbar waren. In Äthyl- und Propylurethan waren z. B. die Fäden bereits lange vor Ablauf der 5 Minuten abgestorben und deformiert. Mit Methylurethan waren Messungen zwar möglich. Diese zeigten aber sehr deutlich, daß die Fäden geschädigt waren. Denn die in der Zeiteinheit aufgenommene Stoffmenge stieg ganz auffallend mit steigender Außenkonzentration, während bei den übrigen Stoffen, wie erwähnt, das Umgekehrte der Fall war. Im Gegensatz dazu ergab sich z. B. bei den Messungen mit Methylurethan, daß eine 0,1 G.M.-Lösung in 1′50″ aufgenommen wurde, d. h. es permeieren pro Minute 0,055 G.M. Eine 1 G.M.-Lösung permeierte in 7′35″, hier wurde also pro Minute 0,13 G.M. aufgenommen, so daß also die Aufnahme des Stoffes etwa annähernd nach dem Fickschen Diffusionsgesetz erfolgt.

Die übrigen unten angeführten organischen Stoffe übten *keinerlei merklich schädigenden Einfluß* auf die Fäden aus. Auch in den sehr starken Lösungen der am raschesten permeierenden und deshalb auf ihre Schädlichkeit besonders sorgfältig zu prüfenden Stoffe, wie z. B. Glykol und Harnstoff blieben die Fäden fast noch 3 Stunden beweglich, in den viel schwächeren Zuckerlösungen sogar über 24 Stunden. *Die Versuchsresultate änderten sich auch nicht, wenn am gleichen Faden eine Bestimmung wiederholt wurde.* Dies war sehr leicht möglich, wie schon bei den Salzen ausgeführt wurde. Hierbei wurde auch einmal der zu untersuchende Stoff gewechselt. Zuerst wurde die Ausgleichszeit für Glycerin bestimmt und dann nach dem Auswaschen für Traubenzucker. Der für letzteren gefundene Ausgleichswert entsprach völlig den übrigen an nicht vorbehandelten Fäden bestimmten Werten. Übrigens gibt ja neben anderen Beobachtungen (S. 24 f.) auch die Tatsache, daß mit steigendem Konzentrationsgefälle die pro Minute aufgenommenen Gramm-Moleküle abnehmen, einen Hinweis darauf, daß eine Schädigung der Fäden während des Versuches nicht stattgefunden hat.

Bei der anderen — umfangreicheren — Versuchsreihe dienten die gemessenen Grenzkonzentrationen selbst als Unterlage für die Berechnung der Permeabilität. Diese Methode (b) gestattete deshalb eine weiter reichende Anwendung, weil hier die die Benutzung der Methode a einschränkenden Grenzen — Löslichkeit und Schädlichkeit — wegen der in Frage kommenden niedrigeren Konzentrationen wesentlich erweitert wurden. Diese Grenzkonzentrationen, in G.M. ausgedrückt, fielen für die verschiedenen Stoffe ungemein verschieden hoch aus, und zwar natürlich um so höher, je größer die Zelldurchlässigkeit für sie war. Diese Relation gilt in vollem Maße, da die mehrfach hervorgehobenen weitgehenden Cautelen andere Beziehungen ausschließen. Es kommen also, da, wie im Kapitel über die Methodik hervorgehoben, mit den Durchströmungskammern weitgehend und gleichmäßig rasch gearbeitet werden konnte, in diesen Grenzkonzentrationen sozusagen „*Momentanwerte*" der Permeabilität zum Ausdruck.

Fast gleichzeitig von LEPESCHKIN (1909) und TRÖNDLE (1910) ist bekanntlich schon vor längerer Zeit aus derartigen Grenzkonzentrationsbestimmungen an anderen Objekten nach bekannten physikalischen Vorbildern ein Permeabilitätskoeffizient durch Vergleichung mit dem theoretisch berechneten Grenzwert abgeleitet worden. Wir haben danach

$$c = c' \, (1 - \mu),$$

wo c' die faktisch beobachtete Grenzkonzentration, c dieselbe im Falle der Undurchlässigkeit des Plasmas für den Stoff und μ den Permeabilitätsfaktor bedeutet, welcher der Permeabilität (seiner Diffusionskonstante beim Membrandurchtritt) proportional ist.

Die Methode ist von FITTING (1915, 1916, 1919) einer ablehnenden Kritik unterzogen worden, mit der sich TRÖNDLE (1916, 1918 und 1922) und insbesondere vor kurzem LEPESCHKIN (1923) auseinander gesetzt haben. Die *physikalisch-chemischen* Bedenken FITTINGS scheinen uns durch LEPESCHKIN hinreichend zerstreut zu sein. Sie spielen auch in unserem Falle kaum eine Rolle, da es sich bei *B. mirabilis* allgemein um eine weit größere Permeabilität handelt als wir sie bei gewöhnlichen Pflanzenzellen finden, und auch die Unterschiede in bezug auf erstere zwischen den einzelnen Stoffen sehr groß sind. Die Annahme, die der Methode mangels genauer physikalisch-osmometrischer Bestimmungen zugrunde liegt, daß nämlich die osmotischen Drucke den Konzentrationen proportional sind, dürfte für unsere physiologischen Zwecke und bei organischen Stoffen, wie wir sie verwandten, kaum Bedenken erwecken. Natürlich drückt, wie LEPESCHKIN (1923) betont, unsere Gleichung die Abhängigkeit der Permeabilität auch deshalb nur angenähert aus, weil die Voraussetzung, daß die Diffusionsgeschwindigkeit der theoretischen, isosmotischen Konzentration (d. h. eines praktisch nicht permeierenden Stoffes) der Lösung proportional ist, streng genommen nur für verdünnte Lösungen gilt. Es wird also die Vergleichbarkeit des mit höheren Konzentrationen ermittelten Permeabilitätskoeffizienten (leichter permeierender Stoffe) ein wenig, aber für unsere speziellen physiologischen Zwecke kaum merklich und keinesfalls grundsätzlich ins Gewicht fallend, gemindert (vgl. die Bemerkungen S. 51) —. Von den *physiologischen* Einwänden FITTINGS, auf die hier der Kürze halber im einzelnen nicht eingegangen werden soll, scheinen uns die wichtigsten durch die bereits erwähnte Feststellung, daß auch bei Wiederholung der Versuche, an den gleichen Fäden die gleichen isosmotischen Konzentrationen gemessen wurden und wegen der sehr kurzen Dauer der Versuche beseitigt zu sein. Im übrigen dürften die erhaltenen Werte beim Überblick über das Ganze für sich selbst sprechen.

Nach diesen Vorbemerkungen seien nun die Ergebnisse der ersten Versuche mit organischen Stoffen in der folgenden Tabelle 11 zusammengestellt.

Tabelle 11.

1. Stoffe	2. Molekular- gewichte	3. Grenzkonzentrationen (in G.M.)		4. Durchschnittl. Anstieg der Innen- konzentration pro Minute in G.M.
		a. in Momentan- versuchen	b. in 5-Minuten- versuchen	
Raffinose	594,4	0,00015	—	—
Saccharose	342,1	0,00025	0,00033	0,000066
Rhamnose	182,1	0,00050	0,00067	0,000134
Dulcit	182,1	0,00055	0,00075	0,00015
Mannit	182,1	0,00055	0,00075	0,00015
Mannose	180,1	0,00050	—	—
Glucose	180,1	0,00055	0,0008	0,00016
Galactose	180,1	0,00050	0,0008	0,00016
Fructose	180,1	0,00050	0,0008	0,00016
Sorbose	180,1	0,00045	0,00075	0,00015
Arabinose	150,1	0,00080	0,0015	0,0003
Erythrit	122,1	0,003	0,02	0,004
Monochlorhydrin	110,5	0,02	0,08	0,016
Propylurethan	103,1	0,0045	—	—
Glycerin	92,1	0,009	0,07	0,014
Äthylurethan	89 1	(0,01)	—	—
Dimethylharnstoff	88,1	0,005	0,02	0,004
Methylurethan	75,1	(0,06)	(0,6)	(0,12)
Methylharnstoff	74,1	0,01	0,14	0,028
Glycol	62	0,09	0,5	0,1
Harnstoff	60,1	0,35	1,48	0,296

Spalte 1 enthält die Stoffe, mit denen diese ersten Messungen angestellt worden waren. Sie sind nach fallendem Molekulargewicht geordnet. In Raffinose zeigt sich auch nach längerem Verweilen kein Rückgang der Schrumpfung, für Mannose wurde nur die Grenzkonzentration festgestellt, ein 5-Minutenversuch unterblieb. Letzteres ebenfalls mit Propyl- und Äthylurethan, in diesem Falle weil die dazu nötigen Lösungen schon stark schädigend wirkten. Das zeigte sich auch schon bei den schwächeren Lösungen der „Momentanversuche" (Spalte 3), deren Ergebnisse deshalb in Klammern gesetzt wurden.

Wie man sieht, springt fast überall in den Zahlen *ein Anstieg der Permeabilität* (steigende Werte der Grenzkonzentrationen in Momentan- und 5-Minutenversuchen, sowie der in 1 Minute aufgenommenen Stoffmengen) *mit fallendem Molekulargewicht* sofort in die Augen, so daß mit steigendem Molekulargewicht der Stoffe ihre Durchtrittsfähigkeit abnimmt. Lassen wir hierbei die Urethane (etwa abgesehen vom Propylurethan) außer Betracht, deren zu hohe Grenzkonzentrationen, wie oben erwähnt, auf eine pathologische Permeabilitätserhöhung zurückzuführen ist, so bleibt als bedeutende Ausnahme von der Regel vor allem das *Monochlorhydrin* (Glycerinchlorwasserstoffester) bestehen, bei dem die Grenzkonzentrationen fast das vierfache des nach dem Molekulargewicht zu erwartenden Wertes betragen, obwohl hier bei den kurzen Versuchen eine Schädigung wie bei den Urethanen nicht im Spiele ist. Von dieser, wie wir sehen werden, nur *scheinbar* so großen Ausnahme und dem auch stark abweichenden Dimethylharnstoff wird weiter unten (S. 52, 56) noch die Rede sein.

Da eine allgemeine Diskussion der Versuchsergebnisse einem besonderen Kapitel vorbehalten bleiben soll, sei hier nur der weitere Gang der Untersuchungen kurz besprochen.

Die völlige Übereinstimmung dieser Resultate mit den Anschauungen, welche der von einem von uns früher aufgestellten Ultrafiltertheorie (RUHLAND 1912 usw.) der Plasmahaut zugrunde lagen, war die Veranlassung, daß nunmehr noch weitere geeignete Stoffe in den Bereich der Untersuchungen einbezogen wurden. Insbesondere war uns die schöne Gesetzmäßigkeit, mit der sich der der Kohlenhydrate in das Schema der Ultrafiltertheorie einfügten, bedeutungsvoll erschienen. Wir haben hier nicht nur eine in der Reihenfolge: Tri-, Di-, Monosaccharide, sondern die Werte für die Grenzlösungen (Tabelle 11, Spalte 3a und die pro Minute erfolgenden Anstiege der Innenkonzentration (Spalte 4) verhalten sich hier sogar *annähernd umgekehrt proportional dem Molekulargewicht der Stoffe*, während vom Molekulargewicht 180 an nach abwärts, also mit steigender Permeierfähigkeit, die Verhältnisse der Grenzwerte viel rascher als diejenigen der Molekulargewichte zunehmen.

In der folgenden Tabelle 12 sind diese Verhältnisse aus den Werten von Tabelle 11 berechnet. Die Zahlen in Spalte 2 bezeichnen das Verhältnis Molekularvolumen Raffinose zum Molekularvolumen der in Spalte 1 angegebenen Stoffe. Spalte 3 bringt die Verhältnisse der „Momentanwerte" der Grenzkonzentrationen derselben Stoffe zu dem der Raffinose, während 4 und 5 den Spalten 2 und 3 korrespondieren, und zwar die Verhältniswerte auf Saccharose statt Raffinose bezogen. Die letzte Spalte (6) endlich enthält das Verhältnis der „Minutenwerte" zu demjenigen von Saccharose[1]).

Wir werden auf diese Verhältnisse in erweitertem Zusammenhange

---

[1]) Es fällt auf, daß die in Spalte 6 berechneten Verhältniszahlen etwas höher liegen als die von Reihe 4 und 5. Dies beruht wohl darauf, daß der Wert für die pro Minute erfolgende Zunahme der Innenkonzentration für Saccharose ein wenig zu niedrig gefunden ist. Dieser Wert wurde nämlich aus den Zeitwerten, die sich für Lösungen von 0,0003 und 0,00035 G.M. ergaben, durch Interpolation gefunden, womit die Annahme verbunden ist, daß in gleicher Zeit

nochmals später (S. 49) zurückzukommen haben. Hier wollen wir uns noch einmal der Tabelle 11 zuwenden. In ihr fällt außer der bereits oben als besonders bedeutend (aber als nur scheinbar) bezeichneten Ausnahme im Verhalten des Monochlorhydrins bei näherem Zusehen noch auf, daß der Dimethylharnstoff nach den auf ihn bezüglichen Werten der Spalten 3 a und 4 eine zu geringe Permeierfähigkeit (Glycerin mit etwas höherem Molekulargewicht permeiert rascher) zeigt und ferner, daß Monomethylharnstoff insofern eine umgekehrte Ausnahme

Tabelle 12.

1. Stoffe	2. $\dfrac{\text{M.V. Raff.}}{\text{M.V. Stoff}}$	3. $\dfrac{\text{Gr.Lsg. Stoff}}{\text{Gr.Lsg. Raff.}}$	4. $\dfrac{\text{M.V. Sacch.}}{\text{M.V. Stoff}}$	5. $\dfrac{\text{Gr.Lsg. Stoff}}{\text{Gr.Lsg. Sacch.}}$	6. $\dfrac{\text{G.M.}}{\text{Min.}}$ Stoff : $\dfrac{\text{G.M.}}{\text{Min.}}$ Sacch.
Raffinose	—	—	—	—	—
Saccharose	1,44	1,67	—	—	—
Rhamnose		3,33		2,0	2,03
Dulcit	2,64	3,66	1,83	2,2	2,27
Mannit		3,66		2,2	2,27
Mannose		3,33		2,0	—
Glucose		3,66		2,2	2,42
Galactose	2,72	3,33	1,89	2,0	2,42
Fructose		3,30		2,0	2,42
Sorbose		3,00		1,8	2,27
Arabinose	3,25	5,33	2,25	3,2	4,55
Erythrit	4,09	20,33	2,65	12,0	60,60
Monochlorhydrin	4,54	133,33	3,15	80,0	242,42
Dimethylharnstoff	4,83	32,58	3,35	20,0	60,60
Glycerin	5,68	60,00	3,98	36,0	202,12
Methylharnstoff	6,14	66,67	4,26	40,0	424,24
Glycol	8,05	600,00	5,28	360,0	1515,15
Harnstoff	8,43	2333,50	5,84	1400,0	4484,84

darstellt, als er in Spalte 3 a mit einem etwas höheren Grenzwert als das niedriger molekulare Glycol erscheint, also demnach, wenigstens zu Versuchsbeginn, ein wenig rascher als dieses permeiert als zu erwarten.

Sehen wir nun vom Monochlorhydrin und auch von den wegen ihrer Schädlichkeit unsicheren Urethanen (wenigstens dem Methylurethan) ab, so läßt sich die eben erwähnte, auf die Harnstoffderivate bezügliche *Unstimmigkeit beseitigen*, wenn man der Anordnung der Stoffe nicht wie bisher geschehen, die Molekular*gewichte*, sondern die *Molekular-*

gleiche G.M. aufgenommen werden. Dies ist aber nun nicht nachgewiesen, sondern es wird vermutlich ähnlich wie von anorganischen Salzen (S. 33) zu Anfang mehr aufgenommen werden als am Schluß; es wird also wohl tatsächlich dieser Wert etwas höher als der berechnete anzusetzen sein. Die Werte für die Hexosen hingegen werden genauer den wirklich aufgenommenen Gramm-Molekülmengen entsprechen, da es hier geglückt war, die richtige Konzentration von vornherein zu treffen und eine Interpolation deshalb wegfiel.

volumina zugrunde legt, die hiernach allerdings nur für die Stoffe mit kleineren Molekülen eine bedeutsame Änderung erfährt, für die mit höherem aber gleich ausfällt.

Für die Ultrafiltertheorie müssen natürlich rein räumliche Verhältnisse ausschlaggebend sein. Sofern sie also nicht nur für Kolloide, sondern auch für molekular gelöste Stoffe gültig ist, werden nicht so sehr die Molekular*gewichte* (M.G.), sondern vielmehr die Molekular*volumina* (M.V.) über die Fähigkeit einzudringen und die Geschwindigkeit des Eindringens in die Zelle entscheiden müssen. Für das M.V. (spezif. Vol. × Molekulargewicht) lehrt bekanntlich die alte Koppsche Regel, daß es sich aus der Summe der Atomvolumina und bestimmter Addenden für doppelte Bindungen usw. additiv berechnen läßt. Die beim Siedepunkt der verschiedensten flüssigen organischen Verbinbindungen tatsächlich ermittelten Molekularvolumina stimmen so gut zur Koppschen Regel, daß für die Anwendung derselben auf die übrigen Fälle, wo eine solche Bestimmung nicht möglich ist, kein Bedenken besteht. Es spricht also vieles dafür, daß die wirkliche Größe der Moleküle unserer Stoffe der für sie nach KOPP errechneten sehr nahe liegt. Daß Polymerisationen und Hydratationen, die auf die Permeierfähigkeit natürlich von Einfluß sein müßten, und in der Berechnung auf Grund der Molekularformen natürlich nicht zum Ausdruck kämen, bei den hier untersuchten Stoffen nicht anzunehmen sind, wurde aus der überraschend schönen Übereinstimmung der in den Versuchen an *Beggiatoa* gefundenen Werte mit der Ultrafiltertheorie geschlossen. Die Berechnung des M.V. erfolgte meist nach der Koppschen Formel, wie sie sich bei NERNST (1921) vorfindet.   Bevor wir nun die nach dem M.V. der erweiterten Reihe der organischen Versuchsstoffe geordneten Ergebnisse tabellarisch vorlegen, dürfte es angezeigt sein, mit einigen Worten auf das Verhalten von *Farbstoffen* und *Alkaloiden* einzugehen, die das Verständnis der Versuchsergebnisse und ihre Auswahl für die Gesamttabellen erleichtern werden.

Es hatten nämlich bisher zu den Permeabilitätsmessungen als Beispiele für Stoffe mit größerem M.G. nur Kohlenhydrate gedient oder entsprechende Alkohole. Es erhob sich daher die Frage, ob nicht etwa die oben dargestellte Gesetzmäßigkeit nur eine besondere Eigenschaft dieser Gruppe sei. Daher wurde noch die Durchtrittsfähigkeit einiger anderer hochmolekularer Stoffe untersucht, und zwar kamen zunächst nur eine Anzahl Farbstoffe und einige Alkaloide zur Verwendung.

Die geprüften *Farbstoffe* waren folgende:

a) *basisch*.

Chrysoidin, Chrysoidin R, Viktoriablau R, Nachtblau, Viktoriablau 4 R, Viktoriablau B, Rhodamin G, Prune pure, Neublau R, Gentianin, Methylenblau, Thioninblau, Neutralrot, Basler Blau, Ketonblau 4 B N.

b) *sauer*.

Echtsulfonschwarz, Diaminreinblau, Erioglaucin, Cyanol extra, Rotviolett 5 RS, Säureviolett 6 B, Eryocyanin A, Anilinblau, Rose bengale, Dinitroanthrachrysondisulfosäure.

Die *sauren* Farbstoffe, welche natürlich wie alle Versuchsstoffe im natürlichen Solwasser der Arternsaline gelöst dargeboten werden mußten, wurden, wie zu erwarten war, als elektronegativ durch die in jenem reichlich enthaltenen Kationen zum großen Teil gleich oder allmählich ausgeflockt, obwohl weniger elektrolytempfindliche Stoffe vonvornherein dafür ausgewählt worden waren. Infolge der damit verbundenen unkontrollierbaren Konzentrationsabnahme waren sie für unsere Zwecke nicht verwendbar. Auch als 0,1proz. Farbstofflösungen in destilliertem Wasser hergestellt und davon 0,5 ccm zur 15 ccm des Solwassers zugesetzt wurden, flockten einige Farbstoffe noch stark aus. Da ferner vielfach Giftwirkungen (insbesondere bei dem photodynamisch wirkenden Rose bengale, in welchem die Fäden schon nach 3—4 Minuten bewegungslos wurden und alsbald Zerfallserscheinungen zeigten) hervortraten, wurden die Versuche mit diesen Stoffen aufgegeben.

Die *basischen* Farbstoffe sind bekanntlich im allgemeinen noch giftiger als die sauren, insbesondere wirkten Viktoriablau B, Neublau R und Gentianin sehr giftig. Die Fäden begannen in den 0,1proz. Lösungen schon nach etwa 15 Minuten abzusterben. In den anderen Lösungen blieben die Fäden etwa 4 Stunden beweglich und starben dann rasch ab. Nur in den Lösungen von Chrysoidin, Chrysoidin R, Basler Blau und Nachtblau hielten sie sich länger, in den beiden Chrysoidinen etwa 8, in den beiden letztgenannten bis zu 17 Stunden. Speicherungen in den Vacuolen traten ebensowenig wie mit sauren Farbstoffen in Erscheinung, was zur Frage des Eindringens oder Nichteindringens bekanntlich gar nichts besagt. Zu Grenzkonzentrationsbestimmungen ließen sich Basler Blau und Nachtblau wegen partieller Ausflockung nicht verwenden, in beiden Chrysoidinen wurden dagegen sehr schöne vitale Plasmafärbungen erzielt, wie sie der eine von uns (RUHLAND 1912, vgl. auch R. SCHAEDE 1923) mit Chrysoidin an Epidermiszellen der Zwiebelschuppen von *Allium cepa* und anderen lebenden Objekten zuerst bekommen hatte. Da die Molekulargewichte von Chrysoidin 268,5, von Chrysoidin R 276,5 betrugen, steht das Eindringen der Farbstoffe in die Fäden mit den oben behandelten anderweitigen Resultaten im Einklang.

Nach langwierigem Herumprobieren gelang es endlich, einen basischen Triphenylmethanfarbstoff ausfindig zu machen, das *Ketonblau 4 BN* (Pulver), der nach unseren Erfahrungen als einer der unschädlichsten basischen Farbstoffe zu bezeichnen ist und welches die Feststellung der Grenzkonzentration ermöglichte. Man findet den Stoff in den folgenden Tabellen deshalb mit aufgeführt. Auf die theoretische Bedeutung dieser Versuche mit Ketonblau soll später (S. 70) eingegangen werden.

Unter den *Alkaloiden* sind viele zu wenig löslich oder wirken auch giftig. Es wurden schließlich nur wenige dieser Stoffe zu Versuchen herangezogen, bei denen Grenzpunktsbestimmungen sich mit aller wünschenswerten Schärfe ausführen ließen. Verwandt wurden überall die Hydrochloride der Basen, und zwar von *Veratrin* wegen seines überaus hohen, von *Coniin* wegen seines relativ niedrigen M.G. (M.V.); *Cocain* erschien wegen seiner kleinen Affinitätskonstante und des eventuellen Einflusses der hydrolytischen Dissoziation (RUHLAND 1914) interessant, während die Untersuchung von *Morphin, Codein* und *Thebain* wegen ihrer chemischen Konstitution, welche OVERTON zur Erklärung des diosmotischen Verhaltens herangezogen hatte, erwünscht erschien: Morphin hat 2 alkoholische OH-Gruppen im Molekül, von denen im Codein eine durch eine Methoxylgruppe ersetzt ist, während dies beim Thebain von beiden gilt.

Tabelle 13.

1. Alkaloide	2. Mol.-Vol.	Mol-Gew. der Hydrochloride	3. Konzentration d. Grenz- lösungen	4. Verhältnis d. M.V. zu den von Raffinose	5. Verhältnis der Grenzkonzentr. zur Grenzlösg. von Raffinose
Veratrin	723,5	627,9	0,00015	—	—
Thebain	382,1	347,7	0,000225	1.31	1,50
Cocain	372,3	339,8	0,000225	1,34	1,50
Codein	365,6	353,7	0,00025	1.37	1,66
Morphin	349,1	339,7	0,00025	1,43	1,66
Coniin	211,3	163,6	0,00045	2,37	3,00

Man sieht (Tabelle 13), daß sich auch bei den Alkaloiden die Zahlen der gleichen Gesetzmäßigkeit fügen. (Ferner sehen wir auch hier in ganz roher Annäherung die Grenzkonzentrationen sich etwa umgekehrt proportional zu den M. V. der Stoffe verhalten. [Spalte 4 und 5.])

Einen Anhaltspunkt dafür, daß die hydrolytische Spaltung der Salze einen Einfluß auf die Durchtrittsfähigkeit dieser Salze ausübt, findet sich nicht. Die Konzentrationen der Grenzlösungen liegen vielmehr so, wie sie aus den vorhin aufgestellten Beziehungen zu den Molekularvolumina zu erwarten waren.

Sehr interessant ist, daß für das diosmotische Verhalten von *Thebain, Cocain, Codein* und *Morphin nicht* das M.G., sondern das M.V. ausschlaggebend ist (Tabelle 13).

Auf das Thebain, Codein und Morphin wird im allgemeinen Kapitel zurückzukommen sein, wie auch das ganze diosmotische Verhalten der Alkaloide mit Rücksicht auf unsere Ergebnisse dort nochmals zusammenfassend kurz zu diskutieren sein wird. Die nach dem Verhalten des Veratrins nahe liegende Vermutung, daß Stoffe mit höherem oder ähnlichem M.G. (M.V.) als Raffinose unabhängig von ihrer chemischen Natur für unsere Methode nicht mehr meßbar d. h. also nur noch sehr langsam permeieren, fand in der späteren Untersuchung des Amygdalins und des Ketonblaus ihre Bestätigung.

Wir gehen nunmehr zu einer tabellarischen Übersicht (14) über die mit organischen Stoffen der verschiedensten Art an lebenden Fäden ausgeführten Messungen über.

Tabelle 14.[1])

1. Stoff	2. Mol.-Vol.	3. Mol.-Gew.	4. Grenzkonz. a	5. μ_a
1. Veratrin	723,5	627,9	0,00015	0
2. Ketonblau	577,8	507,0	0,00015	0
3. Raffinose	498,8	594,4	0,00015	0
4. Amygdalin	461,3	457,2	0,00015	0
5. Thebain	382,1	347,7	0,00023	0,33
6. Cocain	372,3	339,8	0,00023	0,33
7. Codein	365,6	353,7	0,00025	0,40
8. Morphin	349,1	339,7	0,00025	0,40
9. Saccharose	345,6	342,1	0,00025	0,40
10. Salicin	296,0	286,2	0,00035	0,57
11. *Antipyrin*	213,2	188,2	*0,0025*	*0,94*
12. Coniin	211,3	163,6	0,00045	0,67
13. Rhamnose	189,2	182,1	0,0005	0,70
14. Mannit	189,2	182,1	0,00055	0,73
15. Dulcit	189,2	182,1	0,00055	0,73
16. Mannose	183,2	180,1	0,00050	0,70
17. Glucose	183,2	180,1	0,00055	0,73
18. Galactose	183,2	180,1	0,00050	0,70
19. Fructose	183,2	180,1	0,00050	0,70
20. Sorbose	183,2	180,1	0,00045	0,67
21. Inosit	173,2	180,1	0,00045	0,67
22. Paraldehyd	169,5	132,2	[0,0085]	[0,992]
23. *Leucin*	164,5	131,2	*0,00025*	*0,40*
24. Arabit	160,0	152,1	0,00080	0,81
25. Adonit	160,0	152,1	0,00085	0,82
26. Arabinose	153,4	150,1	0,00080	0,81
27. Mono-Acetin	145,6	134,1	[0,002]	[0,93]
28. Asparagin	134,2	132,2	0,00085	0,82
29. Erythrit	130,2	122,1	0,001	0,85
30. Asparaginsäure	129,5	133,1	—	—
31. Orcin	128,8	129,1	0,0035	0,957
32. Phloroglucin	122,4	90,1	0,0045	0,967
33. Propylurethan	120,5	103,1	0,0045	0,967
34. Methyllactat	115,8	104,1	0,0040	0,963
35. Resorcin	114,6	110,1	0,0045	0,967
36. Anilin	111,5	93,1	0,004	0,963
37. *Monochlorhydrin*	109,9	110,5	*0,02*	*0,993*
38. Dimethylharnstoff as.	103,2	88,1	0,0050	0,970
„ sym.	103,2	88,1	0,0045	0,967
39. Succinimid	102,9	99,1	0,0050	0,970
40. *Alanin*	98,5	89,1	*0,0015*	*0,90*
41. Äthylurethan	98,5	89,1	[0,01]	[0,985]
42. Methylal	97,0	76,1	0,009	0,983
43. Furfurol	97,0	96,0	0,009	0,983
44. Propionamid	90,7	73,1	0,01	0,985
45. Glycerin	87,8	92,1	0,009	0,983
46. Methylharnstoff	81,2	74,1	0,01	0,985
47. *Glycocoll*	76,5	75,1	*0,002*	*0,925*
48. Methylurethan	76,5	75,1	0,06	0,998
49. Acetamid	68,7	59,1	[0,225]	[0,9993]
50. Glycol	65,5	62,0	0,09	0,998
51. Harnstoff	59,2	60,1	0,35	0,9996

[1]) Von Nr. 1, 5—8 und 12 wurden die Hydrochloride untersucht. Die mit mehr oder weniger schädlich wirkenden Stoffen erhaltenen (zu hohen)Zahlen sind in eckige Klammern gesetzt.

Tabelle 15.

1. Stoff	2. Mol.-Vol.	3. Mol.-Gew.	4. Grenzkonz. b (in G.M.)	5. μ_b	6. Es perme- ieren pro Minute (in G.M.)
1. Veratrin	723,5	627,9	—	—	—
2. Ketonblau	577,8	507,0	—	—	—
3. Raffinose	498,8	594,4	—	—	—
4. Amygdalin	461,3	457,2	—	—	—
5. Thebain	382,1	347,7	—	—	—
6. Cocain	372,3	339,8	—	—	—
7. Codein	365,6	353,7	—	—	—
8. Morphin	349,1	339,7	—	—	—
9. Saccharose	345,6	342,1	0,00033	0,55	0,000066
10. Salicin	296,0	286,2	—	—	—
11. Antipyrin	213,2	188,2	—	—	—
12. Coniin	211,3	163,6	—	—	—
13. Rhamnose	189,2	182,1	0,00067	0,78	0,000134
14. Mannit	189,2	182,1	0,00075	0,80	0,000150
15. Dulcit	189,2	182,1	0,00075	0,80	0,000150
16. Mannose	183,2	180,1	—	—	—
17. Glucose	183,2	180,1	0,00080	0,81	0,000160
18. Galactose	183,2	180,1	0,00080	0,81	0,000160
19. Fructose	183,2	180,1	0,00080	0,81	0,000160
20. Sorbose	183,2	180,1	0,00075	0,80	0,000150
21. Inosit	173,2	180,1	0,00070	0,79	0,000140
22. Paraldehyd	169,5	132,2	—	—	—
23. *Leucin*	164,5	131,2	*0,00050*	*0,70*	*0,000100*
24. Arabit	160,0	152,1	0,0012	0,86	0,00024
25. Adonit	160,0	152,1	—	—	—
26. Arabinose	153,4	150,1	0,0015	0,90	0,00030
27. Monoacetin	145,6	134,1	[0,02]	[0,9925]	[0,004]
28. Asparagin	134,2	132,2	0,002	0,925	0,0004
29. Erythrit	130,2	122,1	0,02	0,993	0,004
30. Asparaginsäure . . .	129,5	133,1	—	—	—
31. Orcin	128,8	129,1	—	—	—
32. Phloroglucin	122,4	90,1	0,033	0,9955	0,0066
33. Propylurethan . . .	120,5	103,1	—	—	—
34. Methyllaktat	115,8	104,1	—	—	—
35. Resorcin	114,6	110,1	—	—	—
36. Anilin	111,5	93,1	—	—	—
37. *Monochlorhydrin* . . .	109,9	110,5	*0,08*	*0,998*	*0,016*
38. Dimethylharnst. as. .	103,2	88,1	0,020	0,9925	0,004
„ sym..	103,2	88,1	0,023	0,9935	0,0046
39. Succinimid	102,9	99,1	0,055	0,9973	0,011
40. *Alanin*	98,5	89,1	*0,005*	*0,970*	*0,001*
41. Äthylurethan	98,5	89,1	—	—	—
42. Methylal	97,0	76,1	—	—	—
43. Furfurol	97,0	96,0	—	—	—
44. Propionamid	90,7	73,1	[0,37]	[0,9996]	[0,074]
45. Glycerin	87,8	92,1	0,07	0,998	0,014
46. Methylharnstoff . . .	81,2	74,1	0,14	0,999	0,028
47. *Glycocoll*	76,5	75,1	*0,01*	*0,985*	*0,002*
48. Methylurethan . . .	76,5	75,1	[0,60]	[0,9997]	[0,12]
49. Acetamid	68,7	59,1	[1,0]	[0,9999]	[0,2]
50. Glycol	65,5	62,0	0,50	0,9997	0,10
51. Harnstoff	59,2	60,1	1,48	0,9999	0,296

In der Tabelle 14 bedeutet „Grenzkonz. a" bzw. μ_a die betreffenden Werte aus „Momentanversuchen" (S. 42), in Tabelle 15 „Grenzkonz. b" bzw. μ_b dieselben für 5-Minutenversuche.

Diese Werte für μ_a bzw. μ_b aber sind *die für die Ultrafiltertheorie entscheidenden*, da nur sie, nicht aber die Grenzkonzentrationen (S. 22) der Durchlässigkeit proportional sind. Für diese Permeabilitätskoeffizienten ergibt sich aus der Formel S. 42

$$\mu = 1 - \frac{C}{C'}$$

wo C den mit Raffinose oder Stoffen höheren Molekulargewichts (-volums) ermittelten Grenzkonzentrationswert, C' denselben für den jeweiligen Stoff bedeutet (Spalte 4).

Mit kleiner werdendem Wert für $\frac{C}{C'}$ nähert sich μ dem Grenzfall der *freien Diffusion*, welche für jeden Stoff gleich 1 gesetzt wird. Die Werte für μ sind nicht nur der Permeabilität, sondern auch den Diffusionskonstanten (für die Diffusion durch das Plasma) proportional. Man findet in den physikalisch-chemischen Handbüchern meist den Hinweis darauf, daß die Diffusionskonstanten (für freie Diffusion) bei höheren Konzentrationen sich im allgemeinen mehr oder minder ändern (z. B. NERNST 1921). Bei den niedrigen Konzentrationen, mit denen unsere Messungen erfolgten, wird dies also keine Rolle spielen. Nur da, wo jene höher werden, also für die Endglieder unserer Tabelle (z. B. Tabelle 14 bis 17) könnte dies der Fall sein. Unterlagen dafür haben wir aber nicht gefunden. Für Glycerin und Harnstoff z. B., die zu diesen Stoffen gehören, zeigen die Tabellen von LANDOLT-BÖRNSTEIN (1923, Band I, S. 68) sogar, daß die Diffusionskonstanten bis zu 1,75 G.M. hinauf, also bis zu weit höheren Konzentrationen als wir sie verwandt haben, gleich bleiben, wenn wir von *einer* auffälligen, und mit von anderer Seite angestellten Messungen unvereinbaren Angabe von THOVERT für 0,25 proz. Glycerin absehen.

Ein Vergleich der Spalten 2 und 5 zeigt die *schöne Übereinstimmung mit den Voraussetzungen der Ultrafiltertheorie, wobei die sehr verschiedene chemische Konstitution der Stoffe keine Rolle spielt.*

Man sieht ferner, daß die Permeabilitätskoeffizienten von *Cocain, Codein, Coniin, Inosit, Phloroglucin, Propylurethan, Anilin, Methylal, Propionamid, Glycerin* und *Monomethylharnstoff* besser zum *Molekularvolum* als zum *Molekulargewicht* stimmen (Tab. 14, 15), *daß also mit andern Worten die* **räumlichen** *Verhältnisse tatsächlich ausschlaggebend sind.*

Bei den *Isomeren* haben die molekularen Besonderheiten für die Permeabilität keinen oder keinen erheblichen Einfluß auf die Permeabilität. Die Ketohexose *Sorbose* permeiert allerdings etwas schwerer

4*

als die stereoisomere *Fructose*, diese stimmt aber wieder mit den Aldosen überein. Ferner verhält sich *Inosit* mit der isomeren *Sorbose* übereinstimmend. Es fällt auch auf, daß der asymmetrische *Dimethylharnstoff* sowohl in lebende (Tabelle 14) wie in tote Zellen (Tabelle 17) etwas schwerer eindringt als der symmetrische. Die Verschiedenheiten sind aber so gering, daß man wohl sagen darf, daß die räumlichen Besonderheiten der gelösten Moleküle deren Gesamtform (z. B. Kugel) nicht wesentlich modifizieren dürften.

Beim Überblicken der Tabellen machen sich nun aber doch einige, zum Teil nur scheinbare, zum Teil aber wirkliche *Abweichungen* (kursiv gedruckt) von der allgemeinen Regel bemerkbar, über welche in der allgemeinen Diskussion (S. 56) mehr zu sagen sein wird.

b. Tote Fäden.

Ehe wir zu dieser übergehen, wollen wir noch das Verhalten *toter Fäden* prüfen. Die Methodik des Arbeitens mit solchen wurde bereits früher (vgl. S. 33) bei Gelegenheit der Versuche mit anorganischen Salzen besprochen. Auch die geeignetste Abtötungsart wurde bei dieser Gelegenheit besprochen. Die Messungen über die Aufnahme organischer Verbindungen in tote Fäden sind in der gleichen Weise angestellt worden. Die besondere Art der Abtötung der Fäden beeinflußte die Permeabilität für organische Stoffe weniger als es seinerzeit für anorganische Salze festgestellt wurde. Dies ergibt sich aus einigen in Tabelle 16 zusammengestellten vergleichenden Messungen. (Zahlen in GM.)

Tabelle 16.

| | Fäden abgetötet durch | | | |
1. Stoff	2. Flemming	3. Wärme	4. Alkohol	5. Chromsäure 2 vH.
Saccharose	0,000680	0,0006	0,0013	0,000680
Glucose	0,00075	0,00064	0,0015	0,00075
Arabinose	0,015	0,013	0,03	0,015
Quotient:				
Saccharose / Glucose	0,9	0,94	0,86	0,9
Saccharose / Arabinose	0,045	0,046	0,043	0,045

Man sieht immerhin (Tabelle 16), daß der Durchtritt auch der organischen Stoffe durch die Membran bei Verwendung von *Alkohol* verzögert wird, falls nicht (S. 34) die durch ihn bedingte Härtung das „Knicken" nur mechanisch erschwert, so daß es erst bei höheren Konzentrationen erfolgt.

Tabelle 17 (Tote Fäden).

1. Stoff	2. Mol.-Vol.	3. Mol.-Gew.	4. Grenzkonz.
1. Veratrin	723,5	627,9	0,0015
2. Raffinose	498,8	594,4	0,0052
3. Amygdalin	461,3	457,2	0,0050
4. Thebain	382,1	347,7	0,0057
5. Cocain	372,3	339,8	0,0068
6. Codein	365,6	353,7	0,0075
7. Morphin	349,1	339,7	0,0068
8. Saccharose	345,6	342,1	0,0068
9. Salicin	296,0	286,2	0,0068
10. Antipyrin	213,2	188,2	0,0068
11. Coniin	211,3	163,6	0,0075
12. Rhamnose	189,2	182,2	0,0071
13. Mannit	189,2	182,2	0,0076
14. Hexosen	183,2	180,1	0,0075
15. Inosit	173,2	180,1	0,0075
16. Paraldehyd	169,5	132,2	0,010
17. Leucin	164,5	131,2	0,011
18. Adonit	160,0	152,1	0,015
19. Arabit	160,0	152,1	0,019
20. Arabinose	153,4	150,1	0,015
21. Monoacetin	145,6	134,1	0,019
22. *Asparagin*	134,2	132,2	*0,015*
23. Erythrit	130,2	122,1	0,019
24. *Asparaginsäure*	129,5	133,1	*0,015*
25. Orcin	128,8	129,1	0,060
26. Phloroglucin	122,4	90,1	0,068
27. Propylurethan	120,5	103,1	0,071
28. Methyllaktat	115,8	104,1	0,060
29. Resorcin	114,6	110,1	0,075
30. Anilin	111,5	93,1	0,057
31. Monochlorhydrin	109,9	110,5	0,071
32. Dimethylharnstoff sym.	103,2	88,1	0,068
33. „ assym.	103,2	88,1	0,072
34. Succinimid	102,9	99,1	0,075
35. *Alanin*	98,5	89,1	*0,04*
36. Äthylurethan	98,5	89,1	0,068
37. *Propionamid*	90,7	73,1	*0,19*
38. Glycerin	87,8	92,1	0,15
39. Methylharnstoff	81,2	74,1	0,15
40. *Glycocoll*	76,5	75,1	*0,095*
41. Methylurethan	76,5	75,1	0,26
42. *Acetamid*	68,7	59,1	*0,34*
43. Glycol	65,5	62,0	0,34
44. Harnstoff	59,2	60,1	0,60

Eine Berechnung des Permeabilitätskoeffizienten ist für tote Fäden unmöglich, da kein Stoff von genügend großem, sicher bekanntem M.V. gefunden werden konnte, für den sie auch bei kürzester Versuchszeit impermeabel gewesen wären. Es ist einleuchtend, daß in letzterem Fall dieser Stoff bereits bei einer Konzentration unter 0,0015 G.M. Schrumpfung („Knickung") erzeugen müßte. Wollte man aber, um eine rohe Vorstellung vom Permeabilitätsgrade der toten Zellen zu erhalten, diesen Wert einmal mit allem Vorbehalt auch für letzteren zugrunde legen, so ergäbe sich bereits für das Veratrin mit dem größten Molekularvolum (-gewicht) unter allen untersuchten Stoffen ein Wert von $\mu_a' = 0,90$, der aber sicherlich gegenüber dem wahren Wert noch zu niedrig liegt. Da, wie die Grenzkonzentrationen der Tabelle 17 zeigen (Spalte 4), die übrigen Stoffe noch leichter permeieren, so springt der sehr bedeutende Unterschied zum diosmotischen Verhalten lebender Zellen, d. h. die *hemmende Wirkung des lebenden Plasmas* (Tabelle 14) deutlich in die Augen.

Als Anhalt zur Beurteilung der Permeabilität toter Zellen können aber die Grenzkonzentrationswerte dienen, die, wie bereits ausgeführt der Permeabilität nicht proportional sind, aber selbstverständlich mit dieser fallen und steigen. Man sieht beim Überblicken der Werte (Spalte 4) deutlich die *gleiche prinzipielle Gesetzmäßigkeit wie bei den für die lebende Zelle geltenden:* sie fallen und steigen mit dem M.V., folglich auch die *Permeabilität* mit diesem. Der eben erwähnte in den Werten der Tabellen 14 (lebende) und 17 (tote Zellen) zum Ausdruck gelangende Unterschied ist — so groß er auch ist — *nur von quantitativer, nicht aber grundsätzlicher und qualitativer* Natur. Von einigen — bei den toten Fäden nur kleineren — Abweichungen von der Regel soll im allgemeinen Teil noch die Rede sein.

IV. Kurzer Überblick über die Ergebnisse der Messungen.

Wir beabsichtigen in diesem Kapitel keineswegs eine Zusammenfassung aller experimentellen Ergebnisse unserer Untersuchungen zu geben. Wir vermeiden vielmehr alle Wiederholungen und verweisen auf den Abschnitt III.

Es wird sich indessen empfehlen, vor einer Diskussion über die Bedeutung der Versuchsergebnisse für das Problem der Permeabilität, in aller Kürze wenigstens die in ihren Einzelheiten schon genügend besprochenen Ergebnisse unserer Messungen insgesamt zusammenzufassen.

A. Organische Stoffe.
a. Lebende Zellen.

Wir geben zunächst nach der Tabelle 14 eine graphische Darstellung der Abhängigkeit der Permeabilitätskoeffizienten (Momentanwerte μ_a, Spalte 5) vom M.V. (Abb. 9). Dabei mußten aus technischen Gründen einige Stoffe durch Zahlen bezeichnet, andere, welche auf der Kurve zu dicht an Nachbarwerte gefallen wären (Saccharose und viele andere) ganz fortgelassen werden.

Wie man sieht, ist der Anstieg von μ_a mit abnehmendem *M.V. ein angenähert geradliniger*. Beim Erythrit und Orcin befinden sich größere

Knicke. Mit dem Harnstoff berührt die Linie nahezu die Ordinate 1, d. h. den Wert für freie Diffusion. Nur zwei Stoffe (Antipyrin und Leucin) liegen mit ihrem μ_a-Wert weit außerhalb der Linie. Bedenkt man, daß den Methoden der Messung manche Mängel anhaften, und daß auch die Molekularvolumina meist nur nach der Koppschen Formel errechnet sind, so wird man nicht umhin können, *von der rela-*

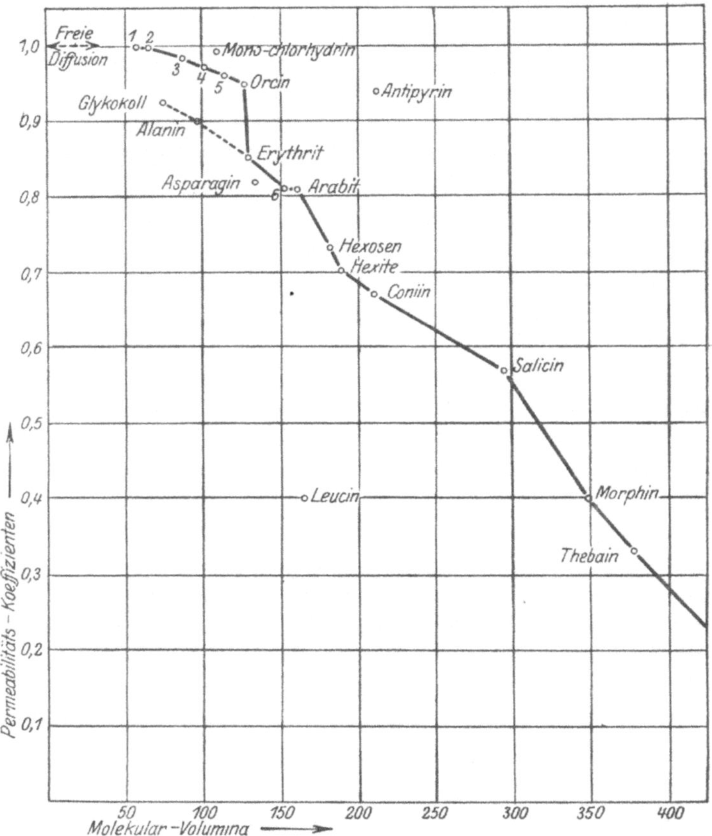

Abb. 9. *Abhängigkeit der Permeabilität lebender Fäden* (μ_a) *vom M.V.* Es bedeuten: 1. Harnstoff, 2. Glycol, 3. Glycerin, 4. Succinimid, 5. Methyllactat, 6. Arabinose.

tiven Strenge und Einfachheit der an eine lineare Funktion gemahnenden Abhängigkeit der Permeabilitätskoeffizienten vom M.V. überrascht zu sein. Man wird auch vermuten dürfen, daß nach diesen Erfahrungen die *speziellere, räumliche Form der einzelnen Moleküle für die Permeabilität keine ins Gewicht fallende Rolle spielen kann,* bzw. daß diese Form *bei den untersuchten Stoffen,* so verschieden ihre Konstitution auch ist, *recht ähnlich sein dürfte.* Auch folgt für uns daraus als sehr wahrscheinlich, daß *Hydratationen* bei ihnen nicht vorkommen, und mit voller Sicherheit, daß *Doppelmolekül-* oder gar *Molekülaggregatbildung* in ihren Lösungen ausgeschlossen sind. (Vergl. auch Collander 1924.)

Von besonderem, auch chemisch-physikalischem Interesse ist der die hochmolekularen Verbindungen betreffende Teil der Kurve. Er zeichnet sich durch besondere Regelmäßigkeit aus, obwohl auch hier chemisch ganz verschiedene Stoffe, wie Kohlenhydrate, Alkaloide, ein Glykosid, ein Triphenylmethanfarbstoff usw. vertreten sind. Letztere konnten aus räumlichen Gründen nicht mehr mit gezeichnet werden. Es ist aber die Richtung auf diese Punkte angedeutet worden. Also speziell auch für die untersuchten *Alkaloide* und den genannten *Farbstoff* folgt daraus ein molekularer Lösungszustand. Im Abschnitt V (S. 69) wird davon noch ausführlicher die Rede sein.

Vielleicht wird das diosmotische Verhalten der Alkaloide am meisten überraschen. Man hat sie bisher wohl allgemein als besonders rasch permeierende bezeichnet. Die Vermutung liegt nahe, daß dies nur dadurch vorgetäuscht wurde, daß diese Stoffe in so vielen Pflanzenzellen *Speicherungen* (Niederschläge) ergeben, und zwar dies weiter noch durch chemische Reaktionen (so mit Gerbstoffen der Vacuolen usw.), welche sich durch eine *außerordentliche*, zum Teil *ungeheure Empfindlichkeit* auszeichnen, wenn z. B. OVERTON feststellt, daß Strychnin und andere Alkaloide in einer Verdünnung von 1 g auf 10 bis 20 Tausend Liter Wasser in Spirogyravacuolen einen noch deutlich sichtbaren Niederschlag erzeugen. So mußte die Permeierfähigkeit dieser Stoffe *bedeutend überschätzt* werden (vgl. auch S. 3), da wegen der Löslichkeits- und Giftigkeitsverhältnisse plasmolytische Messungen, die einen exakten Vergleich mit andern Stoffen ermöglicht hätten, an gewöhnlichen Pflanzenzellen ausgeschlossen waren. Diese Schwierigkeiten fallen bei *Beggiatoa* fort, und da in ihr auch keine Speicherung dieser Stoffe erfolgt, können wir infolgedessen sehen, daß sich die Alkaloide ganz entsprechend ihrem M.V. verhalten. Vom Ketonblau (S. 71) gilt mutatis mutandis das gleiche.

Der Kürze halber wollen wir hier aber nicht etwa alle Stoffe einzeln betrachten, über welche ja schon in Kapitel III (z. B. S. 51) das Erforderliche gesagt wurde, sondern nur noch denjenigen einige Worte widmen, welche in ihrem diosmotischen Verhalten von der Regel *abzuweichen* scheinen.

Schon in Tabelle 14, Spalte 5, machten sich in den μ_a-Werten einige Sprünge (kursiv gedruckt) bemerkbar. Die größten sind die von Leucin und Antipyrin, wesentlich kleiner die von Monochlorhydrin, Asparagin, Alanin und Glycocoll, wobei in der Kurve, Abb. 9, diese Aminosäuren einen Seitenast bilden. Die geringen Abweichungen von Paraldehyd und Monoacetin beruhen, wie früher bewiesen (S. 40), auf einer

Tabelle 18.

1. Stoff	2. Mol.-Vol.	3. μ_a	4. $\dfrac{\text{Mol.-Vol.}}{10\,\mu_a}$
1. Veratrin	723,5	0	∞
2. Ketonblau	577,8	0	∞
3. Raffinose	498,8	0	∞
4. Amygdalin	461,3	0	∞
5. Thebain	382,1	0,33	116
6. Cocain	372,3	0,33	113
7. Codein	365,6	0,40	91,5
8. Morphin	349,1	0,40	87,4
9. Saccharose	345,6	0,40	86,4
10. Salicin	296,0	0,57	51,9
11. *Antipyrin*	*213,2*	*0,94*	*27,0*
12. Coniin	211,3	0,67	31,6
13. Rhamnose	189,2	0,70	27,4
14. Mannit	189,2	0,72	26,4
15. Dulcit	189,2	0,72	26,4
16. Sorbose	183,2	0,67	27,4
17. Mannose	183,2	0,70	26,4
18. Galactose	183,2	0,70	26,4
19. Fructose	183,2	0,70	26,4
20. Glucose	183,2	0,72	25,5
21. Inosit	173,2	0,67	25,9
22. Paraldehyd	169,5	[0,98]	[17,3]
23. *Leucin*	*164,5*	*0,40*	*41,3*
24. Arabit	160,0	0,824	19,4
25. Adonit	160,0	0,813	19,7
26. Arabinose	153,4	0,813	18,9
27. Monoacetin	145,6	[0,925]	[15,7]
28. *Asparagin*	*134,2*	*0,824*	*16,3*
29. Erythrit	130,2	0,850	15,3
30. *Asparaginsäure*	*129,5*	—	—
31. Orcin	128,8	0,957	13,4
32. Phloroglucin	122,4	0,966	12,7
33. Propylurethan	120,5	0,966	12,5
34. Methyllactat	115,8	0,963	12,0
35. Resorcin	114,6	0,966	11,9
36. Anilin	111,5	0,963	11,6
37. Monochlorhydrin	109,9	0,9925	11,1
38. Dimethylharnstoff sym.	103,2	0,967	10,68
„ asym.	103,2	0,970	10,63
39. Succinimid	102,9	0,997	10,32
40. *Alanin*	*98,5*	*0,900*	*10,94*
41. Äthylurethan	98,5	0,985	10,00
42. Methylal	97,0	0,9833	9,87
43. Furfurol	97,0	0,9833	9,87
44. *Propionamid*	*90,7*	*0,985*	*11,6*
45. Glycerin	87,8	0,9833	8,93
46. Methylharnstoff	81,2	0,985	8,25
47. *Glycocoll*	*76,5*	*0,925*	*8,27*
48. Methylurethan	76,5	0,9975	7,67
49. Acetamid	68,7	[0,9993]	[6,88]
50. Glycol	65,5	0,9983	6,56
51. Harnstoff	59,2	0,9988	5,92

(in „Momentan"versuchen nur schwach) schädigenden Wirkung (Tabelle 14, Zahlen in Klammern). Die beiden Stoffe wurden tabellarisch gleichwohl berücksichtigt, um zu zeigen, daß ihre *normale* Permeierfähigkeit offenbar der Ultrafiltertheorie entspricht.

Das ein wenig zu rasche Permeieren des Monochlorhydrins braucht auf keiner vitalen Besonderheit zu beruhen (S. 68, Anm. 1), beim Antipyrin ist letzteres nicht ausgeschlossen. Leider ließ es sich zu Messungen an toten Fäden nicht verwenden, da es nicht genügend wasserlöslich ist, um die dazu erforderlichen Konzentrationen zu ergeben. Alle übrigen Abweichungen beziehen sich auf (± zu langsam permeierende) Aminosäuren und Säureamide; wir kommen sogleich auf sie zurück.

Eine sehr schöne Reihe erhält man, wenn man die Stoffe nach den Werten der Verhältnisse der M.V. zu ihren Per-

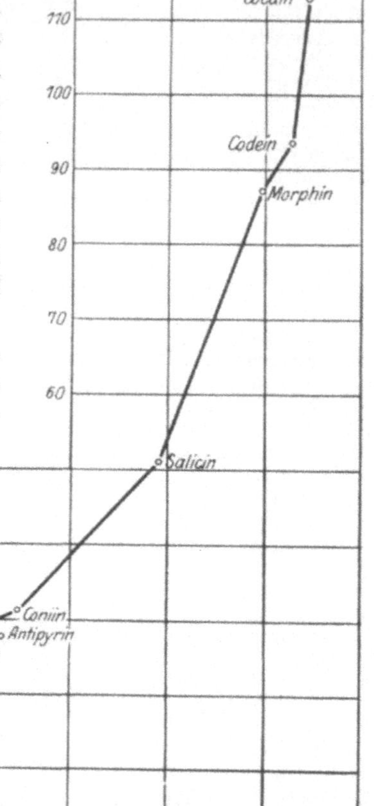

Abb. 10. *Abhängigkeit der Werte* $\frac{M.V.}{10\,\mu_a}$ *vom M.V. (lebende Zellen).* Es bedeuten: 1. Glycol, 2. Methylurethan, 3. Methylharnstoff, 4. Glycocoll, 5. Propionamid, 6. Alanin, 7. Succinimid, 8. Anilin, 9. Methyllactat, 10. Orcin, 11. Asparagin, 12. Arabinose.

meabilitäten (Permeabilitätskoeffizienten) anordnet. In Tabelle 18, wo, um kleinere Zahlen zu erhalten nicht die einfachen, sondern die 10fachen Werte von μ_a benutzt wurden, sieht man bis auf die in kursivem Druck hervorgehobenen Ausnahmen einen regelmäßigen Abfall mit dem M.V., der in Abb. 10 graphisch dargestellt ist.

Als *starke* Abweichung tritt allein das *Leucin* hervor. Dazu kommt noch die nicht mit verzeichnete *Asparaginsäure*. Sie hatte bereits in Konzentrationen, die noch dreifach unter der Grenzkonzentration hochmolekularer Stoffe lag (Veratrin, Raffinose usw.) an den lebenden Fäden „Knickungen" hervorgerufen, die somit wohl gar nicht osmotischer Art sein können. Sehr wenig, und in der Abb. 10 deshalb kaum hervortretend (4, 5, 6, 11), aber doch noch eben merklich, fallen ferner noch *Glycocoll, Propionamid, Alanin* und *Asparagin* neben die Kurve, d. h. *also sämtliche daraufhin geprüften Aminosäuren* und *Säureamide*, mit alleiniger Ausnahme des *Acetamids*, dessen Permeierfähigkeit aber bereits so groß ist (μ ganz nahe $= 1$), daß die Messung etwas weniger genau ausfällt.

Es ist aber wenig wahrscheinlich, daß in der etwas geringeren Permeierfähigkeit dieser Stoffgruppe eine vitale Eigentümlichkeit des Plasmas steckt; vergleicht man nämlich daraufhin Tabelle 17, so findet man *auch für die toten Fäden* etwas, zum Teil sogar erheblicher abweichende Grenzkonzentrationen, und wieder *unter allen geprüften Stoffen nur für diese*. Allein das Leucin verhält sich hier normal.

Wir sind geneigt, zur Erklärung der Besonderheit der genannten Stoffgruppe am ehesten an eine Wirkung der, wenn auch recht geringen, *elektrolytischen Dissoziation* zu denken, welche diese zum Teil ampholytischen Verbindungen in ihrem diosmotischen Verhalten den anorganischen Salzen annähern könnte, die ihrerseits ja auch bei den Versuchen *sowohl* mit lebenden *wie mit toten* Fäden eine Sonderstellung gegenüber den Nichtelektrolyten deutlich gezeigt hatten (vgl. S. 30). Ob aber auch hier, wie wir annehmen möchten, Beeinflussungen des Quellungszustandes der Plasma- (inneren Membran-)kolloide im Spiel sind, bleibe dahingestellt.

b. *Tote Zellen.*

Werfen wir schließlich noch einen Blick auf das diosmotische Verhalten der Stoffe gegen *tote* Fäden, d. h. auf die Permeabilität der *Zellmembranen*. Da bereits auf S. 52 (vgl. auch Tabelle 17) schon das Wichtigste, insbesondere die Tatsache, daß wir auch hier eine *nach dem M.V. abgestufte Permeabilität* vorfinden, betont wurde, können wir uns hier kürzer fassen: Wir sind für tote Zellen, wie dort ebenfalls schon ausgeführt, nicht in der Lage, die Permeabilitätskoeffizienten und somit auch nicht die für Ultrafiltertheorie maßgebenden Verhältnisse des M.V. zu diesen zu berechnen, so daß uns nur die experimentell bestimmten Grenzkonzentrationen zur Beurteilung des diosmotischen Verhaltens der Stoffe zur Verfügung stehen. Das Ansteigen jener mit abnehmendem M.V. ist, trotz der überaus hohen Durchlässigkeit der Membranen und der größeren Ungenauigkeit der Messungen, wie ein Blick auf Tabelle 15 zeigt, so augenfällig, daß auch hier *an der Gültigkeit des Ultrafilter-prinzips kein Zweifel bestehen kann.*

Auch hier sehen wir aber einige Abweichungen, die bei größerem M.V. nur recht klein, bei kleinerem aber in einigen Fällen (Alanin, Propion-amid, Glycocoll) größer sind. Es ist, wie bereits S. 59 hervorgehoben, sehr bemerkenswert, daß sich diese Aufnahmen wiederum, wie bei lebenden Zeilen und im gleichen Sinne der Permeabilitäts*verringerung* auf Aminosäuren und Säureamide beschränken, und wir schlossen dar-aus, daß deren Ausnahmestellung *keine spezifisch vitale Eigentümlich-keit* des Protoplasmas zugrunde liegt, sondern vielleicht die elektro-lytische Dissoziation oder eine andere physikalisch-chemische Besonder-heit. Auffallend ist nur, daß Propionamid, und dieses allein, in tote Zellen *rascher* als zu erwarten, permeiert.

B. Salze.

Messungen an lebenden Zellen sowohl (die uns in erster Linie inter-essieren) wie auch solche an toten Zellen, in diesem weniger wichtigen Falle allerdings mit einem gewissen, durch die Abtötungsart (S. 34) und die primitive Methode bedingten Unsicherheitskoeffizienten, hatten uns das allgemeine Resultat ergeben, daß die Wirkung der anorganischen Salze sich *additiv aus denen der Ionen* zusammensetzt. Die *Kationen* wirken auf den *Quellungszustand der Plasmakolloide* vermindernd ein, derart, daß mit dem Grade der Entquellung eine Herabsetzung der Permeabilität (HOFMEISTERs lyotrope Reihe) erfolgt. Die *Anionen* wirken entgegengesetzt, also quellungs*befördernd* (lösend, „peptisierend") und steigern die Permeabilität, ebenfalls in bestimmter Stufenfolge der Anionen. Wir konstatierten also im diosmotischen Verhalten der *Beggiatoa*-Zellen gegen Salze dieselbe Gesetzmäßigkeit, wie sie von KAHHO und anderen allgemein für Zellen anderer Pflanzen gefunden wurde — der Unterschied gegen diese ist nur quantitativer Natur; *B. mirabilis* ist auch für sie wie für die organischen Stoffe viel leichter permeabel. Wir schlossen hieraus und aus anderen Tatsachen auf eine wesentliche Übereinstimmung des Beggiatoenplasmas in seinen Grund-eigenschaften mit dem der übrigen Pflanzen (vgl. auch S. 76). Da nach den allerdings wesentlich weniger genauen und zuverlässigen, Messungen an *toten* Zellen (S. 34) bei diesen *dieselbe* Gesetzmäßigkeit herrscht, und die Beeinflussung der Quellung durch anorganische Salze nach der *chemischen Natur* der Membranen verschieden zu sein scheint (WALTER 1924), so können wir hierdurch den aus anderen Tatsachen (S. 18) ge-zogenen Schluß auf die plasma- oder eiweißartige Beschaffenheit, minde-stens der inneren Zellwandschicht bei *B. mirabilis* bekräftigen.

Erklären die Einwirkungen auf die Quellung die Reihenfolge im Durchtritt der Salze untereinander, so fragt es sich nun, können wir das

diosmotische Verhalten der letzteren auch mit dem der organischen
Stoffe vergleichen und wie steht es mit der *Anwendung der Ultrafiltertheorie auf die anorganischen Salze?*

Nachdem in den älteren Zeiten der Permeabilitätsforschung die anorganischen Salze vielfach im Vordergrund der Diskussion über die Beschaffenheit der hypothetischen „Plasmahaut" gestanden hatten, ist
später immer mehr ihre Sonderstellung gegenüber den organischen
Stoffen betont worden. Jene sollten darnach auf Grund irgendwelcher
einfachen chemisch-physikalischen Eigenschaften (Löslichkeit, Oberflächenaktivität usw.) ohne weiteres, diese aber „*unter aktivem Eingreifen des Plasmas*" ins Zellinnere befördert werden. Letzteres hat
besonders HÖBER (1922) durch die Aufstellung des auf ihr Verhalten
begründeten *Begriffs der „physiologischen" Permeabilität* scharf heraus-
gestellt (vgl. auch NATHANSOHN 1910).

Unseres Erachtens ist diese Auffassung durch die neueren Arbeiten
insbesondere von KAHHO (1921, 1924) widerlegt: Auch hier spielen
offenbar *rein physikochemische Vorgänge* die Hauptrolle, die allerdings
von anderer Art sind als die über den Import organischer Stoffe entscheidenden: *Quellungsänderungen der Plasmakolloide, deren Bedeutung
gerade auch bei unseren Versuchen mit B. mirabilis wegen der leichten
Meßbarkeit ihrer Durchlässigkeit besonders klar und schön hervortrat. Die
Bedeutung unseres Nachweises, daß dieser Satz auch für tote Zellen, also*
für die *Membrankolloide* gilt, scheint uns darin zu liegen, *daß er die
spezifisch physiologische Auffassung* HÖBERs *eindeutig widerlegt, und ganz
für die Auffassung* KAHHOS *spricht.*

In die *Ultrafiltertheorie* fügen sich die *anorganischen Salze* infolgedessen *nur insoweit ein, als ihre Molekülgröße überhaupt ihren Durchtritt
gestattet. Die Geschwindigkeit des letzteren* hängt aber von der erwähnten
Quellungswirkung ab[1]). Zu dem ersteren Punkt sei noch Folgendes
bemerkt: Man weiß, daß die Molekularvolumina analog aufgebauter,
krystallisierender Salze additiver Natur sind, und ganz neuerdings hat
BILTZ (1923, 1924) sogar gezeigt, daß das M.V. von krystallisierten Halo-
geniden vieler Metalle nahezu gleich der Summe der Atomvolumina der
letzteren und der von W. HERZ errechneten Nullpunktsatomvolumina
der Halogene sind. Außer der hierin liegenden schönen Bestätigung der
Koppschen Volumregel interessieren uns nun hier die Werte für das M.V.,
wenn auch, gemäß dem oben Gesagten, nur in ihrer allgemeinen Größenordnung. Die Atomvolumina betragen nach BILTZ (1923, S. 124) z. B.
für Ca 26, Na 23,7, K 45,4. Der Herzsche Wert für das A.V. des Cl
aber beträgt 16,2. *Wir sehen also, wären die M.V. allein maßgebend,*

---

[1]) Auch beim diosmotischen Verhalten der von BRENNER (1918) näher
studierten Säuren und Basen dürften u. a. Quellungsänderungen eine wichtige
Rolle spielen.

so müßten an sich leichtes Permeieren möglich sein. Da, wie unsere Versuche (S. 35) ergaben, z. B. des NaCl in *B. mirabilis* fast ungehemmt durch das lebende Plasma permeiert, dürfte hier, im Gegensatz zu andern Pflanzenzellen, die dem Na sonst eigene Quellungserniedrigung nur wenig wirksam werden. Daß eine solche aber gleichwohl, auch bei *B. mirabilis*, nicht nur von NaCl, sondern auch von den übrigen untersuchten, ebenfalls relativ recht leicht eindringenden anorganischen Salzen ausgeht, ergibt sich deutlich aus der oben besprochenen *reihenmäßigen Abstufung der Importgeschwindigkeit.*

V. Theoretisches.

Nach den mit *B. mirabilis* erhaltenen Versuchsergebnissen (Abschnitt III) und ihrer allgemeinen Erörterung (Abschnitt IV) dürfen wir davon *ausgehen, daß das M.V. in weitaus erster Linie über das diosmotische Verhalten der wenig oder nicht dissoziierten Stoffe entscheidet.* Die Übereinstimmung dieser Tatsache mit den Forderungen der Ultrafiltertheorie wurde häufig hervorgehoben, bedarf aber noch einer *grundsätzlichen* Erörterung, wie auch die Frage der Bedeutung der Membran dabei und die Gültigkeit der Ergebnisse für andere Zellen. Bevor wir hierauf eingehen, werden wir zweckmäßig einen kurzen Blick auf den gegenwärtigen Stand des Permeabilitätsproblems zu werfen haben.

A. Die Permeabilität.

a. Bemerkungen über einige ältere Hypothesen.

Die bekannte „Lipoidtheorie", welche von MEYER und OVERTON begründet wurde, stützt sich in der physikochemischen Grundlage auf den unseres Wissens zuerst von LIEBIG (1848, 1862) geäußerten und von L'HERMITE (1855), GRAHAM (1854) und NERNST (1890) weiter ausgebauten Gedanken der *„auswählenden Löslichkeit"*, wonach die Aufnehmbarkeit eines von außen gelöst dargebotenen Stoffes in das Zellinnere durch die Löslichkeitsverhältnisse jenes in der semipermeablen Membran bedingt sein müßte. Eine ausführliche Darstellung dieser Theorie und ihrer Stützen findet sich bei einem ihrer langjährigen Anhänger, HÖBER (1922).

Nachdem diese Theorie, namentlich auf Grund der eindrucksvollen, einfachen pflanzenphysiologischen Versuche ihres Begründers, OVERTON, in tierphysiologischen Kreisen — in der Pflanzenphysiologie hat sie nie eine ähnliche Rolle gespielt — die Anschauungen der Stoffwechselphysiologie, Pharmakologie und Toxikologie jahrzehntelang beherrscht hat, ist die Stellungnahme zu ihr doch auch dort eine viel zurückhaltendere oder gar skeptische geworden, bezeichnenderweise gerade auf Grund eines eindringenderen Studiums ihrer scheinbaren *Hauptstützen.* So will z. B. WINTERSTEIN (1916) in ihrer Anwendung auf die *Narkose* sogar nur noch eine Art „Zwangsvorstellung" mancher Autoren sehen. Auch z. B. Fühner (1921) lehnt sie in ähnlichem Zusammenhange ab, und v. Tschermak (1924) sieht in den Plasmalipoiden, im diametralen Gegensatz zu Overton, Hindernisse für das Eindringen wasserlöslicher Stoffe[1]).

Ein vielleicht noch bestechenderes Hauptparadigma als die Narcotica bildeten die von Overton (1900) genauer studierten *Anilinfarbstoffe*. Aber gerade hier konnte Ruhland (1908) nachweisen, daß es basische Stoffe gibt, die trotz sehr hoher Lipoidlöslichkeit in lebende Pflanzenzellen nie eindringen (Viktoriablau 4 R und B, Nachtblau, Basler Blau BB und R, während auf der anderen Seite von ihm eine Reihe weiterer basischer Farbstoffe gefunden werden konnte, welche sehr leicht eindringen, ohne lipoidlöslich zu sein (Methylengrün, Thionin, Neublau R, Azophosphin QO, Malachitgrün, Bismarckbraun u. a.). Entsprechend lagen die Dinge bei den sauren Farbstoffen.

Da wir hier keine erschöpfende Kritik anstreben, genüge es, wenigstens noch eine schwerwiegende Unstimmigkeit gegen die Lipoidtheorie ins Treffen zu führen, zumal sie einen Punkt von besonderer physiologischer Bedeutung betrifft, der in diesem Zusammenhange von anderer Seite unseres Wissens noch nicht berührt worden ist: Es betrifft die Wegsamkeit der lebenden Zelle für den freien Sauerstoff. Harvey (1922) hat an ·lebenden Tierzellen durch sehr einfache Versuche mit Hilfe der Methylenblauleukobase gezeigt, mit wie außerordentlicher Geschwindigkeit derselbe jederzeit in das Zellinnere eindringt. Daß der Sauerstoff aber kaum lipoidlöslich sein kann dürfte unseres Erachtens aus der Tatsache hervorgehen, daß man mit Erfolg schon durch dünne Überschichtung mit so extrem fettlöslichen Stoffe, wie höheren Kohlenwasserstoffen, den Sauerstoffzutritt zu Wasser, in denen Wasserpflanzen assimilieren und atmen, praktisch verhindern kann.

Wenn man sich einmal die Mühe macht, das Tatsachenmaterial zu prüfen, welches der Lipoidtheorie als Grundlage gedient hat, so wird man nicht umhin können, es als recht dürftig zu bezeichnen, ein Eindruck der sehr im Gegensatz zu demjenigen steht, welchen man früher unwillkürlich aus den Darstellungen der Hypothese in Lehr- und Handbüchern empfangen hatte. Wir können es zunächst nicht als geeignete Grundlage einer Permeabilitätstheorie anerkennen, wenn als Maß des Permeierens irgendwelche physiologischen (Narkose) oder toxischen Wirkungen (Hämolyse usw.) zugrunde gelegt werden. Denn bei dieser Argumentation wird das Spezifische in der Wirkung der einzelnen Stoffe und andere Momente, die immer im Spiel sein müssen, gröblich vernachlässigt. Wenn also z. B. nach Fühner und Neubauer (1907)

---

[1]) Letzteren Hinweis verdanken wir einer freundlichen Mitteilung des Herrn Prof. Tischler, Kiel.

in der homologen Reihe der einwertigen gesättigten Alkohole die hämolytische Grenzkonzentration vom Methylalkohol mit 7,34 G.M. bis zum Octylalkohol mit 0,004 G.M. regelmäßig abnimmt, und ferner der Verteilungsquotient dieser Stoffe für Öl: Wasser in derselben Reihenfolge sehr erheblich steigt, so schwebt ein Schluß daraus zugunsten der Lipoidtheorie völlig in der Luft. Es kann ebensogut eine quantitative Verschiedenheit der spezifischen Wirkung, der Adsorption, der Oberflächenaktivität u. a. m. die Ursache der Erscheinung sein (vgl. auch die kritische Darstellung bei Höber 1922), wie denn überhaupt gerade innerhalb der homologen Reihen offenbar *verschiedene* physikalische Konstanten symbates Verhalten zeigen können. Schon daraus folgt die Mehrdeutigkeit solcher Versuche. Klassische Beispiele wären dafür aus der Narkoselehre, Toxikologie usw. leicht zu erbringen.

Wenn wir also von solchen unzulänglichen Versuchen und ihren „Deutungen“ absehen, und nur das Augenmerk auf das eigentlich *diosmotische* Verhalten mehr oder weniger *indifferenter* Stoffe richten, soweit es wirklich messend verfolgt wurde und der Lipoidtheorie als Stütze dienen könnte, so bleibt die Literaturausbeute ebenfalls überaus kümmerlich. Zwar hat Overton (wie er z. B. 1895, S. 22 des S.-A. erwähnt) im ganzen „einige 200, zum Teil anorganische, zum weitaus größten Teile aber organische Verbindungen“ geprüft, er ist aber über einige, mehr vortragsartige zusammenfassende allgemein gehaltene Darstellungen (1895, 1896, 1899) nicht hinausgekommen und ist die mehrfach (z. B. 1899, S. 88) versprochene ausführliche Arbeit mit zahlenmäßigen Versuchsdaten unseres Wissens leider schuldig geblieben.

Das, was in jenen Vorträgen geboten wurde, beschränkt sich auf die Aufstellung von Stoffreihen nach der Aufnahmegeschwindigkeit und einer durch allgemeine Worte wie „rasch“, „langsam“, „äußerst langsam“ usw. versuchte Kennzeichnung derselben. Zahlen fehlen, wie gesagt. Ebenso vermißt man manche anderen durchaus unentbehrlichen Angaben (vgl. S. 2). In zahlreichen Fällen werden Irrtümer wegen der zweifellosen Uneinheitlichkeit der (im einzelnen nicht genannten) Methoden und infolgedessen auch der Unvergleichbarkeit der Resultate (vgl. oben S. 3) vorliegen. Auf einige andere, besonders wichtige Punkte werden wir am Schlusse dieser Arbeit noch einzugehen haben. Systematische Messungen von anderer Seite mit diesen Stoffen, welche zur Stütze der Lipoidtheorie geeignet wären und sich zweckmäßig auf Pflanzenzellen bezogen hätten, sind uns nicht bekannt geworden.

Schließlich soll besonders betont werden, daß, wenn die neueren Angaben von Hansteen-Cranner (1922) sich bestätigen, *der Lipoidtheorie* und der gesamten Diskussion über sie *der Boden entzogen* wäre, beide also recht eigentlich *gegenstandslos* geworden wären. Die von ihm entdeckten, von allen geprüften Pflanzengeweben an umgebendes Wasser abgeschiedenen und nach ihm normal in der Zellhaut und den äußeren Plasmaschichten angehäuften Lipoide zeigten im *genuinen Zustand völlig andere Löslichkeitsverhältnisse* als bisher allgemein angenommen wurde; der fettartige Löslichkeitscharakter trat vielmehr erst nach erfolgter „Denaturierung" hervor. *Wenn aber die „Lipoide" selbst nicht lipoidlöslich sind,* so wird von Löslichkeitseigenschaften lediglich die in **Wasser**, und zwar nur als *allgemeinste Voraussetzung* für das Permeieren der Stoffe in Frage kommen können[1]). Aus unseren Resultaten an *B. mirabilis* geht unseres Erachtens eindeutig hervor, daß letzteres auch zutrifft, wenn die von HANSTEEN-CRANNER erhaltenen Ergebnisse und seine darauf aufgebauten Vorstellungen sich als nicht zutreffend erweisen sollten.

Es erscheint danach nicht verwunderlich, daß man vielfach das Bedürfnis empfand, *neue Vorstellungen* über die die Stoffaufnahme in die lebende Zelle beherrschende Gesetzlichkeit zu entwickeln.

Wir können hier nur einige der so entstandenen neuen Theorien flüchtig berühren. Hierhin gehört z. B. die vielfache Neigung, an die Stelle der Lipoidlöslichkeit oder auch neben sie die *Adsorbierbarkeit* der gelösten Stoffe durch verschiedene Teile der Zelle zu setzen. Zusammenfassend hat sich darüber z. B. HÖBER geäußert (1922, vgl. besonders S. 506 ff.). Der Gedanke ist alt und u. a. schon von PFEFFER (1877) ins Auge gefaßt worden. Es sei auch auf die Arbeiten von LOEWE (1912) über Narcotica verwiesen. Viele Autoren, deren Versuche sich in dieser Richtung bewegten, haben leider ohne weiteres wieder die *physiologischen Wirkungen* oder die *Aufspeicherung* der fraglichen Stoffe in der Zelle als *Maß ihrer Eintrittsgeschwindigkeit* genommen, und wenn jene dem Adsorptionsgesetz entsprach, dies unberechtigterweise auf den Mechanismus des Aufnahmevorganges zurückgeführt, obwohl natürlich dieser ganz anderen Gesetzen gehorchen konnte, zumal nicht festzustellen war,

---

[1]) KAHHO hat in seiner neuen Darstellung (1924, S. 152 ff.) diese Zusammenhänge etwas verkannt, was keiner weiteren Ausführung bedarf. Er stützt sich auch zugunsten der Lipoidtheorie u. a. auf die bekannten Arbeiten von BIEDERMANN (1909) und H. WALTER (1920, 1921), wonach Pflanzenplasma bei der künstlichen Verdauung erst nach Vorbehandlung mit Alkohol und Äther, und dadurch bewirkter Entfernung einer angeblichen Lipoidhülle um die Eiweißteilchen angegriffen wird. Im Gegensatz dazu hat WEIS (1925) das Plasma verschiedener Pflanzen, u. a. auch der von BIEDERMANN benutzten *Elodea* ohne jede Vorbehandlung mit einem sehr wirksamen Trypsinpräparat zu sehr weitgehender Verdauung bringen können. Wir haben seine Präparate gesehen und haben (vgl. oben, S. 18) auch das Beggiatoenplasmas in gleicher Weise, d. h. ohne jede Vorbehandlung mit fettlösenden Mitteln zum Verschwinden bringen können. Die von BIEDERMANN entwickelte Vorstellung kann also nicht richtig, mindestens nicht allgemeingültig sein.

welcher Bestandteil der Zelle das Adsorbens darstellt. Es bedarf keiner
weiteren Ausführung, daß Adsorptionen der permeierenden Stoffe an Bestandteilen des Zellinneren ihre Anhäufung daselbst ebenso oder noch
mehr *beschleunigen müssen*, wie Speicherungen auf Grund von chemischen
Reaktionen. In beiden Fällen wird bei genügenden absoluten Mengen
der Außenstoffe das Konzentrationsgefälle alsbald restituiert. Nach
PFEFFERS klaren Ausführungen (1886) über Speicherungen sollte dieser
Hinweis eigentlich nicht mehr nötig sein. Aufnahmegeschwindigkeit,
die unter solchen Verhältnissen erheblich werden, und Durchlässigkeitsgrad des Plasmas, welche gleichwohl recht gering sein kann, werden
selten mit der erforderlichen Schärfe auseinandergehalten. Sehr lehrreich ist dafür das Verhalten der Alkaloide einerseits, z. B. gegen Spirogyra, wo sofort Anhäufung erfolgt, und gegen *B. mirabilis* anderseits,
wo sie unterbleibt (S. 56). Mit den Farbstoffen steht es nicht anders.
Wir haben keinen Anlaß, uns hier eingehender zu diesen Vorstellungen
zu äußern und bemerken nur noch, daß es natürlich gänzlich ausgeschlossen ist, unsere obigen Resultate durch die Adsorptionstheorie zu
erklären, auch nicht die im wesentlichen auf Aminosäuren und Säureamide beschränkten, meist kleinen Abweichungen von dem der Ultrafiltertheorie entsprechenden Verhalten.

Im Zusammenhange mit der Adsorptionstheorie ist oft von der
Oberflächenaktivität (dem sogenannten „*Haftdruck*“) die Rede gewesen,
welche J. TRAUBE in zahlreichen Arbeiten als den für die Aufnehmbarkeit
und deren Geschwindigkeit entscheidenden Faktor angesprochen hatte.
Wir brauchen diese Theorie, welche das Verdienst für sich beanspruchen
kann, zu manchen kapillarchemischen Messungen und physiologischen
Versuchen angeregt zu haben, hier um so weniger zu besprechen, als
TRAUBE selbst vor einigen Jahren (gemeinsam mit SOMOGYI 1921)
seinen früheren Standpunkt von der allgemeinen Bedeutung der Oberflächenaktivität verlassen und sich zur Theorie der Adsorption, welche
mit jener nicht parallel geht, bekannt hat.

Anhangsweise sei mit wenigen Worten noch auf zwei Theorien eingegangen,
die sich mit der Aufnahme von Anilinfarben beschäftigen, von denen die eine
(NIRENSTEIN 1917) als eine Modifikation der Lipoidhypothese bezeichnet werden
kann, indem an Stelle der Lipoidlöslichkeit diejenige in Ölsäure-Diamylamin
gesetzt wird. Den hierauf bezüglichen kritischen Ausführungen COLLANDERS
(1921) und HÖBERS (1922) haben wir nichts hinzuzufügen.

Sodann sei noch einer von BETHE (1905) aufgestellten und von RHODE (1917)
weiter ausgebauten Hypothese gedacht, nach welcher vor allem *die mehr oder
weniger von der neutralen abweichende Reaktion des Zellsaftes* für die „Färbung“
(was sich mit Permeabilität natürlich nicht deckt) entscheidend ist: und zwar
sollte, der Pelet-Joliretschen Färbetheorie entsprechend, saure Reaktion die
Färbung durch saure, basische die durch basische Farbstoffe begünstigen. Auch
diese Hypothese ist offenbar nicht richtig (vgl. auch RUHLAND 1921). Die
sauersten Zellsäfte, welche im Pflanzenreich bekannt sind, wurden von RUH-

LAND (RUHLAND und HOFFMANN 1924) bei *Begonia heracleifolia* gefunden. Die Säfte wurden mit der Gaskette elektrometrisch öfter zu $p_h = 1,30$ bestimmt, die somit einer 0,07 n HCl entsprechen. Dem ungeachtet wird z. B. der basische Azofarbstoff Chrysoidin ausgiebigst und fast momentan im Zellsaft gespeichert. Auf der anderen Seite spricht nichts dafür, daß etwa die relativ sehr leicht saure Farbstoffe speichernden Zellen, z. B. diejenigen der Leitbündelscheide, der Blumenblätter oder des Laubblattmesophylls von Pflanzen, in deren Stengeln man die Farblösungen nach der Methode von GOPPELSROEDER (1901) und KÜSTER (1911) emporsteigen läßt, saureren Zellsaft besäßen als ihre ungefärbt bleibenden Nachbarn.

b. Bemerkungen zur Ultrafiltertheorie.

1. Membranen als Ultrafilter.

Zu Unteruchungen über die Teilchengröße in kolloiden Lösungen (BECHHOLD 1920) können rein qualitativ Dialysen, besser aber, und auch zu quantitativen Zwecken, die Diffusion und die Ultrafiltration verwendet werden. Uns interessiert hier nur die letztgenannte. Bei der wichtigeren Hochdruckfiltration benutzt man Gallertfilter, zu denen meist Eisessigkollodium, aber auch Gelatine u. a. empfohlen worden ist. Die Eichung auf die Durchlässigkeit dieser Filter, d. h. ihre Porenweite, ist z. B. mit Hilfe der von BECHHOLD (1920, S. 108f.) gegebenen Tabelle durchzuführen. Man hat nur darauf zu achten, daß die Ultrafilterfunktion der Membranen nicht durch Adsorptionen gestört wird. Auf die gebräuchlichen Apparaturen brauchen wir nicht einzugehen, auch Mikromethoden sind vorgeschlagen worden (z. B. THIESSEN 1923). Die Erfolge mit diesen Apparaten sind sehr bemerkenswert und werden in den Lehrbüchern genauer behandelt.

Im Zusammenhang mit unseren Versuchen an *B. mirabilis* ist aber die Frage des Größenbereiches der Lösungsteilchen, über den sich die Ultrafilterfunktion von Gelen erstreckt, von besonderer Bedeutung. Unzweifelhaft deutet ja alles, was wir darüber wissen, darauf hin, daß die Eigenschaften der kolloiden *ganz allmählich* und *stetig* in solche der echten Lösungen übergehen (vgl. z. B. FREUNDLICH 1924). Seit vor allem ZSIGMONDY und BACHMANN (1912) die Ergebnisse aus ihren Studien am Kieselsäuregel zogen, hat die *Vorstellung, daß die Struktur der Gele in einem „fibrillären Netzwerk" bestehe,* das „zuerst amikroskopisch, dann aber auch ultramikroskopisch ausgebildet" sei, *allgemeine Anerkennung gefunden.* Das ist z. B. noch auf der gemeinsamen Tagung der Faradaygesellschaft und der physikalischen Gesellschaft in London 1920 zum Ausdruck gelangt (J. O. WERKELIN BARRATT, ANDERSON u. a., Faradayheft der Kolloidzeitschrift 1921), und SVEDBERG betont noch besonders die mit der Gelstruktur zusammenhängende *Filterwirkung, auch auf molekular gelöste Substanzen.*

In der Tat haben die Bemühungen, „Membranen" herzustellen,

deren Porenweite gering genug ist, um *auch Molekülen aus echten Lösungen den Durchtritt zu erschweren*, schon vor mehr als einem Jahrzehnt vollen Erfolg gehabt. Schon BARTELL (1911) zeigte, daß, wenn man in einem mit Rohrzucker gefüllten Osmometer statt der Membran eine Platte mit ziemlich grobkörnigem Porzellan anbringt, das Niveau im Steigrohr sich zwar noch nicht ändert, daß man aber durch Einlagerung eines Niederschlages von *Baryumsulfat in das Porzellan, also bei fortschreitender Verdichtung*, schließlich zu „Membranen" gelangt, welche in *steigendem Maße Osmose veranlassen*. Die osmotische Wirksamkeit begann schon bei einer Porenweite von ungefähr 0,4—0,6 μ.

BIGELOW und ROBINSON (1918) haben mit besonderen Apparaten und Methoden ausgedehnte Studien über die osmotischen Phänomene mit Membranen aus gepulvertem Material angestellt und osmotische Erscheinungen mit solchen aus *Silikaten, amorpher Kohle, Graphit* und *Metallen* (*Kupfer, Silber und Gold*) erhalten, und zwar ebenfalls wie BARTELL mit dem eindeutigen Ergebnis, *daß die Größe des osmotischen Effektes mit der Abnahme der (gemessenen) Porenweite der Membran zunahm*. Sie zeigten weiter, daß der osmotische Druck durch die Wirksamkeit kapillarer Kräfte allein, also ohne Hilfe von Lösungsvorgängen oder chemischen Reaktionen hervorgerufen werden kann, worauf wir hier nicht weiter einzugehen brauchen.

Während auch diese wichtigen Studien nur mit Zuckerlösungen angestellt wurden, hat kurz vor Erscheinen unserer ersten Mitteilung (RUHLAND und HOFFMANN 1924) COLLANDER (1924) eine Arbeit veröffentlicht, in welcher die seit M. TRAUBE bekannten semipermeablen Niederschlagsmembranen aus *Kupferferrocyanid* in ihrer Durchlässigkeit für eine größere Zahl (25) von Nichtelektrolyten untersucht wurde. Der Verfasser findet, daß sich die *Membran* „gegenüber Nichtelektrolyten *wie ein Ultrafilter oder ein Molekülsieb im Sinne* M. TRAUBES *verhält*: Verbindungen, *deren Moleküle eine gewisse* (räumliche) *Größe nicht überschreiten, diosmieren* mehr oder weniger leicht durch die Membran, *größere Moleküle werden dagegen zurückgehalten*. Bei den Membranen war die obere Grenze der einigermaßen leicht permeierenden Moleküle bei einem M.V. von etwa 80—100 gelegen. Adsorptions- und Lösungsvorgänge in den Membranen treten also — wenn überhaupt vorhanden — gegenüber dem in diesem Falle ganz dominierenden Einfluß der mechanischen Siebwirkung stark in den Hintergrund"[1]).

Die Wirkung der Ferrocyankupferhäute auf molekular gelöste Stoffe

---

[1]) Es ist bemerkenswert, daß in COLLANDERS Versuchen das Monochlorhydrin etwas zu rasch permeierte, wie wir dies auch an lebenden Beggiatoen fanden, Antipyrin permeierte durch Ferrocyankupfermembranen schwer, so daß der zu rasche Eintritt in *Beggiatoa*-Zellen eine vitale Besonderheit sein könnte. Aminosäuren hat COLLANDER leider nicht geprüft.

war also prinzipiell ganz dieselbe wie diejenige der Gelmembranen auf Kolloide, und es bestätigte sich somit sehr schön die von M. TRAUBE vor langer Zeit (1867) aufgestellte Theorie. Wir möchten nur betonen, daß uns das Bild eines *Ultrafilters* für die fragliche Rolle sowohl der Niederschlags- und Gelmembranen wie des Plasmas bei *B. mirabilis* trotz des Fehlens eines eigentlichen Filtrationsdruckes (LIESEGANG 1913) bezeichnender zu sein scheint als der von M. TRAUBE gebrauchte Ausdruck „*Molekülsieb*", gegen welchen nicht nur einzuwenden ist, daß er die Kolloide nicht umfaßt, sondern namentlich auch, daß er den mit der Molekül-(Teilchen-)Größe *wachsenden* Widerstand nicht bezeichnet, da ein Sieb lediglich über Passieren oder Zurückhalten entscheidet.

Auf eine weitere historische Betrachtung der Anschauungen über die Natur der Wirkung semipermeabler Membranen auf gelöste Stoffe und beim Zustandekommen osmotischer Erscheinungen brauchen wir hier um so weniger einzugehen, als eine solche bereits in der zitierten Arbeit von BIGELOW und ROBINSON (1918) gegeben wurde, die uns alles wesentliche zu enthalten scheint.

2. Kolloide und echte Lösungen.

Für unsere Zwecke dürften diese allgemeinen Ausführungen, die sich leicht nach verschiedenen Seiten erweitern ließen, genügen. Das Wichtigste für uns besteht in dem Schlusse, daß, wenn auch beim Passieren der „Teilchen" (Moleküle) durch die Poren von Gelmembranen der Zusammenhang zwischen Widerstand und Teilchengröße (MV.) im einzelnen noch keineswegs restlos aufgeklärt ist und mit ihm die Wechselbeziehung zwischen den Lösungsteilchen (gelösten Molekülen) und den Porenwänden des Gels zum mindesten in manchen Fällen noch nicht erschöpft sein wird, jedenfalls, wie die faktischen Ergebnisse der Ultrafiltrationen von BECHHOLD u. a. zeigen und wie es z. B. SVEDBERG (1921, S. 196) auch betont, *der Filtrationswiderstand mit der Teilchengröße* (dem M.V.) *wächst.*

Die *Gelnatur* des Protoplasmas, mindestens jedenfalls der *äußeren Plasmabezirke* kann keinem ernstlichen Zweifel mehr unterliegen (LEPESCHKIN 1924), und wir sind deshalb berechtigt, die, wie unsere Betrachtung gezeigt hat, wohlbegründeten Vorstellungen *von der Netzmaschenstruktur* der Gele *auch auf das Protoplasma zu übertragen*, wobei es übrigens ziemlich gleichgültig bleibt, ob wir dabei nur die sogenannte „Plasmahaut" (PFEFFER) oder, (WEIS 1925, LEPESCHKIN 1924) auch den nach innen angrenzenden Plasmabereich ins Auge fassen. Tatsächlich haben ja unsere Versuche gezeigt, *daß durch das Plasma von B. mirabilis sehr schwache und Nichtelektrolyte ohne Rücksicht auf ihre chemische Konstitution oder irgendwelche physikalischen Konstanten (Lös-*

*lichkeit, Adsorption usw.) nur gemäß ihrem M.V., und zwar bei allmäh
lich abnehmendem M.V. mit wachsender Geschwindigkeit eindringen.*

Wo liegt nun aber die Grenze der Aufnehmbarkeit (kritische Teilchengröße)? Noch auf echt gelöstem oder bereits kolloidem Gebiet? Wir
könnten daraufhin z. B. die Alkaloide und Farbstoffe betrachten.
Sämtliche Stoffe, mit denen messende Versuche an *B. mirabilis* ausgeführt wurden, müßten nach den Messungen ihrer Grenzkonzentrationen echt gelöst sein, auch der Stoff mit größtem M.V. unter allen
geprüften, das Alkaloid Veratrin, das in etwas länger dauernden Versuchen sich als permeierfähig erweist.

Da der eine von uns (Ruhland 1914) das Problem des Lösungszustandes
der Alkaloide im selben physiologischen Zusammenhang bereits früher einmal
aufgerollt hat, so sei hier anhangsweise erneut Stellung dazu genommen: Er
glaubte damals, aus manchen Erscheinungen sich für die Annahme der Kolloidität
entscheiden zu sollen: Das häufige Schäumen der wässerigen Lösungen, beim
Schütteln, nach Art lyophiler Sole, die Ausfällung derselben beim Capillarisieren
mit Fließpapier, entsprechend der positiven Ladung der Base, die mit der Konzentration rasch steigende Viscosität usw. u. v. a. sprachen für diese Anschauung,
zu der auf anderem Wege auch J. Traube (1914) gelangte. Allerdings wurde
von Ruhland damals nachdrücklich betont (a. a. O., S. 445), daß „diese Stoffe
wohl ziemlich dem höchsten, noch als kolloid zu bezeichnenden Dispersionsgebiet
angehören" und daß „einige Basen, wie Coniin, Nicotin und Pilocarpin beim
Capillarisieren überhaupt keine Phasentrennung mehr zeigen". Dies galt für
die freien Basen. Die Salze aber fast aller dieser Basen verhalten sich nun
anders. „Nur beim Bulbocapnin ist auch das Chlorhydrat ausgesprochen kolloid,
die Salze des Berberins und Brucins wandern nicht ganz vollständig, die der
übrigen geprüften Basen aber bis zum Rand des Feldes mit. Im allgemeinen
enthalten also die wässerigen Lösungen der Salze nur insoweit kolloide Teilchen,
als sie hydrolytisch aufgespalten sind" (Ruhland 1914, S. 446). Daß tatsächlich in den Lösungen der Hydrochloride nur oder so gut wie ausschließlich
einfache Moleküle vorhanden sind, beweist die Übereinstimmung der für *Veratrin* gemessenen Grenzkonzentration mit der z. B. für *Raffinose*. Hydrolytisch in ganz geringer Menge (vgl. die Berechnung für Cocain bei Ruhland
a. a. O., S. 404) abgespaltene kolloidale Basenanteile könnten dabei wegen der
unvermeidlichen Meßfehler im Spiel gewesen sein. Indessen schäumen auch
die echten Lösungen der Veratrin*salze* deutlich beim Schütteln, so daß wohl
auch in denen der freien Basen nur einfache Moleküle enthalten sein dürften.
Mit unseren heutigen allgemeinen kolloidchemischen Anschauungen wäre das
auch insofern zu vereinbaren, als in der einschlägigen Literatur (z. B. Freundlich 1924) immer wieder darauf hingewiesen wird, daß die Eigenschaften der
kolloiden Lösungen *ganz allmählich* und *stetig* in solche der echten übergehen.
So wäre es in der Tat nicht verwunderlich, *wenn echte Lösungen von Stoffen
mit so großem Molekül, wie es die Alkaloide besitzen, bereits manche Erscheinungen
zeigen, welche wir typisch an kolloiden Solen ausgeprägt finden.* Ein erheblich
geringeres M.V. als Veratrin besitzen die übrigen geprüften Alkaloide: *Thebain,
Cocain, Codein, Morphin* und *Coniin,* und so ist die molekulardisperse Natur
ihrer Lösungen, wie sie aus der schönen, dem M.V. entsprechenden Abstufung
ihrer μ -Werte hervorgeht, weniger auffällig.

Das Gleiche, was soeben über das Veratrin gesagt wurde, gilt nun
auch für das (vgl. S. 47) *Ketonblau* 4 BN. Auch mit diesen ergab sich

als Grenzkonzentration genau der gleiche G.M.-Wert wie für Veratrin, Raffinose usw.; entsprechend unseren bisherigen physikochemischen Anschauungen muß es also ebenfalls molekulardisperse Lösungen bilden. Während wir mit dem Veratrin unter den Alkaloiden wohl ziemlich die Grenze des M.V. erreicht haben, gibt es unter den Farbstoffen nach allgemeiner Annahme auch ausgesprochen kolloidale.

Wie wir soeben bei den Alkaloiden (S. 70) die Frage nach der molekularen oder kolloidalen Natur ihrer wässerigen Lösungen aufwarfen und zu beantworten versuchten, erfordert der Zusammenhang das gleiche auch für die Anilinfarbstoffe. Statt der Hochdruckultrafiltration sind bei Untersuchungen über den Dispersionsgrad der Farbstoffe vielfach Diffusionsversuche in Gelatine verwendet worden; so z. B. von OSTWALD, HERZOG und POLOTZKY (1914) u. a. Der eine von uns (RUHLAND 1912) hatte solche Versuche schon frühzeitig in einfachster Weise derart ausgeführt, daß ein kleineres Farbstofftröpfchen bestimmter Größe auf Gelatinflächen aufgesetzt und die Seitenranddiffusion gemessen wurde. Bei basischen wie sauren Farbstoffen, die in großer Zahl (30 basische und 89 saure untersucht wurden, stimmten alle nicht aufnehmbaren durch ihre sehr geringe oder fehlende Geldiffusibilität überein, während die permeierfähigen in höherem Maße diffusibel waren, so daß schon nach dem Ausfall der Gelatineversuche das Ergebnis der Vitalfärbungsversuche vorausgesehen werden konnte.

Die Frage nun, ob und inwieweit hier Sole von verschiedenem Dispersionsgrade oder echte Lösungen mit verschiedenem M.V. des gelösten Farbstoffes vorliegen, wird durch derartige Geldiffusionsversuche nicht ohne weiteres entschieden: In *beiden* Fällen wäre das vitale und diffusible Verhalten der Farbstoffe erklärlich. Daß es ausgesprochen kolloidale Farbstoffe gibt, scheint uns festzustehen. Wir erinnern nur an das *Kongorubin* als Beispiel für einen sauren und *Nachtblau* als ein solches für einen basischen Farbstoff. Beide spielen in der Kolloidchemie, in der sie als beliebte Beispiele für typische Sole immer wieder zitiert werden, eine besondere Rolle. Indessen gilt letzteres z. B. auch für das bekannte Kongorot, während HANTZSCH (1914) die molekulare Natur von dessen Lösungen mit gewichtigen Argumenten belegt. Was speziell die basischen Farbstofflösungen anbetrifft, so werden sie neuerdings (z. B. AUERBACH 1923) immer mehr in die Mitte zwischen molekular- und kolloidgelöste, also in die sogenannten polydispersen Systeme eingereiht [so z. B. SCHWARZ und HERRMANN (1922) für das Toluidinblau], die *neben* kolloid- gleichzeitig auch molekulardisperse Teilchen enthalten. Auf der anderen Seite möchten wir unter den basischen Farbstoffen als unseres Erachtens unzweifelhaft hochkolloidal auf die merkwürdige Triphenylmethanverbindung „Firnblau" hinweisen, da dessen Lösungen beim Erkalten gelatinieren.

In jüngster Zeit hat ZSIGMONDY (1924) festgestellt, daß beim Kongorot, sowie den Benzopurpurinen 4 B und 10 B die Differenzen, die sich zwischen Leitfähigkeitsmessungen und Messungen des osmotischen Druckes ihrer wässerigen Lösungen ergeben, nicht mit der „klassischen" Lösungstheorie in Einklang zu bringen sind. Für den Dispersionsgrad, der auf Grund der Leitfähigkeitsbestimmungen und osmotischen Messungen bei den drei Farbstoffen als gleichgroß anzunehmen wäre, weist der genannte Autor aber durch Ultrafiltration eine weitgehende Verschiedenheit nach. Es hält dagegen evtl. eine Anwendung der Debye-Hückelschen Elektrolyttheorie für aussichtsreich, falls man sich zur Annahme von Micellenbildung versteht.

Hieran wäre evtl. also auch bezüglich der von uns benutzten basischen *Ketonblau* 4 *BN* zu denken. Der hervorragend ungiftige Farbstoff ist eine

Triphenylmethanverbindung aus der Patentblaugruppe. Es gelangen osmotische Messungen an *B. mirabilis* mit schöner Genauigkeit, der Grenzwert, in G.M. ausgedrückt, stimmte völlig mit dem von Raffinose überein (Tab. 14). Nach der klassischen Lösungstheorie könnten also Molekülkomplexe in der Lösung nicht vorhanden sein, denn sonst hätte die Grenzkonzentration viel höher ausfallen müssen. Sie sind auch schwerlich vorhanden, wenigstens nicht *allein* vorhanden, da Zellen von *Spirogyra crassa* sich aus 0,01proz. Lösung nach etwa 3 Stunden vital färben (Kerne völlig normal, gefärbte Niederschläge in der Vacuole, keine Adsorption durch die Zellwand). Die Möglichkeit der polydispersen Natur der Ketonblaulösung muß nach den Ausführungen Zsigmondys aber zugegeben werden. — Die Grenzkonzentration hätte niedriger ausfallen müssen, wenn die Farblösung elektrolytisch dissoziiert gewesen wäre. Ob nun eine etwa vorhandene Neigung zur Dissoziation bei diesem Hydrochlorid nur durch das NaCl des Solwassers von Artern (etwa 3 vH.) zurückgedrängt, oder hier keine echte *Ammonium*base (Hantzsch 1904), sondern nur eine schwache *tertiäre* Base vorliegt, bleibe dahingestellt.

Während bei anderen Stoffen mit großen Molekülen der Diffusionskoeffizient sich so gut umgekehrt proportional zur Zahl der Moleküle pro Mol verhält, daß man aus ersteren angenähert das M.G. berechnen kann, also die Diffusionsgeschwindigkeit mit größer werdendem Molekül und vermehrter Reibung abnimmt (Nernst 1921) und auch die Dialysierbarkeit diesen Gesetzen folgt (z. B. Buxton und Teague 1907), hat die Regel bei den Farbstoffen sehr zahlreiche Ausnahmen. Auch die Anzahl der Benzolkerne im Molekül, die nach Vignon (1910) die Diffusibilität bestimmen sollte, ist keineswegs immer ausschlaggebend. Eine ganze Reihe von auffälligen Ausnahmen ist von Ruhland (1912, S. 410 f.) angegeben worden.

Wenn z. B. saure Farbstoffe mit so relativ kleinem M.G. wie Martiusgelb, Curcumin S und Aurantia oder unter den basischen das Gallaminblau (mit je nur zwei Benzolkernen) in Gelen schlecht diffundieren, und auch vital nicht aufnehmbar sind, so wird man aus solchen und ähnlichen Beobachtungen (z. B. Empfindlichkeit der genannten Nitro- und Azoxykörper gegen Elektrolytfällung usw.) den Schluß zu ziehen haben, daß die *Neigung, im Kolloidzustand gelöst zu sein,* in den einzelnen Farbstoffgruppen *verschieden ausgeprägt ist* und *durchaus nicht immer mit dem M.G. wächst.*

Es ergibt sich daraus, daß, wie seinerzeit bereits von Ruhland (1912) ausgeführt wurde, Molekulargewicht (M.G.) und Permeierfähigkeit bei den Farbstoffen keine durchgängige Beziehung zueinander haben können. Vielmehr haben wir hier statt der ersteren *die Teilchengröße* zu setzen, die nach der Geldiffusion, Elektrolytfällbarkeit usw. zu schätzen ist. Nachdem für das sehr langsam aufnehmbare Ketonblau (M.V. der Base = etwa 549,5) der molekulardisperse bzw. polydisperse Lösungszustand erwiesen ist, könnte man evtl. vermuten, daß *nur derartige* Farbstoffe, nicht aber *kolloide* aufnehmbar sind. Dafür ließe sich geltend machen, daß die nicht aufnehmbaren basischen (Basler Blau R und BB, Viktoriablau B und 4 R[1]), Nachtblau u. a.) und sauren Farbstoffe

---

[1]) Viktoriablau B und 4 R werden nach Klebs (1919) noch in Farnprothalliumzellen aufgenommen. Nach ihm gilt dies auch für das „*Gallein*", ein Pyrogallolphthalein, das Ruhland (1912) als nicht aufnehmbar bezeichnet hatte. Dieser Farbstoff kommt in „Teigform" als freie Säure oder Natriumsalz in den Handel. Erneute Versuche mit letzterem bestätigten die Angaben von Klebs. Der Farbstoff erwies sich auch als gut geldiffusibel. Da sich das alte Präparat nicht mehr vorfand, konnte das Verhalten dieses nicht mehr nachgeprüft werden. Unsere Wiederholung des *Viktoriablau*-Versuches verlief dagegen negativ.

bisher als für den hochkolloiden Zustand charakteristisch bezeichnete Eigentümlichkeiten ausgesprochen zeigen. Wir müssen aber dahingestellt sein lassen, ob *die Grenze für die Aufnehmbarkeit wirklich* mit derjenigen zwischen *molekular-* (evtl. poly-) und *kolloiddispersen* (Molekülaggregate) zusammenfällt.

Über die Geschwindigkeit des *Permeierens* ist, wie schon an anderer Stelle (S. 56) hervorgehoben, aus der *Aufnahme*geschwindigkeit[1]) nichts Sicheres zu erschließen, sofern Speicherungen, Adsorptionen usw. im Spiel sind.

Es kann deshalb auch nichts über die „*kritische Teilchen-(Molekular-)Größe*" angegeben werden, bei der die Grenze für die Aufnehmbarkeit erreicht ist. *Veratrin*, das freilich molekular gelöst ist, mit dem riesenhaften M.V. 723,5 wird jedenfalls sicherlich noch sowohl in *B. mirabilis* wie in andere Objekte aufgenommen. Auch *Enzyme* (RUHLAND 1913) vermögen noch zu permeieren, von denen früher z. B. OPPENHEIMER (1910, S. 28) meinte, ihre Kolloidnatur sei das einzige, was über die Natur der meisten von ihnen mit Sicherheit ausgesagt werden könne. Aber auch dies ist durch die neueren Arbeiten EULERS, WILLSTÄTTERS u. a. erschüttert worden, so daß auch sie für die Entscheidung unserer Frage nicht in Betracht kommen dürften.

Enzyme sowohl wie das oben genannte Veratrin sind gut geldiffusibel. Letzteres z. B. wandert, bei 18° C, wenn man im Reagensrohr eine 15 proz. Gelatine mit der m/250 Lösung des Hydrochlorids überschichtet, in 24 Stunden etwa 0,7 cm weit in das Gel ein, wie an der folgenden Reaktion mit nachdiffundierender Jodjodkaliumlösung erkannt werden kann. Vergleichende Versuche über die Gelwanderungsgeschwindigkeit etwa der Alkaloide untereinander oder der Kohlenhydrate stoßen aber infolge der verschiedengradigen Schärfe der Reaktionen im Gel zum Zwecke ihres Nachweises[2]) auf sehr erhebliche Schwierigkeiten.

---

[1]) Es erscheint uns deshalb bezüglich der Farbstoffe und anderer, früher (RUHLAND, a. a. O. O.) untersuchter hochmolekularer Stoffe richtiger, die erhaltenen Ergebnisse so zu formulieren, daß *diejenigen Farbstoffe* usw., seien sie basischer oder saurer Natur, *welche nirgends von lebenden Pflanzenzellen aufgenommen werden, hochkolloidale wässerige Lösungen bilden*, und daß *die aufnehmbaren sicherlich höher disperse Systeme bilden*. Diese Sätze bilden das Hauptargument beim diosmotischen Verhalten der Farbstoffe usw. zugunsten der Ultrafiltertheorie, das bestehen bleibt, auch wenn man von der *Geschwindigkeit* der Aufnahme wegen deren enger Abhängigkeit von Vorgängen sui generis (Speicherungen durch chemische Reaktionen, Adsorptionen) gänzlich absieht. Diese sekundären Vorgänge haben offenbar zu einer Überschätzung der Permeierfähigkeit bei den sulfosauren Farbstoffen geführt, wie COLLANDER (1921) überzeugend nachgewiesen hat. Daß sie nur schwer aufnehmbar sind, würde zum hohen M.V. dieser Stoffe gut stimmen. Auf die Bedeutung des Kolloidzustandes für die Aufnehmbarkeit der sulfosauren Farbstoffe in Pflanzenzellen, hat im Anschluß an HÖBERS Tierversuche, zuerst KÜSTER (1911) hingewiesen.

[2]) Über die Empfindlichkeit der Alkaloidfällungsreagenzien und ihre Fällungsgrenzen vgl. z. B. SPRINGER (1902).

3. Die Diffusionsgeschwindigkeit.

Es liegt sehr nahe, angesichts der soeben (S. 72) erwähnten engen Beziehungen zwischen Diffusibilität und M.V. (M.G.), welche wenigstens bei Stoffen mit *größerem Molekül* besteht, die Frage aufzuwerfen, ob man auch ohne die Annahme von „Poren" (Micellarinterstitien) im Plasma auskommt, und die Versuchsergebnisse *allein auf Grund einer mit dem wachsenden M.V. abnehmenden Diffusionsgeschwindigkeit* erklären kann. Herzog (1910) hat mit einer sich für den Diffusionskoeffizienten nach den Reibungsgesetzen bei Annahme der Kugelform für die gelösten Moleküle ergebenden Formel, wobei der Kugelradius durch das Molekulargewicht, das spezifische Volumen der gelösten Substanz im festen Zustand und die Zahl der Moleküle pro Mol substituiert wurde, das M.G. aus allen diesen, der Messung zugänglichen Größen berechnet; es ergab sich eine ziemlich gute Übereinstimmung des theoretischen und berechneten M.G., sofern es genügend hoch war, (vgl. auch Nernst 1921). Leider ist der Vergleich nur für eine sehr geringe Zahl von Stoffen durchgeführt, die zum Teil wieder noch deshalb für uns unbrauchbar sind, weil sie nicht oder zu wenig permeieren. Immerhin können wir wenigstens zwei der dort behandelten Stoffe, Arabinose und Rohrzucker, hinsichtlich ihrer „Diffusion" ins Zellinnere und in Wasser genau vergleichen, da der ersteren die Permeabilitätskoeffizienten proportional sind.

Tabelle 19.

Stoff	MG.	$D_{20°}$	μ	$\dfrac{D_{\text{Arab.}}}{D_{\text{Sacch.}}}$	$\dfrac{\mu_{\text{Arab.}}}{\mu_{\text{Sacch.}}}$
Arabinose	180,1	0,540	0,81	} 1,41	2,02
Saccharose	342,1	0,382	0,40		

Der Quotient für μ ist also um über 45 v. H. größer als der der Diffusionskoeffizienten für 20°. Und es kommt hier an einem bestimmten Beispiel nur das zum exakten Ausdruck, was sich auch ergibt, wenn man die Diffusionskonstanten anderer Stoffe mit den ermittelten Werten für die Permeabilitätskoeffizienten vergleicht: *Letztere nehmen mit steigender Molekülgröße viel schneller ab als die ersteren.* Da nun weiter die innere Reibung des Lösungsmittels η in der Nernstschen Formel

$$D = \frac{RT}{6\pi N} \cdot \frac{1}{\eta\varrho},$$

wo N die Molekülzahl pro Mol, und ϱ der Molekülradius ist, als einfacher Faktor auftritt, so dürfen wir schließen, daß beim Permeieren keine freie Diffusion in der Membran und im Plasma stattfindet, sondern daß in dem bei steigendem M.V. rasch wachsenden Sinken von μ in erster Linie *die behindernde Wirkung der Micellarinterstitien* zum Ausdruck gelangt, wenn auch, wie wiederholt betont wurde, der Zusammenhang zwischen diesem Widerstand und der Teilchengröße (M.V.) noch keineswegs restlos aufgeklärt ist. Wir können uns daher nicht mit den Argumentationen von H. FISCHER (1923) einverstanden erklären, der die mit den unseren übereinstimmenden, zuerst von ZSIGMONDY begründeten und in der Kolloidchemie allgemein angenommenen Vorstellungen über die Gelstruktur nicht berücksichtigt und die in der Physiologie bereits geklärte Sonderstellung der Elektrolyte (vgl. seine Bemerkungen über KNO_3) nicht zu kennen scheint. *Die Stoffaufnahme kann ebensowenig ein Löslichkeitsphänomen wie ein einfacher Vorgang freier Diffusion sein.*

4. Zellmembran und Plasma.

Unsere diosmotischen Messungen hatten das eigenartige Ergebnis gehabt, daß nicht nur die lebenden Protoplasten, sondern auch die *Zellmembranen* sich gegen die untersuchten Stoffe wie Ultrafilter verhielten. Indem wir bezüglich der Einzelheiten und auch allgemeiner Bemerkungen auf die betreffenden Kapitel verweisen, wollen wir hier nur noch einige prinzipielle Erörterungen nachtragen.

Wir hatten an toten Fäden osmotische Grenzpunktsbestimmungen durchgeführt, und gefunden, daß die Grenzkonzentrationen der Nichtelektrolyte wie bei Versuchen mit lebenden Zellen mit abnehmendem M.V. rasch ansteigen, aber allgemein sehr viel höher liegen als für diese. Es ergab sich daraus, daß die (toten) Membranen (wenigstens die innere) deren Eiweiß-(Plasma-)natur wir sicherstellen konnten, besonders weitporige Ultrafilter darstellen. Die Stoffe hatten danach unter normalen Verhältnissen bei ihrem Eintritt in das Zellinnere nacheinander zwei verschiedene Ultrafilter zu passieren, zunächst ein weitporigeres, die „Membran", sodann das viel engporigere Plasma.

Beim ersten Blick auf diese Zusammenhänge könnten sich vielleicht gewisse Zweifel ergeben, ob denn nicht vielleicht nur die Membran und ob tatsächlich außerdem auch das Plasma als Ultrafilter wirke, und nicht vielmehr bei der Aufnahme der Stoffe nur noch die Rolle eines einfachen Diffusionsweges in die Vacuole spiele, so daß, wie tatsächlich festgestellt, auch bei dieser Annahme das Eindringen in lebende Zellen langsamer als in tote erfolgen müßte.

Eine solche Auffassung kann aber der einfachsten Überlegung nicht standhalten. Es müßten doch dann, da nach allem was wir wissen das Plasma seine besonderen diosmotischen Qualitäten hat und keineswegs alle Stoffe gleichmäßig passieren läßt, diese Qualitäten, etwa entsprechend der Lipoid-, Haftdruck-, Adsorptions- oder einer andern Theorie zweifellos eine tiefgreifende Modifizierung der Aufnahmegeschwindigkeit der zunächst durch die Membran nach dem Ultrafilterprinzip eingedrungenen Stoffe bewirkt haben. Davon ist aber nicht das Mindeste zu bemerken, vielmehr kommt die Ultrafilterwirkung in der Reihenfolge der passierenden Stoffe gemäß ihrem M.V. rein und klar zum Ausdruck.

Die Annahme aber, die man weiter nach dieser Richtung hin ersinnen könnte, daß das Plasma *speziell von B. mirabilis* für alle Stoffe gleichmäßig völlig durchlässig sei, erscheint uns fast zu absurd, um eine ernsthafte Widerlegung zu verdienen. So können wir uns damit begnügen, auf drei Punkte hinzuweisen, einmal, daß das Beggiatoenplasma gegen anorganische Salze dasselbe eigenartige Verhalten zeigt, wie es für andere lebende Zellen so charakteristisch ist, ferner daß es in gleicher Weise wie diese Chrysoidin vital speichert und endlich, daß es seine besonders geartete Mitwirkung bei der Stoffaufnahme schon dadurch dokumentiert, daß es sowohl anorganische wie organische Stoffe nicht einfach gemäß dem bekannten Fickschen Diffusionsgesetz, d. h. mit einer dem Konzentrationsgefälle innen : außen proportionalen Geschwindigkeit passieren läßt, sondern es sind im Gegenteil, wie mehrfach betont und ähnlich dem, was man auch an andern lebenden Zellen mehrfach beobachtet hat, bei wachsendem Gefälle starke Verzögerungen in der Aufnahme zu beobachten, die auch auf eine zeitliche Ungleichheit derselben während des Versuchs schließen lassen.

Die Passierbarkeit toter Fäden ist so groß, daß kein Stoff mit sicher bekanntem M.G. (M.V.), gefunden werden konnte, der nicht von ihnen aufgenommen werden konnte. Aus diesem Grunde konnten für die Membran die Werte der Permeabilitätskoeffizienten nicht berechnet werden. Vergleicht man aber die Grenzkonzentrationen (G) der Stoffe für lebende und tote Fäden miteinander, indem man etwa den Quotienten beider bildet, so sieht man, daß der Quotient $G^{leb.} : G^{tot}$ mit kleiner werdendem M.V. von 34,6 für Raffinose sehr rasch auf 1,71 für Harnstoff sinkt. Der Durchlässigkeitsunterschied ist also für größere Moleküle weit erheblicher als für kleine, wie es beim Vergleich zweier Ultrafilter mit verschiedener Porenweite erwartet werden muß.

Die Dinge könnten nun aber sehr wohl auch so liegen, daß beim natürlichen Absterben bzw. der künstlichen Tötung eine Dispersionsverminderung, also Vergröberung der Micellarinterstitien der Innenmembran erfolgt. Auf Grund wichtiger Beobachtungen müssen wir dieser eine der „Pellicula" der Protozoen ähnliche Beschaffenheit zuschreiben (S. 19). Da sie nun aber fest mit der Außenmembran verbunden ist, so erklärt sich daraus die bei der Plasmolyse beobachtete mangelnde Ablösung des Protoplasmas von der Gesamtmembran. In die an sich nicht plasmatische Außenmembran hinein aber muß sich wohl das Plasma der Innenmembran, in intimster Weise mit deren Bausteinen verkettet, hineinerstrecken. Zu dieser Folgerung führte uns die Beobachtung, daß die merkwürdige „Spaltung" der Membran in ihre beiden Schichten an toten Fäden nicht mehr gelingt, daß diese sich also beim Tode (auch dem natürlichen) tiefgreifend verändert haben muß. Wir gelangen also dazu, der Außenmembran prinzipiell dieselbe Struktur zuzuerteilen, d. h. eine innige, dauernd erhalten bleibende Beziehung zum lebenden Plasma, welche HANSTEEN-CRANNER (1910, 1914, 1919, 1922) und manche anderen Forscher (z. B. MacDOUGALL 1923) auf Grund ganz andersartiger Beobachtungen übereinstimmend auch für die Zellhäute anderer Pflanzen neuerdings in Anspruch nehmen. Mit der eigenartigen Semipermeabilität, die gewisse, ganz besondere (cutinisierte) Zellhäute von Samen usw. bei Versuchen mit Salzlösungen zeigten [Literatur z. B. bei STILES (1923)], hat natürlich diejenige der (plasmatischen) Innenmembran von *B. mirabilis* nicht das Mindeste zu tun.

B. Ausblick auf andere Objekte und die Frage der Porenweite.

Im Hinblick auf unsere mit *B. mirabilis* erhaltenen Versuchsergebnisse drängt sich die Frage, wie sich denn nun andere Pflanzenzellen gegen echt gelöste Nichtelektrolyte verhalten mögen, mit solchem Nachdruck hervor, daß wir noch kurz auf sie eingehen möchten, obwohl wir neue Beobachtungen und Messungen an solchen Objekten nicht mitzuteilen haben. Man muß sich unseres Erachtens davor hüten, die Eigenart von *B. mirabilis* etwa gemäß ihrer bekannten ernährungsphysiologischen Besonderheiten zu überschätzen. Wir sind geneigt, in ihr mit andern Forschern nicht mehr als eine apochlorotisch gewordene Cyanophycee zu sehen, die nicht einmal ein besonders eigenartiges Medium bewohnt.

Daraus folgt natürlich noch nicht die Allgemeingültigkeit der an ihr festgestellten diosmotischen Gesetzmäßigkeit. Aber es scheint uns doch manches dafür zu sprechen. Es ist dies vor allem der Umstand, daß der eine von uns (RUHLAND 1912, 1914) für eine Reihe hochmolekularer Stoffe an gewöhnlichen Pflanzenzellen verschiedener Art, und an diesen zuerst, ganz entsprechende Durchlässigkeitserscheinungen beobachten konnte, welche ja ihrerseits zur Aufstellung der Ultrafiltertheorie Veranlassung gaben. Die damals allein behandelten hochmolekularen Stoffe wurden, entsprechend dem seinerzeitigen Stande unseres Wissens als mehr oder weniger typische Kolloide angesehen, während dies gerade nach unsern obigen Untersuchungen (vgl. S. 70—73) nicht mehr unbedingt haltbar ist, sondern der größere Teil von ihnen wohl sich in Wasser molekular löst.

Man möchte deshalb um so eher geneigt sein, eine allgemeine Gültigkeit der Ultrafiltertheorie auch für die übrigen echt gelösten Nicht-

elektrolyte, d. h. diejenigen mit kleinerem M.V. anzunehmen, wie wir
sie für *B. mirabilis* erwiesen haben. Indessen fehlt der Nachweis. Es
scheint sich auch niemals dafür eine Andeutung gefunden zu haben, seit
M. Traube (vor mehr als einem halben Jahrhundert) seine Molekülsieb-
theorie aufgestellt hat. Es ist auch auffallenderweise kaum versucht
worden, daraufhin systematische Untersuchungen anzustellen. Die einzigen, viele sehr verschiedenartige Stoffe umfassenden Versuche verdanken wir Overton, welche bereits auf S. 2 ff. kritisch betrachtet
wurden. Da er nicht dazu gelangt, exakte, genauere Angaben über seine
Versuche und ihre Resultate zu publizieren, sondern über einige, sehr
allgemein gehaltene vortragsartige Darstellungen nicht hinausgelangt
ist (am relativ eingehendsten sind seine Mitteilungen von 1895), so
können sie kaum eine befriedigende Grundlage für die Entscheidung der
aufgeworfenen Frage bieten. Vor allem auch deshalb, weil er, wie
mit Sicherheit aus seiner Darstellung hervorgeht, sehr verschiedenartige
Methoden anwendete, deren Resultate sich zweifellos nicht miteinander
vergleichen lassen (vgl. z. B. oben S. 64). Es ist deshalb nicht nur
möglich, sondern nach unseren Erfahrungen sogar sehr wahrscheinlich,
daß er dadurch vielfach zu schweren Trugschlüssen geführt worden ist.
So könnte höchstens etwa seine Tabelle V (1895) und zwar deren erster
Teil mit allem Vorbehalt zugunsten der Ultrafiltertheorie gedeutet werden[1]). Daß man nur auf Grund der Messung der zur Permeabilität proportionalen Permeabilitätskoeffizienten und seines Verhältnisses zum
M.V. zu einer richtigen Bewertung der Aufnahmegeschwindigkeit im
Sinne unserer Zusammenhänge gelangt, geht mit besonderer Deutlichkeit bei *B. mirabilis* am Beispiel des Antipyrins hervor (S. 58), während
ohne dies der Grad seiner Aufnehmbarkeit auch bei ihm bedeutend überschätzt werden muß.

Overton hat — noch bevor er zur Aufstellung seiner Lipoidtheorie
gelangte — vor allem Besonderheiten in der chemischen Konstitution,
also die Wirkung gewisser Molekülgruppen als entscheidend für die
vitale Aufnehmbarkeit angesehen und hat erst später den roten Faden
aller Einzelheiten in einem durch diese Konstitution gesetzmäßig beeinflußten Grade der Löslichkeit in Lipoiden gefunden zu haben geglaubt.

Bei späteren Untersuchungen, besonders im Zusammenhang mit der

---

[1]) Es ist dies die Reihe: Methylalkohol (42,8) oder Äthylalkohol (62,4) > Glykol (65,5) > Glycerin (87,8) > Erythrit (130,2) > Arabinose (153,4) > Hexosen
(180,1) und Mannit (189,2). Die M.V. wurden in Klammern zugefügt. Als
Vertreter der Alkohole $C_n H_{2n+1}$ OH würden nur Methyl- oder Äthylalkohol
geeignet sein. Die Reihe Äthylalkohol > Glycerin > Erythrit > Mannit >
Traubenzucker wurde auch für Tierzellen (Blutkörperchen, quergestreifte Mus-
keln, Darmepithel) öfter gefunden (vgl. z. B. Höber 1922, S. 476), aber immer
im Sinne der Lipoidtheorie gedeutet (Zunahme der Zahl alkoholischer OH-
Gruppen).

Narkose, ist man sogar vielfach dazu gelangt, innerhalb der homologen
Reihen, z. B. der Alkohole usw., eine mit *steigendem* M.G. *wachsende*
Aufnahmegeschwindigkeit anzunehmen. Es wurde im Laufe der vorliegenden Arbeit an mehreren Stellen betont, daß die Permeierfähigkeit
eine Sache für sich darstellt, die nur rein zum Ausdruck gelangt, wenn
sekundäre Vorgänge der Speicherung, Adsorption usw. nicht im Spiele
sind. Nach den bekannten Arbeiten O. WARBURGS scheint uns aber
völlig festzustehen, daß bei der Narkose und gewiß auch bei manchen
andern Aufnahmevorgängen Adsorptionen die weitaus ausschlaggebende
Rolle spielen. Wo es sich also um eine Erklärung der Plasmadurchlässigkeit handelt, müssen derartige Stoffe, die auch bei OVERTON in
auffallend großer Zahl vertreten sind, zu fundamentalen Irrungen Veranlassung geben.

Man wird diese Gesichtspunkte scharf im Auge behalten müssen,
wenn man die niedriger molekularen Stoffe auf ihre Permeierfähigkeit
an gewöhnlichen Pflanzenzellen prüft. Das erschwert die Lösung des
Problems ungemein. Sie wird leider noch weiter dadurch erschwert,
daß die geeignetsten, d. h. unzweifelhaft indifferenten Stoffe, wie z. B.
die Zuckerarten wohl allgemein zu langsam permeieren, als daß dies
plasmolytisch einwandfrei gemessen werden könnte.

Als wir unsere Untersuchungen an *B. mirabilis* begannen, glaubten
wir auch bei diesen ungemein günstigen Objekt uns aus den eben erwähnten Gründen vor allem auf solche „indifferenten" Stoffe stützen
zu sollen; um so größer war unsere Überraschung, als sich herausstellte,
daß die Gunst des Objektes, viel größer als unsere weitgehendste Erwartung, die Messungen auch an so vielen andersartigen Stoffen gestattete. Wären bei *B. mirabilis*, die ihrem Artnamen auch hierbei
Ehre machte, die erwähnten sekundären Erscheinungen im Spiel gewesen, so hätte sich niemals die schöne M.V.-Reihe ergeben können,
die tatsächlich gefunden wurde. Zeigten dies doch auch die zahlreich
geprüften Farbstoffe, von denen kein einziger im Zellsaft gespeichert
oder adsorbiert wurde. Die M.V.-Reihe hätte sich ebensowenig ergeben
können, wenn die konstitutiven Besonderheiten der Stoffe, die OVERTON
im Auge hatte, für die Geschwindigkeit des eigentlichen Permeierens
eine wesentliche Rolle gespielt hätten. Selbst unter chemisch nahe
verwandten Stoffen war nichts davon zu merken. So soll nach OVERTON
die Zahl der alkoholischen Hydroxylgruppen von erheblichem Einfluß
sein, so daß einwertige Alkohole rasch eindringen, mit steigender Zahl
der genannten Gruppen aber die Importfähigkeit rasch abnimmt.
Das vom Morpholinkern abzuleitende Morphin hat zwei alkoholische
OH-Gruppen, im Codein ist eine derselben durch eine Methoxylgruppe
ersetzt, beim Thebain sogar beide. Trotzdem permeiert Thebain,
und zwar ganz gemäß seinem höheren M.V., in deutlich meßbarer

Weise langsamer als die beiden andern genannten Alkaloide[1]) (Tabelle 13, 14).

Wenn man die Vorstellungen der Ultrafiltertheorie zugrunde legt, wird man annehmen dürfen, daß mit enger werdenden Filterporen die im einzelnen noch unbekannten übrigen Wechselbeziehungen der permeierenden Stoffe zu diesen eine größere Rolle spielen werden, daß auch wohl Beeinflussungen der Aufnahmegeschwindigkeit, z. B. durch Temperatur- und Beleuchtungsverhältnisse (Jahreszeiten), wie sie durch LEPESCHKIN (1909), TRÖNDLE (1910 usw.), FITTING (1919) usw. sicher bekannt geworden sind, mehr in den Vordergrund treten werden, und also mehr oder weniger bedeutende Abweichungen von der Ultrafilterregel zu erwarten wären.   So permeiert nach FITTING (1919) Harnstoff in Epidermiszellen von *Tradescantia discolor* langsamer als Glycerin. Läge die Sache etwa so, daß nur für hochmolekulare Stoffe (Enzyme, Gerbstoffe, Farbstoffe, Alkaloide, Glykoside, Saponine, Kohlenhydrate usw.) und für solche mit kleinem M.V. (z. B. elementare Gase, soweit sie wasserlöslich sind, Kohlensäure, einwertige Alkohole usw.) Übereinstimmung mit den Forderungen der Ultrafiltertheorie bestünde, während etwa für den gesamten *mittleren* Bereich des M.V. andersartige, noch unbekannte Beziehungen der Stoffe zu den Poren des Plasmagels oder besondere, nach den Außenbedingungen wechselnde physiologische Dispositionen die zugrunde liegende Gesetzmäßigkeit verdeckten, so wäre der praktische Wert der Ultrafiltertheorie für diese Objekte nur gering zu nennen.   Und doch schiene uns *wissenschaftlich* auch dann etwas gewonnen, wenn die Theorie, wie wir vermuten möchten, gleichsam nur den großen Grundrahmen abgeben würde, innerhalb dessen noch sehr weiter Raum wäre für das Spiel jener physiologischen Dispositionen und möglicherweise auch noch mancher physikalischen und chemischen Besonderheit des Plasmas sowohl wie der Stoffe.

Dafür daß *quantitative* Verschiedenheiten in den statischen Eigenschaften der Protoplasten bestehen, die in einer allgemein größeren bzw. geringeren Durchlässigkeit derselben zum Ausdruck kommen, kann, wenn man auf diese hin etwa die (abnehmende) Reihe: *B. mirabilis* > Nierenepithelzellen > Bacterien (?) > gewöhnliche Pflanzenzellen betrachtet, kaum ein Zweifel sein.   Im Sinne der Ultrafiltertheorie hätten wir sie durch eine mit der genannten Reihe symbate Abnahme der durchschnittlichen Porenweite der Plasmagele zu erklären. So wurde der Sachverhalt bereits vor längerer Zeit vom einen von uns (RUHLAND 1913, S. 429, 1914, S. 75) aufgefaßt.   Besonders wichtig erscheint, in diesem Zusam-

---

[1]) Bei den Alkaloiden mit größeren Affinitätskonstanten (starken tertiären Basen oder gar quaternären Ammoniumbasen) dürfte sich die Dissoziation (vgl. anorganische Salze) für das Permeieren sehr bemerkbar machen.

menhange nochmals zu betonen, daß HÖBER, welcher als erster die hohe Bedeutung des Dispersionsgrades der sauren Farbstoffe für ihre vitale Aufnehmbarkeit in Nierenepithelzellen des Frosches erkannte, weiter festgestellt hat, daß ausgesprochen kolloide basische Farbstoffe (wie Basler Blau R und BB, Viktoriablau B und 4 R und Nachtblau), die in Pflanzenzellen nicht mehr passieren, von jenen noch aufgenommen werden (HÖBER und NAST 1913) und das Gleiche für eine ganze Reihe saurer Farbstoffe gefunden hat, (1919) von denen nur die gröbst dispersen nicht mehr aufnehmbar waren.   Da aber Aufnehmbarkeit und „Färbung", nicht streng auseinander gehalten wurden, wie auch in andern derartigen tierphysiologischen Untersuchungen, so konnte die Gesetzmäßigkeit nicht restlos klar hervortreten.

Botanisches Institut Leipzig, 15. Nov. 1924.

Literatur.

AUERBACH, R. (1923): Kolloid-Zeitschr. **33**, 262. — BARTELL, F. E. (1911): Journ. of physic. chem. **16**, 318. — BECHHOLD, H. (1920): Die Kolloide in Biologie und Medizin. 3. Aufl. Dresden u. Leipzig. — BETHE, A. (1905): Hofm. Beitr. **6**, 399. — BIGELOW, L. S. u. C. S. ROBINSON (1918): Journ. of physic. chem. **22**, 99. — BIEDERMANN, W. (1909): Pflügers Arch. f. d. ges. Physiol. **174**, 373. — BRENNER, W. (1918): Öfv. af finska vetensk. soc. förhandl. **60**, Afd. A, No. 4. — BROWN, A. J. (1907): Ann. of botany **21**, 99. — Ders. (1909): Proc. of the roy. soc. of London (B) 81. — BÜTSCHLI (1890): Über den Bau der Bakterien und verwandter Organismen. Leipzig. — BUXTON u. TEAGUE: Zeitschr. f. physik. Chem. **60**, 479. — COHN, F. (1865): Hedwigia. — Ders. (1867): Arch. f. mikroskop. Anat. 3. — COLLANDER, R. (1921): Jahrb. f. wiss. Botanik **60**, 354. — Ders. (1924): Kolloidchem. Beih. **19**, 72. — COLLINS, E. J. (1918): Ann. of botany **32**, 381. — CZAJA, A. TH. (1922): Ber. d. dtsch. botan. Ges. **40**, 381. — DREWS (1895): Die Regulation des osmotischen Druckes in Meeresalgen usw. Diss. Rostock. — ENGLER, A. (1884): Komm. z. wiss. Unters. dtsch. Meere 7—11, Abt. 1. — FISCHER, A. (1891): Verhandl. d. kgl. sächs. Ges. d. Wiss., Mathem.-physik. Kl. 43. — Ders. (1895): Jahrb. f. wiss. Botanik **27**, 1. — FISCHER, H. (1923): Ber. d. dtsch. botan. Ges. 41 (16). — FITTING, H. (1915): Jahrb. f. wiss. Botanik **56**, 1. — Ders. (1917): Ebenda **57**, 553. — Ders. (1919): Ebenda **59**, 1. — FREUNDLICH, H. (1924): Die Naturwissenschaften **12**, 234. — FÜHNER, H. u. NEUBAUER (1907): Arch. f. exp. Pathol. u. Pharmakol. **56**, 333. — FÜHNER, H. (1921): Biochem. Zeitschr. **120**, 433. — GOPPELSROEDER, E. (1901): Capillaranalyse. Basel. — GRAHAM, TH. (1854): Philosoph. mag. **8**, 151. — HANSTEEN-CRANNER, B. (1910): Jahrb. f. wiss. Botanik 47. — Ders. (1914): Ebenda 53. — Ders. (1919): Ber. d. dtsch. botan. Ges. 47. — Ders. (1922): Meldinger fra Norges landbruks hoiskola **2**, 1. — HANTZSCH, A. (1904): Ber. d. dtsch. chem. Ges. **37**, 3434. — Ders. (1914): Kolloid-Zeitschr. — HARVEY, E. N. (1922): Journ. of gen.

physiol. **5**, 215. — L'HERMITE (1855): Ann. de chim. et de physique **44**, 420. — HERZOG u. POLOTZKY (1914): Zeitschr. f. physikal. Chem. **87**, 449. — HERZOG (1910): Zeitschr. f. Elektrochem. **16**, 1003. — HINZE, G. (1902): Wiss. Meeresunters., Abt. Kiel, N. F. **6**. — HÖBER, R. u. NAST (1913): Biochem. Zeitschr. **50**, 418. — HÖBER, R. (1909): Ebenda **20**, 56. — Ders. (1922/24): Physikalische Chemie der Zelle und der Gewebe. 5. Aufl. Leipzig. — JANSE, M. J. (1887): Botan. Zentralbl. **32**. — JOST, L. (1914): Vorlesungen über Pflanzenphysiologie. 3. Aufl. Jena. — KAHHO, H. (1921): Biochem. Zeitschr. **123**, 284. — Ders. (1924): Univ. Dorpat. inst. botan. op. No. 18, 1—167. — KEIL, F. (1912): Cohns Beitr. z. Biol. d. Pflanzen **11**. — KLEBS, G. (1919): Sitzungsber. d. Heidelb. Akad. d. Wiss., Mathem.-naturw. Kl., Abt. B, Jahrg. 1919, Abh. 18. — KOLKWITZ, R. (1897): Ber. d. dtsch. botan. Ges. **15**. — Ders. (1918): Ebenda **36**, 218. — KOTTE, A. (1914): Wiss. Meeresunters., Abt. Kiel, N. F. **17**. — KÜSTER, E. (1911): Jahrb. f. wiss. Botanik **50**, 261. — LANDOLT-BÖRNSTEIN (1923): Physikalisch-chemische Tabellen. 5. Aufl. Berlin. — LEPESCHKIN, W. W. (1909): Ber. d. dtsch. botan. Ges. **27**. — Ders. (1923): Biochem. Zeitschr. **142**, 291. — Ders. (1924): Kolloidchemie des Protoplasmas. Berlin. — LIESEGANG, R. (1913): Biochem. Zeitschr. **58**, 213. — LOEWE, S. (1912): Ebenda **42**, 150. — LOSSEN, W. (1889): Liebigs Ann. d. Chem. **254**. — MAC DOUGAL (1923): Proc. of the Americ. philos. soc. **63**. — MASSART, (1902): Rec. de l'inst. bot. Bruxelles, **5**, 251. — MOLISCH, H. (1912): Zentralbl. f. Bakteriol., Parasitenk. u. Infektionskrankh., Abt. II **33**. — NATHANSOHN, A. (1910): Stoffwechselphysiologie der Pflanzen. Leipzig. — NERNST, W. (1890): Zeitschr. f. physikal. Chem. **6**, 37. — Ders. (1921): Theoretische Chemie. 8.—10. Aufl. Stuttgart. — NIRENSTEIN (1917): Pflügers Arch. f. d. ges. Physiol. **168**, 233. — OPPENHEIMER, C. (1910): Die Fermente und ihre Wirkungen. 3. Aufl. 1. — OVERTON, E. (1895): Vierteljahrsschr. d. naturforsch. Ges., Zürich **40**, 1 des S.-A. — Ders. (1896): Ebenda **41** (Festschr.), 383. — Ders. (1899): Ebenda **44**, 88. — Ders. (1902): Pflügers Arch. f. d. ges. Physiol. **92**, 346. — Ders. (1897): Zeitschr. f. physikal. Chem. **22**, 189. — PFEFFER, W. (1877): Osmotische Untersuchungen. Leipzig. — Ders. (1886): Untersuch. a. d. Botan. Inst. Tübingen **2**, 179. — PRAT, S. (1923): Ber. d. dtsch. botan. Ges. **41**. — REICHARD, A. (1910): Kolloidchem. Zeitschr. **10**. — RHODE, H. (1917): Pflügers Arch. f. d. ges. Physiol. **168**, 411. — RIPPEL, A. (1917): Biol. Zentralbl. **37**. — Ders. (1918): Ber. d. dtsch. botan. Ges. **36**. — RUHLAND, W. (1908): Jahrb. f. wiss. Botanik **46**, 1. — Ders. (1909): Zeitschr. f. Botanik **1**, 747. — Ders. (1911): Jahrb. f. wiss. Botanik **50**, 200. — Ders. (1912): Ebenda **51**, 376. — Ders. (1913): 1. Biochem. Zeitschr. **54**, 59. 2. Biol. Zentralbl. **33**, 337. — Ders. (1914): Jahrb. f. wiss. Botanik **54**, 391. — Ders. (1923): Abderhaldens Handb. d. biol. Arbeitsmeth. **11** (2), 187. — RUHLAND, W. und C. HOFFMANN (1924): Ber. d. kgl. sächs. Akad. d. Wiss., Mathem.-physik. Kl. **76**, 47 (Sitzung v. 5. Mai). — SCHAEDE, R. (1923): Jahrb. f. wiss. Botanik **54**, 391. — SCHMID, G. (1918): Flora, N. F. **11**. — Ders. (1920): Jahrb. f. wiss. Botanik **60**. — Ders. (1923): Ebenda **62**. — SCHRÖDER, H. (1910): Zentralbl. f. Bakteriol., Parasitenk. u. Infektionskrankh., Abt. II **28**. — Ders. (1911): Flora, N. F. **102**. — Ders. (1922): Biol. Zentralbl. **42**. — SCHWARZ, R. u. E. HERRMANN (1922): Kolloidchem. Zeitschr. **31**, 91. — SHEARER (1919): Proc. of the Cambridge philos. soc. **19**, 263. — SHULL, CH. A. (1913): Botan. gaz. **54**. — SPRINGER (1902): Apotheker-Ztg. **17**, 201. — STILES, W. (1921, 22, 23): The new Phytologist **20—22**. — SVEDBERG, TH. (1921): Kolloidchem. Zeitschr. **28**, 192. — THIESSEN (1913): Biochem. Zeitschr. **140**, 457. — TRAUBE, J. (1914): Zeitschr. f. physikal.-chem. Biol. **1**, 148. — Ders. u. R. SOMOGYI (1921): Biochem. Zeitschr. **120**, 90. — TRAUBE, M. (1867): Arch. f. Anat. u. Physiol. **87**. — TRÖNDLE, A. (1910): Jahrb. f. wiss. Botanik **48**. — Ders. (1916): Vierteljahrsschrift

d. naturforsch. Ges., Zürich **61**, 465. — Ders. (1917): Ebenda **62**. — Ders. (1918): Ebenda **63**, 187. — Ders. (1922): Denkschr. d. schweiz. Naturforsch.-Ges. **58**, Abh. 1. — v. Tschermak(1924): Allgemeine Physiologie 1, 657. — Vignon (1910): Cpt. rend. de l'acad. **150**, 619. — Walter, H. (1920): Pflügers Arch. f. d. ges. Physiol. **181**, 271. — Ders. (1921): Biochem. Zeitschr. **122**, 86. — Warming (1875): Vidensk. meddelelser Kopenhagen. — Weis, A. (1925): Arch. f. wiss. Botanik I. — Winogradsky, S. (1883): Ann. de l'inst. Pasteur. — Ders. (1888): Beitr. z. Morphol. u. Physiol. d. Bakterien. I. Schwefelbakterien. Leipzig. — Ders. (1887): Botan. Ztg. **45**, 489. — Winterstein, K. (1916): Biochem. Zeitschr. **75**, 71. — Zsigmondy, R. u. W. Bachmann (1912): Kolloidchem. Zeitschr. **11**, 145. — Zsigmondy, R. (1924): Zeitschr. f. physikal. Chem. **111**, 211.

ÜBER DEN EINFLUSS CHEMISCHER AGENZIEN AUF STÄRKEGEHALT UND OSMOTISCHEN WERT DER SPALTÖFFNUNGSSCHLIESSZELLEN.

Von

JOHANNES ARENDS,
Chemnitz i. Sa.

(Eingegangen am 4. November 1924.)

Es ist bekannt, daß mit dem Öffnen und Schließen der Stomata beträchtliche Schwankungen des osmotischen Druckes in den Schließzellen Hand in Hand gehen. Die Erhöhung des osmotischen Wertes ist in vielen Fällen darauf zurückzuführen, daß die in den Chromatophoren der Schließzellen niedergelegte Stärke aufgelöst, d. h. in osmotisch wirksame Substanz verwandelt wird, und entsprechend wird die Senkung des osmotischen Druckes durch Regeneration der Stärke bewirkt.

Frau STEINBERGER hat (S. 409) darauf hingewiesen, daß die Enzyme, auf deren Tätigkeit wir ja die Auflösung der Stärke in den Schließzellen zurückführen müssen (HAGEN, S. 275, ILJIN, I, S. 711), durch die verschiedenartigsten Reize aktiviert werden, und daß auch die Regeneration der Stärke auf mannigfache Weise erzwungen werden kann. Nach STEINBERGER (S. 406) wird z. B. in den Schließzellen weit geöffneter Spalten Stärke regeneriert, wenn man Flächenschnitte mit solchen Spalten in Wasser einträgt. Die Stärkebildung unterbleibt dagegen — und entsprechend wird in stärkeführenden Schließzellen die Stärke aufgelöst —, wenn statt Wasser Salzlösungen verwendet werden. An gewöhnlichen Epidermiszellen von *Tradescantia*, die um den Kern herum Leukoplasten führen, hat bereits VAN RYSSELBERGHE (S. 90) diese Wirkung von Salzlösungen beobachtet. Es erschien wünschenswert, diesen Erscheinungen nachzugehen und zunächst das Verhalten von Schnitten und ganzen Blättern in Wasser, später in anderen Medien zu untersuchen.

A. Versuche mit Amylophyllen.

Als Hauptversuchspflanze wählte ich nach dem Vorgange der Frau STEINBERGER *Zebrina pendula* (*Tradescantia zebrina*), da diese Pflanze große, gut sichtbare und gut reagierende Spaltöffnungen besitzt. Wenn im folgenden von Schnitten, Blättern oder Zweigen gesprochen wird, so ist immer *Zebrina* gemeint, falls nicht eine andere Pflanze ausdrücklich angeführt wird.

Nicht zu dünne, mit einem Skalpell abgenommene Flächenschnitte der Blattunterseite wurden in farblosen Weithalsgläschen von etwa 25 ccm Fassungsvermögen der Einwirkung der zu prüfenden Flüssigkeiten überlassen. In ebensolchen Gefäßen untersuchte ich späterhin auch ganze Blätter, die ich kräftigen Pflanzen im Warmhause entnahm. Zum Vergleich wurden stets dieselben Teile des Blattes herangezogen, da auch ich beobachtet hatte, daß zwischen Blattspitze und -basis Verschiedenheiten in der Verschlußfähigkeit der Spalten obwalteten (vgl. NEGER, S. 184—185, LINSBAUER I, S. 107 und 117 und andere Autoren). Zur Feststellung der Höhe der osmotischen Werte diente die plasmolytische Methode; als Plasmolytikum wurden volummolare NaCl-Lösungen verwandt, meist in Abstufungen von 0,05 GM. Die Feststellung der Grenzkonzentration nahm ich nach 15—20 Minuten vor, da ich gewöhnlich erst nach dieser Zeit volle Plasmolyse beobachten konnte. FITTING (S. 17) gibt die Zeit für andere Epidermiszellen von *Rhoeo discolor* mit 12—15 Minuten an, STEINBERGER (S. 406) mit 5—10 Minuten. Nach meinen Beobachtungen ist diese Zeit für Schließzellen von *Zebrina pendula* zu kurz bemessen.

I. Wirkung übermäßiger Wasserzufuhr.
a) *auf Schnitte.*

Werden Schnitte, die vorher weit geöffnete Spalten führten, in Wasser[1]) eingelegt, so zeigen sie bei zerstreutem Tageslicht nach 20 bis 30 Minuten langem Liegen vollkommenen Spaltenschluß; eine deutliche Verschmälerung der Spalte trat schon nach 2—3 Minuten ein. Dementsprechend stieg der Stärkegehalt in den Chromatophoren der Schließzellen, der vorher fast gleich Null gewesen war, so stark an, daß ich mit Jodjodkaliumlösung kräftige Stärkereaktion erhielt. Der ursprüngliche osmotische Wert der Schließzellen, = 1,1 GM NaCl, sank dabei bis auf 0,25 GM; nach einer weiteren halben Stunde sogar auf 0,1 GM (vgl. STEINBERGER, S. 408). Setzte ich das Gläschen mit Wasser, das die Schnitte aufnahm, der Einwirkung grellen Sonnenlichts aus, so bekam ich schon nach 12—15 Minuten Spaltenschluß und entsprechende Stärkebildung; am schnellsten (nach 10 Minuten) erfolgte die Reaktion im Dunkeln. Längeres Liegen im Wasser (1—2 Tage) erzeugte nicht mehr Stärke als ein Einlegen von 20 Minuten, wenigstens soweit die Jodprobe Schlüsse zu ziehen gestattete. Die Versuche zeigen, daß der

---

[1]) Große Bedeutung kommt dem Wasser zu, in dem die Objekte beobachtet und aus dem die Salzlösungen angefertigt werden. In gewöhnliches destilliertes Wasser eingelegte Schnitte waren nach 24 Stunden nicht mehr am Leben. Auch Regenwasser aus Dachrinnen war nicht zu brauchen, und das Leitungswasser in Jena besitzt ziemlich hohen Chlorgehalt. Dagegen war das aus dem Teich des Botanischen Gartens entnommene Wasser, in dem eine reiche Algenflora gedieh, gut zu verwenden, ebenso ein aus Glasgefäßen frisch destilliertes Wasser.

Schluß der Spalten nicht durch die Dämpfung des Lichts, die im Wasser auftritt, sondern vielleicht durch den Reiz übermäßiger Wasserzufuhr, vielleicht auch durch Wundreiz hervorgerufen wird. Die Intensität des Lichts spielt sogar in dem Sinne eine Rolle, daß grelles Licht den Spaltenschluß unter Wasser begünstigt.

b) *Wirkung übermäßiger Wasserzufuhr auf ganze Blätter.*

Brachte ich ganze Blätter, die unter dem Mikroskop weit geöffnete Spalten zeigten, in die mit Wasser gefüllten Gläschen und stellte je ein Gläschen in grelle Sonne, ins Dunkle und in zerstreutes Tageslicht, so beobachtete ich an den in der Sonne und im Dunkeln stehenden Blättern Spaltenschluß in derselben Zeit wie an Schnitten, dagegen blieben die Spalten im zerstreuten Licht stundenlang offen und begannen sich erst bei Anbruch der Dämmerung wie an normalen, nicht untergetauchten Blättern zu schließen. Bei vollkommener Dunkelheit waren alle Spalten fest geschlossen. Wenn ich Blätter unter der Luftpumpe mit Wasser injizierte — Frau STEINBERGER (S. 409) hat diesen Versuch mit gleichem Erfolg gemacht — so trat freilich auch dann Spaltenschluß ein, wenn die Blätter während der Injektion zerstreutem Tageslicht ausgesetzt waren. In diesem Fall dürfte also der Einfluß der übermäßigen Wasserzufuhr gegenüber dem des Lichts überwiegen.

c) *Wirkung der Verwundung.*

Es erhellt aus diesen Versuchen, daß die Spaltöffnungen an ganzen Blättern ein teilweise anderes Verhalten zeigen als die an Schnitten, daß also die Aufhebung des Zusammenhangs der Epidermis mit dem übrigen Blattgewebe oder, wie ich der Kürze halber sagen will, der Wundreiz, im Gegensatz zur Annahme STEINBERGERS (S. 409 und LINSBAUERS I, S. 104) doch eine Rolle spielt. Daß traumatische Reize, die durch Schnitte entstehen, selbst über größere Strecken (1,5 cm) fortgeleitet werden können, legt TRÖNDLE (II, S. 382) dar.

Um den Einfluß des Wundreizes noch etwas genauer kennen zu lernen, wurden weiterhin folgende Versuche angestellt: Zwei Blätter vom gleichen Sproß mit weitgeöffneten Spalten wurden nebeneinander in zwei flachen Glasschalen bei zerstreutem Tageslicht in Wasser gelegt. Nach einer Viertelstunde zeigten beide, wie zu erwarten, noch unverändert offene Spalten. Darauf wurde eins der Blätter, in Wasser liegend, durch Nadelstiche verletzt, und es zeigte sich, daß nach einer weiteren Viertelstunde die meisten Spalten dieses Blattes geschlossen, die übrigen aber alle bedeutend verschmälert waren. (Das Vergleichsblatt hatte auch am Ende der zweiten Viertelstunde noch weit offene Spalten.) Nach zwei Stunden war der Unterschied zwischen den beiden Blättern noch derselbe; der Einfluß des Wundreizes kam also bei dem durchstochenen Blatt deutlich zum Ausdruck. LINSBAUER (I, S. 105) fand bei *Hartwegia comosa* Öffnung der Spalten in der Nähe von Blattwunden; die einander widersprechenden Ergebnisse lassen sich vielleicht zum Teil dadurch erklären, daß ich im Gegensatz zu LINSBAUER die Blätter nicht nur verwundete, sondern außerdem auch noch in Wasser legte.

Weiterhin wurden aus den Längshälften eines Blattes mit weit geöffneten Spalten zwei gleich große, etwa 1 qcm messende Stücke geschnitten und nebeneinander bei zerstreutem Tageslicht in Wasser beobachtet. Nach einer Viertelstunde zeigten beide Blattstücke in der Nähe der Schnittflächen geschlossene oder verschmälerte, in der Mitte dagegen unverändert offene Spalten. Wurde nun wieder eins der Stücke durchlöchert, so hatten sich, wie vorher beim ganzen Blatt, auch bei diesem Stück die Spalten nach einer Viertelstunde geschlossen oder stark verschmälert, während das nicht gereizte Blattstück nach dieser Zeit in der Mitte noch offene Spalten aufwies.

Der Wundreiz beeinflußt also das Öffnen und Schließen der Spaltöffnungen deutlich, oder, was besonders bei meinen späteren Versuchen von Wichtigkeit ist: an Schnitten zeigen die Spaltöffnungen ein anderes Verhalten als an unverletzten Pflanzenteilen.

II. Schnitte in Lösungen.

a) *Kochsalz.*

Ich prüfte zunächst das Verhalten von Schnitten gegenüber NaCl. Zu diesem Zweck füllte ich zehn Gläschen mit Kochsalzlösungen von $\frac{n}{10}$ bis $\frac{n}{1}$ Gehalt. In jedes Glas trug ich eine größere Anzahl von Schnitten aus der Blattunterseite einer Pflanze ein, die vorher drei Stunden lang im Dunkeln gestanden hatte und infolgedessen geschlossene Spalten und stärkereiche Schließzellen mit niedrigem osmotischem Wert aufwies. Wo es mir darauf ankam, das Stärkelösungsvermögen eines Stoffes zu prüfen, bereitete ich meine Versuchspflanzen immer in dieser Weise vor und erzielte dadurch, wie Tabelle 1 zeigt, so gleichmäßige osmotische Werte in den Schließzellen, daß ich späterhin auch ohne vorherige Feststellung immer mit einem ursprünglichen Wert von 0,1 GM NaCl rechnen konnte, ohne einen wesentlichen Fehler zu begehen.

Von Zeit zu Zeit entnahm ich aus jedem Gläschen Proben und untersuchte sie mittels Jodjodkaliumlösung auf den Stärkegehalt ihrer Schließzellen. Dabei stellte sich $\frac{n}{2}$ als diejenige Konzentration heraus, die am schnellsten und vollständigsten die Lösung der Stärke herbeiführte. Geringere Konzentrationen waren weniger wirksam (z. B. $\frac{n}{3}$

Tabelle 1. Pflanzen vor dem Versuch 3 Stunden im Dunkeln gehalten. Stärke in allen Fällen reichlich vorhanden, Spalten geschlossen.

Datum	Zeit	Osm. Wert in GM NaCl			
		0,12	0,11	0,1	0,09
10. 7. 22	10^{00} vorm.			+	
10. 7. 22	11^{00} „				+
10. 7. 22	12^{00} „		+		
11. 7. 22	9^{00} „		+		
12. 7. 22	6^{30} nachm.				+
13. 7. 22	6^{10} „			+	
14. 7. 22	6^{40} „				+
15. 7. 22	6^{00} „				+
16. 7. 22	3^{30} nachm.			+	
16. 7. 22	6^{30} „			+	
18. 7. 22	9^{00} vorm.				+
18. 7. 22	12^{00} „	+			
18. 7. 22	5^{00} nachm.			+	
19. 7. 22	11^{00} vorm.		+		

und $\left.\frac{n}{4}\right)$; unter $\frac{n}{15}$ erzielte ich überhaupt keine Wirkung mehr. Höhere Konzentrationen verboten sich aus dem Grunde, weil die Zellen in ihnen bald zugrunde gingen. Als optimale Zeit stellte ich 16—18 Stunden fest, d. h. nach dieser Zeit zeigte die Jodprobe fast keine Stärke mehr an (s. Tabelle 2), die Spalten waren geöffnet und die Prüfung des osmotischen Werts in den Schließzellen ergab 1,1—1,2 GM NaCl. Nach van Rysselberghe (S. 62) sollen die endgültigen osmotischen Werte in KNO_3-Lösungen, deren Eigenschaften denen von NaCl-Lösungen sehr nahe stehen, erst nach drei Tagen erreicht werden. Aus Tabelle 2 geht auch hervor, daß die Stärkelösung am kräftigsten zwischen der 4. und 8. Stunde der Einwirkung erfolgt.

Wird der Versuch in umgekehrter Weise ausgeführt, und kommen Schnitte mit offenen Spalten in Salzlösungen, so unterbleibt der Schluß der Spalten und die Stärke wird nicht regeneriert. Dabei müssen dieselben Salzkonzentrationen wie zur Lösung der Stärke angewandt werden. Wenn bei Beginn des Versuchs die Schließzellen so gut wie frei von Stärke gewesen waren, bekam ich bei Verwendung von Lösungen unter $\frac{n}{3}$ schon deutliche Stärkereaktion mit entsprechender Verschmälerung der Spalten, und unterhalb $\frac{n}{15}$ wurde die Stärke in derselben Weise regeneriert wie in reinem Wasser.

Bei einer so beträchtlichen Steigerung des osmotischen Werts, wie er durch Salzeinwirkung auf stärkegefüllte Schließzellen zustande kommt, ist es leicht erklärlich, daß die bei Verwendung von $\frac{n}{2}$ NaCl stets auftretende Plasmolyse schon nach 3—4 Stunden in den meisten Zellen

verschwunden war; es kommt hinzu, daß nach VAN RYSSELBERGHE
(S. 100) die Permeabilität des Protoplasmas für das gelöste Salz bei
Anatonose nicht zu verschwinden braucht.

Ein so schnelles Ansteigen des osmotischen Werts unter dem Einfluß
von Salzlösungen wie Frau STEINBERGER (S. 406) konnte ich nicht beobachten; sie stellt z. B. schon nach 60 Minuten denselben osmotischen
Wert (von 1 GM NaCl) fest, den ich bei meinen Versuchen immer erst
nach 10—12 Stunden erzielte (siehe Tabelle 2).

Tabelle 2.   NaCl.   (Bei KCl dieselben Daten.)

Datum	Zeit	Dauer	Spalten	Stärke	Plasmol.	Osm. W.
20.8.22	11^{00} vorm.	urspr.	geschl.	+		0,1GM
20.8.22.	3^{00} nachm.	4 Std.	„	+	in den meist. Zellen zu-rückgegangen	0,25
20.8.22.	7^{00} „	8 „	z. T. etwas geöffnet	schwach +	—	0,8
20.8.22.	11^{00} „	12 „	halbgeöff.	„ +	—	1,0
21.8.22.	3^{00} vorm.	16 „	geöffnet	fast —	—	1,15
22.8.22.	7^{00} „	44 „	geöffnet	„ —	—	0,7
23.8.22.	9^{00} „	70 „	fast alle Zellen tot, einige:			0,7

Legte ich mit Jod abgetötete, stärkeführende Schnitte in Salzlösungen ein, so blieb der Stärkegehalt der Schließzellen stets unverändert. Die Enzyme arbeiten also in der so getöteten Zelle nicht weiter.

Werden Schnitte, deren Schließzellen die Stärke in Salzlösungen verloren haben, in reines Wasser gebracht, so erscheint die Stärke auch bei
tagelanger Einwirkung desselben nicht wieder, das Salz scheint also
nicht ausgewaschen zu werden. Das dürfte mit der durch das Salz bewirkten Erniedrigung der Permeabilität des Protoplasmas zusammenhängen, wie sie VAN RYSSELBERGHE (S. 96) und FITTING (S. 46) beobachtet haben.

Wie erwähnt, enthielten die Schließzellen nach 16—20stündiger Salzeinwirkung im besten Falle fast keine Stärke mehr; es war daher von
Interesse, den osmotischen Wert dieser Zellen mit dem von solchen zu
vergleichen, die auf natürlichem Wege, also bei guter Beleuchtung und
in feuchter Luft (s. STEINBERGER, S. 407), ihre Stärke verloren hatten.
Zu diesem Zwecke bestimmte ich zunächst den osmotischen Wert der
Schließzellen an Pflanzen, die im feuchten Warmhaus hell kultiviert
waren, und zwar meist gegen 9 Uhr morgens, weil um diese Zeit die
Stärkelösung erfahrungsgemäß am vollkommensten war. Bei oft wiederholten Versuchen fand ich stets Werte zwischen 1,0 und 1,3 GM. Dasselbe Ergebnis erzielte ich mit Pflanzen, die 8—14 Tage lang unter
feuchter Glocke an gut beleuchteter Stelle des Laboratoriums gestanden
hatten. Frau STEINBERGER (S. 408) bestimmte unter diesen Umständen

Werte bis zu 2,0 GM, doch war es mir nie möglich, an meinem Material ein Ansteigen zu solcher Höhe zu beobachten.

b) *Schnitte in Lösungen anderer Neutralsalze.*

Es fragte sich nun, ob auch andere als die von STEINBERGER und mir benutzten Salze (KNO_3 und $NaCl$) fähig wären, derartig hohe osmotische Werte durch Stärkelösung herbeizuführen. Es ergab sich, daß folgende Salze in derselben Weise wirkten: KCl, KBr, $KClO_3$, $NaBr$, $NaNO_3$, $NaNO_2$, NH_4Cl, $FeSO_4$. Wenn nichts besonderes bemerkt ist, verwendete ich die Stoffe als $\frac{n}{2}$-Lösungen; andere Konzentrationen werden stets in Klammern beigefügt. Für alle von mir aufgeführten Salze hat FITTING (S. 47—49) deutliche Permeabilität nachgewiesen. Weniger gut ist nach FITTING (S. 49) die Permeabilität für K_2SO_4 und Na_2SO_4; dementsprechend fand ich bei Versuchen mit diesen Salzen eine bei weitem nicht so gute Stärkelösung wie bei den zuerst genannten: Die Schließzellen zeigten nach 16stündiger Einwirkung der Sulfate noch deutlich Stärke (wiewohl weniger als ursprünglich!), und die Prüfung des osmotischen Wertes ergab im Durchschnitt nur 0,6 GM (siehe Tabelle 3), während ich bei den übrigen Salzen, wie bei NaCl, Werte von 1,1—1,2 erhielt.

Tabelle 3.   Abweichendes Verhalten in Sulfatlösungen.

Art der Lösung	Datum	Zeit.	Dauer des Versuchs	Spalten	Stärke	Tropf.-bildg.	Plasm.	Osm. Wert
$\frac{n}{2}$ K₂SO₄	5.8.22	11⁰⁰ v.	u rspr.	geschl.	+			0,1 GM
(Diesel-ben Daten ergibt	6.8.22	10⁰⁰ v.	23 Std.	geschl., einige geöffnet	schwach +	+	–; einige +	0,3—0,6 je nach Spaltweite
$\frac{n}{2}$ Na₂SO₄)	7.8.22	8⁰⁰ v.	45 „	etwas geöffnet	fast —	+	—; wenige +	0,7
	8.8.22	11⁰⁰ v.	72 „	„	„ —	+	—	0,7
	10.8.22	11⁰⁰ v.	120 „	„ Zellen tot				
$\frac{n}{2}$ MgSO₄	6.8.22	10⁰⁰ v.	urspr.	geschl.	+			0,1
	7.8.22	9⁰⁰ v.	23 Std.	„	+	+	+	nicht festzustellen, da alle Zellen noch plasmolysiert
	8.8.22	11⁰⁰ v.	49 „	„	etwas schwäch.+	+	—; z.T. +	0,5
	9.8.22	9⁰⁰ v.	71 „	z.T. etwas geöffnet	schwäch.+	+	—	0,5
	10.8.22	8⁰⁰ v.	94 „	z.T. geöff.	schwach +	+	—	0,6
	15.8.22	8⁰⁰ v.	214 „	Zellen tot				

Infolge der geringen Permeabilität des Protoplasmas für Sulfate dringt vielleicht von diesen Salzen so wenig in die Zellen ein, daß die Menge nicht genügt, die Enzyme zur vollständigen Auflösung der Stärke anzuregen. Einen deutlicheren Beweis dafür, daß die Stärkelösung davon abhängt, ob ein Salz permeiert oder nicht, konnte ich darin erblicken, daß ich mit den Salzen der alkalischen Erden und des Magnesiums ($CaCl_2$, $Ca[NO_3]_2$, $BaCl_2$, $Ba[NO_3]_2$, $Sr[NO_3]_2$, $MgCl_2$, $MgSO_4$) überhaupt keine Stärkelösung erzielte, obwohl BIEDERMANN (II, S. 492—94, 496, 501, 504; III, S. 67—69, 73, 298—99; IV, S. 3) für sie alle die Fähigkeit der Aktivierung diastatischer Fermente feststellte. FITTING (S. 50) weist nach, daß das Protoplasma von *Rhoeo discolor* für diese Salze vollkommen impermeabel ist; die Tatsache, daß die Plasmolyse in den Lösungen dieser Salze tagelang erhalten blieb, bewies mir für *Zebrina* dasselbe.

c) *Schnitte in Lösungen neutraler organischer Stoffe.*

Aus der tagelang — wohl während der ganzen Lebensdauer der Zellen — sich erhaltenden Plasmolyse konnte ich auch auf Impermeabilität des Schließzellenplasmas für Zucker schließen.

Es gibt nun aber auch Substanzen, die zweifellos eindringen, aber trotzdem die Stärkelösung nicht herbeiführen. Als solche fand ich Alkohol, Äthylenglykol, Glycerin und Harnstoff. Von diesen Stoffen erzeugten nur Äthylenglykol, Glycerin und Harnstoff Plasmolyse, nicht dagegen Alkohol. In Glycerin und auch in Zuckerlösungen stellte ich sogar regelmäßig eine Anreicherung an Stärke fest.

Eine aktive Herabsetzung des osmotischen Wertes in Zuckerlösungen (durch Vermehrung der Stärke?) beobachtete auch Frau STEINBERGER (S. 407) und für gewöhnliche Epidermiszellen teilen SCHIMPER (S. 737) und VAN RYSSELBERGHE (S. 91) dasselbe mit. Daß in Lösungen von KNO_3 und $NaCl$ höhere osmotische Werte erreicht werden als in Glycerin, fand auch STANGE (S. 299).

d) *Schnitte in Lösungen basischer Salze.*

Die bisher besprochenen Ergebnisse erzielte ich nur bei Verwendung von Neutralsalzen. Sie änderten sich recht bedeutend, wenn ich statt dessen Lösungen von alkalisch oder sauer reagierenden Salzen anwandte.

Zunächst untersuchte ich $NaHCO_3$ und $Na_2B_4O_7$, beide von schwach alkalischer Reaktion. Während ich bei den Neutralsalzen stets $\frac{n}{2}$-Lösungen benutzte, mußte ich hier die Konzentration viel schwächer wählen; besonders in $NaHCO_3$ starben die Zellen sehr schnell ab, wenn nicht eine sehr verdünnte Lösung zur Anwendung kam. Für beide

Salze erwiesen sich schließlich $\frac{n}{15}$-Lösungen als geeignet, da die Schließ-zellen bei diesen Verdünnungen auch nach 36 Stunden noch am Leben waren.

Trotz der starken Verdünnung zeigten sich die Chromatophoren der Schließzellen an Flächenschnitten nach 16—20 Stunden vollkommen stärkefrei, während Neutralsalzlösungen in diesen Konzentrationen ja überhaupt nicht mehr wirkten! Die Prüfung der osmotischen Werte ergab bei oft wiederholten Versuchen recht verschiedene Resultate, trotzdem die Stärke, wie die Jodprobe ergab, stets ganz verschwunden war. Meist fand ich (bei optimaler Stärkelösung) Grenzkonzentrationen um 0,15 herum, oft aber auch höhere Werte, die jedoch 0,6 fast nie überschritten (siehe Tabelle 4); und nur ganz ausnahmsweise einmal gleich hohe Werte wie bei Neutralsalzen, die mit der größten Regel-mäßigkeit stets fast genau gleich hohe Werte bewirkten.

Tabelle 4.   NaHCO$_3$ (alkalisch).

Datum	Zeit	Dauer der Einwirkung	Spalten	Stärke	Plasm.	Osm. Wert
21.8.22.	3^{00} n.	urspr.	geschl.	+		0,1 GM
21.8.22.	7^{00} n.	4 Std.	z. T. etwas geöff.	etwas schwäch.+	—	0,2
21.8.22.	11^{00} n.	8 „	meiste halb „	schwach +	—	je nach Spaltweite 0,3—0,5
22.8.22.	3^{00} v.	12 „	„ „ „	„ +	—	ebenso
22.8.22.	7^{00} v.	16 „	„ „ „	„ +	—	0,3—0,4
23.8.22.	3^{00} n.	48 „	„ ganz „	fast —	—	0,2—0,3
24.8.22.	4^{00} n.	73 „	„ halb „	„ —	—	Zellen tot

Infolge dieser verschiedenen Höhen der osmotischen Werte waren die Spalten nach Einwirkung jener alkalisch reagierenden Salze oft im gleichen Präparat teils offen, teils geschlossen, mit allen Übergangs-stufen. Eine Abweichung vom Verhalten der Neutralsalze lag auch darin, daß der osmotische Wert schneller absank (siehe Tabelle 4).

In gleichem Sinne wie NaHCO$_3$ und Na$_2$B$_4$O$_7$ wirkten Salze mit kräftigerer alkalischer Reaktion wie Na$_3$PO$_4$, Na$_2$CO$_3$ und K$_2$CO$_3$. Lösungen dieser Salze mußten außerordentlich verdünnt sein, wenn die Zellen einige Zeit lang am Leben bleiben sollten. Als brauchbare Konzentrationen stellte ich $\frac{n}{25}$ bis $\frac{n}{32}$ fest.

e) *Wirkung freier Basen auf Schnitte.*

Auch reine Basen, NH$_4$OH, NaOH, KOH, vermochten auf die Enzymtätigkeit in den Schließzellen einzuwirken. Wieder mußten sehr hohe Verdünnungen angewendet werden, nämlich 0,01 proz. Lösungen;

dann war nach 16—20 Stunden die Stärke vollkommen aufgelöst
Trotzdem nahm der osmotische Wert in den Schließzellen kaum oder
gar nicht zu (Tabelle 5)! Dementsprechend waren alle Spaltöffnungen
fest geschlossen.

Tabelle 5. NH_4OH (Ammoniakwasser).

Datum	Zeit	Dauer der Einwirkung	Spalten	Stärke	Plasmol.	Osm. Wert
23. 8. 22	4^{00} nachm.	urspr.	geschl.	+		0,1 GM
23. 8. 22	8^{00} „	4 Std.	zur Hälfte halb geöff.	+	—	0,1
23. 8. 22	12^{00} „	8 „	geschl.	schwäch.+	—	0,2
24. 8. 22	4^{00} vorm.	12 „	„	schwach +	—	0,17
24. 8. 22	8^{00} „	16 „	halb geöff.	—	—	0,2

So 4—5 Tage lang lebend

f) *Schnitte in Lösungen saurer Salze.*

Mit sauer reagierenden Salzen, nämlich Aluminiumsulfat und Alaun,
erzielte ich fast dieselben Ergebnisse wie mit basischen. Die Konzen-
tration durfte hier etwas höher gewählt werden $\left(\dfrac{n}{12}\right)$. Auch hier erzielte
ich vollkommene Stärkelösung bei wechselnden osmotischen Werten,
die jedoch nie so hoch anstiegen, wie bei Neutralsalzen. An der Verfärbung der gewöhnlichen, anthocyangefüllten Epidermiszellen konnte
ich das Eindringen sowohl der sauren als auch der basischen Salze erkennen. Damit ist zugleich bewiesen, daß saure Reaktion des Zellsaftes nicht unerläßliche Vorbedingung für die Stärkelösung ist.

Auch die sauer reagierenden Salze bewirkten ein schnelleres Absinken des osmotischen Wertes als die Neutralsalze (siehe Tabelle 6).
Wollte man aus dieser Eigenschaft auf einen schädigenden Einfluß der
nicht neutral reagierenden Salze schließen, so würde es auch verständlich, daß bei sauer und basisch reagierenden Salzen Zellen mit verschiedenen osmotischen Werten nebeneinander vorkommen; denn wenn
es sich um Störungen handelt, die auf Tötung des Protoplasmas hinaus-
laufen, hätten sich eben verschiedene Zellen diesem Ziele verschieden
weit genähert.

Tabelle 6. $Al_2(SO_4)_3$ (sauer).

Datum	Zeit	Dauer der Einwirkung	Spalten	Stärke	Plasmol.	Osm. Wert
22. 8. 22	12^{00} mittags	urspr.	geschl.	+		0,1 GM
22. 8. 22	4^{00} nachm.	4 Std.	„	+	—	0,15
22. 8. 22	8^{00} „	8 „	etwas geöff.	schwach +	—	0,2
22. 8. 22	12^{00} „	12 „	halb „	„ +	—	0,5
23. 8. 22	4^{00} vorm.	16 „	z. T. weit „	fast —	—	0,4

Beginn des Absterbens

g) *Wirkung freier Säuren auf Schnitte.*

Freie Säuren waren wie die Basen nur in außerordentlich starker Verdünnung zu verwenden. Zu den Hauptversuchen benutzte ich eine 0,1 proz. Lösung von 96 proz. Essigsäure. Schnitte, die 16—20 Stunden in dieser Lösung gelegen hatten, führten keine Stärke mehr in den Schließzellen; die Spalten waren fest geschlossen und der osmotische Wert lag sogar noch unter dem ursprünglichen, wie Tabelle 7 zeigt. Ebenso wie Essigsäure wirkten in starker Verdünnung HCl, H_3PO_4, H_2SO_4, HNO_3, Zitronen-, Apfel-, Weinsäure.

Tabelle 7. CH_3COOH (Essigsäure).

Datum	Zeit	Dauer der Einwirkung	Spalten	Stärke	Plasmol.	Osm. Wert
22. 8. 22	12^{00} mittags	urspr.	geschl.	+		0,1 GM
22. 8. 22	4^{00} nachm.	4 Std.	,,	+	—	0,07!
22. 8. 22	8^{00} ,,	8 ,,	,,	schwach +	—	0,07
22. 8. 22	12^{00} ,,	12 ,,	,,	,, +	—	0,07
23. 8. 22	4^{00} vorm.	16 ,,	,,	—	—	0,05

Zellen bleiben so 4—5 Tage lang am Leben.

In so verdünnten Säuren blieben die Schließzellen fast ebenso lange am Leben wie in reinem Wasser und isolierten sich schließlich trotz des abnorm niedrigen osmotischen Wertes nach Absterben der umgebenden Epidermiszellen in derselben Weise unter Öffnung der Spalten, wie ich es späterhin für Wasser fand. Die Stärke wurde nicht regeneriert. Das stimmt mit den Beobachtungen von Frau STEINBERGER (S. 410) ganz überein.

h) *Schnitte in Lösungen nicht neutraler organischer Stoffe.*

Die Versuche mit sauren und basischen organischen Körpern zeitigten ähnliche Ergebnisse wie die mit sauren und basischen Stoffen anorganischer Natur. Sobald die Reaktion, wenn auch nur in geringem Maße, von der neutralen abwich, erzielte ich zwar Auflösung der Stärke, aber keine oder nur unwesentliche Erhöhungen des osmotischen Wertes, und in den meisten Fällen traten dabei große Mengen von Calciumoxalatkristallen auf.

Folgende Stoffe brachten in geeigneten Konzentrationen die Stärke zum Verschwinden: Aminoessigsäure (Glykokoll) $\left(\frac{n}{20}\right)$, Acetamid $\left(\frac{n}{20}\right)$, Formamid $\left(\frac{n}{8}\right)$, Asparagin $\left(\frac{n}{8}\right)$; alle von schwach alkalischer Reaktion.

VAN RYSSELBERGHE (S. 71) beobachtete, daß Aminosäuren, Amide und daher auch Asparagin zu permeieren vermögen. Tabelle 8 gibt die Daten für Asparagin, denen die der übrigen hier behandelten Stoffe sehr ähnlich sind.

Tabelle 8. Asparagin (schwach alkalisch).

Datum	Zeit	Dauer der Einwirkung	Spalten	Stärke	Plasmol.	Osm. Wert
25. 8. 22	3^{00} nachm.	urspr.	geschl.	$+$		0,1 GM
25. 8. 22	7^{00} „	4 Std.	„	$+$	$-$	0,08!
25. 8. 22	11^{00} „	8 „	„	schwach $+$	$-$	0,15
26. 8. 22	3^{00} vorm.	12 „	„	$-$	$-$	0,15
26. 8. 22	7^{00} „	16 „	halb geöff.	$-$	$-$	0,25
26. 8. 22	11^{00} „	20 „	„	$-$	$-$	0,15

Beginn des Absterbens.

Mehr oder minder alkalisch reagieren auch Kalium-, Natriumacetat $\left(\frac{n}{2}\right)$, Ammoniumtartrat $\left(\frac{n}{4}\right)$, Kalium-, Ammoniumrhodanid $\left(\frac{n}{4}\right)$, Methylamin $\left(\frac{n}{32}\right)$. Infolgedessen führten auch sie Lösung der Stärke herbei, ohne daß wesentliche Veränderungen des osmotischen Wertes auftraten. Daneben ließ ich zum Vergleich das neutral reagierende Kaliumtartrat $\left(\frac{n}{2}\right)$ oder Kaliumnatriumtartrat $\left(\text{Seignettesalz}, \frac{n}{4}\right)$ einwirken; hierbei erhielt ich nach vollständiger Auflösung der Stärke dieselben hohen osmotischen Werte, wie bei anorganischen Neutralsalzen. Sowohl bei organischen als auch bei anorganischen Neutralsalzen steht demnach die Wirkung des Salzes auf das enzymatische System der Zellen in schroffem Gegensatz zu der Wirkung, die die zugehörige Säure für sich allein hervorbringt.

III. Mutmaßliche Wirkungsweise der gelösten Stoffe.

Als Ursache für die Erhöhung des osmotischen Wertes, hauptsächlich in Neutralsalzlösungen, kommen zwei Möglichkeiten in Betracht:

1. Das Eindringen größerer Salzmengen.

2. Die Erzeugung osmotisch wirksamer Substanz (Anatonose).

Seit FITTINGS genauen Untersuchungen steht fest, daß auch von den Neutralsalzen, die nach meiner Erfahrung am besten die Lösung der Stärke und damit die Erhöhung des osmotischen Wertes einzuleiten vermögen, nur ganz geringe Mengen in die Zellen von *Rhoeo discolor* eindringen. FITTING (S. 17) beweist zunächst für KNO_3, daß dieses Salz im ganzen nur bis zu einer Konzentration von 0,0075 GM im Liter in die lebende Zelle aufgenommen wird, der weitaus größte Teil davon innerhalb der ersten Stunde. Später nimmt die Permeabilität für das Salz schnell ab (FITTING, S. 46). Die gleichen Verhältnisse findet FITTING für NaCl und für eine Reihe anderer, auch von mir untersuchter Neutralsalze. Auf einem indirekten Wege konnte ich seine Befunde für *Zebrina pendula* voll bestätigen: Der osmotische Wert in Schließzellen, der unter Salzeinwirkung entsteht, ist fast genau dem gleich, der an der frei wachsenden Pflanze in hellem Licht und feuchter Luft auftritt. Da in beiden Fällen, wie die Jodprobe erweist, die Stärke so gut wie vollständig verschwunden, also wohl in osmotisch wirksame Substanz übergeführt ist, kann im ersten Falle das Salz nur in sehr geringer Menge eingedrungen sein. Wenn es anders wäre, hätte ich ja hier einen um die Menge des eingedrungenen Salzes erhöhten osmotischen Wert finden müssen. Frau STEINBERGER (S. 406) ist der Meinung, daß das Salz (KNO_3) leicht permeiert und glaubt daher, daß die Steigerung des osmotischen Wertes hauptsächlich auf Kosten reichlich eindringenden Salzes zustande kommt.

Um dem Einwand zu begegnen, daß etwa unter dem Einfluß der Chemikalien keine Photosynthese mehr stattfände und dann die Stärke durch Veratmung zum Verschwinden gebracht würde, brachte ich Flächenschnitte mit geschlossenen Spaltöffnungen in ein Gläschen mit Wasser und stellte das Gefäß dunkel. Nach 24 Stunden zeigten die Schließzellen noch dieselbe stark positive Stärkereaktion wie vorher, und auch nach 3, ja nach 8 Tagen, als die Spalten infolge Absterbens der umgebenden Epidermiszellen sich weit geöffnet hatten, war noch keine Abnahme der Stärkemenge zu erkennen. HAGEN (S. 272) und Frau STEINBERGER (S. 410) haben denselben Versuch mit gleichem Ergebnis gemacht. HABERLANDT (S. 424) bestätigt, daß die Schließzellenstärke sehr widerstandsfähig ist und nicht leicht veratmet wird.

Die Tatsache des Verschwindens der Stärke in Salzlösungen regt die Frage an: Welcher Art ist die aus der Stärke hervorgehende osmotische wirksame Substanz? Nach VAN RYSSELBERGHE (S. 90—91) wird in gewöhnlichen Epidermiszellen bei Behandlung mit Salzlösungen aus Stärke Oxalsäure gebildet, und zwar auf dem Wege über Glukose. Wenn die Zelle osmotisch wirksamer Substanz bedarf, erzeugt sie Oxalsäure, sie läßt dagegen Calciumoxalat ausfallen, wenn der Druck herabgesetzt werden soll.

Bei *Zebrina* fand ich Calciumoxalatkristalle wohl sehr häufig in Epidermiszellen, aber nie in Schließzellen. Freie Oxalsäure läßt sich auf mikrochemischem Wege kaum mit Sicherheit nachweisen (TUNMANN, S. 136), trotzdem versuchte ich, den Nachweis der Oxalsäure in der Weise zu erbringen, daß ich Schnitte mit weit geöffneten Spalten in eine konzentrierte, stark essigsauer gemachte Lösung von $CaCl_2$ einlegte. Oxalatfällung war nicht zu beobachten.

Nun wandte ich der Prüfung auf Zucker erhöhte Aufmerksamkeit zu. Dabei untersuchte ich sowohl Schließzellen, die an der unverletzten Pflanze (bei weit geöffneten Spalten) ihre Stärke verloren hatten, als auch solche an Schnitten, deren Stärke unter dem Einfluß von Salzlösungen geschwunden war. Das Ergebnis war in beiden Fällen das gleiche. Legte ich Schnitte mit weit geöffneten Spalten (Jodprobe auf

Stärke negativ) in Fehlingsche Lösung, so war beim Erwärmen wohl
eine eigentümliche Gelbfärbung der Schließzellen, aber keine Abscheidung von Kupferoxydul wahrzunehmen, wenn man nicht eben
jene Gelbfärbung dafür halten wollte. Zur Ausführung der Probe nach
SACHS legte ich Schnitte von der Dicke einiger Zellagen in konzentrierte
Kupfersulfatlösung und dann, nach sorgfältigem Ausspülen in Wasser,
in heiße Kalilauge. Auch hierdurch erzielte ich nur eine, allerdings
noch deutlichere Gelbfärbung des Schließzelleninhaltes, die nach
MOLISCH (S. 119) als positive Reaktion gedeutet werden könnte. Eine
weitere Abänderung der Fehlingschen Probe gibt HAGEN (S. 268) an;
eine vierte ist von FLÜCKIGER angegeben und wird von TUNMANN S. 184)
sehr empfohlen. Der Erfolg war immer der gleiche. — Um auch ein
grundsätzlich anderes Reagens zu versuchen, führte ich noch die a-
Naphtholprobe von MOLISCH (S. 118) aus. Irgendeine Veränderung oder
Verfärbung der Schließzellen erfolgte nicht. — Hervorgehoben sei noch,
daß vorher alle Reagenzien zur Prüfung auf Güte und Brauchbarkeit
an Schnitten einer reifen Birne versucht und hier sämtlich als positiv
reagierend befunden wurden.

Die Untersuchungen mit der Fehlingschen Probe und ihren Modifikationen lassen es wahrscheinlich erscheinen, daß die Schließzellen
weit geöffneter Spalten wirklich Zucker enthalten, wenn ich diesen
Prüfungen auch nicht die beweisende Kraft zusprechen möchte, die
HAGEN (S. 288) ihnen beimißt.

Es ist bisher gezeigt worden, daß die Menge des eindringenden
Salzes bei der Erhöhung des osmotischen Wertes in den Schließzellen
eine unbedeutende Rolle spielt, und daß die Wirkung des Salzes vielmehr darin bestehen dürfte, daß die Tätigkeit der diastatischen Enzyme in den Schließzellen durch Salzzufuhr angeregt wird. Warum
dann allerdings Salzkonzentrationen unter $\frac{n}{15}$ ganz unwirksam sind,
ist nicht klar. Die Bedeutung von Neutralsalzen für die Tätigkeit
diastatischer Enzyme ist durch BIEDERMANN u. a. längst bekannt.

In den reinen Säuren und Basen hatte ich ein Mittel gefunden,
Stärkelösung in den Schließzellen herbeizuführen, ohne daß es dabei
zu wesentlichen Veränderungen des osmotischen Wertes gekommen
wäre. Offenbar hatte hier ein Abtransport der Hydrolyseprodukte
stattgefunden. Nimmt man an, daß unter dem Einfluß der Neutralsalze aus der Stärke Glukose gebildet wird, so könnte man hier eine
Spaltung der Glukose in noch kleinere Moleküle vermuten, etwa in die
der Oxalsäure.

Diese Vermutung erhielt eine Stütze durch die Beobachtung, daß
nach Stärkelösung durch Einwirkung aller nicht neutral reagierenden
Stoffe die Schnitte mit Calciumoxalatkristallen oft geradezu übersät

waren, während sie vorher nur ganz vereinzelte Kristalle aufwiesen. Da ich bei Verwendung von Neutralsalzen niemals etwas Ähnliches feststellen konnte, glaube ich annehmen zu dürfen, daß unter der Einwirkung dieser Salze Glukose entsteht, während Oxalsäure gebildet wird, wenn nicht neutral reagierende Stoffe einwirken. Durch den Einfluß der Oxalsäure ließe sich dann auch die Erhöhung der Permeabilität des Plasmas erklären, die ein Ansteigen des osmotischen Wertes hindert, etwa so, daß die Säure schädigend auf das Plasma wirkt. Erhöhung der Permeabilität durch Gifte ist ja bekannt (JOST, S. 33, FITTING, S. 55).

Sollte indes sowohl durch Neutralsalze als auch durch saure und basische Salze und reine Säuren und Basen dasselbe Umwandlungsprodukt der Stärke, etwa Oxalsäure[1]), entstehen, so wäre es denkbar, daß durch die Verschiedenheit der chemischen Agenzien die Permeabilität des Protoplasmas in so verschiedener Weise beeinflußt wird, daß in dem einen Falle die osmotisch wirksame Substanz infolge ausgesprochener Semipermeabilität in der Zelle verbleibt, im anderen aber infolge Aufhebung der Semipermeabilität herausdiffundiert. Dann würde etwa für das Verhalten der Neutralsalze die „verstopfende" Wirkung der Kationen (FITTING, S. 57) verantwortlich zu machen sein.

Bei Verwendung von Säuren und sauren Salzen scheint die Entstehung von Oxalsäure am ehesten verständlich. Schwieriger gestaltet sich die Erklärung bei Basen und basischen Salzen, da ja in diesen Medien die Oxalsäure neutralisiert werden müßte. Allerdings ist zu bedenken, daß auch die sogenannten neutralen Oxalate schwach alkalisch reagieren, also OH-Ionen abspalten.

IV. Wirkung von Lösungen auf unverletzte Blätter.

Wie ich darlegte, wirkt übermäßige Wasserzufuhr auf die Spaltöffnungen an Schnitten anders als auf die an ganzen Blättern. Der Gedanke lag daher nahe, daß die Stomata unter so veränderten Verhältnissen sich auch den Salz- und anderen Lösungen gegenüber verschieden verhalten könnten.

Wie früher Schnitte, brachte ich jetzt ganze Blätter in Gläschen mit Salzlösungen, und zwar zuerst wieder in $\frac{n}{2}$ NaCl. Dabei stellte sich heraus, daß weder bei kurzer, noch bei der sonst als ausreichend erkannten Einwirkungszeit von 16—20 Stunden Stärkelösung erfolgte, daß vielmehr der weitaus größte Teil der Schließzellen nach dieser Zeit noch seinen vollen ursprünglichen Stärkegehalt besaß, und daß ferner

---

[1]) v. MAYENBURG (S. 413) findet in den Zellen von Pilzen keinen Zucker, wenn in der Nährlösung Zucker geboten wird, und denkt an Umwandlungsprodukte wie Glukonsäuren, Glykuronsäuren.

auch keine Erhöhung des osmotischen Wertes eingetreten war. Diese Feststellungen machte ich an Flächenschnitten, die ich den durch die Salzlösung vollkommen schlaff gewordenen Blättern entnahm. Einige wenige Schließzellen erschienen stärkeärmer, doch habe ich geringe Unregelmäßigkeiten im Verhalten einer größeren Anzahl von Schließzellen auch bei den früheren Versuchen feststellen können.

Dasselbe Verhalten wie *Zebrina* (dies gilt auch für die Befunde an Flächenschnitten) zeigten die folgenden von mir untersuchten Pflanzen: *Lilium testaceum*, *Panicum miliaceum*, *Sedum spurium*, *Paeonia officinalis*, *Impatiens fulva*, *Plumbago Lapertae*, *Myagrum perfoliatum*, *Cytisus purpureus*, *Stachys annua*. Es handelt sich also bei *Zebrina* nicht etwa um Zufallsergebnisse.

Selbst wenn ich Blätter unter der Luftpumpe mehrere Stunden lang mit $\frac{n}{2}$ NaCl injizierte, wurde die Stärke in den Schließzellen nicht vermindert, obwohl doch anzunehmen ist, daß sowohl beim Injizieren als auch schon beim bloßen Einlegen der Blätter in Salzlösung NaCl zum mindesten durch die Membranen bis zu den Protoplasten vordringt. Die Aufhebung des Zusammenhanges der Epidermis mit dem übrigen Blattgewebe oder, wie ich kurz gesagt hatte, der Wundreiz dürfte daher auch die Permeabilitätsverhältnisse für Salze weitgehend — und zwar im Sinne einer Erhöhung der Permeabilität — beeinflussen. TRÖNDLE (II, S. 373, 380) findet bei Wurzeln von *Vicia faba* und *Lupinus albus* gerade das Gegenteil, und FITTING (S. 46) lehnt bei *Rhoeo discolor* speziell für Salze jeden Einfluß des Wundreizes ab.

Meine Ergebnisse wurden noch durch folgende Versuche bestätigt:

Ganze Zweige der oben erwähnten Pflanzen wurden in $\frac{n}{5}$ NaCl eingestellt. In höheren Konzentrationen welkten die Pflanzen rasch, doch konnte ich unbesorgt auch mit dieser schwächeren Lösung (sonst nahm ich ja stets $\frac{n}{2}$) arbeiten, da das Salz in der Pflanze ohnehin eingedickt wird. Die Gefäße mit diesen Zweigen, deren Blätter geschlossene Spaltöffnungen mit viel Stärke in den Schließzellen trugen, wurden an mäßig beleuchteter Stelle des Laboratoriums aufgestellt. Nach 16, 24 und 48 Stunden waren die Spalten noch geschlossen, und die Schließzellen zeigten noch denselben hohen Stärkegehalt wie vorher. Um festzustellen, wie weit das Salz in den Zweigen vordringt, machte ich darauf denselben Versuch noch einmal mit $\frac{n}{5}$ KNO$_3$, da dieses Salz mit Hilfe der Diphenylaminprobe sehr leicht in den Zellen nachzuweisen ist. Von diesem Versuch mußte *Zebrina* ausgeschlossen werden, da diese Pflanze, wie ich beobachtet hatte, schon an und für sich reichlich

Nitrat enthält. Bei der Untersuchung der übrigen Pflanzen ergab sich, daß nach 20 Stunden die Blätter überall positive Nitratreaktion lieferten außer in den Schließzellen, die, soweit sich erkennen ließ, farblos blieben. (Leider werden die Gewebe durch die Schwefelsäure, in der das Reagens gelöst werden muß, sehr rasch zerstört.) Das Ergebnis tritt besonders deutlich hervor, wenn man die Schnitte vor der Behandlung mit Diphenylamin mit destilliertem Wasser abspült.

Mit demselben Reagens ist nach VAN RYSSELBERGHE (S. 70) das Eindringen von KNO_3 in gewöhnliche Epidermiszellen von *Rhoeo discolor* festgestellt worden, jedoch nicht an unverletzten Pflanzenteilen, sondern an Flächenschnitten. Nach dem Ergebnis meiner Untersuchungen ist HÖBER (S. 363) im Recht, wenn er den Zweifel ausspricht, „ob es sich nicht um ein Eindringen unter unphysiologischen Bedingungen, bei abnorm erhöhter Durchlässigkeit handelt". Das Ergebnis der Diphenylaminprobe an ganzen Zweigen scheint dem zwar zu widersprechen, doch ist die Beobachtung durch die schnelle Zerstörung der mit dem Reagens behandelten Gewebe so erschwert, daß es noch nicht sicher ist, ob das Salz wirklich bis in die Zellen oder nur bis in die feinsten Endigungen der Nervatur und in die Membranen gelangt war. Wäre die von HÖBER und mir angenommene erhöhte Permeabilität infolge des Wundreizes nicht vorhanden, so bestünde zur Erklärung meiner Befunde an ganzen Blättern und an Zweigen noch die Möglichkeit, daß das Salz zwar bis in die Blätter vordringt, dann aber von gewissen Zellen herausgefangen wird, bevor es zu den Schließzellen gelangt. Anderseits könnte das Schließzellenplasma auch schlechter permeabel sein als das übrige Gewebe; das würde sich aus der selbständigen Funktion der Spaltöffnungen gut erklären lassen.

Daß die Schließzellen ein besonderes Verhalten zeigen können, lehrt auch die von NĚMEC (S. 64) mitgeteilte Beobachtung, daß bei ihnen im Gegensatz zu gewöhnlichen Epidermiszellen bei Verwundung keine traumatrope Umlagerung des Protoplasmas eintritt, selbst wenn sie unmittelbar an die Wunde angrenzen.

Stellte ich Zweige der S. 99 angeführten Pflanzen mit weit geöffneten Spalten, also ohne oder fast ohne Stärke in den Schließzellen, in Salzlösungen ein, so beobachtete ich auch in diesem Falle kein vom normalen Spiel der Spaltöffnungen abweichendes Verhalten: Die Spalten schlossen sich an mäßig beleuchteter Stelle des Zimmers mit derselben Geschwindigkeit und unter Bildung derselben Stärkemenge in den Schließzellen, wie die Spalten anderer Pflanzen, die ich zur Kontrolle in reinem Wasser neben den Versuchspflanzen aufgestellt hatte. Wäre das Salz bis zu den Schließzellen vorgedrungen und wäre deren Plasma für das Salz durchlässig gewesen, so hätte ja der Schluß der Spalten unterbleiben müssen.

Auch bei den Versuchen mit sauer und basisch reagierenden Salzen, wie auch bei denen mit reinen Säuren und Basen konnte ich den fundamentalen Unterschied in der Wirkung auf Schnitte und auf unverletzte Pflanzenteile feststellen; denn wenn ich die Agenzien statt auf Flächenschnitte auf ganze Blätter einwirken ließ, oder wenn ich Zweige in sie einstellte, verschwand die Stärke nicht. Ebensowenig wirkte Injizierung ganzer Blätter mit verdünnten Lösungen dieser Stoffe. Auch regenerierten Zweige mit offenen Stomata und fast stärkefreien Schließzellen die Stärke unter Schluß der Spalten in ganz normaler Weise, wenn ich sie in verdünnte Lösungen sauer oder basisch reagierender Salze oder reiner Säuren und Basen einstellte.

V. Versuche mit Salzpflanzen.

Die Ergebnisse meiner Versuche ließen mich hoffen, der Lösung der von STAHL und ROSENBERG aufgeworfenen Frage nach der Verschlußfähigkeit der Spaltöffnungen bei Halophyten etwas näher zu kommen. STAHL (S. 138) gibt an, daß die Salzpflanzen ihre Spaltöffnungen nicht zu schließen vermögen, ROSENBERG kommt zu dem entgegengesetzten Befund, ebenso RUHLAND für *Statice*.

Wenn das Salz, das diese Pflanzen in großer Menge enthalten, regelmäßig bis zu den Schließzellen vordränge und hier die Stärkebildung aus Zucker verhinderte, so wäre die Möglichkeit gegeben, daß die Spalten auf diese Weise ständig offen gehalten würden, wie Stahl (S. 138) es an seinen Objekten mittels der Kobaltpapiermethode beobachtet hat.

Zunächst prüfte ich auch hier Schnitte, und zwar von folgenden im Garten kultivierten Halophyten: *Atriplex canescens*, *Salsola kali*, *Kochia scoparia*, *Crambe maritima*, *Honckenya peploides* und *Glaux maritima*. Die beiden letztgenannten eigneten sich ihrer schönen, großen Spaltöffnungsapparate wegen am besten zur Beobachtung.

Von allen diesen Pflanzen trug ich Schnitte in $\frac{n}{2}$ NaCl ein, und es zeigte sich, daß auch hier die Schließzellen zum mindesten einen Teil ihrer Stärke verloren und die Spalten sich infolgedessen etwas öffneten. Die osmotischen Werte waren dabei recht verschieden und schwankten zwischen 0,5 und 1,3. Der ursprüngliche Wert betrug im Durchschnitt 0,25 (siehe Tabelle 9).

Es sei noch bemerkt, daß nach meinen Beobachtungen die Schließzellen der Halophyten selbst im Zustande stärkster Turgeszenz — bei geöffneten Spalten — immer noch beträchtliche Mengen von Stärke enthielten, es wird demnach bei ihnen selbst im günstigsten Falle anscheinend nur ein Teil der Stärke in osmotisch wirksame Substanz verwandelt. Ganze Blätter dieser Pflanzen verhielten sich nicht anders

Tabelle 9.   Schnitte von Salzpflanzen in $\frac{n}{2}$ NaCl.

Datum	Zeit	Dauer des Versuchs	Spalte	Stärke	Tropfenbildung	Plasm.	Osm. Wert
			1. Glaux maritima.				
9. 8. 22	4^{30} n.	urspr.	geschloss.	+			0,25 GM
	5^{30} n.	1 Std.	„	+	undeutl.	+	wegen Plasmolyse nicht festzustellen
10. 8. 22	9^{30} v.	17 „	etw. geöff.	schwäch.+	—	—	0,6
			2. Honckenya peploides.				
9. 8. 22	4^{30} n.	urspr.	geschloss.	+			0,2
	6^{00} n.	$1^{1}/_{2}$ Std.	„	+	+	+	s. Glaux 5^{30} nachm.
10. 8. 22	9^{30} v.	17 „	etw. geöff. vereinzelt weit offen	schwäch. +, je nach Spaltweite verschied.	—	—	0,6—1,3, je nach Spaltweite
			3. Crambe maritima.				
10. 8. 22	8^{00} v.	urspr.	geschloss.	+			0,25
	9^{30} v.	$1^{1}/_{2}$ Std.	„	+	nicht zu erkenn.	+	s. Glaux 5^{30} nachm.
11. 8. 22	8^{00} v.	24 „	etw. geöff. $^{1}/_{3}$ der Spalten noch geschloss.	+	dasselbe	—	0,5

als die unverletzten Blätter von Nichthalophyten, d. h. sie behielten beim Einlegen in Salzlösungen ihre gesamte Stärke. Ebensowenig konnte ich eine Abnahme der Stärkemenge beobachten, wenn ich ganze Zweige von Salzpflanzen in Salzlösungen stellte. Daß trotzdem auch hier das Salz bis in die Blätter vordrang, konnte ich wieder an Nitraten mit der Diphenylaminprobe nachweisen, auch daß die Schließzellen sich mit dem Reagens nicht blau färbten. (Bei diesen Versuchen mußte *Atriplex* wegen starken Nitratgehalts ausgeschaltet werden.)

Aus dem Mitgeteilten geht hervor, daß die Halophyten weder durch die natürliche noch durch die hier versuchte künstliche Salzzufuhr gehindert werden, Stärke zu besitzen. Daß sie durch das Einstellen in Salzlösungen nicht beeinflußt wurden, war anzunehmen, da sie ja an eine gewisse Salzmenge gewöhnt sind. Mit der Tatsache, daß an der intakten Pflanze die Stärke in den Schließzellen selbst bei künstlicher Salzzufuhr erhalten bleibt, ist die Vorbedingung des Spaltenschlusses gegeben. Übrigens fand ich auch durch Beobachtung nicht vorbehandelter Blätter, daß die Spalten meiner Salzpflanzen sich unter denselben Bedingungen zu öffnen und zu schließen vermochten wie die anderer Pflanzen.

VI. Entmischungserscheinungen im Plasma der Schließzellen.

Wenn ich Schnitte meiner Hauptversuchspflanze mit Salzlösungen behandelte, so beobachtete ich außer der Stärkelösung auch das Auftreten von Tropfen, die sich als Gerbstoff zu erkennen gaben, in den Schließzellen. Es lag nahe, an eine Beziehung zwischen beiden Erscheinungen zu denken, zumal die Frage nach der osmotisch wirksamen Substanz noch nicht genügend geklärt schien.

CZAPEK (S. 488) spricht die Gerbstoffe als glykosidische Substanzen an, die unter geeigneten Bedingungen Zucker abspalten können. Obwohl er (S. 516—18, 520) große Zurückhaltung bei der Beurteilung der physiologischen Bedeutung der Gerbsäuren empfiehlt, erschien es doch nicht unmöglich, daß der Zerfall von Gerbstoff in den Schließzellen wenigstens gewisser Pflanzen zur Bildung osmotisch wirksamer Substanz mit beitrüge. Auf einen solchen Zusammenhang weist neuerdings SPERLICH (S. 31, 49) hin; er beobachtete sogar in zahlreichen gerbstoffhaltigen Pflanzenteilen, daß Stärke und Gerbstoff einander ausschließen und daß, wenn in derselben Zelle der eine Körper an Menge zunimmt, der andere entsprechend vermindert wird. Bei Schließzellen konnte ich einen solchen Zusammenhang allerdings nicht bemerken. Trotzdem hielt ich es für angezeigt, die Bedingungen, unter denen die Gerbstofftropfen entstehen, und weiterhin das Verhalten der Tropfen gegen chemische und andere Einflüsse einer näheren Prüfung zu unterziehen.

Wurden Schnitte in Salzlösungen gelegt, so sah ich in den Schließzellen nach wenigen Minuten kleine, stark lichtbrechende Tröpfchen sich absondern, die Öltropfen nicht unähnlich waren. Daß sie jedoch fettes Öl nicht enthielten, ergab der negative Ausfall der Probe mit Sudan III. Sie bildeten sich schon in Lösungen, die noch keine Plasmolyse hervorriefen, jedoch nur in lebenden Zellen! Zunächst (nach $1\,^1/_2$—3 Minuten) nur klein und erst dem bereits geübten Auge kenntlich, wurden sie allmählich größer und erreichten nach 12—20 Minuten ihre endgültige Ausbildung. Diese Tropfen bildeten sich unter dem Einfluß des Salzes sowohl in den Schließzellen welkender als auch turgeszenter Blätter, sowohl bei geöffneter als auch bei geschlossener Spalte. Sie entstanden auch in gewöhnlichen Epidermiszellen, fallen aber hier bei weitem nicht so auf wie in den Schließzellen, in denen sie sich von den umgebenden Chromatophoren sehr gut abheben. Sie waren in Schließzellen, die schon beginnende Plasmolyse zeigten, noch deutlich sichtbar; erst bei stärker ausgeprägter Plasmolyse verloren sie ihre scharfen Umrisse und wurden mehr oder weniger unkenntlich. Häufig entstand nur je ein derartiger Tropfen, der dann besonders groß wurde, an den beiden Enden der Schließzellen, oft waren aber auch mehrere (3—10) über die ganze Zelle verteilt.

Da die *Zebrina*-Schließzellen sich schon vor der Behandlung mit Salzlösungen als gerbstoffhaltig erwiesen (die gewöhnlichen Epidermiszellen viel weniger!), und da auch früher schon Gerbstoff in den Schließzellen mancher Pflanzen ermittelt worden ist (HAGEN, S. 279—80), lag von vornherein die Vermutung nahe, daß die Tropfen Abscheidungen von Gerbstoff seien. Unter Gerbstoff verstehe ich die Pflanzensubstanzen, die CZAPEK (S. 487) unter diesem Namen zusammenfaßt.

Zur Identifizierung trug ich zunächst Schnitte, die in Kochsalzlösung gelegen hatten und demzufolge reichlich Tropfen in den Schließzellen enthielten, in einer Art Vorprobe teils in Alkohol, teils in Äther ein, da sich Gerbstofftropfen nach MOLISCH (S. 362) in diesen Stoffen lösen sollen.

Die Alkohollöslichkeit wird neuerdings von SPERLICH (S. 5, 9) bestätigt. Nach einer Viertelstunde waren die Tropfen verschwunden. Ein gültiger Beweis des Gerbstoffgehalts der Tropfen ließ sich mit Kaliumdichromat erbringen. Nach MOLISCHS (S. 176) Vorgang brachte ich die Objekte in eine gesättigte wässerige Lösung dieses Salzes. 24 Stunden später zeigten die Tropfen braunrote Färbung; ihre Umrisse waren noch deutlich sichtbar. Daß keine direkte Fällung auftrat, dürfte an dem oft beobachteten Oxalatgehalt der *Zebrina*-Blätter liegen, denn nach KÜSTENMACHER (S. 82) ist bei oxalathaltigen Objekten statt der Fällung nur eine Verfärbung zu erwarten. Körniges Aussehen, also wohl Fällung, erzielte ich, wenn ich Schnitte mit einigen Tropfen einer kochenden $K_2Cr_2O_7$-Lösung übergoß. Auch durch Einwirkung verdünnter Jodjodkaliumlösung wurden die Tropfen in ganz ähnlicher Weise braun gefärbt. Diese Übereinstimmung im Aussehen der Reaktionsprodukte von $K_2Cr_2O_7$ und Jod stellt auch SPERLICH (S. 8, 9) fest.

Als ein fast ebenso gutes Reagens erwies sich konzentrierte wässerige Ammoniummolybdatlösung, gemischt mit gesättigter wässeriger Ammoniumchloridlösung (TUNMANN, S. 256). Nach 12stündiger Maceration fand ich deutlich graubraune Färbung der Tropfen. Zur Kenntnis der Gerbstoffreaktionen mag es von Interesse sein, daß sich bei Vergleichung des Gerbstoffgehalts von *Zebrina* und *Tradescantia virginica* (diese mit nur sehr geringer Gerbstoffmenge in den Schließzellen) $K_2Cr_2O_7$ als das empfindlichere Reagens erwies.

Die sonst übliche Reaktion mit Eisensalzen führte in meinem Falle zu keinem Ergebnis: sowohl Einlegen in konzentrierte Ferrosulfatlösung als auch 12stündige Maceration mit dem Reagens (TUNMANN, S. 253) ließ keine Bläuung erkennen. Nur die Zellkerne waren auffallend dunkel gefärbt. Bei Verwendung von Eisenchloridlösung und von Tinctura ferri acetici (TUNMANN, S. 253 und SPERLICH, S. 25) war das Ergebnis kein besseres. Wahrscheinlich versagte die Eisenprobe infolge des Oxalatgehalts meiner Versuchspflanze, da nach TUNMANN (l. c.) die zu erwartende Blaufärbung mit Eisensalzen bei Gegenwart von Pflanzensäuren häufig in Grün umschlägt und dadurch undeutlich wird.

Zerdrückt man Schließzellen, die Gerbstofftropfen enthalten, unter dem Präpariermikroskop mit der Spitze eines fein ausgezogenen Glashaares, so verschwinden die Tropfen. Ob ihr Inhalt dabei ausfließt, oder ob er sich dem übrigen Zellinhalte beimischt, konnte ich leider nicht feststellen.

Die Tropfen sind ziemlich wärmebeständig; erst bei einer Erwärmung auf 60—70° werden sie unkenntlich.

Sie entwickelten sich am schönsten in Kochsalzlösung. Verwendete ich Flächenschnitte mit niederem osmotischem Wert in den Schließzellen (0,1 GM NaCl), so genügte schon $\frac{n}{16}$ NaCl, um die Tropfen hervorzubringen, während

Plasmolyse in diesem Fall erst bei $\frac{n}{10}$ NaCl eintrat. Von anorganischen Stoffen fand ich weiterhin folgende wirksam: KCl, NaNO$_3$, KNO$_3$, K$_2$SO$_4$, Na$_2$SO$_4$, FeSO$_4$, MgSO$_4$, Na$_3$PO$_4$, Na$_2$CO$_3$, K$_2$CO$_3$, NaHCO$_3$, Al$_2$(SO$_4$)$_3$, KAl(SO$_4$)$_2$, CaCl$_2$, Ca(NO$_3$)$_2$, BaCl$_2$, SrCl$_2$, HCl, H$_2$SO$_4$, H$_3$PO$_4$, HNO$_3$.
Einlegen in H$_2$O und in NH$_4$OH blieb dagegen ohne Wirkung.

Die Aufstellung zeigt, daß die Tropfenbildung durch alle möglichen Stoffe angeregt wird, unabhängig von deren Reaktion, und daß die Salze der alkalischen Erden und des Magnesiums doch wohl in geringem Maße in die Zelle eindringen. Augenscheinlich genügen Spuren der Salze schon zur Hervorbringung der Entmischung, viel kleinere Mengen als für die Auflösung der Stärke nötig wären.

Dasselbe Ergebnis erzielte ich bei der Prüfung organischer Körper; von diesen erzeugten Tropfen: Kalium-, Natriumacetat, Ammonium-, Kalium-, Natriumtartrat, Kaliumrhodanat, Essigsäure, Glykokoll, Glycerin, Rohrzucker, Traubenzucker, Mannit.

Auch bei Verwendung von Oxal-, Zitronen-, Apfel-, Ameisensäure bemerkte ich eine geringfügige Veränderung des Protoplasmas, die ich aber nicht ohne weiteres der Tropfenbildung gleichsetzen möchte.

Alle diese Stoffe kamen in derartiger Verdünnung zur Anwendung, daß die Zelle nicht geschädigt wurde.

Bei langem Liegen in den betreffenden Agenzien verschwanden die Tropfen wieder, meist nach 12—24 Stunden. In Lösungen sehr schwer permeierender Salze wie CaCl$_2$, MgSO$_4$ usw. blieben sie viele Tage lang erhalten und verschwanden erst, wenn die Zellen abzusterben begannen (siehe Tabelle 3).

In dem leicht eindringenden Glycerin dagegen waren schon nach 4 Stunden keine Tropfen mehr zu sehen, und wenn ich Schnitte, deren Schließzellenplasma durch irgendein Agens zur Tropfenbildung angeregt worden war, in Wasser brachte, konnte ich schon nach 1 Stunde keine Tropfen mehr erkennen. Wurden Schnitte mit Tropfen durch Jod abgetötet und dann in Wasser gelegt, so waren auch in diesem Falle schon nach 10 Minuten keine Tropfen mehr zu unterscheiden.

In stark verdünnten Säuren blieben die Tropfen viele Stunden lang erhalten; dabei war es gleichgültig, welches Agens sie hervorgebracht hatte. Verdünnte Ammoniaklösung dagegen brachte sie innerhalb 5—15 Minuten zum Verschwinden. Daß die Gerbsäuretropfen durch Säuren nicht verändert werden, erscheint verständlich, und die entgegengesetzte Wirkung des Ammoniaks läßt sich wohl so erklären, daß durch Eindringen des Ammoniaks ein Ammoniumsalz der Gerbsäure entsteht und damit die in den Tropfen möglicherweise kolloidal gelöste Gerbsäure in den Zustand einer moleculardispersen Lösung übergeführt wird. Daß Säure und Base wenigstens in anthocyangefüllte, die Spaltöffnungen umgebende Epidermiszellen eingedrungen war, bewies deren Verfärbung: ihr Zellsaft färbte sich auf Zusatz von Säuren rot, auf Zusatz von Ammoniak braun.

Aus meinen Untersuchungen geht hervor, daß die Gerbstofftropfen durch chemische Reize aller Art hervorgerufen werden, daß sie sehr labil sind, und daß ihr Auftreten eine Störung des kolloidchemischen Zustandes des Protoplasmas darstellt, die reversibel ist. Es ist bekannt, daß kolloidale Lösungen auf geringfügige Veränderungen ihrer Umgebung hin leicht Entmischungsvorgänge zeigen. Eine ähnliche Ausfällung von Gerbstoff durch chemische Reizung fand AKERMAN (S. 147) in den Zellen der Tentakelstiele von *Drosera rotundifolia* (neben der schon von DARWIN entdeckten „Aggregation"). Auch hier geschah die Ausscheidung in „kugeligen Massen" (ÅKERMAN, S. 149). Der Verfasser weist ferner darauf hin (ÅKERMAN, S. 170), daß Gerbstoffausfällungen auch in lebenden Zellen anderer gerbstoffhaltiger Objekte unter der Einwirkung verschiedener Chemikalien zustande kommen können (vgl. auch MOLISCH, I, S. 364).

Ein Zusammenhang zwischen der Bildung der Gerbstofftropfen und der Stärkelösung, wie ich ihn S. 103 andeutete, scheint mir aus verschiedenen Gründen wenig wahrscheinlich. Wie die Aufstellung S. 105 zeigt, beobachtete ich Tropfenbildung auch auf Einwirkung von Stoffen hin, die die Enzyme zweifellos nicht zur Stärkelösung anregen. Wenn ferner die Tropfen mit der Regulierung des osmotischen Wertes in Beziehung stünden, müßte man sie doch auch in der nicht vorbehandelten Pflanze gelegentlich erwarten, etwa bei welkenden Blättern, es gelang mir aber nie, die Tropfen ohne vorhergehende Salzbehandlung zu beobachten.

Außer bei meiner Hauptversuchspflanze sah ich auch in den Schließzellen anderer Pflanzen auf Salzeinwirkung hin Tropfen auftreten, z. B. bei *Lilium testaceum, Panicum miliaceum, Allium schoenoprasum, Impatiens fulva, Sedum spurium, Gentiana pannonica, Paeonia officinalis, Honckenya peploides, Aesculus hippocastanum.* In den Schließzellen der Laubbäume ließ sich im allgemeinen die Tropfenbildung nur schwer feststellen, da die Spaltöffnungen klein sind und Faltungen der Cuticula die Beobachtung erschweren. Bei allen oben angeführten Pflanzen erwiesen sich die Tropfen als nicht gerbstoffhaltig, obwohl mitunter die übrigen Teile des Blattes reich an Gerbstoff waren, wie z. B. bei *Paeonia officinalis* und *Sedum spurium.* Da auch die Probe mit Sudan III und Millons Eiweißreagens negativ ausfiel, muß wohl angenommen werden, daß durch den chemischen Reiz des Salzes verschiedenartige Stoffe in den Schließzellen zum Ausfallen kommen, etwa solche, die den von HANSTEEN (S. 12, 13 u. f.) untersuchten Phosphatiden nahestehen, die auch nur in der lebenden Zelle zur Abscheidung kommen (HANSTEEN, S. 95).

Zum exakten Nachweis der Phosphatide hätte es einer Phosphorsäurereaktion bedurft (HANSTEEN, S. 16), doch konnte ich weder mit Ammoniummolybdat noch mit Magnesiagemisch Phosphorsäure in den Schließzellen nachweisen, weil nach TUNMANN (S. 89) und MOLISCH (S. 65) diese Säure in organischer Bindung mit den ebengenannten Reagenzien nur dann nachzuweisen ist, wenn die Objekte vorher verascht werden. Auch HANSTEEN (S. 16) weist die Phosphorsäure nach dem Veraschen der Substanz nach. Ein solches Verfahren wäre hier zwecklos gewesen, da es mir auf den örtlichen Nachweis ankam. Da aber, wie schon erwähnt, in den Tropfen weder fettes Öl noch Eiweiß nachgewiesen werden konnte, scheint ihre Deutung als Abscheidung von Phosphatiden sehr wahrscheinlich, zumal HANSTEEN (S. 87) feststellt, daß solche Phosphatide tatsächlich durch Salzionen zur Abscheidung gebracht werden können. Die Tropfenbildung zeigt auch manche Analogien mit der eigentlichen

Aggregation bei *Drosera*, die neuerdings ÅKERMAN und JANSON näher studiert haben. Die Vorgänge spielen sich hier allerdings an einem Eiweißkörper ab, den JANSON (S. 156) mit MILLONS Reagens in der Vakuole nachgewiesen hat.

B. Versuche mit Saccharophyllen (Allium).

Als Versuchspflanze diente meist *Allium schoenoprasum*. Dieselben Resultate lieferten *Allium Porrum* und *Allium Cepa*. Kultivierte ich die Pflanzen in einem Blumentopf an besonders gut beleuchteter Stelle des Laboratoriums unter feuchter Glocke, so konnte ich bei hellem Sonnenschein osmotische Werte bis zu 1,6 GM NaCl in den Schließzellen feststellen; dabei waren die Spalten weit geöffnet. Frau STEINBERGER (S. 418), die ganz allgemein auch bei Saccharophyllen ein normales Spiel der Spaltöffnungen beobachtete, fand im gleichen Falle Werte von 1,0 und darüber (STEINBERGER, S. 414). Der tiefste Wert bei geschlossenen Spalten (nach 3stündiger Verdunkelung der Pflanze) war etwa 0,3. Legte ich Flächenschnitte mit weit geöffneten Spalten in Wasser, so wurde der osmotische Wert hierdurch in ähnlicher Weise herabgesetzt, wie bei Amylophyllen; es dauerte allerdings nicht wie dort eine Viertel-, sondern mindestens eine halbe Stunde, bis der tiefste Wert von 0,3 erreicht war (Tabelle 10, 1).

Tabelle 10.

1. Einwirkung übermäßiger Wasserzufuhr auf weit geöffnete Spalten von Allium.

Datum	Zeit	Dauer des Versuchs	Spalten	Tropf.-bildung	Plasmolyse	Osm. Wert
3. 9. 22	11^{00} v.	urspr.	weit geöffnet			1,6 GM
	11^{10} v.	10 Min.	geöffnet			1,1
	11^{30} v.	30 „	geschlossen			0,5
	11^{50} v.	50 „	„			0,3

2. Einwirkung von $\frac{n}{2}$ NaCl auf geschlossene Spalten von Allium.

Datum	Zeit	Dauer des Versuchs	Spalten	Tropf.-bildung	Plasmolyse	Osm. Wert
6. 9. 22	8^{00} v.	urspr.	geschlossen			0,25
	12^{00} v.	4 Std.	z. T. etwas geöffnet	—	noch nicht zurückgegangen	
	4^{00} n.	8 „	z. T. geöffnet	—	—	1,5
	8^{00} n.	12 „	„ „ „	—	—	1,6
7. 9. 22	9^{00} v.	25 „	„ „ „	—	—	1,3

Hierbei war aber nie ein Auftreten von Stärke zu beobachten! Übrigens reagierten auch die Schließzellen der *Allium*-Arten nicht in der regelmäßigen Weise wie bei *Zebrina*; nur die Hälfte der Spaltöffnungsapparate zeigte die eben beschriebenen Erscheinungen in ausgeprägter Weise, die andere Hälfte verhielt sich indifferent. An ganzen Blättern schlossen sich beim Einlegen in Wasser die Spalten nur, wenn das Gefäß in schwachem Licht aufgestellt oder verdunkelt wurde. Den

Versuch an Flächenschnitten hat Frau STEINBERGER (S. 414) mit gleichem Ergebnis ausgeführt.

Zu fast derselben Erhöhung des osmotischen Wertes wie an der unter optimalen Bedingungen frei wachsenden Pflanze kam es, wenn ich Flächenschnitte in $\frac{n}{2}$ NaCl eintrug: auch dann erhielt ich Werte von 1,5—1,6 GM NaCl in den Schließzellen, so daß ich bei den Saccharophyllen gleichfalls fast vollkommene Übereinstimmung zwischen dem „natürlichen" optimalen Wert und dem unter Salzeinwirkung zustande gekommenen feststellen konnte (Tabelle 10, 2).

Die gewaltige Steigerung des osmotischen Wertes war bei Saccharophyllen um so auffälliger, als weder HAGEN (S. 270) noch Frau STEINBERGER (S. 414) noch ich selber auch nur die geringsten Spuren von Stärke in den Schließzellen saccharophyller Pflanzen nachweisen konnten.

Es bleibt also die alte Frage nach der osmotisch wirksamen Substanz und besonders nach dem Stoff, aus dem sie durch die Tätigkeit der Enzyme entsteht, der also der Stärke der Amylophyllen entsprechen würde, noch offen. Da HAGEN (S. 270) selbst in den Schließzellen geschlossener Spalten bei *Allium*-Arten Glukose nachgewiesen haben will, versuchte ich, mit den früher benutzten Reagenzien den Zucker aufzufinden. Es war nicht möglich, ein positives Ergebnis zu erzielen; ebensowenig gelang mir — hier stimme ich mit HAGEN überein — der Nachweis von fettem Öl mit Sudan III. Ich versuchte daher nochmals, mit Hilfe der S. 96 angegebenen Methode den Oxalsäurenachweis zu führen, da sich der beobachtete, besonders hohe Druck in den Schließzellen saccharophyller Pflanzen durch das Vorhandensein dieser Säure am besten hätte erklären lassen[1]). Leider war auch hier der Erfolg nicht viel besser; das Protoplasma wurde unter dem Einfluß des Reagens zwar etwas körnig, doch möchte ich dieses Ergebnis nur mit starkem Zweifel als positive Reaktion gelten lassen.

Schließlich tauchte noch die Frage auf, ob etwa der Gerbstoff in den Schließzellen der Saccharophyllen die Rolle der Stärke übernehmen könnte. Ich konnte jedoch bei den untersuchten *Allium*-Arten nicht den geringsten Gerbstoffgehalt der Schließzellen nachweisen, gleichviel ob ich die Zellen vor oder nach Salzeinwirkung untersuchte. Auch reine Säuren und Basen wirkten auf Schnitte in derselben Weise wie bei amylophyllen Pflanzen, d. h. die Spalten blieben geschlossen und der osmotische Wert in den Schließzellen stieg nicht an. Calciumoxalatkristalle kamen hier nicht zur Ausbildung. Versuche mit sauren und basischen Salzen konnte ich bei den *Allium*-Arten nicht mit genügender Genauigkeit vornehmen; bei der trägen Reaktion eines großen Teiles

---

[1]) Siehe auch Fußnote S. 98 (v. MAYENBURG).

der Schließzellen hätte ich zu einer falschen Beurteilung kommen können. Orientierende Versuche machten es immerhin wahrscheinlich, daß auch in diesem Falle Übereinstimmung mit den Ergebnissen bei *Zebrina* herrschte. Durch Einstellen von Blättern in Salzlösungen ließen sich auch die Saccharophyllen nicht beeinflussen; die Schließzellen behielten ihren ursprünglichen niedrigen Wert und die Spalten blieben geschlossen.

In den Schließzellen saccharophyller Pflanzen wird demnach das enzymatische System in derselben Weise und, im großen und ganzen, mit demselben Erfolg durch Wasser und chemische Agenzien beeinflußt wie bei Amylophyllen. Auch bei den Saccharophyllen wirkt der Wundreiz auf die Permeabilität des Protoplasmas in entscheidender Weise verändernd ein. Leider ist es auch mir nicht möglich gewesen, die osmotisch wirksame Substanz in den Schließzellen saccharophyller Pflanzen und die Grundsubstanz, aus der sie entsteht, ausfindig zu machen.

Zusammenfassung.

Durch Einlegen von Schnitten mit offenen Stomata (also stärkefreien Schließzellen) in Wasser wird Spaltenschluß in derselben Weise erzielt, wie er durch Verdunkelung zustande kommt, nämlich durch Bildung von Stärke aus osmotisch wirksamer Substanz. Neben dem Reiz übermäßiger Wasserzufuhr ist die Belichtung nicht ohne Einfluß: in grellem Sonnenlicht und im Dunkeln schließen sich die Spalten schneller als in zertreutem Tageslicht.

Unter Wasser getauchte ganze Blätter reagieren zum Teil anders als Flächenschnitte. Hieraus ist zu entnehmen, daß der Wundreiz den physiologischen Zustand des Protoplasmas der Schließzellen beeinflußt. Weitere Versuche mit unter Wasser verwundeten Blättern bestätigen diese Annahme.

Werden Schnitte mit stärkereichen geschlossenen Spaltöffnungen in Salzlösungen gelegt, so wird die Stärke aufgelöst und die Spalten öffnen sich. In von vornherein stärkefreien Schließzellen, also bei offenen Stomata, unterbleibt die Stärkebildung. Mit der Auflösung ist eine Erhöhung des osmotischen Wertes verbunden. Diese zuerst von Frau STEINBERGER gemachten Beobachtungen werden für folgende Neutralsalze bestätigt:

$NaCl$, KCl, KBr, $KClO_3$, $NaBr$, $NaNO_3$, KNO_3, NH_4Cl, $FeSO_4$, K_2SO_4, Na_2SO_4, K-tartrat, KNa-tartrat.

Der Wundreiz ist auch hier von großer Bedeutung, denn an ganzen Blättern und Zweigen unterbleiben diese Reaktionen. An Schnitten gemachte Beobachtungen können deshalb nur mit Vorsicht auf die Verhältnisse an der unverletzten Pflanze bezogen werden.

In Zucker und Glycerin findet nie Auflösung, sondern eher Vermehrung der Stärke statt.

Der Einfluß des Salzes hat Veränderungen der Permeabilität des Protoplasmas zur Folge: nach Auswaschen der Schnitte mit Wasser erscheint die Stärke *nicht* wieder.

Die Steigerung des osmotischen Wertes beruht wohl darauf, daß die eindringenden Salzionen als „Kofermente" wirken und so die Enzyme zur Überführung der Stärke in osmotisch wirksame Substanz anregen.

Der Grad der Permeationsfähigkeit eines Salzes ist maßgebend für seine Fähigkeit zur Stärkelösung; er wird hauptsächlich von den Kationen bestimmt, doch sind die Anionen nicht ganz ohne Bedeutung, wie der Unterschied zwischen $NaCl$ und Na_2SO_4 zeigt. In Lösungen von Ca-, Ba-, Sr- und Mg-Salzen, die so gut wie nicht zu permeieren vermögen (auf das Eindringen ganz geringer Mengen weist die Tropfenbildung hin!), fand ich daher nicht die geringste Stärkehydrolyse, obwohl diese Salze in vitro die diastatischen Enzyme anregen.

Freie H- und ON-Ionen veranlassen in kleinster Menge Stärkelösung, wobei aber im Gegensatz zur Neutralsalzwirkung der osmotische Wert sich nicht erhöht. Reine Basen und Säuren zeigen die Erscheinung am deutlichsten; in Lösungen saurer und basischer Salze ($KAl[SO_4]_2$, $Al_2[SO_4]_3$, $Na_2B_4O_7$, $NaHCO_3$, Na_3PO_4, Na_2CO_3, K_2CO_3) steigt der osmotische Wert noch etwas an.

Nicht aufgelöst wird die Stärke in Lösungen von Zucker, Glycerin, Äthylenglykol, Alkohol, Harnstoff.

Diese Erscheinungen, wie auch die Tatsache, daß in Neutralsalzlösungen der osmotische Wert zu großer Höhe ansteigt, lassen sich in zweifacher Weise erklären:

1. Aus der Stärke entstehen zwei verschiedene Hydrolyseprodukte: unter dem Einfluß von Neutralsalzen wird Glukose, unter dem aller nicht neutral reagierenden Stoffe Oxalsäure gebildet. Diese wirkt leicht schädigend und damit permeabilitätserhöhend auf das Protoplasma, kann also herausdiffundieren, während die Glukose in der Zelle verbleibt und hier das Mittel zur Erreichung hoher osmotischer Werte darstellt.

2. Das Hydrolyseprodukt ist in beiden Fällen dasselbe, etwa Oxalsäure. Dann könnten die hohen osmotischen Werte in Neutralsalzlösungen dadurch zustande kommen, daß die „verstopfende" Wirkung der Kationen die Säure daran hindert, aus der Zelle herauszudiffundieren, während dies in reinen Säuren und Basen leicht geschehen kann.

Die osmotisch wirksame Substanz kann also Zucker sein; im Gegensatz zu HAGEN konnte ich ihn allerdings nicht mit Bestimmtheit auffinden. Oxalsäure läßt sich leider bisher mikrochemisch überhaupt nicht nachweisen; ich mußte mir daher an dem Wahrscheinlichkeitsbeweis genügen lassen, den die großen Ansammlungen von Oxalatkristallen darstellten, die ich in nicht neutral reagierenden Medien nach Auflösung der Stärke an Schnitten beobachtete.

Salzpflanzen zeigten im Verhalten der Spaltöffnungen nichts wesentlich Abweichendes. Die Schließzellen an Schnitten verlieren in Salzlösungen den größten Teil der Stärke, die Spalten öffnen sich und der osmotische Wert steigt an. Ganze Blätter und eingestellte Zweige behalten dagegen ihren vollen Stärkegehalt. An der unverletzten Pflanze wird daher die Stärke weder durch die natürliche noch durch künstliche Salzzufuhr zum Verschwinden gebracht. Der Spaltöffnungsmechanismus wird also durch die übermäßige Salzmenge im Organismus der Halophyten nicht gestört.

Durch sämtliche geprüfte Salze, Säuren, Basen, auch durch indifferente organische Körper, wie Rohrzucker, Glukose, Glycerin, dagegen nicht durch Wasser und auch nicht durch Welkenlassen werden im Plasma der Schließzellen und der gewöhnlichen Epidermiszellen reversible Entmischungsvorgänge hervorgerufen. Die auftretenden Tropfen ließen sich bei *Zebrina* als Gerbstofftropfen erkennen. Bei anderen Pflanzen gelang mir ihre chemische Identifizierung nicht, und da sie weder Eiweiß- noch Fettreaktionen gaben, könnten sie den von HANSTEEN beschriebenen Phosphatiden nahestehen und durch Störungen in der Kolloidstruktur des Protoplasmas zustande kommen. Zur Stärkelösung erscheinen sie nicht in Beziehung zu stehen, da sie an der nicht behandelten Pflanze nie zu beobachten waren.

Die Schließzellen saccharophyller *Allium*-Arten reagieren auf Salzlösungen gleichfalls durch Erhöhung des osmotischen Wertes und Spaltenöffnung; die Anatonose kommt hier aber nicht durch Auflösung von Stärke zustande. Auch Zucker war nicht mit Sicherheit nachzuweisen. So bleibt die Frage nach dem Stoff, der in den Schließzellen saccharophyller Pflanzen die Rolle der Stärke spielt, noch immer offen. — Nicht neutral reagierende Medien wirken auf den osmotischen Wert in den Schließzellen der Saccharophyllen in derselben Weise ein wie an amylophyllen Pflanzen.

Die vorliegenden Untersuchungen wurden in der Zeit vom April 1922 bis Mai 1923 im botanischen Institut der Universität Jena ausgeführt. Herrn Professor RENNER, der die Anregung zu der Arbeit gab, bin ich für stete Förderung und vielfache Anregung zu wärmstem Dank verpflichtet.

Literatur.

ÅKERMAN: Untersuchungen über die Aggregation in den Tentakeln von *Drosera rotundifolia*. Botan. Notiser 1917. 145—192. — BIEDERMANN: I. Fermentstudien. 1. Mitt. Das Speichelferment. Fermentforschung 1, H. 5, 385 bis 436. 1916. — Ders.: II. Fermentstudien. 2. Mitt. Die Autolyse der Stärke. Ebenda 1, H. 6, 474—501. 1916. — Ders.: III. Das Koferment (Komplement) der Diastasen. Ebenda 4, H. 3, 258—300. 1920. — Ders.: IV. Natur und Entstehung diastatischer Fermente. Münch. med. Wochenschr. Nr. 50, 1429—31.

1920. — Ders.: V. Fermentstudien. 7. Mitt. Die organischen Komponente der Diastasen und das wahre Wesen der „Autolyse" der Stärke. Ebenda 4, H. 4, 359—96. 1921. — CZAPEK: Biochemie der Pflanzen. 2. Aufl. 3. Jena 1921. — DARWIN, F.: Observations on stomata. Philos. transact. of the roy. soc. of London (B) 190. 1898. — ESCHENHAGEN: Über den Einfluß von Lösungen verschiedener Konzentration auf das Wachstum von Schimmelpilzen. Diss. Leipzig 1889. — FITTING: Untersuchungen über die Aufnahme von Salzen in die lebende Zelle. Jahrb. f. wiss. Bot. 56. 1915. — HABERLANDT: Physiologische Pflanzenanatomie. Leipzig 1918. — HAGEN: Zur Physiologie des Spaltöffnungsapparates. Beitr. zu. allgem. Botanik 1. 1916. — HANSTEEN: Zur Biochemie und Physiologie der Grenzschichten lebender Pflanzenzellen. Meldinger fra norges landbrukshiskole 2, H. 1—2. Kristiania 1922. — HECHT: Studien über den Vorgang der Plasmolyse. Cohns Beitr. z. Biol. d. Pflanzen 11. 1912. — HÖBER: Physikalische Chemie der Zelle und der Gewebe. 4. Aufl. 1914. — HOLLE: Untersuchungen über Welken, Vertrocknen und Wiederstraffwerden. Flora. Neue Folge. 8 (108), H. 1—3. 1915. — ILJIN: I. Die Regulierung der Spaltöffnungen im Zusammenhange mit den Veränderungen des osmotischen Drucks. Beih. z. botan. Zentralbl. 32, Abt. 1. 1915. — Ders.: II. Die Wirkung hochkonzentrierter Lösungen auf die Stärkebildung in den Spaltöffnungen der Pflanzen. Jahrb. f. wiss. Botanik 61, H. 4. 1922. — Ders.: III. Über den Einfluß des Welkens der Pflanzen auf die Regulierung der Spaltöffnungen. Ebenda. — Ders.: IV. Wirkung der Kationen von Salzen auf den Zerfall und die Bildung von Stärke in der Pflanze. 1. Mitt. Biochem. Zeitschr. 132. H. 4—6. 1922. — Ders.: V. Synthese und Hydrolyse von Stärke unter dem Einfluß der Anionen von Salzen in Pflanzen. 2. Mitt. Ebenda. — Ders.: VI. Physiologischer Pflanzenschutz gegen schädliche Wirkung von Salzen. 3. Mitt. Ebenda. — JANSON: Studien über die Aggregationserscheinungen in den Tentakeln von *Drosera*. Beih. z. botan. Zentralbl. 37. 1920. — JOST: Vorlesungen über Pflanzenphysiologie. 3. Aufl. 1913. — KAMERLING: On the regulation of the transpiration of *Viscum album* and *Rhipsalis Cassytha*. Koninkl. akad. van wetensch. te Amsterdam. Proc. of the meeting of Friday April 24. 16. 1914. — KÜSTENMACHER: Beitrag zur Kenntnis der Gallenbildung mit Berücksichtigung des Gerbstoffs. Jahrb. f. wiss. Botanik 26. 1894. — LEPESCHKIN: Zur Kenntnis des Mechanismus der photonastischen Variationsbewegungen und der Einwirkung des Beleuchtungswechsels auf die Plasmamembran. Beih. z. botan. Zentralbl. 24 (I), 308. 1909. — LIDFORSS: Über die Wirkungssphäre der Glykose- und Gerbstoffreagenzien. Lunds univ. arsskr. 1892, Sep. — LINSBAUER: I. Beitr. zur Kenntnis der Spaltöffnungsbewegungen. Flora 9. 1917. — Ders.: II. Über die Physiologie der Spaltöffnungen. Naturwissenschaften. H. 8 u. 9. 1918. — v. MAYENBURG, O. H.: Lösungskonzentration und Turgorregulation bei den Schimmelpilzen. Jahrb. f. wiss. Botanik 56, 413. 1901. — MOLISCH: I. Mikrochemie der Pflanze 1913. — Ders.: II. Über den Einfluß der Transpiration auf das Verschwinden der Stärke in den Blättern. Ber. d. dtsch. botan. Ges. 39. 1921. — NEGER: Spaltöffnungsschluß und künstliche Turgorsteigerung. Ber. d. dtsch. botan. Ges. 30. 1912. — Němec: Die Reizleitung und die reizleitenden Strukturen bei den Pflanzen. Jena 1901. — PFEFFER: Pflanzenphysiologie 2. Leipzig 1904. — PRINGSHEIM: Über Lichtwirkung und Chlorophyllfunktion in der Pflanze. Jahrb. f. wiss. Bot. 12. 1879 bis 1881. — RENNER: Über die Berechnung des osmotischen Druckes. Biol. Zentralbl. 32. 1912. — ROSENBERG: Über die Transpiration der Halophyten. Meddel. från Stockholms högskola. No. 168. Öfversigt af k. svenska vet.-akad. förhandl. No. 9. 1897. — RUHLAND: Untersuchungen über die Hautdrüsen der Plumbaginaceen. Jahrb. f. wiss. Botanik 55. 1915. — VAN RYSSELBERGHE: Réaction osmotique des cellules végétales à la concentration du milieu. Bruxelles,

Mars 1899. — Schimper: Über Bildung und Wanderung der Kohlehydrate in den Laubblättern. Botan. Zeit. **43.** 1885. — Schwendener: Über Bau und Mechanik der Spaltöffnungen. Ges. Mitt. 33. Monatsber. d. Berl. Akad. d. Wiss. 1881. 838—67. — Sperlich: Jod, ein brauchbares mikrochemisches Reagens für Gerbstoffe. Sitzungsber. d. Akad. Wien, Mathem.-naturw. Kl., Abt. I **126,** H. 2 u. 3. 1917. — Stahl: Einige Versuche über Transpiration und Assimilation. Botan. Zeit. 1894. — Stange: Beziehungen zwischen Substratkonzentration, Turgor und Wachstum bei einigen phanerogamen Pflanzen. Ebenda 1892. — Steinberger: Über Regulation des osmotischen Wertes in den Schließzellen von Luft- und Wasserspalten. Biol. Zentralbl. **42.** 1922. — Ders. (im Text als Manuskript zitiert): Zur Physiologie und Ökologie der Luft- und Wasserspalten. Diss. Jena 1920. Maschinenschrift. — Tröndle: I. Über den Einfluß des Lichtes auf die Permeabilität der Plasmahaut. Jahrb. f. wiss. Botanik **48.** 1910. — Ders.: II. Über den Einfluß von Verwundungen auf die Permeabilität. Beih. z. botan. Zentralbl. **38,** Abt. II. 1921. — Ursprung u. Blum: Über die Verteilung des osmotischen Wertes in der Pflanze. Ber. d. dtsch. botan. Ges. **34.** 1916. — de Vries: I. Untersuchungen über die mechanischen Ursachen der Zellstreckung. Leipzig 1877. — Ders.: II. Über die Bedeutung der Pflanzensäuren für den Turgor der Zellen. Botan. Zeit. Nr. 52, 847. 1879. — Ders.: III. Über den Anteil der Pflanzensäuren an der Turgorkraft wachsender Organe. Ebenda 1883. 849. — Ders.: IV. Über die Aggregation im Protoplasma von *Drosera rotundifolia.* Ebenda 1886, 1. Opera e periodicis collata **2,** 447.— Weber: I. Zur Physiologie der Spaltöffnungsbewegung. Österr. botan. Zeitschr. 1923. 43—57. — Ders.: II. Enzymatische Regulation der Spaltöffnungsbewegung. Naturwissenschaften 1923.

Nachtrag.

Einige nach Abschluß der vorliegenden Arbeit erschienene Mitteilungen von Iljin beschäftigen sich zum Teil mit denselben Fragen, denen meine Untersuchungen gewidmet sind. Die beiden ersten dieser Abhandlungen (Iljin II und III des Literaturverzeichnisses) habe ich noch experimentell an *Zerbrina* nachprüfen können. Ihr Inhalt ist kurz folgender: In den Schließzellen sind nach Iljins Meinung zwei Arten von Enzymen tätig: ein synthetisierendes, das die Stärkebildung anregt, und ein hydrolysierendes, das Auflösung der Stärke bewirkt. Durch jede Art von Entwässerung, mag sie nun durch Wasserabgabe beim Welken oder durch Wasserentziehung unter dem Einfluß von Salz- oder Zuckerlösungen zustande kommen, wird nach Iljin II, S. 699—70, III, S. 679, 687 zunächst die Tätigkeit des synthetisierenden Enzyms eingeleitet; geht aber die Entwässerung über ein gewisses Maß hinaus, z. B. bei starkem Welken und in konzentrierten Salzlösungen, so gewinnt allmählich das hydrolysierende Enzym die Oberhand und das synthetisierende, weniger beständige, geht zugrunde (Iljin II, S. 699—70, 704, 711; III, S. 686).

Dieser Theorie dient als Grundlage die Beobachtung Iljins (II, S. 699 bis 700), daß in schwachen Lösungen erst Stärkebildung, dann Verschwinden der Stärke erfolgt, und daß in sehr starken Lösungen (auch von Zucker!) überhaupt keine Stärke auftritt (Iljin II, S. 703, 706). Hieraus schließt Iljin (II, S. 706), daß das synthetisierende Ferment um so schneller vernichtet wird, je konzentrierter die Lösung ist. Waren die Objekte der Einwirkung starker Lösungen nicht zu lange ausgesetzt, so beobachtete Iljin (II, 704, 705, 707) das Wiederauftreten von Stärke, wenn sie in Wasser übertragen wurden, und ebenso, wenn gewelkten Blättern wieder Wasser zur Verfügung gestellt wurde (III, S. 684, 687). Auch in diesem Fall durfte die Entwässerung durch Welken nicht zu lange angedauert haben, da nach ILJIN (III, S. 672) bei stärkerem Welken der größte Teil der Stomata abstirbt.

Daß bei *Zebrina* nach dem Auswaschen des Salzes die Stärke nicht regeneriert wird, teilte ich S. 89 meiner Arbeit mit. Im Gegensatz zu ILJIN fand ich auch bei der Nachprüfung mit Rohrzuckerlösung, daß selbst in hochkonzentrierten Zuckerlösungen niemals Auflösung der Stärke, sondern stets Synthese erfolgte. In der Feststellung der hydrolytischen Einwirkung höherer Salzkonzentrationen stimme ich mit ILJIN überein, führe sie aber nicht auf die durch das Salz bewirkte Wasserentziehung zurück, auf die ILJIN zunächst besonderen Wert legt, sondern auf die anregende Wirkung eindringender Ionen. Dieselbe Ansicht spricht dann im Verlauf weiterer Untersuchungen auch ILJIN (V, S. 520, 525) aus: An dieser Stelle zieht er nämlich auch die Möglichkeit in Betracht, daß neben der wasserentziehenden Wirkung der Salze auch die spezifischen Eigenschaften der Ionen in Frage kommen und daß die Salze das in den Zellen enthaltene „Proferment" aktivieren könnten. Käme es nur auf die Wasserentziehung an, so müßten ja auch die Erdalkalisalze in derselben Weise wirken wie Leichtmetallsalze.

In seiner neuesten Mitteilung geht ILJIN zur Untersuchung zweiwertiger Ionen über. Er erwähnt zwar (IV, S. 499), daß zwischen den Verbindungen ein- und zweiwertiger Metalle ein großer Unterschied besteht, findet aber dann im Gegensatz zu mir, daß sich im Hinblick auf das Stärkelösungsvermögen alle untersuchten Salze ($CaCl_2$, $BaCl_2$, $MgCl_2$, $SrCl_2$, $BeCl_2$) immerhin noch als aktiv erwiesen, obwohl auch er sie bedeutend weniger wirksam fand als die Salze einwertiger Ionen. Dabei sollen durch Einwirkung zweiwertiger Ionen osmotisch unwirksame Stoffe gebildet werden, die also nicht zur Spaltenöffnung führen; nur bei $BaCl_2$ und besonders stark bei dem (von mir nicht geprüften) $BeCl_2$ beobachtete der Autor Öffnung der Spalten wie bei den Salzen der einwertigen Metalle.

Auch die Wirkung der Anionen zieht ILJIN in den Kreis seiner Untersuchungen. Er beobachtet wie ich, daß z. B. Chloride einen stärkeren Anstoß zur Hydrolyse der Stärke abgeben als Sulfate (V, S. 515—16), ohne aber zu berücksichtigen, daß die Sulfate schwerer eindringen könnten als die Chloride. Auch bemerkt er in Acetat- und Citratlösungen Auflösung der Stärke, setzt jedoch im Gegensatz zu mir die auflösende Kraft dieser Anionen ohne weiteres in Parallele mit der der einwertigen Metallionen und läßt die Möglichkeit unerwähnt, daß diese nicht neutral reagierenden Salze andere Hydrolyseprodukte liefern könnten als die Neutralsalze. Den Einfluß der Reaktion zieht ILJIN hier überhaupt nicht in Betracht.

Der Einfluß der Ionen auf die Zellfermente kommt nach ILJIN (V, S. 517) dadurch zustande, daß sowohl anorganische Salze als auch Zucker reichlich in das Protoplasma eindringen; er ist sogar der Ansicht (ILJIN IV, S. 506; V, S. 517—18), daß die durch Zucker verursachte Stärkebildung auf Kosten des Zuckers erfolgt. Bei JOST (S. 144) ist dieselbe Anschauung ausgesprochen, allerdings mit Bezug auf gewöhnliche Parenchymzellen. Die Untersuchungen FITTINGS, aus denen man das Gegenteil schließen könnte, scheinen ILJIN nicht zugänglich gewesen zu sein.

Zuletzt prüft der Autor das Verhalten von Schließzellen in kombinierten Lösungen nach. Er beobachtet, wenn man z. B. einer NaCl-Lösung HCl oder NaOH zusetzt, Stärkelösung ohne Erhöhung des osmotischen Wertes. Das entspricht durchaus meinen Beobachtungen mit sauren und basischen Agenzien.

Bei Kombinationen von NaCl mit $CaCl_2$, $SrCl_2$ und $MgCl_2$ stellt ILJIN (VI, S. 536) eine „Schutzwirkung" besonders von $CaCl_2$ und $SrCl_2$ gegenüber dem stärkelösenden Einfluß von NaCl fest, die sich nach FITTINGS und meinen

Untersuchungen ohne weiteres aus der dichtenden Wirkung der Ca- und Sr-Ionen erklären läßt. ILJIN zieht diese Folgerung nicht, da er auch die Erdalkalisalze für leicht permeierend hält. Er beobachtet aber gleichfalls (IV, S. 500; VI, S. 540), daß in Calciumsalzlösungen die Zellen dauernd plasmolysiert bleiben, ohne vorerst an die Lösung dieses Widerspruchs heranzugehen.

Die Frage nach den ökologischen Beziehungen hat ILJIN (VI, S. 527) für seine Beobachtungen gleichfalls schon zu beantworten gesucht. Er weist z. B. nach, daß Halophyten widerstandsfähiger gegen Salze sind als andere Pflanzen, da sich ihre Spalten nur in den höchsten Salzkonzentrationen öffnen. Dabei ist er in viel besserer Lage als ich, weil ihm typische Halophyten zur Verfügung standen. Es erscheint wohl möglich, daß die erhöhte Widerstandsfähigkeit der Salzpflanzen durch gesteigerte Zufuhr von „Schutzstoffen" zustande kommt, wie sie oben erwähnt wurden. Wenn schon Schnitte von Halophyten sich anders verhalten als die gewöhnlicher Pflanzen, ist die Möglichkeit einer Regulation an der unverletzten Salzpflanze um so eher gegeben. Meine Versuche an Salzpflanzen, die auch in hochkonzentrierten Lösungen nur eine teilweise Hydrolyse der Stärke erkennen ließen, bestätigen ILJINS Befunde. Wenn der Autor gelegentlich darauf hinweist, daß er bei manchen Arten die Stärke überhaupt nicht verschwinden sah, so ist daran zu denken, daß in dem von mir benutzten Gartenmaterial keine extremen Halophyten vorlagen.

Im allgemeinen bestätigen die Ergebnisse der beiden Arbeiten einander vollkommen. Die Beobachtungen, bei denen ich mich nicht in Übereinstimmung mit ILJIN befinde, sind kurz folgende:

1. Durch Auswaschen des Salzes mit Wasser wurde die Stärke nicht regeneriert.

2. Zucker bewirkte auch in hochkonzentrierten Lösungen keine Hydrolyse der Stärke.

3. Auch Erdalkalisalze waren in allen Fällen ohne Einfluß auf die Stärkelösung.

4. Zucker und Erdalkalisalze drangen nicht in erheblicher Menge in die Zelle ein.

Zum Schluß sei noch darauf hingewiesen, daß ich an unverletzten Pflanzenteilen durch chemische Agenzien keine Beeinflussung der Zellfermente erzielte. Ich kann mich daher ILJINS stillschweigender Annahme, daß die an Flächenschnitten gewonnenen Ergebnisse auch für die lebende Pflanze ihre volle Geltung behalten, nicht ohne weiteres anschließen.

Eine soeben erschienene Arbeit von WEBER (I, S. 43, 53—56) beschäftigt sich zum Teil ebenfalls mit dem Einfluß von Salzen auf die Spaltöffnungsbewegung. Die Versuche sind zunächst mehr orientierender Natur, lassen aber im Experimentellen volle Übereinstimmung mit meinen Befunden erkennen. K- und Na-Ionen bewirken nach WEBER (I, S. 56) Spaltenöffnung und Hydrolyse der Stärke; Ca-Ionen dagegen führen Spaltenschluß herbei und verursachen keine Stärkelösung.

In einem Sammelreferat kommt der Verfasser (WEBER II, S. 312) dann noch einmal auf seine Befunde zu sprechen und gibt ferner einen historischen Überblick über den Stand der Frage. Dabei sind auch ILJINS neueste Arbeiten schon berücksichtigt.

———

ÜBER DIE VERTEILUNG DER GEOTROPISCHEN
EMPFINDLICHKEIT IN NEGATIV GEOTROPEN
PFLANZENORGANEN.

Von

WALTHER HERZOG.

(Aus dem Pflanzenphysiologischen Institut der Universität Berlin).

Mit 1 Textabbildung.

(Eingegangen am 4. November 1924.)

I. Historisches.

Die Erforschung der Verteilung der geotropischen Empfindlichkeit
in den Organen der Pflanzen bedarf noch in vielen Punkten der Ergänzung. Die ersten Untersuchungen über diese Frage liegen schon über
fünfzig Jahre zurück. Sie sollten vor allem eine prinzipielle Entscheidung
darüber bringen, ob es eine lokalisierte Empfindlichkeit in Pflanzenorganen gäbe, oder ob in diesen jedes Empfindungsvermögen gleichmäßig diffus verteilt wäre.

Den Anfang machte mit zwei grundlegenden Versuchen CIESIELSKI (1871).
Dieser Forscher hatte von normal entwickelten Wurzeln die Spitzen in einer
Länge von 0,5 mm abgeschnitten und die Wurzelstümpfe dann horizontal gelegt.
Die auf diese Weise dekapitierten Wurzeln wuchsen zwar weiter, waren aber
nicht imstande, sich geotropisch abwärts zu krümmen. Bei einem zweiten
Versuch wurden die Wurzeln erst einige Zeit horizontal gelegt, und dann erst
dekapitiert. In diesem Fall kam es zu Abwärtskrümmungen. Daraus konnte
man schließen, daß die Spitze der Sitz der Empfindlichkeit sei.

Von späteren Autoren beschäftigte sich zunächst SACHS mit den Versuchen
CIESIELSKIs (1873). Er fand an dekapitierten Wurzeln, die horizontal lagen,
unregelmäßige Krümmungen und glaubte zu bemerken, daß sie hauptsächlich
im Sinne der Schwerkraft erfolgten. Ferner sagt er: „Da das Wachstum der
hinter dem Schnitt liegenden Zonen nicht beeinträchtigt ist, und da die geotropische Krümmung durch den Einfluß der Schwere auf alle hinter dem Schnitt
liegenden wachsenden Querzonen hervorgerufen wird, so ist auch nicht einzusehen, durch welchen geheimen Einfluß die Wegnahme des Vegetationspunktes
einen Vorgang hindern sollte, der gar nicht in ihm, sondern in älteren Querzonen
des Gewebes stattfindet.“

Bald darauf stellte aber CH. DARWIN (1880) für den Thigmotropismus der
Wurzel fest, daß eine Beeinflussung der Wachstumszone durch die Spitze möglich
sei. Seine Versuche ergaben erstens eine erhöhte Empfindlichkeit der Spitzen
gegen Berührung, zweitens, daß eine Reizleitung von der Spitze nach der wachsenden Zone besteht. DARWIN gibt als Länge des empfindlichen Spitzenstücks
1—1,5 mm an, als Länge der Bewegungszone 6—12 mm. Auf Grund dieser

Ergebnisse kommt er auf CIESIELSKIS Versuche zurück. Wenn die Spitze derjenige Teil ist, der von der Schwerkraft beeinflußt wird, so muß, wenn sie entfernt wird wie bei CIESIELSKIS erstem Versuch, notwendigerweise die geotropische Abwärtskrümmung unterbleiben. Anderseits muß es jedoch im zweiten Versuche CIESIELSKIS zu einer Krümmung kommen, da die Dekapitierung erst einige Zeit nach dem Horizontallegen erfolgt, der Reiz also Zeit hat, sich von der Spitze an abwärts in den Stumpf fortzupflanzen. Beide Versuche wiederholte DARWIN mit dem gleichen Ergebnis. Der Ausfall all dieser Versuche brachte ihn zu der Annahme einer „Gehirnfunktion der Wurzelspitze", die den Anlaß zu weiteren zahlreichen Studien auf diesem Gebiete gab.

Soweit dabei der Geotropismus in Frage kam, erfuhr der strittige Punkt erneut eine experimentelle Bearbeitung durch CZAPEK (1900). Mittels seiner Käppchenversuche gelang es ihm, die von DARWIN angegebene ausschließliche Empfindlichkeit der Wurzelspitze zu bestätigen. Die Methode bestand darin, daß die Wurzelspitze durch Einführen in rechtwinkelig gebogene Glasröhrchen um 90° aus der Längsrichtung des Organs abgelenkt wurde. Sah dann bei der geotropischen Reizung die Spitze abwärts und lag die übrige Wurzel horizontal, so unterblieb die geotropische Krümmung. Lag aber die Spitze horizontal und stand die übrige Wurzel vertikal, so führte die Wachstumszone eine Krümmung aus, durch welche die Wurzelspitze vertikal nach abwärts in ihre normale Gleichgewichtslage gebracht wurde. Die Deutung dieser Versuche ist nicht zweifelhaft: Die Spitze ist das empfindende Organ für den Schwerkraftreiz. CZAPEK schätzt die Länge der empfindlichen Zone auf etwa 1,5 mm vom Vegetationspunkt an (ohne Haube). CZAPEKs Versuch fand indessen bei mehrfacher Wiederholung durch spätere Autoren keine volle Bestätigung. Die Wurzelspitze war übrigens nicht das einzige Organ, dem man schon vor längerer Zeit lokalisierte Empfindichkeit zuschrieb. Zunächst studierte man die Verteilung der photo- und geotropischen Empfindlichkeit in der Coleoptile der Gräser.

DARWIN berichtet in seinem Buch über das „Bewegungsvermögen der Pflanzen" über die Beobachtung, daß die Coleoptilen von Gramineen, deren Spitzen 0,14, 0,12, 0,1 und 0,07 Zoll weit abgeschnitten waren, sich zwar nicht mehr heliotropisch, wohl aber noch geotropisch krümmten (1880).

Dies konnte ROTHERT (1894) bestätigen. Er fand ferner, daß die geotropische Krümmung der Coleoptile stets an der Spitze ihren Anfang nimmt, obwohl die Hauptwachstumszone wesentlich tiefer liegt, was beweise, daß die Spitze stärker gereizt werde als der übrige Teil, und meinte, „daß im Cotyledon der Gramineen eine kurze Gipfelregion sich durch besonders starke geotropische Empfindlichkeit auszeichnet, daß also hier die geotropische Empfindlichkeit in derselben Weise ungleichmäßig ist wie die heliotropische Empfindlichkeit."

Auch CZAPEK (98) und NEMEC (01) kamen auf Grund einiger weiterer Versuche zu demselben Schluß.

FR. DARWIN (1899) ersann dann eine neue Versuchsmethode. Seine Versuche machte er mit *Phalaris*, *Setaria* und *Sorghum*. Bei den zwei letztgenannten sitzt wie bei allen Paniceen die Coleoptile einem längeren Internodium, dem Epicotyl, auf, das als hauptsächliches Bewegungsorgan für tropistische Krümmungen dient. Um nun eine Entscheidung darüber herbeizuführen, ob die geotropische Empfindlichkeit ihren Sitz im Epicotyl oder in der Coleoptile hat, wäre es nach DARWIN nur nötig, diese dauernd horizontal zu halten. Findet die Perzeption in der Coleoptile statt, so müßte sich das Epicotyl stetig weiterkrümmen, solange es noch wachstumsfähig ist. DARWINS Annahme fand durch seine Versuche volle Bestätigung: Die Epicotyle krümmten sich spiralig ein.

Von MASSART (1902) sind ähnliche Versuche angestellt worden mit dem Ergebnis, daß Keimlinge von *Secale* und *Avena*, an der Coleoptilenspitze horizontal fixiert, mit dem basalen Teile bedeutende Überkrümmungen ausführten, die aber nicht fortdauerten, sondern schließlich zum Stillstand kamen. Massart zog daraus den Schluß, daß zwar die größte Empfindlichkeit in der Spitze herrsche, daß aber auch die basalen Teile empfindlich wären und dadurch das Fortschreiten der Überkrümmung verhindert würde. Massarts Versuche mit *Panicum miliaceum* ergaben, wie bei den Versuchen F. Darwins, korkenzieherförmige Windungen im Epicotyl, machten also die alleinige Empfindlichkeit der Coleoptile sehr wahrscheinlich.

Gegen alle bisher geschilderten Versuche, die zur Ermittlung einer eventuellen Lokalisierung der geotropischen Sensibilität angestellt wurden, sind Bedenken erhoben worden. Die Unsicherheit der Beweismethoden lag unter anderem darin, daß man bisher keine Möglichkeit kannte, um ein Organ antagonistisch geotropisch zu reizen, eine Methode, die schon längst und mit viel Erfolg beim Phototropismus angewendet worden war. Solch einen Apparat für antagonistische geotropische Reizung konstruierte Piccard (04). Seine Methode beruht darauf, das Pflanzenorgan in schräger Lage rasch um die horizontale Achse rotieren zu lassen, wobei die verlängert gedachte Rotationsachse durch einen bestimmten Punkt des Organs geht. Da dann die Organteile auf verschiedenen Seiten der Achse liegen, werden sie entgegengesetzt gereizt, und es muß die Krümmung im Sinne der Seite erfolgen, bei der die größere geotropische Erregung hervorgerufen wird. Die Höhe derselben wird einerseits durch die Empfindlichkeit anderseits durch die Reizgröße bestimmt. Je größer die Entfernung eines Teiles des Organs von der Rotationsachse ist, desto größere Fliehkräfte wirken auf ihn ein, desto stärker ist also die Reizintensität. Eine höhere Empfindlichkeit der einen Seite wird man nur dann folgern können, wenn eine Krümmung in ihrem Sinne eintritt, obwohl ihr Abstand von der Rotationsachse geringer oder höchstens gleich groß ist wie der des anderen entgegengesetzt gereizten Organteiles. Leider ist es nicht möglich, mit Hilfe der Piccardschen Methode einen genauen Aufschluß über die Länge der empfindlichen Zone zu gewinnen. Sie gestattet nur einen Einblick in das Empfindlichkeitsverhältnis der antagonistisch gereizten Organteile. Will man die Länge der sensiblen Zone erfahren, so ist man auf die Dekapitierungsversuche angewiesen, deren Beweiskraft zwar eine beschränkte ist, die aber doch bis zu einem gewissen Grade verwertbare Aufschlüsse geben.

Da Piccards eigene Versuche in mehrfacher Hinsicht mangelhaft waren, benutzte Haberlandt (08) dessen Methode, um eine erneute Prüfung der Empfindlichkeit in der Wurzelspitze vorzunehmen. Als Versuchsobjekte dienten die Keimwurzeln von *Vicia Faba*, *Lupinus albus* und *Phaseolus multiflorus*. Ragen bei diesen Wurzeln 1,5 bzw. 2 mm unter einem Winkel von 45 Grad über die horizontale Rotationsachse, so erfolgt die Krümmung von dieser weg, d. h. im Sinne der

Spitze. Somit kommt der 1,5 bis 2 mm langen Wurzelspitze eine so
starke Empfindlichkeit zu, daß sie die durch viel größere Fliehkräfte
bewirkte Reizung der Wachstumszone überwindet. Ist dagegen der
überragende Teil nur 1 mm lang, so krümmt sich die Wurzel zur Achse,
im Sinne des Wurzelkörpers. Der erste Versuch beweist die basipetale
Reizleitung von einer höchstempfindlichen Spitzenzone aus, der zweite,
daß auch der Wachstumszone eine Empfindlichkeit zukommt, die aber
an Größe der Spitzenempfindlichkeit weit nachsteht und diese erst
überwindet, wenn sich das Verhältnis der Zentrifugalkräfte, welche auf
Spitze und Körper einwirken, in hohem Maße zum Vorteil des letzteren
geändert hat.

Der Nachweis, daß der Wachstumszone wirklich eine geotropische
Empfindlichkeit zukommt, wurde von HABERLANDT auch durch Rotationsversuche mit dekapitierten Keimwurzeln erbracht, wie sie früher
schon WIESNER (1884) ausgeführt hatte. Um die vertikale Achse rotierende ($F = 12 - 42\,g$) Wurzeln, denen 1,5—2 mm abgeschnitten
waren, zeigten zum Teil sehr starke Krümmung nach außen. Der Krümmungswinkel betrug bis zu 60 Grad. Mit den Befunden der Rotationsversuche stimmt die Verteilung der Statolithenstärke überein. HABER-
LANDT schreibt darüber: „Der größeren geotropischen Empfindlichkeit
der Wurzelspitze entspricht der vollkommenere Statolithenapparat der
Haube. Die geringe Empfindlichkeit der Wachstumszone hat im Peri-
blem derselben ihren Sitz, das zahlreiche Stärkekörner enthält.“

Von JOST (1912) wurden ebenfalls Wurzeln mittels der Piccardschen
Methode untersucht. Zwar konnte er HABERLANDTs Angaben, betreffend
die Empfindlichkeitsverteilung bestätigen, aber er legt sie anders aus.
Nach seiner Ansicht liegt die maximale geotropische Empfindlichkeit
im Transversalmeristem, die geringere in der Wachstumszone. Da nun
das Meristem bei den meisten Wurzeln sehr stärkearm ist (bei der Lupine
fehlt sie vollkommen), so würde JOSTs Annahme der Statolithentheorie
widersprechen. Resektionsversuche desselben Autors (Dekapitierung,
Längsschnitte in die Spitze, Quereinschnitte hinter der Spitze und Ein-
stiche mit Hohlnadeln an verschiedenen Stellen) ergaben, daß der völlige
Verlust der Spitze durch einen Querschnitt im Meristem oder hinter
diesem eine geotropische Reaktion viel länger unmöglich macht als alle
anderen Operationen.

Zur Prüfung der Empfindlichkeitsverteilung in Coleoptilen wurde
die neue Methode zuerst von FR. DARWIN (1908) verwendet. Er experimentierte mit Keimlingen von *Sorghum*, die bei einer Fliehkraft von
0,8—1,8 g für die Spitze unter einem Winkel von 45 Grad rotierten,
wobei die Grenze von Coleoptile und Epicotyl in die Rotationsachse
eingestellt war. In allen Versuchen trat die Krümmung im Sinne der
Coleoptile ein, das Epicotyl, das länger als die Coleoptile war, krümmte

sich also auf einen zugeleiteten Reiz so, als ob es keine eigene geotropische Empfindlichkeit hätte.

Da DARWIN aber erstens nur ein Objekt untersucht hatte, zweitens für dieses nichts über die Verteilung der Sensibilität in der Coleoptile aussagte, so war eine entsprechende Untersuchung von Coleoptilen auf breiterer Grundlage notwendig. Diese wurde von GUTTENBERG (1911) ausgeführt. Es fand sich, daß bei *Avena*, *Hordeum* und *Phalaris* eine kurze Spitzenzone viel empfindlicher ist als die unteren Teile der Coleoptile, die aber auch geotropisch zu empfinden vermögen. Die in Frage kommende Strecke ist bei *Avena* etwa 3 mm, bei *Hordeum* und *Phalaris* 4—5 mm lang. Von Paniceen wurden *Sorghum* und *Setaria* untersucht. Bei *Sorghum* überwiegt innerhalb der Coleoptile die Empfindlichkeit im oberen Teile, während bei *Setaria* die Verteilung ungefähr gleich ist. Das Epicotyl ist nicht oder nur schwach geotropisch empfindlich. Wohl aber führt es auf zugeleiteten Reiz die Krümmung aus. Daß in Coleoptilen auch eine akropetale Reizleitung bestehen muß, schließt von GUTTENBERG aus dem Verlauf der Krümmungen und dem gelegentlichen Auftreten S-förmiger Krümmungen, die bezeigen, daß die beiden entgegengesetzt gereizten Teile unter Umständen getrennt reagieren können.

Der Verteilung der Empfindlichkeit entspricht die Verteilung der Statolithenstärke. Solche tritt vorwiegend in den Zellen der äußersten Spitze auf. Wir finden also bewegliche Stärke hier wie bei den Wurzeln in einer apicalen, fast ausgewachsenen Partie, die Wachstumszone der Coleoptilen liegt außerhalb der Zone größter Empfindlichkeit. Das macht, wie schon GUTTENBERG (1920) ausführte, die Annahme JOSTS, daß der Sitz der Empfindlichkeit bei der Wurzel im Transversalmeristem liegt, sehr unwahrscheinlich.

Die Untersuchungen v. GUTTENBERGS, besonders die beobachteten S-förmigen Krümmungen veranlaßten 1913 DEWERS zu einer nochmaligen Bearbeitung der Frage. Er fand, daß immer dann, wenn 4 bis 4,5 mm der Coleoptilen von *Hordeum* über die Achse ragen, S-förmige Krümmungen resultieren. Aus dem gleichmäßigen Rückgang der beiden Teilkrümmungen schließt er, daß keine der beiden entgegengesetzt gereizten Zonen der anderen an Erregungsgröße nachgestanden hat, daß also die 4,5 mm lange Spitzenzone ebenso stark gereizt wird wie der basale Körper. Da aber die Spitzenzone kürzer ist als der Körper, demnach geringeren Fliehkräften unterworfen ist als der basale Teil, so ist sie empfindlicher als dieser.

Für *Hordeum* und *Setaria* konnten GUTTENBERGS Angaben bestätigt werden. Für *Panicum miliaceum* fand DEWERS eine ähnliche Verteilung wie bei *Hordeum* und *Setaria*.

Zum Schluß seien noch die Untersuchungen TRÖNDLES (1913) genannt, der aus dem Verlauf der geotropischen Reaktion auf die Verteilung der geotropischen Empfindlichkeit schloß.

Coleoptilen von *Avena* und *Hordeum*, sowie Epicotyle von *Phaseolus multiflorus* wurden durch Tuschemarken in Zonen von 2 mm Länge eingeteilt. Die geotropische Aufrichtung der horizontal exponierten Pflanzen wurde dann in bestimmten Zeitabständen gezeichnet und zwar als gebrochene Linie. Gemessen wurde der Winkel, den eine Zone mit der Verlängerung der nächst unteren Zone bildete. Die Versuche ergaben, daß die Präsentationszeit und Reaktionszeit mit der Entfernung von der Spitze proportional gehen, daß demzufolge die geotropische Sensibilität umgekehrt proportional ist der Entfernung von der Spitze. Durch Berechnung läßt sich feststellen, daß in 22 mm langen Coleoptilen von *Avena* eine 3 mm lange Spitzenregion ebenso empfindlich ist, wie der ganze übrige empfindliche basale Teil. Die mittlere Empfindlichkeit der Spitzenzone ist hier nach den Berechnungen von TRÖNDLE und GUTTENBERG sechsmal so groß wie die der Basis.

II. Arbeitsplan und Methodik.

Über die Verteilung der geotropischen Empfindlichkeit in Stengelorganen liegen genauere Angaben nicht vor. Um diese Lücke auszufüllen, stellte mir Herr Professor v. GUTTENBERG die Aufgabe, entsprechende Untersuchungen an verschiedenartigen Sprossen unter Benutzung der Piccardschen Methode auszuführen. Mittels dieser Methode war von Stengelorganen bisher nur ein Keimstengel, der von *Helianthus annuus* von DEWERS untersucht worden. Das Hypocotyl der Sonnenblume antwortete in den meisten Fällen mit einer getrennten Reaktion der beiden antagonistisch gereizten Organteile.

Zunächst also galt es, die Frage zu untersuchen, wie sich andere Keimstengel bei antagonistischer Reizung verhalten, ob sie analog dem Helianthus-Hypocotyl reagieren oder ob die bei diesem Objekte erzielten Resultate eine Ausnahme bilden und andere Objekte in der Art der Empfindlichkeitsverteilung eine Übereinstimmung mit den Coleoptilen der Gräser erkennen lassen. Weiter wären Laubsprosse, Blütenstiele und Infloreszenzachsen zu untersuchen gewesen. Da diese aber meist sehr träge reagieren, und die Ausmaße des Rotationsapparates nur die Verwendung kleiner Objekte gestatten, mußte ich mich schließlich auf die Infloreszenzachse von *Bellis perennis* beschränken. Über diese Untersuchungen hinaus war es von Interesse, der Empfindlichkeitsverteilung bei einigen auf ihren Geotropismus wenig oder gar nicht geprüften Organen nachzuforschen. Zur Untersuchung gelangten demnach das Keimblatt von *Allium cepa* und der Blattstiel von *Podophyllum peltatum*.

In Kürze sei hier das Wichtigste der Versuchsmethodik für die Keimstengel mitgeteilt, die für alle Versuchsgruppen die gleiche war.

Die Anzucht der Keimlinge geschah in der Weise, daß die Samen bis zum Austritt des Würzelchens auf feuchtem Fließpapier keimten und dann in Erde eingesetzt wurden. Wenn die Keimstengel sich aus der Erde erhoben, kamen die Kulturen in einem hellen Versuchsraum auf eine große horizontale Scheibe des Klinostaten, um sie der einseitigen Einwirkung des Lichtes zu entziehen. Von *Brassica* benutzte ich für die Rotationsversuche die nicht so stark nutierenden Dunkelkammerkulturen. Zur Verwendung kamen nur vollkommen gerade Exemplare von einer einheitlichen Länge von 30 bzw. 45 mm, die insofern nötig ist, als sich die Pflanzen bei verschiedenen Längen verschieden verhalten, also ein weiter Spielraum in der Länge für die Genauigkeit der Resultate von Schaden wäre. Nur bei einigen wenigen Versuchen waren die Objekte bis zu 5 mm länger oder kürzer, was jedoch die Versuchsresultate außer bei *Linum usitatissimum* nicht wesentlich beeinflußte.

Bei den Rotationsversuchen bediente ich mich des Rotationsapparates, den v. GUTTENBERG für einen Teil seiner Untersuchungen konstruiert hatte. Bezüglich Bau und Handhabung des Apparates kann ich auf die Arbeit v. GUTTENBERGS verweisen. Die am basalen Ende mit feuchter Watte umwickelten Objekte wurden so eingeklemmt, daß die Hauptnutationsebene senkrecht zur Krümmungsebene lag. Gemessen wurde der Abstand der Spitze von der Rotationsachse. Das über die Achse ragende Stück ist bei 1 mm R. ungefähr 1,4 mm lang. Bei den Rotationsversuchen mit 45 mm langen Objekten mußten bei *Vicia* 10 mm, bei den anderen Keimstengeln 15 mm des basalen Teiles abgeschnitten werden, da der Apparat nur die Verwendung kleiner Objekte gestattet, zumal bei kleinen Radien des Spitzenteiles. Um eine passive Verbiegung der zarten Hypocotyle durch das Gewicht der Cotyledonen zu vermeiden, wurden diese zur Hälfte abgeschnitten, ein Eingriff, der keine Hemmung des geotropischen Vorganges hervorruft. Bei *Vicia sativa* wurden die Objekte an den Cotyledonen eingeklemmt, wobei deren Quetschung keinen störenden Einfluß ausübte. Die Tourenzahl bei der Rotation war verschieden groß. In den folgenden Tabellen sind die benutzten Tourenzahlen nebst den bei den einzelnen Radien entwickelten Fliehkräften in Gramm zusammengestellt. Die Rotation dauerte durchschnittlich 1 Stunde. Ein bis zweimal kontrollierte ich während dieser Zeit, ob sich das Objekt etwa verschoben hätte. Falls die Krümmung schon früher eintrat, wurde die Rotation abgebrochen. Zur Beobachtung des Krümmungsverlaufes kamen die Objekte in eine feuchte Kammer (Petrischalen), die auf einem Klinostaten mit horizontal gestellter Achse im Dunkelraum rotierte. Im November und Dezember, wo die geotropischen Reaktionen langsamer verlaufen, wurde 2—3 Stunden lang gereizt.

Die zur Ergänzung der Rotationsversuche mehrfach vorgenommenen Dekapitierungen wurden mit einem Rasiermesser ausgeführt; der Stumpf mit feuchter Watte am basalen Ende umwickelt, und mit diesem in ein mit Wasser gefülltes Röhrchen gesteckt, wurde dann in einer feuchten Kammer horizontal gelegt. Die dekapitierten Objekte blieben bis zu 3 Tagen exponiert, um festzustellen, ob sie nicht doch noch fähig wären, sich geotropisch zu krümmen.

Für die Wachstumsbestimmungen teilte ich die Pflanzen durch Tuschemarken in Zonen von je 1 mm Länge ein. Die Messungen wurden makroskopisch und mikroskopisch ausgeführt. Für die mikroskopische Messung benutzte ich das Leitzsche Horizontalmikroskop. Die Maßverhältnisse sind folgende:

$$1 \text{ mm} = 16 \text{ Teilstriche}$$
$$1 \text{ Teilstrich} = 0,0625 \text{ mm}$$

$$\frac{1}{4}\ \text{Teilstrich} = 0{,}0156\ \text{mm}$$
$$\frac{1}{2}\quad\text{,,}\qquad = 0{,}0312\quad\text{,,}$$
$$\frac{3}{4}\quad\text{,,}\qquad = 0{,}0468\quad\text{,,}$$

In den unten angeführten Wachstumstabellen sind die Teilstriche nicht in Millimeter umgerechnet.

Zum Schluß ist noch über die Temperatur zu sagen, daß sie im Laboratorium zwischen 16 und 18° C schwankte, während in der Dunkelkammer eine um 2—4° höhere Temperatur herrschte.

Über die Methodik bei den anderen untersuchten Objekten wird in den betreffenden Kapiteln das Nötige gesagt werden.

III. Versuche mit Keimstengeln.
1. Vicia sativa.

Von den untersuchten Keimstengeln erwies sich das Epicotyl von *Vicia sativa* als das günstigste Objekt. Neben guter Reaktionsfähigkeit besitzt *Vicia* eine kräftigere Struktur, die auch einen derberen Eingriff, wie ihn das Dekapitieren darstellt, ohne besondere Schädigung verträgt, was leider bei *Lepidium* nicht der Fall ist.

Für die Rotationsversuche benutzte ich zunächst 30 mm lange Objekte. Der größere Teil der Versuche wurde bei 430 Touren pro Minute ausgeführt; bei den übrigen Versuchen betrug die Tourenzahl 800 und 900. Einen Unterschied in der Reaktionsweise konnte ich bei 430 und 900 Touren nicht feststellen. Die Krümmung setzte in der Regel 20' nach Beendigung der einstündigen Rotation ein und erreichte durchschnittlich einen Winkel von 15 Grad. Nur in der Nähe des Kompensationspunktes trat meist eine Verzögerung des Krümmungsbeginns zusammen mit einer Abnahme der Krümmungsintensität ein. Es machte sich also hier der entgegengesetzte Einfluß bereits geltend. Ist der Kompensationspunkt selbst erreicht, so unterbleibt bei *Vicia sativa* eine Krümmung. War der Radius der Spitzenseite 1—3 cm lang, so erfolgte die Krümmung im Sinne der Basis, d. h. von der Achse fort. Betrug hingegen der Radius 5 mm oder mehr, so kam es zu einer Krümmung zur Achse, also im Sinne der Spitze. War schließlich das Objekt auf 4 mm Radius eingestellt, so unterblieb vollends die Krümmung, die Reizung der Spitze und Basis kompensierten sich also (Tabelle 1).

Was können wir nun aus diesen Resultaten schließen? Von HABERLANDT und v. GUTTENBERG sind für die von ihnen untersuchten Objekte folgende drei Hauptmöglichkeiten für die Verteilung der geotropischen Empfindlichkeit in Erwägung gezogen worden: 1. kann das ganze Organ geotropisch empfindlich sein, dann ist der Spitzenteil maximal empfindlich; 2. kann ein größeres Stengelstück empfindlich und an diesem die Sensibilitätsverteilung ungleichmäßig sein, wobei auch hier die Empfindlichkeit apical größer wäre als basal; 3. kann die Empfindlichkeit auf ein längeres oder kürzeres Spitzenstück des Stengels beschränkt, hier aber gleichmäßig verteilt sein.

Tabelle 1. *Vicia sativa.*
Rotationsversuche mit 30 mm langen Epikotylen. Januar—März 1921.

Nr.	Länge des Objekts in mm	Rotations-radius	Überragen-der Teil des Objekts mm	Krümmung im Sinne der		Touren pro Minute	Fliehkraft in g an der Spitze
				Basis	Spitze		
1	30	1—1½	1,4	+	—	430	0,20
2	26	1	1,4	+	—	430	0,20
3	35	1	1,4	+	—	900	0,90
4	30	1	1,4	+	—	800	0,71
5	30	2	2,8	+	—	800	1,42
6	26	3	4,2	+	—	430	0,61
7	30	3	4,2	+	—	430	0,61
8	35	3	4,2	+	—	430	0,61
9	28	3	4,2	+	—	430	0,61
10	35	3	4,2	+	—	800	2,13
11	28	4	5,6	O	O	430	0,82
12	30	4	5,6	O	O	800	2,84
13	30	4	5,6	O	O	430	0,82
14	30	5	7,0	—	+	430	1,03
15	30	5	7,0	—	+	430	1,03
16	32	5	7,0	—	+	900	4,52
17	30	5	7,0	—	+	900	4,52
18	35	5	7,0	—	+	430	1,03
19	30	6	8,4	—	+	430	1,23
20	30	6	8,4	—	+	430	1,23
21	30	6	8,4	—	+	430	1,23
22	30	6	8,4	—	+	430	1,23
23	30	7	9,8	—	+	430	1,44
24	30	7	9,8	—	+	800	4,98
25	35	9	12,6	—	+	430	1,85
26	31	10	14,0	—	+	430	2,06
27	30	12	16,8	—	+	430	2,46
28	27	18	25,2	—	+	430	3,66

Mit welcher der drei Möglichkeiten man es bei meinen Objekten zu tun hat, läßt sich annähernd aus den Dekapitierungsversuchen ermitteln. Der Umstand, daß die Keimblätter bei *Vicia* erhalten bleiben, kann für die Dekapitierungsversuche nur von Vorteil sein. Wird auch der Vegetationspunkt und der apicale Teil abgeschnitten, so wird doch nicht die Nahrungszufuhr aus den Keimblättern unterbunden, wie das bei den Hypocotylen der Fall ist. Die Dekapitierungen ergaben für *Vicia* bei einer größeren Anzahl von Exemplaren einheitlich, daß eine Krümmung noch dann erfolgte, wenn 10 mm abgeschnitten sind. Werden dagegen 11 mm entfernt, so unterbleibt die geotropische Reaktion.

Bei 4 mm Radius ist der über die Achse ragende Teil 5,6 mm lang. Also wäre nach den Dekapitierungsversuchen zu schließen, daß die Verteilung in einer etwa 11 mm langen Spitzenzone eine gleichmäßige ist

(2 . 5,6 mm = 11,2 mm), das basale Stück dagegen gänzlich unempfindlich ist.

Die Frage, ob nicht bei Epicotylen, welchen ein 11 mm langes Stück abgeschnitten wurde, nur der Wundchok die Krümmung verhindert, läßt sich wohl folgendermaßen entscheiden. Die Einwirkung des Wundchoks bei der Dekapitierung läßt sich nicht verkennen, das Wachstum ist deutlich beeinträchtigt. Trotzdem kommt es bei Entfernung von 10 mm teilweise noch zu sehr erheblichen Krümmungen (bis 50 Grad) Wenn daher nach dem Abschneiden von 11 mm die Pflanzen sich nicht mehr krümmen, so wird man dies nicht auf die Chokwirkung zurückführen können. Da anderseits, wie später ausgeführt werden wird, die Sprosse auch noch unter der 11 mm-Zone wachstumsfähig sind, ist es höchst wahrscheinlich, daß die geotropische Empfindlichkeit auf die angegebene Zone beschränkt ist.

Ein weiteres Mittel zur Prüfung der Sensibilitätsverteilung stellen die Rotationsversuche mit dekapitierten Epicotylen dar. Entsprechende Versuche sind bisher nur mit dekapitierten Keimwurzeln von BRUNCHORST, WIESNER und HABERLANDT ausgeführt worden. Bei meinen Versuchen mit dekapitierten Epicotylen (Tabelle 2) wurden die obersten

Tabelle 2. *Vicia sativa.* **Rotationsversuche mit dekapitierten, 30 mm langen Epicotylen. Februar 1922.**

Nr.	Länge des Objekts in mm	Rotations-radius	Überragender Teil des Stumpfes mm	Das wären von der intakt. Pflanze	Krümmung im Sinne der		Touren pro Minute	Fliehkraft an der Spitze in g
					Basis	Spitze		
1	30	2	2,8	4,8	+		900	1,81
2	30	2	2,8	4,8	+		900	1,81
3	30	3	4,2	6,2	O	O	900	2,71
4	30	3	4,2	6,2	O	O	900	2,71
5	30	4	5,6	7,6		+	900	3,62
6	30	4	5,6	7,6		+	900	3,62

2 mm abgeschnitten. Hierauf blieben die Pflanzen 1—1 1/2 Stunden in der feuchten Kammer vertikal stehen und wurden erst nach Ablauf dieser Frist unter denselben Bedingungen wie die früheren Pflanzen rotiert. Diese Ruhepause wurde eingeschaltet, um den Wundchok abnehmen zu lassen. Sehr groß scheint dieser indessen nicht zu sein, denn bei verschiedenen um 2 mm dekapitierten und dann horizontal gelegten Keimstengeln ergab sich kein Unterschied in der Reaktionszeit gegenüber intakten Pflanzen. Rotiert wurde bis zum Eintritt der Krümmung, die nach etwa 1 1/2 Stunden erfolgte; bei den Versuchen 3 und 4 wurde 2 Stunden rotiert. Es wurden im ganzen 6 Versuche angestellt, die auf Tabelle 2 zusammengestellt sind. Kompensation trat bei 3 mm Abstand des Spitzenstumpfes ein, also dann, wenn 4,2 mm desselben über die

Achse ragten. Man sieht also, daß sich der Kompensationspunkt basalwärts verschoben hat und zwar genau in die Mitte der restlichen empfindlichen Zone, die nach Entfernung von 2 mm der Spitze noch 9 mm betragen mußte. Daraus folgt neuerdings, daß die Empfindlichkeit in der 11 mm-Zone gleichmäßig verteilt ist.

Wie oben schon angedeutet, ist es nicht gleich, ob man eine 30 mm lange oder eine beträchtlich längere Pflanze benutzt. Es läßt sich zeigen, daß mit dem Längerwerden des Stengels auch eine Zunahme der empfindlichen Zone erfolgt, wobei allerdings, wie später ausgeführt wird, keine strikte Proportionalität zwischen Stengellänge und Empfindlichkeitszone zu bestehen braucht.

Für *Vicia sativa* konnte eine weitgehende Proportionalität festgestellt werden. Ich benutzte 45 mm lange Pflanzen. Die Rotationsversuche (Tabelle 3) lehrten, daß eine Verlängerung der empfindlichen

Tabelle 3. *Vicia sativa.*
Rotationsversuche mit 45 mm langen Epicotylen. Januar—März 1921.

Nr.	Länge des Objekts in mm	Rotationsradius	Überragender Teil des Objekts mm	Krümmung im Sinne der		Touren pro Minute	Fliehkraft an der Spitze in g
				Basis	Spitze		
1	46	4	5,6	+		800	2,84
2	45	5	7,0	+		900	4,52
3	44	5	7,0	+		800	3,55
4	45	6	8,4	○	○	900	5,43
5	45	6	8,4	○	○	900	5,43
6	45	6	8,4	○	○	800	4,27
7	45	7	9,8		+	900	6,33
8	45	7	9,8		+	900	6,33
9	45	7	9,8		+	800	4,98
10	45	8	11,2		+	800	5,69

Zone eintritt. Der Kompensationspunkt liegt bei 6 mm Radius, also 8,4 mm Länge des Objektes; die Zunahme der empfindlichen Zone geht demnach bei *Vicia sativa* proportional der Verlängerung des Objektes. Das gilt zunächst freilich nur für Epicotyle in den studierten Entwicklungsstadien.

Mit den Rotationsversuchen stimmen auch die Dekapitierungsversuche an 45 mm langen Epicotylen gut überein. Diese ergaben bei 17 mm Dekapitierung in 7 von 13 Versuchen keine Krümmung mehr. Bei Verlust von 18 mm trat niemals mehr eine Krümmung ein. Die Länge der empfindlichen Zone beträgt mithin etwas mehr als $1/_3$ der Pflanzenlänge bei 30 mm wie auch bei 45 mm Gesamtlänge.

Zum Schluß wäre noch die Wachstumsverteilung bei *Vicia* näher zu besprechen. Gemessen wurde das Wachstum mittels Tuschemarken makro- und mikroskopisch. Die Marken wurden mit einem spitzen

Pinsel aufgetragen. Bei der makroskopischen Messung wurde nur das
Wachstum des geraden Teiles beobachtet, dagegen das des apicalen
Bogens außer acht gelassen. An 30 mm langen Epicotylen erfolgt der
stärkste Zuwachs in der ersten Millimeterzone; das Wachstum in den
nächsten Zonen bis einschließlich zur 11. Zone nimmt sukzessive ab
und hört dann scheinbar auf. Da aber die Krümmung noch um ein
beträchtliches Stück basalwärts fortschreitet, so mußte die mikrosko-

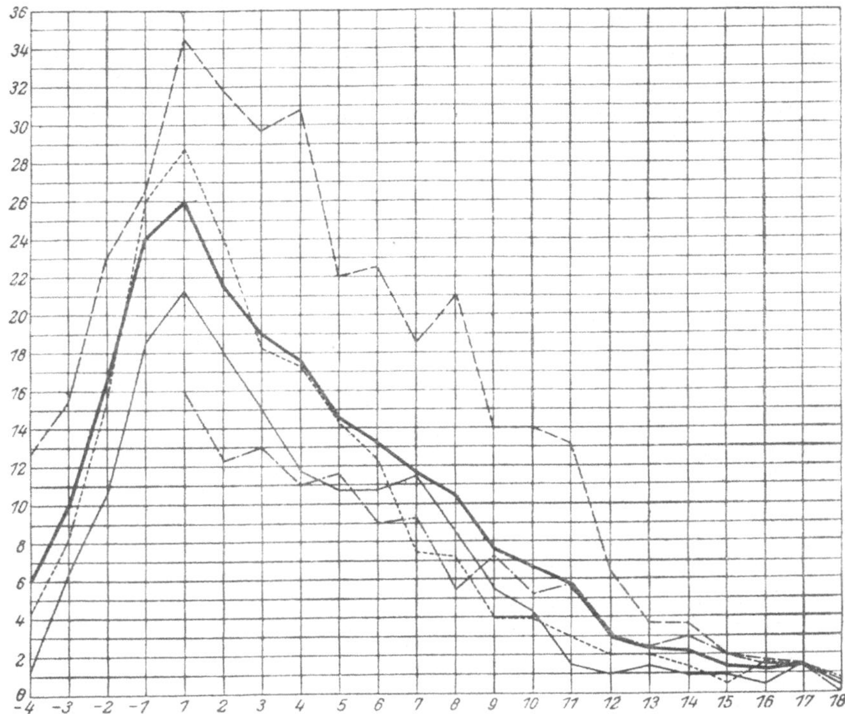

Abb . 1. Graphische Darstellung des Gesamtzuwachses in den einzelnen Zonen des Epikotyls
4 Versuche. Die fettgedruckte Kurve ist das Mittel aus den vier Versuchen. Die Abszissenachse
gibt die Zonen, die Ordinatenachse den Zuwachs in Teilstrichen nach 24 Stunden an. 1 Teilstriche = 0,0625 mm. 1 Zone zu Versuchsbeginn = 1 mm.

pische Beobachtung einsetzen. 30 mm lange, markierte Pflanzen horizontal gelegt, krümmten sich bis zur 17.—18. Zone. Da nun, wie bekannt, nur wachstumsfähige Stengelteile an einer geotropischen Krümmung teilnehmen, so muß auch hinter der 11. Zone noch ein — makroskopisch allerdings nicht mehr meßbares — Wachstum herrschen.

Bei der mikroskopischen Untersuchung des Wachstums wurde nun
auch der Bogen des Epicotyls gemessen. Die graphische Darstellung
(Abb 1) zeigt den Gesamtzuwachs der einzelnen — etwa 1 mm langen —

Zonen nach 24 Stunden in 4 Versuchen, sowie das Mittel aus den 4 Versuchen. Bei dem einen Versuch wurde nur der gerade Teil gemessen, bei den drei anderen auch der bogig gekrümmte, der in 4 Zonen abgeteilt werden konnte. Diese wurden mit — 1 bis 4 bezeichnet, wobei die letztgenannte die äußerste Spitze darstellt, die erste bis zu dem Punkte zurückreicht, der das Vertikalstück des Epicotyls begrenzt. Das Resultat ist in Abb. 1 in Kurven dargestellt. Betrachten wir zunächst die Zonen des Bogens, so sehen wir, daß dieser Teil der Kurve steil ansteigt. Den geringsten Zuwachs erfährt die Zone — 4, den stärksten — 1. In zwei Fällen steht der Zuwachs dieser Zone dem der Zone 1 nur um weniges nach. Im aufrechten Teile finden wir das stärkste Wachstum in Zone 1 und einen allmählichen Abfall desselben nach unten bis Zone 12. In Zone 12—18 erfolgt nur mehr geringes annähernd gleich starkes Wachstum. Erfolgte in der mittleren Strecke eine durchschnittliche Abnahme des Zuwachses um drei Teilstriche pro Zone, so kommen im letzten Abschnitt etwa drei Teilstriche auf 6 Zonen.

Tabelle 4. **Wachstumsverlauf bei einem 30 mm langen Epicotyl von Vicia sativa. Längen der Zonen in Teilstrichen.**

Zone	1. Mess. 10h	2. Mess. 12h	3. Mess. 2h	4. Mess. 4h	5. Mess. 6h	6. Mess. nach 1. 24 Std.	Gesamtzuwachs
— 4	$10^3/_4$	$10^3/_4$	$10^3/_4$	$11^1/_2$	$11^1/_2$	12	$1^1/_4$
— 3	$14^1/_4$	$14^1/_4$	$14^1/_4$	$16^1/_2$	$16^1/_2$	$20^1/_2$	$6^1/_4$
— 2	14	14	14	$15^1/_4$	$+16^1/_4$	$24^1/_2$	$10^1/_2$
— 1	$17^1/_2$	$17^1/_2$	$17^3/_4$	$+20^1/_4$	$21^1/_4$	36	$18^1/_2$
1	$16^3/_4$	$17^1/_4$	$18^1/_4$	$20^3/_4$	$21^1/_4$	38	$21^1/_4$
2	16	$16^1/_2$	$17^1/_2$	$19^1/_4$	$20^3/_4$	34	18
3	$16^1/_2$	$16^1/_2$	$17^1/_4$	$19^1/_4$	21	$31^1/_2$	15
4	$18^3/_4$	$18^3/_4$	19	$21^1/_2$	$22^3/_4$	$30^1/_2$	$11^3/_4$
5	$16^1/_2$	$16^1/_2$	$17^1/_2$	$19^1/_2$	20	$27^1/_4$	$10^3/_4$
6	$16^1/_2$	$16^1/_2$	$17^1/_4$	$19^1/_4$	$20^1/_4$	$27^1/_4$	$10^3/_4$
7	$19^1/_2$	$19^1/_2$	$20^3/_4$	$22^1/_2$	$23^1/_2$	31	$11^1/_2$
8	$17^3/_4$	$17^3/_4$	$18^1/_2$	20	$21^3/_4$	$26^1/_2$	$8^3/_4$
9	$15^3/_4$	$15^3/_4$	$16^1/_4$	$17^3/_4$	19	$21^1/_4$	$5^1/_2$
10	17	17	$17^1/_2$	$18^1/_2$	$19^1/_2$	$21^1/_4$	$4^1/_4$
11	$15^1/_2$	$15^1/_2$	$15^1/_2$	16	$16^3/_4$	17	$1^1/_2$
12	19	19	19	$19^1/_4$	$19^1/_2$	20	1
13	$18^1/_2$	$18^1/_2$	$18^1/_2$	19	$19^1/_2$	20	$1^1/_2$
14	$13^1/_2$	$13^1/_2$	$13^1/_2$	14	$14^1/_2$	$14^1/_2$	1
15	$15^1/_2$	$15^1/_2$	$15^1/_2$	16	$16^1/_2$	$16^1/_2$	1
16	17	17	17	17	$17^1/_2$	$17^1/_2$	$1/_2$
17	21	21	21	21	$22^1/_2$	$22^1/_2$	$1^1/_2$
18	$17^1/_2$	$17^1/_2$	$17^1/_2$	$17^1/_2$	$17^1/_2$	$17^1/_2$	0
19 usw.	—	—	—	—	—	—	—

+ bedeutet, daß die betreffende Zone des Bogens in den geraden Teil eingerückt war. Die fettgedruckten Zahlen geben den Wachstumsbeginn der Zonen an. 1 mm = 16 Teilstriche; $1/_4$ Teilstrich = 0,0156 mm; $1/_2$ Teilstrich = 0,0312 mm; $3/_4$ Teilstrich = 0,0468 mm; 1 Teilstrich = 0,0625 mm.

Ferner war noch die Entscheidung darüber zu fällen, welche Zone mit dem Zuwachs beginnt und wie die übrigen Zonen nachfolgen. Zu diesem Zwecke wurden die Messungen in einstündigen Intervallen wiederholt und ergaben, daß der erste sichtbare Zuwachs in der ersten Zone des aufrechten Stückes erfolgt. In Tabelle 4 ist das Resultat der mikroskopischen Messung in zweistündigen Zwischenräumen von 10^h bis 6^h vermerkt und dann noch eine Messung 24 Stunden nach der ersten eingetragen. Nach 2 Stunden war ein Wachstum in der ersten und zweiten Zone konstatierbar, nach 4 Stunden von — 1 bis 10, nach weiteren 2 Stunden von — 4 bis 15, wobei die Zone — 1 in den geraden Teil eingerückt war. Bei der fünften Messung war auch Zone — 2 dahin verschoben und am basalen Ende reichte das Wachstum bereits bis zur 17. Zone. In der Zeit von 6^h abends bis 10^h morgens erfolgte noch ein Zuwachs in allen Zonen von — 4 bis 13. Die Zonen 14 bis 17 hatten ihre definitive Länge erreicht.

Messungen an dekapitierten Pflanzen wurden ebenfalls ausgeführt. In dem einen Falle wurde der Bogen mit 2 mm des aufrechten Teiles abgeschnitten und gleich danach die erste Messung vorgenommen. Nach $2\,^1/_4$ Stunden war in den beiden ersten Zonen (das sind die Zonen 3 und 4) ein Zuwachs von $^1/_2$ Teilstrich zu konstatieren. Die anderen Zonen folgten allmählich nach. Nach 24 Stunden betrug der Zuwachs der 3. (jetzt obersten) Zone drei Teilstriche, der der 18. $^1/_2$ Teilstrich. Gegenüber der intakten Pflanze war der Zuwachs der 3.—10. (jetzt 1. bis 8.) gering, während die übrigen Zonen (11 bis 18) den auch bei den intakten Pflanzen nur geringen Zuwachs zeigten. Die Einschränkung des Wachstums durch die Dekapitierung in den obersten Zonen ist sehr kraß: bei der intakten Pflanze zeigte die 3. Zone noch einen Zuwachs von durchschnittlich 19 Teilstrichen, bei dem dekapitierten Epicotyl jedoch nur den sechsten Teil davon. Bei einem zweiten Versuch wurden 4 mm abgeschnitten. Nach 7 Stunden zeigte die 5. Zone einen Zuwachs von 1 Teilstrich, nach 24 Stunden ist auch die 6. um 1 Teilstrich weiter gewachsen, während bei fünf kein neuer Zuwachs zu verzeichnen war. Die übrigen Zonen waren hier gar nicht mehr gewachsen.

Ähnlich wie bei 30 mm langen Objekten liegen die Verhältnisse bei 45 mm langen; das Wachstum reicht bis zur 27. Zone und liefert eine ähnliche Kurve wie bei 30 mm Länge.

Einige Versuche mit *Vicia villosa* zeigten, daß trotz der sehr nahen Verwandtschaft die Verhältnisse insofern anders liegen als die proportionale Zunahme der empfindlichen Zone je nach der Objektslänge, die wir bei *Vicia sativa* fanden, hier fehlt, daß aber die Empfindlichkeit in einer ähnlichen Weise verteilt ist wie bei *Vicia sativa*.

Als Hauptresultat der vorliegenden Untersuchungen über *Vicia sativa* ergibt sich die Lokalisierung und gleichmäßige Verteilung der geotropischen Empfindlichkeit im obersten Drittel des Epicotyls und die proportionale Längenzunahme der empfindlichen Zone entsprechend der Epicotyllänge.

2. Brassica Napus f. oleifera.

Von den untersuchten Hypocotylen ergab das von *Brassica* die besten Resultate.

Auch beim Winterraps ist die Sensibilität in einer apicalen Zone gleichmäßig verteilt, aber die empfindliche Zone weist eine größere Länge auf, sie beträgt über die Hälfte bei 30 mm Gesamtlänge.

Die Anzahl der Touren bei den Rotationsversuchen (Tabelle 5) war 300 pro Minute. Die Reaktion trat meist schon vor Beendigung der einstündigen Rotation ein, die erzielten Krümmungswinkel betrugen durchschnittlich 15°. Bis zu 6 mm Spitzenabstand überwog der Einfluß der Basis, von 7 mm R an war die Spitze maßgebend für die Krümmung. Bei einem einzigen Versuche mit 7 mm R kam es zu keiner Krümmung, die übrigen Versuche ergaben stets eine Krümmung im Sinne der Spitze.

Die Dekapitierungsversuche bestätigten die Annahme, daß die Empfindlichkeit in einer Spitzenzone gleichmäßig verteilt sei. Die Krümmungen hörten bei 17—18 mm Dekapitierung auf. Da nun der Kompensationspunkt zwischen 8,4 und 9,8 mm Objektslänge liegt, so ist tatsächlich die empfindliche Zone $2 \cdot 9{,}0 = 18$ mm lang.

Tabelle 5. *Brassica Napus f. oleifera.*
Rotationsversuche mit 30 mm langen Hypocotylen.
Oktober—November 1921.

Nr.	Länge des Objekts in mm	Rotations-radius	Überragender Teil des Objekts mm	Krümmung im Sinne der		300 Touren
				Basis	Spitze	F in g
1	30	2	2,8	+		0,20
2	28	4	5,6	+		0,40
3	30	4	5,6	+		0,40
4	30	5	7,0	+		0,50
5	30	5	7,0	+		0,50
6	30	6	8,4	+		0,60
7	30	6	8,4	+		0,60
8	30	6	8,4	+		0,60
9	30	7	9,8	○	○	0,70
10	30	7	9,8		+	0,70
11	30	7	9,8		+	0,70
12	30	7	9,8		+	0,70
13	31	8	11,2		+	0,80
14	30	8	11,2		+	0,80
15	30	8	11,2		+	0,80
16	30	9	12,6		+	0,90
17	30	9	12,6		+	0,90

Ging bei *Vicia* eine proportionale Zunahme der empfindlichen Zone parallel mit der Zunahme der Gesamtlänge, so finden wir bei *Brassica* kein analoges Verhalten. Für 45 mm lange Objekte läßt sich unter Annahme gleichbleibender Proportionalität eine Länge von 27 mm für die empfindliche Zone und ein Kompensationspunkt bei $13^1/_2$ mm berechnen. Dies ist aber nicht der Fall. Die Versuche (Tabelle 6) legen

Tabelle 6. *Brassica Napus f. oleifera.*
Rotationsversuche mit 45 mm langen Hypocotylen. November 1921.

Nr.	Länge des Objekts in mm	Rotations-radius	Überragen-der Teil des Objekts mm	Krümmung im Sinne der		300 Touren
				Basis	Spitze	F in g
1	45	5	7,0	+		0,50
2	45	6	8,4	+		0,60
3	46	7	9,8	+		0,70
4	45	8	11,2	+		0,80
5	45	8	11,2	+		0,80
6	45	8	11,2	+		0,80
7	45	9	12,6		+	0,90
8	45	9	12,6		+	0,90
9	45	9	12,6		+	0,90
10	44	10	14,0		+	1,00

vielmehr dar, daß die Verlängerung der empfindlichen Zone wohl vorhanden, aber um 3—4 mm kürzer als berechnet ist. Nicht zwischen 9 und 10 mm R, sondern schon zwischen 8 und 9 mm R, das sind 11,2 und 12,6 mm Stengellänge, befindet sich der Kompensationspunkt. Nimmt man die Mitte an, etwa 12 mm, so beläuft sich die Gesamtlänge auf 24 mm, was mit den Dekapitierungsversuchen an 45 langen Objekten übereinstimmt.

Das Wachstum wurde wegen des sehr starken Nutierens der Pflanze nur makroskopisch gemessen. Bei 30 mm Gesamtlänge ist makroskopisches Wachstum bis zur 18. Zone, bei 45 mm bis zur 24. feststellbar Die Ermittelung des makroskopisch nicht mehr meßbaren Wachstums der unteren Teile wurde mit der früher angegebenen Methode ausgeführt. Die an einer Flanke markierten Stengel wurden horizontal gelegt und beobachtet, wie weit die Krümmung basalwärts fortschreitet. Bei 30 mm langen Objekten liegt der letzte Teil der Krümmung in der 25., bei 45 mm langen in der 34. Zone. Das Wachstum nimmt von der obersten Zone an allmählich ab; in einigen Fällen lag das Wachstumsmaximum indessen in der 2. Zone. Graphisch dargestellt, käme eine ähnliche Kurve zustande wie bei *Vicia sativa*, nur mit dem Unterschiede, daß bei *Brassica* der aufsteigende Ast der Kurve wegfällt, der bei *Vicia* durch die 3—4 Zonen des Bogens gebildet wird. Es wäre noch zu bemerken, daß die Markierung mit Tusche einen hemmenden Einfluß auf das Wachstum ausübt, der sich bei *Brassica* allerdings nicht in dem Maße bemerkbar machte wie bei *Linum* und *Lepidium*. Wuchsen nicht markierte Stellen im Laufe von 24 Stunden um ein beträchtliches Stück, so mußte bei den markierten 2—3 Tage gewartet werden, bis ein makroskopisch deutlich sichtbarer Zuwachs erfolgt war.

3. Linum usitatissimum.

Bei *Linum* begegnen uns ähnliche Verhältnisse wie bei den zwei bereits beschriebenen Objekten. Während sich aber bei diesen individuelle Unterschiede kaum bemerkbar machten, tritt bei *Linum* die individuelle Verschiedenheit stark in den Vordergrund und beeinträchtigt dadurch die Übersichtlichkeit des Resultates.

Wurden bei *Vicia* und *Brassica* die Dekapitierungsversuche zum Beweise für die Lokalisation und gleichmäßige Verteilung der Empfindlichkeit in einer apicalen Partie herangezogen, so ist dies wegen des verschiedenen Verhaltens der einzelnen Keimlinge bei *Linum* nicht möglich. Die Entscheidung, wie lang die empfindliche Zone ist, kann hier nur mittels der Rotationsversuche gefällt werden. Diese geben ein deutlicheres Bild als die Dekapitierungsversuche. Der Kompensationspunkt ist fast genau bestimmbar. Er liegt bei 30 mm Hypocotyllänge zwischen 7,0 und 8,4 mm Entfernung von der Spitze, also etwa bei 7,7 mm. Nimmt man das Doppelte der Strecke, Spitze-Kompensationspunkt, so erhält man eine empfindliche Zone von 15 mm. Damit stimmen die Dekapitierungsversuche einigermaßen überein. Die geotropische Sensibilität erlischt, wenn 15—17 mm abgeschnitten werden. Von Interesse aus der Reihe der Rotationsversuche sind im einzelnen folgende. Zwei Versuche mit 5 mm R (Länge des Spitzenstückes = 7 mm) ergaben eine Krümmung im Sinne der Basis. Ein dritter Versuch jedoch, bei dem das Objekt allerdings nur $28^1/_2$ mm lang war, lieferte eine Krümmung von 5° im Sinne der Spitze. Die verschiedensten Reaktionen fanden sich bei 6 mm R (Länge des Spitzenstückes = 8,4 mm). Zunächst blieb ein Objekt nach $1^1/_2$stündiger Rotation gerade. Ein anderer, 29 mm langer Stengel reagierte mit einer S-Krümmung. Daß beide Teile der Pflanze getrennt auf den ihnen widerfahrenen Reiz reagieren können, hatten schon v. GUTTENBERG und DEWERS beobachtet. DEWERS hält die S-förmigen Krümmungen bei *Helianthus annuus* für die eigentliche Reaktionsform dieses Objektes, da er sie in den meisten Fällen erhielt, nämlich in 20 von 33 Versuchen. Die betreffende Keimpflanze von *Linum* wurde zwei Stunden rotiert. Bei Beendigung der Rotation war eine deutliche S-Krümmung zu sehen, die sich im Laufe der nächsten halben Stunde noch verstärkte. Nach einer weiteren Stunde war die Spitzenkrümmung überwunden, und nur eine reine Krümmung im Sinne der Basis übrig, die nach 2 Stunden ausgeglichen war. Die drei übrigen Versuche mit 6 mm R brachten eine Krümmung im Sinne der Spitze.

War bei *Brassica* schon eine geringere Zunahme der empfindlichen Zone bei 45 mm Gesamtlänge zu konstatieren, so ist dies in noch stärkerem Maße bei *Linum* der Fall. Für 45 mm Länge liegt der Kompensationspunkt bei etwa 9 mm, er ist also nur um 1 mm basalwärts verschoben.

Bezüglich des Wachstums läßt sich nur soviel sagen, daß es ähnlich dem bei *Brassica* ist. Genaue Resultate ließen sich mit meiner Methode nicht erzielen, da die Versuchspflanzen infolge der Tuschemarkierung eingingen.

4. Lepidium sativum.

Am wenigsten erfolgreich ließ sich mit *Lepidium sativum* experimentieren, zumal die Versuchszeit in den November und Dezember fiel. Wesentlich verschieden von den anderen drei Objekten reagiert *Lepidium* nicht. Der Kompensationspunkt bei den Rotationsversuchen liegt für 30 mm lange Exemplare bei $4^{1}/_{2}$ mm R. Daraus läßt sich eine Gesamtlänge der empfindlichen Zone von 12 mm ableiten, was mit den Dekapitierungsversuchen gut übereinstimmt. Diese lieferten nach Entfernung von 11 mm noch eine Krümmung, bei 12 mm dagegen nicht mehr. Wir haben es also auch hier mit einer gleichmäßigen Verteilung der Sensibilität in einer apicalen Zone zu tun.

Makroskopisches Wachstum war in diesen 12 Zonen zu erkennen, das mikroskopisch wahrnehmbare ging bis zur 16. oder 17. Zone.

Von den Versuchen mit 45 mm langen Objekten gelangen so wenige, daß sich daraus keine weiteren Schlüsse ziehen lassen. An einer Verlängerung der empfindlichen Zone ist aber nicht zu zweifeln, und anscheinend liegt dieselbe Proportionalität zwischen Gesamtlänge und Länge der empfindlichen Zone vor wie bei *Vicia sativa*.

5. Zusammenfassende Betrachtung über Keimstengel.

Überblicken wir noch einmal kurz die bei den Keimstengeln erhaltenen Resultate.

Alle vier Objekte sind nur in einer apicalen Zone geotropisch empfindlich. Diese Strecke ist an etwa 30 mm langen Keimstengeln bei *Vicia sativa* 11, bei *Brassica napus* 18, bei *Linum usitatissimum* 16 und bei *Lepidium sativum* etwa 12 mm lang. Innerhalb dieser Zone ist die Empfindlichkeit gleichmäßig verteilt. Die Reaktionsfähigkeit der Organe reicht indessen tiefer. Die Maßverhältnisse sind dabei so, daß von der ganzen wachstums- und krümmungsfähigen Zone die zwei apicalen Drittel direkt reizbar sind, während das letzte Drittel nur auf zugeleiteten Reiz reagiert.

Es war nun zu untersuchen, wie diese Ergebnisse mit der Statolithentheorie übereinstimmen. Zu dieser Untersuchung wurden die Objekte 40—60 Minuten horizontal gelegt, dann in derselben Lage in Alkohol fixiert. Es wurden Längs- und Querschnitte gemacht und diese in Jodjodkalium studiert. Die Querschnitte zeigten bei allen vier Objekten eine einreihige geschlossene (zylindrische) Stärkescheide. Die Längsschnitte wurden senkrecht zur Fixierungshorizontalen geführt. Die untersuchten Schnitte stammten teils aus der empfindlichen Zone, teils aus der indirekt reizbaren Strecke und schließlich aus dem nicht mehr krümmungsfähigen Teile. Bei allen vier Objekten weist die empfindliche Strecke eine gleichmäßige Verteilung und einseitige Lagerung der Statolithenstärke auf, während im nächsten Stück eine allmähliche Änderung im Inhalte der Statocysten einsetzt, die darin besteht, daß die Größe und die Umlagerungsfähigkeit der Körner abnimmt. Die nicht mehr krümmungsfähige Zone besitzt nur noch unregelmäßig gelagerte Stärke, die weiter unten ganz fehlt.

Zum Schlusse wäre noch darauf hinzuweisen, daß überall die sensible Zone ebenso weit reicht wie die Zone des makroskopisch wahrnehmbaren also stärksten Wachstums, somit die Perzeptions- und Hauptreaktionszone hier im Gegensatz zur Wurzel zusammenfallen. Doch findet die Reaktion auch noch in tiefer liegenden, selbst nicht mehr empfindlichen Teilen der Keimstengel statt. Für die Durchdringung des Bodens ist, wie dies schon v. GUTTENBERG für die Coleoptilen ausgeführt hat, die Lokalisierung der Empfindlichkeit im apicalen Teile vorteilhaft, da hierdurch der Keimling auf dem kürzesten Wege zum Lichte geführt wird. Anderseits sind die Hindernisse für die später oberirdischen Organe normalerweise lange nicht so groß wie die, gegen welche die Wurzel in tieferen Bodenschichten anzukämpfen hat, daher ist auch eine so extreme Lokalisierung wie bei der Wurzel nicht vonnöten.

IV. Versuche mit Bellis perennis.

Da eine Inflorescenzsache bisher mittels der Piccardschen Methode nicht untersucht worden war, so hatte die Frage Interesse, wie sich eine solche antagonistisch gereizt verhalten würde. Leider war ich bei der Auswahl der Objekte aus den schon eingangs angeführten Gründen sehr beschränkt, so daß schließlich nur *Bellis perennis* näher studiert werden konnte.

Für die Versuche benützte ich Freilandpflanzen. Auch bei diesem Objekte kamen möglichst kräftige, in ihrem apicalen Teile vollkommen gerade Pflanzen zur Verwendung.

Für die Rotationsversuche wurden die Blütenköpfchen abgeschnitten, da sie wegen ihres Gewichtes die Inflorescenzachsen bei der schnellen Umdrehung verbogen hätten. Die Rotationsversuche zeigten, daß bei einer Gesamtlänge von etwa 30 mm eine Kompensation der beiden entgegengesetzt wirkenden Reize dann eintritt, wenn der Abstand der Spitze von der Rotationsachse 5 mm beträgt, das heißt, wenn ein 7 mm langes Stück der Inflorescenzachse über die Rotationsachse ragt. Mit 5 mm R wurden drei Versuche angestellt; bei dem einen blieb die Inflorescenzachse gerade, bei dem zweiten kam es zu einer verspäteten Krümmung im Sinne der Basis von 1°, bei dem dritten endlich zeigte sich 1 ¹/₂ Stunden nach der Rotation eine Krümmung im Sinne der Spitze von nur geringem Ausmaße.

Im Gegensatz zu den Keimstengeln ist die Verteilung der geotropischen Empfindlichkeit bei *Bellis* keine gleichmäßige, sondern eine apicale Spitzenzone von 7 mm Länge maximal empfindlich. Das ergibt sich daraus, daß die geotropische Sensibilität bis zur 21. oder 22. mm-Zone reicht. Dies wurde durch eine Reihe von Dekapitierungsversuchen festgestellt. Es wurden den einzelnen Objekten Stücke von 2, 4, 6, 8 usw. mm von der Spitze her abgeschnitten; horizontal gelegt, krümmten sich die Exemplare, denen nur die obersten 2—4 mm fehlten, fast vollständig zur Senkrechten auf. Bei den weiteren Dekapitierungen nahm der Krümmungswinkel schnell ab und erreichte bei Dekapitierungen um 18 mm knapp eine Größe von 5°. Wird noch mehr entfernt, so kommt es innerhalb 24 Stunden teilweise nur noch zu Andeutungen einer Krümmung, bis schließlich bei einer Resektion von 22 mm keine Krümmung mehr erfolgt. Dagegen krümmen sich intakte Achsen bis zur 25.—27. mm-Zone auf.

Die zur Ermittelung des Wachstums angestellten Versuche mißglückten, da die Behaarung der Achsen die Tuschemarkierung unmöglich macht, anderseits die Pflanzen durch Entfernung der Haare sehr geschädigt werden. Doch ließ sich feststellen, daß das Wachstum von der Spitze zur Basis allmählich abnimmt.

Bei längeren Objekten (40—50 mm) tritt eine Verlängerung der empfindlichen Zone ein, indes ist diese nicht bedeutend. Bei 45 mm langen Objekten hörten die Krümmungen auf, wenn ein 24 mm langes Stück abgeschnitten wurde.

Die Verteilung der geotropischen Empfindlichkeit bei *Bellis* ist, wie wir gesehen haben, eine ungleichmäßige; diese erstreckt sich über eine etwa 21 mm lange Zone. Die maximale Empfindlichkeit liegt im ersten Drittel dieser Strecke, denn dieses kompensiert bei der Rotation die restlichen zwei Drittel, in welchen die Sensibilität nach der Basis zu abnimmt. Mit diesem Befunde stimmt auch die Verteilung der Statolithen gut überein. Bewegliche Stärke ist in einer geschlossenen Stärkescheide im apicalen Teile in viel reicherem Maße vorhanden als in dem übrigen geotropisch empfindlichen Teil, wo die Menge der Stärke allmählich abnimmt.

V. Zusammenfassung der bei den bisher untersuchten negativ geotropischen Organen erhaltenen Resultate.

Im folgenden will ich versuchen, die mittels der Methode PICCARDS an oberirdischen Organen gewonnenen Resultate miteinander zu vergleichen. In Frage kommen die Keimstengel, die Coleoptilen und die Inflorescenzachse von *Bellis*.

Es lassen sich bezüglich der Empfindlichkeitsverteilung zwei Gruppen deutlich unterscheiden, die durch eine Übergangsgruppe miteinander verbunden sind.

Bei der ersten Gruppe ist eine apicale Zone allein empfindlich und zeigt eine gleichmäßige Verteilung der Sensibilität. Sie besitzt auch das stärkste Wachstum. Diese Ausbildung finden wir bei den untersuchten Keimstengeln.

Zum zweiten Typus gehören alle die Organe, die in ihrer ganzen oder fast ganzen Länge empfindlich sind. Die Verteilung der Sensibilität ist in ihnen keine gleichmäßige, sondern eine mehr oder minder lange Spitzenzone, ist bedeutend empfindlicher als der übrige Teil. Vertreter dieser Anordnung sind die Inflorescenzachse von *Bellis* und die Coleoptilen von *Avena, Hordeum* und *Phalaris*.

Den Übergang zwischen beiden Fällen vermittelt die Art der Verteilung, wie wir sie bei den Paniceen finden. Bei *Panicum* ist noch die Empfindlichkeit auf Coleoptile und Epicotyl in der Weise verteilt, daß eine apicale Spitzenzone — fast die Hälfte der Coleoptile — dem basalen Teil der Coleoptile nebst Epicotyl das Gleichgewicht hält (DEWERS 1913). Bei *Sorghum* (GUTTENBERG 1911) überwiegt zwar auch noch ein Spitzenteil, aber nur ganz schwach. Zudem findet sich im Epicotyl keine oder eine verschwindende Empfindlichkeit vor. *Panicum* und *Sorghum* entsprechen annähernd dem zweiten Typus. Bei *Setaria* (GUTTENBERG 1911) schließlich liegen die Verhältnisse so, daß die Verteilung in der Coleoptile ungefähr gleichmäßig ist und dem Epicotyl keine Empfindlichkeit zukommt. Die Verteilung der Empfindlichkeit entspricht also dem Typus 1, erstreckt sich aber hier auf zwei Organe.

VI. Versuche mit Podophyllum peltatum L.

Ein im geotropischen Verhalten interessantes Objekt bildet der Blattstiel der Berberidacee *Podophyllum peltatum* L.

Dem unterirdischen Rhizom entspringen einerseits grundständige Laubblätter, andrerseits Sprosse, die mit einer terminalen Blüte abschließen und zwei gegenständige Laubblätter tragen. (Abb. bei Engler-Prantl, Natürl. Pflanzenfamilien, III. Teil, Abt. II, S. 75.) Die in der Regel siebenlappigen Blattspreiten sind, wenn sie durch das Erdreich dringen, nach Art eines zusammengeklappten Schirmes um den Stiel gefaltet. Der Endpunkt des Stieles oder der Mittelpunkt der Blattspreite ist als weißliche Kuppe vorgewölbt und deutlich als Bohrorgan des Blattes kenntlich (Abb. bei Goebel, Allgemeine Organographie, S. 11). Sowohl die grundständigen Laubblätter als auch die Blütensprosse sind zunächst von Niederblättern eingehüllt. Am Sproß sind die Laubblätter mit ihren Stielen steil aufgerichtet und schließen die Blütenachse zwischen sich ein. Je nach der Tiefenlage des Rhizoms tritt die Niederblatthülle über den Erdboden hervor, um nunmehr erst die Laubblätter durchbrechen zu lassen, oder sie bleibt in der Erde und die oberirdischen Organe müssen ohne ihren Schutz ans Licht gelangen. Die Niederblatthülle hat bei *Podophyllum* dieselbe Aufgabe wie die Coleoptile bei den Gramineen: das sich entwickelnde Blatt zu schützen. In zwei Punkten unterscheidet sie sich aber von der Keimblattscheide der Gräser. Einmal wächst sie nicht in demselben Maße weiter wie das Blatt, kommt demzufolge nur selten über die Erde, zum anderen — und das ist das Wichtigste — fehlt ihr die geotropische Empfindlichkeit und damit der dirigierende Einfluß, den die Coleoptile ausübt. Bei einem Graskeimling verhält sich das erste Blatt passiv, bei *Podophyllum* ist das Blatt das aktive Organ.

Es war nun sehr interessant zu erfahren, wie die Empfindlichkeit verteilt ist und wo sie ihren Hauptsitz hat. Von vorn herein lag die Vermutung nahe, daß die Empfindlichkeit der Hauptsache nach in der weißen Kuppe lokalisiert sei, und in der Tat bestätigen die Versuche diese Annahme.

Stiele grundständiger Blätter mit intakten noch gefalteten Blattspreiten, horizontal gelegt, krümmten sich binnen 2 Tagen bis zur Vertikalen auf, weniger gut reagierende Stiele um einen Winkel von 70°, 60°, 45 und 40°. Die Reaktion trat erst nach siebenstündiger Exponierung ein. Die Objekte befanden sich bei einer Temperatur von 18° in einer dunklen feuchten Kammer, die Stiele tauchten in mit Wasser gefüllte Glasröhren, die in feuchten Sand geschoben wurden. Die Versuche ergaben also eine gute geotropische Reaktionsfähigkeit der Objekte.

Ich schnitt nun sukzessive ein immer größeres Stück der Kuppe ab und stutzte auch die Blattlappen, damit nicht durch die eng anliegende Spreite, die infolge Dekapitierung herabgesetzte Reaktionsfähigkeit weiter gehemmt wurde. Zunächst schnitt ich $^1/_3$ mm der Kuppe ab und ließ das Objekt 4 Tage im feuchten Raume exponiert. Die Aufkrümmung betrug 45°. Bei einem anderen Versuche wurden $^3/_4$ mm der Kuppe entfernt. Trotz dieser bedeutenden Resektion erreichte die Krümmung noch einen Winkel von 90°. Wurde noch mehr von der Kuppe abgetragen, nämlich $1^1/_2$ mm, wobei die Lamina fast ganz abgeschnitten wird, so kam es nur noch zu einer Andeutung einer Krümmung. Wurde schließlich die ganze Lamina entfernt, und damit die etwa 2 mm starke Kuppe, so war der Stiel nicht mehr imstande, sich geotropisch aufzurichten.

Um dem Einwande zu begegnen, daß das Objekt nicht mehr wachstumsfähig gewesen wäre, wurde bei zwei Blättern die ganze Spreite samt der Kuppe abgeschnitten und der Stiel mit Tuschemarken in 2 mm Abständen versehen. Beide Stiele blieben ungekrümmt, der eine war nach 2 Tagen um 2 mm, der andere um 3 mm gewachsen, ein Zuwachs, der für eine geotropische Krümmung vollkommen ausreichend wäre.

Es ist klar, welcher Schluß aus diesen Versuchen zu ziehen ist. Wir haben es hier mit einer ausgesprochenen Spitzenperception zu tun. Diese ist derart, daß sie direkt in Parallele mit der besonderen Empfindlichkeit der Wurzelspitze gesetzt werden kann. Nur handelt es sich bei dieser um positiven Geotropismus, bei *Podophyllum* um negativen.

Wie ist es nun mit der Statolithenstärke bei *Podophyllum* bestellt? In der Mitte der Kuppe liegt ein geschlossener Komplex eigenartiger ziemlich derbwandiger Zellen, ähnlich denen der „Columella" der Wurzelhaube. Die Statocysten sind sehr groß und mit zahlreichen großen, leicht beweglichen Statolithenstärkekörnern ausgestattet. Diese Zellen reichen von der Kuppe an ungefähr $1\,^1/_2$ mm nach abwärts. Im Blattstiel ziehen sich mehrere Gefäßbündel hin, diese sind in ihrem oberen Teile von einer Stärkescheide umgeben, die noch umlagerungsfähige Stärkekörner enthält. Wahrscheinlich ist also auch dieser Teil noch geotropisch empfindlich, aber allein nicht in der Lage, die Krümmung zu bewerkstelligen. Bei dem Versuch mit $1\,^1/_2$ mm Resektion waren noch einige Zellen der Columella im Stumpfe erhalten, die im Verein mit den Zellen der Stärkescheide die, wenn auch schwache, geotropische Reaktion veranlaßten.

Infolge dieser ausgeprägten Spitzenperception nahm ich an, daß sich an der Spitze fixierte und horizontal exponierte Objekte stetig weiter krümmen und so jene schleifenförmige Einrollung bilden würden, wie wir sie von *Setaria* kennen. Aber dem ist nicht so. Die Stiele krümmten sich fast bis zur Vertikalen auf, aber überkrümmten sich nicht, trotzdem das Wachstum fortdauerte. Hier eine Zusammenstellung der vier Versuche:

1. Beginn am 11. V. 1922

    a) 12. V. 45°   13. V. 65°   15./17. V. 75°

    b) 13. V. 10°   15. V. 20°   17. V. 20°

2. Beginn am 13. V.

    c) 15. V. 70°   17. V. 70°

    d) 15. V. 60°   7. V. 60°

Abgesehen von b) sind die Objekte schließlich gleichmäßig gekrümmt. b hatte durch die Behandlung deutlich gelitten. Daß das Wachstum noch nicht erloschen war, ergab sich daraus, daß die Stengel *a*, *c* und *d* nach Beendigung des oben beschriebenen Versuches horizontal gelegt, sich nach aufwärts krümmten.

Daß sich die Stiele trotz fortdauernder Reizung nicht überkrümmten, läßt sich wohl mit folgendem erklären: die Wachstumsintensität eines abgeschnittenen Blattstieles ist nur unbedeutend. Die Hauptwachstumszone liegt apical und reicht, allmählich abnehmend, etwa 5 cm weit zurück. Die schwache Wachstumsintensität im Verein mit der Dicke des Organs verhindert aller Wahrscheinlichkeit nach die Überkrümmung des Stieles.

Entwickelte Blätter besitzen nicht mehr die Kuppe, diese liegt jetzt eingesenkt zwischen die etwas in die Höhe gehobenen Blattlappen Der Geotropismus des Organs ist noch nicht ganz geschwunden, es finden sich auch noch Statocysten in der ehemaligen Kuppe. Auch das Wachstum dauert noch fort, doch ist es auf ein 1 cm langes Stück unterhalb des Spreitenansatzes beschränkt.

VII. Versuche mit Keimpflanzen von Allium cepa.

Eine genaue Beschreibung des Keimungsvorganges von *Allium* finden wir bei SACHS (1863). Hier seien nur kurz die Hauptmomente angeführt. Die Wurzel des Keimlings tritt aus dem Samen heraus und stellt sich in die Richtung der Schwerkraft ein. Daran anschließend verläßt der basale Teil des Cotyledos, der in einer Höhlung die Vegetationsspitze mit den ersten Blattanlagen (der Knospe) einschließt, den Samen. Die Spitze des Cotyledon verbleibt zwecks Aufsaugung der Nährstoffe einstweilen im Endosperm. Da sein apicaler Teil durch den Samen und sein basaler Teil durch die Wurzel nebeneinander im Boden fixiert sind, bildet der heranwachsende Cotyledo eine Schleife, die oben in Form eines Knies gebogen ist; mit diesem durchbricht der Cotyledon das Erdreich und gelangt so ans Licht. Zuerst wachsen beide Schenkel des Cotyledos gleichmäßig, bald aber hört der apicale auf, sich zu strecken, es kommt nun zu einer Spannung: „der dickere (basale) Schenkel übt bei seiner fortschreitenden Verlängerung einen aufwärts gerichteten Zug an der Kniebeugung aus, der dahin strebt, den dünnen, nun zu kurzen Schenkel nach oben zu ziehen", dieser ist wie eine Sehne gespannt. Schließlich kann er dem Zug nicht mehr widerstehen und wird über die Erde gehoben, während der Same in der Regel im Boden stecken bleibt. „Dann erhebt sich der nun befreite Schenkel, der am anderen wie eine Peitsche hängt."

Von der späteren Literatur ist die Arbeit von NEUBERT (1903) besonders wichtig. NEUBERT befaßte sich hauptsächlich mit der Entstehung und Ausgleichung des Knies beim *Allium*-Keimling. Er stellte durch Klinostatenversuche fest, daß das Knie autonom gebildet wird und nur die Krümmungsebene von dem negativen Geotropismus des Cotyledons bestimmt wird. Die Bildung eines mehr oder minder scharfen Knies beruht nach ihm auf rein mechanischen Ursachen, indem dafür einerseits die mehr oder minder kräftige Ausbildung des Cotyledons, anderseits die Beschaffenheit des Substrates maßgebend ist. Bezüglich der Ausgleichung des Knies ist NEUBERT der Ansicht, daß sie autonom erfolge, da sie auch am Klinostaten und in der Inverslage eintritt. „Jedoch ist“, wie er weiter ausführt, „nicht zu verkennen, daß auch hier der Schwerkraft ein gewisser richtender Einfluß zukommt, insofern es bei Pflanzen am Klinostaten häufig zu allerlei Unregelmäßigkeiten während der Geradestreckung kommt.“ (S. 134). Schließlich gibt er noch an, daß die Protuberanz am Knie „davon abhängig ist, wie tief die Samen in den Boden gebracht werden, — und zwar sind die wirkenden Faktoren im einzelnen Dunkelheit und Reibung“.

Im folgenden seien einige ergänzende Versuche mitgeteilt. Das Ziel war, Näheres über die Verteilung der Sensibilität zu erfahren.

Was die Keimung betrifft, so kann ich sagen, daß die Keimlinge in den weitaus meisten Fällen nicht dem Bild entsprachen, das SACHS von ihnen entwirft. Bei meinen Kulturen fand ich z. B. Keimlinge, deren Knospe invers gestellt war. SACHS jedoch gibt gerade an, daß die Knospe durch den richtenden Einfluß der Wurzel in die richtige aufrechte Lage gebracht wird, die zur Entwicklung der Zwiebel nötig ist. Jedenfalls hängt die Lage der einzelnen Teile des Keimlings sehr von der ursprünglichen Lage des Samens und der Beschaffenheit des Substrates ab.

Die Versuche wurden mit etiolierten Keimlingen und hauptsächlich mit dem isolierten basalen Schenkel des Keimlings ausgeführt, doch wurde auch der apicale Schenkel für sich benutzt. Ferner wurde mit intakten Keimlingen experimentiert, um die gegenseitige Beeinflussung der Schenkel kennen zu lernen.

Da das Knie ein typisches Bohrorgan darstellt, so mußte natürlich der Einfluß desselben auf die geotropische Krümmung untersucht werden. Hierbei wurden beide Schenkel getrennt benutzt. Zu diesem Zwecke wurde mit einem Rasiermesser der Keimling so durchschnitten, daß einer der beiden Schenkel das ganze Kniestück trug, also der zweite Schenkel entfernt wurde. So konnte sowohl der basale als auch der apicale Teil mit oder ohne Knie studiert werden. Der basale Schenkel wurde dann mit der Wurzel, der apicale mit dem Samen in ein Glasröhrchen eingeführt und in der feuchten Kammer so horizontal exponiert, daß auch die Krümmungsebene des Knies horizontal lag. Nach 24 Stunden konnte ich an je zwei Exemplaren (a, b) folgende Krümmungen feststellen:

Basaler Schenkel	mit	Knie	a) 60°	b) 60°
„	„	ohne „	a) 40°	b) 50°
Apicaler	„	mit „	a) 60°	b) 70°
„	„	ohne „	a) 55°	b) 60°

Aus diesen Versuchen ersieht man, daß das Knie keinen besonderen Einfluß auf die Krümmung ausübt, ferner daß beide Schenkel etwa gleich gut geotropisch reagieren.

Dies ergibt sich auch aus den folgenden Versuchen: Die gleich langen Schenkel eines jungen Keimlings wurden, nach Abtragen der Hälfte vom Knie her, an der Knospe, bzw. am Samen fixiert und horizontal exponiert. Beide Stümpfe richteten sich gleichmäßig auf bis etwa 40°. Zwei intakte Keimlinge (*a* und *b*) wurden am Knie fixiert, horizontal gelegt. Das Resultat war folgendes:

a) Länge 21 mm, exponiert am 17. V. 22.
  Apicaler Schenkel am 18. V. 10°
  „ „ am 19. V. 30°
  Basaler „ am 18. V. 40°
  „ „ am 19. V. 40°
b) Länge 20 mm, exponiert am 17. V. 22
  am 18. V. 80° bei beiden Schenkeln.

Um nun zu erfahren, wie weit die Empfindlichkeit im basalen Schenkel nach unten reicht, wurde eine Reihe von Dekapitierungsversuchen derart angestellt, daß nicht nur der apicale Schenkel, sondern auch weitere Stücke des basalen vom Knie her abgeschnitten wurden. Es ergab sich, daß die Krümmungen aufhören, wenn 27—28 mm, bei einer Gesamtlänge von 40 mm, vom Knie her weggeschnitten wurden. Die allmähliche Abnahme der geotropischen Empfindlichkeit machte sich dadurch bemerkbar, daß die Krümmungswinkel um so mehr abnahmen, je mehr vom basalen Schenkel weggeschnitten wurde. Wurden z. B. nur 2 mm entfernt, so unterschied sich die Krümmung nicht von der einer intakten Pflanze. Wurde der Schenkel um 15 mm verkürzt, so betrug der Winkel nur noch 40°, bei Dekapitierung um 18 mm nur 30°, bei Entfernung von 25 mm kam es zu Krümmungen, die zwischen 1 und 5° lagen.

Von NEUBERT wird die starke Knickung als eine Zwangslage, bedingt durch die Einklemmung beider Schenkel im Erdboden, angesehen. Dies dürfte jedoch nicht in allen Fällen zutreffen, auch nicht wenn die Schenkel eng aneinanderliegend den Erdboden durchbrochen haben. Zu mindesten gilt dies für Keimlinge, die ½ cm über die Oberfläche ragen. Wäre eine Spannung vorhanden, so müßten die Schenkel auseinanderweichen, wenn man den einen befreit. Zur Feststellung, ob eine solche vorliegt oder nicht, wurde bei ½—1 cm über die Oberfläche ragenden Keimlingen der apicale Schenkel kurz über dem Erdboden durchgeschnitten. In den meisten Fällen klafften die beiden Schenkel nur ganz minimal auseinander; bei einigen wenigen betrug der Abstand nach dem Durchschneiden das zwei- bis dreifache des Durchmessers des basalen Schenkels. Bezüglich der Aufrichtung des befreiten apicalen Schenkels ist zu bemerken, daß sie nur bis zur Horizontalen erfolgte, das Knie also einen rechten Winkel bildete. Das äußerste Ende des apicalen Schenkels krümmte sich meist ganz vertikal. Hängt man einen Keimling am Knie über eine Nadel im feuchten Raum, so richtet sich der apicale Schenkel bis zur Horizontalen auf.

Rotationsversuche konnten leider nicht gemacht werden, da die Pflanzen sehr zart sind und selten so gerade wuchsen, wie es für eine genaue Zentrierung nötig ist.

Soweit sich bisher überblicken läßt, können wir folgende Sensibilitätsverteilung annehmen. Beide Schenkel sind empfindlich; im basalen nimmt die Sensibilität nach der Knospe zu ab, im apicalen scheint der dem Samen zunächst liegende Spitzenteil am empfindlichsten zu sein. Die Empfindlichkeit nimmt also im ganzen basipetal ab, wogegen das Wachstum nach SACHS am stärksten im basalen Teile nahe der Knospe stattfindet. Wir finden also trotz der Kniebildung im wesentlichen ähnliche Verhältnisse wie bei den Coleoptilen der Poaeoideen.

Mit der Statolithentheorie steht die Verteilung der Empfindlichkeit über eine lange Strecke im Einklang, da, wie schon SACHS gefunden und abgebildet hat, das Gefäßbündel des Cotyledons von einer stärkeführenden Scheide begleitet wird.

VIII. Zusammenfassung der Hauptergebnisse.

1. Die vier untersuchten Keimstengel sind nur in einer apicalen Zone geotropisch empfindlich; innerhalb dieser Zone ist die Sensibilität gleichmäßig verteilt. Das Wachstum nimmt von der Spitze an in basipetaler Richtung ab. Besonders bemerkenswert ist, daß die empfindliche Strecke wesentlich kürzer ist als die Gesamtwachstumszone, somit eine teilweise Trennung von Perceptions- und Reaktionszone vorhanden ist. Allerdings wächst die empfindliche Partie am stärksten. Mit der Zunahme der Objektlänge nimmt auch die Länge der empfindlichen Zone zu, teils in direkter Proportionalität (*Vicia* und *Lepidium*), teils in geringerem Maße (*Brassica* und *Linum*).

2. Die Verteilung der geotropischen Empfindlichkeit ist bei *Bellis* eine ungleichmäßige und erstreckt sich in 30 mm langen Inflorescenzachsen über eine etwa 21 mm lange Zone. Die maximale Empfindlichkeit liegt im ersten Drittel dieser Strecke, in den restlichen zwei Dritteln nimmt die Sensibilität nach der Basis zu ab. Auch bei *Bellis* nimmt das Wachstum von der Spitze nach der Basis ab.

3. Bei *Podophyllum peltatum* besteht eine extreme Lokalisierung der geotropen Empfindlichkeit. Diese ist auf die Blattkuppe beschränkt, welche ein Bohrorgan darstellt. Der Blattstiel von *Podophyllum* stimmt bezüglich Bau des Perceptionsorgans und Trennung der Perceptions- und Reaktionszone in weitgehendem Maße mit der Wurzel überein.

4. Bei *Allium cepa* sind beide Schenkel des Cotyledons geotropisch empfindlich, im basalen nimmt die Sensibilität nach der Knospe zu ab, im apicalen scheint der dem Samen zunächst liegende Spitzenteil am empfindlichsten zu sein. Die Empfindlichkeit nimmt also im ganzen basipetal ab, wogegen das Wachstum nach SACHS am stärksten im basalen Teile nahe der Knospe stattfindet. Wir finden also trotz der Kniebildung im wesentlichen ähnliche Verhältnisse wie bei den Coleoptilen der Poaeoideen.

5. Bei allen untersuchten Objekten ergab sich ein örtliches Zusammentreffen von empfindlicher Zone und Statolithenstärke. Diese ist bei den Keimstengeln innerhalb der empfindlichen Zone quantitativ in gleichmäßiger Weise verteilt, während bei den anderen Objekten der stärkeren Empfindlichkeit des apicalen Teiles eine größere Menge Stärke gegenüber den anderen — weniger empfindlichen — Teilen entspricht.

Literatur.

1. BRUNCHORST: Die Funktion der Spitze bei den Richtungsbewegungen der Wurzeln. I. Geotropismus. Ber. d. dtsch. botan. Ges. 2. 1884. — 2. CIESIELSKI: Untersuchungen über die Abwärtskrümmung der Wurzeln. Cohns Beitr. z. Biol. d. Pflanzen 1. 1871. — 3. CZAPEK: Weitere Beiträge zur Kenntnis der geotropischen Reizbewegungen. Jahrb. f. wiss. Botanik 32. 1898. — 4. Ders.: Über den Nachweis der geotropen Sensibilität der Wurzelspitze. Ebenda 35. 1900. — 5. CH. DARWIN: Das Bewegungsvermögen der Pflanzen. Deutsche Ausgabe von I. V. CARUS. 1881. — 6. FR. DARWIN: On geotropism and the localization of the sensitive region. Ann. of botany 13. 1899. — 7. Ders.: On the localization of geoperception in the cotyledon of *Sorghum*. WIESNER-Festschr. Wien 1908. — 8. DEWERS: Untersuchungen über die Verteilung der geotropischen Sensibilität an Wurzeln und Keimsprossen. Beih. z. Botan. Zentralbl. 31, 1. 1913. — 9. ENGLER-PRANTL: Die natürlichen Pflanzenfamilien. Berberidaceen 3 (2), 70. — 10. GOEBEL: Organographie der Pflanzen. I. Allgemeine Organographie S. 10/11. — 11. v. GUTTENBERG: Über die Verteilung der geotropischen Empfindlichkeit in der Coleoptile der Gramineen. Jahrb. f. wiss. Botanik 50. 1911. — 12. v. GUTTENBERG: Der heutige Stand der Statolithentheorie des Geotropismus. Naturwissenschaften Jg. 8, H. 29. — 13. HABERLANDT: Die Schutzeinrichtungen der Keimpflanze. *Allium cepa*. 1877. 77. — 14. Ders.: Über die Verteilung der geotropischen Sensibilität in der Wurzelspitze. Jahrb. f. wiss. Botanik 45. 1908. —

15. Jost: Studien über Geotropismus. I.   Zeitschr. f. Botanik 4. 1912. — 16. Massart: Sur l'Irritabilité des plantes supérieures. Mém. couronnés etc. publ. par l'acad. roy. de Belgique. Bruxelles 1902. — 17. Němec: Über die Wahrnehmung des Schwerkraftreizes bei den Pflanzen. Jahrb. f. wiss. Botanik 36. 1901. — 18. Neubert: Untersuchungen über die Nutationskrümmungen des Keimblattes von *Allium*. Ebenda 38. 1903. — 19. Piccard: Neue Versuche über die geotropische Sensibilität der Wurzelspitze. Ebenda 40. 1904. — 20. Rothert: Über Heliotropismus. Cohns Beitr. z. Biol. d. Pflanzen 7. — 21. Sachs: Über die Keimung des Samens von *Allium cepa*. Gesammelte Abh. 1, 28. 1863. — 22. Ders.: Über das Wachstum der Haupt- und Nebenwurzeln. Ebenda 2, 31. 1873. — 23. Tröndle: Der zeitliche Verlauf der geotropischen Reaktion und die Verteilung der geotropischen Sensibilität in der Coleoptile. Jahrb. f. wiss. Botanik 52. 1913. — 24. Wiesner: Untersuchungen über die Wachstumsbewegungen der Wurzeln. Sitzungsber. d. Akad. Wien 89, Abt. 1. 1884.

BEITRÄGE ZUR KENNTNIS DER PLASMAHAUT.

Von

ALFRED WEIS,
Leipzig.

Mit 9 Textabbildungen.

(Eingegangen am 18. Dezember 1924.)

Einleitung.

Nach der Anschauung älterer Autoren, vor allem PFEFFERS (1877, 1890, 1904), nimmt man an, daß der Protoplast der lebenden Pflanzenzelle durch Grenzschichten von besonderer Beschaffenheit gegen die Zellwand und das Außenmedium einerseits und die Vakuole andererseits abgegrenzt sei: Die Plasma- und die Vakuolenhaut. Diesen Grenzschichten schreibt man eine ausschlaggebende regulatorische Wirkung bei dem Stoffwechsel der Zelle zu.

Bei seinen vielfältigen Bemühungen, die Existenz einer solchen Plasmahaut experimentell nachzuweisen, beobachtete PFEFFER (1877) in einem einzigen Falle an einem plasmolysierten Protoplasten eines Wurzelhaares von *Hydrocharis*, dessen Oberflächenschicht durch Säurezusatz zum Plasmolytikum zur Koagulation gebracht, und der aus dem säurehaltigen in ein gefärbtes Plasmolytikum übergeführt worden war, wie der Farbstoff von einer einzigen Stelle der Plasmagrenzfläche aus sich im ganzen Protoplasma verbreitete, ehe er in die Vakuole übertrat. Bei der Überführung aus der angesäuerten plasmolysierenden Flüssigkeit in die gefärbte mußte nach PFEFFERS Deutung durch eine geringe osmotische Druckdifferenz ein unsichtbarer Riß in der koagulierten Plasmahaut entstanden sein, durch den hindurch sich der Farbstoff ungehindert in den inneren Plasmabezirken verbreiten konnte. Durch diesen Versuch ist, nach PFEFFER, der exakte Beweis geliefert, „daß die peripherische, membranartig erscheinende Schicht, welche das getötete (koagulierte) Protoplasma umkleidet, diosmotische Eigenschaften wie das lebende Plasma zeigt, während in dem umschlossenen koagulierten Protoplasma die Farbstoffe sich leicht verbreiten." (PFEFFER 1877, S. 137).

Außer diesem einen Versuch ist aber kein bestimmtes Anzeichen dafür bekannt, daß die Grenzschicht des lebenden Protoplasten sich in ihrem optischen, chemischen, und vor allem diosmotischen Verhalten von der eigentlichen Masse des Protoplasmas unterscheidet.

Dies beweist jedoch nichts gegen ihre Existenz. Denn die Plasmahaut müßte mindestens eine Stärke von 0,2 μ haben, um mikroskopisch als diskrete Haut sichtbar zu werden. Sie kann jedoch viel dünner sein, ohne daß ihre Funktionen beeinträchtigt würden. So berechnete DEVAUX, daß das Oberflächenhäutchen eines Albuminoids in Wasser noch bei einer Dicke von 0,006 μ die physikalisch-chemischen Eigentümlichkeiten einer trennenden Membran aufweist. (ZANGGER 1908.) Wie FREUNDLICH (1924) anführt, kann ein Flüssigkeitshäutchen sehr wohl aus nur einer Lage von Molekülen bestehen, die nicht einmal zusammenzuhängen brauchen, denn die Dicke einer Trioleinschicht auf Wasser wurde zu 0,001 μ bestimmt. Weiter zeigt eine Überlegung von HOFMEISTER (1914), welche große Anzahl von Molekülen und Kolloidteilchen in einem Würfel von 0,1 μ Kantenlänge untergebracht werden kann. Er vergleicht einen solchen Würfel mit einer großen Fabrik. Aus alledem geht hervor, welche Mannigfaltigkeit von Reaktionsmöglichkeiten noch eine Plasmagrenzschicht von submikronischer Mächtigkeit bietet. Ferner ist zu bedenken, daß die optischen Konstanten der plasmatischen Bestandteile kaum so stark voneinander abweichen, daß die Grenze der mikroskopischen Auflösbarkeit erst bei 0,2 μ liegt. Wo. OSTWALD macht 1924 darauf aufmerksam, daß bei stark solvatisierten Dispersoiden aller Wahrscheinlichkeit nach die Solvathülle kontinuierlich in das Dispersionsmittel übergeht. Deshalb ist bei den dispersen Teilchen auch keine scharfe optische Grenze ausgebildet, sondern die optischen Eigenschaften der einzelnen Teilchen gehen allmählich in die des Dispersionsmittels über. Die Unterschiedsschwelle dürfte sich also bei mikroskopischer wie ultramikroskopischer Betrachtung gerade für die hier in Betracht kommenden Objekte wesentlich erhöhen.

Ebensowenig wie auf optischem Wege läßt sich chemisch ein direkter Nachweis der Plasmahaut erwarten. Die vorhandene Stoffmenge ist viel zu gering, um etwa eine mikrochemische Reaktion zu ermöglichen (vgl. BRUNSWIK 1923), selbst wenn spezifische Reagentien auf die in Frage kommenden Stoffe zur Verfügung stünden.

Die ganze ausgedehnte Diskussion, die die Frage nach der Natur der Plasmahaut und ihren Eigenschaften in der gesamten physiologischen Literatur gefunden hat, entspringt also nur dem Bedürfnis, für die selektive Tätigkeit der lebenden Zelle eine Erklärung zu finden. Es ist geradezu als eine logische Forderung bezeichnet worden, daß die lebende Zelle mit einer besonderen Haut umkleidet sei (BOAS 1921). In neuerer Zeit jedoch wird wiederholt darauf hingewiesen, daß man dem Ziele der Erklärung der Stoffaufnahme durch die lebende Zelle nicht näher kommt, wenn man die PFEFFERsche Ansicht von der regulatorischen Tätigkeit einer besonderen Plasmahaut beibehält, als wenn man diese bei der lebenden Plasmamasse insgesamt voraussetzt (HECHT 1912,

S. 188; ILJIN 1923; LEPESCHKIN 1913, 1924). LEPESCHKIN faßt den oben beschriebenen Versuch gerade entgegengesetzt auf, wie PFEFFER es tat: Bei *Spirogyra* und anderen Pflanzenzellen koagulieren die äußeren Schichten durch Erwärmung früher als die gesamte Plasmamasse (LEPESCHKIN 1923). Die äußerste Schicht in PFEFFERs Protoplasten war also bereits koaguliert. Sie hatte den Farbstoff aufgenommen, ohne daß ihre Färbung wegen ihrer geringen Schichtdicke mikroskopisch wahrnehmbar gewesen wäre. Die darunter liegende Plasmaschicht lebte noch und war deshalb nicht färbbar. Sie koagulierte erst kurz nach dem Wechsel der Plasmolytika von der „Rißstelle" aus und nahm danach sukzessive den Farbstoff an.

Wegen der Unmöglichkeit eines direkten Nachweises der Plasmahaut ist man also gezwungen, aus den physiologischen Reaktionen der Zelle gegenüber den verschiedensten dargebotenen Agentien Rückschlüsse auf die physikalisch-chemischen Eigenschaften der Grenzschicht des Protoplasten zu ziehen. Näher auf die mannigfaltigen experimentellen Untersuchungen und Arbeitshypothesen einzugehen, die die Natur der Plasmagrenzschichten und die Prinzipien der Stoffaufnahme betreffen, würde hier zu weit führen. Im wesentlichen sind sie in jedem modernen einschlägigen Lehrbuche diskutiert (HÖBER 1922—24, BENECKE-JOST 1924, v. TSCHERMAK 1924, LEPESCHKIN 1924).

Einen neuen Anstoß erhielt das Problem durch die Arbeit, die HANSTEEN-CRANNER[1]) im Jahre 1922 veröffentlichte. Auf früheren Untersuchungen aufbauend, (H.-C. 1910, 1914, 1919), gibt der Verfasser als Hauptergebnis seiner Analysen und Beobachtungen bekannt, daß

„1. sowohl Wurzeln als auch allerlei andere Zellgewebe der verschiedensten Pflanzen auch in dem reinsten destillierten Wasser ... beim vollen Leben immer sowohl wasserlösliche als unlösliche Phosphatide massenhaft abgeben,

2. daß diese Phosphatide nicht allein aus den Zellwänden, sondern auch aus den plasmatischen Grenzschichten stammen und hier für die Permeabilitätsverhältnisse der Zelle bestimmend sein müssen, und

3. daß diese Grenzschichten mit diesen Phosphatiden die Zellwände durchdringen und so mit diesen überall intim verbunden sind."

Chemisch stellt H.-C. die vorgefundenen Stoffe zu den Phosphatiden, da er als Spaltprodukte Glycerin, verseifbare Fettsäuren und unverseifbare Ätherresidua, Phosphorsäure, und N-haltige Bausteine vom Typus des Betains bzw. Cholins in den verschiedenen durch Behandlung mit 10vH. Pb-acetat, Alkohol, Äther und Aceton erhaltenen Fraktionen feststellte. Physikalisch aber unterscheiden sie sich

---

[1]) Der Name dieses oft zitierten Autors wird im folgenden mit H.-C. abgekürzt.

sehr wesentlich von den bisher bekannten Lipoiden (THUDICHUM 1901, BANG 1911, CZAPEK 1913/21) wie Lecithin und Cholesterin, da sie zum Teil in Wasser löslich sind, sich aber mit Äther nicht ausschütteln lassen, so lange sie nicht denaturiert werden. Zum mindesten sind sie also einer neuen, noch näher zu erforschenden Gruppe von Phosphatiden zuzurechnen (H.-C. 1922, S. 132—135). Auch wenn die Versuchsflüssigkeiten durch die Massen der ausgeschiedenen Phosphatide stark getrübt waren, ergaben sie niemals eine Eiweißreaktion. Daraus schließt H.-C., daß in der äußeren Plasmaschicht *keine Eiweißkomponente* enthalten sei, daß vielmehr die Plasmagrenzflächen nur von diesen neuartigen, labilen *Phosphatiden* eingenommen würden. Denn, so folgert er, „kämen eiweißartige Substanzen in den genannten Grenzschichten vor, müßten doch ihre Moleküle mit den ebenfalls unzweifelhaft sehr großen Molekülen der unlöslichen Phosphatide zusammen haben heraustreten können" (H.-C. l. c., S. 104).

Zur näheren Prüfung seiner Schlüsse untersuchte er plasmolysierte Zellen der Innenepidermis der Zwiebelschuppen von Allium cepa bei Dunkelfeldbeleuchtung. Bei der Plasmolyse dieser, aber auch aller anderen untersuchten Pflanzenzellen (vgl. HECHT 1912, dort auch weitere Literatur), löst sich der Protoplast nicht glatt von seiner Zellwand los, sondern er bleibt unregelmäßig daran haften und zieht sich zu zahlreichen, mehr oder weniger feinen Fäden aus. Er verrät so eine zähe, klebrige Beschaffenheit, wie sie auch die ausgeschiedenen Phosphatide hatten, wenn H.-C. sie unter möglichster Vermeidung aller chemischen Veränderungen abfiltrierte (H.-C. 1922, S. 44, 59f.).

In der Dunkelfeldbeleuchtung strahlen die ausgesponnenen Fäden, die Zellwand mit ihren anhaftenden Plasmaresten, und die Oberfläche des kontrahierten Plasmaleibes ein intensives Licht aus, während der Plasmaleib selbst optisch ziemlich leer ist und daher fast dunkel erscheint. „*Diese zähe und in dem Dunkelfelde stark leuchtende Substanz, die also den Plasmakörper umhüllt, seine Grenzschichten bildet, und von diesen ab auch in die Zellwände übergeht,*" muß „*unzweifelhaft aus unseren wasserunlöslichen aber stark hydrophilen Phosphatiden gebildet sein*" (H.-C., 1922, S. 119).

Das, was im Dunkelfelde leuchtet, ist aber im allgemeinen keine Substanz, sondern die Grenzfläche zwischen zwei Substanzen, hier also die Grenzfläche der Fäden und des kontrahierten Protoplasten gegen die plasmolysierende Flüssigkeit. An diesen Flächen wird das Licht je nach ihrer Ausdehnung abgebeugt oder — das ist bei den verhältnismäßig großen biologischen Objekten am häufigsten — reflektiert. Die beschriebenen Fäden leuchten z. B. keinesfalls durch und durch, wenn die Plasmolyse in Traubenzuckerlösung vorgenommen wurde. Sie sind vielmehr ganz hyalin und durch zwei feine helle Längslinien begrenzt, wie man bei starker Vergrößerung ohne weiteres sieht. Diese leuchtenden Längslinien geben aber aus dem soeben angeführten Grunde wieder keine Berechtigung, auf eine besondere begrenzende Schicht zu schließen. Selbst wenn die Fadensubstanz durch und durch hell erscheint, wie meist nach Plasmolyse in $CaCl_2$, bleibt noch die Frage offen, ob dieses Leuchten nicht auf totaler Reflexion beruht wie etwa das silberne Glänzen einer Luftblase in Wasser. In $CaCl_2$ leuchten außerdem auch die vielen dicht liegenden Granula im Inneren des Plasmas. Man kann keine besondere Substanz erkennen, die die Grenzschicht des Zellplasmas bildet.

Überhaupt geben die optischen Eigentümlichkeiten der Dunkelfeldbeleuchtung leicht zu unzulässigen Schlüssen Anlaß. Wenn die Brechungskoeffizienten sich nur wenig unterscheiden, können vorhandene Objekte unsichtbar bleiben. Andererseits können Teilchen, die nur schwaches Licht aussenden, durch das viel stärkere Reflexlicht größerer Grenzflächen überstrahlt werden. Das zeigen schon die Tafeln, die der bekannten Arbeit von GAIDUKOV (1910) beigegeben sind. Die Querwände der Oscillarien auf Taf. IV und sogar die eine Querwand der Spirogyrazelle auf Taf. II sind im Dunkelfelde selbst bei Beobachtung mit Apochromaten vollständig unsichtbar, während sie im Hellfelde ohne jede Schwierigkeit aufgelöst werden.

Die zitierte Folgerung H.-C. erscheint also schon aus diesem Grunde fraglich.

Wenn aber eine vom übrigen Plasma in irgendeiner Hinsicht verschiedene Plasmahaut den Zelleib umkleidet, dann *muß diese Substanz in den fein ausgesponnenen Fäden in relativ größerer Menge* vorhanden sein als in dem abgekugelten, plasmolysierten Protoplasten. Wenn also eine Plasmahaut überhaupt existiert — und wie hypothetisch deren Existenz ist, wurde oben gezeigt — dann ist zu erwarten, daß sich *die bei der Plasmolyse ausgesponnenen Fäden*, besonders die feinsten, *anders verhalten als die kontrahierte Hauptmasse des Plasmas.* In zweiter Linie könnte das Verhalten der Fäden einen Anhalt bieten über die chemische Zusammensetzung der Plasmagrenzschicht.

Dies ist der leitende Gedanke der vorliegenden Untersuchungen.

Methode und Objekt.

Bildung und Bau der Plasmafäden wurden bereits mehrfach untersucht. HECHT gibt 1912 eine Übersicht der Literatur, die bis dahin darüber erschienen ist. Er wandte den Anfangsstadien der Plasmolyse seine besondere Aufmerksamkeit zu und studierte sorgfältig die Zerfallserscheinungen der Fäden. Nach ihm wiesen H.-C. (1919) und WEBER (1921) in kurzen Mitteilungen darauf hin, daß die Fadenbildung unter verschiedenen Bedingungen in verschiedener Weise vor sich geht. H.-C. verfolgte die Verschiedenheiten der Fadenbildung weiter im Zusammenhange mit seinen oben erwähnten Untersuchungen (1922). CHOLODNY

verglich endlich den Habitus der plasmolysierten Protoplasten verschiedener Pflanzen und nach Einwirkung verschiedener Agentien miteinander. Er teilt die Pflanzen in seiner 1924 erschienenen Arbeit in
drei Gruppen: A) Solche, deren Protoplasten nach eingetretenem Gleich-
gewichtszustande, aber vor der Entmischung, eine ganz unregelmäßige
Gestalt haben und dickere Fäden tragen. B) Solche, deren Protoplasten
sich zu kugeliger oder ellipsoider Form mit ganz feinen Fäden kontrahieren; und drittens eine Zwischengruppe AB, die bald nach diesem,
bald nach jenem Typus plasmolysiert wird. Zu der letzteren Gruppe
zählen die Epidermiszellen der Zwiebelschuppen von Allium cepa, die
auch das Objekt der vorliegenden Untersuchungen bilden. Nach CHO-
LODNY sollen sie „im großen ganzen" in Elektrolytlösungen nach Typus A,
in denen von Nichtelektrolyten nach B plasmolysiert werden.

Es sei im voraus bemerkt, daß ich mit den von mir verwendeten
Zwiebelsorten CHOLODNYs Angaben nicht bestätigen konnte, wie aus
den beigegebenen Abbildungen hervorgeht.

Bei meinen hier beschriebenen Versuchen kam es darauf an, spezifische Reaktionen der Fäden und des Habitus der Protoplasten auf verschiedene Agentien festzustellen. Bei derartigen zellphysiologischen
Untersuchungen wird immer wieder die Schwierigkeit betont, daß unmittelbar nebeneinander liegende Zellen oft ganz verschieden reagieren
(KLEMM 1895, S. 632; KÜSTER 1910). Man muß daher ein Objekt so
genau wie möglich kennen. Nur sorgfältige Wahl des Materials und
genaue Kenntnis seiner Eigenheiten durch stete Beobachtung vermag
vor Täuschungen zu bewahren. Ich beschränkte mich deshalb in der
Hauptsache auf ein einziges Versuchsobjekt und wählte dazu die wegen
ihrer mannigfachen Vorzüge oft benutzte Innenepidermis der Zwiebelschuppen von Allium cepa.

Nur frische, mittlere, vollständig turgeszente Zwiebeln wurden verwendet, bei denen sich die Epidermis leicht abziehen ließ, ohne daß
etwas vom Untergewebe daran haften blieb. Die Zwiebeln wurden in
mehrere Sektoren zerschnitten. Dann wurde die Innenfläche der mittleren Schuppen passend mit einem Rasiermesser eingeritzt, so daß die
Epidermisstücke gleich fertig zurechtgeschnitten mit einer Pinzette abgezogen werden konnten. So wurden aus den mittleren Gebieten jeder
mittleren Schuppe meist 10—20 Stücke gewonnen und auf die Schälchen einer Serie verteilt. Eine, höchstens zwei Zwiebeln lieferten eine
genügende Anzahl von Objekten für eine Versuchsreihe, die individuellen
Schwankungen waren also so gering wie möglich. Nach Bedarf konnte
man auch leicht Streifen von 5 mm Breite und 3—4 cm Länge erhalten.
Da sie nur aus einer Zellschicht bestehen, bespülen die Agentien alle
Zellen so gleichmäßig wie möglich. Die Lösungen befanden sich in
Schälchen aus altem Glase mit aufgeschliffenem Deckel und 15—20 ccm

Fassungsvermögen. Die Epidermisstücke wurden mit der unverletzten Seite nach oben auf den Flüssigkeiten ausgebreitet.

Auf eine Fixierung der Fäden wurde verzichtet. Zwar hat ÅKERMAN (1914) eine brauchbare Methode angegeben, wie sich plasmolysierte Protoplasten konservieren lassen. Dabei bleibt auch eine Anzahl Fäden erhalten. Ihre mechanische Widerstandsfähigkeit und ihre Zahl wird aber bei jeder bisher versuchten Fixierung vermindert und vor allem wird ihre Substanz chemisch verändert. Deshalb wurden keine ausgiebigen Versuche in dieser Richtung, etwa mit Sublimat oder dergleichen, angestellt.

Zur Beleuchtung diente eine Liliputbogenlampe von LEITZ für 5 bis 6 Ampere. Ihr Licht fiel durch eine mit verdünntem Tetramminkuprisulfat gefüllte Küvette, da sich die blauen Strahlen zur Auflösung der feinsten Fadenkonturen günstig erwiesen. Die Dunkelfeldbeleuchtung wurde mit dem Paraboloidkondensor von ZEISS hergestellt. Beobachtet wurde mit apochromatischen Objektiven und Kompensationsokularen derselben Firma, bei Habitusbildern wegen der größeren Tiefenschärfe meist mit dem Obj. 16 mm, n. Ap. 0,30, bei feineren Untersuchungen mit dem Spezialobjektiv für Dunkelfeldbeleuchtung, der homogenen Immersion X, n. Ap. 0,85, beide in Verbindung mit 4—18facher Okularvergrößerung.

Bei Dunkelfeldbeleuchtung waren auch zarte Fäden meist ohne Schwierigkeit schon bei ziemlich schwacher Vergrößerung (100fach) sichtbar, während HECHT sie nur durch Färbung mit Eosin deutlich machen konnte.

Im folgenden wird der Habitus der Alliumprotoplasten und ihrer Fäden verglichen, wenn die Plasmolyse mit verschiedenen Lösungen vorgenommen wird. Zu diesem Zwecke wurden die Protoplasten in den verschiedenen plasmolysierenden Lösungen nach Zahl, Stärke, Aussehen und Verhalten der ausgesponnenen Plasmafäden, Form, Kontur, Oberfläche, Leuchtkraft und Fällungszustand des kontrahierten Plasmaleibes beurteilt. Schließlich wurde auch etwaige BROWNsche Molekularbewegung der Granula im Plasma notiert[1]), wo sie einwandfrei zu erkennen war (zur Kritik vgl. WEBER 1924, S. 704). Nach diesen Gesichtspunkten wurde die Wirkung der elektrolythaltigen Plasmolytika mit der von Traubenzuckerlösung[2]) als Standardplasmolytikum verglichen. Der TrZ. gab bei gutem Zellmaterial, auch verschiedener Herkunft und verschiedenen Alters, nur wenig voneinander abweichende Plasmolysebilder und dürfte die geringsten chemischen und kolloiden Veränderungen im Zelleib hervorrufen. Er war stets ziemlich konzentriert,

---

[1]) Brownsche Molekularbewegung wird im folgenden mit BMB abgekürzt.
[2]) Traubenzucker wird im folgenden mit TrZ. abgekürzt.

1,37 (= 25proz.) oder 1,5 m. Die Fäden werden nach meiner Erfahrung bei rascher, starker Plasmolyse nicht geschädigt, noch weniger zerrissen, sondern nur feiner, länger und zahlreicher ausgesponnen als bei vorsichtiger. Beobachtet man ein Epidermisstück, das in der oben beschriebenen Weise von der Schuppe gelöst und 1—1 ¹/₂ Stunden mit TrZ. plasmolysiert wurde, im Dunkelfelde, so erhält man folgendes Bild (Abb. 1).

Die Zellen sind regelmäßig und sehr groß. Die Protoplasten haben sich weit kontrahiert und liegen den Zellwänden nur noch etwa zur Hälfte an, meist an den Längswänden. *Die Fäden sind „häufig" bis „sehr häufig".* Sie ziehen meist von den stark gewölbten Kuppen des Protoplasten nach den Querwänden, zu 5—20, aber auch mehr von jeder Kuppe aus. An Stellen der Längswand, wo der Plasmabelag vom Plasmolyticum beulenartig eingedrückt ist, sitzen oft

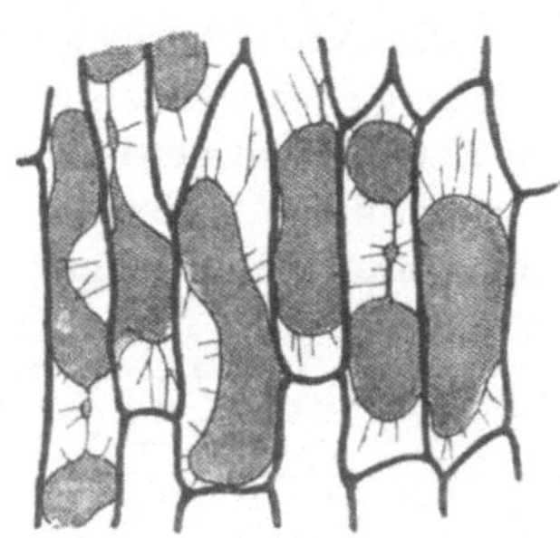

die meisten Fäden, sie sind aber nicht so lang wie die in der Längsrichtung der Zellen verlaufenden. Bei geeigneter Einstellung sieht man, daß auch Fäden an der unverletzten Oberseite der Zellen ansitzen, daß also nicht etwa Plasmodesmen ihre Entstehung bedingen. *Die Fäden sind sehr fein und „ganz hyalin",* d. h. sie leuchten so wenig, daß man die meisten selbst im unkelfelde erst nach Deinigem Suchen sieht, weil sie von der Plasmagrenzfläche und den Zellmembranen mit deren hellem Reflexlichte überstrahlt werden. Wenn sie durch geringes Bewegen des Spiegels oder seitliches Verschieben der Blende etwas exzentrisch beleuchtet werden, treten sie oft lokal deutlicher hervor als bei ganz vorschriftsmäßiger Stellung

Abb. 1. TrZ. Vergr. 100. Erklärung im Text¹), S. 152 ff.

des optischen Apparates. Die Fadensubstanz erscheint homogen, nur ab und zu findet sich ein hell leuchtendes Granulum oder ein kugeliges, auch etwas in die Länge gezogenes Tröpfchen. Die längeren Fäden zittern deutlich und unaufhörlich in nicht zu schneller Bewegung, ein wichtiges Unterscheidungsmerkmal von denen in anderen Agentien. Im Laufe der Zeit, nach etwa 10—12 Stunden, nimmt das Zittern der Fäden meist zu, ihre Substanz zieht sich zu Tröpfchen zusammen, die in größerer Anzahl aufgereiht, den Fäden das Aussehen schwach glitzernder, schaukelnder Perlenschnüre geben können. Auch die Granula vermehren sich. Ein Teil der Fäden zerreißt. Sie schwingen dann,

---

¹) Alle Abbildungen außer Abb. 4 und 7 sind nach den photographischen Platten gezeichnet, sie geben also die Negative wieder. Man sieht hier viel weniger Fäden als bei subjektiver Beobachtung, weil jedesmal nur ein Raum von ganz geringer Tiefe scharf abgebildet wird. Deshalb werden auch die Konturen des Protoplasten an vielen Stellen unscharf. Wegen der größeren Tiefenschärfe wurden die Aufnahmen mit schwachem Objektiv (Zeiss, Apochromat 16 mm, nur bei Abb. 9a und b mit Apochromat 8 mm) und starker Okularvergrößerung (Zeiss, Kompensationsokulare 8 bzw. 12) gemacht. Zur Beleuchtung diente eine Liliputbogenlampe und der Paraboloidkondensor von Zeiss. Ein Lichtfilter wurde bei den reproduzierten Abbildungen nicht verwendet.

Die Abb. 4 und 7 geben zwei der photographischen Aufnahmen in unveränderter Größe wieder.

nur an einem Ende noch befestigt, unter mancherlei Biegungen im „freien Zellraume", dem Raume zwischen kontrahiertem Protoplasten und Zellwand, verkleben mit längeren Nachbarfäden und rufen bei schwächerer Vergrößerung das Bild „faseriger" Struktur hervor. Schließlich zerfällt das ganze Fadengewirr zu kugeligen Tröpfchen und bleibt an der Wand kleben, oder die kleineren tanzen auch als leuchtende Granula in BMB im „freien Zellraume" (vgl. auch HECHT 1912, S. 163 ff., 174 f.).

Wenn nach einigen Stunden der Gleichgewichtszustand eingetreten ist, ist der Plasmaleib durch die Wirkung der hochkonzentrierten Lösung oft in zwei oder mehr Anteile zerlegt worden (vgl. HECHT 1912, Abb. S. 161). Einer oder einige von diesen abgetrennten Plasmateilen sind gelegentlich klein und ohne sichtbare Vacuole, „*Plasmainseln*", und durch dickere plasmatische Stränge, die „*Brücken*" miteinander verbunden, oft zu ganzen „*Inselketten*". Deren Häufigkeit, die Gestalt der Plasmainseln, die mehr oder minder gleichmäßige Stärke der Brücken dienen zur Beurteilung der Oberflächenspannung und Viscosität des Plasmas. In der TrZ.-Lösung sind die Protoplasten meist nicht vollständig „*abgekugelt*", sondern ihrer Gestalt nach etwas „*unregelmäßig plasmolysiert*". Die Viscosität ist im Vergleich zur Oberflächenspannung so groß, daß die Form der minimalen Oberfläche nicht oder erst sehr spät erreicht wird, nur die Inseln haben gewöhnlich Kugelgestalt. Die Konturen der Plasmateile sind aber überall glatt und abgerundet. Dann lassen nur die fein ausgesponnenen Fäden, die unvermittelt und etwa radial an der stetig gekrümmten Oberfläche des Protoplasten ansitzen, erkennen, daß die Plasmolyse ein viel gewaltsamerer Vorgang ist als eine glatte Trennung zweier aneinandergelegter Gelmembranen (vgl. HECHT, l. c., Taf. V; Abb. 3 und 9).

Die Oberfläche der kontrahierten Plasmaleiber ist stets glatt und gibt ein verhältnismäßig geringes Reflexlicht, ist also optisch von der in den freien Zellraum gedrungenen TrZ.-Lösung nur wenig verschieden. Wie die Fäden, so erscheint auch das ganze Plasma ausgesprochen hyalin, im Gegensatz zum Bilde in $CaCl_2$-Lösung. Auch von einer Granulierung der Oberfläche oder gar einer „krustigen" Struktur, die auf eine Fällung in der Plasmahaut oder in den unmittelbar darunter liegenden Plasmaschichten schließen ließe, ist keine Spur zu bemerken.

Wohl aber sind Fällungen in den inneren Plasmaschichten eingetreten. Ob durch den Wasserentzug (über Wasserabgabe des Plasmas bei Plasmolyse vgl. WALTER 1923) oder durch andere Einflüsse, ist nicht zu entscheiden. Das Plasma erscheint bei einer Untersuchung der Zellen in Leitungs- oder destilliertem Wasser sofort nach dem Abziehen optisch fast leer, nimmt aber während der Kontraktion in TrZ.-Lösung einen schwach milchigen Ton an. Dieser ist typisch für TrZ.-Plasmolyse, findet sich nicht bei den meisten Elektrolyten, vor allem nicht bei Alkalisalzen, und läßt auf eine hochdisperse Fällung im Plasma schließen, die mit Hilfe des Paraboloidkondensors nicht auflösbar ist. Außerdem haben sich noch zahlreiche leuchtende, ziemlich gleichmäßig große Granula eingestellt, die nicht zu Gruppen zusammentreten, sondern als diskrete Punkte im Plasma verteilt bleiben, meist ohne, teils auch mit schwacher, etwas träger BMB. In der Regel hören überhaupt BMB der Granula und Plasmaströmung mit Eintritt der Plasmolyse fast oder ganz auf und lassen so einen raschen Viscositätsanstieg des Plasmas erkennen. GIERSBERG (1922) beschreibt die gleiche Wirkung von Zuckerlösungen auf das Plasma von Amöben.

Nach längerer Zeit setzt die BMB wieder lebhaft ein, vielleicht als erstes Zeichen der beginnenden Degeneration. Niemals ist die Plasmafällung in TrZ. „weißleuchtend", d. h. so dicht, daß der normalerweise dunkle Protoplast in seiner ganzen Ausdehnung, also nicht etwa nur an der reflektierenden Oberfläche, ein helles Licht ausstrahlt.

Um die Fäden noch zahlreicher und zarter zu erhalten als oben beschrieben, braucht man die Epidermisstücke nur vor der Plasmolyse auf einige Stunden bis einen Tag auf destilliertem Wasser schwimmen zu lassen. Dann gerät das Plasma überall in den Zellen in eine außerordentlich lebhafte Strömung, die Granula sind etwas zahlreicher als in den frischen Zellen und zeigen meist sehr schöne BMB, im großen ganzen ist aber das Plasma ganz dunkel und hyalin, mit Ausnahme des Kerns, der oft schwach leuchtet. Aber es hat sich nicht nur die Viscosität vermindert, auch der osmotische Druck im Zellinnern hat durch Exosmose stark abgenommen (vgl. FITTING 1915, S. 10). Dementsprechend kontrahieren sich die Protoplasten bei nachfolgender Plasmolyse mit 1,5 m TrZ. sichtlich weiter und nähern sich der Kugelform viel mehr als frische. Der Protoplast wird in längeren Zellen in zwei und mehr Teile getrennt, die sich abkugeln und nur durch feine Plasmabrücken verbunden bleiben. Die Fäden sind sehr lang und fein, zittern lebhafter als die von frischen Protoplasten gebildeten, und sind so zahlreich, daß man oft an ein allerfeinstes optisches Gitter erinnert wird. SEIFRIZ schildert 1923 eine ganz ähnliche Erscheinung an Elodea-Zellen nach Vorbehandlung mit verdünntem Äthylalkohol und diskutiert dessen Wirkung im Sinne der Plasmahauttheorien OVERTONS, CZAPEKS und WARBURGS. Wie man sieht, bringt schon eine Vorbehandlung mit einem so wenig oberflächenaktiven oder lipoidlöslichen Stoffe wie H_2O dest. so auffällige Unterschiede im Habitus der Plasmolyse hervor.

Schließlich seien noch zwei Erscheinungen angeführt ,die an manchen Zellen unter der großen Zahl der geprüften beobachtet wurden, ohne daß sich eine Regel für ihr Auftreten erkennen ließ. Es gelang wiederholt, die bereits von KLEBS, HECHT, KÜSTER und anderen beschriebene Haptogenmembran schon in einem sehr frühen Stadium zu isolieren, indem die mit TrZ. plasmolysierten Epidermisstücke zentrifugiert und dadurch die Plasmaballen an die eine Querwand verlagert wurden. Schon nach 2—3stündiger Plasmolyse ließen sie dann feine Membranen zurück, aber selten. Die Erscheinung wurde deshalb auch nicht weiter verfolgt. Nach Plasmolyse in Alkali- oder Erdalkalisalzen trennte sich nie eine solche Haptogenmembran vom Plasmaleib. Auch wurden nie Fäden zwischen den beiden gefunden. Dagegen koagulierten die äußeren Plasmaschichten in vielen so behandelten Zellen rasch, und nur die Vakuolenhaut blieb anscheinend unverändert übrig, wie es DE VRIES (1885) beschreibt.

Bei längerer Plasmolyse in etwas schädlichen Lösungen (z. B. 1,5 m TrZ.-lösung mit 0,005 vH. K_2CO_3; dieselbe mit Chrysoidin oder Prune pure $^1/_{5000}$ und dergleichen) wurden Protoplasten beobachtet, die nach der ersten Kontraktion lokal noch weiter eingesunken waren, vor allem an den Kuppen. An der Stelle ihrer ursprünglichen Begrenzung hatten sie eine Membran, meist wie einen häutigen Sack, zurückgelassen, von der ausgehend sich sehr viele zitternde feine Fäden nach der neuen Plasmagrenzfläche ausspannten, auch wenn die bei der Plasmolyse ausgesponnenen Fäden schon bis auf wenige Reste zerfallen waren.

Elektrolytwirkungen.

Zur mikroskopischen Prüfung seiner Befunde über die Phosphatidnatur der Plasmahaut plasmolysierte H.-C. Alliumzellen mit KNO_3- und $CaCl_2$-Lösungen. Seine der Abhandlung beigegebenen ultramikroskopischen Aufnahmen lassen erkennen, daß die Protoplasten nach geeigneter Vorbehandlung bei der Plasmolyse in $CaCl_2$-Lösung keine feinen Fäden mehr bildeten, sondern durch dicke, breite Stränge mit der Zellwand verbunden blieben. Außerdem erschien der Plasmaleib wie mit einer „ganz erstarrten Kruste" hell leuchtender grober Granula umkleidet. (H.-C., l. c., S. 120.) In KNO_3-Lösung war dagegen die Fällung im Plasma viel „mehr diffus", die Fäden zahlreich und fein. Diese Reaktion des Protoplasten geht dem Verhalten in vitro geprüfter Phosphatidsubstanzen parallel, wie H.-C. hervorhebt.

Zwar war kaum zu hoffen, daß das lebende Plasma auf alle hier interessierenden Elektrolyte spezifische Fällungsreaktionen erkennen ließe. Immerhin fanden sich bei den orientierenden Versuchen Verschiedenheiten im Aussehen, die bei einiger Kenntnis des Materials ganz unverkennbar waren. Die Plasmolyseversuche wurden daher auf einige weitere Neutral- und Schwermetallsalze ausgedehnt.

Nach der obigen ausführlichen Beschreibung der Plasmolyse in TrZ.-lösung, die als Kontrolle jedesmal neben der durch Elektrolytlösungen mit angesetzt wurde, dürfte die nachfolgende kurze Kennzeichnung der Bilder in Alkali- und Erdalkalisalzen verständlich sein. Sie ist den Versuchsprotokollen entnommen, aber nur auszugsweise für die hier wichtigsten Salze mitgeteilt. Die Lösungen enthielten Elektrolyte in 0,5 n und TrZ. in 1,0 n Konzentration, waren also insgesamt 1,5 n. In anderen Versuchen wurde festgestellt, daß auch Elektrolyte in 1,5 n Konzentration, also ohne TrZ.-Zusatz, keine anderen Bilder liefern. Daß TrZ. die Elektrolytfällungen hemmte, wie es z. B. in vitro für Lecithin festgestellt ist (PORGES und NEUBAUER 1907/8), war also an den Protoplasten nicht zu erkennen. Die Unterschiede traten am besten nach 24 Stunden hervor. Darauf beziehen sich auch die hier mitgeteilten Protokolle. Die Versuchsreihen wurden aber natürlich öfter kontrolliert[1]).

11. I. 24. AmCl (Abb. 2): Fäden sehr zahlreich und lebhaftest zitternd, faserig. Form der Plasmaleiber sämtlich kugelig, mit glatter Kontur. Brücken fein. Häufige Vacuolen im Plasma. Fällung mäßig, zum Teil Plasma aber auch koaguliert und geschrumpft. Granula entsprechend ohne oder mit lebhafter BMB.

KCl (Abb. 3): Fäden häufig, sehr fein und hyalin, deutlich zitternd. Plasmaleiber durchweg regelmäßig, abgerundet, glatt. Brücken selten fadenförmig, In

---

[1]) Hier wie auch später ließ ich mir die aufgefundenen Unterschiede wiederholt von Herren des Instituts bestätigen, die der Arbeit fernstanden.

seln selten kugelig. Plasma mäßig feinkörnig gefällt. Granula in deutlicher BMB. Kerne nicht granuliert, aber mit einem Granulakranz. Wenig vacuoliges Plasma.

$MgCl_2$ (Abb. 4): Fäden häufig, mehr oder weniger zitternd, sehr inhomogen, oft dick, perlschnurartig[1]). Form der Plasmaleiber zonenweise abgekugelt[2]), sonst unregelmäßig, mit dicken Brücken und Zungen[3]). Diese breit vacuolig gequollen, weißleuchtend gefällt. Granula an den abgekugelten Stellen in deutlicher BMB.

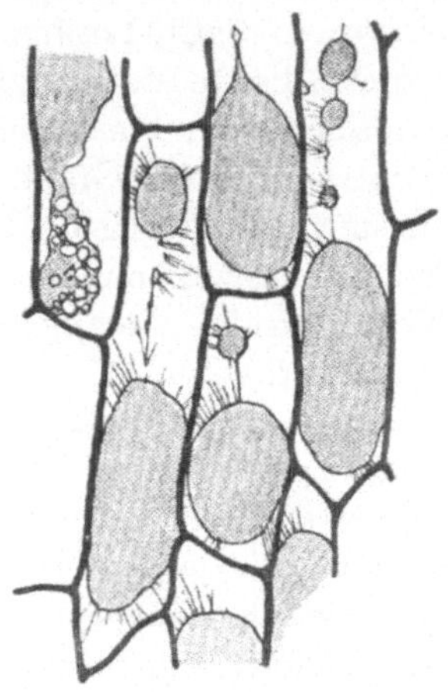

Abb. 2. NH_4Cl. Vergr. 100. Erklärung im Text, S. 155.

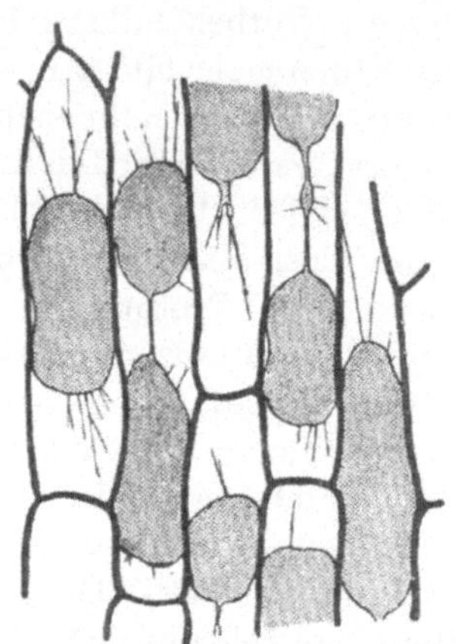

Abb. 3. KCl. Vergr. 150. Erklärung im Text, S. 155.

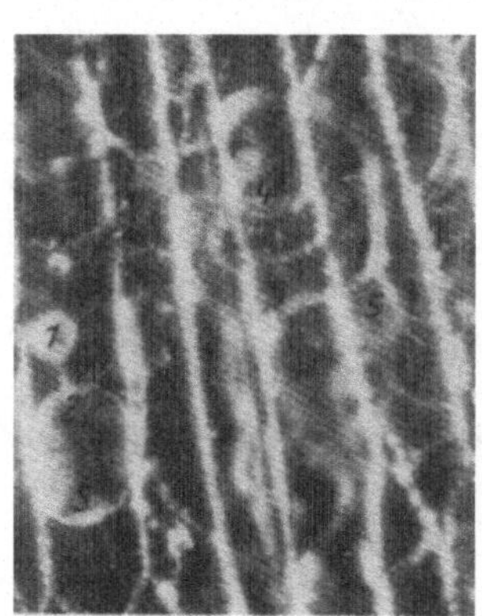

Abb. 4. $MgCl_2$. Vergr. 150. Erklärung im Text, S. 156.

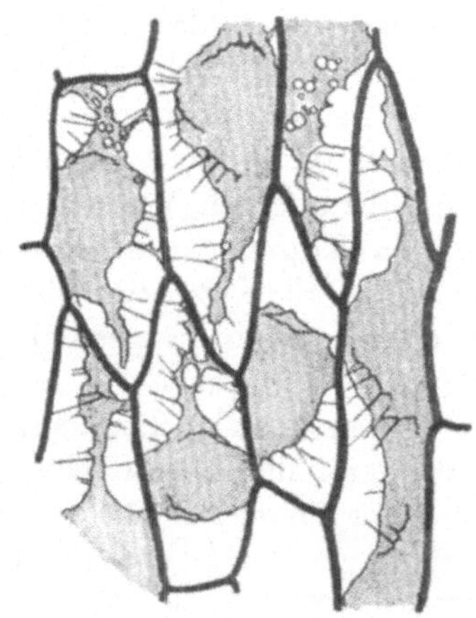

Abb. 5. $CaCl_2$. Vergr. 100. Erklärung im Text, S. 156.

$CaCl_2$ (Abb. 5): Fäden häufig, hell leuchtend, homogen, durchweg straff, meist dick, aber auch feiner. Form der Plasmaleiber ganz unregelmäßig (mit

---

1) Vergl. Ziffer 5 in Abb. 4, feinere Fäden setzen bei der anderen Ziffern an.
2) Z. B. bei den Ziffern 1, 2/3 und 4.
3) Z. B. die Protoplasten bei Ziffer 5 und links unter 5.

vielen Fortsätzen und Zipfeln). Plasma ganz dicht grob gefällt, weißleuchtend, unregelmäßig vacuolig, namentlich an Zungen und Falten. Keine BMB. Bild nach 24 Stunden unverändert, einheitlich. Oberfläche des Plasmas unregelmäßig krustig.

TrZ. (Abb. 1): Fäden sehr hyalin und schwer zu sehen, zart, oft perlschnurartig. Form des Plasmas durchweg unregelmäßig, Fällung milchig opalescierend und in Form diskreter Körnchen, die recht gleichmäßig groß sind, und in schwacher BMB.

Wie man aus dem mitgeteilten Protokoll, noch deutlicher wohl aus den entsprechenden Abbildungen sieht, *üben die Kationen* bei der Plasmolyse *eine ganz verschiedene Wirkung* auf das Plasma aus. *Die Fällung im Plasma nimmt in der Reihenfolge*

$$NH_4 < K < Mg < Ca$$

zu. TrZ. hält etwa die Mitte. Ebenso werden die Umrisse des Protoplasten immer unregelmäßiger, je nachdem man mit $NH_4 < K < Mg < Ca$ plasmolysiert. Das bedeutet aber, daß entweder die Oberflächenspannung geringer oder die Viscosität größer geworden sein muß, verglichen mit dem Zustand des Plasmas in der TrZ.-Lösung. Dies meint wohl auch WEBER (1924), wenn er dem Plasma unter solchen Umständen eine „erhöhte Konsistenz" zuschreibt (l. c., S. 707). Ebenso zeigt auch das lebhafte Zittern der Fäden, z. B. in Am-Salzen, im Verein mit den Biegungen und Windungen zerrissener Fäden, daß ihre Substanz einer Flüssigkeit nahe kommt. Die Starrheit der Fäden in $CaCl_2$-Lösung weist wieder auf erhöhte Viscosität hin. *Obige Reihe kennzeichnet also die Viscositätserhöhung sowohl für das Plasma wie für die Fäden.* Nimmt man dabei die Viscosität des Plasmas in TrZ. als normal an (wie oben erwähnt, ist es aber in plasmolysiertem Zustande in TrZ. sicher viscöser als in frischen, nicht plasmolysierten Zellen), dann wirken

NH₄, K, Na verflüssigend, Mg, Sr, Ca verfestigend

auf das Plasma wie auf die Fäden in plasmolysierten Zellen.

Die *Anionen* waren in der angeführten Versuchsreihe stets die gleichen, nämlich Cl'. Werden diese variiert, so sind die Unterschiede nicht so augenfällig, doch richten sie sich im großen ganzen nach der bekannten lyotropen Reihe. Waren z. B. in KCl die Protoplasten durchweg abgerundet, die Plasmainseln aber selten kugelig, so sind in KNO_3 auch diese sämtlich abgekugelt, die Brücken fein. In $Ca(NO_3)_2$ sind entsprechend die Protoplasten nicht ganz so zipfelig wie in $CaCl_2$, aber trotzdem noch sehr stark gefällt. Auch die Inseln sind sämtlich unregelmäßig gestaltet (vgl. Abb. 6).

Es ist auffällig, daß das Plasma der von mir verwendeten Zwiebelsorten zahlreiche Fäden ausspann, auch wenn $CaCl_2$ als Plasmolytikum verwendet wurde. Selbst nach der langdauernden und sicher schädlich wirkenden Vorbehandlung, wie sie HANSTEEN-CRANNER angibt, wurden solche ausgebildet.

Einen weiteren guten Beweis für diese optisch erkennbaren Viscositätsunterschiede lieferten *Zentrifugierungsversuche*.

Gleich lange plasmolysierte Epidermisstücke wurden eine Zeitlang mit geeigneter Geschwindigkeit zentrifugiert (Zentrifuge mit vier Tuben, Antrieb durch Elektromotor, Regulierung durch Schieberheostaten). Zu diesem Zwecke wurden sie in Form 3—4 cm langer Streifen von der Zwiebelschuppe abgelöst. Nach der Plasmolyse wurden die Streifen auf einen trockenen Objektträger gelegt, das eine Ende mit einem Tropfen Paraffin befestigt, und die Objektträger mit den Objekten in die Zentrifugenhülse gestellt, das befestigte Ende natürlich zentripetal. Nach dem Schleudern braucht nur ein Tropfen neuer Plasmolyseflüssigkeit zugesetzt und ein Deckglas aufgelegt zu werden. Die Zellen trocknen

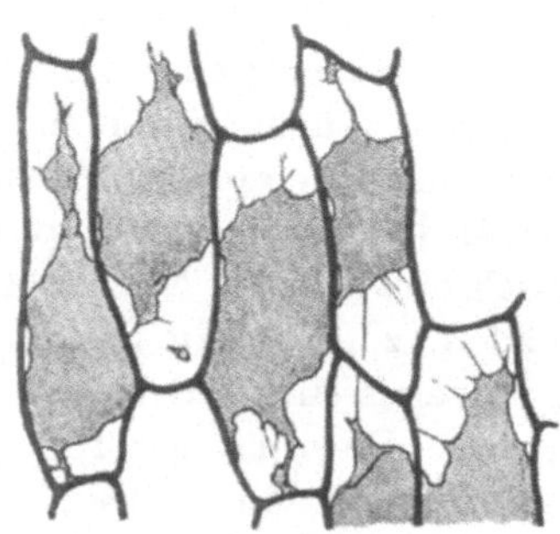

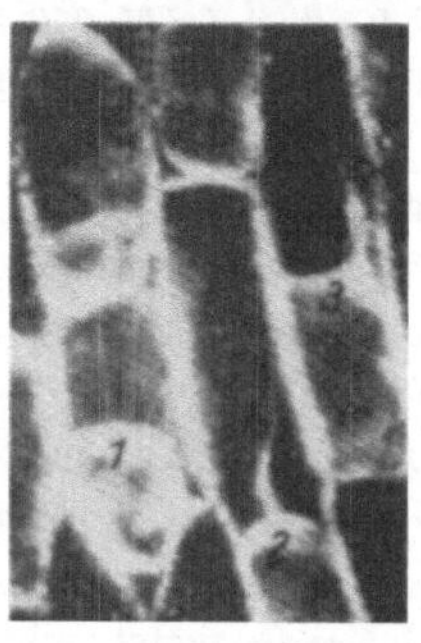

Abb. 6. Ca(NO₃)₂. Vergr. 100. Erklärung im Text, S. 157.   Abb. 7. CaCl₂, nach der Plasmolyse zentrifagiert. Vergr. 150 Erklärung im Text, S. 158.

während der kurzen Zeit in der konzentrierten Lösung im feuchten Raume der Zentrifugenhülse nicht aus.

Zur Kennzeichnung folgt ein Protokoll:

22. I. 24. *Allium*. 24 Stunden plasmolysiert. 10 Minuten mit 1400—1600 Umdr./Min. zentrifugiert.

$Ca(NO_3)_2$: Plasmakontur fast abgerundet, sehr einheitlich. Fast durchweg Anfang der Verlagerung, nie vollständig. Einige sehr feine, homogene, langgesponnene Fäden.

$CaCl_2$; Durchaus unregelmäßig. Wenig verlagert. Trotzdem sind einige lange feine und viele kurze Fäden ausgesponnen worden (Abb. 7[1]).

KCl: Fäden vacuolig und dick, oft keine ausgesponnen. Plasmaleiber nicht vollständig verlagert.

KNO_3: Ein wenig besser, aber auch nur wenige Fäden. Durchweg fast vollständig verlagert.

Daß in KNO_3 und KCl so selten lange Fäden ausgesponnen wurden, stimmt vollständig mit ihrer Verflüssigung überein. Ein dünnflüssiger

---

[1] In der Abb. 7 sind einige von den wenigen, an die untere Querwand verlagerten Protoplasten wiedergegeben. Bei Ziffer 1 sind besonders glatte Fäden zu sehen. Die Zungen über den Ziffern 2 und 3 sind typisch für hochviskóses Protoplasma.

Leim z. B. zieht auch nur kürzere Fäden als einer von zäherer Konsistenz. Außerdem waren die Objekte schon 24 Stunden plasmolysiert, die Entmischung also schon ziemlich weit fortgeschritten. Wesentlich ist, daß die Fäden in $CaCl_2$ ebenfalls sehr schön und glatt ausgezogen wurden. Denn dadurch wird der Beweis geliefert, daß die Fäden trotz ihrer Starre und verhältnismäßigen Dicke nicht spröde und brüchig geworden sind, sondern klebrig blieben (vgl. LEPESCHKIN 1924, S. 23). In den Versuchsreihen, bei denen die *Anionen* der Salze variiert wurden, zeigten die Bilder der Protoplasten übereinstimmend mit Zentrifugierungsversuchen, *daß die Fällung und Zähigkeit des Plasmas in der Reihenfolge*

$$NO_3 < Cl < SO_4$$

gesteigert wird. Dies wurde für die Kationen K, NH_4 und auch Mg festgestellt. Die Ionen wirken auf das Plasma also auch in dieser Hinsicht additiv, wie das schon mehrfach bei anderer Gelegenheit (vgl. HÖBER 1924), letzthin von KAHHO (1923), für die Koagulation und Permeabilität beobachtet wurde.

Die Versuche mit den Salzlösungen wurden nicht weiter ausgedehnt. Denn erstens treten feinere Unterschiede im Zustande des Protoplasten wegen der individuellen Schwankungen und der Unmöglichkeit von Messungen nicht hervor, dabei ist deren sorgfältige Beobachtung und Beschreibung recht zeitraubend. Außerdem macht aber die Giftwirkung mancher Salze einen Vergleich unmöglich. So verquillt z. B. in KSCN das Plasma an den Kuppen sehr stark und wird bald weißleuchtend gefällt, die Fäden zerfallen sehr bald, während Viscosität und Fällung einen noch geringeren Wert als in KNO_3-Lösung haben sollten. Die Ursache dazu ist wahrscheinlich die alkalische Reaktion, denn in Carbonatlösungen und Phosphatgemischen von $p_h > 7$ ist das Bild ganz ähnlich. Auch KAHHO (1923) und PRÁT (1922) gelangen die Versuche mit SCN' meist nicht. Vor allem aber wurden weitere Salzversuche nur angestellt, soweit sich davon ein Beitrag zu der Frage nach der Zusammensetzung der Plasmagrenzschichten erwarten ließ.

Die Wirkungen der Elektrolyte auf das lebende Pflanzenplasma sind also mit denen auf die hauptsächlich in Betracht kommenden Kolloide zu vergleichen, die Eiweißkörper und die Lipoide. Diese sind an Lecithinpräparaten verschiedener Herkunft, an Kephalin und auch an Cholesterin von KOCH (1902/03 und 1909), PORGES und NEUBAUER (1907/08), LONG und GEPHART (1908), NEUSCHLOSS (1922) einer ausführlichen Prüfung unterworfen worden, jene vor allem von PAULI (1899, 1902, 1903, 1905, 1920) an Hühnereiweiß. Leider stimmen die beiden Stoffgruppen weitgehend in ihrem kolloiden Verhalten überein, so daß sich nur wenige Unterscheidungsmerkmale bieten.

Bei einem Rückblick auf die bisher mitgeteilten Elektrolytversuche fällt zunächst auf, daß das lebende Plasma offensichtlich viel leichter fällbar ist als die in vitro geprüften hydrophilen Kolloide. KOCH (1903) erhielt durch K, Na, NH_4, selbst in konzentrierten Lösungen keinen Lecithinniederschlag, PORGES und NEUBAUER (1907) keinen deutlichen, sobald NO_3 das Anion bildete, sonst in etwa 1 n Konzentration. Dabei setzten sich die Niederschläge, auch die durch Erdalkalien hervorgerufenen, nur langsam im Laufe mehrerer Stunden ab. Sie wurden deshalb erst nach 24 Stunden registriert.

In den Protoplasten der Alliumzellen dagegen treten Fällungen sowohl durch Alkali- wie durch Erdalkalisalzwirkungen auf. Sie sind schon 2 Stunden nach der Plasmolyse deutlich und vor allem in den Plasmainseln auffällig, die in sämtlichen Elektrolytlösungen viel heller leuchten als in TrZ. Auch die Fäden leuchten in den Alkali- und erst recht in den Erdalkalisalzlösungen viel heller als in TrZ. Ob das schon als Fällung anzusehen ist, erscheint allerdings fraglich, denn die Fäden sehen meist noch ganz homogen aus. Quantitative Verhältnisse können nicht zur Erklärung herangezogen werden, da die Konzentration der eingedrungenen Salze sicher anders ist als die außen dargebotene, sich aber nicht bestimmen läßt.

FITTING konnte mit seiner sorgfältig ausgearbeiteten plasmolytischen Methode überhaupt nicht nachweisen, daß Ca- und Mg-Salze in die Vakuole eindringen, seien sie mit Cl oder NO_3 verbunden (FITTING, 1915). Die starke Plasmafällung in diesen Lösungen zeigt aber (vgl. Abb. 4), daß sie sicherlich und sogar ziemlich rasch ins Plasma eintreten, auch ändern sie seine innere Reibung bedeutend. Dasselbe betont SZÜCS (1913) für Aluminiumsalze.

Lecithinsole werden nach PORGES und NEUBAUER l. c. durch Alkalisalze in etwa 1 n Konzentration gefällt, durch Erdalkalien schon in verdünnteren Lösungen. Eiweißsole sind nach PAULIS Untersuchungen viel weniger empfindlich. Alkalisalze flocken sie im allgemeinen erst in mehrfach normaler Konzentration, Erdalkalien sogar noch später. Für $CaCl_2$ fand PAULI etwa 9 n als Fällungsgrenze, d. h. bei dieser Konzentration tritt sofort eine zarte bläuliche Trübung auf, die nach 24 Stunden dickmilchig wird (l. c. 1903, S. 29). Allerdings bleibt auch eine kleinere Elektrolytmenge nicht ohne Einfluß, denn die Koagulationstemperatur der Eiweißsole wird schon durch geringe Zusätze wesentlich geändert (PAULI 1899). Meist ist somit schon die Außenkonzentration der Salze in den plasmolysierenden Flüssigkeiten viel zu klein, als daß man in Analogie zu den Reagensglasversuchen eine starke Fällung im Plasma der Alliumzellen hätte erwarten können. In bezug auf die wirksamen Salzkonzentrationen *verhält sich das Plasma also ganz unähnlich dem Eiweiß, eher schon wie Lecithin.*

Wichtig ist ferner hier auch *die Stellung des Kations Mg* zu den anderen. Denn während Mg nach seinem Verhalten gegenüber Eiweiß mit den Alkalien in eine Gruppe gehört, wirkt es auf die Lipoide ähnlich wie die Erdalkalien. Wie wohl schon aus dem oben mitgeteilten kurzen Protokoll (S. 155ff.) und der Abb. 4 hervorgeht, hält seine Wirkung auf das Zellplasma und die Fäden eine schwer definierbare Mitte zwischen der der Alkalien und Erdalkalien. Neben Zellen, deren Protoplasten wie Fäden völlig denen in $CaCl_2$ gleichen[1]), liegen solche, deren Fäden lebhaftest zittern und deren Protoplasten kugelig abgerundet sind wie in KNO_3[2]), und sich nur durch eine weißleuchtende Fällung in den Plasmainseln von jenen unterscheiden. Gerade diese Ungleichmäßigkeit der Reaktion ist typisch für die Mg-Wirkung. Sie kommt auf der gewählten Mikrophotographie gut zum Ausdruck.

So spricht die Empfindlichkeit des lebenden Plasmas und der Fäden gegen Neutralsalze und die Ähnlichkeit der Mg-Wirkung mit der der Erdalkalien *wohl für eine starke Beteiligung einer lipoiden Komponente* an der Zusammensetzung der Plasmakolloide, andererseits macht es aber die ungenügende Übereinstimmung der Salzreaktionen des Plasmas mit den in vitro bekannten unwahrscheinlich, *daß die Plasmagrenzschicht nur aus solchen Phosphatiden besteht,* wie H.-C. es will. Zwischen dem Verhalten der Fäden und dem des Plasmas ließ sich bei diesen Salzversuchen *kein Unterschied* erkennen.

Ein solcher tritt aber ganz auffällig hervor bei Behandlung der Zellen mit *Schwermetallsalzen.* Vor allem wurde Sublimat, Uranylacetat und Bleiacetat geprüft. Durch Zusatz von 1 Vol. bei Zimmertemperatur gesättigter $HgCl_2$- bzw. Uac.-Lösung zu 3 Vol. 2 n TrZ.-Lösung wurden Lösungen hergestellt, deren osmotischer Druck mit dem der zur Plasmolyse benutzten, 1,5 n TrZ.-Lösung genügend übereinstimmte. Von der Pb.ac.-Lösung wurde 1 Vol. 10 vH.(=)0,5 n Lösung zugesetzt. Nach der Plasmolyse in reiner 1,5 n TrZ.-Lösung wurden die Epidermisstücke oft zunächst in beschriebener Weise zentrifugiert und dann die vergifteten Lösungen aufgetropft oder durchgesaugt. Dadurch wurden die Fäden länger und boten den Fällungsmitteln eine frische Grenzfläche. Das Uac. wurde im Laufe einiger Stunden durch den beigegebenen TrZ. reduziert, das Pb.ac. bildete Bleikarbonat, besonders auf den Zellwänden. Beide Lösungen mußten deshalb öfter erneuert werden.

$HgCl_2$ ist das auffälligste von PORGES und NEUBAUER (l. c.) angegebene *Unterscheidungsmerkmal zwischen Lecithin- und Eiweißsolen.* Diese werden sofort gefällt, jene in keiner Konzentration. Weil auch das Pflanzenplasma durch Sublimat sofort koaguliert, wird es ja vielfach zur Fixierung benutzt. In der Tat sieht man in den Protoplasten

---

[1]) Auf Abb. 4 bezeichnet die 5 eine Plasmainsel mit Fäden in einem unregelmäßig plasmolysierten Protoplasten.

[2]) Die Ziffern 1, 2, 3, 4 auf Abb. 4 bezeichnen solche abgekugelte Protoplasten oder Inseln und die Ansatzstellen von Fäden.

der Alliumzellen schon 5—10 Min. nach dem Ersatz der zur Plasmolyse benutzten TrZ.-Lösung *durch das HgCl₂- Gemisch eine dichte, zunächst feinkörnige, später gröber werdende, hell leuchtende Fällung eintreten.* Die Oberfläche des Plasmaleibes bleibt dabei zunächst ganz glänzend und rund. Sie schrumpft erst im Laufe mehrerer Stunden etwas.

Erst nach 1 Stunde verändern sich allmählich auch die Fäden. Sie werden inhomogen, indem die Fäden streckenweise heller leuchten, während dazwischen liegende Strecken hyalin bleiben und auch bei starker Vergrößerung nur einen leuchtenden Saum zeigen. Aber auch kugelige Tröpfchen treten an bisher glatten Fäden auf, die ganz durchsichtig, d. h. im Dunkelfelde dunkel sein können oder auch ein kleines leuchtendes Granulum bergen. Es wurde auch beobachtet, daß vorhandene längliche Tröpfchen sich im Laufe der HgCl₂-Behandlung abkugelten. So nehmen viele Fäden die beim TrZ.-Bilde beschriebene Perlschnurform an. Bei anderen wieder bleibt die Oberfläche nicht glatt, sondern kräuselt sich, die Fäden werden gewellt und dabei starrer, so daß sie ohne sich zu biegen an ihren Befestigungspunkten schaukeln wie ein gewellter Draht. Knicke und Brüche an den hyalinen Stellen sind nicht selten. In dieser Form finden sich noch nach 48 und mehr Stunden feine, .mäßig leuchtende Fäden an den durch die Sublimatbehandlung weißleuchtend gefällten, allmählich geschrumpften Protoplasten. Die Fäden waren jedoch keineswegs starr oder gar brüchig geworden, sondern bogen sich elastisch durch, wenn in der später beschriebenen Weise der elektrische Strom durch die Zellen geleitet wurde. Durch Zentrifugierung ließen sie sich nicht ausspinnen, weil die Protoplasten sich nicht verlagerten.

Im Gegensatz zu HgCl₂ ist Uac. (ges. wässr. Lösung) ein Reagens, das *nicht nur Eiweiß fällt, sondern auch mit 1 v. H. Lecithinsol* (nach der Vorschrift von PORGES und NEUBAUER (l. c.) aus Merckschem Lecithin puriss. ex ovo hergestellt) fast augenblicklich einen dicken, gelatinösen Niederschlag gibt. Wurden in TrZ. plasmolysierte Zellen in das Uac.-Gei isch übergeführt, so wurde *das Plasma auffällig langsam geschädigt.* Noch nach 20 Stunden war an einer ganzen Reihe von Zellen nichts von einer Schädigung durch das Eindringen des Uac. zu bemerken. In anderen wieder waren die Protoplasten vollständig collabiert und die Fäden zerrissen. Stets aber gab es auch eine große Anzahl, bei denen die Protoplasten ohne zu starke Deformation dicht gefällt, an den Fäden aber keine größere Veränderung zu sehen war als in der Sublimatlösung. Auch in diesem Agens *erhielten sich die Fäden* zum Teil mehrere Tage lang sehr fein und mäßig leuchtend, streckenweise so hyalin wie in TrZ.

Pbac. endlich findet als Fällungsmittel sowohl für Eiweiß wie für

Phosphatide ausgedehnte Verwendung. Doch fand H.-C., daß nicht alle Phosphatidfraktionen durch Pbac. ausfielen. Die Geschwindigkeit der Fällung ist viel geringer als die durch Uac. Auch das Pbac.-Gemisch schädigt die Zellen *überraschend langsam*, wie übrigens viele andere Schwermetallsalze auch (vgl. KLEMM [1895] für $CuSO_4$). Aber hier verändert sich *das Plasma annähernd gleichzeitig mit den Fäden*. Schon nach 1 Stunde, noch mehr nach 2 Stunden, hat sich die Zahl der Fäden bedeutend vermindert. Die noch vorhandenen sind unregelmäßig granuliert, auch gekräuselt. Der freie Zellraum erfüllt sich mehr und mehr mit leuchtenden, punktförmigen oder auch länglichen Granulis, die in lebhafter BMB tanzen, während die Zahl der Fäden im selben Maße abnimmt. Nach 24 Stunden fand sich *kein einziger* frei gespannter Faden mehr, während die entsprechend lange Zeit mit $HgCl_2$ oder Uac.-Gemisch behandelten Protoplasten *noch viele Fäden trugen*. Auch ist die Oberfläche der gefällten Protoplasten schon anfangs nicht so glatt wie in jenen Lösungen.

Aus diesen Versuchen geht ganz unzweifelhaft hervor, *daß die Fäden und die Plasmagrenzschicht eine andere Zusammensetzung haben müssen als die inneren Plasmabezirke*. Denn sonst wäre es unerklärlich, wie $HgCl_2$ und Uac. in das Plasmainnere dringen und dort hell leuchtende Granulierungen hervorrufen sollten, ohne daß die Oberfläche und die Fäden sichtbar verändert würden. Die Plasmagrenzschicht muß unbedingt passiert worden sein, denn oft beginnt die Fällung gerade an den Kuppen des Protoplasten und dringt von dort aus nach den Zonen vor, die noch der Wand anliegen. Trotzdem bleibt die Grenzfläche zunächst glatt, während sie z. B. in $CaCl_2$-Lösung krustig-körnig, wie gepunzt erscheint. Die Fäden sind wegen ihrer abnorm vergrößerten Oberfläche jeder Wirkung eines Stoffes in besonderem Maße ausgesetzt, trotzdem aber gegen so starke Zell- und Kolloidgifte ausnehmend widerstandsfähig.

Die weitere Frage, *ob sich die Grenzschichten aus lipoiden Stoffen zusammensetzen oder aus Proteiden*, ist hiernach ebensowenig zu entscheiden wie nach den späteren Versuchen. Für beide Folgerungen sind Anzeichen vorhanden. Vergleicht man die geringen Veränderungen der Fäden in $HgCl_2$-Gemisch mit seiner Unwirksamkeit Lecithinsolen gegenüber, und vergegenwärtigt man sich anderseits die Zerstöruug der Fäden in dem Phosphatidfällungsmittel Pbac., so drängt sich die verbreitete Ansicht von ihrer Phosphatidnatur auf. Dem steht aber wieder die Ähnlichkeit der Wirkung der $HgCl_2$- mit der des Uac. entgegen, von denen jenes das Lecithinsol nicht, dieses aber sehr stark fällt. Gewiß ist die Möglichkeit nicht von der Hand zu weisen, daß gerade wegen der Geschwindigkeit der Fällung in Uac. die Fäden leidlich homogen erstarren, wie etwa Viscosefäden bei der Kunstseidefabrikation, daß

dagegen wegen der langsamen Fällung in Pbac. einzelne Koagulations-
zentren Zeit haben, zu größeren Aggregaten heranzuwachsen und so
die ungleichmäßig und gröber geflockten Fäden aller Festigkeit berauben.
Auch können die hellen Stellen der Fäden koagulierte Eiweißbestand-
teile, die dunkleren Strecken und erst recht die sich abkugelnden Tröpfchen die nicht fällbaren, hydrophilen Phosphatide sein. Endlich ist
aber auch nicht auszuschließen, daß es genau so, wie nach H.-C. wasserlösliche und unlösliche, durch Pb.ac. fällbare und nicht fällbare Phosphatidfraktionen existieren, auch bisher unbekannte, teils durch $HgCl_2$
und Uac. fällbare teils nichtfällbare gibt.

In diesem Zusammenhange sei noch die *Behandlung der Zellen mit
Saponinlösung* angeschlossen. Lösungen der Saponine oder auch Präparate anderer Glukoside sind bereits mehrfach zur Prüfung der Lipoid-
natur der Plasmahaut verwendet worden, vor allem zu Hämolyseper-
suchen (vgl. HÖBER [1922/24]), in der Pflanzenphysiologie vgl. BOAS
(1921 und 1922) und SEIFRIZ (1923). Sie wirken nicht nur durch die
Kapillaraktivität ihrer Lösungen, sondern treten speziell mit Lecithin
und Cholesterin in Reaktion (RANSOM, 1901) und stellen somit eine Art
Reagens auf Lipoide dar.

Ihre Wirkung auf die plasmolysierten Alliumzellen ist ganz eigenartig und steht durchaus in Analogie zur Hämolyse. Protoplasten, die
5 Stunden in 1,5 n TrZ.- bzw. 5 Stunden in 1,5 n $CaCl_2$-Lösung plasmolysiert waren, kamen auf 24 Stunden in Lösungen, die außerdem einen
Gehalt von 5 v. H. bzw. 1 v. H. Saponin (pur. albiss. Merck, Darmstadt)
hatten. Am besten werden die Protokolle den Eindruck wiedergeben,
den die so behandelten Zellen machten.

Protokoll 22. II. 24. S. 185 f. Auszug.
TrZ. 29 Stunden: Protoplasten milchig getrübt und granuliert, ihre Form
fast regelmäßig, mit durchweg abgerundeter, glänzender Oberfläche. In jedem
Gesichtsfeld finden sich Zellen mit sehr gut erhaltenen Fäden. Gelegentlich
Plasmaströmung. Nie auffällige BMB der Granula im Plasma. Nie tanzende
Granula im freien Zellraume.

TrZ. mit 5 vH. Sap; 5 + 24 Stunden: Die Protoplasten sind stärker getrübt
und granuliert als in den vorigen. Ihre Form nicht anders als oben. Ihre Kontur
zumeist (mehr als drei Viertel) verschwommen, wie angefressen, so daß die
Granula frei an der Oberfläche zu liegen scheinen. BMB ist selten. An diesen
Zellen ist nur ganz ausnahmsweise noch ein Faden zu finden. Sie sind stark
vacuolig und hyalin, mit sehr wenig Granulis. Nur Ansätze am Plasmaleib
sind häufig sichtbar. In den angefressenen Zellen tanzen fast stets freie Granula
im Zellraum. Gelegentlich sitzt ein Haufen zitternder kleiner Vacuolen an der
Kuppe eines Protoplasten.

TrZ. mit 1 vH. Sap. 5 + 24 Stunden: Nicht wesentlich anders als vorher.
Die Plasmolyse ist in einigen Zellen vollständig zurückgegangen.

$CaCl_2$; 29 Stunden: Ganz typisches Ca-Bild. Form der Protoplasten ganz
unregelmäßig. Fäden häufig erhalten, alle stark leuchtend, oft inhomogen.
Nichts von BMB. Nichts von Vacuolen.

$CaCl_2$ mit 5 vH. Sap. 5 + 24 Stunden: Sämtliche lebende Protoplasten sind mit ganz glänzender Oberfläche vollständig abgekugelt oder oval, die Fäden meist zerstört. Tanzende Granula im Zellraum. Wenige Granula im Plasma. Wo die Zerstörung noch nicht vollständig erreicht ist, sieht man auch perlschnurartige und dann schwach zitternde Fäden.

Die Lösungen mit 1 v. H. Saponingehalt wirkten in demselben Sinne, nur nicht so kräftig. Auch nach der Fällung durch $HgCl_2$- und Uac.-Gemisch wurden die Fäden durch Saponin zerstört.

Die Zerstörung der Fäden auch nach der Vorbehandlung mit TrZ., $HgCl_2$, Uac., bis auf die dickeren Ansätze am Plasmaleib, noch mehr aber der Rückgang der Fällung in dem stärksten nicht tötlich wirkenden Phosphatidfällungsmittel $CaCl_2$, die Abkugelung der ehemals hochviscösen Protoplasten und das Auftreten perlschnurartiger, zitternder Fäden in demselben Medium, der Rückgang der Plasmolyse in manchen Zellen (er wurde nicht nur in dem hier mitgeteilten Versuche beobachtet, tritt aber nicht generell ein) — alle Reaktionen stimmen vollständig untereinander und mit den bisher an Saponinen erhaltenen Ergebnissen überein und sprechen für eine *lipoide Natur der Plasmagrenzschichten.*

Wenn die Epidermisstückchen mit der Pinzette aus den verschiedenen Salzlösungen gehoben wurden, fiel auf, daß sie sich nach der Einwirkung mancher Salze rollten, nach der anderer aber steif blieben. Da die Zellen plasmolysiert, die Membranen also entspannt waren, konnte das nur auf eine *Verschiedenheit im Quellungszustand der Membrankolloide* zurückgeführt werden. Daher wurden einige orientierende Versuche in dieser Richtung angestellt.

Quadratische Epidermisstückchen von 5 mm Seitenlänge wurden auf 1,5 m TrZ.-Lösung 1 Stunde lang schwimmen gelassen und so plasmolysiert. Danach wurden sie an einer Seite ganz knapp mit einer feinen Pinzette gefaßt und herausgehoben. Dabei rollten sich alle, die von dem Untergewebe vollständig befreit waren, zusammen, sobald sie aus der Flüssigkeit herauskamen. Von solchen wurden gleichviele in Schälchen mit meist 0,5 m Salzlösungen mit 1 Mol TrZ.-Gehalt verteilt. Darin blieben sie mehrere Stunden. Danach wurden sie wieder herausgehoben und auf ihre Steifheit geprüft.

Dabei wurden 1. unverändert schlaffe, 2. halbsteife, die zwar zusammenklappten, sich aber nicht eigentlich rollten, und 3. steife Epidermisstückchen unterschieden, die sich überhaupt nicht bogen. Ihre Anzahl wurde in dieser Reihenfolge protokolliert. Als Kontrolle diente eine entsprechende Anzahl „denaturierte" Epidermisstücke, die nach der Plasmolyse in TrZ.-Lösung erhitzt oder bei Zimmertemperatur mit Alkohol und Äther extrahiert worden waren. Sie wurden in anderen Schälchen mit entsprechenden Salzlösungen behandelt.

Das Ergebnis gibt die folgende Tabelle wieder. In Spalte a sind von den insgesamt 10 Epidermisstückchen, die in jedem Schälchen waren, nur die Zahlen der halbsteifen, dann die der ganz steifen angegeben. Spalte a† gibt dasselbe von der gleichen Zwiebel, nur waren die Stücke vorher durch Erhitzen in TrZ.-Lösung abgetötet. In Spalte

 A. Weis:

b bzw. b† stehen ganz entsprechend die Zahlen eines anderen Versuches mit zwei anderen Zwiebeln für je 20 Stücke, nicht abgetötet, bzw. vorher extrahiert. Die Zahl der Objekte war also sehr gering. Um so mehr überrascht die Übereinstimmung der Resultate.

	a		b		a†		b†	
	hst	st	hst	st	hst	st	hst	st
KCl	0	1	3	1	2	0	1	0
K_2SO_4	0	0	—	—	1	0	—	—
$MgCl_2$	1	0	—	—	3	0	—	—
$MgSO_4$	—	—	4	0	—	—	3	1
$HgCl_2$	0	0	6	1	4	0	2	0
$Ca(NO_3)_2$	7	1	11	1	3	0	0	0
$CaCl_2$	5	1	8	1	3	0	3	0
Pbac	2	8	8	8	5	5	8	4
Uac	0	10	—	—	5	5	—	—

hst = halbsteif; st = steif.
Die Epidermisstücke unter a waren 19 Stdn., die unter b 4¹/₂ Stdn. in den Lösungen.

Diese beiden Versuche zeigen eine *auffällige Übereinstimmung der Membranversteifung mit den Lecithinfällungen.* Die Kationen versteifen ganz nach dem Grade ihrer fällenden Wirkung auf Lecithinsole auch die Membran (PORGES und NEUBAUER, l. c.), am meisten das Uranylacetat, das als besonders schnell fällendes Mittel nachgewiesen wurde (vgl. S. 162). Im Gegensatze dazu bleiben die Alkalisalze und Sublimat in beiden Fällen fast unwirksam. In denaturiertem Zustande wird die Membran allgemein weniger versteift als im unveränderten.

Die Ergebnisse stimmen also mit den Annahmen von H.-C. (l. c.) und MAC DOUGAL (Z. B. 1923) überein (vgl. auch KÖNIG und RUMP, 1914). Sie zeigen, *daß die Zellmembran keinesfalls als ein lebloses Ausscheidungsprodukt des Protoplasmas* aufgefaßt werden darf, sondern ihre Struktur beim Abtöten ganz wesentlich ändert. Sie machen es auch wahrscheinlich, daß *Phosphatide beim Aufbau der Membran eine wichtige Rolle spielen.*

Ein sicherer Schluß ist zur Zeit noch nicht möglich, da über das kolloide Verhalten der übrigen Membrankomponenten wie Cellulose, Pektinstoffe, Pflanzenschleime usw. und deren Beteiligung bei den hier beschriebenen Veränderungen noch zu wenig bekannt ist. CZAPEK erwähnt z. B. 1913, I., S. 668, daß pektinhaltige Pflanzensäfte nach Zusatz einer Calciumsalzlösung zu einer gallertigen Masse erstarren. Weil die Versuche sich also nicht sicher deuten lassen, wurden sie nicht weiter ausgedehnt.

Kataphoretische Versuche.

In der Erwartung, daß sich die Substanz oder die Granula der Plasmagrenzschicht und der Fäden vielleicht auch kataphoretisch von den Stoffen des Plasmainneren unterscheiden würden, wurden die Alliumzellen, plasmolysierte wie nicht plasmolysierte, unter dem Mikroskop *der Wirkung elektrischen Gleichstromes* unterworfen. Zu diesem Zwecke wurde der von MICHAELIS (Praktikum, 1921) angegebene Apparat für Kataphorese verwendet.

Der Strom wurde der Lichtleitung von 220 Volt entnommen und zur Sicherung gegen Kurzschluß durch vorgeschaltete Widerstände von etwa 80 Ohm geschwächt. Eine Wippe ermöglichte rasche Unterbrechung und Richtungswechsel. Der Strom durchlief eine unpolarisierbare Kette, die von einer Cu-Elektrode/10proz. wäßriger $CuSO_4$-Lösung/Röhrchen mit KCl-Agar (3 vH. Agar in ges. wäßriger KCl-Lösung)/ges. wäßriger KCl-Lösung/Röhrchen mit KCl-Agar/ mikroskopischer Beobachtungskammer/und wieder Röhrchen mit KCl-Agar/KCl-Lösung/KCl-Agar/$CuSO_4$-Lösung/Cu-Elektrode gebildet wurde. Es erwies sich als praktisch, die Röhrchen mit KCl-Agar, die an die Beobachtungskammer angelegt werden sollten, nicht aus einem einzigen starren Glasrohr zu nehmen. Vielmehr wurden ihre zu Öffnungen von etwa 1 mm Weite ausgezogenen Glasspitzen mit Hilfe je eines Stückchens Gummischlauchs an die mit KCl-Agar gefüllten Glasröhrchen angesetzt. Der Gummischlauch war etwa 5 cm lang und wie die Röhrchen mit KCl-Agar gefüllt. So war es möglich, durch allmähliches Einschieben des Glasröhrchens in den Gummischlauch bei jedem Versuche ein frisches Stückchen Agar aus der Öffnung herauszutreiben, die unpolarisierbaren Elektroden jederzeit frisch zu erhalten, und mit einem gelinden elastischen Drucke gegen das Objekt zu pressen. Die Stromstärke änderte sich natürlich mit dem Widerstande der Flüssigkeit in der Beobachtungskammer und der Beschaffenheit des Epidermisstreifens. In einem Falle, wo ein Epidermisstück in H_2O dest. untersucht wurde, betrug sie 7 Milliamp. Dabei war der Epidermisstreifen, wie meistens, so lang geschnitten, daß er rechts und links unter dem Deckglase herausragte, und die Agarpfropfen auf seinen Enden ruhten. Der Strom ging also hauptsächlich durch die Zellen und längs ihrer Wände, aber kaum durch das H_2O dest. (vgl. OSTERHOUT, 1922). Die Streifen wurden je nach Bedarf längs oder quer von der Zwiebelschuppe abgezogen und so gelegt, daß der Strom in manchen Versuchen in Richtung der größten Längsausdehnung der Zellen floß, in anderen aber senkrecht dazu, sie wurden „längsdurchströmt" bzw. „querdurchströmt".

Alliumzellen, in denen durch Liegen in H_2O dest. lebhafte Plasmaströmung angeregt war, wurden *längs vom Strom durchflossen*. In den ersten 10—20 Sekunden stand die Strömung still, dann hörte etwaige BMB der Granula im Plasma auf, und das vorher ganz dunkle Plasma wurde deutlich opaleszent. Bei schwächerem Strome konnten allerdings beide Bewegungen für kurze Zeit erst recht lebhaft einsetzen. Auch hier ist also nach einigen raschen Viskositätsschwankungen eine bedeutende Viskositätserhöhung das Resultat der Schädigung (vgl. STERN 1924, S. 22ff.).

Nach $^1/_2$, manchmal aber auch erst nach 2 Minuten *löste sich von dem Plasma*, das an der der Anode näheren Querwand lag und dessen

Begrenzung nach der Vacuole scharf beobachtet wurde, *eine ganz hyaline, feine und glänzende Membran* ab und *schob sich in der Richtung nach der Kathode* durch das Innere der Vacuole hin. Sie löste sich oft nur unter Zerreißung der Plasmaschicht los, auch war nicht zu sehen, ob und wie sie den Längswänden ansaß. Auf ihrem Wege nahm sie Granula mit, die vordem in der Vacuole teils mit dem Strome, teils gegen ihn wanderten. Auch dünnere Plasmastränge, die die Vacuole durchsetzten, zerbrachen bei ihrer Annäherung, so die Erstarrung des Plasmas zu einem Gel beweisend, und wurden mitgeführt. Selten aber kam die Membran über die halbe Länge der Vacuole hinaus, sondern wurde fast stets durch kräftigere Stränge zerrissen, die im Wege standen, oder blieb sonst irgendwie hängen und verschwand bald. Wurde der Strom aber rechtzeitig ausgeschaltet, so blieb sie eine Zeitlang erhalten und konnte genauer beobachtet werden. Sie war stets so fein und hyalin, daß kein optischer Längsschnitt zu sehen war, sondern nur die schwach reflektierende, glatte, nach der Anode hin konvexe Fläche. Oft ließ sich ihr Verlauf bei stärkster Vergrößerung nur durch die Lage anhaftender Granula erkennen. Solche tanzten auch gelegentlich in lebhafter BMB in geringem Abstande von der Haut, ohne sich dabei von ihr zu entfernen, vielleicht durch Adsorption, wahrscheinlicher durch einen unsichtbaren Faden festgehalten. Zahlreichere Granula und gröbere Plasmagerinnsel saßen ihr in der Nähe der Längswände an. Mit dem Wechsel der Stromrichtung wechselte auch die Membran die Richtung ihrer Wanderung, bis sie zerriß. Manchmal bog sie sich bei ihrer langsamen kathodischen Bewegung stark nach der Anode hin durch, platzte plötzlich wie ein durch zu hohen Druck gesprengtes Filter, um danach mit einem Ruck lebhafter nach der Kathode zu wandern.

Eine solche wandernde Membran wurde nicht in allen Zellen beobachtet. Oft blieb die Erstarrung des Plasmas die einzige Folge der Durchströmung, oft zerriß die Membran schon, ehe sie sich vollständig vom Plasma der Querwand losgelöst hatte. In jedem Gesichtsfelde war die Erscheinung aber mehrfach zu sehen, an frischen, wie an 1—2 Tage mit H_2O dest. vorbehandelten Zellen. Auch in den Vacuolen plasmolysierter Zellen fand sie sich, aber seltener. Und wenn der Strom rechtzeitig unterbrochen, und die Beleuchtung etwas geändert wurde, ließen sich hier und da noch losgelöste Häute in den Vacuolen erkennen, die vorher nicht sichtbar gewesen waren. Ging der Strom quer zu den Zellen, so war die Loslösung nicht einwandfrei zu beobachten.

Bis sich diese Erscheinungen abgespielt hatten, änderte sich die Struktur des plasmatischen Wandbelags nur wenig. Wenn die Desorganisationsbilder entstanden, die KLEMM (1895 Taf. 8 und 9) abbildet, waren die Zellen schon zu lange vom elektrischen Strome durchflossen worden. Die Membran war dann entweder schon abgehoben und wieder irgendwo in der Vacuole zerrissen, oder sie löste sich überhaupt nicht mehr vom Plasma. Unter dem Eindruck dieses Vorganges drängt sich die seit den Studien von DE VRIES (1885) wohlbegründete Vorstellung von einer diskreten Vacuolenhaut auf. Die *elektrokinetisch wandernde „Vacuolenhaut"* dürfte allerdings kaum unverändert sein. Vielmehr deutet schon der Umstand, daß sie sich nicht sofort nach dem Einschalten des Stromes abhebt, sondern erst nach einiger Zeit, darauf hin, daß sie eine künstlich erzeugte, vom eigentlichen Plasma aber verschiedene Niederschlagsmembran ist. Im Hellfelde ist sie kaum sichtbar, mußte also den bisherigen Beobachtern entgehen.

Wurden *plasmolysierte Zellen* in der Längsrichtung vom elektrischen Strome durchflossen, so hob sich niemals eine Membran von den Außenseiten der abgekugelten Protoplasten ab wie in den Vacuolen. Die Plasmaleiber von in TrZ. plasmolysierten Zellen beulten sich vielmehr an der der Kathode zugewendeten Kuppe ein, und das nach der Anode zu liegende Plasma drang ein Stück entgegen der Stromrichtung vor, während die Dicke der Schicht bedeutend zunahm. — KLEMM beschreibt 1895 (S. 653) das Einbeulen an nicht plasmolysierten Protoplasten, nachdem die Vacuolenwand bereits zerstört war, und faßt den abgehobenen Plasmabelag als „äußere Hautschicht" auf. Seinen Abbildungen nach sitzt aber noch eine dicke Plasmaschicht daran. Auch er hat also die äußere Plasmahaut nicht isoliert. Er tötete die Zellen durch Induktionsschläge. — Nach etwa 5 Minuten füllten die Protoplasten den der Anode zugekehrten freien Zellraum mehr oder weniger aus, während der entgegengesetzte sich vergrößert hatte. Bei rechtzeitigem Stromwechsel war auch diese Bewegung umkehrbar, doch verlor das Plasma bald seine Plastizität und zerriß wie ein Gel. Einzelne geronnene Plasmabestandteile wanderten ebenfalls gegen den Strom. Das geschilderte Bild wurde häufig durch Blasen gestört, die an beiden Kuppen eines Plasmaleibes herausquollen und das Plasma leicht völlig deformierten.

Die Fäden wurden bei einer geringen Bewegung des Protoplasten wenig verändert. In günstigen Fällen schlängelten sie sich, wenn sich der anodische freie Zellraum verkürzte, und streckten sich wieder, wenn die Stromrichtung gewechselt war, und der Protoplast nach der anderen Seite wanderte. Auch von der Außenseite längere Zeit in TrZ. plasmolysierter Protoplasten, bei denen nach Zentrifugierung öfter eine Haptogenmembran zurückblieb (vgl. S. 154), während der Protoplast verlagert wurde, ließ sich kataphoretisch keine Membran abheben. Die Plasmaleiber waren eher weniger plastisch, sondern behielten meist ihre Form und nur Bläschen traten aus, die sie schließlich zum Zerfall brachten.

In querdurchströmten, mit reiner TrZ.-Lösung plasmolysierten Zellen bewegten sich die Kuppen der Protoplasten nur wenig anodisch, die

Fäden aber zeigten eine deutliche anodische Konvektion, ohne dabei vom Protoplasten oder der Zellwand abzureißen. Sie bildeten daher, sobald der Kontakt geschlossen wurde, nach der Kathode konkave Bögen, die wiederholt jedem Wechsel der Stromrichtung folgten. Ihr Aussehen änderte sich dabei sehr wenig, nur eine schwache Granulierung trat auf. Wurden kurze Zeit in TrZ. plasmolysierte Zellen (1 Stunde) auf einige Stunden in Lösungen gebracht, die außer der entsprechenden Menge TrZ. ein Gemisch von primärem und sekundärem Phosphat in bestimmten Verhältnissen, und somit Wasserstoffionen in konstanter Konzentration enthielten, so ließ sich die Wanderungsrichtung der Fäden umkehren. *In reiner Tr Z.-Lösung deutlich anodisch*, war die Konvektion *in alkalischen Lösungen* ($7 < p_h < 8$, gemessen mit der Wasserstoffelektrode) *kathodisch*, aber auffällig verlangsamt, in *sauren Lösungen verstärkt anodisch*. Ein Stillstand der Fäden in allen Zellen bei Stromdurchfluß war in keiner Lösung zu erreichen. In Puffergemischen von $p_h = 6{,}4$ wanderten die Fäden bei demselben Epidermisstück in manchen Zellen anodisch, in anderen kathodisch. In anderen Fällen wurde noch bei $p_h = 6{,}65$ anodische, meist aber kathodische Wanderung beobachtet. ROBBINS (1923) fand den isoelektrischen Punkt an Kartoffelknollen etwa bei $p_h = 6$. Die bedeutende individuelle Verschiedenheit der Zellen steht vollständig im Einklang mit den über die Acidität des Zellsaftes bekannten Schwankungen von Zelle zu Zelle und sogar von Vacuole zu Vacuole.

Übrigens bogen auch Fäden, die mit einem TrZ.-$HgCl_2$-Gemisch behandelt waren, schnell und weit anodisch aus. Sie waren also durchaus nicht unbeweglich oder gar brüchig geworden.

Das Plasma, die Fäden und geronnene Plasmateile wanderten also anodisch, wie es bisher meist beobachtet worden ist (vgl. die Zusammenstellung bei STERN, 1924) *und nur die Haut im Vacuoleninneren kathodisch*. Daraus läßt sich aber nicht ohne weiteres folgern, daß die ersteren negativ, letztere positiv geladen wäre. Vielmehr ist ein Gesichtspunkt nicht außer Acht zu lassen, den STERN (l. c.) nicht erwähnt: Die Wanderung geht durch ein System sehr enger Capillaren vor sich und deshalb müssen die Ladung der Wand und die elektrosmotische Bewegung der Flüssigkeit berücksichtigt werden. Sie spielt hier die Hauptrolle, wie das Verhalten in den Puffergemischen beweist. Wären die Fäden negativ geladen, so würden sie sich zwar, wie es wirklich geschieht, nach der Anode ziehen. Durch Zufügung von $H\cdot$-Ionen müßte dann aber ihre Ladung neutralisiert oder positiv werden, ihre Bewegung also abnehmen oder sich gar umkehren. Statt dessen vergrößert sich ihr Ausschlag in anodischer Richtung. Dieser Widerspruch erklärt sich sofort, wenn man *der Wandung eine positive Ladung zuschreibt*. Dann muß sich die Flüssigkeit bei Stromschluß mit negativer Ladung, anodisch, bewegen, und führt Plasma und Fäden mit sich. In sauren Lösungen adsorbiert die Wand weitere H·-Ionen, das ζ-Potential (FREUNDLICH, 1922) wird vergrößert, die Bewegung nimmt zu. In alkalischen Lösungen kehren sich die Vorzeichen der Ladungen und der Bewegung um.

Ein weiterer Unterschied, daß sich die Fäden in sauren Lösungen bei Stromschluß mit einem Rucke durchbiegen, in alkalischen Lösungen dagegen einen bedeutend langsameren Ausschlag geben, auch bei gleicher Amplitude, ist vielleicht auf die viel größere Wanderungsgeschwindigkeit der H·- gegenüber der der OH'-Ionen zurückzuführen.

Über die eigene Ladung der Fadenkolloide ist damit natürlich gar nichts gesagt. Daß sie sich schon in Pufferlösungen von $p_h = 6{,}65$ meist kathodisch bewegten, in denen die Membran doch sicher noch positiv geladen war, die Flüssigkeit also anodisch strömte, scheint mir *für eine positive Eigenladung zu sprechen*. Damit würde auch eine Erscheinung aufgeklärt, über die KOKETSU (1923) berichtet. Das Plasma wanderte nämlich in Zellen verschiedener Art anodisch, seine Konvektion kehrte sich aber um, wenn die Plasmateile, aus den Zellen herausgequetscht, frei in der Flüssigkeit lagen. Die elektrosmotisch bewegte Flüssigkeit nahm die geformten Zellbestandteile mit, erst in dem weiteren Raume der Beobachtungskammer konnten sie sich kataphoretisch bewegen.

Wenn die mitgeteilten Ergebnisse zunächst auch nur für das Plasma von Allium gelten können, so darf doch keinesfalls mehr *aus der meist beobachteten anodischen Wanderung* der Zellbestandteile ohne weiteres auf deren *negative* elektrische Ladung geschlossen werden (vgl. STERN, 1924, S. 27). Übrigens weist auch KAHHO (1921) darauf hin, daß die von ihm für Pflanzenplasma aufgestellten Koagulationsreihen den für negativ geladenes Eiweiß gefundenen gerade entgegengesetzt sind. Er kommt daher auch zu dem Schluß, daß positiv geladene Kolloide im Plasma den Ausschlag geben müssen.

Zweifellos positiv geladen war die elektrokinetisch abgehobene „Vacuolenhaut", denn sie wanderte der strömenden Zellflüssigkeit entgegen und bot ihr offensichtlich einen Filtrationswiderstand, der so groß werden konnte, daß sie unter dem Drucke der Flüssigkeit zerplatzte.

Stoffausscheidungen.

Die mitgeteilten Befunde drängen dazu, das Verhalten der möglichst wenig veränderten, arteigenen, nach dem Bericht von H.-C. (1922) massenweise von Alliumzellen *ausgeschiedenen Phosphatidsuspensionen mit den beschriebenen Reaktionen der Fäden und des lebenden Plasmas zu vergleichen.*

Um solche Phosphatide zu erhalten, wurde zunächst versucht, nach der Beschreibung H.-C.s (l. c. S. 93), Stücke der Innenepidermis der Zwiebelschuppen mit der unverletzten Seite auf H_2O dest. von 30° C schwimmen zu lassen. In Übereinstimmung mit den Erfahrungen, die bei der Behandlung kleinerer Epidermisstücke bereits zahlreich gemacht waren, rollten sich die Stücke aber stets sehr bald und sanken dabei unter. Infolgedessen war natürlich gar keine Gewähr vorhanden, daß ausgeschiedene Stoffe nicht aus verletzten Zellen stammten, denn diese ließen sich durch bloßes Schwimmenlassen auf kaltem H_2O dest. niemals in genügender Weise von den Inhaltsstoffen befreien, wie H.-C. selbst gezeigt hat (H.-C. 1914). Stoffausscheidungen aus den untergetauchten Epidermen sind also unverwendbar.

Um sicher zu sein, daß die erwarteten Ausscheidungen nur durch unverletzte Zellmembranen austreten konnten, wurde die Epidermis gar nicht abgezogen. Vielmehr wurden die Zwiebeln durch radiale Schnitte in drei bis vier Sektoren zerlegt, so daß die gewonnenen Schuppenteile stark gewölbten Schiffchen glichen. Die mittleren Schuppen wurden weiter verwendet.

Die Schnittränder wurden sorgfältig mit Fließpapier abgetrocknet. Dann kamen die Schuppen mit der konvexen Seite nach unten in Petrischalen, deren Boden mit einer Schicht H_2O dest. eben bedeckt war. Andere Schuppen wurden ebenfalls in Petrischalen gesetzt, aber auf Pappringe, und ihre Höhlung wurde mit einigen Kubikzentimeten H_2O dest. gefüllt. Die Petrischalen wurden bedeckt in den Thermostaten bei 30—33°C gestellt. Es wurde sorgfältig darauf geachtet, daß die verletzten Ränder nicht benetzt wurden.

In keinem Falle schieden die Zwiebeln durch ihre unverletzte Epidermis *Stoffe aus, die die benetzende, sehr geringe Flüssigkeitsmenge trübten*, weder nach 1-tägigem noch nach 3-tägigem Verweilen bei 30—33°C.

Die abgegossene Flüssigkeit war vollständig klar. Auch nach Zusatz von mehr oder weniger 10 proz. Pbac.-Lösung trat keine Fällung ein. Die Flüssigkeit roch eigenartig aromatisch und ganz anders als frische Zwiebeln.

Die Versuche wurden im Mai 1924 angestellt. Die Zwiebeln hatten meist über 5 cm Durchmesser und waren wahrscheinlich aus Italien eingeführt. Ihre Epidermis erschien zarter als die der hiesigen, erst im August im Handel käuflichen Küchenzwiebeln. Vorher ganz anthocyanfrei, hatte sich die Epidermis der Schuppen im Thermostaten gerötet und zog sich nicht mehr leicht ab. Die Turgeszenz hatte etwas nachgelassen. Die Zellen waren aber sämtlich noch am Leben, ihr Plasma strömte schwach, die Kerne waren anormal dicht granuliert.

Bei dieser Versuchsanordnung war die Wassermenge im Vergleich zur Größe der ausscheidenden Epidermisfläche sicher kleiner als bei H.-C. Die mangelnde Luftzufuhr in den bedeckten Petrischalen soll nach Angabe desselben Autors den Austritt der trübenden Stoffe eher befördern (l. c. S. 43, 59, 72), ist also auch nicht als hemmende Ursache anzusehen. Der negative Ausfall der Versuche kann also entweder darauf beruhen, daß die Epidermis der norwegischen Zwiebeln mit einer noch zarteren Cuticula überzogen war als die der von mir verwendeten, oder *daß die Anordnung H.-C.s die Stoffausscheidung aus verletzten Zellen nicht vollständig ausschloß.*

Temperaturwirkungen.

Wenn die Plasmafäden aus den wasserunlöslichen, hydrophilen Phosphatiden bestehen, wie sie in den Versuchen H.-C.s von den verschiedenartigen Gewebestücken ausgeschieden wurden, dann ist zu erwarten, daß die Beschaffenheit der Plasmafäden *sich wesentlich mit der Temperatur ändert.* Denn die Gewebe gaben bei Zimmertemperaturen nur wasserlösliche Phosphatide ab, und erst bei der Temperatur von 30—32° C traten binnen 24 Stunden die wasserunlöslichen Phosphatide massenhaft in Gestalt weißer Wolken aus (H.-C. 1922, S. 13).

Als daraufhin Epidermisstücke in TrZ. plasmolysiert und bei 30 bis 32° gehalten wurden, zeigte sich zwar, daß in der Tat die Fäden in den warm behandelten Objekten seltener waren und schneller zerfielen als die in den kalt (bei 13—15°) aufbewahrten Kontrollobjekten. Das Plasma wurde jedoch durch die höhere Temperatur ebenfalls wesentlich in Mitleidenschaft gezogen. Es war oft schon nach 24 Sunden dicht mit Granulis angefüllt, koaguliert, und nicht mehr deplasmolysierbar, während noch deutliche, lang und fein ausgesponnene Fäden von ihm ausgingen. Diese waren ebenfalls mit Granulis besetzt, trugen aber auch noch glattrandige kugelige Tröpfchen, und unterschieden sich in der Aufeinanderfolge ihrer Zerfallserscheinungen in keiner Weise von den Kontrollpräparaten, sondern nur in der Geschwindigkeit der Entmischung. Die „kritische Temperatur", bei der nach H.-C. die wasserunlöslichen Phosphatide auszutreten beginnen, rief also *keine irgendwie charakteristische Veränderung* in den Fäden hervor. Ihr Absterben ist von HECHT (1912) genau beschrieben und eine derartige Beschreibung sei deshalb hier nicht wiederholt (vgl. auch oben S. 152 f.).

Weiter wurde versucht, den Zellen durch mehrtägiges Liegen in 30° warmem destilliertem Wasser ihre Phosphatide soweit wie möglich zu entziehen, um bei darauf angestellter Plasmolyse zu beobachten, ob diese „phosphatidarmen" Protoplasten noch Fäden bilden könnten. In der Tat waren in den bei 30° ausgelaugten und plasmolysierten Zellen weniger Fäden zu sehen als in den kalt behandelten Kontrollen.

Außerdem zeigte die Form, in der der Plasmaleib sich kontrahierte, daß sich die Viscosität des Plasmas im Verlauf der Behandlung mehrfach bedeutend änderte. Die Abhängigkeit der Viscositätsänderung von Temperatur und Zeit ist jedoch nicht einfach zu erfassen und auch individuell starken Schwankungen unterworfen, wurde daher nicht weiter verfolgt.

Als aber schließlich die in der Wärme 120 Stunden lang „ausgelaugten" und dadurch bereits stark geschädigten Zellen — in zwölf Epidermisstücken ließen sich nur noch zwei Zellen plasmolysieren, alle anderen waren tot — bei niedriger Temperatur, also 15°, plasmolysiert wurden, da hatten die Protoplasten der beiden überlebenden Zellen mehr Fäden gebildet als die allgemein viel weniger geschädigten Kontrollprotoplasten, die eben so lange Zeit in H_2O dest. von 15° C verweilt hatten und dann zur Plasmolyse in 30° warme TrZ.-lösung übergeführt worden waren.

Auch in diesem Falle besteht also *kein Zusammenhang zwischen dem Auswandern* der unlöslichen Phosphatide, wie es nach H.-C.s Angabe stattfindet, *und dem Fadenziehen* des zusammengepreßten Protoplasten. *Nicht die chemische Zusammensetzung* des Plasmas gibt den Ausschlag bei der Fadenbildung, sondern sein *physikalischer Zustand.*

In diesem Zusammenhange lag es nahe, auch die Wirkung *höherer Temperaturen* auf die Fäden und ihre Protoplasten zu prüfen. Um die Zellen beim Erhitzen mikroskopisch beobachten zu können, wurde unter anderem der von PFEFFER konstruierte Heiztisch benutzt (STRASBURGER, Praktikum). Er macht den Gebrauch des Dunkelfeldkondensors unmöglich, da er doppelwandig, und das Objekt somit zu weit von der Kondensorlinse entfernt ist. Ich stellte mir deshalb elektrisch *heizbare Objektträger* her, die auch Beobachtungen im Dunkelfelde gestatten. Später fand ich, daß sie im Prinzip bereits von METZNER (1920) beschrieben sind.

Ein Objektträger wurde auf einer Seite in bekannter Weise durch Reduktion ammoniakalischer Silberlösung versilbert und sorgfältig abgespült. In den Spiegelbelag wurden mit einem gut zugespitzten Bleistift dicht nebeneinander einige feine parallele Linien gekratzt. Sie ließen die Lichtstrahlen des Kondensors hauptsächlich nur in einer Richtung, nicht konzentrisch durchtreten; diese Beleuchtung erwies sich aber als sehr günstig, wenn die Längsrichtung der Zellen, in der die Plasmafäden zumeist verlaufen, parallel zu den Spalten des Gitters orientiert wurde. Die Epidermisstücke lagen unmittelbar auf dem Silberbelag und wurden mit einem Deckglas bedeckt. Bei der kurzen Versuchsdauer war ja eine Schädigung der Zellen durch die Silberionen nicht zu befürchten.

Der Strom wurde der Lichtleitung entnommen und durch Vorschaltwiderstände reguliert. An die Leitungsdrähte waren Messingstreifen angelötet, die sich leicht mit den Objektklammern auf den trockenen Teil des Silberspiegels seitlich vom Deckglase drücken ließen. Nur wurde vorher ein Stück dünner Gummischlauch über die Klemmfedern gezogen, um sie gegen die Stromzuleitung zu isolieren. Der Stromverbrauch eines solchen heizbaren Objektträgers ist ziemlich groß (300 Watt und mehr), auch wird der Silberbelag selten gleichmäßig dick, so daß sich die Objektträger gelegentlich ungleich erhitzen und springen. Aber ihre Herstellung ist sehr einfach. Das Objekt liegt nahe am Kondensor und unmittelbar auf der Heizfläche, und die erzeugte Wärmemenge ist so gering, daß weder der Kondensor noch das Objekt durch die Wärme gefährdet werden; namentlich, wenn man beide nur in den Augenblicken, wo man beobachtet, bis auf Brennweite heranschraubt.

Da es nicht notwendig war, die Temperatur genau festzustellen, und eine Thermonadel nicht zur Verfügung stand, genügte es, Körnchen von Stoffen mit bekanntem Schmelzpunkte, wie Paraffin, auf dem Silberbelag und auf dem Deckglas schmelzen zu lassen, und so ein Urteil über die erreichte Temperatur zu gewinnen. In anderen Fällen wurde ein dünner Silberfiligrandraht über den Objektträger gespannt, elektrisch geheizt, die Epidermisstücke darübergelegt und mit einem Deckglase bedeckt. Auch so lassen sich ganz gute Dunkelfeldbeobachtungen machen. Endlich wurden Zellen auf dem Wasserbade oder im Thermostaten erhitzt und erst nach einer bestimmten Zeit mikroskopisch geprüft.

Versuche über die Hitzekoagulation des Protoplasmas wurden bisher vor allem von LEPESCHKIN (1910, 1911, 1912, 1923, 1924) vorgenommen (vgl. auch KAHHO 1921b). Er unterscheidet in ihrem Verlaufe bei Spirogyra vier Stadien: 1. Dispersitätsverminderung des Protoplasmas oder seiner Grenzschicht und damit Permeabilitätserhöhung, 2. sichtbare Koagulation der oberflächlichen Plasmaschichten unter Auftreten zahlreicher Körnchen in denselben; an den koagulierten Stellen ist das Plasma nicht mehr durch kugelige Flächen begrenzt, 3. Koagulation der Chloroplasten, 4. vollständige Koagulation des Protoplasmas (l. c. 1924, S. 126).

Die Koagulationserscheinungen an den plasmolysierten Alliumzellen verliefen im allgemeinen in dieser Reihenfolge, nur griffen die einzelnen Stadien ineinander über. Überraschenderweise blieben aber noch im zweiten Stadium *Fäden* erhalten, *ohne eine Veränderung erkennen zu lassen*, auch wenn sich *die Plasmaoberfläche* schon unregelmäßig eingebeult hatte und krustig und körnig geworden war.

Manchmal zerrissen sie erst, wenn der Protoplast nach allmählichem längeren Erhitzen (in 1—1 1/2 Stunde auf 60—70°) vollständig seine ursprüngliche Form verlor und zu einem Klumpen zusammensank. Dann zerfielen sie zu einzelnen Granulis, die in BMB im Zellraume tanzten. Gelegentlich blieben sie auch dann noch bestehen, waren aber mehr oder weniger dicht mit Granulis und Tröpfchen besetzt, offensichtlich also doch schließlich geronnen. In einem Falle blieben so drei feine Fäden in einer Zelle erhalten, obwohl die Tr.Z-Lösung auf dem versilberten Objektträger bis zum Sieden erhitzt wurde.

Vielfach werden einzelne Fäden auch während des Erhitzens unsichtbar, um nach einiger Zeit an derselben Stelle wieder zu erscheinen. Ihre optischen Eigenschaften wechseln und verraten so, daß sich ihr kolloider Zustand in unkontrollierbarer Weise ändert, auch wenn sie ihr homogenes Aussehen behalten. Ebenso setzt die lebhafteste Protoplasmaströmung und die BMB der Granula im Protoplasten sehr bald aus, noch ehe eine andere Hitzewirkung zu erkennen ist (s. auch KLEMM, 1895, S. 644). Der eigentlichen Koagulation geht also eine rasche

Viskositätserhöhung des Plasmas voraus. Am empfindlichsten ist den höheren Temperaturen gegenüber der Kern der Alliumzellen. Denn das Hervortreten des Nucleolus und eine starke Volumzunahme des Kernes sind meist die ersten Zeichen der beginnenden Temperaturschädigung.

Aus dem ganzen Komplex der Erscheinungen ist hier nur das eine bedeutsam, daß sich die *Fadensubstanz nicht gleichzeitig mit dem Plasma verändert*, sondern daß sie gerade *widerstandsfähiger ist als dieses*. Dadurch, und durch die verschiedenen angeführten Nebenerscheinungen wird es wahrscheinlich, daß die von LEPESCHKIN als zweites Stadium angeführte Koagulation der äußeren Plasmaschicht erst eine Folge von Veränderungen im Plasmainneren ist. Damit wird aber auch der Schluß auf einen größeren Eiweißreichtum der äußeren Plasmaschicht unwahrscheinlich.

Verdauungsversuche.

Um etwas über die *chemische Zusammensetzung* der Fäden zu erfahren, wurden sie der Wirkung verschiedener *verdauender Enzyme* ausgesetzt.

In der *Phosphatase* steht ein Enzym zur Verfügung, das die Glycerin-Phosphorsäurebindung zu spalten vermag. Die Phosphatase ist bisher noch nicht isoliert, sondern nur von NEMEC in den Autolysaten verschiedener Samenmehle festgestellt worden (NEMEC 1919, NEMEC u. DUCHON, 1920). Neuerdings wurde sie auch als Bestandteil der Takadiastase nachgewiesen (AKAMATSU, 1923).

Da diese nicht zur Verfügung stand, stellte ich eins der Autolysate her, die NEMEC (1919) am wirksamsten gefunden hatte. Nach seiner Vorschrift wurden 5 g Samenmehl in 100 ccm Wasser suspendiert, mit einigen Tropfen Toluol überschichtet und etwa 24 Stunden lang der Autolyse im Brutschrank überlassen. Vor der Verwendung wurde die Flüssigkeit filtriert. Ein Teil des Autolysats wurde auf dem Wasserbade $^1/_2$ Stunde lang im Sieden erhalten, die dabei ausgefallenen Stoffe abfiltriert und das klare Filtrat als Kontrollösung verwendet. Beide reagierten gegen Lackmus sauer.

Die Phosphatase wurde auf ihre Wirksamkeit geprüft, indem gleiche Mengen eines Lecithinsols mit je gleichen Mengen frischen oder durch Kochen unwirksam gemachten Autolysats zusammen gegeben und für 1—2 Tage in den Brutschrank gestellt wurden. Wenn dann die Eiweißstoffe durch Alkoholzusatz gefällt waren, gab Ammoniummolybdat den bekannten gelben Phosphatniederschlag. In reinen Lecithinsolen blieb er aus, im Lecithinsol + abgekochten Autolysat war er schwach, im Lecithinsol + lebenden Autolysat so deutlich stärker, daß er ohne quantitative Bestimmung die Wirksamkeit des Autolysats zeigte.

Außer diesem Sinapis-Autolysat wurde einige Male noch solches aus zerquetschten Samen von Linum usit. angesetzt, lieferte aber keine anderen Ergebnisse.

Als *proteolytische Enzyme* wurden Pepsin puriss. in Lamellen und Trypsin sicc. benutzt, beide frisch von der Firma GRÜBLER in Leipzig bezogen. Das Pepsin wurde in etwa 0,25 proz. oder schwächerer Lösung von HCl gelöst, das Trypsin in 0,5 proz. oder schwächerer Na_2CO_3-Lösung.

Beide waren überaus wirksam. Das Pepsin verdaute feine Albumingerinnsel, die durch rasche Hitzekoagulation einer Albuminlösung frisch hergestellt und der Enzymlösung bis zur weißlichen Trübung zugesetzt wurden, binnen 2—5 Minuten bei 25°. In Trypsinlösung lösten sich die Gerinnsel in einigen Stunden im Brutschrank. Das Sinapis-Autolysat löste wenige solche Gerinnsel nicht in mehreren Tagen, obwohl es mehrfach erneuert wurde. Es enthielt also höchstens recht wenig wirksame Enzyme dieser Art. Andererseits wurde das Pepsin wie das Trypsin auf einen eventuellen Phosphatasegehalt geprüft, indem sie mit Lecithinsol vermischt 1—2 Tage im Brutschranke blieben. Danach trat mit Ammoniummolybdat keine Phosphatfällung ein. Allen verwendeten Enzymen, bei den Wirksamkeitsproben wie bei den Versuchen und Kontrollen wurde ein Gehalt von 1,5 Molen TrZ. gegeben. Als Kontrollflüssigkeit wurden abgekochtes Sinapis-Autolysat, Na_2CO_3-Lösung und verdünnte HCl in gleicher Konzentration wie in den Enzymlösungen verwendet, ebenfalls mit einem Gehalt von 1,5 Molen TrZ. Konservierende Mittel wurden nur bei der Herstellung des Sinapis-Autolysats zugegeben. Bei den Verdauungsversuchen wurde es vorgezogen, durch häufiges Wechseln der Enzyme eine starke Entwicklung von Bakterien zu verhindern. Meist erübrigte sich aber diese Vorsicht durch die kurze Versuchsdauer.

Um den Enzymen ungehinderten Zutritt zum Zellinneren zu verschaffen, wurden die Epidermisstücke vor der Überführung in die verdauenden Lösungen mit einer scharfen Schere in kleine Streifchen zerschnitten, und die Wirkung der Enzyme in den unverletzten Zellen und in den angeschnittenen beobachtet.

Wenn die Epidermen erst einige Stunden auf kaltes destilliertes Wasser gelegt und dann mit 1,5 m TrZ.-Lösung plasmolysiert wurden, verringerte sich das Volumen der Protoplasten soweit, daß beim Zerschneiden die langgestreckten Zellen in vielen Fällen geöffnet wurden, ohne daß die Fäden zerrissen (vgl. KÜSTER, 1910). Natürlich durfte aber auch der Protoplast nicht der Außenlösung wie ein Pfropfen den Zutritt zu den Fäden versperren. Wenn nur eben die Querwand einer langgestreckten Zelle abgeschnitten war, konnte man unveränderte Fäden vom weiter innen liegenden Protoplasten nach den Wandstellen zu verlaufen sehen, die der Öffnung näher lagen. Sonst wurde gelegentlich der ganze Protoplast mit entfernt, aber eine größere Plasmainsel blieb im inneren Teil der eröffneten Zelle erhalten und von ihr strahlten ungestört die Fäden nach den naheliegenden Teilen der Wand aus. In beiden Fällen waren die Fäden und der übrige Zellinhalt ohne jedes Hindernis dem Angriff der in das Zellumen diffundierenden Enzyme ausgesetzt.

Trotzdem wurden die *Fäden von keinem der oben angeführten Enzyme sichtbar verdaut.* Im Phosphatasehaltigen Autolysat veränderten sie sich sogar weniger als im abgekochten. Auch zwischen der Wirkung des Pepsins bzw. Trypsins und ihrer Kontrollflüssigkeiten war kein Unterschied wahrzunehmen. Nicht einmal *aufeinanderfolgende Behandlung mit Phosphatase und den proteolytischen Enzymen* in verschiedener Reihenfolge löste die Fäden auf.

Zwar verschwanden die meisten in den Enzymlösungen nach einiger Zeit, aus den unverletzten wie aus den angeschnittenen Zellen. Das wurde aber durch die Protoplasten verursacht, die in den Enzymlösungen koagulierten und bis auf einen winzigen Rest schrumpften. An unversehrten Protoplasten und an kleinen Inseln, die nicht wesentlich kollabieren konnten, blieben immer noch Fäden erhalten. Auch war auffällig, daß etwaige dickere Teile eines Fadens, die dem Plasmaleib oder einer Plasmainsel ansaßen, wie diese in den Lösungen blasig aufquollen und nicht mehr durch eine deutliche Kontur begrenzt waren, in einiger Entfernung von ihrer Ansatzstelle aber glatt und deutlich begrenzt blieben. Die alkalischen Lösungen zerstörten die Fäden ziemlich bald, obwohl die Konzentration des Na-Karbonats aus diesem Grunde bis zu 0,05 vH. herabgesetzt wurde. Die sauren Lösungen enthielten 0,013 vH. HCl und griffen die Fadensubstanz viel weniger an (vgl. Schwarz 1892).

Manchmal schwammen die zerschnittenen Epidermisstücke in Schälchen auf der Flüssigkeit und wurden vor und nach der Behandlung kontrolliert. Um aber eine Zerstörung der Fäden bei der Überführung auf den Objektträger und beim Wechseln der Lösungen zu vermeiden, wurden meist nur zwei Epidermisstücke in einem offenen Tropfen auf je einem Objektträger in den Thermostaten gebracht, vor der Behandlung rasch durchgesehen, ob Fäden in angeschnittenen Zellen erhalten waren, nach der Behandlung mit einem Deckglase bedeckt und sorgfältig gemustert. Vielfach wurden die Tropfen auch gleich mit einem Deckglase bedeckt, mit Vaseline umrandet, geeignete Zellen vor der Behandlung skizziert, und so dieselben Zellen vor und nach der Verdauung verglichen. Schließlich wurde die Korrosion einer bestimmten Zelle bei Zimmertemperatur während mehrerer Stunden unter dem Mikroskop verfolgt.

In Anbetracht der großen Oberfläche und der geringen Substanzmenge, die dem Angriff der Enzyme ausgesetzt ist, *erscheint die Widerstandsfähigkeit der Plasmafäden erstaunlich.* Es ist aber natürlich durchaus nicht von der Hand zu weisen, daß Phosphatide oder Eiweißstoffe us ihnen herausgelöst werden. In ihrem Verlaufe wechseln mehr oder weniger leuchtende Granula mit Strecken so hyaliner Substanz, daß sie mikroskopisch überhaupt nicht mehr wahrnehmbar ist. Nur deshalb, weil die sichtbaren Granula sich in einer Reihe frei durch das Zellumen spannen, muß auf eine verbindende Masse geschlossen werden. An diesen Stellen ist also eine Verminderung der ursprünglichen Fadensubstanz sehr wahrscheinlich.

Daß insbesondere, entgegen der Hypothese H.-C.s, *Eiweißstoffe in den Plasmagrenzschichten nicht fehlen*, geht aus folgendem Versuche hervor: Werden Stücke der Epidermis der Blattunterseite von *Tradescantia Rhoeo discolor* in 0,05 proz. Na-Karbonatlösung gebracht, von denen die eine Trypsin enthält, die andere nicht, so färbt sich in der Verdauungsflüssigkeit der Zellsaft schon nach 20 Minuten fast in allen Zellen blau, und zeigt so das Eindringen der OH-Ionen in die Vacuole an. In der Lösung, die nur Na-Karbonat in gleicher Konzentration enthält, sind die Stücke noch nach 24 Stunden zumeist rot gefärbt, die OH-Ionen sind nur vereinzelt bis in die Vacuole gelangt. Diese offensichtliche *Erhöhung der Permeabilität für OH-Ionen durch ein proteolytisches Enzym* spricht stark *für eine Eiweißkomponente*. Dabei waren die Zellen nicht plasmolysiert, die Plasmahaut also ganz unverändert. An den Kernen und dem Plasma ließ sich keine Schädigung erkennen.

Während sich also die Fäden trotz ihrer Feinheit in den Enzymlösungen sehr wenig verändern, überrascht es um so mehr, *daß der eigentliche Protoplast bedeutend verdaut wird und bis auf einem geringen Rest von der Größe eines Zellkerns schwinden kann.* Da in der neueren Literatur gerade immer die Unverdaulichkeit des unveränderten Pflanzenplasmas betont wird (BIEDERMANN 1918, 1919a, 1919b, 1924; WALTER 1920, 1921), wurden noch einige Versuche in dieser Richtung angestellt, obwohl sie mit der hier behandelten Hauptfrage nur wenig zusammenhängen.

Zur Beobachtung der Fäden wurden die Zellen den Enzymlösungen in frischem plasmolysierten Zustande ausgesetzt, da die mechanische Widerstandsfähigkeit der Faden durch jede Vorbehandlung vermindert wurde, und es darauf ankam, ihre Substanz möglichst unverändert zu erhalten. Um dagegen die Verdauung der Plasmaleiber zu untersuchen, wurden die Objekte meist vorher durch Wasserdampf von Siedetemperatur zur Koagulation gebracht, durch Kälte getötet, oder in Analogie zu den Biedermannschen Versuchen (1918) mit siedendem Alkohol, Äther und Chloroform extrahiert.

Frische Protoplasten der Alliumepidermis waren widerstandsfähiger gegen die proteolytischen Enzyme als vorher abgetötete, aber auch an ihnen war eine deutliche Verdauung festzustellen. Während sich die Form der Plasmaleiber in einer Lösung, die nur 1,5 Mole TrZ. und

0,16 vH. HCl enthielt, im Verlaufe von 18 Stunden nur wenig änderte, waren die Protoplasten in den Lösungen, die außerdem noch 1 vH. Pepsin enthielten, nur etwa halb so groß als die vorigen. In den angeschnittenen Zellen lag meist nur noch ein kleines hell leuchtendes Klümpchen. In Na-Karbonatlösung (0,5 proz.) blieb die Gestalt und das Aussehen der Protoplasten ebenfalls ziemlich das Gleiche, nur quollen die Kerne auf, wie immer in alkalischen Lösungen (vgl. KLEMM 1895, S. 688). In der Trypsinlösung aber leuchteten jene viel weniger und diese lösten sich zu mehreren hyalinen, glänzenden Tröpfchen auf (vgl. SCHWARZ 1892).

Noch viel auffälliger wurden die Unterschiede zwischen Kontrollpräparaten und verdauten Objekten, wenn die Alliumepidermen vorher auf $1\,^{1}/_{2}$ Stunden *in eine Kältemischung bei -12 bis $-18\degree$ C gebracht worden waren.* Zwar wurde die Form der Protoplasten durch die Bildung von Eiskristallen in den Zellen oft ziemlich zerrissen, immer aber fanden sich noch zusammenhängende Plasmaballen, die einen einwandfreien Vergleich der Größe gestatteten. Bei dieser Tötungsweise wird das Plasma chemisch so wenig wie möglich verändert. Die Autolyse durch die zelleigenen Enzyme verursacht dabei keinen Fehler, da diese in den Kontrollpräparaten so gut wie in den anderen wirken konnten. Abb. 8a zeigt solche Protoplasten aus 0,26 vH. HCl, 1,5 m TrZ., Abb. 8b solche aus einer entsprechenden 1 proz. Pepsinlösung, beide nach 15-stündigem Verweilen im Thermostaten bei 38°. Die Trypsinverdauung war hier ebensostark als die durch Pepsin. Bei durch Hitze getöteten Protoplasten war sie dagegen weniger deutlich sichtbar. Auch fiel auf, daß hier die Kerne klein blieben, während sie sonst in den alkalischen Lösungen mächtig aufquollen.

Auch das phosphatasehaltige Autolysat verdaute Teile des Protoplasten, wenn es sie auch nicht so stark zum Schwinden brachte wie Pepsinlösung. Nach 24stündiger Behandlung wiesen die weißleuchtenden, koagulierten Plasmaleiber überall Löcher auf, ganze Stücke waren herausgefressen, oder der ehemals zusammenhängende Protoplast lag, namentlich in angeschnittenen Zellen, in Form einzelner Schollen auseinandergefallen im Zellraume. In dem als Kontrolle dienenden abgekochten Autolysat waren dagegen die Plasmaleiber noch recht gut in ihrer Form erhalten und wiesen eine zusammenhängende Kontur auf.

Durch längere Einwirkung der Enzyme (4—6 Tage bei täglichem Wechsel), und dadurch, daß die Objekte nacheinander in die verschiedenen Lösungen gebracht wurden, *ließ sich das Plasma bis auf einen kleinen Rest beseitigen.* Nach Trypsinverdauung lag dann ein wenig leuchtender Körper etwa von der Form des ehemaligen plasmolysierten Protoplasten im Zellraume, nach Pepsinverdauung ein winziges weißleuchtendes Klümpchen, etwa von der Größe eines normalen Zellkernes.

In keinem der angeführten Fälle verschwand aber der Inhalt der

Zellen *vollständig*. Im Hellfelde war er oft nur schwer sichtbar, im Dunkelfelde aber auf den ersten Blick zu erkennen.

Nur in Alliumzellen, die mit siedendem Alkohol 1 1/2 Stunden extrahiert, danach unter mehrfachem Wechsel 2 × 24 Stunden bei Zimmertemperatur mit Äther und 1 × 24 Stunden mit Chloroform behandelt worden waren, *war der Zellinhalt* nach 16stündiger Trypsinverdauung *bis auf den letzten Rest und überall verschwunden*, auch wenn die Zellwand unverletzt war. Nach Pepsinverdauung blieb auch nach solcher Vorbehandlung ein Restkörper. In Elodeazellen wurden nur die angeschnittenen Zellen ausverdaut. Die Membran scheint also bei Elodea-

Abb. 8a. Allium in HCl. Durch Kälte getötet, vgl. S. 180. Vergr. 150.

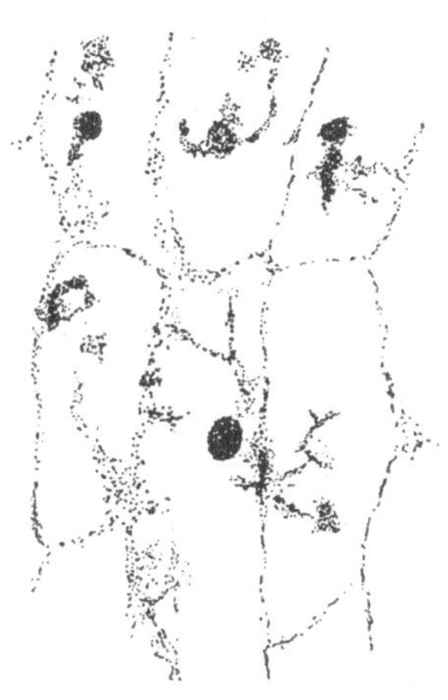

Abb. 8b. Allium in Pepsin/HCl, sonst wie 8a, vgl. S. 180. Vergr. 150.

blättchen engporiger zu sein als bei der Innenepidermis der Zwiebelschuppen.

Die Epidermiszellen der Blättchen von *Elodea densa*, BIEDERMANNS Versuchsobjekte, und die Epidermis der Blätter von *Sinapis alba*, aus deren Samen das phosphatasehaltige Autolysat hergestellt wurde, verhielten sich nur graduell verschieden von den hier beschriebenen Protoplasten der Alliumzellen (vgl. Abb. 9a u. b).

Die Wirkungen der Enzyme auf das Pflanzenplasma, die bei den älteren Autoren (ZACHARIAS 1881, 1882, 1893 und SCHWARZ 1892) bereits beschrieben sind, werden durch die oben mitgeteilten noch übertroffen, soweit sich ohne Abbildungen urteilen läßt. Im Gegensatz dazu berichteten BIEDERMANN (a. a. O.) und WALTER (a. a. O.), daß das Plasma von Spinat, Elodea, Vallisneria, Mnium, Myxomyceten u. a. weder von Trypsin noch von Pepsin merklich angegriffen werde, wenn man es den

Fermenten in frischem oder gekochtem Zustande aussetzt. BIEDERMANN schreibt 1918, S. 599: „Alle Veränderungen, die sich in solchem Falle (bei Verdauung frischer Elodeablätter in Pepsin-HCl) geltend machen, sind nichts anderes als reine Säurewirkungen, die in ganz gleicher Weise eintreten, wenn man das Pepsin wegläßt." Aber nach vorheriger Extraktion mit Alkohol, Äther und Chloroform löste Trypsin den Zellinhalt der meisten Objekte restlos, Pepsin griff auch danach weniger (Myxomyceten, WALTER 1921) oder gar nicht an (BIEDERMANN 1918), selbst unter den günstigsten Bedingungen.

Die beiden Autoren schließen, daß die Extraktionsmittel dem Plasma Lipoide entzogen, die die Eiweißkomponente des Plasmas gegen den Angriff der proteolytischen Enzyme geschützt hatten. Zur Erklärung seiner Ergebnisse modifiziert WALTER (1921) die Ansicht CZAPEKS (vgl.

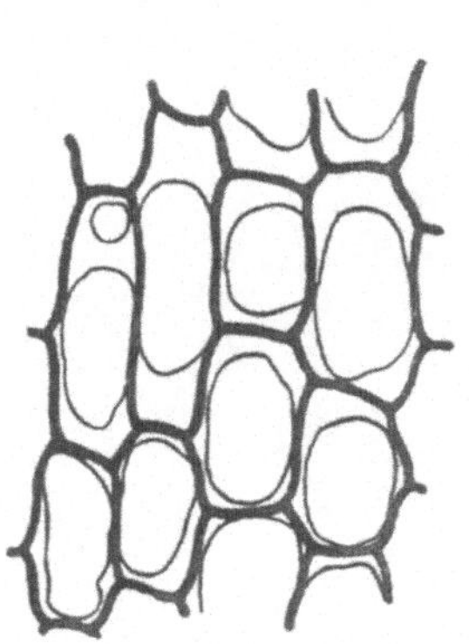

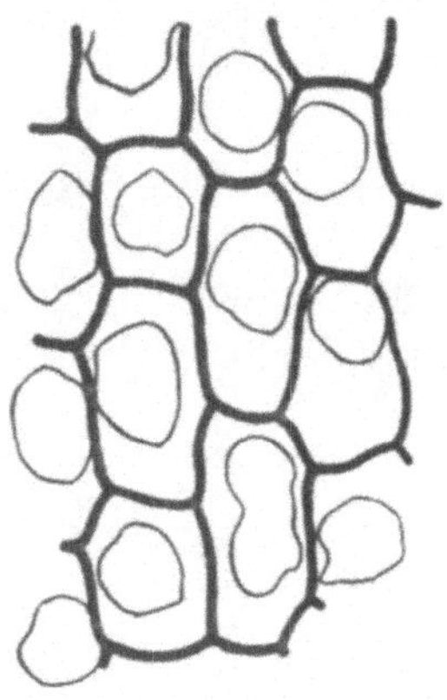

Abb. 9a. Elodeablättchen, in siedendem Wasser getötet, 23 St. in 0,26 vH. HCl bei 38°.

Abb. 9b. Elodeablättchen, 23 St. in Pepsin/HCl bei 38°, sonst wie Abb. 9a ohne weitere Vorbehandlung.

z. B. 1911, zuletzt 1923) von der Adsorption oberflächenaktiver Lipoide an der Plasmagrenzschicht dahin, daß er eine solche Adsorptionsverbindung von Lipoiden, „die den chemischen Verbindungen nahesteht", auch mit den im Plasmainneren verteilten Eiweißteilchen annimmt. Dahingehend spricht sich auch BIEDERMANN noch 1924 aus.

Dieser Annahme gegenüber mußte bereits der Hefe eine Sonderstellung eingeräumt werden, da sie nach WALTERS eigenen Versuchen 1920 von den Proteasen „in hohem Grade" angegriffen wird. Vorherige Extraktion „bleibt ohne Einfluß", obwohl das Hefeplasma gerade besonders reich an Lipoiden ist. Nun geht aus meinen Versuchen an Allium, Elodea und Sinapis einwandfrei hervor, daß das unvorbehandelte Plasma der höheren Pflanzen durch die proteolytischen Enzyme zum mindesten nicht generell unangreifbar ist. *Vielmehr besteht das Pflanzenplasma zu einem großen Teil aus unmittelbar verdaulichem Eiweiß.* Die hypothetische Bindung von Lipoiden an das Eiweiß, die außer von den obengenannten Forschern u. a. von PALLADIN (1910) und von LEPESCH-KIN (1923a) angenommen wird, schützt diese also nicht vor dem Angriff der proteolytischen Enzyme. Die Vorstellung vom Aufbau des Pflanzen-plasmas bedarf einer Revision.

Zusammenfassung.

1. Die Untersuchungen wurden im wesentlichen an den Plasma-fäden durchgeführt, die von den Protoplasten der Innenepidermis der Zwiebelschuppen von Allium cepa bei kräftiger Plasmolyse zahlreich und fein ausgesponnen werden. Sie wurden bei Dunkelfeldbeleuchtung beobachtet, die mit dem Paraboloidkondensor von ZEISS hergestellt wurde. Sie müssen die Substanz einer etwa vorhandenen Plasmagrenz-schicht in relativ größerer Menge enthalten als die Plasmaleiber.

2. Aus dem verschiedenen Verhalten der Plasmafäden und Plasma-leiber in Lösungen verschiedener Agenzien, bei Koagulation durch Hitze und gegen verdauende Enzyme geht hervor, daß eine besondere, dünne, unsichtbare Grenzschicht den plasmolysierten Protoplasten umkleidet. Keiner der Versuche gibt Anlaß, auf besondere osmotische Eigenschaften dieser Grenzschicht zu schließen.

3. Eine Anzahl Reaktionen der Fäden und der Grenzschicht stimmen mit denen der in vitro geprüften Phosphatide überein, andere lassen sich mit deren bisher bekannten Eigenschaften nicht in Einklang bringen. Im großen und ganzen sprechen die Versuche für eine lipoide Natur der Grenzschichten.

4. Alkalische Trypsinlösung erhöht die Permeabilität des Plasmas für OH-Ionen, wie aus dem schnellen Farbumschlag anthocyanhaltiger Tradescantiazellen hervorgeht. In der Plasmaschicht, die die Stoff-aufnahme reguliert, dürfte also kaum eine Eiweißkomponente fehlen.

5. Verschiedene hypertonische Neutralsalzlösungen rufen einen je-jeweils verschiedenen charakteristischen Habitus der plasmolysierten Protoplasten hervor und erzeugen Lebendfällungen und Viscositätsände-rungen im Plasma. Dabei addieren sich die Wirkungen der Ionen.

6. Elektrolytlösungen versteifen die unveränderte, durch Plasmolyse entspannte Membran der Alliumepidermis nach dem Grade ihrer fällenden Wirkung auf Lecithinsole, die denaturierte Membran weniger. Dadurch werden die Annahmen von HANNSTEEN-CRANNER und MAC DOUGAL, daß die Membran keinesfalls ein bloßes Ausscheidungspro-dukt ist, wahrscheinlich. Phosphatide dürften danach beim Membran-aufbau eine wichtige Rolle spielen.

7. Kataphoretisch läßt sich von der Innenseite des Plasmas der Allium-Zellen eine Membran abheben und eine Strecke durch die Va-cuole bewegen. Diese „Vacuolenhaut" ist positiv geladen. An der

Außenseite der plasmolysierten Protoplasten wurde nie eine solche wandernde Membran beobachtet.

8. Die Plasmafäden und plasmolysierten Protoplasten werden beim Durchfluß des elektrischen Stromes durch die elektrosmotisch strömende Flüssigkeit mitbewegt, wie an ihrem Verhalten in Pufferlösungen verschiedener p_h gezeigt wird. Im Gegensatz zu den meisten bisherigen Angaben dürfte danach dem Plasma eine positive Ladung zukommen.

9. Durch Pepsin, Trypsin und phosphatasehaltiges Autolysat aus Sinapissamen wird das Plasma von Allium, Elodea und Sinapis zu einem beträchtlichen Teile verdaut. Die Plasmafäden werden dagegen auch nach langer und kombinierter Einwirkung der Enzyme auffällig wenig geschädigt. Entgegen den neuerdings geäußerten Ansichten besteht also das Pflanzenplasma zu einem großen Teile aus unmittelbar verdaulichem Eiweiß, das durch die Plasmalipoide nicht geschützt ist, die Fäden aber keinesfalls ausschließlich aus Phosphatiden.

10. Es gelang nicht, aus einwandfrei unbeschädigten Epidermiszellen der Zwiebelschuppen Ausscheidungen wasserunlöslicher Stoffe zu erhalten, wie sie von H.-C. 1922 beschrieben worden sind.

Die Arbeit entstand als Dissertation in den Jahren 1922—24 im Botanischen Institut der Universität Leipzig. Herrn Professor Dr.RUHLAND sage ich für die Anregung zu der Arbeit und für vielfache Förderung in ihrem weiteren Verlaufe meinen aufrichtigen Dank.

Literatur.

AKAMATSU, S. (1923): Über das Vorkommen von Glycerophosphatase in der „Takadiastase", und Über Lecithinspaltung durch „Takadiastase". Biochem. Zeitschr. 142. — ÅKERMAN, Å. (1914): Über die Konservierung plasmolysierter Protoplasten. Botaniska Notiser. — BANG (1911): Chemie und Biochemie der Lipoide. Wiesbaden. — BENECKE-JOST (1924): Pflanzenphysiologie. Jena: Fischer. — BIEDERMANN, W. (1918): Mikroskopische Beobachtungen an den Blattzellen von Elodea. Flora 11/12. — Ders. (1919a): Dringen Verdauungsfermente in geschlossene Pflanzenzellen ein? Pflügers Arch. f. d. ges. Physiol. 174. — Ders. (1919b): Die Verdauung pflanzlichen Zellinhaltes im Darm einiger Insekten. Ebenda 174. — Ders. (1924): Über Wesen und Bedeutung der Protoplasmalipoide. Ebenda 202. — BOAS, FR. (1921): Untersuchungen über die Mitwirkung der Lipoide beim Stoffaustausch der pflanzlichen Zelle. Biochem. Zeitschr. 117. — Ders. (1922): Die Wirkung der Saponinsubstanzen auf die Hefezelle. Ber. d. dtsch. botan. Ges. 40. — Ders. (1922): Untersuchungen über die Mitwirkung usw. 2. Mitt. Biochem. Zeitschr. 129. — BRUNSWIK, H. (1923): Die Grenzen der mikrochemischen Methodik in der Biologie. Naturwissenschaften 11. — CHOLODNY, N. (1924): Über Protoplasmaveränderungen bei Plasmolyse. Biochem. Zeitschr. 147. — CZAPEK, FR. (1911): Über eine Methode zur direkten Bestimmung der Oberflächenspannung der Plasmahaut von Pflanzenzellen. Jena. — Ders. (1913/21): Biochemie der Pflanzen. Jena. — Ders. (1923): Physikochemische Probleme der Protoplasmaforschung. Naturwissenschaften 11. — FITTING,

H. (1915): Untersuchungen über die Aufnahme von Salzen in die lebende Zelle. Jahrb. f. wiss. Botanik 56. — FREUNDLICH, H. (1922): Kapillarchemie. Leipzig. — Ders. (1924): Grundzüge der Kolloidlehre. Leipzig. — GAIDUKOV, N. (1910) Dunkelfeldbeleuchtung und Ultramikroskopie in der Biologie und Medizin. Jena. — GIERSBERG (1922): Untersuchungen zum Plasmabau der Amöben im Hinblick auf die Wabentheorie. Arch. f. Entwicklungsmech. d. Organismen 51. — HANSTEEN-CRANNER (1910): Über das Verhalten der Kulturpflanzen zu den Bodensalzen. Jahrb. f. wiss. Botanik 47. — Ders. (1914): Beiträge zur Biochemie und Physiologie der Zellwand lebender Zellen. Ebenda 53. — Ders. (1919): Beiträge zur Physiologie der Zellwand und der plasmatischen Grenzschichten. Ber. d. dtsch. botan. Ges. 37. — Ders. (1922): Zur Biochemie und Physiologie der Grenzschichten lebender Pflanzenzellen. Meldinger fra norges landbrukshøiskole 2. — HECHT, K. (1912): Studien über den Vorgang der Plasmolyse. Cohns Beitr. z. Biol. d. Pflanzen 11. — HÖBER, R. (1922/24): Physikalische Chemie der Zelle und Gewebe. I/II. Leipzig. — HOFMEISTER, FR. (1914): Vom chemisch-morphologischen Grenzgebiet. Zeitschr. f. Morphol. u. Anthropol. 18. — ILJIN, W. S. (1923): Die Permeabilität des Plasmas für Salze und die Anatonose. Studies from the plant physiol. laborat., Prague 1. — KAHHO, H. (1921a): Über die Beeinflussung der Hitzekoagulation des Pflanzenprotoplasmas durch Neutralsalze. 1. Mitt. Biochem. Zeitschr. 117. — Ders. (1921b): Zur Kenntnis der Neutralsalzwirkungen auf das Pflanzenplasma. 2. Mitt. Ebenda 120. — Ders. (1921c): Ein Beitrag zur Giftwirkung der Schwermetallsalze auf das Pflanzenplasma. 3. Mitt. Ebenda 122. — Ders. (1921d) Ein Beitrag zur Permeabilität des Pflanzenplasmas für die Neutralsalze. 4. Mitt. Ebenda 123. — Ders. (1924): Über die physiologische Wirkung der Neutralsalze auf das Pflanzenplasma. Univ. Dorpatensis inst. botan. opera 18. — KLEMM, P. (1895): Desorganisationserscheinungen der Zelle. Jahrb. f. wiss. Botanik 28. — KOCH, W. (1902/03): Die Lezithane und ihre Bedeutung für die lebende Zelle. Zeitschr. f. physiol. Chemie 37. — Ders. (1909): Die Bedeutung der Phosphatide (Lezithane) für die lebende Zelle. Ebenda 63. — KOKETSU, R. (1923): Über die Wirkungen der elektrischen Reizung an den pflanzlichen Zellgebilden. Journ. of the departm. of agric., Fukuoka, Japan 1. — KÖNIG, I. u. RUMP, E. (1914): Chemie und Struktur der Pflanzenzellmembran. Berlin. — KÜSTER, E. (1910): Über Veränderungen der Plasmaoberfläche bei Plasmolyse. Zeitschr. f. Botanik 2. — LEPESCHKIN, W. W. (1910): Zur Kenntnis der Plasmamembranen. I und II. Ber. d. dtsch. botan. Ges. 28. — Ders. (1911): Über die Struktur des Protoplasmas. Ebenda 29. — Ders. (1911): Zur Kenntnis der chemischen Zusammensetzung der Plasmamembran, und: Über die Einwirkung anästhesierender Stoffe auf die Plasmamembran. Ebenda 29. — Ders. (1912): Zur Kenntnis der Einwirkung supramaximaler Temperaturen auf die Pflanze, und: Zur Kenntnis der Todesursache. Ebenda. 30. — Ders. (1923a): Über die chemische Zusammensetzung des Protoplasmas des Plasmodiums. Ebenda 41. — Ders. (1923b): The constancy of the living substance. Studies from the plant physiol. laborat. of Charles univ., Prague 1. — Ders. (1924): Kolloidchemie des Protoplasmas. Berlin. — LONG and GEPHART (1908): On the behavior of emulsions of lecithin with metallic salts and certain non-electrolytes. Journ. of the Americ. chem. soc. 30. — MAC DOUGAL (1923): The arrangement and action of material in the plasmatic layers and cell-walls of plants. Proc. of the Americ. philos. soc. 63. — METZNER, P. (1920): Die Bewegung und Reizbeantwortung der bipolar begeißelten Spirillen. Jahrb. f. wiss. Botanik 59. — MICHAELIS, L. (1922): Praktikum der physikalischen Chemie, insbesondere der Kolloidchemie. Berlin. — NEMEC, A. (1919): Über die Verbreitung der Glycerophosphatase in den Samenorganismen. Biochem. Zeitschr. 93. — Ders. u. DUCHON, FR. (1920): Versuche über Vorkommen und Wirkung der Saccharophosphatase im Pflanzenorganismus. Ebenda **119**. — Osterhout, W. J. V. (1922): Conductivity and permeability. Journ of gen. physiol. **4**. — Ostwald, Wo. (1924): Licht und Farbe in Kolloiden. Leipzig. — Palladin, W. (1910): Zur Physiologie der Lipoide. Ber. d. dtsch. botan. Ges. **23**. — Pauli, W. (1899): Die physikalischen Zustandsänderungen der Eiweißkörper. Pflügers Arch. f. d. ges. Physiol. **78**. — Ders. (1902): Untersuchungen über physikalische Zustandsänderungen der Kolloide. 2. Mitt. Beitr. z. chem. Physiol. u. Pathol. **3**. — Ders. (1903): Irreversible Eiweißfällungen durch Elektrolyte. 3. Mitt. Ebenda **5**. — Ders. (1905): Eiweißfällungen durch Schwermetalle. 4. Mitt. Ebenda **6**. — Ders. (1920): Kolloidchemie der Eiweißkörper, 1. Hälfte. Leipzig. — Pfeffer, W. (1877): Osmotische Untersuchungen. Leipzig. — Ders. (1890): Zur Kenntnis der Plasmahaut und der Vacuolen. Abh. d. Mathem.-physik. Klasse d. kgl. sächs. Ges. d. Wiss., Leipzig, — Ders. (1904): Pflanzenphysiologie. 2. Aufl. Leipzig. — Porges u. Neubauer (1907/08): Physikalisch-chemische Untersuchungen über das Lezithin und Cholesterin. Biochem. Zeitschr. **7**. — Prat, S. (1922): Plasmolyse und Permeabilität. Ebenda **128**. — Ransom, D. (1901): Saponin und sein Gegengift. Dtsch. med. Wochenschr. **27**. — Robbins, W. J. (1923): An isoelectric point for plant tissue and its significance. Americ. journ. of botany **10**. — Schwarz, Fr. (1892): Die morphologische und chemische Zusammensetzung des Protoplasmas. Cohns Beitr. z. Biol. d. Pflanzen **5**. — Seifriz, W. (1923): Observations on the reaction of protoplasm to some reagents. Ann. of botany **37**. — Stern, K. (1924): Elektrophysiologie der Pflanzen. Berlin. — Szücs, J. (1913): Über einige charakteristische Wirkungen des Aluminium-Ions auf das Protoplasma. Jahrb. f. wiss. Botanik **52**. — Thudichum, I. L. W. (1901): Die chemische Konstitution des Gehirns des Menschen und der Tiere. Tübingen. — v. Tschermak, A. (1924): Allgemeine Physiologie, Berlin. — de Vries, H. (1885): Plasmolytische Studien über die Wand der Vacuolen. Jahrb. f. wiss. Botanik **16**. — Walter, H. (1920): Das Verhalten der Hefezellen gegen Proteasen. Pflügers Arch. f. d. ges. Physiol. **181**. — Ders. (1921): Ein Beitrag zur Frage der chemischen Konstitution des Protoplasmas. Biochem. Zeitschr. **122**. — Ders. (1923): Protoplasma- und Membranquellung bei Plasmolyse. Jahrb. f. wiss. Botanik **62**. — Weber, Fr. (1921): Das Fadenziehen und die Viskosität des Plasmas. Vorläufige Mitt. Österr. botan. Zeitschr. **70**. — Ders. (1924): Methoden der Viskositätsbestimmungen des lebenden Protoplasmas. Handb. d. biol. Arbeitsmeth., Abt. IX, 2. **4**. — Zacharias, E. (1881): Über die chemische Beschaffenheit des Zellkerns. Botan. Zeit. **39**. — Ders. (1882): Über den Zellkern. Ebenda **40**. — Ders. (1893): Über die chemische Beschaffenheit von Zytoplasma und Zellkern. Ber. d. dtsch. botan. Ges. **11**. — Zangger, H. (1908): Über Membranen und Membranfunktionen. Ergebn. d. Physiol. **7**.

ZUR ANALYSE DER RANKENBEWEGUNGEN[1].

Von

K. LINSBAUER,
Graz.

Mit 16 Textabbildungen.
(Eingegangen am 30. Januar 1925.)

Einleitung.

An den Fadenranken der Cucurbitaceen, von denen hier allein die
Rede sein soll, lassen sich eine Reihe von Bewegungsvorgängen unterscheiden, die teils als Nastien, teils als Tropismen aufzufassen sind.
Sie setzen mit der Entfaltungsbewegung ein, welche die junge Ranke
aus ihrer hyponastischen Knospenlage in eine epinastische Lage überführt und schließen mit der Alterseinrollung ab. Für das Erfassen einer
Stütze kommen allein die kreisende (rotierende) Nutation und die
haptotropische Krümmungsbefähigung in Betracht, die daher seit
H. v. MOHLS und DARWINS grundlegenden Untersuchungen am eingehendsten untersucht wurden. Die Bedeutung der beiden Bewegungsvorgänge für das Ranken wird aber sehr verschieden gewertet. Die
kreisende Nutation soll wesentlich nur zum *Auffinden* einer im Aktions-
bereich der Ranke befindlichen Stütze dienen, während für das eigentliche Ranken vorwiegend nur der Haptotropismus verantwortlich gemacht wird. Ich will indessen auf eine historische Darstellung unserer
darauf bezüglichen Kenntnisse verzichten, da eine solche ohnehin in den
neueren Publikationen über dieses Gebiet wiederholt gegeben wurde
und beschränke mich darauf, die Literatur über diesen Gegenstand
soweit als nötig an entsprechender Stelle zu berücksichtigen.

Die Mechanik der haptotropischen Krümmung wurde durch FITTING
befriedigend aufgeklärt, die haptotropische Reizbarkeit durch PFEFFER
(1885, 1916), FITTING (1903, 1904) und STARK (1917) im wesentlichen
klargelegt. Trotzdem ist noch mancherlei an dem Verhalten der Ranken
einer weiteren Untersuchung bedürftig. So scheint mir die bisherige
Erklärung des vollständigen Umfassens einer Stütze, also ihr Verhalten
bei dauerndem Kontakt, noch nicht ganz befriedigend und desgleichen
bedarf die Frage der kreisenden Nutation der Ranken einer erneuten

---

[1] Eine vorläufige Mitteilung über dieses Thema erschien in den Ber. d. dtsch.
botan. Ges. **42**, 388. 1924, nachdem darüber bereits auf der Naturforscher-
tagung in Innsbruck in Kürze referiert worden war.

Untersuchung, zumal die neuestens von GRADMANN aufgestellte Hypothese (1921) in scharfem Gegensatz zur älteren Auffassung der „Circumnutation" als autonomer Bewegung steht.

Diese beiden Fragen bilden im wesentlichen den Gegenstand der vorliegenden Untersuchungen, die wohl schon weiter zurückreichen, vorwiegend aber in den Sommern 1923 und 1924 durchgeführt wurden.

Zu meinen Versuchen benutzte ich hauptsächlich Topfpflanzen von *Cyclanthera explodens* und Freilandexemplare der gleichen Art sowie von *Cucurbita pepo, Bryonia* und *Sicyos*, die aber alle ein im wesentlichen gleiches Verhalten zeigten. Anderweitige Versuche mit den Ranken von *Smilax, Vitaceen* u. a. sind noch nicht hinreichend weit gediehen, um zu einem Vergleiche herangezogen werden zu können. Ich möchte daher die an den Cucurbitaceenranken erzielten Ergebnisse noch nicht in jeder Hinsicht verallgemeinert wissen.

Die Versuche wurden teils in einem Gewächshause (einem im Sommer ungeheiztem Warmhause), teils im Freilande oder in der Dunkelkammer des Institutes durchgeführt. Die dabei unvermeidlichen Schwankungen der Temperatur- und Feuchtigkeitsverhältnisse machten sich in Hinblick auf das angestrebte Ziel nicht störend bemerkbar, da sie wohl das Tempo der Reaktion, nicht aber ihren wesentlichen Verlauf beeinflußten, auf den es uns allein ankam. Eine empfindlichere Störung im Bewegungsablauf wurde überhaupt erst im Spätherbst oder bei besonders kaltem regnerischen Wetter bemerkbar; sie äußerte sich in einer zunehmenden Trägheit der Reaktion. Die Freilandversuche wurden indessen in der Regel nur bei günstigerer Witterung und nur bis anfangs September durchgeführt. Die Beleuchtungsverhältnisse waren übereinstimmend mit den bisherigen Erfahrungen ohne merklichen Einfluß; die Rankenbewegungen gingen im Tageslichte ebenso wie bei ausgesprochen einseitiger Belichtung oder in der Dunkelkammer vor sich. Ranken an abgeschnittenen Sprossen reagierten, in Wasser gestellt, jedoch nur ausnahmsweise annähernd normal; meist stellten sich schnell Welkungserscheinungen ein, die sich in einer Senkung der Ranken und einem baldigen Erlöschen der kreisenden Nutation äußerten, ehe sich noch am Sprosse ein Anzeichen des Welkens bemerkbar machte. Näheres über die Art der Versuchsanstellung wird noch an entsprechender Stelle mitzuteilen sein.

Das Umgreifen der Stütze.

Beim Erfassen der Stütze soll die Circumnutation nur eine untergeordnete Rolle spielen. PFEFFER (I, 484) erklärt bereits das fortschreitende Umschlingen der Stütze seitens der Ranken lediglich als Folge ihrer Kontaktreizbarkeit da „mit der Einkrümmung der gereizten Stelle immer neue Partien der Ranke in Kontakt mit der Stütze gebracht werden“, was noch überdies durch die Reiztransmission gefördert wird. Die Ranken würden sich jedoch nach PFEFFERS Meinung wieder von ihrer Stütze abwickeln, wenn nicht immer für neue Reizung gesorgt würde, die nicht allein durch die passiven Bewegungen der Ranken durch Wind und Erschütterungen, sondern auch durch die Krümmungs- und Ausgleichsbewegungen der Ranken selbst veranlaßt wird, indem sie „Variationen in dem auf einen Punkt jeweils lastenden Druck erzielen“ (a. a. O. S. 485). Der Circumnutation soll nur insofern eine Bedeutung zukommen, als die Ranken mit ihrer Hilfe einen beträchtlichen Raum durchschreiten und dadurch eher Gelegenheit finden eine Stütze zu erfassen.

Wie bereits DARWIN bei *Echinocystis*, FITTING (1903, S. 606) bei *Cucurbita*, *Bryonia* und *Passiflora* beobachtete, schieben sich nach dem ersten Ergreifen der Stütze benachbarte Rankenelemente, die zunächst nicht der Stütze anlagen, auf die Stütze, indem sie die bereits bestehenden Windungen vor sich herschieben. FITTING erklärt diesen Vorgang folgendermaßen: „Infolge von Erschütterungen werden die Rankenteile, die der Stütze nur locker oder noch kaum anliegen, immer vom neuen gereizt. Durch Reizleitung pflanzt sich die nun angestrebte Krümmung noch einige Millimeter auf die ganz freien Rankenzonen fort. Ist nun die Stütze dem Rankensproß genügend nahe, was bei windigem Wetter durch seine Bewegungen erreicht wird, so wird der oberste freie Teil, weil er das Bestreben nach kräftiger Einkrümmung hat, die zuerst gebildete Windung um die Stütze zu schieben suchen, wodurch die zuvor freien gekrümmten Teile auf sie zu liegen kommen. Dadurch, daß nun neue Zonen durch die Reibung gereizt und zur Krümmung veranlaßt werden, wiederholt sich dasselbe Spiel von neuem.“ Die hierzu erforderliche Lockerung der Windungen erklärt sich nun daraus, daß der von der erfaßten Stütze auf die Ranke ausgeübte Druck nicht reizend wirkt und erst „wenn die Lockerung einen gewissen Grad erreicht hat“, durch Reibung wieder ein neuer Impuls erteilt wird. Man ersieht aus diesen Darlegungen, welche die herrschende Auffassung wiedergeben, daß die Möglichkeit der Mitwirkung der kreisenden Nutation an diesem Vorgange gar nicht für erwägenswert erachtet wird.

Um einen Einblick in das Benehmen einer Ranke beim Erfassen einer „passenden“ Stütze zu gewinnen, schien es mir lehrreich, vorerst ihr Verhalten für den Fall zu untersuchen, daß sie mit einer „unpassenden“ Stütze in Kontakt kommen, d. h. einer solchen von abnorm geringem Durchmesser oder mit mehr oder minder ebenen Flächen. Über solche Fälle liegen nur wenige zerstreute Beobachtungen vor. So berichtet DARWIN an verschiedenen Stellen seines bekannten Werkes, daß Ranken an dicken Stäben oder rauhen Flächen abgleiten, zu dünne Stützen

hinwiederum von ihnen nicht ergriffen werden können[1]). Der Grund
für ein solches Verhalten ist von vornherein nicht ersichtlich. Ist der
Durchmesser einer gekrümmten Fläche zu groß, so ist ein völliges Um-
spannen natürlich unmöglich, doch könnte ihr doch die Ranke zufolge
ihrer Kontaktreizbarkeit dauernd angeschmiegt bleiben oder sich doch
nach vorübergehender Abhebung neuerlich anschmiegen. Noch weniger
verständlich ist das Unterbleiben des Festhaltens an fadenförmigen
Stützen, es müßte denn sein, daß die wirksam Reizung nicht allein von
der Intensität, sondern auch von der Extensität der Reizung, d. h. von
dem Flächenstück, mit dem die Ranke in Berührung kommt, abhängt.

1. *Flächenförmige Stützen.*

Lenkt man einen Ranken tragenden Sproß so, daß die Ranke auf
eine rauhe Fläche auftrifft, etwa auf ein Brettchen oder einen Topf-
scherben, so schmiegt sie sich zunächst infolge ihrer Kontaktreizbarkeit
auf eine mehr oder minder lange Strecke der Unterlage an, doch lockert
sich bald der Kontakt, die Ranke vollführt ausgiebige Krümmungen
und bald gelingt es ihr von der Unterlage loszukommen.

Um den Vorgang der Ablösung genauer verfolgen zu können, wurden
als Unterlage ebene Gipsplatten verwendet, die mittels Stativklemmen
in der gewünschten Lage und Neigung festgehalten werden konnten.
Der Sproß selbst wurde an der Insertionsstelle der Ranke unbeweglich
fixiert, um Komplikationen durch die Sproßnutationen zu verhindern.
Ich beschränke mich auf die Wiedergabe einiger weniger Beispiele, da
sämtliche Versuche, von Einzelheiten abgesehen, einen im wesentlichen
gleichen Verlauf nahmen. Auf den beifolgenden Skizzen ist das jeweilige
Rankenende durch eine ausgezogene Linie dargestellt. Um das Abheben
von der Unterlage deutlich zu machen, ist durch eine punktierte Linie
der Schatten mit eingezeichnet, den die Ranke bei einer schräg von oben
und vorn kommenden Beleuchtung auf die Platte wirft (Abb. 1).

Versuch 5.—26. V. 1923. — Temperatur um 9 Uhr nachm. 27°C, um 12⁰⁰
32°C. Topfpflanze mit sechs Blättern. Rankenlänge etwa 170 mm (Abb. 1).

Die zum Kontakt dienende Platte wurde vertikal und senkrecht zur Ranken-
achse derart aufgestellt, daß die Ranke zuerst auf die Kante auftraf. In diesem
Momente wurde sie an der Schmalseite der Platte mit einem Tropfen verflüs-
sigter 10 proz. Gelatine, die bekanntlich selbst keinen Berührungsreiz ausübt,
in ihrer Lage fixiert, so daß die Nutationen des basalen Teils der Ranke den
38 mm langen freien Spitzenteil in seinen Bewegungen nicht beeinflussen konnten.
Verfolgen wir nun das Benehmen der Ranke weiter.

9²⁷. Die in leichtem Winkel nach oben eingekrümmte Ranke hat sich in
ihrer ganzen Länge der Vorderseite der Platte angeschmiegt.

9²⁹. Die Spitze hebt sich bereits wieder ab. Die Abhebung schreitet basi-

---

[1]) DE VRIES (I, S. 307) bemerkt, daß die meisten Ranken sich um die dünnsten
Fäden wickeln können, daß es dagegen für die dickeren Ranken, wie für die
von *Vitis* eine untere Grenze des Durchmessers der Stütze zu geben scheint.

petal weiter, während sich vorerst abgehobene Teile neuerdings dem Substrate anlegen (vgl. die Skizzen). Gleichzeitig macht sich eine Krümmungstendenz in der Ebene der Unterlage bemerkbar, die zu Spannungen führt, die in ruckweise erfolgenden Senkungen ausgeglichen werden.

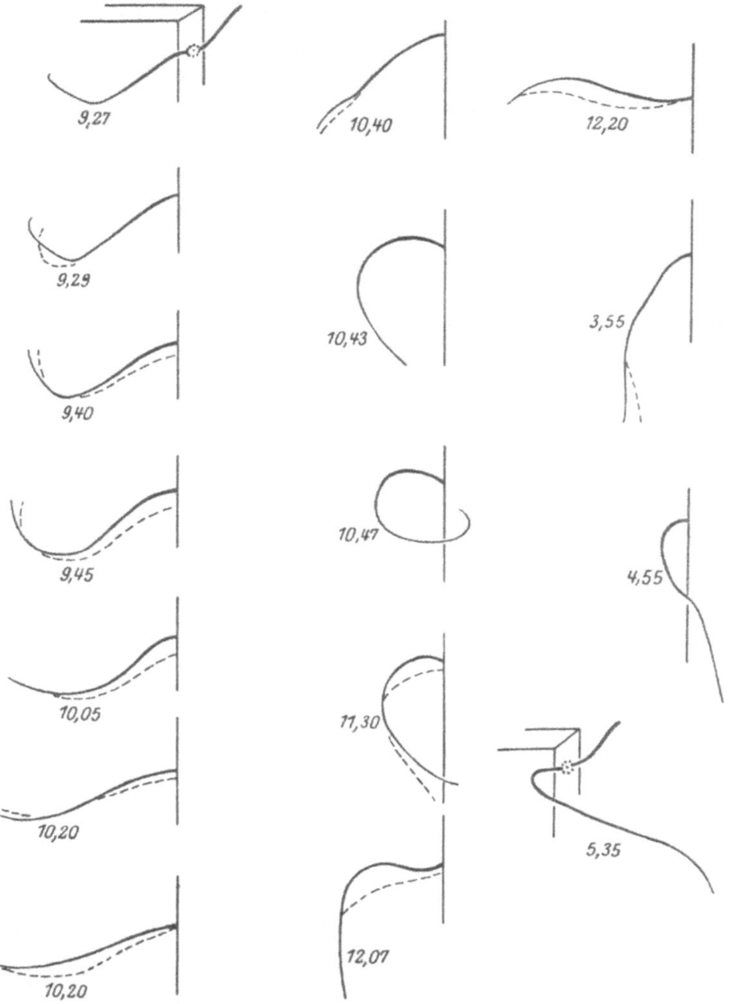

Abb. 1. Verschiedene aufeinanderfolgende Bewegungsstadien einer Ranke, die sich vom Kontakt mit einer vertikal stehenden Gipsplatte befreit. Die punktierten Linien entsprechen dem Rankenschatten, die Ziffern den Beobachtungszeiten.

10^{20}. Die Ranke stemmt nur mehr ihre Spitze gegen die Unterlage. Unmittelbar darauf schnellt sie in die Lage, die sie noch um 10^{40} inne hat. Jetzt hat sich indessen der basale Rankenteil wieder der Unterlage angelegt.

10^{43}—11^{17}. Die Entspannung der Ranke schreitet weiter; ihre Spitze ist bereits über den Rand des Brettchens gelangt.

11^{30}—12^{20}. Die Ranke kehrt wieder zurück; Konkavität nach unten gekehrt. — Beobachtungspause.

3^{55}. Lage der Ranke bei Wiederaufnahme der Beobachtung.

5^{35}. Die Ranke ist von der Unterlage vollkommen losgekommen.

Wir ersehen aus dem vorgeführten Versuche, daß die zum Kontakte
mit einer ungeeigneten Unterlage gelangte Ranke nicht zur Ruhe ge-
langt; von Minute zu Minute ändert sich Länge und Lage der gereizten
Rankenpartie sowie die Lage der Ranke zur Unterlage oder mit anderen
Worten, die Ranke läßt ein im Verlaufe des Versuches nach verschiedenen
Seiten gerichtetes Krümmungsbestreben erkennen, das sich in einer
Bewegung auswirkt, sobald die Kontaktkrümmung sich lockert und die
innere Spannung hinreicht, die Bewegungswiderstände zu überwinden.
Die von der Unterlage frei gewordene Ranke kann aber nach einiger
Zeit wieder zur Berührung mit der Unterlage gelangen und von Neuem
gereizt werden. Wäre die Ranke in ihrer ganzen Ausdehnung frei be-

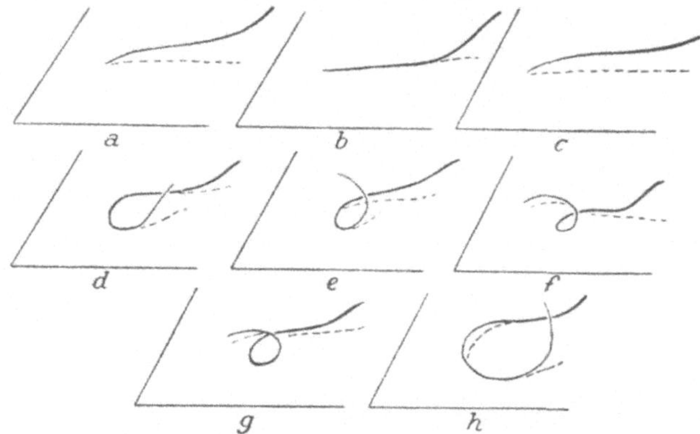

Abb. 2. Einzelne Bewegungsphasen einer Ranke, die mit horizontal liegender Gipsplatte in Kontakt gekommen ist.

weglich geblieben, so wäre, wie aus entsprechenden Versuchen zu
schließen ist, die Ablösung von der Unterlage schneller und vollkommener
erfolgt.

Versuch 9.—28. V. 1923. — Temperatur 26° C. — Topfpflanze mit sechs
Blättern (Abb. 2). — Kontaktplatte horizontal; die Rankenspitze trifft auf
die Platte auf (a). Die Skizzen geben einzelne Lagen der Ranke zwischen 10^{06}
und 11^{15} wieder. Die Ranke legt sich vorerst eng der Unterlage an (b), hebt sich
sogleich wieder, bis sie sich nur mehr mit der äußersten Spitze gegen das Widerlager stemmt (c); darauf folgt eine schleifenförmige Einkrümmung (verbunden
mit einer Torsion um 90°, so daß jetzt die Flanke der Unterlage zugewendet ist),
die erst zu- (d—f), dann abnimmt (h).

Auch in diesem Falle kommt also die Ranke nicht zur Ruhe; daß
sie von der Unterlage nicht frei kommen kann, ist begreiflich, da sie sich
während der Beobachtungsdauer nicht genug hoch über sie erhebt.

Es ist naheliegend anzunehmen, daß die Bewegung, welche die Ranke auf ungeeigneter Unterlage nicht zur Ruhe kommen läßt und schließlich zu ihrer völligen Abhebung führt, nichts anderes ist als die *kreisende Nutation*, die trotz der Kontaktreizung nicht erlischt und *sich in jedem freien Rankenteile geltend macht*, sobald hierzu Gelegenheit geboten ist.

Ist diese Erklärung zutreffend, so muß sich an jedem freien, d. h. an seiner Bewegung nicht gehindertem Rankenteile eine kreisende Nutation nachweisen lassen, wenn auch die übrigen Rankenteile in irgendeiner Weise festgelegt sind.

Versuch 2.—24. V. 1923. — Temperatur 25° C (9^{00}); 30° C (11^{30}). — Topfpflanze mit fünf Blättern. — Rankenlänge 80 mm.

Die Ranke wird in einer Entfernung von 14 mm von der Spitze mit feuchter Gelatine zwischen zwei vertikalen Glasstäben fixiert. Die jeweilige Lage der beiden Rankenteile diesseits und jenseits der Fixierungsstelle wird durch Messung des Winkels angegeben, den sie in der Vertikalprojektion mit der Horizontalen, in der Horizontalprojektion mit der Vertikalebene bilden, die durch die Berührungsebene der beiden Glasstäbe gegeben ist. Für die *Rankenspitze* ergeben sich folgende Werte:

Stunde:	Horizontalprojektion:	Vertikalprojektion:
9^{50}	0	10
10^{00}	0	6
10^{10}	0	5
10^{25}	7	13
10^{40}	18	5
10^{50}	17	4
11^{00}	18	6
11^{10}	14	3
11^{20}	14	3
11^{30}	19	4
11^{40}	18	3
11^{50}	17	4
12^{10}	18	5
12^{30}	12	7

Obwohl somit nur ein kurzer Spitzenteil der Ranke (1,4 cm) frei ist, befindet er sich doch in ständiger Bewegung, wenngleich die Oscillationen nach den ersten 50 Minuten nur gering sind. In der Horizontalprojektion tritt dabei ein annähernd halbstündiger Rhythmus zutage, wie aus der graphischen Wiedergabe zu ersehen ist (vgl. Abb. 3).

Verfolgen wir nun das Verhalten des basalen Teiles zwischen der Insertionsstelle der Ranke und der Fixierungsstelle.

Stunde:	Horizontalprojektion:	Vertikalprojektion:
9^{50}	20	13
10^{00}	23	13
10^{10}	23	14
10^{25}	17	22
10^{40}	19	22
10^{50}	20	25
11^{00}	20	26

Stunde:	Horizontalprojektion:	Vertikalprojektion:
11^{10}	20	28
11^{20}	20	28
11^{30}	21	27
11^{40}	20	26
11^{50}	20	28
12^{10}	28	27
12^{30}	33	24

Es zeigt sich somit, daß auch der proximale Teil der Ranke trotz seiner Fixierung an zwei Stellen Nutationsbewegungen ausführt, wenn auch begreiflicherweise nur in einem beschränktem Ausmaße. Aus der Gegenüberstellung der Bewegungen der beiden Rankenteile (siehe Abb. 3) ergibt sich, daß sie *unabhängig voneinander nutieren*[1]).

Daraus ergibt sich aber die wichtige Folgerung, die durch mehrfache im gleichen Sinne verlaufende Versuche gestützt werden konnte, *daß*

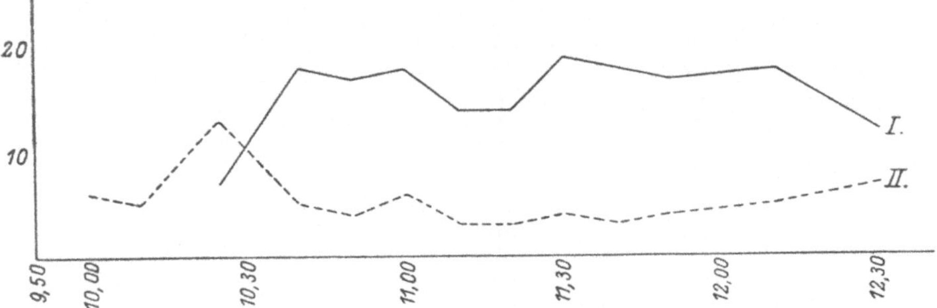

Abb. 3. Nutierende Bewegung einer Rankenspitze von 14 mm Länge. Die ausgezogene Kurve entspricht der Horizontal-, die punktierte der Vertikalkomponente der Bewegung. Als Ordinaten wurden die Entfernungen der Rankenspitze von ihrer Ausgangslage eingetragen.

die Nutationsbewegung der Ranke nicht von einem einheitlichen, immanenten Rhythmus beherrscht wird, daß vielmehr in jedem Teile die Bedingungen für Richtung und Ausmaß der Bewegung gelegen sein müssen.

2. Fadenförmige Stützen.

Zur Reizung wurde ein gespanntes Frauenhaar von 0,05 mm Dicke benutzt, dessen beide Enden zwischen Glasstreifen eingekittet waren; diese letzteren wurden mittels eines halbierten Korkes in je einem breiteren Glasringe befestigt und diese an einem Glasstabe verschiebbar angebracht, so daß durch entsprechende Einstellung der Faden immer in der gewünschten Spannung erhalten werden konnte.

---

[1]) Um 5^{00} nachm. wurde der konvex nach oben gebogene proximale Rankenteil etwa 2 cm hinter dem Fixpunkte durchschnitten, was eine sofortige beträchtliche Hebung der Rankenteile zur Folge hatte, ein Beweis ansehnlicher Gewebespannung.

Bringt man eine *Cyclanthera*-Ranke zum Kontakte mit einem solchen Haar, so überzeugt man sich ohne weiteres davon, daß — im Gegensatze zu DARWINS Angabe — die Zartheit der Stütze kein Hindernis für das Ranken darstellt; die Ranke legt sich vielmehr nach entsprechender Zeit in engsten Windungen dicht um das Haar.

Stellt man einer kreisenden Ranke ein gespanntes Haar in den Weg, so ist ihr Verhalten ein verschiedenes. Geht die haptotropisch unempfindliche Oberseite voraus, so legt sie sich an das Hindernis an, in der Ranke macht sich infolge der Hemmung der Bewegung eine deutliche Spannung bemerkbar. Unter Umständen kann nun die Ranke infolge ihrer andauernden Nutationsbewegung vom Haar abgleiten oder — was häufiger einzutreten pflegt — die Ranke wird durch das Hindernis zu einer Torsion veranlaßt, durch welche eine empfindliche Flanke oder ihre Unterseite mit der „Stütze" in Berührung kommt, worauf die Kontaktkrümmung erfolgt. Das Erfassen der Stütze dauert unter diesen Umständen bedeutend länger als wenn die Unterseite der Ranke bei der Bewegung nach vorn gerichtet ist, in welchem Falle die Einkrümmung mit überraschender Geschwindigkeit vor sich gehen kann. Da man die Torsionen oft nur sehr schwer erkennen kann, erhält man daher scheinbar sehr verschiedene Reaktionszeiten.

Bringt man das Haar von hinten her an die Ranke heran, so wird in dem Falle, daß die Unterseite bei der Bewegung vorausgeht, die kreisende Nutation unverändert fortgesetzt. Die Regel ist es aber, daß die Ranke so tordiert ist, daß umgekehrt die empfindliche Rankenunterseite nach hinten (im Sinne der kreisenden Bewegung) gerichtet ist. In diesem Falle kommt also das Haar mit der sensiblen Seite zum Kontakte. Ist die Berührung nur eine schwache, so bemerkt man ein leichtes Adhärieren der Ranke an dem Faden, an der Ranke ist ein leichtes Zittern zu bemerken und nach Verlauf einer Viertel- oder halben Minute reißt sich die Ranke vom Haare los und schnellt ihrer Spannung entsprechend ein beträchtliches Stück in der Bewegungsrichtung fort. Die kreisende Nutation war somit nicht überwunden, sondern nur durch das Adhärieren an dem Faden eine Zeitlang gehemmt bis dieses Hindernis überwunden werden konnte. Dieses Adhärieren ist kaum auf die Oberflächenbeschaffenheit der Ranken allein zurückzuführen. Wie die mikroskopische Untersuchung ergibt, sind die Ranken von Drüsenhaaren besetzt, deren klebriges Secret das Haften am Substrat bedingen dürfte. Diese Beobachtung ist nicht ohne Interesse und wäre einer vergleichenden Untersuchung wert in Hinblick auf eine Angabe von O. MUELLER (1886, 110 f.), derzufolge nur gewisse Cucurbitaceenranken (*Sicyos, Trichosanthes*) durch einen „Klebstoff" haften. Diese Fähigkeit scheint nun wenigstens andeutungsweise auch bei *Cyclanthera* vorhanden zu sein. War der Kontakt ein stärkerer, so macht sich wohl eine Reizung

bemerkbar, die Ranke krümmt sich gegen das Haar hin ein. Nach
einiger Zeit beobachten wir ein Zittern der Ranke und bald danach ein
Losschnellen; die leichte Kontaktkrümmung der Ranke geht nach
einiger Zeit wieder zurück, während die kreisende Nutation fortgesetzt
wird. Nur wenn die Reizung hinreichend stark ist, so daß sich die
Einkrümmung zu einer Schlinge formt, in der die Ranke bei Fortsetzung der kreisenden Nutation sich selber fängt, kann die Stütze
entgegen der Nutationsrichtung umfaßt werden. Die Ranke „sucht“
also durchaus nicht nach einer Stütze, um sich an ihr festhalten zu
können, wie es eine teleologische Formulierung darstellt, ihre kreisende
Nutation führt sie unter Umständen vielmehr dahin, von der Stütze
loszukommen, was ihr indessen bei hinreichend kräftiger Reizung nicht
gelingt.

Das Umwinden eines gespannten Haares gibt uns auch die Möglichkeit, den Vorgang des Umfassens einer Stütze genauer zu verfolgen.

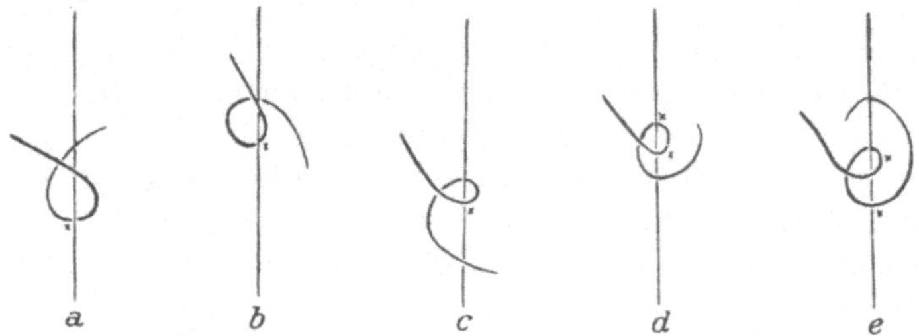

Abb. 4. Aufeinanderfolgende Stadien der Bewegung einer Ranke, die ein Haar zu umschlingen
beginnt. Die Lage der Berührungsstellen zwischen Ranke und Haar (x) ist eine ständig wechselnde.

Kommt die sensible Seite einer Ranke mit dem Haar in Berührung,
so tritt an der gereizten Stelle eine streng lokalisierte schwache Einkrümmung auf; während ihrer Ausbildung bleibt indessen die Lage
der Ranke durchaus nicht unverändert. Infolge ihrer kreisenden Nutation, deren ungestörtes Fortschreiten nunmehr behindert ist, stellt
sich eine Spannung ein, welche binnen kurzem in einer ruckweisen
Bewegung ihren Ausgleich findet. Dadurch aber gelangt eine neue
Rankenstelle in Kontakt mit dem Haar, so daß ein Impuls zu einer
weiteren Einkrümmung gegeben ist. Indem auf diese Weise *unter Mitwirkung der kreisenden Nutation* immer neue Rankenpunkte gereizt
werden, kommt es zu einer immer weiter fortschreitenden Einkrümmung.
In der nebenstehenden Abb. 4 sind einige Stadien der Einkrümmung
dargestellt, wobei die Berührungsstellen der Ranke mit dem Haar
durch ein x markiert sind; man erkennt deutlich, wie die Stellen fortwährend wechseln. Die gebildete Schleife verschiebt sich längs des
Haares bald nach oben, bald nach unten, in c kippt die ganze Schleife

nach der entgegengesetzten Seite um und in den weiteren Stadien ist
der Kontakt mit zwei und mehr Stellen der Ranke erzielt.

Wäre die kreisende Nutation ausgeschaltet, so wäre das Erfassen
der Stütze überhaupt in Frage gestellt. Einen Beweis hierfür erbringt
nachstehender Versuch (Vers. 11). Eine Ranke wurde an einem vertikalen Glasstab mit Gelatine derart fixiert, daß nur ihr Spitzenteil im
Ausmaß von 25 mm frei beweglich blieb. Diesem wurde ein Holzstäbchen in einer Entfernung von 9 mm von der Spitze angelegt; nach
12 Minuten war eine dem Stäbchen dicht ange-
schmiegte Schlinge ausgebildet, nach Verlauf einer
weiteren halben Stunde war die Ranke ihrer
ganzen Länge nach von der Stütze abgehoben und
nur ihre äußerste Spitze stemmte sich noch gegen
die Unterlage. In diesem Stadium war die Ranke
nicht etwa gegen Kontaktreiz unempfindlich; eine
leichte Erschütterung des Stabes genügte, daß sie
sich sogleich wieder an ihn anlegte. Schließlich
wird die Ranke völlig frei. Eine Einkrümmung an
einer basalwärts gelegenen Stelle infolge Reizleitung, wie sie nach PFEFFER und FITTING zu erwarten gewesen wäre, war, wie ich besonders
betonen will, durchaus nicht zu bemerken (Abb. 5).

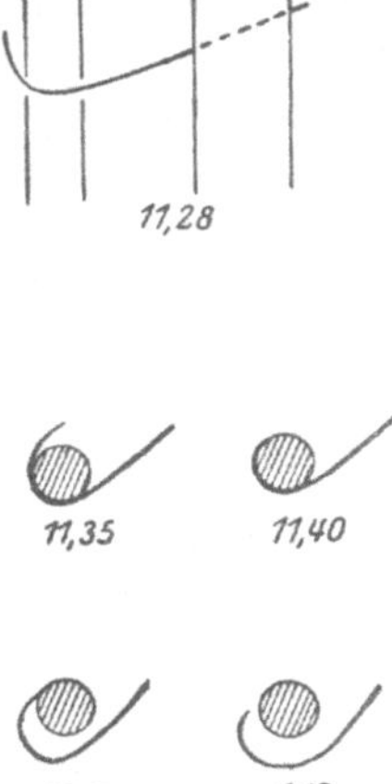

Hätte sich die kreisende Nutation in der ganzen
Länge der Ranke frei auswirken können, dann
wären zweifellos nach der Lockerung des Kontaktes basalwärts gelegene Rankenstellen zum
Kontakte mit dem Stabe gekommen und die Ranke
hatte sich am Stabe emporgeschoben[1]). Diese oft
beobachtete Erscheinung des Emporschiebens der
Ranke an der Stütze ist aber meiner Meinung nach
nicht durch die basale Leitung des haptotropischen
Reizes zu erklären, sondern dadurch, daß die in-

Abb. 5. Bewegung einer
Rankenspitze, die sich von
einem Holzstäbchen, das sie
nicht zu umfassen vermag,
wieder befreit. Die Ranke
ist in einer Entfernung von
14 mm von der Spitze auf
einem Glasstab (rechts) mit
Gelatine fixiert. Die obere
Teilabbildung in Vertikal-
ansicht, die übrigen in
Horizontalprojektion.

folge Behinderung der kreisenden Nutation auftretende Spannung sich
bei Lockerung des Kontaktes ausgleicht, wobei sich die Ranke streckt
und das Rankenende vor sich herschiebt.

---

[1]) DE VRIES (zitiert nach FITTING) hat gelegentlich betont, daß auch eine
vollends geradegestreckte Ranke (*Echinocystis*) imstande wäre, sich an einer
Stütze zu verankern, selbst wenn diese der Rankenstütze zunächst nur so nahe
wäre, daß sie sie nicht vollkommen umfassen könnte. Das ist indessen nur dann
der Fall, wenn der die Ranke tragende Sproß nicht fixiert wird, so daß diese
durch die Nutationen des Sprosses näher an die Stütze herangebracht wird oder
dann, wenn die Ranke während der Versuchsdauer so weit in die Länge wächst,
daß sie der Stütze genügend nahe kommt.

3. *Die Lockerung des Kontaktes.*

Die Lockerung des Kontaktes zwischen Ranke und Stütze, die an
ungeeigneten Unterlagen zur völligen Abhebung führen kann, ist nicht
lediglich eine Folge der Circumnutation. Wäre diese an sich imstande,
die haptotropische Krümmung zu überwinden, dann könnte sie es auch
von vornherein, falls die beiden Bewegungstendenzen einander zufällig
entgegengesetzt gerichtet wären. Man kann sich aber leicht davon überzeugen, daß die Kontaktkrümmung — wenigstens anfänglich — stets
den Ausschlag gegenüber der Nutation gibt. Es liegt der Gedanke nahe,
daß infolge dauernder Berührungsreizung eine Ermüdung der Ranke
eintritt und daß das Nutationsbestreben in diesem Zustande die Oberhand gewinnt, was zur Abhebung der Ranke führen könnte. Tatsächlich
haben schon PFEFFER (I, 496, 507) und FITTING (I, 607) auf die Möglichkeit von Ermüdungserscheinungen[1]) bei Kontaktreizung hingewiesen, doch fehlte es bisher an deren exakten Sicherstellung.

Die Frage läßt sich in der Weise entscheiden, daß eine in einer Zwangslage festgehaltene Ranke wiederholt gereizt und nach Entfernung der
Hemmung der Grad der sich einstellenden Reizkrümmung untersucht
wird; führt eine wiederholte Reizung in entsprechend kurzen Pausen
zu einer Ermüdung, so müßte die Einkrümmung der Ranke ausbleiben
oder doch schwächer ausfallen, als es sonst der Fall wäre.

Die Fixierung der Ranke wurde nun in der Weise vorgenommen,
daß ein längerer Rankenteil in gestreckter Lage mit weicher Gelatine
zwischen zwei vertikalen Glasstäben angeheftet wurde. Die Reizung
wurde an bestimmten Stellen mittels eines weichen Pinsels durchgeführt. Hierauf wurde die Ranke knapp hinter dem spitzenwärts
gelegenen Fixpunkt mit scharfer Schere abgeschnitten, so daß sie sich
nunmehr frei, entsprechend der Kontaktreizung, einkrümmen konnte.
Die Amputation führt zwar auch zu einer Einkrümmung, wie FITTING
(1904, 432) nachwies, doch ist diese Krümmung — wie ich mich wiederholt überzeugen konnte — mit der haptotropischen Krümmung nicht
zu verwechseln. Es ist ferner wichtig zu betonen, daß eine begonnene

---

[1]) PFEFFER spricht in solchen Fällen von „Gewöhnung" oder von „Accom-
modation". Zum Beweise einer solchen bringt er eine Pflanze von *Sicyos*, an
deren Ranke eine Baumwollfadenschleife lose angebunden war, auf einen Klinostaten, dessen Ankerwerk dauernd gleichmäßige Erschütterungen verursachte.
Nachdem sich die Ranken bis zu einem gewissen Grade gekrümmt hatten, trat
eine gänzliche oder fast vollständige Ausgleichung der Reizkrümmung auf. Es
scheint mir aber nicht ausgeschlossen zu sein, daß sich dabei infolge von unvermeidlichen Torsionen der Ranke die Baumwollschlinge derart verschieben
konnte, daß sie im Laufe des Versuches mit der Flanke oder der Unterseite der
Ranke in Kontakt kam, so daß eine Verringerung der Reizintensität resul-
tierte, als deren Folge der Krümmungsrückgang eingetreten sein könnte (vgl.
PFEFFER I, S. 507).

Reizkrümmung durch eine Amputation der Rankenspitze nicht beeinträchtigt wird, vielmehr an lokalisierter Stelle normal weiter schreitet.

Versuch 13.—17. VI. — Temperatur 18,5° C. — Länge des zwischen den beiden Glasstäben ausgespannten Rankenteiles 55 mm. — Versuchsbeginn 11³⁰. — Eine Strecke von etwa 5—8 mm wird alle 30 Sekunden durch je zwölfmaliges Streichen mit weichem Haarpinsel gereizt.

Nach 1,5 Min. tritt an der gereizten Stelle eine deutliche Einbuchtung auf.

11³⁷. Die Einbuchtung nimmt sichtlich zu.

11⁵⁸. Die Ranke wird am apicalen Fixpunkt abgeschnitten. Sie krümmt sich augenblicklich im Sinne der erfolgten Reizung zu einer vollen Schlinge ein.

11⁵⁹. Nahezu zwei volle Schlingen gebildet. Die Spitze hat sich unabhängig davon traumatisch eingekrümmt.

12⁰¹. In fortgesetzter Bewegung sind zweieinhalb Schlingen ausgebildet.

Unter den gegebenen Bedingungen war somit keine Spur einer Ermüdung nachweisbar, obgleich die Ranke fast durch eine halbe Stunde einer intensiven Reizung ausgesetzt war.

Immerhin wäre es aber möglich, daß bei Wahl eines kleineren Reizintervalls eine Ermüdung erzielbar wäre. Wir adjustierten daher zu einem weiteren Versuche eine Ranke wie vorher und brachten an sie einen durch ein Senkblei gespannten Faden eben bis zur Berührung heran. Um eine dauernde intensive Kontaktreizung auszulösen, wurde auf dem Tische, auf dem die Versuchspflanze stand, ein $1/_4$ P.H.-Motor mit hoher Tourenzahl in Gang gebracht. Die dadurch verursachte Vibration der Tischplatte übertrug sich auf Ranke und Senkblei, so daß der gespannte Faden andauernd eine lebhafte Reizung verursachen mußte. Damit der Faden sich nicht von der Ranke entferne, wurde eine entsprechende Führung angebracht.

Nachdem der Motor in Gang gesetzt war, machte sich sogleich eine schwache Einkrümmung der Ranke an der Kontaktstelle bemerkbar, ein Beweis, daß die Reizung wirksam war. In einem Falle wurde diese Art der Reizung auf $1\,^1/_2$ Stunden ausgedehnt und hierauf die Ranke knapp an der distalen Fixierungsstelle abgeschnitten (Abb. 6). Der dadurch bedingte Wundreiz führt nur zu einer Einkrümmung einer wenige Millimeter langen Strecke. Die Ranke zeigte aber überdies eine ausnehmend energische Einkrümmung an der gereizten Stelle, die augenblicklich einsetzte und in wenigen Minuten zu einer überaus starken Einrollung führte (Abb. 6 c). Es war somit trotz der langen und intensiven Reizung zu keiner wahrnehmbaren Ermüdung (oder „Gewöhnung") gekommen; die ungewöhnlich kräftige Einrollung läßt vielmehr auf eine weitgehende Reizleitung schließen, die wohl durch eine Reizsummation veranlaßt wurde. Ob unter anderen Bedingungen (noch längere Reizdauer, stärkere Frequenz) nicht doch Ermüdungserscheinungen auftreten könnten, lasse ich dahingestellt, jedenfalls kann die Lockerung der Ranke an ihrer Stütze, die sich in wenigen Minuten nach dem erfolgten Anlegen bemerkbar macht, nicht auf Ermüdung

beruhen. Ob in dieser Hinsicht ein durchgreifender Unterschied zwischen
haptotropischen und seismonastischen Organen besteht, müssen weitere
Untersuchungen entscheiden; jedenfalls ist es aber bemerkenswert, daß
sich Mimosenblätter insofern wesentlich anders verhalten als bei ihnen
schon nach wenigen Reizimpulsen deutliche Ermüdung nachweisbar wird[1]).

In diesem Zusammenhange gewinnen auch die Angaben von PFEFFER
erhöhtes Interesse, denen zufolge eine gereizte Ranke auch während
der Zeit des Krümmungsrückganges und selbst im Höhepunkt ihrer
Krümmung gegen einen neuen Kontakt empfindlich und reaktionsfähig
bleibt (I, 506, 577). Den Ranken fehlt somit auch ein „Refractär-
stadium" (VERWORN), das bei den seismonastischen Blättern der Mimose

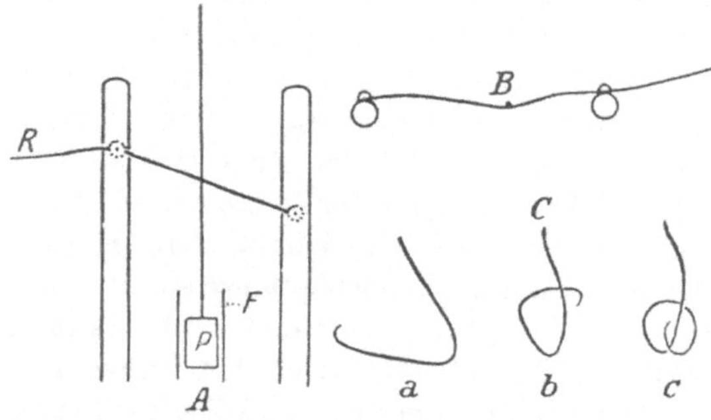

Abb. 6.   *A* Schema der Versuchsanordnung zur intermittierenden Reizung im Aufriß, *B* im Grund-
riß.   *R* Ranke, deren Endteil zwischen zwei Glasstäben ausgespannt ist, *P* Gewicht zwischen der
Führung *F*, das den zur Reizung dienenden Faden gespannt erhält.   *C a—c* knapp aufeinanderfolgende Einkrümmungsstadien der gereizten Ranke.

so klar in Erscheinung tritt (LINSBAUER 1923) und das die Voraussetzung für den Eintritt von Ermüdungserscheinungen bei intermittierender Reizung darstellt.

Wir werden somit mit FITTING annehmen, daß die Lockerung des
Kontaktes dadurch vorbereitet wird, daß die Ranke, sobald sie sich
der Stütze angelegt hat, überhaupt einer Reizung nicht mehr unterliegt,
da sie für konstanten Druck nicht sensibel ist; die Lockerung der Um-

---

[1]) Diese Versuche sind auch in Hinblick auf die Reizausbreitung von Interesse. Wie schon DE VRIES (I, 305) beobachtete und PFEFFER (I, 484, 509) sowie
FITTING (I, 554) bestätigen konnten, hat eine Reizung eine longitudinale Reizausbreitung im Gefolge. Sie erstreckt sich jedoch nach FITTING nur auf 2—5 mm,
nach PFEFFER auf höchstens 10 mm. In unserem Falle ist aber trotz strenger
Lokalisation des Reizes ein sehr beträchtlicher Teil der Ranke an der Einkrümmung beteiligt, was offenbar auf die besonders intensive Reizung zurückzuführen ist; die Größe der Reizausbreitung steht somit auch im vorliegenden
Falle in Abhängigkeit von der Reizintensität, wie man es auch sonst zu finden
gewohnt ist.

schlingung selbst würde dann entweder auf der Tendenz zu einem autonomen Krümmungsausgleich zurückzuführen sein oder durch die kreisende Nutation bedingt werden. Wie später gezeigt werden wird, dürfte zwischen beiden Erklärungsmöglichkeiten kein prinzipieller Unterschied vorliegen.

Fassen wir die bisherigen Untersuchungen zusammen, so ergibt sich:

1. Die kreisende Nutation der Ranken führt nicht nur zum Auffinden von Stützen, sie ist auch bedeutungsvoll für das Abgleiten der Ranken von ungeeigneten Unterlagen sowie für das sichere Umfassen geeigneter Stützen.

2. Die kreisende Nutation wird durch eine Kontaktreizung nicht sistiert, sondern höchstens nur vorübergehend gehemmt.

3. Die Nutationsbewegungen der Ranke sind nicht von einem einheitlichen immanenten Rhythmus beherrscht, die Bedingungen für Richtung und Ausmaß der Bewegung können in jedem freien Rankenteile verschieden sein.

4. Ermüdungserscheinungen infolge intermittierender Reizung konnten bisher an Ranken im Gegensatze zu den Blättern von *Mimosa* nicht nachgewiesen werden.

Die kreisende Nutation.

1. Historisches und gegenwärtige Auffassung.

Die kreisenden Bewegungen an Ranken und windenden Sprossen sind einander äußerlich so ähnlich, daß es nicht wundernehmen kann, wenn sie von H. v. MOHL bis WORTMANN für gleichartig und zwar in beiden Fällen für autonom verursacht gehalten wurden. Man betrachtete sie daher für nicht weiter analysierbar und wandte sein ganzes Augenmerk der Bewegungsmechanik der haptotropischen Krümmung zu. Erst bei WORTMANN (1886, 1887) finden wir ausgedehntere Versuche zu einer kausalen Analyse der Circumnutation selbst. Er gelangte dabei zu dem überraschenden Ergebnisse, daß die kreisenden Bewegungen von Schlingpflanzen und Ranken ursächlich voneinander verschieden seien; während die Windebewegung durch Flankennutation und negativen Geotropismus bedingt sein sollte (1886), soll zwar die *Stellung* der Ranken, genauer gesagt, die Lage ihrer Rotationsachse, durch die Gegenwirkung von negativem Geotropismus und Eigengewicht zu erklären sein, die Rotation selbst sei indessen autonom, wobei Geotropismus und Eigengewicht die jeweilige Bewegung lediglich modifizieren. Die wesentliche Differenz zwischen beiden Formen kreisender Bewegung beruhe darauf, daß bei der Rotation der Ranken die einzelnen Seiten derselben ihre Lage in bezug auf oben und unten für gewöhnlich nicht ändern, d. h. daß eine bestimmte Seite der Ranke fortdauernd Oberseite bleibt (1887, S. 49), während bei den Schlingsprossen bekanntlich der

Stengel[1]) während der Rotation gleichzeitig um sich selbst „rotiert“, indem ein gesteigertes Wachstum aus inneren Gründen um die Ranke herumwandert.

Unter bestimmten Bedingungen, nämlich vertikaler Stellung der Rankenbasis und entsprechender Rankenlänge, die zu einem dauernd bogenförmigen Überhängen der Ranke infolge ihres Eigengewichtes führt, treten wohl Torsionen der Ranken ähnlich wie bei Schlingpflanzen auf, doch unterbleibt in solchen Fällen die homodrome Torsion an der Rankenbasis, wie sie für die älteren Achsenteile der Schlingsprosse charakteristisch ist (WORTMANN 1886; vgl. auch SCHWENDENER 1881). Auch in der großen Unregelmäßigkeit der Spitzenbewegung der Ranken, wie man sie bei der Projektion der Spitze in entsprechenden Intervallen beobachten kann, glaubte WORTMANN einen Unterschied gegenüber den Schlingpflanzen zu erkennen; sie wäre so bedeutend, daß die Projektion niemals einen wahren Kreis oder eine Ellipse darstelle. Diese Ansicht kann jedoch nicht aufrecht erhalten werden seit andere Autoren, wie O. MUELLER (1886) und GRADMANN (1921) unter anderen Bedingungen auffallend regelmäßige Umläufe der Rankenspitze registrierten.

Da seit WORTMANN verschiedene andere Erklärungsversuche für das Winden gegeben wurden (SCHWENDENER, NOLL, NIENBURG, BREME-KAMP u. a.) war es dankenswert, daß GRADMANN auch die Kreisbewegung der Ranken einer erneuten Untersuchung unterzog. Er beobachtete bei *Sicyos angulatus* zwei Typen solcher Bewegungen, die sich voneinander nur durch die Geschwindigkeit unterschieden, mit der ein voller Umlauf zurückgelegt wird. Benötigen die Ranken hierzu für gewöhnlich etwa 40—50 Minuten, so erfolgt im anderen Falle ein Kreislauf im fünften Teile dieser Zeit. Auf diesen besonderen Fall, dem der Autor eine eigene Abhandlung widmete (1923), brauche ich hier nicht einzugehen, da er sich in bezug auf die Art der Bewegung vom ersterwähnten nicht prinzipiell unterscheidet.

Nach GRADMANN ist die Kreisbewegung der Ranken als ein rein tropistischer Bewegungsvorgang aufzufassen, der dem von ihm bereits früher für die Windepflanzen aufgestellten Typus (1921) der „Überkrümmungsbewegung“ angehört, dem überhaupt eine weite Verbreitung zukommen soll. Nach dieser Auffassung fällt somit wieder der Unterschied zwischen Windesprossen und Ranken. Das gemeinsame Moment, die Überkrümmung, äußert sich darin, daß die Verlängerung der Seite, die „eine Phase früher“ Konkavseite war, eine Verlängerung erfährt, und zwar um so lebhafter je stärker die Krümmung war (a. a. O., S. 420).

---

[1]) Wir wollen in Hinkunft eine derartige Drehung um die eigene Achse als „Torsion“ von der „Rotation“, der Bewegung der Ranken im Kegelmantel, also um eine ideelle Achse, unterscheiden.

Das die Krümmung in Gang haltende Moment ist bei Klinostaten-rotation der Autotropismus. In der Vertikalstellung addiert sich hierzu der negative Geotropismus („Verlängerung der Seite, die eine Phase früher Unterseite war"), der die Rankenbewegung auch in schiefer Lage wesentlich beeinflußt[1]). Der Geosensibilität kommt somit nach dieser Auffassung ein wesentlicher Einfluß zu, der aber ganz anders als bei WORTMANN aufgefaßt wird.

Neigt GRADMANN somit dazu, Winden und Rankenrotation auf gleiche Ursachen zurückzuführen, so schwinden die Differenzen zwischen Ranken- und Windepflanzen noch weiter, seitdem mehrere Autoren auch für die letzteren eine Kontaktreizbarkeit sicher stellten (FIGDOR 1895, BRENNER 1912, STARK 1915, 1916, LOEFFLER 1919, 1923). Die Bewegungsvorgänge bei Ranken und Schlingpflanzen sind indessen so mannigfaltiger und komplexer Art, daß man sie nicht ohne weiteres mit-einander vergleichen kann, da zunächst nur ein Vergleich der Teil-prozesse der Bewegungen in Hinblick auf Bedingungen und Mechanik, sowie ihres qualitativen und quantitativen Anteiles am Gesamtablauf des Bewegungsvorganges statthaft ist.

Daß bei den Kreisbewegungen der Ranken jedenfalls ein autonomer, d. h. in der inneren Struktur gelegenes Moment im Spiele ist, hat neue-stens GOEBEL (1920, S. 218) hervorgehoben. Die schraubenförmigen Bewegungen haben eine symmetrische Struktur zur Voraussetzung, die ihrerseits freilich wieder induziert sein könnte (vgl. S. 237).

2. Methodisches.

Die Verfolgung und Registrierung der Rankenbewegung bereitet erhebliche Schwierigkeiten. Die von vielen Autoren, zuletzt von GRAD-MANN verbesserte Methode, in bestimmten Intervallen die jeweilige Lage der Rankenspitze etwa auf einer entsprechend orientierten Glas-tafel zu markieren, gibt uns nur ein unvollkommenes Bild des ganzen Bewegungsverlaufes. Die von den Ranken beschriebene Raumkurve läßt sich natürlich durch eine Projektion eines einzigen Punktes nicht wiedergeben. Versucht man jedoch die Bewegung mehrerer Ranken-punkte in der gleichen Weise darzustellen, indem man sich die Ranke etwa in vier gleiche Zonen zerlegt denkt, so erhält man bald eine ver-wirrende Anzahl von Marken, die ein wenig anschauliches Bild der fort-laufenden Bewegung geben. Ich habe es daher vorgezogen, den Ver-lauf der Bewegung durch Projektion der Ranken in zwei aufeinander senkrechten Ebenen darzustellen. Bei Beobachtungen im Freien war man dabei freilich auf die unvollkommene Methode der Freihandskizze von Grund- und Aufriß (eventuell auch Seitenriß) angewiesen. Wurden

---

[1]) RAWITSCHER (1924) lehnt übrigens bezüglich der Schlingsprosse die Überkrümmungstheorie ab.

die Versuche jedoch in der Dunkelkammer durchgeführt, so konnte
eine sehr genaue Wiedergabe der jeweiligen Rankenlage durch die Projektion des Schattenrisses der Ranke auf eine Vertikal- und eine Hori-
zontalebene erzielt werden. In der geräumigen Dunkelkammer wurde
eine bestimmte Ranke einer Topfpflanze in das nur wenig divergierende
Strahlenbündel einer etwa 3 m entfernt aufgestellten Liliputlampe gebracht und das Schattenbild auf einem Blatt Papier aufgefangen, das
auf einer in vertikaler Lage fixierten Glasplatte aufgeklebt war. Ein
unter 45° über der Ranke aufgestellter größerer Spiegel entwarf gleichzeitig ihr Schattenbild auf der Tischebene. Diese Methode war auch
bei dem Rotieren der Pflanze auf dem Klinostaten oder der Zentrifuge
anwendbar. Bei Benützung des Pfefferschen Klinostaten mußte
nur für eine geeignete Verlängerung der Klinostatenachse durch
Zwischenstücke Sorge getragen werden, um die Ranke an entsprechende
Stelle über der Zeichenfläche in den Lichtkegel zu bringen. Die Versuchsanordnung richtet sich im Einzelfall natürlich wesentlich nach
der Größe und Länge der Versuchspflanzen.

Gelang es auf diese Weise die Rankenbewegung im Raum befriedigend zu registrieren, so blieb das Verfahren doch sehr zeitraubend,
da es eine ständige Beobachtung erforderte. Die Schnelligkeit der Bewegung macht mitunter eine Aufzeichnung in sehr kurzen Intervallen
erforderlich. Das in bestimmten Lagen erfolgende passive Sinken der
Ranken erfolgt anfänglich überhaupt so schnell, daß es nur kinemato-
graphisch festgehalten werden könnte. Von einem solchen Verfahren
wie von einer photographischen Registrierung wurde indessen abgesehen,
nicht allein wegen der hohen Kosten, sondern auch aus dem Grunde,
weil es in einer wesentlichen Hinsicht ebenso unvollkommen bleiben
würde wie die Skizzierung des Schattenrisses der Ranken. Die mir
wesentlich erscheinende Torsion der Ranken um ihre eigene Achse wird
auf keinem der beiden Wege zur Anschauung oder Darstellung gebracht
werden.

3. *Sind die Ranken geotropisch?*

a) *Die Aufrichtung geneigter Ranken.*

Schon bei DARWIN (1899, S. 101, 155, 157) finden sich, wie bereits
WORTMANN (1887) hervorhob, gelegentliche Angaben über eine geotropische Sensibilität der Ranken. „Wenn die Ranke in eine geneigte
oder inverse Lage kommt, so wirkt die Schwerkraft auf sie ein und sie
stellt sich zurecht" (a. a. O., S. 157). Er vergleicht diese Aufrichtung mit
dem „Aufsteigen der Keimknospe (Plumula) im aufkeimenden Samen"
(S. 101), nimmt somit einen negativen Geotropismus an. Die „revo-
lutive Bewegung" selbst betrachtet er hingegen als einen autonomen
Vorgang.

In ähnlicher Weise denkt sich auch WORTMANN (a. a. O., S. 70) die Ranken durch die Schwerkraft beeinflußt. Die Tatsache, daß eine Ranke auf eine jedesmalige Neigung mit einer Aufrichtung antwortet, gleichgültig, welche Seite nach unten gerichtet ist, scheint ihm ein genügender Beweis für die Existenz eines negativen Geotropismus. Die Wirksamkeit eines Transversalgeotropismus lehnt WORTMANN dabei ausdrücklich ab. Daß namentlich ältere Ranken sich nicht über die Horizontale erheben, sei nur auf die Gegenwirkung ihres Eigengewichtes zurückzuführen, was sich schon daraus ergebe, daß sich dekapierte Ranken sogleich steiler aufrichten, wie auch O. MUELLER (1886, S. 102) beobachtete. Schon die bloße Aufrichtung der Ranke kann indessen nicht durch die Wirkung des negativen Geotropismus allein erklärt werden; wenn insbesondere jüngere Ranken die Vertikale erreichen oder sie sogar überschreiten, obgleich ihr Eigengewicht der Aufrichtung entgegenwirkt, so müsse diese durch eine *spontane* Hebung unterstützt werden (a. a. O., S. 113). Negativer Geotropismus und Eigengewicht beeinflussen jedoch seiner Vorstellung gemäß nur die allgemeine Stellung der Ranke (die Lage ihrer Rotationsachse im Raume), doch leugnet er ausdrücklich ihre Beteiligung an der rotierenden Bewegung der Ranken selbst (a. a. O., S. 83) die er als autonomen Vorgang betrachtet. Geotropismus und Eigengewicht modifizieren nur durch ihr Eingreifen die autonome Nutation. Einen strengen Beweis für die geotropische Empfindlichkeit der Ranken hat jedoch WORTMANN nicht erbracht, zumal die Klinostatenversuche infolge des störenden Einflusses des Eigengewichtes versagten.

Ganz im Gegensatz zu seinen Vorgängern erblickt nun GRADMANN neuestens gerade im Geotropismus den wirksamsten Faktor der kreisenden Bewegung selbst. Der Beweis für die geotropische Reaktionsfähigkeit der Ranken wird durch folgende Versuche zu erbringen versucht (a. a. O., S. 428 ff.):

1. Eine Ranke, die nur unbedeutende Bewegungen ausführt, richtet sich aus der Horizontallage auf und geht, in die Vertikallage gebracht, in Pendel- und schließlich in elliptische Bewegungen über.

2. Läßt man auf eine in pendelnder Bewegung begriffene Ranke einen neuen Reiz senkrecht zur Schwingungsebene eine entsprechende Zeit lang einwirken, so stellt sich nach ihrer Rückkehr in die Ausgangslage eine elliptische Bewegung ein, die normal zur ursprünglichen Ebene gerichtet ist. Bei kreisend rotierenden Ranken kann unter bestimmten Umständen durch vorübergehendes Umlegen sogar eine Umkehr des Sinnes der Rotation erzielt werden.

3. Eine Neigung einer in vertikaler Stellung kreisenden Ranke führt sofort zu einem längeren Anhalten des entgegengerichteten Ausschlages (nach Norden), während der seitliche Ausschlag unvermindert ist.

14*

Diese Versuche erscheinen allerdings auf den ersten Blick für das Eingreifen eines negativen Geotropismus beweisend. Tatsächlich geht aber aus ihnen höchstens nur das eine hervor, daß die Schwere einen Einfluß auf die Hebung und die kreisende Bewegung der Ranken ausübt, dagegen scheint mir der Beweis nicht erbracht, daß die Schwere als geotropischer Reiz wirkt. Auch Klinostatenversuche versagen als experimentum crucis. GRADMANN bemerkt, daß die Ranke bei Drehung um horizontale Achse „unter gewissen Bedingungen" die Ruhelage einnimmt (a. a. O., S. 428). Von einer wirklichen Ruhe ist aber streng genommen nicht die Rede, sondern nur von geringfügigen Ausschlägen. Aber selbst für den Fall, daß die Ranken dabei ihre kreisenden Bewegungen vollkommen einstellten, bliebe die Frage offen, ob die Schwere als Reiz oder in erster Linie als Last den Anstoß zur Bewegung gibt. Eine sichere Entscheidung ließe sich durch Versuche erwarten, bei denen vom Anfang an für die Ausschaltung der Lastwirkung Sorge getragen würde. Solche Versuche lassen sich aber bei Ranken wegen ihrer haptotropischen Empfindlichkeit und auch wegen ihrer Zartheit nicht wohl ausführen. Ein bloßes Dekapitieren führt natürlich nicht zum Ziele, da es das Eigengewicht der Ranke nur vermindert aber nicht ausschaltet.

Die Beantwortung der Frage nach der Beteiligung des Geotropismus an der Rankenbewegung ist jedenfalls von ausschlaggebender Bedeutung für jeden Erklärungsversuch. Es wurden daher verschiedene Wege eingeschlagen, um in dieser Frage auf indirektem Wege zu einer sicheren Entscheidung zu gelangen.

Bringt man eine Ranke aus einer mehr oder minder aufgerichteten Lage in eine stärker geneigte Lage, senkt man sie z. B. bis zur Horizontalen, so beginnt sie regelmäßig, sich bald darauf wieder zu erheben. Die Hebung geht zumeist mit einer Abflachung des Krümmungsbogens Hand in Hand, den die Ranke in diesem Falle nach unten bildet und erreicht je nach Alter und Länge der Ranke einen verschiedenes Ausmaß. Jüngere Ranken richten sich steil und straff auf, erreichen aber auch nur selten die Vertikale. Nach einiger Zeit schlägt in jedem Falle die Bewegungsrichtung um, die Ranke beginnt sich wieder zu senken. Diese Bewegungen gehen natürlich nicht in einer Ebene vor sich, doch wollen wir unser Augenmerk hier nur auf die vertikale Komponente der Bewegung richten.

Halten wir eine Ranke in der Horizontallage etwa durch Fixieren mit einem Gelatinetröpfchen einige Zeit an ihrer Spitze fest, so macht sich nichtsdestoweniger eine Tendenz zur Hebung geltend, die sich in einer zunehmenden Spannung äußert. Löst man die Fixierung, so erfolgt augenblicklich eine energische Aufwärtsbewegung der Ranke, die anfänglich mit großer Geschwindigkeit vor sich geht, allmählich aber abklingt je weiter sich die Ranke ihrer Höchstlage nähert, wobei sich ihr Krümmungsbogen bis zur völligen Geradstreckung verflachen kann. Daß die Ranken die Vertikale nicht erreichen, kann sich nicht einfach daraus erklären, daß ihr Eigengewicht dem negativen Geotropismus entgegenwirkt. Die Lastkomponente muß mit zunehmender Steilheit der Lage immer kleiner werden. Mit zunehmender Steilheit nimmt zwar der Geotropismus dem Sinus des Neigungswinkels entsprechend ab, doch vermindert sich die Lastkomponente im gleichen Maße und es wäre daher nicht einzusehen, warum der negative Geotropismus die entgegenwirkende Last in einer geneigten Lage nicht ebensogut überwinden sollte, wie es in der Horizontallage der Fall ist. Wenn die weitere Aufrichtung von einer gewissen Lage an unterbleibt und einer Senkung Platz macht, so sind nur zwei Erklärungen möglich: entweder ist die Aufrichtung überhaupt nicht geotropischer Natur oder es muß sich eine Gegenwirkung von zunehmender Stärke geltend machen, die sich schon vor Erreichung der Höchstlage bemerkbar macht.

Wäre die Aufrichtung der Ranken aus geneigter Lage eine geotropische Reaktion, so müßten wir erwarten, daß unter entsprechenden Bedingungen eine *geotropische Nachwirkung* nachweisbar sein müßte. Dreht man z. B. eine Ranke, die durch einige Zeit in demselben Sinne von der Schwere beeinflußt war, um 180°, so müßte sie sich nunmehr solange nach unten bewegen bis sich der jetzt entgegengesetzte geotropische Impuls geltend macht. Die Nachwirkung kann allerdings nicht rein zum Ausdruck kommen, da die Ranke nach erfolgter Drehung infolge ihres Eigengewichtes sich senkt; beide Bewegungstendenzen würden sich summieren. Immerhin müßte sich aber doch die Nachwirkung erkennen lassen. Je länger die geotropische Induktion anhält, desto weiter muß der Beginn der neuerlichen Hebung hinausgeschoben werden. Nach GRADMANN könnte sich unter Umständen die geotropische Induktion auch derart auswirken, daß die Nachwirkung in einer von der Vertikalen abweichenden Ebene zustande kommt; in diesem Falle müßte sie sich in der Horizontalprojektion der Ranke bemerkbar machen. Ich habe eine Anzahl von diesbezüglichen Versuchen mit verschiedener Induktionszeit ausgeführt, konnte aber auf keine Weise eine Nachwirkung konstatieren. Ich unterlasse es, die Versuche im einzelnen anzuführen, da ich späterhin ohnedies einen Versuch vorzuführen habe, der in sinnfälligerer Weise gegen die Beteiligung eines negativen Geotropismus spricht und beschränke mich auf die Wiedergabe einer Beobachtung, die mir einen neuen Weg zur Erklärung der Rankenrotation wies.

Versuch 33 am 26. VII. 1923. *Cyclanthera explodens.* Kontinuierliche Verfolgung der Bewegung am vertikalen und horizontalen Schattenriß.

10⁰¹ bogenförmig aufgerichtete junge Ranke horizontal in Flankenstellung gebracht.

10^{02} deutlicher Beginn der Hebung.

10^{03} Hebung und Bewegung nach links (von der Spitze betrachtet entgegen dem Zeiger).

10^{05} *um* 180° *gedreht.*

10^{08} dauernde Senkung.

10^{09} unverändert.

10^{10} Beginn der Hebung und Bewegung nach links

10^{16} *um* 180° *gedreht.*

10^{19} Senkung ohne seitlichen Ausschlag.

10^{20} Beginn der Hebung und links.

10^{31} *um* 90° *gedreht* (Konvexseite nach oben).

10^{32} Senkung und rechts.

10^{33} Hebung und rechts.

10^{40} *um* 180° *gedreht* (Konvexseite nach unten).

10^{42} Senkung und rechts.

10^{43} unverändert.

10^{44} Hebung.

Die Ranke hat sich, sich selbst überlassen, innerhalb einer halben Stunde unter einem Winkel von 70° steil aufgerichtet und wurde dann neuerlich

horizontal gestellt. Senkung durch 1,30 Minuten. Beginn der Aufrichtung nach 2 Minuten. — Nach 8 Minuten

um 180° *gedreht.* Senkung durch 4 Minuten. Beginn der Hebung nach 6 Minuten. Nach 7 Minuten

um 180° *gedreht.* Senkung durch 2 Minuten. Beginn der Hebung nach 5 Minuten.

Wir ersehen aus diesem Versuche — und andere Versuche sind durchaus gleichsinnig ausgefallen — daß jede Drehung der Ranke zu einer kurz dauernden Senkung führt, der *sofort oder nach einem kurzen Stillstand* eine Hebung folgt (Abb. 7). Sobald also eine neue Flanke zur physikalischen Unterseite wird, setzt eine vorübergehende Senkung ein, in derselben Weise wie bei einer Ranke, die aus einer steileren Lage gegen die Horizontale oder über diese hinaus geneigt wird. Daß dieses Sinken der Ranke keine geotropische Nachwirkung sein kann, geht schon daraus hervor, daß es stets in gleicher Weise erfolgt ohne Rücksicht auf die Flanke, die jeweils nach unten hin zu liegen kommt und ferner daraus, daß die Dauer der Bewegung unabhängig ist von der Zeitspanne, in der eine geotropische Induktion möglich gewesen wäre. Das Sinken der Ranke geht somit jedenfalls, wie übrigens auch schon der erste Eindruck vermuten läßt, rein passiv infolge des Eigengewichtes der Ranke vor sich, *eine geotropische Nachwirkung konnte niemals erwiesen werden.*

Wäre die Hebung durch negativen Geotropismus bedingt, so lägen hier ganz ungewöhnlich kurze Reaktionszeiten vor, die sich zwischen 1 und 6 Minuten bewegen müßten, was wenig wahrscheinlich ist. Der vorgeführte Versuch bringt indessen allein noch keine Entscheidung. Man könnte vielleicht einwenden, daß im Zeitpunkte der Drehung im Sinne der Gradmannschen Überkrümmungstheorie die eben einsetzende

Gegenwirkung eine geotropische Nachwirkung paralysieren könnte.
Dieser Einwand wird aber dadurch widerlegt, daß in unserem Versuche die Drehung der Ranke jedenfalls zu einem Zeitpunkte erfolgte,
in dem sie ihre Höchstlage noch nicht erreicht hatte, eine Gegenbe-
wegung somit noch nicht auftreten konnte. Noch eines weiteren Ein-
wandes soll hier gedacht werden. Bei der Drehung könnte die Ranke
eine Torsion erfahren haben, so daß ihre ursprüngliche Unterseite jetzt
nicht nach oben, sondern nach der Seite zu liegen käme und die geotropische Nachwirkung sich daher in einer seitlichen Krümmung zeigen
würde, während die vertikale Schattenprojektion unverändert bliebe.
Eine solche seitliche Krümmung würde aber voraussetzen, daß der
Torsionswinkel genau 90° beträgt, da sonst immer noch eine vertikale

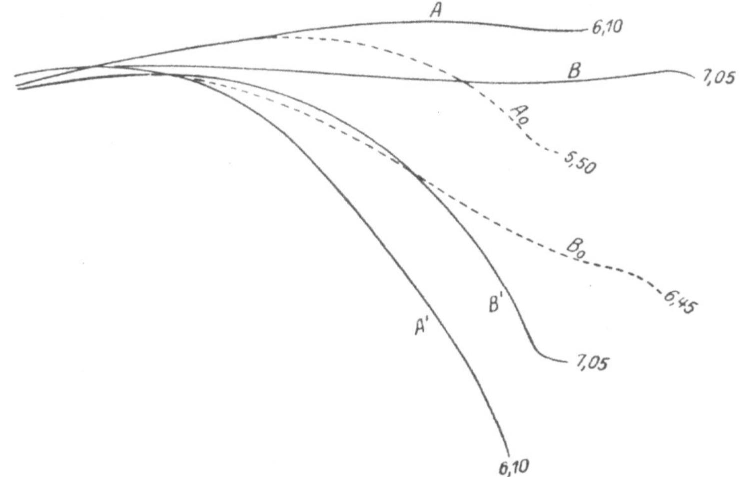

Abb. 7. Lageveränderung einer Ranke nach Drehung um 180° in vertikaler Schattenprojektion.
Ausgangslage (punktiert) in A_0; nach Hebung bis A erfolgt die Wendung, worauf Senkung bis A'
eintritt. Nach Hebung über B_0 zu B und neuerlicher Wendung tritt Senkung zur Lage B' ein.

Bewegungskomponente auftreten müßte, die der Beobachtung des
Schattenrisses nicht entgehen könnte.

Dieser Versuch, den ich mit *Cyclanthera*-Ranken des öfteren mit
gleichem Erfolge wiederholte, ist aber noch in einer anderen Hinsicht
von Interesse und Bedeutung. Die Hebung einer infolge ihres Eigengewichtes gesenkten Ranke muß offenbar mit einer Erhöhung der
Biegungsfestigkeit verbunden sein. Wendet man nun die Ranke, nachdem sie sich mehr oder weniger steil aufgerichtet hat, um 180°, so senkt
sie sich neuerdings, zunächst etwa im gleichen Ausmaße wie das erste-
mal. Der gleiche Vorgang tritt bei jedesmaliger Drehung der Ranke
ein, sobald sie sich nur einigermaßen wieder gehoben hat. Mit wiederholter Drehung wird aber das Ausmaß der Senkung immer geringer,

bis die Ranke schließlich auf die Veränderung kaum oder überhaupt nicht mehr reagiert. Wir könnten dieses Verhalten etwa in folgender Weise erklären. Während der Aufwärtsbewegung strafft sich die ursprünglich konkave, gestauchte (im Druck gespannte) Seite der Ranke, die Unterseite wird mit andern Worten biegungsfester als die Gegenseite. Wird diese durch eine Drehung zur Unterseite gemacht, so senkt sich die Ranke neuerlich unter ihrem Eigengewicht, bis sich ein neuerlicher Spannungsausgleich geltend macht. Die scheinbare geotropische Aufrichtung wäre nach dieser Auffassung nichts anderes als ein autonomer Ausgleich der Krümmung und der dadurch bedingten antagonistischen Spannung, die durch das Eigengewicht der Ranken hervorgerufen ist. Wird der Ranke durch wiederholte Drehung um 180° innerhalb eines gewissen Zeitintervalls die Gelegenheit zum Spannungsausgleich gegeben, so nimmt der absolute Wert ihrer Biegungsfestigkeit schließlich soweit zu, daß sie in jeder Lage annähernd gerade bleibt oder doch keine wesentliche Durchbiegung infolge ihrer Eigenlast erfährt.

Eine Versuchsanordnung zur Entscheidung dieser Frage ergab sich von selbst. Als Objekte dienten Freilandpflanzen von *Cyclanthera*, *Sycios* und *Cucurbita* mit kräftig entwickelten Ranken. Wie immer wurden die Sprosse festgebunden, derart, daß nur die Ranken selbst volle Bewegungsfreiheit hatten. Die Ausgangslage der Ranken wurde durch entsprechende Marken und Skizzen festgehalten; darauf wurde eine zarte Bastschlinge um ihre äußerste Spitze gelegt, mittels der sie derart auf einem Stative befestigt wurde, daß sie leicht aber sicher in einer ihr aufgezwungenen Lage fixiert blieb. Die Einschnürung durch die Schlinge rief natürlich eine Kontaktkrümmung hervor, die sich indessen nur auf wenige Millimeter erstreckte und nicht weiter störte. Die Befestigung geschah nun so, daß die natürliche Krümmung der Ranke nach Belieben vergrößert oder verkleinert wurde. In manchen Fällen wurden in ähnlicher Weise auch kleine Gewichte an der Rankenspitze befestigt, um die Ranke zu spannen, wozu übrigens schon das Gewicht der Bastschleife allein hinreichte. Ist nun die oben geäußerte Vorstellung über die Fähigkeit der Ranken zum autonomen Krümmungsausgleich richtig, so muß es möglich sein, eine geneigte Ranke zu einer Bewegung nach oben *oder* nach unten zu veranlassen je nachdem die physikalische Unter- oder Oberseite gestaucht (in Druck gespannt) war, sobald die Fixierung gelöst wird.

Ich will nur einige Versuche als Beispiele anführen und verweise dabei auf die nebenstehenden Skizzen, die aus freier Hand angefertigt wurden.

Versuch 47A. — 16. VIII. 1924. *Cyclanthera*. Freiland. (Abb. 8 III.)

$50°$ Ausgangsstellung; leicht unter die Horizontale gebogen, morphologische Unterseite (u) nach oben gewendet.

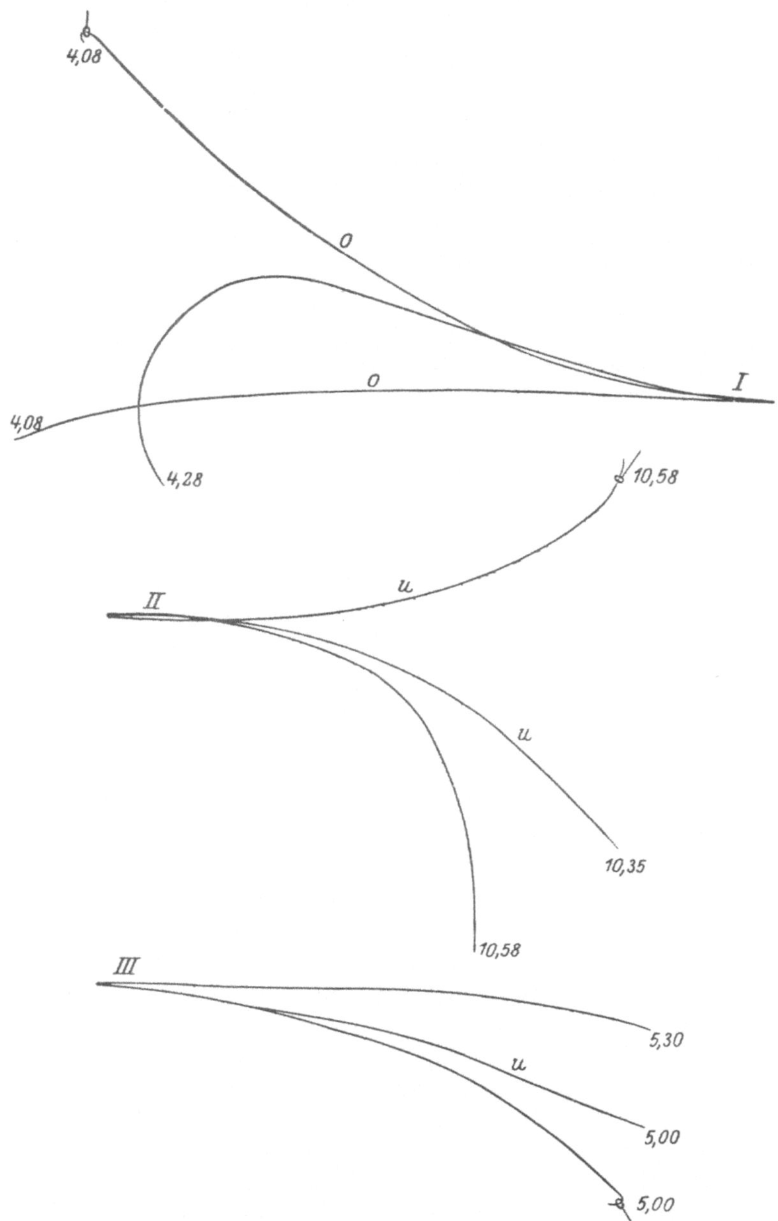

Abb. 8. Ranken, die mittels Fadenschlingen einige Zeit in Zwangslage erhalten wurden (vgl. die beigefügten Stundenangaben) und hierauf durch Abschneiden ihrer Spitze freigegeben wurden. In I (morph. Obers. o nach oben gekehrt) und II (morph. Unters. u nach oben) war die physikalische Oberseite, in III die Unterseite konkav; demgemäß in I u. II Senkung, in III Hebung der freigegebenen Ranke.

5⁰¹—5³⁰ mittels Bastschlinge stärker nach unten gebogen und in dieser Zwangslage erhalten; Spitze etwa 2 cm tiefer als in der Ausgangslage.

5³⁰ Fixierung durch Abschneiden der Ranke unmittelbar unter der Bastschlinge gelöst.

Sofortige Hebung der Ranke; ihre Spitze kommt etwa um 5 cm höher zu liegen als in der Zwangslage.

Versuch 47B. — Wie oben. (Abb. 8 II.)

10³⁵ Ausgangslage: Konkavität nach unten gekehrt, morphologische Unterseite (*u*) nach oben gerichtet.

10³⁶—10⁵⁸ in Zwangslage erhalten, Ranke dabei nach oben gebogen, morphologische Unterseite gestaucht.

10⁵⁸ Fixierung gelöst.

Sofortige Senkung der Ranke unter Verkleinerung des Krümmungsbogens.

Versuch 50. 12. VIII. *Sicyos*. Freiland. (Abb. 8 I.)

4⁰⁸ Ausgangslage fast horizontal; morphologische Oberseite (*o*) nach oben.

4⁰⁹—4²⁸ in Zwangslage erhalten; Ranke nach oben gebogen, Oberseite gestaucht.

4²⁸ Fixierung gelöst.

Sofortige Senkung der Ranke.

Die Versuche zeigen somit übereinstimmend, daß eine Ranke sich unabhängig von der Lage ihrer Flanken sich nach Aufhebung einer Zwangslage stets so krümmt, *daß die ihr aufgezwungene Spannungsverteilung ihrem Ausgleiche zustrebt.* Im Versuch III fällt diese Richtung mit dem Sinne einer negativ geotropischen Bewegung zusammen, so daß dieser Versuch an sich natürlich nicht beweisend ist, in den beiden anderen Fällen, müßte sich aber eine geotropische Bewegung gerade in entgegengesetztem Sinne äußern.

Es darf nicht verschwiegen werden, daß unter vielen Versuchen, die in analogem Sinne ausfielen, auch manche Versager auftraten, was aber nicht weiter verwunderlich ist. Ist die der Ranke erteilte Spannung etwas zu groß, so tritt eine passive Dehnung auf, die einen Spannungsausgleich erschwert oder unmöglich macht; ist die Spannung dagegen zu gering bemessen, so kann der Anstoß zu einem autotropen Ausgleich ganz ausbleiben. Solchen Ergebnissen kommt um so weniger eine entscheidende Bedeutung zu als der geeignete Grad der Spannungsverteilung nicht von vornherein zu ermessen ist, da er sich wesentlich auch nach der Stärke und dem Alter der Ranke richtet. Man könnte vielleicht gegen die Beweiskraft unserer Versuche einwenden, daß in den beiden Fällen I und II die Lösung der Fixierung zufällig gerade in dem Zeitpunkte erfolgt wäre, in dem die Ranke, auch wenn sie sich selbst überlassen gewesen wäre, sich gesenkt hätte. Bedenkt man jedoch, daß wiederholt dasselbe Ergebnis erzielt wurde ohne Rücksichtnahme auf die Bewegungsphase im Zeitpunkte der Fixierung und daß die Dauer, während der die Ranken in der Zwangslage erhalten wurden, eine wechselnde war, so wird man doch die überwiegend positiven Ergebnisse nicht als Spiel des Zufalls bezeichnen können.

Unsere Versuche geben uns jedenfalls keine Veranlassung, die Hebung der Ranken als geotropisch bedingt aufzufassen, vielmehr erklären sich alle Beobachtungen ungezwungen unter der Annahme, *daß die Ranken zum autotropen Ausgleich der Krümmungen befähigt sind, die sie unter dem Einflusse ihres Eigengewichtes annehmen.* Diese Deutung der Ergebnisse ist um so wahrscheinlicher, als es sich dabei nur um einen Spezialfall einer weit verbreiteten Reaktionsbefähigung handelt und FITTING (1903) bereits gerade für Ranken den Nachweis geliefert hat, daß jede Krümmung, sei es eine haptotropische oder eine aufgezwungene, durch Autotropismus ausgeglichen wird.

Man könnte vielleicht einwenden, daß in GRADMANNs Versuchen die Voraussetzung für eine Lastkrümmung fehlte, da er seine Versuchsranken um ein ansehnliches Stück kürzte, um ihr Eigengewicht zu verringern, daß die Ranken sich aber nichtsdestoweniger aufkrümmten. Ein solcher Einwand schien mir aber nicht berechtigt. Waren die Ranken auch zurückgeschnitten, so wiesen sie doch eine leichte Abwärtskrümmung auf, wodurch die Gelegenheit zum Auftreten einer Spannungsdifferenz gegeben war. Unter Umständen könnte sich bei einer solchen Versuchsmethode auch eine Nachwirkung einer vor der Amputation vorhanden gewesenen Spannungsdifferenz geltend machen.

Über die Mechanik des Krümmungsausgleiches habe ich, um mich nicht in Details zu verlieren, keine Untersuchungen angestellt. Von vornherein wird man wohl Wachstumsvorgängen dabei die entscheidende Rolle zuschreiben. Wir wissen von anderen genauer untersuchten Ausgleichsbewegungen jedenfalls, daß die Konkavseiten der betreffenden Organe ein verstärktes Wachstum aufweisen, während die Gegenseite unverändert bleibt oder sogar eine Verkürzung erfährt.

Die gleiche Befähigung zum Spannungs- und damit zum Krümmungsausgleich, die wir für die Bewegung in der Vertikalebene nachgewiesen haben, macht sich zweifellos auch in jeder anderen Ebene geltend. Ich habe allerdings keine speziellen Versuche zum Beweis dieser Annahme gemacht, doch ist kein Grund ersichtlich, daß die Ranke sich in einer anderen Krümmungsebene anders verhalten sollten. Daß ihre Biegungsfestigkeit nach den antagonistischen Flanken in jeder Lage eine verschiedene ist, ergibt sich jedenfalls schon aus einer einfachen Beobachtung. Wird eine in Rotation befindliche Ranke etwa durch Zugluft oder durch Anblasen in leichte elastische Schwingungen versetzt, so beobachtet man regelmäßig, daß die Ausschläge im Sinne der Bewegung allein auftreten oder doch stärker ausfallen als nach der entgegengesetzten Seite. Die Biegungsfestigkeit ist also auch hier nach der in bezug auf die Bewegungsrichtung hinteren Seite größer. Ich habe mich oft von diesem Verhalten überzeugt, ehe ich noch die Senkung der Ranken bei Inversstellung untersucht hatte.

Es ergibt sich somit, daß weder der Vorgang der Hebung einer Ranke aus einer geneigten Lage noch ihr Verhalten bei der Drehung um 180° einen Anhaltspunkt für die Annahme eines Geotropismus bietet. Dagegen lassen sich sämtliche Beobachtungen unter der Voraussetzung eines autotropen Krümmungsausgleiches ungezwungen erklären. Die autotrope Reaktion besteht darin, daß, gleichgültig ob die Konkavität des Rankenbogens nach oben oder nach unten gerichtet ist, ein Ausgleich der Spannungen in antagonistischen Geweben angestrebt wird. Dieses Ausgleichbestreben kann sich auch in einer Nachwirkung äußern, die zu einer entgegengesetzt gerichteten Krümmung führt, worauf bei dorsiventralen Seitensprossen schon BARANETZKY (1901) hingewiesen hat. Auch bei den Ranken konnten wir unter Umständen eine solche Überschreitung der Gleichgewichtslage bei der Umkehr der Bewegungsrichtung beobachten, indem die ursprünglich konkave Seite zur konvexen wird.

b) *Das Verhalten der Ranken zur Fliehkraft.*

Da die Aufrichtung der Ranken keinen Anhaltspunkt für die Anwesenheit eines negativen Geotropismus abgab, schien es wünschenswert, durch Zentrifugalversuche Klarheit zu gewinnen. Zu diesem Zwecke stand eine einfache Zentrifuge mit Motorantrieb zur Verfügung, deren Tourenzahl durch eine Übersetzung auf 80—90 in der Minute gebracht wurde. Die Rotation erfolgte um vertikale Achse. Die Zentrifuge selbst besteht aus einer auf die Rotationsachse montierten Holzscheibe, an der ein Holzkreuz befestigt war, dessen Arme eine Länge von 50 cm besaßen. Die Adjustierung der eingetopften Pflanzen geschah in der Weise, daß der Blumentopf möglichst central und unverrückbar festgebunden wurde, während der Sproß annähernd horizontal umgelegt und an seinen jüngsten Internodien an einem der Holzarme in geeigneter Weise so fixiert war, daß die zum Versuche gewählte Ranke über die Kante der Holzlatte hinausragte. Die Fixierung geschah gleichzeitig derart, daß jede Beeinflussung der Rankenbewegung durch Sproßteile verhindert wurde.

Um die bisher geübte Methode der Schattenrißzeichnung auch im vorliegenden Falle anwenden zu können, wurde die Anordnung so getroffen, daß das Holzkreuz der Zentrifuge über der Tischplatte rotierte, auf der die Zeichenfläche für die Horizontalprojektion befand. Beim Stoppen des Motors wurde die Versuchspflanze stets in die gleiche vorher genau bezeichnete Lage gebracht und die Schattenbilder sodann durch Nachziehen mit einem Bleistifte festgelegt, was kaum eine Minute in Anspruch nahm.

Überlegen wir nun, welche Richtung eine solche in der Richtung des Radius befestigte Ranke unter dem Einfluß des Geotropismus ein-

schlagen müßte, falls sie sich negativ geotropisch verhielte. Bei der gewählten Aufstellung wirken neg. Geotropismus und Fliehkraft senkrecht
zueinander. Ein Keimling würde sich daher der Rotationsachse zuwenden und sich gleichzeitig der Gravitationskomponente entsprechend
schräg nach oben einstellen. Eine solche stabile Gleichgewichtszulage
ist bei Ranken natürlich nicht zu erwarten; sie würden entweder über
eine derartige stabile Gleichgewichtslage hinauspendeln oder, wenn sich
schon früher eine Gegenwirkung geltend macht, die Tendenz zeigen
müssen, sich einerseits dem Geotropismus entsprechend zu erheben und
anderseits sich der Fliehkraft entgegen zu bewegen. Dazu kommt
indessen noch eine weitere Komplikation durch zwei Faktoren. Von
wesentlicher Bedeutung wird zunächst die Phase sein, in der sich die

Ranke zur Zeit des Versuchsbeginnes
befindet; dem entsprechend werden
sich die auftretenden Richtungsten-
denzen der Bewegung addieren oder
subtrahieren, was sich in einer Beschleunigung oder Verzögerung der
Bewegung dokumentieren müßte.
Ferner ist es von Bedeutung, daß
die zarten, fadenförmigen Ranken
passiv der Fliehkraft Folge leisten,
wodurch geotropische Effekte bis
zu einem gewissen Grade verdeckt
werden könnten. Der Zentrifugie-
rungsversuch wird daher nicht so
klar zu übersehen sein, wie wir es
sonst zu erwarten gewohnt sind,
doch läßt eine kontinuierliche Beobachtung und vorsichtige Auswertung

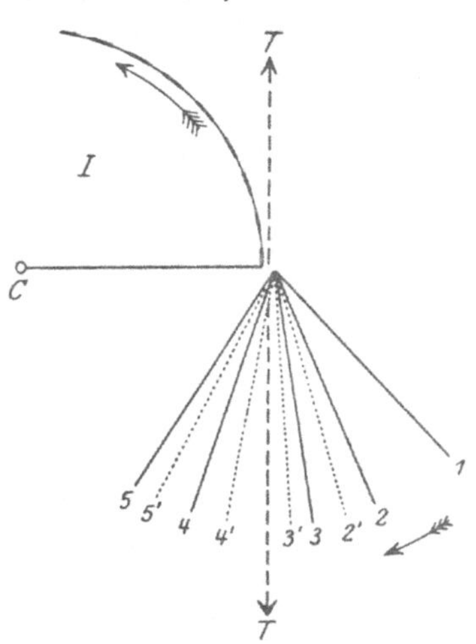

Abb. 9. Schema der Zentrifugenrotation der
Ranke. Erklärung im Text.

der Beobachtungen immerhin ein eindeutiges Ergebnis erhoffen.

Um ein klares Bild der unter diesen Verhältnissen auftretenden
Rankenbewegung zu gewinnen, ist es unerläßlich, sich die Wirkung des
Zentrifugierens auf eine fadenförmige Ranke zunächst rein schematisch
vor Augen zu führen. Mit dem Einsetzen des Zentrifugierens wird die
Ranke augenblicklich passiv aus ihrer jeweiligen Lage gebracht, wobei
sie sich infolge des Luftwiderstandes in die Tangente des Kreises ein-
zustellen strebt, den ihr basaler Fixpunkt bei der Rotation beschreibt.
Diese Gleichgewichtslage, die also dem „Windschatten" entspricht, wird
jedoch infolge ihres Biegungswiderstandes niemals vollständig erreicht;
die Ranke steht während der Dauer des Zentrifugierens unter einer
Spannung. Wird die Zentrifuge abgestellt, so schnellt daher die Ranke
sofort elastisch gegen die ihr in diesem Augenblicke zukommende Lage

zurück, doch dauert es oft mehrere Minuten bis der elastische Ausgleich vollzogen ist. Bei den zu erwähnenden Versuchen wurde die Lage der Ranke sofort nach jedesmaliger Sistierung der Bewegung und Einstellung des Sprosses in seine Ausgangsstellung sowie 1—2 Minuten später skizziert, ohne den vollständigen elastischen Ausgleich abzuwarten, was zur Ermittlung der Bewegungsrichtung genügt und keine allzulange Unterbrechung der Rotation erforderlich macht.

Denken wir uns in Abb. 9 die horizontale Schattenprojektion einer Ranke, die in der Richtung des großen Pfeiles zentrifugiert wird, selbst aber die Tendenz hat, im Sinne des kleinen Zeigers zu rotieren, so daß sie nacheinander bei ruhender Aufstellung die Lagen 1, 2, 3 usw. einnehmen würde. Unmittelbar nach der Sistierung des Zentrifugierens ermitteln wir die Lagen $2'$, $3'$. Da die Ranke fallweise im Verlaufe von etwa einer Minute in die Lage 2, 3 zurückgeht, so können wir daraus entnehmen, daß sich in ihrer Bewegungsrichtung trotz des Zentrifugierens nichts geändert hat. Ist die Ranke bei fortgesetzter Bewegung über die Tangentiallage (T—T) hinausgekommen, so wird sie nach der Unterbrechung des Zentrifugierens in entsprechenden Intervallen unmittelbar darauf die Stellungen $4'$, $5'$ annehmen, aber dann gegen 4, 5 fortschreiten. In diesem supponierten Falle wäre also die gleiche Bewegungsrichtung beibehalten worden, nur führt der elastische Spannungsausgleich die Ranke einmal nach rechts das andere Mal nach links, nämlich stets aus der Richtung des Windschattens heraus. Analoge Erwägungen gelten für eine gegensinnige Bewegung sowie für die Vertikalkomponente der Bewegung.

Es erhebt sich nun die Frage, in welcher Weise sich ein eventuell vorhandener negativer Geotropismus äußern würde. Ich meine, er müßte in doppelter Weise zur Geltung kommen. Erstens wäre zu erwarten, daß sich die Achse des von der Ranke beschriebenen Rotationskegels verlagert, indem sie sich in die durch Schwer- und Fliehkraft gegebene Resultierende einstellt und zweitens sollte man glauben, daß sich eine Verschiebung der für die Zurücklegung der einzelnen Bahnphasen erforderlichen Zeiten ergeben müßte; die Zeiten, in denen sich die Ranke gegen das Rotationscentrum hin bewegt, müßten sich verkürzen, da diese Bewegung im Sinne des negativen Geotropismus verläuft.

Ich habe auf die Zentrifugalversuche viele Mühe verwendet; da sich aber die Versuche nicht ohne Wiedergabe der zugehörigen Schattenrisse und der vollständigen Versuchsprotokolle darstellen lassen und das Ergebnis ein durchaus negatives war, so beschränke ich mich auf eine kurze Darlegung eines einzelnen Versuches unter Hinweis auf die Abb. 10—12. Die beiden ersten Schattenprojektionen, die das Verhalten der ruhenden Ranke wiedergeben, werden vorwiegend aus dem

Grunde gebracht, um den Verlauf einer Rankenrotation nach der anschaulichen Methode der Schattenprojektion zu illustrieren.

Versuch 25. — 9. VII. — Junge Ranke von *Cyclanthera*; Länge etwa 11 cm. — Auf der Zentrifuge so adjustiert, daß der Sproß in radialer Richtung fixiert ist; die Ranke kann sich frei bewegen und steht unter einem Winkel von etwa 30° vom Sprosse ab. Die Rankenbewegung wird bei ruhender Aufstellung vormittags in der Zeit zwischen 11⁴⁰—12⁴⁰ (1. Umlauf), nachmittags zwischen 3⁴⁵—4⁴⁵ (2. Umlauf) beobachtet, indem in Zwischenräumen von 1—5 Minuten Horizontalprojektion und Seitenriß im Schattenbilde festgehalten wurden. — Tourenzahl 60 pro Minute. Im unmittelbaren Anschluß an die Skizze wird die Zentrifuge in Gang gesetzt und nach je 5 Minuten die Lage der Ranke nach Abstellen der Zentrifuge (ausgezogene Linie) und 1—2 Minuten später (punk-

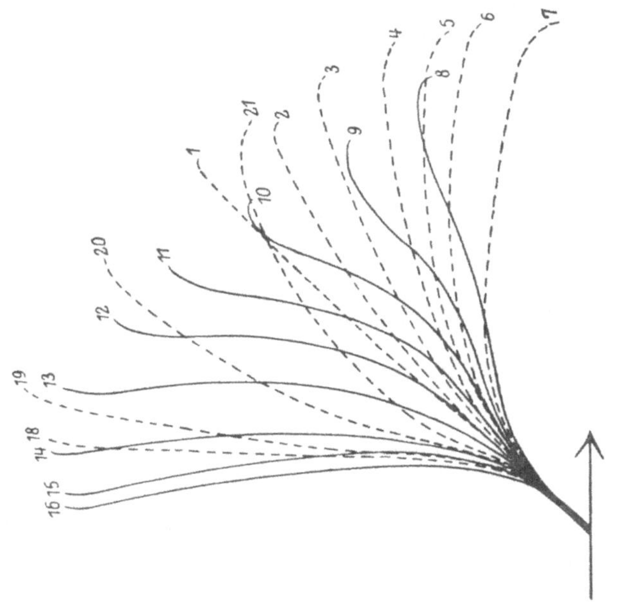

Abb. 10. Horizontalprojektion der Ranke von Vers. 25 bei ihrem ersten Umlauf.

tierte Linie) gezeichnet. (3. Umlauf; Abb. 12.) Temperatur wenig schwankend bei Versuchsbeginn (vorm.) 23,5° C, gegen Ende 24,3° C (nachm.).

1. Umlauf. Rotation positiv; Umlaufszeit 58 Minuten (Abb. 10), ein halber Umlauf der Ranke wird in aufsteigender Richtung in 37 Minuten, in absteigender in 21 Minuten zurückgelegt. Insertionswinkel unverändert. Weite des Rotationskegels (d. i. Abstand der Rankenspitzen bei extremer Lage der Ranken 120 mm).

2. Umlauf. Rotation in gleichem Sinne, Umlaufszeit 59 Minuten, und zwar 42 Minuten aufsteigend, 17 Minuten absteigend. Weite des Rotationskegels 180 mm. Insertionswinkel unverändert (Abb. 11).

Der Unterschied der beiden Umläufe äußerst sich somit vornehmlich nur in einer beträchtlichen Erweiterung des Rotationskegels. Auch hat die Länge der Ranke bedeutend zugenommen und damit natürlich auch ihr Eigengewicht, weshalb die Hebung verlangsamt, die Senkung beschleunigt wird. In der Form der Ranke selbst fallen am Vormittag die gleichmäßigen S-förmigen Krümmungen auf, die bei den länger gewordenen Ranken einer flachen Krümmung Platz machen.

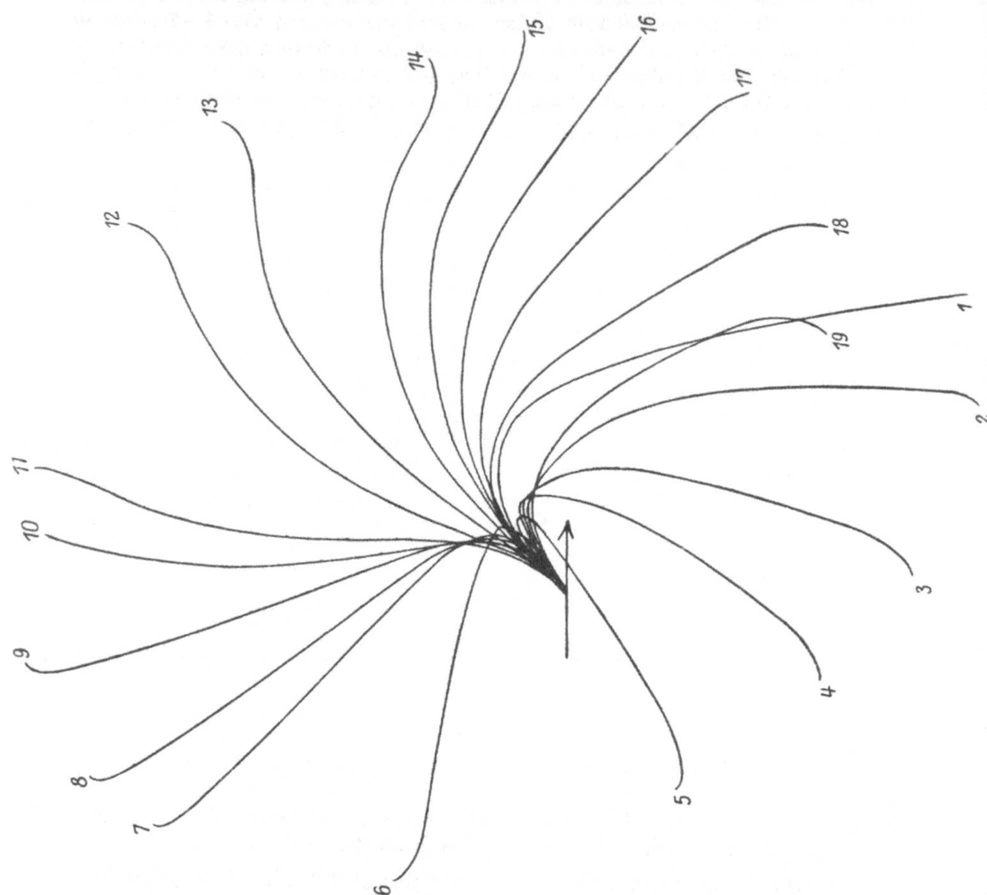

Abb. 11. Horizontalprojektion derselben Ranke bei einem späteren Umlauf (II).

3. Umlauf nach Einsetzen des Zentrifugierens (vgl. Abb. 12). Die Ranke wird aus der Lage 19 fast um 180° zurückgeworfen. Der Schattenriß verschiebt sich in Horizontalprojektion nach rechts, im Seitenriß nach unten; Rotation positiv. Nach jeder Unterbrechung des Zentrifugierens bewegt sich die Ranke weiter nach links. Die während des Zentrifugierens aufgetretenen Spannungen zeigen somit die Tendenz, die Ranken dem Rotationscentrum zu nähern. Bewegungsgeschwindigkeit: im Zeitpunkt des Abbrechens des Versuches ist der maximale Ausschlag nach rechts wohl annähernd erreicht, wie man daraus erkennt, daß die (in der Abbildung nicht mehr eingezeichneten) Lagen 9—10 nur mehr eine minimale Verschiebung aufweisen; auch beginnt sich die Ranke zu heben. Ein Viertelkreis in absteigender Richtung benötigt somit 44 Minuten, somit mehr als die doppelte Zeit als eine ruhende Ranke. Wenngleich sich somit die Ranke zunächst ihrem Rotationsbestreben gemäß *gegen das Rotationscentrum* bewegt, so ist doch diese Bewegung stark *verzögert*, während bei einer negativ geotropischen Bewegung eine Beschleunigung zu erwarten gewesen wäre. Der *Insertionswinkel* ist gleichfalls *unverändert* geblieben. Der kräftigste Teil der Ranke, der durch die Fliehkraft nicht verlagert wird, ist somit sicher nicht geotropisch, doch spricht auch nichts für ein geotropisches Verhalten des übrigen Rankenkörpers.

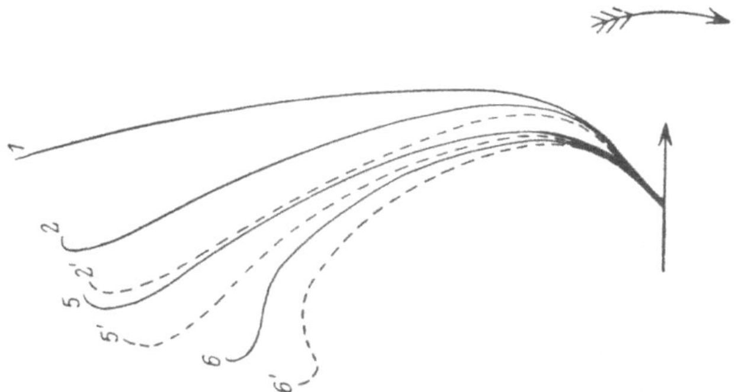

Abb. 12. Dieselbe Ranke in der ersten Zeit nach Einsetzen des Zentrifugierens in Horizontalprojektion.

c) *Zusammenfassung.*

Unsere Versuche, einen negativen Geotropismus bei Ranken nachzuweisen, haben somit zu einem durchaus negativen Ergebnis geführt; weder die Umkehr- und Nachwirkungs- noch die Zentrifugalversuche gaben einen Anhaltspunkt zur Annahme einer geotropischen Sensibilität ab. Die gegenteiligen Befunde von WORTMANN und GRADMANN scheinen uns ebensowenig für die Existenz eines Geotropismus beweisend; die bloße Tatsache der Erhebung einer Ranke aus geneigter Lage gibt so wenig einen zwingenden Beweis ab, wie die Abnahme oder sogar das vollkommene Ausbleiben der kreisenden Nutation auf dem Klinostaten. Ein Organ, das zum autotropen Ausgleich einer Lastkrümmung befähigt ist, würde sich in derselben Weise benehmen. Für eine derartige Befähigung sprechen unsere Versuche über den Ausgleich von Zwangskrümmungen, durch den Ranken unter Umständen veranlaßt werden, sich in einer dem Sinne des negativen Geotropismus entgegengesetzten Richtung zu krümmen. Diese Auffassung steht auch im Einklange mit der bereits von FITTING konstatierten Tatsache, daß die Ranken jede Krümmung, sei es eine geotropische oder ihr sonst aufgezwungene autonom auszugleichen befähigt sind. Daß die Lage einer Ranke zum Horizont einen bestimmenden Einfluß auf den Ablauf der kreisenden Nutation besitzt, geht aus GRADMANNs Versuchen zweifellos hervor. Da sich aber die Ranken als nicht geotropisch erwiesen, so sprechen auch diese Befunde dafür, daß die Schwere lediglich zu einer Lastkrümmung der Ranke führt, deren Ausgleich durch Autotropismus angestrebt wird.

Nehmen wir an, daß solche Lastkrümmungen, die zunächst eine bogenförmige Krümmung der Ranken bewirken, durch Autotropismus nicht nur ausgeglichen, sondern auch überkompensiert werden[1]), bis die entgegengesetzt gerichtete Spannung einen neuerlichen Ausgleich veranlaßt, der annähernd wieder eine Rückkehr in die Ausgangslage veranlaßt, so würde eine pendelnde Bewegung resultieren, ähnlich wie sie BARANETZKY (1901) an Seitenzweigen beobachtete, die aber an den Ranken um so ausgeprägter hervortreten und um so länger anhalten könnte, als sie durch eine relativ lange Wachstumszone und durch besondere Elastizitätsverhältnisse ausgezeichnet sind, deren eingehendere Untersuchung leider noch aussteht.

Auf Grund der hier entwickelten Vorstellung ließe sich die Pendelbewegung der Ranken, die unter bestimmten Bedingungen beobachtet wird und schon wiederholt beschrieben wurde, befriedigend erklären, doch reicht die bisher gewonnene Erkenntnis noch nicht aus, die viel allgemeiner auftretende Bewegung der Ranken im Kegelmantel zu verstehen. Dazu bedarf es noch eines weiteren Mechanismus, der in die Rankenbewegung eingreift, von dem im nächsten Abschnitt die Rede sein soll.

4. Die Rankentorsionen.

Zur Analyse der Rankenbewegungen schien es mir von vornherein erforderlich, nicht nur Bahn und Geschwindigkeit der Bewegung zu registrieren, sondern auch den Verlauf ihrer Torsion in deren Beziehung zur Rotation zu untersuchen.

Die Verfolgung der Torsion, deren Studium bisher arg vernachlässigt wurde, stößt aber auf erhebliche versuchstechnische Schwierigkeiten. Bei einigermaßen zarten Fadenranken, wie bei *Bryonia* oder

---

[1]) Tatsächlich bemerkt FITTING (I, 586) in bezug auf den Ausgleich aufgezwungener „mechanischer" Biegungen der Ranken: „Auf die Ausgleichung der Biegung folgt fast stets eine gewisse Überkrümmung nach der Gegenseite, der vergleichbar, die in stärkerem Maße BARANETZKY kürzlich bei der Ausgleichung mechanischer Biegungen an Sprossen nachgewiesen hat." Daß FITTING nur schwache Krümmungen beobachtete, hängt vielleicht damit zusammen, daß er die Ranken sehr kräftigen Biegungen aussetzte.

Cyclanthera ist es selbst mit der Lupe oft nur schwer möglich, den Torsionsverlauf zu erkennen. Die Versuche, die Oberseite der Ranke mit Tusche zu markieren, fielen nur wenig befriedigend aus. An einer genügend weit entwickelten Ranke gelingt die Markierung überhaupt nur in den seltensten Fällen, da die sichere Erkennung ihrer Oberseite im tordierten Teil schwierig ist, so daß unvermeidlich der markierende Pinsel mit der haptotropisch empfindlichen Flanke, wenn nicht gar mit der Unterseite in Berührung kommt. Eine gereizte Ranke eignet sich aber kaum mehr für unsere Zwecke. Besser ist es, eine junge, sich eben erst streckende Ranke, ehe sie noch eine Torsion aufweist, in der Weise zu markieren, daß man die ganze Oberseite mit dem Tuschpinsel überfährt. Die Farbe haftet im allgemeinen gut, nur die Spitze der Ranke stößt meistens die Farbe ab. Am folgenden Tage ist eine so vorbereitete Ranke für den Versuch geeignet. Der ursprüngliche Tuschstrich ist infolge des inzwischen eingetretenen Wachstums in eine Reihe von Punkten aufgelöst. Aus dem Verlauf der Punktreihe läßt sich nun wohl die jeweilige Lage der Oberseite trotz der Torsion verfolgen. Aber auch dieses Verfahren ist unbefriedigend. Oft sind die Marken gerade an der entscheidenden Stelle undeutlich oder es schimmern die Marken von der Gegenseite durch und geben Anlaß zur Täuschung. Aber selbst bei den derben Ranken kräftiger Kürbispflanzen, an denen die Oberseite leicht zu erkennen und zu markieren ist, genügt dieses Verfahren nicht, um den Grad der Torsion mit einiger Sicherheit abzuschätzen.

Nach verschiedenen Versuchen gelangte ich auf folgendem Wege zum Ziele. Aus einer Holundermarkstange wurde mit dem Rasiermesser ein dünnes Plättchen herausgeschnitten und dieses in feine Streifchen von etwa 7—8 mm Länge und 0,5 mm Breite zerschnitten. Diese wurden mit der Pinzette gefaßt, in ihrer Mitte mit einem Tuschtröpfchen versehen und auf die Rankenoberseite senkrecht zu deren Längsrichtung in entsprechenden Abständen aufgelegt. Durch die rasch eintrocknende Tusche klebten die als Marken dienenden Holundermarkstreifchen hinreichend fest und wurden auch durch das Wachstum der Ranken nicht abgeworfen. Sollte eine Marke abspringen, so läßt sich ein Ersatz unschwer am gleichen Platze nachträglich wieder einschalten. Die Belastung durch die Holundermarkstreifchen macht sich bei derberen Ranken überhaupt nicht fühlbar, an zarteren wird man eine möglichst geringe Zahl von Marken anbringen; die Rotation geht dann ungestört weiter. Am ehesten befürchtete ich eine schädigende Wirkung durch die Tusche selbst. Erfreulicherweise erwiesen sich jedoch die Ranken in dieser Hinsicht wenig empfindlich; die Rotationsbewegungen wurden tagelang fortgesetzt, ohne in anderer Weise als durch Verkleinerung der Bewegungsamplitude verändert zu sein. Übrigens wurde keine Ranke länger als höchstens zwei Tage zu Versuchen verwendet. Wie sich herausstellte, kann auch Gummi arabicum unbedenklich als Klebstoff verwendet werden.

Die gegenseitige Lageveränderung der Marken infolge eintretender Torsionen war so auf den ersten Blick zu erkennen, es war aber auch möglich — wenigstens annähernd — die Torsionswinkel abzuschätzen. Bei der praktischen Ermittlung der Torsionswinkel an den Stellen der Marken wurde zunächst die Lage der basalen Marke festgelegt und — der Reihe nach fortschreitend — durch Anvisieren die Winkellage der übrigen Marken ermittelt. Ich bediente mich dabei verschiedener Hilfsmittel einfacher Art, die ich kaum näher zu erläutern brauche. Besonders vorteilhaft erwies es sich, die jeweilige Lage und Torsion der Ranken in Modellen darzustellen. Zu diesem Behufe wurden stärkere Drähte zurechtgebogen und die Marken durch senkrecht abstehende Kartonblättchen wiedergegeben, die an drehbar angebrachten und längs der Drähte verschiebbaren Holzklötzchen befestigt waren. Natürlich ist unser Verfahren von einer exakten Messung der Torsion weit entfernt und mit manchen Fehlern behaftet; die Holundermarkstreifchen haften nicht immer genau senkrecht zur Medianebene der Ranke, sie können selbst gelegentlich um einige Grade verbogen sein, vor allem ist es aber nicht leicht, die gegenseitige Lage der Marken, also den relativen Torsionswinkel, nach dem Augenmaße abzuschätzen, was namentlich bei stark gekrümmten Ranken Schwierigkeiten verursacht. In solchen Fällen ist aber auch mit einem Winkelmesser nicht viel geholfen. Dadurch, daß man aber kontinuierlich beobachtet, die Lage der Marken zum Fixpunkt und untereinander immer wieder kontrolliert, gelangt man bei einiger Übung doch zu einer gewissen Sicherheit in der Abschätzung. Wir haben in unseren Aufzeichnungen, um nicht eine Genauigkeit vorzutäuschen, die doch nicht zu erzielen war, die Winkelgrößen immer auf Zehner abgerundet; der gelegentlich angegebene Wert 5 bedeutet nichts anderes als daß eine ganz schwache aber sicher erkennbare Torsion zu verzeichnen war. Es braucht kaum erwähnt zu werden, daß der Grad der Sicherheit der Ablesung mit der Größe des Torsionswinkels und mit der Abflachung des Krümmungsbogens der Ranke zunimmt.

Im nachfolgenden wird die Medianebene der Ranke als Beziehungsebene betrachtet werden. Im nicht tordiertem Zustande steht somit die Ebene der morphologischen Oberseite der Ranke zu ihr normal. Die Neigung eines derartig orientierten Rankenelementes wird mit 0 bezeichnet ohne Rücksicht auf seine Lage im Raume, die je nach der Biegung der Ranke natürlich eine verschiedene sein kann. Denkt man sich die Ranke völlig ausgestreckt und senkrecht von der Stammachse abstehend, so würden die einzelnen Marken tatsächlich horizontal zu liegen kommen. Jede Abweichung von dieser Lage somit auch jede Drehung, die bei einer gegen die Basis gerichteten Blickrichtung im Sinne des Uhrzeigers erfolgt, wird als „positiv“, die entgegengesetzte als „negativ“ bezeichnet. Die Torsionswinkel erfahren nun während der Rotation in aufeinanderfolgenden Zeiten eine Änderung, die zur Verstärkung oder zur Auflösung der Torsion führen kann. Diese „Torsionsänderung“ kann somit auch im positiven oder negativem Sinne vor sich gehen. Es kann somit z. B. eine negative tordierte Ranke eine positive Torsionsänderung, d. i. in diesem Falle eine Abnahme des Torsionsgrades, zeigen, dabei aber doch negativ tordiert bleiben.

Ich will, um Raum zu sparen, auf eine Wiedergabe der Versuchsprotokolle in extenso verzichten und beschränke mich darauf, nur eine Anzahl von Versuchen herauszugreifen, um eine Vorstellung von der Größenordnung der auftretenden Torsionen zu geben und um einige gemeinsame Züge im Verhalten der Ranken hervortreten zu lassen.

Versuch 23A. — 26. VII. 1923. — *Cucurbita.* — Rankenlänge 129 mm. — Temperatur mittags 26°, nachm. 23° C.

Ranke von der Basis gegen die Spitze fortlaufend mit acht Marken versehen, die mit römischen Ziffern bezeichnet sind. Gleichzeitig mit der schätzungsweisen Aufzeichnung der Torsionswinkel wurde von einem zweiten Beobachter Grund- und Seitenriß in der Schattenprojektion aufgezeichnet. — Die Ranke wurde nach entsprechender Fixierung des Sprosses derart in Flankenstellung orientiert, daß ihre morphologische Unterseite vom Beschauer aus nach links gerichtet war. Blickrichtung von der Spitze gegen die Basis.

Versuch Nr. 23A.

Nummer der Zone	Zonenlänge in mm	Entfernung d. d. Marken v. d. Rankenbasis in mm	Nummer: 1 Stunde: 10^{5}	2 10^{45}	3 10^{55}	4 11^{05}
I	10	10	0			0
II	12	22	— 20			— 20
III	13	35	— 30	Beginn einer pos. Torsion	Fortschreiten der pos. Torsion	— 50
IV	14	49	— 70			— 90
V	20	69	— 100			— 90
VI	18	87	— 100			— 50
VII	19	106	— 60			— 60
VIII	18	124	— 70			—
Spitze	5	129	—			—

Nummer der Zone	Nummer: 8 Stunde: 11^{45}	11 12^{15}	12 12^{15}	16[1]) 1^{05}	17 3^{05}	18 4^{00}	19 4^{10}
I	0	—	0	0	— 10		— 10
II	+ 5	—	0	— 5	— 50		— 15
III	— 5	—	— 25	— 50	— 80	Entschiedene pos. Torsion	— 50
IV	— 30	—	— 50	— 70	— 90		— 60
V	— 50	—	— 60	— 90	— 90		— 60
VI	— 55	—	— 70	— 90	— 90		— 40
VII	— 20	—	— 25	— 60	— 50		+ 20
VIII	— 20	—	— 30	— 70	— 50		+ 10
Spitze	—	—	—	—	—		—

[1]) Zwischen 16 und 17 Beobachtungspause.

Nummer der Zone	Nummer: Stunde:	20 4^{20}	21 4^{30}	24 5^{00}	25 5^{10}	27 5^{30}	30 6^{55}	31 7^{05}
I		0		— 5		0	0	
II		— 5		— 5		0	— 10	
III		— 20	Negative Torsion in allen Zonen	— 50	Beginn der pos. Torsion	— 10	— 50	Beginn der negativen Torsion
IV		— 35		— 100		— 30	— 80	
V		— 40		— 120		— 30	— 150	
VI		— 20		— 120		— 25	— 150	
VII		+ 30		— 80		+ 30	— 70	
VIII		+ 20		— 80		+ 20	— 80	
Spitze		—		—		—	—	

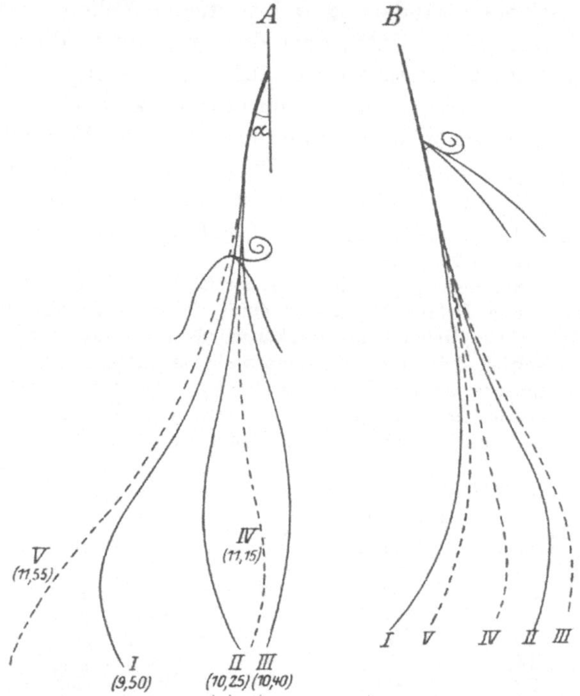

Abb. 13. Bewegung einer vertikal invers fixierten Ranke: *A* von vorne, *B* von der Seite. (Vers. 54 *A*.)

Versuch 54A. — 22. VIII. 1924. — *Cucurbita.* — Rankenstellung annähernd invers. — Rankenlänge etwa 152 mm. — Rotation negativ von geringem Ausmaße. (Die Beobachtung umfaßt keinen vollen Umlauf.) — Vgl. Abb. 13.

Nummer der Zone	Zonenlänge in mm	Nummer: Stunde:	1 9^{58}	2 10^{25}	3 10^{40}	4 10^{45}	5 10^{55}
I	20		0	0	0	0	0
II	25		0	0	0	0	0
III	15		+ 10	+ 35	+ 75	+ 25	+ 30
IV	15		+ 45	+ 100	+ 120	+ 90	+ 80
V	20		+ 90	+ 100	+ 150	+ 120	+ 100
VI	20		+ 160	+ 150	+ 180	+ 180	+ 110
VII	15		+ 180	+ 160 (?)	+ 180	+ 180	+ 110
VIII	20		+ 180	+ 160 (?)	—	+ 180	+ 110
Spitze	12		—	—	—	—	—

Versuch 54B. — 22. VIII. 1924. — *Cucurbita.* — Ausgangsstellung: Unterseite nach oben; Medianebene unter 20° gegen Vertikale gedreht; Ranke fast gerade; etwa 20° über die Horizontale erhoben. — Rankenlänge etwa 15 cm. — Rotationsrichtung negativ. Amplitude in Horizontalprojektion beträchtlich, in Vertikalprojektion gering. (Die Beobachtung umfaßt keinen vollen Umlauf.) — Vgl. Abb. 14.

Nummer der Zone	Nummer: Stunde:	1 10^{35}	2 10^{45}	3 10^{55}	4 11^{05}	5 11^{20}	6 11^{30}	7 11^{32}	8 11^{35}
I		0	0	0	0	0	0	0	0
II		0	+ 45	+ 90	+ 90	+ 90	+ 90	+ 65	+ 40
III		0	+ 80	+ 90	+ 90	+ 90	+ 90	+ 65	+ 50
IV		0	+ 90	+ 90	+ 90	+ 90	+ 90	+ 80	+ 50
V		0	+ 125	+ 105	+ 115	+ 90	+ 90	+ 80	+ 80
VI		0	+ 125	+ 125	+ 130	+ 100	+ 90	+ 80	+ 80
VII		− 15	+ 125	+ 125	+ 130	+ 115	+ 90	+ 80	+ 80

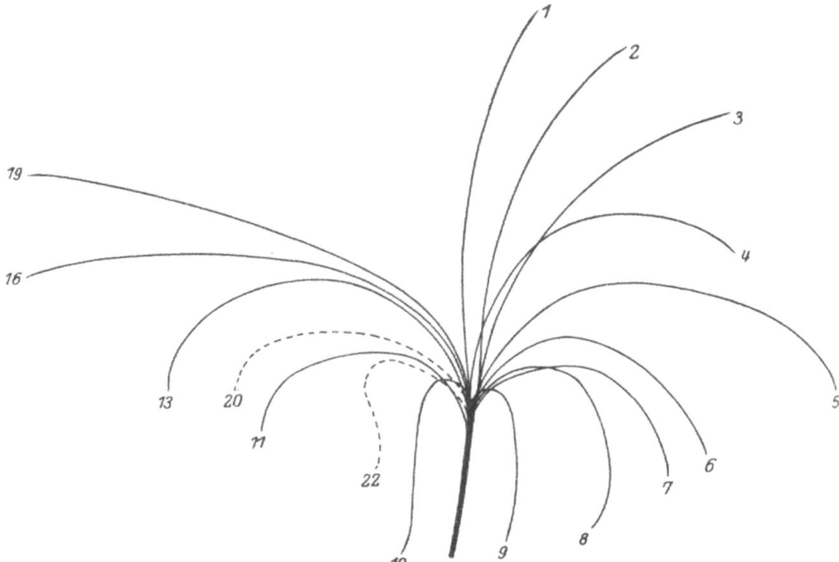

Abb. 14. Verlauf der Rotation einer vertikal aufrecht gestellten Ranke von *Cucurbita* (Vers. 55). Zwischen 9 und 10 erfolgt der Umschlag in der Torsionsrichtung. (Nach einer Freihandskizze.)

Nummer der Zone	Nummer: Stunde:	9 11^{38}	10 11^{40}	11 12^{00}
I		0	0	0
II		+ 25	− 20	0
III		+ 25	− 30	− 20
IV		+ 30	− 30	− 25
V		+ 30	− 30	− 25
VI		+ 40	0	− 25
VII		+ 40	0	− 25

Versuch 54 C. — Dieselbe Ranke wie in 54 B. — Rotation negativ, ziemlich regelmäßig.

Nummer der Zone	Nummer: Stunde:	1 4³⁰	2 4⁴⁰	3 4⁵⁰	4 5⁰⁰	5 5¹⁵	6 5³⁵	7 5⁴⁰	8 5⁵²
I		0	0	0	0	0	0	0	0
II		+ 20	+ 45	+ 80	+ 90	+110	+120	+110	+ 60
III		+ 55	+ 75	+130	+130	+150	+160	+140	+ 60
IV		+ 80	+ 90	+150	+160	+160	+190	+150	+ 70
V		+ 90	+145	+180	+190	+170	+210	+170	+100
VI		+100	+155	+190	+190	+200	+220	+180	+110
VII		+100	+170	+190	+190	+200	+220	+180	+110

Nummer der Zone	Nummer: Stunde:	9 6⁰²	11 6³⁵	12 6⁴⁰	15 6⁵⁰
I		0	0	0	0
II		+ 40	+30	+ 90	+100
III		+ 60	+40	+110	+130
IV		+ 70	+40	+120	+150
V		+100	+75	+120	+210
VI		+100	+75	+130	+220
VII		+100	+75	+130	+220

Versuch 55. — 23. VIII. 1924. — *Cucurbita*. — Ranke aufrecht.

Nummer der Zone	Nummer: Stunde:	1 10⁰⁰	2 10⁰⁵	3 10¹⁰	4 10¹⁵	5 10²⁰	8 10⁴⁰	9 10⁵⁵	10 11⁰⁰
I		0	0	0	0	0	0	0	0
II		+ 70	+30	+ 40	+ 60	+ 60	+ 70	+ 60	+ 40
III		+ 90	·+50	+ 60	+110	+120	+120	+120	+ 80
IV		+100	+·60	+ 70	+110	+150	+140	+140	+100
V		+100	+90	+100	+130	+180	+190	+150	+120
VI		+110	+90	+100	+150	+180	+200	+160	+120
VII		+120	+90	+100	+150	+180	+200	+160	+120

Nummer der Zone:	Nummer: Stunde:	12 11¹⁰	14 11²⁰	16 11³⁵	18 11⁵⁵	19 12⁰⁵	20 12¹⁰	21 12¹⁵	22 12²⁰
I		0	0	0	0	0	0	0	0
II		+ 30	+30	+ 30	+ 30	+ 30	+ 40	+ 40	+ 60
III		+ 50	+40	+ 30	+ 30	+ 35	+ 70	+ 80	+ 90
IV		+ 70	+50	+ 30	+ 30	+ 70	+100	+100	+120
V		+ 90	+80	+ 60	+ 50	+ 80	+110	+180	+190
VI		+100	+90	+ 70	+ 50	+ 80	+110	+180	+200
VII		+100	+90	+ 70	+ 60	+ 90	+110	+190	+200

Versuch 61. — 30. VIII. 1924. — *Cucurbita*. — Ranke annähernd aufrecht.

Nummer der Zone:	Nummer: Stunde:	1 9⁴⁵	2 10⁰⁷	3 10¹⁵	4 10²⁵	5 10⁵⁵	6 11⁰⁵	7 11¹⁵
I		0	0	0	0	0	0	0
II		+ 70	+ 60	+ 70	+ 60	+ 60	+ 70	+ 80
III		+110	+ 80	+ 90	+ 75	+ 80	+ 90	+120
IV		+130	+ 95	+120	+100	+110	+120	+150
V		+150	+110	+140	+110	+130	+130	+180
VI		+150	+125	+140	+120	+130	+130	+180
VII		+150	+125	+140	+120	+130	+140	+180
VIII		+150	+125	+140	+120	—	+140	+180
Spitze								

Überblickt man diese Beobachtungen, so ergeben sich unmittelbar einige wichtige Folgerungen:

1. *Die Ranken sind stets*, gleichgültig ob sie aufrecht, invers oder horizontal mit ihrer morphologischen Oberseite nach oben oder nach unten gerichtet sind, mehr oder weniger stark *tordiert*. Die Torsion kann zwar nahezu ganz ausgeglichen werden, wie in den Versuchen 54 B Nr. 1 und Nr. 6, doch treten solche Stadien immer nur verübergehend auf.

2. *Die Torsionen können links oder rechts gerichtet sein* und Werte von 200° und darüber erreichen (54 C Nr. 6 und 15; 55 Nr. 8 und 22).

3. Während eines Rotationsumlaufes ist ein *regelmäßiger Wechsel in der Torsionsrichtung* zu beobachten; die Torsion verläuft somit in einer gewissen Bewegungsphase homodrom und schlägt dann in eine antidrome um.

4. Der Zeitpunkt des Umschlages der Torsionsrichtung ist ziemlich scharf markiert; er vollzieht sich in wenigen Minuten und die Torsion im entgegengesetztem Sinne setzt sofort mit verhältnismäßig hohen Winkelwerten ein.

5. Die Rankenbasis nimmt in der Regel an den Torsionen nicht teil, doch tritt fast ausnahmslos schon im Bereiche der Zone II eine Torsion auf, auch dann, wenn dieser Teil noch dem Rankenfuß angehört. Die größten Torsionswinkel sind stets am Spitzenende der Ranke zu beobachten.

Über die tatsächliche Verteilung der Torsion längs der Ranke geben die mitgeteilten Versuche keine hinreichende Auskunft. Um ihren Verlauf anschaulich zu machen, wollen wir die Zunahme des Torsionswinkels in den aufeinander folgenden Zonen zum Zeitpunkt der jeweiligen Ablesungen ermitteln.

Versuch 54 A.

Nummer:	1	2	3	4	5
Zone I	0	0	0	0	0
„ II	0	0	0	0	0
„ III	10	35	75	25	30
„ IV	35	65	45	65	50
„ V	45	0	30	30	20
„ VI	70	50	30	60	10
„ VII	20	10	0	0	0
„ VIII	0	0	0	0	0

Versuch 54 B.

Nummer:	1	2	3	4	5	6	7	8	9	10	11
Zone I	0	0	0	0	0	0	0	0	0	0	0
„ II	0	45	90	90	90	90	65	40	65	− 20	0
„ III	0	25	0	0	0	0	0	10	0	− 10	− 20
„ IV	0	10	0	0	0	0	15	0	5	0	− 5
„ V	0	35	15	25	0	0	0	30	0	0	0
„ VI	0	0	20	15	10	0	0	0	10	30	0
„ VII	15	0	0	0	15	0	0	0	0	0	0

Versuch 54 C.

Nummer:	1	2	3	4	5	6	7	8	9	11	12	15
Zone I	0	0	0	0	0	0	0	0	0	0	0	0
„ II	20	*45*	*80*	*90*	*110*	*120*	*110*	60	40	30	90	*100*
„ III	*35*	30	50	40	40	40	30	0	20	10	20	30
„ IV	25	15	20	30	10	30	10	10	10	0	10	20
„ V	10	*55*	*30*	*30*	10	20	*20*	30	30	35	0	60
„ VI	*10*	10	10	0	*30*	10	10	10	0	0	*10*	10
„ VII	0	15	0	0	0	0	0	0	0	0	0	0

Versuch 55.

Nummer:	1	2	3	4	5	6	9	10	12	14	16	18	19	20	21	22
Zone II	0	0	0	0	0	0	0	0	0	0	0	0	0	0	0	0
„ II	*70*	*30*	*40*	*60*	*60*	*70*	*60*	*40*	*30*	*30*	*30*	*30*	*30*	*40*	*40*	*60*
„ III	20	20	20	50	60	50	60	40	20	10	0	0	5	30	40	30
„ IV	10	10	10	0	30	20	20	20	20	10	0	0	*35*	30	20	30
„ V	0	*30*	*30*	*20*	30	*50*	10	20	20	*30*	*30*	*20*	10	10	*80*	*70*
„ VI	*10*	0	0	20	0	10	0	0	10	10	10	0	0	0	0	10
„ VII	10	0	0	0	0	0	0	0	0	0	0	10	10	0	10	0

Versuch 61.

Nummer:	1	2	3	4	5	6	7
Zone I	0	0	0	0	0	0	0
„ II	*70*	*60*	*70*	*60*	*60*	*70*	*80*
„ III	40	20	20	15	20	20	40
„ IV	20	15	*30*	25	*30*	*30*	30
„ V	20	15	20	10	20	10	30
„ VI	.0	15	0	10	0	0	0
„ VII	0	0	0	0	0	10	0
„ VIII	0	0	0	0	0	0	0

Obgleich, wie bereits betont wurde, die Messungen der Torsionswinkel keinen Anspruch auf Genauigkeit machen können, treten doch in den mitgeteilten Zahlenwerten unzweifelhafte Gesetzmäßigkeiten zutage, die wir in folgender Weise formulieren können:

1. Die Torsion ist nicht gleichmäßig über die ganze Ranke verteilt, es treten vielmehr ein oder zwei *Torsionsmaxima* hervor, die in den obigen Tabellen durch Kursivdruck hervorgehoben wurden.

2. Sehen wir zunächst von Vers. 54 A ab, so lassen sich in dieser Hinsicht deutlich zwei Fälle unterscheiden:

a) Es treten i. a. zwei Torsionsmaxima auf, von denen das eine im ersten (basalen), das zweite im dritten Viertel der Ranke liegt. Im einzelnen ergibt sich:

	I. Max.	II. Max.
Vers. 54 B in Zone II		in Zone VI (VII in Nr. 5)
„ 54 C „ „ II (ausnahmsweise III)		„ „ V oder VI
„ 55 „ „ II		„ „ V (VI in 1, IV in 19)
„ 61 „ „ II		„ „ IV

b) Es tritt nur ein Torsionsmaxima auf, und zwar im basalen Viertel der Ranke; ein Fall der jedenfalls bedeutend seltener realisiert ist:

Vers. 54 B in Zone II Nr. 6, 7, einmal in Zone III Nr. 11
„ 54 C „ „ II „ 6
„ 55 „ „ II „ 5, 9, 10, 12, 20
„ 61 „ „ II „ 1, 2, 7

Damit sind aber jedenfalls nicht alle Möglichkeiten erschöpft. Vers. 54 A stellt schon insofern einen anderen Fall dar, als in allen Lagen ein mehr oder weniger deutliches Maximum in einer der mittleren Zonen (III—VI) auftritt. Möglicherweise ist dieses Verhalten durch die vertikale Inverslage der Ranke bedingt, doch fehlt es an entscheidenden Versuchen. In ähnlicher Weise beobachtet man häufig, daß lange Ranken bis in eine mittlere Zone eine zunehmende Torsion in einer Richtung aufweisen, die aber von da ab wieder zurückbleibt, ja sogar den entgegengesetzten Sinn annehmen kann. Eine solche Ranke erscheint dann ein oder sogar mehreremale hin- und zurückgedreht. Als Beispiel führe ich eine Ranke an, die in einem Versuche vom 31. VIII. 1923 Verwendung fand.

Nr. der Zone:	I	II	III	IV	V	VI	VII	VIII
Torsionswinkel:	0	0	+20	+60	+90	+80	+70	+55[1]
Zonenlänge in mm:	18	33	33	36	35	36	32	33 28

Verfolgen wir nun den Gang der Torsion in jeder Zone, indem wir die Zu- und Abnahme des Torsionswinkels in den aufeinanderfolgenden Beobachtungszeiten ermitteln[1]), so ergeben sich folgende Werte:

Versuch 54 B.

Nummer:	2	3	4	5	6	7	8	9	10	11
Zone I	0	0	0	0	0	0	0	0	0	0
„ II	+ 45	+ 45	0	0	0	− 25	− 25	− 5	− 45	+ 20
„ III	+ 80	+ 10	0	0	0	− 25	− 15	− 25	− 55	+ 10
„ IV	+ 90	0	0	0	0	− 10	− 30	− 20	− 60	+ 5
„ V	+ 125	− 20	+ 10	− 25	0	− 10	0	− 50	− 60	+ 5
„ VI	+ 125	0	+ 5	− 30	− 10	− 10	0	− 40	− 40	− 25
„ VII	+ 140	0	+ 5	− 15	− 25	− 10	0	− 40	− 40	− 25

Versuch 54 C.

Nummer:	2	3	4	5	6	7	8	9	11	12	15
Zone I	0	0	0	0	0	0	0	0	0	0	0
„ II	+ 25	+ 35	+ 10	+ 20	+ 10	− 10	− 50	− 20	− 10	+ 60	+ 10
„ III	+ 20	+ 55	0	+ 20	+ 10	− 20	− 80	0	− 20	+ 70	+ 20
„ IV	+ 10	+ 60	+ 10	0	+ 30	− 40	− 80	0	− 30	+ 80	+ 30
„ V	+ 55	+ 35	+ 10	− 20	+ 40	− 40	− 70	0	− 25	+ 45	+ 90
„ VI	+ 55	+ 35	0	+ 10	+ 20	− 40	− 70	− 10	− 25	+ 55	+ 90
„ VII	+ 70	+ 20	0	+ 10	+ 20	− 40	− 70	− 10	− 25	+ 55	+ 90

---

1) Versuch 54A ist auch hier auszuschalten, da er nur fünf Messungen umfaßt und die Torsionen während der Beobachtungszeit nach keiner Richtung hin zum Abschluß gekommen waren.

Versuch 55.

Nummer:	2	3	4	5	8	9	10	12	14	16
Zone I	0	0	0	0	0	0	0	0	0	0
„ II	−40	+10	+20	0	+10	−10	−20	−10	0	0
„ III	−40	+10	+50	+10	0	0	−40	−30	−10	−10
„ IV	−40	+10	+40	+40	−10	0	−40	−30	−20	−20
„ V	−10	+10	+30	+50	+10	−40	−30	−30	−10	−20
„ VI	−20	+10	+50	+30	+20	−40	−40	−20	−10	−20
„ VII	−30	+10	+50	+30	+20	−40	−40	−20	−10	−20

Nummer:	18	19	20	21	22
Zone I	0	0	0	0	0
„ II	0	0	+10	0	+20
„ III	0	+5	+35	0	+20
„ IV	0	+40	+30	0	+20
„ V	−10	+30	+30	+70	+10
„ VI	−20	+30	+30	+70	+20
„ VII	−10	+30	+20	+80	+10

Versuch 61.

Nummer:	2	3	4	5	6	7
Zone I	0	0	0	0	0	0
„ II	−10	+10	−10	0	+10	+10
„ III	−30	+10	−15	+5	+10	+30
„ IV	−35	+25	−20	+10	+10	+30
„ V	−40	+30	−30	+20	0	+50
„ VI	−25	+15	−20	+10	0	+50
„ VII	−25	+15	−20	+10	+10	+40
„ VIII	−25	+15	−20	?	?	+40

Die erhaltenen Werte lassen wenig Regelmäßigkeit erkennen, doch sieht man wenigstens das eine deutlich, daß die Torsionen nicht in allen Zonen der Ranken gleichmäßig einsetzen und verlaufen. In einigen Fällen tritt aber doch eine gewisse Gesetzmäßigkeit hervor. Es sei zunächst auf Vers. 54 C verwiesen. Kurz nach Versuchsbeginn setzt die Torsion in den spitzenwärts gelegenen Zonen V—VII mit maximaler Intensität ein, worauf die stärkste Torsion auf die basale Hälfte der Ranke (Zone III und IV) übergeht. Derselbe Vorgang wiederholt sich ein zweites Mal, indem ein neuerlicher Torsionsimpuls an der Spitze einsetzt (Nr. 7) und in der Folge (Nr. 8) im basalen Teile der Ranke wirksam wird. Die gleiche Erscheinung konnte ich bei kontinuierlicher Beobachtung wiederholt beobachten, doch kann ich sie nicht mit Zahlen belegen, da das Einsetzen der Torsion und ihr Weiterschreiten sich oft in so kurzer Zeit vollzieht, daß die Messung der Torsionswinkel nicht hinreichend schnell durchgeführt werden kann. Beim Umschlagen der Torsionsrichtung (in Nr. 12) sehen wir aber gerade umgekehrt, daß die Torsionsbewegung im basalen Teile der Ranke ihren Anfang nimmt und gegen die Spitze zu fortschreitet (vgl. Nr. 15).

Ein gleiches Verhalten läßt sich, wenn auch weniger klar, in anderen der mitgeteilten Versuche erkennen (54 B, 55), In anderen Fällen dagegen — man vergleiche insbesondere das Verhalten der Ranke im Vers. 61 — benehmen sich die Ranken so wesentlich anders, daß man das abweichende Ergebnis nicht lediglich auf mangelhafte Messungen der Torsionswinkel zurückführen kann.

Worauf das verschiedene Verhalten beruht, vermag ich nicht anzugeben; es scheint mir dafür außer der Lage auch die Länge der Ranke von maßgebender Bedeutung zu sein. Jedenfalls darf aber der negative Befund als gesichert gelten, *daß die Torsion sich nicht in allen Rankenteilen gleichmäßig äußert*, ein Punkt, auf den in der Folge noch zurückzukommen sein wird.

Stellen wir, wie es in der nächstfolgenden Tabelle geschehen ist, die Maximalwerte der jeweils während des Umlaufes erzielten positiven und negativen Torsionen zusammen, so ergibt sich, daß die auftretende Differenz immer derart beschaffen ist, daß der ursprüngliche Sinn der Rankentorsion auch nach der gegenläufigen Drehung erhalten geblieben ist. Eine positiv tordierte Ranke bleibt also auch i. a. nach dem Umschlagen der Drehungsrichtung positiv tordiert, nur hat ihr Drehungswinkel eine Verkleinerung erfahren.

Vergleichen wir schließlich die in aufeinander folgenden Torsionsphasen erzielten Torsionswinkel untereinander. Wir müssen uns dabei auf die wenigen Fälle beschränken, in denen mehrere vollständige Umläufe verfolgt wurden. Zu diesem Behufe ermitteln wir einfach die Differenz der Torsionswinkel, die am Ende einer Torsionsphase erzielt wurden mit dem jeweiligen Torsionswinkel am Ende der vorausgehenden Phase, in der die Drehung im entgegengesetztem Sinne verlief.

Wir erhalten für Vers. 23 A folgende Werte:

Erreichte Torsionswinkel bei positiver (Rechts-) Bewegung.

Nummer:	8 geg. 1	20 geg. 17	27 geg. 24
Zone I	0	10	5
„ II	15	45	5
„ III	25	60	40
„ IV	40	55	70
„ V	50	50	90
„ VI	45	70	95
„ VII	40	80	110
„ VIII	50	70	100

Erreichte Torsionswinkel bei negativer (Links-) Bewegung.

Nummer:	16 geg. 8	24 geg. 20
Zone I	0	5
„ II	10	0
„ III	45	30
„ IV	40	65
„ V	40	80
„ VI	35	100
„ VII	40	110
„ VIII	50	100

Es ergibt sich somit:

1. Das Ausmaß der Torsion nimmt in den aufeinander folgenden Umläufen an Größe zu. Hand in Hand damit geht eine Zunahme des Durchmessers des Rotationskegels, wie ein Vergleich der Schattenrisse ergibt (vgl. den analogen Fall in Abb. 10 und 11).

2. Die Spitzenregion unterliegt der stärksten Torsion.

Zum Schlusse haben wir noch die für unser Problem besonders wichtige Frage nach dem Zusammenhang zwischen Rotation und Torsion zu behandeln. Einer präzisen Beantwortung stehen freilich die größten Schwierigkeiten entgegen; die Unregelmäßigkeit der Bewegungsbahn, die Unsicherheit aus den Schattenrissen die Zeitdauer genau zu ermitteln, die zum Durchlaufen charakteristischer Teile der Bahnkurve benötigt wird, die nur approximative Messung der Torsionswinkel u. a. m. Trotzdem lassen die Beobachtungen einen solchen Zusammenhang mit Sicherheit erkennen.

Verfolgt man zunächst das Verhalten einer annähernd horizontal gestellten Ranke, so ergibt sich, daß der Umschlag in der Torsionsrichtung in dem Zeitpunkte auftritt, in dem die Ranke ihren maximalen Ausschlag nach oben oder nach unten hin erreicht hat. Es wird somit die eine Hälfte des Rankenumlaufes unter Zunahme des Torsionswinkels, die andere, und zwar der absteigende Ast, unter Abnahme desselben zurückgelegt. Zur Erläuterung mögen die beiden nebenstehenden Schemata dienen, die nach Vers. 54 C entworfen wurden. Abb. 15 zeigt verschiedene Lagen der Ranke in der Horizontalprojektion, die im Anschluß an die vorliegenden Skizzen, nur etwas schematisiert gezeichnet sind; um die teilweise Deckung von Rankenstücken zu vermeiden, wurden die einzelnen Lagen der Ranke neben statt in teilweiser Deckung gezeichnet. Die jeweilige Torsion ist an der Drehung der Punktreihen zu erkennen, die unter der Annahme eingezeichnet wurden, daß bei untordierter Ranke die Punkte in einer Reihe auf die — objektiv betrachtet — linke Flanke zu liegen kommen. Der Einfachheit halber ist die Torsion auch so dargestellt, als würde sie sich annähernd gleichmäßig über die ganze Ranke erstrecken, während tatsächlich Stellen stärkster Torsion auftreten, wie die mitgeteilen Messungen erkennen lassen. Um das Bild nicht zu verwirren, sind die Torsionen nur in den Lagen eingetragen, welche auf der dem Beschauer zugekehrten Bahnhälfte liegen. Das zweite Schema (Abb. 16) zeigt dasselbe von vorn gesehen, also in der Projektion senkrecht zur Achse des Rotations-

---

[1]) Dasselbe gilt natürlich auch für den Fall, daß an einer sonst positiv tordierten Ranke an seiner Basis negative Torsionswinkel auftreten, wobei gegen die Spitze hin positive Winkel von zunehmender Größe beobachtet werden. Die Ranke ist nichtsdestoweniger im ganzen positiv tordiert.

kegels; Rotations- und Torsionsrichtung sind durch entsprechende Pfeile kenntlich gemacht. Aus beiden Darstellungen ist zu ersehen, wie sich die Ranke aus ihrer tiefsten mit 1 bezeichneten Lage unter Zunahme der Torsion über 3 und 5 nach aufwärts bewegt, bis sie ihre maximale Amplitude nach oben erreicht. Zwischen 6 und 8 erfolgt der Umschlag der Torsionsrichtung, worauf der absteigende Ast der Bewegung be-

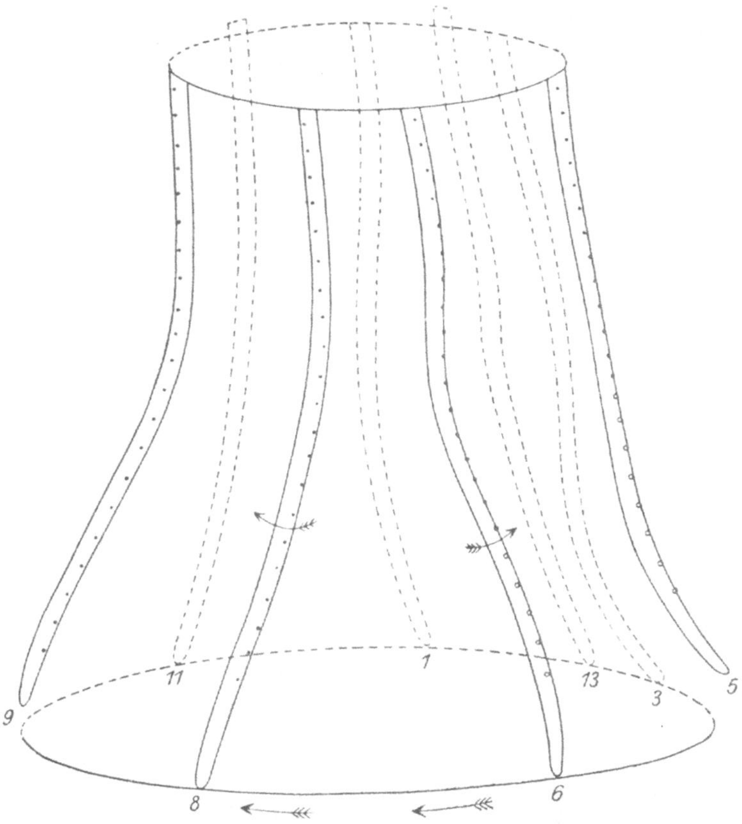

Abb. 15. Schema der Verknüpfung von Rotation und Torsion einer horizontal gestellten Ranke in Horizontalprojektion. Die Ziffern entsprechen einzelnen aufeinanderfolgenden Rankenlagen. Diese sind in der unteren Hälfte des Rotationskegels punktiert, in der oberen ausgezogen dargestellt. Rotations- u. Torsionsrichtung jeweils im Sinne der Pfeile; die Torsion ist zudem aus der Lage der eingezeichneten Punktreihen zu erkennen.

ginnt. An tiefster Stelle, zwischen 11 und 13 erfolgt ein erneutes Umschlagen, wodurch die ursprüngliche Torsionsrichtung annähernd wieder hergestellt wird. Aus dem Schema (Abb. 16) ist auch die Zeitdauer zu ersehen, die zur Zurücklegung der einzelnen Phasen benötigt wird; aus der Schnelligkeit der Abwärtsbewegung ergibt sich unmittelbar die

Beteiligung der Lastwirkung. Analoges gilt auch für vertikal eingestellte Ranken. Der Umschlag in der Torsionsrichtung erfolgt hier, soweit meine Versuche ein Urteil erlauben, beim maximalen Ausschlag nach vorn und hinten.

Wie aus den mitgeteilten Versuchen erhellt, ist *die Torsion der Ranken zweifellos gesetzmäßig mit ihrer Rotation verknüpft.* Es erhebt sich nun die Frage, welcher Art diese Torsionen sind. Sind sie autonom oder stellen sie Geotorsionen dar, wie sie kürzlich RAWITSCHER (1924) unter gewissen Bedingungen an den Sprossen von Windepflanzen beobachtete, oder kommen sie passiv zustande? An eine Autonomie der Torsionen ist wohl von vornherein kaum zu denken. Dagegen spricht schon der regelmäßige Wechsel in der Torsionsrichtung während der kreisenden Bewegung; man wird nicht ohne zureichenden Grund geneigt sein, zur Erklärung dieser Erscheinung einen autonomen Rhythmus anzunehmen, der noch dazu mit der Rotationsbewegung irgendwie

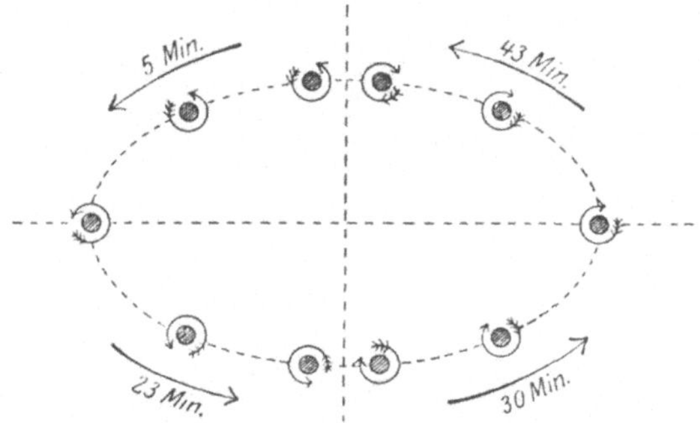

Abb. 16. Schema der Rotation und Torsion in einem Schnitt senkrecht zur Achse des Rotationskegels. Die kleinen Pfeile deuten die Richtung und die ungefähre Größe der Torsion an. Umschlag der Torsionsrichtung beim Durchschreiten der Medianebene.

gekoppelt sein müßte. Eher könnte es sich schon um Geotorsionen handeln. Die Ranken könnten infolge ihrer Rotationsbewegung bei einem Umlaufe abwechselnd in Lagen gebracht werden, die Geotorsionen nach entgegengesetzten Richtungen veranlassen. Indessen kann man sich leicht davon überzeugen, daß die jeweils zu beobachtende Torsionsbewegung oft gerade in entgegengesetztem Sinne verläuft als es bei dem Eingreifen einer Geotorsion zu erwarten wäre. Führt diese dahin, daß ein Organ auf dem kürzesten Wege in die Normallage gebracht wird, so findet man an Ranken häufig gerade umgekehrt eine Zunahme der bereits vorhandenen Torsion. Aber selbst wenn man solche Fälle zur Not doch als Schwerkraftsreaktionen deuten möchte, so spricht schon die Plötzlichkeit, mit der das Umschlagen der Torsionsrichtung vor sich geht, ebenso gegen einen geotropischen Effekt wie der Umstand, daß die Torsionswinkel im Momente des Umschlagens mit hohen Werten einsetzen und späterhin nur allmählich an Größe zunehmen.

Es drängt sich somit der Gedanke auf, daß es sich bei den beobachteten Torsionen einfach um *passive* Torsionen handelt, die im Laufe der Rotationsbewegung infolge ungleicher Lastverteilung in den Ranken zustande kommen; das Torsionsmoment könnte in den verschiedenen Phasen der Rankenrotation eine Drehung nach entgegengesetztem Sinne bewirken. In dieser Hinsicht kann ich mich somit der Ansicht GRADMANNs anschließen, dagegen bin ich nicht der Meinung, daß die Torsionen lediglich eine bedeutungslose Begleiterscheinung der Rotationsbewegung darstellen. Ich kann meine Auffassung vielleicht am kürzesten zum Ausdruck bringen, wenn ich im Anschlusse an die seinerzeit von WIESNER (1902) durchgeführte Unterscheidung der „Lastkrümmungen" von „*passiven*" und „*vitalen*" Lasttorsionen spreche [1]). Die Verwendung dieser Termini ist allerdings etwas mißlich, da sich WIESNERs Auffassung nicht durchsetzen konnte; was er für vitale Lastkrümmungen hielt, hat sich doch als positiver Geotropismus entpuppt. Das beweist jedoch nichts gegen die prinzipielle Möglichkeit einer solchen Unterscheidung und ich meine, daß sie bei den Rankentorsionen am Platze ist. Wenn man einer langen Ranke verschiedenen Lagen erteilt, so kann man nach Belieben den Sinn der Torsion ihres Spitzenteiles ändern; die Spitze verhält sich dabei rein passiv, sie wird von der rotierenden Ranke einfach mitgenommen und ist für die Rotationsbewegung bedeutungslos. Der mittlere und basale Teil der Ranken verhält sich jedoch wesentlich anders. Durch Lageveränderungen kann man an ihm immer nur die Größe des Torsionswinkels innerhalb eines gewissen Ausmaßes verändern, die Torsion aber niemals ganz zum Verschwinden bringen oder gar in ihrem Sinne verkehren; sie bleibt (normalerweise) immer bestehen. Gleiches gilt auch für Lageänderungen bei ungestörtem Umlauf. Aus den wiedergegebenen Beispielen (vgl. S. 231) ist ohne weiteres ersichtlich, daß die Torsionswinkel während der kreisenden Bewegung zu- oder abnehmen, der Sinn der Torsion ist aber nach vollzogenem Umlauf derselbe wie zu Beginn. Die Torsion ist, wie sich daraus ergibt, (zum Teil offenbar durch Wachstum) fixiert. Torsionen, welche über dieses Maß hinausgehen, werden zu Spannungen führen müssen, die, wenn sie eine gewisse Größe erreicht haben, eine autonome Gegenreaktion auslösen werden. Solche gleichfalls durch das

---

[1]) Die „vitale" Lastkrümmung charakterisiert WIESNER dahin, „daß das sich infolge der Last krümmende Organ auf diese Wirkung durch Wachstum reagiert, indem dadurch die Krümmung entweder fixiert oder in eine andere Krümmung übergeführt wird" (a. a. O. S. 799).

Eigengewicht verursachte Torsionen, die aber aktionsfähige Teile der Ranke treffen und daher vitale Reaktionen auslösen, sind es eben, die ich oben als „aktive Lasttorsionen" bezeichnete. Daß es solche Torsionen speziell bei Ranken gibt und geben muß, bedarf eigentlich keines Beweises. Torsionsspannungen bilden lediglich einen Spezialfall der Längsspannungen. Da Ranken jede Art von Spannung autonom auszugleichen streben, wie wir bereits wissen, müssen sie sich Torsionsspannungen gegenüber gleich verhalten.

Unter diesen Umständen wird es verständlich, daß der Gang der Torsionswinkelveränderung in den einzelnen Versuchen nicht übereinstimmt. Die Drehungen sind zum Teil rein passiv, zum Teil das Resultat aktiver Gegenwirkung. Je nach Alter, Länge und Reaktionsfähigkeit wird das Ergebnis ein verschiedenes sein, so daß es schwer fällt, aus den verschiedenen Beobachtungen ein einheitliches Verhalten herauszulesen.

Vergleichen wir die Rankentorsionen mit denen an Schlingsprossen, so ergibt sich auf Grund der vorliegenden Beobachtungen ein fundamentaler Unterschied. Charakteristisch für die Rotationsbewegung der Ranken ist das regelmäßige Auftreten von *echten* Torsionen — bei Schlingsprossen finden sich solche bekanntlich nur unter bestimmten Bedingungen — sowie das Umschlagen der Torsionsrichtung während eines Rotationsumlaufes. Trotz aller äußerer Ähnlichkeit erscheint uns somit die Mechanik beider Bewegungen eine verschiedene zu sein, wie es auch bereits WORTMANN angenommen hat.

5. *Die Autotropismushypothese.*

Die bisherige Darstellung war der Untersuchung zweier Erscheinungen gewidmet, die mit den Rankenbewegungen innig verknüpft sind, der Aufrichtung geneigter Ranken und der Rankentorsion. Es soll nunmehr der Versuch gemacht werden, beide Erscheinungen auf ein gemeinsames Prinzip zurückzuführen, aus dem sich eine einfache Erklärung der Rankenbewegungen, insbesondere ihrer kreisenden Nutation ergibt.

Es ist bekannt, daß sich die kreisende Nutation erst in einem gewissen Entwicklungszustand der Ranken einstellt, dann nämlich, wenn sie sich aus ihrer hyponastischen Anfangslage gerade gestreckt haben und in leichtem Bogen nach unten gekrümmt sind. Diese Krümmung, die sich erst bei einer gewissen Rankenlänge einstellt und als Lastkrümmung aufzufassen ist, bildet die Voraussetzung für den Eintritt der kreisenden Nutation. Wie im experimentellen Teil gezeigt wurde, kommt den Ranken allgemein die Fähigkeit und das Bestreben zu, Längsspannungen auszugleichen. Der autotrope Krümmungsausgleich müßte nun lediglich zu einer Geradestreckung und zu einer Hebung der Ranke führen, wenn nicht gleichzeitig auch ein Bewegungsimpuls in einer anderen Ebene auftreten würde.

Eine leichte Neigung der Medianebene einer dorsiventralen Ranke zur Vertikalen, die, sofern sie nicht schon durch die Insertion selbst bedingt ist, jedenfalls durch die nutierenden Bewegungen des Sprosses veranlaßt wird, muß dahin führen, daß die Senkung der Ranke durch ihr Eigengewicht mit einer wenn auch zunächst nur geringen Torsion verknüpft ist. Damit ist auch das Auftreten einer Torsionsspannung gegeben, doch ist es fraglich, ob sie an sich schon hinreichend groß ist, um eine Gegenwirkung im Sinne einer Entspannung auszulösen und ob sie sich in einer Region einstellt, die überhaupt reaktionsbefähigt ist. Meine Versuche der Ranke an verschiedenen Stellen eine Torsion verschiedener Stärke aufzuzwingen, schlugen bisher fehl, so daß sich eine sichere Entscheidung der Frage nicht erzielen ließ. Die unmittelbare Beobachtung spricht aber dafür, daß die „primäre" Torsion nicht sofort wieder aufgelöst wird, daß sie vielmehr zunächst noch eine bedeutende Zunahme erfährt. Diese Erscheinung ist unschwer zu verstehen. Man denke sich, um an einen einfachen Fall anzuknüpfen, eine etwa horizontal gestellte, im flachen Bogen nach unten gerichtete Ranke, die an ihrem Ende schwach, etwa im Sinne des Zeigers tordiert ist. Ist ihre morphologische Unterseite im ganzen nach oben gekehrt, so wird sie somit im tordierten Teile etwas gegen rechts gedreht sein. Setzt nun der autotrope Ausgleich der Krümmung — nehmen wir der Einfachheit halber an — in allen Rankenteilen gleichzeitig ein, so resultiert im basalen und mittleren Teile eine Hebung, im tordierten Endteile dagegen eine Verschiebung gegen rechts hin. Während die Ranke sich somit im Kegelmantel nach rechts und oben bewegt, muß ihre Torsion zunehmen, wie man es sich an einem flachen Bleistab als Modell vergegenwärtigen kann. Die Torsion schreitet nun gegen die Basis zu weiter. Inzwischen kann aber im Endteil der Ranke bereits der Krümmungsausgleich zur Überkompensation der ursprünglichen Spannungsdifferenz geführt haben und bereits wieder der gegensinnigen Bewegung Platz machen, während der basale Teil noch in weiterer Hebung begriffen ist[1]). Endlich haben die Spannungen auch in diesem Teile eine solche Höhe erreicht, daß eine neuerliche Gegenreaktion ausgelöst wird. Damit hat aber die Ranke ihren Kulminationspunkt überschritten; die Rankenbewegung schlägt jetzt nach der Gegenseite um und durchsinkt die beiden linken Quadranten ihrer Bahn mit großer Geschwindigkeit, da eine Flanke nach oben zu liegen kommt, die während der Auf-

---

[1]) Damit steht es in gutem Einklang, daß nach Fitting (I, 587) der Krümmungsausgleich in der unteren Hälfte des Rankenkörpers eine viel längere Zeit beansprucht als in der oberen.

wärtsbewegung keine Zunahme ihrer Biegungsfestigkeit erlangt hat
(vgl. S. 210). In der Ausgangslage angekommen, wird sich ungefähr
die ursprüngliche Lage und Torsion wiederherstellen, wodurch der
Anstoß zur Wiederholung des Kreislaufes gegeben ist.

Damit haben wir das Bild der Rankenbewegung in groben Umrissen
skizziert, wie es sich auf Grund der Hypothese darstellt, daß die kreisende
Nutation lediglich auf *Lastwirkung und aktivem Ausgleich der dadurch
bedingten Spannungsdifferenzen* beruht, den beiden Faktoren, die wir
experimentell feststellen konnten. Zur Annahme weiterer Bewegungs-
faktoren liegt, wie ich glaube, derzeit kein Anlaß vor. Dagegen ist zu-
zugeben, daß die vorliegenden Untersuchungen noch nicht hinreichen,
ein genügend detailliertes Bild der Rankenbewegung zu geben. Die
Lastwirkung und damit auch der Spannungsausgleich wird nach Lage,
Länge und Durchmesser der Ranke schwanken und während der Bewegung durch das Wachstum Änderungen unterliegen, die das Bild
der Bewegung immer wieder verschieben. Es ist daher sehr begreiflich,
daß, wie GRADMANN fand, aufrecht gestellte und zurückgeschnittene
Ranken verhältnismäßig die regelmäßigsten Bewegungen ausführen;
in diesem Falle ist eben die Lastverteilung während des ganzen Umlaufes eine tunlichst gleichartige. Um die Mechanik der Bewegung im
einzelnen aufzuklären, wäre es insbesondere erforderlich, die mechanischen Eigenschaften der Ranken selbst zu untersuchen, namentlich
ihre höchst auffälligen Elastizitätsverhältnisse. Desgleichen wären
Untersuchungen an anderen Rankentypen sehr erwünscht.

Solange sich keine Änderung in der Richtung der Torsion ergibt,
wird auch die Rotationsbewegung in gleichem Sinne weiterschreiten.
Zu einer derartigen Änderung liegt indessen unter normalen Bedingungen
kein Anlaß vor. Es wurde schon an früherer Stelle erwähnt, daß es
durch bloße vorübergehende Lageänderung nicht gelingt, die Torsionsrichtung umzukehren. Damit soll aber nicht gesagt sein, daß sie überhaupt unmöglich wäre. Ich glaube, daß GRADMANN eine solche Umkehr
des Sinnes der Torsion geglückt ist, indem er Ranken durch längere
Zeit hindurch in wesentlich andere Lagen brachte; das Ergebnis war
eine Umkehr des Sinnes der Rotation, deren Zustandekommen er freilich seiner Vorstellung der Beteiligung des Geotropismus entsprechend
durchaus anders erklärt. Die Torsionsrichtung wurde in diesen Versuchen allerdings nicht beachtet, so daß ich mich auf eine bloße Vermutung beschränken muß. Eigene Versuche nach dieser Richtung
wurden durch die Ungunst der Witterung im letzten Herbste vereitelt.

Zusammenfassung.

1. Die kreisende Nutation der Ranken, die auch durch Kontaktreize nur vorübergehend gehemmt wird, ist nicht nur für das Auffinden, sondern auch für die Vermeidung ungeeigneter und das sichere Umfassen geeigneter Stützen bedeutungsvoll.

2. Die Nutationsbewegungen der Ranken sind nicht von einem einheitlichen, immanenten Rhythmus beherrscht. Wird eine Ranke an lokalisierter Stelle fixiert, so weisen die freien Rankenteile nichtsdestoweniger Nutationsbewegungen auf, die nach Richtung und Ausmaß untereinander verschieden sein können.

3. Ermüdungserscheinungen bei andauernder intermittierender Reizung konnten an Ranken nicht nachgewiesen werden.

4. Die Aufrichtung geneigter Ranken beruht auf einem autotropen Ausgleich einer durch das Eigengewicht bedingten Lastkrümmung, die auch überkompensiert werden kann, wodurch der Anstoß zu Pendelschwingungen gegeben ist.

5. Mit der Rotationsbewegung der Ranken ist eine echte Torsion gesetzmäßig verknüpft, die abwechselnd in positivem und negativem Sinne verläuft. Dieser ziemlich unvermittelt auftretende Umschlag in der Torsionsrichtung scheint regelmäßig an den Stellen maximalen Ausschlages der Ranken nach oben und unten bzw. vorn und hinten gelegen zu sein.

6. Diese Torsionen sind aller Wahrscheinlichkeit nach wenigstens primär durch eine asymmetrische Gewichtsverteilung bedingt (Lasttorsionen). Wie die Lastkrümmungen werden sie durch Autotropismus ausgeglichen und überkompensiert.

7. Die kreisende Nutation der Ranken kann auf Lastwirkung und autotropen Spannungsausgleich zurückgeführt werden; für die Annahme einer Mitbeteiligung des Geotropismus an der Bewegung liegt kein zwingender Beweis und keine Notwendigkeit vor.

Literaturverzeichnis.

Baranetzky, J. (1883): Ann. de l'acad. imp. des sciences de St. Pétersbourg, Sér. IX, 31. — Ders. (1901): Flora 89. — **Bremekamp, C. E. P.** (1912): Trav. botan. néerl. 9. — **Darwin, Ch.** (1899): Die Bewegung und Lebensweise der kletternden Pflanzen. Übers. v. Carus, 2. Aufl. — **Figdor, W.** (1895): Sitzungsber. d. Akad. Wien, Mathem.-naturw. Kl. I. Abt. 124. — **Fitting, H.** (I, 1903): Jahrb. f. wiss. Botanik 58. — Ders. (II, 1904): Ebenda 39. — **Goebel, K.** (1920): Die Entfaltungsbewegungen der Pflanzen. Jena. — **Gradmann, H.** (I, 1921): Zeitschr. f. Botanik 13. — Ders. (II, 1921): Jahrb. f. wiss. Botanik 60. — Ders. (III, 1922):

Ebenda 61. — **Linsbauer, K.** (1923): Jahrb. f. wiss. Botanik 62. — **Loeffler** (1919): Ber. d. dtsch. botan. Ges. 37. — Ders. (1923): Biol. Zentralbl. 43. — **v. Mohl, H.** (1827): Über den Bau und das Winden der Ranken und Schlingpflanzen. — **Müller, O.** (1886): Cohns Beitr. z. Biol. d. Pflanzen 4. 2. — **Nienburg, W.** (1911): Flora 2. — **Noll, L.** (1892): Über heterogene Induktion. Leipzig. — **Pfeffer, W.** (I, 1885): Unters. a. d. botan. Inst. Tübingen 1. — Ders. (II, 1916): Ber. d. k. sächs. Ges. d. Wiss. 68. — **Rawitscher, F.** (1924): Zeitschr. f. Botanik 16. — **Stark, P.** (1917): Jahrb. f. wiss. Botanik 57. — **de Vries, H.** (1874): Arb. a. d. botan. Inst. Würzburg 1. — **Wiesner, J.** (1902): Sitzungsber. d. Akad. Wien, Mathem.-naturw. Kl. I. Abt. 111. — **Wortmann, J.** (1886): Botan. Zeit. 44. — Ders. (1887: Ebenda 45.)

BEITRAG ZUR CYTOLOGIE VON MELANDRIUM.

Von

E. HEITZ,
Greifswald.

Mit 6 Textabbildungen und Tafel I.

(Eingegangen am 18. Februar 1925.)

I. Einleitung.

Nachdem ALLEN (1917) für getrenntgeschlechtliche Pflanzen bei
dem Lebermoose *Sphaerocarpus Donnellii* den Nachweis von Geschlechtschromosomen erbracht hatte, dauerte es nicht weniger als 6 Jahre,
bis auch bei Phanerogamen diese aufgefunden wurden. Als erster hat
sie SANTOS (1923) bei *Elodea gigantea*, neuerdings auch bei *Elodea canadensis* mit Sicherheit festgestellt. In demselben Jahre brachten die
Arbeiten von KIHARA und ONO, BLACKBURN und WINGE den Nachweis
von Heterochromosomen bei *Rumex acetosa, Humulus lupulus* und *japonicus, Vallisneria spiralis* und *Melandrium album*. Letztere Pflanze
wurde außer von WINGE auch von BLACKBURN untersucht. Und schließlich berichten zuletzt BLACKBURN und HARRISON über Geschlechtschromosomen bei *Populus tremula*. Nur *Spinacia* macht eine Ausnahme.
Nach den Angaben von WINGE läßt sich mit Sicherheit sagen, daß hier
keine Geschlechtschromosomen zu erkennen sind. Diese cytologischen
Befunde stehen in bestem Einklang mit den grundlegenden Versuchen
von CORRENS über die Vererbung des Geschlechts und solchen über
den Zusammenhang zwischen Reduktionsteilung und Geschlechtsbestimmung (STRASBURGER-*Sphaerocarpus*, KNIEP-*Basidiomyceten* u. a.).
Außerdem werden durch die vollkommene Gleichheit der chromosomalen Zusammensetzung die diöcischen Pflanzen in direkte Parallele
gestellt zu den diöcischen Tieren. Die Getrenntgeschlechtlichkeit beider
muß homolog sein und ein neues Argument ist dafür gegeben, daß sie
auch bei Tieren sekundär aus einem ursprünglich zwitterigen Zustand
sich entwickelt hat (vgl. SCHLEIP [1912], S. 173 und auch CORRENS
[1916], S. 23).

Die Bilder wie sie WINGE und BLACKBURN (Textabb. 6a, d) von
Melandrium geben, zeigen einen so starken Größenunterschied zwischen
den beiden Partnern des betreffenden, im Vergleich zu den Autosomen
sehr großen Geminus, daß man sich darüber wundert, wie er SYKES
(1909) und vor allem STRASBURGER (1909 und 1910), der seine Unter-

suchungen über *Melandrium* in nicht weniger als 39 Abbildungen nieder-
gelegt hat, entgehen konnte. Ein Präparat, in welchem solche Größendifferenzen nicht sichtbar sind, wäre kaum noch als brauchbares Präparat zu bezeichnen.

Und doch berichtet STRASBURGER nur von einem besonders großen
Chromosomenpaar und weist nach ausführlicher Untersuchung einen
Vergleich mit den Heterochromosomen der Insekten aufs entschiedenste
ab. Wie lassen sich diese Widersprüche erklären?

WINGE äußert die Meinung „that STRASBURGER was not thinking
particularly of difference in size between the partners in a single pair
of gemini" und nur auf eine eventuell ungleiche Verteilung der Chromosomen geachtet habe. Dies trifft keinesfalls zu, wie aus mehreren Stellen
der Arbeit STRASBURGERS von 1910 hervorgeht. So sagt er bei Besprechung seiner an Wurzeln von *Melandrium*-Männchen und -Weibchen
erhaltenen Resultate: „Auch ist weiter festzustellen, daß die beiden
Chromosomen, welche das größere Paar bilden, einander gleichen" und
die Reduktionsteilung bei *Cannabis* schildernd betont er ausdrücklich,
„daß jeder Geminus mit zwei völlig übereinstimmenden Chromosomen
die beiden Tochterkerne versorgt . . . .". Schließlich finden wir die
Untersuchungen über die Reduktionsteilung bei *Melandrium* so zusammengefaßt: „Ein Geminus zeichnet sich durch besondere Größe
aus, *teilt sich aber genau wie die anderen Gemini und liefert gleich große
Chromosomen den beiden Tochterkernen.*" (Vom Verfasser gesperrt.)
„Man findet ihn auch in den homoeotypischen Kernplatten der Tochterkerne wieder. Ein Grund, ihn für ein Heterochromosom zu halten, liegt
nicht vor." Tatsächlich hat also STRASBURGER eventuelle Größenunterschiede bei Entscheidung der Frage, ob bei diöcischen Pflanzen Heterochromosomen vorkommen, in Betracht gezogen.

Einen anderen Ausweg als WINGE sucht BLACKBURN. Einmal glaubt
sie, daß infolge der Schwierigkeit der Fixierung STRASBURGER die Größenunterschiede entgangen wären. Bei der Erfahrung eines STRASBURGER
und seines Gehilfen SIEBEN ist das jedoch kaum zu erwarten, und außerdem sagt STRASBURGER gerade über die bei *Melandrium* angewandte
Technik: „Die Fixierung für diese Untersuchung wurde so sorgfältig
wie nur möglich vorgenommen und die verschiedensten Färbungsarten
durchprobiert, um etwaigen Sonderungen auch auf diesem Wege auf
die Spur zu kommen."

Auch die Möglichkeit, das von STRASBURGER untersuchte *Melandrium rubrum* verhalte sich anders als *Melandrium album*, das Objekt
WINGES, kommt nicht in Betracht. BLACKBURN hat auch *M. rubrum*
untersucht und dieselben Verhältnisse gefunden, wenn nach ihr die
Größendifferenzen auch nicht ganz so ausgeprägt sind wie bei *Melandrium album*.

Demnach schien nur ein Ausweg zu bleiben: Es könnten Rassen von *Melandrium* existieren, die sich durch verschiedene Größe von x- und y-Chromosom unterscheiden, eine Vermutung, die BLACKBURN bereits ausgesprochen hat. Die Existenz solcher Rassen hätte für die Entstehungsweise der Zwitter möglicherweise von Interesse sein können. Näher sei hier auf diese Vorstellungen nicht eingegangen, da wir nur andeuten wollten, von welchen Gesichtspunkten aus eine Nachprüfung der Angaben von WINGE-BLACKBURN und STRASBURGER unternommen wurde. Die Frage der chromosomalen Zusammensetzung der Zwitter wird in einem anderen Abschnitte noch ausführlich besprochen werden.

II. Nachprüfung der Winge-Blackburnschen Befunde.
A. Bemerkungen zur Methode.

Überraschend leicht lassen sich die Geschlechtschromosomen auffinden. In einer vorläufigen Mitteilung habe ich bereits die Ansicht geäußert, daß *Melandrium* (die Pflanze ist überall verbreitet) als das Beispiel für Geschlechtschromosomen überhaupt gelten kann. Dies mag angesichts der negativen Resultate STRASBURGERS einiges Befremden hervorrufen, doch wird sich dieser Widerspruch lösen.

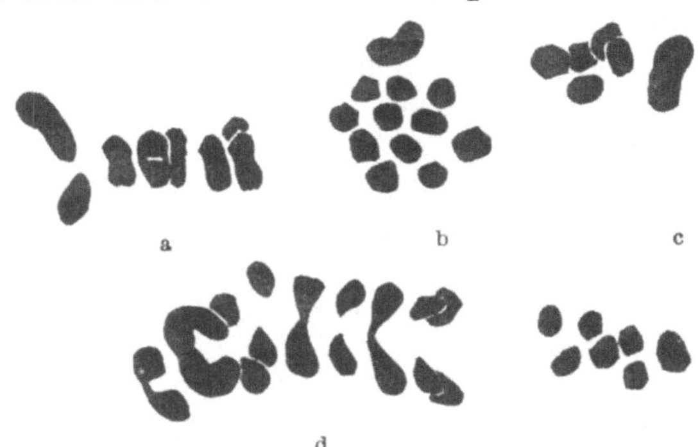

Abb. 1. „Zupfpräparat". Carminessigsäure 50 vH. Heterotype Teilung. a) *M. rubrum* ♂ Seitenansicht. b) *M. album* Polansicht. c) *M. album* ♂ Telophase. d) *M. album* ♀ Seitenansicht. a—c) 1600, d) 1700 × vergr.

Es ist mir gelungen, mit einem neuen, im Vergleich zur Einbett-Mikrotommethode viel einfacheren Verfahren, die Heterochromosomen zu Gesicht zu bekommen. Neben der üblichen Methode leistete es bei der ganzen Untersuchung ausgezeichnete Dienste. Da ich an anderer Stelle ausführlich darauf zurückkommen werde, sei hier nur kurz das Wichtigste darüber mitgeteilt und durch einige Abbildungen belegt.

Als wie üblich zur Vorprüfung auf die ungefähre Größe des zu fixierenden Materials von männlichen Blüten Staubbeutel in Carminessigsäure (SCHNEIDER) *zerzupft* zur Beobachtung kamen, fanden sich die Heterochromosomen schon im vierten bis fünften Präparat (Textabb. 1). Carminessigsäure, das alte „Reagenz" auf Chromatin, färbt

die Chromosomen schnell intensiv, während das Plasma unter Quellung
nur sehr schwach und langsamer Farbe annimmt. Die gewöhnlich zur
Vorprüfung benutzte Methylgrünessigsäure färbt viel weniger intensiv
auch wenn das Material mit Alkohol vorbehandelt wurde. Nach ungefähr 4—8 Stunden wird der Farbstoff nach meinen bisherigen Erfahrungen am besten durch CARNOY ersetzt und das Präparat mit Canadabalsam abgeschlossen. Bei richtiger Färbungszeit erhält man so
klarere und schärfere Bilder als in nach HEIDENHAIN gefärbten Schnittserien. In solchen Präparaten hat sich die Färbung bis jetzt (über
5 Monate) gehalten. Wie die Abbildungen zeigen, genügt also eine
Fixierung mit der 50 proz. Essigsäure! Die Größenunterschiede zwischen
den Geschlechtschromosomen sind ohne Schwierigkeiten zu erkennen.
Die Fixierung für Schnittpräparate wurde mit CARNOYS Alkohol-Eis-
essig vorgenommen.

Der Hauptwert der Methode liegt darin, daß in kürzerer Zeit als
bei Anwendung der Mikrotomtechnik umfangreiches Material durch-
geprüft werden kann. Deshalb leistet sie, wie ich zeigen werde, für
vergleichend-cytologische Arbeiten, welche die Bestimmung von Chromosomenzahlen zum Ziele haben, vorzügliche Dienste.

Die Zupfpräparate besitzen außerdem den Vorteil, daß die Chromosomen größer sind als in Schnittpräparaten. Dies zeigt ein Vergleich
von Textabb. 1 und 5. Beide sind bei 1600facher Vergrößerung mit dem
Zeichenapparat hergestellt[1]). Es würde zu weit führen, auf die Ursachen
dieser Erscheinung hier einzugehen. In Zupfpräparaten kann der
Größenunterschied zwischen x- und y-Chromosom schon bei einer
200facher Vergrößerung gut erkannt werden.

B. Männchen.

BLACKBURN sagt, daß die Größe der Geschlechtschromosomen beim
Männchen ziemlich stark variiert. In Textabb. 6a sind ihre betreffenden
Zeichnungen wiedergegeben. Wir konnten diese Beobachtung bestätigen.
Zwar scheint die ziemlich abweichende Form in BLACKBURNs beiden
ersten Abbildungen darauf zurückzuführen zu sein, daß die Krümmungsebene der Chromosomen senkrecht zur Bildebene liegt und deshalb der größere Partner, der ja meistens stark gekrümmt ist, zu klein
erscheint. Nur ein einziges Mal konnte ich in meinen Präparaten diese
so starke Abweichung in Form und Größe, die nicht derart erklärt
werden könnte, beobachten. Vielleicht kommt aber dieser Erscheinung
doch eine Bedeutung zu.

Bei der Suche nach Zwittern konnte ich immer wieder feststellen,
daß sich die einzelnen Männchen durch ganz verschiedene Größe der

---

[1]) Die Chromosomen in STRASBURGERS und meinen *Schnitt*präparaten sind
gleich groß.

rudimentären Fruchtknoten unterscheiden, dagegen alle gleich alten Blüten eines Stockes *gleich große* besitzen (Textabb. 2). Man könnte alle Männchen nach diesem Merkmal in 3—4 Klassen einteilen. Mit den Ernährungsverhältnissen hängt diese Erscheinung nicht zusammen. Man findet ebenso häufig schwächliche Stöcke mit gut entwickelten „Fruchtknoten" wie kräftige mit schwach entwickelten. Bemerkt sei, daß die „Fruchtknoten" immer nur aus einem dünnen Faden bestehen. Irgendeine Differenzierung in Karpelle und Narbe ist nicht vorhanden. Auch die Stöcke, bei denen sie stark ausgeprägt sind, erreichen noch nicht den Zustand des von HERTWIG abgebildeten schwächsten Zwitters (l. c., Textabb. 2). Ich habe auf die erwähnten Größen- und Formunterschiede der Heterochromosomen hin in bezug auf die Frucht-

knotenlänge stark unterschiedene Männchen untersucht, bin aber bis jetzt zu keinem eindeutigen Resultat gekommen. Auf diese Frage sowie die, ob hier genetisch verschiedene Rassen vorliegen, werde ich in nächster Zeit zurückkommen.

Abb. 2. Typen verschieden stark ausgebildeter rudimentärer Fruchtknoten von drei *M. album*-Männchen (gleichalte Blüten).

Nicht unerwähnt bleibe, daß ich so extreme Unterschiede zwischen den beiden Partnern, wie sie das dritte von WINGE abgebildete Chromosomenpaar zeigt (Textabb. 6d), nicht gesehen habe.

C. Weibchen.

Die in der Einleitung genannten Autoren haben sich fast alle auf die Untersuchung der Reduktionsteilung bei männlichen Pflanzen beschränkt und daraus auf die Homogametie der Weibchen geschlossen. Allein BLACKBURN hat, um zu entscheiden, welches der beiden Heterochromosomen das x-, welches das y-Chromosom ist, auch Weibchen untersucht und kommt zu dem Resultat, daß die beiden gleichgroßen Partner nach Größe und Form dem *kleineren* des Männchens entsprechen. Damit stünde *Melandrium* in einem gewissen Gegensatz zu Tieren, bei denen im allgemeinen bei männlicher Heterogametie vom Lygaeustyp das x-Chromosom das größere ist. Da dieser Frage einige Bedeutung zukommt (vgl. S. 246), habe ich die Reduktionsteilung in den Eiern studiert.

In günstigem Material von richtigem Alter kann man mit 10—15 heterotypen Mitosen pro Fruchtknoten rechnen. Zur Entscheidung der Frage jedoch, welches der beiden Heterochromosomen des Männchens denen des Weibchens in Form und Größe entspricht, eignen sich nur wenige Platten. Bei der genauen an ungefähr 40 Schnittserien an weiblichen Präparaten vorgenommenen Untersuchung, stellte es sich heraus, daß die beiden Geschlechtschromosomen immer stark gekrümmt sind, ja oft viel stärker als das größere Heterochromosom beim Männchen (vgl. Textabb. 3). Wo dies (vgl. a) nicht der Fall zu sein scheint, liegen, wie man mit Sicherheit feststellen kann, stets Aufsichten vor,

Abb. 3a. Geschlechtschromosomen (+) von *Melandrium* ♂. Aus BLACKBURN 1924.

die die Krümmung nur schlecht erkennen lassen. Die betreffende Abbildung stimmt mit den Abbildungen, welche BLACKBURN von den Geschlechtschromosomen der weiblichen Pflanzen gibt (vgl. Textabb. 3a) überein. Auf Grund solcher Bilder kam sie zu dem Resultat, daß die beiden x-Chromosomen im Weibchen dem kleineren der Männchen entsprechen. Wird die Krümmung nicht berücksichtigt, so trifft dies zu. Ich habe die Durchschnittslänge der Geschlechtschromosomen durch möglichst genaue Messung am Präparat selbst zu bestimmen versucht und gebe hier die Zahlen wieder (Messung geradlinig von einem Ende zum anderen):

Männchen, großes Chr.	kleines Chr.	Weibchen
$3,6\ \mu$	$2,2\ \mu$	$2,3\ \mu$
Durchschnitt aus 7 Stück	9 Stück	5 Stück

Berücksichtigt man aber die stets starke Krümmung — schon durch diese Gestalt an sich ist das x-Chromosom des Weibchens von dem kleinen des Männchen, welches ja selten und dann nur schwach gekrümmt ist, unterschieden (vgl. Textabb. 3) —, so ergibt sich ein deutlicher Größenunterschied. Ein einziges Mal (c) schien es ebensogroß wie der kleinere Partner beim Männchen. Uns scheint es deshalb eher mit dem großen Chromosom des Männchens homologisiert werden zu müssen. Dann würde sich *Melandrium* nicht anders als tierische Objekte verhalten, wo ja fast durchweg das x-Chromosom das größere ist.

Sollte sich dieser Befund bei erneuter Untersuchung, die mir leider wegen Materialmangel nicht mehr möglich war, bestätigen, dann könnte man mit WINGE (l. c.) und auch HAECKER (1921, S. 260) daran denken, daß das Mehr an Chromatin das schnellere Wachstum der Pollenschläuche mit den weibchenbestimmenden Kernen verursacht. Trifft dagegen der Befund BLACKBURNS zu, so fehlt für eine solche Auffassung die cytologische Grundlage.

Noch in anderer Hinsicht ist die Entscheidung dieser Frage von Interesse. CORRENS (1924) hat gefunden, daß bei Bestäubung mit altem Pollen in der Nachkommenschaft mehr Männchen auftreten, bei 120 Tage altem Pollen sogar fast ausschließlich Männchen. Definieren wir das Altern genauer als *Reaktion*, so könnte man daran denken, daß diese Reaktion in den weibchenbestimmenden Pollenkörnern schneller

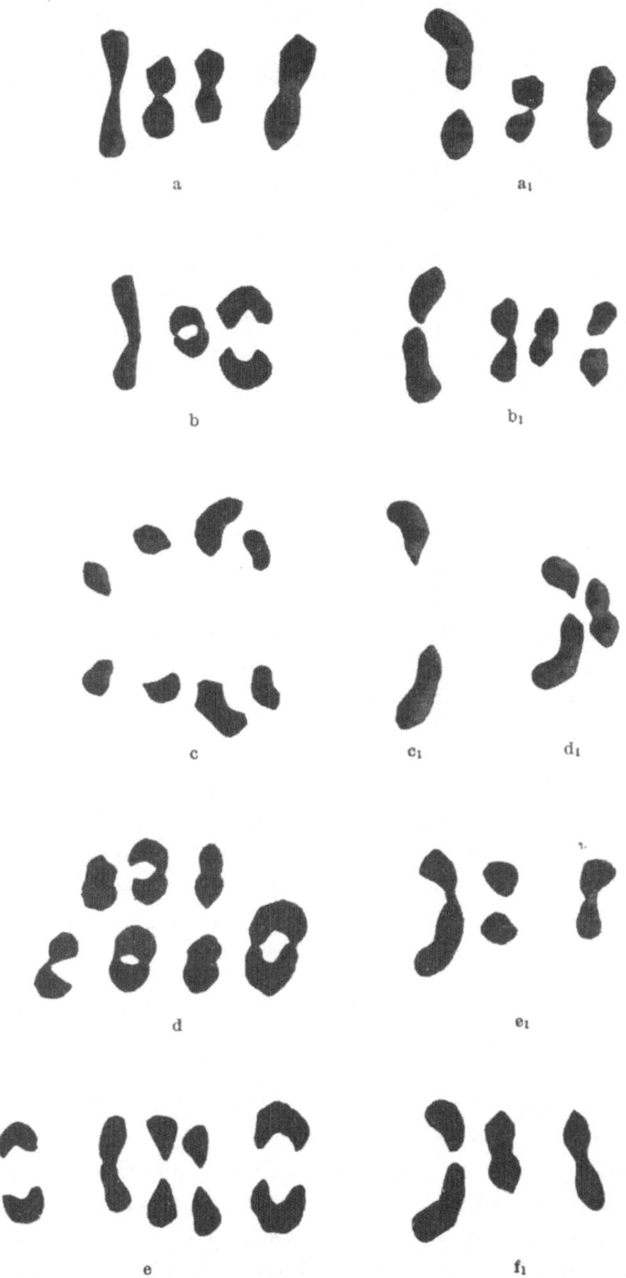

Abb. 8. Heterotype Platten von *M. album*. Links ♀, rechts ♂. Nur diejenigen Chromosomen gezeichnet, deren Form und Größe sicher festgestellt werden konnte. Alkoholeisessig. Heidenhains Hämatoxylin. 2800 ✕ vergr.

abläuft als in den männchenbestimmenden, weil erstere durch das größere x-Chromosom *chromatinreicher* sind. Hierbei wäre vorauszusetzen, daß der Erfolg des Alternlassens auf Selektion und nicht auf Abänderung beruht.

Anhangsweise noch eine Bemerkung über die homoeotypische Teilung beim Weibchen. STRASBURGER gibt an, daß von den aus der heterotypischen Teilung hervorgehenden Kernen immer nur der eine sich weiterentwickelt. Diese Angabe können wir nicht bestätigen. Die Weiterentwicklung der Eizelle verfolgend stieß ich immer wieder auf *zwei* homoeotypische Spindeln (vgl. Textabb. 4). Es muß demnach zu einer Degeneration mehrerer Zellen kommen, sollten nicht, was nach STRASBURGER manchmal der Fall ist, mehr als eine Eizelle zur Ausbildung gelangen.

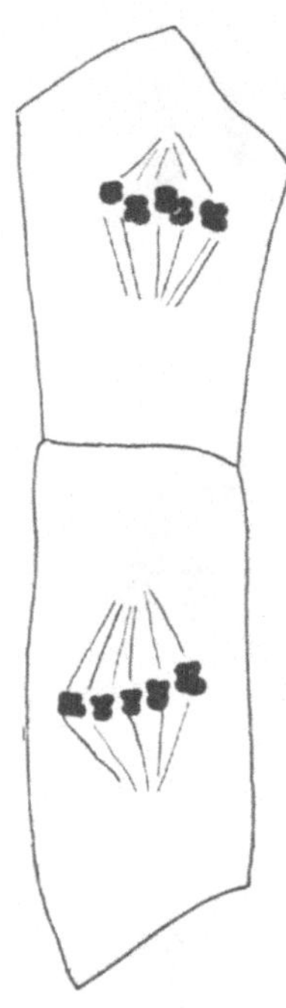

Abb. 4. Homoeotypische Teilung ♀. 1600 × vergr.

D. Strasburgers Präparate.

Ergab sich so im Wesentlichen eine Bestätigung der Angaben von WINGE und BLACKBURN, so schien es in Anbetracht der Leichtigkeit, mit der sich die Heterochromosomen nachweisen lassen, um so rätselhafter, daß STRASBURGER keine Größenunterschiede hat feststellen können. Deshalb war die Durchsicht seiner Präparate von Interesse. Herrn Professor FITTING sei auch an dieser Stelle für die bereitwillige Übersendung der 91 Stück umfassenden Sammlung mein verbindlichster Dank ausgesprochen.

In Betracht kamen von den Männchen nur drei anscheinend mit Safranin gefärbte, und, wie zu erwarten, gut fixierte Präparate. Zu meiner nicht geringen Überraschung zeigten alle betreffenden Stadien mit vollkommener Deutlichkeit die verschiedene Größe der beiden Partner. Nach gleich großen suchte ich vergebens. Auch einem Unbefangenen, der gar nicht an Größendifferenzen zwischen den beiden großen Chromosomen denkt, müssen diese sofort auffallen. Das veranschauliche Textabb. 5. In a sind die Chromosomen aus drei heterotypischen Spindeln der Abb. 1, 4 und 5, Taf. IX, von STRASBURGER, in b solche von mir bei derselben Vergrößerung (1600) nach seinen Präparaten gezeichnet, wiedergegeben.

Man könnte glauben — die Arbeit stammt aus den letzten Lebensjahren —, daß die Beobachtung STRASBURGERS nicht mehr ausreichte, um die Größendifferenzen zu erkennen. Dagegen spricht aber folgende Tatsache. Erstens ist nach WINGE und BLACKBURN, und wir bestätigten diese Beobachtung, das größere der beiden Chromosomen oft hakenartig gekrümmt. Wie nun BLACKBURN richtig bemerkt, hat STRASBURGER diese Krümmung gesehen. Das beweist seine Abb. 1, Taf. IX (vgl. Abb. 5a, das obere Chromosom des ersten Paares). Die Größenunterschiede sind nicht geringer als die Formunterschiede und konnten der Beobachtung nicht entgehen. Zweitens hat STRASBURGER auch Wurzelmitosen untersucht und hier ebenfalls das eine große Chromosomenpaar

aufgefunden. Die Größenunterschiede zwischen *diesem* Paar und den anderen *Autosomen* sind aber viel weniger auffällig als die von WINGE und BLACKBURN und mir gefundenen zwischen den beiden Partnern selbst (Textabb. 6).

Die Frage nach dem Grund dieses Irrtums muß offen bleiben, wir möchten aber auf Folgendes hinweisen: Wie in einer früheren Arbeit (1909), nimmt STRAS-

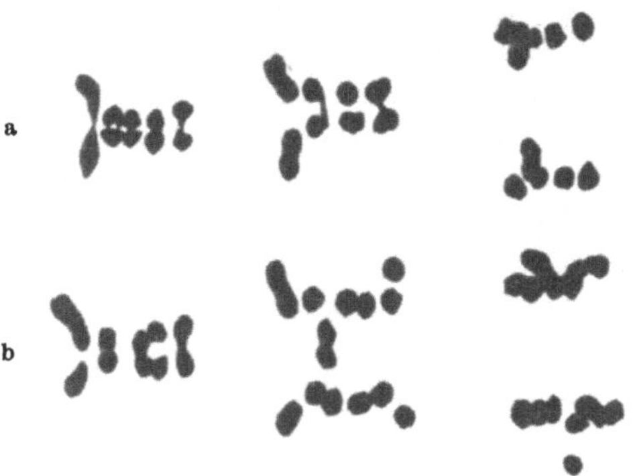

Abb. 5. Präparate von STRASBURGER. a) Chromosomen aus Abb. 1, 4, 5; Tafel IX (1910). b) Zeichnung nach seinen Präparaten. 1600 × vergr.

BURGER auch in dieser Stellung gegen die Auffassung von CORRENS, daß zwei Pollenkörner einer Tetrade männliche, zwei weibliche Tendenz haben. Er hält an seiner Auffassung fest, daß allen Pollenkörnern

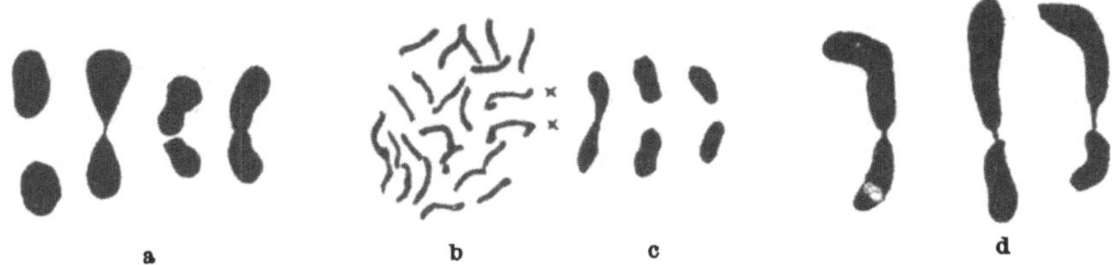

Abb. 6. a) Vier Heterochromosomenpaare aus Blackburn 1924, b) Wurzelmitose im ♂, aus STRASBURGER 1910, Taf. IX Abb. 37 (das „Heterochromosomen"-paar mit ×× bezeichnet). c) drei „Heterochromosomen"-paare aus STRASBURGER 1910, Taf. IX Abb. 1, 4, 3. d) drei Heterochromosomenpaare aus WINGE 1923; Taf. 2 Fig. 13, 11; 12.

männliche aber verschieden starke Tendenz zukäme. Wir können den Gedanken nicht ganz abweisen, daß STRASBURGER möglicherweise von diesem Vorurteil bei der Untersuchung seiner Präparate eingenommen war. Das Vorhandensein von x- und y-Chromosom hätte die Diöcie von *Melandrium* notwendigerweise der bei Insekten homologisiert und damit die qualitative Heterocygotie des männlichen Geschlechts bewiesen.

Es fällt übrigens auf, wie STRASBURGER trotz der Versuche von

CORRENS und trotzdem er selbst bei *Sphaerocarpus* zeigen konnte, daß durch die Reduktionsteilung Haplonten von qualitativ verschieden-geschlechtlicher Tendenz gebildet werden, an seiner Meinung festhält, daß die männlichen Gameten bei Phanerogamen nur verschieden starke männliche Tendenz besitzen. Er berichtet über Versuche an *Elodea canadensis* mit Bestäubung einer Tetrade, betont aber gleich, daß, auch wenn durch sie die Existenz geschlechtlich ungleichartiger Pollenkörner bewiesen würde, er trotzdem an seiner Auffassung festhalten müßte. Er sagt: „Bemerkt sei im voraus, daß, selbst wenn der Ausfall ein solcher sein sollte, daß man aus ihm auf zwei männliche und zwei weib-liche Samen in einer durch Einwirkung der vollen Tetrade erzeugten Frucht zu schließen hätte, damit nicht ausgemacht sein würde, ob die Pollenkörner der Tetrade sich nur in der Stärke der männlichen Potenz unterschieden, oder ob je zwei von ihnen männlich, je zwei weiblich gestimmt waren. Ich müßte auf Grund meiner Ansichten und Erfahrungen, dann für die erste Alternative eintreten."

Das Festhalten an dieser Auffassung scheint besonders deswegen schwer verständlich, weil sowohl die Versuche von CORRENS wie auch die Tatsache, daß bei diöcischen Organismen die beiden Geschlechter annähernd im Verhältnis 1 : 1 vorhanden sind, durch die STRASBUR-GERsche Annahme nicht erklärt werden können, ohne daß neue Hilfs-annahmen notwendig würden. Bei einer Befruchtung müssen, da nach STRASBURGER den Eiern sämtlich gleich starke weibliche Tendenz inne-wohnt, lauter *qualitativ* heterocygote Individuen entstehen, sagen wir WM und WM$_1$. Erstere seien Männchen, letztere Weibchen. Wenn nun auch die Bildung von nur gleichartigen Eiern durch die alleinige Ausbildung solcher mit weiblicher Tendenz möglich erscheint, können bei der Reduktionsteilung der Männchen keine Pollenkörner mit ver-schieden starker männlicher Tendenz entstehen, wie es der Annahme zufolge notwendig wäre.

III. Dreipolige Spindeln und Non-disjunction.

Während bei Bastarden zwischen verschieden-chromosomigen Orga-nismen Abweichungen vom normalen Verlauf der Reifeteilung die Regel sind, kommen sie sonst nur selten vor. (Vgl. die diesbezügliche Zusammenstellung bei TISCHLER, 1921/22, S. 434/35, und 604/607.) Die erste Unregelmäßigkeit, auf welche ich bei der Durchsicht meiner ziemlich umfangreichen Schnittserien stieß, ist bisher bei guten Arten wohl überhaupt noch nicht beschrieben worden (Taf. I, Abb. 6, 7). In Präparaten aus zwei verschiedenen Pflanzen befanden sich zwischen der Mehrzahl vollkommen normaler Äquatorialplatten mit den zwei Spindelpolen, wie sie Taf. I, Abb. 8 zeigt, einzelne, bei denen die Chromosomen einer *dreipoligen* Spindel eingelagert waren. Die übrige

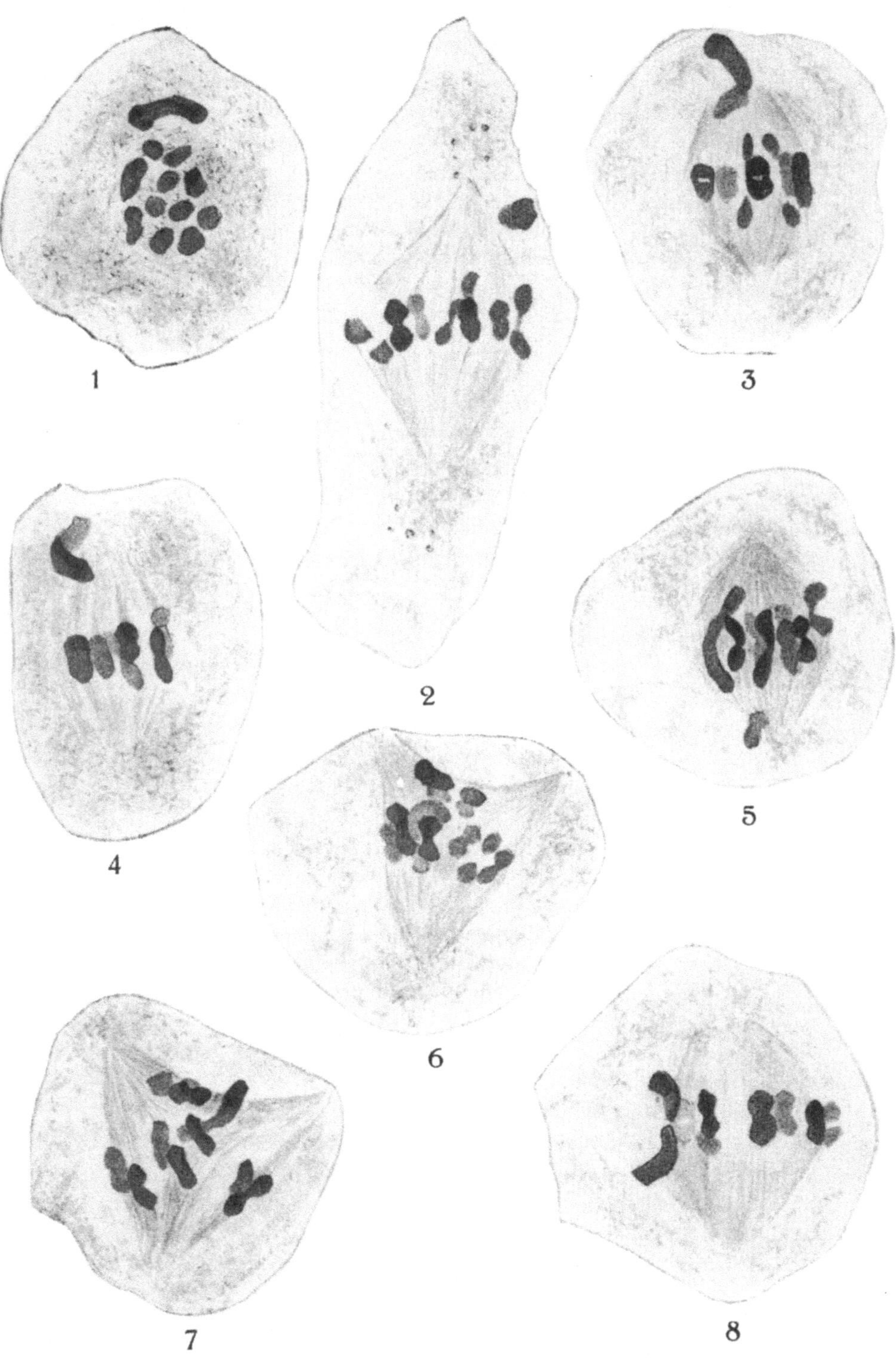

Ausbildung der Spindel wich von der normalen nicht ab, ebensowenig wie die Chromosomenform und -zahl. In den beiden abgebildeten Mitosen sind auch die Geschlechtschromosomen deutlich zu erkennen, in 6 ist der kleinere Partner verdeckt. Hier zeigt sich auch, daß die Gemini zum Teil schon in der Abwanderung nach den Polen begriffen sind, die dreipolige Spindel also nicht etwa nur eine Unregelmäßigkeit während der Prophase vorstellt, die in der Anaphase vielleicht zu einer regulären zweipoligen korrigiert werden könnte. Die Zahl der Gemini war zwar nicht genau zu ermitteln, in 6 betrug sie 10—11, in 7 10, doch kommt man auch in normalen Platten bei Seitenansicht nicht immer auf die Zahl 12. Es leuchtet ein, daß solche atypischen Spindeln zu Pollenkörnern mit abweichender Chromosomenzahl führen müssen. Bei regelmäßiger Verteilung auf die drei Pole wäre mit je acht Chromosomen zu rechnen; nur zwei Pollenkörner würden ein Geschlechtschromosom führen, das bzw. die zwei dritten, die Autosomen allein. Möglicherweise führt aber eine unregelmäßige Verteilung zu anderen Zahlen. Ana- oder Telophasen bekam ich leider nicht zu Gesicht, ebensowenig etwa Triaden oder Hexaden anstatt der normalen Tetraden.

Ob diese dreipoligen Spindeln bei *Melandrium* öfter auftreten und es wirklich zur Bildung verschiedenchromosomiger Pollenkörner kommt, müssen weitere Untersuchungen zeigen. Bis jetzt fand ich sie nur bei männlichen Pflanzen. Außer der auf Taf. I, Abb. 6, abgebildeten befanden sich in derselben Antherenhälfte noch 4—5 weitere. Es ist natürlich nicht immer leicht zu entscheiden, ob wirklich dreipolige Spindeln vorliegen oder nicht, da sie nur dann mit Sicherheit erkannt werden können, wenn alle drei Pole in der Schnittebene liegen. Es hat den Anschein, daß, wenn es überhaupt zu der abweichenden Bildung kommt, sie in einer Anthere gleich öfter stattfindet.

Im Gegensatz zu den dreipoligen Spindeln trat eine andere Art Abweichungen von der normalen Reduktionsteilung bei Männchen und Weibchen auf. In mehreren Präparaten fanden sich auf dem Stadium der Äquatorialplatte *ungetrennte* Chromosomen an die Spindelpole verlagert (Taf. I, Abb. 1—5). Bei den Männchen waren es meistens die Geschlechtschromosomen (Abb. 3 und 4), hie und da auch die Autosomen (Abb. 5). Bei den Weibchen konnte ich die Erscheinung gemäß der im Verhältnis zu den Männchen wenig zur Beobachtung kommenden Platten nur viermal feststellen. Ob non-disjunction, denn so müssen wir die Erscheinung bezeichnen, der Geschlechtschromosomen bei den Weibchen vorkommt, bleibt fraglich. Der einzige dafür in Betracht zu ziehende Fall ist in Taf. I, Abb. 2, wiedergegeben. Hier war nicht mit Sicherheit zu entscheiden, ob es sich um den xx-Geminus oder ein Autosomenpaar handelt; es ist aber nicht ausgeschlossen, daß es ein Geschlechtschromosomenpaar ist, da von allen anderen Chromosomen kaum eines dafür in Betracht kam. (Die Abbildung läßt 9 Chromosomen erkennen, die anderen drei befanden sich im nächsten Schnitt.)

Daß es sich hier um eine künstliche Verlagerung handelt, ist ausgeschlossen. Nie war das Plasma, wie es bei einem Herausreißen durch das Messer hätte der Fall sein müssen, irgendwie zerklüftet. Vor allen Dingen wäre die Verlagerung ausgerechnet an die Spindelpole schwer mit einem Herausreißen durch das Messer vereinbar. Auch war nie eine Beziehung zwischen Verlagerung und Schnittrichtung festzustellen, wenn in einem einzigen Präparat oder Schnitt mehr als eine anormale Spindel sich befand. Das einzig Verdächtige wäre, daß die betreffenden Gemini oft außerhalb der Spindel im Plasma liegen. So in dem (Abb. 3, Taf. I) abgebildeten Falle. Bedenken wir jedoch, daß das Geschlechtschromosom ganz zu äußerst der Spindel liegt (Abb. 1, Taf. I), so wundert uns die zuerst etwas auffallende Lage nicht.

Auch hier habe ich spätere Stadien, etwa Anaphasen, in denen vielleicht Gemini von einzelnen Chromosomen noch zu unterscheiden gewesen wären, nicht gefunden. Ebensowenig zeigten sich homoeotypische Platten mit einem überzähligen Chromosom. Wir müssen also wie bei den dreipoligen Spindeln die Frage offen lassen, ob es zur Bildung von Eiern oder Pollenkörnern mit abweichenden Chromosomenzahlen kommt.

IV. Die mögliche chromosomale Beschaffenheit der Zwitter.

Mit der Feststellung von Heterochromosomen bei getrenntgeschlechtlichen Pflanzen ergibt sich die Frage nach der Cytologie der sekundären Zwitter wie sie bei *Humulus lupulus, Cannabis sativa, Helodea canadensis* (vgl. STRASBURGER, 1910, S. 441), *Melandrium album* und *rubrum* u. a. vorkommen. Entscheidend wäre natürlich die Untersuchung der Zwitter selbst. Bei *Humulus* und *Cannabis* (WINGE, 1914) degenerieren aber die Pollenmutterzellen, *Helodea*-Zwitter existieren nur in Amerika. *Melandrium* kommt von den genannten Pflanzen allein in Betracht, vor allen Dingen auch deswegen, weil über die Vererbung der Zwitterigkeit bereits ausführliche Arbeiten vorliegen (SHULL, 1911/1914, G. und P. HERTWIG, 1922). Leider gehören die *Melandrium*-Zwitter zu den Seltenheiten. Zwar hat schon GIRON DE BUZAREINGUES (1831) zum mindesten zwitterähnliche Individuen beobachtet. Auch STRASBURGER fand Männchen mit schlankem Fruchtknoten, die aber keine Samenanlagen enthielten. Nach CORRENS beträgt die Zahl der Zwitter in Kulturen 0,04 vH. Trotz vielem Suchen sind mir keine in die Hände gekommen.

Wir müssen uns demnach auf Erwägungen beschränken und gehen hierbei aus von dem im vorigen Abschnitt besprochenen Anomalitäten bei der Reduktionsteilung in Verbindung mit den zitierten Arbeiten von SHULL und HERTWIG, sowie der Cytologie tierischer Zwitter (BRIDGES, 1922) und dem Versuch von F. v. WETTSTEIN (1923/24), bei Pflanzen verschiedene Sexualitätsstufen herzustellen.

Durch die triploiden *Drosophila*-Individuen ist bewiesen, daß nicht das bloße Vorhandensein der beiden Heterochromosomen genügt, um ein geschlechtlich normales Individuum entstehen zu lassen, sondern daß es auf das richtige Mengenverhältnis zwischen Autosomen und Geschlechtschromosomen ankommt. Während 3 a (a = 1 haploider Chromosomensatz) + x x x normalgeschlechtliche Weibchen geben, sind Individuen von der Zusammensetzung 3 a + x + x Intersexe. Sie kommen dadurch zustande, daß bei der Reifeteilung zwei anstatt nur ein x-Chromosom in den Richtungskörper gehen.

In den Versuchen von F. v. WETTSTEIN ist das Verhältnis von Archegonien zu Antheridien bei *Bryum caespiticium* bivalens von der Zusammensetzung ♀♂ 1 : 4,98, bei trivalenten von der Zusammensetzung ♀♀♂ 1 : 1,37, also deutlich verschoben zugunsten der Archegonien bei doppelt weiblichem Chromosomensatz. (Die Kombination ♀♂♂ gelang leider nicht.) Auch diese Versuche beweisen, daß ein Mehr an bestimmten Chromosomen den Genotypus in der entsprechenden Richtung verschiebt. Wie im einzelnen die Verhältnisse liegen, ist allerdings nicht bekannt, da wir über die Existenz oder Nichtexistenz von Geschlechtschromosomen bei *Bryum caespititium* nichts wissen. Die Individuen heißen also entweder:

$$2 \text{ a oder etwa xy } 2 \text{ a}$$
$$3 \text{ a } \quad ,, \quad ,, \text{ xxy } 3 \text{ a.}$$

Es ist demnach möglich, daß die Verschiebung nach der weiblichen Seite entweder durch das ganze eine Genom oder durch das eine x zustande kommt.

Während bei den Experimenten von BRIDGES und WETTSTEIN die ganzen Chromosomen bzw. Chromosomensätze die Abänderung vom Normaltypus hervorrufen, also cytologisch zu erkennen sind, kommen bei den *Lymantria*-Kreuzungen von GOLDSCHMIDT (1920) intrachromosomale Mengenänderungen in Betracht und sind wie GOLDSCHMJDT (1922) gezeigt hat, cytologisch nicht nachweisbar. Mit einer solchen Möglichkeit wäre aber immerhin zu rechnen. So glaubte WITSCHI (1922) streng gonochoristische Rassen von *Rana temporaria* an einem kleinen y-Chromosom, in welchem bei männlicher Heterogametie der f-Faktor lokalisiert ist, erkennen zu können. Nach einer zweiten Mitteilung (1924) erscheint der Befund allerdings fraglich.

Die im vorhergehenden Abschnitt beschriebenen Unregelmäßigkeiten bei der Reduktionsteilung ließen den Gedanken aufkommen, sie ständen in Verbindung mit dem Auftreten der Zwitter. Die Vermutung, daß non-disjunction auch bei Pflanzen zur Entstehung von Zwittern führen könnte, hat WINGE (l. c.) bereits geäußert. Er sagt, bei Besprechung seiner Ergebnisse über das Vorkommen von Geschlechtschromosomen bei Phanerogamen mit dem Hinweis auf die Untersuchungen von BRIDGES: „It seems most likely I think that the occurence of hermaphrodites is due to non-disjunction." Welche Argumente lassen sich für eine solche Auffassung beibringen?

Daß die Zwitterigkeit von *Melandrium* der sonst bei Pflanzen allgemein verbreiteten nicht gleichgestellt werden kann, zeigen SHULLs Vererbungsversuche ohne weiteres. Die Nachkommenschaft geselbsteter Zwitter besteht nicht wie sonst bei monöcischen Pflanzen aus Zwittern allein, sondern zum Teil aus Zwittern, zum Teil aus Weibchen. Ließ schon die Beschaffenheit der Blüten vermuten, daß die Zwitter mutierte Männchen sind (es treten außer zwitterigen Blüten männliche auf, und die Fruchtknoten sind oft nur schwach entwickelt), so findet die Auffassung in dieser Feststellung der Heterocygotie eine neue Stütze, da die der Männchen durch die Versuche von CORRENS erwiesen ist. Für die Möglichkeit, die Zwitter auf heterocygot mutierte Weibchen zurückzuführen, fehlen dagegen die Grundlagen. *Melandrium*-Weibchen, die auch nur analog große Staubfäden wie schwach ausgeprägte Zwitter Fruchtknoten besäßen, sind bis jetzt nie gefunden worden. G. und P. HERTWIG haben die Versuche SHULLS wieder aufgenommen und sie in den wesentlichen Punkten bestätigt. Auch sie fassen die Zwitter als mutierte Männchen auf.

Die Frage nach der Entstehung der Zwitter und damit des Wesens dieser Mutante bleibt jedoch offen. Zwei Bildungsmöglichkeiten sind gegeben: Erstens: Die Zwitter sind Mutanten im eigentlichen Sinne (wir bezeichnen sie als „direkte sekundäre Mutationszwitter"), nicht aus einer Kreuzung hervorgegangen; oder zweitens: Ihr Ursprung ist auf eine Kreuzung zurückzuführen, die irgendwie sich von einer normalen Kreuzung innerhalb derselben Art unterscheidet. Auf diese letzte Weise kommen die Intersexe von *Lymantria* und *Drosophila* zustande. Sie unterscheiden sich (abgesehen davon, daß diese am Chromosomenbestand zu erkennen sind, jene nicht) in einem wesentlichen Punkte. Die *Lymantria*-Intersexe sind Kreuzungsprodukte von bezüglich der Geschlechtsgene verschieden konstitutionierter Rassen. Sie seien als „direkte sekundäre Kreuzungszwitter" bezeichnet. Anders die *Drosophila*-Intersexe. Sie sind zurückzuführen auf ein anomales Verhalten der Geschlechtschromosomen des einen Elters. Wir bezeichnen sie als „indirekte sekundäre Kreuzungszwitter".

Wie können diese Verhältnisse auf die Zwitter von *Melandrium* übertragen werden? Es liegt nahe, sie als direkte sekundäre Mutationszwitter aufzufassen. Dafür spricht das Vorkommen von Männchen, bei

denen die Zwitterigkeit in verschieden starkem Maße nur angedeutet ist.

Es besteht aber auch die Möglichkeit, daß sie wie die Vorstufen
die Folge bestimmter *Kreuzungen* sind; in dieser Hinsicht deutet
eine Beobachtung von BLACKBURN (l. c.). Sie fand, daß bei den Bastarden *rubrum* × *album* die Staminodien der Weibchen viel größer werden
als bei den reinen Arten. Es ist nicht ausgeschlossen, daß innerhalb
der Art, ähnlich wie bei *Lymantria*, Weibchen und Männchen genetisch
verschieden starker Ausprägung existieren. Vielleicht läßt sich für die
eingangs geschilderten Männchen der Beweis der genetisch verschiedenen
Grundlage erbringen. Auf jeden Fall wäre von diesen Gesichtspunkten
aus eine Kreuzung von Melandrien aus verschiedenen Erdteilen von
Interesse.

Versuchen wir nun die Zwitter ausgehend von den in Abschnitt III
gewonnenen Unterlagen ihrer Entstehung nach als indirekte sekundäre
Kreuzungszwitter aufzufassen, so wären folgende Anforderungen zu
stellen: Die Chromosomenkonstellation muß 1. derart abgeändert sein,
daß zwitterige Individuen entstehen können, und 2. so, daß die von
ihnen aus zu konstruierenden Kreuzungsresultate mit denen von SHULL
und HERTWIG übereinstimmen. Vorausgeschickt sei dies: Die Deutung
als triploider Zwitter kommt nicht in Betracht. Dafür fehlen vor allen
Dingen, außer den cytologischen, die morphologischen Grundlagen. In
der Größe unterscheiden sich die *Melandrium*-Zwitter nicht von Weibchen und Männchen. Möglicherweise kommt in Betracht: Non-disjunction der Geschlechtschromosomen, der Autosomen und die dreipoligen Spindeln.

Zu so starken Verschiebungen im Zahlenverhältnis der Chromosomen
wie sie bei den Versuchen von BRIDGES und WETTSTEIN vorkommen,
werden diese von uns beobachteten Unregelmäßigkeiten nicht führen.
Denken wir aber an die BLACKESLEEschen Daturamutanten und bestimmte Ergebnisse von BRIDGES (männliche Intersexe haben *drei*,
weibliche *zwei* IV. Chromosomen), so erscheint es durchaus möglich,
daß schon durch ein Mehr oder Weniger *einzelner* Chromosomen Veränderungen in der geschlechtlichen Beschaffenheit bewirkt werden
können.

Wichtig für die Deutung der Zwitter als Kreuzungsprodukte ist das
Verhalten der Nachkommenschaft eines geselbsteten Zwitters. Wie
G. und P. HERTWIG gefunden haben, verhalten sich die neben den
Zwittern entstehenden Weibchen anders als die gewöhnlichen. Sie geben
mit normalen Männchen gekreuzt unter 450 Weibchen und 350 Männchen
93 Zwitter, also weit mehr als bei Kreuzung von Normalindividuen. In
der Nachkommenschaft eines Zwitters treten also überhaupt keine
„normalen" Pflanzen mehr auf, was G. und P. HERTWIG veranlaßt,

beide Weiblichkeitsfaktoren der Männchen als verstärkt anzunehmen[1]). Daraus folgt für unseren Deutungsversuch: Beide Eltern müssen, falls non-disjunction als Entstehungsursache in Betracht kommt, „anomale" Gameten besessen haben, da sonst in der Nachkommenschaft eines selbstbestäubten Zwitters außer „anomalen" auch normale Individuen auftreten müßten.

Bei non-disjunction der Geschlechtschromosomen in einem oder beiden Zwittereltern entspricht von allen möglichen Kombinationen nur eine den Forderungen. Die zwitterige Natur der meisten bliebe auf Grund der an *Drosophila* gemachten Erfahrungen fraglich, und die wenigen denkbaren würden sich nicht entsprechend den Versuchen 1 und 2 von G. und P. HERTWIG verhalten. Allein die Kombination xxxy gibt bei Selbstbestäubung des Zwitters anomale, verstärkte Weibchen xxxx (F′ F′ MM nach HERTWIG) außer Zwittern und bei Bestäubung mit Normalpollen die notwendigen schwachen Zwitter xxy (F′fMM), anomale weniger verstärkte Weibchen xxx (F′FMM) und zwitterähnliche Männchen xyy (Ff′MM). Die Übereinstimmung mit den Versuchen von HERTWIGS ist deutlich. Hierbei machen wir jedoch die unbewiesene Annahme, daß die xxxy-Individuen erstens existenzfähig und zweitens wirklich Zwitter sind. Das scheint in Analogie zu den diploiden xxy-Individuen von *Drosophila*, die Weibchen sind, nicht sehr wahrscheinlich. Außerdem konnten wir nur den Nachweis von non-disjunction des Heterochromosoms beim Männchen erbringen, mußten es aber offen lassen, ob nicht beim Weibchen der betreffende Geminus ein Autosomenpaar war.

Schwierigkeiten anderer Art ergeben sich bei Heranziehung der dreipoligen Spindeln und von non-disjunction der Autosomen. Als Ausgangszwitter kämen Individuen in Betracht, die *herabgesetzte* Autosomenzahl, aber immer die normale Zahl von x und y führten. Dies würde, mit der Annahme der Lokalisation von Ff in xy und MM in einem oder mehreren Autosomenpaaren, Schwächung der Männlichkeitsfaktoren bedeuten. Wir müßten also auf einen Standpunkt kommen, der mit den Resultaten von G. und P. HERTWIG (Versuch 2 und 3) nicht ohne weiteres vereinbar ist (vgl. Anm. 1) und außerdem wieder die ziemlich hypothetische Annahme machen, daß z. B. die Kombination 11 + x 7 + y (Pollenkorn einer dreipoligen Spindel × normales Ei) genügend wenig Autosomen besitzt, um zwitterig zu werden. Weitere Schwierigkeiten bestehen, was die Konstruktion der Kreuzungen anbelangt, auch wenn die eben gemachten Annahmen richtig sind. Denn

---

[1]) Die von vornherein ebensogut mögliche Annahme einer mutativen Schwächung der Männlichkeitsfaktoren würde vor allem mit den Resultaten der Kreuzungen Zwitterei × normaler Pollen und Zwitterpollen × normales Ei nicht übereinstimmen.

nach den bei Bastarden gemachten Erfahrungen (ROSENBERG, 1909, TISCHLER, 1921, 1925) würde der Zwitter 11 + x +7 +y in der Hauptsache dreierlei bzw. sechserlei Gameten bilden

$$
\begin{array}{ll}
(8+x & 8+y) \\
9+x & 9+y \\
10+x & 10+y
\end{array}
$$

Danach hätte man bei Selbstbestäubung mit viel mehr geschlechtlichen Zwischenstufen zu rechnen, als in den HERTWIGschen Versuchen auftreten.

Es erscheint also immerhin fraglich, daß eine der beiden Abweichungen vom normalen Verlauf der Reduktionsteilung zu Zwittern führt. Erst die cytologische Untersuchung wird zeigen, ob trotz dieser Schwierigkeiten ein Deutungsversuch der zuletzt geschilderten Art zu Recht besteht, also wirklich „indirekte Kreuzungszwitter" vorliegen.

Zusammenfassung.

1. Die Angaben von WINGE und BLACKBURN über Heterochromosomen bei *Melandrium* werden an Festlandsmaterial bestätigt. Demnach verhalten sich alle europäischen Melandrien (*album* und *rubrum*) bezüglich der Ausbildung der x- und y-Chromosomen gleich. Auch zwischen den von WINGE-BLACKBURN und von STRASBURGER untersuchten Pflanzen besteht kein Unterschied. In STRASBURGERS Präparaten sind x- und y-Chromosom gut zu erkennen.

2. *Melandrium*-Männchen können sogar als das Beispiel für Geschlechtschromosomen überhaupt gelten. Weder Fixierung noch Färbung bereiten irgendwelche Schwierigkeiten. Schon in „Zupfpräparaten" sind die Heterochromosomen sichtbar. Diese Art des Nachweises bewährte sich besonders bei Chromosomenzählungen.

3. Bei den *Melandrium*-Weibchen ist der Nachweis der Geschlechtschromosomen schwieriger, da sie stets stark gekrümmt sind und die Krümmungs- mit der Schnittebene sehr oft nicht zusammenfällt. Sie stehen in der Größe zwischen dem x- und y-Chromosom der männlichen Pflanzen. Die Identifizierung mit einem von beiden stößt auf Schwierigkeiten.

4. Bei *Melandrium album* kommen Abweichungen von der normalen Reduktionsteilung vor. Erstens non-disjunction von Geschlechtschromosomen und Autosomen; zweitens dreipolige heterotype Spindeln, wie sie bisher nur bei Bastarden beobachtet wurden.

5. Die Möglichkeit des Zustandekommens der *Melandrium*-Zwitter durch Kreuzung von Eltern, die Gameten mit abweichenden Chromosomenzahlen gebildet haben („indirekte sekundäre Kreuzungszwitter"), wird im Anschluß an 4. erörtert.

6. In dem Vorkommen von rudimentären „Fruchtknoten" bei
Melandrium-Männchen besteht eine Gesetzmäßigkeit insofern, als alle
Blüten eines Stockes gleichlange „Fruchtknoten" besitzen. Die Länge
dieser rudimentären Fruchtknoten ist bei den einzelnen Individuen verschieden. Ob genetische Rassen vorliegen, müssen weitere Untersuchungen lehren.

Literatur.

Allen, Ch. E. (1917): A chromosome difference correlated with sex differences
in *Sphaerocarpos*. Science **46**. — Ders. (1919): The Basis of sex inheritance in
Sphaerocarpos. Proc. of the Americ. philos. soc. **58**. — **Baur, E.** (1912): Ein Fall
von geschlechtsbegrenzter Vererbung bei *Melandrium album*. Zeitschr. f. indukt.
Abstammungs- und Vererbungslehre **8**. — **Bridges, C. B.** (1922): The origin of
variations in sexual and sex-limited characters. Americ. naturalist **56**. —
Blackburn, K. B. (1924): The cytological aspects of the determination of sex
in the dioecous forms of lychnis. Journ. of exp. biol. **1**. — **Correns** (1907): Die
Bestimmung und Vererbung des Geschlechts. Berlin. — Ders. (1916): Untersuchungen über die Geschlechtsbestimmung bei Distelarten. Sitzungsber. d.
preuß. Akad. d. Wiss. **51**. — Ders. (1922): Geschlechtsbestimmung und Zahlenverhältnis der Geschlechter beim Sauerampfer (*Rumex acetosa*). Biol. Zentralbl. **42**.
— Ders. (1924): Über den Einfluß des Alters der Keimzellen. Sitzungsber. d. preuß.
Akad. d. Wiss. — **Goldschmidt, R.** (1920): Untersuchungen über Intersexualität.
Zeitschr. f. indukt. Abstammungs- u. Vererbungslehre **23**. — Ders. (1920): Mechanismus und Physiologie der Geschlechtsbestimmung. Berlin. — Ders. u. **Pariser, K.**
(1923): Triploide Intersexe bei Schmetterlingen. Biol. Zentralbl. **43**. — **Haecker**
(1921): Allgemeine Vererbungslehre. — **Hertwig, G. u. P.** (1922): Die Vererbung
des Hermaphroditismus bei Melandrium. Zeitschr. f. indukt. Abstammungs- u.
Vererbungslehre **28**. — **Kihara, Hitoshi** and **Tomowo Ono** (1923): Cytological
studies on *Rumex* L. Botan. mag. **37**. — **Rosenberg, O.** (1909): Cytologische und
morphologische Studien an *Drosera longifolia* × *rotundifolia*. Kungl. svenska
vetensk. handl. ˜**43**. — **Santos, J. K.** (1923): Differentiation among chromosomes in *Elodea*. Botan. gaz. **75**. — **Schleip** (1912): Geschlechtsbestimmende
Ursachen im Tierreich. Ergebn. u. Fortschr. d. Zool. III, **3**. — **Shull, G. H.**
(1910): Inheritance of sex in *Lychnis*. Botan. gaz. **49**. — Ders. (1911): Reversible sex-mutants in *Lychnis dioica*. Ebenda **52**. — Ders. (1914): Sex limited
inheritance in *Lychnis dioica* L. Zeitschr. f. indukt. Abstammungs- u. Vererbungslehre **12**. — **Strasburger** (1909): Zeitpunkt und Bestimmung des Geschlechts.
Histol. Beitr. **7**. — Ders. (1910): Über geschlechtsbestimmende Ursachen. Pringsh.
Jahrb. **48**. — **Sykes, M. G.** (1909): On the nuclei of some unisexual plants. Ann.
of botany **23**. — **Tischler, G.** (1921/22): Allgemeine Pflanzencaryologie. Berlin. —
Tischler (1925): Die cytologischen Verhältnisse bei pflanzlichen Bastarden. Biblio-
graphia Genetica I. — **Winge, Ö.** (1914): The pollination and fertilization pro-
cesses in *Humulus lupulus* L. and *H. Japonicus* Sieb. et Zucc. Cpt. rend. du
laborat. Carlsberg **11**. — Ders.: On sex chromosomes, sex determination and
preponderance of females in some dioecious plants. Ebenda **15**. — **Witschi, E.**
(1922): Vererbung und Cytologie des Geschlechts nach Untersuchungen an
Fröschen. Zeitschr. f. indukt. Abstammungs- u. Vererbungslehre **29**. — Ders.
(1924): Die Entwicklung der Keimzellen der *Rana temporaria* L. I. Zeitschr.
f. Biol., Abt. B: Zeitschr. f. Zellen- u. Gewebelehre **1**.

Tafelerklärung.

Heterotype Platten von *Melandrium album*. Zeichenapparat. 1—4 und 6—8 Schnittpräparate. Fixierung: Carnoys Alkoholeisessig und Flemming II. Färbung: Heidenhains Hämatoxylin und Safranin. Schnittdicke 5—7,5 μ. Vergr. 2800. Abb. 5 Zupfpräparat. Fixierung: Carnoys Alkoholeisessig. Färbung: Carminessigsäure Schneider. Vergr. 1600.

Abb. 1. Männchen; Äquatorialplatte in Polansicht. 12 Chromosomen. Einzelne Chromosomen als Gemini zu erkennen. Das Geschlechtschromosom kaum mit der Spindel in Berührung.

Abb. 2. Weibchen. Heterotype Platte in Seitenansicht. Ein ungetrenntes Chromosomenpaar an den einen Spindelpol verlagert. Die fehlenden drei Gemini im anderen Schnitt.

Abb. 3. Männchen. Das Geschlechtschromosomenpaar in der Richtung nach einem Spindelpol verlagert; im Plasma liegend.

Abb. 4. Wie 3, das Geschlechtschromosomenpaar jedoch in Berührung mit der Spindel.

Abb. 5. Männchen. Ungetrenntes Autosomenpaar an dem einen Spindelpol.

Abb. 6. Männchen. Dreipolige heterotype Spindel. Der größere Partner des Geschlechtschromosoms zu erkennen. Die Gemini zum Teil schon getrennt.

Abb. 7. Männchen. Dreipolige, heterotype Spindel. Beide Geschlechtschromosomen sichtbar. Im ganzen 10 Gemini.

Abb. 8. Männchen. Normale heterotype Platte.

ÜBER BAU UND FUNKTION DER SPALTÖFFNUNGSAPPARATE BEI DEN EQUISETINAE UND LYCOPODIINAE.

Von

Fritz Riebner.

(Aus dem Pflanzenphysiologischen Institut der Universität Berlin.)

Mit 48 Textabbildungen.

(Eingegangen am 3. März 1925.)

A. Equisetinae.

1. Einleitung und bisherige Forschungsergebnisse.

Die Equisetinen haben durch ihre isolierte Stellung im Pflanzenreiche schon frühzeitig das Augenmerk der Forscher auf sich gelenkt, wobei auch ihre Anatomie mehrfach studiert wurde. Dabei fiel besonders der Spaltöffnungsapparat dieser Pflanzengruppe auf, dessen Bau verschiedene Eigentümlichkeiten zeigte, die allen übrigen Pflanzen fehlen. Alle bisherigen Arbeiten darüber sind aber wenig eingehend; die Beschreibung der Stomata ist manchmal recht ungenau und teilweise sogar offensichtlich falsch. Die Autoren begnügen sich ferner mit einer rein deskriptiven Behandlung des Objektes, und es ist noch kaum der Versuch gemacht worden, Aufschlüsse über die Bewegungsmechanik dieser Spaltöffnungen zu erhalten. Diese klar zu legen war das Ziel meiner Arbeit. Um dafür die notwendigen Grundlagen zu gewinnen, nahm ich zunächst eine möglichst eingehende Untersuchung des anatomischen Baues der Spaltöffnungsapparate einiger *Equisetum*-Arten vor, um dann auf Grund von Beobachtungen der Schließbewegung und von Messungen möglichst Klarheit über die Funktion zu schaffen. Um endlich den Vergleich der *Equisetum*-Spaltöffnungen mit denen aller übrigen Pteridophyten zu ermöglichen, wurden noch einige bisher wenig untersuchte Gruppen derselben bearbeitet. Es sollte dabei vor allem untersucht werden, ob die Gattung *Equisetum* im Bau ihrer Stomata tatsächlich ganz isoliert dasteht, wie man bisher angenommen hatte. Eine Beobachtung an tropischen *Lycopodium*-Arten, über die später zu berichten sein wird, ließ es nämlich als möglich erscheinen, daß bei diesen gewisse Analogien herrschten. Es mögen hier nun in Kürze einige Ergebnisse früherer Untersuchungen wiedergegeben sein.

Zu den ersten Autoren, welche die Spaltöffnungen der Equisetaceen einer Betrachtung würdigen, gehören KROCKER und UNGER. Ihre Arbeiten erschienen 1833. KROCKER kennt bereits die eigenartigen Verdickungsleisten der Spaltöffnungszellen, die das charakteristische Merkmal der *Equisetum*-Spaltöffnung bilden. UNGER spricht von der reihenweisen Anordnung der Stomata in den Furchen des Stengels und von ihrem von den Spaltöffnungen anderer Pflanzen abweichenden Bau. Die Verdickungsleisten erwähnt er für *Equ. limosum.* STRUVE behandelt in seiner 1835 erschienenen Arbeit „De silicia plantarum" bei den Equisetaceen die „Kieselhülle" der Epidermis und die Spaltöffnungen. Er nennt letztere „verrucae" und kennt den Unterschied zwischen den Spaltöffnungen von *Equ. hiemale* und *Equ. limosum,* den er einen geringen nennt. MEYEN bespricht 1837 in seinem „Neuen System der Pflanzenphysiologie" gleichfalls die Verkieselung der Spaltöffnungszellen bei den Equisetinen.

Die ersten umfangreicheren Angaben machte 1858 SANIO (28) in seinen „Untersuchungen über die Epidermis und die Spaltöffnungen der Equisetaceen". Er betont, daß der Spaltöffnungsapparat nicht aus einem, sondern aus zwei Zellpaaren besteht und spricht von einem äußeren oberen und einem inneren unteren Paar. Der Unterschied zwischen Schließ- und Nebenzellen, wie er bei den Equisetaceen besonders deutlich in Erscheinung tritt, ist ihm nicht bekannt. Er beschreibt die radialen Leisten und meint, daß den Equisetinen die Cuticula fehle und durch eine Kieselhülle ersetzt werde. SANIO beschreibt eine Anzahl Species in häufig etwas unklarer Darstellung, aber seine Beobachtungen sind trotz einiger Irrtümer im allgemeinen richtig.

MILDE (24) unternimmt es 1866 in seiner „Monographia Equisetorum", die Equisetaceen je nach der Lage der Spaltöffnungen zum Niveau der Epidermis zu klassifizieren, worauf weiter unten näher eingegangen werden soll. Er nennt die radialen Leisten fälschlicherweise Kieselstrahlen und spricht ebenso wie SANIO von zwei Zellenpaaren, ohne die Unterscheidung zwischen Schließ- und Nebenzellen zu berücksichtigen. Über die Entwicklung der *Equisetum*-Spaltöffnungen berichtet 1866 STRASBURGER (32). Diese vollzieht sich nach seinen Angaben in folgender Weise. Die Mutterzelle teilt sich durch zwei radiale Wände in drei Teile. Es entstehen dadurch eine linsenförmige Zelle in der Mitte und zwei halbmondförmige an den Seiten. Dann teilt sich die mittlere Zelle nochmals in zwei gleiche Teile. Die beiden seitlichen Zellen wachsen über die mittleren hinweg, so daß nur ein enger Kanal zwischen ihnen übrig bleibt. Die seitlichen Zellen werden also zu Nebenzellen. Gleichzeitig beginnt nun von oben her die Bildung der Spalte zwischen den mittleren Zellen, wodurch diesen der Charakter von Schließzellen verliehen wird. Über den gleichen Gegenstand berichtet auch DE BARY (3) 1877 in seiner „Vergleichenden Anatomie". Er bildet die Spaltöffnungen von *Equ. hiemale* richtig ab, ist sich aber über die Bedeutung der anatomischen Verhältnisse nicht völlig klar.

Keiner dieser Autoren berührt aber die für die Funktion der *Equisetum*-Spaltöffnungen so wichtigen, im Verlauf dieser Mitteilungen noch zu erläuternden Altersveränderungen im anatomischen Bau der Spaltöffnungszellen. Sie sagen auch nichts über ihre Funktion oder über die chemische Beschaffenheit ihrer Wände. Höchstens wird die Verkieselung erwähnt. Erst COPELAND (6) geht 1902 auf die Funktion der Spaltöffnungsapparate bei *Equ. arvense* näher ein, ohne aber seine darüber aufgestellte Theorie irgendwie zu beweisen. NEUMANN-REICHARDT (26) endlich beschrieb 1919 die Wasserspalten von *Equ. arvense.*

2. Anatomischer Bau der Spaltöffnungszellen.

Untersucht wurden die Spaltöffnungsapparate von *Equ. arvense* L., *Equ. hiemale* L., *Equ. maximum* Lam., *Equ. fluviatile* L. (*limosum* L.) *Equ. palustre* L. *Equisetum arvense* L.

Equisetum arvense L.

An den sterilen Trieben von *Equ. arvense* befinden sich die Spaltöffnungen in Längsreihen, immer je zwei nebeneinander, in den Furchen zwischen den Längsrippen der Internodien. Der Spaltöffnungsapparat ist nicht eingesenkt, die Spalte in der Längsrichtung des Internodiums

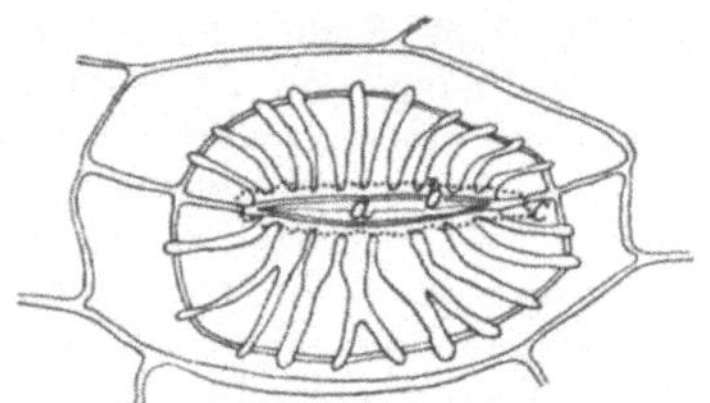

Abb. 1. Oberflächenbild einer Spaltöffnung, von oben gesehen.

Abb. 4. Polarer Querschnitt.

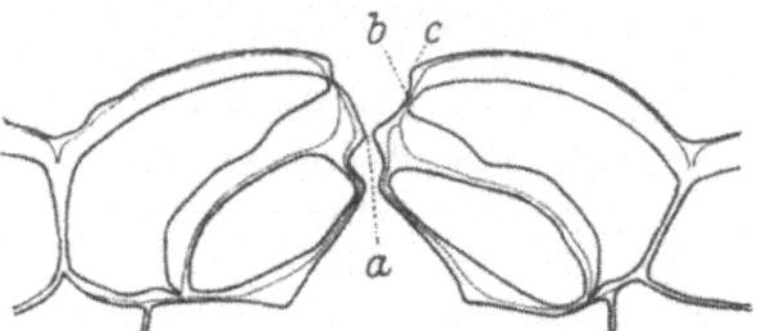

Abb. 2. Medianer Querschnitt durch eine Spaltöffnung, jüngeres Stadium.

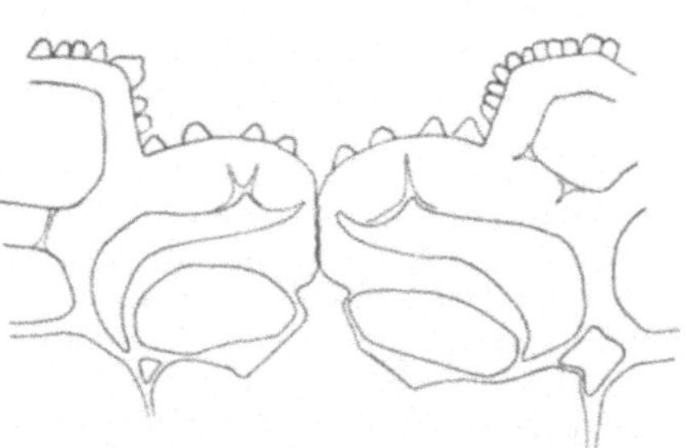

Abb. 5. Querschnitt durch eine Spaltöffnung der fertilen Triebe (Blattschuppe).

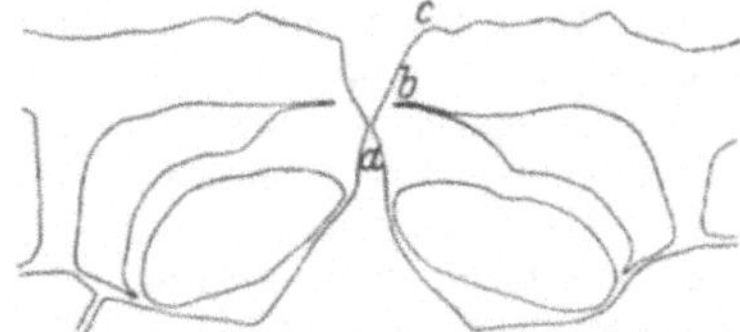

Abb. 3. Querschnitt, altes Stadium.

Equisetum arvense.

orientiert. Es sind Schließzellen und von den benachbarten Epidermiszellen im Bau wesentlich verschiedene Nebenzellen zu unterscheiden; erstere werden von den letzteren vollkommen überdeckt. Die Wandung der Schließzellen weist zwei gelenkartige dünne Stellen auf (Abb. 2); desgleichen befindet sich eine dünne Stelle in den Nebenzellen, und zwar in dem Teile der Wand, welcher die äußere Atemhöhle begrenzt. Die Rückenwände der Schließzellen sind mit erhabenen Leisten versehen, welche in das Lumen der Nebenzellen hineinragen. Diese Leisten gehören den Nebenzellen an, denn wie aus Abb. 2 ersichtlich ist, verläuft die Mittellamelle nahe derjenigen Wandseite, welche das Lumen der Schließzelle begrenzt. Sie zeigen im Oberflächenbild des Spaltöffnungsapparates eine radiale Anordnung um den Porus und sind scharf konturiert (Abb. 1). Teilweise sind sie verzweigt, verlaufen aber immer isoliert, ohne miteinander zu verschmelzen, bis zum Rande der Zelle. Die Cuticula umgibt den ganzen Apparat, zieht sich aber in die Atemhöhle nicht hinein. Der Rand der äußeren Atemhöhle und ein großer Teil der Außenwand der Nebenzellen sind mit verkieselten Papillen besetzt.

Bei den fertilen Trieben von *Equ. arvense* befinden sich die Spaltöffnungen vornehmlich an den Außenseiten der Schuppenblätter. Sie weisen im allgemeinen die gleiche Anordnung und den gleichen anatomischen Bau auf, wie die Spaltöffnungsapparate der sterilen Triebe (Abb. 5), nur sind die Außenmembranen der Nebenzellen stark verdickt und nach innen mit buckelartigen Vorwölbungen versehen. Die Einbuchtungen zwischen den Buckeln sind Eingänge zu Tüpfelkanälen, welche sich bis ziemlich unter die Cuticula verfolgen lassen. Der gesamte Spaltöffnungsapparat ist bei den fertilen Trieben unter das Niveau der Epidermis eingesenkt. Auf der Innenseite der Schuppenblätter befinden sich die von NEUMANN-REICHARDT (26) eingehend beschriebenen Wasserspalten. Diese sind kleiner und unregelmäßiger als die Luftspalten, ihre radialen Leisten sind weniger zahlreich und regelmäßig.

Spaltöffnungen kommen bei den fertilen Trieben auch auf den Sporophyllen vor, wenn auch in verhältnismäßig geringer Zahl. Sie sind regellos angeordnet, ihre Zellen sind kleiner als auf den Schuppenblättern oder an den sterilen Trieben und nicht eingesenkt. In ihrem anatomischen Bau gleichen die Spaltöffnungen der Sporophylle, denen der sterilen Triebe. Vielleicht sind die Spaltöffnungen der Sporophylle mit dem Chlorophyllgehalt der Sporen in Zusammenhang zu bringen.

Die Spaltöffnungsapparate von *Equ. arvense* sind von COPELAND (6) kurz beschrieben und abgebildet worden. Seiner Zeichnung nach hat er aber nur die der sterilen Triebe im Auge. Er stellt die Verhältnisse ungefähr richtig dar und unternimmt es, die übliche Terminologie auch auf die stark aus dem allgemeinen Rahmen fallenden Spaltöffnungszellen der Equiseten anzuwenden. Bauch- und Innenwand der Schließzellen fallen nach ihm praktisch zusammen. Die Rückenwand trägt die Verdickungsleisten, und die Außenwand ist lediglich auf die Vorderhörnchen beschränkt.

Equisetum hiemale L.

Auch hier liegen die Spaltöffnungen in zwei Längsreihen angeordnet in den Furchen zwischen den Längsrippen der Internodien und sind in der Längsrichtung des Internodiums orientiert. Der ganze Apparat, Schließ- und Nebenzellen, ist aber eingesenkt, und die Nebenzellen werden von den angrenzenden Zellen der Epidermis bis zur Hälfte überdeckt (Abb. 9). Querschnitte, die man bei mittelstarken Internodien von den Spaltöffnungsapparaten anfertigt, zeigen ungefähr folgendes Bild (Abb. 8). Auch hier finden sich die beiden dünnen Stellen in den Schließzellen und die radialen Leisten. Besonders charakteristisch ist für die Spaltöffnungszellen von *Equ. hiemale* die verhältnismäßig dicke Außenmembran der Nebenzellen, die dann in der Nähe des Poruseinganges *a* unvermittelt in eine dünne Partie *b* übergeht. Unter diese

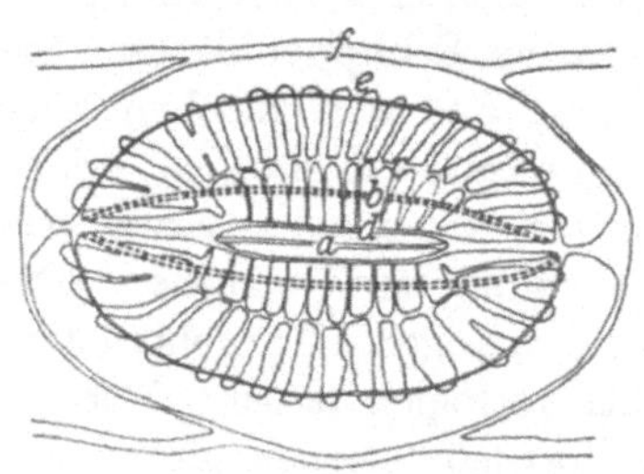

Abb. 6. Oberflächenbild, von unten gesehen.

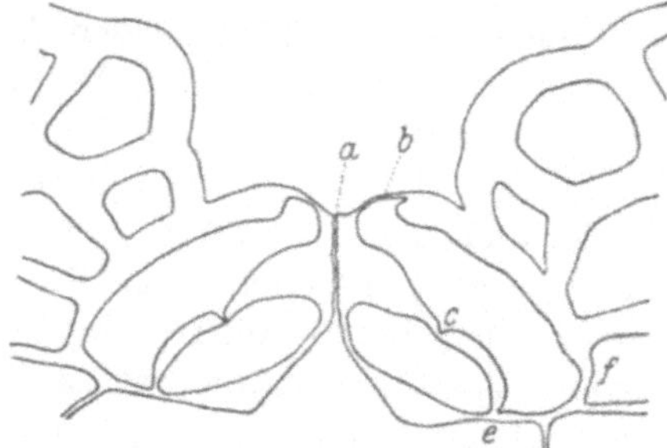

Abb. 8.   Querschnitt, junges Stadium.

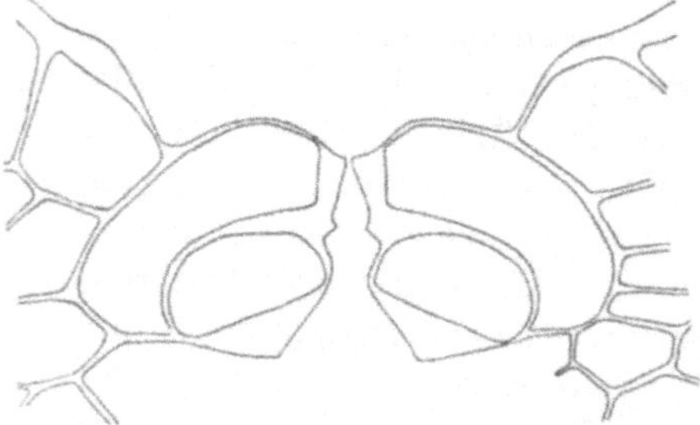

Abb. 7. Querschnitt, sehr junges Stadium.

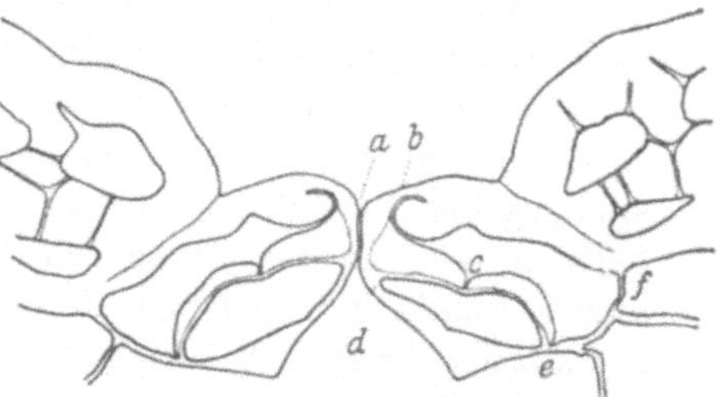

Abb. 9.   Querschnitt, altes Stadium.

Equisetum hiemale.

schiebt sich ein der Außenwand angehöriger Buckel, so daß vom Lumen hier nur ein schmaler am Querschnitt hörnchenförmiger Spalt übrig bleibt, welcher von DE BARY (3) als „gekrümmter, nach außen gerichteter Tüpfel“ bezeichnet wird. Dieser Spalt ist auch im Oberflächenbild (Abb. 6 bei *b*) als feiner rötlich schimmernder Streifen sichtbar. Über die Bedeutung dieser merkwürdigen Einrichtung soll weiter unten berichtet werden. Die radialen Leisten zeigen in der Mitte ein deutliches Gelenk, welches bei *Equ. arvense* nicht vorhanden ist, sondern nur durch eine etwas dünnere Stelle ersetzt wird. Somit erscheinen im Oberflächenbild (Abb. 6) deutlich zwei Systeme von radialen Leisten, deren äußeres in seinen Umrissen gezähnelt und teilweise verzweigt ist. Eine Verschmelzung der Leisten findet auch hier nicht statt; sie verlaufen isoliert bis zum Rande der Zelle. Der Spaltöffnungsapparat bei *Equ. hiemale* ist im ganzen größer als bei *Equ. arvense*. Er ist von SADEBECK in ENGLER-PRANTLS „Natürlichen Pflanzenfamilien" abgebildet worden, aber unter Weglassung der Gelenke in den radialen Leisten.

Equisetum maximum Lam.

Am Stamme selbst sind keine Spaltöffnungen vorhanden; ihr Vorkommen beschränkt sich auf die Seitensprosse, wo sie in großer Anzahl zwischen den Längsrippen der Internodien auftreten. Der Apparat ist kleiner als bei *Equ. hiemale*; die Spalte ebenfalls in der Längsrichtung des Sprosses orientiert. Der obere, dem Porus unmittelbar benachbarte Teil der radialen Leisten ist erheblich dicker als der untere Teil (Abb. 11). Die Leisten sind in reicherem Maße verzweigt (Abb. 10). Außer den beiden dünnen Partien in der Schließzellwanderung findet sich auch

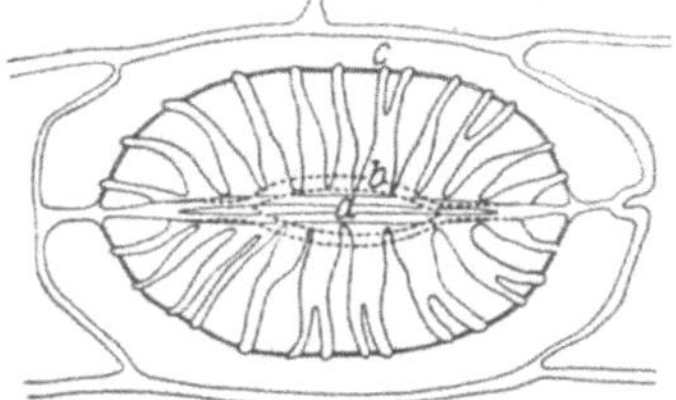

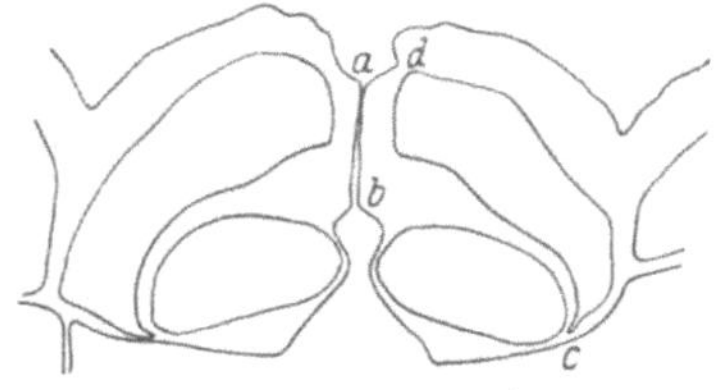

Abb. 10. Oberflächenbild, von unten gesehen.   Abb. 11.   Querschnitt.
Equisetum maximum.

in den Nebenzellwänden eine Gelenkstelle am Poruseingang vor. Der übrige Teil der Nebenzellaußenwand ist erheblich verdickt.

Equisetum fluviatile L. (limosum L.).

Beide Pflanzen sind nach SADEBECK (8) Varietäten von *Equisetum heleocharis* EHRH., und zwar wird die astlose oder nur spärlich verzweigte Form als *Equ. limosum*, die vielfach verästelte dagegen als *Equ. fluviatile* bezeichnet. Untersucht wurde in der Hauptsache *Equ. fluviatile*, *Equ. limosum* aber ebenfalls berücksichtigt. In den Spaltöffnungsverhältnissen war ein Unterschied zwischen beiden Varietäten nicht festzustellen.

Die Stomata treten sehr zahlreich auf und finden sich regellos verstreut auf den verhältnismäßig breiten Feldern zwischen den Stengellängsrippen. Die Orientierung des Spaltes in der Längsrichtung des Internodiums ist auch hier beibehalten. Der Apparat ist nicht eingesenkt. Die Schließzellen ähneln denen von *Equ. maximum*. Die äußeren Cuticularhörnchen (Abb. 15 g) sind hier besonders deutlich ausgebildet. Die radialen Leisten werden nach dem Porus zu dicker (Querschnitt) und breiter (Oberflächenbild) (Abb. 14 und 12). Ein Gelenk in den Leisten wie bei *Equ. hiemale* fehlt. Die Wände der Nebenzellen, welche an den Porus grenzen, senden eine wulstförmige Verdickung in das Lumen vor (Abb. 14 bei *b*). Diese Wulst wird, wie im Oberflächenbild deutlich wahrnehmbar ist, nach den Polen der Schließzellen zu schmäler (Abb. 12 bei *b*). Durch sie werden in den Nebenzellen zwei Gelenke, oberhalb und unterhalb der Verdickung erzeugt. Auffallend ist bei den Spaltöffnungen von *Equ. fluviatile* die Neigung zur Bildung von Ab-

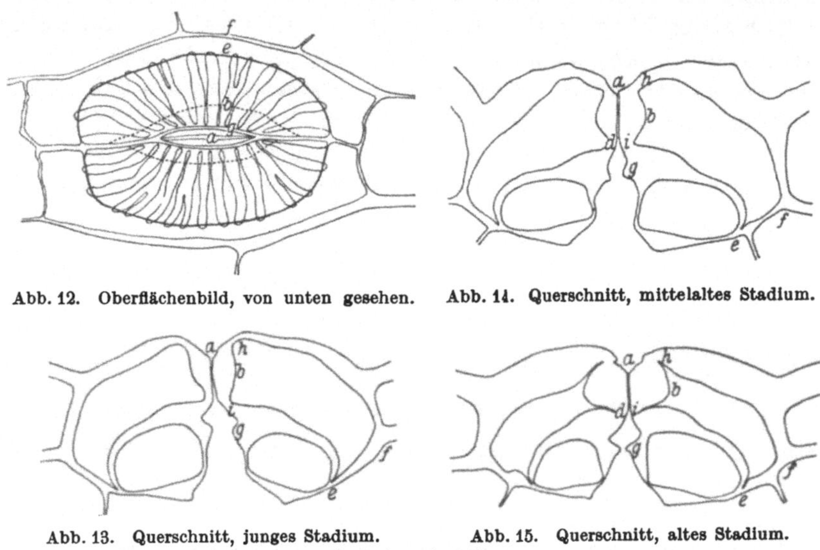

Abb. 12. Oberflächenbild, von unten gesehen.   Abb. 14. Querschnitt, mittelaltes Stadium.

Abb. 13.   Querschnitt, junges Stadium.   Abb. 15.   Querschnitt, altes Stadium.
Equisetum fluviatile.

normitäten, wobei es vorkommen kann, daß die Schließzellen vollkommen rudimentär werden oder ihre Anlage ganz und gar unterbleibt.

Equisetum palustre L.

Die Stomata sind zahlreich und ohne Regelmäßigkeit in der Anordnung über die breiten Flächen zwischen den Längsrippen der Internodien verstreut und in die Längsrichtung der letzteren gestellt. Der Apparat ist nicht eingesenkt. Die radialen Leisten sind unverzweigt und haben in der Mitte eine dünnere und schmälere Stelle (Abb. 16). Die äußeren Cuticularhörnchen sind auch hier deutlich entwickelt, aber auch die inneren Hörnchen zeigen eine verhältnismäßig gute Ausbildung. An der Außenwand der Nebenzellen befindet sich ein in das Lumen vorstoßender Buckel, hinter welchem die Wand dann eine dünne Gelenkstelle aufweist.

Zusammenfassung der gemeinsamen Merkmale.

Die Spaltöffnungen der Equisetaceen finden sich zwischen den Rippen der Internodien vor und sind in der Längsrichtung des Internodiums orientiert. Es sind charakteristische Nebenzellen vorhanden. Ihre an die Schließzellen grenzenden Wände tragen zum Porus radial angeordnete, scharf konturierte Leisten, welche in das Lumen der Nebenzellen vorragen. Der an den Porus grenzende Teil derselben ist dicker als der dem Porus abgewandte Teil; beide Teile sind durch eine dünnere und schmälere Stelle getrennt, welche bei *Equ. hiemale* als deutliches Gelenk entwickelt ist. Die Leisten sind manchmal verzweigt, nie aber durch Queranastomosen verbunden oder miteinander verschmolzen. Die Cuticula umläuft den ganzen Apparat, tritt aber in der Atemhöhle nicht mehr auf. Die äußeren Cuticularhörnchen sind mehr oder weniger deutlich entwickelt, die inneren meist nur angedeutet. Die Schließzellen weisen zwei dünne Partien an der Bauch-Innenwand auf, desgleichen kommen Gelenkstellen auch in den Nebenzellen vor. Die Wan-

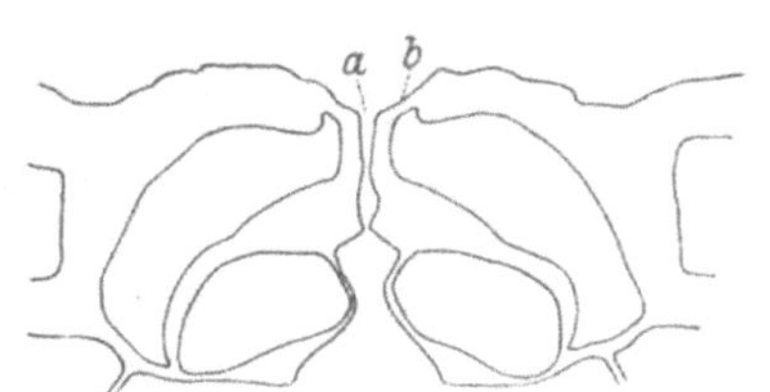

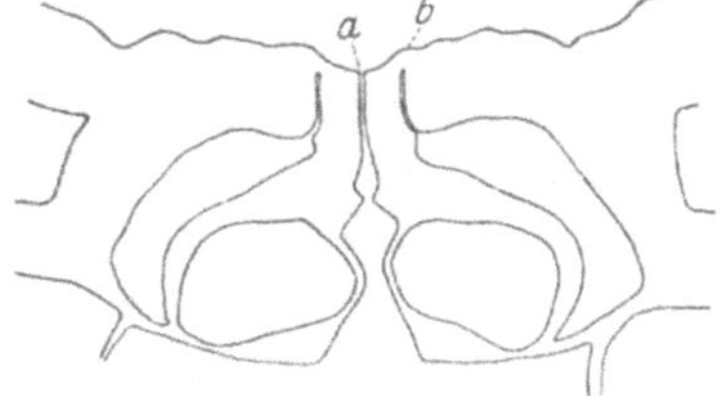

Abb. 16. Querschnitt, junges Stadium.   Abb. 17. Querschnitt, altes Stadium.

Equisetum palustre.

dungen der Nebenzellen zeigen nach innen zu häufig Bildungen von Buckeln oder Wülsten.

Will man den Versuch COPELANDS (6) die üblichen Bezeichnungen auch auf die einzelnen Teile der Equisetenspaltöffnung anzuwenden, fortführen, so könnte folgendes gesagt werden. Wo die äußeren Hörnchen der Schließzellen sich nähern, liegt die Eisodialöffnung. Eine eigentliche Centralspalte ist nicht vorhanden. Vorhof, Centralspalte und Hinterhof bilden einen zusammenhängenden trichterförmigen Raum, der sich nach der Opisthialseite hin weit öffnet. Von der Eisodialöffnung führt ein Spalt (Porus) nach außen. Dieser entspricht der äußeren Atemhöhle; er ist meist schmal, bei *Equ. arvense* trichterförmig erweitert. Ist der ganze Apparat eingesenkt, wie bei *Equ. hiemale,* so tritt über dem spaltenförmigen noch ein grubenförmiger Teil einer äußeren Atemhöhle auf. Nach diesem letzten Merkmal teilt MILDE (24) die Equisetaceen in zwei Sektionen: *Equiseta phaneropora,* bei denen die Spaltöffnungsapparate im Niveau der Epidermis liegen, und *Equiseta cryptopora,* bei denen sie unter das Niveau der Epidermis versenkt

sind. Auch SADEBECK gibt in ENGLER-PRANTLS „Natürlichen Pflanzenfamilien" eine Einteilung der Equiseten nach der Lage der Spaltöffnungsapparate wieder. Er bezeichnet als Sektion *Equisetum* die Species mit
nicht versenkten und als Sektion *Hippochaete* die mit versenkten Spaltöffnungsapparaten. SADEBECK sagt, daß bei der Sektion *Equisetum*
die „Spalte" (gemeint ist die spaltenförmige äußere Atemhöhle) direkt
nach außen, bei der Sektion *Hippochaete* in den „Vorhof" (gemeint ist
die grubenförmige Atemhöhle) münde. Die von ihm verwendeten Ausdrücke entsprechen also nicht der gebräuchlichen Terminologie. Richtig
dagegen ist seine Angabe, daß die Atemhöhle der Sektion *Hippochaete*
von verkieselten Fortsätzen der benachbarten Epidermiszellen überragt
werde. Diese strecken sich nämlich, wie bei *Equ. hiemale* gut zu beobachten ist, von den Polen aus vor und lassen einen schmalen, langgestreckten
unregelmäßig gestalteten Eingang in die Grube frei. Die Längsachse
dieses Einganges steht senkrecht zur Längsrichtung der Spaltöffnung.
Im medianen Querschnitt (Abb. 9) ist von den Fortsätzen der benachbarten Epidermiszellen natürlich nichts zu bemerken.

In Übereinstimmung mit dem gesamten Bau dieser Pflanzen zeigen
auch ihre Spaltöffnungen xerophile Charaktere, die bei den überwintern-
den Formen, die oft monatelang in physiologisch trockenem Boden
wurzeln, begreiflicherweise am stärksten ausgebildet sind. Bei diesen
kommt es, wie eben betont wurde, zu einer Einsenkung und dadurch
zur Bildung einer überwölbten, grubenförmigen Atemhöhle, deren Bedeutung als windstiller Raum und als Windfang schon von HABER-
LANDT (15) erkannt und neuerdings besonders von GRADMANN (10) klargelegt wurde. Bei Exemplaren von *Equ. hiemale*, die im Februar untersucht
wurden, fand sich ferner im Porus eine durch Sudan III rot färbbare
Substanz, vermutlich also eine Wachsausfüllung. Bei den Sommerformen
bildet die Bedeckung der Schließzelle durch die Nebenzellen, die nur
eine schmale Spalte zwischen sich frei lassen, den Transpirationsschutz.

3. Die Inhaltsstoffe der Spaltöffnungszellen.

Die Untersuchungen darüber wurden an *Equ. hiemale* ausgeführt,
und zwar an einem überwinterten Trieb im Februar und an einem eben
solchen Ende April.

Ergebnisse im Februar.

Stärke: Zu ihrem Nachweis wurde Jodjodkalium benutzt. Sie fand
sich reichlich in mittelgroßen Körnern vor, aber nur in den Schließzellen. Die Nebenzellen waren stärkefrei. *Fett:* Der Nachweis wurde
mit Sudan III geführt. Er ergab sehr reichlich Fett in den Nebenzellen,
wenig dagegen in den Schließzellen. *Zucker:* Die FEHLING-Reaktion
und die TROMMER-Probe blieben erfolglos. Zucker scheint demnach
um diese Jahreszeit ganz zu fehlen.

Ergebnisse Ende April.

Stärke: Solche war auch jetzt nur in den Schließzellen enthalten, aber in geringerer Menge als im Februar. *Fett:* Es fand sich reichlich in den Nebenzellen vor, während die Schließzellen sich völlig fettfrei zeigten. *Zucker:* Die FEHLING-Reaktion zeigte die Anwesenheit von Zucker. Der lokale Nachweis, ob in den Schließ- oder Nebenzellen, konnte nicht erbracht werden.

Die Abnahme der Stärke im Frühjahr steht wohl im Zusammenhang mit dem Auftreten von Zucker in dieser Jahreszeit. Auch das Fett dürfte z. T. in Zucker übergeführt worden sein. Zu bemerken ist noch, daß die Schließzellen sehr reichlich, die Nebenzellen hingegen nur wenig Chlorophyll enthalten. Erstere können also am Licht reichlicher osmotisch wirksame Substanzen bilden als letztere. Die Schließzellen von *Equ. hiemale* enthalten, wie wir sahen, im Winter nur wenig osmotisch wirksame Substanzen und können sich deshalb nicht öffnen. Eine Öffnungsbewegung wird auch durch eine noch später zu besprechende anatomische Eigentümlichkeit verhindert. Das macht es verständlich, daß auch die Nebenzellen, die sonst zu dieser Jahreszeit nach LIDFORSS (21) und HAGEN (16) die Schließzellen aneinanderpressen, bei unserem Objekt im Februar keinen Zucker enthielten. Der im Frühjahr auftretende Zucker könnte, wenn er, wie anzunehmen ist, sich in den Schließzellen befindet, diesen gegenüber den Nebenzellen ein osmotisches Übergewicht geben. Nach den gleich zu besprechenden Versuchen scheint dieses aber sehr gering zu sein.

4. Die osmotischen Verhältnisse.

Untersuchungen wurden vorgenommen an einem überwinterten Trieb von *Equ. hiemale* im April und an einem nicht überwinterten Trieb derselben Species von 12—15 cm Länge im Juni, und zwar an den oberen noch nicht vollkommen ausgewachsenen Internodien. Die Plasmolyse wurde durch Rohrzuckerlösung bewirkt.

Ergebnisse im April.

Rohrzuckerlösungen aufwärts bis 19 vH. bewirkten keinerlei Plasmolyse in den Spaltöffnungszellen.

20 vH. (= 13,1 Atm.): Nach verhältnismäßig langer Dauer der Behandlung zeigte sich ein allmähliches Beginnen der Plasmolyse in den Schließ- und Nebenzellen.

25 vH. (= 16,4 Atm.): Deutliche Plasmolyse nach langer Behandlung, und zwar in den Schließzellen früher und stärker als in den Nebenzellen.

30 vH. (= 19,6 Atm.): Deutliche Plasmolyse schon nach kürzerer Behandlungsdauer, in den Schließzellen wieder früher und stärker.

40 vH. (= 26,2 Atm.): Starke Plasmolyse nach kurzer Zeit, fast momentan. Schließ- und Nebenzellen plasmolysierten gleichzeitig und gleich stark.

Die Plasmolysegrenze lag also bei 20 proz. Rohrzuckerlösung für Schließ- und Nebenzellen. Das entspricht einem osmotischen Wert von 13,1 Atmosphären.

Zum Vergleich wurden Plasmolysierungsversuche auch an Epidermiszellen ausgeführt. Sie ergaben folgendes.

20 vH. (= 13,1 Atm.): Schwach beginnende Plasmolyse in den Epidermiszellen der Stengellängsrippen, aber noch keine Plasmolyse in den Epidermiszellen der Stengelfurchen.

25 vH. (= 16,4 Atm.): Deutliche Plasmolyse in der Rippenepidermis, dagegen schwache in der Furchenepidermis.

30 vH. (= 19,6 Atm.): Starke Plasmolyse in der Rippenepidermis, weniger starke in der Furchenepidermis.

40 vH. (= 26,2 Atm.): Starke Plasmolyse in den Zellen der Rippen- und Furchenepidermis.

Ergebnisse im Juni.

Angewendet wurde Rohrzuckerlösung von 22 vH. an abwärts. Bei 10 vH. war noch eine schwache Plasmolyse in den Schließ- und Nebenzellen zu bemerken; bei 9 vH. zeigte sich keinerlei Wirkung mehr. Die Plasmolysegrenze lag also in diesem Falle bei 10 vH.; das entspricht einem osmotischem Druck von 6,6 Atmosphären. Auch hier konnte beobachtet werden, daß die Schließzellen bei gleich starker Lösung früher plasmolysierten als die Nebenzellen.

Wie man sieht, ergab die Untersuchung zwar einen sehr beträchtlichen Unterschied in der Höhe des osmotischen Wertes des ganzen Spaltöffnungsapparates im April und im Juni, überraschenderweise aber in keinem der Fälle Differenzen zwischen Schließ- und Nebenzellen. Zum ersten Punkt ist zu bemerken, daß im April vorjährige, im Juni diesjährige Sprosse untersucht wurden, die Differenzen im osmotischen Druck also im verschiedenen Alter begründet sein könnten. Für wahrscheinlicher wird man allerdings ein verschiedenes Verhalten zu verschiedenen Jahreszeiten halten. Die mangelnden Druckdifferenzen zwischen Schließ- und Nebenzellen können an überwinterten Sprossen deshalb nicht wundernehmen, weil deren Spaltöffnungen, wie später ausgeführt werden wird, so gut wie unbeweglich sind. An jüngeren Sprossen im Juni würde man aber ein Überwiegen des Schließzelldruckes erwarten. Da die Bewegung aber auch hier, wie noch gezeigt werden wird, eine sehr geringe ist, dürfte auch der Überdruck ein geringer sein und sich deshalb mit der plasmolytischen Methode schwer nachweisen lassen. Eine unvermeidliche Fehlerquelle liegt ferner darin, daß die Verhältnisse nur an Schnitten und nicht an der Pflanze selbst studiert werden können.

Das raschere oder spätere Eintreten der Plasmolyse dürfte auf verschiedene Durchlässigkeit der Zellmembranen zurückzuführen sein. Tüpfel und Gelenke werden diese erhöhen.

5. Die Funktion der Spaltöffnungen.

a) *Der Zusammenhang zwischen Bau und Funktion der Schließzellen.*

Von grundlegender Bedeutung für die Funktion der Equisetenspaltöffnungen ist die Tatsache, daß ihr anatomischer Bau im jugendlichen Stadium ein wesentlich anderer ist, als im Alter. Unter „jugendlichen Spaltöffnungen" verstehe ich diejenigen der noch nicht völlig ausgewachsenen Internodien. Diese Unterschiede im anatomischen Bau der jugendlichen und alten Spaltöffnungsapparate offenbaren sich bei den einzelnen Species folgendermaßen.

Equ. arvense L. Der jugendliche Spaltöffnungsapparat (Abb. 2) zeigt den bereits eingangs geschilderten anatomischen Bau. Im Alter wird die Außenwand der Nebenzelle sehr stark verdickt, desgleichen der an den Porus grenzende Teil der radialen Leisten (Abb. 3). An der dünnen Stelle bei *b* bleibt jetzt vom Zellumen nur ein schmaler Spalt übrig und die Gelenkfunktion der dünnen Stelle ist durch die angelegten Verdickungen unmöglich geworden. Eine Einkrümmung nach innen verhindern die verdickten Elemente, und eine Auskrümmung nach außen verbietet sich schon im Jugendstadium durch die geringe Entfernung der äußeren Cuticularhörnchen voneinander (bei *a*). So wirken bei *Equ. arvense* die Verdickungen der Leisten und der Außenmembran der Nebenzellen als Arretiervorrichtungen.

Equ. hiemale L. Bei ganz jungen Spaltöffnungen (Abb. 7) sind die Außenwände der Nebenzellen außerordentlich dünn. Von den oben erwähnten Buckeln fehlt jede Spur. Die radialen Leisten sind ebenfalls noch sehr dünn und nur im oberen Teile ein wenig verdickt, auch fehlt ihnen das Gelenk in der Mitte. Die Verdickungen der den Porus begrenzenden Partien der Nebenzellen sind noch in einem' Maße unentwickelt, daß die äußeren Cuticularhörnchen der Schließzellen deutlich hervortreten. In einem etwas älteren Stadium (Abb. 8) sind die Außenwände der Nebenzellen schon etwas stärker. Der Buckel ist angedeutet, und bei *b* erkennt man jetzt ein deutliches Gelenk. Auch der obere Teil der radialen Leisten ist etwas stärker geworden und das äußere Hörnchen ganz verschwunden. Das Mittelgelenk der radialen Leisten tritt bereits auf. Bei alten Spaltöffnungen endlich (Abb. 9) nimmt die Verdickung aller Elemente ein beträchtliches Ausmaß an. Insbesondere schwillt der Buckel sehr stark an und füllt in seinem Bereiche das Lumen der Nebenzelle vollkommen aus. An eine Gelenkfunktion der dünnen Stelle bei *b* ist nicht mehr zu denken, da weder ein Einbiegen noch ein Ausbiegen des Gelenkes möglich ist. So wirkt bei *Equ. hiemale* hauptsächlich der Buckel als Arretiervorrichtung.

Equ. fluviatile L. (*limosum* L.). Im Jugendstadium (Abb. 13) sind die Außenwände der Nebenzellen noch dünn. Die Wulst (*b*) an der

Begrenzungswand des Porus ist nur angedeutet. Darüber und darunter (*h* und *i*) befinden sich deutliche Gelenke. Bei mittelalten Spaltöffnungen sind die Nebenzellwände und die Wulst schon stärker geworden (Abb. 14). Alte Spaltöffnungen zeigen neben einer starken Verdickung der Nebenzellaußenwände eine besonders starke Größenzunahme der Wulst (Abb. 15), so daß das Zellumen hier in zwei enge Zipfel ausläuft. Alle Verdickungen zusammen bewirken ein vollkommenes Festsitzen der Gelenke bei *h* und *i*. Hier wirkt also vorwiegend die Wulst als Arretiervorrichtung.

Equ. palustre L. Bei den jüngeren Exemplaren dieser Species sind die Außenwände der Nebenzellen mäßig verdickt und weisen einen Buckel auf, ähnlich wie *Equ. hiemale* (Abb. 16). Bei *b* ist die Zellwand dünn und kann als Gelenk fungieren. In der alten Spaltöffnung werden die Außenmembranen der Nebenzellen außerordentlich dick, ebenso die Begrenzungswand des Porus. Buckel und Grenzwand schieben ihre Verdickungen gegeneinander vor und pressen das Lumen zum schmalen Spalt zusammen (Abb. 17). Es ist ersichtlich, daß in diesem Stadium von einer Gelenkfunktion der dünnen Stelle bei *b* keine Rede mehr sein kann.

Bei *Equ. maximum* Lam. war es mir nicht möglich, verschiedene Altersformen der stomatären Zellen festzustellen, da für die Untersuchung nur Alkoholmaterial zur Verfügung stand, von dem sich nicht feststellen ließ, ob es sich um jüngere oder ältere Pflanzen handelte.

Zusammenfassend sei festgestellt, daß die Nebenzellen im Alter Arretiervorrichtungen entwickeln, und zwar in der Form von Buckeln, Wülsten und sonstigen Wandverdickungen. Diese von früheren Autoren so gut wie ganz übersehene Tatsache bewirkt, daß die Gelenke der Nebenzellen und damit die Schließzellen überhaupt unbeweglich werden. Am auffälligsten ist das wohl bei *Equ. hiemale, Equ. fluviatile* und *Equ. palustre*, weniger deutlich bei *Equ. arvense*. Die Schließzellen werden dabei so fixiert, daß die Spalte bis auf einen äußerst schmalen Raum geschlossen wird und sich jetzt nicht weiter öffnen kann. Ein gänzlicher Verschluß derselben durch einen eventuellen Druck der Nebenzellen bleibt unbenommen. Der ganze Vorgang ließe sich als xerophile Anpassung auffassen. Die Arretiervorrichtungen wirken ähnlich wie die an vielen alternden, besonders mehrjährigen Blättern beobachteten Thyllen, die sich der Opisthialöffnung anlegen, ohne aber, wie kürzlich Fr. Weber (34) zeigte, die Spalte ganz impermeabel zu machen.

Nach dem anatomischen Bau wird man folgende Art der Bewegung für wahrscheinlich halten. Bei steigendem Turgor runden sich die Schließzellen ab, d. h. ihre Längsausdehnung (im Querschnittsbild) wird geringer, und ihre Breitenausdehnung nimmt zu. Die Rückenwand mit den radialen Leisten müßte sich demnach in das Lumen der Nebenzelle vorwölben. Das kann nur der Fall sein, wenn der obere Teil der Leisten zusammen mit der den Porus begrenzenden Partie der Nebenzellwand als Hebel fungiert. Dabei müssen die Gelenkstellen in den Nebenzellen als Scharniere dienen. Wenn der Hebel unter Benutzung der Gelenkstelle als Drehpunkt sich aufwärts bewegt, dann wird die Spalte auseinander gezogen. Im Alter müßten die Schließzellen, wie oben angeführt wurde, unbeweglich werden.

Von COPELAND (6) ist die Funktion der Spaltöffnungen für *Equ. arvense* ungefähr so dargestellt worden, ohne daß er aber durch Messungen einen exakten Nachweis dafür erbracht hätte. Ein solcher soll im folgenden versucht werden.

b) *Ergebnisse der Messungen.*

Die Vorwölbung der radialen Leisten in das Lumen der Nebenzelle konnte bei turgescenten Schließzellen direkt beobachtet werden. Vorsichtig behandelte Oberflächenschnitte wurden mit der Schnittfläche nach oben gelegt und so die Spaltöffnungsapparate von unten betrachtet. Durch wechselnde Einstellung ließen sich recht plastische Bilder gewinnen. Die Vorwölbung geht in den meisten Fällen so weit, daß die unteren, d. h. inneren Teile der Leisten nicht nur senkrecht zur Innenwand gestellt werden, sondern sogar nach der entgegengesetzten Richtung neigen. Oft konnte auch beobachtet werden, daß eine Schließzelle sich stark gewölbt hatte, während die andere abgeflacht war, weil sie durch eine Verletzung ihren Turgor verloren hatte. So wurde der Gegensatz zwischen beiden Zuständen besonders deutlich.

Die Vorwölbung der radialen Leisten konnte auch durch Messungen bewiesen werden. Oberflächenschnitte, die bis 2 Stunden im Wasser gelegen hatten, wurden unter das Mikroskop gelegt. Zuerst wurde auf die untere Ansatzstelle der Leisten eingestellt (z. B. *e* in Abb. 8), dann auf die Beugungsstelle *c*. So konnte an der Stricheinteilung der Mikrometerschraube die Höhe der turgescenten Schließzelle an dieser Stelle abgelesen werden. Das gleiche Verfahren wurde nach der Plasmolyse angewendet. Es ergaben sich folgende Höhendifferenzen (die Zahlen bedeuten Striche der Mikrometerschraube).

Equ. arvense.

7,0	6,1	6,7	5,9	5,0	6,2	6,5	6,5	8,0	6,5	offen
5,0	5,0	4,7	4,5	3,0	5,1	5,0	3,5	3,7	5,4	geschlossen
2,0	1,1	2,0	1,4	2,0	1,1	1,5	3,0	4,3	1,1	Höhendifferenz.

Equ. hiemale.

6,2	7,0	7,5	5,4	6,9	6,5	offen
4,4	4,6	4,7	4,0	5,0	5,0	geschlossen
1,8	2,4	2,8	1,4	1,9	1,5	Höhendifferenz.

Equ. limosum.

4,8	5,6	5,6	4,0	4,2	offen
2,1	3,9	3,8	2,6	2,0	geschlossen
2,7	1,7	1,8	1,4	2,2	Höhendifferenz.

Die radialen Leisten bestehen, wie schon gesagt, aus zwei Teilen, einem dickeren, welcher dem Porus benachbart ist, und einem dünneren. Beide sind getrennt durch eine „Knickstelle". Diese ist bei *Equ. hiemale* als deutliches Gelenk entwickelt, während sie bei den übrigen Arten nur dadurch gekennzeichnet ist, daß sie im Oberflächenbild schmäler und im Querschnitt dünner erscheint. Diese Knickstelle wird nun beim steigenden Turgor vertikal oder steilschräg emporgehoben und in das Lumen der Nebenzelle hineingeschoben. Bei sinkendem Turgor bewegt sie sich teilweise so stark in entgegengesetzter Richtung, daß sie in das Lumen der Schließzelle hinein durchgebogen wird. Der untere Teil der radialen Leisten ist ebenfalls durch ein Gelenk beweglich mit der Innenwand der Schließzelle verbunden.

Es wäre nun allerdings möglich, daß die Beweglichkeit der Knickstelle nicht nur durch deren geringere Dicke und Breite bedingt wird, sondern daß sie sich auch durch chemische Inhomogenität, also v leicht durch das Fehlen versteifender Substanzen, die in den übrigen Partien der Leisten enthalten sind, auszeichneten. Es wurden daher diesbezügliche Untersuchungen angestellt und Proben auf Verkieselung Verholzung und Cutinisierung gemacht.

Das Ausmaß der Verkieselung wurde festgestellt durch Glühen auf einem Glimmerplättchen und durch die Kieselprobe nach KÜSTER. Bei der letzteren wurde der Schnitt mit einigen Phenolkrystallen zusammen auf den Objektträger gebracht, das Phenol geschmolzen und dann abgesaugt. Danach wurde der Schnitt in Nelkenöl gebettet und so untersucht. Die verkieselten Stellen erschienen dann in rötlichem Licht, während die anderen Partien so stark durchsichtig wurden, daß sie kaum noch sichtbar waren. Die radialen Leisten zeigten sich in jedem Fall frei von Kieselsäure, abgesehen von den Ansätzen derselben bei *Equ. hiemale*, was aber für die Funktion der Knickstelle bedeutungslos ist.

Die Probe auf Verholzung und Cutinisierung fiel überall negativ aus.

Die Behandlung mit Chlorzinkjod ergab eine Blaufärbung der ganzen Leisten. Diese bestehen somit ganz aus Cellulose.

Die Auswölbung bei Turgescenz geschieht also nur, weil die Knickstelle dünner und schmäler, nicht aber, weil sie chemisch verschieden ist von den anderen Teilen der Leisten. Die „Rippenkonstruktion" der Rückenwände stellt ein ganz vorzügliches Kompromiß dar; sie ermöglicht einerseits Durchlässigkeit und Beweglichkeit und verschafft andererseits Festigkeit. Die radiale Anordnung der Leisten bringt es mit sich, daß sie sich bei steigendem Turgor fächerförmig entfalten können, denn sie sind nur in der Nähe des Porus miteinander fest verbunden, am anderen Ende frei. Das ist notwendig, weil die hauptsächliche Entfaltung in der weiter außen liegenden, daher viel stärker gedehnten unteren Partie der Rückenwände vor sich geht. Bei geringem Turgor verhindern dann die Leisten, sich seitlich mehr oder minder aneinanderlegend, ein Kollabieren der Schließzellen.

Weitere Messungen wurden an Oberflächenschnitten vorgenommen, um die Verschiebung der einzelnen Teile parallel zur Oberfläche kennen zu lernen. Sie blieben an alten Spaltöffnungen jedesmal erfolglos. Zwar ließen sich diese noch plasmolysieren, ein Zeichen, daß sie am Leben waren, aber vor und nach der Plasmolyse ergaben die Messungen gleiche Werte. Das kann als Beweis dafür abgesehen werden, daß die betreffenden Spaltöffnungsapparate unbeweglich geworden waren. Die Messungen an jüngeren Spaltöffnungen ergaben Unterschiede in den Dimensionen vor und nach der Plasmolyse, doch waren diese im allgemeinen gering. Die Resultate seien im folgenden wiedergegeben, und zwar bedeuten die eingeklammerten Zahlen die Dimensionen im geschlossenen (plasmolysierten), die nicht geklammerten die Dimensionen im offenen (turgescenten) Zustand. Die Maße sind angegeben in Strichen des Okularmikrometers. Die Schnitte wurden erst etwa 1 Stunde in reines Leitungswasser gelegt und dann mit einer 40 proz. Rohrzuckerlösung behandelt. Zunächst sei *Equ. hiemale* besprochen.

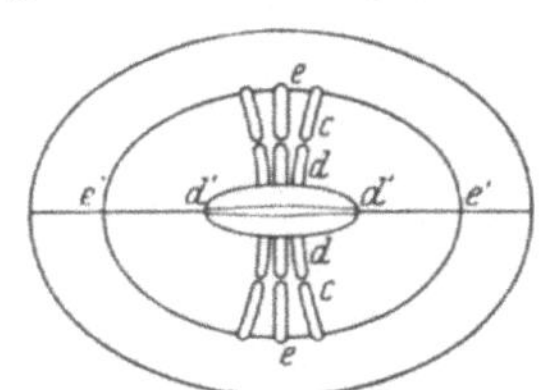

Abb. 18. Schematische Darstellung des Spaltöffnungsapparates von *Equ. hiemale* von der Innen-(Unter-) seite her betrachtet.

ee Abstand der Ansatzstellen der Nebenzellen voneinander, *cc* Abstand der Leistengelenke voneinander, *dd* Abstand der Bauchwände voneinander unmittelbar unter der Spalte, *e'e'* und *d'd'* die zu *ee* und *dd* gehörigen Längsdurchmesser (vgl. Abb. 18, 6, 8 und 9).

Equ. hiemale.

Spaltöffnung Nr.	1	2	3	4	
Abstand *ee*	(16) 16	(21) 20	(22) 20	(15,5) 15	geschlossen offen
Abstand *cc*	(9) 9	(12) 12	(12) 12	(8) 8	
Abstand *dd*	(1) 1,5	(1) 1,5	? ?	? ?	
Abstand *e'e'*	(23) 23	(26) 25,5	(28) 27,5	(25) 25	
Abstand *d'd'*	(9) 10	? ?	? ?	? ?	

Die Messungen an der Spalte und an den anschließenden Bauchwänden an der Stelle *dd'd'd* wurden dadurch sehr erschwert, daß die Einsenkungsgrube häufig noch mit Luft gefüllt war. Veränderungen der Spaltenweite (Porus) wurden aber einwandfrei beobachtet. Bei steigendem Turgor wird der Abstand *dd* vergrößert, *ee* verkleinert. Die Schließzellbreite *de* nimmt also ab. Dies ist die Folge der früher beschriebenen Abrundung des Lumens im turgescenten Zustand und führt zum Auseinanderweichen der Eisodialöffnung. Auch die Verminderung der Entfernung *e'e'* bei Turgescenz dürfte damit im Zusammenhang stehen, denn die Leisten sind ja radial angeordnet, und somit gibt es auch solche (Abb. 6), welche der polaren Trennungswand parallel laufen bzw. nur wenig mit ihr divergieren. Diese Leisten krümmen sich ebenfalls und bewirken so die Verkürzung der Entfernung *e'e'*. Die Veränderungen bei *ee* und *e'e'* sind nur geringfügig, denn diese Punkte ruhen wesentlich fester im Zellverbande als *d* und *d'* (Abb. 8).

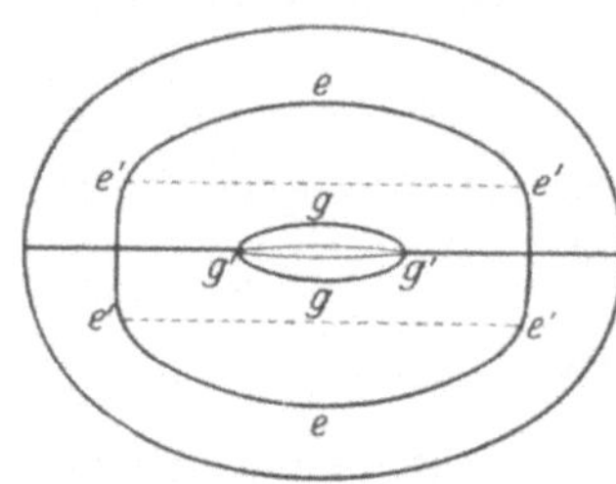

Abb. 19. Schematische Darstellung des Spaltöffnungsapparates von *Equ. limosum* bei Betrachtung von der Innen-(Unter-)seite her.

Die Punkte *c* bewegen sich vertikal oder steilschräg aufwärts, daher ist *cc* im Flächenbild wenig oder gar nicht verändert. Solche Abrundung der Schließzellen ist aber nur möglich, wenn die Gelenke bei *b* (Abb. 6 und 9) nach unten eingebogen werden; dann rücken auch die Poruswände auseinander. Die Funktion des Gelenkes bei *b* erlischt, sobald im Alter der arretierende Buckel auftritt. Daraus resultiert die Unbeweglichkeit der älteren Spaltöffnungen.

ee Abstand der Ansatzstellen der Nebenzellen voneinander, *gg* Abstand der äußeren Cuticularkörnchen (vgl. Abb. 19, 12 und 14).

Equ. limosum.

Spaltöffnung Nr.	1	2	3	
Abstand *ee*	(32) 30	(33) 30	(34) 31	geschlossen offen
Abstand *gg*	(0) 1	(0) 1	(0) 1,5	
Abstand *g'g'*	(9) 8	(15) 10?	(10) 9	
Abstand *e'e'*	(33) 32	(37) 33	(35) 34	

Die Bewegung der Schließzellen von *Equ. limosum* verläuft ebenso wie bei *Equ. hiemale*. Bei steigendem Turgor wird der Abstand *gg* (äußere Hörnchen) größer, die Hörnchen weichen also auseinander. Die Abrundung ergibt sich aus der Verkürzung der Entfernung ee (Abb. 19, 12 und 13). Wie bei *Equ. hiemale* bewirken die den polaren Wänden parallel verlaufenden Leisten eine Verringerung des Abstandes $e'e'$. Die Verkleinerung des Abstandes $g'g'$ muß notwendigerweise erfolgen, wenn gg sich vergrößert. Die Abrundung der Schließzellen ist nur möglich, wenn die Gelenke bei i und h (Abb. 14) in Wirksamkeit treten. Sobald sich nämlich die Hörnchen g nach der Seite bewegen, wird der Winkel bei i größer, und die Wulst b dreht sich um das Gelenk h nach innen, wobei der Poruseingang bei a sich erweitert. Solche, wenn auch geringe Veränderung der Porusweite ist auch bei *Equ. limosum* direkt beobachtet worden. Je dicker nun die Außenwände der Nebenzellen, die oberen Teile der radialen Leisten und die Wulst bei b werden (Abb. 15) desto mehr wird das Gelenk h in seiner Funktion gehemmt, bis schließlich ein Öffnen des Porus überhaupt nicht mehr möglich ist.

Bei *Equ. arvense* und *Equ. maximum* erfolgt die Bewegung der Stomata ebenso. Bei *Equ. arvense* wird durch die Abrundung der Schließzellen das Gelenk bei b nach innen eingebogen und die Zipfel bei a weichen auseinander (Abb. 2). Je mehr sich die Außenwände der Nebenzellen und die oberen Teile der Leisten verdicken, desto mehr verliert das Gelenk bei b seine Beweglichkeit (Abb. 3). *Equ. maximum* funktioniert ebenso; das Gelenk befindet sich bei d (Abb. 11). *Equ. palustre* zeigt das in Frage kommende Gelenk bei b (Abb. 16 und 17).

f) *Zusammenfassung und Schlußbetrachtungen.*

1. Die Abrundung des Schließzelllumens bei steigendem Turgor ist erwiesen durch direkte Beobachtung und durch die Ergebnisse der Messungen. Die Messungen der Veränderung der Schließzellenhöhe stimmen überein mit den entsprechenden Dimensionsveränderungen des Oberflächenbildes.

2. Die besondere Art der Vorwölbung der Schließzellen in die Nebenzellen ist ermöglicht durch die Rippenkonstruktion der Rückenwände und das Auftreten der zahlreichen Gelenke an Schließ- und Nebenzellen.

3. Die bestehenden Arretiervorrichtungen stehen im Einklang mit dieser Art der Funktion; sie verhindern im Alter die angegebene Bewegung.

4. Die Demonstration am Modell zeigt eine Funktion nach der aufgestellten Theorie. Solche Modelle wurden hergestellt für die Spaltöffnungsapparate von *Equ. hiemale* und *Equ. fluviatile.* Die Querschnittsformen wurden aus einer ungefähr 1 cm dicken Platte nicht zu

starren Gummis ausgeschnitten, und zwar wurden die Verhältnisse für Spaltöffnungen mittleren Alters dargestellt. Durch Fingerdruck wurden dann den Schließzellen die Formen gegeben, wie das mikroskopische Bild sie beim Öffnen und Schließen zeigte und die Messungsergebnisse sie vermuten ließen. Es ergaben sich dann Bewegungen im Sinne der vorangegangenen Ausführungen.

Die Ergebnisse der Messungen des Oberflächenbildes ergaben sehr geringe Gestaltsveränderungen und nur ein geringes Schwanken der Spalten (Porus-)weite. Dagegen ließ sich an jüngeren Schließzellen ein erhebliches Auseinanderweichen an der Stelle, wo sich die äußeren Hörnchen befinden, feststellen, sowie ein gänzlicher Verschluß bei Plasmolyse. Damit stimmt überein die gleichfalls sehr beträchtliche Höhenzunahme der Schließzellen im turgescenten Zustand, die im wesentlichen die Ursache der Öffnungsbewegung ist. Man darf nun nicht vergessen, daß die Spalte hier nicht dem „Porus" der übrigen Spaltöffnungen entspricht, sondern zwischen den Nebenzellen liegt, also, wie früher ausgeführt, eine spaltenförmige äußere Atemhöhle ist. Atemhöhlen zeigen aber, soweit bekannt, bei anderen Pflanzen überhaupt keine Bewegung. Die Öffnungsbewegung der Schließzellen selbst ist besonders bei *Equ. limosum* und den ähnlichen Formen eine beträchtliche. Die Spaltöffnung ist also extrem xerophil, indem sie die Atemhöhle zu einer so schmalen Spalte verringert, wie sie sonst nur zwischen den Schließzellen in schon fast geschlossenem Zustande auftritt. Die Spaltöffnung ist somit schon durch die Atemhöhle weitgehend geschützt. An jungen Trieben nun, die noch zart sind, also eines besonderen Transpirationsschutzes bedürfen, sind auch die Schließzellen beweglich; so kann das untere Ende der Spalte, nämlich die Eisodialöffnung, ganz verschlossen werden. Andererseits ermöglicht ihre Öffnung, die auch zu einer Erweiterung der über ihr liegenden Spalte führt, einen ausgiebigen Gasaustausch. Für die älteren Teile der Pflanze scheint die leichte Beweglichkeit der Schließzellen gefahrbringend zu werden. Daher werden diese arretiert, jedoch nicht, wie dies sonst vorkommt, durch Thyllen, sondern durch lokale Membranverdickungen, und zwar in einer sehr stark genäherten Stellung, aber ohne gänzlichen Verschluß.

Bei der Beurteilung des Baues und der Funktion der Spaltöffnung der Equisetaceen darf nicht vergessen werden, daß diese eine sehr alte, heute isoliert dastehende Gruppe des Pflanzenreiches bilden. Die etwa 30 heute noch vorhandenen Equisetum-Arten sind der Rest der besonders im Carbon reich vertretenen Equisetales und Sphenophyllales und es ist im einzelnen nicht mehr sicher festzustellen, welche Eigentümlichkeiten ihres anatomischen Baues als Organisationsmerkmale und welche als Anpassungsmerkmale aufzufassen sind.

B. Lycopodiinae.

Allgemeine Vorbemerkung über Spaltöffnungstypen.

Da im folgenden ein Zurückführen bzw. Vergleichen der untersuchten Spaltöffnungen mit den schon bekannten Typen versucht werden soll, so erscheint es geboten, auf diese kurz einzugehen. In Betracht kommen der Amaryllistyp, der Mniumtyp, der Archetyp, der Gramineen- und Gymnospermentyp.

Der Amaryllistyp ist von SCHWENDENER (31) zuerst beschrieben worden. Die ihm zugehörigen Schließzellen haben dünne Rückenwände; die Bauchwände sind durch zum Teil cutinisierte Leisten verstärkt. Die Außen- und Innenwände sind meist verdickt. Bei steigendem Turgor verlängert sich die dünne Rückenwand stärker als die Bauchwand. Dadurch wird eine Krümmung der ganzen Zellen parallel zur Organoberfläche herbeigeführt, wobei die Spalte auseinander gezogen wird. Erleichtert wird diese Bewegung durch das von SCHWENDENER entdeckte äußere und das von HABERLANDT (14) aufgefundene innere Hautgelenk in den benachbarten Epidermiszellen.

Der Mniumtyp ist von HABERLANDT (13) entdeckt und zuerst an *Mnium cuspidatum* beschrieben worden. Die Rückenwand der Schließzellen ist verdickt, desgleichen die Außenwand. Die Bauch- und Innenwand bleiben dünn. Die Turgorerhöhung bewirkt eine Abrundung des sonst elliptischen Lumens und somit ein Öffnen der Spalte. Die Bewegung erfolgt also hier in radialer Richtung, d. h. senkrecht zur Oberfläche des Organes. Hautgelenke treten nicht auf.

Der Begriff des Archetypus ist von FL. KRAUS (18) eingeführt worden. Er und KUHLBRODT (19) haben näheres darüber mitgeteilt. Beide schildern ihn als den ursprünglichsten Typus. Nach HABERLANDT (13) kann man sich die Entstehung der Spaltöffnungen in der phylogenetischen Entwicklung derart vorstellen, daß zunächst zwischen zwei benachbarten Epidermiszellen eine Spalte auftrat und dann im Zusammenhang mit dem Bedürfnis, diese Spalte erweitern und schließen zu können, die angrenzenden Epidermiszellen sich zu typischen Schließzellen umbilden. Der Archetyp charakterisiert sich dadurch, daß alle Wände bis auf die unverrückbaren Rückenwände zart sind. Steigender Turgor rundet die vorher ovalen Lumina ab und öffnet so die Spalte. Die Annahme der Ursprünglichkeit dieses Typus sucht KUHLBRODT durch den Hinweis zu stützen, daß er bei den Moosen am stärksten vertreten ist. Durch eine oft weitgehende Abschnürung der Schließzellen von den benachbarten Epidermiszellen werden die vorzuwölbenden Außen- und Innenwände noch verlängert, und dadurch wird die Angriffsfläche für den Turgordruck vergrößert.

Für den von SCHWENDENER (31) studierten Gramineentyp ist die hantelförmige Form der Schließzellen charakteristisch. Die Verschiebung des verdickten und starren Mittelstückes erfolgt durch Turgorschwankungen in den erweiterten, zartwandigen Enden der Zellen. Diesem Typus schließen sich in der Mechanik nach COPELAND (6) die Gymnospermen an, deren größtenteils verholzte Stomata sich nur an der Eisodialöffnung schließen.

I. Lycopodiaceae.

Es ist aus später zu erörternden Gründen bei einer Besprechung der Lycopodiaceenspaltöffnungen ein Unterschied zwischen tropischen und heimischen Lycopodiaceen zu machen. Von den ersteren wurden untersucht *Lyc. squarrosum* Forst., *Lyc. phlegmaria* L., *Lyc. carinatum* Desv. *Lyc. dichotomum* Jacq., von den letzteren *Lyc. annotinum* L., *Lyc. clavatum* L. und *Lyc. innundatum* L. Als typisches Beispiel für die erste Gruppe sei *Lyc. squarrosum* Forst eingehend beschrieben.

1. *Lycopodium squarrosum* Forst.

a) Anatomischer Bau der Spaltöffnungszellen.

Die Spaltöffnungen befinden sich auf der Unterseite der Blätter; sehr vereinzelt kommen sie auch auf der Blattoberseite vor in der Nähe

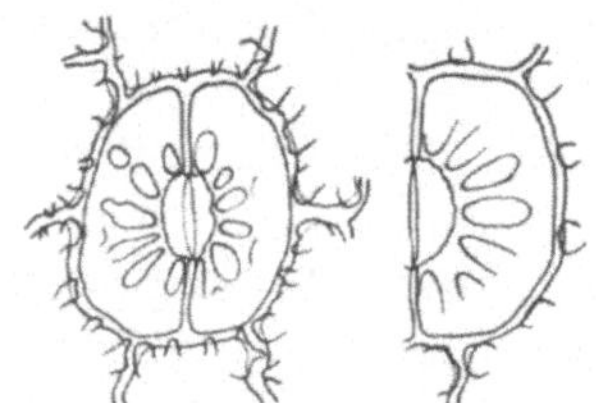

Abb. 20. Oberflächenbilder von Spaltöffnungen.

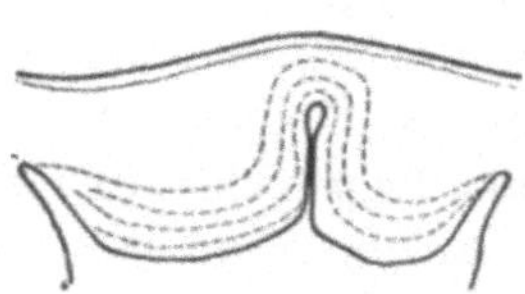

Abb. 22. Ausgebildeter Oberflächentüpfel der Epidermisaußenwand.

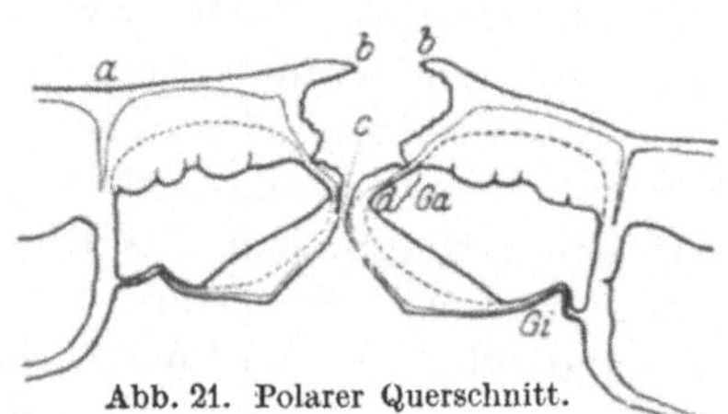

Abb. 21. Polarer Querschnitt.

Abb. 23. Entwicklungsformen der Oberflächentüpfel.

Lycopodium squarrosum.

der Blattränder. Der Stamm weist keine Spaltöffnungen auf. Sie sind in der Längsrichtung des Blattes orientiert und nicht unter das Niveau der Epidermis versenkt. Die Eisodialöffnung ist oval; ihre Ränder sind gezähnelt. Die Schließzellen enthalten reichlich Chloroplasten.

Das Oberflächenbild zeigt ringsum die Spalte eine radiale Strahlung (Abb. 20); auch auf der Innenseite ist eine solche wahrzunehmen. Der Vorhof weist Rauhigkeiten auf (Abb. 21) und ist mehr oder weniger mit Wachskörnchen angefüllt. Außen- und Innenwände bilden leistenartige Vorsprünge aus, welche den Strahlen des Oberflächenbildes entsprechen. Die Leisten springen in das Lumen der Schließzellen vor. Sie sind im Oberflächenbild nur in der Nähe des Vorhofes scharf konturiert und werden nach den Rückenwänden zu undeutlich. Hier verschmelzen sie miteinander, so daß sie längliche, große Tüpfel einschließen. Manchmal treten hinter diesen noch weitere auf. Die Außenleisten springen in eigenartigen tropfenförmigen Vorwölbungen in das Lumen vor. Die Leisten der Innenwände bleiben unverbunden und zeigen am Querschnitt keine „Tropfen". Die Leisten bestehen aus Cellulose, denn sie färben sich mit Chlorzinkjod durchweg blau.

Das Vorhandensein der Leisten läßt sich durchweg beobachten und auch durch verschiedene Schnittführungen bestätigen. Die in Abb. 24 *A* demonstrierte polare Schnittführung zeigt die Querschnitte der Leisten. Sie stellen sich als Höcker dar, welche in das Lumen der Zelle vorragen (siehe auch Abb. 27). — Abb. 24 *B*: Schnitt *a* durchschneidet die Leisten diagonal. Das Schnittbild ähnelt dem Querschnittsbilde. Bei der Schnittführung *b* ist von den Leisten nichts zu bemerken. Sie sind hier am Rande miteinander verschmolzen und niedriger. Schnitt *c* ist bei *Lyc. squarrosum*

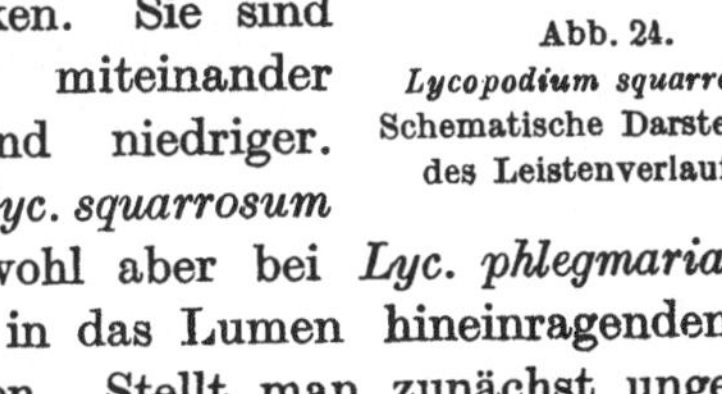

Abb. 24.
Lycopodium squarrosum.
Schematische Darstellung
des Leistenverlaufes.

nicht gelungen, wohl aber bei *Lyc. phlegmaria* (Abb. 28); er zeigt hier deutlich die in das Lumen hineinragenden Höcker der durchschnittenen Leisten. Stellt man zunächst ungefähr auf *a* ein, und senkt man dann langsam den Tubus des Mikroskops, so bemerkt man, wie eine Leiste nach der anderen kulissenartig hervortritt. Daß auch an der Innenwand Leisten vorhanden sind, ist schon am Oberflächenschnitt ersichtlich. Bei entsprechend tiefer Einstellung erscheinen sie gleichfalls sternförmig ausstrahlend. Die Leisten werden auch schon von HEGELMAIER (17) erwähnt, allerdings nur für die Außenwand; desgleichen weist LINSBAUER (22) darauf hin. Das Auftreten radialer Leisten bei Betrachtung des Oberflächenbildes ließ zunächst an die Möglichkeit denken, daß hier ähnliche Verhältnisse wie bei *Equisetum* vorlägen. Die Untersuchung des Querschnittes ergab aber wesentliche Unterschiede. Bei *Lycopodium* springen die Leisten ins Innere der

Schließzellen vor, bei *Equisetum* in das Lumen der Nebenzelle, deren Wand sie auch angehören. Auch im feineren Bau sind die Leisten beider Gattungen verschieden. Es handelt sich also um Einrichtungen, die nicht miteinander in Beziehung gebracht werden können.

Die Cuticula ist an der Außenwand stark und überzieht schwächer werdend die ganze Schließzelle. Hautgelenke in den Nebenzellen fehlen, dagegen sind Gelenkstellen in den Schließzellen selbst wohl entwickelt. Die Gelenkstelle der Innenwand (Abb. 21 *Gi*) ist im Verhältnis zu den übrigen Partien der Zellmembran auffallend dünn und ziemlich ausgedehnt. Auch an der Bauchwand befindet sich eine schmale Gelenkstelle im Bereich des Vorhofes (Abb. 21 *Ga*).

Die Behandlung mit Anilinsulfat oder mit Phloroglucin und Salzsäure ergab eine Verholzung der Schließzellen. Besonders stark verholzt sind die Leisten der Innenwände, gar nicht verholzt die beiden Gelenke und die Rückenwände. COPELAND (6) fand keine Verholzung bei den Schließzellen der Lycopodien, dagegen stellte LINSBAUER (22) eine solche fest. PORSCH (27) benutzt diese gegensätzlichen Mitteilungen, um von einer geringen erblichen Fixierung der Verholzung bei den Lycopodien zu sprechen. Dies scheint mir unbegründet. In Wirklichkeit handelt es sich einfach darum, daß einige Species der Lycopodiaceen verholzte Schließzellen aufweisen, andere dagegen nicht. Während bei *Lyc. innundatum* keine Spur von Verholzung in den Schließzellwänden nachweisbar war, zeigten sich die Schließzellen der übrigen von mir untersuchten Species in mehr oder weniger weitgehendem Maße verholzt.

b) Die Bewegungsmechanik der Spaltöffnungen.

Die Mechanik wurde durch direkte Beobachtung und durch Messungen festgestellt. Die Plasmolyse wurde hervorgerufen durch eine etwa 40 proz. Rohrzuckerlösung. Die Maße sind auch hier in Strichen des Okularmikrometers angegeben, und zwar geben die eingeklammerten Zahlen die Verhältnisse im geschlossenen Zustand, die ungeklammerten die im geöffneten Zustand wieder (vgl. Abb. 25 und 21).

Spaltöffnung Nr.	1	2	3	
Abstand *aa*	(34) 34	(29) 29	(33) 33	geschlossen offen
Abstand *bb*	(9) 9	(7) 7	(7) 7	
Abstand *a'a'*	(37) 37	(35) 35	(32) 32	
Abstand *b'b'*	(14) 14	(10?) 11	(9?) 10	
Zentralspalte *c*	(2) 3	(2) 4	(2) 4	

Alle Dimensionen bleiben nach der Plasmolyse unverändert mit Ausnahme der Spaltenweite *c*. Daraus ergibt sich folgendes. Die gesamte Außenwand ist unbeweglich, was bei ihrer recht beträchtlichen Stärke auch begreiflich erscheint. Bei steigendem Turgor sucht die Schließzelle sich abzurunden. Dabei wird das breite Innengelenk vorgewölbt, während das Gelenk der Bauchwand hauptsächlich als Scharnier fungiert. Somit wird der Winkel bei *d* (Abb. 21) größer, und die Spalte weicht auseinander.

Die Spaltöffnung entspricht in ihrer Funktion dem Mniumtyp, doch ist der anatomische Bau wesentlich komplizierter. Zunächst sind Außenwand und Innenwand hier nicht gleichmäßig verdickt, sondern sie weisen Leisten und Tüpfel auf. Wie später gezeigt werden wird, dienen letztere wahrscheinlich direkter Wasseraufnahme von außen; es liegt also wie bei *Equisetum* ein Kompromiß zwischen Festigkeit und Durchlässigkeit der Membran vor. Weiter sind Bauch- und Innenwand nicht gleichmäßig dünn, sondern verdickt und nur durch Gelenke beweglich. Das wäre vielleicht als xerophile Anpassung anzusprechen, mag aber auch den Vorzug haben, daß ein gänzliches Kollabieren der Schließzellen dadurch unmöglich wird. Im allgemeinen bildet *Lyc. squarrosum* einen Übergang vom Mniumtyp zum häufigsten Pteridophytentypus. Dieser läßt sich nach KUHLBRODT (19) vom Archetypus durch Anlage von starken Cuticularleisten an der Eisodialöffnung bei vorwaltender Tendenz, die Innenhörnchen zu vernachlässigen, ableiten. Doch fehlt die starke Verdickung der gesamten Außenwand.

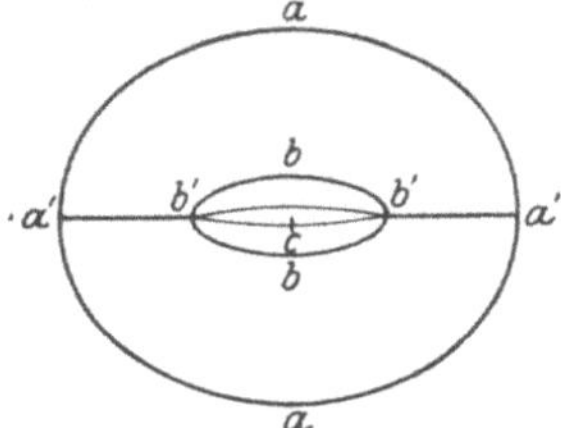

Abb. 25. Schematische Darstellung einer Spaltöffnung von *Lyc. squarrosum* im Oberflächenbild. aa Gegenseitige Entfernung der Rückenwände. bb Gegenseitige Entfernung der Vorhofleisten. c Zentralspalte.

c) Der Bau der Epidermisaußenwand.

Zum besseren Verständnis der Tüpfelbildung in den Schließzellen wurde auch eine Untersuchung der verschiedenen Tüpfel in den Außenwänden der Epidermiszellen vorgenommen. Diese weisen zunächst in reichem Maße Randtüpfel auf; es befinden sich solche auch an den Grenzwänden gegen die Schließzellen. In den Außenwänden der Epidermiszellen von *Lyc. squarrosum* treten aber noch andere Tüpfel auf, welche ich als „Oberflächentüpfel" bezeichnen möchte. Sie zeigen im Oberflächenbild die charakteristische rötliche Farbe, haben einen elliptischen Querschnitt mit einem Punkt in der Mitte und sind annähernd zweizeilig in der Längsrichtung der Zelle angeordnet. Im Blattquerschnitt sind sie keulenförmig. Sie bestehen aus einem kleinen Hohlraum, aus welchen ein äußerst feiner Kanal in das Zellumen führt und reichen fast bis unter die Cuticula. Die Substanz der Zellmembran um sie herum weist deutlich Schichten auf, welche sich den Umrissen des Tüpfelhohlraumes in ihrem Verlauf anpassen. Der Kanal verbreitert sich schließlich trichterförmig gegen das Lumen. Der Hohlraum ergibt im Oberflächenbild den ovalen Umriß des Tüpfels; der Punkt entspricht dem von oben gesehenen Kanal. Bei Behandlung mit Chlorzinkjod färbte sich die Umgebung des Tüpfels gleichzeitig mit den Partien der Zellmembran, welche an das Lumen grenzen. Das Reagens war also in den Tüpfelhohlraum eingedrungen, womit das wirkliche Vorhandensein des Kanals wohl als erwiesen anzusehen ist. Der Inhalt des Hohlraumes besteht wahrscheinlich aus Plasma. Die Oberflächentüpfel sind in den Epidermiszellen des Blattrandes besonders deutlich entwickelt und zahlreich vorhanden (Abb. 22).

Die Entwicklung der Oberflächentüpfel in den Epidermiszellen und die der großen Tüpfel zwischen den Leisten der Schließzellen verläuft ähnlich. Junge Blätter haben noch dünne, unverdickte Epidermiszell- und Schließzellmembranen. In jungen Epidermiszellen befinden sich an Stelle der Tüpfel ganz flache Gruben, welche im Oberflächenbild nicht zu sehen sind. Die Leisten der Schließzellen werden zuerst in der Umgebung der Spalte als zarte, schmale Streifen angelegt. Desgleichen lagern sich Celluloseschichten der Epidermisaußenwand von innen her an, und zwar in den Partien zwischen den Tüpfelgruben. Dadurch werden diese scheinbar vertieft (Abb. 23), der Hohlraum wird immer mehr verkleinert, bis schließlich nur noch ein schmaler Kanal übrig bleibt, der oben keulenartig erweitert ist.

Ambronn (1) beschreibt die Entstehung solcher Oberflächentüpfel bei den Hymenophyllaceen und bei *Picea*. Die Entstehung ist dort ähnlich wie bei *Lyc. squarrosum*. Weiter werden Oberflächentüpfel auch von Erikson (9) bei den Lycopodiaceen erwähnt. Er vermutet, daß sie den Luftzutritt in das Blatt erleichtern. Auch Linsbauer (22) macht Andeutungen über die Oberflächentüpfel der Lycopodiaceen, aber ohne Angaben über den feineren Bau und die Funktion.

Da bei der epiphytischen Lebensweise von *Lyc. squarrosum* am ehesten an eine Wasseraufnahme durch die Oberflächentüpfel zu denken war, stellte ich folgenden Versuch an. Ein Sproßende von *Lyc. squarrosum* wurde so aufgehängt, daß es mit seiner oberen Hälfte in eine Farblösung tauchte, die untere Hälfte mit der Schnittfläche sich aber außerhalb der Flüssigkeit befand. Der außerhalb des Wassers befindliche Teil des Sprosses transpirierte nun, und der Transpirationsverlust konnte, falls der so behandelte Sproß frisch blieb, nur durch eine Wasseraufnahme des eingetauchten Teiles gedeckt werden. Es war dann zu erwarten, daß im Falle die Oberflächentüpfel an dieser Wasseraufnahme beteiligt sind, eine Speicherung des Farbstoffes in ihrer unmittelbaren

Nähe erfolge. Der Sproß blieb 48 Stunden in einer Methylenblaulösung, zeigte aber danach noch keine Farbstoffspeicherung weder in der Nähe der Tüpfel, noch an anderen Stellen. Ebenso erfolglos war eine Behandlung mit Neutralrot von ungefähr 96 Stunden Dauer. Doch blieb der nicht eingetauchte Teil des Sprosses vollkommen frisch. Eine Wasseraufnahme hatte also sicher stattgefunden und es ist zu vermuten, daß die Cuticula den Farbstoffmolekülen den Durchtritt verwehrt. Immerhin macht das Resultat es sehr wahrscheinlich, daß das Wasser durch die dünnsten Stellen, die Tüpfel, eintritt, deren Aufgabe also darin zu erblicken wäre, daß sie die sonst sehr dicke Wand wasserdurchlässig machen. Eine solche Durchlässigkeit ist natürlich auch für die Schließzellen sehr vorteilhaft, da sie auf diese Weise rasch zu voller Turgescenz gelangen.

2. *Die übrigen tropischen Lycopodiaceen.*

Der Bau der Spaltöffnungen war bei den übrigen von mir untersuchten tropischen Lycopodiaceen ein ähnlicher wie bei *Lyc. squarrosum.*

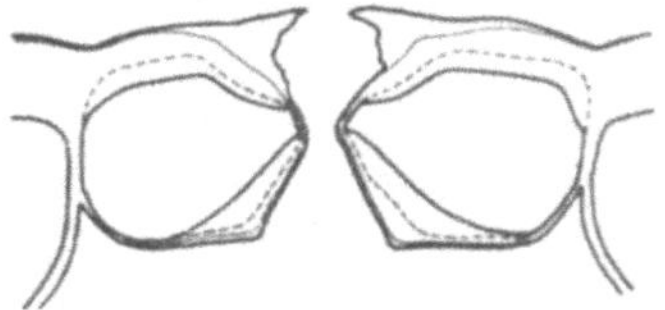

Abb. 26. Medianer Querschnitt einer Spaltöffnung.

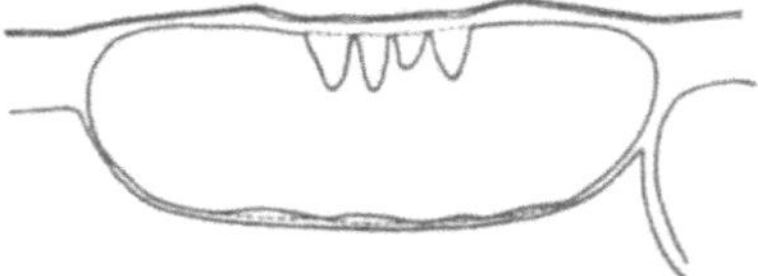

Abb. 28. Seitlicher Spaltöffnungslängsschnitt.

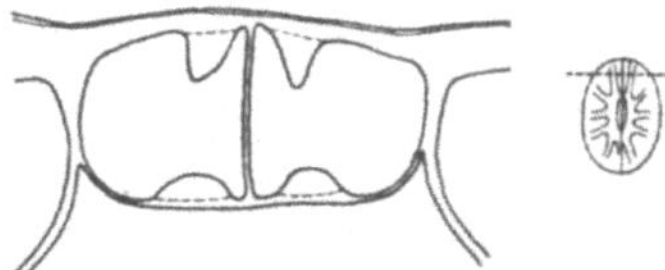

Abb. 27. Polarer Querschnitt.

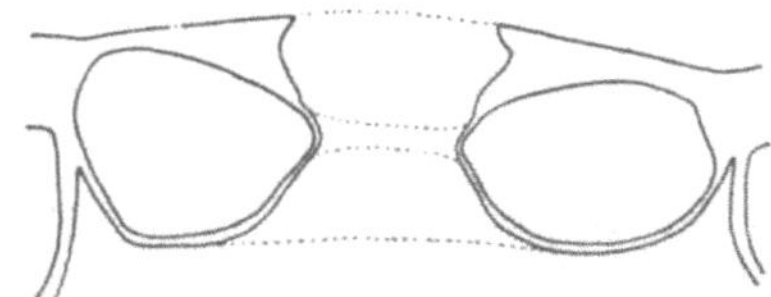

Abb. 29. Medianer Längsschnitt.

Lycopodium phlegmaria.

Oberflächentüpfel waren in den Epidermiszellen der anderen vier Species aber nicht vorhanden. Aus dem gleichen anatomischen Bau der Schließzellen läßt sich auch auf eine gleiche Funktion schließen.

Lycopodium phlegmaria L. Die Leisten der Schließzellen sind nicht so dick wie bei *Lyc. squarrosum,* desgleichen auch nicht die Außenwände der Epidermiszellen (Abb. 26). Längsschnitte gelangen bei *Lyc. phlegmaria* sehr gut, wodurch das Vorspringen der Leisten in das Zellumen einwandfrei beobachtet werden konnte (Abb. 28). Abb. 27 stellt einen polaren Querschnitt durch eine Spaltöffnung dar, bei welchem die äußeren Leisten, welche nahezu parallel mit den polaren Wänden verlaufen, quer durchschnitten sind. Abb. 29 zeigt einen medianen Längsschnitt, welcher die Leisten nicht getroffen hat. Die Bauchwand besitzt hier nur ein breites Gelenk an der Centralspalte.

Lycopodium carinatum Desv. Die Randtüpfel der Epidermiszellen sind sehr groß; sie greifen teils über die Radialwände hinweg (Abb. 30). Die Leisten der Schließzellen reichen fast bis zur Rückenwand, verlaufen isoliert und verschmelzen erst dicht am Rande der Zelle. Spaltöffnungen auf den Blattoberseiten sind bei *Lyc. carinatum* nicht festgestellt worden.

Lycopodium dichotomum Jacq. Die Leisten sind besonders zahlreich vorhanden. Im Bereiche der Mittelrippe der Blätter fehlen die Spaltöffnungen; sie sind seitlich derselben in je zwei Längsreihen angeordnet.

Die Spaltöffnungen einiger tropischer Lycopodiaceen sind von COPELAND (6) beschrieben worden, allerdings wenig eingehend. Das Bauchwandgelenk und die Leistenbildungen in den Schließzellen werden von ihm nicht erwähnt. Er studierte die Funktion der Spaltöffnungen an *Lyc. lucidulum*. Der von ihm veröffentlichten Abbildung nach sind bei diesem die Spaltöffnungen anders gebaut, als bei den von mir untersuchten Arten. COPELAND weist sie dem Querschnittsbild nach dem

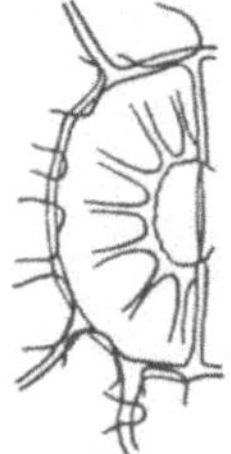

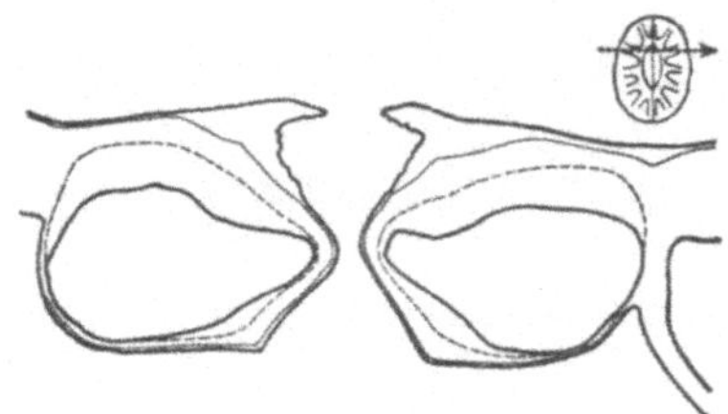

Abb. 30. Oberflächenbild.   Abb. 31.   Querschnitt.
Lycopodium carinatum.

Amaryllistyp zu, der Funktion nach dem Medeolatyp. Meines Erachtens gehören sie, nach dem gezeichneten Querschnitt zu urteilen, ganz dem Pteridophytentyp an, denn die Außen-, Bauch- und Innenwand sind dünn wie beim Archetyp; die Rückenwand ist stark, was dem Amaryllistyp gar nicht entsprechen würde. Dazu sind die Außenhörnchen stark und die Innenhörnchen nur schwach entwickelt. COPELAND hat Höhenmessungen angestellt und bei geöffneter und geschlossener Spalte einen Höhenunterschied von 7 μ gefunden. Auch dies spricht sehr dafür, daß es sich um den Pteridophyten- bzw. Archetyp handelt. Ebenso das Resultat seiner Messungen an Oberflächenschnitten. Diese ergaben:

	offen	geschlossen
Länge	49	49
Breite des Apparates	51	51
Breite der Schließzelle	24	25
Breite der Centralspalte	3	1
Breite der Eisodialöffnung	14	13

Länge und Breite des ganzen Apparates bleiben also gleich. Beim Öffnen vermindert sich die Breite der Schließzellen. Das entspricht der Funktionsweise des Pteridophytentyps.

3. Die heimischen Lycopodiaceen.

Lycopodium annotinum L. Die Spaltöffnungen sind etwas über die Epidermis emporgehoben und befinden sich an der Blattunterseite sowie auch am Stamm, wo sie bei den tropischen Lycopodiaceen fehlten. Sie sind in der Organlängsrichtung orientiert. Außen- und Innenwände der Schließzellen sind sehr stark. Gelenkartige Stellen sind, wenn auch undeutlich, in den Schließzellen vorhanden, und zwar an denselben Stellen, wie bei den tropischen Formen. Das Zellumen hat einen annähernd dreieckigen Querschnitt (Abb. 33). Leistenbildungen fehlen vollkommen, ebenso Oberflächentüpfel in den Epidermiszellen, während Randtüpfel vorhanden sind (Abb. 32). Festgestellt wurde eine weitgehende Verholzung des ganzen Blattes. Wenig verholzt sind die

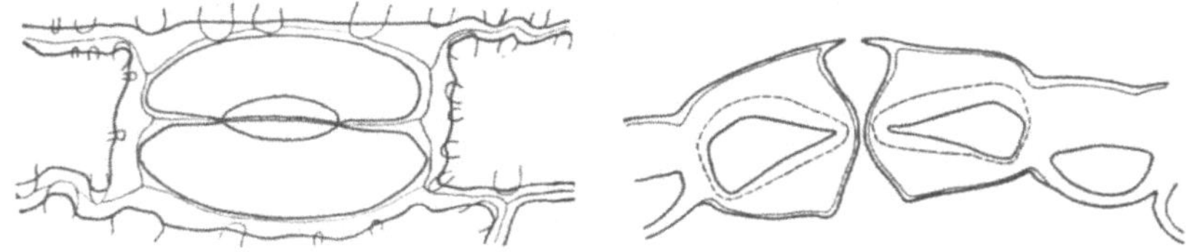

Abb. 32. Oberflächenbild.   Abb. 33. Querschnitt.
Lycopodium annotinum.

Außenwände der Epidermis- und Schließzellen, stark verholzt ihre Innen- und Radialwände.

Lycopodium clavatum L. Die Spaltöffnungen befinden sich auf beiden Seiten der Blätter, sowie am Stamm. Auf der Blattoberseite treten sie sogar ziemlich häufig auf. Ihr anatomischer Bau ist derselbe wie bei *Lyc. annotinum*. Eine weitgehende Verholzung des ganzen Blattes läßt sich auch hier feststellen. Besonders stark verholzt sind die Innenwände der Schließzellen und eine mittlere Schicht der Außenwand, etwas weniger die Rücken- und die Bauchwand.

Lycopodium innundatum L. Die wie bei *L. clavatum* angeordneten Schließzellen weisen an Oberflächenbildern häufig eine merkwürdige Verzerrung auf, durch welche sie sich im gewissen Maße der Umrißform der Epidermiszellen nähern. Diese Erscheinung soll bei den Selaginellaceen, wo sie im weitaus stärkeren Maße auftritt, eingehender besprochen werden. Der anatomische Bau der Spaltöffnungsapparate ähnelt dem der beiden früher besprochenen Arten, doch sind die Schließzellwandungen völlig unverholzt. Die primäre Wand ist cutinisiert; die sekundären Verdickungen bestehen aus Cellulose. Die Schließzellen stehen an Größe den Epidermiszellen wesentlich nach, sie zeigen eine gewisse Anlehnung an die Verhältnisse bei den Selaginellaceen. Die starken Wandverdickungen und die schwache Ausbildung von Gelenken lassen vermuten, daß die Spaltöffnungen der heimischen *Lycopodium*-Arten nur geringe Beweglichkeit besitzen.

II. Selaginellaceae.

Ich untersuchte die Spaltöffnungen folgender Arten: *Sel. Martensii* Spring., *Sel. grandis* Moore, *Sel. badiicaulis* Hieron., *Sel. Breynii* Spring., *Sel. viticulosa* Klotzsch und *Sel. lepidophylla* (Hook. Grev.) Spring.

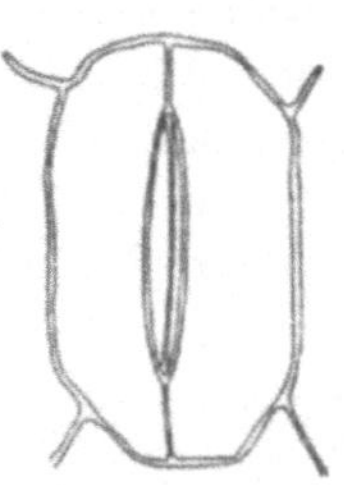

Abb. 34. Normales Oberflächenbild.

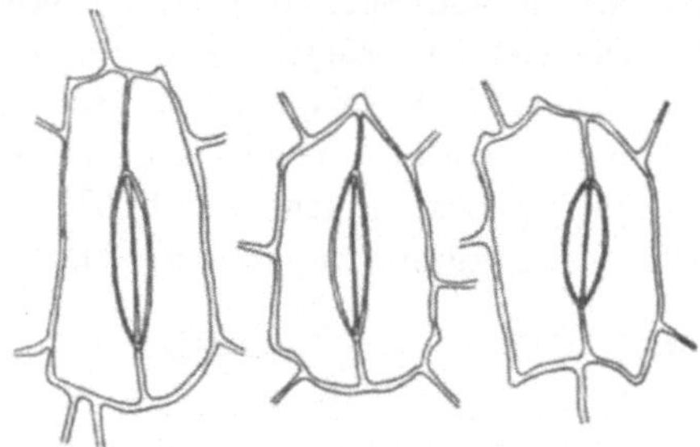

Abb. 35. Verzerrungsformen des Oberflächenbildes.

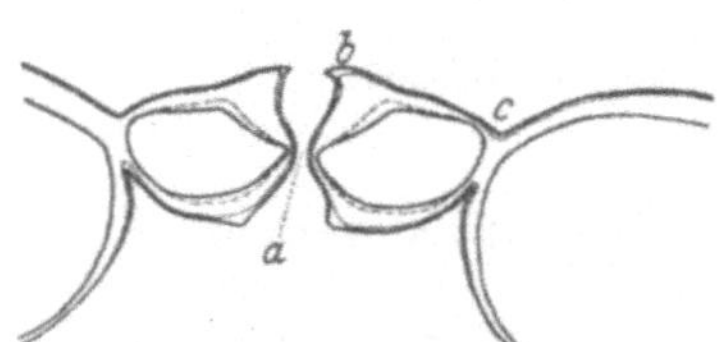

Abb. 36. Querschnitt durch eine funktionierende Spaltöffnung.

Abb. 37. Spaltöffnung mit kollabierten Schließzellen (Querschnitt).

Selaginella Martensii.

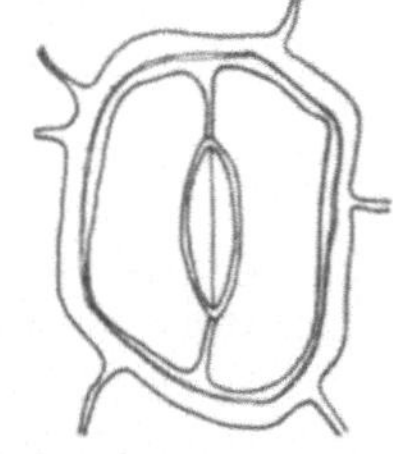

Abb. 38. Oberflächenbild einer Spaltöffnung mit kollabierten Schließzellen.

1. *Anatomischer Bau der Spaltöffnungszellen.*

Selaginella Martensii Spring.

Die Spaltöffnungen befinden sich an den Blättern der seitlichen Reihen nur an der Unterseite in unmittelbarer Nähe der Mittelrippe. Die Blätter der mittleren Reihen tragen die Stomata zwar auch auf der morphologischen Unterseite, doch ist diese nach oben gekehrt. Die Spaltöffnungen liegen hier ebenfalls unmittelbar über der Mittelrippe. Am Stamm fehlen die Spaltöffnungen gänzlich. Die Spalte ist in die Längsrichtung der Blätter gestellt. Die Schließzellen befinden sich im Niveau der Epidermis oder sind hin und wieder wenig über dieses emporgehoben. Sie sind im Verhältnis zu den Epidermiszellen sehr klein. Die Cuticula ist mittelstark. Sie umläuft die ganze Schließzelle und zieht sich noch ein Stück an den Zellen hinab, welche die innere Atemhöhle begrenzen (Abb. 36). Die äußeren Cuticularhörnchen sind stark, die inneren nur schwach entwickelt. Die Schließzellen weisen drei dünne Stellen auf, und zwar in der Mitte der Bauchwand und an der Außen- und Innenwand, da, wo diese sich der Rückenwand nähern. Die primären Wände sind cutinisiert (Chlorzinkjod, Sudan III), und zwar die Außenwände stärker als die Innenwände. Die sekundären Verdickungen bestehen nur aus Cellulose (Chlorzinkjod). Eine Verholzung der Schließzellen ist nicht vorhanden. — Symmetrische Oberflächenbilder (Abb. 34) findet man bei den Spaltöffnungen von *Sel. Martensii* selten; sie sind fast alle mehr oder weniger verzerrt und den Umrißformen der Epidermiszellen angenähert (Abb. 35). Eigentümlich ist auch das Auftreten kollabierter Spaltöffnungszellen. Im Oberflächenbild machen diese den Eindruck einer dicken, homogenen Masse und sind gänzlich inhaltlos. Sie sind häufig auf den Blättern der Seitenreihen anzutreffen, dagegen nur sehr selten auf den Blättern der Mittelreihen. Bei letzteren finden sie sich hin und wieder in der Nähe der lang ausgezogenen Blattspitze. Die kollabierten Schließzellen treten in unmittelbarer Nachbarschaft der normalen Spaltöffnungen auf. Ihr Lumen ist stark reduziert (Abb. 37). Die Eisodialöffnung klafft weit auseinander; die Centralspalte ist geschlossen. Innere Hörnchen und sekundäre Verdickungen fehlen. Das ist ein Zeichen dafür, daß die Kollabierung schon früh erfolgt ist, nämlich vor der Ausbildung der sekundären Verdickungen. Die kollabierten Schließzellen sind natürlich ohne Funktion, da sie inhaltlos und tot sind. Sie sind von den benachbarten Epidermiszellen fast abgeschnürt, denn die Rückenwand ist bis auf ein schmales Verbindungsstück mit der Nebenzelle verschwunden. Die Abschnürung geht soweit, daß sich an der betreffenden Stelle die Cuticula der Außen- und Innenwand fast berührt. Im Oberflächenbild läßt sich die Abschnürungsfurche deutlich erkennen (Abb. 38). Die Wände der kollabierten Schließzellen sind gänzlich cutinisiert.

Selaginella grandis Moore.

Die Verhältnisse liegen hier im wesentlichen wie bei *Sel. Martensii.* Die Epidermiszellen sind wesentlich kleiner, sie übertreffen die Schließzellen nicht an Größe (Abb. 39). Der Zusammenhang dieser mit den benachbarten Zellen ist auf eine verhältnismäßig kurze Strecke beschränkt. Die primären Wände sind stark cutinisiert; die sekundären Verdikkungen bestehen aus Cellulose. Die Oberflächenformen der Spaltöffnungsapparate passen sich auch hier mehr oder weniger den Umrissen der Epidermiszellen an (Abb. 40). Kollabierte Schließzellen kommen ebenfalls vor, auf den Seitenblättern häufig, auf den Mittelblättern selten. Sie sind ohne lebenden Inhalt und ohne sekundäre Verdickungen, im Lumen befindet sich eine den Wänden anliegende „Füllmasse“, welche im Querschnitt zackige Konturen zeigt. Daß diese Füllmasse nicht den sekundären Verdickungen der funktionierenden Schließzellen entsprechen kann, geht daraus hervor, daß sie, wie auch die gesamte Wandung der kollabierten Schließzellen, stark cutinisiert ist. Außerdem ist die Füllmasse der stark reduzierten Rückenwand angelagert, wo sonst sekundäre Verdickungen nie auftreten. Die zackigen Umrisse der Füllmasse sind im Oberflächenbild als feine Granulierung wahrzunehmen. Die kollabierten Schließzellen sind von den Nebenzellen stark abgeschnürt (Abb. 41). Die Eisodialöffnung ist geschlossen.

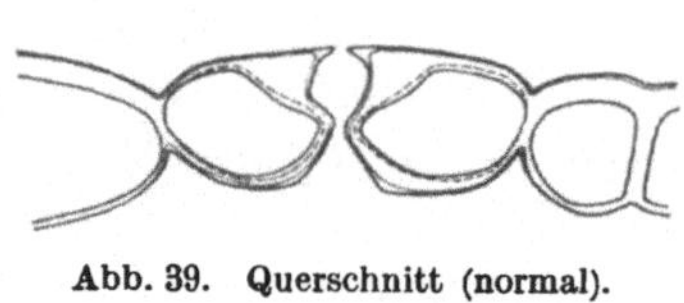

Abb. 39.   Querschnitt (normal).

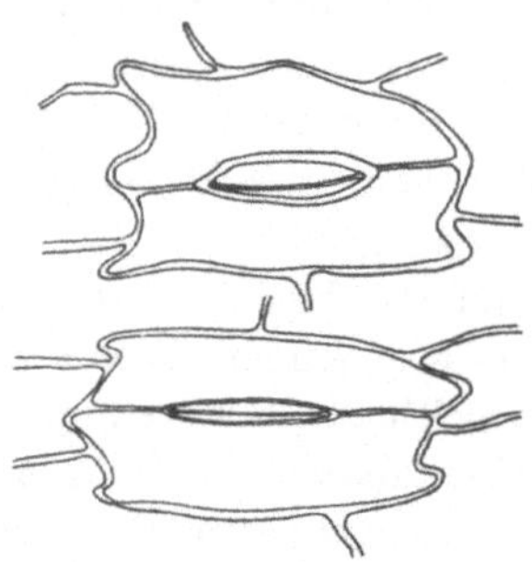

Abb. 41.   Kollabierte Schließzellen.   Abb. 40 a b. Verzerrte Oberflächenbilder.
Selaginella grandis.

Selaginella badiicaulis Hieron.

An den Seitenblättern kommen die Stomata vornehmlich auf der Unterseite vor. Sie sind hier über die ganze Fläche verteilt, sind aber im Bereich der Mittelrippe am dichtesten anzutreffen. Vereinzelt

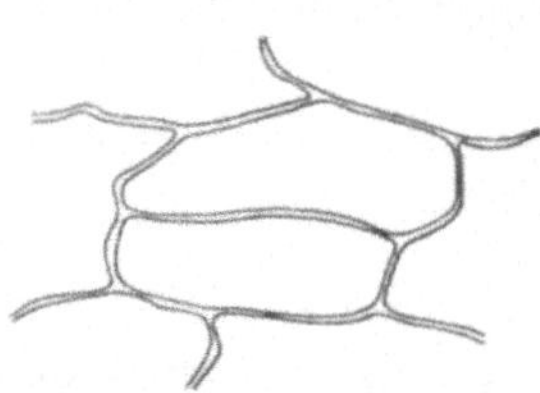

Abb. 42.   *Sel. badiicaulis*,
Schließzellen ohne Spalte.

finden sie sich auch oberseits am Blattrand. Sie stehen in der Längsrichtung des Blattes mit gelegentlichen Ausnahmen. Die Blätter der mittleren Reihen tragen Spaltöffnungen nur auf der nach oben gewendeten morphologischen Unterseite. Am Stamm sind keine Spaltöffnungen vorhanden. Die Schließzellen sind fast so hoch wie die Epidermiszellen und ziemlich stark abgeschnürt. Ihr anatomischer Bau und die chemische Beschaffenheit ihrer Wandungen weisen keine wesentlichen Unterschiede gegen die der vorbehandelten Species auf. Kollabierte Schließzellen fehlen bei *Sel. badiicaulis* gänzlich.

Selaginella Breynii Spring.

Die Stomata dieser Art zeigen gleiche Anordnung und ähnlichen Bau wie die von *S. Martensii*. Im Flächenbild zeigen die Spaltöffnungsapparate zum Teil auch unregelmäßig gestaltete Umrisse, es sind aber auch solche von normaler Halbmondform zahlreich vorhanden. Kollabierte Schließzellen finden sich in großer Zahl sowohl auf den Seitenblättern als auch auf den Mittelblättern, namentlich nach den Blattspitzen zu. Sie haben stark verdickte Wände und eine geschlossene Eisodialöffnung. Das Lumen wird durch eine Füllmasse stark eingeengt, so daß nur ein schmaler Lumenspalt übrigbleibt. Die Füllmasse zeigt hier keine zackigen Umrisse und ist an der Rückenwand am stärksten. Dadurch wird auch hier wieder die Annahme gestützt, daß die Füllmasse nicht mit der sekundären Verdickung gleich zu setzen ist, denn diese tritt an der Rückenwand der Schließzelle niemals auf.

Selaginella viticulosa Klotzsch.

Die Außenwände der Epidermis- und Schließzellen sind so stark cutinisiert, daß bei der Behandlung mit Chlorzinkjod zuerst eine vollkommene, längere Zeit anhaltende Gelbfärbung des ganzen Blattes und bei der Behandlung mit Sudan III eine intensive Rotfärbung eintrat. Die Anordnung der Stomata ist die gleiche wie bei *S. badiicaulis*. Im Bau und Chemismus gleichen die Schließzellen den vorbehandelten. Die kollabierten Schließzellen sind hier im Gegensatz zu anderen Arten auf den Mittelblättern häufiger anzutreffen als auf den Seitenblättern. Es kommt auch vor, daß die eine Schließzelle des Apparates kollabiert ist, während die andere einen normalen Bau aufweist. Die normalen Schließzellen liegen im Niveau der Epidermis, dagegen sind die kollabierten tief eingesenkt und von den benachbarten Epidermiszellen stark abgeschnürt.

Selaginella lepidophylla (Hook. Grev.) Spring.

Diese Pflanze zeigt in ihrem Bau mehrfach Abweichungen von den übrigen Selaginellaceen. Ihre Blätter sind schuppenartig, fast breiter als lang und verhältnismäßig dick. Die der Stammspitze zugekehrte Längshälfte ist auf der Unterseite meist rot gefärbt, stark cutinisiert und auch verholzt. Ihre Epidermiszellen haben dicke Radialwände. Diese Blatthälfte weist keine Spaltöffnungen auf, weder auf der Unternoch auf der Oberseite. Sie finden sich in gleichmäßiger Verteilung auf der Unterseite der der Stammspitze abgewendeten Blatthälfte, welche nicht verholzt und weniger stark cutinisiert ist. Die Mittelblätter, welche den Seitenblättern an Größe fast gleichkommen, weisen Spaltöffnungen nur auf der morphologischen Unterseite auf. Die

Cuticula ist an und für sich stark, ganz auffallend verdickt aber am Vorhof (Abb. 43). Von den deutlich erkennbaren drei dünnen Stellen ist die an der Innenwand am zartesten. Die sekundären Verdickungen sind sehr stark angelegt und ebenso wie die primären Wände cutinisiert.

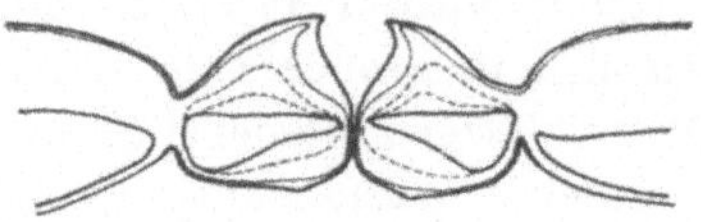

Abb. 43. *Sel. lepidophylla*, Querschnitt.

An der Außenwand treten noch tertiäre Verdickungen auf, die allein aus Cellulose bestehen. So entstehen im ganzen auffallend dicke Schließzellwände, und dadurch wird das Lumen verengt. Verholzung fehlt in den Schließzellen gänzlich. Diese sind beträchtlich abgeschnürt; die Eisodialöffnung klafft auseinander selbst bei geschlossener Centralspalte. Die Oberflächenbilder sind meist normal; verzerrte Formen kommen selten vor. Kollabierte Spaltöffnungszellen sind weder auf den Mittel- noch auf den Seitenblättern festgestellt worden.

Zusammenfassung der gemeinsamen Merkmale.

Die Schließzellen sind mehr oder weniger von den benachbarten Epidermiszellen abgeschnürt und weisen drei dünne Stellen an der Außen-, Bauch- und Innenwand auf. Es treten sekundäre und sogar tertiäre Verdickungen auf. Die primären Wände sind cutinisiert; die sekundären Verdickungen bestehen aus Cellulose. Die Oberflächenbilder sind verzerrt und gleichen sich in ihren Umrißformen den Epidermiszellen an. Die Abweichung von der normalen Schließzellenform ist aber verschieden stark ausgeprägt. Somit sind die Spaltöffnungen der Selaginellaceen dem Archetyp zuzuweisen, und zwar seiner zum Pteridophytentyp umgewandelten Form. Eigentümlich ist das Auftreten kollabierter Schließzellen. Sie sind vollkommen cutinisiert, funktionslos und ohne lebenden Inhalt. Sekundäre Verdickungen treten bei ihnen nicht auf, wohl aber in einzelnen Fällen eine ebenfalls cutinisierte „Füllmasse". Die kollabierten Schließzellen haben sehr dicke Rückenwände, innerhalb welcher die Abschnürungsfurche verläuft. — Abweichend von diesem Gesamttypus verhielt sich nur *Sel. lepidophylla*. Bei dieser tritt eine bemerkenswerte Annäherung an den Typus der *Lycopodium*-Arten auf; besonders die sehr stark verdickte Außenwand und das breite Gelenk an der Innenwand finden sich hier wieder. Es handelte sich um eine ausgesprochene Übergangsform zwischen beiden Typen.

2. *Die Inhaltsstoffe der Spaltöffnungszellen.*

Auf Schließzellinhalte wurden untersucht *Sel. Martensii* und *Sel. badiicaulis*, und zwar wurden frische Blätter jeden Alters verwendet. Die Ergebnisse waren folgende: Stärke ließ sich mit Jodjodkalium nachweisen. Sie war in kleinen Körnchen und nicht in besonders großer Menge vorhanden. Zucker war mit dem FEHLINGschen Reagens lokal in den Schließzellen deutlich nachzuweisen. Fett war in der Form kleiner und mittelgroßer Ölkugeln vorhanden.

3. *Die Funktion der Spaltöffnungen.*

Die Funktion wurde durch Messungen an Blättern von *Sel. Martensii* festgestellt. Die Plasmolyse wurde durch eine etwa 40 proz. Rohrzuckerlösung bewirkt. Die Centralspalten waren vor der Plasmolyse teilweise so weit geöffnet, daß ihre Ränder hinter denen der Eisodialöffnung verschwanden. Nach der Plasmolyse berührten sich die Bauchwände. Die Messungen hatten folgende Ergebnisse.

Selaginella Martensii. Abstände wie in Abb. 25.

Spaltöffnung Nr.	1	2	
Abstand *bb*	(2,5) 4	(2,5) 4	geschlossen offen
Abstand *b′b′*	(11) 9,5	(12,5) 11	
Centralspalte *c*	(0) 3	(0) 3	
Abstand *aa*	(20) 20	(19) 19	
Abstand *a′a′*	(23) 23	(24) 24	

Die Funktion der Spaltöffnungen vollzieht sich also so, daß bei der Abrundung der Schließzellen durch den steigenden Turgor die verhältnismäßig weit ausgedehnten dünnen Stellen der Außen- und Innenwand vorgewölbt werden. Die Zelle wird dadurch höher und dementsprechend schmäler. Der Winkel bei *a* (Abb. 35) vergrößert sich, und die die Spalte begrenzenden Bauchwände weichen auseinander. Bei *Sel. lepidophylla* ist es fraglich, ob die Stomata überhaupt noch funktionsfähig sind. Untersuchungen dieser Art konnten wegen Mangel an frischem Pflanzenmaterial nicht vorgenommen werden. So sind die Spaltöffnungen der Selaginellaceen nicht nur im Bau, sondern auch in ihrer Funktion unbedingt dem Archetyp bzw. dem Pteridophytentyp zuzuweisen.

4. *Die Entwicklung der Spaltöffnungen.*

Die bei den Selaginellaceenspaltöffnungen erkennbaren, oft recht auffallenden Verzerrungen der Rückenwände veranlaßten mich, den Entwicklungsgang der Spaltöffnungen zu verfolgen. Ich untersuchte *Sel. Breynii,* wo sich auf ganz jungen Blättern die einzelnen Entwicklungsstadien vom Blattgrund nach der Spitze zu bequem verfolgen

lassen. Am Blattgrund zeigt sich ein Meristemstreifen in der Längsachse des Blattes (Abb. 44 a) der nach den Seiten zu schon in Dauergewebe übergeht. Etwas weiter spitzenwärts treten bei einzelnen
Zellen des Meristemstreifens Längsteilungen auf (Abb. 44 b). Die so
geteilten Zellen haben aber ihre polygonalen Umrisse noch nicht verändert. Erst etwas weiter nach der Blattspitze zu beginnt eine allmähliche Abrundung derselben. Ein weiteres Entwicklungsstadium
zeigt eine wesentliche Vergrößerung der Meri-
stemzellen, die sich wohl hier anschicken, in
Dauergewebe überzugehen. Ihre Wände weisen
die ersten Wellungen und Verbiegungen auf.
Die längsgeteilten Zellen haben zwischen sich
eine Spalte gebildet (Abb. 44 c) und sich auch
sonst in typische Schließzellen umgewandelt.
Die so entstandenen Spaltöffnungsapparate sind
vollkommen regelmäßig abgerundet. Von irgendwelchen Verzerrungen ist auch nicht das geringste zu bemerken. Ein weiteres Stadium
zeigt dann aber eine schon stärkere Verbiegung
der Epidermiszellwände, und auch die Schließzellen bleiben davon nicht unberührt (Abb. 44 d).
So schreitet nun die Verzerrung der Schließzellen immer weiter fort, bis schließlich jene
ungewöhnlichen Oberflächenbilder entstehen,
wie Abb. 35 für *Sel. Martensii* und Abb. 40 für
Sel. grandis sie zeigen. Das Wesentliche am

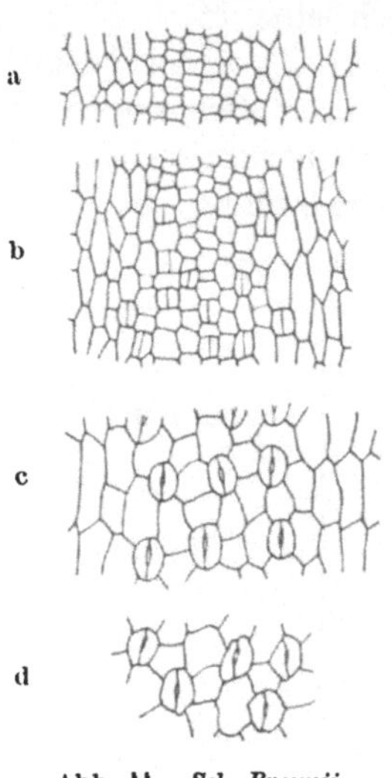

Abb. 44. *Sel. Breynii*,
Entwicklungsgeschichte
der Spaltöffnungen.

Ganzen ist, daß die Schließzellen erst völlig normal abgerundet
erscheinen und erst später eine mehr oder weniger von der typischen
abweichende Form erhalten. Die Verzerrungen haben also einen sekundären Charakter; sie stellen eine Angleichung an die Umrißformen
der Epidermiszellen dar.

Die Verzerrung von Schließzellen ist von KRAUS (18) und KUHL-
BRODT (19) gelegentlich der Besprechung des Archetyps erörtert worden.
KRAUS kennzeichnet die polygonale Gestalt der Schließzellen als ein
Merkmal des Archetypus. KUHLBRODT berichtet von „Umformungen"
bei den Spaltöffnungen am Sporophyten der Laubmoose, die er dem
Archetyp zuweist. Von den von ihm namhaft gemachten Umformungen
kommen bei den Selaginellaceen vor: Die Teilung der Mutterzelle vollzieht sich nicht parallel zur Längsachse des Organes. Die Schließzellen
sind nicht spiegelbildlich gleich, sondern mit oft erheblichen Gestalts-
und Größenunterschieden behaftet. Die Mutterzelle ist zwar geteilt,
aber eine Spaltung ist unterblieben (Abb. 42). Die Spaltöffnung wird
normal angelegt, stirbt aber bald ab (kollabierte!). — KUHLBRODT sagt

darüber: „Die Fehlbildungen der Moosspaltöffnungen haben eine doppelte Deutung gefunden. Die erste Auffassung sieht in diesen Bildungen die Anfangsglieder einer aufsteigenden Entwicklungsreihe. Die zweite Auffassung sieht in jenen Bildungen die Endglieder einer absteigenden Entwicklungsreihe. Beide Auffassungen stimmen darin überein, daß sie die Fehlbildungen auf eine nicht genügend gefestigte Induktion der Anlagen, die normalen Spaltöffnungsapparaten eigentümlich sind, zurückführen. Jede der zahlreichen Anlagen, durch die sich normale Schließzellen von normalen Epidermiszellen unterscheiden, kann allein oder in Verbindung mit anderen verloren gehen. Der grundlegende Unterschied beider Auffassungen besteht darin, daß die erste die Fehlbildungen zurückführt auf die noch nicht genügend gefestigte, die zweite auf die nicht mehr genügend gefestigte Induktion der Anlagen." Auch HABERLANDT (13) beschäftigt sich mit den Umformungen der Spaltöffnungszellen bei den Laubmoosen. Er hält sie für Rückbildungserscheinungen.

In unserem und wohl auch in den für die Moose beschriebenen Fällen läßt sich das Auftreten der Verzerrungen aus dem Fehlen typischer Nebenzellen verstehen. Besonders wo verzahnte Epidermiszellen vorliegen, werden Nebenzellen die Schließzellen davor bewahren, gleichfalls wellig verbogen zu werden. In ähnlichem Sinne hat BENECKE (4) angenommen, daß die zahlreichen Nebenzellen der Succulenten die Schließzellen beim Schrumpfen der Epidermiszellen vor Deformation bewahren. Grenzen, wie bei *Selaginella*, die Schließzellen direkt an Epidermiszellen und weisen diese keine Hautgelenke auf, so werden sich in der gemeinsamen Wand die Verbiegungen der Epidermiszellen auch den Schließzellen notwendig mitteilen. Dieses Fehlen von Nebenzellen in unserem Falle ist in bester Übereinstimmung mit der Auffassung der Spaltöffnung als zum Archetyp gehörig ein ausgesprochen primitives Merkmal. Die Schließzellen unterscheiden sich noch nicht allzusehr von gewöhnlichen Epidermiszellen; sie haben noch nicht den typischen Charakter der Schließzellen der Angiospermen.

III. Isoëtaceae.

Untersucht wurden *Isoëtes Malinvernianum* Ces. et Not., *Isoëtes lacustris* L. und *Isoëtes echinospora* Dur.

Isoëtes Malinvernianum Ces. et Not. Die Spaltöffnungen befinden sich in sehr geringer Anzahl auf beiden Seiten der Blätter. In ihren Oberflächenumrissen sind sie in weitgehendem Maße den langgestreckten Epidermiszellen ähnlich (Abb. 45). Schließzellen von normaler Halbmondform sind so gut wie überhaupt nicht vorhanden. Der Apparat macht den Eindruck einer längsgeteilten Epidermiszelle. Die Spalte steht in der Längsrichtung des Blattes. Sie führt in einen der

vier großen Intercellularräume, welche das im Querschnitt kreis- oder
ellipsenförmige Blatt der Länge nach durchziehen. Die äußeren Cuticularhörnchen sind entwickelt; die inneren fehlen ganz, so daß hier die
Bauch- und Innenwand noch mehr als bei den Equisetaceen ineinander
übergehen. Die Außen- und Innenwand sind dünn; noch dünner ist
die Rückenwand. Die Bauchwand dagegen ist verdickt (Abb. 46). Die
primären Wände bestehen aus Cellulose und sind nur in der Nähe der
Hörnchen schwach cutinisiert. Sekundäre Verdickungen befinden sich
an der Außen-, Bauch- und Innenwand und sind an der Bauchwand
am stärksten ausgebildet. Sie besitzen im Querschnittsbild zackige
Konturen und bestehen aus Cellulose. Die Cuticula umzieht die ganze
Schließzelle. Die Spaltöffnungsapparate liegen in gleicher Höhe mit
den Epidermiszellen. Wenn sie überhaupt noch funktionieren, so ist
anzunehmen, daß die Außen- und Innenwand vielleicht auch die dünne
Rückenwand sich bei steigendem Turgor vorwölben und dabei die
Eisodialöffnung auseinander weicht. Experimentelle Beobachtungen

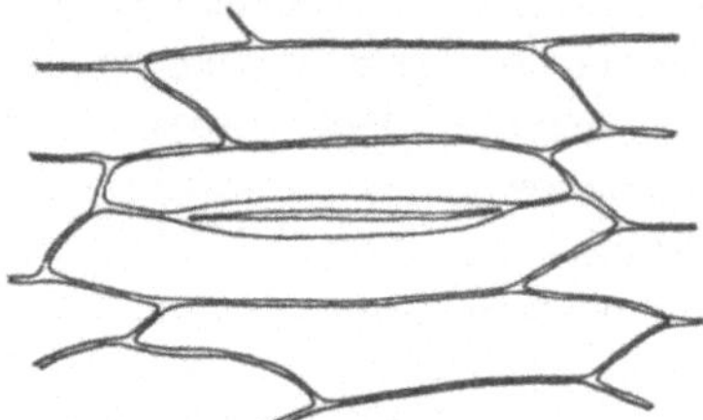

Abb. 45. *Isoëtes Malinvernianum,*
Oberflächenbild.

Abb. 46. Querschnitt.

darüber konnten wegen der Schwierigkeit der Materialbeschaffung nicht
angestellt werden.

Die Spaltöffnungen von *Isoëtes Malinvernianum* kommen dem von
HABERLANDT (15) eingehend studierten und beschriebenen Schwimmblattypus erheblich nahe. Zur Bildung einer eigentlichen Centralspalte
kommt es nicht, der Verschluß wird lediglich durch die äußeren Cuticularleisten bewirkt. Eine Gliederung des Porus in Vorhof, Centralspalte und Hinterhof ist nicht mehr zu erkennen. Dieser Bau der Spaltöffnungen mag zusammenhängen mit der amphibischen Lebensweise
der Pflanze. Befinden sich die Stomata über dem Wasserspiegel, so
ermöglichen sie einen Gasaustausch mit der umgebenden Luft. Ein
Transpirationsschutz ist bei der feuchten Umgebung der Pflanze unnötig. Der abweichende Bau der Schwimmblattspaltöffnung soll im
Gegenteil eine Förderung der Wasserverdunstung bewirken. Kommt
aber die Spaltöffnung unter das Niveau der Wasserfläche zu liegen, so
verhindert ihr Bau wahrscheinlich das Eindringen von Wasser. „Zwischen
den scharfen Kanten der die Spalte begrenzenden Cuticularleisten kann

nämlich das Wasser bloß in Form eines sehr wenig widerstandsfähigen
Häutchens festgehalten werden. Denn wie in einem konischen Capillar-
röhrchen wird in den trichterförmigen Porus eingedrungenes Wasser
gegen die Eisodialöffnung zurückweichen" (HABERLANDT [15]).

Bei *Isoëtes lacustris* und *Isoëtes echinospora* fehlen Spaltöffnungen
überhaupt. Beide Pflanzen sind submers.

IV. Psilotaceae.

Psilotum triquetrum Sw. Die Stomata finden sich an der Unterseite
der Blattschuppen, vornehmlich aber und in reicher Zahl am Stamm
in den Furchen zwischen den vier längs verlaufenden Wülsten. Die
Apparate sind langgestreckt und in der Längsrichtung des Stammes
orientiert. Im Oberflächenumriß ähneln sie stark den Epidermiszellen
(Abb. 47). Die Eisodialöffnung liegt etwas unter dem Niveau der
Epidermis und besitzt eine geringe Längsausdehnung. Die Epidermiszellen haben äußerst stark verdickte Außenwände, deren Schichtung

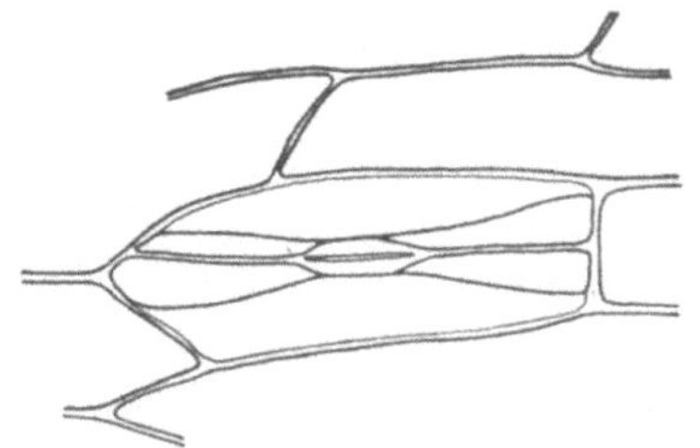
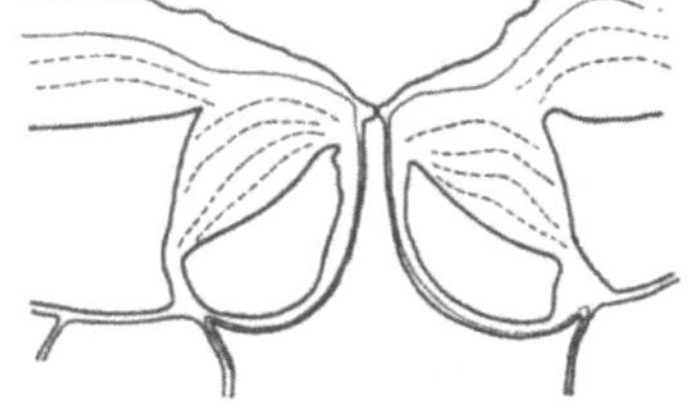

Abb. 47. *Psilotum triquetrum*. Oberflächenbild.   Abb. 48. *Psilotum triquetrum*, Querschnitt.

deutlich zu erkennen ist (Abb. 48). Ebenso ist die Cuticula ungewöhnlich stark und an der Oberfläche rauh. Die äußeren Cuticularhörnchen
sind angedeutet; die inneren fehlen ganz. Auch die Schließzellen weisen
an der Außen- und Rückenwand ungewöhnliche Verdickungen auf.
Der Winkel zwischen beiden wird von einem Verdickungspolster ausgefüllt, das ebenfalls deutlich geschichtet ist. Bauch- und Innenwand
der Schließzelle gehen ineinander über. An ihnen befinden sich keine
Verdickungen. Die Cuticula zieht sich noch ein Stück in die Atemhöhle
hinein. Die Verdickungspolster sind cutinisiert, mehr aber noch verholzt. Das letztere ist namentlich der Fall in den nach dem Zellumen
zu gelegenen Partien. Etwas verholzt, aber nicht cutinisiert sind die
Bauch- und Innenwand. In den Epidermiszellen tritt Verholzung an
den Ansatzstellen der Radialwände an die Außenwand auf, etwas
cutinisiert sind auch die Verdickungen der Epidermisaußenwände. Das
Verdickungspolster der Schließzellen wird, wie aus dem Oberflächenbild
(Abb. 47) ersichtlich ist, nach den Polen zu schmäler. Es erreicht seine
größte Ausdehnung in der Nähe der Spalte. Die Spaltöffnungen sind
nach Bau und Verholzung der Wände vielleicht funktionslos. Es treten

zwar im Querschnittsbild an der untersten Stelle der Rückenwände Gelenke auf, die aber an dieser Stelle kaum eine mechanische Bedeutung haben, da ein entsprechendes äußeres Gelenk fehlt. Die dünnen Bauch- und Innenwände können auch für eine Öffnungsfunktion nicht herangezogen werden, da sie sich bei steigendem Turgor gegen die Spalte zu vorwölben müßten. Die auffallende Ähnlichkeit des Oberflächenbildes mit dem Gramineentypus läßt es aber möglich erscheinen, daß die Bewegung in ähnlicher Art wie bei diesem vor sich geht. Auch zeigt die Spaltöffnung im Oberflächen- und im Querschnittsbild deutliche Ähnlichkeit mit dem Gymnospermentyp, mit dem sie auch die Verholzung gemein hat. Dies ist in phylogenetischer Hinsicht nicht ohne Interesse.

Zusammenfassung.

Die Equisetaceen nehmen in bezug auf ihre Spaltöffnungsapparate eine isolierte Stellung im Pflanzenreiche ein. Die Apparate bestehen aus Neben- und Schließzellen. Als charakteristisches Merkmal sind Verdickungsleisten anzusehen, welche auf der an die Schließzellen grenzenden Wand der Nebenzellen verlaufen, radial von der Spalte ausstrahlen und zwischen sich unverdickte, dünne Stellen der Zellwand freilassen. Die Nebenzellen weisen ferner in der Nähe der Spalte, die zwischen ihnen auftritt, ein für die Funktion äußerst wichtiges Hautgelenk auf, dessen Bewegungsmöglichkeit im Alter durch nachträgliche lokale Wandverdickungen, welche als Arretiervorrichtungen wirken, stark beeinträchtigt bzw. völlig unterbunden wird. Die Wände der Spaltöffnungszellen sind stellenweise verkieselt, jedoch bestehen die radialen Leisten mit Ausnahme der Ansatzstelle an der Spaltenwand bei einer Art durchweg aus reiner Cellulose. Die Spaltöffnungszellen enthalten reichlich Chlorophyll und als Einschlüsse Stärke, Fett und Zucker.

Die Funktion der Spaltöffnungen vollzieht sich in der Weise, daß sich die Schließzellen bei steigendem Turgor abrunden, wobei sich die radialen Leisten in das Lumen der Nebenzellen vorwölben. Die Leisten sind um so mehr dazu befähigt, als sie eine dünnere und schmälere „Knickstelle" besitzen, welche manchmal zum deutlichen Gelenk entwickelt sein kann. Durch die Abrundung der Schließzellen werden die erwähnten Hautgelenke der Nebenzellen in deren Lumen eingebogen, wobei die Spalte, sowie die darunter liegenden äußeren Cuticularleisten auseinanderweichen. Der stärkere Chlorophyllapparat und der Zuckergehalt der Schließzellen geben diesen die Möglichkeit, sich entgegen den Nebenzellen zu bewegen. Doch wurden keine größeren Differenzen im osmotischen Wert der beiden Zellarten beobachtet.

Die Spaltöffnungen der Lycopodiaceen stellen eine Mittelform zwischen dem Mniumtyp und der als Pteridophytentyp bezeichneten Variation des Archetypus dar. An den Mniumtypus erinnern die starken

Außen- und Rückenwände und die schwächeren Bauch- und Innenwände der Schließzellen, an den Pteridophytentyp die wohlentwickelten Außen- und fast unentwickelten Innenhörnchen. Außen- und Innenwände weisen Verdickungsleisten auf, die aber hier weniger scharf abgesetzt sind, als bei den Equisetaceen und gegen den Zellrand zu vollkommen miteinander verschmelzen. Sie springen in das Lumen der Schließzellen vor und bilden die Umrandung langgestreckter, großer Tüpfel. Auch die Epidermiszellen besitzen Randtüpfel, daneben manchmal auch kleine keulenförmige Tüpfel in der Außenmembran. Die Leisten- bzw. Tüpfelbildung in den Schließzellen ist eine Eigenart der tropischen Lycopodiaceen, während die heimischen sie nicht aufweisen. Bei ihnen sind durchgehende sekundäre Verdickungen vorhanden. Die Wandungen der Schließzellen können mehr oder weniger stark verholzt sein. Die Öffnung der Lycopodiaceenspaltöffnungen vollzieht sich derart, daß sich die dünne Partie der Innenwand vorwölbt, wobei die Gelenkstelle der Bauchwand als Scharnier wirkt, und sich die Centralspalte erweitert.

Die Spaltöffnungen der Selaginellaceen gehören dem Pteridophytentypus an; sie zeigen dünne Außen- und Innenmembranen, während die Rückenwände stark sind. Die Bauchwand besitzt kräftige äußere Cuticularleisten, während die inneren schwächer entwickelt sind. Leistenbildungen treten in den Schließzellen nicht auf, dagegen sind durchgehende sekundäre Verdickungen vorhanden, welche im Gegensatz zu den mehr oder weniger stark cutinisierten primären Wänden allein aus Cellulose bestehen. Eigentümlich ist das Auftreten plasmaloser kollabierter Schließzellen, welche manchmal eine das Lumen fast ausfüllende „Füllmasse" enthalten. Wände und Füllmasse sind stark cutinisiert. Alle Schließzellen weisen im Oberflächenbild oft sehr unregelmäßige Außenbegrenzung auf. Sie enthalten Chlorophyll und bilden Stärke, Zucker und Fett.

Die Funktion der Selaginellaceenspaltöffnungen ist die des Archetypus. Außen- und Innenwände wölben sich vor, wodurch die Bauchwand gestreckt und die Centralspalte erweitert wird. Während bei den Lycopodiaceen die Eisodialöffnung unverändert bleibt, wird sie bei den Selaginellaceen ebenfalls erweitert. Im Laufe ihrer Entwicklung zeigen die Selaginellaceenspaltöffnungen zuerst die normale, abgerundete Form; die Verzerrungen ihrer Rückenwände treten erst bei der definitiven Ausbildung der Epidermis auf.

Bei den Isoëtaceen sind Spaltöffnungen nur an den nicht submersen Species zu finden. Sie sind dem Schwimmblattypus angenähert.

Die Psilotaceen besitzen Schließzellen mit ungewöhnlich starken Verdickungen. Sie erinnern sehr an die Stomata der Gymnospermen. Wenn sie überhaupt noch beweglich sind, so wäre eine Funktion ähnlich der des Gramineentypus anzunehmen.

Die vorliegenden Untersuchungen wurden im Pflanzenphysiologischen Institut der Universität Berlin auf Veranlassung und unter Leitung Professors v. GUTTENBERG ausgeführt. Ich danke diesem und Herrn Geheimrat HABERLANDT für die Anregungen, die sie mir freundlicherweise zuteil werden ließen, desgleichen den Herren Dr. METZNER und Dr. HERRIG für das wohlwollende Interesse an meiner Arbeit.

Literatur.

1. **Ambronn**, Jahrb. f. wiss. Botanik. **14**, 1884. — 2. **Areschong**: Englers Bot. Jahrb. **2**, 1882. — 3. **de Bary**, Vergleichende Anatomie. Leipzig 1877. — 4. **Benecke**: Bot. Ztg. 1892. — 5. **Braun**, Beitrag zur Kenntnis der Gattung *Selaginella*. Monatsberichte d. Berl. Akad. 1865. — 6. **Copeland**, Ann. of Botany. **16**, 1902. — 7. **Czech**, Bot. Ztg. 1869. — 8. **Engler-Prantl**: Die natürlichen Pflanzenfamilien. Leipzig 1902. — 9. **Erikson**: Bidrag till kännedomen om Lycopodinébladens anatom. Acta universitatis Lund. **28**, 1892. — 10. **Gradmann**, Jahrb. f. wiss. Botanik. **62**, 1923. — 11. **Haberlandt, G.**: Jahrb. f. wiss. Botanik. **13**, 1882. — 12. **Ders.**: Die physiologischen Leistungen der Pflanzengewebe. Schlenks Handb. d. Bot. **2**, 1882. — 13. **Ders.**: Jahrb. f. wiss. Botanik. **17**, 1886. — 14. **Ders.**: Flora 1887. — 15. **Ders.**: Physiologische Pflanzenanatomie. 5. Aufl., Leipzig 1918. — 16. **Hagen**: Beitr. z. Allg. Bot. **1**, 1918. — 17. **Hegelmaier**, Bot. Ztg. 1872. — 18. **Kraus**, Ein Beitrag zur Kenntnis der Anatomie und Physiologie der Pteridohyten-Spaltöffnungen. Jahresber. d. f.-b. Knabenseminars zu Graz. 1914. — 19. **Kuhlbrodt**: Beitr. z. allg. Botanik. **2**, 1922. — 20. **Leitgeb**: Mitt. d. bot. Inst. zu Graz. **1**, 1886. — 21. **Lidforß**, Die wintergrüne Flora. Lunds Universit. Arskrift N. F. Afd. II. **2**, 1907. — 22. **Linsbauer**: Sitzungsber. d. Akad. d. Wiss. in Wien, Math.-naturw. Kl. **107**, 1898. — 23. **Ders.**: Flora, N. F. **9**, 1916. — 24. **Milde**: Monographia Equisetorum. Nov. Act. Leopold. Carol. 1866. — 25. **v. Mohl**: Bot. Ztg. 1856. — 26. **Neumann-Reichardt**: Beitr. z. allg. Botanik. **1**, 1918. — 27. **Porsch**: Der Spaltöffnungsapparat im Lichte der Phylogenie. Jena 1905. — 28. **Sanio**: Linnaea. **29**, 1857/58. — 29. **Schäfer**: Jahrb. f. wiss. Botanik. **19**, 1888. — 30. **Schellenberg**: Bot. Ztg. 1896. — 31. **Schwendener**: Über Bau und Mechanik der Spaltöffnungen. Monatsber. d. Berl. Akademie. 1881. — 32. **Strasburger**: Jahrb. f. wiss. Botanik. **5**, 1866/67. — 33. **Weber**: Hedwigia 1922. — 34. **Weber, F.**: Ber. d. dtsch. Bot. Ges. **38**, 1920.

DIE CHONDRIOSOMEN IN DER GONOGENESE[1]
BEI EQUISETUM PALUSTRE L.

Von

G. LEWITSKY,
Kiew.

Mit 1 Textabbildung und Tafel II.

(Eingegangen am 6. März 1925.)

Im Jahre 1921 erschien, nach einer Reihe von vorläufigen Mitteilungen, eine Arbeit von L. EMBERGER „Recherches sur l'origine et l'évolution des plastides chez les Ptéridophytes". In dieser Arbeit gibt der Verfasser sowohl die Beschreibung als auch Bilder einiger Stadien der Sporogenese, die er mit Hilfe der mitochondrialen Methoden bei einigen Filicineen und bei *Equisetum* untersucht hat. In allen Fällen springt er dabei von den jungen Sporenmutterzellen unmittelbar zu den Sporenanlagen über. Es fehlen somit alle Stadien der meiotischen Teilungen. Das ist um so bedauerlicher, da gerade in diesen Stadien, wie wir weiter sehen werden, besonders tiefgreifende und charakteristische Veränderungen des Chondrioms vor sich gehen. Dieselben sind völlig analog den Vorgängen in den entsprechenden Stadien der Spermatogenese verschiedener Tiere. Auch ergeben sich dabei einige Daten zur Klärung der gegenwärtig vielfach diskutierten Frage über die onto- und phylogenetischen Beziehungen zwischen den Chondriosomen und Plastiden.

Von allen Fixierungsmitteln, einschl. die Flüssigkeit von REGAUD[2]), hat das von mir schon 1910 angegebene Gemisch von 10 proz. Formalin (9 Teile) und 1 proz. Chromsäure (1 Teil) die besten Resultate ergeben. Die Objekte kommen für 2—3 Tage in die Flüssigkeit, um darauf in das Gemisch von 1proz. Chromsäure (15 T.) und 2 proz. Osmiumsäure (4 T.) für 7 Tage übergeführt zu werden. Weitere Behandlung, so wie die von mir angewandte Eisenhämatoxylinfärbung sind die üblich gebrauchten. Die Schnittdicke war durchschnittlich etwa $2\,\mu$. Für kleinere Details sind manchmal noch dünnere Schnitte erforderlich.

---

[1]) Der Name „Gonogenese" wird hier im Anschluß an die schon eingebürgerte Terminologie von LOTSY eingeführt. Alle Zellen, die infolge zweier meiotischer Teilungen hervorgehen, ungeachtet ihrer morphologischen Bedeutung, nennt er „*Gonen*". Zum ersten Male wurde die hier vorgeschlagene neue Bezeichnung in meinem Buche „Die stofflichen Grundlagen der Vererbung" (Russisch 1924) gebraucht.

[2]) Vgl. EMBERGER, l. c. S . 50.

Das Chondriom der ruhenden und sich teilenden Tapeten- und Archesporzellen (letztere entsprechen in dem Schema der Gonogenese den Spermatogonien der Tiere) wird hauptsächlich in Form von „Chondriokonten" dargestellt (Abb. 1, Taf. II). Wie bekannt, ist diese Chondriosomenform überhaupt für die embryonalen Gewebe der Pflanzen und Tiere typisch. In unserem Falle bilden die Chondriokonten oft eigentümliche Schleifen bzw. Ringe und finden sich ohne besondere Ordnung um die Teilungsfigur zerstreut.

Die ersten Veränderungen, die das soeben beschriebene Chondriom betreffen, erscheinen erst in früheren Prophasen der heterotypischen Teilung und bestehen, wie das auch EMBERGER angibt, in einer Fragmentierung der Chondriokonten in einzelne Körner, d. h. in Mitochondrien. Unsere Abb. 2 (Taf. II) stellt das Anfangsstadium eines solchen Zerfalls dar. Manche Chondriosomen haben noch ihre ursprüngliche fadenförmige Gestalt und gleichmäßig intensive Färbung beibehalten; andere lassen sich schon sehr leicht entfärben und zeigen nur einzelne auf dem blaß gefärbten Faden verteilte schwarze Körnchen; noch andere erscheinen als ganz isolierte Körnchen und kurze Stäbchen. Infolge solcher Vorgänge wird im weiteren das ganze Chondriom in solche sehr kleine Elemente zerlegt, unter denen sich einzelne größere plastidenähnliche Bildungen abheben (Abb. 3, Taf. II).

In den späteren Stadien ändert sich das Bild grundsätzlich. Während der Metaphase (Abb. 4, Taf. II) und Anaphase (Abb. 5, Taf. II) häufen sich die Chondriosomen um die Teilungsfigur des Kernes in Form eines unregelmäßig durchlöcherten Mantels (vgl. auch die Phot. I). Dieser wird aus den dichtgelagerten Mitochondrien gebildet, die in einem dichteren, von dem übrigen Plasma gesonderten Stroma eingelagert scheinen. Die Mitochondrialkörner sind, wie es scheint, zwischen den kleinen Waben, die das Stroma durchsetzen, gelagert. Eine genaue Abbildung solch eines „Mitochondrialkörpers" zu geben steht an der Grenze der Möglichkeit, weswegen man in gewissem Maße zu einem Schematisieren genötigt ist. Das betrifft besonders Abb. 5 (Taf. II), die eine Anaphase mit den durch die Brüche in dem Mitochondrialmantel zum Vorschein kommenden blaß gefärbten Chromosomen darstellt.

Zwischen der ersten und zweiten meiotischen Teilung treten die Kerne in den Ruhezustand ein (Abb. 6, Taf. II). Das Chondriom verliert seinen früheren Charakter, nämlich den eines abgesonderten scharfkonturierten Körpers mit einer eigentümlichen inneren Struktur und zerfällt wieder in einzelne frei verteilte Elemente. Dieselben wandeln sich dabei in etwas vergrößerte kurze Stäbchen um und werden allmählich aus der Peripherie der früheren Teilungsfigur in ihren Äquator versetzt. Daselbst werden sie immer dichter gedrängt und bilden also wieder einen *kompakten* Körper, der die Gestalt einer dicken, etwas gekrümmten Platte besitzt (Abb. 7, Taf. II). Das übrige Plasma entbehrt beinahe jegliche Einschlüsse und ist in zwei scharf abgegrenzte Schichten geteilt: das die prophasischen Kerne umgebende, nach der mitochondrialen Behandlung homogen erscheinende „Kinoplasma" und das ausgeprägt vacuolisierte „Trophoplasma". Denselben Charakter behält das Plasma auch während der Metaphase der zweiten Teilung (Abb. 8, Taf. II). Die Strukturelemente des Mitochondrialkörpers bewahren anfangs ihre frühere Gestalt von kurzen Stäbchen (Abb. 7, Taf. II), weiter aber verwandeln sie sich in kleine Bläschen.

Im folgenden Stadium — von vier eben gebildeten telophasischen Kernen — werden zwischen je zwei Schwesterkernen die Zellplatten gebildet (Abb. 9, Taf. II). Die Mitochondrialplatte lockert sich auf in ihre bläschenförmigen Elemente, die inzwischen schon erheblich vergrößert sind. Bald darauf (Abb. 10, Taf. II) wird der Zusammenhang zwischen denselben aufgelöst, und sie erscheinen wieder frei zerstreut an der Stelle der früheren Mitochondrialplatte. Bei der Ausführung der Abb. 10 (Taf. II) habe ich mir Mühe gegeben alle geformten Bildungen der entsprechenden Stelle des Präparats mit allen ihren wahrnehmbaren Details mit der möglichsten Genauigkeit darzustellen. Wie man aus einer solchen, stark vergrößerten Abbildung ersehen kann, stellen manche Chondriomelemente hier schon typische Plastiden dar; dieselben sind vielfach mit je einem oder mehreren Stärkekörnern in ihrem Inneren versehen, die mit Congo-Corinth nachgefärbt wurden. Es wäre ein ganz künstliches Unternehmen hier irgendeine Grenze zwischen den Plastiden und größeren Mitochondrien zu ziehen.

Die sich in diesem Stadium bildenden Scheidewände sind zweifachen Ursprungs: diejenigen, die zwischen je zwei Schwesterkernen gelegen sind, rühren von den Zellplatten der Phragmoplasten her (Abb. 9 und 10 unten, Taf. II); dagegen diejenigen, die zwei *Paare* der Schwesterkerne voneinander scheiden, bilden sich ganz eigenartig im Inneren der früheren Mitochondrialplatte, d. h. mitten in der Chondriosomen- und Plastidenanhäufung des Stadiums von Abb. 10 (Taf. II), ohne jede Beteiligung des Phragmoplastes, wahrscheinlich aber mit einer Beihilfe der gerade hier energisch stärkebildenden Plastiden bzw. Chondriosomen.

Auf der Abb. 11 (Taf. II) ist eine eben abgesonderte, noch hautlose junge Sporenanlage dargestellt. Die Verteilung des Chondrioms vorzugsweise auf der Seite des früheren Zusammenhanges der Schwesterzellen ist noch gewahrt. Die Plastiden sind hier etwas deutlicher von den Mitochondrien abgegrenzt. Mit Ausbildung einer Zellhaut um die Sporenanlage (Abb. 12, Taf. II), füllen sich die Plastiden noch mehr mit Stärke; infolge aber ihrer doch sehr ungleichen Größe können sie

auch hier nicht ganz scharf von den Mitochondrien getrennt werden,
da Mittelbildungen zwischen beiden doch vorhanden sind.

Vom Standpunkte der Geschichte der Wissenschaft erscheint es sehr
lehrreich, das die soeben beschriebenen eigentümlichen Umwandlungen
des Chondrioms in der Gonogenese bei *Equisetum* schon seit langem
und zu wiederholten Malen von den Meistern der Botanik in ihren
Hauptzügen sogar *in vivo* beschrieben und abgebildet worden sind.
Die ersten Daten, die die von uns hier beschriebenen Vorgänge bei
Equisetum betreffen, werden schon im Jahre 1851 (!) von W. Hofmeister in seinen epochemachenden „Vergleichenden Untersuchungen"
angegeben. Am deutlichsten wird von ihm die Bildung unserer „Mitochondrialplatte" (Abb. 7, Taf. II) zwischen den beiden Tochterkernen einer Sporenmutterzelle von *Equisetum limosum* beschrieben
und abgebildet (S. 98, Taf. XX, Fig. 5—10)[1]. Mit einer schematischen
Schärfe wird dieselbe Platte auf Grund einer erneuerten Untersuchung,
auch bei *E. limosum*, in dem „Lehrbuch der Botanik" von J. Sachs abgebildet (1. Aufl. S. 14, Fig. 10), wo auch der wichtige Umstand hervorgehoben wird, daß sich diese Platte aus „grünlich-gelblichen Körnchen",
d. h. aus sehr kleinen Chloroplasten ausbildet. Ebenda werden auch Anhäufungen von solchen Körnern auf der inneren Seite der noch zu
einem Vierlinge vereinigten Sporenanlagen (Abb. 10 *f—h*), entsprechend
unserer Abb. 10 (Taf. II), angegeben. Auch den „Mitochondrialmantel", der die Teilungsfigur in der Sporenmutterzelle von *Equisetum*
umgibt, finden wir in der älteren Literatur, nämlich bei Tchistiakoff
(1874) Taf. VII, Fig. 11 (für *E. limosum*). Ebenda findet sich (Abb. 13)
nochmals auch die früher von Hofmeister und Sachs beschriebene
„Körnerplatte". Die Beschreibungsweise von Tchistiakoff ist, wie
bekannt, sehr verworren, doch sprechen die von ihm angegebenen Zeichnungen von selbst.

Alle hier berichteten cytologischen Daten der älteren botanischen
Forscher sind nach den Untersuchungen mit ganz einfachen Methoden
direkt an lebenden (bzw. überlebenden) Objekten gewonnen. Auch bei
E. palustre bietet die Herstellung der Präparate für Lebendbeobachtung
der Mitochondrialkörper — vermittelst einfachen Zerzupfens der Schnitte
durch junge Sporangienträger — keine Schwierigkeiten. Das konser-
vierte Material läßt sich vortrefflich als ein zugängliches und, wegen der
Größe seiner Zellen, sehr demonstratives Schulobjekt für totale Zupfpräparate gebrauchen.

---

[1] „Im Äquator der Zelle, zwischen diesen beiden Zellkernen, bildet sich
nahe der Zellwand ein Ring oder eine Platte von Protoplasmakörnchen" (S. 98).
In seiner „Lehre von der Pflanzenzelle" spricht Hofmeister in bezug auf
Equisetum gleichfalls bald über „plattenförmige Anhäufung" (S. 84), bald über
„ein Körnergürtel, ein Ring aus Körnchen" (S. 85).

In eine uns nähere, schon „mikrotomfreudige“ Zeit werden der Gonogenese von *Equisetum* zwei Arbeiten gewidmet, von W. J. OSTER-HOUT (1897) und von R. BEER (1913). Der erstere hat sich die Aufgabe gestellt, die Entwicklung des achromatischen Teilungsapparates, der letztere den Prozeß der Chromosomenreduktion zu untersuchen. In beiden Fällen wurden die für diese Zwecke übliche Flemmingsche Flüssigkeit, wie auch sein „Dreifarbenverfahren“ verwendet (von BEER — auch Eisenhämatoxylin). Das Resultat war, daß von allen oben geschilderten mitochondrialen Strukturen nur kaum merkliche Spuren erhalten blieben. In dem Text findet man darüber keine Erwähnung und „entdeckt“ sie nur in den Zeichnungen, nämlich als eine etwas dunkler gefärbte Plasmaschicht, die in der Umgebung der heterotypischen Spindel gelegen ist und unserem „Mitochondrialmantel“ entspricht. Diese Plasmaschicht wird bei dem von OSTERHOUT untersuchten *E. limosum* durch ihre scharf ausgeprägte alveoläre Struktur von dem übrigen Plasma abgehoben, bei *E. arvense* wird sie von BEER nur als ein schattenartig verdichtetes Plasma dargestellt. Alle anderen Chondriomformen, einschließlich die auf unseren Präparaten, so wie bei der Lebendbeobachtung so scharf hervortretende „Mitochondrialplatte“, vermissen wir auf den Zeichnungen der genannten Autoren gänzlich: sie sind durch die „Chondriosomenzerstörenden Fixationsmitteln“[1]) unsichtbar gemacht.

Was die anderen Pteridophyta anbetrifft, so finden wir einige ganz bestimmte und unseren Beobachtungen an *E. palustre* völlig entsprechende Daten in der Arbeit von JAMANOUCHI „Sporogenesis in *Nephrodium*“ (1908). Bei diesem Farne wird nämlich von dem Verfasser unsere „Mitochondrialplatte“, als eine „granular zone, dividing the spore mother cell“, ganz scharf gezeichnet (S. 14, Taf. IV, Fig. 40 *u.w.*). Dieselbe wird auf der Peripherie der Äquatorialfläche der sich teilenden Zelle „gebildet“; allmählich dringt sie, wie ein sich verschließendes Diaphragma, ins Innere des Phragmoplastes ein und breitet sich durch die ganze Äquatorialfläche der Zelle aus. Solch eine „granular zone“ verbleibt, als eine scharf konturierte dunkel gefärbte dicke Platte, auch weiter — während der zweiten meiotischen Teilung. Mitten in dieser Platte wird auch, wie bei *Equisetum*, eine Scheidewand angelegt, jedoch mit dem Unterschiede, daß die „granular zone“, während dieses Vorgangs ihre scharfe Umgrenzung völlig bewahrt. Zwischen den Enkelkernen wird eine ebensolche Scheidewandbildende „granular zone“ in einer nicht aufgeklärten Weise geformt. Von dem „Mitochondrialmantel“ läßt es sich auf den Zeichnungen des Verfassers nichts wahrnehmen.

Über die dritte Klasse der Pteridophyten, nämlich die *Lycopodineae*

---

[1]) Vgl. LEWITSKY (1911).

finden wir in der älteren Literatur nur ganz fragmentäre und unklare Angaben. So garf man in dem „plasma densement granulé" (TCHISTIAKOFF, a. a. O. S. 270; Taf. XI, Fig. 11), das die Teilungsfigur der Sporenmutterzelle („sphère striée") von *Lycopodium alpinum* umgibt, unsere „Mitochondrialmantel" erkennen; desgleichen entspricht vielleicht eine „Körnchenplatte zwischen den Kernen" in der Sporenmutterzelle von *Psilotum triquetrum* (HOFMEISTER 1867 S. 82, Fig. 16 *g*) unserer „Mitochondrialplatte". Bei *Isoetes*, der von H. FITTING im Jahre 1900 untersucht worden ist, findet man im Cytoplasma der ganz jungen Marcosporenmutterzellen keine geformten Bildungen; weiter aber „treten in ihrem Plasma zahlreiche kleine Stärkekörner auf, die den Kern zu drei Viertel mantelartig umhüllen (S. 120 und Taf. 5, Fig. 8 und 9). Solch ein „aus zahlreichen kleinen Stärkekörnern und grobkörnigem Plasma bestehender dunkler Klumpen" „streckt sich . . . parallel zur Längsachse der Zelle in die Länge und teilt sich durch Einschnürung in zwei Teile" (S. 122). Die strecken sich wieder „in zwei aufeinander senkrecht stehenden Ebenen und Richtungen in die Länge" (Taf. V, Fig. 11). „Der Erfolg dieser Umlagerungen ist, daß nun in der Mutterzelle vier solche Inhaltsmassen in tetraedrischer Anordnung und in merklichen Abständen voneinander an der Peripherie des Plasmakörpers vorhanden sind" (S. 123 und Taf. V, Fig. 15). Die von FITTING beschriebenen Vorgänge erinnern in einigen Zügen an die von uns beobachtete Ausbildung eines geformten Gebildes aus dem zerstaubten Chondriom; dasselbe umgibt mantelförmig die erste Teilungsfigur der Sporenmutterzelle von *Equisetum*; bei *Isoetes* tritt aber ein ähnliches, Stärkekörner enthaltendes Gebilde bedeutend früher auf — schon um den noch, wie es scheint, ruhenden Kern der Macrosporenmutterzelle. Die weiteren Teilungsvorgänge dieses stärkehaltigen Körpers weichen schon bedeutend von dem, was wir bei *Equisetum* gesehen hatten, ab. SAPĚHIN deutet die soeben beschriebenen, „aus zahlreichen kleinen Stärkekörnern und grobkörnigem Plasma bestehenden dunklen Klumpen", einfach als eigenartige Plastiden, deren Entstehung und weitere Veränderungen mit dem, was er für *Lycopodium* und besonders für Laubmoosen angibt, ganz vergleichbar seien. Bei dem ersteren zeichnet er in den Archesporenzellen je eine ungewöhnlich große, den Kern schalenförmig umgebende Plastide; dieselbe wird in den Prophasen in zwei ebensolche, zu beiden Seiten des Kernes liegende Gebilde geteilt. Dem Verfasser ist es nicht gelungen weitere Stadien zu sehen. Diese so eigenartig geformten Plastiden des Archespors stammen nach SAPĚHIN direkt von den gewöhnlichen Plastiden des Sporangiummeristems, deren Zahl im Laufe der aufeinanderfolgenden Zellteilungen zu je einer reduziert wird. Bei *Selaginella* enthalten auch die meristematischen Zellen nur je eine Plastide.

Aus allem Mitgeteilten ist es jedenfalls klar zu ersehen, daß die Vorgänge im Cytoplasma während der Gonogenese in den einzelnen Gruppen der Archegoniata nicht unerhebliche Unterschiede aufweisen. Ob es gelingen wird zwischen den extremen Fällen, d. h. einem *Equisetum* und einem Laubmoos (oder *Lycopodium*) in Hinsicht der Plastiden- und Chondriosomenverhalten während der Gonogenese auch irgendwelche *wesentliche* Übereinstimmungen oder Homologien festzustellen, werden wir nur durch weitere Untersuchungen erfahren. Dieselben müssen unbedingt an allen Stadien der Gonogenese mit einer einwandfreien mitochondrialen Methodik durchgeführt werden. Bei der Beobachtung *in vivo* oder bei Benutzung von ungeeigneten Fixiermitteln ist immer die Gefahr vorhanden ein künstlich vereinfachtes Bild der Vorgänge zu bekommen, und sich dadurch des Aufdeckens mancher wesentlichen Beziehungen zu berauben.

Nach den Literaturangaben zu urteilen, sind die oben für *Equisetum* beschriebenen Vorgänge auch bei der Bildung des Pollens sehr weit verbreitet. Bei *Pinus* sind sie von W. HOFMEISTER schon im Jahre 1848 beschrieben und abgebildet. „Die zahlreichen Amylumkörnchen des Zellsaftes", so schreibt er „häufen sich, nach Entstehen der zwei secundären Kerne, als ringförmiger Gürtel im Äquator der Zelle an. Bald zerfällt dieser Gürtel in zwei einander parallele; die Sonderung des Primordialschlauches in zwei Hälften, scheint mir hierdurch angedeutet. Diese Zustände finden sich so oft, daß ich nicht daran zweifle, daß sie von allen Mutterzellen durchlaufen werden müssen" (S. 671, Taf. VI, Fig. 22 bis 25). In der „Lehre von der Pflanzenzelle" (1867) wird von demselben Verfasser eine ganze Zusammenfassung über die Bildung der „Körnerplatten" während der Teilung der Sporen- und Pollenmutterzellen gegeben (S. 84—85). Neuerdings beschreibt SUESSENHUT in den Pollenmutterzellen einer Palme *Chamaedorea Karwinskiana* „sehr zahlreiche dunkelgefärbte Körner, die in einem Ring angeordnet den Äquator der ehemals vorhandenen, heterotypischen Kerntonne umgeben" (S. 327). Die beigegebene Abbildung entspricht unserer Abb. 8 (Taf. II). Unzweideutige Spuren der Chondriosomenanhäufungen werden überhaupt hier und da auf den Zeichnungen der Reduktionsteilung in den Pollenmutterzellen angetroffen[1]). Die bis jetzt publizierten wenigen Untersuchungen über die Chondriosomen bei den meiotischen Teilungen in den Pollenmutterzellen zeigen nicht unerhebliche Unterschiede in dieser Beziehung; sie werden sich vielleicht als charakteristisch für die ein-

---

[1]) So bei *Podophyllum* und *Helleborus* (MOTTIER 1897), *Hemerocallis* (JUEL 1897), *Cobaea* (LAWSON 1898), *Lavatera* (BYXBEE 1900), *Oenothera* (DAVIS 1911), *Staphylea* (MOTTIER 1914), *Solanum* (WINKLER 1916), *Lactuca* (GATES and REES 1921), *Gossipium* (DENHAM 1924). Die Arbeiten von BYXBEE und LAWSON sind mir nur nach den Angaben von DEVISÉ (S. 279) bekannt.

zelnen systematischen Gruppen ergeben. Bei *Veratrum* (WAGNER) und *Lilium* (GUILLERMOND 1920) bilden sich keine Anhäufungen der Chondriosomen; dieselben bleiben während der ganzen Entwicklung der Pollenmutterzellen über das Cytoplasma zerstreut. Bei dem von mir untersuchten *Asparagus* (1910) bemerkt man schon eine Tendenz der Chondriosomen sich parallel der Längsachse der heterotypischen Teilungsfigur anzuordnen und sie mantelförmig zu umgeben (S. 541, Taf. XVII, Fig. 3). Endlich bei *Helleborus* (NICOLOSI-RONCATI) findet man in demselben Stadium „una zona di sostanza densamente granulare che constituisce come un mantello (mantello mitocondriale del MEVES e del GIGLIO-TOS) attorno alla figura cariocinetica" (S. 115, Fig. 3)[1]. In folgendem vom Verfasser beschriebenen Stadium liegen schon die Chondriosomen zwischen den eben gebildeten zwei Kernen — als eine lose Anhäufung grober Körnerketten (Abb. 4, Taf. II). Diese vom Verfasser als „placca mitocondriale" bezeichnete Anhäufung ist jedoch gar nicht so scharf von dem übrigen Plasma abgegrenzt, als unsere „Mitochondrialplatte" bei *Equisetum* (Abb. 7, Taf. II). Während der zweiten Teilung zerfallen die „Chondriomiten" in einzelne Körner und werden dann zwischen den vier gebildeten Kernen verteilt, speziell in den Stellen, wo die Anlagen der Scheidewände sich ausbilden. (Abb. 5 und 6, Taf. II).

Neuerdings wird ähnliches Verhalten der Chondriosomen bei der Mikrogonogenese[2]) von *Larix* eingehender beschrieben (DEVISÉ). Die Chondriosomen, die hier in allen Stadien die Chondriokontenform behalten, häufen sich dicht schon um die prophasischen Kerne der Pollenmutterzellen. Ein so gebildeter „manchon chondriocontal" bleibt auch um die heterotypische Teilungsfigur bestehen. Während der Telophase verteilen sich die Chondriokonten durch das ganze Plasma, um aber dann um die eben gebildeten Kerne sich von neuem zu konzentrieren. Die weiteren Veränderungen des Chondrioms gehen genau wie bei der ersten Teilung vor sich.

Die hier angegebenen Vorgänge unterscheiden sich von dem, was wir bei *Equisetum* gesehen haben in folgenden Beziehungen: 1. die Chondriosomen bleiben immer in der Chondriokontenform bestehen; 2. die Abgrenzung der „Chondriokontenmantel" an der Seite der Cytoplasmas ist gar nicht scharf (S. 264); 3. die Chondriosomen der Pollenmutterzellen bilden während der ganzen Entwicklung der letzteren keine Stärke; 4. es wird keine „Mitochondrialplatte" zwischen den zwei Kernen der Pollenmutterzelle gebildet, sondern es häufen sich die Chondrio-

---

[1]) Analoge Daten werden von demselben Verfasser auch für *Kniphofia* angegeben (1913). Die Arbeit selbst blieb mir unzugänglich (vgl. DEVISÉ, S. 280).

[2]) So wird von mir die Gonogenese im männlichen Geschlecht bezeichnet.

somen wieder um die Tochterkerne mantelförmig herum; 5. derselbe Vorgang wiederholt sich auch nach der Ausbildung der vier Enkelkerne der Pollenmutterzelle und, als Folge 6. geht die Ausbildung der Scheidewände innerhalb der Pollenmutterzellen ganz unabhängig von den Chondriosomen vor.

Das Verhalten der Chondriosomen während der Meiosis bei den Tieren ist sehr mannigfaltig (vgl. FAURÉ-FREMIER, DUESBERG, 1912). Doch lassen sich auch hier die beiden bei den höheren Pflanzen angedeuteten Typen unterscheiden: entweder bleiben dabei die Chondriosomen ohne besondere Veränderungen oder Umlagerungen, als einfache Mitochondrien erhalten (die meisten *Vertebrata*), oder werden sie den cyclisch abwechselnden Prozessen der Agglomeration und Desaggregation unterworfen. Äußerst typisch verlaufen diese letzteren, bekanntlich, bei den *Insekten*. So z. B. bei dem von MEVES untersuchten Schmetterling *Pygaera* fließen die früher gleichmäßig im Plasma der Spermatocyten verteilten bläschenförmigen Mitochondria während der Metaphase der heterotypischen Teilung in eigentümliche kettenförmige Bildungen zusammen, die um die Teilungsfigur „in ihrer Gesamtheit eine bauchige Tonne bilden." Während der Telophase verschmelzen auch die Ketten untereinander und bilden so einen einheitlichen mit Vacuolen durchgesetzten Mantel um die Verbindungsfadenkomplex. Solch ein „Mitochondrialmantel" schnürt sich dann im Äquator ein, und jede Hälfte desselben wird zu einem „mühlsteinförmigen Gebilde" in den Spermatocyten der zweiten Ordnung. „Aus diesem entstehen gleich darauf ... wieder bläschenförmige Mitochondrien, welche während der zweiten Reduktionsteilung dasselbe Verhalten wie während der ersten zeigen" (S. 571). Bei einer Orthoptere, *Pamphagus marmoratus* (GIGLIO-Tos und GRANATA), trifft man analoge Vorgänge schon in den Spermatogonien. Während der Interphase wird das ganze Chondriom in ein einheitliches Gebilde kondensiert; bei der Teilung löst sich dasselbe in kleine Körner auf, die dann den Verbindungsfadenkomplex in einer reihenförmigen Anordnung umgeben; nach der Teilung werden sie wieder in ein oder zwei kompakte Körper im Plasma der Spermatocyten 1. Ordnung umgewandelt. Die Vorgänge während der Meiosis sind dieselben.

Die in der vorliegenden Arbeit geschilderten übereinstimmenden Umwandlungen der Chondriosomen während der Gonogenese der Tiere und Pflanzen sind natürlich von den entsprechenden cyclischen Veränderungen von Chemismus, Capillarität und elektrischer Eigenschaften des Plasmas oder der Chondriosomen selbst abhängig; andererseits aber legen sie meines Erachtens noch ein neues Zeugnis der Wesensgleichheit der tierischen und pflanzlichen Chondriosomen dar, zusammen mit den von den letzteren abstammenden Plastiden. In der Gonogenese von

Equisetum, wie wir es gesehen haben, lassen sich die Plastiden vielfach nicht von den Chondriosomen trennen. Die beiden Bildungen benehmen sich auch in ganz gleicher Weise bei allen Veränderungen des cytoplasmatischen Inhalts der Sporenmutterzellen, als Teile eines einheitlichen Chondrioms.

Ein ganz spezielles Interesse bietet die oben beschriebene Ausbildung auf Kosten des ganzen Chondrioms einer Pflanzenzelle (einschließlich der Plastiden) besonderer, eigentümlich strukturierter und scharf von dem übrigen Plasma abgegrenzter „mitochondrialer Körper". Diese Körper lassen sich auch direkt *in vivo* in den durch Zerzupfen freigelegten Sporenmutterzellen unter mäßiger Vergrößerung ganz deutlich beobachten. Besonders plastisch sieht dabei die zwischen den beiden eben gebildeten Kernen gelegene „mitochondriale Platte" unserer Abb. 7 (Taf. II) aus. Sie ist meistens unregelmäßig gebogen und immer *schwach grünlich gefärbt*. Mit Hilfe eines leichten Verschiebens des Deckglases bekommt man die Möglichkeit, die gegebene Sporenmutterzelle wie man will umzudrehen und so die mitochondriale Platte in allen ihren Lagen und Aspekten zu beobachten. Bei der verhältnismäßig bedeutenden Größe der Sporenmutterzellen von *Equisetum* gelingt es ohne jede Schwierigkeit, dieselbe vermittelst eines Druckes auf das Deckglas, zu zerquetschen und so den Inhalt in das umgebende Wasser austreten zu lassen. Es ergibt sich dabei, daß die Grundsubstanz des Plasmas momentan zerfließt und so aus den Augen schwindet; was aber unsere „Mitochondrialplatte" anbetrifft, so erhält sie dieselbe Form wie im Inneren der Zelle. Bei einem stärkeren Drucke auf das Deckglas reckt sich die gebogene Platte aus, um sich dann wieder *wie ein fester, elastischer Körper* zu krümmen.

Aus dem soeben mitgeteilen ersieht man, daß sich die in den Sporenmutterzellen von *Equisetum* ausbildenden „Mitochondrialkörper" keine einfachen Anhäufungen oder Agglomerationen, sondern wirkliche, einheitliche „Körper" sind, mit einem von dem übrigen Plasma physisch (wohl auch chemisch) verschiedenen, dichteren Stroma; das letztere besitzt dabei eine eigentümliche innere Struktur und wird scharf vom Plasma abgegrenzt. Kraft solcher Eigentümlichkeiten unserer Mitochondrialkörper darf man, meines Erachtens, dieselben mit den ebenfals mitochondrialen Körpern der tierischen Eier den so genannten „Dotterkernen" vergleichen. „Chez un certain nombre d'organismes", so resumiert FAURÉ-FREMIER seine ausgezeichnete Zusammenstellung der diesbezüglichen Strukturen, „appartenant à des groupes zoologiques très divers; Echinodermes, Myriapodes, Arachnides, Insectes, Tuniciers, Poissons, Batraciens et Oiseaux, les cytomicrosomes ou mitochondries, au lieu d'être également répartis dans tout le cytoplasma ovulaire, sont réunis, au moins pendant les premiers stades du développement de l'oocyte, en une masse compacte, qui peut être enveloppée par une fine membrane, et dans laquelle s'élaborent déjà des produits deutoplasmiques qui se répandront dans le cytoplasma et contribueront à la formation du vitellus lorsque cette masse vitellogène, ou corps mitochondrial, ou chondriome ou encore corps vitellin ou Dotterkern (sens special), se désagrégera" (S. 608)[1]).

Was die Struktur und Funktion der „Mitochondrialkörper" in Sporenmutterzellen von *Equisetum* anbelangt, so haben wir schon gesehen, daß als sich die Mitochondrien des Stadiums von Abb. 6 (Taf. II) im weiteren in einen kompakten Körper zusammenhäufen (Abb. 7, Taf. II), in ihrem Inneren Stärkebildung beginnt und so wandeln sie sich in die bläschenförmigen Plastiden der Abb. 8—10 (Taf. II) um. Untersucht man aber das frühere Stadium — der mantelförmigen Umhüllung der heterotypischen Teilungsfigur (Abb. 4 und 5, Taf. II), so findet man da kaum etwas ähnliches: alle gefärbten Bildungen ergeben sich als

Abb. 1. Die mit Jod gefärbten Stärkekörner an einer Seite der Mitochondrialmantel entsprechend dem Stadium von Abb. 7 (Taf. II).

kleine *solide* Körnchen, die an der Peripherie kleiner, das Stroma des Mitochondrialmantels durchsetzender Vacuolchen verteilt sind. Ungeachtet dessen, gelang es auch hier die Anwesenheit der Stärke mit Hilfe der Jodfärbung von Totalpräparaten festzustellen. Wie man aus der Textabb. 1 ersieht, können die Stärkekörner, nach ihrem Umfange zu urteilen, nicht in dem Inneren der Mitochondrialkörner, sondern nur *zwischen* denselben liegen. Die Plastiden in ihrer typischen Ausbildung scheinen hier zu fehlen.

Wie dem auch sein mag, stellen die Mitochondrialkörper von *Equisetum* auch ihrer plastischen Funktion nach eine gewisse Analogie mit den „Dotterkernen" der tierischen Eier. Dasselbe läßt sich vielleicht auch auf die so genannten „Chromidien" verschiedener Protisten ausbreiten. Diese Bildungen zeigen denselben zyclischen Charakter ihrer

---

[1]) Vgl. dazu ebenda Abb. LV (S. 599), die das „chondriom d'un oeuf de *Julus* isolé par dilacération" darstellt: „la membrane qui l'enveloppe ne s'est pas rompue et forme des plissements".

Agglomeration und Desaggregation und ebensolche Beziehungen zur Ausarbeitung verschiedener plastischer Stoffe. Der karyogene Ursprung der „Chromidien" wird jetzt entschiedener als je früher verneint[1]. Phylogenetisch, oder ihrer Homologie nach, scheinen sie an die Mitochondrien angereiht werden zu müssen. Dieselben zeigen ja gerade bei den Protisten ein abweichendes mikrochemisches Verhalten im Sinne ihrer viel größeren Wiederstandsfähigkeit im Vergleich zu den Chondriosomen der höheren Wesen[2].

Bei allen hier angedeuteten Analogien aus dem tierischen Gebiete muß man noch auf die große Ähnlichkeit speziell unserer „Mitochondrialplatte" des Stadiums von Abb. 7 (Taf. II) mit dem viel mehr bekannten Bestandteile der Zelle, nämlich mit den Algenchromatophoren hinweisen. Einen solchen Eindruck bekommt man besonders bei der Untersuchung *in vivo*, wie das oben schon beschrieben worden ist. Gegen eine solche Analogie kann doch der Umstand hervorgehoben werden, daß ja gerade die Chromatophoren der Algen, schon von den bekannten Arbeiten von Schmitz und Schimper an, als ein besonders klares Beispiel der ausgesprochen beständigen intracellulären Bildungen, die nur aus ihresgleichen hervorgehen, immer angegeben wurden. Diese Beschaffenheit der Algenchromatophoren liegt auch jetzt im Grunde der ganzen Argumentation betreffend völliger Unabhängigkeit der Plastiden und Chondriosomen sogar bei den Samenpflanzen, in deren embryonalen Geweben keine Grenze zwischen diesen Bildungen vorhanden ist. Was aber die Algen selbst betrifft so zeigen die neuesten ausgedehnten Untersuchungen von Mangenot *an Florideen und Charales*, daß sich der Unterschied zwischen diesen so unähnlichen Bestandteilen einer ausgewachsenen Algenzelle an bestimmten Entwicklungsstadien vollständig verwischt. Solch ein Resultat wird durch eine eigentümliche, rückläufige Entwicklung der Chromatophoren in einigen zur Reproduktion bestimmten Zellen erreicht. Auf Grund dieser Tatsachen kommt der Verfasser zu dem Schlusse, daß auch diese morphologisch so hoch differenzierten Chromatophoren ebenfalls, wie bei den Samenpflanzen, nur stark und eigentümlich veränderte Chondriosomen sind.

Als eine besonders klare Demonstration der „Plastidenindividualität" wurden immer die Grünen Algen, wie *Conjugatae*, *Chlorophyceae* und *Syphoneae*, hervorgehoben. In allen Stadien der Ontogenese enthalten dieselben bekanntllich die Chromatophoren in ihrer typischen Form. Bei Anwendung der mitochondrialen Methodik entdeckt man aber in

---

[1] Vgl. Doflein, S. 258—259.

[2] Vgl. Fauré-Fremier für die Infusorien und G. Lewitsky für die Myxomyceten.

dem Stroma der Chromatophoren von *Spirogyra*, *Cosmarium* und *Oedogonium* eigentümliche fädige Bildungen, die morphologisch und färberisch etwa wie anastomosierende Chondriokonten aussehen. So meinte GUILLERMOND (1915), der die soeben beschriebenen Strukturen entdeckt hat, daß ein solcher Algenchromatophor eigentlich das ganze Chondriom der Zelle darstellt. Neuerdings (1921) wurden von ihm auch außerhalb des Chromatophors (bei *Conjugaten* und *Diatomeen*), die Chondriosomen nachgewiesen. Jedenfalls ist nach dieser Ansicht das Chromatophor der Conjugaten und ähnlicher Algen eigentlich ein „Mitochondrialkörper", d. h. *einem Aggregate von Chondriosomen homolog*. In der oben zitierten Arbeit von MANGENOT werden auch weitere Daten zugunsten dieser Anschauung gegeben, die der Verfasser aus der Entwicklungsgeschichte einer *Chaetophoraceae*, *Draparnaldia*, gewonnen hatte. Diese Alge enthält in ihren ausgewachsenen Zellen je ein hoch differenziertes, flaches Chromatophor, das bei der mitochondrialen Behandlung ebensolche fibrilläre Struktur zeigt, wie sie oben für Conjugaten beschrieben worden ist. Zum Unterschiede von den letzteren besitzt aber *Draparnaldia* schon eine intercalare Zone von embryonalen, meristematischen Zellen; „on devine dans ces cellules, à un fort grossissement, une striation irregulière qui parait causée par la présence de filaments peu réfringents; en descendant vers la région chlorophyllienne, on voit apparaître dans ces cellules des taches vertes, plus ou moins bacilliformes, qui en confluant, produisent les grands chromatophores" (S. 243). Daraus schließt der Verfasser, daß die Chromatophoren von *Draparnaldia*, ungeachtet ihrer Größe und Komplizität, „résultent d'une confluence de chondriocontes d'abord dispersés, puis de l'accroissement du corps ainsi formé" ... „à ce titre, on pourrait le[1]) comparer à un Nebenkern, ce corps unique existant dans beaucoup de spermatozoïdes et résultant de la fusion de tous les chondriosomes, primitivement isolés, des spermatocytes" (S. 244).

Im Zusammenhange mit unseren Beobachtungen über die Bildung der chromatophorenähnlichen Körper in den Sporenmutterzellen von *Equisetum* vermittelst von Aggregation der Mitochondrien bekommen die Angaben von MANGENOT ein besonderes Interesse. Man muß aber gestehen, daß dieselben in der zitierten Untersuchung eine ganz vereinzelte Stellung einnehmen. In den anderen von dem Verfasser untersuchten Algenabteilungen sind zwei Möglichkeiten verwirklicht: entweder behalten die Chromatophoren ihre Individualität und Unabhängigkeit von den Chondriosomen (*Phaeophyceae*, *Syphoneae*), oder sie werden letzteren zeitweise, in der Ontogenese bis zur Ununterscheidbarkeit ähnlich (*Rhodophyceae*, *Charales*). Die Ausbildung der Chromatophoren

---

1) D. h. das Chromatophor.

durch Chondriosomenaccumulation oder eine Desaggregation des Chromatophors in Chondriosomen wurden vom Verfasser nirgends, außer *Draparnaldia*, beobachtet. Man ist außerdem aus der Darstellung und den Zeichnungen des Verfassers in unklarem, ob der von ihm angegebene Vorgang der Chromatophorenbildung — durch Zusammentreten der Chondriokonten — auf entsprechenderweise fixierten und gefärbten Präparaten oder nur *in vivo* untersucht worden ist. Es wäre sehr wünschenswert, dasselbe Objekt einer nochmaligen eingehenderen Untersuchung zu unterwerfen, sowie diese auf einen weiteren Kreis der Chlorophyceenrepräsentanten auszubreiten. Besonderes Interesse in Hinsicht auf die Chromatophorenfrage bieten aber unzweifelhaft die autotrophen *Flagellata*, als Urquelle der meisten Algengruppen. In diesem letzteren Gebiete werden wir vielleicht endlich die Schlüssel zur Lösung des Problems über die Beziehungen zwischen den Chondriosomen und Chromatophoren, so wie über den phyletischen Ursprung der letzteren erhalten.

Literatur.

Beer, R. (1913): Studies in spore development. III. The premeiotic and meiotic nuclear divisions of *Equisetum arvense*. Ann. of botany 27. — **Byxbee, E. S.** (1900): The development of the caryokinetic spindle in pollen-mother-cells of *Lavatera*. Proc. of the California acad. of science, 3rd ser., bot. 2. — **Davis, B. M.** (1911): Cytological studies in *Oenothera*. III. A comparison of the reduction divisions of *Oenothera Lamarkiana* and *O. gigas*. Ann. of botany 25. — **Devisé, R.** (1922): La figure achromatique et la plaque cellulaire dans les microsporocytes du „*Larix europaea*". La cellule 32. — **Doflein, F.** (1916): Lehrbuch der Protozoenkunde. 4. Aufl. — **Duesberg, S.** (1912): Plastosomen, „Apparato reticulare interno", und Chromidialapparat. Ergebn. d. Anat. u. Entwicklungsgesch. 20. — **Emberger, L.** (1921): Recherches sur l'origine et l'évolution des plastides chez les Ptéridophytes. Arch. de morphol. gén. et exp. 1. — **Fauré-Fremier, E,** (1910): Etude sur les mitochondries des Protozoaires et des cellules sexuelles. Arch. d'anat. microscop. 21. — **Fitting, H.** (1900): Bau und Entwicklungsgeschichte der Macrosporen von *Isoetes* und *Selaginella* und ihre Beziehungen für die Kenntnis des Wachstums pflanzlicher Zellmembrane. Botan. Zeit. 58. — **Giglio-Tos, E.** e **Granata, L.** (1908): I mitocondrî nelle celluli seminali maschili di *Pamphagus marmoratus* (Burm.). Biologica 2. — **Guillermond, A.** (1915): Recherches sur le chondriome chez les Champignons et les Algues. Rev. gén. de bot. 27. — Ders. (1920): Sur l'évolution du chondriome pendant la formation des grains de pollen de *Lilium candidum*. Cpt. rend. hebdom. des séances de l'acad. des sciences 170, 1003[1]). — Ders. (1921): Sur le chondriome des Con-

---

[1]) Neuere und ausführlichere Arbeit desselben Verfassers (1924): Recherches sur l'évolution du chondriome pendant le développement du sac embryonnaire et de cellules-mères de grains de pollen dans les Liliacées et sur la signification de formation ergastoplasmiques. Ann. des sciences nat., 10éme sér., bot. 6. Diese Arbeit ist mir unzugänglich geblieben.

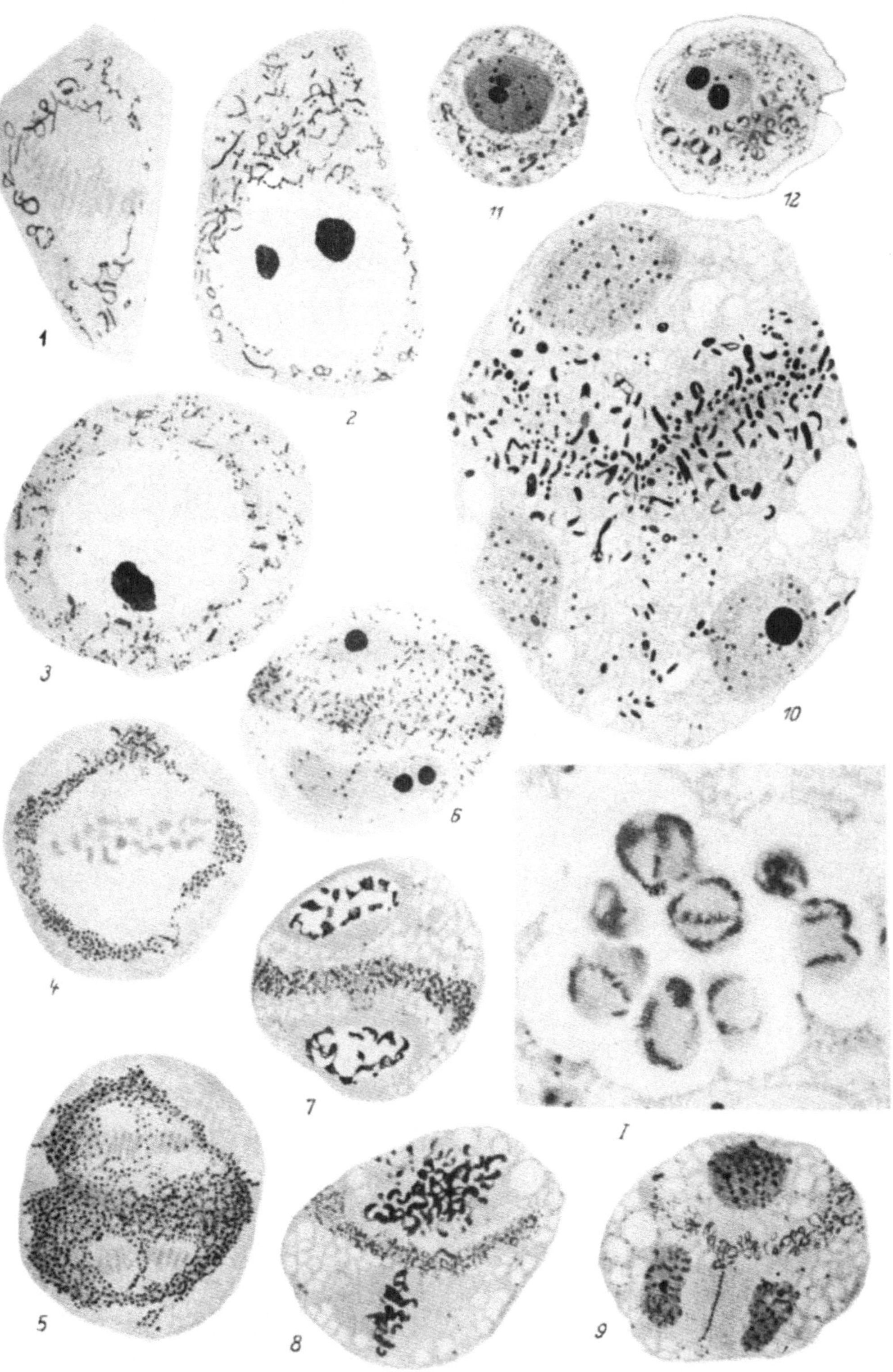

juguées et des Diatomées. Cpt. rend. des séances de la soc. de biol. 85, 466. — **Hofmeister, W,** (1848): Über die Entwicklung des Pollens. Botan. Zeit. 6. — Ders. (1851): Vergleichende Untersuchungen der Keimung, Entfaltung und Fruchtbildung höherer Kryptogamen und der Samenbildung der Coniferen. — Ders. (1867): Die Lehre von der Pflanzenzelle. — **Juel, H. O.** (1897): Die Kernteilungen in den Pollenmutterzellen von *Hemerocallis fulva* und die bei denselben auftretenden Unregelmäßigkeiten. Jahrb. f. wiss. Botanik 30. — **Lawson, A.** (1895): Some observations on the development of the caryokinetic Spindle in the Pollen-mother-cells of *Cobaea scandens* Cav. Proc. of the California acad. of science, 3rd ser., bot. 1. — **Lewitsky, G.** (1910): Über die Chondriosomen in pflanzlichen Zellen. Ber. d. dtsch. botan. Ges. 28. — Ders. (1911): Vergleichende Untersuchungen über die Chondriosomen in lebenden und fixierten Pflanzenzellen. Ebenda 29. — Ders. (1924): Über die Chondriosomen bei den Myxomyceten. Zeitschr. f. Botanik 16. — Ders. (1924): Stoffliche Grundlagen der Vererbung (Russisch.) — **Lotsy, J.** (1904): Die Wendung der Dyaden beim Reifen der Tiereier als Stütze für die Bivalenz der Chromosomen nach der numerischen Reduktion. Flora 93. — **Mangenot, G.** (1922): Recherches sur les constituents morphologiques du cytoplasma des algues. Arch. de morphol. gén. et exp. 9. — **Meves, F.** (1900): Über den von v. La Valette St. George entdeckten Nebenkern (Mitochondrienkörper) der Samenzellen. Arch. f. mikroskop. Anat. 56. — **Mottier, D. M.** (1897): Beiträge zur Kenntnis der Kernteilung in den Pollenmutterzellen einiger Dicotylen und Monocotylen. Jahrb. f. wiss. Botanik 30. — Ders. (1914): Mitosis in pollen-mother-cells of *Acer negundo* L. and *Staphylea trifolia* L. Ann. of botany 28. — **Nicolosi-Roncati, F.** (1910): Formazioni mitocondriali negli elementi sessuali maschili dell'*Helleborus foetidus* L. Rend. d. R. accad. d. scienze fisiol. e mat. di Napoli 16. — Ders. (1913): La cariocinesi nelle cellule vegetali. Bull. orto botanico di Napoli 2. — **Osterhout, W. J.** (1897): Über Entstehung der caryokinetischen Spindel bei *Equisetum.* Jahrb. f. wiss. Botanik 30. — **Regaud, C.** (1910): Etude sur la structure des tubes séminifères et sur la spermatogénèse chez les mammifères. Arch. d'anat. microscop. 11, 26. — **Sachs, J.** (1868): Lehrbuch der Botanik. — **Sapehin, A.** (1915): Untersuchungen über die Individualität der Plastide. Arch. f. Zellforsch. 13. — **Schimper, A.** (1885): Untersuchungen über die Chlorophyllkörper und die ihnen homologen Gebilde. Jahrb. f. wiss. Botanik 16. — **Schmitz, Fr.** (1883): Die Chromatophoren der Algen. Verhandl. d. naturhist. Ver. d. preuß. Rheinl. u. Westf., Bonn. — Ders. (1884): Beiträge zur Kenntnis der Chromatophoren. Jahrb. f. wiss. Botanik 15. — **Sueßenguth, K.** (1921): Bemerkungen zur meiotischen und somatischen Kernteilung bei einigen Monocotylen. Flora. N. F. 14. — **Tchistiakoff, S.** (1874): Recherches comparées sur le développement des spores de l'*Equisetum limosum* L. et du *Lycopodium alpinum* L. Nuovo giorn. botan. ital. 6. — **Wagner, N.** (1915): Sur les chondriosomes et les plastides pendant la formation du pollen chez *Veratrum album* L. var. *Lobelianum* Bernh. Mém. de la soc. des natural. de Kiew 25. (Russisch, mit französ. Resumee.) — **Yamanouchi, Sh.** (1908): Sporogenesis in *Nephrodium*. Botan. Gaz. 42.

Erklärung der Abbildungen.
Tafel II.

Alle Abbildungen sind mit Hilfe des Abbéschen Zeichenapparates ausgeführt. Ölimmersion Apochr. von Leitz 2 mm. Dicke der Schnitte 2 μ. *Fixation:* Das Gemisch von 10 vH. Formalin (9 Teile) und 1 vH. Chromsäure (1 Teil) 2—3 Tage, dann Gemisch von 1 vH. Chromsäure (15 Teile) und 2 vH. Osmiumsäure (4 Teile) 7 Tage. *Färbung:* Eisenhämatoxylin.

Abb. 1. Archesporzelle (sich teilend). Komp.-Okul. 8, Vergr. 1430.

Abb. 2. Sporenmutterzelle in einer frühen Prophase. Komp.-Okul. 8, Vergr. 1430.

Abb. 3. Dasselbe; etwas späteres Stadium. Komp.-Okul. 8, Vergr. 1430.

Abb. 4. Metaphase der heterotypischen Kernteilung in der Sporenmutterzelle. Komp.-Okul. 8, Vergr. 1430.

Abb. 5. Anaphase der heterotypischen Kernteilung der Sporenmutterzelle. Komp.-Okul. 8, Vergr. 1430.

Abb. 6. Zweikerniges Stadium der Sporenmutterzelle. Komp.-Okul. 8, Vergr. 1430.

Abb. 7. Dasselbe; die Kerne in Vorbereitung zur zweiten Teilung. Komp.-Okul. 8, Vergr. 1430.

Abb. 8. Metaphase der homöotypischen Kernteilung in der Sporenmutterzelle. Komp.-Okul. 8, Vergr. 1430.

Abb. 9. Telophase der homöotypischen Kernteilung in der Sporenmutterzelle. Komp.-Okul. 8, Vergr. 1430.

Abb. 10. Scheidewandbildung in der Sporenmutterzelle. Komp.-Okul. 18, Vergr. 2760.

Abb. 11. Hautlose Sporenanlage. Komp.-Okul. 8, Vergr. 1430.

Abb. 12. Behäutete Sporenanlage. Komp.-Okul. 8, Vergr. 1430.

Phot. I. Sporenmutterzellen in Meta- und Anaphase der ersten Teilung. Vergr. 460.

Kurze Mitteilung.

DIE BEDEUTUNG DER SÄUREAMIDE FÜR DEN STICKSTOFFWECHSEL DER HÖHEREN PFLANZE.

Von

KURT MOTHES.

(Aus dem Botanischen Institut der Universität Leipzig.)

(Eingegangen am 30. April 1925.)

Das häufige Vorkommen des Asparagins und Glutamins in höheren Pflanzen hat schon zu einer großen Zahl von Untersuchungen angeregt. Doch konnte sich bisher keine übereinstimmende Auffassung der Bedeutung dieser Säureamide für den Stoffwechsel herausbilden. PFEFFER (1) und andere sehen im Asparagin ein primäres Zertrümmerungsprodukt der Reserveproteine, das zur Translokation stickstoffhaltiger Substanz und Neubildung der Eiweißstoffe geradezu prädestiniert ist. Eine andere Auffassung wurde von BOUSSINGAULT begründet und von PRJANISCHNIKOW (2) durch zahlreiche experimentelle Befunde ausgebaut. Diese Forscher sehen im Asparagin eine Art „Exkret“, das wieder in den Stoffwechsel gerissen werden kann, ein Mittel, das im oxydativen Eiweißabbau auftretende Ammoniak zu „entgiften“. So ist es zugleich ein Vorratsstoff für den N-Stoffwechsel. Sowohl PFEFFER als auch PRJANISCHNIKOW haben ihre Versuche fast ausschließlich mit Keimpflanzen angestellt, in denen das Asparagin oft in bedeutenden Mengen vorhanden ist. Es besteht aber die Frage, ob ausgewachsene Pflanzen oder Pflanzenteile bezüglich des Amidstoffwechsels sich ebenso wie Keimlinge verhalten, die sich durch eine hohe Atmungsintensität und gesteigerte Enzymtätigkeit auszeichnen. Um diese Frage zu klären, wurden mit Hilfe quantitativer mikrochemischer Methoden Untersuchungen ausgeführt, über deren wichtigste Ergebnisse ein vorläufiger Bericht gegeben werden soll. Zur Erläuterung sei noch bemerkt, daß wie üblich folgende Stickstofffraktionen ermittelt wurden: Gesamt-N, Eiweiß-N und löslicher N; dieser wurde in drei Fraktionen erhalten: präformierter Ammoniak-N, durch Säurehydrolyse abspaltbarer Amid-N und der als Differenz erscheinende Stickstoff der Aminosäuren und eventuell vorhandenen organischen Basen (Rest-N).

1. Es wurden zunächst die normalen Stoffwechselvorgänge in ausgewachsenen Blättern verschiedener Pflanzen untersucht. Dabei zeigte sich, daß am Morgen die Blätter an Gesamt-N ärmer waren als am Abend. Doch war löslicher N stärker verschwunden als Eiweiß-N; innerhalb des löslichen N hatte im Blatt eine Verschiebung der Mengen-

verhältnisse zugunsten des Rest-N stattgefunden; es war also relativ mehr Amid-N verschwunden. Das präformierte Ammoniak zeigte keine wesentlichen Differenzen. Je wärmer die Nächte waren, desto stärker nahm der Gesamt-N ab, desto mehr Amid-N war relativ am Morgen vorhanden. Durch künstliche Steigerung der Temperatur bis zu 15° über den Tagesdurchschnitt wurde erreicht, daß die Blätter am Morgen trotz starker N-Auswanderung mehr Amid enthielten als am Abend.

Wurden ausgewachsene Blätter am Abend geschnitten, mit den Stielen über Nacht in Wasser gesteckt oder auf Wasser gelegt, so fand bei Temperaturen über 6° immer eine Vermehrung des löslichen N auf Kosten des Eiweiß-N statt, und zwar verschob sich innerhalb des löslichen N das Verhältnis zugunsten der Amide.

2. Pflanzen mit ausgewachsenen Blättern wurden mehrere Tage ins Dunkle gebracht. Die untersten, frischgrünen Blätter wurden regelmäßig untersucht. Es zeigte sich eine stärkere N-Auswanderung als unter normalen Verhältnissen. Bei Temperaturen über 12° C fand außerdem eine Anreicherung des löslichen N statt; das Verhältnis verschob sich zugunsten des Amid-N. Nach mehrtägiger Verdunkelung trat eine Steigerung des Ammoniakgehaltes auf.

Wurden abgeschnittene Blätter den gleichen Bedingungen ausgesetzt, so konnte bei allen Temperaturen über 6° C ein Ansteigen des löslichen N beobachtet werden (von 5 vH. auf 35 und mehr vH. des Gesamt-N). Es war bedeutend stärker als in unabgeschnittenen Blättern verdunkelter Pflanzen. Der Amid-N vermehrte sich immer stärker als der Rest-N, der sogar nach mehrtägiger Verdunkelung eine Verminderung zeigte. Außerdem wurden bedeutende Mengen von Ammoniak ermittelt. Je tiefer die Temperatur war, desto stärker überwog zunächst die Bildung des Amids; je höher, desto schneller wurden die Phasen Rest-N, Amid-N, Ammoniak-N durchlaufen.

3. Wurden ausgewachsene Primärblätter an normal belichteten Bohnenpflanzen mit Stanniol verhüllt, so zeigten sie die oben beschriebenen Erscheinungen in stärkerem Maße als Primärblätter an ganz verdunkelten Pflanzen, die derselben Temperatur ausgesetzt waren.

4. Wurden abgeschnittene Blätter normalen Beleuchtungsverhältnissen ausgesetzt, so zeigten sie prinzipiell gleiche, aber weniger starke Veränderungen als ganz verdunkelte. Nur bei der großen Beleuchtungsstärke wolkenlosen Frühjahrshimmels verbunden mit niederer Temperatur wurde ein Konstantbleiben und ein Verringern der Amidmenge beobachtet (siehe auch CHIBNALL 1924).

5. Wurden abgeschnittene Blätter mit Glucose ernährt, so zeigte sich je nach der angewandten Konzentration ein verschiedenes Bild. Auch zeigte das Versuchsmaterial keine Einheitlichkeit. Allgemein gilt, daß eine bestimmte Glucosekonzentration bei bestimmter Tempe-

ratur einen Gleichgewichtszustand im N-Stoffwechsel des Blattes herbeiführt. Schwächere Konzentrationen vermögen einen weiteren Eiweißabbau nicht zu verhindern, stärkere verringern die vorhandene Amidmenge. Es gelang nie, das Amid völlig zum Verschwinden zu bringen.

6. Wurden abgeschnittene Blätter mit Ammoniumsalzen ernährt, so war starke Eiweißsynthese zu beobachten. Amide wurden nur bei großem Kohlehydratmangel im Dunkeln aus aufgenommenem Ammoniak gebildet. Glucose verhinderte die Amidbildung, steigerte sowohl die Ammoniakaufnahme, als auch die Eiweißsynthese bedeutend.

7. Asparagin wird viel schwieriger von der Pflanze verarbeitet. Wurden Blätter nach künstlicher Asparaginanreicherung auf Glucose gelegt, so bedurfte es immer einer bestimmten Glucosekonzentration, um den N-Stoffwechsel im Gleichgewicht zu halten. Höhere Konzentrationen ermöglichten Eiweißsynthese auf Kosten des Asparagins; niedere verhinderten nicht einen weiteren oxydativen Eiweißabbau — das Amid vermehrte sich. Diese Glucosekonzentration ist nicht allein abhängig von Temperatur und Versuchsmaterial, sondern vor allem von der im Blatt vorhandenen Menge Asparagin bzw. Aminosäuren.

8. Die Untersuchung der Achsenorgane ergab, daß diese immer einen weit höheren Prozentsatz von löslichem N (bezogen auf Gesamt-N) aufwiesen als ausgewachsene Blätter. Oft konnte im löslichen N ein Überwiegen des Amids gegenüber dem Rest-N gefunden werden, verglichen mit den Werten der Blattspreiten. Jedoch gilt dies nicht allgemein. Wird künstlich auf oben beschriebenen Wegen Asparaginanreicherung im Blatt hervorgerufen, so ist diese auch in der Zusammensetzung des löslichen N in Rippen, Stielen und im Stengel zu finden. Eine specifische Lokalisierung bestimmter N-haltiger Stoffe in den die Leitungsbahnen enthaltenden Zonen der Achsenorgane konnte nicht mit Sicherheit festgestellt werden.

Schluß.

Die Untersuchungen haben den Beweis erbracht, daß die Amide in ausgewachsenen Blättern eine ebenso bedeutende Rolle spielen wie in keimenden Pflanzen. Sie entgehen nur leichter der Beobachtung, da sie namentlich nachts in beträchtlicher Menge auswandern. Die Menge der auftretenden Amide ist ebenso wie bei Keimlingen abhängig von der Menge der vorhandenen Kohlehydrate. Auch im ausgewachsenen Blatt spielen sie die Rolle eines „Entgifters" des auf dem Wege oxydativen Eiweißabbaues entstehenden Ammoniaks; denn bei großem Kohlehydratmangel beobachten wir starke NH_3-Anreicherung. Dasselbe ist durch künstliche NH_3-Ernährung zu erreichen. Völliger Kohlehydratmangel führt wie bei Keimlingen zur Ammoniakvergiftung. Kohlehydratzufuhr ermöglicht Asparagin- oder Eiweißsynthese. PRJANISCH-

NIKOWS Auffassung von der Bedeutung des Asparagins besteht demnach zu Recht. Das schließt nicht aus, daß die Amide am Stofftransport wesentlich beteiligt sind. Die Untersuchungen sprechen gegen eine Wanderung N-haltiger Substanz in Form von Eiweiß. Doch zeigen sie nicht, daß eine bestimmte Form löslichen Stickstoffes als Wanderstoff bevorzugt wird. Vielmehr überwiegt derjenige Stoff in den Leitungsbahnen, der das Gleichgewicht im Blatt am meisten stört. Das werden in vielen Fällen, namentlich bei den Leguminosen, die Amide sein. Die Art der N-haltigen Wanderstoffe ist also durch Stoffwechselvorgänge im Laubblatt bedingt. Diese sind völlig unabhängig von der Stoffableitung. Auch ist festzustellen, daß alle Untersuchungen dafür sprechen, daß unabhängig vom Kohlehydratgehalt der Blätter und der Intensität der Photosynthese eine dauernde Bildung von Amiden stattfindet, die leicht verdeckt wird, sei es durch Auswanderung der entstehenden Produkte oder durch den gleichzeitigen Ablauf entgegengesetzter Prozesse. Eine solche dauernde Bildung „entgifteten Ammoniaks" würde aber eine ununterbrochene Eiweißatmung wahrscheinlich machen, die nach unserer Kenntnis unter NH_3-Abspaltung erfolgen muß. Es ist nicht einzusehen, warum PFEFFER die Bedeutung des Asparagins primär in der eines Translokationsmittels der Reserveeiweiße der Samen sehen will und nur nebenbei ihm einige Bedeutung im Betriebsstoffwechsel zubilligt. Wenn auch das Asparagin Eigenschaften besitzt, die es als stickstoffreichere Substanz gegenüber den Aminosäuren geeigneter erscheinen lassen, einen ökonomischen Transport N-haltiger Substanz zu bewerkstelligen, so spricht doch gegen PFEFFERS Anschauung neben oben angeführten Untersuchungen die Tatsache, daß Asparagin nicht allein bei der Mobilisierung der Reserveproteine in Keimlingen eine Rolle spielt. Unter Ausschaltung aller Zweckmäßigkeitsgründe und trotz der Beobachtung des häufigen und ansehnlichen Vorkommens in den Leitungsbahnen müssen wir den stickstoffreichen Amiden eine große Bedeutung im Prozeß des *oxydativen Abbaues der Eiweiße* zusprechen. Damit rücken wir diese Erscheinung selbst in den Mittelpunkt des Problems.

Endlich muß noch auf den Teil der Untersuchungen hingewiesen werden, die den Einfluß des Asparagins auf den Kohlehydratverbrauch erwiesen. Diese Befunde stehen im Einklang mit den Arbeiten SPOEHRS (4) über die Steigerung der Atmungsintensität durch Aminosäuren.

Literatur.

1. Pfeffer, W.: Jahrb. f. wiss. Botanik 8. 429/571 (1872). — 2. Prjanischnikow, D.: Biochem. Zeitschr. 150, 406 (1924). — 3. Chibnall, A. C.: Biochem. journ. 18. 395. (1924). — 4. Spoehr, H. A. and I. M. Mc. Gee: Carnegie Inst. Publ. 325 (1923).

STUDIEN ÜBER DIE HORMONALEN BEZIEHUNGEN ZWISCHEN SPITZE UND BASIS DER AVENACOLEOPTILE.

Von

P. Boysen Jensen und Niels Nielsen.

(Aus dem pflanzenphysiologischen Laboratorium der Universität Kopenhagen.)

Mit 7 Textabbildungen.

(Eingegangen am 9. April 1925.)

I. Die phototropische Reizleitung in der Avenacoleoptile.

Im Jahre 1911 konnte Boysen Jensen zeigen, daß die phototropische Reizleitung in der Avenacoleoptile sich über einen Einschnitt fortpflanzen kann. Er fand nämlich, daß man die Spitze abschneiden und wieder aufsetzen konnte, und daß man dennoch durch einseitige Beleuchtung der Spitze eine positiv phototropische Krümmung im Basalteile hervorrufen konnte. Dieses Ergebnis ist später durch Untersuchungen namentlich von Paál (1918) und Stark und Drechsel (1922) bestätigt worden.

Ferner konnte Boysen Jensen (l. c.) zeigen, daß die phototropische Reizleitung auf der Hinterseite der Coleoptile (im Verhältnis zur Lichtrichtung) stattfindet. Es kann nämlich die Reizleitung durch einen auf der Hinterseite der Coleoptile angebrachten, mit einem Glimmerplättchen versehenen Einschnitt aufgehoben werden, dagegen nicht, wenn der Einschnitt nach vorn zeigt. Diese Untersuchungen sind später von Miß Purdy (1921), teilweise mit einer etwas abweichenden Methodik bestätigt worden. Es läßt sich aus diesen und den erstgenannten Untersuchungen der Schluß ziehen, daß die Reizleitung in der Avenacoleoptile mit einer Stoffwanderung von der Spitze zum Basalteil verknüpft ist, und daß diese Stoffwanderung auf der Hinterseite der Coleoptile stattfindet. Nach dieser Annahme kommt die phototropische Krümmung durch ein von dem betreffenden Stoffe verursachten beschleunigtes Wachstum auf der Hinterseite der Coleoptile imstande.

Eine andere Auffassung der phototropischen Krümmung ist von Paál vertreten worden. Durch Untersuchungen über die in der Avenacoleoptile vorkommenden traumatotropischen Krümmungen, die durch einen Einschnitt hervorgerufen werden und gegen den Einschnitt gerichtet sind, wurde er zu der Annahme geführt, daß normal von der Spitze aus wachstumsbeschleunigende Stoffe allseitig in den Basalteil der Coleoptile herabwandern. Wenn nun diese Stoffwanderung ein-

22a

seitig aufgehoben wird, z. B. durch einen Quereinschnitt, so muß nach dieser Hypothese eine durch einseitige Wachstumshemmung hervorgerufene Krümmung resultieren. Durch Untersuchungen von SÖDING (1923) und NIELSEN (1924) ist das Vorkommen von wachstumsbeschleunigenden Stoffen in der Spitze tatsächlich bestätigt worden.

Aber PAÁL ist dann weiter gegangen und hat die Hypothese aufgestellt, daß auch die phototropische Krümmung durch eine einseitige Wachstumshemmung zustande kommt. Er denkt sich, daß die wachstumsbeschleunigenden Stoffe auf der Vorderseite der Coleoptilenspitze durch das Licht entweder teilweise zerstört oder in der Wanderung gehemmt werden, was natürlich eine Wachstumshemmung auf der Vorderseite der Coleoptile hervorrufen muß.

Während also BOYSEN JENSEN *annimmt, daß die phototropische Krümmung durch ein beschleunigtes Wachstum auf der Hinterseite bedingt ist, behauptet dagegen* PAÁL, *daß ein vermindertes Wachstum auf der Vorderseite die Ursache der phototropischen Krümmung ist.*

Obwohl nun PAÁLS Theorie der phototropischen Krümmung eigentlich durch keine Tatsachen gestützt ist, und obwohl sie sich, wie NIELSEN (l. c., S. 35) ausgeführt hat, im Widerspruch zu den von BOYSEN JENSEN und Miß PURDY ausgeführten Versuchen befindet, hat diese Theorie doch von verschiedenen Seiten Zustimmung gefunden, und es ist daher nicht überflüssig, das Problem durch neue Untersuchungen zu beleuchten.

1. Versuche über phototropische Krümmung bei Exponierung der einen oder beider Hälften der Coleoptilenspitze.

Die Avenakeimpflanzen wurden in Präparatengläsern in der üblichen Weise kultiviert (BOYSEN JENSEN, l. c., S. 8—9). Nachdem die Coleoptile eine Länge von 2—3 cm erreicht hatte, wurde die Coleoptilenspitze mit einem scharfen Skalpell gespalten, und es wurde eine viereckige Platte von dünnem Platinblech in die Spalte hineingesteckt (vgl. Abb. 1). Der Basalteil der Coleoptile wurde mit einem cylindrischen Schirm aus schwarzem Papier verdunkelt. Die Exponierung wurde in dampfgesättigter Luft bei etwa 16° vorgenommen. Als Lichtquelle diente eine elektrische Lampe (25 Kerzen) in einem Abstande von etwa 1 m. 2—3 Stunden nach dem Beginn des Versuches wurde die Größe der phototropischen Krümmung bestimmt nach der von Miß PURDY (l.c.,

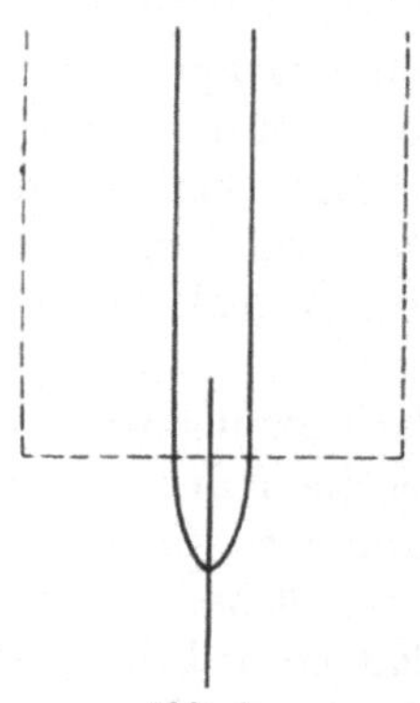

Abb. 1.

S. 8) angegebenen Methode. (Es wird der Krümmungsradius gemessen und daraus die Differenz [d] zwischen der Länge der konvexen und konkaven Seite berechnet nach der Gleichung $d = \dfrac{t \cdot l}{r}$, wenn t der Durchmesser der Coleoptile, l die Länge des gekrümmten Teiles der Coleoptile und r der Krümmungsradius ist.)

Die Keimpflanzen wurden entweder mit der Platinplatte senkrecht zur Lichtrichtung (so daß nur die eine Spitzenhälfte beleuchtet wurde) oder parallel zur Lichtrichtung (so daß beide Spitzenhälften beleuchtet wurden) aufgestellt. Wenn nun PAÁLs Theorie richtig wäre, müßte man in beiden Fällen, sowohl wenn beide Spitzenhälften als wenn nur die vordere Hälfte beleuchtet ist, eine positiv phototropische Krümmung erwarten, nach der Theorie von BOYSEN JENSEN dagegen nur, wenn beide Spitzenhälften beleuchtet sind.

Das Ergebnis der Versuche ist ganz eindeutig. Wie aus Tabelle 1 und Abb. 2 hervorgeht, sind die Pflanzen, bei denen beide Hälften beleuchtet sind, sehr stark positiv gekrümmt, M (Durchschnitt der d-Werte) $= + 0,075$ cm $\pm 0,005$, die Pflanzen, bei denen nur die vordere Hälfte beleuchtet ist, dagegen nicht (die gefundene positive Krümmung, $M = + 0,004$, liegt innerhalb der Grenzen der Versuchsfehler). Die Versuche bestätigen somit die Richtigkeit der Theorie von BOYSEN JENSEN.

Tabelle 1. Versuche über phototropische Krümmung bei einseitiger Beleuchtung der einen (a) oder der beiden Hälften (b) der Coleoptilenspitze. Die Zahlen bedeuten die d-Werte für die einzelnen Versuchspflanzen, M bedeutet den Mittelwert und m den mittleren Fehler des Mittelwertes (W. JOHANNSEN: Elemente der exakten Erblichkeitslehre 1913).

a		b
+ 0,030	0,000	+ 0,105
+ 0,024	0,000	+ 0,077
+ 0,026	0,000	+ 0,078
+ 0,026	0,000	+ 0,082
+ 0,029	0,000	+ 0,069
+ 0,019	0,000	+ 0,061
+ 0,012	0,000	+ 0,077
+ 0,021	0,000	+ 0,046
+ 0,025	0.000	+ 0,088
+ 0,026	0,000	+ 0,067
+ 0,016	0,000	
÷ 0,032	0,000	
÷ 0,022	0,000	
÷ 0,017	0,000	
÷ 0,022	0,000	
÷ 0,026	0,000	
	0,000	
	0,000	
	0,000	
	0,000	
$M = + 0,004$ cm		$M = + 0,075$ cm
$m = \pm 0,003$ cm		$m = \pm 0,005$ cm

2. Versuche über phototropische Krümmungen bei Spitzenverschiebungen.

Wenn man, wie PAÁL für Coix und NIELSEN für Avena gezeigt hat, eine Coleoptilspitze einseitig auf einen Coleoptilenstumpf aufsetzt, entsteht eine negative Krümmung, weil die wachstumsbeschleunigenden Stoffe der Coleoptilenspitze der einen Seite des Basalteiles entlang herabwandern und dort das Wachstum beschleunigen. Wird nun symmetrisch zu der ersten Spitze eine zweite Spitze aufgesetzt, so entsteht natürlich keine Krümmung im Basalteil, weil die von den Spitzen herabwandernden wachstumsbeschleunigenden Stoffe sich in ihrer Wirkung gegenseitig kompensieren.

Man kann nun den oberen Teil einer Keimpflanze mit zwei aufgesetzten Spitzen einseitig beleuchten in der Weise, daß nur die vordere. der beiden Spitzen Licht empfängt, während die hintere Spitze von der vorderen und vom Laubblatt beschattet ist. Von der beleuchteten Spitze ist der hintere Teil in Berührung mit dem Coleoptilenstumpf, und zwar mit dessen vorderem Teil. Nach PAÁLS Theorie sollte man bei einem solchen Versuche keine Krümmung erwarten, weil die nach dieser Hypothese eintretende Verminderung der wachstumsbeschleunigenden Stoffe. auf der Vorderseite der Coleoptilenspitze sich nicht geltend machen kann, nach BOYSEN JENSENS Theorie muß man dagegen eine negativ phototropische Krümmung erwarten, weil die auf der Hinterseite der beleuchteten Coleoptilenspitze gebildeten wachstumsbeschleunigenden Stoffe auf der Vorderseite des Coleoptilenstumpfes herabwandern und dort das Wachstum beschleunigen.

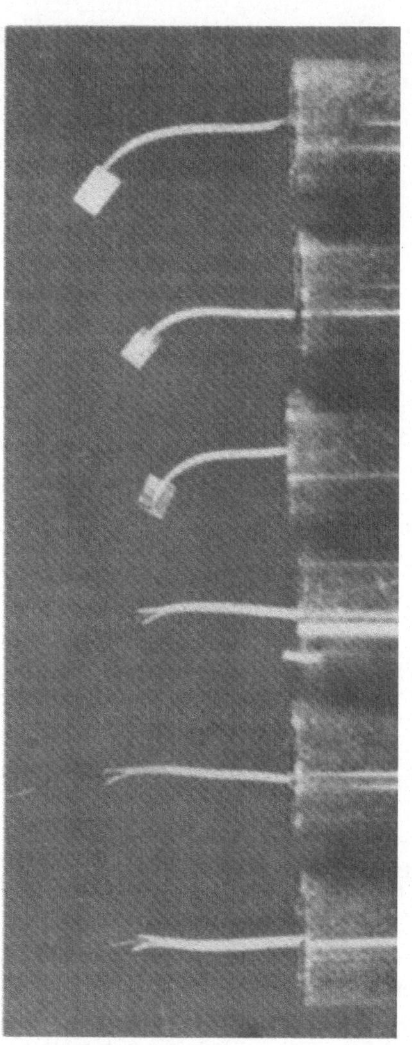

Abb. 2. Bei den drei Pflanzen links wurde nur die eine Spitzenhälfte, bei den drei Pflanzen rechts wurden dagegen beide Spitzenhälften beleuchtet.

Versuche über phototropische Krümmung bei Spitzenverschiebung sind früher von SNOW (1924) angestellt worden. Er setzt eine Coleoptilenspitze einseitig auf einen Coleoptilenstumpf und beleuchtet diese Spitze in der Weise, daß die nicht beleuchtete Seite der Coleoptilenspitze mit dem Coleoptilenstumpf in Berührung ist. Er erhielt dann eine negativ phototropische Krümmung. Kontrollversuche, die im Dunkel angestellt wurden, zeigten eine sehr schwache positive Krümmung. Es stimmt dieses letztere Ergebnis nicht mit den von NIELSEN angestellten Versuchen überein, in denen, wie oben erwähnt, gezeigt wurde, daß eine einseitig aufgesetzte Spitze eine negative Krümmung hervorruft. Die Versuche von SNOW sind aus diesem Grunde nicht beweiskräftig.

Von uns sind zwei verschiedene Versuchsreihen über phototropische Krümmung bei Spitzenverschiebung angestellt worden.

a) An Coleoptilen (Länge 2—3 cm) wurde die Spitze in einer Länge von etwa 4—5 mm abgenommen, während das Laubblatt zurückblieb. Die abgeschnittene Spitze wurde weggeworfen. An zwei anderen Keimpflanzen wurden die Coleoptilen abgezogen, und an diesen leeren Coleoptilen wurden die Spitzen in einer Länge von etwa 3 mm abgeschnitten. Man kann in dieser Weise leicht zwei Coleoptilspitzen von derselben Länge erhalten. Es ist sehr wichtig, daß die Spitzen sehr kurz sind, weil sonst die

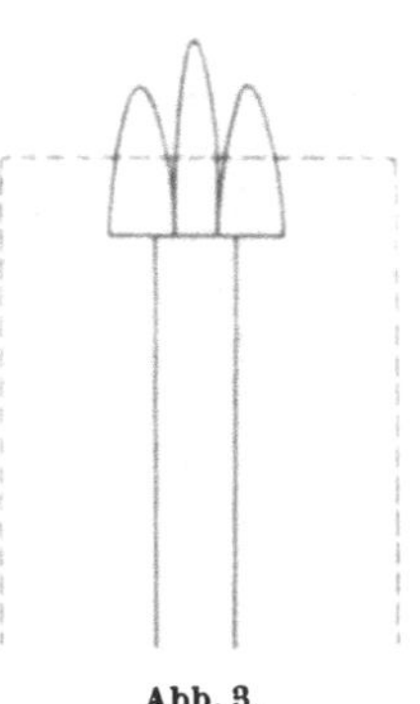

Abb. 3.

beleuchtete Spitze sich während der Beleuchtung stark krümmt, wodurch der Kontakt zwischen Spitze und Basalteil leicht unterbrochen wird. Die abgeschnittenen Spitzen werden in der in Abb. 3 angegebenen Weise auf dem Coleoptilenstumpf angebracht, indem

Abb. 4.

man sie mit einem kleinen Tropfen Wasser am Laubblatt festklebt. Sodann wird der Coleoptilenstumpf und der untere Teil der Spitzen verdunkelt, und die Pflanzen werden unter einem Rezipienten in dampfgesättigtem Raume exponiert. Durch Wachstum des Laubblattes wird der Kontakt zwischen den Spitzen und dem Basalteil leicht unterbrochen. Jede Stunde muß man die Pflanzen genau nach-

sehen, und nötigenfalls den Kontakt durch Verschiebung der Spitzen
mit einer Nadel wieder herstellen. Von großer Bedeutung ist es, daß
die Versuchspflanzen passend feucht kultiviert sind: Sind sie zu trocken,
reagieren sie nicht, sind sie zu feucht, werden die aufgesetzten
Spitzen durch das von dem Stumpf ausgepreßte Wasser verschwemmt und auch dann reagieren sie nicht.

Das Ergebnis der Versuche ist in Tabelle 2a und Abb. 4 wiedergegeben. Es zeigt sich, daß man tatsächlich, wie man es nach BOYSEN JENSENS Theorie erwarten muß, eine deutliche negative pho-

Tabelle 2.
Versuche über phototropische Krümmung
bei Spitzenverschiebung teils ohne (a),
teils mit eingeschobener Platinplatte (b)

a	b	
-:- 0,054	÷- 0,043	+ 0,019
-:- 0,016	÷ 0,040	+ 0,040
-:- 0,032	·÷- 0,021	0,000
-:- 0,064	÷ 0,021	0,000
÷ 0,022	-÷ 0,024	0,000
÷ 0,021	÷ 0,012	0,000
÷ 0,030	÷ 0,012	0,000
÷ 0,080	÷ 0,032	0,000
÷ 0,024	÷ 0,053	0,000
÷ 0,016	÷ 0,026	0,000
÷ 0,024	÷ 0,096	0,000
-:- 0,045	÷ 0,013	0,000
÷ 0,0 8	÷ 0,048	0,000
-:- 0,040	÷ 0,032	0,000
÷ 0,012	÷ 0,014	0,000
÷ 0,027	÷ 0,014	0,000
÷ 0,048	÷ 0,059	0,000
÷ 0,013	÷ 0,050	0,000
+ 0,040	÷ 0,015	0,000
+ 0,030	÷ 0,015	
+ 0,022	÷ 0,048	
0,000	÷ 0,038	
0,000	÷ 0,064	
0,000	÷ 0,014	
	÷ 0,012	
	÷ 0,010	
	÷ 0,027	
	÷ 0,016	
	÷ 0,029	
	-÷ 0,040	
	÷ 0,075	
	÷ 0,019	
	÷ 0,010	
	÷ 0,011	
	÷ 0,016	
	÷ 0,026	
	÷ 0,032	
$M = ÷ 0,021$	$M = ÷ 0,019$	
$m = ± 0,006$	$m = ± 0,003$	

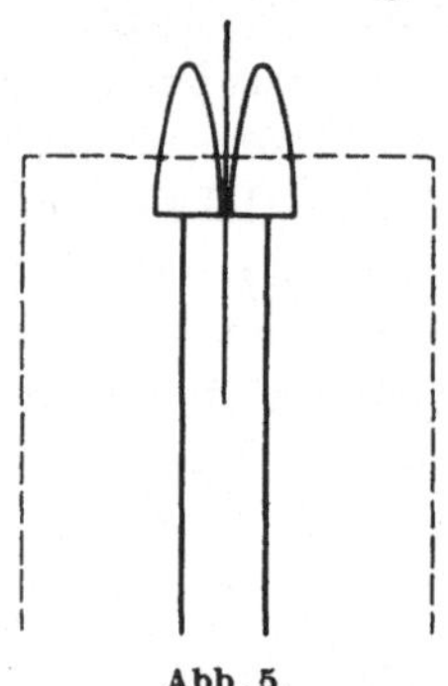

Abb. 5.

totropische Krümmung erhält
(Durchschnitt der d-Werte $= ÷
0,021 ± 0,006$).

b) Nun könnte man diesen Versuchen gegenüber vielleicht
doch den Einwand erheben, daß
möglicherweise auch die hintere
Spitze ein wenig Licht auf der
vorderen Seite erhalte. Nach
PAÁLS Theorie könnte man sich
dann denken, daß diese Belichtung eine Destruktion der wachstumsbeschleunigenden Stoffe auf
der Vorderseite sowohl der vorderen als der hinteren Spitze verursachte. Während eine Destruktion der Wuchsstoffe auf der Vorderseite der vorderen Spitze nach PAÁLS Theorie, wie oben erwähnt, das

Wachstum des Coleoptilenstumpfes nicht beeinflussen kann, konnte eine solche Destruktion der Wuchsstoffe auf der Vorderseite der hinteren Spitze eine Wachstumshemmung auf der hinteren Seite des Coleoptilenstumpfes hervorrufen, woraus natürlich eine negativ phototropische Krümmung im Basalteil resultieren müßte. Um dieser Einwendung entgegenzutreten, haben wir die folgende Versuchsreihe angestellt.

An 2—3 cm langen Coleoptilen wird eine 4 mm lange Spitze in gewöhnlicher Weise abgenommen. Demnächst wird der Coleoptilenstumpf 3—4 mm unter der Schnittfläche mit einer Nadel durchstochen. Man kann dann den oberen Teil des Laubblattes herausziehen, indem dieses an der durchgestochenen Stelle entzwei geht, und man erhält in dieser Weise einen Coleoptilenstumpf, dessen oberer 3—4 mm langer Teil leer ist. Bisweilen kann man auch, wie Stark gezeigt hat, das ganze Laubblatt herausziehen, was nach unseren Erfahrungen doch nur an älteren Keimpflanzen gelingt. Mit einem scharfen Skalpell wird dann der obere leere Teil der Coleoptile gespalten, und in die Spalte wird eine dünne viereckige Platinplatte hineingesteckt. Wie oben beschrieben und wie es in Abb. 5 dargestellt ist, werden dann symmetrisch auf dem Coleoptilenstumpf von der Platinplatte gestützt zwei Coleoptilenspitzen angebracht. Die eine der Coleoptilenspitzen wird in gewöhnlicher Weise einseitig beleuchtet.

Wie aus Tabelle 2b und Abb. 6 hervorgeht, erhält man auch in die-

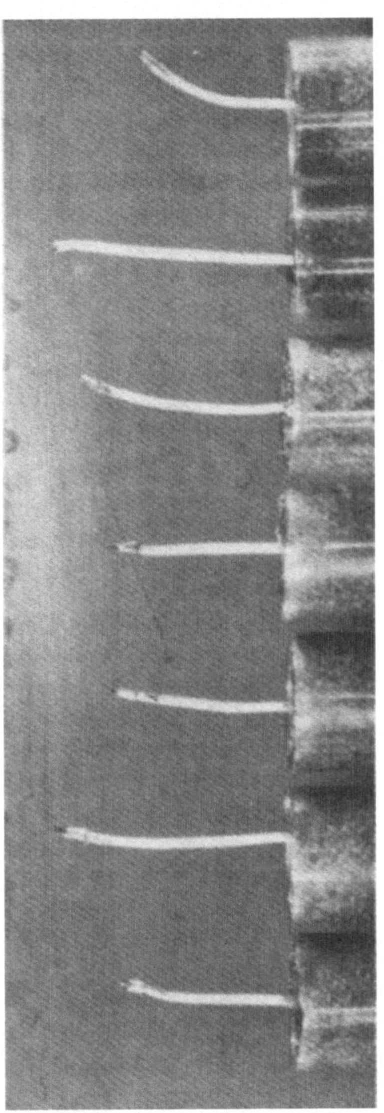

Abb. 6.

sem Falle in Übereinstimmung mit BOYSEN JENSENs Theorie eine negativ phototropische Krümmung. Der Durchschnitt der d-Werte ist $\div 0,019 \pm 0,003$.

So geht wohl aus den angeführten Versuchen mit Sicherheit hervor, daß *die positiv phototropische Krümmung nicht*, wie PAÁL will, *durch eine Destruktion der wachstumsbeschleunigenden Stoffe auf der Vorderseite* der beleuchteten Coleoptilenspitze verursacht wird, *sondern vielmehr durch eine Vermehrung dieser Stoffe auf der Hinterseite der beleuchteten Spitze.* Diese wachstumsbeschleunigenden Stoffe *wandern dann auf der Hinterseite des Coleoptilenstumpfes herab und verursachen dort eine Wachstumsbeschleunigung*, die eben die Ursache der phototropischen Krümmung ist. Ob vielleicht auch auf der Vorderseite eine Wachstumshemmung stattfindet, läßt sich nicht ganz ausschließen. Jedenfalls ist sie sehr klein und kommt gegen die Wachstumsbeschleunigung auf der Hinterseite nicht in Betracht.

II. Können Verwundungen als solche eine traumatotropische Krümmung hervorrufen?

PAÁL hat die Hypothese aufgestellt, daß die durch einen einseitigen Einschnitt in die Coleoptile hervorgerufene traumatotropische Krümmung dadurch verursacht werde, daß die in der normalen Coleoptile allseitig herabwandernden wachstumsbeschleunigenden Stoffe durch den Einschnitt einseitig aufgehalten oder zerstört werden. Diese Auffassung ist, wie aus den Untersuchungen von PAÁL, SÖDING und NIELSEN hervorgeht, zweifellos richtig.

Es bleibt nun zu untersuchen, ob nicht eine Verwundung auch eine traumatotropische Krümmung hervorrufen kann, selbst wenn die Stoffwanderungen in der Coleoptile nicht gestört werden. Tatsächlich sprechen verschiedene Tatsachen für die Existenz einer solchen „rein" traumatotropischen Krümmung. So konnten STARK und NIELSEN zeigen, daß Ringe, die aus dem Basalteil der Coleoptile ausgeschnitten und einseitig auf einen Coleoptilenstumpf aufgesetzt wurden, eine posi-

Tabelle 3.
Versuche über traumatotropische Krümmung bei einem Längenschnitt in der Avenacoleoptile.

+ 0,034	0,000
+ 0,012	0,000
+ 0,031	0,000
+ 0,022	0,000
+ 0,023	0,000
+ 0,035	0,000
+ 0,014	0,000
+ 0,016	0,000
+ 0,034	0,000
+ 0,022	0,000
+ 0,031	0,000
+ 0,025	0,000
+ 0,023	0,000
+ 0,016	0,000
+ 0,035	0,000
+ 0,014	0,000
+ 0,031	0,000
+ 0,012	0,000
+ 0,022	0,000
+ 0,021	0,000
+ 0,034	0,000
+ 0,031	0.000
+ 0,025	0,000
+ 0,022	0,000
+ 0,024	0,000
÷ 0,021	0,000
÷ 0,024	0,000
÷ 0,011	0,000
÷ 0,020	0,000
÷ 0,018	0,000
÷ 0,012	
÷ 0,019	
÷ 0,026	

$$M = \div 0,007$$
$$m = \pm 0,002$$

tive Krümmung hervorrufen können, was sich wohl eigentlich nur durch eine von den Schnittflächen der Ringe ausgehende traumatotropische Wirkung erklären läßt.

Offenbar läßt sich diese Frage entscheiden, wenn in der Coleoptile Längenschnitte statt Querschnitten angebracht werden. Versuche in dieser Richtung sind schon von PAÁL (1918) und STARK (1917) angestellt worden. Während aber PAÁL in seinen Versuchen entweder keine oder eine schwach negative Krümmung erhielt, fand dagegen STARK, daß die Krümmung positiv verlief.

Die Versuche, die wir über diese Frage angestellt haben, wurden in der Weise ausgeführt, daß 2 mm unterhalb der Coleoptilenspitze ein Längenschnitt (Länge 4—5 mm) in der Coleoptile angebracht wurde. Um die Wunde offen zu halten, wurde ein kleiner Glassplitter (aus einem Deckglase) hineingesteckt. Die in den Versuchen auftretende Krümmung erreichte ihr Maximum nach etwa 2 Stunden, und es wurde deshalb dieser Zeitraum als Versuchszeit benutzt.

Das Ergebnis der Versuche ist in Tabelle 3 wiedergegeben. Es geht aus den Versuchen hervor, daß man bei Verwundung mit einem Längenschnitt eine zwar schwache, aber doch deutliche positive traumatotropische Krümmung erhält, dasselbe Ergebnis also, zu dem schon STARK gekommen ist.

III. Wird die Respiration im Basalteil der Coleoptile von der Spitze aus beeinflußt?

Wie aus einer langen Reihe von Untersuchungen, die in dem vorhergehenden teilweise erwähnt wurden, hervorgeht, wird das Wachstum des Basalteiles der Avenacoleoptile in weitgehender Weise von der Spitze aus reguliert. So war in SÖDINGS Versuchen der Zuwachs in dekapitierten Coleoptilen in den ersten 5 Stunden nach der Dekapitierung nur ungefähr die Hälfte des Zuwachses in dekapitierten Coleoptilen mit wieder aufgesetzter Spitze. Es frägt sich dann, ob nicht auch andere Funktionen in dem Basalteil von der Spitze aus beeinflußt werden.

Zur Beleuchtung dieser Frage haben wir den Einfluß der Spitze auf die Respiration des Basalteiles untersucht. Die Untersuchung wurde mit einem Mikrorespirationsapparate nach KROGH (wegen Beschreibung des Apparates vgl. Hdb. der biochem. Arbeitsmeth. Bd. VIII, S. 519) ausgeführt. Man kann mit diesem Apparat mit ziemlich großer Genauigkeit die Sauerstoffaufnahme von etwa sieben Avenacoleoptilen in 30 Minuten bei 16° bestimmen.

Es wurden für die Versuche leere Coleoptile benutzt, d. h. solche, bei denen das Laubblatt von unten herausgezogen worden war.

Vers. 1. Der Versuch wurde mit sieben intakten Coleoptilen angestellt. Temperatur 16°. Die Zahlen, die Durchschnittszahlen von zwei gut übereinstimmenden Versuchen sind, bedeuten Sauerstoffaufnahme in den in der oberen Kolonne angegebenen Zeitintervallen.

Minuten	0	30	60	90	120	150	180	210	240	270
Sauerstoffaufnahme in mm³ pro min.	0,49	0,52	0,52	0,52	0,48	0,42	0,39	0,35	0,35	

Vers. 2. Versuch mit sieben Coleoptilen, die 90 Minuten nach dem Beginn des Versuches mit einer Nadel von unten bis ungefähr an die Spitze gespalten wurden, um den Einfluß einer Verletzung auf die Sauerstoffaufnahme zu untersuchen. Die Zahlen rechts der senkrechten Linie bedeuten also Sauerstoffaufnahme in verletzten Coleoptilen. Wie oben sind die Zahlen Durchschnittszahlen von zwei Versuchen. Temperatur 16°.

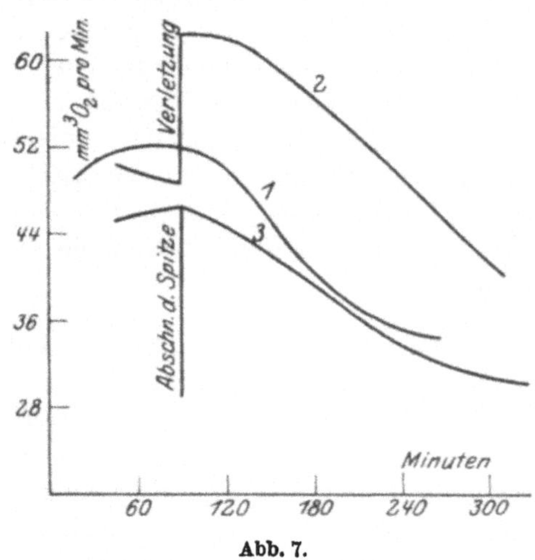

Abb. 7.

Minuten	0	30	60	90	120	150	180	210	240	270	300	330
Sauerstoffaufnahme in mm³ pro min.	(0,42)	0,52	0,49	0,62	0,62	0,54	0,52	0,52	0,52	0,42	0,39	

Vers. 3. Wie oben wurden zwei Versuche angestellt mit je sieben Coleoptilen, bei denen die Spitzen 90 Minuten nach Beginn des Versuches abgeschnitten und weggeworfen wurden. Die Zahlen rechts der senkrechten Linie stellen also den Verlauf der Sauerstoffaufnahme dar bei spitzenlosen Coleoptilen.

Minuten	0	30	60	90	120	150	180	210	240	270	300	330	360
Sauerstoffaufnahme in mm³ pro min.	—	0,45	0,46	(0,50)	0,42	0,42	0,38	0,34	0,32	0,32	0,31	0,29	

Das Ergebnis aller drei Versuche ist in Abb. 7 in Kurvenform dargestellt. Man sieht aus Kurve 1, daß die Sauerstoffaufnahme in intakten Coleoptilen langsam absinkt, und aus Kurve 2, daß nach einer starken Verletzung die Sauerstoffaufnahme fast momentan in die Höhe schnellt, um dann wieder ungefähr wie in Versuch 1 langsam zu fallen. Weil also eine sehr starke Verwundung die Sauerstoffaufnahme, wie aus Kurve 2 hervorgeht, doch immerhin ziemlich wenig beeinflußt, darf man wohl annehmen, daß die kleine Verwundung, die in Versuch 3 vom Abschneiden der Spitze herrührt, bei der Beurteilung dieses Versuches keine Rolle spielen kann. Wenn dann, wie aus Kurve 3 hervorgeht, die Sauerstoffaufnahme in spitzenlosen Coleoptilen genau in derselben Weise absinkt wie in den intakten Coleoptilen, darf man wohl schließen, daß der Einfluß der Spitze auf die Sauerstoffaufnahme im Basalteil der Coleoptile jedenfalls nicht bedeutend sein kann.

Literatur.

Boysen Jensen P. (1911): Bull. de l'Acad. roy. des sciences et des lettres de Danemark. — **Nielsen, N.** (1924): Dansk botan. Arkiv 4, 8. — **Paál, A.** (1918): Jahrb. f. wiss. Botanik 58. — **Purdy, H. A.** (1921): Det kgl. danske Vidensk. Selsk. biol. Meddel. — **Snow, R.** (1924): Ann. of botany 38. — **Söding, H.** (1923): Ber. d. dtsch. botan. Ges. 41. — **Stark, P.** (1917): Jahrb. f. wiss. Botanik 57. — **Stark, P. u. Drechsel, O.** (1922): Ebenda 61.

EIN BEITRAG ZUM VERSTÄNDNIS DES CERTATIONS-PROBLEMS BEI MELANDRIUM.

Von

G. TISCHLER,
Kiel.

Mit 4 Textabbildungen.

(Eingegangen am 10. August 1925.)

In einer früheren Arbeit (TISCHLER 1925) haben wir gezeigt, daß
— wenigstens unter künstlichen Kulturbedingungen — der Pollen von
Primula sinensis sowie von *Cassia*-Arten, der eine bestimmte Größe
überschritten hatte, nicht mehr auszukeimen vermochte. Wir suchten
wahrscheinlich zu machen, daß in ihm gegenüber dem kleineren gut
auskeimenden Pollen der Anteil des Kernes am Gesamtinhalt der Zelle
erheblich zurückgegangen wäre, und deshalb die Fermente nicht mehr
von der Zelle aktiviert werden könnten, die als nötige Vorbedingung
zum Auskeimen die Reservestoffe lösten und die Wachstumserschei-
nungen in Gang brächten. Würden auf der Narbe im Prinzip ähnliche
Keimungsbedingungen herrschen wie in unseren Objektträgerkulturen
— und es besteht kein Grund, hier prinzipiell anderes anzunehmen —,
so müßte allein dadurch unfehlbar eine gewisse Certation unter den
Pollenkörnern erreicht werden.

Die Frage der Certation ist deshalb besonders brennend geworden,
weil CORRENS bekanntlich gefunden hatte, daß Alter oder Alkohol-
wirkung unter dem keimenden Pollen eine Auslese hervorrufen können,
die für die Geschlechtsbeeinflussung der Nachkommen von Bedeutung
ist (CORRENS 1917, 1918, 1921, 1922a, b, 1924). Je älter der Pollen
war, desto mehr männliche Nachkommen wurden bei *Melandrium*[1])
beobachtet, sofern der Pollen ein gewisses nicht zu kurz bemessenes
Alter überschritten hatte und sorgsam getrocknet war. CORRENS
glaubte, daß hier einmal eine rein selectionistische Ursache in Frage
komme, daneben aber auch eine direkte Veränderung der „Geschlechts-
tendenz" in einzelnen Körnern nicht von der Hand gewiesen werden
könne. Einheitlicher scheinen die Wirkungen nach Alkoholbehandlung

---

[1]) *Rumex acetosa* verhält sich nach CORRENS genau wie *Melandrium*,
während z. B. RIEDE (1925) für *Cannabis sativa* gerade bei älterem Pollen
eine Präponderanz der Weibchen konstatierte.

zu sein. Schon 40—60 Minuten genügten, um eine starke Bevorzugung der „Männlichkeit determinierenden" Pollenkörner zu erweisen.

Nun hatten Vorversuche mir gezeigt, daß bei *Melandrium*-Pollen die gleichen Beziehungen zwischen Keimungsfähigkeit und Größe zu gelten scheinen wie bei *Primula* und *Cassia*. Und nur, weil so starke Größendifferenzen wie bei diesen für gewöhnlich bei *Melandrium* nicht aufzutreten pflegen, braucht diese Gesetzmäßigkeit nicht so stark in Erscheinung zu treten. Aber sie ist doch vorhanden, und damit das Gegenteil von dem realisiert, was STRASBURGER (1910 S. 455) glaubte, daß nämlich hier „größere Pollenkörner im Vorteil gegen kleinere sein könnten", denn „ihr Schlauch möchte kräftiger wachsen und rascher die Eier erreichen".

Im Sommer 1925 suchte ich diese Certation zunächst zahlenmäßig zu erfassen und sie dann mit der von CORRENS beobachteten zu verknüpfen. Ich säte die Körner wieder auf Gelatineplatten aus, die mit 10 proz. Rohrzuckerlösung durchtränkt waren und schichtete über diesem „festen" Nährboden noch in dünner Schicht 20 proz. Rohrzuckerlösung. Dabei war genügendes Auskeimen erreicht und das sehr lästige „Platzen" stark vermindert, das ohne die Gelatine sich meist sehr bemerkbar machte. Wurde die Gelatine nicht noch besonders oberflächlich benetzt, so keimte andererseits zu wenig Pollen aus. Die gewählten Konzentrationen waren rein empirisch als die besten ausprobiert. Das Auskeimen war sehr verschieden, genau wie das auch CORRENS beschreibt. Ich wählte nur solchen Pollen aus, der zum größten Teil gut keimte, und es wurden dann jedes Mal damit mehrere PETRI-Schalen „besät". Darauf ließ ich die eine der Schalen unbehandelt, die anderen setzte ich Alkoholdämpfen von 15, 20, 25, 30 Minuten aus[1]). Ich benutzte dann wie CORRENS Exsiccatoren, in die ich 96 proz. Alkohol gegossen hatte und in die die geöffneten PETRI-Schalen gestellt wurden.

Im Gegensatz zu CORRENS war bei meinem Pollen schon meist nach 25 oder 30 Minuten der größte Teil der Körner nicht mehr fähig, Schläuche auszutreiben, ja nach 15 Minuten konnte eine große Menge Pollen abgetötet sein. CORRENS fand eine Certationswirkung erst bei 40 oder 60 Minuten. Der Unterschied klärt sich wohl so auf, daß CORRENS, wie vor ihm STRASBURGER (1900 S. 764) den trockenen Pollen dem Alkohol ausgesetzt hatte, während ich ja den Pollen in der Nährlösung im Moment des Auskeimens behandelte. Hier sind natürlich die Quellungs- und Permeabilitätsverhältnisse schon ganz andere geworden, wie ja auch die Größenzunahme gegenüber dem trockenen Pollen bereits deutlich macht. CORRENS deutet selbst darauf hin, daß für gewisse

---

[1]) Herr Geheimrat CORRENS hatte die Freundlichkeit, mir auf Anfrage mitzuteilen, daß er selbst die „celluläre Seite" der Alkoholcertation zur Zeit nicht zu bearbeiten gedächte.

Körner „Schutzwirkungen" gegenüber dem Alkohol vorhanden waren, wenn der Pollen nicht einzeln, sondern in Klumpen zusammen lag.

Nach 20—24 Stunden habe ich die PETRI-Schalen wieder geöffnet und revidiert. Ich maß dann in absolut typischen Kulturen, wie ich sie immer wieder erhielt, und zwar nur an solchen, deren Parallelkulturen unbehandelt eine große Zahl keimender Pollenkörner aufwiesen, jedesmal jedes keimende Korn, das ich antraf, und verglich die Größenkurve, die ich dabei erhielt, mit der, welche mir Größenmessungen von sämtlichen Pollenkörnern ergaben, ob sie ausgekeimt waren oder nicht. Zum Vergleich wurden immer je 100 Körner gemessen. Mehr keimenden Pollen konnte ich kaum in einer Schale auffinden, und erreichte ich die Zahl nicht, so habe ich (unter Angabe der tatsächlich beobachteten Zahlen) eine Umrechnung auf 100 vorgenommen.

Die Zahlen und Kurven sprechen wohl besser als viele Worte. Ich bitte auf sie verweisen zu dürfen (Abb. 1—3). Gemessen wurde in „Teilstrichen", deren Entfernung voneinander 14,3 μ betrug. Es wurde auf halbe Teilstriche abzurunden gesucht.

Drei Beispiele seien genauer ausgeführt, und es bedeutet

a) alle Pollenkörner überhaupt,

b) die auskeimenden Pollenkörner,

c) die nach Alkoholbehandlung keimenden Körner.

1. *Melandrium rubrum* (Botanischer Garten, Kiel).

Teilstriche:	2	2—2½	2½—3	3—3½	3½—4	4—4½
a)	3	17	23	20	*35*	2
b)	7	29	*45*	16	3	—
c)[1]	16	*46*	33	5	—	—

2. *Melandrium rubrum* (Glücksburg).

a)	21	17	*40*	21	1	—
b)	24	27	*47*	2	—	—
c)[2]	*43*	40	17	—	—	—

3. *Melandrium album* (Malente).

a)	3	18	18	26	*34*	1
b)[3]	2	35	*42*	18	3	—
c)[4]	3	*61*	26	10	—	—

---

[1] Nach 65 Messungen umgerechnet auf 100. — Die Alkoholbehandlung hatte hier 20 Minuten gedauert.

[2] Die Alkoholbehandlung hatte hier 30 Minuten gedauert.

[3] Nach 62 Messungen, umgerechnet auf 100.

[4] Nach 77 Messungen, umgerechnet auf 100. Die Alkoholbehandlung hatte hier 15 und 20 Minuten gedauert. Die Resultate von zwei Keimschalen wurden zusammen berücksichtigt.

Wie man sieht, variieren die stäubenden Pollenkörner überhaupt an
Größe. Speziell das Glücksburger Exemplar hatte im ganzen kleinere
Körner als die anderen beiden hier als Beispiele gewählten. Gemeinsam
ist allen drei Versuchen, daß stets die größten Körner so gut wie gar
nicht mehr auskeimten, und daß die Alkoholbehandlung die Keimungs-

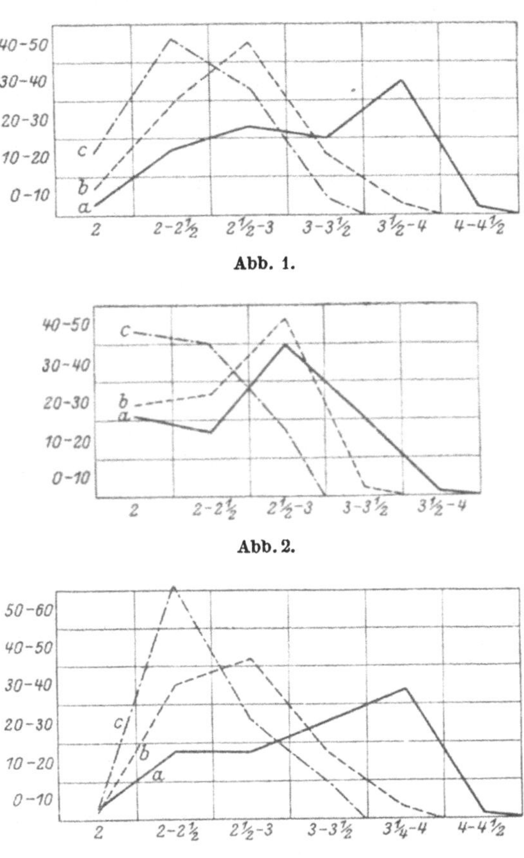

Abb. 1.

Abb. 2.

Abb. 3.

Abb. 1—3. Kurven, welche die prozentuale Häufigkeit der Pollenkörner in den verschiedenen
Größenklassen zeigen. Die der Einteilung zugrunde liegenden Durchmesser wurden in „Teilstrichen" gemessen, die 14,3 μ voneinander entfernt lagen. Jedesmal bedeutet *a* die Kurve für
sämtliche Pollenkörner, *b* die Kurve für alle in Rohrzuckergelatine auskeimenden Pollenkörner,
c die Kurve für alle in Rohrzuckergelatine nach Alkoholbehandlung auskeimenden Pollenkörner.

kurve sehr weit nach links verschob. Es ergibt sich aus unseren Beispielen wohl auch die klare Forderung, immer nur Pollen aus ein und
denselben Blüten miteinander zu vergleichen. Und wenn wie hier die
Einzelblüten nicht reichten, so habe ich mehrere Blüten des gleichen
Stockes gemeinsam ihren Pollen auf die Platten ausstäuben lassen,

wobei in jeder Schale von jeder Blüte ungefähr gleiche Mengen zur Aussaat verwendet wurden.

Wenn überhaupt die Verhältnisse in CORRENS' und meinen Versuchen vergleichbar waren — man könnte ja z. B. an Frl. v. UBISCHS (1925 S. 330) Überlegungen denken, daß die CORRENSsche Certation gar nicht durch das Keimen des Pollens, sondern durch das Wachstum der Schläuche im Gewebe bedingt wäre —, so wäre aus der von mir aufgefundenen Certation zum mindesten das eine zu folgern, daß unter den *kleineren* Pollenkörnern mehr Männlichkeitsbestimmer sein müßten. Der Schluß erscheint naheliegend, daß überhaupt die ♂ Körner bei *Melandrium* kleiner als die ♀ sind. Solches hatte bereits STRASBURGER (1910 S. 456) als möglich hingestellt, und er hatte den Gedanken nur deshalb wieder verworfen, weil er an verwandten hermaphroditen Pflanzen ähnliche Größenunterschiede unter den Körnern sah.

Es muß zugegeben werden, daß bei Pollen, der nicht in Tetraden zusammen bleibt, zur Zeit des Stäubens nicht mehr zu eruieren ist, wo genotypische Grundlage und wo der Außenfaktor der Ernährung die Kleinheit oder die Größe der Körner bedingt. Aber jüngst hat SANTOS (1924) für *Helodea* einige recht instruktive Messungen angegeben, die sich in unserem Sinne verwerten lassen. Bei *Helodea* bleiben nämlich die vier Körner einer Tetrade auch zur Reifezeit noch im Zusammenhang. Nehmen wir dafür die von SANTOS gegebenen Durchmesserzahlen:

$$102{,}73 \times 97{,}35\,\mu \qquad 94{,}11 \times 85{,}65\,\mu$$
$$101{,}88 \times 97{,}36\,\mu \qquad 93{,}77 \times 85{,}67\,\mu.$$

Das bedeutet für den Vergleich der Zellvolumina, nach den Methoden, die wir früher (1925) zur Volumberechnung benutzten:

$$509\,800 \text{ cb}\mu \qquad 361\,500 \text{ cb}\mu$$
$$505\,650 \text{ cb}\mu \qquad 352\,150 \text{ cb}\mu,$$

also Unterschiede, die sich mit den bei *Primula*, *Cassia*, *Melandrium* aufgefundenen vergleichen lassen.

Für *Melandrium* speziell würden die „kleinsten" tauglichen Körner (mit zwei „Teilstrichen") ein Volum von 12 250 cbμ, die größten (mit 4,5 „Teilstrichen") ein solches von 139 530 ergeben. Lassen wir die Extremwerte beiseite und berücksichtigen wir in erster Linie die „Mittelwerte" von $2\,^1/_2$, 3, $3\,^1/_2$ und 4 „Teilstrichen", so kämen wir zu Zahlen von 23 920, 41 340, 65 650, 98 000 cbμ. Dividieren wir die obigen Werte für *Helodea* durch 10, so bekommen wir schon besser Vergleichbares.

Ich suchte nun den Anschluß an meine früheren Erfahrungen mit der Verschiebung der Kernplasmarelation herzustellen. Zu diesem Zwecke bestimmte ich bei im ganzen 120 gut fixierten Körnern des stäubenden Pollens oder des Pollens unmittelbar vor dem Stäuben die

K : p. Um unerlaubte Auswahl nach Möglichkeit zu vermeiden, habe ich jedes Pollenkorn gemessen, das mir in gutem Medianschnitt vorlag. Leider waren sehr viele Körner zur Messung ungeeignet. Der Grund dafür war die ungenügende Differenzierung der Zelle bei der Färbung. Die Reservestoffe nahmen vielfach so begierig die gebotene Hämatoxylinlösung an, daß die Grenzen des vegetativen Kernes zu unscharf wurden. ROTMISTROW (1925) meint ja in einer neueren Arbeit, daß es im reifen Pollen überhaupt unmöglich sei, mit Hämatoxylin klare Kernabgrenzung zu bekommen. Das ist für *Melandrium* wenigstens außerordentlich stark übertrieben.

Das gemessene Material konnte ich leider nicht nur von einem einzigen Individuum wählen, sondern ich mußte dazu mehrere heranziehen. Alle stammten aber von dem gleichen Standort im Kieler Botanischen Garten und zeigten äußerlich keine Größendifferenzen im Pollen.

Neben dem vegetativen Kern, den wir jedesmal allein maßen, liegen bekanntlich bei *Melandrium* 2 generative Kerne. Ich habe sie aus den Gründen, die wir in unserer früheren Arbeit anführten, nicht berücksichtigt, um nicht die Zahl der zum Messen geeigneten Körner noch mehr einzuschränken. Denn Bilder mit allen drei Kernen im Mediandurchmesser waren natürlich entsprechend seltener. Die vegetativen Nuclei wurden wieder als Ellipsoide oder Kugeln genommen; die Amöboidie störte nicht allzusehr. Und die stark amöboiden Kerne mußte ich weglassen. So ist die Auswahl leider größer geworden, als angenehm war. Aber ich habe keinen Grund anzunehmen, daß irgendeine bestimmte Größenklasse von Pollenkörnern dadurch ungebührlich in Nachteil bei den Messungen gekommen wäre. Die Resultate der letzteren folgen in der Tabelle Abb. 4. _Was die Volumgröße anlangt, so werden wir gut tun, unsere oben für den lebenden in Zuckerlösung befindlichen Pollen erhaltenen Werte durch 4 zu dividieren[1]). Dann erhalten wir die Größenklassen mit etwa 5980, 10 300, 16 400 und 24 500 als „mittlere Werte".

In dem angefügten Protokoll finden wir die Messungen im einzelnen wiedergegeben. Die Tabelle zeigt klarer als die Zahlenwerte die Abnahme der Kernoberfläche mit der Zellgröße. Ich habe natürlich alle, auch die von dem Gros abweichenden, Werte meiner Messungen aufgenommen. Manche Kerne mögen „zu klein" ausgefallen sein, sei es, daß Fehler bei der Messung vorlagen, sei es, daß wirklich Wachstumsstörungen stattfanden. Bei den großen und schwer ganz zu vermeidenden Möglichkeiten, unrichtige Messungen zu machen, darf die Übereinstimmung der Zahlen mit dem von mir auf Grund früherer Studien Erwarteten als eine gute bezeichnet werden.

---

[1]) Dieser Wert wurde rein empirisch gefunden, um die Messungen des fixierten und des lebenden Pollens nach Möglichkeit in Einklang zu bringen.

Ich vertrat in der *Primula*-Arbeit die Ansicht, daß in dem genotypisch einheitlichen Material Ernährungsdifferenzen zu starken Modifikationen bezüglich der Zellgröße führten. Hier werden diese natürlich auch mitspielen. Aber daneben haben wir nun auch die genotypisch bedingten Differenzen im Sinne von SANTOS.

	5000	6000	7000	8000	9000	10000	11000	12000	13000	14000	15000	16000	17000	18000	19000
1/40–1/50	+														
1/51–1/60		+	‡	‡	+										
1/61–1/70	+	+	‡‡	‡				+							
1/71–1/80			‡	‡‡			+	‡							
1/81–1/90		+	+	‡‡	‡	+		‡‡	‡		+				
1/91–1/100				+	‡	+	‡‡	+	+	‡					
1/101–1/110			‡				+	‡	‡	‡‡	+		+		
1/111–1/120		+				+		‡‡		‡					
1/121–1/130					+	‡	+			‡‡‡	‡				
1/131–1/140								‡		‡	+		+		
1/141–1/150			+					+		‡		‡	‡		
1/151–1/160				+	+								+	+	+
1/161–1/170				+							+				
1/171–1/180													+		
1/181–1/190															
1/191–1/200															
1/201–1/210															
1/211–1/220															
1/221–1/230															
1/231–1/240													+		
1/240–1/250															

Abb. 4. Korrelationstabelle, die den Zusammenhang zwischen der sinkenden Kernplasmarelation und dem Zellvolum der Pollenkörner aufweist. Die K : p wurde nach den Kernoberflächen berechnet, das Zellvolum in cbμ gemessen. Jedes Kreuz bedeutet eine Einzelmessung.

Genotypische Männlichkeit und unzureichende Ernährungen werden auf Verkleinerung der Pollenkorngröße hinwirken, genotypische Weiblichkeit und starke Nährstoffzufuhr auf Vergrößerung. Danach würden die kleinsten Pollenkörner, die durch Alkoholbehandlung im Wachstum stark bevorzugt waren, gut im Sinne von CORRENS' Erfahrungen zu verwerten sein. Die allergrößten, die als entsprechende „Weiblichkeit determinierende" zu betrachten wären, keimten ja überhaupt nicht aus. Aber die in Menge vorhandenen Zwischenstufen werden natürlich ♂ und ♀ bestimmende nebeneinander enthalten, also ♂, die infolge guter Ernährung besonders groß und ♀, die infolge weniger guter Ernährung relativ klein geworden sind.

Für diese „Mittelklassen", die größten Körner, die überhaupt noch austrieben, müßte ich, um mit CORRENS in Übereinstimmung zu bleiben, eine Certation zugunsten der „Weiblichen" annehmen. Und hier könnten wir nun an cytologische Erfahrungen der letzten Zeit bei *Melandrium* bezüglich der X- und Y-Chromosomen und der damit verbundenen Unterschiede im Chromatingehalt denken. Leider kann ich hier den Vergleich im einzelnen nicht genau durchführen, da ich die Kerne bei dem keimenden Pollen ja nicht messen konnte, sondern auf den fixierten angewiesen war. Doch hat eine Inbezugsetzung nichts Gewaltsames. Im Gegenteil, sie liegt auf der Hand, wenn die Annahme von WINGE (1923) und MEURMAN (1925) richtig ist, daß die X-Chromosomen die größeren sind und den „weiblichen" entsprechen. Auch HEITZ' (1925a, b) Standpunkt nähert sich recht stark dem der beiden nordischen Autoren, selbst wenn er einen strikten Beweis noch nicht für erbracht sieht. Und Miß BLACKBURNS (1923, 1924) Annahme, daß die männlichkeitsdeterminierenden Y-Chromosomen die größeren wären, ist bis auf weiteres doch sehr unwahrscheinlich geworden[1].

Wenn die Messung der „Mittelklassen" ganz korrekt wäre, so hätten wir eigentlich eine Zweigipfeligkeit der Kurve für jede Klasse zu erwarten, da die ♀ Pollenkörner ja wohl eine etwas andere K : p wie die ♂ haben würden. Freilich könnten die Gipfel so nahe zusammenliegen, daß die Differenzen weitgehend verwischt wären.

Unsere Zahlen sind sicherlich zu ungenau, auch zu klein, um das definitiv zu entscheiden. Aber Andeutungen einer derartigen Gesetzmäßigkeit können wir doch schon ersehen. Man vergleiche etwa die Pollenkörner mit einem Voluminhalt von 14000 cbμ. Nach den von uns gewählten Klassenvarianten bekommen wir die Reihe 2, 4, 2, 11, 2, 2. Oder die Pollenkörner von 12 000 cbμ zeigen uns die Reihe: 1, 2, 5, 1, 2, 4, —, 2, 1. Demgegenüber sind die Körner von 8000 oder 7000 cbμ viel einheitlicher nach eingipfeligen Kurven orientiert. Denn die ganz abseits stehenden Werte fallen offenbar völlig heraus: sie sind entweder falsch gemessen, oder die Kerne waren im Wachstum zurückgeblieben.

---

[1] Freilich ist zu bedenken, daß bei *Rumex acetosa* nach KIHARA u. ONO (1923) und SINOTO (1924) sowie bei *R. thyrsiflorus* nach MEURMAN (1925) die hier in Zweizahl vorhandenen Y-Chromosomen zusammen größer sind als das eine X-Chromosom! Über Beziehungen zur Pollenkeimung wissen wir aber noch nichts.

Mehr als Andeutungen für diese Gesetzmäßigkeit konnten wir aber bei *Melandrium* nicht auffinden. Vielleicht bietet irgendeine andere diöcische Pflanze ein günstigeres Material, um die angeregten Fragen zu entscheiden. Trotzdem wollte ich meine Beobachtungen an *Melandrium* hier publizieren, passen sie doch gut in die Richtung der Gedankengänge, die schon WINGE und HEITZ eingeschlagen haben.

Und daß wirklich die wachstumsfördernde Kraft der X-Cromosomen im Gegensatz zu der Y- allgemeiner zutrifft, dafür haben wir auch aus dem Tierreich Beispiele. Statt vieler Daten sei nur an die neuere Arbeit von PARKES (1923) erinnert. Der Autor macht auf die in den weiblichkeitsbestimmenden Spermatozoen vorhandenen viel größeren „Köpfe" aufmerksam, die direkt einen Dimorphismus der Sexualzellen auch äußerlich in Erscheinung treten lassen.

So glauben wir im Rechte zu sein, wenn wir die bei *Melandrium* zu beobachtenden Certationswirkungen zum Teil auf die Einwirkung der Außenfaktoren, zum Teil aber auch auf die genotypisch bedingten Innenfaktoren zurückführen.

Zusammenfassung.

1. Bei *Melandrium rubrum* und *album* keimten in Gelatine-Rohrzuckerkulturen die größten und am besten aussehenden Pollenkörner in einem sehr viel geringeren Prozentsatz aus, als nach ihrer Zahl zu erwarten gewesen wäre.

2. Die hierdurch bedingte Certation konnte durch Alkoholbehandlung noch stark zugunsten der kleinsten Körner verschoben werden.

3. Die Gesetzmäßigkeit bezüglich der Kernplasmarelation, die wir früher für *Cassia* und *Primula* ableiteten, gilt auch für *Melandrium*. Im großen und ganzen sinkt also mit der Größenzunahme der Pollenkörner der Kernanteil, und ein regulatives Wachsen des Kerns findet nicht statt. Diese Tatsache spricht für die Bedeutung der Größe der Kernoberfläche beim Auskeimen des Pollens.

4. Bei den Faktoren, die auf die Größe der Pollenkörner von Einfluß sind, müssen innere und äußere unterschieden werden. Die Innenfaktoren wirken nach unserer Hypothese so, daß die in den Y-Chromosomen lokalisierten Genkonstellationen auf ein Kleinerbleiben, die in den X-Chromosomen lokalisierten auf ein Größerwerden der Zellen tendieren. Aber auch schwächerer Nährstoffzufluß wirkt auf Verkleinerung, stärkerer auf Vergrößerung hin. Die allerkleinsten Pollenkörner sind nun solche, die sowohl geno- wie phänotypisch mehr nach „Männlichkeit,' die allergrößten ebenso solche, die mehr nach „Weiblichkeit" gerichtet sind. In den Mittelklassen finden wir beide Sorten Pollenkörner nebeneinander. Es ist anzunehmen, daß infolge des

größeren Chromatingehalts die weiblichen hier etwas besser als die männlichen keimen oder auswachsen werden.

5. Correns' experimentelle Befunde, wonach für gewöhnlich die ♀ determinierten Pollenkörner, nach Alkoholbehandlung aber die ♂ determinierten im Vorteil sind, lassen sich mit unseren cytologischen Daten und daran anschließenden Überlegungen gut in Einklang bringen.

Kiel. Botanisches Institut der Universität.

Zitierte Literatur.

Blackburn, K. B.: Nature **112.** 1923. — Dies.: Brit. journ. of exp. biol. **1.** 1924. — **Correns, C.:** Sitzungsber. d. preuß. Akad. d. Wiss. Berlin. 1917 u. 1918. — Ders.: Hereditas **2.** 1921. — Ders.: Biol. Zentralbl. **42.** 1922 a. — Ders.: Naturwissenschaften **10.** 1922 b. — Ders.: Sitzungsber. d. preuß. Akad. d. Wiss. Berlin 1924. — **Heitz, E.:** Ber. d. Dtsch. bot. Ges. **43.** 1925 a. — Ders.: Arch. f. wiss. Bot. **1.** 1925 b. — **Kihara, H. u. Ono, T.:** Tokyo bot. Magaz. **37.** 1923. — **Meurman, O.:** Soc. scient. Fennica commentat. biol. **2.** 1925. — **Parkes, A. S.:** Quart. journ. of microscop. science **67.** 1923. — **Riede, W.:** Flora **118—119.** 1925. — **Rotmistrow, W.:** Zeitschr. f. indukt. Abstammungs- u. Vererbungslehre **37.** 1925. — **Santos, J. K.:** Botan. Gaz. **77.** 1924. — **Sinoto, G.:** Tokyo bot. Magaz. **38.** 1924. — **Strasburger, E.:** Biol. Zentralbl. **20.** 1900. — Ders.: Pringsh. Jahrb. f. wiss. Bot. **48.** 1910. — **Tischler, G.:** Pringsh. Jahrb. f. wiss. Bot. **64.** 1925. — **v. Ubisch, G.:** Bibliogr. genetica **2.** 1925. — **Winge, P.:** Cpt. rend. trav. lab. Carlsberg **15.** 1923.

Anhang.

Nr.	Zellvolum in cb$u$	k (vol) p 1:	k (Oberfl.) p 1:	Nr.	Zellvolum in cb$u$	k (vol.) p 1:	k (Obfl.) p 1:	Nr.	Zellvolum in cb$u$	k (vol) p 1:	k (Obfl.) p 1:
1	5334	40,4	42,1	41	9744	283,4	154,6	81	14137	83,4	93,5
2	5885	91	66,7	42	9854,8	85,7	84,2	82	14137	96,6	97,2
3	6253	120,9	89,6	43	9854,8	127	88,9	83	14137	148,4	116,1
4	6620,6	72	67,2	44	9854,8	107,2	100	84	14137	129,9	127,4
5	6706,4	54,8	54,8	45	10296	125	112,3	85	14137	144,7	136
6	6706,4	92,4	113,9	46	10296	166,4	122,6	86	14467	132,9	130,4
7	7059	80,2	69,5	47	10373	100,3	96,7	87	14467	207,5	155,5
8	7059	76,8	71,7	48	10373	148,6	120,8	88	14844	153,3	103,4
9	7059	76,8	71,7	49	10516	85,9	86	89	14844	96,1	106
10	7059	119,8	79,1	50	11079	133,1	95,4	90	14844	96,1	106
11	7059	121,3	89,9	51	11079	133,1	95,4	91	14844	96,1	106
12	7059	136,5	101,1	52	11079	117,6	103,4	92	14844	110,5	111,3
13	7059	136,5	101,1	53	11200	81,2	80,2	93	14844	121,2	121,3
14	7266,5	63,2	62,1	54	11473	108,6	94,4	94	14844	121,2	121,3
15	7266,5	70,3	67,8	55	11621	94,9	95	95	14844	121,2	121,3
16	7474	223 5	148,5	56	11621	166,7	125	96	14844	121,2	121,3
17	7889,3	57,2	56,5	57	12070	75,4	83,1	97	14844	121,2	121,3
18	7889,3	59,8	62,3	58	12070	124,7	112,4	98	14844	121,2	121,3
19	7920	57,4	56,8	59	12070	124,7	112,4	99	14844	121,2	121,3
20	8247	68,8	67,9	60	12249	73,6	70,3	100	14844	155,7	121,9
21	8286	78,5	66,7	61	12248	83,7	84,2	101	14844	135	128,8
22	8379	68	55,5	62	12249	83,7	84,2	102	14844	143,1	138,7
23	8379	86,6	74,6	63	12249	108,8	94,4	103	14844	153,1	145,5
24	8379	95,2	82,5	64	12249	147,1	105,4	104	15049	88,5	87,1
25	8379	117,8	84,6	65	12249	111,4	106,2	105	15147	103,7	104,3
26	8379	129,6	94,9	66	12249	175,7	131,7	106	15147	123,9	124
27	8379	216	151,2	67	12249	184,3	138,4	107	15545	163,1	127,7
28	8379	266,6	165	68	12849	75,5	74,4	108	15545	146,1	140,1
29	8410	120,7	90,4	69	12849	87,8	88,3	109	15545	223	167
30	8844,6	55,9	59,2	70	12849	87,8	88,3	110	16365	150,3	147,5
31	8844,6	67	69,8	71	12849	118	115,8	111	16365	150,3	147,5
32	8844,6	77	75,6	72	12849	118	115,8	112	16365	173,6	153,5
33	8844,6	77	75,6	73	12849	184,3	138,4	113	16365	234,8	176
34	8844,6	114	79,8	74	12849	181,2	147,3	114	17093	102	110
35	8844,6	85,5	82,5	75	13149	116,8	101,3	115	17093	139,6	139,7
36	8844,6	96,7	89,8	76	13491	69	82,8	116	17093	205,3	147,1
37	9056	100,5	87,1	77	13491	70,5	83,2	117	17093	181,4	160,3
38	9343	53,5	59,5	78	13491	92,2	92,7	118	17820	145,5	145,7
39	9744	106	98,9	79	13491	100,4	101,1	119	17820	323,9	245
40	9744	167,5	124,1	80	13856	108,6	109,1	120	19384	158,3	158,4

STUDIEN ÜBER DEN BAU UND DIE ENTWICKLUNGS-GESCHICHTE VON ÖLZELLEN.

Von

CURT LEHMANN.

(Aus dem Botanischen Institut der Universität Rostock.)

Mit 25 Textabbildungen.

(Eingegangen am 2. Oktober 1925.)

1. Einleitung und Literatur.

Von den Excretbehältern der Pflanzen haben die inneren „ätherische Öle" produzierenden Drüsen sehr frühzeitig die Aufmerksamkeit der Pflanzenanatomen auf sich gezogen. Insbesondere suchte man sich über die Art und Weise der Entstehung dieser Produkte klar zu werden und konnte bald zwei Gruppen unterscheiden, je nachdem das Excret in einem schizogen oder lysigen entstandenen Hohlraum oder im Innern einer erhalten bleibenden Zelle abgeschieden wurde. Nur von diesen „Ölzellen" soll hier die Rede sein.

Schon TREVIRANUS[1]) spricht von „Ölbläschen", die er im Rindengewebe des Tulpenbaumes sah und bildete sie auch ab, ohne sich aber über ihre Entstehung zu äußern.

UNGER[2]) meinte dann, daß die verschiedenen Absonderungen, welche man in einzelnen Zellen und Zellgruppen (Drüsen) wahrnimmt, zunächst durch die Zellmembran bewirkt werden, gleichgültig, ob die Secrete in das Innere der Zelle abgelagert und dort aufbewahrt oder ob sie nach außen abgeschieden würden. UNGER[3]) nimmt weiter an, daß die Abscheidung der ätherischen Öle durch eigene Organe (Drüsen) erfolgt, also daß das ätherische Öl nicht von außen liegenden Zellen in die Ölzelle abgeschieden wird.

DE BARY[4]) nennt diese ausscheidenden Organe „Schläuche" und teilt sie in kurze und lange ein. Er sagt: „Die ersteren sind von ungefähr isodiametrischer, meist rundlicher Gestalt, haben dünne, glatte, homogene Membranen. Protoplasma ist im erwachsenen Schlauche anscheinend nicht vorhanden, dieser vielmehr von einem homogenen verschiedentlich gefärbten Harztropfen oder von einem Aggregat mehrerer ganz erfüllt. Schläuche dieser Kategorie liegen vereinzelt oder in kleinen Gruppen in dem Parenchym, von dessen Zellen sie durch ihren stark lichtbrechenden Inhalt auffallend abstechen und oft durch beträchtliche Größe ausgezeichnet sind, bei den Zingiberaceen, Acorus, Piperaceen, Lauraceen, Magnoliaceen, Canellaceen, Aristolochien und anderen."

---

1) Beiträge zur Pflanzenphysiologie 1811. 47.
2) Anatomie und Physiologie der Pflanzen 1846. 99.
3) Ebenda 1846. 143.
4) Vergleichende Anatomie der Vegetationsorgane 1877. 152.

Nach den Untersuchungen von Zacharias[1]) sind die Wandungen solcher Zellen in zahlreichen Fällen verkorkt, bzw. mit einer Suberinlamelle versehen. Über die Entstehung des Secretes sagt er, daß es in Form einer kleinen Ölkugel auftritt, die neben dem Kern im Centrum der Zelle dem Plasma eingelagert ist und mehr und mehr sich vergrößernd das letztere verdrängt.

Berthold[2]) beschreibt ebenfalls die Abscheidung von ätherischen Ölen. Er weist dabei ausdrücklich auf die Untersuchungen von Zacharias hin und bezeichnet den von Zacharias angegebenen Entwicklungsgang als falsch, obwohl es sich zunächst genau so zu verhalten scheint, wie Zacharias angibt. Berthold sagt: „Secretführende Intercellularräume von sehr merkwürdiger Ausbildung finden wir bei einer Reihe von Pflanzenformen, die sogenannte einzellige Drüsen besitzen, so bei den Piperaceen, Laurineen, Magnoliaceen, Aristolochiaceen usw. Obwohl wir nun schon früher einige Fälle aufgeführt haben, wo Tröpfchen ätherischen Öles im Zellprotoplasma vorkommen und weiter unten noch viele derartige Fälle zu besprechen haben werden, so sind doch für die vorliegenden Objekte die Angaben von Zacharias nicht zutreffend, obwohl es sich genau so zu verhalten scheint, wie Zacharias angibt. Die Öltropfen liegen nämlich nicht frei im Plasma, sondern in einer beutelförmigen Aussackung der Zellmembran. Diese Cellulosehülle ist zwar äußerst zart und in ihrem ganzen Umfang nur selten gut nachweisbar, immer aber ist sie von Anfang an vorhanden und in Form eines Näpfchens mit cuticularisierter Membran gut zu erkennen, sobald man das Öl hinweggelöst hat. Die jungen Drüsenzellen von *Peperomia magnoliae-folia* enthalten einen farblosen maschigen Plasmakörper, der Kern ist im Innern suspendiert, aber meist der Wand einseitig etwas genähert und durch eine dickere Plasmabrükce an dieser Stelle mit ihr in Verbindung. In dieser tritt der Öltropfen auf, innerhalb einer Ausstülpung der Membran, so daß er sofort an einem kleinen Stielchen hängt. Im Rhizom von *Asarum europaeum* ist der Plasmakörper der durch das ganze Gewebe zerstreuten Drüsenzellen hyalin und schön gekammert. Der Stiel, an welchem der Tropfen hängt, ist besonders dick und gut zu erkennen. Er setzt sich in den kleinen Drüsenzellen der Epidermis an die Außenwand an, nach Lösung des Öles durch Alkohol und Zusatz von konzentrierter Schwefelsäure bleibt der hohle trichterförmige Stiel sehr scharf konturiert zurück, er ist cuticularisiert und steht in unmittelbarer Verbindung mit der cuticularisierten Schicht der Zellmembran. Der übrige Teil der Membran des Tropfens ist nicht cuticularisiert und nach Behandlung mit Schwefelsäure nicht mehr zu erkennen. In den Zellen, welche fast vollständig mit Öl erfüllt sind, ist der Plasmakörper stark reduziert und körnig geworden, meist aber desorganisiert. Wo der Öltropfen nur klein ist, finden sich im feinmaschigen Plasma dagegen viele und ziemlich große Stärkekörner vor, allerdings meist nur im wandständigen Plasma. Bei *Aristolochia clematitis* untersuchte ich Drüsenzellen, welche sich im unterirdischen Teil des aufrechten Stengels vorfinden, und zwar in einzelnen Stellen des interfascicularen Parenchymgewebes. Die Öltröpfchen fand ich hier ziemlich klein, zuweilen zu zwei bis mehreren von verschiedener Größe einem gemeinsamen Stiel entspringend. Sie sind von einer dickeren Lage hyalinen Plasmas umgeben, von dem Fäden nach dem übrigen Teil des Wandbelags hinübergehen. Die näpfchenförmigen Stiele sind auch hier in Schwefelsäure unlöslich, der übrige Teil der Membran ist an diesem Objekt nicht sicher nachweisbar. Sehr schön ist der Stiel des Öltropfens zu sehen bei *Canella alba* im Blatt, ferner auch ohne Schwierigkeit nachweisbar bei *Laurus nobilis, Liriodendron, Magnolia tripetala, Norberti* und anderen Arten. Der

---

[1]) Über Secretbehälter mit verkorkten Membranen. Botan. Zeit. 1879. 616.
[2]) Studien über Protoplasmamechanik 1886. 26.

polycentrische Plasmakörper ist hyalin und enthält bei *Magnolia* ebenfalls ziemlich viel Amylum. Der näpfchenförmige Stiel besitzt denselben Bau, wie er oben angegeben wurde, die zarte Membran ist auch hier nicht cuticularisiert. Nach der vorliegenden Darstellung entsprechen die Ölzellen der angeführten Pflanzen gewissermaßen den Cystolithenzellen der Urticaceen und Acanthaceen, nur ist der einseitig angeheftete Membranfortsatz bei ihnen hohl. So entsteht ein innerhalb „der Zellhöhlung liegender Intercellularraum", in welchem das Öl liegt, wie in den intercellulären Gängen."

Ich habe diese Beschreibung von BERTHOLD dem Wortlaut entsprechend angeführt, da sich viele Feststellungen bei meinen Untersuchungen mit denen BERTHOLDS vollständig decken, andere dagegen, denen bisher nicht widersprochen worden ist, mit meinen Befunden im Widerspruche stehen.

Später haben sich eingehender mit diesen Fragen TSCHIRCH, HABERLANDT, R. MÜLLER und A. MEYER beschäftigt. Aber auch aus diesen Untersuchungen hat sich keine einheitliche Ansicht bilden können, da sie zueinander im Gegensatz stehen.

So sagt HABERLANDT[1]) (1904), daß seine Befunde vollinhaltlich die Angaben BERTHOLDS bestätigen.

TSCHIRCH[2]) dagegen ist ganz anderer Meinung. Er schreibt die Bildung des ätherischen Öles einer aus Plasma und einer Schleimmembran durch Verschmelzung entstandenen Zone „der resinogenen Schicht" zu. Hier soll die Ölbildung vor sich gehen, und zahlreiche gelbliche Tröpfchen sollen dieselbe durchsetzen. Frühzeitig tritt dann nach TSCHIRCHS Beschreibung das Öl aus der resinogenen Schicht in den „mittleren Hohlraum" der Zelle, den es bald ganz ausfüllt. Die weiteren Entwicklungsstadien der Ölzelle werden rasch durchlaufen. Die Schleimmembran verschmilzt mit der resinogenen Schicht, um nach dauerndem Ölaustritt in den centralen Hohlraum schließlich resorbiert zu werden. TSCHIRCH sagt z. B. von *Laurus nobilis*, daß hier die Ölzellen frühzeitig verkorkt sind, dann eine Schleimmembran gebildet wird, die unter Verschmelzung mit dem Plasma und unter Resorption des Zellkerns resinogen wird. Nach frühzeitig erfolgter völliger Ausbildung der Ölzellen zeigen sie dann meist nur noch einen zentralen Öltropfen oder einen Ölschaum.

In einer vorläufigen Mitteilung von R. MÜLLER[3]), der Untersuchungen an *Aristolochia brasiliensis* vorgenommen hat, finden wir eine Ablehnung der von TSCHIRCH mitgeteilten Tatsachen. Nach seiner Ansicht besteht die Zellwand in ihrer ganzen Ausdehnung zunächst aus reiner Cellulose, von einer Verschleimung der inneren Wandpartie ist weder in den jüngsten noch in älteren Entwicklungsstadien irgend etwas zu sehen. Er sagt dann weiter, daß das Näpfchen wie auch die Suberinlamelle bzw. die innerhalb derselben gelegene Celluloselamelle aus den peripheren Anteilen des Plasmas durch Verdichtung und gleichzeitige stoffliche Umwandlung hervorgehen, um alsbald an die ursprüngliche Cellulosemembran des Secretbehälters apponiert zu werden. Die Entstehung des Öles selbst geht nach seiner Ansicht im Plasma vor sich. Das Öl wird aus diesem in einer Anzahl kleinerer Vacuolen abgesondert. Der weitere Vorgang soll dann der sein, daß von diesen isolierten Vacuolen eine in der Nähe des Näpfchens gelegene sich derart mit ihm verbindet, daß sich der oben verschmälerte Öltropfen in den Napf hineinlegt, worauf die zum Beutel sich umwandelnde

---

[1]) Physiologische Pflanzenanatomie 1904. 463.
[2]) Die Harze und die Harzbehälter 1900. 338.
[3]) Zur Anatomie und Entwicklungsgeschichte der Ölbehälter. Ber. d. botan. Ges. **23**. 292.

Vacuolenwand mit dem Trichterrande verschmilzt. Vor diesem Stadium soll dann schon die Verschmelzung dieser Vacuole mit den übrigen stattgefunden haben. Auf Grund seiner Beobachtung glaubt R. Müller auch die Unhaltbarkeit der Auffassung von Berthold bewiesen zu haben.

Haberlandt[1]) schließt sich 1909 nun dieser Auffassung von R. Müller an. Er sagt: „Es hat sich das überraschende Resultat ergeben, daß das Näpfchen mit der Blasenwand nicht als lokale Wandverdickung angelegt wird, wie Berthold meint. Der Vorgang ist vielmehr im wesentlichen der, daß nach Verschmelzung der im Cytoplasma auftretenden kleinen Ölvacuolen sich eine mit einem „konischen Fortsatz" der Zellwand anlegt. Die plasmatische Vacuolenwand wandelt sich dann, indem sie mit der Zellwand verschmilzt, in die Wand des Näpfchens und der Blase um."

A. Meyer[2]) findet vorläufig die Angaben von Berthold glaubhafter. Er begründet seine Ansicht damit, daß das Stielchen mit Secret gefüllt ist. Demnach müßte eine ursprünglich hohlkugelförmige geschlossene Hülle ein Loch bekommen und sich mit dem Lochrand an den des Näpfchens ansetzen. Dies sei unwahrscheinlich.

Auf Grund dieser sich widersprechenden Meinungen habe ich zur Klärung der Frage neue Untersuchungen ausgeführt. Sie wurden sowohl an lebendem als auch fixiertem Material gemacht. Zur Untersuchung kamen:

1. Lauraceen. a) *Laurus nobilis.* b) *Cinnamomum Camphora.*
2. Magnoliaceen. a) *Liriodendron tulipifera.* b) *Magnolia grandiflora.*
3. Piperaceen. a) *Houttuynia cordata.* b) *Piper nigrum.*
4. Calycanthaceen. *Calycanthus floridus.*
5. Aristolochiaceen. a) *Asarum europaeum.* b) *Asarum canadense.*

Die Benennung der Zellen, in denen das ätherische Öl abgelagert wird, als auch des Inhaltes dieser Zellen, ist in der Literatur durchaus verschieden. Ich möchte die Zellen, in denen das Secret aufbewahrt wird, kurz als Ölzellen, die Hüllmembran, in der sich das ätherische Öl befindet, als Blase, und die Wandverdickung, an der die Blase ansitzt, als Näpfchen bezeichnen.

2. Eigene Untersuchungen.
Lauraceen.
a) *Laurus nobilis.*

Zur Untersuchung benutzte ich im Anfang lebendes Material, und zwar ausschließlich Blätter. Querschnitte durch die Blattspreite zeigten, daß sich hier zahlreiche Ölzellen befinden, die im erwachsenen Blatt fast immer vollständig mit Secret erfüllt sind. In der Hauptsache finden sich die Ölzellen unterhalb der ersten Palisadenzellschicht, vereinzelt jedoch auch in der zweiten, dann im Schwammparenchym und unter der oberen und unteren Epidermis. Ihre Lage und Zahl in allen

---

[1]) Physiologische Pflanzenanatomie 1909. 477.
[2]) Analyse der Zelle 1920. 343.

Teilen der Blattspreite ist ungefähr dieselbe. Die Ölzellen unterscheiden sich von den sie umgebenden Parenchymzellen durch ihre fast kugelige Form und ihre Größe, besonders aber durch das Excret, das einen großen gelblichen, stark lichtbrechenden Tropfen bildet. Die Zellmembran tritt deutlich hervor, und man sieht schon ohne die Anwendung irgendwelcher Reagenzien, daß sie aus drei Lamellen besteht.

Um festzustellen, in welchem Entwicklungsstadium die Anlage der Ölzellen erfolgt, machte ich dann Längsschnitte durch lebende Blattknospen. Hierbei zeigte sich, daß die Anlage schon in allerfrühestem Stadium vor sich geht. In der dritten Blattanlage, vom Vegetationspunkt aus gerechnet, traten schon Zellen auf, die deutliche Unterschiede gegenüber den anderen Zellen zeigten (Abb. 1). In ganz vereinzelten Fällen wurden sie auch schon in noch größerer Nähe des Vegetationspunktes sichtbar. Auffallend trat ein reichlicherer und dichterer Plasmainhalt zutage, ferner waren diese Zellen auch schon um ein weniges größer als die übrigen. Vielfach war in solchen Zellen der plasmatische Inhalt kontrahiert, so daß er nicht wie die übrigen Gewebe allen Teilen der Zellwand anlag (Abb. 1). Doch sprach nichts dafür, daß es sich hier etwa um die von Tschirch beschriebene Schleimmembran handle, die sich zwischen der inneren Celluloselamelle und dem Plasma befinden soll. Eine Substanz zwischen Plasma und innerer Lamelle war nicht nachzuweisen. Ich habe auch später niemals etwas davon gesehen. Auch Tunmann[1]) streitet auf Grund seiner Untersuchungen eine Schleimmembran in Ölzellen ab. Weiterhin spricht aber auch dagegen, daß diese Contraction längst nicht an allen Ölzellen von mir beobachtet worden ist, so daß es sich sehr wohl um ein einfaches Zusammenziehen des Zellinhaltes handeln kann, das beim Schneiden des Materials eingetreten ist.

Der Entwicklungsgang der Ölzellen geht, nachdem sie als solche überhaupt erst kenntlich geworden sind, verhältnismäßig schnell vonstatten. Das Plasma beginnt schon sehr bald eine „körnige‟ Struktur zu zeigen, anfangs treten kleinere, sehr bald aber schon größere Inhaltskörper auf (Abb. 1). Gleichzeitig mit diesem „Körnigwerden‟ des Plasmas geht die erste Bildung des Secretes vor sich. Es wird anscheinend aus der Zellmembran durch das Näpfchen ausgeschieden, das gleichfalls meist erst jetzt sichtbar wird. Von Anfang an befindet sich das Secret in einer kleinen Blase. Ausnahmslos sah ich den ersten winzigen Secrettropfen dicht an der Zellmembran in der Blase, dem Näpfchen angeheftet (Abb. 2). Meine Untersuchungen stimmen in diesem Punkte vollkommen mit den Befunden von Berthold überein, denen sich A. Meyer und früher auch Haberlandt angeschlossen hatten. In dem Augenblick, wo die Bildung des Secrettropfens beginnt, zeigen sich im

---

[1]) Pflanzenmikrochemie 1913. 573.

Plasma grüne, stark lichtbrechende Körperchen (Abb. 3). Diese sind anfangs klein, vergrößern sich aber schnell. Man kann sie dann, da sie stark dem Secrettropfen ähneln, leicht mit dem Secret selbst verwechseln.

Nur so kann ich es mir denken, daß von Tschirch, Biermann und Müller von einem Zusammenfließen der Secrettropfen innerhalb des Plasmas gesprochen werden konnte. Aus meinen Untersuchungen geht ganz klar hervor, daß von einem Zusammenfließen der „Secrettropfen" zu einer großen Ölvacuole, die sich dann mit einem „konischen Fortsatz" dem Näpfchen anlagern und mit einer Haut umgeben soll, nicht gesprochen werden kann. Vielmehr erscheint mir die endgültige Bildung des Secretes in der Zellmembran vor sich zu gehen. Da, wo sich das Näpfchen befindet, sah ich in einem Falle, bevor von der Secretblase etwas zu sehen war, das Näpfchen an der inneren Lamelle und über der Anheftungsstelle des Näpfchens eine bauchige Verdickung der Mem-

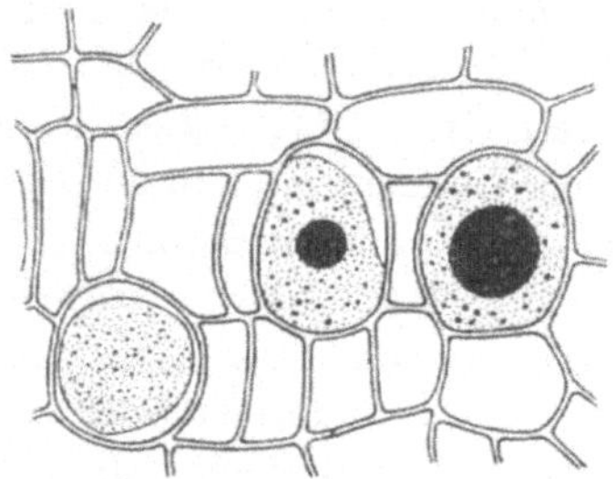

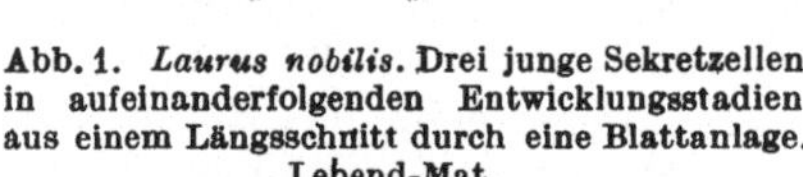

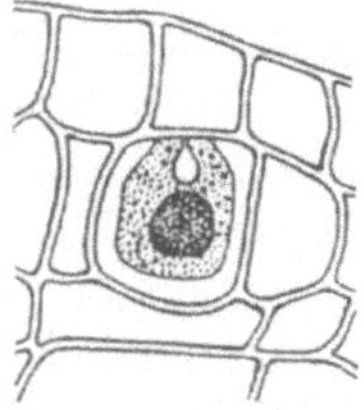

Abb. 1. *Laurus nobilis*. Drei junge Sekretzellen in aufeinanderfolgenden Entwicklungsstadien aus einem Längsschnitt durch eine Blattanlage. Lebend-Mat.

Abb. 2. *Laurus nobilis*. Erstes Auftreten der Sekretblase. Blattquerschnitt durch Fix.-Mat.

bran (Abb. 4 und 5). Hier scheint mir nun die Stelle zu sein, wo sich das erste Secret bildet, um dann durch das Näpfchen in das Innere der Zelle abgeschieden zu werden, wobei gleichzeitig die Blase entsteht. Der ausgeschiedene Secrettropfen wächst dann immer mehr und mehr heran, das Plasma entsprechend seinem Größerwerden zurückdrängend. Wir sehen in diesem Stadium Bilder, wie sie Abb. 6 wiedergibt. Die Ölzelle ist in dieser Entwicklungsstufe anscheinend stark gespannt, denn wir sehen, daß sich häufig die Blase und die im Plasma auftretenden grünlichen Tröpfchen gegeneinander abplatten. Bei fortschreitendem Größerwerden der Blase wird nun das Plasma bis auf einen dünnen Schlauch, der sich rings um sie legt, verdrängt (Abb. 7). Hierbei verschwinden auch die letzten größeren Plasmatröpfchen. Ich möchte demnach vermuten, daß diese den Ausgangsstoff zur Bildung des Excretes darstellen, daß sie von der Zellwand resorbiert, dort umgewandelt und dann als ätherisches Öl in die Blase abgeschieden werden.

Daß es sich beim Secret und diesen Plasmatröpfchen um nicht miteinander identische Körper handelt, geht aus der Löslichkeit gegenüber absolutem Alkohol und ihrem Verhalten Sudanglycerin gegenüber hervor. In ersterem löst sich das Secret eher als die Plasmatröpfchen. Mit Sudanglycerin färbt sich das ätherische Öl rot, dagegen nehmen die Plasmatröpfchen höchstens einen schwach gelblichen Schimmer an.

Den Zellkern der Ölzellen konnte ich an lebendem Material bis zu einem gewissen Entwicklungsstadium der Blase häufig beobachten. In den Ölzellen, in denen noch kein Secret zu sehen ist, zeichnet er sich gegenüber den Kernen der übrigen Zellen durch seine Größe aus. Er

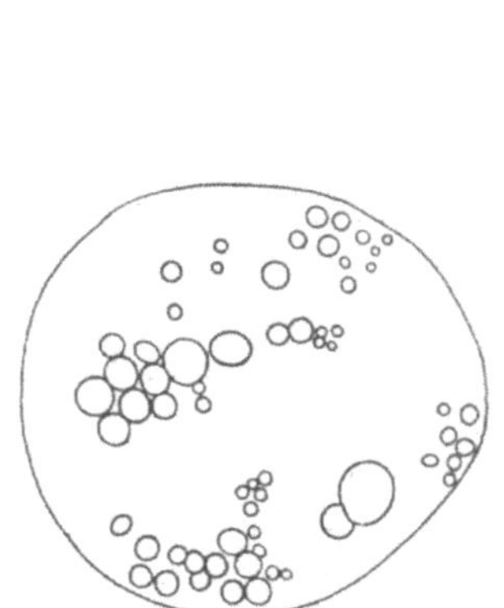

Abb. 3. *Laurus nobilis.* Anordnung der stark lichtbrechenden Kröpfchen in einer jungen Sekretzelle. Der restliche Inhalt ist fortgelassen. Leb.-Mat.

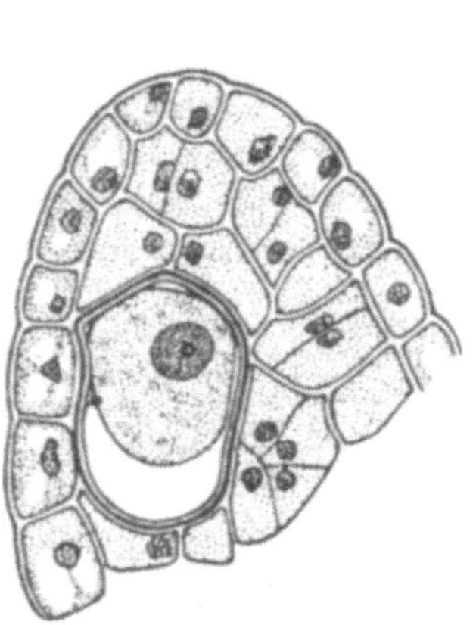

Abb 4 *Laurus nobilis.* Erste Anlage des Näpfchens. Sekret ist noch nicht ausgeschieden. Leb.-Mat.

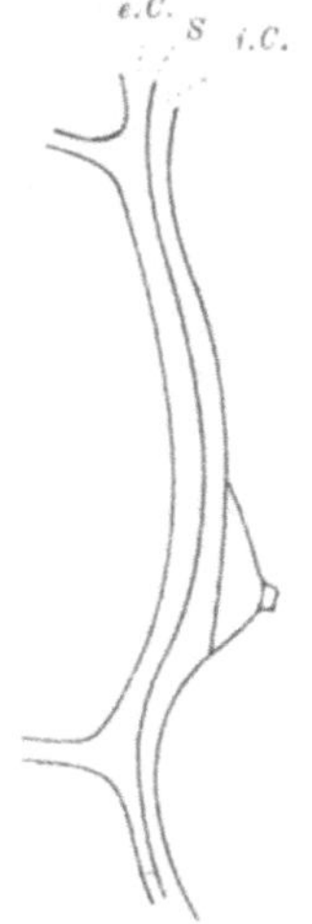

Abb. 5. *Laurus nobilis.* Das Näpfchen aus Abb. 4 stärker vergrößert. *e.C.* = äußere Celluloseschicht, *S* = Suberinlamelle, *i.C.* = innere Celluloseschicht.

ist meistens der Zellwandung ein wenig genähert, und in diesem Teil der Zellwandung pflegt die Blase angelegt zu werden. Dies bestätigt auch BERTHOLD, indem er sagt, bei *Peperomia magnoliaefolia* sei der Kern meist der Wand einseitig etwas genähert und durch eine dickere Plasmabrücke mit ihr in Verbindung. In dieser Plasmabrücke trete dann der Öltropfen auf. Der Kern legt sich dann in den weitaus meisten Fällen an den unteren Teil der Blase an. Er bleibt solange kenntlich, bis ihn die reichliche Bildung von Plasmatröpfchen dem Auge entzieht. Es ist also nicht richtig, daß er frühzeitig der Auflösung verfällt, wie BIERMANN annimmt. Dieser führt die Auflösung des Zellkerns auf die Entstehung der resinogenen Schicht zurück. Er sagt: „Solange sich

noch keine Schleimfäden in das Innere des Plasmas ziehen, ist mit dem
PFITZERschen Tinktionsmittel ein Zellkern in manchen Zellen noch
nachweisbar, sobald aber obiger Fall eintritt, d. h. daß das Plasma mit
Hilfe der Schleimmembran resinogen geworden ist, geht der Zellkern
zugrunde, ein Zeichen, daß der Charakter der resinogenen Schicht ein
von dem des gewöhnlichen Plasmas verschiedener sein muß, sie also
ein Körper „sui generis" ist. Beim Auftreten des ersten Öls habe ich
auch bis auf einen etwas zweifelhaften Fall, wo der Zellkern im centralen Teil des Zellinhaltes lag, mit Hämatoxylin-Alaun keinen solchen
oder Reste desselben mehr nachweisen können."

Auch hier befindet sich nach meinen Befunden BIERMANN im Irrtum,
denn am Mikrotommaterial konnte ich gerade mit Hämatoxylin-Alaun
Zellkerne in verhältnismäßig dünnen Plasmaschläuchen, allerdings teilweise desorganisiert, noch einwandfrei nachweisen. Auch JOHOW[1])
konnte in erwachsenen Secretbehältern mit Hilfe von Hämatoxylin-
Alaun noch Zellkerne nachweisen. Ich werde bei der Besprechung des
Mikrotommaterials noch auf diesen Punkt zurückkommen, da man
hier die Kernverhältnisse bedeutend besser als am lebenden Material
studieren konnte.

Die Zellwandung der Ölzelle, die im allerfrühesten Stadium wohl
noch keine Suberinlamelle besitzt, fängt sehr bald an, eine solche zu
bilden. Wenn die Ölzellen sich in dem Stadium befinden, in welchem
eine Körnung des Plasmas eintritt, dann ist auch schon eine Suberinschicht nachweisbar. Anscheinend beginnt die Bildung dieser Lamelle
an der Stelle, wo das Näpfchen angelegt wird. Diese Suberinschicht
ist leicht mit Sudanglycerin sowie auch durch Schwefelsäure, durch die
sie nicht zerstört wird, nachzuweisen. Bei *Laurus* ist diese Suberinlamelle mittelstark, bei anderen Objekten habe ich sie bedeutend
schwächer, anderseits aber auch wieder bedeutend stärker ausgebildet
gesehen. Bei der Reaktion mit Sudanglycerin sieht man die Suberinlamelle als deutlich rot gefärbte Schicht in der Zellmembran verlaufen.
Eine Rotfärbung des Näpfchens mit Sudanglycerin zu erzielen, war
mir nicht möglich. Nach Behandlung mit konzentrierter Schwefelsäure
war im Gegensatz zur Angabe BERTHOLDS nichts mehr von dem sonst
scharf konturierten Näpfchen zu sehen. Auch meine Untersuchungen
am fixierten, mit dem Mikrotom geschnittenen Material bestätigten, daß
das Näpfchen nicht verkorkt ist. Bei der Schwefelsäurebehandlung
färbte sich anfangs das Secret rotgelb bis rot. Die Celluloseschichten der
Zellmembran gingen sofort in Lösung, so daß nur eine rot gefärbte durch
die Suberinlamelle schwarz umrandete Kugel übrig blieb, die sich allmählich immer mehr und mehr ausdehnte, bis die Dehnungsfähigkeit

---

[1]) Untersuchungen über die Zellkerne in Secretbehältern. Diss. Bonn 1888.

der Membran ihre Grenze erreicht hatte. In diesem Stadium platzte die Kugel, der rot gefärbte Inhalt floß aus und die gefältelte Suberinlamelle blieb zurück. In dieser sah man dann die ebenfalls zusammengefallene Blase, in der sich das Secret befunden hatte. Niemals aber habe ich an der stark gespannten noch den Inhalt führenden Kugel, auch nicht später im geschrumpften Zustande, irgend etwas von dem Näpfchen sehen können. Die oben angeführte Schwefelsäurebehandlung zeigte mir auch, daß die Blase keine Cellulosehülle sein kann, wofür Berthold sie ansieht, denn sonst hätte sie ja ebenso wie das Näpfchen vollkommen verschwinden müssen. Durch Jodjodkali und durch Chlorzinkjod wird die Blase braungelb gefärbt. Kalilauge löst sie in verhältnismäßig kurzer Zeit, in einem Falle dauerte der Vorgang ungefähr 10 Minuten, in anderen Fällen ging die Lösung schneller oder auch langsamer vor sich. Eau de Javelle löst die Blase ebenfalls, jedoch geht die Lösung hier bedeutend langsamer vor sich. Anscheinend setzt die Suberinlamelle dem Eindringen dieses Stoffes bedeutenden Widerstand entgegen. Bei der Eau de Javelle-Behandlung zerfällt die Blase zuerst in Tröpfchen, sie erscheint im Querschnitt perlschnurartig. Allmählich schmelzen dann die erhalten gebliebenen Teile der Blase von beiden Seiten her ab. Dieser Vorgang spricht dafür, daß die Blase nicht aus einheitlicher Substanz besteht. Sowohl bei der Behandlung mit Kalilauge als auch mit Eau de Javelle bleibt das Secret im Innern der Zelle zurück. Es ist nach bestimmter Zeit nicht mehr homogen, sondern zeigt lauter kleine Tröpfchen, die einen Schaum bilden. Mit Sudanglycerin behandelt, zeigte die Blase jetzt rötliche Färbung. Läßt man zu in Wasser liegenden frischen Schnitten allmählich 60proz. Alkohol hinzufließen, so tritt eine Vergrößerung und Spannung der Blase ein, die sich allmählich vollkommen der Zellwandung anlegt. Die starke Lichtbrechung des Secretes als auch der etwa vorhandenen Plasmatröpfchen hört dann auf, tritt aber nach erneutem Wasserzusatz wieder ein. Auch die Blase zieht sich dann wieder zu ihrer ursprünglichen Größe zusammen. Bei verletzten Zellen treten diese Veränderungen bei Alkoholzusatz nicht ein. Absoluter Alkohol löst das Secret in kurzer Zeit aus der Blase heraus. Essigsäure rief im Secret tröpfchenartige Struktur hervor, die Blase selbst wurde jedoch nicht angegriffen. Die Plasmatropfen gerieten nach Essigsäurezusatz in lebhafte Brownsche Bewegung.

Methylenblau färbt sowohl Plasma als auch die Plasmatröpfchen und das Secret blau.

Das Plasma der Ölzellen unterscheidet sich in seinen Reaktionen im allgemeinen nicht von dem der Parenchymzellen.

Wertvolle Ergänzungen zu den Untersuchungen am lebenden Material ergaben die nach Kaiser mit Sublimat-Eisessig fixierten Blätter. Ich habe dieselben nach der Paraffineinbettung mit dem Mikrotom geschnitten und im allgemeinen eine Schnittdicke von 6—10 μ für günstig befunden. Die besten Beobachtungsmöglichkeiten boten sich an den Querschnitten durch die Blattknospen. Hier kann man an den jüngsten Blattanlagen die Anfangsstadien beobachten und an älteren Blättchen alle Entwicklungsstufen bis zur vollkommenen Ausbildung der Ölzellen verfolgen. Im fixierten Material, das mit Hämatoxylin behandelt ist, fallen die Ölzellen einmal durch ihre Größe, dann durch ihren Inhalt sofort auf. Ihr Durchmesser beträgt im ausgewachsenen Zustand 40 bis 50 μ, im ganz jungen Stadium etwa 12—15 μ. Das Plasma ist in den jungen Excretzellen meist stark kontrahiert, der Kern hebt sich als dunkle Masse scharf von dem körnigen helleren Plasma ab. Das Secret tritt schon im allerfrühesten Stadium auf. Da es durch die vorangegangene Behandlung aus der Blase herausgelöst ist, so sehen wir an seiner Stelle im Plasma einen leeren weißen Raum, der um so mehr auffällt, je dunkler die Färbung des Plasmas ist. Wäre die Auffassung richtig, daß das Secret aus dem Zusammenfließen mehrerer Secrettropfen entsteht, dann müßten auch, unregelmäßig im Plasma verteilt, mehrere entleerte Vacuolen zu finden sein. Das ist aber niemals der Fall. Immer nur ist unmittelbar an der Zellwand, und zwar fast immer an der der oberen Epidermis zugekehrten Seite eine einzige Vacuole sichtbar. Daß auch die Auffassungen von Tschirch und Biermann nicht richtig sein können, erhellt daraus, daß von einer resinogenen Schicht zwischen Zellwand und Plasma nirgends etwas zu bemerken war. Immer war der Raum zwischen Zellwand und dem kontrahierten Plasma vollkommen leer. In manchen Zellen war das Plasma überhaupt nicht kontrahiert, so daß zwischen Zellwand und Plasma das Vorhandensein einer Schleimschicht hätte gar nicht übersehen werden können. Nach Ansicht Tunmanns[1]) kann Sicheres über die resinogene Schicht nur am Mikrotommaterial erforscht werden. Meine Befunde an Mikrotomschnitten beweisen nun einwandfrei, daß eine resinogene Schicht für die Bildung des Secretes in den Ölzellen nicht vorhanden ist.

Der Zellkern liegt bei vorgeschrittenen Stadien in den weitaus meisten Fällen am unteren Teil der Blase, d. h. gegenüber dem Näpfchen, er ist am Hämatoxylinpräparat sehr gut sichtbar (Abb. 6). Bei fortschreitendem Größerwerden der Blase nimmt er allmählich eine halbmondförmige Gestalt an, indem er sich der unteren Rundung der Blase anpaßt. Wenn die Secretbildung so weit vorgeschritten ist, daß die große mittlere Vacuole nur noch von einem ganz schmalen Plasmaschlauch umgeben ist, kann man immer noch den desorganisierten Zellkern sehen. Er zeigt dann häufig eine zackige Form, die Kernwandung ist stellenweise dünner oder zum Teil aufgelöst, so daß schließlich nur

---

[1]) Pflanzenmikrochemie 1913. 573

noch Teile des Kerns vorhanden sind. Ist die Entwicklung so weit vorgeschritten, daß auch das Plasma keinen zusammenhängenden Schlauch um die Blase mehr bildet, sondern tröpfchenförmig zerfallen ist, dann ist vom Zellkern nichts mehr nachzuweisen (Abb. 7).

Der Zellkern geht also erst spät und nicht schon, wie BIERMANN angibt, bald nachdem die Secretbildung eingesetzt hat, zugrunde.

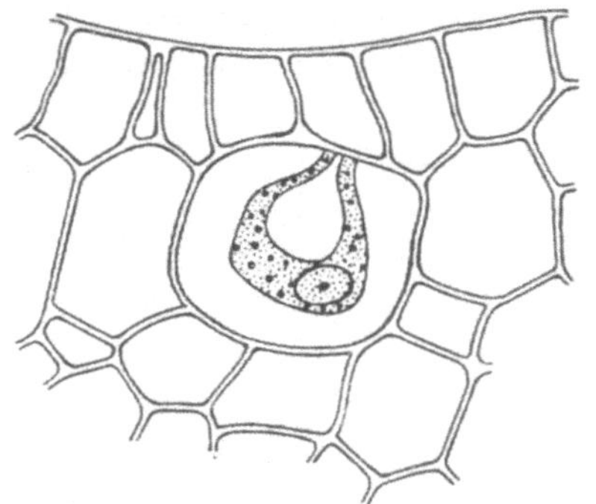

Abb. 6. *Laurus nobilis.* Sekretzelle beim Heranwachsen der Ölblase. Fix.-Mat.

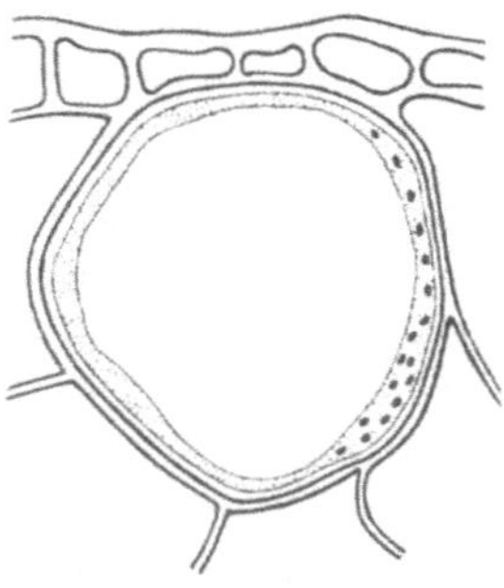

Abb. 7. *Laurus nobilis.* Fertige Blase, das Näpfchen ist im Schnitt nicht getroffen. Fix.-Mat.

Auch die Membranverhältnisse lassen sich an Mikrotomschnitten sehr gut studieren. Ich habe gefunden, daß man zu den besten Resultaten kommt, wenn man die Schnittserien mit Eau de Javelle behandelt. Sobald der gesamte Zellinhalt herausgelöst ist, wäscht man mit Wasser aus, um nun längere Zeit, etwa 24 Stunden, Sudanglycerin einwirken zu lassen. Die zwischen den beiden Celluloselamellen liegende rotgefärbte Suberinschicht hebt sich jetzt scharf heraus. Auch die äußere Celluloselamelle gehört zur Ölzelle, die Wände der Nachbarzellen erscheinen deutlich von ihr getrennt, wenn man genügende Vergrößerung anwendet. In vielen Fällen konnte ich ganz einwandfrei beobachten, daß die Suberinlamelle mit dem Näpfchen nicht in Verbindung steht (Abb. 8). Niemals hat sich dieses mit Sudanglycerin auch nur im geringsten ge

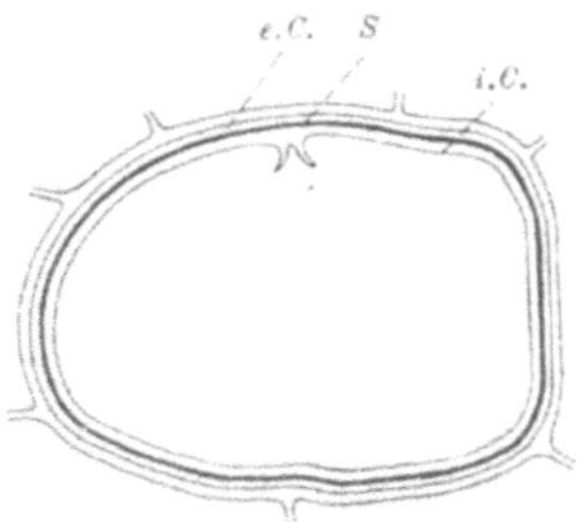

Abb. 8. *Laurus nobilis.* Sekretzelle aus einem Mikrotomschnitt mit Eau de Javelle behandelt. *e.C.* = äußere, *i.C.* = innere Celluloselamelle, *S* = Suberinlamelle.

färbt, vielmehr zeigte es ebenso wie die Celluloselamellen eine grünliche Lichtbrechung. Um aber ganz sicher zu gehen, behandelte ich einen besonders gelungenen und deutlichen Schnitt, in dem sowohl das Näpfchen als auch die Suberinlamelle, die durch Sudanglycerin rot gefärbt war, sich klar abhoben, mit konzentrierter Schwefelsäure. Der Schnitt war vorher mit Eau de Javelle behandelt worden, so daß die Beobachtung durch keinerlei Zellinhaltskörper gestört wurde. Bei der Einwirkung der Schwefelsäure verquoll nun sowohl die äußere Cellulosemembran wie auch die innere. Auch das Näpfchen machte den Quellungsprozeß mit, es verhielt sich genau so wie die Celluloselamellen. Man konnte hierbei vollkommen deutlich sehen, daß das Näpfchen zur inneren Celluloselamelle gehört und in keinerlei Verbindung mit der sich jetzt schwarz abhebenden Suberinlamelle steht. BERTHOLDS Annahme ist also zweifellos irrig.

Cinnamomum Camphora.

Bei *Cinnamomum* liegen die Beobachtungsverhältnisse nicht so günstig wie bei *Laurus*. Auch hier benutzte ich zur Untersuchung lebendes und fixiertes Material, und zwar ausschließlich Blätter. Die Ölzellen liegen vorzugsweise im Palisadenparenchym, zum Teil auch im Schwammparenchym. Sie sind ebenso zahlreich vorhanden wie bei *Laurus* und gleichfalls regelmäßig über die ganze Blattspreite verteilt. Ihre Membranen erscheinen nicht viel dicker als die der umliegenden Zellen, von einer Suberinlamelle ist am unbehandelten Präparat nichts zu bemerken. Im ausgewachsenen Zustand enthalten die Ölzellen einen großen gelblichen Tropfen stark lichtbrechenden Öles. Ich machte auch bei *Cinnamomum* Längsschnitte durch Knospen, um festzustellen, wann die Anlage der Ölzellen erfolgt, und fand sie schon in der Nähe des Vegetationspunktes und in der jüngsten Blattanlage. Sie sind, auch wenn sie noch kein Secret enthalten, sofort durch ihre Größe und ihren Plasmareichtum kenntlich. Schon die allerkleinsten Secrettröpfchen sind mit einem Stielchen der Zellmembran angeheftet (Abb. 9). Nimmt der Öltropfen etwa ein Viertel der Ölzelle ein, so zeigen sich im Plasma regellos suspendiert kleinere und größere, grün lichtbrechende Tröpfchen (Abb. 10). Doch treten diese auch bei fortschreitender Entwicklung nicht in der Größe und Menge wie bei *Laurus* auf. Den Zellkern fand ich häufig in lebenden jungen Secretzellen. Von einer gewissen Entwicklungsstufe an ist er nur mehr an Hämatoxylinpräparaten nachzuweisen. Von einer resinogenen Schicht war am lebenden Material bei *Cinnamomum* nichts zu bemerken. Das Wachsen der Blase geht im letzten Stadium ähnlich dem von *Laurus* vor sich. Je größer die Blase wird, desto mehr wird das Plasma reduziert, bis es schließlich nur noch als Schlauch die Blase umgibt.

Sudanglycerin färbt bei *Cinnamomum* das Öl rot, das Plasma und die Plasmatropfen gar nicht. Absoluter Alkohol löst das Öl rasch aus der Blase heraus, worauf diese in geschrumpftem Zustande zurückbleibt. Durch Jodjodkali färbte sie sich wie bei *Laurus* braun, Kalilauge und Eau de Javelle wirkten in kürzerer Zeit nicht verändernd ein. Methylenblau färbte sowohl das Plasma als auch das Secret blau. Durch Schwefelsäure färbte sich das Öl rot, über dem rot gefärbten Secret fallen die nicht gefärbten Plasmatröpfchen auf. Diese behalten ihre ursprüngliche Lichtbrechung bei. Ich sehe hierin einen weiteren Beweis für meine Annahme, daß die Plasmatröpfchen nur das Rohmaterial für das ätherische Öl bilden. Bei der Schwefelsäurebehandlung trat die Suberinschicht als schwarze Lamelle deutlich hervor, von einem Näpfchen war auch hier nichts mehr zu sehen. Am Mikrotommaterial konnte ich dann nachweisen, daß es auch bei *Cinnamomum* aus Cellulose besteht.

Das fixierte und mit dem Mikrotom geschnittene Material half auch hier die am lebenden Material gemachten Beobachtungen zu ergänzen.

An Hämatoxylinpräparaten zeigte sich, daß das Secret genau so wie bei *Laurus* durch das Näpfchen in die Blase ausgeschieden wird. In dem dunkel gefärbten Plasma fällt die Stelle, aus der das Secret infolge der Behandlung ausgelöst ist, sofort als weiße Vacuole ins Auge. Der Zellkern ist in dem kleinkörnigen Plasma

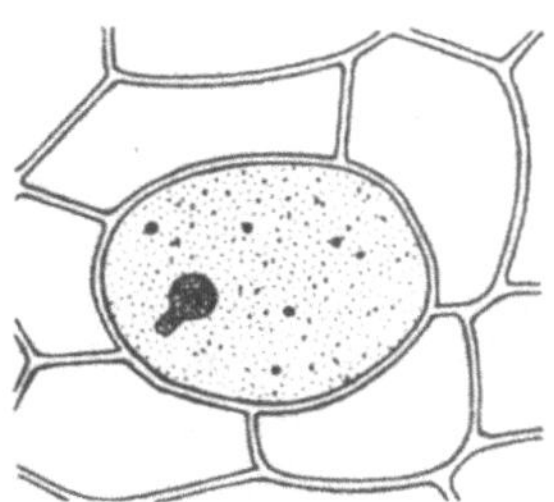

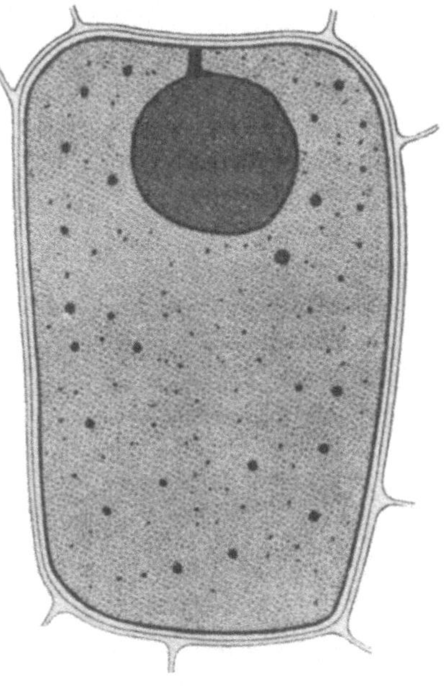

Abb. 9. *Cinnamomum Camphora*. Erstes Auftreten der Sekretblase. Leb.-Mat.

Abb. 10. *Cinnamomum Camphora*. Sekretblase in Entwicklung, daneben Plasmatropfen. Leb.-Mat.

sehr gut sichtbar. Er liegt am inneren Ende der Blase. Das Plasma zeigt bei *Cinnamomum* merkwürdige stern- und zipfelförmige Ausläufer, an dem der Blase gegenüberliegenden Teil. Wenn das Plasma nicht zipfelförmig endigt, dann hat es gewöhnlich am unteren Ende ein gekammertes oder netzförmiges Aussehen. Es treten also in diesem Teil größere Vacuolen auf, die wohl auch die Zipfelbildungen bedingen.

Von einer Schleimmembran ist auch bei *Cinnamomum* nichts zu bemerken. Die Zunahme des Secretes geht ähnlich der bei *Laurus* vor sich.

Der Zellkern, der in den Ölzellen nicht viel größer ist als in den übrigen Zellen, geht auch hier erst ziemlich spät zugrunde, nämlich erst

24*

dann, wenn er zwischen dem sich vergrößernden Secrettropfen und der Zellmembran gewissermaßen zerquetscht wird.

Die Membranverhältnisse sind am fixierten und mit dem Mikrotom geschnittenen Material einwandfrei zu studieren. Wir haben es auch hier mit drei Membranlamellen zu tun. Davon besteht die äußere aus Cellulose, die sehr dünne mittlere aus Suberin und die innere samt dem Näpfchen aus Cellulose (Abb. 11). Dies wurde bei *Cinnamomum* durch dieselben Reaktionen wie bei *Laurus* nachgewiesen. Das Näpfchen selbst ist bei *Cinnamomum* bedeutend feiner und zarter als bei *Laurus*.

Ich fand es hier ein wenig länger und gegen die Blase zu nach außen ausgebogen und zart endigend.

Magnoliaceen.

a) *Liriodendron tulipifera.*

Liriodendron eignet sich besonders zur Untersuchung der Ölzellen, da hier die Verhältnisse sehr klar liegen. Zur Untersuchung benutzte ich die Blätter, sowohl in lebendem als auch fixiertem Zustand.

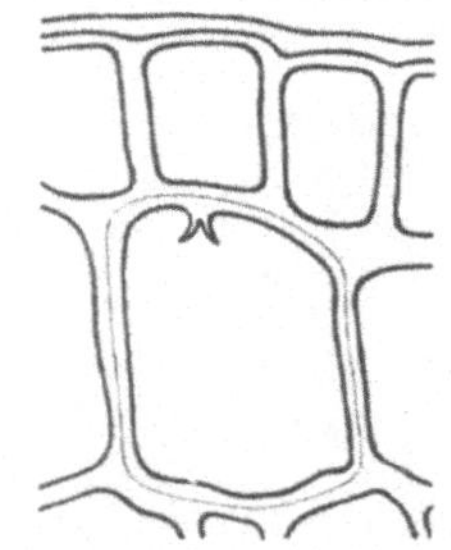

Abb. 11. *Cinnamomum Camphora.* Sekretzellen aus dem Blattquerschnitt nach Behandlung mit Eau de Javelle. Die zarte Linie ist die Suberinlamelle.

Die Anlage der Ölzellen erfolgt auch hier in frühem Stadium, jedoch nicht so zeitig, wie ich es bei den Lauraceen beobachten konnte. In der Nähe der Vegetationspunkte und in den ersten Blattanlagen ist von Ölzellen oder solchen Zellen, die dazu umgewandelt werden, noch nichts zu bemerken. Die ersten Ölzellen konnte ich nachweisen in Blättchen, die sich schon von der Knospe gelöst haben, sich aber noch in dem Stadium befinden, wo die Blattspreite zusammengelegt ist. Sie treten dann zuerst im Nervenparenchym der Blätter auf und sind hier schon ziemlich weit entwickelt, bevor sie im Mesophyll entstehen. So traf ich häufig Ölzellen im Medianus an, deren Secret schon die halbe Zelle einnahm, während im Mesophyll noch nichts von Ölzellen zu bemerken war. Im allgemeinen scheint aber in diesem Zeitpunkt die Ausbildung der Ölzellen auch im Mesophyll zu beginnen. Meistens erfolgt die Anlage in den mittleren Parenchymzellreihen, zur oberen und unteren Epidermis hin sieht man weniger Ölzellen. Im ausgewachsenen Blatt sind sie recht zahlreich vorhanden, jedoch nicht so groß, wie ich sie bei der zweiten untersuchten Magnoliacee bei *Magnolia grandiflora* fand. Sie führen dann einen gelblichen Tropfen stark lichtbrechenden Öles, der jedoch nicht ganz die Ölzelle ausfüllt, sondern auch im vollkommen ausgewachsenen Blatt noch von Plasma umgeben ist.

Im jungen Stadium sind die Ölzellen größer und plasmareicher als die sie umgebenden Parenchymzellen. Auch die Zellwände sind stärker.

Die Entstehung des Secretes geht genau so vor sich, wie ich es bei den Lauraceen gesehen habe. Nach Aufhellung mit Kalilauge sieht man die Verhältnisse sehr deutlich. Sehr klar sind schon die allerfrühesten Stadien zu beobachten, und schon an lebendem Material kann man mit Sicherheit erkennen, daß der Secrettropfen von vornherein an einem Stielchen befestigt ist. Dieses Stielchen fällt bei den Magnoliaceen gegenüber den Lauraceen durch seine Länge auf. Das Plasma von *Liriodendron* zeigt eine feinere Struktur wie bei *Laurus*. Es füllt die Ölzellen vollkommen aus. Wenn das Secret auftritt, ist es noch vollkommen frei von größeren Tröpfchen, solche treten erst später in ihm auf. Es zeigt sich also, daß das Secret auch hier nicht aus im Plasma suspendierten Tröpfchen zusammenfließen kann. Erst nach dem Auftreten des Secrettropfens fängt das Plasma an, etwas dichter zu werden, es weicht aber auch in späteren Entwicklungsstufen nicht allzu sehr vom Jugendzustand ab. Schon an frischem Material kann man mit Hilfe von Sudanglycerin feststellen, daß die Membran aus drei Lamellen besteht. Die mittlere ist dann schön rot gefärbt, das Näpfchen dagegen bleibt wieder ungefärbt. Die Suberinlamelle ist bei den Magnoliaceen nicht so stark wie bei *Laurus*. Jedoch ist sie immer mit Sicherheit nachweisbar. (Abb. 12.) Bei

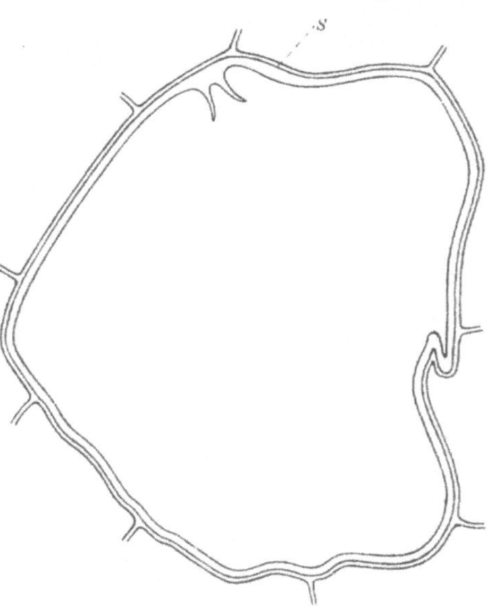

Abb. 12. *Liriodendron tulipifera*. Bau der Sekretzellenwand. *S* = Suberinlamelle.

den Behandlungen mit den verschiedenen Reagenzien konnte ich vielfach dieselben Resultate wie bei den Lauraceen feststellen. Eau de Javelle und Kalilauge griffen die Zellen wenig an, anscheinend setzt die Suberinlamelle dem Eindringen dieser Stoffe Widerstand entgegen. Nach längerer Einwirkung zeigte sich eine Veränderung des ätherischen Öles, es trat eine schaumige Struktur wie bei den Lauraceen auf. Dagegen war die Blase nach einstündiger Einwirkung noch fast unangegriffen. Sie zeigte nur eine leichte Fältelung. Chlorzinkjod veranlaßte sofort eine Quellung der Zellmembran, wobei sich ihre verschiedenen Lamellen teilweise voneinander lösten. In einem Falle konnte ich beobachten, daß die Membranen sich über der Anheftungsstelle des

Näpfchens voneinander trennten, worauf das Secret durch das Näpfchen nach außen ausfloß. Die Blase selbst färbte sich in Chlorzinkjod und Jodjodkali braun. Sudanglycerin färbt sowohl das Secret als auch die Blase rot, dagegen bleibt das Plasma ungefärbt. Die größeren Plasmatröpfchen zeigten einen ganz schwach rötlichen Schimmer. Mit Schwefelsäure färben sich die Secrettropfen sofort rot. Es zeigt sich im weiteren Verlauf dasselbe Bild wie auch bei den Lauraceen. Absoluter Alkohol löst das Secret in kurzer Zeit heraus, schwächerer Alkohol bleibt ohne Einwirkung. Nach Zusatz von Chloralhydratlösung dehnt sich die Blase stark aus, sie wird dann allmählich unsichtbar, und das Öl scheint zum Teil herauszufließen. Dann zieht sich die Blase, allerdings wenig gut sichtbar, bis zu ihrer ursprünglichen Größe zurück.

Am fixierten und mit dem Mikrotom geschnittenen Material fand ich manche wichtige Einzelheit, die am lebenden Material entweder gar nicht oder nur undeutlich zu beobachten war.

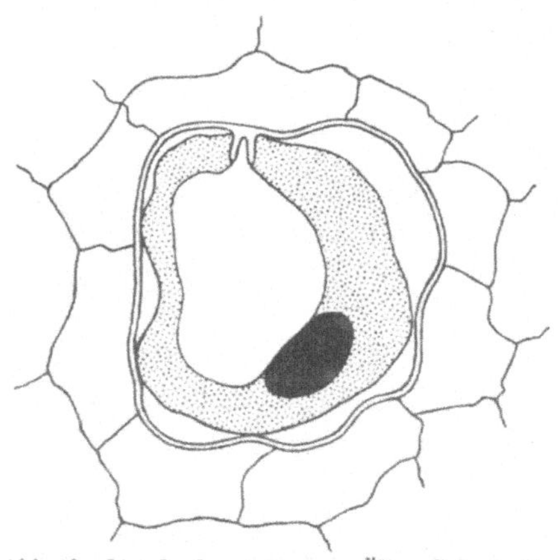

Abb. 13. *Liriodendron tulipifera.* Ältere Sekretzelle. Fix.-Mat.

Das mit Hämatoxylin-Alaun behandelte Material läßt deutlich erkennen, daß das Secret als kleiner Tropfen aus dem Näpfchen ausgeschieden wird. Wir sehen hier genau wie bei den Lauraceen das dunkel gefärbte Plasma und eine kleinere oder größere runde Lücke in demselben. Diese leere Stelle tritt jedesmal an der Membran auf und zeigt dieselbe Form wie sie die Blase an frischem Material hatte (Abb. 13).

Der Zellkern hebt sich auch hier aus dem Plasma deutlich heraus, er ist größer als in den restlichen Zellen und liegt immer an dem inneren Teil der Blase. Wenn diese heranwächst, wird er an der Berührungsstelle flach oder konkav (Abb. 13). Allmählich wird er zu einem schlauchartigen Gebilde und geht schließlich, wenn die endgültige Größe der Blase erreicht ist, zugrunde.

Die Membranverhältnisse studierte ich wieder an Schnitten, die ich zuerst mit Eau de Javelle behandelt hatte. Nach dem Verschwinden des Zellinhalts wurde mit Sudanglycerin gefärbt. Die mittlere Suberinlamelle färbte sich rot, während die beiden sie umschließenden Celluloselamellen und das Näpfchen eine grüne Lichtbrechung beibehielten. Das Näpfchen ist länger und zarter als das der Lauraceen (Abb. 12).

b) *Magnolia grandiflora*.

Auf Querschnitten durch die Blattspreiten von *Magnolia* fallen die Ölzellen durch ihr gelbes, stark lichtbrechendes Secret und durch ihre Größe sofort auf. Das Secret erfüllt fast ganz die Ölzelle, nur ein sehr schmaler Plasmasaum bleibt erhalten. Die Ölzellen sind hier größer, aber nicht so zahlreich als bei *Liriodendron*. Auch hier sind sie im Medianus zahlreicher und eher ausgebildet als im Mesophyll. Das erste Auftreten der Ölzellen ließ sich wieder an Längsschnitten durch die Knospe feststellen. Wie bei *Liriodendron* treten im Meristemgewebe der Knospen noch keine Ölzellen auf. Sie finden sich zuerst in den von der Knospe gelösten aber noch längsgefalteten Blättchen. Sehr gute Dienste als Aufhellungsmittel leistete Kalilauge, die im Anfang die Zellen auch im jüngsten Stadium unversehrt läßt, aber so durchsichtig macht, daß man einen sehr klaren Einblick in die Verhältnisse bekommt.

In den jungen Ölzellen fallen bei *Magnolia* ganz besonders die langen Stielchen auf, an denen die Ölblasen sitzen (Abb. 14). Aber nicht nur an den jungen Zellen, sondern auch bei den älteren Ölzellen ist das Stielchen sehr gut zu beobachten, da das Plasma nicht sehr dicht ist. Die Zellwandung ist im allgemeinen etwas dicker als die der Parenchymzellen, doch sind die einzelnen Lamellen am frischen

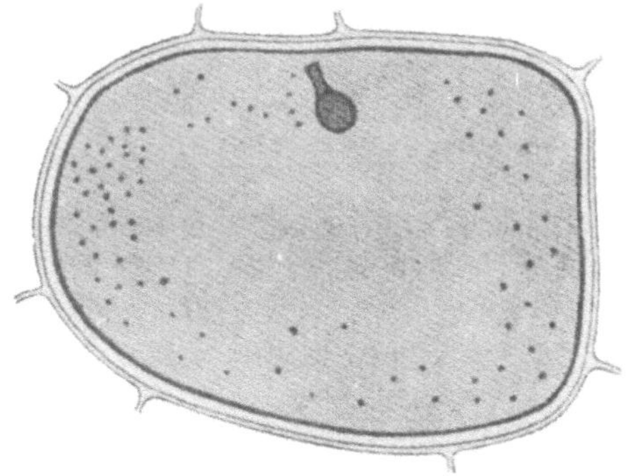

Abb. 14. *Magnolia grandiflora*. Junge Sekretzelle. Leb. Mat.

Material nicht zu unterscheiden. Das Plasma füllt in den jungen Zellen das Lumen nicht immer ganz aus, es erscheint kontrahiert. Jedoch war von einer etwa zwischen Zellwandung und Plasma liegenden Schleimschicht nichts zu bemerken. Im Augenblick, wo das Secret auftritt, zeigt das Plasma eine noch durchaus homogene Natur. Diese Homogenität hält sich ziemlich lange, sie ist noch zu beobachten, wenn das Secret schon ziemlich stark angewachsen ist. Von Tröpfchen im Plasma ist im Anfang der Secretbildung gar nichts zu sehen, so daß es auch hier als ganz ausgeschlossen erscheint, daß das Secret sich aus solchen bilden könne. Die Ölblase ist vom Augenblick ihres Auftretens an vollkommen von Plasma umgeben und bleibt es auch während ihres weiteren Wachstums. Während dieses Wachstums zeigen sich dann im Plasma die auch an den früheren Objekten beobachteten Plasmatröpfchen (Abb. 14). Der Secrettropfen und die Blase wachsen dann ständig weiter heran, die

Entstehung unterscheidet sich in nichts von den Beobachtungen an den anderen untersuchten Pflanzen. Auffallend ist bei *Magnolia* die Stärke der Blasenwand. Sie erscheint hier bedeutend fester und dicker als bei *Liriodendron* und bei den Lauraceen. Der Zellkern verhält sich wie bei *Liriodendron*.

Kalilauge und Eau de Javelle bleiben auch nach fast einstündiger Einwirkung ohne nennenswerten Einfluß auf die Blase. Das Secret selbst zeigte dann eine Tröpfchenbildung wie bei *Liriodendron*. Chlorzinkjod färbte ebenso wie Jodjodkali die Blase braun und zwar dunkler als bei den übrigen Objekten. Sudanglycerin färbt das Secret, die Blasenwandung und die Suberinlamelle rot, das Plasma, die Plasmatröpfchen und das Näpfchen bleiben ungefärbt. Schwefelsäure, Chloralhydratlösung und Alkohol riefen in jeder Beziehung dieselben Wirkungen hervor wie bei *Liriodendron*.

Die Mikrotomschnitte, für die ich eine Stärke von $6\,\mu$ gewählt hatte, wurden wie bei den früheren Objekten behandelt und gefärbt.

Das Plasma zeigte sich in fast allen Stadien stark kontrahiert, lag jedoch immer, wie es schon am lebenden Material beobachtet war, dem Teil der Zellwandung, wo die Blase sich befand, an (Abb. 15).

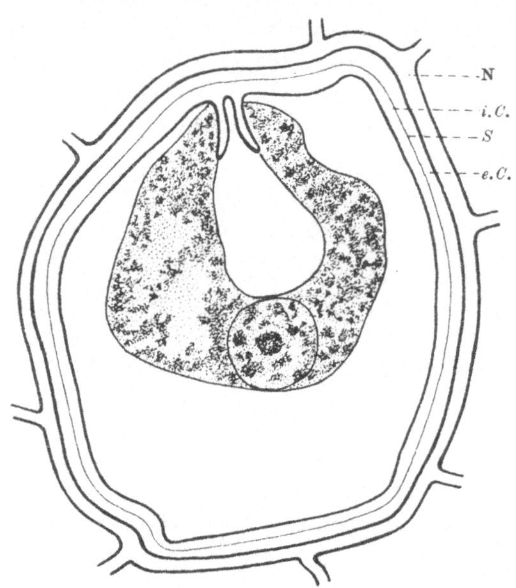

Abb. 15. *Magnolia grandiflora*. Ältere Sekretzelle. Fix.-Mat. N = Nebenzellenwand, *i.C.* = innere, *e.C.* = äußere Celluloselamelle, S = Suberinlamelle.

Der Zellkern verhält sich entsprechend dem von *Liriodendron*.

Die Zellwand ließ sich an dem mit Sudanglycerin behandelten Präparat gut beobachten. Sie ist stärker als die der umliegenden Parenchymzellen und besteht aus zwei Celluloselamellen, zwischen denen die schmale Suberinlamelle liegt. Das Näpfchen setzt auch hier an der inneren Celluloselamelle an. Es ist noch etwas länger als das von *Liriodendron*, also bedeutend länger als das der Lauraceen. Bei seiner Länge erscheint es verhältnismäßig schmal und auch ziemlich zart.

Piperaceen.

a) *Houttuynia cordata.*

Der Blattquerschnitt von *Houttuynia* zeigt ein ganz anderes Bild als bei den anderen Objekten.

Insbesondere fällt sofort das einschichtige aber mächtige obere und untere Wassergewebe auf. Zwischen diesen beiden Schichten liegt ein Palisadenparenchym, das sich oben und unten dicht an sie anlegt.

Auffallenderweise ist zwischen den Palisadenzellen keine einzige Ölzelle angelegt. Sie kommen nur im Wassergewebe vor und sind hier besonders oberseits ziemlich zahlreich. Die Ölzellen sind zu etwa zwei Drittel mit einem gelblichen Secret, im übrigen Teil vom Plasma ausgefüllt. Beim Heranwachsen drängen sich die Ölzellen sowohl zwischen die Epidermiszellen als auch in die Palisadenparenchymschicht hinein. Besonders weit werden in den meisten Fällen die Epidermiszellen auseinandergedrängt. Hier gelangt die Ölzelle mit ihrer Wandung direkt an die Blattoberfläche bis unter die Cuticula.

Das Plasma umgibt im Blattquerschnitt allseitig die Blase und hat ein etwas gelbliches hyalines Aussehen. Seine feinere Struktur erkennt man deutlich nur im Oberflächenschnitt. Ein derartiger Schnitt zeigt erstmals sehr schön, wie die Epidermiszellen auseinandergedrängt sind und sich kreisförmig um die große Ölzelle herumlegen (Abb. 16). Betrachten wir diese bei wechselnder Einstellung des Mikroskopes, so erhalten wir sehr verschiedene Bilder. Bei hoher Einstellung erscheint der Secrettropfen als gelber Kreis, über dem man häufig einen kleinen schwarzen, scharf umrissenen Ring, nämlich das Näpfchen sieht. Bei tiefer Einstellung sehen wir das Secret verschwinden, und es wird ein maschen- und netzartiges Gebilde sichtbar, das sich durch die ganze Ölzelle erstreckt. Es ist das Plasma, das anscheinend aus lauter kleinen, dicht gedrängten, gegeneinander abgeplatteten, gelblichen Kugeln besteht, die durch eine Grenzschicht voneinander getrennt werden.

Die Anlage der Ölzellen erfolgt bei *Houttuynia* sehr früh, zu einer Zeit, in der die Blätter noch zur Knospe vereint sind. Sie entstehen immer subepidermal im Hypoderm. Das Secret ist frühzeitig sichtbar, immer am Stielchen auftretend, das zur Epidermis hin angeheftet ist (Abb. 17). Während ihrer Entwicklung vergrößern sich die Zellen mehr und mehr. Sie spitzen sich unten zu, mit der Spitze in das Palisadenparenchym eindringend, während sie sich oben zwischen die Epidermiszellen drängen, bis sie die Cuticula erreichen. Die Entwicklung des Secretes und der Blase bietet keine von den vorhergehenden Objekten abweichenden Bilder. Das Aussehen und das Verhalten des Plasmas ist jedoch ein anderes. Auffallend an ihm ist die schon vorher erwähnte gelbliche Färbung. Während es im Anfangsstadium der Entwicklung ein homogenes Aussehen hat, tritt bei weiterer Entwicklung die maschige

Struktur auf. Die in den anderen Objekten beobachteten grünlichen Plasmatröpfchen konnten bei *Houttuynia* nicht beobachtet werden.

Der Zellkern war am lebenden Material nicht sichtbar. Die Membran der Ölzelle ist schon an diesem als aus drei Lamellen bestehend zu erkennen. Nach Färbung mit Sudanglycerin sah man zwischen den verhältnismäßig starken Celluloselamellen die ebenfalls ziemlich starke Suberinschicht. Das Näpfchen selbst war am lebenden Material nicht besonders günstig zu beobachten.

Eau de Javelle und Kalilauge greifen die Ölzellen wenig an, die Blase blieb in beiden bestehen, dagegen trat wieder eine Umwandlung des Secretes zu kleinen Tröpfchen ein. Bei der Einwirkung der Kalilauge zeigte sich eine gelbrote Färbung des ätherischen Öls, die auch nach der Tropfenbildung bestehen blieb. Chloralhydratlösung machte die Blase fast unsichtbar, sie behielt dann nicht mehr ihre rund-

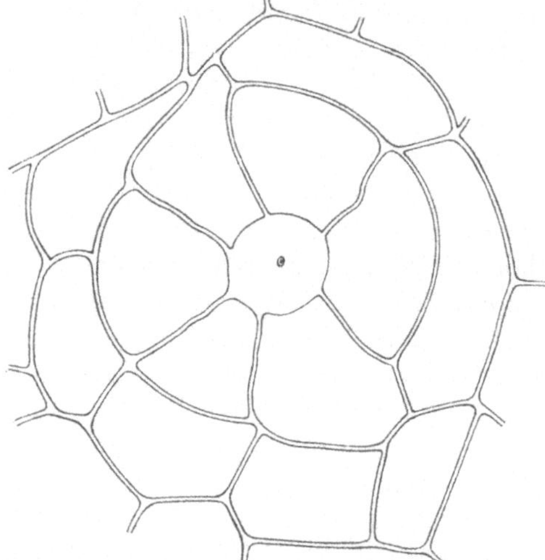

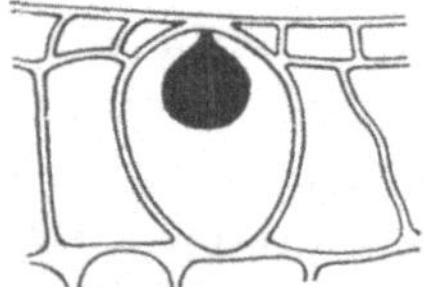

Abb. 16. *Houttuynia cordata*. Oberflächenbild mit Sekretzellenaußenwand samt Näpfchen.

Abb. 17. *Houttuynia cordata*. Junge Sekretzelle, nur die Sekretblase eingezeichnet. Leb.-Mat.

liche Form, sondern erschien abgeplattet oder zusammengezogen. Sudanglycerin färbte das Secret und die Blasenwandung rot, alles andere blieb dagegen ungefärbt. Bei Methylenblaubehandlung färbten sich die Zellwände stark dunkelblau, ebenso die Blase und das Stielchen. Das Secret selbst und das Plasma blieben ungefärbt. Im Oberflächenschnitt sah man über dem gelblichgrün lichtbrechenden Öltropfen das Näpfchen als tief dunkelblauen Kreis sich scharf abheben. Das Plasma zeigte nach wie vor eine maschige Struktur. Durch Alcohol absolutus läßt sich das Secret auslösen, die Blase erscheint dann körnig und kontrahiert. In Chlorzinkjod nimmt sie gelbliche Färbung an. Durch Schwefelsäure tritt eine sofortige Rotfärbung des Secretes ein, das übrige Verhalten ist genau so, wie es auch an den anderen Objekten beobachtet war.

Für die Untersuchung am fixierten Material stellte ich mir Schnitte von 6 μ her, die sich bei den anderen Objekten bewährt hatten. Sehr günstige Beobachtungsmöglichkeiten über die Plasmaverhältnisse und über den Zellkern bietet *Houttuynia* am fixierten Material nicht.

In den allerjüngsten Blattanlagen der Knospe sieht man wohl die Ölzellen, die durch den reicheren Plasmagehalt auffallen. Hier kann man auch noch den Zellkern beobachten. In den etwas weiter entwickelten Blättchen der Knospe erfüllt das Secret einen Teil der Zelle, man sieht auch, aber nicht allzu häufig, den Zellkern, der sich der inneren Partie der Blase angelegt hat. Das Plasma besitzt Vacuolen von ziemlicher Größe, oder man sieht es gekammert und maschig, wie es später auch in den vollkommen entwickelten Zellen erscheint (Abb. 18). In

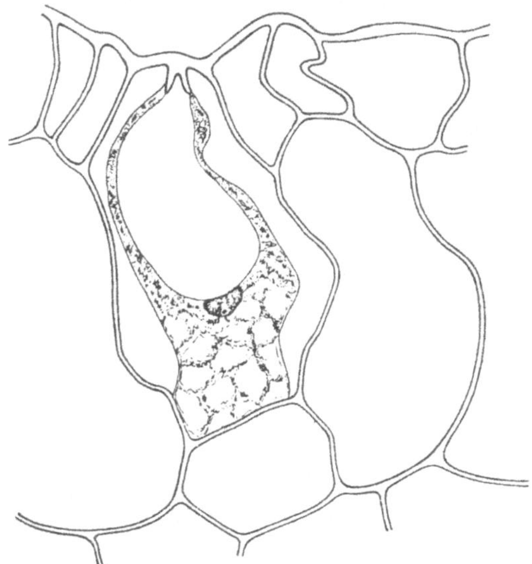

Abb. 18. *Houttuynia cordata.* Jüngere Sekretzelle. Fix.-Mat.

den größten Blättchen der Knospe ist aber nichts mehr vom Plasma oder Zellkern der Ölzellen zu sehen. Sie erscheinen gleich den übrigen Zellen des Wassergewebes leer, und man kann sie nur daran als Ölzellen erkennen, daß sie eine größere Ausdehnung besitzen als die übrigen, und man ab und zu das Näpfchen sieht. Ihr Inhalt muß also zum größten Teil durch die Vorbehandlung gelöst sein.

Leichter sind die Ölzellen zu finden an den Präparaten, die mit Sudanglycerin behandelt waren. Hier erkennt man sie an der stark rot gefärbten Suberinlamelle. Die Membranverhältnisse stimmen mit denen anderer Objekte überein. Alle drei Lamellen sind ziemlich stark, das Näpfchen ist kurz und zeigt im allgemeinen dieselbe Form, wie es sich bei *Laurus* findet (Abb. 19). Auch hier ist es nicht suberinisiert.

Die Anlage der Suberinlamelle erfolgt im frühesten Stadium, wenn vom Secret noch nichts zu sehen ist.

b) *Piper nigrum.*

Der anatomische Bau des Blattes ähnelt dem von *Houttuynia*, jedoch ist das Wassergewebe hier nicht so mächtig. Dagegen ist das Assimilationsparenchym stärker entwickelt. Die Ölzellen finden sich auch hier im unteren und oberen Hypoderm und im Gegensatz zu *Houttuynia* auch reichlich zwischen den Palisaden. Die Größe der Ölzellen im Wassergewebe ist ungefähr gleich derjenigen der übrigen Zellen dieses Gewebes. Dagegen fallen sie im Assimilationsparenchym sofort durch ihre Größe auf. Sie sind hier ungefähr drei- bis viermal so groß als die

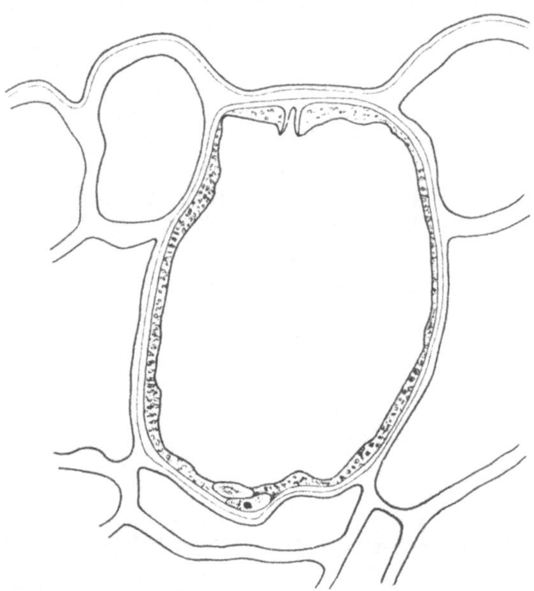

Abb. 19. *Houttuynia cordata.* Ältere Sekretzelle. Fix.-Mat.

sie umgebenden Zellen und stimmen damit mit den im Wassergewebe liegenden Zellen an Größe überein. Die Zellwände sind bei den Ölzellen besonders im grünen Gewebe stärker als bei den benachbarten Zellen. Das Secret besteht aus einem Tropfen gelben Öls, das die Zelle nicht ganz erfüllt. Der Secrettropfen ist umgeben von Plasma, in dem ebenso wie bei *Houttuynia* nicht die bei den anderen Familien beobachteten Plasmatröpfchen auftreten. Sonst zeigt das Plasma kleinkörnige Struktur und auch das gelbliche Aussehen wie bei *Houttuynia*. Die Anlage der Ölzellen bei *Piper nigrum* erfolgt ebenso frühzeitig wie bei *Houttuynia*.

Am lebenden Material sind aber die ersten Entwicklungsstadien recht schlecht zu beobachten. Das Näpfchen sieht man nur äußerst selten, ebenso entgeht das erste Auftreten des Secretes fast immer der Beobachtung. Ich habe hierüber am lebenden Material keine sicheren Beobachtungen machen können. Von der Zellwandung konnte man an diesem nur feststellen, daß sie kräftiger sei als die der anderen Zellen. Die bei *Piper nigrum* versuchten Reaktionen erwiesen bezüglich Zell- und Blasenwand weitgehende Übereinstimmung mit denen von *Houttuynia*.

Das Mikrotommaterial 10 μ stark geschnitten, ermöglichte die genaue Feststellung der Plasma- und Zellkernverhältnisse, ebenso konnte man über die Membran und das Näpfchen genaueres beobachten. Die Ölzellen fallen in ihren früheren Stadien durch ihren reichlichen Plasmainhalt auf. Er ist ganz fein gekörnt. Das Auftreten des Secrets erfolgt genau so wie bei den Lauraceen und Magnolia-

Abb. 20. *Piper nigrum.* Wand der Sekretzelle. Die dünne schwarze Linie entspricht der Suberinlamelle. Fix. - Mat.

ceen. Wir sehen zuerst auch hier wieder an der Zellwandung die kleine weiße Vacuole auftreten, die genau die gleichen Umrisse zeigt, wie sie das Secret hatte, das Plasma liegt der Zellwandung vollkommen an. Bei den mehr länglichen Ölzellen, die im Wassergeweben liegen, zeigt das Plasma häufig zum unteren Teil der Zelle hin netzartige Kammerungen. Das Anwachsen des Secretes erfolgt in der auch bei allen anderen Objekten üblichen Weise. Zuletzt ist schließlich die Zelle nur noch mit einem Plasmaschlauch versehen, den ganzen übrigen Teil nimmt das Secret ein. Der Zellkern ist größer als der der übrigen Zellen, er zeigt sonst aber keine Verschiedenheiten. Die einzelnen Phasen, die er durchmacht, gleichen völlig denen der anderen Objekte.

Die Membranverhältnisse sind an Mikrotomschnitten auch deutlicher als an den lebenden Zellen. Die Behandlung mit Sudanglycerin läßt alles Wichtige genügend gut erscheinen. Auch *Piper* besitzt die allen anderen Objekten eigene Suberinlamelle, von außen und innen von einer Celluloselamelle umgeben. Nach BIERMANN soll die Zellwand nur aus zwei Lamellen bestehen, deren äußere aus Suberin und deren innere aus Cellulose besteht. Ich konnte jedoch auch hier wie bei den übrigen Objekten drei Lamellen sehen, wobei allerdings nicht sicher festzustellen war, ob die äußere Celluloselamelle nicht vielleicht ausschließlich den Nachbarzellen angehörte. An der inneren Celluloselamelle ist wieder das Näpfchen befestigt, es ist auch hier nicht verkorkt und bedeutend feiner und ein wenig länger als bei *Houttuynia* (Abb. 20). Wegen seiner Feinheit ist es wahrscheinlich auch so schwierig, es am lebenden Material einwandfrei zu sehen. Angeheftet war es in den beobachteten Fällen immer an der oberen Zellwandung, so daß die Blasen im horizontal gestellten Blatt gewissermaßen immer hängend angebracht sind.

Calycanthaceen.

Calycanthus floridus.

Ein in vieler Hinsicht für die Untersuchung wenig günstiges Objekt ist *Calycanthus*. Auffallend gegenüber allen anderen bisher untersuchten Objekten ist die geringe Anzahl von Ölzellen, die *Calycanthus* in den Blättern aufweist. Man findet sie fast nur in den Blattnerven angelegt, nur in ganz vereinzelten Fällen sah ich sie auch im Mesophyll. Die Ölzellen führen einen Tropfen gelblichen Öles, der die Zelle im ausgewachsenen Zustand fast vollständig erfüllt. In ihrer Größe und dem sonstigen Aussehen gleichen die Zellen vollkommen den sie umgebenden. Es ist aus diesem Grunde äußerst schwierig, mit Sicherheit festzustellen, wann die ersten Ölzellen überhaupt angelegt werden. In den Blattknospen konnte ich in keinem Falle Ölzellen oder auch nur Zellen, die durch ihr Aussehen darauf schließen ließen, daß sie zu Ölzellen umgewandelt würden, bemerken. Die ersten Ölzellen fand ich in dem obersten entfalteten Blattpaar. Die Zellen unterscheiden sich von den anderen Zellen nur durch den reichlicheren Plasmainhalt, der auch ein wenig dunkler gefärbt aussieht. Das Secret tritt auch hier von Anfang an an einem Stielchen befestigt auf. Jedoch ist dieses Stielchen am lebenden Material nicht immer leicht nachweisbar. Es ist sehr kurz, aber im Vergleich mit den an anderen Objekten gesehenen sehr dick (Abb. 21). Während ihres Wachstums bleibt die Blase ständig vom Plasma umgeben, das zuletzt bis auf einen ganz dünnen Schlauch reduziert ist. Das Aussehen des Plasmas verändert sich in dem Maße, wie die Blase heranwächst. Aus dem kleinkörnigen Plasma, in dem noch kein Secret zu sehen ist, entsteht grobkörniges und bei Auftreten des Secretes sind die bei den Lauraceen und Magnoliaceen beobachteten Plasmatröpfchen im Plasma vorhanden.

Der Zellkern war bis zu einer bestimmten Entwicklungsstufe ab und zu sichtbar.

Die Membran der Ölzellen unterschied sich in nichts von denen der übrigen Zellen. Sie war weder stärker als diese, noch konnte man in ihr eine Suberinlamelle nachweisen. Eau de Javelle und Kalilauge riefen kaum Veränderungen der Blase hervor. Sudanglycerin färbte die Blase und das Secret rot, löste jedoch allmählich das Secret aus der Blase heraus und machte das ganze Bild der Blase sehr undeutlich. Das Plasma und die Plasmatröpfchen blieben ungefärbt. Chlorzinkjod färbte die Blase braun, Jod-Jodkali färbte etwas schwächer. Alcohol absolutus löste sofort das Secret aus der Blase aus, die dann stark zusammenschrumpft, ebenso wirkt Chloralhydrat. Bei dem Zusatz von Schwefelsäure blieb von den Ölzellen überhaupt nichts zu sehen. Auch die an anderen Objekten sich sofort dunkel färbende Suberinlamelle trat hier nicht in Erscheinung. Auf Grund des Versagens der Färbung mit Sudanglycerin und Fehlschlagens der Schwefelsäurereaktion muß man zu dem Schluß kommen, daß bei *Calycanthus* keine Suberinlamelle in den Ölzellen vorhanden ist.

An den mit dem Mikrotom geschnittenen Material zeigten sich, was das Plasma und den Zellkern angeht, dieselben Bilder, wie sie auch das lebende Material bot.

Klarer zeigten die Mikrotomschnitte das Näpfchen (Abb. 22). Die Beobachtung am lebenden Material bestätigte sich insofern, als das Näpfchen kurz ist und ein sehr weites Lumen besitzt. Hinter der Ansatz-

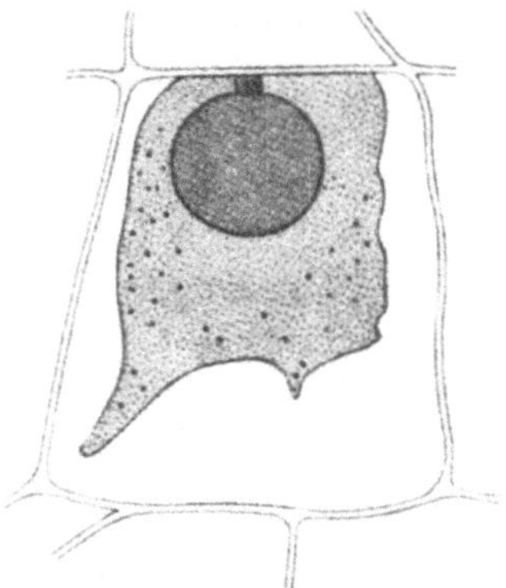

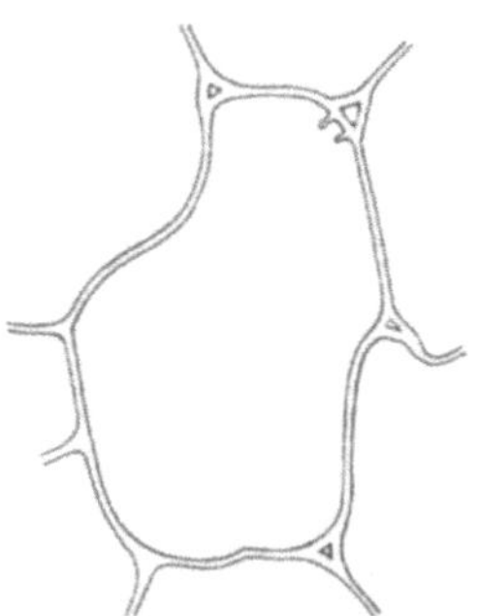

Abb. 21. *Calycanthus floridus.* Junge Sekretzelle. Leb.-Mat.

Abb. 22. *Calycanthus floridus.* Membran der Sekretzelle. Keine Suberinlamelle. Näpfchen einem Interzellularraum anliegend. Fix.-Mat.

stelle des Näpfchens zeigte sich bei *Calycanthus* häufig ein kleiner Intercellularraum (Abb. 22). Es ist also hier ganz einwandfrei festzustellen, daß das Secret nicht etwa aus der Nachbarzelle durch das Näpfchen in die Ölzelle abgeschieden werden kann. Von einer Suberinlamelle konnte auch an Mikrotommaterial nach der Behandlung mit Sudanglycerin nichts gesehen werden. Das Näpfchen zeigte auch hier die schon immer beobachtete grünliche Lichtbrechung der Celluloselamellen.

Aristolochiaceen.

Asarum europaeum und Asarum canadense.

Beide Objekte eignen sich vorzüglich zur Unterschung der Ölzelle. Als besonders günstig erwiesen sich die Schuppen der Rhizome. Die Untersuchungen erfolgten sowohl am lebenden als auch am fixierten Material. An beiden Okjekten zeigte sich eine so vollständige Übereinstimmung aller Fragen, die sich auf die Ölzelle beziehen, daß sie gemeinsam behandelt werden können. Am Freihandquerschnitt durch lebendes Material bemerkt man zwischen den mit Stärke gefüllten Parenchymzellen des Rhizoms eine Menge von Ölzellen. Sie zeigen einen gelben lichtbrechenden Inhalt, der in den erwachsenen Zellen das Lumen fast vollkommen einnimmt. An Größe unterscheiden sie sich nicht von den übrigen. Auch die Membranen lassen am lebenden Material keinen Unterschied erkennen. Bringt man mit Kalilauge die Stärke zum Verquellen, so hat man viele leicht zu studierende Ölzellen vor sich. Besonders zahlreich treten sie im Rindenparenchym auf, weniger zahlreich im Speicherparenchym des Markes und in der Epidermis. In den Rhizomspitzen kann man das erste Auftreten der Ölzellen bemerken. Schon in nicht allzu großer Entfernung vom Vegetationspunkt sieht man ihre Anlage. Sie erscheinen zuerst in dem die Gefäßbündel umhüllenden Parenchym (Abb. 23). Das Plasma zeigt zeigt einen dunkleren Ton als das der anderen Zellen. Die Struktur ist von vornherein körnig. Sehr bald setzt auch schon die Bildung der Plasmatropfen ein. Sowie das erste Secret sichtbar ist, zeigt das Plasma auch schon zahlreiche kleine und größere Tröpfchen. Das Secret zeigt die gelbe Lichtbrechung, die Plasmatröpfchen dagegen die grünliche. Von vornherein hängt das Secret an einem Stielchen (Abb. 23). Wenn das Secret auftritt, dann ist die Zelle schon mit einer derben ringsherum laufenden Suberinlamelle versehen. Die Entwicklung der Ölzelle geht schnell vor sich in der schon so häufig geschilderten Art und Weise.

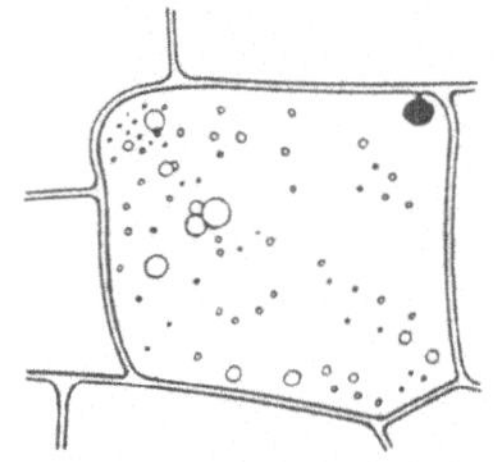

Abb. 23. *Asarum europaeum.* Erste Anlage der Sekretblase (schwarz) und der Plasmatropfen (weiß). Das Plasma nicht eingezeichnet. Leb.-Mat.

Auch in den Reaktionen zeigt *Asarum* weitestgehende Ähnlichkeit mit den anderen Objekten. Besonders ähnelt es *Laurus*. Auf Zusatz von Alcohol absolutus löste sich zuerst das Secret in den Blasen, und dann allmählich lösten sich auch die Plasmatropfen. Während ihrer Lösung speicherte in manchen Fällen die Secretblase Alkohol, ohne daß ihr Secret vorher ausgelöst worden wäre. Die Blase dehnte sich dann aus, um sich schließlich, nachdem die ganzen Plasmatröpfchen verschwunden waren, der Zellwand anzulegen. Hierbei kam mir des öfteren dann das ein wenig in die Blase hineinragende Näpfchen zu Gesicht. Mit Sudanglycerin färbt sich sowohl das Öl wie auch die Blasenwand rot, nicht aber das Plasma und die Plasmatröpfchen. Nach langer Sudanglycerineinwirkung werden die Blasen undeutlich, anscheinend wird dann das Secret aus ihnen herausgelöst. Jod-Jodkali färbt die Blasenhaut braun. Besonders gut läßt sich an *Asarum* die Wirkung der Schwefelsäure beobachten. Das gesamte Parenchym verschwindet sehr schnell, und man sieht die Ölzellen als Kugeln vollkommen frei in dem Präparat liegen. Das Secret nimmt eine rote Färbung an, scharf begrenzt von der dunkel gefärbten Suberinlamelle. Die Blase schwillt ständig an und dehnt sich schließlich so stark aus, daß sowohl die Suberinlamelle wie die Blase selbst platzen. Der rote Inhalt fließt heraus, und die zusammengefallene Lamelle und die in ihr befindliche Blase bleiben zurück. Die Blase wird durch Schwefelsäure nicht zerstört. Dagegen hält das Näpfchen in keinem Falle der Schwefelsäure stand. Eau de Javelle zerstört die Blase, es bleiben aber dort, wo sich die Blase befand, kleine Tröpfchen sichtbar, die allem Anschein nach in der Blasenwand eingelagert gewesen sind. Dieses ganze Bild ähnelt stark dem von *Laurus*.

Am Mikrotommaterial sah man die Plasma- und Zellkernverhält-

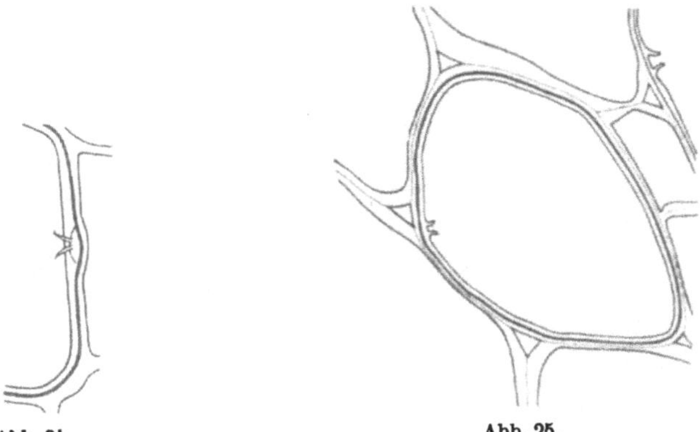

Abb. 24.   Abb. 25.

Abb. 24 u. 25. *Asarum canadense.* Bau der Sekretzellenwand. Die Suberinlamelle schwarz ausgezogen. Fix. Mat.

nisse genau so, wie am lebenden Material. Einige interessante Bilder zeigten sich beim Studium der Zellmembran. Diese ist mit einer ungewöhnlich starken Suberinlamelle versehen, die sich sehr schön durch Sudanglycerin färbt (Abb. 24, 25). In zwei Fällen sah man in der Membran kleine ellipsoide Spalten, an denen das Näpfchen ansetzte (Abb. 24). In einem Falle sah man die Suberinlamelle deutlich über den kleinen Spalt hinweglaufen, im anderen Falle waren die Verhältnisse nicht so klar. Das Näpfchen ist bei *Asarum* nicht allzu lang, es besitzt ein ziemlich breites Lumen. Einmal fand ich zwei Näpfchen, die nach entgegengesetzten Seiten gerichtet waren. Sonst sind die Näpfchen immer nach der gleichen Seite orientiert.

3. Zusammenfassung.

Betrachten wir nun das Resultat der an den verschiedensten Pflanzenfamilien vorgenommenen Untersuchungen, so muß man feststellen, daß

der Bau und die Entwicklung der Ölzellen bei allen fast gleich ist.
Größere Unterschiede zeigen sich nirgends, vielmehr ergänzten sich
die Untersuchungen, so daß sich ein einheitliches Bild dieser eigentümlichen Gebilde ergibt.

Wir haben gesehen, daß die Anlage der Ölzellen in allen untersuchten
Familien frühzeitig vor sich geht, bei den einen schon in allernächster
Nähe des Vegetationspunktes, bei den anderen spätestens in dem gerade
aus der Knospe tretenden Blättchen. Schon in frühestem Stadium
heben sich die Ölzellen von den übrigen ab, einmal dadurch, daß sie fast
immer größer sind als die sie umgebenden Zellen, dann aber auch durch
das immer reichlicher vorhandene Plasma. Auch der Zellkern ist fast
immer größer als der anderer Zellen. Ob dies nur die Folge der Kernplasmarelation ist, oder ob seine Größe mit irgendwelchen besonderen
Funktionen bei der Secretbildung zusammenhängt, ist nicht mit Sicherheit zu entscheiden. Annehmen möchte ich aber das letztere, da der
Kern häufig noch größer ist als der Kernplasmarelation entspricht. Auffallende Unterschiede in der Struktur gegenüber anderen Kernen sind
mir nicht aufgefallen. Daß der Kern bei der Bildung des Näpfchens,
der Blase und vielleicht auch des Secretes beteiligt ist, geht daraus hervor, daß er mit diesen Gebilden stets in Berührung tritt, ferner spricht
dafür, daß der anfangs sehr große Kern bei der Abscheidung des Secretes entsprechend dem Geringerwerden des Plasmas auch an Größe
verliert. Er scheint demnach auch Stoffe, die für die Secretbildung notwendig sind, herzugeben.

Die Herstellung und Abscheidung des Secretes übernimmt zweifellos
die Secretzelle selbst. Daß sie, abgesehen vom frühesten Jugendstadium,
von den umgebenden Zellen in größerer Menge Stoffe dazu empfängt,
erscheint sehr unwahrscheinlich, da die sehr bald von der Ölzelle an-
gelegte Suberinschicht die Permeabilität der Zellwandung fast ganz
aufheben dürfte. Weiterhin sprechen auch Beobachtungen, die an
Calycanthus gemacht sind, dagegen. Hier liegt häufig genau hinter dem
Näpfchen ein kleiner Intercellularraum. Würde die Abscheidung des
Secretes von außen her durch das Näpfchen erfolgen, dann hätte also
erst das Secret den Intercellularraum zu passieren, um zum Näpfchen
bzw. zur Ölzelle zu gelangen.

Das Rohmaterial für das Secret wird im Plasma anscheinend durch
Umwandlung der Plasmasubstanz hergestellt. Zunächst wird diese
durch das Auftreten kleinerer Tröpfchen emulsionsartig trübe oder feinkörnig. Bald sind dann auch etwas größere, grüne, stark lichtbrechende
Tröpfchen im Plasma vorhanden oder an ihrer Stelle bei den Piperaceen
zahlreiche Vacuolen mit gelblichem Inhalt. Ich möchte annehmen, daß
die innere Celluloselamelle diese Stoffe resorbiert und in ihr dann die
Umwandlung zu dem eigentlichen Secret stattfindet. Die Suberinschicht

hätte hierbei die Aufgabe, das Austreten der von der inneren Cellulose-lamelle aufgesogenen Stoffe nach außen zu verhindern. Sie wäre dann in doppelter Weise isolierend, indem sie zunächst bewirkt, daß das Secret in das Innere der Ölzelle abgeschieden wird und später ein Diffundieren dieses Stoffes in das Nachbargewebe unmöglich macht. Die in der inneren Celluloselamelle gebildete Substanz dürfte sich über dem Näpf-chen zum Secret umwandeln. Hierbei kann es, wie es sich bei *Laurus*, *Asarum* und *Calycanthus* zeigte, dazu kommen, daß sich innerhalb der Lamellen ein kleiner ellipsoider Hohlraum hinter dem Näpfchen bildet, der eine bauchige Verdickung der Membran bewirkt. Aus diesem kleinen Hohlraum scheint nun das erste fertige Secret-tröpfchen durch das Näpfchen in das Innere der Zelle ausgeschieden zu werden. Von vornherein befindet sich das ausgeschiedene Tröpf-chen in einer Blase. Aus welcher Substanz diese besteht, ist nicht mit Sicherheit festzustellen. BERTHOLD hält sie für Cellulose, HABERLANDT spricht von einer plasmatischen Vacuolenwand. Ob sie in allen Pflanzen-familien überhaupt aus denselben Stoffen besteht, geht aus den an-gestellten Reaktionen nicht mit Sicherheit hervor. So löst sie sich bei *Laurus* und *Asarum* nach Eau de Javelle-Zusatz zum Teil, dagegen nicht bei anderen Objekten. Bei der Schwefelsäurereaktion blieb sie bei *Laurus* und *Asarum* als zusammengefallene Haut sichtbar. Ich möchte sie für eine plasmatische Haut halten, der fettartige, vielleicht suberin-ähnliche Stoffe eingelagert sind, die eine gewisse Widerstandsfähigkeit gegen bestimmte Reagenzien bewirken. Dafür, daß sie nicht homogen ist, spricht der Umstand, daß sie nicht glatt konturiert ist, sondern häufig körnige Struktur zeigt und bei Behandlung mit Säuren und Laugen sich, wenn überhaupt, so nur teilweise löst, und dann in einzelne Tröpfchen zerfällt, deren Widerstandsfähigkeit zusammen mit ihrer Rotfärbung durch Sudan auf eine fettartige Substanz schließen läßt. Um Cellulose kann es sich keinesfalls handeln. Die Haut ist deutlich semipermeabel. Das geht aus ihrem Verhalten gegenüber Alkohol und Chloralhydrat bei manchen Objekten hervor.

Das Näpfchen, von dem BERTHOLD sagt, daß es cutinisiert sei, besteht nach meinen Untersuchungen aus Cellulose. Es färbt sich nicht mit Sudanglycerin, wird durch Schwefelsäure gelöst und bildet einen Fort-satz der inneren Celluloselamelle. Bei *Calycanthus* fehlt überdies die Suberinschicht. Das Näpfchen könnte hier also gar nicht einer solchen entspringen. Wenn schließlich, wie anzunehmen ist, die innere Cellulose-lamelle die endgültige Bereiterin des Secretes ist, und dieses durch den Napf ausgeschieden wird, muß dieser der gleichen Schichte angehören. Denn wäre er verkorkt und mit der Suberinschicht in direkter Verbin-dung, so könnte er infolge der Undurchlässigkeit dieser Substanz aus der Celluloselamelle keine Stoffe aufnehmen.

25*

Eine Verholzung der Membran der Ölzellen, wie sie von v. WISSE-LINGH[1]) teilweise beobachtet sein will, konnte ich bei Versuchen mit Phloroglucin-Salzsäure an *Laurus* und *Asarum* nicht feststellen. Alles spricht dafür, daß sie bei diesen beiden aus reiner Cellulose besteht, die mit einer Suberinschicht durchsetzt ist.

Das Heranwachsen des Secrettropfens geht bei allen Objekten mit überraschender Schnelligkeit vor sich. In den meisten Fällen finden wir das Zellumen in spätem Stadium vollkommen mit Secret erfüllt. In einigen anderen Fällen füllt es die Zelle bis auf einen dünnen Plasma-schlauch ganz aus. In diesem Plasmaschlauch treten dann noch häufig die im Plasma entstandenen Tröpfchen auf. In dem ersteren Falle sind aber auch sie gänzlich verschwunden.

Daß diese im Plasma während der Secretbildung auftretenden Tröpfchen nicht mit dem fertigen Secret identisch sind, dieses also auch nicht aus ihrem Zusammenfließen entstehen kann, wie von MÜLLER, TSCHIRCH und BIERMANN behauptet wurde, beweisen verschiedene Reak-tionen und der Augenschein. So löst Alcohol absolutus das Secret früher als die Plasmatröpfchen. Sudanglycerin färbt das ätherische Öl rot, dagegen bleiben die Plasmatröpfchen fast oder ganz. ungefärbt. Schwefelsäure färbt das Öl rot, während die Plasmatröpfchen bei ein-zelnen Objekten einen kurzen Augenblick sich noch grünlich über der rot gefärbten Ölkugel abheben, und dann sich stets lösen. Über ihre chemische Natur kann ich Sicheres nicht aussagen, manches spricht dafür, daß es sich um gerbstoffartige Körper handelt.

Nach TSCHIRCH sollen die kleinen Tröpfchen in den centralen Hohl-raum der Zelle abgeschieden werden und dort zu einem großen Öl-tropfen zusammenfließen. Dies wurde nie beobachtet. Auch macht die Hülle, mit der der eigentliche Secrettropfen umgeben ist, und von der TSCHIRCH überhaupt nicht spricht, einen solchen Vorgang unmöglich. Denn diese Hülle ist von Anfang an vorhanden, was auch darin zum Ausdruck kommt, daß die Secretvacuole, besonders deutlich an Mikro-tomschnitten, keine vollständige Kugelform zeigt. Vielmehr sieht man immer die Form eines herabhängenden Säckchens mit ausgezogener Spitze, die am Näpfchen befestigt ist. Da die Blasen größtenteils alle so angeordnet sind, daß die Stielchen in den Zellen zur oberen Epidermis hingekehrt sind, so hängen die Blasen gewissermaßen alle in den Zellen.

Auch die Darstellung von R. MÜLLER, daß sich einer der Plasma-tropfen mit einem „konischen Fortsatz“ an das Näpfchen anlegen soll, ist unzutreffend. Alles spricht dafür, daß der Tropfen aus dem Napf hervorquillt.

Auch der Ansicht dieses Autors kann ich mich nicht anschließen,

---

[1]) Handbuch der Pflanzenanatomie 1924. III, 2: Die Zellmembran.

nach der aus peripheren Anteilen des Plasmas durch Verdichtung und stoffliche Umwandlung die Suberinschicht, die innere Celluloselamelle und das Näpfchen entstehen sollen. Nach meinen Befunden liegt kein Grund vor, hier eine von der normalen Art der Membranbildung abweichende Entstehungsweise anzunehmen.

Am ehesten decken sich meine Befunde mit den BERTHOLDS. Sie stimmen vollkommen darin überein, was die Bildung des Secretes anbelangt. Sie differieren aber in bezug auf die Frage, aus welcher Substanz das Näpfchen und die Blase bestehen.

Mit meinen Untersuchungen hoffe ich die Frage der Entwicklung und des Baues der Ölzellen geklärt zu haben. Für die Art der Ölbildung kann die cytologische Untersuchung allein keine endgültige Klärung bringen, sie müßte durch experimentelle Studien ergänzt werden.

Meinem verehrten Lehrer, Herrn Professor Dr. Ritter v. GUTTEN-BERG, auf dessen Anregung hin und unter dessen Leitung ich meine Arbeit ausführte, möchte ich für die stetige Unterstützung und für das meiner Arbeit entgegengebrachte Interesse auch an dieser Stelle meinen verbindlichsten Dank sagen.

Literaturverzeichnis.

De Bary: Vergleichende Anatomie der Vegetationsorgane 1877. 152. — **Berthold:** Studien über Protoplasmamechanik 1886. 26. — **Biermann, R.:** Bau und Entwicklungsgeschichte der Ölzellen und die Ölbildung in ihnen. Diss. Bern 1898. — **Haberlandt:** Physiologische Pflanzenanatomie 1904. 463. — Ders.: Ebenda 1909. 477. — **Johow:** Untersuchungen über die Zellkerne in Secretbehältern. Diss. Bonn 1880. — **Meyer, A.:** Analyse der Zelle 1920. 343. — **Müller, R.:** Zur Anatomie und Entwicklungsgeschichte der Ölbehälter. Ber. d. botan. Ges. **23**, 292. — **Treviranus:** Beitr ge zur Pflanzenphysiologie 1811. 47. — **Tschirch:** Die Harze und die Harzbehälter 1900. 338. — **Tunmann:** Pflanzenmikrochemie 1903. 573. — **Unger:** Anatomie und Physiologie der Pflanzen 1846. 99. — Ders.: Ebenda 1866. 143. — **v. Wisselingh:** Handbuch der Pflanzenanatomie. 3/2: Die Zellmembran 1924. — **Zacharias:** Über Secretbehälter mit verkorkten Membranen. Botan. Zeit. 1879. 616.

KURZE MITTEILUNG.

LAGEVERÄNDERUNG DER CHLOROPLASTEN IN SCHLIESSZELLEN.

Von

FRIEDL WEBER.

(Aus dem pflanzenphysiologischen Institut der Universität Graz.)

(Eingegangen am 18. September 1925.)

Über die Lage der Chloroplasten in den Schließzellen des Spaltöffnungsapparates liegen eingehende Untersuchungen nicht vor. Es dürfte daher nicht überflüssig sein, einige anläßlich von Studien an Schließzellen (WEBER 1925, I/II) gemachte Beobachtungen mitzuteilen und so die Aufmerksamkeit auf die hier vorkommenden Eigenheiten zu lenken. Was im folgenden mitgeteilt ist, wird später durch Abbildungen, die einer in Vorbereitung stehenden Publikation über die Zellkerne der Schließzellen beigegeben werden sollen, illustriert werden.

Versuchsobjekt war die Kulturpflanze „*Chrysanthemum maximum* SIEGER", deren Samen von Haage & Schmidt (Erfurt) bezogen wurden. An den grünen Blättern befinden sich in den Schließzellen bei weit geöffneter Spalte die Chloroplasten in folgender Stellung: Sie sind längs der gesamten Rückenwand gleichmäßig angeordnet; Anhäufungen an irgendeiner Stelle kommen nicht vor. An der Bauchwand finden sich nur dort, wo die beiden Schließzellen miteinander verwachsen sind, Chloroplasten angelagert, der an die Spalte grenzende mittlere Teil der Bauchwand ist frei davon. Warum diese Membranpartie von den Chloroplasten gemieden wird, darüber lassen sich nur Vermutungen äußern. Vielleicht stellt diese Partie trotz ihrer leichten Cutinisierung eine Stelle gesteigerter Wasserabgabe dar und wird daher infolge negativer Osmotaxis (vgl. SENN 1908) gemieden. Werden Blätter mit geöffneter Spalte zum Welken ausgelegt, so geht nach einigen Stunden in den Schließzellen des nunmehr geschlossenen Spaltöffnungsapparates eine völlige Lageveränderung der Chloroplasten vor sich: Der mittlere Teil der Rückenwand wird von Chloroplasten entblößt, diese wandern an die Pole der Schließzellen und drängen sich dort dicht zusammen. Wird das Blatt durch Einlegen in Wasser wieder turgescent, so zerstreuen sich nach einigen Stunden die Chloroplastenanhäufungen, die „Zellpollage" wird aufgegeben und die vorherige gleichmäßige Verteilung längs der Rückenwand — wenn auch zunächst oft nicht vollkommen — wieder erreicht.

Von der oben geschilderten Chloroplastenlage bei geöffneter Spalte gibt es eine bemerkenswerte Ausnahme. In stark vergilbten, zu Faulen beginnenden Blättern oder Blattpartien, findet man die Spaltöffnungen klaffend weit geöffnet. Die Schließzellen sind lebend und ihre Chloroplasten heben sich durch ihre frischgrüne Farbe von dem mißfarbig braunen Inhalt der umgebenden Zellen in starkem Kontrast ab. Diese Chloroplasten sind nun nicht wandständig, ihre Lage ist vielmehr die einer Systrophe: In Scharen drängen sie sich um den Zellkern, der nunmehr in der Regel in der Mitte der Zellen liegt; nur ganz vereinzelt finden sich noch Chloroplasten in wandständiger vom Kern entfernter Lage. Ist der Kern selbst wandständig, was bisweilen vorkommt, so sind auch dann die Chloroplasten in Systrophe um ihn gelagert. Diese Kernlage der Chloroplasten ist allerdings nicht in jedem vergilbten Blatte realisiert, es muß vielmehr das Blatt einen ganz bestimmten Grad der Desorganisation besitzen und die Epidermis um die Stomata abgestorben sein. Die Systrophe der Chloroplasten wird nicht etwa durch besondere Beleuchtungsverhältnisse ausgelöst, denn in den Schließzellen der grünen Blätter oder Blatteile, die unter den gleichen Bedingungen stehen, zeigen die Chloroplasten normale Fugenwandlage. Es handelt sich also bei den Schließzellen der ablebenden Blätter wohl um eine autonome Chloroplastenumlagerung in dem Sinne, daß die Veranlassung dafür entweder in den Schließzellen selbst oder doch wenigstens im Blatt und nicht in der Umwelt gelegen ist. Aber was ist diese Veranlassung? SENN (S. 142) meint, Systrophe in voneinander isolierten Epidermiszellen tritt deswegen ein, weil der Kern dabei der einzige Ort in der Zelle ist, an dem die Plastiden noch Nahrung finden. Um eine Systrophe aus Wassermangel dürfte es sich wohl nicht handeln, da die zu Faulen beginnenden Blatteile sehr wasserreich und die Spaltöffnungen klaffend weit geöffnet waren. Über den „Sinn" dieser Chloroplastenumlagerung ließ sich erst dann eine wahrscheinlichere Vorstellung bilden, als eine weitere höchst bezeichnende Umgruppierung der Chloroplasten zur Beobachtung kam. An stark desorganisierten Blattpartien findet man bisweilen ganze Gruppen von lebenden Schließzellen, in denen die grünen Chloroplasten nicht rings um den spindeligen Kern herum lagern, wie bei der oben beschriebenen Systrophe, sondern in zwei dichten Haufen, von denen je einer einen der beiden spindeligen Pole der Kerne umlagert. Jeder Chloroplastenhaufen zählt ungefähr gleichviel Chloroplasten wie der am gegenüberliegenden Ende des Kernes. Die mittlere Partie der langgestreckten Kerne ist ganz frei von Chloroplasten. Diese beiden Chloroplastenlagen, die Systrophe und die „Kernpollage", ähneln so frappant den jüngst von HEITZ (1925) beschriebenen Chloroplastenstellungen in sich zur Teilung anschickenden Zellen, daß sich die Frage aufdrängt, ob denn hier nicht gleiche „Motive" vorliegen könnten. Zunächst erscheint es ja höchst unwahrscheinlich, daß die dem Tode geweihten Schließzellen der ablebenden Blätter zur Teilung sich vorbereiten sollten. Es sind aber doch schon andere Fälle bekannt, wo vor dem Tode stehende Zellen zur Teilung schreiten. HABERLANDT (1921, S. 44) hat die Ansicht geäußert, daß es sich bei den Zellteilungen in alten Sclerenchymzellen „um ein letztes Aufflackern des Lebens der gealterten Zellen, gewissermaßen um eine Scheinverjüngung" handelt. Es wäre also daran zu denken, daß die lebenden von abgestorbenem Gewebe umgebenen Schließzellen vor ihrem Tode nochmals in Teilungsbereitschaft geraten, ohne allerdings infolge der Ungunst der Umwelt über den ersten Anlauf dazu hinauszukommen. HEITZ hält die Chloroplastenverlagerungen in regenerierenden Zellen für ein Symptom der Rückkehr der Zelle in den embryonalen Zustand; HABERLANDT (1924) meint, daß die Schließzellen lange Zeit embryonalen Charakter und die Fähigkeit bewahren, Zellteilungshormone zu produzieren. In den Schließzellen der absterbenden Blätter herrscht jedenfalls noch intensiver Stoffwechsel, denn vereinzelt kommt es zur Bildung von Membranbalken, die denjenigen gleichen, die HABERLANDT (1925) für die Schließzellen eines gebürsteten Laubblattes von *Alnus* beschreibt und deren Zustandekommen er sich als eine pathologische Erneuerung derjenigen Funktion des Zellkernes erklärt, die dieser sonst nur in der Jugend bei der Teilung ausübt. Auch schlauchförmiges Wachstum, wie es THIELMAN (1925) bei Gewebekultur erzielte, konnte an Schließzellen stark faulender Blätter beobachtet werden.

Für die Auffassung, daß die Systrophe und Kernpollage der Chloroplasten in den Schließzellen der Ausdruck einer Teilungsvorbereitung ist, spricht folgendes: Die Kernform der Schließzellen, in denen sich die Chloroplasten in Kernpollage befinden, ist meist die einer langgestreckten, oft hantelförmig eingeschnürten Spindel. In einzelnen Fällen wurden Kernformen lebend beobachtet, die als letzte Phase einer amitotischen Zerschnürung gedeutet werden können. Der Kern war dann ungemein langgestreckt, und die beiden weit voneinander entfernten abgekugelten Enden standen nur durch ein fadenförmiges Verbindungsstück noch in Zusammenhang. Die Chloroplasten waren dicht um die kugeligen Kernpole geschart und befanden sich daher mit diesen in der Nähe der Zellpole. Ist die Deutung dieser Kernbilder als Endstadien einer Amitose richtig und handelt es sich nicht etwa um amöboide Kernformen, so mußten sich auch Schließzellen finden, in denen zwei Kerne enthalten sind. Nach längerem Suchen fielen in einem stark angefaulten Blatte Schließzellen auf, in denen sich die Chloroplasten in Zellpollage befanden; die Kerne waren lang spindelig oder stark abgekugelt, in letzterem Falle lag der Kern an einem Schließzellenpole, umgeben von Chloroplasten, während an dem gegenüberliegenden Pole annähernd gleichviel Chloroplasten sich befanden, von einem Kerne aber dort nichts zu sehen war. Daneben wurden aber auch Schließzellen mit zwei Kernen gefunden, der eine an dem einen Pol der Schließzelle, der andere an dem anderen Pol, beide Kerne umgeben von Chloroplasten. Die beiden Kerne sind entweder ganz abgerundet oder jeder besitzt noch ein zugespitztes Ende, und diese Enden können so weit ausgezogen sein, daß sie einander sehr nahekommen. Alle diese Übergangsformen sprechen für die oben vertretene Annahme, daß der Schließzellenkern der ablebenden Blätter sich amitotisch durch Einschnürung in der Mitte teilt, daß die Tochterkerne an den entgegengesetzten Zellpolen zu liegen kommen und mit ihnen je eine Hälfte der Chloroplasten. Der eine Tochterkern verliert dann bald die Färbbarkeit, degeneriert und verschwindet, die dazugehörigen Chloroplasten bleiben allein an diesem Zellpol zurück. Die Anzahl der Chloroplasten in den Schließzellen grüner Blätter beträgt meist etwa 20, die in denen vergilbter Blätter etwa 30; es hat also, wenn auch keine Verdoppelung, so doch eine Vermehrung der Chloroplasten stattgefunden.

Die Verhältnisse in den Schließzellen ablebender Blätter liegen in bezug auf die Chloroplastenumlagerung so wie in den regenerierenden Zellen nach HEITZ, nur daß es sich bei den Schließzellen nicht um eine mitotische, sondern um eine amitotische Kernteilung handelt. Ist diese Deutung richtig, so erscheint der Fall deshalb von Interesse, weil er zeigt, daß die Kernpollage der Chloroplasten nicht nur bei der mitotischen, sondern auch bei der amitotischen Kernteilung eingenommen wird, was wiederum zugunsten gewisser Gemeinsamkeiten des Zellzustandes während dieser sonst ungleichwertigen Modi der Kernteilung angeführt werden könnte. Oder soll man die mit Regelmäßigkeit verlaufende Kernzweiteilung als senile Fragmentation auffassen? Um so erstaunlicher wäre es, wenn auch dabei die für die Mitose charakteristische Chloroplastenumgruppierung aufgeboten würde.

Die Veranlassung zu Kernteilungen amitotischer Art in den Schließzellen der absterbenden Blätter ließe sich entweder in einer physiologischen Isolation im Sinne von CHILD sehen, oder in einer Reizung durch Nekrohormone von seiten des abgestorbenen Nachbargewebes oder in irgendeiner „Unvollkommenheit des Stoffwechsels", die nach JICKELI (1924) zur Ursache der Zellteilung werden kann.

Literatur.

Haberlandt: Beitr. z. allgem. Bot. 2. 1921. — Ders.: Sitzungsber. d. preuß. Akad. d. Wiss. 32. 1924. — Ders.: Ber. d. Dtsch. Bot. Ges. 43. 1925. — Heitz: Zeitschr. f. Zellf. u. mikrosk. Anat. 2. 1925. — Jickeli: Pathogenesis. Berlin. 1924. — Senn: Die Gestalts- und Lageänderung der Pflanzenchromatophoren. Leipzig 1908. — Thielman: Arch. f. exp. Zellf. 1. 1925. — Weber: Jahrb. f. wiss. Bot. 64. 1925. — Ders.: Diese Zeitschr. I. 1925.

ANATOMISCH-PHYSIOLOGISCHE UNTERSUCHUNGEN AN BLÜTENNECTARIEN.

Von

Fritz Radtke.

(Aus dem Botanischen Institut der Universität Rostock.)

Mit Tafel III.

(Eingegangen am 2. Oktober 1925.)

Einleitung.

Die Nektar abscheidenden Organe der Pflanzen sind vielfach Gegenstand näherer Untersuchung gewesen, nicht nur anatomisch, auch physiologisch hat man sich schon seit längerer Zeit mit ihnen befaßt. Die anatomischen Untersuchungen sind sehr eingehend betrieben worden, dennoch finden sich in der Literatur verschiedene Widersprüche, auch sind wenig nähere Angaben über die einzelnen Inhaltsstoffe der Nectariumzellen vorhanden. Dieser Umstand sowie die Tatsache, daß die Theorie, die Wilson (1) auf Grund verschiedener Versuche über die Art der Nektarabsonderung aufgestellt hat, wohl verschiedentlich angezweifelt, aber noch nicht experimentell widerlegt worden ist, haben mich zu neuen Untersuchungen und Versuchen veranlaßt, deren Ergebnisse im folgenden dargelegt werden sollen.

Die Arbeit wurde in den Jahren 1924 und 25 im Botanischen Institut der Universität Rostock auf Anregung und unter Leitung Prof. Dr. H. v. Guttenberg ausgeführt, dem ich für die vielfache Unterstützung und Förderung meiner Studien auch an dieser Stelle meinen verbindlichsten Dank ausspreche.

Man teilt die Nectarien je nach dem Ort ihres Auftretens in florale und extraflorale ein. Meine Untersuchungen beziehen sich im allgemeinen auf florale Nectarien. Zu diesen gehören auch die sogenannten Septalnectarien, die meist an nicht verwachsenen Stellen der Fruchtblätter auftreten und hier Kanäle oder Spalten auskleiden. Auch diese blieben bei meinen Untersuuchngen unberücksichtigt. Dagegen habe ich die Nectarien von *Euphorbia splendens*, die wegen ihrer Inhaltsstoffe und der Secretionsart sehr interessant sind und sich auch zu Experimenten eignen, mit aufgenommen, obwohl sie zu den extrafloralen Nectarien zählen.

Eine Zusammenstellung der älteren Literatur, die sich auf den Bau und die Bedeutung der Blütennectarien bezieht, an dieser Stelle zu bringen, erübrigt sich, da sich am Eingang der Arbeit von Behrens (2) über die Blütennectarien eine bis zum Jahre 1878 reichende Zusammenstellung findet. Alle später hierüber erschienenen Abhandlungen werden im Laufe der Arbeit noch erwähnt werden.

Zur Untersuchung kamen:

1. Onagraceae. a) *Fuchsia gracilis* Lindl.
2. Rosaceae. a) *Prunus laurocerasus* L. b) *Prunus cerasus* L.
3. Saxifragaceae. a) *Ribes rubrum* L.
4. Solanaceae. a) *Atropa belladonna* L. b) *Scopolia orientalis* Dun.
5. Rutaceae. a) *Dictamnus albus* L.
6. Violaceae. a) *Viola tricolor* L.
7. Scrophulariaceae. a) *Lathraea squamaria* L.
8. Liliaceae. a) *Fritillaria imperialis* L. b) *Lilium Martagon* L. c) *Lilium Thunbergianum* Schult.
9. Ranunculaceae. a) *Ranunculus Ficaria* L. b) *Eranthis hiemalis* Salsb. c) *Helleborus odorus* Waldst.
10. Euphorbiaceae. a) *Euphorbia splendens* Boj. b) *Euphorbia cyparissias* L.
11. Fumariaceae. a) *Corydalis cava* Schweigg. u. Koert.
12. Amaryllidaceae. a) *Galanthus nivalis* L.

Die Untersuchungen wurden zum größten Teil mit frischem Material an Freihandschnitten gemacht, doch wurden auch Mikrotomschnitte herangezogen. Die Blüten sind zu diesem Zweck mit Sublimat-Eisessig nach Kaiser fixiert und über Xylol in Paraffin eingebettet worden.

Anatomischer Teil.

Fuchsia gracilis Lindl.

Die Nectarien treten bei dieser Pflanze am Grunde der Blütenröhre innenseitig auf. Sie bestehen aus kleinen unter sich verwachsenen fleischigen Polstern. Die Blütenröhre war bei der von mir untersuchten Art in der Mitte etwas bauchig aufgetrieben, am Ende wieder mehr zusammengezogen und enthielt zahlreiche nach abwärts gerichtete Haare. Bei Tätigkeit der Nectarien war sie fast ganz mit Nektar gefüllt, dessen Ausfließen aus der hängenden Blüte durch die eben erwähnten Haare verhindert wird. Am radialen Längsschnitt durch ein Nektarpolster wird das eigentliche Saftgewebe gleich an seiner Kleinzelligkeit und seinem Plasmareichtum erkennbar; es ist ungefähr sechs Zellagen tief und grünlich gefärbt, während weiter nach innen die Zellen größer werden und einen fast wasserhellen Inhalt haben (Abb. 1).

Bis dicht unter das Nektargewebe reichen die Gefäßbündelenden

(Abb. 1), die hier senkrecht zur Oberfläche des Nectariums verlaufen und schließlich nur mehr aus langgestreckten leitparenchymatischen Elementen bestehen. Das Saftgewebe wird von einer großzelligen Epidermis überzogen, die sehr saftreich ist und einen schwachen Plasmawandbelag mit Kern aufweist. Die Kerne des Saftgewebes, das reichlich mit kleinen Intercellularen versehen ist, sind sehr groß, meist nicht rund, sondern langgestreckt und haben dann häufig zwei deutliche Nucleolen. Auf Zusatz von Chlorzinkjod sieht man die Epidermis mit einer sich braun färbenden ziemlich starken Cuticula überzogen, während das Saftgewebe eine gelbbraune Farbe angenommen hat. Schon bei schwacher Vergrößerung ist dann bisweilen eine blauschwarze Färbung in zwei benachbarten Epidermiszellen wahrzunehmen. Bei stärkerer Vergrößerung erkennt man, daß es sich um mit Stärke erfüllte Stomata, also um Saftspalten handelt, deren Spalten parallel zur Blütenachse orientiert sind. Dahinter findet sich immer ein großer Saftraum. Die Spalten sind in reichlicher Zahl vorhanden, und zwar hauptsächlich an dem oberen gewölbten Teil des Polsters.

Zum näheren Studium der Kerne wurden die Mikrotomschnitte des mit Sublimat-Eisessig nach KAISER fixierten Materials verschiedenen Färbungen unterworfen. Am günstigsten erwies sich die Methylblau-Eosinfärbung nach MANN, die dann auch bei den übrigen Objekten bevorzugt wurde. In den Epidermiszellen und den darunter liegenden zwei bis drei Zellagen haben die Kerne einen besonders deutlich sich abhebenden Nucleolus und ein reicheres, kleinermaschiges Kerngerüst als die der tiefer liegenden Zellen. Vielfach findet man stark gelappte Kerne (Abb. 2, 3, 4, 5), was auf ihre rege Tätigkeit im Drüsengewebe hinweist.

Von irgendwelchen Inhaltskörpern im Saftgewebe und im Gewebe darunter außer einigen Raphidenbündeln ist nichts wahrzunehmen. Stärke tritt nur am Rande des Blütenbechers, und zwar an den Gefäßbündeln, die dort hinaufführen, auf. Es ist also anzunehmen, daß der Nektar in ziemlich fertiger Form aus anderen entlegeneren Teilen der Pflanze durch den reichen Gefäßbündelapparat dem Saftgewebe zugeführt wird.

Das Nectarium der *Fuchsia*-Blüte ist von SCHÖNICHEN (3) bereits anatomisch untersucht und kurz beschrieben worden. Doch hat er, obwohl er mit Chlorzinkjod Reaktionen gemacht hat, sowohl Cuticula als auch die Saftspalten übersehen. Es findet also bei *Fuchsia*, wie auch bei *Oenonthera Lamarkiana*, die von STADLER (4) eingehend behandelt ist, die Secretion durch Saftspalten statt, eine Bestätigung der Annahme, daß meist die Nectarien der Pflanzen, die zu einer Familie gehören, ähnlichen Bau haben und die Art und Weise ihrer Secretion die gleiche ist.

26*

Prunus laurocerasus L.

Hier kleidet das Nectarium den gewölbten Blütenbecher aus. Das Saftgewebe besteht aus drei bis vier Zellagen, die sehr zartwandig und reichlich mit Intercellularen versehen sind. Es wird von einer einschichtigen Epidermis überzogen, auf der man mit Sudanglycerin eine stark rot gefärbte Cuticula erkennt, die viele leistenförmige Verdickungen aufweist (Abb. 6). Außen wird der Blütenbecher von einer dickwandigen Epidermis mit einer starken Cuticula umkleidet.

In dem lockeren Parenchym des Blütenbechers liegen vereinzelte Zellen oder Zellreihen, die im Plasma, besonders im Wandbelag zahlreiche Bläschen zeigen, die sich vielfach zu traubenähnlichen Inhaltskörpern zusammenschließen (Abb. 7 und 8). Mit Chlorzinkjod färben sich diese Gebilde braun, mit Methylgrünessigsäure gelbgrün und mit Methylenblau dunkelblau. Durch Chloroform, Äther, Alkohol, ebenso durch 30proz. Essigsäure und 10proz. Kalilauge werden sie nicht verändert, dagegen verschwinden sie auf Zusatz von Eau de Javelle. Mit MILLONS Reagens und Eisenchlorid geben sie keine Farbreaktion.

In der Innenepidermis finden sich ähnliche Gebilde, die jedoch kleiner sind und inmitten der Zellen liegen, wobei sie vom Plasma vollständig eingeschlossen werden (Abb. 6). Sie zeigen dieselben Reaktionen, doch wird Methylgrünessigsäure schwerer gespeichert und durch Methylenblau eine blaugrüne Färbung erzielt.

Der Zellinhalt des Saftgewebes bleibt auf Zusatz von Methylgrünessigsäure farblos, durch Chlorzinkjod wird er hellbraun gefärbt. Hierbei treten in der Nähe der Zellkerne stark lichtbrechende Körper von derselben Größe wie diese hervor, die auch auf Zusatz von Chloroform, Äther und Alkohol sichtbar werden, dagegen an Schnitten in Wasser nicht bemerkbar sind (Abb. 6). Diese lichtbrechenden Körper werden in Methylblau-Eosin rot gefärbt.

Außer den erwähnten Inhaltsstoffen findet sich noch Stärke im Parenchym des Blütenbechers und zwar hauptsächlich in der Nähe der Zellen mit den traubenförmigen Gebilden und außerdem am Grunde kleiner Gruben in der Epidermis. Es handelt sich hier wieder um Saftspalten, die Stärke führen (Abb. 6). Die Grube wird von fünf etwas eingesenkten Epidermiszellen gebildet, die die Stomata umgeben.

In der Fruchtknotenwandung färbt sich der etwas stärker lichtbrechende Inhalt der dritten bis fünften Zellage mit Methylgrünessigsäure grün und mit Methylenblau dunkelblau. Am basalen Teil des Fruchtknotens sieht der Inhalt dieser Zellen grobkörnig-tropfenförmig aus, ähnlich den Zellen im Blütenbecherparenchym. Weiter nach oben kleidet eine vollkommen homogene Masse, in der viele kleine und größere kugelförmige Vacuolen vorhanden sind, diese Zellreihen aus, so daß sie ein wabenförmiges Aussehen bekommen.

Am Grunde des Blütenbechers entspringen sehr viele lange, einzellige Haare, die aus je einer Epidermiszelle hervorgegangen sind. Der dichte Wandbelag dieser Haare wird mit Methylgrünessigsäure homogen grün gefärbt, auch die am Grunde liegenden Tröpfchen nehmen grüne Farbe an. Es ist bei dem reichlichen Vorhandensein von Saftspalten nicht anzunehmen, daß die Haare irgendwie an der Secretion beteiligt sind, zumal sie mit einer Cuticula vollständig bedeckt sind, die auch bei stärkster Vergrößerung nirgends Poren erkennen läßt. Sie dienen wohl lediglich nur zum Festhalten des Nektars.

Prunus cerasus L.

Bei diesem Objekt liegen fast die gleichen Verhältnisse wie beim vorigen vor. Das Saftgewebe besteht aus vier Zellreihen, die von einer dickwandigen Epidermis bedeckt sind, auf der sich eine starke leistenförmig verdickte Cuticula vorfindet. Es treten wieder grubige Einsenkungen in der Epidermis auf, die am Grunde eine Saftspalte enthalten. Eine Verschleimung, wie sie SCHÖNICHEN (5) an den Außenwänden der Epidermis beobachtet zu haben meint, ist mir nicht aufgefallen. Die Secretion geht also auch hier sicherlich durch die Saftspalten vor sich.

Ribes rubrum L.

Wie bei *Prunus laurocerasus* bildet das Nektargewebe die obersten Schichten des gewölbten Blütenbechers. Ein Längsschnitt durch diesen läßt darüber eine starke Epidermis, die Anthocyan enthält, erkennen. Jede Epidermiszelle hat eine kleine papillöse Ausstülpung. Auf das Nektargewebe, das hier aus zwei bis drei Reihen kleiner sehr plasmareicher Zellen besteht, folgen nach innen zu immer größer werdende plasmaarme Zellen. Außen ist der Blütenbecher mit einer starkwandigen Epidermis umgeben, unter ihr liegt eine Zellage mit einem am Mikrotomschnitt gleichmäßig gelb aussehenden feinkörnigen Inhalt. Auch im Innern des Blütenbechers findet man Zellen desselben Inhaltes.

Bei Färbung mit Sudanglycerin zeigt sich auf der Epidermis des Saftgewebes eine Cuticula, die auch auf den Papillen in gleicher Stärke vorhanden ist.

An Mikrotomschnitten erkennt man in den Zellen der Innenepidermis einen stark lichtbrechenden Wandbelag, in dem bisweilen noch ein Kernrest eingeschlossen ist. Dieser Wandbelag speichert reichlich Methylgrün, durch Chlorzinkjod wird er gelbbraun und durch Methylenblau dunkelgrün gefärbt. Auf Zusatz von Eau de Javelle hebt er sich ab und schrumpft zusammen, bei längerer Einwirkung wird er vollkommen gelöst. Bei Behandlung mit Methylblau-Eosin tritt gelbe Färbung ein, während der Kernrest sich gelbrot abhebt. Sowohl bei dieser Färbung als auch bei Behandlung mit Methylenblau fallen in der Epidermis

Stomata auf, deren Zellen ganz mit Plasma erfüllt sind und die von etwas vorstehenden Zellen schützend umgeben werden (Abb. 9).

Das Saftgewebe hat meist regelmäßig runde Kerne. Bei Färbung mit Methylblau-Eosin sieht man in ihnen einen roten Nucleolus und ein sehr dichtes blaues Gerüst. In der Nähe oder direkt an den Zellkernen finden sich kleine gelbrote lichtbrechende Tröpfchen, ähnlich denen bei *Prunus laurocerasus*.

Die bereits oben erwähnte Zellschicht unter der Außenepidermis und die einzelnen Zellen im Gewebe des Blütenbechers mit dem gleichen feinkörnigen Inhaltsstoff speichern Methylgrün, Methylenblau färbt sie blaugrün und Chlorzinkjod gelbbraun. Durch Eau de Javelle wird ihr Inhalt vollständig herausgelöst. Mit MILLONs Reagens wird im ganzen Gewebe keine Veränderung hervorgerufen.

Aus dem kurzen Bericht von HANSTEIN (6) über die Arbeit von JÜRGENS über Nectarien entnimmt man, daß diesem das Vorhandensein von Saftspalten bei *Ribes* vollkommen entgangen ist und er sich infolgedessen zu einer irrigen Ansicht über die Secretion bei diesem Objekt hat verleiten lassen. Er gibt an, daß die glatte Oberhaut der absondernden Fruchtknotendecke im Blütengrunde von *Ribes* von einer Cuticula bedeckt ist, die beim Austritt des Nektars, dem sie Widerstand leistet, in ähnlicher Weise gesprengt und zerrissen wird, wie dies auf den Harz und Gummi aussondernden Zellen der Laubknospen gewöhnlich geschieht. Da es mir nun gelungen ist, bei *Ribes* reichlich Saftspalten zu finden, ist auch hier wohl die Frage der Secretionsart geklärt.

Atropa Belladonna L.

Das Nectarium umgibt als ringförmiger Wulst die Basis des oberständigen Fruchtknotens. Die Zellen des Wulstes sind sehr zartwandig und kleiner als die des Fruchtknotengewebes. Die scharfe Abgrenzung des Nektargewebes, die man sonst allgemein bei den Nectarien findet, trifft man hier nicht an. Es geht das Saftgewebe allmählich in das darunter liegende Gewebe über. Die Epidermis des Wulstes wird von einer ziemlich starken Cuticula überzogen, die aber bedeutend schwächer ist als die Cuticula des Fruchtknotens. Im Parenchym des Fruchtknotens findet sich sehr reichlich Stärke. Am Grunde des Wulstes oder oben, wo das Gewebe des Fruchtknotens beginnt, finden sich stärkeführende Stomata mit einem großen dahinter liegenden Hohlraum.

Die sehr saftreichen Zellen des Nektargewebes, das mit kleinen Intercellularen versehen ist, nehmen mit Chlorzinkjod eine gelbbraune Farbe an. An Mikrotomschnitten sieht man besonders in der Epidermis, aber auch teilweise in den tiefer liegenden Zellen stark lichtbrechende Inhaltskörper von verschiedener Gestalt. Sie haben die Form großer und kleiner Bläschen oder erscheinen ringförmig, auch geschrumpft (Abb. 10).

Angestellte Reaktionen ergaben folgendes: Chlorzinkjod ruft eine Braunfärbung hervor. Methylgrünessigsäure wird nicht aufgenommen, wogegen Methylenblau von den Bläschen reichlich gespeichert wird, und zwar nehmen sie eine grüne Farbe an, da sie von Natur schon gelb sind, während die geschrumpften Gebilde ihre ursprüngliche Farbe behalten. Außerdem fallen bei dieser Färbung im Plasma noch kleine körnige Bestandteile auf, die sich blau gefärbt haben (Abb. 10 a). Glycerin, verdünnte Salzsäure und 30proz. Essigsäure rufen keine Veränderung der Inhaltskörper hervor. In 10proz. Kalilauge beginnen die Bläschen, zumal die größeren, stark zu quellen. Nach längerer Einwirkung scheint der Inhalt herausgelöst und nur eine ziemlich dickwandige Blase übrig zu sein. Auf Zusatz von Eau de Javelle wird das Plasma des Saftgewebes sofort zerstört, während die Bläschen zunächst standhalten, sie werden aber bedeutend stärker lichtbrechend und verschwinden dann auch nach längerer Einwirkung.

Mit Methylblau-Eosin färbt sich die Grundsubstanz der Zellkerne im Saftgewebe blau, der Nucleolus und die hier sehr deutlich hervortretenden Prochromosomen rot. Die Kerne der Stomata nehmen dieselbe Färbung an, dagegen sind die Kerne der übrigen Epidermiszellen homogen rot gefärbt mit einzelnen kleinen dunkleren Punkten. Der Plasmawandbelag der Epidermis ist ebenfalls homogen rot gefärbt, doch etwas heller als die bläschenförmigen Inhaltskörper, die die verschiedenen Färbungen von Hellrot bis beinahe Dunkelrot angenommen haben. Die ringförmigen und auch die geschrumpften Gebilde werden ebenfalls rot, dagegen sind die schon erwähnten kleinen körnigen Plasmabestandteile hier blau gefärbt.

Scopolia orientalis Dun.

Hier sind die Verhältnisse ähnlich wie bei *Atropa belladonna*, nur mit dem Unterschied, daß das Nektargewebe die äußersten Zellreihen des unten bauchig erweiterten Fruchtknotens bildet. Mit Chlorzinkjod erkennt man auf der starkwandigen Epidermis des Fruchtknotens eine ziemlich dicke Cuticula, die, wo das Nektargewebe beginnt, an Dicke nachläßt. Man sieht auch hier wieder die mit Stärke erfüllten Stomata, die in der Epidermis des sonstigen Fruchtknotengewebes, das reichlich mit Stärke versehen ist, nicht vorkommen. Es treten dieselben lichtbrechenden Inhaltskörper wie bei *Atropa belladonna* auf, und sie verhalten sich den Reagenzien gegenüber vollkommen gleich.

Dictamnus albus L.

Das Nectarium kleidet ringförmig die Einschnürung zwischen dem Fruchtknoten und dem Blütenboden aus. An einem Längsschnitt ist es gleich an seiner Kleinzelligkeit zu erkennen und hebt sich auch ziemlich deutlich von dem umliegenden Gewebe ab. Die Epidermiszellen sind größer als die Saftgewebezellen und haben auch eine etwas verdickte Außenwand (Abb. 11), die mit einer Cuticula überzogen ist. Bei stärkerer Vergrößerung findet man dann auch Saftspalten in der Epidermis, die eingesenkt und mit einem großen Saftraum versehen sind (Abb. 11). Mit Chlorzinkjod fallen sie noch deutlicher durch ihren Stärkegehalt auf. Auf einem 6 μ dicken Mikrotomschnitt findet man durchschnittlich ein bis zwei solcher Spalten, sie sind also in ziemlich großer Anzahl vorhanden. An Mikrotomschnitten erscheinen die Zellen des Saftgewebes nicht sehr plasmareich, was auf einen großen Saftgehalt des Nectariums zurückzuführen ist.

Auf Zusatz von Jodjodkali bemerkt man im Gefäßbündelparenchym unter dem Saftgewebe reichlich Stärke, die beim Altern der Blüten schwindet. Da im Nektargewebe selbst keine besonderen Inhaltsstoffe wahrzunehmen sind, die als Aufbaustoffe für den Nektar dienen könnten, muß man wohl die Stärke im Gefäßbündelparenchym als solche ansprechen. Die Differenzierung der Zellkerne mit Methylblau-Eosin gelingt sehr schwer. Sie haben einen großen Nucleolus mit einem deutlichen Hof. Sonst ist das ganze Gewebe dem der *Fuchsia* sehr ähnlich, es hat auch wie dieses reichlich Intercellularen aufzuweisen.

Viola tricolor L.

Hier werden die Nectarien an Fortsätzen der beiden vorderen Staubblätter gebildet, die als mattgrüne an der Spitze dunkler werdende aneinanderliegende Gebilde in den Blütensporn hineinragen. Ein Längsschnitt läßt deutlich an der Spitze dieses Anhängsels kleinzelliges drüsiges Gewebe erkennen. Jede Epidermiszelle ist nach außen stark ausgebuchtet. Der ganze Nektarsporn wird von einer besonders an der Spitze welligen Cuticula überzogen. Bei stärkerer Vergrößerung findet man an der Spitze dieses Spornes Saftspalten, die die Absonderung ermöglichen, denn die Cuticula ist so stark, daß ein Durchtritt des Nektars durch sie nicht möglich erscheint, auch hat sie keinerlei Kanäle oder Poren aufzuweisen. In der Mitte des Spornes zieht sich ein großer Gefäßbündelstrang hin.

Auf Zusatz von Glycerin oder Alkohol erkennt man an Freihandschnitten besonders an der Spitze sich vorfindende stark lichtbrechende Bläschen von Zellkerngröße, die aber nur an jungen Blüten wahrzunehmen sind. Diese Körper werden durch absoluten Alkohol, Äther, Chloroform oder Glycerin nicht gelöst. Es kann sich also weder um Fette noch um ätherische Öle handeln. In 10proz. Kalilauge quellen sie bis zur Unkenntlichkeit, treten aber auf Zusatz von Alkohol wieder auf, dagegen verschwinden sie in verdünnter Salzsäure und 30proz. Essigsäure vollkommen. Mit Eisenchlorid- und Kaliumbichromatlösung nehmen sie keine andere Farbe an, Gerbstoffe kommen also auch nicht in Frage. Ebenso werden sie auch durch MILLONS Reagens nicht verändert, hingegen wird Safranin reichlich gespeichert. Diese Körper sind wohl, da sie gerade zu Beginn der Secretion auftreten und später wieder verschwinden, Rohstoffe für die Nektarproduktion, zumal im ganzen Sporn keine Stärke vorhanden ist. Ihre chemische Natur ist fraglich, doch möchte ich es für wahrscheinlich halten, daß Glucoside vorliegen. BEHRENS (2) erwähnt bereits ebenfalls diese runden Bläschen in seiner Arbeit.

Am eingebetteten und mit Safranin-Gentianaviolett-Orange G gefärbtem Material erhält man sehr gute Kernbilder. Die Zellkerne haben einen großen stark lichtbrechenden Nucleolus mit einem deutlichen Hof. Das Gerüstwerk ist sehr engmaschig. Bisweilen findet man in der Epidermis in Auflösung begriffene Zellkerne. Dann ist der Nucleolus meist ganz aufgelöst, und der Zellkern besteht aus einem roten Ring mit einzelnen roten Verbindungsfäden, in denen sich aber auch ein kleiner roter Punkt, der Rest des Nucleolus befinden kann.

BEHRENS (2) gibt in seiner Arbeit an, daß nach Ansicht von JÜRGENS die Secretion durch Auftreibung der Cuticula zu kleinen Bläschen und darauffolgende Sprengung der Cuticula vor sich gehe. Er selbst hat diesen Vorgang nicht beobachtet, aber ebenso war es ihm auch nicht möglich, andere Secretionsorgane zu entdecken. Daher drückt er sich vorsichtig folgendermaßen aus: „Man könnte wohl die Hypothese aufstellen, daß der Saft durch die dünnen Stellen der Epidermishöcker hindurch diffundiere, allein es dürfte geratener sein, die Frage einstweilen offen zu lassen." Dadurch, daß es mir gelungen ist, hier Saftspalten zu finden, dürfte auch bei diesem Objekt die Frage des Secretionsweges geklärt sein.

Lathraea squamaria L.

Da das Nectarium dieser Pflanze von STADLER (4) eingehend behandelt worden ist, möchte ich nur auf das eingehen, worin meine Beobachtungen mit den seinen nicht übereinstimmen. Nach seiner Beschreibung und Zeichnung hängt das Nectarium, das die Gestalt eines breitgequetschten Beutels hat, an der etwas verengten Basis des flaschenförmigen Ovariums quer zur Blütenachse. Dagegen konnte ich feststellen, daß es dem unteren Teil des Ovariums anliegt. Es findet daher auch die Secretion nicht auf allen Seiten dieses Beutels statt, sondern hauptsächlich auf der dem Ovarium abgekehrten Seite. An einem mit Methylblau-Eosin gefärbten Längsschnitt hebt sich das Nektargewebe schon in der Färbung ab, und zwar sieht es blau aus, während alles andere Gewebe mit Ausnahme der Epidermis rotbraun gefärbt ist.

Die Zellen des Nektargewebes sind klein, aber nicht sehr regelmäßig gebaut. Der Außenseite etwas genähert, sieht man ein dickes Gefäßbündel verlaufen, das sich am Ende fächerförmig ausbreitet. Bei einer jungen Blüte ist das ganze Gewebe des Schüppchens mit Stärke angefüllt, später verschwindet sie und ist nur vereinzelt an der Basis zu finden. Setzt man zu einem Längsschnitt Sudanglycerin oder Chlorzinkjod, so sieht man entgegen der Behauptung STADLERS das Gewebe von einer feinen Cuticula überzogen, die auf dem eigentlichen Secretionsgewebe noch feiner wird, aber mit starken Vergrößerungen an Sudanglycerin-präparaten deutlich als feine rote Linie zu erkennen ist. Die Kerne des Saftgewebes sind etwas länglich. Mit Methylblau-Eosin ist die Grund-substanz homogen schwach blau und der Nucleolus rot gefärbt.

Fritillaria imperialis L.

Am Grunde jedes der sechs Perigonblätter befindet sich eine große napfförmige Vertiefung, die reichlich Honig ausscheidet und während der Secretion mit einem großen Tropfen angefüllt ist. Das Saftgewebe besteht aus zwei bis drei Zellagen, die an einem frischen Schnitt sehr plasmareich sind und deren Inhalt weiß aussieht. Die darunter liegenden sieben Zellagen werden bedeutend größer und enthalten weniger Plasma. Darauf folgen Gefäßbündel, unter welchen die Zellen langgestreckt und chlorophyllhaltig sind.

Sowohl das Saftgewebe als auch die Zellagen darunter bis zu den Gefäßbündeln sind zu Beginn der Secretion überreichlich mit Stärke versehen. Mit Jodjodkali sieht man, daß die Größe der Stärkekörner nach oben zu abnimmt, auch färbt sie sich in den oberen Zellen nicht blau, sondern rötlichbraun. Es liegt also hier kaum mehr reine Stärke, sondern ein dextrinähnliches Umwandlungsprodukt derselben vor. Die Außenwand der Epidermis des Nectariums quillt in Chlorzink-jod bedeutend stärker als die anderen Zellwände und wird von einer ganz feinen Cuticula bedeckt. Die Wände der Saftgewebezellen, ausgenommen die Außenwand, sind ganz fein getüpfelt. Mit Methylblau-Eosin haben die großen Kerne des Saftgewebes einen sich klar abhebenden roten Nucleolus und ein sehr dichtes, daher wenig klares Kerngerüst.

WILSON (1), der mit *Fritillaria* experimentierte, hat das Nectarium nicht anatomisch behandelt. Was HANSTEIN (6) über die Arbeit von JÜRGENS berichtet, konnte ich nicht bestätigen. Er schreibt: „Die großen Honiggruben der Perigonblätter von *Fritillaria imperialis* sind von einer glatten secernierenden Oberfläche gebildet, unter der sich das kleinzellige Drüsengewebe befindet. Verfasser sah die Außenschicht der äußeren Epidermiswand im Secret teilweise zerfallen." Letzteres habe ich auch bei älteren Exemplaren niemals beobachten können. Es muß also, da bis zum letzten Augenblick der Ausscheidung die Cuticula un-zerrissen und unbeschädigt auf dem Nectarium sich vorfindet, die Se-cretion ohne Abhebung und Zerreißung der Cuticula durch einfache cuticulare Diffusion vor sich gehen.

Lilium Martagon L.

Auf der Oberseite der sechs Perigonblätter verlaufen je zwei Längs-
leisten über der Mittelrippe, die von der Insertion des Blattes bis ungefähr zur Hälfte reichen. Die Leisten wölben sich fast über der Mittelrippe zusammen, so daß eine enge nur nach vorn geöffnete Röhre entsteht. Dieser durch die Leisten eingeschlossene Teil des Blattes bildet
das Nectarium und ist zur Blütezeit reichlich mit einem süß schmeckenden Saft erfüllt. Auf Querschnitten zeigt diese Nektarfurche eine halb-
kreis- bis kreisförmige Gestalt. Als eigentliches Nectarium fungieren
nur die obersten Zellschichten des Grundes und der Seiten dieser Furche.
Ungefähr fünf Zellreihen gehören zum Saftgewebe, in dem sich reichlich
Stärke findet, auch die Zellen darunter enthalten solche. Mit Chlorzinkjod erkennt man auf dem Nektargewebe eine braun gefärbte wellige
Cuticula (Abb. 12), die in den Ecken und an den Seiten, wo die Epidermiszellen nach außen stark vorgewölbt sind, etwas glatter ist. Bei
genauerer Untersuchung sieht man auch, daß die Zellen des Saftgewebes
an diesen Stellen kleiner und zartwandiger sind als in der Mitte, d. h. am
Grunde der Nektarfurche. Ihre Zartheit ergibt sich auch daraus, daß
sie beim Schneiden mit dem Mikrotom leicht zerreißen, doch zeigen vorsichtig geführte Freihandschnitte, daß das Gewebe an der Pflanze selbst
unzerstört ist. Die Stärke ist in der Mitte reichlich und in großen
Körnern vorhanden, und zwar bis in die letzte Zellreihe unter der Epidermis, an den anderen Stellen spärlicher, anscheinend bereits etwas
abgebaut. Alles dieses läßt vermuten, daß die Hauptsecretionsstellen
sich an den Seiten und in den Ecken der Furche befinden.

Auch mit der Methylblau-Eosinfärbung ist ein Unterschied zwischen
den Ecken und Seiten der Furche und der Mitte wahrzunehmen, und
zwar an den Kernfärbungen. In der Mitte ist ihre Grundsubstanz wabig
und dunkelblau gefärbt, es treten Prochromosomen auf, die sich rot
färben, und jeder Kern hat durchschnittlich zwei bis fünf größere rote
Körper, nämlich Nucleolen. In den Ecken und Seiten ist der Grundton
der Kerne heller. Die Prochromosomen und Nucleolen sind auch hier
rot gefärbt, lassen sich aber, da sie von ungefähr gleicher Größe sind,
schwer voneinander unterscheiden. Die Verhältnisse bei *Lilium Thunbergianum* sind genau dieselben wie bei *Lilium Martagon*, sowohl hinsichtlich der Art der Secretion als auch in bezug auf den Chemismus
der Zellen. Es erfolgt also, da weder irgendeine Abhebung oder Zerreißung der Cuticula wahrzunehmen ist, die Secretion durch die cuticularisierte Epidermis des Nectariums.

Ranunculus Ficaria L.

Der Nektar findet sich hier zwischen dem Blumenblatt und dem an
seiner Basis entspringenden sogenannten Saftschüppchen. Am Grunde

des von dem Blumenblatt und dem Saftschüppchen gebildeten Grübchens sieht man an einem Längsschnitt einen kreisförmigen Gewebekomplex, das Nectarium, das sich durch Kleinzelligkeit und Plasmareichtum von dem umgebenden Gewebe abhebt. Unmittelbar unter ihm endet ein Gefäßbündelstrang. Auf nähere Einzelheiten einzugehen, erübrigt sich, da BEHRENS (2) eine ziemlich ausführliche Beschreibung der Zellverhältnisse und ihrer Inhaltsstoffe gibt. Meine Beobachtungen stimmen mit Ausnahme eines Punktes mit seinen Aufzeichnungen überein. BEHRENS ist nämlich das Vorhandensein einer Cuticula auf der Oberfläche des Nectariums entgangen, die, wenn sie auch gerade nicht sehr dick ist, ohne weiteres durch Zusatz von Chlorzinkjod auch bei schwacher Vergrößerung auf der sehr zarten Außenwand zu erkennen ist. Es findet also auch hier die Secretion durch die Cuticula statt.

Eranthis hiemalis SALSB.

Hier enthalten zu Tuben umgewandelte Staubblätter am Grunde das Nektargewebe. Die Zellverhältnisse sind dem vorigen Objekt sehr ähnlich. Die Epidermiszellen sind, wie Abb. 13 zeigt, etwas tangential gestreckt und papillenförmig vorgewölbt, sie werden von einer Cuticula überzogen, die auf den Papillen an Stärke nachläßt. Bei ganz starker Vergrößerung ist an einem medianen Schnitt durch die Papille die Braunfärbung der Cuticula mit Chlorzinkjod an der Spitze unterbrochen. Es war aber nicht möglich, an Oberflächenschnitten ein Loch an dieser Stelle in der Cuticula zu entdecken. Wie auch beim vorigen Objekt, findet sich zu Beginn der Secretion um das Nektargewebe Stärke, im Saftgewebe selbst nur wenig.

Helleborus odorus WALDST.

Bei *Helleborus* sollen nach Angaben von SCHÖNICHEN (5) die Secretionsverhältnisse denen von *Nigella* sehr ähnlich sein. Dort findet, wie BEHRENS (2) angibt, Verschleimung der äußeren stark cuticularisierten Membran statt, und es wird durch darauffolgende Sprengung der Cuticula die Secretion eingeleitet. Ich konnte dies weder bei *Helleborus odorus* noch bei *Helleborus niger* und *viridis* finden, vielmehr habe ich dieselben Verhältnisse wie bei *Eranthis* feststellen können.

Euphorbia splendens BOJ.

Die Nectarien sind dem Rande der glockigen Hülle der Blütenstände angefügt und von zwei großen roten Hüllblättchen umschlossen. Sie haben halbmondförmige Gestalt und sind in der Mitte etwas vertieft. Ein Schnitt durch ein solches Nectarium läßt schon ohne irgendwelche Behandlung und Färbung deutlich die Abgrenzung des Saftgewebes erkennen, das ungefähr fünf Zellreihen tief ist. Unmittelbar bis unter das Saftgewebe reichen die sich fächerförmig teilenden Gefäßbündel.

Die Zellen des Saftgewebes sind sehr dünnwandig, ziemlich unregelmäßig gebaut, sehr plasmareich und mit tropfen- oder bläschenförmigen Inhaltsstoffen versehen (Abb. 14). Die Epidermis besteht aus palisadenförmigen Zellen, die nächste Zellreihe ist meist auch noch etwas radial gestreckt, dann folgen isodiametrische und längliche Zellen durcheinander. Mit Chlorzinkjod nimmt das plasmareiche Saftgewebe eine bräunliche Färbung an. Die bläschenförmigen Inhaltsstoffe finden sich hauptsächlich im Saftgewebe in großer Zahl, selten in der Epidermis, dann aber auch noch in den unter dem Saftgewebe liegenden Zellen und im Gefäßbündelparenchym. In den untersten Schichten des Nektargewebes sieht man im Schnittbild meist ringförmige Gebilde, die Blasen enthalten hier eine größere Vacuole (Abb. 14). Mit 30 proz. Essigsäure behandelt, quellen die Bläschen ganz wenig, werden aber nicht gelöst. Bei Behandlung mit 10proz. Kalilauge verquellen sie schnell und verschwinden in kurzer Zeit, auch Alkohol- und Essigsäurezusatz läßt sie nicht wieder auftreten. In Chloralhydrat quellen sie auch etwas, werden aber nicht gelöst. Mit Eau de Javelle verhalten sie sich wie 10proz. Kalilauge gegenüber. Auch eine längere Behandlung mit Chloroform oder Äther löste die Bläschen nicht. MILLONs Reagens ruft auch nach zweitägigem Verweilen der Schnitte im Reagens keine Farbveränderung hervor. Mit Eisenchloridlösung und Osmiumtetroxyd werden die Bläschen nicht gefärbt. Rutheniumrot, Kongorot und Methylblau-Eosin wird nicht gespeichert, dagegen nehmen sie mit Methylgrünessigsäure eine grüne, mit Methylenblau eine hellblaue bis blaue und mit Safranin eine rote Farbe an. Besonders sind die im Gefäßbündelparenchym und im untersten Gewebe gelegenen Bläschen mit Safranin ganz rot gefärbt. In den ringförmigen Blasen des Nektargewebes färbt sich nur der äußere Ring, der oft einseitig dicker ist und dann halbmondförmig aussieht (Abb. 14). In den obersten drei Zellagen verschwindet die rote Farbe mehr und mehr, ein Zeichen, daß die Safranin speichernde Substanz eine Umwandlung erfahren hat. Besonders diese letztere Tatsache läßt vermuten, daß diese Inhaltskörper als Rohstoffe zur Nektarproduktion dienen, da man Stärke in den Zellen nicht vorfindet. Ihre chemische Natur ist unklar, doch bestehen deutliche Ähnlichkeiten mit den entsprechenden Inhaltsstoffen anderer Nectarien.

Mit Chlorzinkjod und auch mit Sudanglycerin sieht man die palisadenförmige Epidermis mit einer dicken Cuticula überzogen. Auf einem 8 μ dicken Mikrotomschnitt treten verschiedentlich zwei bis drei Zellen etwas zurück, da sie etwas kürzer als die anderen sind. Hier läßt auch die starke Braunfärbung mit Chlorzinkjod nach, und die Cuticula wird erheblich schwächer. An Serienschnitten und Oberflächenbildern sieht man, daß durchschnittlich neun oder auch mehr Zellen an dieser Einsenkung beteiligt sind. Obwohl an dieser Einsenkung keine Saftspalten zu finden sind, könnte man sie doch als Saftgrube bezeichnen (Abb. 15).

M. Nieuwenhuis (7) ist es mit Hoffmanns Violett gelungen, Kanäle in den Cuticularschichten exotischer Euphorbiaceen nachzuweisen. Trotz der stärksten Vergrößerungen habe ich mit diesen Färbemethoden keine Kanäle bei *Euphorbia splendens* entdecken können, so muß also die Secretion durch die Gruben erfolgen, da dort die Cuticula nicht allzu dick ist. Auch *Euphorbia cyparissias* und *Euphorbia epithymoides* haben solche Saftgruben aufzuweisen, nur beteiligen sich dort nicht so viel Zellen an den Gruben. Es liegt die Vermutung nahe, daß die eingesenkte Zellgruppe einem reduzierten Stoma und seinen Nebenzellen entspricht.

Corydalis cava Schweigg. u. Koert.

Das keulenförmige verdickte Ende der am Grunde zusammengewachsenen Staubblätter ragt in den Blütensporn und bildet das Nectarium. Horizontale und vertikale Längsschnitte lassen erkennen, daß nicht der ganze Körper aus drüsigem Gewebe besteht, sondern nur die Seiten und sein unterer Teil. Man sieht auch schon mit bloßem Auge, daß diese Stellen dunkler grün sind.

An Querschnitten durch dieses keulenförmige Gebilde stellt das Nektargewebe einen Halbkreis dar. Ein mit Sudanglycerin behandelter Querschnitt läßt auf der Epidermis eine Cuticula erkennen, die an der Unterseite also dem Hauptsecretionsteil ganz fein ist. Die Epidermiszellen sind bedeutend größer als die Saftgewebezellen und stark nach außen vorgewölbt. Das Nektargewebe, das ungefähr sieben Zellagen stark ist, ist sehr saftreich, denn am fixierten und eingebetteten Material ist der Plasmainhalt sehr gering. Ein Gefäßbündelstrang reicht bis unter das Saftgewebe. Mit Jodjodkali gibt der ganze keulenförmige Körper keine Reaktion auf Stärke, auch an anderen bemerkenswerten Inhaltsstoffen ist nichts zu finden. Mit Fehlingscher Lösung gibt er wie auch der ausgeschiedene Nektar keine Zuckerreaktion, aber mit α-Naphthol-Schwefelsäure zeigt er eine schön violette Zone am Rande, was auf das Vorhandensein glykosidartiger Stoffe hinweist.

Galanthus nivalis L.

Von Stadler (4) ist schon die Ansicht aufgestellt, daß das Nectarium von *Galanthus nivalis* den den Griffel wallförmig umgebenden Discus bildet. Schniewind-Thies (8) hat, da Stadler über die Art der Honigabsonderung keine Gewißheit erlangte und keine Aufbaustoffe für den Nektar fand, das Objekt nochmaliger Untersuchung unterzogen und berichtet folgendes: „Die Epidermiszellen des Discus sind quadratisch oder tafelförmig. Die Außenwand ist stark verdickt und von einer kräftigen gestreiften Cuticula bedeckt. Die seitlichen und inneren Zellwände sind von verschiedenem Bau, entweder zart und dünn, wie STADLER sie abbildet, oder stark collenchymatisch verdickt und mit den Nachbarzellen durch große Tüpfel kommunizierend. Beide Zellformen können in demselben Discus, jede auch für sich allein vorkommen. Die Zellen des zuweilen sechs Reihen breiten subepidermalen Secretionsgewebes stimmen im Bau mit der Epidermis überein. Zu Beginn tritt der Nektar in kleinen Winkeln zwischen je zwei Epidermiszellen hervor. Bei fortschreitender Secretion wird die Cuticula auf größere Strecken bogenförmig in die Höhe gehoben, indes niemals gesprengt. Bei Zusatz von Jodjodkali oder Chlorzinkjod färbt sich der emporgehobene Teil der Cuticula hellgelb bis gelb, der der Zellwand aufgelagerte braun"

Im allgemeinen haben meine Untersuchungen dieselben Ergebnisse erbracht. Die Außenwand der Epidermis ist bedeutend dicker als die anderen Zellwände der oberen zwei Zellagen und auch nicht wie diese getüpfelt (Abb. 16). Die Zellform ist hier mehr tafelförmig, dann folgen fünf Zellreihen mit rundlicher Form, die nach unten immer mehr an Größe zunehmen und sehr dünne Zellwände besitzen. Die beiden dickwandigen oberflächlichen Zellreihen, die ich in jedem Discus fand, sind plasmareicher als die Zellreihen darunter. An Inhaltsstoffen ist auch an ganz frischem Material vor der Secretion nichts zu sehen. Es ist daher anzunehmen, daß der Nektar in bereits ziemlich fertiger Form dem ausscheidenden Discus aus entfernteren Geweben zugeführt wird, wie auch schon STADLER angibt. Die Secretion erfolgt hier durch die abgehobene, aber niemals zerrissene Cuticula (Abb. 16), denn man findet sie auch an älteren Objekten immer in unbeschädigter Form auf dem Nektargewebe vor.

Zusammenfassung der anatomischen Befunde.

Das Nektargewebe ist fast immer durch seine Kleinzelligkeit von den umgebenden Gewebemassen zu unterscheiden, falls nicht, so erkennt man die Ausdehnung des Nectariums auch schon an der Farbe und Struktur des Zellinhaltes, der sich von dem Nachbargewebe deutlich abhebt. Die Zellwände sind meist sehr dünn und bestehen aus reiner Cellulose, sind sie dagegen verstärkt, so findet man sie wohl des regen Saftaustausches wegen reichlich getüpfelt (*Galanthus nivalis, Fritillaria imperialis*). Die Zellform ist in der Regel isodiametrisch, es kommen aber auch abweichende Formen vor. In den Nektargeweben selbst treten bei den hier behandelten Pflanzen keine Gefäßbündel auf, sie reichen aber mit ihren Enden bis dicht unter das Saftgewebe.

Meine anatomischen Untersuchungen sprechen sehr dafür, daß es keine floralen Nectarien gibt, die nicht mit einer Cuticula bedeckt sind. BEHRENS (2) gibt zwar in seiner Arbeit noch einige Nectarien ohne solche an, die ich nicht näher untersucht habe. Da ihm aber die Cuticula auf dem Nektargewebe von *Ranunculus*, die doch verhältnismäßig dick ist, entgangen ist, kann man vermuten, daß er das Vorhandensein einer noch feineren Cuticula bei anderen Objekten übersehen hat. Ferner ergab sich, daß bei manchen Objekten bisher Saftspalten übersehen wurden, so bei *Fuchsia gracilis* und *Prunus cerasus* von SCHÖNICHEN, bei *Ribes rubrum* von JÜRGENS und bei *Viola tricolor* von BEHRENS.

Danach gibt es nur folgende Arten von Secretion:

a) Secretion durch cuticularisierte Membranen. *Lilium Martagon, Lilium Thunbergianum, Fritillaria imperialis, Ranunculus Ficaria, Eranthis hiemalis, Helleborus odorus, Lathraea squamaria, Corydalis cava, Euphorbia splendens* u. a.

b) Secretion durch cuticularisierte Membranen mit Secretionskanälen. Exotische Euphorbiaceen und einige andere (NIEUWENHUIS).

c) Secretion durch cuticularisierte Membranen unter Abhebung, aber ohne Zerreißen der Cuticula. *Galanthus nivalis.*

d) Secretion durch Saftspalten. *Fuchsia gracilis, Prunus laurocerasus, Prunus cerasus, Ribes rubrum, Atropa belladonna, Scopolia orientalis, Dictamnus albus, Viola tricolor* u. a.

e) Secretion durch Bildung von Schleim in der Zellwand unter der Cuticula. *Nigella arvensis, Cestrum, Scilla amoena, Abutilon, Althaea, Tropaeolum majus* (BEHRENS).

Letzterer Fall bliebe noch näher zu untersuchen, da in den oben beschriebenen Objekten keine Verschleimung der Epidermisaußenwand wahrzunehmen war, dagegen für *Prunus cerasus* von SCHÖNICHEN angegeben wurde.

Es wären nun noch einige Worte über die Aufbaustoffe für die Nektarproduktion zu sagen.

Am häufigsten findet man Stärke, entweder im Saftgewebe selbst oder in dessen unmittelbarer Nähe, die durch Enzyme direkt in Zucker verwandelt werden dürfte. Wo keine Stärke vorhanden ist, sieht man vielfach bläschenähnliche Inhaltsstoffe hauptsächlich im Saftgewebe gerade zu Beginn der Secretion reichlich auftreten, so z. B. bei *Prunus laurocerasus, Ribes rubrum, Atropa belladonna, Scopolia orientalis, Viola tricolor, Euphorbia splendens.* Man muß daher annehmen, daß sie bei diesen Pflanzen die Rohstoffe zur Nektarbildung darstellen, zumal sie gegen Ende der Secretion nur noch in geringer Menge vorhanden sind. Ihre chemische Zusammensetzung ist unklar. Gerbstoffe und Eiweißkörper kommen nicht in Betracht, da die specifischen Reaktionen hierauf überall negativ ausfallen. Wegen ihrer starken Lichtbrechung könnte man sie leicht als Fette oder ätherische Öle ansprechen. Diese Vermutung wurde jedoch durch die Lösungsversuche mit Alkohol, Äther

und Chloroform widerlegt. Sie bestehen wahrscheinlich aus glykosid-
artigen Stoffen, die in Zucker gespalten werden.

Es gibt nun noch einige Nectarien, zu denen *Galanthus nivalis* und
Corydalis cava zählen, die weder Stärke im Saftgewebe oder dessen
Nähe aufweisen noch sonstige Inhaltsstoffe, die zum Nektaraufbau
dienen könnten. Diesen Nectarien wird vermutlich, wie STADLER (4)
auch bereits annahm, der Nektar in ziemlich fertiger Form aus entfernteren Punkten zugeführt.

Die anatomischen Untersuchungen haben gezeigt, daß die Secretion
in den floralen Nectarien in überwiegender Zahl durch Saftspalten erfolgt, auch die bei den extrafloralen Nectarien von *Euphorbia splendens*
und *cyparissias* nachgewiesenen Saftgruben kann man als umgewandelte
Saftspalten auffassen. Wo keine solche Spalten vorhanden sind, geht
die Secretion durch die Cuticula vor sich. Man könnte daher einerseits
die floralen Nectarien ohne Saftspalten mit den epidermalen Hydathoden
und anderseits die mit Saftspalten mit den Epithemhydathoden vergleichen.

Experimenteller Teil.

In seinen „Osmotischen Untersuchungen" (1877) hat PFEFFER (9)
die Vorstellung entwickelt, daß die Secretion der Nectarien nichts mit
dem „Bluten" zu tun habe, daß vielmehr „der erste Anstoß zu einer
solchen einseitigen Wasserauspressung ... durch eine beliebig entstehende Ansammlung einer osmotisch wirkenden Lösung an geeigneter
Stelle gegeben sei, sei es nun, daß zu dem Ende der Zellinhalt einen Stoff
nach außen abgibt, oder daß ein löslicher Körper durch Metamorphose
der Zellhaut entsteht oder auf andere Weise herbeigeschafft wird."

Zur Stützung dieser Ansicht hat PFEFFERS Schüler WILSON (1) im
Jahre 1881 Versuche über die Nektarausscheidung angestellt, die diese
Auffassung zu bestätigen schienen. Der zu Anfang der Secretion aus
den Nektardrüsen auf die Oberfläche ausgeschiedene Zucker zieht nach
ihm osmotisch aus dem Innern der Nectariumzellen durch die Zellwände
Wasser an sich. So entsteht der süße Flüssigkeitstropfen auf den Nectarien, der sich so lange erneuern kann, als noch Teile einer osmotisch
wirksamen Substanz auf der Oberfläche der Zellen vorhanden sind.
Darüber, wie außen die osmotisch wirksame Substanz geschaffen wird,
ist sich WILSON vollständig im unklaren. Er glaubt in manchen Fällen
eine Desorganisation der obersten Schichten der Epidermiszellen annehmen zu müssen. Durch diese Metamorphose entstehe ein Druck,
der die aufliegende Cuticula schließlich zum Platzen bringe. Zu seinen
Versuchen benutzte er verschiedene Objekte, hauptsächlich *Fritillaria
imperialis*. Er entfernte durch Ausspritzen mit einer Spritzflasche und
Abtrocknen mit Filtrierpapier den Nektartropfen, worauf nach kurzer

Zeit die Secretion unter einer Glasglocke wieder begann. Diese Waschungen wiederholte er so oft, bis keine Secretion mehr erfolgte, meist genügten hierzu zwei bis drei Waschungen. Auf die erschöpften Nectarien gab er kleine Zuckerkrystalle oder Zuckerlösungen. Darauf begannen sie wieder zu secernieren und die Absonderung blieb nach seiner Beobachtung dauernd bestehen wie bei unbehandelten Nectarien. Auf Grund dieser Versuche kam er zu den Ergebnissen, daß die Absonderung auf der Oberfläche der Nectarien durch Fortwaschen dieser Flüssigkeit mit Wasser vollständig aufgehalten und durch Hinzufügung einer Lösung, die einen ähnlichen osmotischen Charakter hat, z. B. Zuckerlösung, die Secretion wieder wie vorher hervorgerufen werden könne.

Ähnlich sind die Ansichten von HAUPT (10) über extraflorale Nectarien. Er stimmt mit WILSON im wesentlichen betreffs Schaffung einer osmotisch wirksamen Substanz auf der Oberfläche der Nectarien durch Metamorphose der obersten Zellgruppen zur Einleitung der Secretion überein. Einmal sollen es bestimmte Zellgruppen im Nectarium sein, die die osmotisch wirksamen Substanzen absondern, oder die sich in solche umwandeln, ein anderes Mal soll eine Umwandlung der Cellulosewand direkt in Zucker stattfinden oder auch nur eine Verschleimung dieser Wand. Auch soll nach ihm eine Degeneration der Cuticula selbst vorkommen können. Doch dürfte dies weniger der Gewinnung von Nektar dienen, als vielmehr der Erleichterung der Secretion, da, wo die Cuticula sich als impermeabel erweist. Nach WILSON kann der Nektar die Cuticula ohne Zerreißung niemals passieren. HAUPT nimmt aber eine mehr oder weniger starke Permeabilität der das Nectarium bedeckenden Cuticula für Wasser und darin gelöste Substanzen an.

Schon 1884 hat GARDINER Einwände gegen die WILSONschen Versuche erhoben. Er meint, die osmotische Wirksamkeit der starken Zuckerlösung, die WILSON auf die erschöpften Nectarien gegeben hatte, ließe sich nicht mit der des Nektars, der z. B. bei *Fritillaria* nur 1 vH. Zucker enthält, vergleichen. Außerdem störe auch wohl das Waschwasser durch Ausziehen von Zucker aus den Nectarienzellen deren inneres Gleichgewicht. Versuche wurden von ihm nicht mitgeteilt.

BÜSGENS (11) im Jahre 1891 an *Prunus laurocerasus* gesammelte Erfahrungen führten ihn zu der Überzeugung, daß der scheinbare Wiederbeginn der Secretion unter dem Einfluß des Zuckers nichts anderes sei als das hygroskopische Zerfließen desselben in der feuchten Luft unter der Glasglocke. Wird der durch den Zucker entstandene Tropfen abgewischt, so bleiben die Nectarien zunächst ebenso trocken wie sie vorher waren. Wo später dann wieder Secretion eintritt, sei sie von dem aufgelegten Zucker gewiß ganz unabhängig. Die WILSONschen Versuche besäßen keine Beweiskraft, vielmehr sei bei *Prunus laurocerasus* die Nektarabsonderung ausschließlich von Vorgängen im Zellinnern abhängig.

Trotz dieser Kritiken hielt PFEFFER (12) seine und WILSONS Anschauung in seiner Pflanzenphysiologie (1897) aufrecht. Er stellt eine „intracelluläre Drucksecretion" ausdrücklich in Abrede und meint, daß „die plasmolytische Wirkung zur Erzielung einer genügenden Wassersecretion in den Nectarien völlig ausreichend" sei. Doch gibt er hier die Möglichkeit wiederholter Zuckerausscheidungen zu. „Besitzt die Pflanze die Fähigkeit, den Zucker zu ersetzen, so kann das Abspülen nicht die Wassersecretion in den Nectarien aufheben. Übrigens wird durch den Zuckergehalt der Flüssigkeit die Secretion dieses Stoffes und damit die Wiederherstellung der die Wassersecretion bewirkenden Ursache erwiesen. Die Befähigung zu wiederholter Secretion von Zucker oder anderen Stoffen ist natürlich von der Natur der Pflanze abhängig und außerdem mit dem Entwicklungsstadium und äußeren Bedingungen veränderlich. Die vitale Tätigkeit zur Erreichung der Nektarsecretion beschränkt sich, wie wiederholt betont, auf die Schaffung und Erhaltung von osmotisch wirksamer Substanz außerhalb der Zellen. Gewöhnlich wird dieser Zucker aus den Drüsenzellen secerniert, doch wird in manchen Fällen ein gewisses Quantum durch eine extraplasmatische, aber ebenfalls vom Leben abhängige Metamorphose der Zellwand geliefert. Da dieser Vorgang sich aber gewöhnlich nur einmal abzuspielen pflegt, da ferner wohl alle Nectarien Zucker ausscheiden, so kann man sich des Gedankens nicht erwehren, daß diese Zellhautmetamorphose nicht in erster Linie auf den Gewinn von Zucker berechnet ist, sondern vielmehr auf Erleichterung der Secretion. Jedoch gibt es auch leicht durchlässige Cuticula, und so kann es nicht überraschen, daß die Beseitigung der Cuticula in anderen Nectarien und Wasserdrüsen unterbleibt."

SCHIMPER (13) wies durch Versuche an den extrafloralen Nectarien von *Cassia neglecta* nach, daß sie nach dem Auswaschen ebenso reichlich secernierten wie die gewaschenen. Trocken blieben nur die wenigen, welche durch das Auswaschen gelitten hatten. Ebenso verhalten sich nach HABERLANDT (14) die extrafloralen Nectarien von *Vicia sepium*. Er schreibt darüber: „Es scheint demnach eine direkte Ausscheidung des zuckerhaltigen Secretes vorzuliegen."

Gegen die Theorie der Desorganisation und Umwandlung der obersten Zellwandschichten der Nectariumepidermis und Zerreißen der Cuticula wendet sich NIEUWENHUIS (7). Er sagt unter anderem, „daß eine Metamorphose der Cuticularschichten, sei diese auch nur lokal, eine mehr oder weniger starke Zerstörung der oft sehr kompliziert gebauten Nectarien bedeute, denn untersucht man Tropfen extrafloraler Nectarien mit Rissen in der Cuticula, so findet man meistens an der Wundstelle Bacterien oder Pilze, oder das ganze Gewebe ist von Tieren angefressen, deren Mundwerkzeuge nicht kräftig genug sind, um eine normale Cuticula zu durchbrechen. Die Lebensdauer eines Nectariums würde

27*

auch durch eine ganz lokale Desorganisation der Cuticularschichten schwer beeinträchtigt werden, was, welche biologische Funktion den Nectarien auch zukommen mag, sehr unzweckmäßig wäre. Nun soll in manchen Fällen allerdings eine Regeneration der Oberhautzellen stattfinden, was ja möglich ist, aber Regel ist es nicht, auch müßte sie ja eine Unterbrechung der Zuckerausscheidung zur Folge haben, was meiner Beobachtung, daß dasselbe Nectarium viele Tage hintereinander ununterbrochen und gleichmäßig secerniert (abgesehen von der Veränderung der äußeren Umstände), durchaus nicht entspricht." Er hat daher die Nectarien mit dicken Cuticularschichten auf irgendwelche Ausgänge näher untersucht. In der Tat ist es ihm dann auch gelungen, mit besonderen Färbemethoden in den extrafloralen Nectarien exotischer Euphorbiaceen und einiger anderer Pflanzen, die besonders dicke Außenwände der Nectariumepidermis zeigen, in den Cuticularschichten Secretionskanäle nachzuweisen.

Aus der oben angeführten Übersicht unserer Kenntnisse über Secretionstätigkeit der Nectarien ist ersichtlich, daß bisher keine einheitliche klare Anschauung darüber besteht. Die Auffassung von PFEFFER und WILSON wird von HABERLANDT (15) für Blütennectarien akzeptiert, von BENECKE (16) als irrig bezeichnet.

Im folgenden soll nun versucht werden, durch neue eingehende Versuche Klarheit in diesen Fragen zu erlangen.

A. Vorversuche.

Zunächst wurden im Sommer 1924 an den Nectarien einiger Pflanzen orientierende Versuche angestellt, die im folgenden kurz beschrieben sind.

Bei *Euphorbia splendens* bilden, wie oben schon näher beschrieben, fünf halbmondförmige Schwielen, die die Cyathien umgeben, die Honig abscheidenden Organe. Sie sind in der Mitte etwas grubig eingesenkt, wodurch der ausgeschiedene Nektar zusammengehalten wird. Der in ziemlich geringer Menge vorhandene Nektar wurde mit einem feuchten Pinsel abgesaugt. Auf einem Uhrglas gab diese Probe mit FEHLINGscher Lösung (im folgenden mit F. L. bezeichnet) eine starke Zuckerreaktion. Derart abgesaugte Nectarien zeigten in 2—3 Stunden im feuchten Raum bei Sonnenlicht wieder Nektar auf ihrer Oberfläche. Mit F. L. ergab dieser zweite Tropfen dieselbe Niederschlagsmenge wie der erste, was auf gleiche Zuckerkonzentration schließen läßt. Wenn man die Nectarien auf dieselbe Art wie oben noch dreimal (also im ganzen fünfmal) abwusch, und zwar ungefähr in denselben Zeitabständen, zeigte sich immer wieder Nektar, doch seine Menge verringerte sich mit jedesmaligem Absaugen. Die Reaktion mit F. L. auf Zucker fiel jedoch immer stark positiv aus. Durch diese Saugungen wird also die Secretion der Nectarien nicht beeinträchtigt, nur wird die Pflanze gezwungen, ihren Vorrat durch das Entfernen des Nektars schneller zu erschöpfen als bei normalen Verhältnissen. Auf viermal abgewaschene Nectarien wurde zu gleicher Zeit je ein Körnchen Kochsalz, Kalisalpeter und Alaun gelegt. Die mit Kochsalz behandelten Nectarien waren am nächsten Tage feucht, die abgesaugte Feuchtigkeit gab mit F. L. nur ganz schwache Zuckerreaktion. Mit Kalisalpeter und ebenso auch mit Alaun behandelte waren am folgenden Tage trocken, nur das Salz hatte sich im feuchten Raum verflüssigt.

Als zweites Objekt diente *Fritillaria imperialis*, die auch von WILSON (1) besonders zu Versuchszwecken benutzt wurde. Doch standen im Jahre 1924 nur Blüten zur Verfügung, die schon weit geöffnet waren, und es zeigte sich bald, daß dadurch die Versuche sehr beeinträchtigt wurden. In den becherförmigen Nectarien am Grunde der sechs Perigonblätter wird der Nektar in überaus reichem Maße gebildet, so daß er in Form eines großen Tropfens aus ihnen herausfällt. Nach dem Abschütteln dieser Tropfen tritt in kurzer Zeit Neubildung ein. Die Tropfen geben mit F. L. eine starke Zuckerreaktion. Bei Alkoholzusatz entsteht keine Fällung im Nektartropfen, ebenso tritt mit Jodjodkali und mit Essigsäure keine Veränderung ein. Mit MILLONS Reagens entsteht zuerst eine gelbe Fällung, die sich beim Erwärmen löst, aber keine Rotfärbung. Es scheint also lediglich Zucker ausgeschieden zu werden.

Wurden einzelne Blüten abgeschnitten und in einer feuchten Kammer in Wasser gestellt, so entstand nach dem Absaugen des Nektartropfens mit einer Pipette in wenigen Stunden wieder ein ebenso großer Tropfen wie der abgesaugte. Die Untersuchung dieses Tropfens mit F. L. ergab dieselbe Zuckerkonzentration. Nectarien, die nach dem Absaugen wie bei WILSON mit einer Spritzflasche gewaschen und einem Pinsel getrocknet wurde, zeigten aber nur, wenn sie von noch einigermaßen jungen Blüten waren, wieder Nektarbildung. Die Tropfen erschienen aber langsamer als bei nur abgesaugten Nectarien. Bei Blüten mit vollständig geöffneten Antheren wurden die Nectarien nach einmaliger Waschung nur etwas feucht, bei nochmaligem Waschen hörte jegliche Secretion auf. Nach Bepinselung der Nectarien mit 96proz. Alkohol oder wässeriger konzentrierter Sublimatlösung hörte jede weitere Secretion von Nektar auf. Gab man auf ein mit Alkohol bepinseltes Nectarium etwas Traubenzucker, so trat zunächst Verflüssigung des Zuckers ein, und in ungefähr 12—16 Stunden war das Näpfchen fast bis zum Rand mit Flüssigkeit gefüllt. Legte man dagegen auf solche Nectarien Krystalle von Kochsalz, Kalisalpeter oder Calciumnitrat, so trat nur hygroskopische Verflüssigung der Salze ein. Nach dem Absaugen der Flüssigkeit blieben die Nectarien trocken. Mit Sublimatlösung behandelte Nectarien zeigten auch bei Hinzufügung von Trauben- oder Rohrzucker keine Secretion mehr, sondern es trat nur Verflüssigung des Zuckers ein, der nach einigen Stunden verschwand, also wohl von dem Nectarium gänzlich aufgesogen wurde.

Diese Versuche lassen den Schluß zu, daß das Sublimat das Nektargewebe tötete und es dabei secretionsunfähig wurde. Dasselbe gilt für Alkohol, wo zunächst nur der Versuch, bei dem Zucker nachträglich Flüssigkeitsproduktion hervorrief, wenig verständlich blieb. Vielleicht war dieses Nectarium noch nicht ganz abgetötet.

Nectarien, die nach dem Waschen mit Traubenzucker oder mit Salzen behandelt wurden, gaben folgende Resultate: Wurden die Nectarien nur einmal gewaschen und etwas Traubenzucker hinaufgelegt, so bildete sich je nach dem Alter der Blüten in 3—6 Stunden wieder ein vollständiger Tropfen. Mit Kochsalz entstand erst ungefähr in 6 bis 10 Stunden ein Tropfen, der mit F. L. keine Zuckerreaktion gab. Bei Behandlung mit Kalisalpeter entstand meist nur eine Verflüssigung des Salzes, in zwei Fällen nur wurde das Näpfchen bis zum Rand gefüllt. Die Untersuchung mit F. L. verlief negativ. Dieselben Resultate wurden mit Magnesium- und Natriumnitrat erzielt. Bei Behandlung mit Glycerin nach dem Auswaschen war in ungefähr 4—8 Stunden wieder ein Nektartropfen vorhanden. Auch dieser Tropfen gab mit F. L. keine Zuckerreaktion. Nach mehrmaligem Waschen und Behandeln mit den eben angewandten Salzen wurden dieselben Resultate erzielt, nur daß die Bildung des Tropfens oder der Flüssigkeit entsprechend längere Zeit beanspruchte.

Das Nectarium von *Prunus laurocerasus* wird von den obersten Zelllagen des Blütenbechers gebildet. Die Secretion ist hier auch ziemlich reichlich, doch ist es wegen der Kleinheit der Raumverhältnisse nicht möglich, wie bei *Fritillaria* mit einer Pipette den Nektar abzusaugen, man kann ihn nur mit einem kleinen Pinsel entfernen. Von acht an der Pflanze im Freien untersuchten Blüten bildete sich bei vier Blüten nach dem Absaugen in ungefähr 2 Stunden wieder etwas Nektar, der aber nach weiteren 2 Stunden eintrocknete. Die folgenden Versuche wurden daher, um das Eintrocknen des Nektars in der trockenen Luft zu verhindern, an abgeschnittenen Zweigen in einer feuchten Kammer vorgenommen. Hier bildet sich schon nach 1 Stunde am abgesaugten Nectarium wieder Flüssigkeit, die mit F. L. dieselbe Zuckerkonzentration ergab wie der erste abgesaugte Nektar. Nach dem zweiten Absaugen erschien der Nektar etwas langsamer und enthielt scheinbar auch weniger Zucker. Nach zehnmaligem Absaugen in Zeiträumen bis zu 5 Stunden entstand bei ganz jungen Blüten immer noch Flüssigkeit, aber immer langsamer, auch war der Zuckergehalt am Schluß nicht mehr so stark.

Wusch man die Nectarien mit einem feuchten Pinsel gründlich aus, so bildete sich in 8 Stunden erst wieder reichlich Nektar. Auch nach

dem zweiten und dritten Waschen entstand wieder Nektar. Nach ungefähr vier- bis fünfmaligem Waschen hörte die Secretion auf. Versetzte
man solche durch Waschen erschöpfte Nectarien mit einem Körnchen
Kochsalz oder Alaun, so fand sich nach einigen Stunden wieder Flüssigkeit, die aber nur Spuren von Zucker aufwies. Diese Spuren von Zucker,
die durch eigene Tätigkeit des Nectariums nicht mehr herausbefördert
worden wären, waren mit dem osmotisch dem Nektargewebe entzogenen
Wasser mit an die Oberfläche gelangt.

Als weiteres Versuchsobjekt diente *Fuchsia gracilis*. Um den Nektar
absaugen zu können, mußte man die Blüte so weit abschneiden, daß
man mit einem Pinsel in den Blütenbecher hineingelangen konnte. Wurde
bei derart abgeschnittenen Blüten der Nektar mit einem Pinsel abgesaugt, so zeigte sich zunächst keine Feuchtigkeit, da der Nektar nicht
wie an einer unbeschädigten Blüte vor dem Eintrocknen geschützt war.
Um dieses zu verhindern, wurde der Blütenbecher nach dem Absaugen
mit einem mit erwärmtem Kakaobutterwachs getränkten Wattebäusch-
chen verschlossen. Am nächsten Tage enthielt der Blütenbecher nach
dem Entfernen der Watte genau dieselbe Menge Nektar wie vorher.
Behandelt man die Nectarien nach dem Absaugen des Nektars mit
96proz. Alkohol oder wässeriger gesättigter Sublimatlösung, so fand
keine Secretion mehr statt, auch wenn der Blütenbecher wie oben verschlossen wurde.

Wusch man die Nektarien nach dem Absaugen mit Wasser durch
Ausspritzen mit einer Spritzflasche und Abtrocknen mit einem Pinsel,
so fand sich am nächsten Tage in der wieder verschlossenen Blüte
reichlich Nektar. Ein mehrmaliges Absaugen und Waschen war hier
leider nicht durchzuführen, da durch das Abschneiden und wiederholte
Verkleben des Blütenbechers die Blüte beträchtlich geschädigt und somit in ihrer Secretionstätigkeit wesentlich beeinträchtigt wurde.

Bei *Dictamnus albus* liegt das Nectarium ringförmig in der Einschnürung zwischen Fruchtknoten und Blütenboden. Nach dem Absaugen
des Nektars mit einem Pinsel secernierten die Nectarien in Wasser
gestellt in einer feuchten Kammer wieder reichlich. Ebenso fand sich
auch nach gründlichem Waschen in einigen Stunden wieder Nektar.

B. Versuche mit Fritillaria imperialis.

Von allen Versuchsobjekten hatte sich *Fritillaria* wegen der Lage
und Größe der Nectarien für genauere Untersuchungen am geeignetsten
erwiesen. Daher wurden im nächsten Jahre Blütenstände dieser Pflanze
in größerer Anzahl beschafft, und zwar wurden nur solche verwendet,
deren Blüten sich eben öffneten.

Um bei einer einigermaßen gleichen Temperatur und einem hohen
Feuchtigkeitsgehalt der Luft zu arbeiten, wurden alle Versuche im

Warmhaus des Botanischen Gartens vorgenommen, wo bei einem ziemlich gleichbleibenden Luftfeuchtigkeitsgehalt eine Durchschnittstemperatur von 25° C herrschte.

Fünf ganz junge Blüten, die gerade erst ihre Blütenblätter geöffnet hatten, wurden am 23. IV., 11 Uhr vormittags abgeschnitten und einzeln in Wasser gestellt. Die Nectarien von zwei Blüten wurden nur abgesaugt, während die der drei anderen außerdem noch vorsichtig

Tabelle 1.

Nr. der Absaugung oder Waschung	Tag und Stunde	Blütennummern				
		1	2	3	4	5
	23. IV. 11^{30} vorm.	$^1/_2$ Tr.	$^1/_2$ Tr.	$^1/_2$ Tr.	$^1/_2$ Tr.	$^1/_2$ Tr.
2	2^{45} nachm.	-1 Tr.	-1 Tr.	-1 Tr.	$+^1/_2$ Tr.	-1 Tr.
3	5^{30} nachm.	$^1/_2$ Tr.	$^1/_2$ Tr.	$^1/_2$ Tr.	$^1/_2$ Tr.	$^1/_2$ Tr.
4	8^{00} abends	$-^1/_2$ Tr.	$-^1/_2$ Tr.	$-^1/_2$ Tr.	$-^1/_2$ Tr.	$-^1/_2$ Tr.
5	24. IV. 9^{00} morgens	$^1/_2$ Tr.	2 N. $^1/_2$ Tr. 4 N. f.	4 N. $^1/_2$ Tr. 2 N. tr.	$-^1/_2$ Tr.	$-^1/_2$ Tr.
6	3^{30} nachm.	tr.	2 N. f. 4 N. tr.	tr.	tr.	tr.
7	25. IV. 10^{00} vorm.		tr.			

Es bedeuten in allen Tabellen: Tr. = Tropfen, f. = feucht, tr. = trocken, $+^1/_2$ Tr. = etwas mehr als ein halber Tropfen, $-^1/_2$ Tr. = etwas weniger als ein halber Tropfen; wobei $^1/_2$ Tr. das flach gefüllte Nectarium bezeichnet, 1 Tr. seine größtmöglichste Füllung.

durch dreimaliges Aufspritzen und Wiederabsaugen von Wasser mit einer Pipette gewaschen und schließlich mit einem Pinsel getrocknet wurden. Es ist wohl anzunehmen, daß hierdurch jeglicher Rest von Nektar von der Oberfläche des Nectariums beseitigt wurde, ohne daß durch diese Behandlung das Nektargewebe in irgendeiner Weise beschädigt worden wäre. Die Nectarien der Blüten 1 und 2 wurden, sobald neue Tropfen auftraten, wieder abgesaugt, während die der Blüten 3, 4 und 5 überdies neuerlich, wie eben beschrieben, gewaschen wurden.

Aus Tab. 1 sieht man, daß die gewaschenen Nectarien Nr. 3, 4, 5 sich mit einigen kleinen Unterschieden genau so verhielten wie die nur abgesaugten (Nr. 1, 2). Nach sechsmaligem Absaugen oder Auswaschen war bei allen Blüten die Secretionstätigkeit erloschen. Die Zuckerkonzentration der letzten abgesaugten Tropfen war überall kaum geringer als im Anfang der Secretion.

Diese Tatsachen sprechen gegen WILSONS Anschauungen. Zunächst ist seine Angabe nicht richtig, daß man durch Auswaschen die Nectarien zum Stillstand bringen kann. Vielleicht hatte er ältere schon fast erschöpfte Blüten verwendet, vielleicht auch beim Auswaschen die Gewebe des Nectariums beschädigt. Ferner wäre nach seiner Theorie anzunehmen, daß die bloß abgesaugten Nectarien mehr secernieren würden, da sie Zuckerreste enthalten, die den ausgewaschenen fehlen. Dem war aber nicht so.

Auf drei der nunmehr trockenen Nectarien der Blüte 1 wurde am 25. IV., 10 Uhr vormittags eine Spur einer 10proz. Kalisalpeterlösung und auf die drei anderen ebensoviel einer 10proz. Glycerinlösung aufgetragen. Um 3 Uhr nachmittags zeigten alle Nectarien der Blüte 1 ungefähr einen halben Tropfen, der nach dem Absaugen auch beim kräftigen Erwärmen mit F. L. keine Reaktion auf Zucker gab. Auf die Nectarien der Blüte 2 wurde um dieselbe Zeit etwa 10proz. Rohrzuckerlösung gegeben, und um 3 Uhr enthielten alle einen halben Tropfen oder auch etwas mehr. Die Probe mit F. L. fiel stark positiv aus. Genau so wie Blüte 2 wurden die Nectarien der Blüte 3 und 5 behandelt, mit demselben Erfolg. In Blüte 4 wurde auf die Nectarien ein mit Wasser befeuchtetes Kryställchen Kalisalpeter gelegt. Nach 5 Stunden hatte die Feuchtigkeit in den Nectarien nicht stark zugenommen. Die Reaktion mit F. L. fiel auch hier wie bei Blüte 1 negativ aus. Nach dem Absaugen blieben die Nectarien aller fünf Blüten wieder vollkommen trocken.

Auf die Nectarien der Blüte 3 und 4 wurde dann noch eine Spur 10proz. Glycerinlösung gegeben. In 5 Stunden enthielten die Nectarien der Blüte 3 einen halben Tropfen, in dem man nach dem Absaugen und Erwärmen mit F. L. vereinzelt Kupferoxydulkrystalle fand, die wohl von dem vorher nicht vollständig entfernten invertierten Rohrzucker herrührten. Von den Nectarien der Blüte 4 waren zwei trocken, zwei feucht und zwei enthielten einen halben Tropfen. Die abgesaugte Flüssigkeit gab mit F. L. auch beim kräftigen Erwärmen keine Zuckerreaktion. Von der Blüte 5 wurden drei Nectarien mit 10proz. Kalisalpeterlösung und drei mit 10proz. Glycerinlösung behandelt. Die ersten drei Nectarien hatten in 5 Stunden einen halben Tropfen, die anderen sogar etwas mehr. Bei beiden fiel die Reaktion mit F. L. negativ aus. Alle Nectarien der nochmals behandelten Blüten blieben nach dem Absaugen vollkommen trocken.

Schnitte durch Nectarien, die durch Absaugen oder auch durch Waschen erschöpft wurden, ließen mit Jodjodkali behandelt nirgends mehr Stärke erkennen, während Nectarien vor dem Beginn der Secretion reichlich Stärke nicht nur im Saftgewebe, sondern auch im Gewebe darunter bis zu dem Gefäßbündel aufgespeichert hatten.

Es secernierten demnach die Nectarien, ob sie abgesaugt oder auch gewaschen wurden, so lange, bis alle Stärke abgebaut und in Form von Zucker ausgeschieden war. Daß, wie WILSON angibt, erschöpfte Nectarien durch Auftragen von Zuckerstückchen zu erneuter Nektarproduktion angeregt werden, ist unrichtig. Durch Aufgabe von Salz-, Glycerin- oder Rohrzuckerlösungen auf zum Stillstand gebrachte Nectarien wird dem sehr saftreichen Gewebe lediglich osmotisch Wasser entzogen. Daß die Tropfen, die bei Aufgabe von Rohrzuckerlösung hervortraten, mit F. L. stark positive Reaktionen gaben, beruht höchstwahrscheinlich nicht auf Zuckerproduktion durch das Nectarium, sondern auf Spaltung des Rohrzuckers durch Säuren oder Enzyme, die dem Nektargewebe mit dem Wasser osmotisch entzogen wurden. Es wurde zu den Versuchen auch reinste Saccharose (KAHLBAUM) verwendet und durch Kontrolle festgestellt, daß diese im Reagensglas auch beim Erwärmen mit F. L. keine Spur von Reduktion hervorrief.

Zu dem folgenden Versuch wurden ebenfalls zwei ganz junge Blüten am 24. IV. 3^{45} Uhr nachmittags abgeschnitten und in Wasser gestellt. Die Nektartropfen wurden von beiden Blüten durch Absaugen mit der Pipette entfernt. Die Nectarien der Blüte 1 wurden dann mit Sublimatalkohol bepinselt und die der Blüte 2 mit Sublimatwasser. Um 6 Uhr nachmittags waren die Nectarien von beiden Blüten noch vollständig trocken geblieben. Gab man dann auf die Nectarien beider Blüten 10proz. Rohrzuckerlösung, so hatte bis 9 Uhr abends die Flüssigkeitsmenge sich kaum vermehrt. Mit F. L. gab diese eine stark positive Zuckerreaktion, was, wie oben schon erwähnt, auf eine Spaltung des Rohrzuckers zurückzuführen ist. Nach dem Absaugen waren die Nectarien am 25. IV. 9^{22} Uhr vormittags vollständig trocken geblieben. Auch nach Behandlung mit 10proz. Kalisalpeterlösung blieben die Nectarien trocken, d. h. es trocknete die aufgegebene Lösung ein.

Auf Querschnitten durch derart behandelte Nectarien war das Gewebe sehr geschrumpft und eingetrocknet. Auf Wasserzusatz quoll es wieder ungefähr zu seiner ursprünglichen Größe auf, doch blieben die Protoplasten stark kontrahiert, sie waren abgestorben. Mit Jodjodkali gab das Gewebe fast die Stärkereaktion wie ein junges unbehandeltes Nectarium. Es wurden also durch Behandlung der Nectarien mit wässeriger oder alkoholischer Sublimatlösung die Zellen abgetötet und damit die Secretion aufgehoben. Auch durch Aufgabe von Rohrzucker- und Kalisalpeterlösung wurde keine weitere Secretion erzielt.

Von einer schon etwas länger geöffneten Blüte, deren Antheren
bereits aufgebrochen waren, wurden am 24. IV. 4 Uhr nachmittags
nach dem Absaugen des Nektars die Blätter abgerissen. Ein Blatt
wurde in eine Schale mit Wasser gelegt, so daß die Abreißstelle mit
Wasser bedeckt, das Nectarium (Tab. 2, Nr. 1) aber nicht benetzt
wurde. Aus dem zweiten Blatt wurde das Nectarium (Nr. 2) mit einem
Rasiermesser herausgeschnitten und in eine Schale mit mit Methylenblau gefärbtem Wasser gelegt, so daß es darauf schwamm. Die übrigen
vier Nectarien (Nr. 3—6) wurden ebenfalls herausgeschnitten und in
eine Schale mit Wasser gelegt.

Tabelle 2.

Nr. der Absaugung	Tag und Stunde	Nectariumnummern		
		1	2	3—6
2	24. IV. 6^{00} nachm.	$^1/_2$ Tr.	$^1/_2$ Tr.	$^1/_2$ Tr.
3	9^{00} abends	$^1/_2$ Tr.	tr.	$— \, ^1/_2$ Tr.
4	25. IV. 9^{15} vorm.	$^1/_2$ Tr.		tr.
	3^{00} nachm.	tr.		

Aus Tab. 2 sieht man, daß die Nectarien zunächst alle gleichmäßig
secernierten. Nectarium 1 blieb dann nach viermaligem Absaugen
trocken und zeigte keine Stärke mehr im Gewebe. Nectarium 2 blieb
schon nach dem zweiten Absaugen trocken und Nectarium 3—6 nach
dem dritten. Auch bei den Nectarien 2—6 war auf Querschnitten keine
Stärke mehr zu finden. Daß letztere die Secretion eher einstellten als
Blatt 1, ist wohl darauf zurückzuführen, daß durch das Herausschneiden
der Nectarien teilweise auch Zellen entfernt wurden, in denen Stärke
vorhanden war oder daß wohl noch die Stärke zerlegt, aber nicht mehr
secerniert wurde.

Auch aus diesem Versuch ist ersichtlich, daß ein Nectarium so lange
secerniert als Stärke vorhanden ist, auch wenn man die Blütenblätter
abreißt und in Wasser legt oder sogar die Nectarien vollkommen isoliert
auf Wasser schwimmen läßt. Die Flüssigkeit im Nectarium 2 war etwas
blau gefärbt. Es diffundierte also die von dem Nectarium aufgesogene
Methylenblaulösung durch die Cuticula hindurch auf die Oberfläche
des Nectariums.

Als weiteres Experiment wurde nun je eine Schale mit 3-, 5-, 7-, 10-, 12-, 15proz. Rohrzuckerlösung aufgestellt, die steigend mit 1—6 numeriert wurden. Von fünf gerade erst aufgebrochenen Blüten wurden am 25. IV. 5 Uhr nachmittags die Blätter nach dem Absaugen des Nektars abgetrennt und in die sechs Schalen gelegt, so daß die Abreißstellen vollständig mit Flüssigkeit bedeckt waren, die Nectarien aber selbst nicht benetzt wurden. Dabei wurden die Blätter so verteilt, daß in jede Schale ein Blatt von jeder Blüte kam. Die Nektartropfen wurden nach jeder Beobachtung wieder abgesaugt. Aus den Aufzeichnungen in Tab. 3 sieht man, daß die Nectarien in der Schale 1 mit 3proz. Rohrzuckerlösung schon nach sechsmaligem Absaugen trocken blieben, sich also so verhielten wie Nectarien an abgeschnittenen und in bloßes Wasser gestellten Blüten (vgl. Tab. 1). Die Blätter nahmen dann auch eine gelbe Farbe an, wie bei verblühten Exemplaren. In den Schalen 2 und 3 verhielten sich die Nectarien im ganzen gleich, doch reagierten die einzelnen Nectarien verschieden, einige waren schon nach dem sechsten Absaugen trocken, andere wurden selbst nach elfmaligem Absaugen noch feucht. Die abgesaugten Tropfen gaben bis zum letzten Augenblick stark positive Zuckerreaktionen. Die Nectarien in Schale 2 und 3 secernierten am längsten, wenn auch zum Schluß nur ganz wenig. Am 28. IV. wurde 9^{15} Uhr vormittags durch je ein Nectarium aus den Schalen 1—3 ein Schnitt mit Jodjodkali auf Stärke untersucht. Die Nectarien in Schale 1 hatten oberseits noch reichlich Stärke, nur in den untersten Schichten über den Gefäßbündeln war sie abgebaut. Im Nectarium aus Schale 2 war etwas mehr Stärke. Das Nectarium in Schale 3 hatte genau so viel Stärke wie ein ganz junges Nectarium vor der Secretion, außerdem fand sich noch im Gefäßbündelparenchym und im Gewebe darunter etwas Stärke.

Die Secretion in Schale 4 war schon von Anfang an nicht so stark wie bei Schale 1—3, ihre Dauer hielt aber lange an, nämlich bis zur zehnten Saugung. Ein Schnitt durch ein Nectarium aus dieser Schale am 28. IV. 6^{45} Uhr abends zeigte ungefähr dieselbe Stärkemenge an wie ein Nectarium aus Schale 3. Die Nectarien in der fünften Schale secernierten von Anfang an noch weniger als die in der vierten Schale und die in der sechsten Schale wieder weniger als die in der fünften. Ihre Secretionstätigkeit erlosch ungefähr zur selben Zeit, nämlich nach dem neunten Absaugen, also bedeutend früher als in allen anderen Zuckerschalen, aber später als in Schale 1. Auch in den letzten drei Schalen war die Zuckerkonzentration des Nektars bis zum Schluß ungefähr gleich stark. Dies wurde daraus geschlossen, daß die Menge des reduzierten Kupferoxyduls etwa die gleiche war, wenn der Tropfen in einem Uhrglas mit F. L. erwärmt wurde. Die Blätter in Schale 6 und zum Teil auch in Schale 5 und 4 hatten am 27. IV. 9^{40} Uhr vormittags schon die

Tabelle 3.

Nr. der Absaugung	Tag u. Stunde	Schalennummern					
		1 (3 vH.)	2 (5 vH.)	3 (7 vH.)	4 (10 vH.)	5 (12 vH.)	6 (15 vH.)
2	26. IV. 9³⁰ vorm.	1 Tr.	1 Tr.	1 Tr.	— 1 Tr.	³/₄ Tr.	+ ¹/₂ Tr.
3	2⁰⁰ nachm.	+ ¹/₂ Tr.	+ ¹/₂ Tr.	¹/₂ Tr.	¹/₂ Tr.	— ¹/₂ Tr.	+ ¹/₂ Tr.
4	8⁰⁰ abends	³/₄ Tr.	+ ¹/₂ Tr.	+ ¹/₂ Tr.	¹/₂ Tr.	¹/₂ Tr.	— ¹/₂ Tr. 4 N. ¹/₄ Tr.
5	27. IV. 9⁴⁰ vorm.	— ¹/₂ Tr.	+ ¹/₂ Tr.	+ ¹/₂ Tr.	¹/₂ Tr.	— ¹/₂ Tr.	1 N. — ¹/₂ Tr.
6	4³⁰ nachm.	— ¹/₄ Tr.	— ¹/₂ Tr.	¹/₂ Tr.	¹/₂ Tr.	— ¹/₂ Tr.	f.
7	8⁴⁵ abends	tr.	2 N. tr. 3 N. ¹/₄ Tr.	1 N. tr. 2 N. f. 2 N. — ¹/₂ Tr.	1 N. — ¹/₄ Tr. 4 N. — ¹/₂ Tr.	1 N. f. 4 N. — ¹/₄ Tr.	3 N. f. 2 N. tr.
8	28. IV. 9¹⁵ vorm.		2 N. tr. 1 N. ¹/₄ Tr. 2 N. ³/₄ Tr.	1 N. tr. 2 N. f. 2 N. — ¹/₂ Tr.	2 N. tr. 1 N. f. 2 N. — ¹/₂ Tr.	2 N. ¹/₄ Tr. 3 N. — ¹/₂ Tr.	f.
9	6⁴⁵ abends		1 N. tr. 3 N. — ¹/₂ Tr.	1 N. tr. 1 N. f. 2 N. — ¹/₂ Tr.	2 N. f. 1 N. — ¹/₄ Tr. 2 N. — ¹/₂ Tr.	1 N. f. 1 N. — ¹/₄ Tr. 2 N. — ¹/₂ Tr.	2 N. f. 2 N. tr.
10	29. IV. 9⁴⁰ vorm.		1 N. tr. 3 N. — ¹/₂ Tr.	2 N. f. 2 N. — ¹/₂ Tr.	1 N. tr. 3 N. ¹/₄ Tr.	tr.	tr.
11	6⁰⁰ nachm.		4 N. f.	2 N. tr. 2 N. — ¹/₄ Tr.	1 N. tr. 3 N. — ¹/₄ Tr.		
	30. IV. 11⁰⁰ vorm.		1 N. tr. 3 N. f.	2 N. tr. 2 N. f.	tr.		

Der Doppelstrich in den Tabellen bedeutet, daß hier die Secretion der Nectarien auf Wasser aufhört.

gelbe Verblühfarbe angenommen, während die Blätter in den anderen Schalen noch ihre frische rote Farbe um diese Zeit hatten. Auf Schnitten von Nectarien aus Schale 5 und 6 findet man ungefähr soviel Stärke wie im Nectarium aus Schale 1.

Es verhielten sich also die Nectarien in 3proz. Rohrzuckerlösung ganz normal, d. h. wie solche in Wasser mit dem einen Unterschied, daß noch am Schluß der Secretion Stärke im Saftgewebe und darunter vorhanden

war. Nur die in jungen Nectarien zu unterst befindlichen Stärke-
mengen waren hier verschwunden. Da nun beiderlei Nectarien gleich-
lang und etwa gleiche Mengen Zucker ausschieden, ist anzunehmen,
daß die Nectarien in 3proz. Rohrzuckerlösung diese aufnahmen, invertierten und dann nach außen ausschieden. Oder es wurde die zur Secretion abgebaute Stärke immer wieder durch Neubildung aus dem
vom Blatt aufgenommenen Rohrzucker ersetzt. In Schale 2, 3 und 4
kann man geradezu von einer Fütterung der Nectarien sprechen, denn
hier wurde die Secretionsdauer durch die Darbietung von Zuckerwasser
verlängert. Am günstigsten verhielten sich dabei die Nectarien in der
5- und 7proz. Rohrzuckerlösung. Auch in Schale 5 (12 vH.) war die
Secretionsdauer länger als in Schale 1, aber die Nektarmenge war
deutlich vermindert. Die Ursache dieser Erscheinung ist wohl die, daß
eine derartige Konzentration der Zuckerlösung durch ihre osmotische
Saugkraft bereits die Wasseraufnahme seitens der Zellen beeinträchtigt.
Dies kam bei den Nectarien in Schale 6 (15 vH.) noch in stärkerem
Maße zum Ausdruck, denn nach fünfmaligem Absaugen wurden die
Nectarien nur noch feucht, nach neunmaligem Absaugen blieben sie
trocken wie in Schale 1. Doch fand sich auch hier am Ende der Secretion
noch so viel Stärke wie in Schale 1, es hatte also auch hier wohl Zucker-
aufnahme stattgefunden.

Um zu sehen, wie die Nectarien auf Glycerin- und Kalisalpeterlösungen im Vergleich zu Rohrzuckerlösungen reagierten, wurden die
Schalen jetzt mit 3-, 7-, 12-, 15-, 20-, 25proz. Rohrzuckerlösung gefüllt.
Außerdem wurden sechs Schalen mit Glycerinlösungen und sechs
Schalen mit Kalisalpeterlösungen aufgestellt, die den einzelnen
Rohrzuckerlösungen isosmotisch waren. Die zu diesem Versuch verwandten neun Blüten waren schon etwas älter, die Antheren waren
schon teilweise aufgebrochen, aber auf Schnitten durch die Nectarien
konnte man noch eine beträchtliche Menge Stärke wahrnehmen. Nach
dem Absaugen des Nektars von diesen neun Blüten wurden am
30. IV. 11 Uhr vormittags die Blätter abgetrennt und die Blätter von
drei Blüten in die sechs Schalen mit den Rohrzuckerlösungen so verteilt,
daß in jede Schale von jeder Blüte ein Blatt kam. Ebenso wurden die
Blätter von drei Blüten in die Schalen mit den Glycerinlösungen und
die Blätter der restlichen drei Blüten in die Schalen mit den Kalisalpeterlösungen wie oben verteilt. Als Kontrolle wurden vier Blätter von einer
anderen gleichaltrigen Blüte auf Wasser beobachtet.

Wenn auch die Blüten nicht mehr ganz jung waren, so kann man
doch aus den Aufzeichnungen in Tab. 4 a sehen, daß die Nectarien der
Blätter in den Rohrzuckerlösungen bis zur 20proz. Lösung länger secernierten als die Nectarien einer gleichaltrigen Blüte auf Wasser (Tab. 4 d).
Hier blieben sie schon nach zweimaligem Absaugen trocken, während

Tabelle 4a.

Nr. der Absau-gung	Tag u. Stunde	Schalen mit den Rohrzuckerlösungen					
		1 (3 vH.)	2 (7 vH.)	3 (12 vH.)	4 (15 vH.)	5 (20 vH.)	6 (25 vH.)
2	30. IV. 9⁰⁰ abends	¹/₂ Tr.	¹/₂ Tr.	¹/₂ Tr.	+ ¹/₂ Tr.	− ¹/₂ Tr.	2 N. f. 1 N ¹/₄ Tr.
3	I. V. 10¹⁵ vorm.	2 N. tr. 1 N. f.	2 N. f. 1 N. tr.	2 N. f. 1 N. ¹/₂ Tr.	¹/₂ Tr.	2 N. tr. 1 N. — ¹/₄ Tr.	tr.
	6³⁰ abends	tr.	f.	2 N. ¹/₂ Tr. 1 N. — 1 Tr.	¹/₂ Tr.	tr.	

Tabelle 4b.

Nr. der Absaugung	Tag u. Stunde	Schalen mit den isosmotischen Glycerinlösungen					
		1	2	3	4	5	6
2	30. IV. 9⁰⁰ abends	1 N. f. 2 N. — ¹/₂ Tr.	1 N. ¹/₄ Tr. 2 N. ¹/₂ Tr.	1 N. ¹/₄ Tr. 2 N. ¹/₂ Tr.	1 N. ¹/₄ Tr. 2 N. — ¹/₂ Tr.	1 N. + ¹/₂ Tr. 2 N. — ¹/₂ Tr.	¹/₂ Tr.
	1. V. 10¹⁵ vorm.	tr.	tr.	tr.	tr.	tr.	tr.

Tabelle 4c.

Nr. der Absau-gung	Tag u. Stunde	Schalen mit den isosmotischen Kalisalpeterlösungen					
		1	2	3	4	5	6
2	30. IV. 9⁰⁰ abends	2 N. ¹/₄ Tr. 1 N. ¹/₂ Tr.	2 N. f. 1 N. — ¹/₂ Tr.	1 N. tr. 2 N. — ¹/₂ Tr.	1 N. f. 2 N. — ¹/₂ Tr.	1 N. f. 1 N. ¹/₄ Tr. 1 N. ¹/₂ Tr.	tr.
	1. V. 10¹⁵ vorm.	tr.	tr.	tr.	tr.	2 N. tr. 1 N. — ¹/₂ Tr.	

Tabelle 4d.

Nr. der Absaugung	Tag und Stunde	Schale mit Wasser
2	30. IV. 9⁰⁰ abends	2 N. ¹/₂ Tr. 2 N. + ¹/₂ Tr.
	1. V. 10¹⁵ vorm.	tr.

in den Rohrzuckerlösungen die Nectarien in den 7-, 12- und 15proz.
Lösungen noch nach dreimaligem Absaugen secernierten. Die Nectarien der in Wasser gehaltenen Blätter (Tab. 4 d) enthielten am
1. V. 10^{15} Uhr vormittags keine Stärke mehr im Gewebe, dagegen enthielten alle Nectarien aus Tab. 4 a am 1. V. 6^{30} Uhr abends Stärke.
Die Nectarien in Schale 1 und 2 hatten allerdings ihre Stärke im Nektargewebe selbst verbraucht, doch fand sich solche im basalen Teil des
Blumenblattes. Sie war wohl aus dem aufgenommenen Rohrzucker
gebildet worden. In Schale 2 kam dazu noch Stärke im Gefäßbündelparenchym unter dem Nectarium. Die Nectarien der Schale 3—6 enthielten so viel Stärke wie ein junges Nectarium vor der Secretion, also
bedeutend mehr als vor dem Einlegen der Blätter. Es wurde also auch
hier besonders von den Nectarien in Schale 3—6 Zucker in reichlichem
Maße aufgenommen und als Stärke gespeichert.

Die Nectarien in den Glycerin- und Kalisalpeterlösungen (Tab. 4 b
und c) stellten ihre Secretion schon nach dem zweiten Absaugen ein,
in Schale 6 (Tab. 4 c) blieben die Nectarien bereits nach dem ersten Mal
trocken. Man findet auf Schnitten durch die Nectarien auch überall
keine Stärke mehr, nur in den Nectarien in Schale 6 (Tab. 4 c). Die in
Tab. 4 b und c am 30. IV. 9 Uhr abends abgesaugten Tropfen gaben
mit F. L. stark positive Zuckerreaktion. Es fand sich aber auch Sal-
peter auf den in Kalisalpeterlösungen schwimmenden Nectarien, denn
eine Probe mit Diphenylaminschwefelsäure auf Salpetersäure fiel positiv
aus, im Tropfen aus Schale 1 waren nur Spuren davon nachweisbar. Es
werden also nicht nur Zuckerlösungen aufgenommen und von den Nectarien ausgeschieden, sondern auch Kalisalpeter- und wahrscheinlich
auch Glycerinlösungen.

Der letzte Versuch wurde, da, wie oben erwähnt, die Blüten nicht
ganz frisch waren, noch einmal mit ganz jungen Blüten angestellt.
Außerdem wurde noch eine vierte Reihe Schalen mit Traubenzuckerlösungen gefüllt, die den schon vorhandenen einzelnen Lösungen isosmotisch waren. Zu gleicher Zeit wurde eine gleich junge Blüte nach dem
Abtrennen der Blütenblätter und Einlegen in eine Schale mit Wasser
zur Kontrolle beobachtet. Alle Blüten wurden am 2. V. 1^{30} Uhr nachmittags abgesaugt, dann die Blätter nach dem Abtrennen in die einzelnen Schalen gelegt, und zwar so, daß in die Rohrzucker- und Traubenzuckerlösungen je zwei Blüten verteilt wurden (also zwei Blätter pro
Schale) und in den Kalisalpeter- und Glycerinlösungen je drei Blätter
von im ganzen drei Blüten schwammen.

Aus Tab. 5 e sieht man, daß die Nectarien nach viermaligem Absaugen auf Wasser trocken blieben. Auf 3proz. Rohrzuckerlösung
(Schale 1, Tab. 5 a) verhielten sich die Nectarien ebenso. Auf Schnitten
durch diese Nectarien fand man dann noch ganz geringe Spuren von

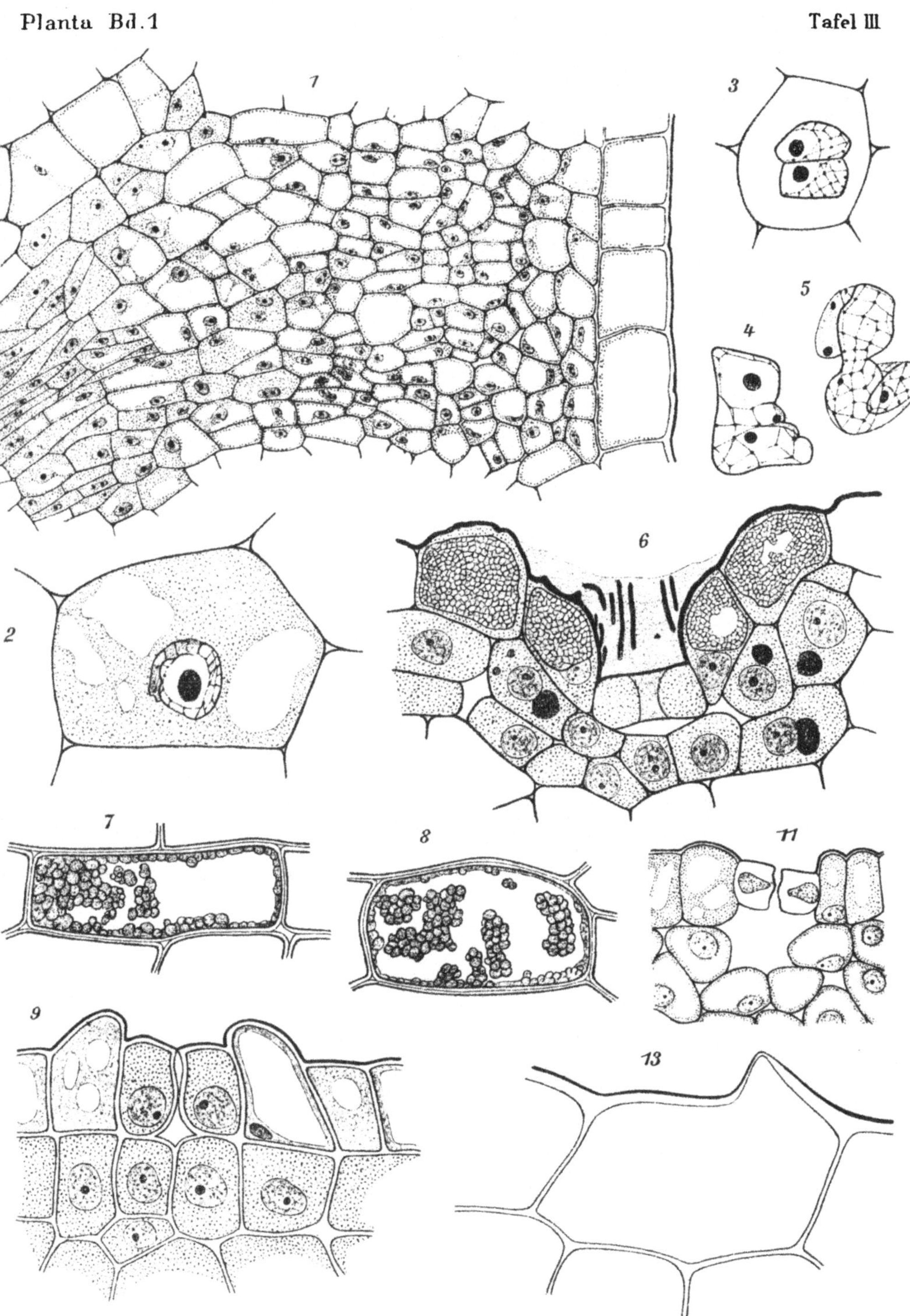

Radtke, Blütennektarien.

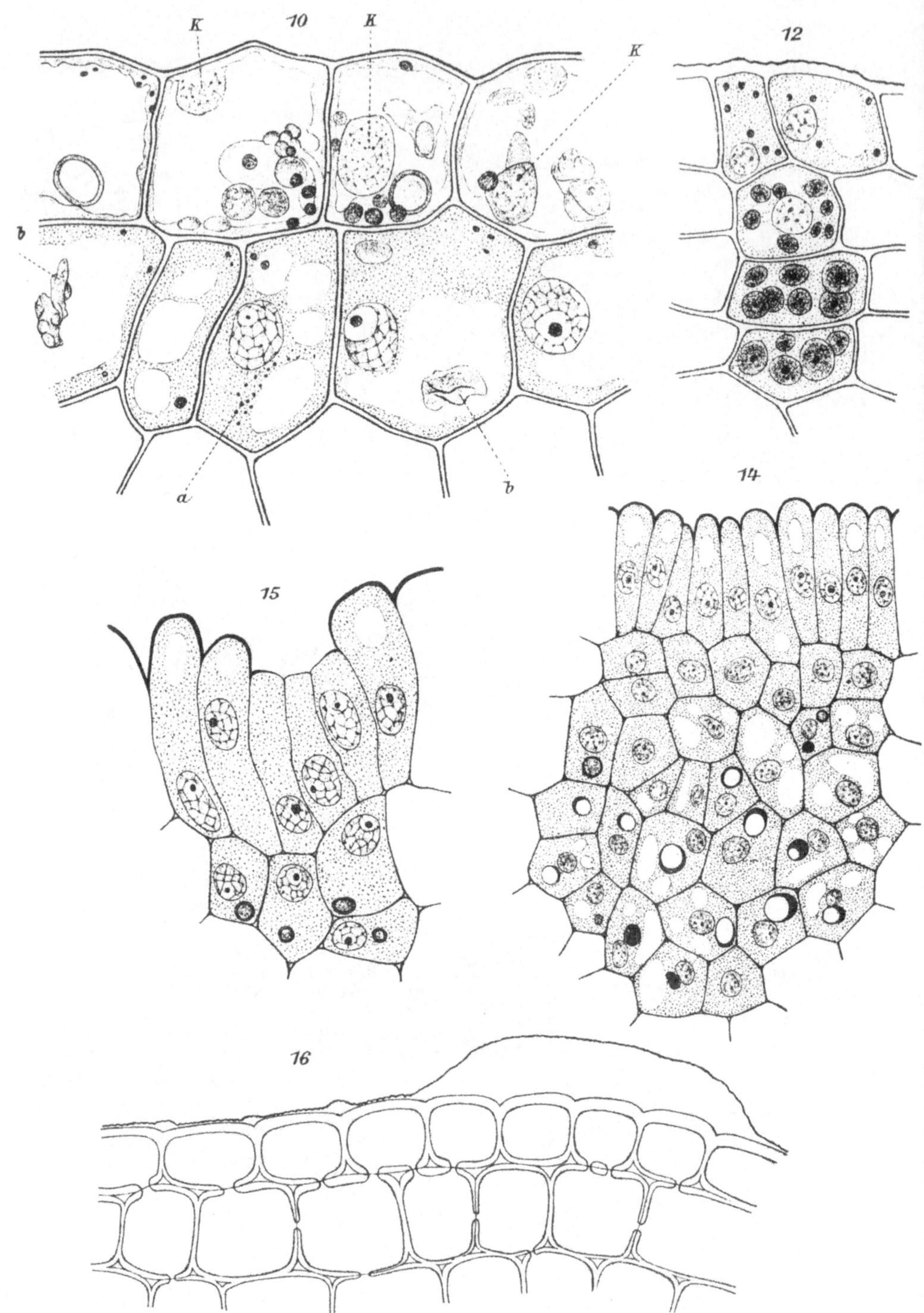

Verlag von Julius Springer in Berlin.

Tabelle 5a.

Nr. der Absaugung	Tag u. Stunde	Schalen mit den Rohrzuckerlösungen					
		1 (3 vH.)	2 (7 vH.)	3 (12 vH.)	4 (15 vH.)	5 (20 vH.)	6 (25 vH.)
2	2. V. 8^{15} abends	1 N. ½ Tr. 1 N. + ½ Tr.	1 N. ½ Tr. 1 N. + ½ Tr.	½ Tr.	½ Tr.	— ½ Tr.	¼ Tr.
	3. V. 10^{45} vorm.	— 1 Tr.	— 1 Tr.	½ Tr.	— ½ Tr.	1 N. ¾ Tr. 1 N. ¼ Tr.	1 N. f. 1 N. + ½ Tr.
3	8^{30} abends	1 N. ½ Tr. 1 N. + ½ Tr.	1 N. + ½ Tr. 1 N. ¾ Tr.	½ Tr.	½ Tr.	1 N. f. 1 N. tr.	1 N. f. 1 N. tr.
4	4. V. 10^{00} vorm.	tr.	+ ½ Tr.	1 N. f. 1 N. ¼ Tr.	1 N. ¼ Tr. 1 N. — ½ Tr.	1 N. f. 1 N. tr.	1 N. f. 1 N. tr.
5	5^{15} nachm.		1 N f. 1 N. ¼ Tr.	1 N. tr. 1 N. f.	1 N. tr. 1 N. f.	tr.	tr.
6	8^{45} abends		f.	tr.	tr.		
7	5. V. 9^{30} vorm.		1 N. f. 1 N. — ¼ Tr.				

Tabelle 5b.

Nr. der Absaugung	Tag u. Stunde	Schalen mit den isosmotischen Traubenzuckerlösungen					
		1	2	3	4	5	6
1	2. V. 8^{15} abends	1 N. — ½ Tr. 1 N. ¼ Tr.	1 N. ½ Tr. 1 N. ¼ Tr.	1 N. f. 1 N. — ½ Tr.	1 N. f. 1 N. ¼ Tr.	1 N. tr. 1 N. f.	tr.
	3. V. 10^{45} vorm.	— 1 Tr.	— 1 Tr.	¾ Tr.	+ ½ Tr.	1 N. ½ Tr. 1 N. + ½ Tr.	f.
2	8^{30} abends	1 Tr.	1 Tr.	— 1 Tr.	¾ Tr.	1 N. ½ Tr. 1 N. + ½ Tr.	tr.
3	4. V. 10^{00} vorm.	1 N. 1 Tr. 1 N. — 1 Tr.	1 N. 1 Tr. 1 N. ¾ Tr.	1 N. ¾ Tr. 1 N. — ¾ Tr.	1 N. ¾ Tr. 1 N. + ¾ Tr.	1 N. ½ Tr. 1 N. — ¾ Tr.	
4	5^{15} nachm.	1 N. tr. 1 N. f.	1 N. tr. 1 N. ¼ Tr.	— ½ Tr.	½ Tr.	1 N. ½ Tr. 1 N. ¼ Tr.	
5	8^{45} abends	tr.	tr.	f.	1 N. f. 1 N. ¼ Tr.	1 N. tr. 1 N. ¼ Tr.	
6	5. V. 9^{30} vorm.			f.	¼ Tr.	1 N. tr. 1 N. ¼ Tr.	

Stärke, während die Nectarien in Wasser (Tab. 5e) nach dem Trockenbleiben keine Stärke mehr enthielten. Die Nectarien auf 7proz. Rohrzuckerlösung (Schale 2, Tab. 5a) secernierten am längsten. Hier fand
man auf Schnitten durch die Nectarien nach siebenmaligem Absaugen,
wo sie immer noch secernierten, noch eine beträchtliche Menge Stärke
im Saftgewebe und in den darunter liegenden Zellschichten. Es wurde
hier also reichlich Rohrzucker aufgenommen. In 12proz. Rohrzuckerlösung (Schale 3, Tab. 5a) verhielten sich die Nectarien nicht mehr so
günstig. Sie secernierten aber dennoch länger als die Nectarien in
Schale 1, auch war in einem Schnitt, der nach siebenmaligem Absaugen

Tabelle 5c.

Nr. der Absaugung	Tag u. Stunde	Schalen mit den isosmotischen Glycerinlösungen					
		1	2	3	4	5	6
2	2. V. 8^{15} abends	3N. $+\frac{1}{2}$Tr.	3N. $+\frac{1}{2}$Tr.	3N. $\frac{1}{2}$Tr.	2N. $\frac{1}{2}$Tr. 1N. $+\frac{1}{2}$Tr.	3N. $\frac{1}{2}$Tr.	3N. $-\frac{1}{2}$Tr.
3	3. V. 10^{45} vorm.	1N. $\frac{1}{4}$Tr. 1N. $\frac{1}{2}$Tr. 1N. $-\frac{1}{2}$Tr.	1N. $\frac{1}{4}$Tr. 1N. $\frac{1}{2}$Tr. 1N. $-\frac{1}{2}$Tr.	3N. $-\frac{1}{2}$Tr.	3N. $-\frac{1}{2}$Tr.	3N. $-\frac{1}{2}$Tr.	3N. $-\frac{1}{2}$Tr.
	8^{30} abends	1N. tr. 1N. f. 1N. $\frac{1}{4}$Tr.	2N. f. 1N. $\frac{1}{4}$Tr.	2N. f. 1N. $+\frac{1}{2}$Tr.	3N. f.	2N. f. 1N. $\frac{1}{4}$Tr.	3N. f.
4	4. V. 10^{00} vorm.	tr.	tr.	tr.	2N. tr. 1N. f.	2N. tr. 1N. f.	tr.

Tabelle 5d.

Nr. der Absaugung	Tag u. Stunde	Schalen mit den isosmotischen Kalisalpeterlösungen					
		1	2	3	4	5	6
2	2. V. 8^{15} abends	3N. -1Tr.	3N. $+\frac{1}{2}$Tr.	1N. $\frac{1}{2}$Tr. 2N. $-\frac{1}{2}$Tr.	1N. $\frac{1}{2}$Tr. 2N. $-\frac{1}{2}$Tr.	3N. $-\frac{1}{2}$Tr.	3N. $+\frac{1}{4}$Tr.
3	3. V. 10^{45} vorm.	2N. $\frac{1}{2}$Tr. 1N. f.	1N. f. 2N. $\frac{1}{4}$Tr.	f.	f.	tr.	tr.
	8^{30} abends	f.	1N. tr. 2N. f.	tr.	tr.		
4	4. V. 10^{00} vorm.	tr.	tr.				

gemacht wurde, genau so viel Stärke zu finden wie bei einem ganz jungen Nectarium vor der Secretion. Ebenso war auch das Verhalten der Nectarien in Schale 4 (15 vH.). Dagegen blieben die Nectarien in Schale 5 und 6 (20 vH. und 25 vH.) schon nach dreimaligem Absaugen zum Teil trocken, auch war hier die Secretionsmenge von Anfang an geringer als in den anderen Schalen. Nach dem Trockenbleiben der Nectarien der

Tabelle 5e.

Nr. der Absau-gung	Tag und Stunde	Schale mit Wasser
2	2. V. 8¹⁵ abends	5 N. 1 Tr. 1 N. ³/₄ Tr.
3	3. V. 10⁴⁵ vorm.	3 N. ³/₄ Tr. 3 N. ¹/₂ Tr.
4	8³⁰ abends	3 N. f. 3 N. + ¹/₄ Tr.
	4. V. 10⁰⁰ vorm.	tr.

drei letzten Schalen fand man in ihnen ebensoviel Stärke wie in den Nectarien der dritten Schale. Hier wurde also aus den Lösungen noch reichlich Zucker aufgenommen und als Stärke abgelagert, doch waren die Nectarien nicht mehr imstande diese Stärke zu verarbeiten und als Zucker auszuscheiden. Die hohe Konzentration der Lösung, in der sie sich befanden, hat also die Secretionstätigkeit beeinträchtigt, wahrscheinlich durch Wasserentzug aus den Geweben.

Die beiden Blüten, die in die Traubenzuckerlösungen gelegt wurden, waren noch nicht aufgebrochen und fingen gerade erst an zu secernieren. Es wurde also hier der erste Tropfen nicht abgesaugt, und ihre Secretion würde auch ohne jegliche Behandlung länger gedauert haben als bei den Nectarien in Tab. 5e. Aus diesem Grunde blieben die Blätter in Schale 1 (Tab. 5b) auch erst nach dem fünften Absaugen trocken und verhielten sich demnach mit dieser Einschränkung wie die Nectarien auf Wasser. Das Verhalten in Schale 2 war ähnlich. Auf Schnitten durch diese Nectarien fand man auch alle vorher zur Secretion aufgespeicherte Stärke verbraucht, nur am basalen Teil des Blattes im Gefäßbündelparenchym fand sich Stärke, die aus dem aufgenommenen Traubenzucker gebildet war, und zwar hatten die Blätter in Schale 2

28*

bedeutend mehr. Stärke als in Schale 1. Am längsten secernierten die Nectarien in Schale 3, 4 und 5, obwohl sie das erste Mal bedeutend weniger Flüssigkeit auf der Oberfläche aufzuweisen hatten als die Blätter in Schale 1 und 2. Nach sechsmaligem Absaugen secernierten sie immer noch, wenn auch ganz geringe Spuren nur. In Schale 4 und 5 enthielten dann die Nectarien so viel Stärke wie vor der Secretion, sogar außerdem noch im Gefäßbündelparenchym und im Gewebe darunter. Der Stärkegehalt in Schale 3 war ungefähr so wie bei den Nectarien in Schale 2, außerdem fand sich in den obersten zwei Zellagen, dem eigentlichen Saftgewebe, noch Stärke. Fast gar nicht secernierten die Nectarien in Schale 6, wo sich erst nach 20 Stunden etwas Flüssigkeit auf ihnen fand, in der Folge blieben sie aber trocken. Sie enthielten daher auch ungefähr die Stärkemenge, die vor der Secretion vorhanden war. Hier hatte also wieder der hohe osmotische Druck der Traubenzuckerlösung das Nectarium trotz des großen Stärkevorrates an der Secretionstätigkeit gehindert.

In den verschiedenen Glycerinlösungen war das Verhalten der Nectarien mit einigen kleinen Unterschieden im ganzen gleich. Nach viermaligem Absaugen waren von den 18 Nectarien 16 trocken, nur zwei wurden nochmals etwas feucht (Schale 4 und 5, Tab. 5c). Sie verhielten sich also genau wie eine gleichaltrige Blüte auf Wasser. Stärke war dann in allen Nectarien verschwunden, nur in Schale 6 fand sich — aber nur sehr wenig — Stärke in den untersten Zellagen über den Gefäßbündeln.

Ganz anders waren dagegen die Verhältnisse in den Kalisalpeterlösungen (Tab. 5d). Ziemlich normal wie in Wasser secernierten noch die Nectarien in Schale 1 und 2, nach viermaligem Absaugen blieben sie trocken. In Schale 3 und 4 wurde dieses Ergebnis nach dreimaligem und in Schale 5 und 6 schon nach zweimaligem Absaugen erreicht. Das Secret gab jedesmal im Verhältnis zu seiner Menge eine stark positive Zuckerreaktion. Außerdem aber fand sich mit Ausnahme von den Nectarien in Schale 1 und 2, wo im Nektar nur Spuren von Salpetersäure nachweisbar waren, so viel Salpetersäure, daß die Reaktion mit Diphenylamin-Schwefelsäure stark positiv ausfiel. Die Nectarien von Schale 1 und 2 enthielten dann keine Stärke, in Schale 3 und 4 dagegen waren im Saftgewebe noch Spuren vorhanden. In Schale 5 enthielten die Nectarien noch eine reichliche Menge Stärke, die bei Schale 6 noch größer war.

Die in Tab. 5c auf Wasser trocken gebliebenen Nectarien wurden am 4. Mai um 10 Uhr vormittags in Rohrzucker- und Traubenzuckerlösungen gelegt, und zwar je ein Blatt in 7proz., 12proz. und 15proz. Rohrzuckerlösung und die anderen drei Blätter in die drei Schalen mit den Traubenzuckerlösungen, die den drei Rohrzuckerlösungen isosmotisch waren. In 5 Stunden war keine Spur von Flüssigkeit auf den Nectarien zu finden. Es war also — wenigstens in dieser Zeit — nicht möglich, Nectarien, die auf Wasser erschöpft wurden, durch Fütterung mit Zucker wieder zur Secretion zu bringen.

An vier Blüten wurden am Stengel durch vier- bzw. fünfmaliges Absaugen die Nectarien erschöpft. Dann wurden am 3. Mai 10^{45} Uhr vormittags die Blütenblätter abgerissen und die Blätter von zwei Blüten in sechs Schalen mit den schon vorher benutzten Rohrzuckerlösungen gelegt, während die Blätter der zwei anderen Blüten in sechs Schalen mit den entsprechenden Traubenzuckerlösungen verteilt wurden. Um 8^{30} Uhr abends waren die Nectarien der einen Blüte in den Rohrzuckerlösungen trocken und von der anderen waren nur die Nectarien in Schale 1 und 2 feucht. Ebenso blieben auch die Nectarien der einen Blüte in den Traubenzuckerlösungen trocken, während von der anderen Blüte die Nectarien in Schale 3, 4, 5 und 6 etwas feucht wurden. Es ist anzunehmen, daß die ganz geringe Secretion einiger Nectarien unabhängig von den Zuckerlösungen erfolgt ist, da ja die meisten Nectarien trocken blieben. Der Versuch ergab also dasselbe Resultat wie der vorhergehende.

Nun wurde nochmals eine Blüte am Stengel durch Absaugen und Waschen zum Stillstand der Secretion gebracht. Dann wurde auf ein Nectarium etwas 15proz. Rohrzuckerlösung, auf ein anderes etwas isosmotische Traubenzuckerlösung, auf je zwei etwas Glycerinlösung und die restlichen zwei etwas Kalisalpeterlösung gegeben, welche Lösungen den beiden ersten auch isosmotisch waren. Die letzten vier Nectarien hatten nach 5 Stunden alle ungefähr einen viertel Tropfen, der aber keine Zuckerreaktion gab. Die beiden ersten Nectarien hatten einen halben Tropfen, der mit F. L. stark positive Zuckerreaktion gab, wobei wieder anzunehmen ist, daß der aufgetragene Rohrzucker invertiert wurde. Nach dem Absaugen der Flüssigkeit blieben alle Nectarien wieder trocken.

Ein Vergleich der Resultate in den isosmotischen Rohr-, Traubenzucker-, Glycerin- und Kalisalpeterlösungen läßt folgendes erkennen: Die Secretionstätigkeit hängt nicht allein von dem osmotischen Druck der zugeführten Lösung ab. Die Zuckerlösungen wirkten erst bei einem osmotischen Druck von 17,25 Atm. (entsprechend 25 vH. Rohrzucker) an deutlich hemmend, indem keine oder fast keine Flüssigkeit ausgeschieden wurde. Die Kalisalpeterlösung schon von 8,28 Atm. (entsprechend 12 vH. Rohrzucker) an, Glycerinlösung hemmte auch bei 17,25 Atm. nicht nennenswert. Bei den Zuckerlösungen läßt sich nicht entscheiden, ob die schließlich vorhandene Stärke noch die ursprüngliche oder nachträglich aus dem Zucker gebildet war. Dagegen hatte Kalisalpeter den Stärkeabbau nachweislich sistiert, Glycerin aber ihn nicht beeinträchtigt. Da Kalisalpeter reichlich aufgenommen wurde, wäre an eine direkt schädigende Wirkung dieses Salzes in höheren Konzentrationen zu denken. Der Unterschied zwischen Zucker und Glycerin ist schwerer verständlich, besonders da es nicht möglich was, dieses im Tropfen nachzuweisen. Ich möchte annehmen, daß es von dem Blatt leichter aufgenommen wurde als der Zucker, daher auch in höheren Konzentrationen dem Blatt aus der benetzten Schnittfläche kein Wasser entzog im Gegensatz zu den Zuckern, die dies in höheren Konzentrationen anscheinend taten.

Ergebnisse der physiologischen Versuche.

Das Resultat der vorstehenden Versuche, besonders der mit *Fritillaria imperialis*, läßt sich folgendermaßen kurz zusammenfassen:

Nectarien, die vorsichtig aber gründlich gewaschen wurden, secernieren genau so lange wie andere gleichen Alters, die nur mit einer Pipette abgesaugt wurden. Ein vorzeitiger Stillstand der Secretion nach Waschung, wie sie WILSON angibt, kann also nur auf eine Beschädigung der epidermalen Zellen des Nectariums durch zu energisches Ausspritzen und Trocknen zurückzuführen sein. WILSON mag auch nicht mehr ganz frische und keine gleichaltrigen Blüten zu seinen Versuchen verwandt haben, so daß er zu der fälschlichen Anschauung kam, daß man Nectarien durch Waschungen zum vorzeitigen Stillstand bringen könne. Durch die vorsichtigen Waschungen, wie sie von mir angestellt wurden, ist aller Wahrscheinlichkeit nach jede Spur von osmotisch wirksamer Substanz von der Oberfläche der Nectarien und damit auch deren Wasser entziehende Wirkung beseitigt. Trotzdem secernierten die gewaschenen Nectarien so lange wie Rohstoffe zur Nektarbereitung vorhanden waren, und zwar ebenso lange wie solche, die nur abgesaugt waren, also Reste des Zuckers behielten, oder auch solche, die sich selbst überlassen wurden. Alle erschöpften Nectarien hatten, obwohl sie zu Beginn der Secretion sehr reichlich Stärke im Gewebe aufzuweisen hatten, schließlich keine Spur von Stärke mehr.

Auch die Behauptung WILSONs, daß durch Waschen erschöpfte Nectarien nach Aufgabe von Zuckerstückchen ihre Secretion wieder aufnehmen, ist falsch. Es entsteht wohl nach Hinzufügung einer 10proz. Rohrzuckerlösung ein Tropfen auf dem Nectarium, nach dessen Entfernung auch unter den günstigsten Bedingungen das Nectarium vollkommen trocken bleibt. Dieser Tropfen ist weiter nichts als osmotisch entzogene Flüssigkeit, denn er tritt auch nach Aufgabe von isosmotischen Salz- und Glycerinlösungen auf erschöpften Nectarien hervor und gibt dann mit F. L. keine Zuckerreaktion.

Durch Legen der Blüten in Rohrzuckerlösungen kann man die Nectarien füttern, d. h. der aufgesogene Zucker wird, vielleicht nach vorheriger Umwandlung in Stärke, wieder als Traubenzucker ausgeschieden.

In 3proz. Lösung wird fast gar kein Zucker gespeichert, die Secretion ist auch von normaler Dauer. Am günstigsten wirken Lösungen von 7—15 vH. Hier dauert die Secretion bedeutend länger als in Wasser, und am Schluß der Secretion findet sich im Nektargewebe fast soviel Stärke wie zu Beginn. In den stärker konzentrierten Lösungen bis 25 vH. wird auch sehr viel Stärke gespeichert, aber durch die hohe Konzentration der Außenlösung wird die Secretionsmenge sehr vermindert oder die Secretion fast ganz unterdrückt.

Ein Versuch mit den Rohrzuckerlösungen isotonischen Traubenzuckerlösungen erbrachte beinahe dieselben Resultate. Die Secretionsdauer nahm mit steigenden Lösungen zu, nur in den konzentriertesten Lösungen nahm sie wieder ab und hörte beinahe ganz auf. Der Stärkegehalt nahm wie in den Rohrzuckerlösungen steigend zu.

Auf den isosmotischen Kalisalpeterlösungen nimmt die Secretionsdauer und -menge mit steigendem Prozentgehalt gegenüber reinem Wasser ab, auf den Glycerinlösungen ist sie ziemlich gleich wie auf Wasser, es findet sich daher auch zum Schluß der Secretion keine Stärke. In den Nectarien auf den Salpeterlösungen findet sich nur dort Stärke, wo die Secretionsdauer verringert wurde, und zwar in zunehmender Menge mit dem steigenden Prozentgehalt der Lösungen. Kalisalpeter wird vom Nectarium aufgenommen und ausgeschieden, ebenso Methylenblau.

An der Pflanze durch Absaugen erschöpfte Nectarien beginnen auch dann nicht wieder zu secernieren, wenn man die abgetrennten Blätter auf Zuckerlösungen legt.

Nectarien verschiedener Pflanzen, die mit sublimathaltigem Wasser oder Alkohol bepinselt worden waren, stellten ihre Secretion dauernd ein. Sie waren durch diese Behandlung getötet worden und sind dann nicht mehr in der Lage zu secernieren. Daraus läßt sich schließen, daß die Secretion ausschließlich durch aktive Tätigkeit der Protoplasten des Nektargewebes erfolgt. Zur Ausscheidung kommt, wie die früheren Versuche zeigen, der fertige Nektar. Bei reichlicher Nektarproduktion ist der osmotische Wert der ausgeschiedenen Lösung wohl zu gering, um seinerseits dem Nectarium Wasser zu entziehen. Denn HAUPT gibt für Nectarien osmotische Drucke bis etwa 10 vH. KNO_3 an. Trocknet indessen der Nektartropfen allmählich ein, so kann er sicherlich osmotisch Wasser aus dem Gewebe anziehen.

In ihrer Secretionstätigkeit entsprechen also die Nectarien jenen Hydathoden, die nach HABERLANDT (17) durch aktive Tätigkeit der beteiligten Zellen die Wasserausscheidung bewirken. Vom Blutungsdruck sind sie vielfach unabhängig, da sie auch an abgetrennten Blüten und Blättern oder aus dem Gewebeverband herausgeschnitten in Wasser weiter secernieren.

———

Literaturverzeichnis.

1. **Wilson, W.**: On the Cause of the Excretion of Water on the Surface of Nectaries. Untersuch. a. d. botan. Inst. zu Tübingen 1. 1881. — 2. **Behrens, W.**: Die Nectarien der Blüten. Neue Flora 37. 1879. — 3. **Schönichen, W.**: Biologie der Blütenpflanzen 1924. — 4. **Stadler, S.**: Beiträge zur Kenntnis der Nectarien und Biologie der Blüten. Diss. Zürich 1886. — 5. **Schönichen, W.**: Mikroskopisches Praktikum der Blütenbiologie 1922. — 6. **Hanstein, J.**: Anatomie der Nectarien. Sitzungsber. d. niederrhein. Ges. f. Natur- u. Heilk. zu Bonn 3, III. 1873. — 7. **Nieuwenhuis, M.-v. Uexküll-Güldenband**: Secretionskanäle in den Cuticularschichten extrafloraler Nectarien. Recueil de travaux botan. néerlandais 5, XI, 14. — 8. **Schniewind-Thies, J.**: Beiträge zur Kenntnis der Septalnectarien. Jena 1897. — 9. **Pfeffer, W.**: Osmotische Untersuchungen 1877. 223. — 10. **Haupt, H.**: Zur Secretionsmechanik der extrafloralen Nectarien. Diss. Leipzig 1902. — 11. **Büsgen**: Der Honigtau. Jenaische Zeitschr. f. Naturwiss. 1891. — 12. **Pfeffer, W.**: Secretion der Nectarien. Pflanzenphysiologie. 2. Aufl. 1, 263. — 13. **Schimper, W.**: Die Wechselbeziehungen zwischen Pflanzen und Ameisen. Jena 1888. — 14. **Haberlandt, G.**: Sitzungsber. d. Akad. Wien, Mathem. naturwiss. Kl. I, 104, 55. 1895. — 15. **Ders.**: Physiologische Pflanzenanatomie 1924. 473. — 16. **Benecke, W.**: Pflanzenphysiologie von Benecke und Jost 1924. — 17. **Haberlandt, G.**: Sitzungsber. d. Akad. Wien, Mathem.-naturwiss. Kl. I, 103, 489. 1894.

Erklärung der Abbildungen.

Tafel III.

Abb. 1. *Fuchsia gracilis.* Radialer Längsschnitt durch ein Nektarpolster.

Abb. 2. Zelle mit Zellkern und Vacuolen aus dem Saftgewebe.

Abb. 3—5. Verschiedene Kernbilder aus dem Saftgewebe.

Abb. 6. *Prunus laurocerasus.* Längsschnitt durch eine Saftspalte am Grunde einer Grube.

Abb. 7 u. 8. Zellen mit traubenähnlichen Inhaltskörpern aus einem Längsschnitt durch den Blütenbecher.

Abb. 9. *Ribes rubrum.* Querschnitt durch eine Saftspalte.

Abb. 10. *Atropa belladonna.* Teil aus einem Längsschnitt durch das Nectargewebe parallel zur Blütenachse. a = Körnige Bestandteile des Plasmas, k = Zellkerne, b = Geschrumpfte Gebilde.

Abb. 11. *Dictamus albus.* Teil aus dem Saftgewebe mit Saftspalte.

Abb. 12. *Lilium Martagon.* Teil aus dem Nektargewebe aus der Mitte der Furche.

Abb. 13. *Eranthis hiemalis.* Epidermiszelle mit papillöser Ausstülpung.

Abb. 14. *Euphorbia splendens.* Teil aus einem Schnitt durch ein Nectarium.

Abb. 15. Längsschnitt durch eine Saftgrube.

Abb. 16. *Galanthus nivalis.* Teil eines Längsschnittes durch den Discus mit abgehobener Cuticula.

DIE ALLOIOPHYLLIE DER ANEMONE NEMOROSA UND IHRE VERMUTLICHE URSACHE.

Von

H. KLEBAHN
(Hamburg).

Mit 4 Textabbildungen und Tafel IV.

(Eingegangen am 17. Oktober 1925.)

In den Berichten der Deutschen Botanischen Gesellschaft Bd. 15, 1897, S. 527—536 habe ich eine eigentümliche Mißbildung der *Anemone nemorosa* beschrieben und abgebildet, die man fast überall, wo Anemonen vorkommen, gelegentlich einmal antrifft, meist allerdings nur in geringen Mengen. Sie ist leicht kenntlich an einer auffälligen Verbreiterung und einer oft starken Vergrößerung der Blätter, die mit einer Verminderung der Tiefe der Einschnitte, oft mit sehr wesentlichen Umgestaltungen der Form und mitunter auch mit einem gewissen Fleischigwerden der Blattspreite verknüpft ist. Die Stengel oder Blattstiele sind fast immer mehr oder weniger stark verdickt. Die Blüten werden meist unterdrückt; wenn sie sich doch entwickeln, sind auch sie verkrüppelt. Gewisse anatomische Veränderungen gehen mit den morphologischen Hand in Hand. Ich will die Erscheinung, die bisher keinen Namen erhalten hat, ihres fremdartigen Aussehens wegen jetzt als Alloiophyllie bezeichnen (von ἀλλοῖος anderartig, anders beschaffen).

In den Drüsenhaaren dieser Anemonen fand ich seinerzeit häufig einen winzigen Pilz, den ich gleichzeitig als *Trichodytes anemones* beschrieb. Die Abbildung der Blätter ist zusammen mit der des Pilzes in einige der mycologischen Handbücher (RABENHORST: Kryptogamenflora, Pilze VII, 721; ENGLER-PRANTL: Natürliche Pflanzenfamilien I, 1**, 414) hinübergenommen worden, so daß die Meinung entstehen konnte, der Pilz sei die Ursache der Erkrankung. Auch KÜSTER (Pathologische Pflanzenanatomie, 3. Aufl., 266) scheint dies anzunehmen. Ich habe aber schon seinerzeit bestimmt hervorgehoben, daß der Pilz sehr häufig fehlt, daß er namentlich an den jungen Entwicklungsstadien der Blätter nicht gefunden wurde, und daß er daher die Ursache der Erscheinung *nicht* sein kann. Ganz abgesehen davon, würde auch der Befall eines Teils dieser winzigen und kaum dauernd in Funktion bleibenden Haare wohl nicht von wesentlichem Einfluß auf die Entwicklung der Pflanze sein können. Auch die in einzelnen Fällen gefundenen

Nematoden konnten nicht als Erreger betrachtet werden, und so blieb die Krankheitsursache unaufgeklärt.

Inzwischen habe ich die Erscheinung im Auge behalten. Gelegentliche Kulturversuche ergaben sehr bald, daß aus den Rhizomen alloiophyller Anemonen im nächsten Jahre nicht selten wieder in derselben Weise veränderte Pflanzen hervorgehen. Sowohl Kultur- wie auch Infektionsversuche in umfassenderer Zahl anzustellen, wurde später dadurch ermöglicht, daß es im Frühjahr 1912 gelang, in einem bequem zu erreichenden Gehölz in der Nähe Hamburgs, dem früheren fiskalischen Gehege zu Niendorf, eine Stelle zu finden, wo auf einer kleinen Fläche von nicht viel mehr als 1000 qm so viele der kranken Pflanzen beisammen vorkamen, daß ich alljährlich eine Anzahl einsammeln konnte.

Es wurden dann erstens alloiophylle Anemonen, die noch unversehrt mit ihren Rhizomen in Zusammenhang waren, meist in größerer Zahl, mitunter aber auch einzeln, in große flache Schalen oder in Töpfe gepflanzt. Ein zweiter Teil der Pflanzen, namentlich alles, was beim Ausgraben beschädigt oder von den Wurzelstöcken abgebrochen war, wurde samt den Wurzelstöcken zerkleinert, so daß die Teile nicht mehr wachstumsfähig waren, und in der noch zu beschreibenden Weise zum Impfen verwendet. Endlich wurden die als zweifelhaft erkrankt ausgelesenen Pflanzen, sowie die anscheinend gesunden, die als unmittelbar neben kranken wachsend mit ausgegraben waren, teilweise auch von kranken Rhizomen abgebrochen sein mochten und daher vermutlich Krankheitskeime an sich tragen konnten, als „Reste" besonders gepflanzt.

Für die Impfversuche dienten gesunde Anemonen aus dem Botanischen Garten, die für diesen Zweck in große Schalen oder in Töpfe eingepflanzt wurden. Die, wie eben beschrieben, durch Zerschneiden alloiophyller Anemonen erhaltenen Teile wurden über dem dünnen Erdreich, mit dem die Rhizome bedeckt waren, ausgestreut und mit noch einer Schicht Erde bedeckt. Zu weiteren Impfversuchen benutzte ich die Erde, die zugleich mit den kranken Anemonen ausgegraben und von diesen abgeschüttelt worden war. Sie wurde im noch feuchten Zustande durch Sieben von etwa darin enthaltenen entwicklungsfähigen Rhizomstücken befreit und dann über Schalen ausgestreut, welche gesunde Anemonen enthielten. Zuletzt machte ich auch Impfungen mit dem Saft, der aus zerkleinerten Teilen alloiophyller Pflanzen durch Ausquetschen erhalten wurde, und benetzte damit die unterirdischen Teile gesunder Pflanzen, die Rhizome und die daran befindliche Knospen.

Als eine unangenehme Störung machte sich bei den Versuchen der Pilz *Sclerotinia tuberosa* Fuckel bemerkbar, dem fast alljährlich einige Töpfe zum Opfer fielen. Die Anemonen dieser Töpfe waren dann meist alle getötet, und an ihrer Stelle erschienen die Apothecien des Pilzes. Die Ergebnisse der Versuche sind im folgenden zusammengestellt.

1. Weiterkultur alloiophyller Anemonen.

Wo nichts anderes bemerkt ist, bezeichnet jede Versuchsnummer eine Schale, in die 10—20 stark veränderte Anemonen eingepflanzt waren. Die als Ergebnis vermerkte erste Ziffer gibt die Anzahl der im folgenden Jahre erhaltenen mehr oder weniger stark alloiophyllen Triebe an. Die in Klammern dahinter gesetzten Ziffern bezeichnen bei diesen und den folgenden Versuchen die Ergebnisse in den darauffolgenden Jahren, insofern die Kulturen ohne Neuimpfung weiter beobachtet worden sind.

Nr.	Jahr	Ergebnis	Nr.	Jahr	Ergebnis
112	1908	13	148	1916	2
417	1912	2 (—) (1)	168	1916	—
528	1912	1 (1) (1)	169	1916	1
30	1913	11	549	1917	— (1) (1)
560	1914	6 (2) (1)	551	1917	—
561	1914	1 (4) (2)	552	1917	2
562	1914	2 (1) (1)	556	1917	3 (1)
563	1914	3 (3) (2)	561	1917	1 (—)
244	1915	2 (1)	92	1919	—
246	1915	—			
247	1915	4 (2)			

Bemerkungen. Zu Nr. 30: 22 Pflanzen, einzeln in 22 Töpfe gepflanzt. — Zu Nr. 92: 10 Pflanzen, einzeln in 10 Töpfen. — Zu Nr. 549 eine Pflanze. — Zu Nr. 551: 10 Pflanzen, vor dem Einpflanzen gewaschen. — Zu Nr. 552: 10 Pflanzen, nicht gewaschen. — Zu Nr. 556: 4 Pflanzen, gewaschen. — Zu Nr. 561: 3 Pflanzen, nicht gewaschen.

2. Weiterkultur der „Reste".

Nr.	Jahr	Ergebnis	Nr.	Jahr	Ergebnis
132	1912	2 (1)	573	1914	2 (—)
165	1912	—	254	1915	— (†)
276	1912	—	257	1915	3
383	1912	3 (1) (2)	258	1915	3 (4)
443	1912	2 (3) (5)	282	1915	—
56	1913	1 (1) (†)	553	1917	2
58	1913	8 (2)	561	1918	—
569	1914	— (3) (2)	462	1919	1
570	1914	4 (2) (†)	246	1920	7
571	1914	—	466	1920	2
572	1914	3 (—)			

Bemerkungen. Zu Nr. 553: Pflanzen vor dem Eintopfen gewaschen. — † (bei Nr. 56, 570, 254) bedeutet: Pflanzen infolge Befalls mit *Sclerotinia tuberosa* eingegangen.

3. Impfversuche.

Die mit Stern (*) versehenen Versuchsnummern bezeichnen Töpfe mit nur je einer oder zwei Versuchspflanzen, alle andern größere Schalen mit 10—20 Pflanzen.

Die Buchstaben geben Impfart und Impfmaterial an, und zwar bedeutet

A: zerschnittene alloiophylle Anemonen ohne Unterscheidung von Rhizom und Blatt in die obere Erdschicht der Versuchstöpfe gebracht,

Rh: nur Rhizomteile,

B: nur oberirdische Teile (Blätter) ebenso verwendet,

E: die von ausgegrabenen kranken Anemonen abgeschüttelte und gesiebte Erde über den Versuchspflanzen ausgebreitet,

AE: mit zerschnittenen Teilen und Erde gleichzeitig geimpft.

P: zerkleinerte kranke Anemonen unmittelbar neben die treibende Rhizomspitze gelegt,

Q: im Mörser zerquetschte Teile neben die treibende Spitze gelegt, diese etwas verletzt. (Hier wurden besonders starke Mißbildungen erhalten),

SRh: aus Rhizomen kranker Pflanzen ausgepreßter Saft,

SB: aus Blättern ausgpreßter Saft auf Rhizome und deren treibende Spitzen aufgestrichen.

Nr.	Jahr	Impfart	Ergebnis	Nr.	Jahr	Impfart	Ergebnis
181	1908	A	1	59	1918	AE	2
182	1908	A	7	490	1918	AE	†
287	1912	E	4	562	1918	AE	2 (—)
201	1913	A	2 (—)	563	1918	AE	3 (5)
54	1913	E	7 (—)	570	1918	AE	6 (5)
55	1913	E	1 (2)	526	1918	A	†
59	1913	E	1 (1) (—)	500	1918	E	†
564	1914	A	1 (2)	497	1918	E	1 (3)
565	1914	E	2 (5) (—)	490	1919	A	7
566	1914	E	3	500	1919	A	†
567	1914	E	1 (2)	526	1919	A	3 (8)
568	1914	E	1 (—)	466	1919	E	2
53	1915	A	5	569	1920	A	†
55	1915	A	2	570	1920	A	11
564	1915	A	2	490	1920	E	2
46	1915	E	3	563	1920	E	1
58	1915	E	— (3)	601	1922	P	3
71	1915	E	†	602	1922	Q	7
566	1915	E	1 (1)	502	1923	AE	1
567	1915	E	2 (2)	507	1923	AE	4
55	1916	A	†	517	1923	AE	1
58	1916	A	3	*518	1924	SRh	1
81	1916	A	†	*521	1924	SRh	2
246	1916	A	1	*534	1924	SRh	2
566	1916	A	1	*550	1924	SB	1
568	1916	A	—	*566	1924	SB	4
572	1916	A	—	*36	1924	B	1
573	1916	A	†	*50	1924	B	1
550	1917	A	2	*75	1924	B	1
558	1917	A	—	*82	1924	B	1
559	1917	A	1	*87	1924	B	1
566	1917	A	1	561	1924	Rh	5
568	1917	A	—	424	1924	E	3
570	1917	A	2	457	1924	E	2
572	1917	A	3				

Durch die Versuche sind folgende Tatsachen festgestellt:

1. Rhizome alloiophyller Anemonen ergeben im folgenden Jahre in zahlreichen Fällen, aber nicht immer, wieder alloiophylle Triebe.

2. Rhizome mit anscheinend gesunden Trieben, die von kranken Pflanzen abgebrochen oder in deren Nähe gewachsen sind, bringen im folgenden Jahre häufig alloiophylle Triebe.

3. Das Abwaschen der Rhizome entfernt die Krankheitsursache nicht.

4. Mit Teilen alloiophyller Pflanzen, die in den Erdboden zu den Rhizomen gesunder Anemonen gebracht werden, und zwar sowohl mit Teilen der Rhizome wie mit solchen der Stengel und Blätter, kann die Bildung alloiophyller Triebe hervorgerufen werden.

5. Dasselbe kann durch Benetzen gesunder Rhizome und der daran befindlichen Knospen mit dem aus zerschnittenen alloiophyllen Pflanzen ausgequetschten Saft erreicht werden.

6. Den gleichen Erfolg hat die Impfung des Erdbodens mit Boden, in welchem alloiophylle Anemonen gewachsen sind.

Die Alloiophyllie der *Anemone nemorosa* ist also eine Infektionskrankheit. Der Erreger muß im Organismus sein, der imstande ist, vom Erdboden aus in die unterirdischen Teile, die Rhizome oder die Knospen, hineinzugelangen und die letztgenannten zu abnormer Entwicklung anzuregen.

Das Verhältnis zwischen der Nährpflanze und dem hypothetischen Erreger hat mehr oder weniger den Charakter einer Symbiose; denn die krankhaft veränderten Triebe werden nicht vorzeitig getötet, sie sterben nicht eher ab als die gesunden Triebe auch. Insofern aber tritt eine Schädigung ein, als die Blütenbildung in der Regel ausbleibt. Ob die selten auftretenden, dann meistens auch abnormen Blüten fruchtbar sind, habe ich nicht feststellen können. Ein einmal ausgeführter Versuch blieb ohne Erfolg. Unter der Annahme eines organischen Erregers würde man die Alloiophyllie auch als eine Gallenbildung ansehen und sie etwa mit den Veränderungen derselben Nährpflanze durch *Puccinia fusca* oder *Aecidium leucospermum* vergleichen können; die früher beschriebenen Veränderungen der Gewebe lassen sich in demselben Sinne deuten.

Die Impfversuche gaben auch Gelegenheit, die jüngeren Zustände der alloiophyllen Pflanzen kennenzulernen (siehe die Textabb. 1 und 2). Eine erhebliche, oft birnförmige Anschwellung der jungen Knospen, eine starke unregelmäßige Verdickung der Stengel oder Blattstiele, eine starke Vergrößerung und Verdickung der zurückgebogenen Anlage der Blattspreite unterscheidet sie leicht von den zierlichen Anlagen normaler Triebe. Mitunter entspringen mehrere kranke Triebe an derselben Stelle; nicht selten findet man aber auch gesunde und kranke nahe beieinander. An den Rhizomen sind auch da, wo sie an die befallenen Knospen angrenzen, keine Veränderungen sichtbar.

Nach dem Erreger der krankhaften Erscheinungen suchte ich lange vergeblich. Daß *Trichodytes anemones* und die vereinzelt gefundenen Älchen nicht in Betracht kommen, wurde bereits bemerkt. Andere Pilze sowie Bacterien sind nicht vorhanden.

Was bei den neuerdings vorgenommenen Untersuchungen zuerst auffiel, war die Ausfüllung eines Teils der Intercellularräume mit einer stark färbbaren Substanz. Mit dem Rasiermesser gefertigte Längsschnitte, besonders durch die äußeren Gewebe der unteren Blattstiel- oder Stengelteile, mit Bleucoton GBBB in Lactophenol gefärbt, zeigten vielfach lange blaue parallel verlaufende Fäden, von Zeit zu Zeit durch querverlaufende Brücken verbunden und an den Verzweigungsstellen mehr oder weniger unregelmäßig angeschwollen, ganz dem Verlauf der Intercellularräume entsprechend. Eine gewisse körnige Struktur, die hier und da vorhanden zu sein schien, ließ die Vermutung auftauchen, daß ein plasmodiumartiger Organismus durch Wunden eingedrungen

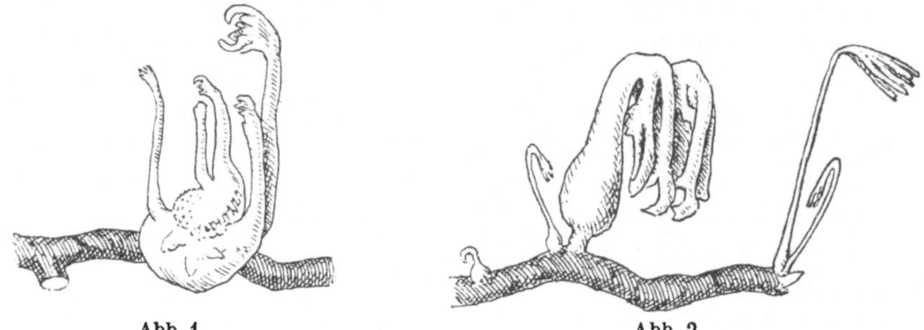

Abb. 1.Abb. 2.

Abb. 1 u. 2. Junge Zustände alloiophyller Triebe von *Anemone nemorosa*, Anfang April aus der Kultur entnommen. In Abbildung 2 rechts junge normale Blattanlagen. Vergr. 1¹/₃.

sei und sich in den Intercellularräumen verbreite. Mikrotomschnitte erwiesen diesen Gedanken sehr bald als falsch. Sie zeigten, daß es sich um eine meistens strukturlose Masse handelt, welche entweder die Intercellularräume ganz ausfüllt oder nur ihre Wände bekleidet. Sonderbar ist, daß sie sich gerade mit Farbstoffen, welche Protoplasma und Zellkerne färben, gut färbt, z. B. mit Safranin, Eisenhämatoxylin, Giemsalösung. Damit gefärbte Querschnitte zeigen die Intercellularräume oft als stark gefärbte Dreiecke, die sich von der farblos bleibenden Zellwand scharf abheben. Mitunter sind allerdings unregelmäßige körnige Abscheidungen in der Masse enthalten, deren Deutung noch unklar ist.

Die Untersuchung weiterer Mikrotomschnitte führte endlich zur Auffindung von Gebilden, die, mögen sie sein, was sie wollen, hohes Interesse in Anspruch nehmen und eine eingehende Untersuchung nötig machen. Sie sichtbar zu machen, ist eine kräftige Färbung mit Safranin, der man nach hinlänglichem Auswaschen mit Alkohol eine Gegenfärbung mit Orange G in Nelkenöl folgen läßt, besonders geeignet. Man erhält damit diese Gebilde, die Zellkerne und die verholzten Membranen sowie auch die soeben besprochenen Auskleidungen der Intercellularräume stark rot gefärbt, das Protoplasma blaßrot oder gelb und die unverholzten Membranen gelb. Fast noch besser treten sie hervor, wenn man das Safranin mit meinem alten Farbstoff „Kornblau“, über dessen Zusammensetzung ich leider nichts Sicheres habe ermitteln können (siehe Ber. d. dtsch. bot. Ges. 6, 161. 1888), auswäscht. Mit Giemsalösung erhielt ich sie schön blau, wenn ich ein Auswaschen mit wässeriger Eosinlösung folgen ließ und sie dann über Aceton in Balsam brachte. Weniger geeignet zum Aufsuchen erwiesen sich bisher Eisenhämatoxylin und Hämatoxylin nach WEIGERT (siehe SCHUBERG: Zool. Praktikum, S. 383).

Die Gebilde finden sich im Innern lebender Zellen des *Phloems*. Ob die langgestreckten engen Zellen, welche sie beherbergen, junge Siebröhren oder deren Begleiter sind, ließ sich bei dem jugendlichen Zustande der Gewebe, in denen sie gefunden wurden, noch nicht feststellen. Sicher ist, daß die Gebilde nur in ein oder zwei Ausnahmefällen in etwas weiteren Zellen an der Grenze des Phloems gefunden wurden, und daß Zellen des gewöhnlichen Grundparenchyms sie in keinem Falle enthielten. Ihre Ausbreitung folgt der Längsrichtung der Bündel. Man kann sie in demselben Phloemstrang oft auf weite Strecken verfolgen, indem sich der Länge nach eine befallene Zelle an die andere reiht (Taf. IV, Abb. 2). In der Querrichtung erstreckt sich der Befall dagegen stets nur auf eine oder auf sehr wenige Zellen; mehr als drei nebeneinander liegende befallene Zellen habe ich nicht feststellen können. Aus diesen Gründen und wegen der noch zu beschreibenden Form und Lage der Gebilde sind nur Längsschnitte durch das Phloem gut geeignet, sie aufzufinden und zu untersuchen.

Die Anzahl der Gebilde in einer Zelle ist in der Regel eine große; 20—40 ist ein häufiges Vorkommen; von Abweichungen wird weiter unten die Rede sein. Sie sind durch das ganze Zelleninnere verbreitet, füllen es mehr oder weniger aus und liegen teilweise unmittelbar neben dem Zellkern. Dieser unterscheidet sich in seiner Größe und in seiner Struktur nicht von den Zellkernen der benachbarten normalen Zellen. Daß die beiden Spitzen, in die er in den letztgenannten in der Regel, aber keineswegs immer, ausgezogen ist, häufig fehlen, mag erwähnt sein; doch ist darauf vielleicht nicht viel Wert zu legen.

Die Gestalt der Gebilde ist wechselnd und sehr mannigfaltig, aber doch ganz bestimmt. Es kommen vor (vgl. die Abbildungen auf Taf. IV).

1. Sehr dünne Fäden (3—10 : 0,2 μ), mitunter äußerst zart, in dem dichten Protoplasma ganz junger Wirtszellen, dem sie eingelagert sind,

oft kaum zu erkennen (Abb. 8), mitunter aber auch dicker und deut-licher und dem Protoplasma gegenüber überwiegend (Abb. 9).

2. Längere derbere Fäden (18—30 : 0,5 μ), mitunter in der Mitte oder nach dem einen Ende zu unwesentlich dicker, mehr oder weniger geradegestreckt, mehr oder weniger parallel neben- und hintereinander gelagert, gewissermaßen ein Bündel bildend, das, von den Zellkernen unterbrochen, sich durch die ganze Zellenlänge erstreckt (Abb. 1 und 2, auch 9).

3. Dieselben Fäden, kreisförmig gekrümmt oder schlingenartig um-gebogen (Abb. 10), im letzten Fall mitunter die beiden Fadenhälften schraubig umeinander gedreht (Abb. 1, untere Hälfte).

4. Kürzere und dickere Gebilde (9—13 : 1—2,2 μ), an beiden Enden zugespitzt oder an dem einen etwas gerundet, wurmförmig gestaltet und schlängelig gekrümmt (Abb. 1, oben).

5. Spindelförmige Gestalten, nach beiden Enden in einen geißel-artigen dünnen Faden auslaufend. Spindel 5—7 : 1,5, Geißeln 2—2,5 μ (Abb. 4).

6. Keulenförmige Gebilde (8—10 : 1,5—2,2 μ), am spitzen Ende in einen dünnen geißelartigen Faden (7—9 μ) auslaufend (Abb. 3); selten dicker und mit fast kugeliger Keule, Dicke 4 μ bei 14 μ Länge des Ganzen (Abb. 5).

7. Dünnere Keulen mit fadenförmiger Verlängerung, die etwa in der Mitte so umgebogen sind, daß das dicke Ende neben dem meist etwas weiter vorragenden dünnen liegt und es berührt. Die durch die Krümmung entstehende Schleife ist meist ziemlich eng, die Gesamtform ist länglich-eiförmig und kann in länglich übergehen. Keulendicke 2—2,2 μ, Länge bis zur Umbiegung 7—8 μ. Diese umgebogenen Keulen sind besonders charakteristisch (Abb. 3).

8. Dünne Fäden, in ähnlicher Weise gekrümmt, das kürzere Faden-ende dem längeren angelegt oder beide Enden vereinigt, Schleife ziem-lich weit (2—3 μ), die Gestalt eines Tennisschlägers nachahmend (Abb. 10).

9. Gespaltene Fäden, die Teile ganz getrennt (16 in Abb. 11) oder an einem Ende noch zusammenhängend (15 in Abb. 11) oder Spaltung nur etwa bis zur Mitte gehend und die beiden Teile klaffend (3 und 8 in Abb. 11) oder am Ende einander wieder berührend (in Abb. 10).

10. Fäden, die, ohne vielleicht so zu sein, aussehen, als ob sie längs-gespalten, die Teile aber nahe beisammen und an den Enden vereinigt geblieben wären (in Abb. 1).

11. Ovale oder längliche Gebilde, auch etwas keulenförmig oder spindelförmig, aber an den Enden gerundet und ohne fadenförmige Verlängerung, gerade oder wenig gekrümmt, 6—8 : 2—2,5 μ (in Abb. 3).

12. Verschiedene Formen, deren Deutung oder Zurückführung auf die bisher beschriebenen Schwierigkeiten macht, z. B. solche, die aus

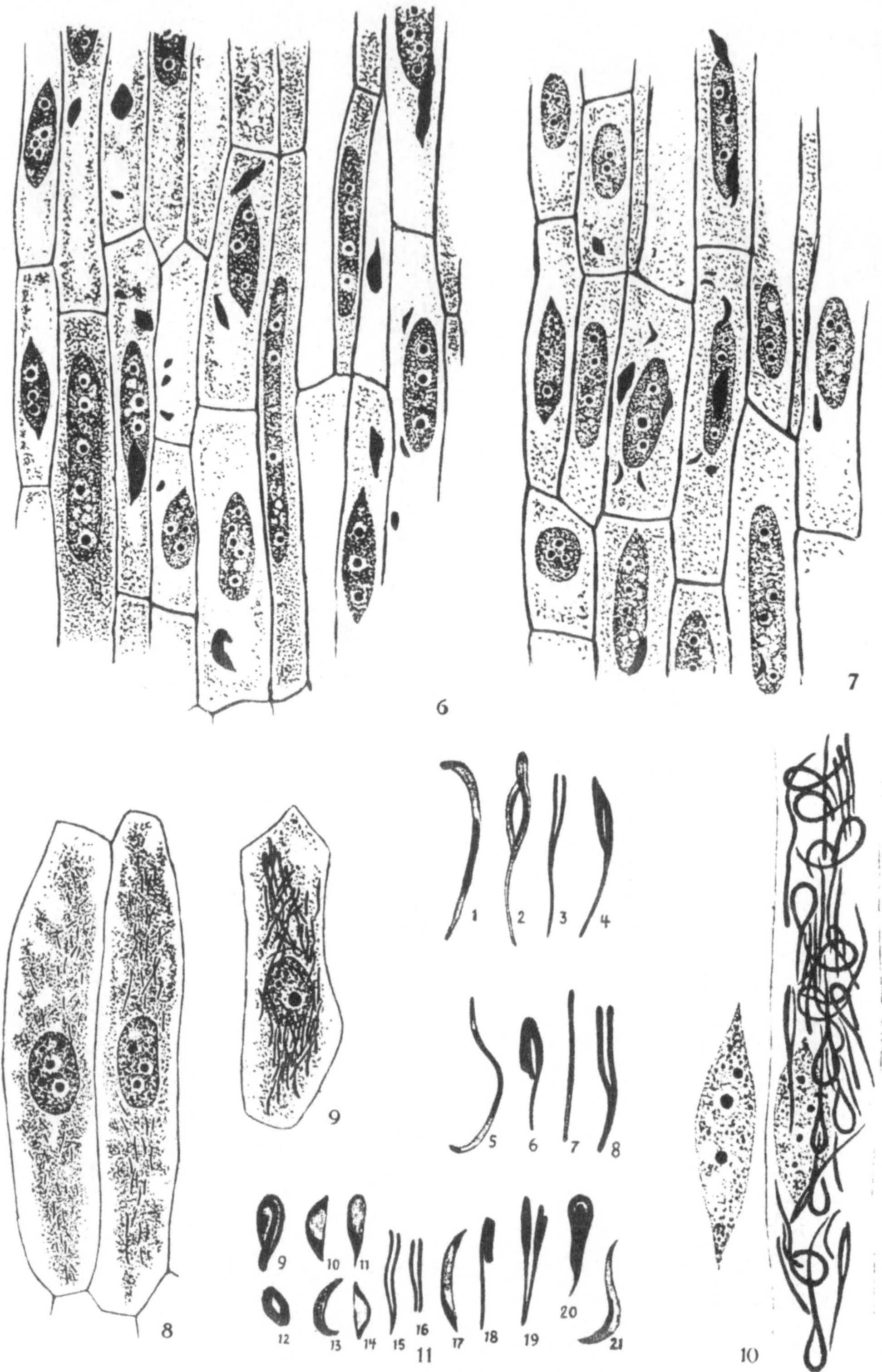

Verlag von Julius Springer in Berlin

einem dickeren Bogen und einer dünnen zwischen Bogen und Sehne
ausgespannten Haut zu bestehen scheinen (10 und 14 in Abb. 11),
solche, die vielleicht als Verschmelzungszustände der umgebogenen
Keulen gedeutet werden können (9 und 20 in Abb. 11), solche, die an
die Gestalt eines Kiefernsamens erinnern (11 in Abb. 11), zu einem
Ring zusammengelegte Bänder (12 in Abb. 11), wurmförmige Gestalten,
von denen dünnere Fäden oder Häutchen abgespalten erscheinen (oben
in Abb. 1), Keulen, die wie gespalten aussehen (4 und 19 in Abb. 11) usw.
Die geringe Größe, die die Anwendung der stärksten Objektive nötig
macht, und die Zusammendrängung der Gebilde in den Zellen der Nährpflanze erschweren die richtige Beurteilung sehr, und ich muß daher
damit rechnen, daß meine Deutung nicht immer ganz richtig ist.

Auch über den inneren Bau der Gebilde ist schwer Sicheres zu sagen.
Wenn sie gut gefärbt sind, so daß sie leicht in den Präparaten aufgefunden werden und sich von dem sie einschließenden Gewebe gut abheben,
erscheint ihre gesamte Masse homogen und wesentlich gleichmäßig
gefärbt. Färbungsdifferenzen fehlen zwar nicht völlig, aber sie beruhen
wesentlich auf der verschiedenen Dicke der gefärbten Masse. So erscheinen z. B. die Keulen stärker gefärbt als ihre fadenförmigen Ver-
längerungen, die Bögen an den bogenähnlichen Bildungen (10 und 14
in Abb. 11) dunkler als die ausgespannte Haut, an den in Abb. 5 dargestellten fast kugelförmigen Keulen zeigten sich schwer deutbare
Färbungsunterschiede, usw. Hierher dürften auch die rätselhaften als
9 und 20 in Abb. 11 bezeichneten Gebilde gehören. Gewisse Unterschiede in der Färbung sind auch nur scheinbare, sie werden durch das
Herausfallen einzelner Teile aus der Bildebene des Mikroskops vorgetäuscht, so an den schraubig umeinander gewundenen Fäden wie in
Abb. 1 (untere Hälfte).

Einschlüsse, die für Zellkerne angesprochen werden könnten, lassen
sich also an diesen Präparaten nicht erkennen. Auch der dunklere
Inhalt in den Spindeln in Abb. 4, der sich rotgefärbt von dem blau
erscheinenden Saum und den Endfäden abhebt (Safranin-Kornblau-
färbung), läßt sich nicht als Zellkern deuten, weil der Farbenübergang
ein allmählicher ist.

Hierzu ist zu bemerken, daß die Fixierung des im Laufe einer Reihe
von Jahren angesammelten Materials in verschiedener Weise stattgefunden hatte, teils mit siedendem Alkohol, teils mit FLEMMINGscher,
JUELscher oder KAISERscher Mischung, und daß die Zellkerne der Wirts-
pflanzen, insbesondere auch die Zellkerne der Phloemzellen, welche die
neuen Gebilde unmittelbar daneben enthielten, in allen Fällen gut und
deutlich, in vielen Fällen sogar ausgezeichnet fixiert und gefärbt waren.
Die gelegentlich vorhandenen Teilungszustände zeigten die Chromosomen
auf das deutlichste. Man sieht also keinen Grund, warum Zellkerne in

den neuen Gebilden, wenn sie vorhanden wären, sich nicht auch zu erkennen gegeben haben sollten. Hinsichtlich des Wertes der Fixierungsmittel ist zu bemerken, daß die FLEMMINGsche Lösung zwar ausgezeichnete Fixierungen ergab und ebensolche Färbungen ermöglichte, daneben aber vielfach coccenartige Niederschläge in den Zellen hervorrief, welche die Reinheit des mikroskopischen Bildes störten. Welches von den anderen Fixierungsmitteln das geeignetste ist, vermag ich noch nicht zu sagen, da die Art der Fixierung an dem älteren Material nicht notiert war. Auch die für Protozoenzellkerne besonders geeignete GIEMSA-Färbung, mit einer von Herrn Prof. GIEMSA selbst freundlichst zur Verfügung gestellten Lösung, brachte kein Ergebnis. Allein angewandt, färbte diese alles dunkelviolett. Nach dem Auswaschen mit Eosinlösung erhielt ich die Zellkerne der Anemone schön differenziert rot und blau, die neuen Gebilde und die verholzten Membranen gleichmäßig rein blau, das übrige rötlich.

Trotz alledem möchte ich nicht unbedingt behaupten, daß keine Zellkerne vorhanden sind. Ein paar Safranin-Orange-G-Präparate, die sehr stark ausgewaschen oder verblichen waren und die Körperchen als blaß gelbliche Schatten kaum erkennen ließen, zeigten in einzelnen der Gebilde ziemlich stark rot gefärbte Teile. Es sah aus, als ob ein langgestreckter Kern einen Teil der Fadenlänge oder einen seitlichen Teil eines

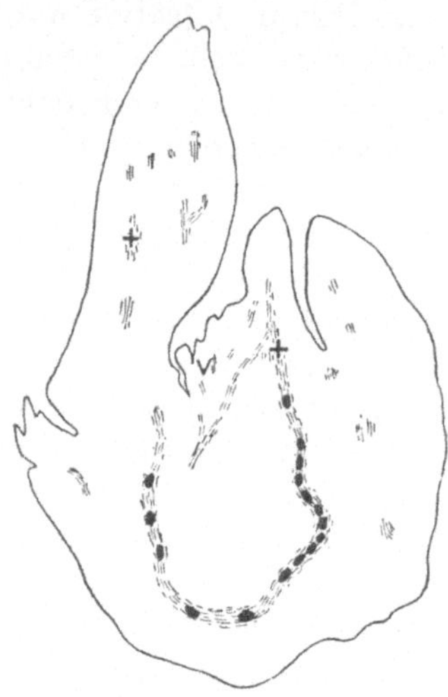

Abb. 3. Längsschnitt durch eine kranke Triebknospe. Der im Schnitt nicht enthaltene Vegetationspunkt befindet sich in der mit *V* bezeichneten Gegend. Die Gefäßbündel sind durch Strichelung angedeutet. Die Verbreitung der herdenweise auftretenden fadenförmigen Scolecosomen ist durch Punkte, die der zerstreut auftretenden Form durch Kreuze bezeichnet. Vergr. $^8/_1$.

breiteren Körperchens einnähme (1, 5, 7 sowie 2 und 21 in Abb. 11). Besonders merkwürdig ist der Fall 2 (Abb. 11), der Spaltung und zwei kernartige Streifen zeigt, falls ich ihn richtig gedeutet habe. Daß die dunklere Färbung sich in einigen dieser Fälle auch an den Spitzen (1, 5), in anderen nur oder wesentlich an den Spitzen (11, 13, 17) zeigte, bestärkt allerdings die Meinung, daß es sich um Zellkerne handle, nicht sehr.

Über die Verbreitung der Gebilde in der Pflanze ist des Näheren mitzuteilen, daß sie in der bereits beschriebenen Weise bisher in den Rhizomen, in ganz jungen Stengeln und Blattstielen und namentlich in den Triebknospen gefunden wurden, dagegen noch nicht in älteren Stengeln oder Blattstielen und auch nicht in den Blättern, weder in ausgewachsenen noch in deren jungen Anlagen. In den Knospen konnten sie bis in sehr jugendliche Gewebe verfolgt werden, bis in etwa 750 μ Abstand von der Spitze des Vegetationspunktes (Textabb. 3). Hier fanden sie sich in den jüngsten Teilen oft in der Form der unter Nr. 1 beschriebenen äußerst zarten Fäden; die jüngsten sie beherbergenden Zellen (Taf. IV, Abb. 8 und 9) hatten eine Größe von 70—100 : 20 bis 25 μ. Besonders beachtenswert ist, daß sie in den befallenen Pflanzenteilen keineswegs in allen darin enthaltenen Phloemsträngen vorhanden waren, sondern oft nur in einem einzigen. Auch folgten sie diesem in der Regel nicht in alle seine Verzweigungen. Mitunter fand man sie nur an einer einzigen Stelle, in wenigen aufeinander folgenden Schnitten. In solchen Fällen war es schwer, sie zu finden oder die befallene Stelle wiederzufinden. Es kann daher nicht auffallen, daß sie in einem Teil der untersuchten Pflanzen bisher überhaupt nicht gefunden wurden. Daß sie hier völlig fehlten, darf nicht behauptet werden; es überstieg meine Kräfte, die ganzen Pflanzen in Mikrotomschnitte zu zerlegen und sämtliche Schnitte mit der erforderlichen starken Vergrößerung zu durchsuchen. Die Zahl der Pflanzen, in denen ich sie bisher gefunden habe, beträgt über 20.

Ein weiterer Faktor kommt hinzu. Es gibt Fälle, in denen die Gebilde ihr herdenweises Beisammensein aufgeben und zerstreut auftreten. Besonders interessant war eine Schnittserie aus einem jungen, aber schon etwas mehr herangewachsenen Stengel (oder Blattstiel). Das Phloem ließ bereits eine Scheidung in weitere Siebröhren, allerdings nicht mit deutlichen Siebplatten, und engere Geleitzellen mit dichtem Inhalt erkennen (Taf. IV, Abb. 6 und 7). Hier fanden sich die Gebilde einzeln oder höchstens bis zu vier oder fünf in den Phloemzellen, und auch nicht immer in aufeinander folgenden Zellen, sondern ohne Regel zerstreut. Auch fehlten die besonders charakteristischen Gestalten. Sie waren meist länglich oder spindelförmig, mitunter auch kurz ellipsoidisch, dabei ziemlich unregelmäßig, und ihre Zugehörigkeit zu den oben beschriebenen Formen verriet sich mehr durch die Art ihrer Färbung als durch ihre Gestalt, die nur in einzelnen Fällen Übergänge zur Fadenbildung oder sichelförmige, S-förmige oder etwas hakenförmige Krümmungen zeigte. Neben größeren (8 : 4,5 μ, 21 : 3 μ) kamen auch ziemlich kleine (5 : 0,5 μ, 2 : 1 μ) Gebilde vor. In einer zweiten Schnittserie, aus einem noch etwas älteren Stengel (oder Blattstiel), wo die Siebplatten und die an ihnen haftenden trichterförmigen Inhaltsmassen bereits deutlich waren, fanden sie sich in ähnlicher Weise, aber noch etwas mehr vereinzelt. Ein drittes Objekt war ein knospenähnliches Gebilde, das unten an einem Rhizom entnommen war. Ein viertes, eine zweifellose Knospe, war besonders interessant, weil darin gleichzeitig die gewöhnliche Form der Körperchen vorkam. Es war dieselbe Knospe, aus der der in Textabb. 3 dargestellte Schnitt, sowie die in

Abb. 8 und 9 dargestellten Zellen mit zarten Fäden stammen. Die Fäden fanden sich in den mit Punkten bezeichneten Phloembündeln des noch unentwickelten Innern, die zerstreuten Gebilde aber in den etwas weiter entwickelten und gestreckten, wahrscheinlich als junge Blattstiele zu deutenden Teilen (Kreuze in Textabb. 3). In den drei zuletzt besprochenen Schnittserien waren die Gebilde noch weniger charakteristisch und weniger leicht zu finden als in der ersten.

Wenn die Auffassung richtig ist, daß es sich hier um dieselben Gebilde handelt wie in den zuerst beschriebenen Fällen, so liegt es nahe, anzunehmen, daß sie auch noch mehr vereinzelt auftreten können, so daß es Pflanzen und Pflanzenteile geben könnte, in denen man sie nur durch Zufall auffinden würde.

An diese Beschreibung der häuptsächlichsten Formen der neuen Gebilde mag zunächst eine Erörterung über ihr Wesen angeschlossen werden. Wenn die Untersuchung mit Sicherheit Zellkerne ergeben hätte, würde man sie ohne weiteres für parasitische Organismen erklären können, die in die Phloemzellen eingedrungen sind. Trotzdem das nicht der Fall ist, glaube ich genügende Gründe zu haben, sie dafür zu halten. Normale Zellenbestandteile können sie nicht sein, da sie sich nur in einem Teil der Phloemzellen, nur gelegentlich und nur in ganz regelloser Verteilung finden, leblose Ausscheidungsprodukte der Zellen gleichfalls nicht, da solche wohl als Krystalle, als Körner, ja selbst als mehr oder weniger regelmäßig geformte Körper oder als Aggregate von solchen (wie Stärkekörner, Cystolithen oder dergleichen) auftreten könnten, aber schwerlich in der Mannigfaltigkeit und Regelmäßigkeit der oben beschriebenen Formen. Für entscheidend aber halte ich die Schlängelungen, die wurmförmigen oder schraubigen Krümmungen und die hakenförmigen Umbiegungen, die wohl nicht anders gedeutet werden können, als daß lebende Wesen vorliegen, die, etwa *Euglena* entfernt vergleichbar, imstande sind, ihre Körperform zu verändern.

Schwieriger ist die Frage zu beantworten, in welcher Gruppe bekannter Organismen sie unterzubringen sind. Wegen der anzunehmenden Beweglichkeit würde man an Tiere, an Protozoen, und unter diesen an Flagellaten denken, von denen übrigens manche mit ebensoviel Recht als pflanzliche Wesen angesehen werden. Die Protozoen, insbesondere auch die Flagellaten, sind aber durch den Besitz deutlicher Zellkerne ausgezeichnet; in vielen Fällen haben sie auch noch Blepharoplasten, die sich kernähnlich färben, während in den neuen Gebilden Zellkerne bisher nicht sicher nachgewiesen werden konnten. In dieser Beziehung und hinsichtlich der Art, wie sie nach der Färbung aussehen, ähneln sie am meisten den Bacterien, denen ebenso wie den Cyanophyceen nach den geläufigen Anschauungen Zellkerne im gewöhnlichen Sinne fehlen, wenngleich immer wieder versucht wird, auch hier Zellkerne oder einen

Kernersatz nachzuweisen. Die Größe der neuen Gebilde liegt in Grenzen, die auch bei den Bacterien vorkommen. Was sie aber wesentlich unterscheidet, sind erstens die Gestaltsveränderungen, die bei den Bacterien, auch unter Berücksichtigung der als Involutionsformen bezeichneten Bildungen, in ähnlicher Weise nicht bekannt sind, und zweitens der Umstand, daß sie sich nicht durch Querteilung, wie die Bacterien, zu vermehren scheinen.

Ob es berechtigt ist, sie als Vertreter einer neuen Organismengruppe, die etwa zwischen Bacterien und Flagellaten vermittelt, anzusehen, mag einstweilen dahingestellt bleiben; es ist abzuwarten, ob es nicht durch verfeinerte Methoden, oder wenn man sie isoliert beobachten könnte, doch noch gelingt, Zellkerne in ihnen nachzuweisen. Da es bequem ist, einen Namen für sie zu haben, nenne ich sie wegen der wurmförmigen, vielfach gekrümmten Gestalten Scolecosomen (von σκώληξ, der sich krümmende Wurm, und σῶμα, Körper). Wenn sie wirklich Organismen sind, können diese als *Scolecosoma anemones* bezeichnet werden.

Über die Entwicklung der Scolecosomen können einstweilen nur Vermutungen ausgesprochen werden, da bisher nur einzelne Stadien der befallenen Pflanzen und nicht alle Teile untersucht werden konnten.

Als die jüngsten unter den beobachteten Zuständen möchte man die sehr zarten Fäden ansehen, die in jungen plasmareichen Zellen nahe dem Vegetationspunkt gefunden wurden (oben Nr. 1). Aus diesen könnten bei der Weiterentwicklung der Gewebe die derberen Fäden hervorgehen, indem sie sich auf Kosten des Protoplasmas, das dabei an Masse abnimmt, vergrößern (Nr. 2). Die spindelförmigen, keulenförmigen, geschlängelten und gebogenen Zustände wären dann weitere Veränderungen. Ob diese sich wieder rückwärts zu Fäden umgestalten können, muß dahingestellt bleiben. Die abgerundeten, ovalen oder länglichen Gestalten könnten eine Art Endzustand sein, der durch Verkürzung und Verdickung der Fäden, vielleicht aber auch durch Verschmelzung der Keulen mit ihrem umgebogenen daneben gelagerten Faden entstanden sein könnte.

Was die Vermehrung betrifft, so wurde bereits angedeutet, daß Querteilungen der Fäden wie bei den Bacterien nicht vorzukommen scheinen. Einzelne Fälle, wo eine helle Querlinie ein keulenförmiges Gebilde teilte, dürften auf Brüche zurückzuführen sein, die das Mikrotommesser verursacht hatte. Da sie sich einige Male wiederholten, will ich sie wenigstens erwähnen. Es soll aber nicht bestritten werden, daß sehr lang gewordene Fäden sich gelegentlich doch der Quere nach in kürzere teilen könnten. Die wesentlichste Vermehrung dürfte aber, soweit es gestattet ist, nach den fixierten Stadien, die allein vorliegen, zu schließen, durch Längsteilung erfolgen. Teilweise oder fast ganz längsgespaltene Fäden wurden vielfach beobachtet (3, 8, 15, 19 in Taf. IV,

Abb. 11). Solche, deren Teile nach eben vollendeter Spaltung noch unverändert nebeneinander liegen, (16 in Taf. IV, Abb. 11), sind freilich selten und wegen der dichten Zusammendrängung zahlreicher Objekte in den Zellen auch schwer sicher zu beobachten. Völlig dunkel bleibt die Entstehung der äußerst zarten Fäden (Taf. IV, Abb. 8), die oben als vermutlicher Anfangszustand gedeutet wurden.

Auch über den angenommenen Zusammenhang des zerstreuten Vorkommens mit dem herdenweisen und die dabei vor sich gehenden Veränderungen kann man einstweilen nur Vermutungen aufstellen.

Die Frage der Bedeutung der Scolecosomen für die Pflanze ist bisher unerörtert geblieben. Unter der oben begründeten Annahme, daß sie Organismen sind, müssen sie Parasiten sein. Sie leben im Innern von Zellen und können nur aus diesen ihre Nahrung entnehmen. Zwar sind an den Zellen, die sie bewohnen, keine auffälligen Wirkungen zu bemerken; insbesondere erscheint der Zellkern unverändert selbst in Zellen, die ganz von ihnen angefüllt sind. Das schon oben erwähnte gelegentliche Fehlen der Spitzen kann wohl keine große Bedeutung haben. Aber ohne Wirkung auf die Nährpflanze können die Eindringlinge doch nicht bleiben, da sie in einem für den Stoffwechsel so wichtigen Organsystem leben, wie das Phloem ist. Denn wenn sie auch nur in einem Teil desselben vorhanden sind und durch Stoffverbrauch nur unwesentlichen Schaden verursachen, so werden doch die Produkte ihres Stoffwechsels, ein „Virus", oder Enzyme, die sie bilden, mit den im Phloem geleiteten Stoffen in der Pflanze verbreitet. Man kann sich wohl vorstellen, daß diese die Ausbildung der in Entwicklung begriffenen Organe beeinflussen, in ähnlicher Weise, wie bei der Entstehung der Gallen ein von dem fremden Organismus ausgehender zweifellos stofflicher Reiz die Veränderungen bewirkt.

Gegen die Scolecosomen als Krankheitsursache kann nur die Tatsache geltend gemacht werden, daß sie nicht in allen daraufhin untersuchten Objekten aufgefunden wurden. Dieser Grund ist zwar schwerwiegend genug, er verliert aber an Bedeutung durch die oben bereits erwähnte Beobachtung, daß die Scolecosomen auch da, wo sie vorhanden sind, meist nur in einzelnen Phloemsträngen, und in diesen mitunter auch nur an einer einzigen Stelle gefunden wurden, ferner durch die Erfahrung, daß sie nur bei reichlichem Vorkommen und günstiger Färbung leicht zu finden sind, und durch den Umstand, daß sie auch zerstreut und in wenig charakteristischer Form auftreten können. Auch sind, wie schon angedeutet, sicher noch nicht alle Möglichkeiten ihrer Veränderungen bekannt.

Dafür aber, daß sie die Krankheitsursache sind, spricht eine Reihe von Gründen. Nach den oben beschriebenen Impfversuchen steht es fest, daß die Alloiophyllie eine Infektionskrankheit ist. An Organismen, die als Erreger angesehen werden könnten, wurde aber bei genauester Untersuchung zahlreicher Beispiele nichts gefunden als die vorliegenden Gebilde. Ihren Eigenschaften nach sind diese als Ursache der Erscheinung sehr wohl denkbar. Der Erreger muß imstande sein, aus verseuchtem Erdboden oder aus den in den Boden gebrachten befallenen Anemonenteilen heraus in gesunde Pflanzen einzudringen. Dieses Vermögen dürften die Scolecosomen, wenn sie bewegliche Organismen sind, besitzen. Auch ihr Verhalten und ihre Verbreitung in der Pflanze steht mit den Erscheinungen der Alloiophyllie in gutem Einklang. Daß die befallenen Pflanzen nicht früher zugrunde gehen als die gesunden, harmoniert mit der geringen Einwirkung der Scolecosomen auf die von ihnen bewohnten Zellen, daß sie die Nährpflanze trotzdem in ihrer Ausbildung stark beeinflussen, mit ihrem Vorkommen in dem für den Stoffwechsel wichtigsten Leitgewebe. Daß an demselben Rhizom kranke und gesunde Triebe oft nahe nebeneinander entspringen, daß mitunter nur ein Teil eines Blattes die Alloiophyllie zeigt, und daß die kranken Pflanzen auch im ganzen sehr verschiedengradig stark verändert sind, kann eine Erklärung durch den Umstand finden, daß die Scolecosomen bald an zahlreichen Stellen und in großen Mengen, bald nur spärlich und auf wenige oder ein einziges Phloembündel beschränkt auftreten. Wenn sie nicht die Ursache wären, bliebe nichts übrig, als diese auf dem stark hypothetischen Gebiete ultramikroskopischer Organismen zu suchen. Ein nicht organisiertes Virus, wie es E. BAUR (Sitzungsber. d. preuß. Akad. d. Wiss 1906. 16) für *Abutilon Thompsoni* annimmt, kann nicht imstande sein, vom Boden aus einzudringen.

Daß die Infektion vom Boden aus an den Rhizomen und Knospen erfolgen kann und offenbar auch in der Natur so stattfindet, lehren die Infektionsversuche. Eine andere Möglichkeit gibt es auch kaum, denn bei einer etwaigen Übertragung des Infektionsstoffes auf das entwickelte Laub müßte dieser den weiten Weg durch die Blätter und Stengel in das Rhizom hinunter zurücklegen, um von da in die im folgenden Jahre sich entwickelnden Knospen zu gelangen, was schwer vorstellbar ist. Besondere und bestimmte Zwischenträger scheinen nach den Versuchen gleichfalls nicht in Betracht zu kommen. Daß kleine im Boden lebende Tiere dabei, vielleicht mehr zufällig, mitwirken können, soll nicht bestritten werden. Auf welche Weise die Scolecosomen, wenn diese, wie ich annehme, die erregenden Organismen sind, durch die umhüllenden Teile zu den Phloemsträngen gelangen, bleibt einstweilen rätselhaft, da sie bisher in anderen Zellen als denen des Phloems nicht gefunden wurden. Nur eine Beobachtung liegt vor, die vielleicht etwas Licht auf die Vorgänge zu werfen geeignet ist. Man trifft an Schnitten durch die Rhizome mitunter Querschnitte durch die aus diesen hervortretenden fadenförmigen Wurzeln an. In einem derartigen Präparat fand ich

Scolecosomen in dem engen spaltförmigen Raume zwischen der Wurzel-
oberhaut und den daranstoßenden Zellen des durchbrochenen Rhizomparenchyms (Textabb. 4). Daß keine Täuschung vorliegen konnte, ergab
sich aus dem Vorhandensein von Keulenformen mit Geißel und insbesondere einer umgebogenen Keule (entsprechend Nr. 7). Was der Raum,
in dem sie sich befanden, war, ließ sich nicht sicher feststellen; er machte
eher den Eindruck einer Lücke zwischen Rhizomgewebe und Wurzel
als den von zusammengedrückten Zellen; sicher war es kein Phloem.
Wenn man aus diesem zunächst vereinzelt gebliebenen und nicht völlig
klaren Falle schließen darf, so würden also die Lücken zwischen den
Wurzeln und dem von ihnen durchbohrten Gewebe des Rhizoms den
Scolecosomen einen Weg zunächst in das Innere des Rhizoms eröffnen.
Wie diese allerdings dann von da durch das Parenchym in das Phloem

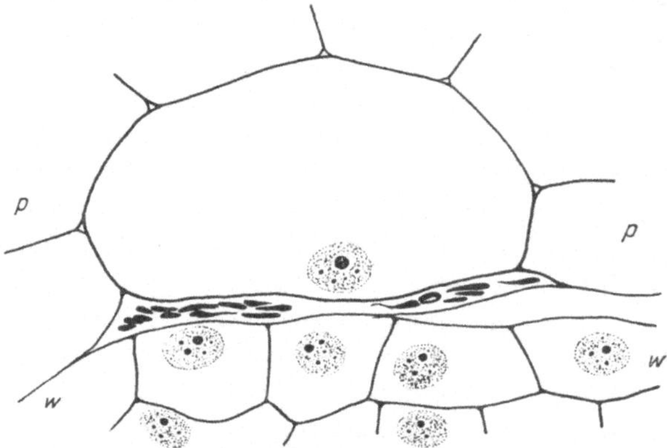

Abb. 4. Schnitt aus einem Rhizom an der Stelle, wo eine Wurzel das Gewebe durchbricht. Die
Wurzel ist quer durchschnitten, *ww* sind Zellen ihrer Epidermis, *pp* Zellen des Rhizomparenchyms.
Der dazwischen liegende, seinem Wesen nach nicht sicher zu definierende Raum enthält Scole-
cosomen. Vergr. $^{510}/_1$.

gelangen, bleibt ebenso ungelöst wie die Frage, auf welche Weise aus
dergleichen älteren Zuständen, falls diese einwandern, die dünnen zarten
Fäden (Nr. 1) entstehen, die sich in den ganz jungen Phloemzellen
finden.

Einige weitere Fragen seien kurz gestreift. In den homogen sich färbenden Massen, welche vielfach die Intercellularräume auskleiden,
wurden mitunter stark färbbare Körner von verschiedener Größe gefunden, die sich zwar bisher in keinem Falle als Reste von Scolecosomen
erweisen ließen, trotzdem aber vielleicht Beziehungen zu ihnen haben
könnten. Ferner fanden sich im Parenchym gelegentlich Zellenzüge
mit abgestorbenem Inhalt („nekrotische" Stränge) und färbbaren unregelmäßigen Körnern darin, welche die Frage aufkommen lassen, ob
in ihnen etwa Spuren der Einwanderung der Scolecosomen zu suchen

sein könnten. Es ist endlich an die bereits oben berührte Frage zu erinnern, ob etwa in den ausgewachsenen oberirdischen Teilen der Pflanzen irgendwelche Dauer- oder Ruhezustände in schwer auffindbarer Form vorhanden sind, denn die Versuche haben gezeigt, daß die Infektion auch von den oberirdischen Teilen ausgehen kann, und weiter fragt es sich, auf welche Weise dann die Keime aus dem alten Laube frei werden.

Versuche, den Erreger der Alloiophyllie zu isolieren und auf künstlichem Nährboden zu kultivieren, ergaben bisher nur Bacterien. Die aus dem Boden entnommenen Rhizomteile und Knospen lassen sich äußerlich schwer genügend keimfrei machen, ohne das Innere in Mitleidenschaft zu ziehen. Ich habe auch bisher vergebens versucht, in Ausstrichen aus zerschnittenen Anemonen die Scolecosomen zu finden. Auch dies überrascht nicht sehr, denn im Verhältnis zur Gesamtmasse der Pflanze sind sie doch nur in recht spärlicher Zahl vorhanden. Übrigens fehlt es an einer vielleicht auch für andere Zwecke brauchbaren Presse, die es ermöglicht, aus kleinen Pflanzenteilen den Saft steril und ohne allzu derbe Eingriffe abzuscheiden. Die wenig aussichtsvollen Versuche wurden vorläufig aufgegeben, um das für Infektion und mikroskopische Untersuchung nötige Material nicht allzusehr in Anspruch zu nehmen.

Wenngleich die mitgeteilten Beobachtungen noch weit davon entfernt sind, ein befriedigendes Bild der vorliegenden Erscheinungen zu geben, so scheinen sie mir doch ein allgemeineres Interesse in Anspruch zu nehmen, als das der gelegentlichen Krankheit eines zwar schönen und beliebten, aber im übrigen doch unbedeutenden Waldblümchens. Die sonderbaren Gebilde in den kranken Anemonen, die anscheinend eine neue Gruppe von Organismen vorstellen, verdienen zunächst um ihrer selbst willen eine eingehende Erforschung. Ihre Bedeutung erhöht sich aber wesentlich durch die Möglichkeit, daß sie vielleicht geeignet sind, zur Aufklärung des Wesens einer Gruppe wichtiger und trotz zahlreicher neuerer Untersuchungen immer noch rätselhafter Pflanzenkrankheiten beizutragen, nämlich der Mosaikkrankheiten und ähnlicher Erscheinungen. Nach zahlreichen darüber vorliegenden Untersuchungen, die aufzuzählen hier zu weit führen würde, sind diese Krankheiten infektiöser Natur; sie lassen sich in einigen Fällen durch Pfropfung, in anderen durch Einbringen des Saftes kranker Pflanzen in Wunden gesunder übertragen, und im Freien bewirken in manchen Fällen Blattläuse, vielleicht auch andere saugende Insekten, die Verbreitung von Pflanze zu Pflanze. Als Ursache sieht man, da Parasiten nicht gefunden wurden, nach E. BAURS Vorgang das Vorhandensein eigenartiger Giftstoffe (Virus) an, welche die Fähigkeit haben sollen, sich unter bestimmten Bedingungen in der Pflanze zu vermehren (Viruskrankheiten, enzymatische Krankheiten). Man ist mit dieser Erklärung eigentlich nicht viel weiter, denn das Wesen des Virus ist nicht weniger rätselhaft als die Krankheit selbst. Ein nicht organisiertes Virus, das sich selbst vermehrt, ist schwer vorstellbar, und wenn die kranke Pflanze das Virus erzeugt oder bei seiner Bildung mitwirkt, so kann man zweifeln, ob es die primäre Ursache ist. Auch die Phloemnekrose, die für einige Erscheinungen verantwortlich gemacht wird, ist schwer als primäre Ursache vorzustellen; wenn sie durch den Stich von Insekten entsteht, muß doch wohl etwas Stoffliches übertragen werden, durch das sie erst hervorgerufen wird. Jedenfalls bleibt der Verdacht bestehen, daß doch noch irgendein unbekannter Organismus hinter diesen Erscheinungen steckt. Das brauchen keineswegs ultramikroskopische Wesen zu sein, deren Existenz ja auch noch mindestens sehr problematisch ist. Es ist sehr wohl denkbar, daß es Organismen gibt, die in so kleinen Mengen auftreten und derartig verborgen leben, daß sie schwer zu finden sind. Wenn sie geeignete Enzyme abscheiden, die in die Leitungsbahnen gelangen, werden sie trotzdem den Stoffwechsel und durch diesen den Aufbau der Pflanze wesentlich beeinflussen können. Die Scolecosomen der Anemonen scheinen ein Beispiel dafür zu geben, und die Alloiophyllie dieser Pflanzen hat mit den Mosaikkrankheiten und ihren Verwandten bei aller Verschiedenheit immerhin einige Züge gemeinsam.

Nun ist es von besonderem Interesse, daß als Begleiter mosaikartiger Krankheiten bereits in mehreren Fällen Gebilde gefunden worden sind, die man bisher nicht deuten konnte, und die mit gewissen Stadien der Scolecosomen von *Anemone* teilweise eine unverkennbare Ähnlichkeit haben.

Ehe wir darauf eingehen, sei vorausgeschickt, daß das Vorkommen zweifelloser Protozoen in lebenden Pflanzen seit längerer Zeit bekannt ist. A. Lafont (Ann. de l'inst. Pasteur 24, 205. 1910) und später C. França (Arch. f. Protistenkunde 34, 108. 1914; Ann. de l'inst. Pasteur 34, 432. 1920) beschreiben unter dem Namen *Leptomonas Davidi* den Trypanosomen ähnliche Wesen im Milchsaft kranker Euphorbiaceen. Sie sollen echte Zellkerne und Blepharoplasten haben. Ihre Übertragung erfolgt durch gewisse saugende Insekten. Ähnliche Wesen fand Migone (Bull. de la soc. path. exot. 9, 356. 1916) in Asclepiadaceen. F. Mesnil (Ann. des sciences nat., botanique, sér. 10, 3, S. XLII. 1921) gibt eine kurze, zusammenfassende Darstellung.

In einem Falle von Mosaikkrankheit, am Mais, beschreibt zuerst L. O. Kunkel (Bull. exp. stat. Hawaiian sugar planters' assoc., botan. ser. 3, Nr. 1. 1921) organismenähnliche Bildungen, nämlich Körperchen von unregelmäßiger Gestalt und plasmodienartigem Aussehen, die sich mit Vorliebe den Zellkernen der befallenen Gewebe anlegen, selbst aber anscheinend ohne Zellkerne sind. Sie sollen an die Negri-Körper (*Neuroryctes hydrophobiae*) in den Gehirnzellen tollwutkranker

Hunde erinnern. Mehr oder weniger ähnlich sind wohl die von H. H. McKinney, S. H. Eckerson und R. W. Webb (Journ. of agricult. research 26, 605. 1923) in rosette- und mosaikkrankem Weizen, sowie die von Kenneth M. Smith (Ann. of botany 38, 385. 1924) in mosaikkrankem Kartoffellaub gefundenen Gebilde.

Während dem Augenschein nach wenigstens alle diese Dinge mit den Scolecosomen der Anemonen nichts zu tun haben, erinnern an gewisse Stadien derselben lebhaft die Gebilde, die Ray Nelson (Agricult. exp. stat. Michigan agricult. college, botan. sect., techn. bull. Nr. 58. 1922) in mosaikkranken Bohnen, Kleepflanzen und Tomaten und in blattrollkranken Kartoffeln gefunden hat, und zwar auch in den Zellen des Phloems, wo sie zwar nicht herdenweise und lokalisiert, sondern anscheinend durch das ganze Phloem zerstreut, also wohl dem auch von mir in einigen Fällen beobachteten zerstreuten Vorkommen der Scolecosomen einigermaßen entsprechend auftreten. In größerer Zahl sollen sie in den Chloroplasten der subepidermalen Zellen vorhanden sein, eine Angabe, die mir wegen der Größenverhältnisse auffällig erscheint. Nelson ist geneigt, diese Gebilde für die Ursache der Krankheitserscheinungen anzusehen. Er hält sie für Protozoen und vergleicht sie mit *Leptomonas* und *Trypanosoma*; sie sollen Zellkerne und Blepharoplasten enthalten. Die beigegebenen Abbildungen, Autotypien nach Mikrophotographien, lassen aber nichts davon erkennen und zeigen auch die äußere Gestalt der Gebilde nur undeutlich.

Die Nelsonschen Körperchen haben bereits eine lebhafte Kontroverse hervorgerufen.

B. M. Duggar und J. K. Armstrong (Ann. Missouri botan. garden 10, Nr. 3, 191. 1923), J. E. Kotila und G. H. Coons, S. P. Doolittle und H. H. McKinney, endlich C. A. Kofoid, H. H. Severin und O. Swezy (Phytopathology 13, 324, 326 und 330. 1923) trafen dieselben Gebilde auch in gesunden Pflanzen an, fanden aber keine Zellkerne und Blepharoplasten in ihnen und bezweifeln daher sowohl, daß sie die Ursache der Erkrankung wie daß sie Protozoen sind. Auch L. Petri (Atti d. Reale Accad. dei Lincei, rendiconto 32, 395. 1923), der ähnliche Gebilde bei einer Kräuselkrankheit (arriciamento) des Weinstocks fand, urteilt zurückhaltend.

J. W. Bailey (Phytopathol. 13, 332. 1923) und einige der vorher genannten Autoren weisen darauf hin, daß die vermeintlichen Protozoen den Schleimklumpen sehr ähnlich sind, die zuerst Strasburger (Histol. Beiträge H. 3, 193. 1891) in den Zellen des Phloems von *Robinia pseudacacia* gefunden hat, und die auch bei anderen Pflanzen, namentlich Leguminosen, als anscheinend regelmäßige Bestandteile des Phloems vorkommen (siehe u. a. A. Mrazek, Österr. botan. Zeitschr. 60, 198. 1910).

Sodann hat Mikio Kasai (Ber. d. Ohara-Inst. f. landwirtschaftl. Forsch. in Kuraschiki, Japan 2, H. 4, 443. 1924) die „Nelson-bodies", die er in kranken sowohl wie in gesunden Pflanzen gefunden haben will, für „disintegrated or even normal nuclei" erklärt. Seine wenig gelungenen Abbildungen stellen zwar wohl Zellkerne dar, aber schwerlich die Gebilde, welche die amerikanischen Beobachter vor sich hatten. Auch M. S. Lacey (Nature 112, 280. 1923) hält ähnliche, in krankem Hopfen gefundene Gebilde für degenerierte Zellkerne.

Besonders hervorzuheben ist die Arbeit von E. Artschwager (Journ. of agricult. research 27, 809. 1924) über die Kartoffelknolle. Der Verfasser behandelt die fraglichen Gebilde zwar nicht als Hauptgegenstand und hält auch mit seinem Urteil vorsichtig zurück, aber er bringt eine größere Zahl von sorgfältig gezeichneten Abbildungen, bisher die einzigen wirklich guten. Die Ähnlichkeit mit einzelnen Stadien der Scolecosomen von *Anemone*, wenn auch nicht gerade mit den am meisten charakteristischen, ist bemerkenswert.

Unter den vorliegenden Umständen liegt es nicht so fern, die Nelsonschen Körperchen und die Scolecosomen der Anemonen für gleichartige oder einander nahe verwandte Bildungen zu halten, und da vieles dafür spricht, daß die Scolecosomen bewegliche Organismen und die Ursache der krankhaften Veränderung ihrer Wirtspflanze sind, dies auch für die Nelsonschen Körperchen anzunehmen. Ob sie Protozoen oder anderartige Organismen sind, ist dabei zunächst gleichgültig und wird durch die Ergebnisse weiterer Untersuchungen entschieden werden müssen. Ebenso muß die Frage einstweilen offen bleiben, ob die von Kunkel, von McKinney, Eckermann und Webb und die von Kenneth M. Smith beobachteten in dieselbe Gruppe gehören und eventuell besondere Zustände der anderen vorstellen. Daß man die Nelsonschen Körperchen auch in gesunden Pflanzen gefunden hat, spricht nicht unbedingt gegen ihre pathogene Natur, denn erstens treten diese Krankheiten sehr verschiedengradig auf, und zweitens sind sie, wie die voraufgehende Literaturübersicht zeigt, in einigen Fällen mit Zellkernen verwechselt worden. Hinsichtlich der Scolecosomen der Anemonen kann ich auch noch nicht behaupten, daß sie in normalen Pflanzen ganz fehlen, da ich dieser Frage noch nicht nähergetreten bin. Der negative Ausfall der Untersuchung einiger Proben würde aber auch keineswegs ein ausreichender Beweis sein, da selbst in deutlich erkrankten Pflanzen, wie oben mitgeteilt wurde, der Nachweis nicht selten versagte, und da gerade auch die Alloiophyllie in sehr verschieden starkem Grade auftritt.

Es hat einstweilen keinen Zweck, diese Gedanken weiter zu verfolgen. Neue Beobachtungen sind nötig. Sie sind mühsam und werden viel Zeit in Anspruch nehmen. Auch die Schleimkörperchen Strasburgers, die bei diesen Betrachtungen zunächst keinen Platz fanden, bedürfen erneuter Untersuchung. Ich glaube aber, daß die mitgeteilten Beobachtungen wegen der Neuheit des Gegenstandes und wegen der Anregung, die sie zu weiteren Forschungen, insbesondere auch auf dem Gebiete der Mosaikkrankheiten und ihrer Verwandten, zu geben geeignet sind, auch in der vorliegenden noch unvollständigen Form schon jetzt eine Veröffentlichung rechtfertigen.

Erklärung der Abbildungen.

Tafel IV.

Teile aus Längsschnitten durch junges Phloemgewebe oder junge Phloemzellen. Zellwände nur angedeutet, Zellkerne gezeichnet, das meist spärliche Protoplasma nicht dargestellt.

Abb. 1. Aus einem jungen Rhizomteil. Der Schnitt geht etwas schräg zur Zellenlängsachse, daher mehrere übereinander liegende Zellen getroffen und die Querwände undeutlich. Oben wurmförmige Scolecosomen, in der Mitte und unten fadenförmige, teilweise gekrümmte, schraubig gedrehte oder wie gespalten aussehende. $^{1190}/_1$.

Abb. 2. Aus einem Rhizom. Drei aufeinanderfolgende Phloemzellen, den Zellkern und der Länge nach zahlreiche Scolecosomen enthaltend. Diese fadenförmig, spindelförmig oder keulenförmig, einzeln auch umgebogen. Die Nachbarzellen ohne Scolecosomen. $^{680}/_1$.

Abb. 3. Aus demselben Rhizom. Auch hier die Schnittlage etwas schief zur Zellenachse, daher scheinbar zwei Zellkerne in einer Zelle. Scolecosomen länglich, keulenförmig mit Geißel und umgebogen keulenförmig. $^{1190}/_1$.

Abb. 4. Teil einer Phloemzelle aus einem Rhizom. Die Scolecosomen spindelförmig mit kurzen Fadenenden. Ihr Inneres war rot gefärbt, Saum und Fadenenden bläulich. Safraninkornblaupräparat. $^{960}/_1$.

Abb. 5. Teil einer Phloemzelle aus einem Rhizom. Scolecosomen meist keulig mit fast kugelförmigem Kopf, der eine nicht sicher zu deutende Struktur zeigt. $^{960}/_1$.

Abb. 6 und 7. Längsschnitte durch Phloemgewebe aus einem ganz jungen Stengel (oder Blattstiel). Schmale Geleitzellen und breitere noch nicht voll ausgebildete Siebröhren unterscheidbar. Zerstreutes Vorkommen der Scolecosomen. Diese sehr verschieden groß, meist von gedrungener Form, oval, länglich oder dick spindelförmig, wenig gebogen. $^{680}/_1$.

Abb. 8. Zwei ganz junge Phloemzellen aus einer Triebknospe (der in Textabb. 3 dargestellten). Nächstes Vorkommen der Scolecosomen beim Vegetationspunkt. Diese in der einen Zelle äußerst zart, wie sehr winzige Stäbchenbacterien, in der anderen etwas derber. $^{707}/_1$.

Abb. 9. Eine andere junge Phloemzelle aus derselben Knospe, etwas von den vorigen entfernt. Scolecosomen fadenförmig, länger und derber, einzelne umgebogen. $^{707}/_1$.

Abb. 10. Teil einer Phloemzelle aus einer Triebknospe und Zellkern der nicht befallenen Nachbarzelle. Scolecosomen fadenförmig, zum Teil gekrümmt (Tennisschlägerformen), zum Teil bis zur Mitte gespalten. $^{1190}/_1$.

Abb. 11. Zusammenstellung verschiedenartiger Scolecosomen aus verschiedenen Präparaten, zum Teil hinsichtlich ihrer Beziehungen zu den gewöhnlichen Formen schwer zu deuten (besonders 9 und 20), zum Teil Zustände
der Teilung durch Längsspaltung (3, 8, 15, 16, 19), zum Teil dunkler gefärbte Teile enthaltend, die man für Zellkerne halten könnte (1, 2, 5, 7, 21),
diese nach stark entfärbten Präparaten. $^{1500}/_1$.

Die Zeichnungen sind mit dem Zeichenapparat und unter möglichster Ausnutzung eines ZEISSschen und eines besonders vorzüglichen SEIBERTschen Apochromaten (2 mm) entworfen worden.

DER ZELLKERN DER SCHLIESSZELLEN.

Von

FRIEDL WEBER.

(Aus dem Pflanzenphysiologischen Institut der Universität Graz.)

Mit 16 Textabbildungen.

(Eingegangen am 19. Oktober 1925.)

Die Form des Zellkernes in funktionierenden Schließzellen von *Vicia faba* ist tiefgreifenden Veränderungen unterworfen (WEBER 1925, I). Bei weit und lange Zeit geöffneter Spalte sind die Kerne mehr oder weniger kugelig abgerundet, bei vollkommen und lange geschlossener Spalte sind sie mehr oder weniger lang gestreckt spindelig. Bei der Neuartigkeit dieses Befundes war es wünschenswert zu wissen, ob, unter welchen Bedingungen und in welcher Weise Kernformänderungen in den Schließzellen auch bei anderen Pflanzen vorkommen. Die Beobachtungen, über die hier berichtet werden soll, wurden in der Zeit von Anfang August bis Mitte Oktober 1925 angestellt und zwar konnten die einzelnen Versuche, da täglich beobachtet wurde, zahlreiche Male wiederholt werden.

I. „Chrysanthemum maximum".

1. Der Zellkern in den Schließzellen grüner Blätter.

Im Versuchsgarten des pflanzenphysiologischen Institutes standen in diesem Sommer eine große Anzahl von Pflanzen, die aus Samen erwachsen waren, welche von Haage u. Schmidt (Erfurt) unter der Bezeichnung „*Chrysanthemum maximum* SIEGER" bezogen worden sind. Die Schließzellen der Blätter dieser Pflanze sind sehr groß, mit zahlreichen Chloroplasten und einem auch im lebenden Zustand deutlich sichtbaren Kern ausgestattet. Die Stomata sind tagsüber meist geöffnet, selbst bei kürzerem Welken in der Sonne schließen sie sich oft nicht. An diesem Material wurden im August und September die Beobachtungen angestellt. An den Schließzellen der Unterseite der Blätter konnte zunächst festgestellt werden, daß die Zellkernform recht verschieden ist; es kommen vor allem vor vollkommen kugelige Kerne, sowie Kerne, die gedrungen bis lang und schmal spindelförmig sind. Zunächst wurde versucht durch Prüfung verschiedener Blätter zu verschiedenen Tageszeiten — sowie dies bei *Vicia faba* geschah — die

Zugehörigkeit der einzelnen Kernformen zu bestimmten Öffnungszuständen des Spaltöffnungsapparates zu ermitteln. Dies war aber nicht vollkommen möglich. Die Spaltenweite ist zur gleichen Tageszeit bei verschiedenen Blättern stark verschieden und tagsüber beträchtlichen Schwankungen unterworfen, wenn auch völliger Verschluß nicht vorkommt. Man weiß daher auch dann, wenn man an verschiedenen Blättern gleichweit geöffnete Stomata antrifft, nicht, ob dieser Öffnungszustand schon gleich lange Zeit hindurch eingenommen ist. Vielleicht im Zusammenhang damit steht es, daß die Zellkernform bei annähernd gleicher Spaltweite verschieden sein kann, wenn auch im allgemeinen bei maximal geöffneter Spalte die kugeligen Formen, bei nur schwach geöffneter Spalte die spindeligen vorherrschen. Jedenfalls konnte bei bestimmten Pflanzenstöcken mit Bestimmtheit darauf gerechnet werden, am frühen Vormittage die Spalten weit geöffnet und die Kerne in den Schließzellen typisch kugelig anzutreffen.

Mit solchen Blättern wurden die Versuche durchgeführt; an verschiedenen Stellen wurden kleine Epidermisstreifen abgezogen und der Öffnungszustand ihrer Spalten festgestellt. Beim Abziehen der Epidermis ändert sich der Öffnungsgrad der Stomata nicht merklich, wie ein Vergleich mit dem intakten Blatt, wo die Spaltweite mikroskopisch bei weit geöffneter Blende leicht festzustellen ist, ergibt. Die Epidermisstreifen wurden rasch in Jodtinktur eingelegt und dann Jodglycerin zugesetzt. An solchen Präparaten läßt sich Form und Struktur des Kernes, Lage und Stärkegehalt der Chloroplasten gut beobachten.

Das Blatt selbst wurde dann zum Welken gebracht, wozu es meist ohne Wasser in eine Glasschale gelegt und diese mit einem Tuche überdeckt wurde. Um 9 Uhr wurde in der Regel mit dem Versuch begonnen. Zwischen 10 und 12 und dann zwischen 16 und 18 Uhr wurden von demselben welkenden Blatte weitere Epidermisstreifen entnommen und ebenso wie die ersten untersucht. Dabei ergab sich nun folgendes:

Um 9 Uhr waren die Spalten weit geöffnet, die Zellkerne der Schließzellen (so gut wie ausnahmslos) kugelig abgerundet bis vollkommen kugelförmig (Abb. 1); sie lagen meist der der Spalte zugewendeten Bauchwand in der Mitte dicht an. Ihre Lage ist also so, wie es nach HANSTEIN die Regel, nach HABERLANDT (1887) besonders für noch in Entwicklung begriffene Schließzellen charakteristisch ist, nach KÜSTER (1907) als eine Folge der Zellform aufgefaßt werden muß.

Untersucht man die Epidermis des zu welken beginnenden Blattes nach 1—2 Stunden, so findet man die Spaltöffnungen annähernd bis ganz geschlossen; an der Form des Zellkernes hat sich noch kaum etwas geändert; seine Lage ist entweder gleich geblieben oder er liegt nunmehr in der Mitte des Zellumens, häufiger aber der Rückenwand genähert oder derselben angeschmiegt (vgl. HABERLANDT 1887, S. 28).

Nach etwas 3 Stunden des Welkens bemerkt man den Beginn der Formänderung an den Zellkernen. Vollkommen kugelige Kerne sind kaum
mehr anzutreffen, die Mehrzahl ist nunmehr mehr oder weniger länglich oval gestaltet. Weit tiefgreifender sind die Veränderungen, die am
Nachmittage, also nach 6—8 stündigem Welken des Blattes vorgefunden
werden. Die Zellkerne sind nunmehr entweder langgestreckt und dabei
nicht selten hantelförmig eingeschnürt, oder aber sie zeigen ganz merkwürdige amöboide, schlangenförmige Gestalten, (Abb. 2), der Bauchwand liegen sie nur mehr selten an.

Außer in ihrer Form zeigen sich die *Kerne auch in ihrer Struktur
geändert*. Am Vormittage, so lange sie noch vollkommen oder annähernd kugelig sind, lassen sie mit Jodtinktur fixiert eine gleichmäßig
feinkörnige Struktur erkennen; am Nachmittage, im stark welken Zu-

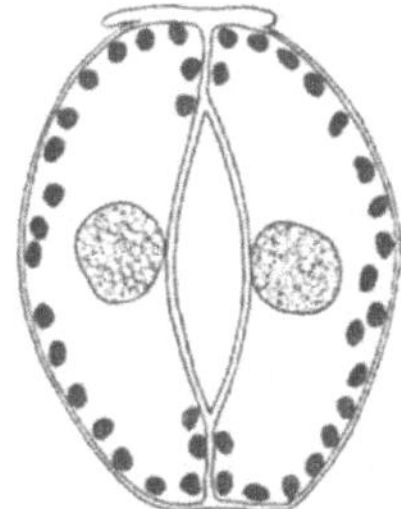

Abb. 1. *Chrysanthemum*: Zellkernform und Chloroplastenlage bei weit geöffneter Spalte. Der
Öffnungszustand der Spalte kommt hier und bei
den folgenden Figuren nicht dem Zustande im
lebenden Blatte entsprechend zum Ausdruck,
da die Bilder mit dem Zeichenapparat nach
Fixierung der Epidermis gezeichnet sind. Bei
allen Figuren ist die Vergrößerung die gleiche,
nur bei Abb. 15 beträgt sie das Doppelte der
übrigen Abbildungen.

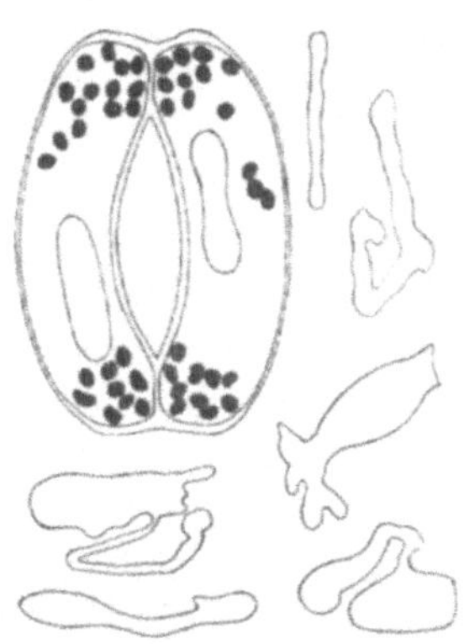

Abb. 2. *Chrysanthemum*: Zellkernformen aus
Schließzellen welker Blätter; Chloroplasten in
Zellpollage.

stande des Blattes ist von einer granulären Struktur der Kerne nichts
mehr zu sehen, sie bieten vielmehr ein ganz homogenes Aussehen und
ähneln so stark einer Ölmasse, daß man sie, ohne die Übergänge zu
kennen, auf den ersten Blick eher für Öl und nicht für Kerne halten
würde. Ihre Färbbarkeit (mit DELAFIELD-Hämatoxylin) hat gegenüber
derjenigen in ihrem granulären Zustand wesentlich abgenommen.

Gleichzeitig mit dieser Veränderung am Zellkern geht auch eine
Umgruppierung der Chloroplasten vor sich (vgl. WEBER 1925, II).

Die tiefgreifenden Veränderungen innerhalb der Schließzellen, das
stark welke Aussehen des Blattes selbst mußte den Verdacht erwecken,
daß die Blätter durch das Welken schon weitgehend irreparabel geschädigt und die Änderungen an den Schließzellen prämortale Vorgänge seien. Nun werden aber die stark welken Blätter durch Einlegen
in Wasser wieder völlig turgescent und frisch. Es war also nur noch

— mit Rücksicht auf die Angaben von Iljin (1922) — daran zu denken, daß zwar das Blatt als Ganzes äußerlich wieder die volle Frische erlangt habe, die Veränderungen an den Schließzellen aber doch die Symptome irreparabler Schädigungen gewesen wären. Es war daher von Interesse zu sehen, welches Bild die Zellkerne der Schließzellen dieser wieder frisch gewordenen Blätter darbieten würden. Untersucht man Epidermisstreifen solcher über Nacht in Wasser wieder turgescent gewordenen Blätter, so findet man die Spaltöffnungen entweder noch immer geschlossen oder doch meist nur wenig geöffnet; dies ist aber nicht etwa als ein Zeichen gestörter Funktionstüchtigkeit aufzufassen, denn es bleiben ja die Spaltöffnungen vieler Pflanzen in Wasser submergiert geschlossen. Die Kerne haben die langgestreckte oder unregelmäßige Form aufgegeben, sind zum Teil wieder annähernd kugelig geworden, zum größten Teil aber spindelig, wie sie bei derartigem Öffnungszustand der Spalte meist auch an Blättern sind, die frisch von der vorher nicht welken Pflanze genommen werden. Mit Jodtinktur behandelt, zeigen die Kerne wieder ihre „normale" körnige Struktur, sie haben ihr öliges Aussehen ganz verloren. Auch die Chloroplastenlage ist annähernd wieder gleich der bei Beginn des Versuches.

Die eben geschilderten Kernveränderungen und die der Chloroplasten sind also nunmehr im entgegengesetztem Sinne verlaufen, ihr *vitaler reversibler Charakter* ist somit erwiesen.

Es sind ja übrigens auch andere Fälle bekannt, wo „bereits ganz veränderte Kerne", von denen man glauben könnte, daß sie absterben müssen, wieder normale Kugelform annehmen können (siehe Tischler 1921/22, S. 9). Daß es sich bei Kernveränderungen der Schließzellen um einen Vorgang handelt, der mit dem Leben der Pflanze verträglich ist, ja der sich auch am Standort an der Pflanze im Freien einstellen kann, geht aus folgendem hervor: An heißen trockenen Augusttagen, wenn die Pflanzen vom Morgen an dauernd von der Sonne direkt beschienen werden, sind manche Blätter gegen Mittag so stark welk, daß sie schlaff herabhängen; in den Schließzellen solcher Blätter sieht man die Kerne ebenso „abnorm" gestaltet, wie in denjenigen der Blätter die im abgetrennten Zustand künstlich zum Welken gebracht worden sind. Die an der Pflanze verbleibenden Blätter erholen sich aber am Nachmittage, wenn sie von der Sonne nicht mehr beschienen werden, rasch und vollkommen. Die Kernveränderungen beim Welken kommen also auch an der Pflanze unter natürlichen Verhältnissen (d. h. bei der Gartenkultur) vor und die betreffenden Pflanzen gedeihen auch späterhin aufs beste.

Mit der Feststellung des vital-reversiblen Charakters der Kernformänderung beim Welken soll allerdings nicht gesagt sein, daß diese cytologischen Änderungen bei Wiederholung ohne Schaden ertragen werden.

Sowohl ZALENSKI (1921) als auch ILJIN (1923) geben an, daß die Blätter mancher Pflanzen durch starkes wiederholtes Welken an ihrer Funktionstüchtigkeit leiden, und daß speziell die Stomata mit der Zeit die Regulationsfähigkeit verlieren, ja selbst absterben können. Es ist die Möglichkeit nicht von der Hand zu weisen, daß die hier beschriebenen weitgehenden Kernänderungen Ursache oder Symptom dieser Zellschädigungen sind. Es spricht manches dafür, daß auch die Schließzellen der Blätter von *Chrysanthemum*, obwohl sie sich in anderer Hinsicht (beim Vergilben und Faulen des Blattes) als auffallend lebenszäh erweisen, bei stärkerem Welken besonders leicht geschädigt, ja getötet werden. Inwiefern in dieser Hinsicht ein Gegensatz zu dem Verhalten der Versuchspflanzen KINDERMANNS (1902) vorliegt, deren Schließzellen nicht nur gegen verschiedene andere Schädigungen, sondern auch gegen Austrocknen (Welken) besonders widerstandsfähig waren, bedarf weiterer Klärung. Obwohl — wie geschildert — beim Einlegen der welken Blätter von *Chrysanthemum* in Wasser die Turgescenz wieder hergestellt wird und auch die überwiegende Mehrzahl der Schließzellen sich wieder erholt, so findet man nachher doch immer einzelne Spaltöffnungen, bei denen beide oder eine Schließzelle sich durch den kollabierten Inhalt als abgestorben erweisen, während die übrigen Epidermiszellen ungeschädigt geblieben sind; an den Kernen der letzteren war ja auch — was besonders betont werden muß — im welken Zustand des Blattes eine Form- und Strukturänderung nicht wahrzunehmen.

2. *Der Zellkern in den Schließzellen vergilbender Blätter.*

Der Öffnungszustand der Stomata in vergilbenden Blättern und Blattpartien ist recht verschieden, anscheinend in Abhängigkeit davon, in welcher Weise und unter welchen Witterungs- insbesondere Feuchtigkeitsverhältnissen der Vergilbungsprozeß verläuft und welchen Grad er bereits erreicht hat. Besonders bemerkenswerte Eigenheiten liegen dann vor, wenn bei feuchtem Wetter gleichzeitig mit dem Vergilben das Blatt auch zu Faulen beginnt. Es zeigt sich bei *Chrysanthemum* die zuerst von LEITGEB (1888) an anderen Objekten beobachtete Tatsache, daß die Schließzellen bei Fäulnis sich als besonders resistent erweisen und die übrigen Epidermiszellen, ja alle anderen Zellen des Blattes beträchtlich überleben. Bei *Chrysanthemum* erfolgt das Überleben der Schließzellen, nicht etwa nur bei künstlich eingeleiteter Fäulnis relativ junger lebenskräftiger Blätter, sondern auch beim Alterstod des Blattes unter natürlichen Verhältnissen; dies beweist, daß die Schließzellen beim Vergilbungsprozeß des Blattes ihre Altersgrenze noch nicht erreicht haben. Diese Resistenz der Schließzellen ist auch deswegen von Interesse, weil sich doch dieselben Zellen beim Welken des Blattes als besonders empfindlich erweisen.

In Blättern, die vergilbt sind, aber nicht faulig gebräunt, findet man — solange die Epidermiszellen noch am Leben sind — die Schließzellen meist geschlossen. Auch STAHL (1894) und SWART (1914, S. 72) geben an, daß sich die Spaltöffnungen in den gelben Partien der Blätter schließen, und bei *Aesculus* fand WEBER (1923) die letzten Tage vor dem Laubfalle die Stomata dauernd geschlossen. Die Chloroplasten der Schließzellen der vergilbten Blätter von *Chrysanthemum* sind bei geschlossener Spalte mit Stärke überladen und erscheinen daher nicht frisch grün, sondern stark verblaßt, sie liegen häufig an der Innenwand, also so wie es SENN (1908, S. 65) für die Schließzellen verschiedener Pflanzen als bezeichnend angibt. Der Zellkern ist meist kurz spindelig, kann aber auch mannigfach abnorme Gestalten annehmen.

In Blattpartien, die infolge beginnender Fäulnis mehr braun als gelb sind, findet man die Schließzellen inmitten abgestorbener Zellen lebend

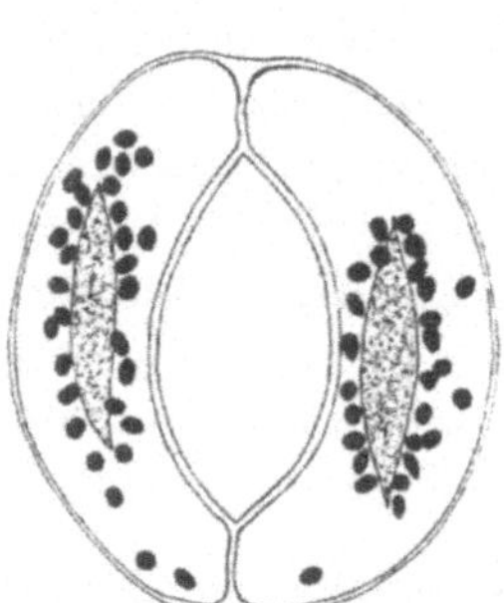

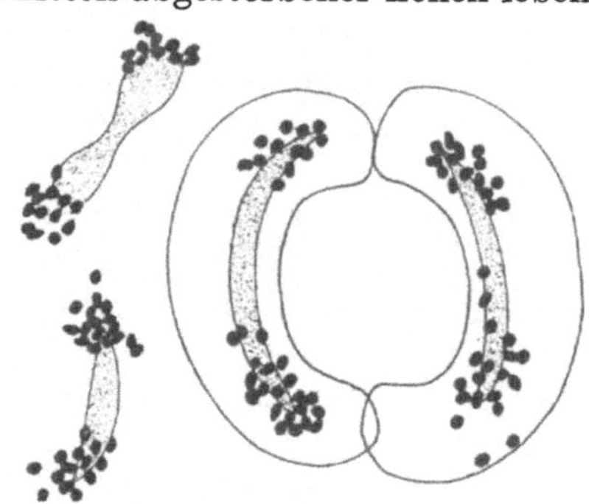

Abb. 3. *Chrysanthemum:* Chloroplastenlage (Caryostrophe) in den Schließzellen eines vergilbenden, faulenden Blattes bei extrem weit geöffneter Spalte.

Abb. 4. *Chrysanthemum:* Kernpollage der Chloroplasten in Schließzellen faulender Blattpartien.

und frisch, die Spalte steht maximal, meist sogar abnorm klaffend weit offen. Der Zellkern ist meist nicht kugelig abgerundet, wie er es bei weit geöffneter Spalte in den Schließzellen grüner Blätter zu sein pflegt, er ist vielmehr fast durchweg spindelig, dabei bisweilen so lang gestreckt, daß er von einem Pol der Schließzelle bis fast zum anderen reicht (Abb. 4). In struktureller Hinsicht zeigt der Kern dasselbe Aussehen wie in den Schließzellen der grünen Blätter, nur scheint er etwas wasserreicher zu sein und schrumpft in Alkohol relativ stark.

Die Chloroplasten sind in Caryostrophe dem Kern dicht angelagert (WEBER 1925, II) und zwar entweder in gleichmäßiger Systrophe rund um den Kern oder in Kernpollage (Abb. 3, 4). Diese letztere Lage der Chloroplasten gleicht ganz derjenigen, die HEITZ (1925) als charakteristisch erkannt hat für Zellen und Kerne, die unmittelbar vor der Teilung stehen (vgl. auch NASSONOV 1918). Die auffallende Gleichheit führte zur Annahme (WEBER l. c.), daß die Schließzellen ablebender

Blätter sich in Teilungsbereitschaft befinden. Echte Zellteilungen oder auch nur mitotische Kernteilungen wurden in den Schließzellen der vergilbenden Blätter von *Chrysanthemum* allerdings niemals beobachtet; dagegen wurden Zellkerne gesehen, die offenbar im Begriffe waren durch Längsstreckung und hantelförmige Einschnürung in der Mitte sich amitotisch zu teilen (Abb. 5). Diese Kernformen gleichen auffallend Kernen von *Tradescantia virginica*, die SCHÜRHOFF (1917, Taf. IV, Fig. 29—32) als Pseudoamitosen abbildet und für amöboide Kerngestalten hält; SCHÜRHOFF kam deshalb zu dieser Vorstellung, weil es ihm niemals gelang 2-kernige Zellen aufzufinden. In den überlebenden Schließzellen konnten aber *2-kernige Stadien* tatsächlich aufgefunden werden (Abb. 6). Es läßt sich daher nicht daran zweifeln, daß hier wirklich *direkte Kernteilung* vorliegt; ihr Verlauf ist in folgender Weise vorzustellen: Die spindelförmigen Kerne strecken sich in die Länge, beginnen sich in der Mitte einzuschnüren, das Verbindungsstück wird

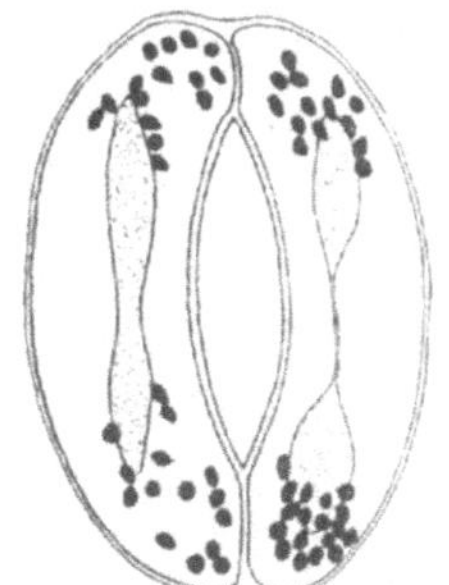

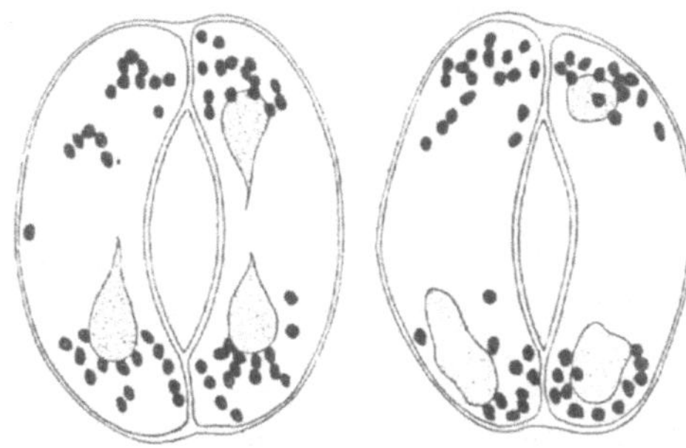

Abb. 5. *Chrysanthemum*: Beginnende Amitose, in einer Schließzelle eines faulenden Blattes.

Abb. 6. *Chrysanthemum*: Zweikernige Schließzellen in faulenden Blatteilen.

immer länger und schmäler, die Kernpole nähern sich dabei immer mehr den Schließzellenpolen, schließlich reißt das Verbindungsstück durch, die Tochterkerne liegen weit voneinander getrennt in den Zellpolen und kugeln sich ab. Einer der Tochterkerne verliert bald seine Färbbarkeit, degeneriert und verschwindet. Die Chloroplasten, die um ihn geschart waren, überleben ihn, ebenso der andere Tochterkern am entgegengesetzten Schließzellenpole. Das Stadium der Kerneinschnürung sowie das der Zweikernigkeit geht rasch vorüber, weshalb sie relativ selten anzutreffen sind, während das Endstadium dieses Prozesses häufig anzutreffen ist, nämlich die Schließzelle mit den Chloroplasten in Zellpollage, die eine Chloroplastengruppe ohne Kern, die andere um einen abgerundeten Tochterkern gelagert.

Daß es sich bei diesem Vorgange um eine „Amitose" handelt, ist sicher; es fragt sich nur, ob diese Amitose demjenigen Typus zuzurechnen ist, den man auch als senile degenerative Fragmentation zu bezeichnen pflegt, weil er in absehbarer Zeit vom Tode der Zelle gefolgt wird. Daß die Schließzellen der faulenden Blätter alsbald absterben, ist gewiß, andererseits ist es aber doch sehr fraglich, ob dieser Tod ein natürlicher, im Zustand der Zelle selbst begründeter ist, oder nicht nur ein gewaltsamer, durch das Medium der umgebenden abgestorbenen Blattzellen bedingt. Vielleicht ließe sich hier durch Gewebe-(Zell-)kultur eine Entscheidung bringen. Es ist ja durch die Untersuchung von THIELMAN (1925) bekannt, daß Schließzellen in Gewebekultur bis zu 4 Monaten überlebend erhalten werden können. Daß auch die Schließzellen der vergilbenden Blätter von *Chrysanthemum* nicht am Ende ihrer Zellaktivität angelangt sind, geht daraus hervor, daß sie nicht selten ein beträchtliches schlauchförmiges Wachstum aufweisen (Abb. 7); dabei ist der Zellkern der wachsenden Zellpartie genähert (ebenso wie bei den Versuchsobjekten THIELMANS). Das Wachstum als Anzeichen der Zellaktivität spricht wohl gegen die Auffassung, daß die „Kernteilungen" in den Schließzellen ablebender Blätter prämortale Fragmentationen wären. Es wurde daher (WEBER 1925, II) die Ansicht vertreten, daß die Amitosen als der Ausdruck einer als „Scheinverjüngung" im Sinne HABERLANDTS (1921) zu wertenden Teilungsbereitschaft der Schließzellen aufzufassen sind. Auf die möglichen Ursachen dieser Teilungsbereitschaft wurde (l. c.) bereits hingewiesen. Das wichtigste Argument für diese Deutung ist in der charakteristischen Chloroplastenumlagerung gegeben. Daß dieselbe in ganz gleicher Weise vor sich gehen sollte, ob nun Zellen sich zur Teilung anschicken, wie in den regenerierenden Zellen nach HEITZ, oder ob der Kern vor dem Tode zur Fragmentation schreitet, erscheint unwahrscheinlich, wahrscheinlicher dagegen, daß es sich in beiden Fällen um eine Kern- und Zellaktivität handelt, die im ersteren Falle (unter günstigen Bedingungen) zu einer effektiven Mitose und Zellteilung führt, im letzteren aber (unter ungünstigen Bedingungen) zu einer Amitose, die bei weiterer Verschlechterung der Außenfaktoren von Degeneration und Zelltod gefolgt ist.

Außer den beiden bisher geschilderten Typen des Schließzellenzustandes in den ablebenden Blättern, dem der Stärkehäufung in den Chloroplasten und dem der amitotischen Kernteilung, gibt es noch einen dritten, der meist dann angetroffen wird, wenn die Blätter bei geringer Luftfeuchtigkeit vergilben und dabei einen relativ wasserarmen, etwas ledrigen Charakter annehmen; die Spaltöffnungen sind trotzdem dabei meist ziemlich weit geöffnet. Vor allem fällt in diesen Schließzellen auf, daß die Chloroplasten Gestaltsänderungen aufweisen. „Die Gestalt der Chloroplasten wird unregelmäßig und eckig, es bilden sich Spitzchen und Fortsätze, wodurch die Chloroplasten ein sternförmiges Aussehen gewinnen können. Mit diesen Spitzchen verkleben die Chloroplasten an den Berührungsstellen miteinander." Mit diesen Worten hat

LIEBALDT (1913) Veränderungen beschrieben, die sie als „*Agglutination*" bezeichnet. Die Beschreibung paßt vollkommen auf dasjenige Chloroplastenbild, das die Schließzellen in diesem dritten Typus der vergilbenden *Chrysanthemum*-Blätter darbieten (Abb. 8 *a*). Während LIEBALDT diese Formänderungen künstlich erzielte entweder durch längeren Aufenthalt von Blattschnitten in destilliertem Wasser oder durch kürzere Einwirkung verdünnter Alkohollösungen, ist in den unverletzten Schließzellen die „Verklebung" der Chloroplasten sofort bei Einlegen des Präparates in Wasser zu sehen und ebenso nach Fixierung von Epidermisstreifen in FLEMMINGscher Lösung, die Agglutination findet also wohl schon im vergilbenden Blatt selbst statt. Bemerkenswert ist nun, daß auch der Zellkern solcher Schließzellen Veränderungen aufweist, die ganz in demselben Sinne zu verlaufen scheinen. Unter reicher Vacuolenbildung in seinem Innern (Abb. 8 *a*) bilden sich mehr

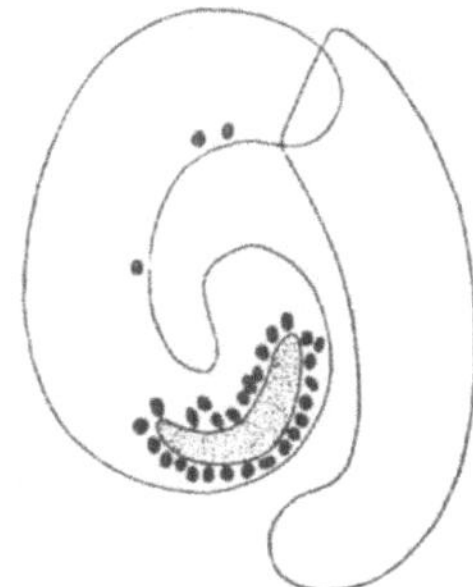

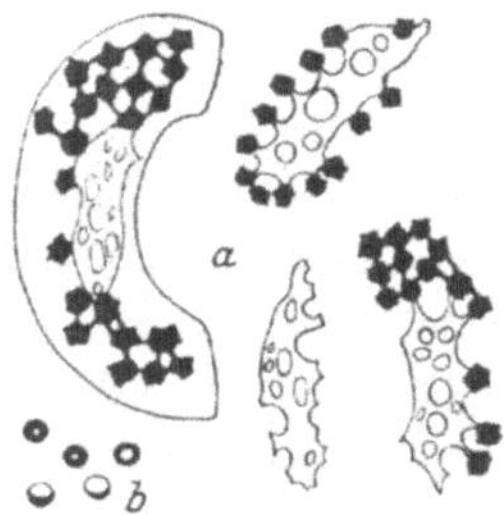

Abb. 7. *Chrysanthemum:* Schlauchförmiges Wachstum einer Schließzelle, die andere Schließzelle abgestorben.

Abb. 8. *Chrysanthemum:* *a*) Agglutination der Chloroplasten und des stark alveolisierten Zellkernes in Schließzellen ablebender Blätter. *b*) Vacuolisierung der Chloroplasten.

oder weniger zahlreiche kürzere oder längere Fortsätze, die mit den in der Nähe befindlichen Chloroplasten verkleben. Die Form des Kernes bleibt entweder annähernd spindelig oder sie kann auch recht absonderlich zerfranst werden. Durch seine weitgehende Vacuolisierung nimmt der Kern häufig ein Aussehen an, das stark an die alveolisierten Chromosomen in der Telophase erinnert (vgl. die Figuren 217—219 in TISCHLERS Caryologie). Auch bei Bildern der Schließzellenkerne ist es schwer zu entscheiden, ob der Kern durch Aussenden pseudopodialer Vorsprünge oder nur durch die überreiche Vacuolenbildung seine oft bizarr zerfranste Gestalt bekommt. Der Grad dieser Veränderungen an Kern und Chloroplasten ist ein sehr verschiedener. Bisweilen kommt es — genau so wie es LIEBALDT (1913) für die Degenerationen unter dem Einfluß geringer Alkoholkonzentrationen beschreibt — „zu einer vollständigen Verklebung der Chloroplasten: Wo dieselben nahe beisammen liegen, da verschmelzen sie reihen- oder gruppenweise; sie erscheinen dann oft zu dichten grünen Klumpen zusammengeballt oder förmlich zusammengeronnen". Und mit diesen Klumpen verschmilzt der kaum noch färbbare Zellkern, so daß seine Grenzen oft nicht mehr zu sehen sind. Es kann wohl kein Zweifel bestehen, daß es sich bei diesen Veränderungen um degenerative unmittelbar zum Zelltode führende Prozesse handelt. Ob diese „Agglutination", wie LIEBALDT für ihre Fälle meint, wirklich auf Grund von gesteigerter Quellung vor sich geht, ist sehr fraglich, wesentliche Volumszunahme ist dabei weder an den Chloroplasten noch am Kern wahrzunehmen.

Bisweilen ist an den Chloroplasten der Schließzellen derselben Blätter auch eine andere Desorganisationsform zu beobachten. Im Innern der einzelnen Chloroplasten entsteht eine Vacuole, die entweder so klein ist, daß ihr Durchmesser nur etwa $1/4$—$1/3$ von dem des Chlorophyllkornes beträgt, oder aber so groß wird, daß die grün gefärbte Substanz als ein „kappenförmiger Überzug" sichelförmig auf der einen Seite des Bläschens erscheint (Abb. 8 b). Es besteht eine Ähnlichkeit mit den Veränderungen der Chloroplasten angeschnittener Zellen in Wasser nach LIEBALDT (Taf. I, Fig. 2). Der Unterschied besteht aber darin, daß in den unverletzten Schließzellen die Vacuolisation der Chloroplasten ohne wesentliche Quellung und Volumzunahme des Stromas vor sich geht. Die Epidermisstreifen können stundenlang in Wasser liegen ohne das die Vacuole im Chloroplastencentrum sich vergrößern würde, ein Beweis, daß diese Desorganisationsform hier nicht eine Folge der Präparation ist, sondern schon im Gewebsverbande im ablebenden Blatte zur Ausbildung kommt.

Anhangsweise sei hier einer Spaltöffnungsanomalie Erwähnung getan, die an einem leicht vergilbten Blatte beobachtet wurde, allerdings mit dem Vergilbungsprozeß nichts zu tun hat. Das Blatt war leicht runzelig und höckerig infolge einer Infektion mit einem Pilz, der nicht bestimmt werden konnte. Die Pilzhyphen sind innerhalb der Schließzellen zu sehen und dringen nicht selten anscheinend in die Kerne ein; die Kerne sind im Gegensatz zu den spindelförmigen Kernen nicht infizierter normal geformter Schließzellen desselben Blattes stets kugelig gestaltet, dabei nicht selten leicht amöboid, stets unverhältnismäßig groß. Die infizierten Schließzellen selbst sind nämlich wesentlich kleiner als die normalen, nicht längsgestreckt, sondern so, daß beide Schließzellen zusammen annähernd kreisförmigen Umriß haben; das Merkwürdigste an diesen Spaltöffnungen ist aber, daß sie gewissermaßen auf einem unentwickelten Zustand verblieben sind; sie besitzen nämlich entweder eine ganz kleine rudimentäre Spalte, oder aber die beiden Schließzellen sind mit ihrer ganzen Bauchwand miteinander verwachsen. Die Mehrzahl der Schließzellen des nicht wesentlich verunstalteten Blattes ist in diesem Zustande, und nur relativ vereinzelt befinden sich mitten unter ihnen Spaltöffnungen von normaler Größe und normalem Baue.

II. Tradescantia virginiana L.

1. Der Zellkern der Schließzellen grüner welkender Blätter.

Die im System des botanischen Gartens im Freien kultivierte *Tradescantia virginiana* war das zweite Versuchsobjekt. An nicht zu trockenen, windstillen Tagen im August und September sind am Vormittage die Spaltöffnungen der Blattunterseite weit geöffnet, und zwar zeigen so gut wie alle Spaltöffnungen der mittleren Blatteile den gleichen maximalen Öffnungsgrad. Die Zellkerne der Schließzellen sind bei diesem Spaltenzustand schmal langgestreckt spindelförmig, häufig etwas sichelförmig gekrümmt: Sie sind so lang, daß sie etwa zwei Drittel der Schließzellenlänge einnehmen. Die Chloroplasten sind an der Rückenwandseite des Zellkernes längs demselben in gleichmäßigen Abständen verteilt (Abb. 9). Solche Blätter wurden zum Welken ausgelegt; sie kamen dabei auf leicht angefeuchtetem Filterpapier in einer offenen Glasschale zu liegen. Innerhalb von $^1/_2$—1 Stunde ist vom Welken noch nicht viel zu merken; nur die vorher auseinander gebreiteten Blatthälften haben sich nunmehr zusammengefaltet; die Stomata sind noch ziemlich weit, wenn auch nicht mehr maximal geöffnet. Innerhalb der zweiten Stunde macht das Welken rasche Fortschritte, die Spalten schließen sich (nahezu) vollkommen. Nunmehr, bisweilen aber auch schon innerhalb der ersten Stunde, wenn die Spalten noch leicht geöffnet sind, ist die Kernform eine andere geworden. Bei schwacher Vergrößerung glaubt man einen ganz kugeligen Kern vor sich zu haben, bei stärkerer sieht man, daß die Kerne an beiden Enden noch spindeligspitzige Fortsätze besitzen (Abb. 10); es sind — wie auch die Übergangsformen zeigen — *die ursprünglich langen schmalen Spindeln unter Contraction in der Mitte kugelig angeschwollen.*

Solange die Kerne die langgestreckte schmale Gestalt hatten, waren sie (im fixierten Zustande) gleichmäßig dicht granuliert, feinkörnig, nunmehr ist die *kugelige Mitte vacuolig*, schaumig, spumoid geworden. (Abb. 10). Die Lage der Chloroplasten ist nicht wesentlich verändert.

Die Contraction und Abkugelung des Zellkernes in den Schließzellen des zu Welken beginnenden Blattes kommt nur dann zustande, wenn das Welken nicht zu rasch erfolgt; geht dieses aber sehr schnell und zu intensiv vor sich, so wird dieses charakteristische Kernformstadium übergangen und es kommt sofort zu anderen Kernveränderungen, wie sie weiter unten geschildert werden. Wird ein leicht gewelktes Blatt mit geschlossenen Spaltöffnungen in Wasser eingelegt, so zeigt sich nach ein bis einigen Stunden (nach Wiedererlangung der vollen Turgescenz) ein neuerliches Öffnen der Stomata bis zu beträchtlicher Spaltenweite[1]) und die Zellkerne der Schließzellen nehmen wieder ihre lange schmale Spindelform in typischer Weise an und ebenso auch ihre feinkörnige Struktur (Abb. 11). *Die Kernänderung im leicht welken Blatte ist also vital reversibel.*

Bei der gegebenen Versuchsanstellung sind verschiedene Möglichkeiten denkbar, die die auffallenden Kernveränderungen in den beim Welken des Blattes sich schließenden Stomatazellen bedingen könnten. Es muß daran gedacht werden, die langgestreckte leicht sichelförmige Gestalt der Kerne im weit geöffneten Zustand der Spalte könnte eine Zwangsform sein, die beim Wegfall des mechanischen Zwanges beim Spaltenverschluß aufgegeben wird, wobei der Kern dann dem Abrundungsbestreben Folge leistet und sich abzukugeln sucht. Gegen die

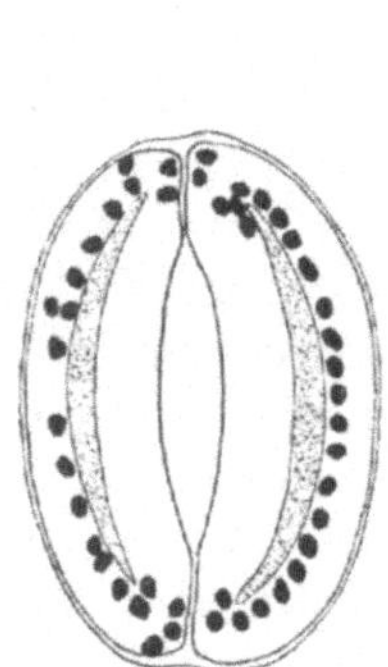

Abb. 9. *Tradescantia:* Kernform und Chloroplastenlage in Schließzellen bei weit geöffneter Spalte.

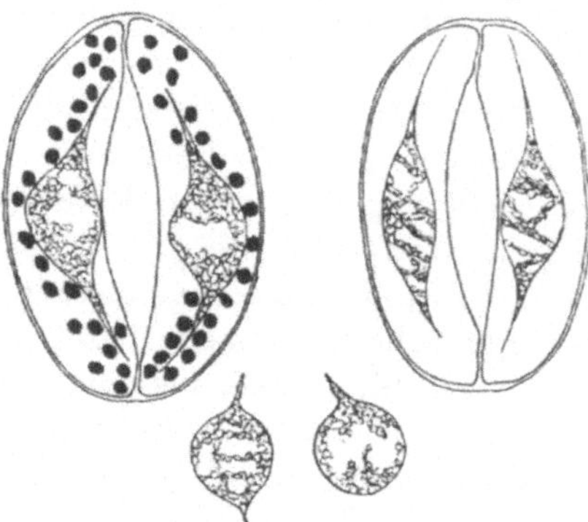

Abb 10. *Tradescantia:* Kernform und -struktur in Schließzellen leicht welker Blätter.

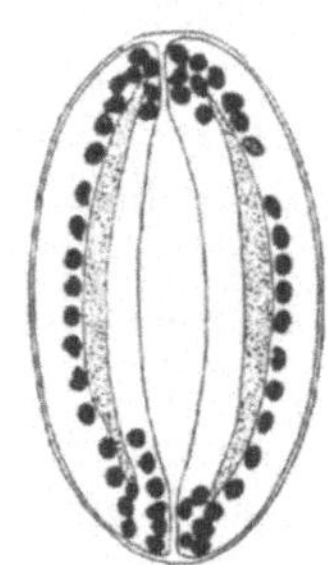

Abb. 11. *Tradescantia:* Kernform und Chloroplastenlage in den Schließzellen eines wieder turgescent gewordenen Blattes.

Annahme eines mechanischen Zwanges durch eingeengtes Zellumen spricht jedenfalls der Bau der Schließzellen von *Tradescantia virginiana.* Schon aus der bekannten, allerdings schematisierten und daher die Einzelheiten nicht genau wiedergebenden Abbildung in STRASBURGERS Botanischem Praktikum (1913, S. 202) ist zu entnehmen, daß das Lumen der Schließzellen speziell auch im medianen Teil recht groß ist, die Verdickungsleisten aber wenig stark ausgebildet sind. Es ist nicht einzusehen, wie bei diesem Baue dem Kerne die Sichelform durch Membrandruck aufgezwungen werden sollte. In der STRASBURGERschen Abbildung sind die Kerne in den Schließzellen vollkommen kugelig eingezeichnet; insofern diese Spaltöffnung im geöffneten Zustand dar-

---

[1]) Bleiben die Blätter länger im Wasser, so können sich die Spalten wieder schließen.

gestellt sein soll[1]), entspricht dies nicht den von mir beobachteten Verhältnissen. Nur in klaffend weit geöffneten Spalten an vergilbenden Blattpartien (siehe weiter unten) findet man nicht selten kugelige Kerne wie sie STRASBURGER für *Tr. virginica* (= *virginiana*) abbildet; dies ist im übrigen ein weiterer Beweis dafür, daß die Kugelform des Kernes mit der Schließzellenform bei weit geöffneter Spalte voll verträglich ist, die schmale sichelige Spindelform durch die Zellform also nicht aufgezwungen sein kann. Auch die Lage der Chloroplasten in der STRASBURGERschen Abbildung ist nicht so, wie bei *Tradescantia virginiana*, sondern so wie etwa bei *Zebrina pendula* eingezeichnet.

Von Zwangsformen des Zellkernes wird auch dann gesprochen, wenn dem Kern nicht etwa durch feste Membranteile (durch die Form des Zellumens) eine bestimmte Gestalt aufgenötigt wird, sondern wenn er durch Zug von seiten von Kernfortsätzen, die im Plasma verankert sind, am Abrundungsbestreben verhindert wird. In diesem Sinne müßte man annehmen, daß in den „welken" Schließzellen der Zug der Kernfortsätze nachläßt.

Zwangsformen des Zellkernes können ferner nach einer von KOHL (1897) vertretenen Ansicht durch den Vacuolendruck bedingt werden; so soll die Plattenform des wandständigen Kernes auf diese Weise zustande kommen und bei Aufhebung des Turgordruckes soll der Kern sich abkugeln. Es wäre nun möglich, daß durch die Herabsetzung des osmotischen Wertes bei der Schließbewegung der Vacuolendruck auf den Kern gemildert wird und so seine Abkugelung erfolgen kann, dies ist aber wohl deswegen nicht wahrscheinlich, weil bei Verschluß der Spalten, wie er z. B. bei länger in Wasser submergierten Blättern oder an lichtarmen Oktobertagen häufig erfolgt, keine Abkugelung sich einstellt.

Noch mit einer anderen Möglichkeit muß gerechnet werden: Die Abkugelung und Contraction der Kerne in den turgorlosen Schließzellen könnte die Folge der Fixierung sein. Für schlechte Fixierungsmittel sind — (vgl. TISCHLER l. c., S. 33) — vielfach beträchtliche Contractionen des Zellkernes in einer Richtung nachgewiesen worden, und gerade für die Epidermis von *Tradescantia virginiana* liegen solche Angaben für Alkoholeinwirkung vor. Wenn solches in unserem Falle zutreffen sollte, so müßte es allerdings weiterhin erklärt werden, warum nur in den Schließzellen welkender Blätter diese Kerncontraction bei schlechter Fixierung stattfindet. Nachdem sich aber nach TISCHLER durch Fixierung mit „guten" Fixierungsmitteln wie FLEMMINGscher Lösung die Contractionen im wesentlichen vermeiden lassen, konnte durch Fixierung

---

[1]) Und nicht überhaupt etwa nach einem Präparat von *Zebrina pendula* gezeichnet ist. Die Figur 9d in MOLISCH, Anatomie der Pflanze (1922) bildet den Kern der Schließzelle von *Tradescantia* richtig „sichelförmig" ab.

nach FLEMMING die Entscheidung leicht getroffen werden. Die Versuche ergaben, daß auch nach Fixierung mit diesem „guten" Mittel und Färbung mit Hämatoxylin in den Schließzellen der welken Blätter dieselben abgekugelten Kernformen zu sehen sind und die gleiche spumoide Kernstruktur wie in den mit Jodtinktur behandelten Epidermisstreifen. Dieser Fixierungsversuche hätte es im übrigen nicht bedurft, da die Kernänderung sogar im lebenden Zustand der Schließzellen und des Kernes deutlich zu sehen ist. Untersucht man frisch abgezogene Epidermisstreifen der welkenden Blätter rasch in Wasser, so sieht man den Kern abgerundet, ja man bemerkt auch seine schaumig-vacuolige Struktur in vivo, während bei Lebendbeobachtung der Schließzellen turgescenter Blätter die Kerne spindelig und nicht spumoid, sondern gleichmäßig trüb erscheinen. Die Fixierung ist also an der Form- und Strukturänderung des Zellkernes nicht schuld, sondern es liegen tatsächlich vitale Vorgänge zugrunde.

Schließlich wäre es ja noch möglich, daß die Kerncontraction eine Folge des Wundreizes ist, der durch das erste Abziehen der Epidermisstreifen gesetzt wird. Dagegen spricht folgendes: 1. Die Kernveränderung erfolgt nicht nur in der Nähe der durch Entnahme des ersten Epidermisstreifens gesetzten Wunde, sondern ebenso an weit davon entfernten Stellen, so auch an der durch den Medianus getrennten anderen unverletzten Blatthälfte. 2. Die Kernveränderung erfolgt nicht, wenn man an den Blättern zwar durch Abziehen von Epidermisstreifen Wunden hervorruft, die Blätter selbst aber an der Pflanze beläßt, so daß kein Anlaß für eine Änderung des Öffnungszustandes der Stomata gegeben ist. Nur ab und zu findet man dann am Rand des zweiten abgezogenen Epidermisstreifens eine oder die andere Schließzelle mit kugeligem Kern; es liegt aber dann wohl nahe anzunehmen, daß es sich hier um Spaltöffnungen handelt, die infolge ihrer unmittelbaren Nachbarschaft mit der von der schützenden Epidermis entblößten Blattpartie unter Wassermangel leiden, ebenso wie sonst die Stomata eines leicht welkenden Blattes in ihrer Gesamtheit.

Wenn demnach nach dieser Argumentation der Kernform- und Strukturwechsel weder durch die Fixierung noch durch den Wundreiz hervorgerufen bzw. ausgelöst wird, wenn er weiterhin nicht auf eine Aufhebung der sonst bestehenden Zwangsform beruht, so bliebe nur noch die Annahme und Möglichkeit, daß es sich um aktive Kernänderungen handelt, die entweder mit der Schließungsbewegung der Stomata oder mit dem Welkungsprozeß des Blattes in irgendeinem ursächlichen Zusammenhange steht. Auf diese Vorstellung wird späterhin nochmals zurückzukommen sein.

Die bisher geschilderten Veränderungen des Zellkernes finden in Schließzellen statt, die bei leichtem Welken des Blattes die Spalte eben geschlossen haben. Unterbricht man den Welkungsprozeß des Blattes nach 1—2 Stunden nicht, sondern läßt ihn noch weiter fortschreiten, so ändert sich die Kernform abermals. aber in anderer Weise. Die Kerne geben ihre kugelig angeschwollene Gestalt wieder auf, werden neuerdings schmäler aber nicht spindelig, wie sie bei weit geöffneter Spalte waren, sondern stabförmig oder schmal hantelförmig eingeschnürt, oder aber es werden ganz absonderliche Formen angenommen (Abb. 12), der Kern wird zerklüftet, verbogen zerfetzt, seine Grenzen sind oft nur schwer zu erkennen, da gleichzeitig auch seine Färbbarkeit wesentlich abnimmt. Viele dieser Kernformen ähneln in hohem Maße den von BUSCALIONI beschriebenen „Schlangenkernen" (vgl. TISCHLER 1. c., Fig. 9). Besonders auffallend und häufig sind auch Kerne, die in der Mitte so tief eingeschnürt sind, daß sie in zwei weit voneinander entfernte Teile zu zerfallen scheinen; tatsächlich stehen sie aber noch mit einem feinen Verbindungsfaden in Zusammenhang, in extremen Fällen scheint aber die Trennung der beiden Teile eine vollständige zu sein,

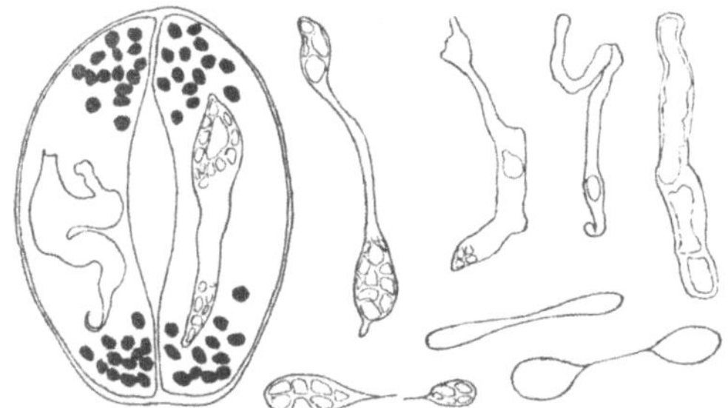

Abb. 12. *Tradescantia:* Kernformen in den Schließzellen stark welker Blätter.

die eine Kernhälfte ist dann dem einen, die andere dem entgegengesetzten Schließzellenpol genähert.

Vor allem die hantelförmige Gestalt der Kerne der Schließzellen stark welker Blätter, die an die Kernform der Gramineenschließzellen erinnert, legt die Vermutung nahe, daß es sich hier, so wie es für die Gramineen angenommen wird, um Zwangsformen des Kernes handelt. Für diese Vorstellung würde vielleicht auch sprechen, daß diese abnorm geformten Kerne meist — wie dies für *Chrysanthemum* geschildert wurde — ihre feinkörnige Struktur aufgeben und ein homogen-öliges Aussehen annehmen. Ein derartiges Homogenwerden des Zellkernes, ein Verschwinden seiner Struktur ist aber bei *Euglena Ehrenbergii* von KLEBS (1883) dann beobachtet worden, wenn die Zelle unter mechanischen Druck gesetzt wird, wobei ausdrücklich erwähnt wird, daß bei Aufhebung des Druckes die Struktur wiederkehrt, die *Euglena* aber jedenfalls normal weiterlebt. Andererseits scheint es aber doch wieder recht unwahrscheinlich, daß die abnormen Kerngestalten der stark welken

Schließzellen Zwangsformen in diesem Sinne darstellen sollten. Schon
die außerordentliche Mannigfaltigkeit dieser Formen spricht dagegen;
in der Mediane der Schließzelle kann sowohl einerseits das stark verschmälerte Mittelstück der hantelförmigen Kerne zu liegen kommen,
als auch wieder andererseits ein breiter Lappen eines irgendwie miß-
gestalteten Kernes. Im übrigen gilt wohl das, was im obigen gegen
die Annahme von Zwangsdeformationen spricht auch hier. Auch das
Bestreben, das Zustandekommen der abnormen Kernformen im einzelnen durch physikalische Kräfte etwa durch Änderung der Oberflächenspannung oder der Viscosität oder sonst irgendwie kolloidchemisch zu
erklären, könnte derzeit nur ein Versuch mit unzulänglichen Mitteln sein.

Nicht nur die Zellkerne der Schließzellen der stark welken Blätter
ändern durch Homogenwerden ihre Struktur; besonders auffallend ist,

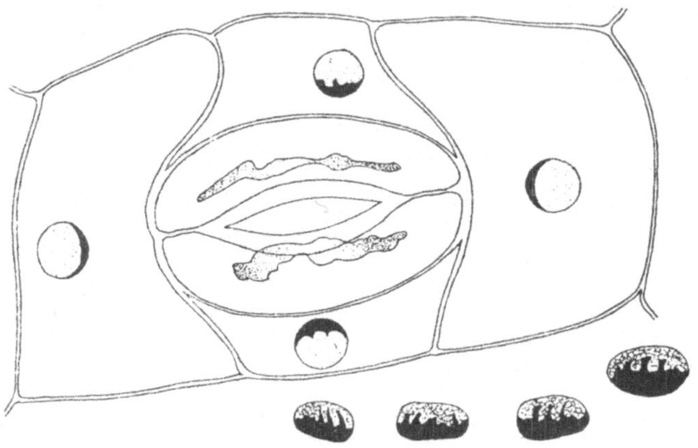

Abb. 13. *Tradescantia:* Spaltöffnungsapparat eines stark welken Blattes; Kernveränderungen in
den Nebenzellen. Daneben einige Nebenzellenkerne.

daß auch die Kerne der zwei kleinen, an den Flanken der Schließzellen
liegenden *Nebenzellen* sowie auch der beiden anderen an die Enden der
Schließzellen grenzenden Nebenzellen eine Veränderung erleiden. Eine
Hälfte dieser Epidermiskerne oder häufiger zunächst nur eine schmale
sichelförmige Randpartie derselben nimmt ein öliges stark lichtbrechendes homogenes Aussehen an, während die andere Partie derselben
Kerne die normale granuläre Struktur beibehält (Abb. 13). Die Ähnlichkeit mit dem sogenannten „Sichelstadium des Nucleolus" (ZIMMER-
MANN 1896, S. 69) ist wohl nur äußerlich. Eigenartig ist es nun weiter,
daß immer nur derjenige Teil der Epidermiskerne die bezeichnete Strukturänderung aufweist, welche der Spaltöffnung zugekehrt ist; die der
Spalte abgekehrten Teile der Kerne der Nebenzellen sowie die Kerne
der nicht an Schließzellen grenzenden Epidermiszellen zeigen die granuläre Struktur unverändert wie vor dem Welken. Das Homogenwerden

ler Nachbarkerne frißt sich zackenförmig immer tiefer von der Schließ-
.ellenseite her in die betreffenden Kerne (bei gleichzeitiger leichter Ab-
)lattung der vorher kugeligen Form) hinein und kann sie schließlich
zänzlich verwandelt haben.

Bringt man die stark welken Blätter, in deren Schließzellen sich
lie eben geschilderten Kernveränderungen vollzogen haben, in Wasser,
зо werden sie wieder turgescent, auch die Kerne in der Mehrzahl der
Schließzellen nehmen wieder spindelförmige Gestalt und körnige Struk-
:ur an; immerhin findet man nicht wenige Spaltöffnungsapparate, deren
Schließzellen und besonders oft auch Nebenzellen sich als abgestorben
erweisen. Diese weitgehenden Kernveränderungen sind also häufig auch
noch reversibel, liegen aber doch schon nahe an der Grenze, wo tiefgreifende Schädigungen einsetzen. Auch die Nebenzellen scheinen unter
lem Welken stark zu leiden und manche von der Pflanze frisch genommenen Epidermisproben weisen einen
hohen Prozentsatz abgestorbener, kollabierter Nebenzellen auf.

2. Der Zellkern der Schließzellen vergilbender Blattpartien.

Die älteren Blätter von *Tradescantia
virginiana* vergilben von der Spitze her.
Während bei entsprechendem Wetter die
Spaltöffnungen der grünen Teile weit geöffnet sind, zeigen sich diejenigen des obersten

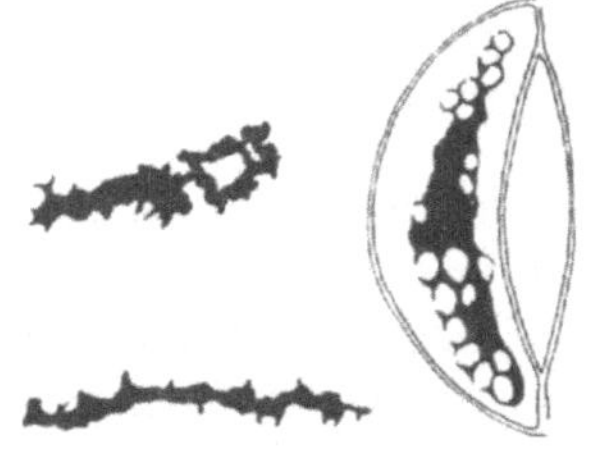

Abb. 14. *Tradescantia:* Kernformen in Schließzellen eines vergilbten Blatteiles. Kern schwarz, die Stärke erfüllten Chloroplasten weiß gehalten.

Teiles, der durch Vergilben eine gelblich braune Färbung angenommen
hat, in sehr verschiedenem Öffnungszustande; sie können klaffend weit
geöffnet sein, und unmittelbar daneben auch wieder nahezu vollkommen
geschlossen; sie scheinen ihre normale Regulationsfähigkeit bereits eingebüßt zu haben. Wenn der Vergilbungsprozeß noch nicht zu weit fortgeschritten ist, haben die Chloroplasten dieser Schließzellen infolge
reichlicher Stärkeproduktion an Größe beträchtlich zugenommen. Die
Zellkerne sind selten schmal spindelig und sichelförmig wie die in den
Schließzellen der grünen Blatteile; sie sind vielmehr entweder gedrungen
kurz spindelig oder auch nicht selten vollkommen kugelig. Ist der Vergilbungsprozeß schon weit fortgeschritten, dann kommen unregelmäßige
abnorme Kernformen aller Art zur Ausbildung, darunter auch solche,
wie sie für die Schließzellen stark welker Blätter oben beschrieben wurden; auch die Struktur dieser Kerne ist abnormal, entweder stark
alveolisiert oder vollkommen homogen. In den Schließzellen, deren
Chloroplasten mit Stärke schwer beladen sind, finden sich nicht selten
Kerne, die denen gleichen, die ZIMMERMANN (1896) für das Endosperm
von *Zea Mais* abbildet „merkwürdig fädig verzweigte Gebilde, welche

die Lücken zwischen den eng nebeneinander liegenden Stärkekörnern ausfüllen" (Abb. 14). Die Nebenzellen sind meist stark kollabiert, ja bis zu Intercellularen ähnlichen Zwickeln zusammengedrückt. Die Tatsache, daß in den alternden Schließzellen, die ihre Funktionsfähigkeit bereits eingebüßt haben, irreversible Veränderungen vielfach der gleichen Art vor sich gehen wie sie bei lebenskräftigen Blättern im stark welken Zustande in reversibler Weise sich einstellen, verdient jedenfalls Beachtung.

III. Dahlia variabilis.

Die Zellkerne der Schließzellen der Blattunterseite von *Dahlia variabilis* haben bei geöffneter Spalte häufig gedrungene bis kugelige Gestalt, doch verhalten sich die verschiedenen Kultursorten nicht vollkommen gleich, weshalb bei vergleichenden Beobachtungen immer nur die Blätter eines Stockes verwendet wurden.

An mit Alkohol fixierten Epidermisstreifen fällt an den Schließzellenkernen der große *Nucleolus* auf, um den ein deutlicher ziemlich breiter Hof zu sehen ist (Abb. 15); die übrigen Epidermiszellen besitzen dagegen meist relativ kleine, oft kaum sichtbare Nucleolen und unansehnliche Höfe um diese. Bei (nahezu) geschlossener Spalte sind die Kerne der Schließzellen spindelförmig und werden häufig je länger die Spalte geschlossen bleibt immer schmäler und länger; bisweilen findet man Spindelkerne aber auch bei geöffneter Spalte, besonders am Vormittage.

Beim Welken gehen an den Kernen der Schließzellen Formänderungen vor sich: zuerst (bei schwächerem Welken) werden die Kerne breit, eckig, leicht amöboid, später treten „abnorme" Kernformen auf, die denen gleichen, die oben für *Chrysanthemum* geschildert wurden. Besonderes Interesse verdient die Tatsache, daß bei stärkerem Welken immer mehr Schließzellen angetroffen werden, in denen die Kerne keinen Nucleolus besitzen; man sieht in der Mitte des Kernes eine hofartige Stelle, in diesem „Hof" aber keinen oder nur einen ganz winzigen Nucleolus. Die beim Welken sich einstellenden Veränderungen sind reversibel. Erlangt nach Einlegen in Wasser das Blatt seine Turgescenz wieder, so nimmt der Kern neuerdings gedrungen spindelige Form an, und der große Nucleolus liegt so wie vorher genau in der Mitte des Spindelkernes. Auffallend ist, daß bei diesen „Wasserblättern" häufig im Centrum des Nucleolus ein kleines bisweilen aber auch ansehnliches „Höhlchen" zu bemerken ist (Abb. 15 d), wovon in den Nucleolen der Stomazellen frischer Blätter nichts zu sehen ist. Ob diese Vacuolenbildung im Nucleolus als eine Erscheinung der „inneren Lösung" (MEYER 1920, S. 207) mit dem Aufenthalt des Blattes im Wasser zusammenhängt, oder aber etwa umgekehrt in Beziehung steht zum Wiederaufbau des Nucleolus, bleibt unentschieden. Offenbar können die Nucleolen ab- und wieder aufgebaut werden und zwar innerhalb relativ kurzer Zeit.

TISCHLER (1922, S. 83) stellt aus der Literatur Fälle zusammen, wo die Nucleolen in lebhaft funktionierenden Zellen „fast ganz verschwinden können", so z. B. in den Drüsenzellen der Droseratentakeln bei der Verdauung, oder in den Diastase secernierenden Zellen des Scutellums von *Zea*; letzterer Fall ist hier zum Vergleich von besonderer Wichtigkeit, denn es wurde die Vermutung geäußert (WEBER 1925, I), daß der Zellkern in den Schließzellen an der Regulation des Stärkestoffwechsels beteiligt ist. Schon die auffallende Größe des Nucleolus in den funktionierenden Schließzellen im Vergleiche zu den kleineren Nucleolen der

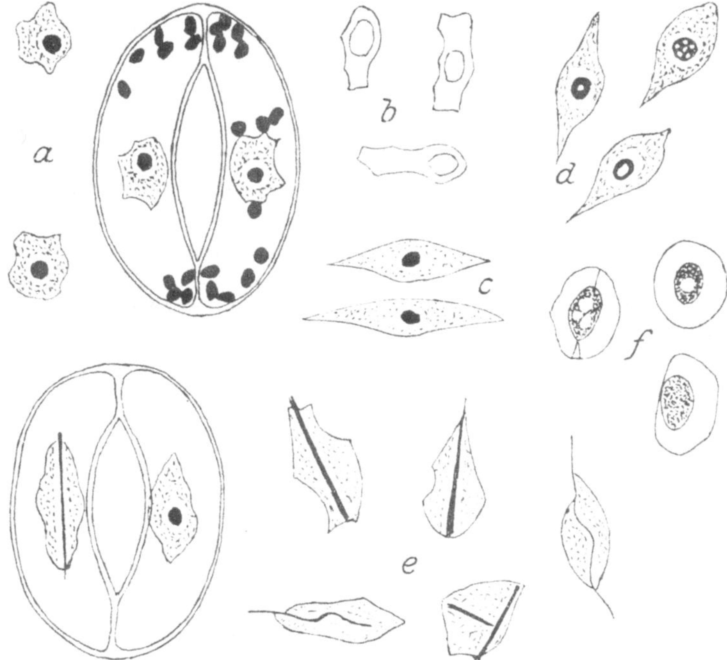

Abb. 15. *Dahlia variabilis:* Zellkerne aus Schließzellen (mit Nucleolen). *a*) Kernform bei schwach welken Blättern. *b*) Kerne aus stark welken Blättern. *c*) Kerne der Schließzellen bei geschlossener Spalte. *d*) Nucleolen mit Höhlchen. *e*) Kerne mit Krystalloiden. *f*) „Blasenkerne".

übrigen Epidermiszellen ist im Hinblick auf die allgemeine Regel beachtenswert, „daß je mehr die Zellen bzw. die Kerne funktionell angestrengt werden, desto größere Mengen von Nucleolen auftreten" (TISCHLER, S. 83)[1].

Nicht nur beim Welken gehen Lösungen des Nucleolus der Schließzellen vor sich; auch bei klaffend weit geöffneter Spalte (bei Einstellen

---

[1] MAIGE (1924, La cellule 35) fand bei Phaseolus beim Stärkeabbau im Hungerzustande eine Abnahme der Nukleolusgröße, beim Stärkeaufbau nach Zuckerzufuhr dagegen eine Zunahme der Nukleolusgröße um das 2—3fache.

von abgeschnittenen Sprossen in dunstgesättigten Raum im Lichte) stellen sich an diesen Nucleolen Veränderungen ein. Bemerkenswert ist u. a. das Ergebnis folgender Versuche: Ende September wurden an trüben Tagen Blätter zwischen 4 und 5 Uhr nachmittags von der Pflanze genommen; die Stomata waren nur mehr schwach geöffnet, die Kerne spindelförmig und enthielten einen homogenen, stark lichtbrechenden Nucleolus. Je ein Fiederblatt wurde unter Wasser getaucht über Nacht gehalten, die anderen Fiederblätter mit der Oberseite nach unten auf dem Wasser schwimmend gelassen. Am nächsten Morgen zeigten sich die submergierten Blätter mit Wasser stark infiltriert, die schwimmenden Blätter dagegen nicht infiltriert. Die infiltrierten Blätter haben geschlossene Spaltöffnungen, die Nucleolen in den Zellkernen ihrer Schließzellen waren der Größe und Lichtbrechung nach unverändert geblieben, nur enthielten sie im Centrum häufig eine mehr oder weniger große Vacuole. Die nicht infiltrierten Blätter zeichneten sich durch weit geöffnete Stomata aus, in den Schließzellenkernen sind keine Nucleolen zu sehen, in der Mitte der Kerne befindet sich ein scharf konturiertes Höhlchen.

An besonders warmen, feuchten Herbsttagen, anfangs Oktober, waren die Spaltöffnungen mittags maximal geöffnet, die Zellkerne der Schließzellen zeigten in ihrer Mitte eine Vacuole, aber keinen Nucleolus; wurden solche Blätter in eine Petrischale ohne Wasser eingelegt und dunkel gestellt, so waren die Stomata — ohne daß das Blatt sichtbar gewelkt wäre — um 4 Uhr nachmittags nur mehr $^1/_2$ bis schwach geöffnet: die Kerne der Schließzellen hatten fast durchwegs einen normalen Nucleolus in ihrer Mitte. In der gleich kurzen Zeit von 4 Stunden waren auch in den Schließzellenkernen der Blätter, die an der Pflanze im Freien geblieben waren, die Nucleolen wieder entstanden, auch diese Blätter hatten ungefähr denselben Öffnungszustand der Stomata (etwa ein Drittel der maximalen Spaltenweite).

Auch das Verschwinden des Nucleolus (beurteilt nach dem Bilde der mit Alkohol fixierten Epidermisstreifen) erfolgt in derselben kurzen Zeit. Um 8 Uhr morgens findet man die Zellkerne bei sich eben öffnender Spalte durchwegs mit Nucleolen versehen, bei schönem Wetter nimmt dann ab 9 Uhr die Zahl der Schließzellen, in deren Kerne kein Nucleolus zu sehen ist, immer mehr zu und erreicht zwischen 11 und 12 Uhr das Maximum, indem zu dieser Zeit nur mehr vereinzelt in ein oder der anderen Schließzelle ein Nucleolus angetroffen wird. *Es besteht also eine tägliche Periodizität im Verschwinden und wieder Auftreten des Nucleolus in den Schließzellen*; inwiefern mit diesem Wechsel ein Ab- und Aufbau der Stärke in den Schließzellen parallel geht, ist deshalb schwer zu entscheiden, weil bei *Dahlia* die Chloroplasten der Schließzellen tagsüber niemals stärkefrei werden; im allgemeinen läßt sich aber finden, daß am Morgen, solange der Nucleolus zu sehen ist, die Chloroplasten besonders stärkereich sind, mittags bei weit geöffneter Spalte und fehlendem Nucleolus die Größe der autochtonen Stärkekörnchen der Chloroplasten meist wesentlich abgenommen hat.

Wie innig Kernform, Kernlage und Nucleoluszustand mit der Physiologie der Schließzelle zusammenhängen, scheint auch aus folgendem hervorzugehen. Während unter normalen Verhältnissen zu einer gegebenen Tageszeit immer ein bestimmter Typus vorherrscht, also z. B. am späten Nachmittage bei geschlossener Spalte: Spindeliger Kern in der Zellmitte gelegen, großer, stark lichtbrechender Nucleolus, fanden sich an den Blättern eines *Dahlia*-Stockes, der aus dem Boden herausgenommen und in eine Kiste versetzt wurde, alle möglichen Kernbilder. Die Blätter dieses Stockes hatten nach dem Verpflanzen einige Tage hindurch um die Mittagszeit stark gewelkt, sich aber dann wieder dauernd (äußerlich) vollkommen erholt, so daß der Pflanze nichts Pathologisches anzusehen war. Die Stomata wiesen die verschiedensten Öffnungsgrade an ein und demselben Blatte auf. Die Schließzellenkerne waren bald spindelig, bald abgerundet oder amöboid; sie lagen entweder dicht an der Bauchwand oder an der Rückenwand, oder in der Mitte der Zelle, oder aber, was sonst nicht vorkommt, ganz an einem Schließzellenpol. Nucleolen waren entweder vorhanden oder nicht, entweder homogen oder mit einer bis vielen Vacuolen. Waren keine Nucleolen vor handen, so sah man in der Kernmitte eine Vacuole oder auch diese fehlte. Die Chloroplastenlage war ebenfalls „in Unordnung“ geraten.

Schließlich noch einige Bemerkungen über die Schließzellen *erfrorener* Blätter. Am 11. Oktober waren zum erstenmal an einigen Blättern einzelner *Dahlia*-Stöcke Verbrennungen durch Nachtfrost festzustellen. Die Schließzellen überlebten — wie dies den Erfahrungen von MOLISCH (1897) entspricht — das erfrorene Blattgewebe; bei manchen Blättern zeigte sich übrigens auch ein Unterschied in der Frostempfindlichkeit zwischen den Epidermiszellen und dem Mesophyll, indem die Epidermiszellen am Leben blieben, während das Mesophyll schon die braunschwarze Verfärbung des Todes zeigte. Bei exponierter Lage der Blätter waren auch die Epidermiszellen abgestorben und nur die Schließzellen überlebten. Die Stomata der erfrorenen und auszutrocknen beginnenden Blattpartien sind meist geschlossen; die Chloroplasten enthalten überreichlich Stärke; ihre Lage ist abnormal: entweder sie befinden sich in Zellpollage (wenn das erfrorene Blatt vor dem Vertrocknen geschützt wird) oder sie sind in der Mitte der Zelle in Systrophe um den Zellkern gedrängt (wenn das Blatt einen beträchtlichen Wasserverlust erlitten hat). Die Zellkerne sind selten spindelig, wie sonst meist bei geschlossener Spalte, sie sind vielmehr häufiger mehr abgerundet und leicht amöboid; ihre Struktur ist verändert, stark spumoid geworden. Normale Nucleolen kommen selten vor. Partiell erfrorene Blätter wurden auf stark

angefeuchtetem Filterpapier in Glasschalen im feuchten Raum im Licht
gehalten. Schon im Laufe eines Tages zeigten dabei zahlreiche Spaltöffnungen mehr oder weniger weitgehende Öffnung, wobei sich die
Schließzellen bisweilen abnorm einzukrümmen begannen. Am 14. Oktober hatten die Chloroplasten in den Schließzellen der geöffneten
Stomata fast durchwegs wieder normale Lage angenommen. Die Zellkerne besaßen entweder einen typischen Nucleolus oder sie hatten
keinen; in letzterem Falle waren die Kerne durch den Besitz von ein
bis mehreren feinen nadelförmigen *Krystallen* ausgezeichnet (Abb. 15 e).
Die Krystalle waren häufig länger als die Kerne und ragten daher an
einer oder zwei Seiten über die Kerne hinaus; die Krystalle waren entweder gerade oder leicht bis schlangenförmig gekrümmt. Auffallend
war, daß *niemals in einem Kern ein Nucleolus und ein Krystall gleichzeitig vorkamen*. Die Krystalle färben sich mit Fuchsin S intensiv,
an ihrer Eiweißnatur ist kaum zu zweifeln.

TISCHLER (l. c. S. 92) hält es für „nicht unmöglich, daß die Substanz,
die für gewöhnlich in Nucleolen aufgespeichert wird, unter Umständen
gelöst und zum Teil wieder in Krystalloiden ausgeschieden werden kann"
(vgl. auch MEYER 1920, S. 218). Es scheint hier ein derartiger Fall
vorzuliegen.

Häufig waren die Kerne der beiden Schließzellen eines und desselben
Spaltöffnungsapparates verschieden ausgestattet, der eine hatte einen
Nucleolus (mit Hof), der andere einen Krystall und keinen Nucleolus
(Abb. 15 e). Die Krystalloide konnten nicht nur an dem mit Alkohol
fixierten Material gesehen werden, sondern auch an frischen Epidermisstreifen in Wasser; die Schließzellen, deren Kerne solche Krystalle führten
waren lebend, was aus ihrer normalen Plasmolysierbarkeit mit Rohrzucker hervorgeht. Die Schließzellenkerne der grünen nicht erfrorenen
Teile derselben Blätter besaßen Nucleolen und keine Krystalloide.

Am 15. Oktober traten zum zweitenmal Frostverbrennungen an
den *Dahlia*-Stöcken auf und zwar in etwas ausgedehnterem Maße. Um
9 Uhr vormittags, bevor die Stöcke von der Sonne getroffen wurden
und die Blätter noch wasserreich waren, zeigten sich die Stomata leicht
geöffnet oder geschlossen. Die Schließzellen hatten den Frost wieder
überstanden und waren alle am Leben. Ihre Kerne hatten gedrungen
spindelige Gestalt und besaßen durchwegs einen normalen Nucleolus.
Um 11 Uhr hatten die verbrannten, am Stock verbliebenen Blätter
in der Sonne bereits stark Wasser verloren und begannen ledrig zu
werden. Die Stomata waren geschlossen, die Schließzellenkerne hatten
sich stark abgekugelt, die Kernstruktur war vacuolig, die Nucleolen
waren fast ausnahmslos verschwunden. Bisweilen war an den Schließzellen dieser etwas ledrigen Blätter noch eine andere besonders eigenartige Kernform zu sehen (Abb. 15 f), die nur als „*Blasenkern*" im

Sinne von MOLISCH (1901) verstanden werden kann: Die Kernmembran ist auffallend deutlich sichtbar, sie umschließt eine große Vacuole, in der in der Mitte oder an der Seite das kontrahierte Caryoplasma liegt; dieses ist entweder dicht granulär oder spumoid; bisweilen steht das Caryoplasma mit der Kernmembran mit ein oder mehreren Fäden in Verbindung. Erfrorene Blätter desselben Stockes, die um 9 Uhr in Wasser gegeben wurden, um sie vor dem Vertrocknen zu schützen, hatten um 11 Uhr balb geöffnete Stomata; die spindeligen Kerne der Schließzellen waren durchwegs mit Nucleolen versehen.

Am 16. Oktober trat stärkerer Frost ein, dem das gesamte Laub aller *Dahlia*-Stöcke zum Opfer fiel; auch diesen Frost (—3°C) überlebten ungefähr die Hälfte der Schließzellen, und zwar war häufig von einer Spaltöffnung die eine Schließzelle abgestorben, die andere am Leben (normal plasmolysierbar). Die Chloroplasten dieser lebenden Schließzellen enthielten um 8 Uhr früh überreichlich Stärke, die Stomata waren halb geöffnet, die Zellkerne spindelig mit normalem Nucleolus.

Jedenfalls verdienen die Kernverhältnisse der Dahlia-Schließzellen eine eingehende caryologische Untersuchung unter Anwendung entsprechender Fixierungs- und Färbungsmethoden. Dies lag derzeit nicht im Rahmen dieser Arbeit; es kann daher vorläufig vom Schließzellennucleolus von Dahlien nur gesagt werden, daß bei Fixierung der Epidermisstreifen mit 96 proz. Alkohol und Färbung der Kerne mit DELAFIELD-Hämatoxylin sich folgende Zustände beobachten ließen:

1. Nucleolus stark lichtbrechend, relativ groß, homogen, von einem deutlichen Hof umgeben.

2. Zellkern ohne Nucleolus; in der Mitte des Kernes ist entweder eine hofähnliche Stelle vorhanden oder auch diese fehlt.

3. Zellkern mit stark lichtbrechendem Nucleolus in dessen Centrum sich ein einziges Höhlchen befindet, das von verschiedener Größe sein kann; um den Nucleolus ein Hof.

4. Zellkern mit einer Vacuole, die an Größe und Lage dem Hof entspricht (oder kleiner ist als dieser) sich vom Hofe aber durch eine besonders scharfe Umgrenzung unterscheidet; ein Nucleolus (oder sonst irgend etwas) ist in dieser Vacuole nicht zu sehen.

5. Zellkern mit Hof, in dem sich kein normaler homogener Nucleolus befindet, sondern eine Gruppe von stark lichtbrechenden, wie Körnchen aussehenden Gebilden.

6. Zellkern mit Hof, in dessen Mitte sich ein Nucleolus mit zahlreichen kleinsten Vacuolen befindet.

7. Zellkern ohne Nucleolus, dagegen mit ein bis mehreren Kristalloiden. Über das Vorkommen dieser verschiedenen Formen läßt sich derzeit nur folgendes sagen: Typus 1 vornehmlich an Blättern, die am

Nachmittage von der Pflanze genommen wurden, bei geschlossener bis höchstens halb geöffneter Spalte. Typus 2 bei ziemlich stark welken Blättern. Typus 3 an Blättern, die längere Zeit in Wasser submergiert sich befanden. Typus 4 bei weit bis maximal geöffneter Spalte. Typus 5, wenn Typus 3 oder 4 vorherrschen. Typus 6 selten; Typus 7 in Schließzellen, die beim Erfrieren der Blätter überleben.

Diese Mannigfaltigkeit der Nucleolenzustände, sowie vor allem das rasche Verschwinden und Wiederauftreten der Kernkörperchen, das anscheinend mit der Stomatärbewegung im Zusammenhange steht, ist zweifellos von ganz besonderem Interesse, und zwar nicht nur in bezug auf die Physiologie der Spaltöffnungsbewegung, sondern auch in rein caryologischer Hinsicht, denn hier liegt ein Fall vor, der mit WILSON vermuten läßt: the observations raise the question wether the nucleolus may not play a more active and important part in cell-metabolism than most writters have hitherto assumed (WILSON 1925, S. 96). „Die Frage nach Spezialleistungen dieser Gebilde in der Zelle" (MEYER 1920, S. 216) ist ja noch ungelöst.

IV. Ursache und Bedeutung der Kernveränderungen.

Die Frage der causalen und finalen Erklärung der Kernveränderungen, die schon wiederholt im obigen angeschnitten wurde, soll nunmehr im Zusammenhang erörtert werden.

Daß die Kernveränderungen in den Schließzellen der grünen Blätter nicht durch die Fixierung hervorgerufen werden, daß sie weiterhin nicht die Folge einer Wundreaktion sind, kann wohl als feststehend gelten. Schwieriger ist die Entscheidung zu treffen, ob es sich um aktive Kernvorgänge handelt, die irgendwie mit der Funktion der Schließzellen im Zusammenhange stehen, oder um passive, vielleicht sogar pathologische Änderungen, die für das Leben dieser rastlos arbeitenden Zellen ohne positive Bedeutung sind.

Zunächst muß betont werden, daß eine unmittelbare Vergleichbarkeit der Kernveränderungen, wie sie für *Chrysanthemum* geschildert wurden, mit den früher an *Vicia faba*-Schließzellen beobachteten nicht zu erwarten ist. Das stomatäre Verhalten dieser beiden Pflanzen ist in mancher Hinsicht verschieden. Während bei *Vicia* die Stomata tagsüber nicht selten geschlossen angetroffen werden und in diesem Zustande auch längere Zeit hindurch verharren, wurden die Spaltöffnungen von *Chrysanthemum* wenigstens im August, wo die Hauptversuche mit dieser Pflanze durchgeführt wurden, niemals für längere Zeit gänzlich geschlossen gefunden. Auch im Stärkegehalt der Schließzellenchloroplasten ist bei *Chrysanthemum* kein so regelmäßiger tiefgehender Wechsel zu verzeichnen gewesen, wie bei *Vicia*. Trotz dieser Unterschiede, die

sich anscheinend auch im Kernformwechsel auswirken, konnte doch festgestellt werden, daß *Chrysanthemum* in bezug auf die Änderungen der Kernform offenbar dem gleichen Typus angehört wie *Vicia*. Auch bei *Chrysanthemum* sind bei weit geöffneter Spalte die Kerne meist kugelig, bei schwach geöffneter Spalte weichen sie aber von der Kugelform mehr oder weniger stark ab und nehmen spindelige Gestalt an. Insbesondere im September, wo bei älteren aber noch vollkommen grünen Blättern die Spalten oft geschlossen angetroffen werden, sind die Schließzellenkerne immer typisch spindelförmig. Auch experimentell läßt sich die Umwandlung der Kugel- in die Spindelform des Kernes hervorrufen: Läßt man Blätter mit weit geöffneter Spalte und Kugelkernen in den Schließzellen sehr langsam (in einem halb verschlossenem Glase) Wasser abgeben, so daß nach etwa 20 Stunden von einem Welken noch kaum etwas zu merken ist und die Stomata zum Teil noch leicht geöffnet sind, so findet man in den Schließzellen die Kernform fast durchgehends in die Spindel umgewandelt (Abb. 16). Der Formwechsel bewegt sich also hier vollkommen in gleichen Sinne und Ausmaße wie bei *Vicia*. Die Kernform- und Strukturänderung dagegen, die sich in den Schließzellen stärker welkender Blätter vollzieht und die im ersten Teil ein-
gehend geschildert worden ist, scheint mit
dem Kernformwechsel „kugelig-spindelig"
nichts zu tun zu haben; dieser letztere
sich häufig wiederholende Wechsel ist
auch niemals mit Strukturveränderungen
im Sinne eines Homogenwerdens verbun-
pen. Ohne näher darauf einzugehen,

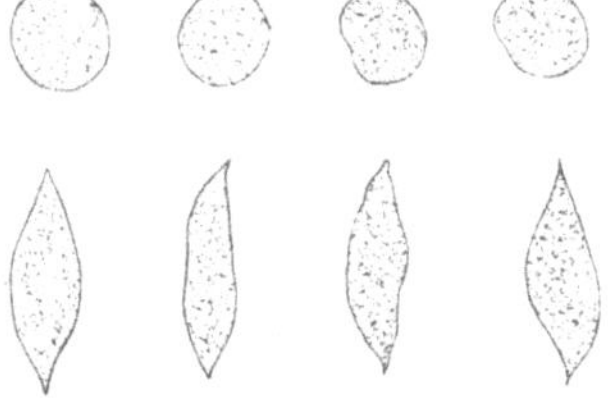

Abb. 16. *Chrysanthemum:* Kernformwechsel: kugelig-spindelig.

muß in diesem Zusammenhange erwähnt werden, daß auch bei *Vicia faba* im stark welken Blatte Kernänderungen vor sich gehen die den unter ebensolchen Bedingungen bei *Chrysanthemum* sich einstellenden gleichen und nicht zu den spindeligen Kernformen führen wie sie für die Schließzellen von *Vicia* eigen sind, wenn das Schließen der Spalte ohne merkliches Welken vor sich geht. *Der Kernformwechsel in den Schließzellen von Chrysanthemum erfolgt im wesentlichen in gleicher Weise wie in den Schließzellen von Vicia faba* (WEBER 1925, I).

Vergleicht man jedoch das Verhalten der Schließzellenkerne von *Tradescantia virginiana* mit dem von *Vicia faba*, so muß die direkte Gegensätzlichkeit auffallen. Die Schließzellenkerne von *Vicia* nehmen bei längerer Zeit hindurch geschlossener Spalte Spindelform an, kugeln sich dagegen ab, wenn die Spalte lange Zeit hindurch weit geöffnet bleibt; bei *Tradescantia* dagegen sind die Kerne bei weit geöffneter Spalte schmal spindelig und suchen sich abzurunden, wenn die Spalten sich beim Welken schließen. Aus dieser Verschiedenheit wird man vielleicht zu folgern geneigt sein, daß die Zellkernform und ihr Wechsel für den Öffnungszustand der Stomata und für das Funktionieren der Schließzellen überhaupt irrelevant ist. Es fragt sich aber doch, ob dieser Schluß berechtigt wäre. Abgesehen von der Möglichkeit, daß bezüglich des Verhaltens der Schließzellenkerne bei verschiedenen Pflanzen verschiedene Typen vorkommen, scheint die Bedingung, unter welcher bei *Tradescantia* die Kernabkugelung stattfindet, doch eine wesentlich speziellere zu sein als die, bei welcher in den *Vicia*-Schließzellen bei Verschluß der Spalte die Spindelform des Zellkernes auftritt. Bei *Tradescantia*[1]) kugeln sich die Zellkerne keineswegs unter allen Bedingungen ab, unter welchen sich die Spalten schließen. Gegen Abend, im Oktober oft auch tagsüber, findet man die Spaltöffnungen von *Tradescantia* häufig (nahezu) geschlossen, die Kerne der Schließzellen sind aber nicht im geringsten abgekugelt, sondern schmal und lang spindelig. Ebenso zeigen Kerne von Schließzellen abgetrennter Blätter, die im feuchten Raum dunkel gehalten werden, typische Spindelform, wenn die Spalten auch vollkommen geschlossen sind. Es müssen also wohl bestimmte besondere Bedingungen realisiert sein, wenn sich die Kerne in den Schließzellen von *Tradescantia* abkugeln sollen. Es wäre möglich, daß die Geschwindigkeit des Spaltenverschlusses von maßgebender Bedeutung ist; darüber müßten weitere Versuche entscheiden.

Es ist weiter möglich, daß nur bei Spaltenverschluß, der sich bei Wassermangel einstellt, die Kerncontraction und Vacuolisation stattfindet. Es liegen Angaben von Němec (1910) vor, daß Zellkerne bei Wasserverlust vacuolig werden; dieselbe Kernveränderung soll sich nach Matruchot und Molliard (1910) unter dem Einfluß niederer Temperatur ergeben. Werden *Tradescantia*-Blätter über Eis bei 2—4° C im feuchten Raum gehalten, so können sich die Spalten innerhalb einer halben Stunde schließen, in den Schließzellen solcher Blätter findet man dann, wenn auch nicht immer Kernveränderungen, die vollkommen denjenigen der schwach welken Blätter gleichen. Es ist möglich, daß die Schließzellen in der Kälte Wasser abgeben und so die Zellkerne unter ähnliche zellphysiologische Verhältnisse kommen wie im welkenden Blatte. Ist Wasserentzug die Ursache der Form- und Strukturänderung des Kernes, so ist zu erwarten, daß diese auch bei Plasmolyse eintritt. Werden Epidermisstreifen von *Tradescantia* für 1—2 Stunden in 20 proz. Rohrzuckerlösung eingelegt, so tritt schwache Plasmolyse ein. Die Kerne der plasmolysierten Zellen kontrahieren sich unter Verbreiterung im mittleren Teil merklich, nehmen kugelige Formen an, allerdings

---

[1]) Gemeint ist hier immer nur *Tradescantia virginiana*, andere Commelinaceen erweisen sich schon durch den Besitz eines Kugelkernes in den Schließzellen bei weit geöffneter Spalte als von *Tradescantia virginiana* verschieden, so z. B. *Zebrina pendula*, *Tradescantia fluminensis*, *Commelina communis*.

niemals so stark wie in den schwach „welken" Schließzellen; auch Vacuoligwerden der Kerne ist dabei zu beobachten. Bemerkenswert ist ferner, daß während der Plasmolyse die Chloroplasten sich häufig gegen die Zellpole zu verlagern, also eine Stellung einnehmen, wie sie sie in den Schließzellen stärker welker Blätter innehaben. Diese Beobachtungen sprechen jedenfalls dafür, daß Wasserentzug eine der Bedingungen ist, die beim Welken der Blätter die Veränderungen in den Schließzellen auslösen.

Die Kernveränderungen der leicht welken Blätter gehen ziemlich unvermittelt in diejenigen über, die sich bei stärkerem Welken einstellen; obwohl diese letzteren zunächst ebenfalls noch reversibel sind, so scheint doch gleichzeitig damit eine Gefährdung der Schließ- und Nebenzellen gegeben zu sein. Man könnte daher vielleicht diese abnormen Kernformen — ebenso wie dies TISCHLER (l. c. S. 10) für die ähnlichen schlangenförmigen Kerne BUSCALIONIS tut — als „den Beginn von Degenerationen" deuten. Bemerkenswert ist dabei allerdings, daß KLEMM (1895), der zuerst die Desorganisationserscheinungen der Pflanzenzelle systematisch untersucht hat, über die Veränderungen „im Zellkern" folgendes sagt: „Der Kern erleidet bei der Desorganisation der Zelle allgemein wenig sichtbare Veränderungen. Er bewahrt fast unter allen Umständen seine Form." Bei den Schließzellenkernen spielen aber gerade die Formveränderungen eine auffallende Rolle. Die Vorgänge bei starkem Welken liegen aber doch wohl so sehr im Bereich des abnormalen, unnatürlichen, daß man, ohne sie vielleicht auch direkt als Desorganisationserscheinungen auffassen zu wollen, an einem zweckmäßigen Funktionieren solcher absonderlicher Kernformen Zweifel hegen muß. Tatsache ist ja auch, daß eine nicht geringe Zahl von Schließzellen das starke Welken nicht überlebt, was mit den Beobachtungen von ILJIN in guter Übereinstimmung steht. Aber selbst bei einem rein pathologischen Charakter der Kernveränderungen in den Schließzellen der stark welken Blätter würden diese Veränderungen die Eigenart der Zellen des Spaltöffnungsapparates besonders beleuchten. Es ist nämlich ausdrücklich hervorzuheben, daß die übrigen Epidermiszellen von den Veränderungen entweder überhaupt nicht oder doch viel später und in geringerem Ausmaße betroffen werden. Bei den welken *Chrysanthemum*-Blättern findet man die Zellkerne der Epidermiszellen noch unverändert; wenn die der Schließzellen schon maximal verändert sind; bei *Tradescantia* behalten die Epidermiskerne ihre kugelige Gestalt dauernd bei, bleiben zunächst auch in ihrer Struktur unverändert und werden nur bei ganz extremen Welken leicht vacuolig. Ob die erhöhte Reaktion der Schließzellenkerne der Versuchspflanze auf einer gesteigerten Empfindlichkeit beruht oder aber auf sonstigen Eigenheiten der Schließzellen, die z. B. eine vermehrte Wasserabgabe bedingen, bleibt unentschieden. Diese Empfindlichkeit der Schließzellen gegen Welken ist wohl schuld daran, daß man nicht selten in sonst normalen Epidermen relativ viele Schließzellen obliteriert und abgestorben findet (Lit. bei Küster 1925, S. 382). Bei *Tradescantia virginiana* scheinen auch die Nebenzellen besonders leicht geschädigt zu werden.

Während also die Kernveränderungen in stark welken Blättern wohl außerhalb des Rahmens normalen, regelmäßigen zellphysiologischen Geschehens liegen, ist dies für diejenigen der schwach welken Blätter und insbesondere auch für den Formwechsel kugelig-spindelig nicht anzunehmen. Es steht dabei die für die Physiologie der Stomatärbewegung wichtige Frage in Diskussion, ob diese letzteren Kernformänderungen mit dem Stoffwechsel der Schließzellen in Beziehung stehen. Sowohl bei *Vicia* und *Chrysanthemum* einerseits als auch bei *Tradescantia* anderseits gehen beim Welken die Kernveränderungen in zwei anscheinend nicht kontinuierlichen, sich auseinander entwickelnden, sondern eher in entgegengesetztem Sinne verlaufenden Etappen vor sich; es ist nun sehr beachtenswert, daß nach Iljin (1922) auch der Kohlehydratstoffwechsel der Schließzellen je nach dem Grade des Welkens in verschiedener, antagonistischer Weise beeinflußt wird. Bei schwachem Welken überwiegt in den Schließzellen die Stärkesynthese, bei starkem Welken aber die Stärkehydrolyse. Es ließe sich vielleicht annehmen, daß die erste Phase der Kernveränderung mit einer Erhöhung der Produktion des synthetisierenden Enzymes im Zusammenhang steht, daß in der zweiten Phase (nämlich der der „abnormen" Kerne) die Bildung des aufbauenden Enzymes gehemmt wird und so die Hydrolyse überwiegt. Nach Bruns (1925) sind die denkbaren Ursachen der „Welkreaktion" (das ist der „Amylumverminderungsbeschleunigung") im welkenden Laubblatt: 1. Änderung der Viscosität des Mediums, in dem die Reaktionsgruppen der Amylumsynthese und -umwandlung verlaufen, 2. Änderung der Plasmaströmung, die die Reaktion durch Rührung beschleunigt, 3. Änderung des Reaktionsvolumens oder 4. der Konzentration der beteiligten gelösten Substanzen. Es erhebt sich die Frage, ob die Kernveränderungen mit einer dieser Ursachen etwa in Zusammenhang steht.

Die bisher vorliegenden Beobachtungen über den Stärkeab- und -aufbau in den Schließzellenchloroplasten der Versuchspflanzen reichen nicht aus, um irgendeine Entscheidung zu treffen, insbesondere bedarf auch der Sinn der Nucleolenveränderungen dringend der Aufklärung. Und so schließt auch diese zweite Mitteilung über die Veränderungen an den Zellkernen der Schließzellen mit manchen offenen Fragen und muß sich damit begnügen, die Kenntnis der Vorgänge in diesen eigenartigen physiologischen Apparaten etwas erweitert, wenn auch nicht vertieft zu haben.

Zusammenfassung.

1. Es werden die Veränderungen beschrieben, die sich am Zellkern der Schließzellen grüner welkender Blätter einerseits und vergilbender Blätter anderseits abspielen.

2. Bei *Chrysanthemum maximum* sind die Kerne bei längere Zeit hindurch weit geöffneter Spalte in der Regel kugelig, bei vollkommen geschlossener Spalte in der Regel spindelig. Tritt Welken des Blattes ein, so wird der Kern, zunächst länglich oval, häufig hantelförmig eingeschnürt und kann dann immer mehr abnorme Formen annehmen. Gleichzeitig verliert der Kern seine (im fixierten Zustand) körnige Struktur, wird homogen und schwächer färbbar. Alle diese Veränderungen sind im allgemeinen reversibel, doch geht meist eine Anzahl von Schließzellen bei starkem Welken, gegen das sie besonders empfindlich sind, zugrunde.

3. In ablebenden Blättern kommen je nach dem Vergilbungsgrade verschiedene Typen von Veränderungen an den Schließzellen vor, stets überleben diese das umgebende Gewebe. Ist die Spaltöffnung geschlossen, dann ist der Zellkern der Schließzellen spindelförmig, die Chloroplasten mit Stärke vollgepfropft. Ist die Spalte klaffend weit offen, dann finden sich häufig Kernstadien, die als Amitose gedeutet werden und zu Zweikernigkeit führen können. Die Chloroplasten sind in Caryostrophe (Kernpollage) und wandern zu gleichen Teilen mit den Tochterkernen an die Zellpole. Bei einem dritten Typus findet Agglutination der Chloroplasten und Alveolisierung des Kernes statt.

4. Anhangsweise wird eine Spaltöffnungsanomalie pilzbefallener Blätter beschrieben.

5. Bei *Tradescantia virginiana* sind die Zellkerne der Schließzellen bei geöffneter Spalte lang schmal spindelförmig, häufig leicht sichelförmig gekrümmt. Bei schwachem Welken des Blattes kontrahieren sich die Kerne und werden mehr oder weniger kugelförmig, dabei zugleich vacuolig. Bei stärkerem Welken nehmen die Kerne zuerst längliche, stabförmige Gestalt an, späterhin verschiedenartige abnorme Formen. Auch die Zellkerne der Nebenzellen erleiden charakteristische Veränderungen. Die im turgescenten Zustand längs des Zellkernes aufgereihten Chloroplasten nehmen im stark welken Zustande Zellpollage ein. Alle diese Veränderungen sind meist reversibel, doch erweisen sich die Schließzellen und Nebenzellen gegenüber dem Welken als besonders empfindlich.

6. In ablebenden Blatteilen sind bei geschlossener Spalte die Schließzellen mit Stärke überladen, die Zellkerne sind fädig verzweigt und füllen die Lücken zwischen den Chloroplasten aus. Auch andere abnorme Kernformen kommen vor.

7. Bei *Dahlia variabilis* besitzen die Schließzellenkerne einen relativ großen Nucleolus, der beim Welken und auch bei normalen Funktionieren der Stomata verschwinden und dann wieder auftreten kann. In den Zellkernen von Schließzellen, die beim Erfrieren des Blattes überleben, treten an Stelle des Nucleolus Eiweißkrystalloide auf.

8. Es wird die Ansicht vertreten, daß die Veränderungen am Schließzellenkern bei normalen Wechsel des Öffnungszustandes mit dem Stoffwechsel dieser Zellen in Beziehung steht, die Veränderungen bei stärkerem Welken dagegen den Beginn pathologischer Vorgänge darstellen, die zunächst noch reversibel sind.

Literatur.

Bruns, A. (1925): Untersuchungen zur Auffindung der Ursache der Amylumverminderungsbeschleunigung im welkenden Laubblatt. Botan. Arch. 11. — **Haberlandt, G.** (1887): Funktion und Lage des Zellkernes. Jena. — Ders. (1921): Wundhormone als Erreger von Zellteilungen. Beitr. z. allg. Botanik 2. — **Heitz, E.** (1925): Das Verhalten von Kern und Chloroplasten bei der Regeneration. Zeitschr. f. Zellforsch. u. mikroskop. Anat. 2. — **Iljin, W. S.** (1923): Über den Einfluß des Welkens auf die Atmung der Pflanzen. Flora 116. — Ders. (1923): Der Einfluß des Wassermangels auf die Kohlenstoffassimilation durch die Pflanzen. Ebenda 116. — **Kindermann, V.** (1902): Über die auffallende Widerstandsfähigkeit der Schließzellen gegen schädliche Einflüsse. Sitzungsber. d. Akad. Wien, Mathem.-naturw. Kl. I, 111. — **Klebs, G.** (1883): Über die Organisation einiger Flagellatengruppen. Unters. d. botan. Inst. zu Tübingen 1. — **Klemm, P.** (1895): Desorganisationserscheinungen der Zelle. Jahrb. f. wiss. Botanik 28. — **Kohl, F. G.** (1897): Zur Physiologie des Zellkernes. Botan. Zentralbl. 72. — **Küster, E.** (1907): Über die Beziehungen der Lage des Zellkernes zu Zellenwachstum und Membranbildung. Flora 97. — Ders. (1925): Pathologische Pflanzenanatomie. 3. Aufl. Jena. — **Liebaldt, E.** (1919): Über die Wirkung wässeriger Lösungen oberflächenaktiver Substanzen auf die Chlorophyllkörner. Zeitschr. f. Botanik 5. — **Matruchot** et **Molliard** (1900): Sur certains phénomènes présentés par les noyaux sous l'action du froid. Cpt. rend. hebdom. des séances de l'acad. des sciences 130. — **Meyer, A.** (1920): Analyse der Zelle I. Jena. — **Molisch, H.** (1897): Untersuchungen über das Erfrieren der Pflanzen. Jena. — Ders. (1901): Milchsaft und Schleimsaft der Pflanzen. Jena. — **Nassonov, D.** (1918): Recherches cytologiques sur les cellules végétales. Ref. in Botan. abstr. 14, 1158. 1925. — **Němec, B.** (1899): Über Ausgabe ungelöster Körper in hautumkleideten Zellen. Sitzungsber. d. böhm. Ges. d. Wiss., Prag 42. — Ders. (1910): Das Problem der Befruchtungsvorgänge. Berlin. — **Schürhoff, P. N.** (1917): Über die bisher als Amitosen gedeuteten Kernbilder von *Tradescantia virginica*. Jahrb. f. wiss. Botanik 57. — **Senn, G.** (1908): Die Gestalts- und Lageveränderung der Pflanzenchromatophoren. Leipzig. — **Stahl, E.** (1894): Einige Versuche über Transpiration und Assimilation. Botan. Zeitg. 52. —

Swart, N. (1914): Die Stoffwanderung in ablebenden Blättern. Jena. — **Thielman, M.** (1925): Über Kulturversuche mit Spaltöffnungszellen. Arch. f. exp. Zellforsch. 1. — **Tischler, G.** (1921/22): Allgemeine Caryologie. Berlin. — **Weber, F.** (1923): Zur Physiologie der Spaltöffnungsbewegung. Österr. botan. Zeitschr. — Ders. (1925): I. Plasmolyseform und Kernform funktionierender Schließzellen. Jahrb. f. wiss. Botanik 64. — Ders. (1925): II. Lageveränderung der Chloroplasten in Schließzellen. Arch. f. wiss. Botanik 1. — **Wilson, E. B.** (1925): The cell in development and heredity. 3. ed. New York. — **Zalenski, W.:** (1921): Über die physiologische Wirkung des Höhenrauches auf die Pflanzen. Ber. d. landwirtschaftl. Stat. Saratow 3. — **Zimmermann, A.** (1896): Die Morphologie des pflanzlichen Zellkernes. Jena.

EIN BEITRAG ZUR KENNTNIS DES N-STOFFWECHSELS HÖHERER PFLANZEN
(UNTER AUSSCHLUSS DES KEIMLINGSSTADIUMS UND UNTER BESONDERER BERÜCKSICHTIGUNG DER SÄUREAMIDE).

Von

KURT MOTHES

(Leipzig).

Mit 2 Textabbildungen.

(Eingegangen am 11. November 1925.)

A. Einleitung.

Im pflanzlichen Organismus sind abgesehen vom Harnstoff zwei durch die charakteristische Gruppe —$CONH_2$ ausgezeichnete Säureamide aufgefunden worden: das Asparagin, ein Halbamid der Aminobernsteinsäure ($COOH \cdot CHNH_2 \cdot CH_2 \cdot CONH_2$), und das Glutamin, ein Halbamid der Aminoglutarsäure ($HOOC \cdot CH_2 \cdot CH_2 \cdot CHNH_2 \cdot CONH_2$). Beide sind überaus häufig und scheinen normalerweise den höheren Pflanzen nie zu fehlen (STIEGER 1924); doch sind die aufgefundenen Mengen oft recht gering. Eine bedeutende Anreicherung dieser Verbindungen wurde in vielen Fällen in unterirdischen Reservestoffbehältern, in Frühjahrstrieben und besonders in Keimlingen beobachtet. Auch kann heute kein Zweifel mehr bestehen, daß Asparagin und Glutamin in verschiedenen Pflanzen einander vertreten. So wurde in russischen Zuckerrüben Asparagin in größeren Mengen, in den deutschen aber Glutamin gefunden (CZAPEK II, 281). Dieses eigenartige Vorkommen hat die physiologisch-chemische Forschung wie kaum ein anderes Problem beschäftigt. Die Fülle von experimentellen Arbeiten und verschiedenen Hypothesen, die das Auftreten dieser Stoffe und ihre Bedeutung für den Stoffwechsel zu erklären versuchen, verbietet es, an dieser Stelle einen eingehenden Überblick über die interessante Geschichte dieser Forschung zu geben. Dies wird als Mangel um so weniger empfunden werden können, als PRJANISCHNIKOW (1924) dies vor kurzer Zeit in großen Zügen getan hat.

Das Asparagin, dem die Forschung wegen seines häufigeren Vorkommens und leichteren analytischen Nachweises ein stärkeres Interesse zuwandte als dem Glutamin, wurde bereits von TH. HARTIG (1858) und BOUSSINGAULT (1864) als ein allgemein verbreiteter Körper von großer physiologischer Bedeutung erkannt. HARTIG beobachtete bei seinen Studien über die Entwicklungsgeschichte des Pflanzenkeimes, wie im Laufe der Keimung an Stelle der aus dem „gelösten Klebermehl" entstandenen „Aleurontropfen" eine farblose Flüssigkeit tritt, aus der man mit Hilfe wasserfreien Alkohols einen krystallisierten, stickstoffreichen Stoff abzuscheiden vermag, den er „Gleis" nannte. Im Zusammenhang mit seinen sonstigen Vorstellungen über die Vorgänge bei der Keimung schreibt er: „Dieses, wie es scheint, allgemeine Vorkommen jenes krystallinischen Stoffes in jedem jugendlichen Zellgewebe deutet darauf hin, daß seine Lösung die Form sei, in welcher die N-haltige, aus Reservestoffen gebildete Pflanzennahrung von Zelle zu Zelle sich fortbewegt." Er vergleicht seinen „Gleis" mit dem Asparagin und spricht sich für ein Verwandtschaftsverhältnis aus, wie das des „Zuckers zu den Zuckerarten". „Der Gleiskrystall ist daher gewissermaßen der Zucker des Klebermehls".

Durch seine allgemeinen landwirtschaftlichen und physiologisch-chemischen Untersuchungen veranlaßt, vergleicht BOUSSINGAULT das Asparagin mit dem Harnstoff. Beide sind Amide, die eine Art Endprodukt im oxydativen Eiweißabbau darstellen sollen. Der Harnstoff wird als Excret vom tierischen Organismus ausgeschieden; er kann nicht von neuem zur Eiweißsynthese Verwendung finden. Die Pflanzen aber scheiden das Asparagin nicht aus; doch soll seine Wiederverwendung im N-Stoffwechsel nur unter dem Einfluß des Lichtes vonstatten gehen.

Beide Hypothesen sind für den Verlauf der Forschung von wesentlichem Einfluß gewesen. Sie haben einen heftigen Streit der Meinungen entfesselt, der — wie wir heute müheloser erkennen — oft an dem Kernpunkt des Problems vorübergegangen ist. Zunächst wandte sich PFEFFER (1872) gegen HARTIGS Annahme einer allgemeinen Verbreitung des Asparagins. Er erkannte diesem Stoff nur eine sehr begrenzte Bedeutung zu und fand ihn nicht in Zweigen und Knospen. Seine eingehenden mikrochemischen Studien über den Asparagingehalt verschiedener Pflanzenteile ließen ihn zu dem Schluß kommen, daß Asparagin das specifische Translokationsmittel für die Reserveproteine des Samens sei. „Von den Cotyledonen aus bewegt sich das Asparagin im parenchymatischen Gewebe zu den wachsenden Organen der keimenden Pflanze, in der es so lange nachzuweisen ist, bis die Reserveproteide aus den Samenlappen entleert sind. Dann verschwindet das Asparagin, welches nur bei der Translokation der als Reservematerial aufgespeicherten Eiweißkörper eine vermittelnde Rolle spielt, und ist weiterhin nirgends in der Pflanze zu finden, auch nicht in den intensiv wachsenden oder sich neu bildenden Organen." In einer weiteren Arbeit (1873) hat PFEFFER wesentliche Argumente gegen BOUSSINGAULTS Annahme vorgebracht, daß das Licht einen entscheidenden Einfluß auf die Wiederverwendung des Asparagins haben soll. PFEFFER zog Lupinenkeimlinge in CO_2-freier Luft im Licht und beobachtete eine ähnliche Anreicherung von Asparagin wie in Dunkelkulturen, während in normalen Lichtkulturen das Amid allmählich wieder verschwindet (siehe auch BALICKA-IWANOWSKA 1903). Durch gleichzeitige mikrochemische Untersuchung auf Glukose kommt PFEFFER zu dem Schluß, daß der Gehalt an N-freien Reservestoffen maßgebend ist für die in etiolierten Pflanzen auftretenden Amidmengen. Auch findet er bei Keimlingen von *Tropaeolum* sowohl in Licht- als auch in Dunkelkulturen bei späteren Entwicklungsstadien alles Asparagin wieder verschwinden. Dieses Verhalten konnte ich übrigens durch quantitative chemische Untersuchung von *Tropaeolum*-Keimlingen nicht bestätigen[1]).

BORODIN (1878) wandte sich gegen PFEFFER und trat für ein allgemeines Vorkommen des Asparagins ein. Seine Versuche an austreibenden Knospen abgeschnittener Zweige ließen den Schluß zu, daß das Asparagin nicht aus dem Stamm einwandere, sondern daß es an Ort und Stelle entstehe. Die zu einer Eiweißsynthese aus Asparagin nötigen N-freien Stoffe sollten aus dem Stamm in die Knospen einwandern. Er dachte dabei vor allem an die Glukose. Der Stärke sprach er die Fähigkeit zur Mitwirkung ab.

E. SCHULZE-Zürich, aus dessen Laboratorium im Laufe von drei Jahrzehnten eine Fülle wertvoller experimenteller Untersuchungen zur Beurteilung des Eiweißstoffwechsels herausgegangen sind, brachte zwei wesentliche Einwände gegen die PFEFFERsche Hypothese: Zunächst (1880) wies er auf das häufige Nebeneinander von Asparagin und reduzierenden Zuckern hin. Vor allem unterirdische Speicherorgane zeigen dieses nach E. SCHULZE mit der PFEFFERschen Ansicht unvereinbare Vorkommen. Diese Frage wurde in verschiedenen Arbeiten berührt. K. O. MÜLLER (1887) versuchte, den „status nascendi" der Kohlehydrate für die Regeneration der Eiweiße aus Asparagin als unbedingte Notwendigkeit zu erklären, doch hatte bereits PFEFFER (1873) wesentliche Argumente gegen diese Annahme vorgebracht. Später gelang es dann KINOSHITA (1895) und Anderen Asparagin mit Hilfe von Kohle-

---

[1]) Anmerkung: Keimlinge von *Tropaeolum min.* wurden im Dunkeln in Sand gezogen und in verschiedenen Stadien der Entwicklung analysiert.

Stickstoff in	vT. Frisch-Gew.	vH. Total-N				
Länge des Keimlings	Total-N	NH_3	2. Amid	Rest	Löslich	Eiweiß
6 cm	7,2	1,4	17,2	27,2	45,8	54,2
12 cm	6,6	5,5	26,2	28,3	60,0	40,0
15—20 cm	5,8	7,7	34,0	30,7	72,4	27,6

Der Amid-N zeigt eine dauernde Zunahme, der Eiweiß-N eine dauernde Abnahme.

hydraten auch im Dunkeln zum Verschwinden zu bringen. Ohne daß eine restlose Klärung der von E. Schulze aufgeworfenen Frage erreicht worden ist, haben sich im Laufe der Jahre wohl alle beteiligten Forscher für eine wesentliche Mitwirkung der Kohlehydrate bei der Eiweißregeneration ausgesprochen. Pfeffer selbst versuchte die Einwände Schulzes dadurch zu entkräften (1881, I, 300), daß er auf die specifischen Funktionen einzelner Zellen hinwies. Selbst in einer Zelle sollte eine räumliche Trennung chemischer Prozesse soweit erreichbar sein, daß eine Vereinigung von Asparagin und Kohlehydraten nur ablaufe, wenn sie zweckmäßig sei.

Ein zweiter, wesentlicherer Einwand Schulzes (1880) beschäftigte sich mit dem Mengenverhältnis des bei der Keimung auftretenden Asparagins im Vergleich zu dem bei künstlicher Eiweißhydrolyse erhaltenen. Wenn Asparagin ein Spaltungsprodukt des Eiweißes sein sollte, müßten jene Mengen übereinstimmen. Dies fand Schhulze jedoch in keiner Weise bestätigt. In den Keimlingen war prozentual viel mehr Amid vorhanden. Er dachte wohl damals schon stark an die Möglichkeit einer sekundären Entstehung des Asparagins, versuchte aber zunächst seine Anreicherung dadurch zu erklären, daß er in einem immerwährenden Auf- und Abbau des Eiweißes analog dem Verhalten der Stärke beim Transport den Amiden eine geringere Fähigkeit zur Eiweißregeneration zusprach als den übrigen Spaltungsprodukten, von denen er ja selbst einige aus Preßsäften zu isolieren vermochte. Doch hat er später diese auch von anderen Forschern angenommene Hypothese aufgegeben und sich zugunsten einer neuen entschieden, die das Asparagin als einen für die Eiweißbildung besonders geeigneten Stoff hinstellte.

Pfeffer hat sich gegen Schulzes Forderung immer ablehnend verhalten und damit Schulze oft zum Schwanken gebracht. Die von namhaften Forschern vertretene Ansicht (Loew, O. 1899, Pfeffer 1897), daß im Eiweißmolekül die Spaltungsprodukte nicht vorgebildet seien, sondern daß der Eiweißabbau ganz aus Zweckmäßigkeitsgründen bald so und bald so verlaufen könne, schloß wohl eine sehr einfache Erklärung des Auftretens des Asparagins ein, hat aber kaum zu einer Förderung des Problems beigetragen. Unter dem Einflusse Pfeffers wurde manche wertvolle ältere Arbeit (Boussingault) vergessen. Er selbst hielt an seiner Anschauung fest, auch wenn er sie später etwas modifizierte zugunsten einer Ausnutzung der Asparaginbildung für den Betriebsstoffwechsel. Pfeffers labile Hypothese der Eiweißzerspaltung schließt eine Fülle von Erklärungsmöglichkeiten der Bedeutung und des Chemismus der Asparaginbildung ein.

Es ist noch zu erwähnen, daß Schulze (1880) durch einwandfreie Versuche feststellen konnte, daß das bei der Keimung gebildete Asparagin aus Eiweiß und nicht aus eingewanderten anorganischen N-Quellen hervorgeht.

Mit dem Ende des 19. Jahrhunderts trat eine andere von Schulze (1888) schon oft als Arbeitshypothese aufgestellte Möglichkeit der Amidbildung in den Vordergrund. Bereits A. Beyer (1867) schrieb: „Das gleichzeitige Auftreten von Äpfelsäure läßt wohl nicht mit Unrecht darauf schließen, daß möglicherweise aus den Eiweißkörpern Ammoniak austritt und sich mit der ersteren zu Asparagin verbindet". Unter dem Einfluß der Arbeiten von E. Schulze (1898), Prjanischnikow (1899), Loew (1899) und deren Schülern hat sich diese Hypothese gefestigt und ist von vielen Forschern anerkannt worden. Nach ihr ist streng zu unterscheiden eine hydrolytische Spaltung des Eiweißes unter dem Einfluß von proteolytischen Fermenten von einer weiteren oxydativen Veränderung der Spaltungsprodukte. Jener primäre Prozeß geht vor allem in den Cotyledonen vor sich, er liefert Aminosäuren, organische Basen, auch geringe Mengen von Amiden, soweit sie im zersetzten Eiweiß präformiert waren. Dieser Prozeß gleicht prinzipiell der Eiweißspaltung im tierischen Magen oder Darm und der Säureproteolyse in vitro. Teile dieser Spaltungsprodukte, wie es scheint besonders Basen, Alanin und Tyrosin (Schulze 1906, Godlewski 1904, 1911, Czapek 2/270) erleiden eine oxydative Aufspaltung unter Bildung von Ammoniak. Dieser Ammoniak wird nun analog der Harnstoffbildung im tierischen Organismus in Asparagin unter Verwendung von Kohlehydraten bzw. verwandter Verbindungen kleineren Moleküls verwandelt. Diese vor allem von Prjanischnikow (1899, 1—4, 1904, 1910, 1913, 1922, 1 u. 2, 1924 1 u. 2) ausgebaute Theorie hat viele Bestätigungen gefunden. Schon der Gehaltunterschied der Amide und Aminosäuren in Cotyledonen und den übrigen Keimlingsteilen ließ solche sekundäre Vorgänge vermuten. Auch die oft beobachtete Bildung von Asparagin auf Kosten von aufgenommenen Ammoniumsalzen ließ die Vermutung aufkommen, daß es auch normalerweise aus NH_3 entstehen könnte (Suzuki 1896/97, Takabayashi 1897/98).

Diese Bildung von Asparagin auf Kosten dargereichter NH_4-Salze studierten vor allem Prjanischnikow und seine Schüler (Smirnow 1920, 1923). Sie haben festgestellt, daß Keimlinge aus kohlehydratreichen Samen in der Lage sind, aus Ammoniak Asparagin im Dunkeln zu bilden, kohlehydratarme aber speichern das Ammoniak und sterben an NH_3-Vergiftung. Eine künstliche Glucoseernährung befähigt aber auch diesen Pflanzentypus, Ammoniak zu „entgiften". Prjanischnikow kommt auf Grund seiner Versuche zu dem Schluß, daß diese sekundär im Stoffwechsel gebildeten Amide die Aufgabe haben, entstehenden oder von außen eintretenden Ammoniak zu entgiften (vgl. auch Suzuki 1896/97 u. Takabayashi). Diese Entgiftung soll vor allem dann vor sich gehen und notwendig sein, wenn nicht genügend Kohlehydrate vorhanden sind, um eine Verwendung des NH_3 zur Eiweiß-

synthese zu ermöglichen. Die Amide sind deshalb zugleich Vorrats-
stoffe für den N-Stoffwechsel. Hierzu hat IWANOFF (1923, 1924) eine
Reihe instruktiver Beispiele bei Pilzen beigetragen, wo dieselbe Funktion der Harnstoff auszufüllen scheint.

Die Hypothese der sekundären Entstehung der Amide aus Ammoniak wurde durch eine Reihe anderer Arbeiten sehr gestützt. Hier
sei nur erwähnt, daß PALLADIN (1888, 1 u. 2), BORODIN (1885), SUZUKI
(1900—1902, IV), GODLEWSKI (1904, 1911) nachweisen konnten, daß
in sauerstofffreier Atmosphäre der Eiweißabbau in keimenden Samen
anders vor sich geht als in Luft. Das normalerweise auftretende Asparagin sowie Ammoniak sind nicht zu beobachten. Dagegen können
wesentliche Mengen von Tyrosin, Leucin nachgewiesen werden. Diese
Versuche haben also die Mitwirkung oxydativer Prozesse bei der Asparaginbildung sicher festgestellt.

BUTKEWITSCH, dem bereits der Nachweis proteolytischer Enzyme
in keimenden Samen geglückt war (1900, 1901), konnte 1909 nachweisen, daß in anästhesierten Keimlingen ebenfalls kein Asparagin gebildet wird. Dafür erhielt er bedeutende Mengen von Ammoniak (14,4 vH.
vom Total-N). Diese Arbeiten fußten auf der Anschauung von CL.
BERNARD (1878), der in seinen „Leçons sur les phénomènes de la vie"
die Ansicht geäußert hatte, daß in der Narkose alle synthetischen Prozesse, besonders das Wachstum, sistiert sind, während der Stoffabbau
weitergeht. So sprechen auch BUTKEWITSCHs Untersuchungen für eine
sekundäre, synthetische Bildung der Amide.

Der Chemismus dieser Vorgänge ist noch ungeklärt. Der Verlauf
der Desaminierung der Aminosäuren ist an tierischen Objekten studiert
worden (Literatur siehe bei SMIRNOW 1923, KOMM 1925); der Bildung
des Kohlenstoffskelettes der Amide ist noch keine eingehende Arbeit
gewidmet worden (SMIRNOW 1920/23).

Wenn auch das Beweismaterial für die SCHULZE-PRJANISCHNIKOW-
sche Ansicht so groß ist, daß man sich ihm nicht verschließen kann, so
befinden sich doch in den hier erwähnten Arbeiten eine Anzahl Unstimmigkeiten, die einer Klärung bedürfen. Die Bedeutung des Asparagins für den Stofftransport, das oft eigenartige Vorkommen von
Amiden neben reduzierenden Zuckern ließen es notwendig erscheinen,
dem Problem eine weitere Arbeit zu widmen. Entscheidend war dabei,
daß fast alle Studien zur Asparaginfrage an Keimlingen angestellt wor-
sind. *Es erschien notwendig, zu prüfen, ob die oben beschriebenen Hypothesen auch im Stoffwechsel ausgewachsener Pflanzenteile ihre Gültigkeit
behalten.* Auch lag die Vermutung nahe, durch eine eingehende Untersuchung des Stoffwechsels ausgewachsener Blätter Beiträge zu den
Problemen der Stoffwanderung und des Eiweißstoffwechsels im allgemeinen bringen zu können. Ich habe deshalb mit solchen Objekten in

32*

den Jahren 1924 und 1925 eine Reihe von Untersuchungen vorgenommen, über die im folgenden berichtet werden soll unter Hinweis auf eine vorläufige Veröffentlichung in dieser Zeitschrift, I (1925), S. 317[1]).

B. Methodischer Teil.

Die Vervollkommnung der quantitativen mikrochemischen Methoden und ihre erfolgreiche Anwendung in der physiologischen Chemie gaben den Anlaß, sich ihrer auch in den vorliegenden Untersuchungen zu bedienen. Es bestanden Hoffnungen, durch solche Methoden bisher unzugängliche Gebiete experimentell zu bearbeiten und damit zur Lösung des Problems durch neue Wege der Forschung beizutragen. Die geringen Mengen des zur Untersuchung erforderlichen Materials, die Schnelligkeit des Arbeitens, die diese Methoden gestatten, die Sauberkeit, die die Apparatur gewährleistet, sind wesentliche Vorteile.

Es wurden im allgemeinen nur folgende Stickstofffraktionen experimentell oder durch Rechnung quantitativ ermittelt:

1. Gesamt-N,
2. Eiweiß-N,
3. gesamtlöslicher N,
4. N des säureamidartig gebundenen Ammoniaks = Amid-N,
5. N des präformierten Ammoniaks;
6. Rest-N, als Differenz des Ammoniak-N und Amid-N vom gesamtlöslichen N errechnet; er umfaßt den N der Aminosäuren, organischen Basen usw.

Zur Bestimmung der Fraktionen 1—3 bediente ich mich der von IVAR BANG (1922) und F. PREGL (1923) eingehend beschriebenen Mikro-KJELDAHL-Methode. Die N-haltige Substanz, deren Präparation noch beschrieben wird, wurde in gewöhnlichen langhalsigen KJELDAHL-Kolben durch ammoniakfreie Schwefelsäure unter Zusatz einiger Tropfen durch Umkristallisation gereinigter Kupfersulfatlösung als Catalysator zersetzt und solange über kleiner Flamme erhitzt, bis der Kolbeninhalt klar und farblos geworden war. Diese Operation nahm je nach der zu verbrennenden Menge 2—10 Stunden in Anspruch. Wenn größere Quantitäten von Nitraten in der Substanz nicht vorhanden sind, finden

---

[1]) Es muß noch bemerkt werden, daß nach Beendigung eines großen Teiles dieser Arbeiten mir eine Reihe von Aufsätzen CHIBNALLS in die Hände fielen, die zu einem Teil nahezu schon vor einem Jahr erschienen waren und denen eine ähnliche Fragestellung zugrunde liegt. Trotz der fruchtbaren Arbeit der Notgemeinschaft der Deutschen Wissenschaft ist heute immer noch der Bezug ausländischer Zeitschriften mit schweren Hindernissen verbunden. Ich werde deshalb, auch mit Rücksicht auf den größeren Rahmen meiner Fragestellung auf diese Arbeiten erst im experimentellen Teil und in der Schlußbetrachtung zurückkommen.

wir den gesamten N nunmehr in der Form des schwefelsauren Ammoniums wieder, dessen Bestimmung durch Überdestillierung des Ammoniaks nach Alkalisierung der Flüssigkeit und Auffangen des Destillates in Schwefelsäure erfolgt. Zu diesem Zwecke wurde stets nur ein Teil des Kjeldahl-Rückstandes nach vorheriger Verdünnung mit Wasser benutzt und mindestens eine Parallelbestimmung ausgeführt. Zur Verwendung kam der bei Pregl abgebildete Apparat. Das Kühlrohr war aus Silber gefertigt und hat sich vor allem wegen der leichten Kühlung gut bewährt. Zum Auffangen des überdestillierten Ammoniaks in Schwefelsäure dienten Kölbchen aus Jenaer Glas, die gut ausgedämpft waren.

Im Anfang der Untersuchungen wurde die jodometrische Bestimmung der Schwefelsäure nach Ivar Bang benützt. Später habe ich jedoch die acidimetrische Methode Pregls unter Benutzung von Methylrot (p-dimethylaminoazobenzolorthocarbonsäure) vorgezogen. Diese Methode gestattet unter den zu beschreibenden Bedingungen ein ebenso genaues Arbeiten wie die jodometrische und bietet eine Menge Vorteile. Der Umschlag von rot zu kanariengelb ist nach einiger Übung hinreichend scharf zu erkennen. Die nach erreichtem Farbumschlag eintretenden Veränderungen der Färbung sind bei jodometrischem Arbeiten mit Stärkekleister als Indicator stärker als bei acidimetrischem. Auch stört bei diesem etwa vorhandene Kohlensäure nicht in dem Maße, doch wurde bei allen Destillationen zur Alkalisierung der Ammoniumsulfatlösung carbonatfreie, konzentrierte Natronlauge verwendet und damit diese Fehlerquelle völlig ausgeschieden. Einen sehr scharfen Umschlag wird man bei beiden Methoden erhalten, wenn das Kölbchen mit der zu titrierenden Schwefelsäure eisgekühlt wird. Überhaupt sind starke Temperaturunterschiede und ebenso starke Verschiedenheiten des Verdünnungsgrades der Säure bei Parallelbestimmungen zu vermeiden. Gleiche Destillationszeiten und gleichmäßige Kühlung ist deshalb erforderlich. Doch sind auch diese Fehlerquellen bei der jodometrischen Methode größer als bei der acidimetrischen, die endlich noch den bedeutenden Vorteil bietet, daß bei Übertitrierung ein Rücktitrieren möglich ist.

Die später beschriebenen Untersuchungen sind alle mit der acidimetrischen Methode durchgeführt. Als Titrierflüssigkeiten dienten im allgemeinen $\frac{n}{50}$ Schwefelsäure und Natronlauge, denen der Indicator bereits zugesetzt war, was einen Vergleich der Umschlagfarbe mit der der typisch basischen oder sauren Flüssigkeit vorteilhaft ermöglichte und eine immer gleiche Menge Indicatorensubstanz zur Verwendung gelangen ließ. Nur in seltenen Fällen gelangte eine $\frac{n}{100}$ Lösung zur Verwendung.

Da 1 ccm der durch Ammoniak neutralisierten $\frac{n}{50}$ Schwefelsäure 0,28 mg Stickstoff entspricht, die Büretten aber ein Ablesen von 0,02 ccm mit genügender Genauigkeit ermöglichen, ist die Bestimmung von 0,0056 mg N noch möglich. Es liegt an der Präparation der zu untersuchenden Fraktionen, daß eine größere Genauigkeit nicht erforderlich ist, da die Grenzen der Versuchsfehler, die noch beschrieben werden, eine exakte Bestimmung von Mengen unter 0,01 mg N nicht gewährleisten. Die Fehlergrenze der KJELDAHL-Bestimmungen wurde immer unterhalb 1 vH. gefunden.

Es ist noch zu bemerken, daß ein konstanter Faktor bei der Errechnung der Ergebnisse in Abzug zu bringen ist. Trotz bester Chemikalien hat sich gezeigt, daß Spuren von Ammoniak immer in ihnen enthalten sind. Allerdings haben sie oft keine praktische Bedeutung. Nur bei der Bestimmung des präformierten Ammoniaks und des Amid-N müssen sie in vielen Fällen berücksichtigt werden. Diese Fraktionen wurden unter Benutzung der von SCHULZE und WINTERSTEIN in ABDERHALDENs biochem. Arbeitsmethoden (Band II) beschriebenen Vakuumdestillation erhalten. Das Ammoniak wurde im langsamen Luftstrom nach Zusatz von Barytlauge unter guter Kühlung überdestilliert und in eisgekühlter $\frac{n}{50}$ bis $\frac{n}{100}$ Schwefelsäure aufgefangen. Da die pflanzlichen Extrakte oft stark schäumten, was zum Teil auf die Präparierung zurückzuführen ist, hat sich ein Einschmelzen einer Sicherheitskugel in das Aufsteigrohr des Destillationskolbens gut bewährt, ebenso der Zusatz von einigen Tropfen reinen Paraffinöls, das jedes gefährliche Schäumen verhindert. Die Destillation wurde bei 40—50 °C ausgeführt, die Destillationszeit betrug etwa 10—20 Minuten. Genügend genaue Resultate erhält man immer bei vorsichtigem Arbeiten. Vor allem ist darauf zu achten, daß der Luftstrom erst dann durch die Capillare eingeleitet wird, wenn das Sieden beginnt und das Kühlrohr aus Silber genügend tief in die vorgelegte Schwefelsäure eintaucht. Im übrigen kann auf die obenbeschriebene Art des acidimetrischen Arbeitens verwiesen werden.

Die Bestimmung des Amid-N geschah nach der SACHSSEschen Methode, die ebenfalls SCHULZE und WINTERSTEIN in ABDERHALDENs biochem. Arbeitsmethode beschrieben haben (Bd. II, S. 513). Zur Abspaltung des amidartig gebundenen Ammoniaks wurden 100 ccm der zu untersuchenden Flüssigkeit mit 3 ccm konzentrierter Schwefelsäure versetzt und 2 Stunden am Rückflußkühler im Sieden erhalten. Nach annäherndem Neutralisieren der Schwefelsäure wurde die Bestimmung des hydrolytisch abgespaltenen Ammoniaks unter Zusatz von Barytlauge, wie oben beschrieben, in der Vakuumdestillation vorgenommen. Auch bei diesen Bestimmungen wurden immer Parallelversuche unternommen, die eine Fehlergrenze von höchstens 4 vH. ergaben. Im allgemeinen lag sie darunter.

Für die Berechnung des Amid-N ist noch zu sagen, daß in den später angeführten Tabellen im allgemeinen vom doppelten Amid-N die Rede ist. Die in der Pflanze bisher beobachteten Amide Asparagin und Glutamin weisen außer der carboxylgebundenen NH_2-Gruppe noch eine Aminogruppe auf, die bei der Hydrolyse nicht abgespalten wird:

$$COOH \cdot CHNH_2 \cdot CH_2 \cdot CONH_2 + H_2O = COOH \cdot CHNH_2 \cdot CH_2 \cdot COOH + NH_3.$$

Es kann aber nach allen bisherigen Untersuchungen und den eigenen Arbeiten kein Zweifel bestehen, daß auch dieser zweiten HN_2-Gruppe eine ähnliche physiologische Bedeutung zukommt. Wie in der Einleitung ausgeführt, geht das Kohlenstoffskelett des Asparagins sicher nicht aus N-haltigen Substanzen, etwa Eiweiß, hervor, sondern mit größter Wahrscheinlichkeit aus N-freien, aus Spaltprodukten der Kohlehydrate wie Äpfelsäure usw. Bei der Entstehung des Asparagins wird also auch diese zweite HN_2-Gruppe angelagert. Es entspricht demnach unseren chemischen Darstellungen, wenn in den Tabellen ein doppelter Amid-N aufgeführt wird. — Weiter ist zu beachten, daß der Amid-N nur dann direkt in richtiger Menge erhalten wird, wenn die Hydrolyse mit Material erfolgt, das vom präformierten Ammoniak bereits befreit ist. Dann wurde aus dieser barythaltigen Flüssigkeit zunächst durch Neutralisierung mit Schwefelsäure das Baryt entfernt. Wird aber als Ausgangsmaterial eine noch ammoniakhaltige Substanz benutzt, dann mußte der in einer Sonderbestimmung ermittelte Wert des präformierten Ammoniak in Abzug gebracht werden.

Es wäre nun noch die Präparation der die verschiedenen N-Verbindungen enthaltenden Fraktionen zu beschreiben. Der Trennung des Eiweiß-N und des löslichen N standen zunächst große Schwierigkeiten im Wege. Es war zunächst nötig, daß mit frischem Material gearbeitet wurde, da beim Trocknen nach Smirnow (1924) und anderen Autoren große Verluste an präformiertem Ammoniak zu befürchten sind und auch andere Umsetzungen (Chibnall 1922/III) unkontrollierbar vor sich gehen. Deshalb wurden die Pflanzenteile, von denen meist 3—8 g verwendet wurden, im Mörser unter Zusatz eines Eiweißfällungsmittels zerkleinert und eventuell unter Zusatz von gereinigtem Quarzsand fein zerrieben, so daß fast alle Zellen geöffnet wurden. Mit Eiweißfällungsmitteln wurden verschiedene Erfahrungen gesammelt. Zunächst wurde Uranylacetat in 10 proz. Lösung heiß angewendet, jedoch mußte die Mischung einen Tag stehen, um ein gutes Filtrieren zu ermöglichen.

Dies war sehr hinderlich. Außerdem ist diese Methode sehr kostspielig. Sie wurde fallen gelassen.

Gut bewährte sich eine 0,3 proz. Uransalzlösung, die nach Ivar Bang (1922) mit gesättigter KCl-Lösung zubereitet war. Die Filtration ging sehr gut. Doch hatte diese Fällung den Nachteil, daß die große Salzmenge, die im Filtrat vorhanden war, bei der Kjeldahl-Verbrennung sehr störte. Ihre Entfernung aber hätte zu leicht Verluste herbeigeführt. Überhaupt mußte die Methode jedes öftere Filtrieren oder Fällen vermeiden, da die zu untersuchenden Substanzen sehr leicht adsorbiert werden.

0,5 proz. Phosphormolybdänsäurelösung unter Zusatz von 1,5 proz. H_2SO_4 nach Bang (1922) bewährte sich als Fällungsmittel ebenfalls gut. Die Werte stimmten gut mit den mit Uranylacetat gefundenen überein. Doch zeigte auch dieses Fällungsmittel große Nachteile. Zunächst verändert bei heißer Anwendung die hohe Säurekonzentration sehr leicht die Eiweißkörper oder die Amide. Zum anderen ist es sehr nachteilig, daß das Filtrat, das die löslichen N-Verbindungen enthält, sehr schnell eine dunkle, blaugrüne Färbung annimmt, die eine leichte Beobachtung von Niederschlägen oder Trübungen ausschließt. Endlich zeigt sich, daß bei einigen Pflanzenarten kein klares Filtrat zu erhalten war, wenn auch bewiesen werden konnte, daß die Trübung nicht von einer N-haltigen Substanz hervorgerufen worden war.

Trichloressigsäure bewährte sich als Fällungsmittel wenig; es gab sehr verschiedene Werte. Alkoholzusatz verbesserte die Eigenschaften. Doch wurde nach mannigfachen Versuchen von diesem Stoff abgesehen.

Nach vielem Experimentieren wurde mit 4 proz. Tanninlösung, der noch 0,1 vH. H_2SO_4 zugesetzt war, gearbeitet und in ihr ein ausgezeichnetes Eiweißfällungsmittel für unsere Zwecke gefunden. Mit ihr wurden fast alle später beschriebenen Untersuchungen ausgeführt. Die Anwendung geschah folgendermaßen: Die Pflanzenteile wurden unter Zusatz von 4 proz. Tanninlösung zerrieben und eine gewisse Zeit ($^1/_4$ bis $^1/_2$ Stunde) stehen gelassen. Dann wurde durch ein N-freies quantitatives Filter filtriert. Die Zellmassen, die auch alles Eiweiß enthielten, wurden 8—10mal ausgewaschen, dann gelinde ausgepreßt. Es zeigte sich, daß eine heiße Anwendung von Tannin, aber kalte Filtration bessere Resultate ergab als eine kalte Anwendung. Am vollständigsten war die Extraktion, wenn beim Zerstampfen der Blattmassen vor Zusatz der Tanninlösung einige Tropfen Toluol beigefügt wurden. — Der Filterrückstand wurde nun einer Kjeldahl-Bestimmung unterworfen, desgleichen ein Teil des Filtrates. Ich erhielt so die Werte für den Eiweiß-N und den löslichen N, deren Summe den Total-N ergibt, der in einigen Fällen durch Kjeldahl-Bestimmung der frischen Blattmasse zur Kontrolle auch analytisch ermittelt wurde. Der Rest des Filtrats wurde teils zur

Bestimmung des präformierten Ammoniaks, teils zur Ermittelung des durch Säurehydrolyse abspaltbaren Amid-N verwendet. Durch einfache Rechnung ergab sich dann der Wert für den Rest-N.

Bestimmungen der organischen Basen durch Fällung mit Phosphorwolframsäure führte wegen der geringen vorhandenen Mengen zu keinem brauchbaren Erfolg. Obgleich eine Untersuchung der möglichen Quellen des Asparagin-N sehr vorteilhaft erscheint, mußte deshalb von einer Berücksichtigung der Basen und der Aminosäuren Abstand genommen werden. Dies konnte um so leichter getan werden, als die bisher vorliegenden Arbeiten den Basen keine besondere Rolle im Stoffwechsel zusprechen. So fand CHIBNALL (1922, II) einen regelmäßigen, durchschnittlichen Gehalt von 2 vH. Basen-N bezogen auf Gesamt-N. Im Vergleich zum löslichen N war es immer weniger als man auf Grund einer hydrolytischen Eiweißspaltung erwarten sollte, wohl ein weiterer Beweis dafür, daß ein Teil der Basen schnell einer weiteren Spaltung anheimfällt.

Einen Einblick in die Fehlergrenzen der Methode und die Wirkungsweise verschiedener Fällungsmittel geben folgende analytische Belege:

1. (Siehe Tabelle 1) A. Zweifiedrige, ausgewachsene Blätter von nichtausgewachsenen *Vicia faba*-Pflanzen werden so analysiert, daß ein Vergleich der Fiedern ermöglicht wird. Frischgewicht pro Portion etwa 6 g; Fällungsmittel Uranylchlorid heiß.

B. wie A, aber nicht ausgewachsene Blätter.

C. 12 ausgewachsene Primärblätter von *Phaseolus multiflorus* werden längs der Mittelrippe geteilt. Die Blatthälften werden zu Parallelbestimmungen verwendet. Fällungsmittel Toluol, Tannin heiß.

Tabelle 1.

Stickstoff	in vT.des Frisch-Gewichts	vH. des Total-N				
	Total-N	NH$_3$	2. Amid	Rest	löslich	Eiweiß
A. *Vicia faba equ.*	7,34	0,23	1,77	8,90	10,90	89,10
	7,22	0,24	1,76	8,73	10,73	89,27
B. *Vicia faba equ.*		0,57	2,70	13,17	16,44	83,56
		0,58	2,66	13,02	16,26	83,74
C. *Phaseol. multifl.*	3,52	0,90	4,26	8,54	13,70	86,30
	3,58	0,95	4,24	8,56	13,75	86,25

2. (Siehe Tabelle 2.) In ausgewachsenen Blättern von *Vicia faba* wurden der Eiweiß-N und der lösliche N mit verschiedenen Fällungsmitteln bestimmt. Versuchsmaterial sehr einheitlich.

Wieweit diese Differenzen vom Material selbst abhängen (s. Gesamt-N), konnte nicht geklärt werden.

Tabelle 2.

Fällungsmittel	Filtration	Total-N in vT. Frisch-Gew.	Eiw.-N in vH. Total-N.	Lösl.-N in vH. Total-N
I. Phosphormolybdänsäure kalt	sofort	6,84	81,86	18,14
II. „ „	nach 13 Stund.	6,99	81,70	18,30
III. „ + 15 vH.				
Alkohol kalt	sofort	7,11	82,14	17,86
IV. Phosphormolybdänsre. heiß	„	7,11	80,82	19,18
V. „ „	5 Min. gekocht	7,05	78,81	21,19
VI. Tannin „	sofort	7,04	79,55	20,45

3. Blätter wie unter 1 C. 12 Blatthälften mit Tannin kalt gefällt, die anderen 12 Blatthälften mit Tannin heiß nach Toluolvorbehandlung. Die Menge der verwendeten Tanninlösung betrug 80 ccm. Die Bestimmung des Gesamt-N des Filtrates betrug 5,23 bzw. 5,68 mg N. Der Filterrückstand wurde weiter ausgewaschen mit nochmals 80 ccm Tanninlösung. Die Filtrate enthielten 0,42 bzw. 0,19 mg N.

4. Blätter wie unter 1 C; je 12 Blatthälften wurden unter Toluolzusatz zerrieben, mit Tannin heiß gefällt, kalt filtriert und ausgewaschen. Filtrat 80 ccm. Stickstoffmengen des Filtrates: 6,25 mg bzw. 6,31 mg. Weiteres Auswaschen mit 100 ccm Tanninlösung ergab im Filtrat 0,38 bzw. 0,29 mg N. Nochmaliges Auswaschen mit 50 ccm Tanninlösung ergab im Filtrat 0,10 bzw. 0,07 mg N.

Die Fehlergrenzen der Methode gestatten also bei sorgfältiger Beachtung der Verschiedenheiten des Materials ein genügend exaktes Arbeiten. Es könnte noch der Einwand gemacht werden, daß der Stickstoffgehalt des Chlorophylls die Resultate wesentlich beeinflussen könnte. Dem gegenüber ist festzustellen, daß auf Grund der Untersuchungen über das Chlorophyll (1913) von Willstätter und Stoll der Gehalt an Chlorophyll in Tausendstel des Blatttrockengewichts zwischen 5,6 und 12,8 schwankt. Diese Zahlen auf unser Material umgerechnet, ergibt aber einen Stickstoffgehalt (ausgedrückt in Tausendstel des Frischgewichtes) von 0,035—0,08 (—0,16). Wie der Augenschein lehrt, bleibt das Chlorophyll bei der Filtration mit dem Eiweiß im Filterrückstand. Selbst wenn man die größtmöglichen N-Werte des Chlorophylls berücksichtigt, werden diese keinen wesentlichen Einfluß auf das Endresultat haben. Eine andere Möglichkeit, Störungen der Rechnung durch das Chlorophyll zu erhalten, liegt dort, wo beim Vergilben der Blätter eventuell Spaltungsprodukte des Chlorophylls als löslicher N auftauchen. Da aber in diesen Fällen, wie die Versuche zeigen, der lösliche N selbst stark zunimmt, kann die geringe mögliche Zunahme durch den Chlorophyll-N keine Ungenauigkeit der Endresultate verursachen.

Das Versuchsmaterial bestand im allgemeinen aus ausgewachsenen Blättern. Wo eine Ausnahme nötig war, wurde dies in den unten fol-

genden Versuchsprotokollen vermerkt. Als Versuchspflanzen wurden
verwendet: *Phaseolus multiflorus, Lupinus luteus* und *albus, Vicia faba*
equ., *Amicia zygomeris, Cucurbita, Colocasia, Xanthosoma, Tropaeolum,
Linosyris vulgaris.* Da Blätter verschiedenen Alters und verschiedener
Farbe nicht allein im Gehalt an Gesamt-N, sondern auch in dem Verhältnis der einzelnen Stickstofffraktionen große Differenzen aufweisen,
wurden die Versuche so angelegt, daß Fehler durch solche individuelle
Unterschiede der Blätter und der übrigen untersuchten Pflanzenteile
vermieden wurden. Bei *Vicia faba* gelang dies leicht dadurch, daß zu
Kontroll- oder Parallelbestimmungen entsprechende Fiederblätter Verwendung fanden, die in bezug auf den Gehalt an N-Fraktionen sehr
einheitlich zusammengesetzt sind. Dasselbe gilt für die zwei Primärblätter der Bohne, wenn sie äußerlich keine Entwicklungsverschieden-
heiten zeigen. Auch *Lupinus* zeigt sehr einheitliche Analysen der Blätter.
Da bei Versuchen mit diesen Pflanzen meist 15—25 Blätter verwendet
wurden, mußten sich Schwankungen im N-Gehalt ausgleichen.

Bei den übrigen Pflanzen, auch bei vielen Versuchen mit *Phaseolus*
wurde mit Erfolg eine Blatthälftenmethode angewendet.

C. Experimenteller Teil.

I. Die Amide im normalen Stoffwechsel.

Als Grundlage der anzustellenden Experimente mit ausgewachsenen
Blättern muß eine genaue Kenntnis der Verschiedenheiten ihres Stoffwechsels im normalen Ablauf der Entwicklung unter dem Einfluß der
Wachstumsvorgänge, der Nacht, von Temperaturschwankungen usw.
dienen. Die bisher vorliegenden Untersuchungen haben sich nur wenig
mit dem Studium der normalen Verhältnisse beschäftigt, wenn wir von
den zahlreichen Arbeiten über die Keimung und die Entwicklung junger
Pflanzen und das Austreiben der Knospen absehen. Spezielle quantitative Beobachtungen über Stoffwechselveränderungen bei ausgewachsenen Blättern liegen kaum vor.

a) *Der Stoffwechsel im Laufe einer Entwicklungsperiode.*

HORNBERGER (1882) hat eingehende Untersuchungen über den Stickstoffwechsel der Maispflanze angestellt. Doch geben die Ergebnisse
mehr einen summarischen Überblick über die Veränderungen der stofflichen Zusammensetzung in einzelnen Pflanzenteilen und keine Möglichkeit, den Stoffwechsel einzelner Blätter aufzuhellen. HORNBERGER
stellt u. a. fest, daß im Laufe der Entwicklung der Total-N und Eiweiß-N
in der gesamten Blattmasse von 100 Pflanzen zunimmt, während der
Nichtprotein-N sich kaum verändert. Dagegen nimmt in den Achsenorganen der Eiweiß- und Nichteiweiß-N ungefähr im gleichen Verhältnis zu.

EMMERLING (1880) hat eingehende Analysen verschiedener Pflanzenteile von *Vicia faba maj.* angestellt. Er kommt zu dem Ergebnis, daß sich der Amidgehalt in ausgewachsenen Blättern fast während der ganzen Entwicklungszeit annähernd konstant erhält. Nur zur Zeit der Reife der Samen beobachtet er eine Abnahme. Jüngere Blätter sind bedeutend reicher an Amid, ebenso Blüten, Sprosse und Knospen. Den Stengel findet er ebenso wie die Wurzel arm an Amiden. Er kommt wegen der Verteilung der Amide zu dem Schluß, daß sie in allen in lebhaftem Wachsen und Vermehren ihrer Masse begriffenen Organen in größerer Menge vorhanden sind als in älteren, entwickelteren. Leider untersucht der Verfasser in dieser Arbeit nur wenige N-Fraktionen, so daß man keinen Überblick über die Vorgänge erhalten kann.

Die im Jahre 1887 und 1900 erschienenen Arbeiten des Verfassers bringen ähnlich wie die HORNBERGERsche Arbeit summarische Untersuchungen gewisser Pflanzenteile und geben deshalb keinen Aufschluß über die Veränderungen in einer begrenzten Zahl ausgewachsener Blätter. Deshalb soll hier nicht darauf eingegangen werden.

KOSUTANY (1897) stellt fest, daß im Laufe des Sommers die ausgewachsenen Blätter immer ärmer an Gesamt-N werden. Doch bezieht er seine Analysen auf Trockengewicht. Auf Frischgewicht bezogen, zeigen sie große Verschiedenheiten.

E. SCHULZE hat ebenfalls Untersuchungen über die stofflichen Veränderungen während der Entwicklung der Pflanzen angestellt. Doch sind auch hier nur die Verhältnisse in allen Blättern oder allen Achsenorganen usw. berücksichtigt. Wie weit es sich hier um Vergleiche der Zusammensetzung verschiedener Pflanzenteile handelt, soll später dargelegt werden. Bedeutsam erscheinen in diesem Zusammenhang zwei Arbeiten (1910 und 1911), die sich mit der Proteinbildung in reifenden Pflanzensamen beschäftigen. SCHULZE beobachtet bei Leguminosen in unreifen Hülsen eine starke Anreicherung von Asparagin, während die jungen Samen nur Spuren aufweisen. Er schließt auf eine Einwanderung des Asparagins, das in verschiedenen Organen der Pflanze mit ungleicher Geschwindigkeit zur Eiweißsynthese verbraucht werden soll und verweist auf die häufig festgestellte Tatsache, daß Blattstiele reicher an Asparagin sind als Blattspreiten.

B. SCHULZE und SCHÜTZ (1909) berichten, daß in Blättern von *Acer negundo* im Laufe des Sommers eine starke Verminderung des Total-N und Eiweiß-N, eine geringe Abnahme der Aminosäuren und unregelmäßige Schwankung des Amid-N zu beobachten sind.

OTTO und KOOPER (1910) stellen fest, daß der Stickstoffgehalt ausgewachsener Blätter bezogen auf das Trockengewicht in den frühesten Entwicklungsstadien am höchsten ist und von da ab bis zum Absterben der Blätter allmählich und kontinuierlich abnimmt.

A. C. Chibnall (1922, II) hat eingehende Untersuchungen über die Veränderung in ausgewachsenen Blättern von *Phaseolus multiflorus* im Laufe einer 143tägigen Entwicklung angestellt. Wie oben erwähnt, ist diese Arbeit erst nach Beendigung eines Teiles meiner eigenen Untersuchungen in meinen Besitz gelangt. Chibnall kommt zu dem Ergebnis, daß Total-N und Eiweiß-N, bezogen auf das Frischgewicht der Blätter, mit dem Wachstum variieren, daß ihre Menge abnimmt, wenn die Pflanze stark wächst oder Früchte bildet. Amid-N und NH_3-N bleiben unverändert und an Menge sehr gering, während die Schwankungen des Stickstoffs der Mono-Aminosäuren denen des Total-N parallel gehen. Werden die gefundenen Mengen auf das Trockengewicht bezogen, ergeben sich andere Verhältnisse, da dieses im Vergleich zum Frischgewicht dauernd zunimmt. Diese Untersuchungen sind mit großen Blattmengen angestellt. Besondere Beobachtungen über den Einfluß der Temperatur erfolgten nicht.

Ich habe nun im Laufe der Jahre 1924 und 1925 eine Reihe von Analysen ausgewachsener Blätter angestellt, deren Ergebnis von denen Chibnalls abweichen. Wie die folgenden Tabellen zeigen, findet in einem Blatte, das seine endgültige Größe erreicht hat, zunächst eine

Tabelle 3.

		N in vT. des Frischgewichtes					
	Datum	NH_3	2. Amid.	Rest	Lösl.	Eiweiß	Total
I. Pflanze 20 cm hoch	10. X. 24	0,02	0,43	0,42	0,87	4,47	5,34
	15. X. 24	0,02	0,40	0,58	1,00	4,72	5,72
	20. X. 24	0,04	0,41	0,93	1,38	4,36	5,74
	25. X. 24	0,02	0,37	0,76	1,15	4,36	5,51
» 40 cm hoch	30. X. 24	0,03	0,29	0,69	1,01	4,07	5,08
	4. XI. 24	0,02	0,31	0,48	0,81	3,93	4,74
Blätter beginnen zu vergilben	9. XI. 24	0,02	0,27	0,39	0,68	3,44	4,12
	14. XI. 24	0,02	0,30	0,44	0,76	2,07	2,83
II. Pflanze 10 cm hoch	10. X. 24	0,04	0,18	0,52	0,74	4,60	5,34
» 15 cm lang	15. X. 24	0,04	0,21	0,57	0,82	4,90	5,72
	20. X. 24	0,03	0,16	0,54	0,73	5,18	5,91
» 45 cm hoch	25. X. 24	0,05	0,14	0,39	0,58	4,76	5,34
Vergilben der Primärblätter	30. X. 24	0,02	0,18	0,48	0,68	4,39	5,07
	4. XI. 25	0,04	0,17	0,32	0,53	3,82	4,35

gewisse Zeitlang eine Vermehrung des Eiweiß-N statt, die übrigens nach Beobachtungen an *Lupinus luteus* und Fiederblättern von *Phaseolus* nicht immer von einer Steigerung der Total-N-Menge begleitet zu sein braucht. *Mit zunehmender Entwicklung der Pflanze wandern wieder beträchtliche Mengen von N aus, bis das Gelbwerden eine Störung im Leben der Zellen andeutet.* Die in zwei zusammenhängenden Reihen erfolgten Analysen sind an ausgewachsenen Blättern der unteren Stengelzonen vorgenommen worden mit *Vicia faba* (I.) und *Phaseolus multiflorus* (II.), dessen Primärblätter ein ausgezeichnetes Versuchsmaterial für solche Untersuchungen abgeben wegen der Schnelligkeit des Ablaufes der Stoffwechselvorgänge. In beiden Fällen handelt es sich um Gewächshauspflanzen. Bei *Vicia* wurde an einer großen Zahl von Pflanzen durch ein rotes Bändchen eine Zone markiert, unterhalb derer Blätter von jedesmal drei gleichgewachsenen Pflanzen geschnitten wurden. Bei *Phaseolus* wurden jedesmal fünf Primärblätter analysiert.

Die Nichteiweiße unserer Tabelle zeigen unregelmäßige Schwankungen, die, wie ich später zeigen werde, im wesentlichen auf Beleuch-

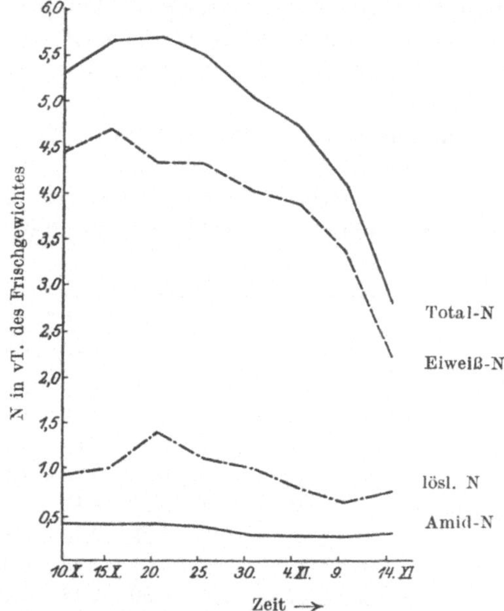

Abb. 1, zu Tabelle 3,I. Blätter von *Vicia faba* im Laufe einer Entwicklungsperiode.

tungs- und Temperaturunterschiede zurückzuführen sind, auf die bei diesen Versuchen leider nicht genug geachtet worden ist. Doch können wir der Tabelle entnehmen, *daß die löslichen Substanzen nicht in dem Maße abnehmen, wie das Eiweiß* (siehe Abb. 1).

Die beiden Versuche wurden beendet durch Absterbeerscheinungen, denen ich mich unten kurz zuwenden werde.

b) *Der Nachtstoffwechsel.*

Nach den wenigen, bisher vorliegenden Arbeiten über die Veränderungen im Stickstoffhaushalt des Blattes während der Nacht erschien es angebracht, eingehende Untersuchungen anzustellen.

Saposchnikow (1894) stellte eine nächtliche Abnahme des Eiweiß-N in ausgewachsenen Blättern von *Vitis* fest. Er schloß auf eine Auswanderung des Eiweißes. In abgeschnittenen Blättern, die er 14 bis 16 Stunden lang ins Dunkle stellte, die Stiele in Wasser, fand er keine Eiweißabnahme, in einigen Fällen sogar eine merkliche Zunahme.

Suzuki (1897/98) hat in Anlehnung an Saposchnikows Ergebnisse einige Untersuchungen über die nächtliche Auswanderung N-haltiger Substanzen angestellt. Wenn er die analytisch festgestellten Stoffmengen seiner einzelnen Fraktionen auf das Frischgewicht der Blätter bezog, kam er zu dem Schluß, daß sowohl der Total-N (bis 13 vH. des Abendwertes), als auch der Eiweiß-N (bis 17 vH.) und der Asparagin-N (bis 43 vH.) eine bedeutende Verminderung erfahren. Schnitt er Blätter am Abend ab und ließ sie in feuchter Atmosphäre 20 bzw. 48 Stunden im Dunkeln liegen, so beobachtete er einen starken Eiweißabbau und eine bedeutende Vermehrung der Amide (um 64 vH. bzw. 136 vH.) und auch der Aminosäuren (485 vH.). Er schließt aus diesen Ergebnissen, daß in der Nacht Reserveproteine zu Aminosäuren abgebaut und diese abtransportiert werden. Der Transport gehe sehr schnell vor sich und bringe die Spaltungsprodukte des Eiweißes an Orte, wo eine Eiweißbildung auf Kosten von NH_4-Salzen oder Nitraten nur sehr schwierig vor sich gehe.

Kosutany, P. (1897) hat an *Vitis riparia „sauvage“* Untersuchungen über den Nachtstoffwechsel ausgewachsener Blätter angestellt. Doch sind diese Analysen in vieler Beziehung mangelhaft. Zunächst bezieht er auf das Trockengewicht der Blätter. Dann schneidet er sein Versuchsmaterial nachmittags zwischen 2 und 3 Uhr und nachts 3 Uhr. Weiter läßt er die Nachmittag- oder Nachtblätter des öfteren 12 Stunden liegen. Er ist auf Grund einiger Kontrollbestimmungen der Ansicht, daß in dieser kurzen Zeit keine Umsetzungen im Blatt vor sich gehen. Suzuki hat an anderen Objekten das Gegenteil gezeigt. Seine Ergebnisse stimmen mit den oben angeführten nicht durchgängig überein. Er beobachtet über Nacht eine Vermehrung des Total-N und des Eiweiß-N, eine Anreicherung von präformiertem Ammoniak, völliges Verschwinden des Asparagins und eine Abnahme des löslichen Stickstoffes.

Schulze, B. und Schütz (1909) haben den Nachtstoffwechsel der Blätter von *Acer negundo* sehr eingehend untersucht. Ihre Analysen wurden auf Trockengewicht bezogen und leider am Morgen und Abend desselben Tages ausgeführt, was die mühevollen Untersuchungen stark entwertet. Am Abend beobachteten sie immer einen größeren N-Gehalt, auch eine größere Menge von Eiweiß-N. Der Amid-N zeigt in vielen Fällen am Morgen kleinere Werte, doch wurde er an den Abendanalysen zweimal überhaupt nicht angetroffen. Der NH_3-N und Aminosäuren-N zeigt unregelmäßige Schwankungen; doch war von jenem am Morgen meist mehr vorhanden als am Abend. Endlich fanden OTTO und KOOPER (1910), daß eine nächtliche Auswanderung von Stickstoff in ausgewachsenen Blättern stattfindet. Sie ermittelten nur den Total-N und bezogen ihn auf das Frischgewicht.

Um die Differenzen in den beschriebenen Arbeiten aufzuklären und durch eingehendes Studium des Nachtstoffwechsels einen Einblick in die physiologische Bedeutung des Asparagins in ausgewachsenen Blättern zu erhalten, stellte ich selbst eine Anzahl Versuche an, die nun kurz beschrieben werden sollen.

Zunächst erschien es notwendig, die nächtlichen Veränderungen des Frischgewichtes und des Trockengewichtes zu ermitteln, um unter Vermeidung größerer Fehler eine Möglichkeit des Vergleiches verschiedener N-Werte zu finden.

CHIBNALL (1923) hat festgestellt unter Heranziehung einer größeren Zahl von Publikationen über die nächtliche Auswanderung von Stickstoff aus Blättern, daß die Beziehung der gefundenen Stickstoffwerte auf das Trockengewicht immer zu falschen Resultaten führen muß, da die Auswanderung N-haltiger und N-freier Stoffe in sehr verschiedenem Maße vor sich geht. Er ist der Ansicht, daß eine Beziehung auf das Frischgewicht zu genügend genauen Resultaten führt. Ich selbst habe nun einen Vergleich mit den Blattflächen durchgeführt in der Annahme, daß diese bei ausgewachsenen Blättern eine brauchbare Konstante darstellen.

Versuch (siehe Tabelle 4), 3. Mai 1925. Versuchspflanze *Phaseol. multifl.*, in Sand gezogen, 40 cm hoch. Abends 8 Uhr von 12 Pflanzen je ein ausgewachsenes Primärblatt längs der Mittelrippe halbiert. Die eine Hälfte des Blattes wird mit der Mittelrippe an der Pflanze belassen und am nächsten Morgen gegen 8 Uhr abgetrennt, die übrigen 12 Primärblätter werden in gleicher Weise zur Kontrollbestimmung verwendet. Die Pflanzen stehen nachts unter einem Dunkelsturz bei gleichmäßiger Temperatur (15—17° C). Die Blattflächen werden durch Aufzeichnen auf Papier in Gewichtseinheiten der entsprechenden Papierflächen bestimmt; dann wird das Material bei 100° C schnell getrocknet.

Tabelle 4.

	pro Fläscheneinheit			in vH. d. Frischgew.		i. vH. d. Tr.-Gew.
	Frischgew.	Trockengew.	mgr. N	Trockengew.	N	N
abends	1,81	0,200	8,31	11,13	0,465	4,18
morgens	1,75	0,185	7,72	10,50	0,441	4,16
abends	1,77	0,199	8,53	11,17	0,479	4,28
morgens	1,73	0,183	7,83	10,57	0,447	4,23

Der Versuch ergibt, daß Blattfläche und Frischgewicht eine annähernd gleichgute Konstante darstellen. Der Gesamt-N nimmt auf das Trockengewicht bezogen nur wenig ab, auf das Frischgewicht bezogen sehr erheblich. Der Einfachheit halber wurde deshalb in allen folgenden Analysen das Frischgewicht als Vergleichskonstante benutzt.

Es folgt nun die Beschreibung der Versuche über den Nachtstoffwechsel. Die Ergebnisse sind unten zusammengefaßt (Tabelle 5).

Tabelle 5.

(Stickstoff in vT. des Frischgewichtes, prozentuale Differenzen auf die Abendwerte bezogen.)

	Tag	Erntezeit	NH_3	2. Amid.	Rest	Lösl.	Eiweiß	Total
1. *Vicia faba equ.* .	23./24. IX. 24	5^{00} h	0,04	0,11	0,43	0,58	4,49	5,07
		7^{00} h	0,07	0,06	0,21	0,34	4,21	4,55
	Differenz in vH.		$+75$	-45	-50	-40	-6	-10
2. *Vicia faba equ.* .	24./25. III. 25	5^{00} h	0,05	0,65	0,23	0,93	4,30	5,23
		7^{30} h	0,06	0,44	0,19	0,69	4,17	4,86
	Differenz in vH.		$+20$	-32	-17	-26	-3	-7
3a. *Vicia faba equ.* ausgew. Blätter	24./25. IV. 25	6^{00} h	0,04	0,12	0,50	0,66	4,90	5,56
		11^{00} h	0,05	0,10	0,48	0,63	4,70	5,33
	Differenz in vH.		$+25$	-17	-4	-5	-4	-4
3b. *Vicia faba* . . . junge Blätter	24./25. IV. 25	6^{00} h	0,06	0,50	0,93	1,49	7,57	9,06
		11^{00} h	0,07	0,51	0,87	1,45	7,45	8,90
	Differenz in vH.		$+16$	$+2$	-7	-3	-2	-2
4. *Lupinus luteus* .	16./17. IX. 24	5^{00} h	0,03	0,07	0,18	0,28	6,05	6,33
		7^{00} h	0,03	0,04	0,13	0,20	5,80	6,00
	Differenz in vH.		—	-43	-28	-29	-4	-5
	16./17. IX. 24	5^{00} h	0,03	0,06	0,17	0,26	6,23	6,49
		7^{00} h	0,03	0,03	0,14	0,20	5,60	5,80
	Differenz in vH.		—	-50	-18	-23	-10	-11
5. *Phaseolus multifl.*	24./25. II. 25	5^{15} h	0,01	0,25	0,79	1,05	3,83	4,88
		9^{00} h	0,01	0,16	0,72	0,89	3,75	4,64
	Differenz in vH.		—	-36	-9	-15	-2	-5

1. *Versuch*. *Vicia faba equ.*, Topfpflanzen. Über Nacht im Dunkelzimmer bei 13°. Fällung Tannin 4 vH.

2. *Versuch*: *Vicia faba equ.* , im Kalthaus gezogen, sehr frisch. Zur Analyse gelangen je eine Fieder einer größeren Zahl zweifiedriger Blätter. Die übrigen Fiedern werden am Morgen analysiert. Fällung: Tanin 4 vH. heiß.

3. *Versuch*: Wie unter 2. Stengel durch rote Bändchen in ausgewachsene und wachsende Zone geteilt. Pflanzen nachts im Dunkelzimmer bei 12°.

4. *Versuch*: *Lupinus luteus*, fruchtende Freilandpflanze. Nur ausgewachsene Blätter ohne Stiele wurden verwendet. Über Nacht unter Dunkelsturz Fällung: Tannin 4 vH.

5. *Versuch*: *Phaseolus multiflorus*-Pflanzen in temperiertem Haus im Sand gezogen, 40 cm hoch. Am 22. und 23. II. sehr trübes, am 24. II. sonniges Wetter. Nachts im Gewächshaus unter Dunkelsturz bei 22°. Fällung: Tannin 4 vH. heiß.

Die Ergebnisse dieser Untersuchungen zusammenfassend, können wir sagen, daß nachts in den ausgewachsenen Blättern eine Verminderung aller Stickstoff-Fraktionen mit Ausnahme des Ammoniaks zu beobachten ist. Es ist kaum anzunehmen, daß dieser Ammoniak ein Abbauprodukt anderer N-haltiger Substanzen darstellt. Vielmehr weist die nächtliche Anreicherung des NH_3, die auch von anderen Autoren beobachtet wurde, auf eine langsamere Verarbeitung hin. *Unbedeutend ist die Abnahme des Eiweißstickstoffes, bedeutend die des Amid-N, große Schwankungen finden wir in den einzelnen Versuchen bei dem Rest-N, nicht ausgewachsene Blätter zeigen diese Veränderungen nicht oder nur in geringem Maße.*

Diese Erscheinungen sind je nach dem augenblicklichen Stand der Asparaginforschung verschieden beurteilt worden. Der eine Teil der beteiligten Forscher setzt sich für eine Wanderung der Eiweiße ein und deutet das Verschwinden der löslichen Fraktionen als eine Eiweißsynthese. Der andere Teil betont die leichte Wanderfähigkeit der löslichen N-Verbindungen und hält eine nächtliche Eiweißspaltung für wahrscheinlich. Die Spaltungsprodukte sollen sehr schnell abtransportiert werden.

Um diese Frage zu klären, stellte ich Untersuchungen über den Nachtstoffwechsel abgeschnittener Blätter an. Solchen Experimenten kann von vornherein entgegengehalten werden, daß sie abnormale Bedingungen schaffen und die Ergebnisse keine Rückschlüsse auf den normalen Verlauf gestatten. Doch ist kaum anzunehmen, daß die geringen beobachteten Veränderungen eine so grundsätzliche Verschiebung des N-Gleichgewichtes bedeuten, daß prinzipiell andere Vorgänge in Erscheinung treten. Vielmehr wird man höchstens quantitative Unterschiede beobachten. Dafür spricht auch, daß normalerweise im Blatt bedeutende Verschiebungen des Gleichgewichtes durch äußere Umstände (Temperaturen usw.) möglich sind.

Suzuki (1897/98) und Saposchnikow (1894) haben bereits ähnliche Experimente angestellt, sind aber zu entgegengesetzten Resultaten gelangt. Ich habe zunächst zwei Untersuchungen durchgeführt, über die jetzt berichtet werden soll (siehe Tabelle 6).

1. *Phaseolus multiflorus*-Pflanzen in warmtemperiertem Haus gezogen, ein Meter hoch. Von ausgewachsenen Stengelblättern wurde das mittlere Fiederblatt entfernt, die beiden übrigen Blättchen abgeschnitten, je eines analysiert,

das andere mit der Oberseite auf Wasser gelegt und über Nacht bei 17° ins Dunkelzimmer gebracht.

2. *Vicia faba*-Pflanzen in kalttemperiertem Haus gezogen, 40 cm hoch. Von ausgewachsenen zweifiedrigen Blättern der mittleren Stengelzonen eine Fieder abends analysiert, die andere mit der Oberseite auf Wasser gebracht und über Nacht unter Dunkelsturz bei 12° belassen.

Analysezeiten: 26. II. 25, abends $^1/_2$6 Uhr,

27. II. 25, morgens 8 Uhr.

Fällung: Toluol, Tannin 4 vH. heiß.

Tabelle 6.

Stickstoff in		vT. Fr.-Gew.	vH. Total-N					
Fraktionen:		Total	NH$_3$	2. Amid.	Rest	Lösl.	Eiw.
I. *Phaseolus multifl.*	abends	4,82	2,02	4,60	17,58	24,20	75,80
	morgens	4,77	1,14	5,23	20,45	26,82	73,18
II. *Vicia faba equ.*	abends	5,48	1,32	1,96	8,57	11,85	88,15
	morgens	5,57	0,94	3,23	9,24	13,41	86,59

Eine Auswanderung von Stickstoff aus abgeschnittenen Blättern in so kurzer Zeit ist kaum nachweisbar. Das zeigen auch die auf Abend-Frischgewicht bezogenen Werte des Gesamt-N. Ein Vergleich der einzelnen Fraktionen mit dem Gesamt-N gibt also eine genügende Gewähr für Genauigkeit. Die Ergebnisse dieser beiden Versuche lassen sich so zusammenfassen: Eiweiß- und Ammoniak-N nehmen an Menge ab. Der lösliche N nimmt zu, doch der Amid-N mehr als der Rest-N. Ob diese Steigerung des Amid-N auf das Verschwinden von NH$_3$-N und zu einem Teil auf hydrolytischen Abbau des Eiweißes zurückzuführen ist, oder ob er einem sekundärem Prozeß seine Entstehung verdankt, ist schwer zu entscheiden. Der erste Versuch ließe sich auf jene Art erklären. Im zweiten Versuch ist die Steigerung des Amid-Gehaltes so bedeutend, daß nur eine Entstehung auf anderem Wege erklärlich erscheint.

c) *Der Einfluß der Temperatur.*

Wenn die Annahme zu Recht besteht, daß die Amide insbesondere bei Kohlehydratmangel in Pflanzen entstehen und die Rolle eines Entgifters des im Atmungsstoffwechsel aus abgebautem Eiweiß entstehenden Ammoniaks spielen, müssen verschiedene Temperaturen auf den Stickstoffhaushalt der Blätter mindestens bei Kohlehydratmangel von wesentlichem Einfluß sein. Doch bietet die vorhandene und in der Einleitung erwähnte Literatur genügend Hinweise, daß der Begriff des Kohlehydratmangels ein recht schwankender ist. So sind Asparagin und Glutamin oft in Pflanzen beobachtet worden, wo von einem Kohlehydratmangel nicht die Rede sein kann (SCHULZE 1880).

33*

Auch DELEANO (1912) hat bei der Untersuchung des Atmungsstoffwechsels abgeschnittener Blätter beobachtet, daß ein oxydativer Abbau des Eiweißes bereits vor dem völligen Verschwinden der Kohlehydrate eintritt. Es erschien deshalb angebracht, den N-Stoffwechsel ausgewachsener Blätter unter verschiedenen Bedingungen der Temperatur zu untersuchen. Auch hier sollen zunächst „normale" Verhältnisse behandelt werden. Später werde ich noch länger dauernde Versuche erwähnen, die mit abgeschnittenen Blättern im Dunkeln bei verschiedenen Temperaturen ausgeführt wurden. Die folgenden Versuche (Tabelle 7) wurden mit ausgewachsenen Blättern junger Pflanzen angestellt:

Tabelle 7.

Stickstoff in			vT.Fr.-Gew.	vH. Total-N			
			Total	2. Amid. + NH$_3$	Rest	Lösl.	Eiw.
1		warm	3,80	5,11	13,10	18,21	81,79
		kalt	4,44	3,01	10,67	13,68	86,32
2	A	abends kalt	4,44	3,01	10,67	13,68	86,32
		morgens warm	4,21	3,26	11,74	15,00	85,00
	B	abends warm	3,80	5,11	13,10	18,21	81,79
		morgens kalt	3,52	4,63	13,41	18,04	81,96
3		abends		3,04	13,35	16,39	83,61
		morgens — warm		3,52	13,45	16,97	83,03
		kalt		2,45	11,31	13,76	86,24
4		abends		(5,11)	(13,16)	(18,27)	(81,73)
		morgens — warm		7,81	18,29	26,10	73,90
		kalt		3,30	13,40	16,70	83,30

1. *Versuch*: *Vicia faba equ.*, Topfpflanze im Kalthaus bei 8° gezogen. Am 11. XI. 24 wurde ein Teil der Pflanzen in ein warm temperiertes Haus gebracht. Am 20. XI. wurden von beiden Pflanzenserien ausgewachsene Blätter gleichen Alters geschnitten und analysiert. Fällung Toluol, Tannin 4 vH. heiß.
2. *Versuch*: Pflanzen wie unter 1. vorbereitet. Von einer größeren Zahl von Blättern, sowohl der kaltgezogenen Pflanzen (A) als auch der warmgezogenen (B) wurde je eine Fieder am Abend $^1/_2$5 Uhr untersucht. Die Kalthauspflanzen wurden über Nacht in ein Warmhaus bei 15—17° gebracht, die warm gezogenen in ein Nordhaus bei 3° gestellt. Die Morgenanalysen wurden um $^1/_2$9 Uhr ausgeführt. Die Beziehung des Gesamt--N auf das Frischgewicht erscheint wertlos, da der Wassergehalt der Blätter bei so starken Temperaturunterschieden beträchtliche Schwankungen aufweist. Fällung wie unter 1.
3. *Versuch*: *Vicia faba equ.*, Topfpflanzen, 30 cm hoch, im Kalthaus gezogen. Am 17. XI. 24 wurde ein Teil der ausgewachsenen Blätter analysiert. Die Pflanzen wurden über Nacht teils in ein Warmhaus unter Dunkelsturz bei

21° gebracht, teils in ein Nordhaus bei 3°. Die Morgenanalysen wurden 7^{h}30 ausgeführt. Sonst wie unter 2. Trotzdem möglichst gleichaltrige Blätter ausgesucht wurden, konnte in diesem Versuch nicht die Genauigkeit erreicht werden, wie in den ersten beiden.

4. *Versuch: Vicia faba equ.*, Warmhauspflanzen, wie unter 2 B. Am 20. XI. 5^h wurden von 16 Blättern die Hälfte der Fiedern über Nacht auf Wasser schwimmend in einem Thermostaten bei 28—29° gebracht, der übrige Teil ebenfalls auf Wasser in ein Nordhaus bei 3°. Die Abendwerte sind aus dem Versuch Nr. 2 entnommen, stellen also keine für diese Blätter geltenden exakten Werte dar.

Diese Versuche lassen den Schluß zu, daß auch in Blättern, die reich an Stärke sind, Temperaturschwankungen einen wesentlichen Einfluß auf die Zusammensetzung des Total-N haben. Je höher die Temperatur ist, desto mehr lösliche Verbindungen finden wir vor; der Amid-N weist stärkere Veränderungen auf als der Rest-N. Die durch solche äußere Einflüsse bedingten Veränderungen gehen sehr schnell vor sich, so daß große Vorsicht bei der Beurteilung der Versuche über den Nachtstoffwechsel am Platze ist. Während normalerweise eine starke nächtliche Verminderung des Amidgehaltes in ausgewachsenen, an der Pflanze belassenen Blättern nachweisbar ist, finden wir in „sehr warmen Nächten" das Gegenteil. Besonders groß sind die Differenzen bei abgeschnittenen Blättern. Der Versuch läßt die Vermutung als begründet erscheinen, daß im Blatt drei Vorgänge nebeneinander gleichzeitig verlaufen: eine Eiweißsynthese auf Kosten von Asparagin, eine hydrolytische Eiweißspaltung mit nachfolgendem oxydativen Abbau der Spaltungsprodukte unter Asparaginbildung und ein Abtransport der löslichen Verbindungen. Diese Vorgänge laufen bei verschiedenen Temperaturen mit verschiedenen Geschwindigkeiten ab, so daß bald der eine, bald der andere in den Analysen in die Erscheinung tritt.

II. Pflanzen in Kohlehydrathunger.

Wie in der Einleitung erwähnt, haben eine Reihe von Arbeiten ergeben, daß zwischen dem Kohlehydratgehalt der Pflanzen und dem Auftreten des Asparagins enge Beziehungen bestehen. Erstens kann Kohlehydratmangel einen oxydativen Eiweißabbau zwecks Gewinnung von nutzbarer Energie zur Folge haben. Daß normalerweise eine solche „Eiweißatmung" vor sich geht, ist nach neueren Arbeiten kaum wahrscheinlich (vgl. KOSTYTSCHEW 1924). Doch haben verschiedene Forscher einen dauernden oxydativen Abbau des Eiweißes für möglich gehalten; nach ihrer Ansicht kommt den Kohlehydraten die Rolle zu, das Atmungsmaterial = Eiweiß aus seinen Spaltprodukten zu regenerieren. Ein Mangel an Kohlehydraten müßte also eine Anhäufung dieser Endprodukte zur Folge haben. Wenn auch diese Hypothese wenig Wahrscheinlichkeit besitzt, schien es doch angebracht, den N-Stoffwechsel bei Kohlehydratmangel in ausgewachsenen Blättern zu studieren. Außer

Chibnall (1922 II und 1924 VI) haben sich Mijachi (1896—97), Suzuki (1897—98), Saposchnikow (1894) und Deleano (1912) mit solchen
Untersuchungen befaßt. Sie haben übereinstimmend festgestellt, daß
in verdunkelten abgeschnittenen Blättern ein starker Eiweißabbau vor
sich geht mit gleichzeitiger Anhäufung von löslichem N, besonders von
Amid-N.

Mir erschien es ratsam, mit Versuchen an verdunkelten Pflanzen
zu beginnen, dann mit Experimenten an einzelnen, verdunkelten Blättern an normal belichteten Pflanzen zu solchen mit verdunkelten, abgeschnittenen Blättern überzugehen. Nachdem ich in einer Reihe von
Analysen an Topf- und Freilandpflanzen durch längere Verdunkelung
eine starke Abnahme an Gesamt-N und Eiweiß-N in ausgewachsenen
Blättern beobachtet hatte, der eine Zunahme des löslichen N parallel
lief, stellte ich folgende Versuche an (Tabelle 8):

Tabelle 8.

	Stickstoff in Fraktionen	vT. Frisch-gewicht	vH. Total-N				
		Total	NH₃	2-Amid.	Rest	Lösl.	Eiweiß
1 *V. f.*	12. I. 1925.	5,30	0,8	2,3	6,9	10,0	90,0
	nach 4 Tagen	5,15	1,1	2,3	7,4	10,8	89,2
	nach 8 Tagen	4,13	0,8	3,0	7,5	11,3	88,7
	nach 18 Tagen	3,90	1,1	7,7	9,4	18,2	81,8
2 *L. a.*	26. I. 1925.	5,43	0,9	3,0	6,6	10,5	89,5
	12 Tage dunkel	3,44	1,6	8,3	5,1	15,0	85,0
	26. I. 1925.	5,23	0,9	2,9	6,6	10,4	89,6
	12 Tage normal	4,60	1,0	3,2	6,4	10,6	89,4
3 *Ph. m.*	18. VI. 1925.	– –	1,5	1,8	6,1	9,4	90,6
	5 Tage dunkel	—	1,6	4,8	10,1	16,5	83,5

1. *Vicia faba*, Topfpflanzen, in einem Kalthaus während des Winters unter
Glas gezogen, 40 cm hoch, gleichmäßig gewachsen, Blätter frisch grün. Die
zur Untersuchung ausgewählten Pflanzen wurden durch ein rotes Bändchen in
zwei Zonen geteilt. Die Blätter der unteren Zone von 3—5 Pflanzen wurden
zu den Analysen verwendet. Die Pflanzen wurden 18 Tage lang in ein kalt
temperiertes Gewächshaus unter einen Dunkelschirm gebracht und in gewissen
Abständen analysiert. Nach 8 Tagen begannen einzelne Blättchen gelblich
grün zu werden. Nach 18 Tagen war die Mehrzahl gelb gefärbt. Fällung Tannin
4 vH. heiß.

2. *Lupinus albus*, in einem kalt temperierten Gewächshaus gezogen, schön
gleichmäßig gewachsen. Nach einer Zonenteilung wie bei Versuch 1 wurden
die ausgewachsenen Blätter der Hälfte der Pflanzen von je einem der beiden
Töpfe analysiert; der eine Topf unter einen Dunkelschirm gebracht, der andere
unter normalen Verhältnissen belassen. Nach 12 Tagen zeigten die Blätter der
Dunkelpflanzen gelbe Flecken. Der Versuch wurde abgebrochen. Fällung
Tannin 4 vH. heiß.

3. *Phaseolus multiflorus*, etwa 50 cm hoch. Die Hälfte der Primärblätter von 6 Pflanzen wurde am 18. VI. analysiert; die Pflanzen 5 Tage dunkel gestellt, dann die übrigen Primärblätter analysiert. Fällung Toluol, Tannin heiß.

Obgleich auch in den normal beleuchteten Pflanzen eine Verminderung des Total-N zu beobachten ist, tritt diese Erscheinung in den verdunkelten Pflanzen weit stärker auf. Neben dieser Verminderung des Total-N verschiebt sich bei diesen innerhalb der einzelnen Fraktionen das Verhältnis zugunsten des löslichen Stickstoffes, und zwar nimmt der Amid-N in stärkerem Maße zu als der Rest-N. In den beleuchteten Pflanzen ist eine wesentliche Verschiebung der Verhältnisse nicht zu beobachten.

4. *Versuch* (siehe Tabelle 9): *Phaseol. multifl.*, in einem kleinen Kalthaus gezogen, 30 cm hoch, gleichmäßig entwickelte Pflanzen.

   A. Von 6 Pflanzen wurden 6 Primärblätter am 18. IV. 11^h analysiert. Die Pflanzen wurden unter einen Dunkelschirm gebracht. Die übrigen 6 Primärblätter wurden am 24. IV. 5^h analysiert. Farbe der Blätter: 4 schön grün, 1 gelblich grün, 1 gelb.

   B. 6 Pflanzen wurden in ein südliches Gewächshaus bei normaler Beleuchtung gebracht und vor direkter Bestrahlung geschützt. 6 Primärblätter wurden mit Stanniol bedeckt, die übrigen unbedeckt gelassen.

   Analysen am 22. IV. 5^h.

   Verdunkelte Blätter: 2 völlig gelb, aber turkescent,

                                2 gelbgrün, 2 grün;

   Beleuchtete Blätter: 6 frisch grün.

   Temperaturen im Durchschnitt: 17°, Beleuchtung: gut.

Tabelle 9.

N in	vT. Frischgewicht			vH. Total-N				
	Lösl.	Eiw.	Total	NH₃	2. Amid	Rest	Lösl.	Eiw.
A zu Beginn	0,48	3,04	3,52	0,9	4,2	8,6	13,7	86,3
nach 4 Tagen	0,66	2,52	3,18	2,5	6,4	12,1	21,0	79,0
prozentualer Unterschied	$+37$	-17	$-9{,}6$	—	$+52$	$+41$	$+53$	$-8{,}5$
B 4 Tage belichtet	0,32	2,79	3,11	1,1	2,7	6,2	10,0	90,0
4 Tage dunkel	0,37	2,10	2,47	1,5	4,0	9,3	14,8	85,2
prozentualer Unterschied	$(+16)$	(-25)	(-21)	—	$(+48)$	$(+50)$	$(+48)$	$(-5{,}3)$

Dieser Versuch zeigt prinzipiell dieselben Ergebnisse wie die Versuche 1—3. Auffällig ist, daß die Verminderung an Total-N in verdunkelten Blättern beleuchteter Pflanzen stärker ist als in ganz verdunkelten. Diese stärkere Verminderung des Eiweißgehaltes tut sich äußerlich kund in der gelberen Farbe der Blätter.

Auf Grund der Versuche über den Nachtstoffwechsel liegt die Vermutung nahe, daß der Verlust an Total-N durch Auswandern löslicher

Eiweißzerfallsprodukte verursacht wird. Um diese Zerfallsprodukte zu erfassen, wurden Experimente mit abgeschnittenen Blättern angestellt, die entweder mit den Stielen sich in Wasser befanden oder mit ihrer Oberseite auf Wasser schwammen. Gegen solche Untersuchungen können von vornherein zwei Einwände gemacht werden: Zunächst werden abnormale Bedingungen geschaffen. Die verhinderte Ableitung kann Gleichgewichtsstörungen hervorrufen. Da jedoch auch normalerweise in Blättern unter gewissen Bedingungen hohe Konzentrationen von löslichem N beobachtet werden und die Gleichgewichtsstörung zunächst nur in einer Verringerung der Geschwindigkeit der ablaufenden Prozesse gesehen werden kann, ist zu erwarten, daß sich die Abnormalität nicht in einer prinzipiellen Verschiedenheit der ablaufenden Prozesse zeigt, sondern eben nur in einer graduellen.

Ein zweiter Einwand könnte in der Behauptung bestehen, daß bei einer solchen Versuchsanordnung ein Verlust von N durch Auswandern in das Wasser das Ergebnis fälscht. Nun habe ich bei vielen Bestimmungen des Total-N, auf Frischgewicht bezogen, keine wesentlichen Änderungen beobachten können. Eine Klärung dieser Frage brachte aber folgender Versuch: 12 Primärblätter von *Phaseolus multiflorus* wurden mit den Stielen in mit Wasser gefüllte Kölbchen gebracht und 8 Tage darin gelassen. Dann wurde das Wasser eingedampft und einer KJELDAHL-Bestimmung unterworfen. Es enthielt 0,28 mg N, das ist ungefähr 0,4 vH. des Total-N der 12 Blätter (vgl. auch DELEANO 1912). Als Fehlerquelle können also diese Spuren nicht angesehen werden.

Es folgt nun die Beschreibung der Versuche. Um Wiederholungen zu vermeiden, sei angeführt, daß in allen Fällen zu Kontrollbestimmungen gegenständige Fiedern oder gegenständige Primärblätter verwendet wurden. Zu jeder Bestimmung dienten 4—7 g frische Blattmasse. Die Nummern der Versuche decken sich mit denen der Tabelle 10, die die Ergebnisse enthält.

1. *Vicia faba*, Freilandpflanzen, Beginn am 16. VII. 24 nach einer Reihe sonniger Tage. Fällung: Phosphormolybdänsre kalt +5 vH. Alkohol. Nach 6 Tagen abgebrochen, Blätter gelblich und fleckig. Total-N: 7,25 vT. Frischgewicht.
2. *Lupinus luteus*, Freilandpflanzen. Beginn 22. IX. 24. Fällung: Tannin 4 vH. Total-N: 5,8 vT. Frischgewicht.
3. *Linosyris vulgaris*, Freilandpflanzen, grundständige Blätter. Beginn 6. V. 25. Total-N.: 6,3 vT. Frischgewicht. Nach 7 Tagen abgebrochen, Blätter noch frisch grün. Fällung Tannin heiß.
4. *Vicia faba*, 40 cm hohe Kalthauspflanzen, vor dem Versuch 14 Tage im Freien. Beginn 17. IV. 25. Blätter auf Wasser schwimmend bei 15°. Nach 5 Tagen Blättchen gelblich. Fällung: Tannin heiß (siehe Abb. 2).
5. *Phaseolus multiflorus*, 50 cm hoch; Primärblätter. Fällung: Tannin. Beginn 21. VI. 25.
6. Ebenso, Pflanzen nur Primärblätter ausgebildet. Beginn 18. VI. 25. Fällung: Tannin.

Tabelle 10.

	Stickstoff in von	vH. Total-N					vH. Löslich N		
		NH₃	2.Amid.	Rest	Lösl.	Eiw.	NH₃	2.Amid.	Rest
1. *Vicia faba*	16. VII.	0,25	2,33	6,33	8,91	91,09	2,87	26,15	70,89
		0,26	2,33	6,11	8,70	91,30	2,98	26,78	70,24
	nach 1 Tag	0,25	3,78	12,98	17,01	82,99	1,47	22,22	76,31
		0,25	3,80	12,96	17,01	82,99	1,47	22,34	76,19
	nach 4³/₄ Tagen	0,94	12,49	16,79	30,22	69,78	3,11	41,33	55,56
		0,88	12,25	19,27	32,40	67,60	2,71	37,89	59,40
	nach 6 Tagen	2,60	13,07	17,38	33,05	66,95	7,81	39,54	52,65
2. *Lupinus luteus*	durchschnittlicher Anfangswert …	1,00	3,00	4,00		96,00		25	75
	nach 3 Tagen	0,38	5,06	11,54	16,98	83,02	2	29	69
		0,50	4,85	11,39	16,74	83,26			
	„ 5 „	1,26	13,11	16,29	30,66	69,34	4	41	55
		1,34	12,55	19,41	33,30	66,70			
3. *Linosyris vulgaris*	Anfangswert	1,2	0,8	7,4	9,4	90,6	13	9	78
	nach 5 Tagen	1,1	4,2	13,4	18,7	81,3	6	23	71
	„ 7 „	1,1	5,9	16,9	23,9	76,1	5	25	70
4. *Vicia faba*	Anfangswert	0,46	4,14	8,60	13,20	86,80	4	31	66
	nach 1 Tag	0,51	4,78	8,11	13,40	86,60	4	36	60
	„ 2 Tagen	0,62	5,42	9,61	15,65	84,35	4	35	61
	„ 3 „	0,70	7,60	12,80	21,10	78,90	3	36	61
	„ 4 „	1,20	9,40	15,30	25,90	74,10	5	36	59
	„ 5 „	1,30	14,80	13,70	29,80	70,20	4	50	46
	„ 8 „	2,40	22,90	17,40	42,70	57,30	6	53	41
5. *Phas. multifl.*	Anfangswert	1,5	1,8	6,1	9,4	90,6	16	19	65
	nach 8 Tagen	3,0	21,2	14,9	39,1	60,9	8	54	38
6. *Phas. multifl.*	Anfangswert	1,2	1,3	5,2	7,7	92,3	16	17	67
	nach 8 Tagen	1,6	10,7	25,0	37,3	62,7	4	29	67

Die *Ergebnisse* lassen sich folgendermaßen zusammenfassen (siehe
Abb. 2): In abgeschnittenen, verdunkelten Blättern geht ein starker
Eiweißabbau vor sich, dessen Geschwindigkeit nach Maßgabe der
Pflanzenart und sonstigen Eigenschaften der Blätter (Kohlehydrat-
gehalt, Alter) ein bestimmtes Maximum besitzt. *Das Gelbwerden der
Blätter deutet einen weit vorgeschrittenen Abbau an, zugleich aber auch
den tödlichen Ausgang des Experimentes. Je mehr sich der Eiweißzerfall
diesem Ende nähert, desto geringer ist seine Geschwindigkeit.*
Die Veränderungen innerhalb des löslichen N sind mannigfacher
Art. Zunächst ist eine stärkere Bildung des Rest-N zu bemerken; doch

holt der Amid-N seine Anfangswerte bald wieder ein und nimmt prozentual mehr zu als der Rest-N. Der Amid-N erreicht Werte bis zu
50 vH. des löslichen Stickstoffes, wie wir es sonst in ausgewachsenen
Pflanzen nur in Achsenorganen finden. Gegen Ende der länger dauernden Experimente beobachten wir neben der früh einsetzenden absoluten
Steigerung des Ammoniak-N auch eine relative, bezogen auf den löslichen Stickstoff. *Diese Vermehrung des Ammoniaks geht, wie es scheint,
auf Kosten des Rest-N vor sich. Die Bedingungen zur Bildung des Amid-N
scheinen nicht mehr erfüllt zu sein.*

Wir können aus diesen Befunden schließen, daß der oxydative Abbau
N-haltiger Substanz erst nach 2—4tägiger Verdunkelung die hydrolytischen Prozesse überwiegt. Einige beiläufige Beobachtungen und die

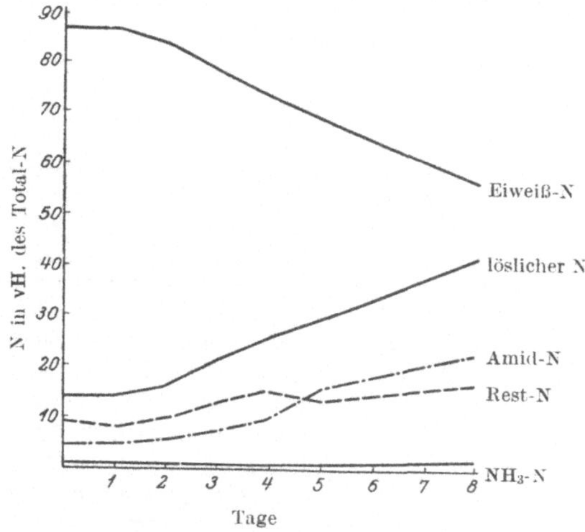

Abb. 2 zu Tafel 10,4. *Vicia faba*-Blätter 8 Tage im Dunkeln bei 15° C

Abhängigkeit der Geschwindigkeit enzymatischer Prozesse von der
Temperatur veranlaßten mich, diese Experimente teilweise zu wiederholen, um den Einfluß der Temperatur auf diese Vorgänge zu studieren.

1. *Versuch* (Tab. 11): *Lupinus luteus*, Freilandpflanzen, Blätter trotz des Spät-
   herbstes (4. XI. 24) noch schön grün. Abgeschnittene Blätter mit Stielen
   in Wasser
   A. bei 22°.
   B. bei 6°.
   Die warmgestellten Blätter zeigten nach 6 Tagen gelbe Flecke, deshalb
   wurde der Versuch abgebrochen; die kaltgestellten waren noch grün.

2. *Versuch* (Tab. 11, 2.): *Xanthosoma violacea*, im Palmenhaus gezogen. Am
   5. XII. 24 wurden 3 noch nicht völlig ausgewachsene Blätter analysiert.
   3 gleichaltrige und gleichgestaltete wurden mit den Stielen in Wasser ins
   Dunkle gebracht und 3 Tage so im Palmenhaus belassen. Der Versuch

wurde dann abgebrochen, weil die Blätter zwischen den Nerven gelb wurden. Weitere 3 Blätter wurden 4 Tage lang ins Dunkle bei 5° C mit den Stielen in Wasser gebracht. Sie blieben trotz der ungewohnten niederen Temperatur schön frisch und grün.

Tabelle 11.

Stickstoff in			vH. des Total-N					vH. des Lösl.-N		
			NH_3	2. Amid.	Rest	Lösl.	Eiw.	NH_3	2. Amid.	Lösl.
1. Lup. lut.	anfangs		0,1	1,14	6,52	7,76	92,24	1,29	14,68	84,03
	nach 2¼ Tagen	warm	0,22	6,71	15,77	22,70	77,30	0,97	29,56	69,47
		kalt	0,17	2,18	5,17	7,52	92,48	2,26	28,99	68,75
	nach 3¼ Tagen	warm	0,65	10,80	15,36	26,81	73,19	2,43	40,28	57,29
		kalt	0,30	2,62	5,65	8,57	91,43	3,55	30,57	65,88
	6 Tage	warm	5,09	13,66	16,14	34,89	65,11	14,58	39,14	46,28
		kalt	0,42	3,00	4,97	8,39	91,61	5,00	35,76	59,24
2. Xanth. viol.	anfangs		0,13	0,38	5,67	6,18	93,82	2,1	6,2	91,7
	3 Tage	warm	0,13	1,58	12,73	14,44	85,56	1,0	11,0	88,0
	4 Tage	kalt	0,1	0,69	3,70	4,49	95,51	(2,2)	15,3	82,5

Diese Versuche zeigen, daß die beiden uns interessierenden Prozesse, die hydrolytische Eiweißspaltung und der oxydative Abbau der Spaltungsprodukte, von der Temperatur in verschiedenem Maße abhängig sind. Im ersten Versuch wird der Eiweißabbau in der Kälte völlig sistiert, die Bildung von Asparagin geht aber weiter, wenn auch bedeutend langsamer als in der Wärme. Der Wärmeversuch zeigt äußerlich schon an der Farbe der Blätter, daß der Eiweißabbau weit vorgeschritten ist. Auch zeigt sich hier eine wesentliche Ammoniakbildung.

Der Parallelversuch mit einer amidarmen Aracee zeigt in der Kälte trotz der Bildung von Asparagin eine Vermehrung des Eiweißes auf Kosten von Rest-N.

III. Anreicherung von Kohlehydraten.

Die oben beschriebenen Versuche haben eindeutig bewiesen, daß bei Kohlehydratmangel ein starker Eiweißabbau stattfindet. Die Anhäufung von Amiden und Ammoniak deuten ferner an, daß neben hydrolytischen Prozessen Oxydationen vorkommen, deren Reaktionsgeschwindigkeit von der Temperatur und von dem vorhandenen N-freien Atmungsmaterial in starkem Maße abhängig ist. Es besteht nun die Frage, ob *nur* bei Kohlehydratmangel ein solcher Eiweißabbau stattfindet. Spricht doch das normale Vorkommen von Amiden in ausgewachsenen Blättern dafür, daß immerwährend eine Bildung solcher Stoffe vor sich geht; vielleicht verhindern die anwesenden Kohlehydrate lediglich ihre Anhäufung. Zur Klärung dieser Frage mußten Versuche angestellt werden, bei denen ganze Pflanzen oder einzelne Blätter künstlich mit Kohlehydraten angereichert wurden, das Verhältnis C : N also zugunsten des Kohlenstoffes verschoben wurde. Doch soll gleich bemerkt werden, daß die Versuche mit ganzen Pflanzen keine brauchbaren Ergebnisse lieferten, da feinere Schwankungen der Zusammensetzung nur dann mit unserer Methode exakt bestimmt werden können, wenn einwandfrei einheitliches Material zur Verfügung steht. Dieses Idealmaterial war aber für derartige Versuche nicht auffindbar. Die Kohlehydratanreicherung in abgeschnittenen Blättern, in denen also eine Ableitung annähernd verhindert war, geschah teils durch normale Beleuchtung, teils in Dunkelversuchen durch künstliche Glucoseernährung. Diese Experimente wurden so durchgeführt, daß die Blätter mit den Stielen in wassergefüllten Kölbchen standen und der normalen Beleuchtung ausgesetzt waren unter Vermeidung direkter Besonnung. Die Stiele wurden täglich etwas gekürzt, um eine Verstopfung der Leitungsbahnen durch Bakterien zu verhindern. Soweit es sich um künstliche Kohlehydratzufuhr handelte, wurde die Versuchsanordnung entweder ebenso getroffen, nur daß an Stelle des Wassers eine sterilisierte Traubenzuckerlösung trat, oder die Blätter wurden mit der Oberseite auf eine solche Lösung gelegt. In beiden Fällen wurde die Lösung täglich erneuert. Da die Versuche mit schwimmenden Blättern im allgemeinen besser ausfielen und sie später in anderen Ernährungsversuchen des öfteren wiederholt wurden, versuchte ich, eine Sterilisierung meiner Blätter ohne Schädigung zu ermöglichen.

Es ist bekannt (siehe KLEIN u. KISSER 1924), daß Bakterien gegen Wasserstoffperoxyd eine größere Empfindlichkeit zeigen als höhere Pflanzen, sofern sie unverletzt sind. Andernfalls zeigt sich an den Wunden die bekannte Katalasewirkung, der eine Bräunung der Wundzonen folgt. Meines Wissens ist eine Sterilisierung von Blättern durch H_2O_2 kaum zu Stoffwechselversuchen benutzt worden. Deshalb sei kurz darauf eingegangen.

Blätter verschiedener Pflanzen und verschiedenen Alters besitzen eine sehr verschiedene Widerstandsfähigkeit gegen H_2O_2. So werden Schädigungen schon innerhalb der Konzentrationen 1—2,5 vH. H_2O_2 beobachtet, die sich meist durch eine anfangs leichte Bräunung der Nerven und ihrer Verzweigungsstellen, wohl auch der Blattränder bemerkbar machen. Besonders empfindlich zeigen sich verwundete und von Läusen befallene Blätter. Im allgemeinen arbeitete ich mit einer 0,5—2 proz. Lösung, in der die Blätter 10—15 Minuten untergetaucht lagen. Sie wurden dann vorsichtig auf sterilisierte Lösungen in sterilisierte Glasschalen mittels Pinzetten gebracht. Ich habe nur selten selbst nach 5tägigem Liegen der Blätter auf Glucoselösung eine Bakterien-

oder Pilzinfektion feststellen können trotz mikroskopischer Untersuchung ·der Blattoberflächen, während unbehandelte Blätter meist schon nach 2 Tagen stark befallen waren und eigentümliche, runde Zersetzungsherde des Parenchyms der Blattspreiten aufwiesen. Trotzdem habe ich bei allen Versuchen die sterilisierte Lösung mindestens aller 2 Tage erneuert und die Blätter beim Umlegen abermals kurze Zeit mit H_2O_2 behandelt. Daß diese einfache Methode zu so befriedigenden Resultaten führt, liegt wohl daran, daß nach BURRI (1903) auf Blättern im allgemeinen nur Bakterienarten aufgefunden worden sind, die nicht zu den Sporenbildnern gehören.

Ich komme nun zur Beschreibung der einzelnen Versuche, die in der folgenden Tabelle zusammengefaßt sind. Da Einzelheiten über die Aufzucht der Versuchspflanzen für die Beurteilung der Ergebnisse kaum von Bedeutung sind, soll auf eine genauere Beschreibung verzichtet werden. Um einen Überblick über die Beschaffenheit der ausgewachsenen Blätter zu geben, von denen stets die untersten, bei *Phaseolus* also stets die Primärblätter verwendet wurden, sind der Tabelle kurze Notizen über das Alter der Pflanzen bzw. ihre Höhe, den Gehalt an Total-N und den Beginn des Versuches als Kennzeichen der Jahreszeit beigegeben, ebenso wurden die Temperaturen, bei denen die Experimente abliefen, vermerkt. Es ist nur noch zu erwähnen, daß bei den Ernährungsversuchen meist die Blatthälftenmethode angewendet wurde, und daß bewirkt wurde, daß die Pflanzen im ammoniakarmen Zustande zur Verwendung gelangten. Alle Versuche, bei denen keine Angaben über die Beleuchtung gemacht sind, sind im Dunkeln ausgeführt worden.

Die Ergebnisse dieser Versuche, die in Tabelle 12 dargestellt sind, zeigen, daß abgeschnittene Blätter unter normalen Beleuchtungsverhältnissen sehr verschiedenartige Veränderungen ihres Gehaltes an N erleiden. Im allgemeinen war ein Eiweißabbau festzustellen unter Vermehrung des Amid- und Rest-N. Dieser Eiweißabbau erreicht bei *Lupinus* die Werte der Dunkelkulturen, bei *Phaseolus* war er im allgemeinen schwächer. Die Beleuchtungsintensität konnte bei diesen Experimenten wohl eine große Rolle spielen. Da aber alle Blätter nach der Beleuchtungsperiode Stärke enthielten außer im Versuch 1c, kann von einem Kohlehydratmangel nicht gesprochen werden. In einem einzigen Versuch (4) konnte eine Eiweißsynthese auf Kosten des Rest-N konstatiert werden. Der Amid-N nahm in diesem Falle nur wenig ab. Auffällig ist, daß im Gegensatz zu den entsprechenden Dunkelversuchen der Steigerung der Amide keine Ammoniakanhäufung parallel ging.

Diese überraschenden Ergebnisse stimmen im wesentlichen mit Versuchen CHIBNALLS (1924 VI) überein; auch er beobachtete in normal beleuchteten abgeschnittenen Blättern von *Phaseolus multiflorus* inner-

Tabelle 12.

Material	Versuch	Anmerk.	Total	NH₃	2. Amid.	Rest	Lösl.	Eiw.
1. *Lupinus luteus* (50 cm)	Anfangswert		5,2	—	1	3	4	96
	3 Tage im Licht	wolkig		0,35	6,89	9,23	16,47	83,53
				0,38	5,51	11,83	17,72	82,28
	5 Tage im Licht	wolkig		0,25	15,92	16,24	32,40	67,60
2. *Phas. multifl.* (40 cm)	1. III. 25 2¼ Tg. im Licht	sonnig	4,33	0,1	8,8	11,9	20,8	79,2
				0,1	13,0	17,2	30,3	69,7
3. *Phaseolus multiflorus* (40 cm)	25. III. 25 3 Tage im Licht 3 „ dunkel 6 Tg. Glucose 1 vH.	7° C Nebel 14° C „ 14° C „	4,05	0,06	4,41	13,05	17,52	82,48
				0,07	6,60	15,11	21,78	78,22
				0,60	10,23	19,21	30,04	69,96
				0,07	11,23	18,15	29,45	70,55
4. *Phas. multifl.* (jg. Pflanz.)	3. IV. 25 4 Tage im Licht	sehr sonnig	5,03	0,1	7,1	11,1	18,3	81,7
				0,1	6,3	3,1	9,5	90,5
5. *Phas. multifl.* (50 cm)	24. III. 25 6 Tg. Glucose 2 vH.	(13,5° C)	4,42	0,07	4,92	8,30	13,29	86,71
				0,07	7,08	13,57	20,72	79,28
6. *Phas. multifl.* (40 cm)	16. III. 25 5 Tg. Glucose 2,5 vH.	(21° C)	5,02	0,1	8,8	13,9	22,8	77,2
				0,1	12,6	14,1	26,8	73,2
7. *Phaseolus multiflorus* (jg. Pflanz.)	14. II. 25 4 Tg. Glucose 2,5 vH. 2 Tage H₂O 2 Tg. Glucose 2,5 vH.	17° C 24° C 24° C	5,37	0,18	4,98	19,89	25,05	74,95
				0,20	4,95	16,61	22,06	77,94
				1,53	7,83	31,11	40,47	59,53
				0,23	5,73	21,35	27,31	72,69
8. *Phaseolus multifl.* (40 cm)	A 3. IV. 25 4 Tg. Glucose 4 vH.	17° C	4,65	0,1	7,0	12,0	19,1	80,9
				0,1	7,3	12,1	19,5	80,5
	B 3. IV. 25 4 Tage H₂O	17° C		0,1	6,5	11,7	18,3	81,7
				0,7	22,2	12,4	35,3	64,7
9. *Phas. multifl.* (40 cm)	1. IV. 25 5 Tg. 5—7 vH, Gluc.	14° C	4,0	0,1	8,5	9,8	18,4	81,6
				0,1	7,8	8,7	16,6	83,4
10. *Vicia faba*	30. I. 25 3 Tg. H₂O + CaSO₄ 3 Tg. 2 vH. Glucose + CaSO₄	12° C 12° C	4,98	0,17	12,79	20,69	33,65	66,35
				0,65	14,34	25,58	40,67	59,33
				0,25	11,78	22,47	34,51	65,49
11. *Vicia faba* (stärkearm)	24. III. 25 3 Tg. Glucose 1 vH.	23° C	5,15	0,13	9,77	5,62	15,72	84,28
				0,13	24,37	19,15	43,65	56,35
12. *Lupinus albus* (blühend)	20. III. 25 3 Tage H₂O 1 Tg. 1,25 vH. Gluc.; 3 Tg. H₂O 3 Tg. 2,5 vH. Glucose	20° C	6,1	0,1	3,0	9,3	12,4	87,6
				0,4	14,9	14,1	29,4	70,6
				0,1	7,3	12,2	19,6	80,4
				0,1	3,6	11,6	15,3	84,7

halb 4 Tagen eine starke Vermehrung des löslichen N. Da diese Befunde in direktem Widerspruch zu PRJANISCHNIKOWS und auch PFEFFERS Auffassung über die Bildung des Asparagins zu stehen schienen, wurde zunächst eine größere Zahl von Ernährungsversuchen durchgeführt, wobei ausgewachsenen Blättern Glucose in verschiedenen Konzentrationen geboten wurde. Dabei konnte eine starke Abhängigkeit der Ergebnisse von der Temperatur festgestellt werden. Je höher diese war, um so größer mußte die Glucosekonzentration gewählt werden, um den Eiweißabbau zu hemmen (Versuch 7). Es gelang in einigen Versuchen, durch hohe Zuckerkonzentrationen die Menge des vorhandenen Amids konstant zu halten, eine Eiweißsynthese auf Kosten von Amid-N konnte aber nicht erreicht werden. Lediglich die Menge des Rest-N nahm in einigen Versuchen (7a, 9) ab. Analog zu den Lichtkulturen konnte trotz großer Amidanreicherung (3d, 6, 11) eine Vermehrung des Ammoniaks im Gegensatz zu einfachen Dunkelkulturen nirgends gefunden werden, eine weitere Bestätigung der Tatsache, daß bei Gegenwart von Kohlehydraten Ammoniak in der Form des Asparagins auftritt. In allen Versuchen war der Eiweißabbau schwächer als in entsprechenden Wasserkulturen.

Trotz mancher Übereinstimmung zeigten aber diese Versuche mit kohlehydratreichen, abgeschnittenen Blättern keine Einheitlichkeit (z. B. 5 und 7). Sie lassen keinen sicheren Schluß über die Bedeutung der Kohlehydrate für Eiweiß abbauende Vorgänge zu. Doch lenkten sie die Aufmerksamkeit auf eine wahrscheinliche Verschiedenheit des N-Stoffwechsels junger und alter Blätter. Zur Klärung dieser Frage war eine schärfere Beobachtung des Blattalters notwendig. Solche Versuche wurden angestellt und sind im Zusammenhang mit anderen in Kapitel VII beschrieben.

IV. Narkoseversuche.

Die Narkose ist bisher zu stoffwechselphysiologischen Versuchen bei Pflanzen nur in geringem Maße herangezogen worden. Diese wenigen Arbeiten fußen auf der bekannten Beobachtung A. CL. BERNARDS (1878), daß in narkotisierten Keimlingen die synthetischen Prozesse gehemmt oder verhindert wurden, die abbauenden Vorgänge aber weiterliefen (siehe auch IRVING 1911). Obgleich auch die Atmung durch Narkotika wesentlich beeinflußt wird (THODAY 1919, OSTERHOUT und seine Schüler, vgl. CZAPEK, Biochemie), scheint diesem Satz BERNARDS eine allgemeine Bedeutung zuzukommen. Jedenfalls haben Narkoseversuche für die Klärung des Amidproblems wesentlich beigetragen. Die SCHULZE-PRIANISCHNIKOWsche Hypothese sieht bekanntlich im Asparagin einen sekundär aus Ammoniak entstehenden Stoff mit bestimmten Funktionen. Seine Entstehung müßte nach obigem Prinzip in der Narkose verhindert sein, ebenso aber eine Eiweißsynthese aus Ammoniak. Dieser müßte sich also ansammeln, wenn wir die Bedingungen zu seiner Bildung schaffen.

BUTKEWITSCH (1909) glückte es tatsächlich, *in mit Toluoldämpfen behandelten Lupinenkeimlingen die Asparaginbildung zum Stillstand zu bringen*; *gleichzeitig beobachtete er eine Anreicherung von Ammoniak*, das nur auf oxydativem Weg entstanden sein konnte. Dieser Befund stellte in der Tat eine wesentliche Stütze der Ansicht PRJANISCHNIKOWs dar.

Es lag nahe, die Narkose auch im Zusammenhang meiner Untersuchungen zu verwenden. Mit Hilfe solcher Experimente sollte erstens allgemein der N-Stoffwechsel narkotisierter Blätter studiert werden, zweitens versucht werden, eine endgültige Klärung der Frage herbeizuführen, ob unabhängig vom Kohlehydratgehalt dauernd ein Eiweißabbau stattfände.

Alle Narkoseversuche wurden mit Primärblättern von *Phaseolus* angestellt, die auf Grund der bisherigen Erfahrungen am geeignetsten erschienen, obgleich die Gefahr bestand, durch diese Einseitigkeit der Versuchsanordnung die Ergebnisse in ihrem Werte beeinflussen zu können. Es wurden stets Chloroformdämpfe benutzt. Die abgeschnittenen Blätter standen mit den Stielen in Wasserkölbchen unter einer 8 Liter fassenden, gut abgedichteten, verdunkelten Glasglocke, in der eine gewisse Menge Chloroform zur Verdampfung gebracht wurde. Mengen über 1,5 ccm auf 8 Liter erwiesen sich dabei als schädlich; die Blätter starben ab. Ihre Farbe veränderte sich dabei von grün zu braungrün. Selbst 1 ccm Chloroform konnten die Blätter nicht längere Zeit vertragen. 0,5 ccm dagegen ergaben selbst nach achttägigen Versuchen keine Störungen. Die Blätter waren schön grün, während die im Parallelversuch ohne Narkotica verwendeten oft gelbgrüne Farbe angenommen hatten, was schon äußerlich einen stärkeren Eiweißabbau andeutete. Wurden Blätter nach mehrtägiger Narkose wieder an Licht und Luft gebracht, zeigten sie auch im Stoffwechsel durchaus normales „gesundes" Verhalten (siehe Versuch 5), ein Beweis für die geringe Giftigkeit der schwachen Chloroformkonzentrationen (IRVING, A. A. 1911).

Es folgt nun tabellarisch geordnet eine kurze Beschreibung der vorgenommenen Versuche und ihrer Ergebnisse. Es wurde stets zu Beginn des Experimentes mit der Hälfte des physiologisch als durchaus gleichwertig zu betrachtenden Materials eine Kontrollbestimmung durchgeführt, in einigen Fällen mit weiterem Material ein Paralleldunkelversuch ohne Narkotica angesetzt.

Alle Versuche zeigen zunächst einen starken Eiweißabbau, der wohl auf die Tätigkeit hydrolytischer Fermente (vgl. BUTKEWITSCH 1904) zurückgeführt werden kann. Doch ist dieser Abbau nicht so stark

Tabelle 13.

		Stickstoff in		vT. Fr.-Gewicht	vH. Total-N				
Versuch	Bemerkungen	$CH \cdot Cl_3$ auf 8 Ltr.	Temp.	Total	NH_3	2. Amid	Rest	Lösl.	Eiweiß
1. A. 6. V. 25 2 Tage Narkose	30—50 cm hoch Schwere Schädigung	2,4	22°	4,26	1,3	2,9	8,4	12,6	87,4
					3,5	2,5	23,3	29,1	70,9
1. B. 6. V. 25 3 Tage im Dunkeln	30—50 cm hoch		22°		1,3	2,6	6,1	10,0	90,0
					1,6	6,8	11,8	20,2	79,8
2. 18. V. 25 2 Tage Narkose	40 cm hoch ungeschädigt	1	30°	4,6	1,1	3,5	10,3	14,9	85,1
					3,8	3,0	18,5	25,3	74,7
3. 23. V. 25 5 Tage verdunkelt	30 cm hoch 2 Tage verdunk. Bl. gelb-gelbgrün		21°	5,38	1,0	7,1	18,5	26,6	73,4
			21°		2,9	13,2	39,6	55,7	44,3
5 Tage Narkose	Bl. schön grün	0,5	21°		14,7	1,8	22,6	39,1	60,9
4. 15. VI. 25 5 Tage Narkose	50 cm hoch 5 Tage verdunk. Bl. grün				1,6	4,8	10,1	16,5	83,5
		0,5	17°		12,8	2,0	15,8	30,6	69,4
5. 22. VI. 25 4 Tage Narkose	Junge Pfl. Amide anger.	0,5	18°		1,0	9,5	7,2	17,7	82,3
					13,6	4,1	19,5	37,2	62,8
4 Tage Narkose	8 Std. belichtet 40 Std. dunkel	0,5	18°		3,1	19,9	17,5	40,3	59,5

wie in nichtnarkotisierten Blättern, was vielleicht auf eine Hemmung durch Chloroform oder auf eine Giftwirkung entstehender Stoffwechselprodukte wie NH_3 usw. zurückzuführen ist.

Eine Vermehrung des Amid-N in anästhesierten Blättern ist nirgends beobachtet worden. Vielmehr zeigen einige Versuche eine beträchtliche Verminderung des durch Säurehydrolyse abspaltbaren Ammoniaks (vgl. Butkewitsch 1909). Ob nun diese Verminderung lediglich auf einer Abspaltung des carboxylgebundenen Ammoniaks beruht oder auch von einer Abspaltung der Aminogruppe der Säureamide begleitet ist, kann nicht entschieden werden. In beiden Fällen muß dem Verschwinden von Amiden nach unseren chemischen Vorstellungen eine Hydratation zugrunde liegen. Wir können also sagen, daß hydrolytische Prozesse in der Narkose stark in Erscheinung treten.

Weiter zeigen alle Versuche eine beträchtliche Ammoniakanreicherung. Da NH_3 nicht von außen aufgenommen werden konnte, kann über seine Entstehung aus Eiweißen bzw. deren Spaltungsprodukten kein Zweifel bestehen.

Versuch 5 zeigt, daß auf solche Weise angereicherter Ammoniak bereits nach kurzer CO_2-Assimilation in Asparagin umgewandelt wird.

Es ist auf Grund dieser Ergebnisse ersichtlich, daß solche Narkoseversuche geeignet sind, den Chemismus dissimilatorischer Prozesse aufzuklären, vor allem auch des hydrolytischen und oxydativen Abbaues des Asparagins. Auch erscheint es aussichtsreich, solche Versuche zur Klärung der Stoffwechselverschiedenheiten in jungen und alten Blättern anzustellen. Soweit dies im Rahmen dieser Arbeit liegen konnte, wurden Vorstöße in der aufgezeichneten Richtung vorgenommen und im Kapitel VII beschrieben.

V. Anaerobiose.

Auf Grund der Untersuchungen des letzten Kapitels kann kein Zweifel bestehen, daß auch in ausgewachsenen Blättern die Amide aus Ammoniak gebildet werden. Soweit dieser Ammoniak nicht von außen zugeführt wird, ist seine Entstehung aus anderen N-haltigen Verbindungen sicher. Die in der Einleitung erwähnten mannigfachen Untersuchungen an Keimpflanzen und die voranstehenden eigenen haben nun bewiesen, daß ein großer Teil der Amide nur auf Kosten von Eiweiß gebildet werden kann, da keine anderen N-haltigen Substanzen in der dazu erforderlichen Menge vorhanden sind.

Nun entsteht eine weitere wichtige Frage: Ist dieser Ammoniak auf hydrolytischem oder auf oxydativem Wege entstanden? Die charakteristische Aminogruppe der Aminosäuren z. B. kann auf diese oder jene Art abgespalten werden, wobei naturgemäß die neben dem NH_3 auftretenden Endprodukte verschieden sein werden:

1. (nach P. Mayer 1904):
$$R \cdot CHNH_2 \cdot COOH + H_2O = RCHOH \cdot COOH + NH_3;$$

2. (nach Dakin 1908):
$$R \cdot CHNH_2 \cdot COOH + O = RCO \cdot COOH + NH_3;$$
$$R \cdot CO \cdot COOH + O = RCOOH + CO_2 \quad \text{oder}$$
$$R \cdot CHNH_2 \cdot COOH + O = R \cdot COH + NH_3 + CO_2.$$

Auch eine Abspaltung des Stickstoffs organischer Basen und der Amide ist auf hydrolytischem Wege durchaus denkbar.

Nun haben mehrere Forscher die Lösung dieses wichtigen Problems durch Untersuchung des anaeroben Stoffwechsels an schnell wachsenden

Pflanzenteilen versucht. BORODIN (1885) stellte mikrochemisch fest, daß bei Abwesenheit von O_2 kein Asparagin in seinen Versuchsobjekten nachweisbar war, die es jedoch unter Sauerstoffzutritt reichlich bildeten. Dafür trat reichlich Leucin und Tyrosin auf. PALLADIN (1888, 172) arbeitete mit jungen Keimpflanzen von *Vicia faba* und *Triticum*. Er stellte dabei fest, daß die Keimlinge in Anaerobiose bei Gegenwart von Kohlehydraten kein Eiweiß abbauten, bei Kohlehydratmangel setzte dieser Vorgang energisch ein. Dabei wurde sehr wenig Asparagin ge- bildet, ganz im Gegensatz zu Kontrollversuchen mit normaler Sauer- stoffspannung. Dafür traten andere lösliche N-Verbindungen zahlreich auf, von denen er Tyrosin und Leucin mikrochemisch nachweisen konnte. Er forderte deshalb mit Recht, daß die Amide nicht als direkte Spal- tungsprodukte des Eiweißes, sondern als Produkte eines oxydativen Pro- zesses aufzufassen seien.

Diese Ergebnisse der PALLADINschen Arbeiten wurden von CLAUSEN (1890) angezweifelt, doch mit wenig Erfolg.

SUZUKI (1900—1902, IV) konnte die Angaben PALLADINS bei Gerste und Sojabohne voll bestätigen. Er beobachtete ebensoviel lösliche Eiweißabbauprodukte in Anaerobiose wie in Aerobiose, aber bei O_2-Aus- schluß keine Asparaginvermehrung. Die geringe NH_3-Anreicherung, die seine Versuche zeigen, steht in keinem Verhältnis zur Asparaginbildung bei O_2-Zutritt und hängt vielleicht mit der geringen Amidverminderung zusammen.

GODLEWSKI (1904, 1911) brachte dann weitere Beiträge zu diesem Problem und beobachtete bei keimenden Samen ebenfalls keine Bildung von Asparagin und Ammoniak in Anaerobiose, sondern lediglich das Auftreten von Aminosäuren und Basen.

BUTKEWITSCH (1904) zeigte dann, daß der in der Narkose in Keim- lingen reichlich auftretende Ammoniak bei Abwesenheit von Sauerstoff nicht gebildet wird.

Bei all diesen Versuchen war CO_2-Assimilation durch Dunkelkultur künstlich verhindert.

Mir erschien es wünschenswert, dazu besondere Versuche unter Ausschluß der Stoffwanderung an einzelnen Blättern anzustellen, ob- gleich ein abweichendes Verhalten der abgeschnittenen Blätter von vornherein unwahrscheinlich erschien. Dabei beobachtete ich, daß Primärblätter der Bohne erst am dritten Tag der Anaerobiose Schädi- gungen zeigten.

Der Versuch (Tab. 14, Nr. 1) wurde so durchgeführt, daß Bohnen- blätter mit den Stielen in wassergefüllten Kölbchen unter eine 8 Liter fassende, verdunkelte und luftdicht abgeschlossene Glocke gebracht wurden. Der Sauerstoff der Luft durde durch 400 ccm einer 2,5 proz. Pyrogallollösung in 2,5 vH. Natronlauge entfernt. Daneben wurde ein

Kontrollversuch unter Sauerstoffzutritt angesetzt (Versuchsdauer 3 Tage, Temperatur 22 °C, Fällung: Toluol-Tannin, Gesamt-N der Blätter in Tausentstel des Frischgewichtes 4,26).

Wie die Tabelle zeigt, wurde nur eine geringe Vermehrung des Amid-N beobachtet und ein starkes Anschwellen des Rest-N. Ob und wie weit diese bedeutende Steigerung auf Schädigungen zurückzuführen ist, ist hier nebensächlich. Jedenfalls waren die Blätter nach 60stündiger Versuchsdauer noch völlig turgescent. Erst nach 72 Stunden war eine Störung erkennbar.

Im Anschluß an diese Narkoseversuche mußte noch gezeigt werden, daß auch hier unter dem Einfluß des Chloroforms (vgl. Tab. 13) auftretende Ammoniak nicht anders als auf oxydativem Wege entstanden war. Zu dieser Beweisführung mußten Narkose und Anaerobiose kombiniert werden (Tab. 14, Versuch 2), indem unter die Glocke außer der Pyrogallollösung noch 0,5 ccm Chroroform gebracht wurden. Versuchsdauer 3 Tage bei 19 °C, Schädigungen nicht erkennbar.

Wie aus der folgenden Tabelle (14, Nr. 2) ersichtlich ist, kann auch in diesem Falle von einer wesentlichen Vermehrung des Ammoniaks nicht die Rede sein, wenn wir zum Vergleich die Werte aus Tabelle 13 heranziehen. Übrigens liegen die hier erhaltenen Mengen noch sehr nahe an den Fehlergrenzen, und der Steigerung des NH_3-Gehaltes um 50 vH. kann eben nur eine sehr relative Bedeutung zukommen.

Tabelle 14.
(N in vH. des Total-N.)

		NH_3	2. Amid	Rest	Lösl.	Eiw.
1 *Phas. multifl.*	Anfangswert	1,4	2,4	6,7	10,5	89,5
	3 Tage Anaerobiose	1,8	3,1	22,4	27,3	72,7
	Anfangswert	1,3	2,6	6,1	10,0	90,0
	3 Tage Aerobiose	1,6	6,8	11,8	20,2	79,8
2 *Phas. multifl.*	Anfangswert	1,15	1,94	6,05	9,14	90,86
	3 Tage Narkose + Anaerobiose	1,63	1,91	19,55	23,09	76,91

Zusammenfassend kann gesagt werden, daß *wie bei Keimlingen so auch bei ausgewachsenen Blättern unter Sauerstoffausschluß keine Bildung von Amiden bzw. Ammoniak stattfindet.*

VI. Künstliche N-Zufuhr.

In den oben beschriebenen Versuchen konnte durch verschiedene Methoden gezeigt werden, daß normalerweise kein wesentlicher Unterschied im Amid-Stoffwechsel zwischen ausgewachsenen Blättern und Keimlingen zu bestehen scheint, vor allem konnte bewiesen werden, daß der Ausgangsstoff der Amidbildung auch in den Blättern Ammoniak ist, dessen Entstehung durch verschiedene Experimente klargelegt worden ist. Eine weitere wichtige Ergänzung dieser Kapitel wurde durch eine künstliche N-Zufuhr erwartet. Es sind lediglich Versuche mit Ammoniumchlorid und Asparagin selbst angestellt worden, da eine Aufklärung der Entstehung des Kohlenstoffskelettes der Amide, für die Ernährungsversuche mit Ammoniumsalzen verschiedener organischer Säuren förderlich gewesen wären, im Rahmen dieser Arbeit nicht angestrebt wurde.

Zur vorliegenden Literatur ist wenig zu sagen. Ammoniumsalzfütterungen bei Blättern sind nur in geringem Maße vorgenommen worden und meist in einem anderen Zusammenhang, so daß hier ganz auf die Erwähnung der betreffenden Arbeiten verzichtet werden kann. Über künstliche Asparaginernährung bei Blättern ist nur die Arbeit von SAPOSCHNIKOW (1894) zu erwähnen, der bei *Vitis*-Blättern auf Kosten von Asparagin Eiweißsynthese feststellen konnte, aber auch eine Vermehrung des löslichen N. Im übrigen sei auf die Arbeiten von HANSTEEN (1896, 1899) und ZALEWSKY (1897) verwiesen.

Ich komme nun zur Beschreibung der eigenen Versuche, deren Nummern sich mit den entsprechenden der Tabellen Nr. 15—17 decken. Als Fällungsmittel diente in allen Versuchen Toluol-Tanin 4 vH., heiß. Als Versuchsmaterial wurden ausgewachsene Blätter nicht zu hohen Alters verwendet. Eine Darstellung des Stoffwechsels alter Blätter erfolgt in Kapitel VII.

a) Ammoniumsalzernährung:

1. Versuch (3. II. 25), junge Bohnenpflanzen wurden 2 Tage dunkel gestellt, dann wurden je 5 Primärblätter mit H_2O_2 sterilisiert und in zwei Versuchsreihen

    1. auf NH_4Cl 0,25 vH. + 0,1 vH. $CaSO_4$
    2. auf   ,,   0,25 ,, + 0,1 ,,   ,,   + 2 vH. Glucose

gebracht. Die Lösungen waren sterilisiert. Gleichzeitig wurde ein entsprechender Versuch mit etwas älteren Blättern angesetzt (1 b). Die Blätter blieben 5 Tage auf der Nährlösung, die zur Vermeidung jeder Infektion mehrere Male erneuert wurde, wobei jedesmal auch die Blätter einer kurzen H_2O_2-Behandlung unterworfen wurden. Der Versuch lief im Dunkeln bei 16°. Vor der Analyse wurden die Blätter gründlich abgespült.

Die Ergebnisse (siehe Tabelle 15) zeigen, daß in Gegenwart von Glucose trotz größerer Total-N-Steigerung und einem bedeutend höheren Eiweißgehalt weniger Ammoniak- und Amid-N zu beobachten ist, wobei man annehmen darf, daß in den Leitbündeln etwa gleichviel NH_3 aus der Nährlösung enthalten war.

2. Versuch (Tabelle 15) (4. II. 25). Der erste Versuch hatte den Nachteil, daß die Anfangswerte nicht ermittelt werden konnten. Es wurde deshalb ein zweiter mit Blättern von *Vicia faba* angestellt. Die schön entwickelten Pflanzen waren im Winter in einem kalt temperierten Gewächshaus gezogen worden. Gleiche Portionen (5,5—6 g) von ausgewachsenen Blättern wurden

A sofort analysiert,

B 4 Tage auf 0,2 vH. NH_4Cl + 0,15 vH. $CaSO_4$

C 4 „ „ 0,2 „ „ + 0,15 „ „ + 1 vH. Glucose,

D 4 „ „ 0,2 „ „ + 0,15 „ „ + 5 „ „

gebracht. Blätter und Lösungen wurden sterilisiert. Der Versuch lief 4 Tage im Dunkeln bei 12°. Vor der Analyse wurden die Blätter B—D gründlich abgespült und 2 Stunden auf Wasser gelegt, um ein möglichst völliges Entfernen von adsorbiertem und in den Leitungsbahnen angehäuften NH_3 zu erreichen.

Die Tabelle 15 (Nr. 2) zeigt, daß Glucose die N-Aufnahme bedeutend steigert. Dies ist wohl darauf zurückzuführen, daß bei Gegenwart von Glucose ein rascherer Verbrauch des NH_3 einsetzt, wodurch ein größeres Diffusionsgefälle unterhalten wird. Ein Beweis dafür liegt in der Tatsache, daß Glucosekulturen den wenigsten Ammoniak-N aufweisen. Der Amid-N hat den höchsten Wert bei schwacher Glucosefütterung; die Glucosekonzentration reicht anscheinend nicht aus, sowohl die Atmung zu unterhalten, als auch das eindringende NH_3 zu Eiweiß zu formieren, d. h. den Eiweißstoffwechsel zu balancieren. Es tritt Amidbildung ein, der Ammoniak wird entgiftet und in dieser Form gespeichert.

Größerer Kohlehydratmangel führt zum Eiweißabbau. Das eindringende Ammoniak kann nicht mehr in dem Maße „entgiftet“ werden; es sammelt sich an und verhindert ein weiteres starkes Nachströmen.

Stärkere Glucosekonzentrationen verhindern nicht allein den Eiweißzerfall, sondern ermöglichen Eiweißsynthese auf Kosten von Ammoniak und Amiden.

3. Versuch (Tabelle 15, Nr. 3) (17. II. 25). Je 6 Primärblätter von schön, gleichmäßig entwickelten, 4 Wochen alten Bohnenpflanzen werden folgendermaßen behandelt.

A sofort analysiert,

B 4 Tage dem zerstreuten Tageslicht ausgesetzt (mit den Stielen in Wasser),

C + D + E + F 1 Tag mit den Stielen in NH_4Cl 0,3 vH. + $CaSO_4$ 0,1 vH. dem normalen Tageslicht ausgesetzt. Dann wird C analysiert,

D weitere 3 Tage auf Glucose 7 vH. ins Dunkle gebracht,

E „ 3 „ „ „ 2 „ „ „ „

F „ 3 „ auf H_2O gebracht und dem zerstreuten Tageslicht ausgesetzt.

Am 21. IV. werden die Versuchsreihen B und D—F abgebrochen. Die Tabelle 15 (3) enthält die analytischen Befunde.

Eine eintägige Ammoniumsalzernährung im Tageslicht ruft also bereits bedeutende Eiweißsynthese hervor, vermehrt aber auch den Amid-N und den Rest-N. Eine Weiterbehandlung so ernährter Blätter mit 7 vH. Glucose verringert bedeutend den NH_3-N und den Amid-N; dafür beobachten wir weitere Eiweißzunahme. Bedeutend schwächer verlaufen diese synthetischen Vorgänge auf 2 vH. Glucose oder im Tageslicht (Februar!).

4. Versuch. In einem weiteren Experiment wurde versucht, durch Auswahl stärkereicher Primärblätter der Bohne ansehnliche Amid-Bildung auf Kosten von Ammoniumsalzen hervorzurufen.

Ein Teil der Blätter wurde am 25. IV. 25 analysiert, ein anderer zur gleichen Zeit auf 0,25 vH. NH_4Cl + 0,1 vH. $CaSO_4$-Lösung ins Dunkelzimmer bei 14° gebracht. Am 29. IV. wurde der Versuch abgebrochen und die Blätter nach gründlichem Abspülen noch 1 Tag auf Wasser ins Dunkle gebracht.

Die Tabelle zeigt, daß ein starkes Ansteigen des Amid-N und des Rest-N zu beobachten ist, dem nur ein relativ geringer Eiweißabbau gegenüber steht, so daß kein Zweifel bestehen kann, daß der größte Teil des aufgefundenen Amid-N aus zugeführten NH_3 entstanden ist.

Tabelle 15.

		N in vT. des Frischgewichts					
		NH_3	2. Amid	Rest	Lösl.	Eiweiß	Total
1 a *Phas. mult.* jünger	NH_4Cl	1,16	1,07	2,40	4,63	4,60	9,23
	NH_4Cl + Glucose	0,69	0,95	2,12	3,76	6,30	10,06
1 b *Phas. mult.* älter	NH_4Cl	1,05	0,80	1,65	3,50	4,51	8,01
	NH_4Cl + Glucose	0,56	0,67	1,60	2,83	5,66	8,49
2 *Vicia faba*	A sofort	0,07	0,39	1,03	1,49	3,53	5,02
	B NH_4Cl	1,09	0,74	1,74	3,57	2,46	6,03
	C NH_4Cl + 1 vH. Glucose	0,55	1,28	1,22	3,05	3,34	6,39
	D NH_4Cl + 5 vH. Glucose	0,38	0,53	1,30	2,21	5,12	7,33
	Unterschiede B	+1460	+ 90	+69	+140	−30	+20
	des Anfangswertes C	+ 690	+230	+18	+105	− 5	+26
	in vH. D	+ 440	+ 36	+26	+ 48	+45	+45
3 *Phas. mult.*	sofort	0,06	0,29	0,66	1,01	5,52	6,53
	4 Tage Licht	0,04	0,27	0,61	0,92	5,32	6,24
	1 Tag NH_4Cl	0,87	0,48	0,94	2,29	6,48	8,77
	1 T. NH_4Cl+3 T. Gluc. 7vH.	0,16	0,22	1,16	1,54	7,19	8,73
	1 T. NH_4Cl+3 T. Gluc. 2vH.	0,32	0,36	0,99	1,67	6,88	8,55
	1 Tag NH_4Cl u. 3 Tage Licht	0,39	0,40	1,27	2,06	6,97	9,03
4 *Phas. mult.*	sofort	0,06	0,12	0,30	0,48	2,87	3,35
	NH_4Cl	1,71	0,80	0,65	3,16	2,53	5,69

Zusammenfassend kann zu diesen Untersuchungen gesagt werden, daß Ammoniumsalzlösungen von ausgewachsenen Blättern leicht zur Eiweißsynthese verwendet werden können, wenn für genügend N-freie Baustoffe gesorgt ist. Tritt ein Mangel an Kohlehydraten ein, so setzt Amidbildung auf Kosten von NH_3 ein; ist der Mangel noch größer, so wird das Amid auf Kosten des Eiweißes gebildet. Die Aufnahme von Ammoniak ist in beiden Fällen bedeutend geringer. Es sind offenbar

zu geringe Konzentrationsgefälle vorhanden, die kein rasches Nachströmen von Ammoniak ermöglichen. — Es ist gleichgültig, ob die zur
Eiweißsynthese notwendigen N-freien Stoffe auf dem Wege der Assimilation erzeugt oder ebenfalls einer Nährlösung in Form von Glucose
entnommen werden.

b) *Asparaginernährung.*

Von großem Interesse schien mir nun das Verhalten des Asparagins
sellbst. Mannigfache Versuche in den voranstehenden Kapiteln zeigen
teils eine leichte, teils eine erschwerte Verwendung des in den Zellen
gebildeten Asparagins zur Eiweißsynthese. Um dies verschiedene Verhalten genauer studieren zu können, wurden einige Ernährungsversuche
mit diesem Stoff durchgeführt. Auch bei diesen Experimenten kamen
nur sterilisierte Lösungen zur Verwendung. Auch die Blätter wurden
sterilisiert. Die Nummern der Versuche entsprechen denen der Tabellen
16—17.

5. Versuch, Blätter von *Vicia faba* wurden am 17. III. 25 zu gleichen
Portionen (4 g).

1. sofort analysiert,

2., 3. und 4. bei 27° 2 Tage lang im Dunkeln mit den Stielen
in 1 vH. Asparaginlösung gebracht. Dann wurde 2. analysiert und

3. 2 Tage lang nach H_2O_2-Behandlung auf sterilisierte 2,5 vH.
Glucose bei 17° ins Dunkle gebracht.

4. ebenso, aber 4 Tage lang.

Die Ergebnisse in Tabelle 16 zeigen, daß während der Asparaginernährung starker Eiweißabbau stattgefunden hat. Ein Teil dieser
Abbauprodukte ist als Amid-N gefaßt worden. Doch ist die weitaus
größte Menge dieses Amid-N auf das eingewanderte Asparagin zurückzuführen. 2,5 vH. Traubenzuckerlösung vermag den weiteren Eiweißabbau annähernd zu verhindern. Doch vermehrt sich der Rest-N bedeutend auf Kosten des Asparagins, das also in neue, analytisch nicht
erfaßte Verbindungen übergeführt worden ist, vielleicht in Eiweißbausteine, vielleicht auch in piperazinartige Ringverbindungen.

6. Versuch. Primärblätter von 25 cm hohen Bohnenpflanzen wurden
am 21. III. 25 zur Hälfte analysiert. Die übrigen Blatthälften, an denen
Mittelrippe und Blattstiele belassen wurden, wurden mit den Stielen
in Kölbchen gebracht, die 0,4 vH. Asparaginlösung mit 2,7 vH. Glucose
enthielten. Der Versuch lief im Dunkeln bei 18° 3 Tage lang. Die
Ergebnisse (Tab. 16) zeigen, daß weder Eiweißabbau noch -aufbau
stattgefunden hat. Neben der bedeutenden Steigerung des Amid-N
beobachten wir eine geringe des Rest-N (Tab. 16).

7. Versuch. Primärblätter von 40 cm hohen Bohnenpflanzen wurden
am 26. III. in zwei Portionen mit den Stielen in 1 proz. Asparaginlösung

Tabelle 16.

| | | N in vT. des Frischgewichts | | | | | |
		NH₃	2. Amid	Rest	Lösl.	Eiweiß	Total
5.	Zu Beginn	0,01	0,14	0,43	0,59	4,95	5,53
	2 Tage Asparagin.	0,08	3,23	0,59	3,90	4,27	8,17
V. f.	2 Tage Asp. + 2 Tage Gluc.	(0,10)	2,72	1,11	3,93	4,04	7,97
	2 Tage Asp. + 4 Tage Gluc.	0,04	2,23	1,71	3,98	3,97	7,95
6.	Zu Beginn	0,01	0,52	0,92	1,50	5,24	6,74
Phas.	3 Tage Asp. + Glucose . .	0,02	2,86	1,15	4,03	5,30	9,33
mult.							

gebracht und im stark zerstreuten Tageslicht 1 Tag darin belassen. Dann wurden die Hälften der Blätter analysiert, die anderen Hälften 5 Tage lang in 2 vH. Glucoselösung gebracht, die täglich gewechselt wurde. Am 1. III. begannen die Blätter zu welken; der Versuch wurde abgebrochen.

Die Analysen (Tabelle 17) ergaben, daß abermals im Eiweißgehalt keine Veränderungen zu beobachten waren, daß der Rest-N bedeutend auf Kosten des Amid-N zugenommen hatte.

8. Versuch. Dieser am 1. IV. mit ähnlichem Material ausgeführte Versuch gleicht dem vorhergehenden, nur wurde eine 0,5 proz. Asparaginlösung und danach eine 7 proz. Traubenzuckerlösung 4 Tage lang in Anwendung gebracht.

Die Analysen (Tabelle 17) zeigen eine starke Eiweiß- und Rest-N-Zunahme auf Kosten des Amid-N.

9. Versuch. Die bisherigen Versuche und die Arbeiten Spoehrs (1923) über die Abhängigkeit der Atmung abgeschnittener Blätter vom Kohlehydrat- und Aminosäurengehalt machten es wahrscheinlich, daß eine verschieden große Glucosekonzentration geboten werden muß, um den Eiweißhaushalt der Blätter zu balancieren, je nachdem mehr oder weniger Asparagin in die Zellen eingedrungen ist.

Ich fütterte deshalb Bohnenblätter

    a) mit 0,5 proz. Asparaginlösung,

    b) mit 0,1 proz.   „

je 1 Tag lang bei 17° im Dunkeln, analysierte dann die Blatthälften und brachte die übrigen in beiden Fällen 3 Tage lang auf 5 proz. Traubenzuckerlösung.

In der Tat zeigt der Versuch a (s. Tab. 17) einen weiteren Eiweißabbau und eine Amidsteigerung, b aber Eiweißsynthese auf Kosten des Amid-N.

Wenn also bei diesen Versuchen im allgemeinen eine Eiweißsynthese auf Kosten zugeführten Ammoniaks oder Asparagins beobachtet werden konnte, so zeigten doch andere diese Erscheinungen nicht, trotz aus-

Tabelle 17.

		NH₃	2. Amid	Rest	Lösl.	Eiw.
		— N in vH. Total-N				
7 *Phas. mult.*	1 Tag 1 vH. Asparagin	0,4	41,8	4,5	46,7	53,3
	Darnach 5 Tage 2 vH. Glucose	0,1	32,3	14,0	46,4	53,6
8 *Phas. mult.*	1 Tag 0,5 vH. Asparagin	0,6	40,4	8,5	49,5	50,5
	Darnach 4 Tage 7 vH. Glucose	0,2	27,1	11,4	38,7	61,3
9 *Phas. mult.*	a 1 Tag Asparagin 0,5 vH.	0,4	39,7	9,1	49,2	50,8
	a Darnach 3 Tage Glucose 5 vH.	0,1	44,0	10,7	54,8	45,2
	b 1 Tag Asparagin 0,1 vH.	0,4	21,8	11,3	33,5	66,5
	b Darnach 3 Tage Glucose 5 vH.	—	19,0	12,7	31,7	68,3

giebiger Kohlehydratzufuhr. Übereinstimmend mit einigen Versuchen
in Tabelle 12, bei denen im Licht Eiweiß unter Amidbildung abgebaut
wurde, den Blättern also trotz Kohlehydratreichtum die Fähigkeit,
Eiweiß aus den Spaltungsprodukten zu regenerieren, abgesprochen
werden mußte, wurde vielmehr beobachtet, daß in gewissen Blättern
Eiweißsynthese auf Kosten angereicherten Asparagins nicht zu erreichen
war. Diese Blätter unterscheiden sich aber von denen der bereits beschriebenen Versuche durch höheres Alter. Systematische Versuche
sollten hier Klärung bringen.

VII. Die Bedeutung des Blattalters für den N-Stoffwechsel.

Bereits an verschiedenen Stellen dieser Arbeit habe ich auf eigenartige Beobachtungen aufmerksam machen können, die die Vermutung
zuließen, daß Blätter verschiedenen Alters Unterschiede in quantitativer,
vielleicht sogar qualitativer Art innerhalb ihres N-Stoffwechsels besitzen. Doch war eine Entscheidung dieser Frage nicht möglich, weil
eine exakte Beurteilung des Blattalters und Vergleiche einzelner Experimente nachträglich nicht mehr angestellt werden konnten, ohne den
so erzielten Ergebnissen den Charakter unnützer Spekulationen zu verleihen. Vielmehr mußten eine Reihe besonderer Versuche angestellt
werden, die nun unter diesem einheitlichen Gesichtspunkt beschrieben
werden sollen. Nur sei vorausgeschickt, daß es nicht möglich war, eine
endgültige Klärung der Frage zu erzielen, weil durch die fortgeschrittene
Jahreszeit weder genügendes, noch alle Anforderungen erfüllendes
Pflanzenmaterial zur Verfügung stand. So sind die im folgenden angeführten Experimente mehr als ein Vorstoß zu betrachten. Ich hoffe,
im kommenden Jahr eine auf breiterer Grundlage aufgebaute Untersuchung dieses interessanten Problems vornehmen zu können.

Wie bereits frühere Untersuchungen ergaben, zeigen nicht allein ausgewachsene und nicht ausgewachsene Blätter unter.gleichen Bedingungen verschiedenartigen Stoffwechsel, sondern vor allem ausgewachsene Blätter unter sich, wobei die einen den nicht ausgewachsenen ähnelten oder sogar gleichwertig waren. Es wird also gut sein, die Extreme dieser physiologisch unterschiedlichen Organe mit jung und alt zu bezeichnen. Bereits im ersten Kapitel des experimentellen Teils habe ich gezeigt, daß Blätter verschiedenen Alters verschiedene Quantitäten N-haltiger Substanzen aufweisen, und es kann kein Zweifel sein, daß alte Blätter, die durch Vergilben ein Zeichen des Absterbens geben, charakterisiert sind durch einen bestimmten Gehalt an Eiweiß-N. Ich komme darauf in den Schlußbetrachtungen zurück. Solche Blätter mit nichtausgewachsenen Blättern unter verschiedenen Bedingungen vergleichend zu beobachten, ist das Ziel dieses Teiles der Untersuchungen.

Zunächst sei der Stoffwechsel in kohlehydratarmen und -reichen Blättern ins Auge gefaßt unter sonst gleichen Bedingungen, also auch bei unveränderten Mengen des Gesamt-N.

1. *Versuch* (Tab. 18). *Phaseolus multiflorus.* Freilandpflanzen. A. jung, B. ältere, blühende. Von je 6 Pflanzen wird die Hälfte der Primärblätter analysiert, die übrigen 2 × 6 werden in wassergefüllte Kölbchen gebracht und dem zerstreuten Tageslicht ausgesetzt. Zwei weitere Serien gleichwertiger Primärblätter unter sonst gleichen Bedingungen verdunkelt. Dauer 18. VI. bis 25. VI. 25. *Beim Abbrechen des Versuches zeigen die jungen Lichtblätter außer schwacher Gelbgrünfärbung der Nerven keine Veränderung.* Die Dunkelblätter sind an den Rändern gelblich bzw. ganz gelb. *Die alten Lichtblätter gelbgrün.*

2. *Versuch* (Tab. 18). *Phaseolus multiflorus* Freilandpflanzen, blühend und fruchtend. Von Fiederblättern werden die Endfiedern entfernt, die Hälfte der Seitenfiedern analysiert, der andere Teil mit Stielen in Wasser gebracht und zwar

    A. von jungen, aber schon derben und ausgewachsenen Blättern am Sproßende,
    B. von alten, grünen,
    C. von alten, gelbgrünen.

Von jungen, 30 cm hohen Pflanzen werden die Primärblätter zu dem Versuch D verwendet. Die Blätter werden dem zerstreuten Tageslicht ausgesetzt und nach 7 Tagen am 4. Sept. 1925 analysiert.

3. *Versuch* (Tab. 18). *Amicia zygomeris.* Freilandpflanzen. Junge und alte Teilblättchen wurden mit den Stielen der Blätter in Wasserkölbchen gebracht und 5 Tage dem zerstreuten Tageslicht ausgesetzt. Eine weitere Portion alter Blätter wurde unter gleichen Bedingungen verdunkelt, aber 6 Tage lang.

4. *Versuch* (Tab. 18). *Phaseolus multiflorus.* Freilandpflanzen. A. Primärblätter junger Pflanzen, B. Fiederblätter fruchtender Pflanzen. Dauer 7 Tage. Sonst wie oben.

Aus diesen Versuchen ergibt sich klar, *daß nur alte Blätter am Licht, also bei Kohlehydratreichtum, einen Eiweißabbau zeigen,* wie ihn auch Chibnall beobachtet hat. *Junge Blätter besitzen diese Eigenschaft nicht.*

Tabelle 18.

		Stickstoff in		vT. Fr.-Gewicht	vH. Total-N				
		Versuch	Bemerkungen	Total	NH₃	2. Amid	Rest	Lösl.	Eiw.
1.	A. jung	18. VI. 25	—	—	1,2	1,3	5,2	7,7	92,3
		8 Tage Licht	Nerven gelblich	—	1,0	1,8	8,2	11,0	89,0
		8 „ dunkel	Ränder gelblich	—	1,6	10,7	25,0	37,3	62,7
	B. alt	21. VI. 25	—	—	1,5	1,8	6,1	9,4	90,6
		8 Tage Licht	gelbgrün	—	1,6	12,3	13,5	27,4	72,6
		8 „ dunkel	gelb	—	3,0	21,2	14,9	39,1	60,9
2.	A.	28. VIII. 25	—	7,15	0,5	1,0	6,4	7,9	92,1
		4. IX. 25	grün	—	0,2	1,0	7,7	8,9	91,1
	B.	28. VIII. 25	—	7,00	0,6	1,3	6,1	8,0	92,0
		4. IX. 25	grün	—	0,3	2,4	8,8	11,5	88,5
	C.	28. VIII. 25	—	3,37	0,5	0,8	11,1	14,4	85,6
		4. IX. 25	gelblich	—	0,4	5,4	15,4	21,2	78,8
	D.	28. VIII. 25	—	3,74	0,5	3,1	22,3	25,9	74,1
		4. IX. 25	grün	—	0,2	3,1	15,5	18,8	81,2
3.	A. jung	18. IX. 25	—	10,9	0,4	0,6	6,0	7,0	93,0
		5 Tage Licht	grün	—	0,3	2,6	6,3	9,4	90,6
	B. alt	18. IX. 25	—	9,85	0,4	0,5	5,6	6,5	93,5
		5 Tage Licht	grün	—	0,3	6,3	11,6	18,2	81,8
		6 „ dunkel	gelblichgrün	—	0,8	16,0	38,7	45,5	54,5
4.	A. jung	13. X. 25	—	6,76	0,7	3,8	12,9	17,4	82,6
		7 Tage Licht	grün	—	0,4	5,2	10,9	16,5	83,5
	B. alt	13. X. 25	—	7,19	0,5	0,7	7,1	8,3	91,7
		7 Tage Licht	gelb-gelbgrün	—	0,8	6,0	13,4	20,2	79,8

Doch stimmen sie darin überein, *daß Ammoniak im Licht niemals auftritt*, was auch mit den früheren Beobachtungen bei Glucoseernährung übereinstimmt. Für eine weitere Untersuchung dieses Problems ist zunächst die Klärung der Frage notwendig, ob das Verhalten junger Blätter darauf zurückzuführen ist, daß immerwährend gespaltene Eiweiße bei Gegenwart von Kohlehydraten regeneriert werden, oder ob überhaupt keine Spaltungen auftreten. Diese Frage: Verhindern, verlangsamen oder kompensieren Kohlehydrate in jungen Blättern den Eiweißabbau? erscheint am einfachsten durch Narkoseversuche geklärt werden zu können, die ebenso wie die in Tabelle 13 beschriebenen mit Primärblättern von *Phaseolus multiflorus* angestellt wurden; die Ergebnisse enthält die Tabelle 19.

Tabelle 19.

		Stickstoff in			vT. Fr. Gew.	vH. Total-N				
	Versuch	Bemerkungen	CH · Cl$_3$ auf 8 Ltr.	Temp.	Total	NH$_3$	2. Amid.	Rest	Lösl.	Eiw.
1a	18. VI. 25 2 Tage Narkose	junge Pflanze, stärkereich				1,2	1,3	5,2	7,7	92,3
		keine Stärke	0,5	18°		1,4	1,1	9,6	12,1	87,9
1b	21. VI. 25 2 Tage Narkose	ausgew. Pflanze, stärkereich				1,5	1,8	6,1	9,4	90,6
		wenig Stärke	0,5	18°		4,1	1,5	14,8	20,4	79,6
2a	22. VI. 25 4 Tage Narkose	junge Planzen + 5 vH. Glukose, steril			6,34	1,1	2,5	8,6	12,2	87,8
			0,75	18°		2,5	1,2	10,6	14,3	85,7
2b	26. VI. 25 4 Tage Narkose	blüh. Pflanzen + 5 vH. Glukose, steril			4,69	1,5	1,9	6,2	9,6	90,4
			0,75	18°		5,1	1,5	15,4	22,0	78,0

Es zeigt sich also, daß in jungen, ausgewachsenen Blättern bei nur
zweitägiger Narkose ebenso wie bei Glucoseernährung und längerer
Narkose keine wesentliche Ammoniakvermehrung zu beobachten ist.
Die geringe Zunahme des NH$_3$-N ist auf die Abnahme des Amid-N
zurückzuführen. Ein Vergleich dieser Differenzen läßt die Vermutung
aufkommen, daß beide NH$_2$-Gruppen aus dem Molekül abgespalten
worden sind. Die jungen Blätter zeigen ferner in beiden Fällen eine
Vermehrung des Rest-N. In Versuch 1a war offenbar die Stärke aufgebraucht, so daß bereits Eiweiße angegriffen wurden.

Die alten ausgewachsenen Blätter zeigen außer der Rest-N-An-
reicherung in beiden Fällen eine bedeutende Vermehrung des Ammoniak-
N, die nicht allein durch die Abnahme des Amid-N zu erklären ist.

*Somit erscheint es erwiesen, daß in jungen Blättern Eiweiße nur
bei Kohlehydratmangel abgebaut werden.* Diese Tatsache stimmt mit
den Anschauungen von SCHULZE und PRJANISCHNIKOW über den Amid-
stoffwechsel völlig überein. Ungeklärt erscheint aber der Stoffwechsel
alter Blätter. Zunächst können zwei Ursachen für die Anreicherung
löslicher N-Verbindungen verantwortlich gemacht werden. Entweder
ist der Abbau stärker als die Synthese in alten Blättern, oder alte
Blätter sind zur Synthese von Eiweißen aus Amiden oder allgemein aus
ihren Spaltungsprodukten nicht mehr in der Lage. Die Beweisführung

stößt auf mannigfache Schwierigkeiten. Doch dürfte allein der Nachweis, daß in abgeschnittenen Blättern die Synthese von Eiweißen stark gehemmt ist, sehr wertvoll sein. Unter Verweis auf die Schlußbetrachtungen seien hier noch eine Reihe von Versuchen angeführt, die zur Aufhellung dieser eigenartigen Verhältnisse dienen sollten. Sie stärken die Anschauung, daß synthetische Prozesse im N-Stoffwechsel weitgehend unterbleiben mit Ausnahme der Asparaginbildung, sie haben aber noch keine endgültigen Schlüsse gestattet aus den am Eingang dieses Kapitels angeführten Gründen. Für die Beurteilung der Experimente sei noch auf einige sehr wesentliche Eigenschaften junger und alter Blätter hingewiesen. Alte Blätter transpirieren schwächer als junge Bei Ernährungsversuchen bedeutet es, daß diese mehr Substanz aufnehmen als jene. Dies führt zu verschiedenen Gleichgewichtsverhältnissen und erschwert die Versuchsanordnung. Auch ist bei solchen Versuchen zu beachten, daß nicht die Steigerung des Total-N als Grundwert für die Stoffaufnahme einzusetzen ist, sondern daß immer bedacht werden muß, daß beträchtliche Mengen von aufgenommener Substanz noch in den Leitungsbahnen sich befinden können oder an den Zellwänden adsorbiert sind. Doch habe ich meist die Blätter nach Beendigung der Ernährung auf gewöhnlichem Wasser oder N-freier Nährlösung einige Zeit nachsaugen lassen.

Zunächst wurde ein Versuch angestellt mit Blättern jungen und „mittleren" Alters, dessen Ergebnisse in Tabelle 20 dargestellt sind:

Versuch: Junge, nicht ausgewachsene Blätter von 40 cm hohen Bohnenpflanzen wurden ebenso wie ihre Primärblätter am 30. VI. 25 4 Tage lang auf 0,5 proz. Asparaginlösung mit 5,0 proz. Glucose gebracht, nachdem die Hälften der Blätter längs der Mittelrippe abgetrennt und analysiert worden waren.

Die Tabelle 20 zeigt, daß die jungen Blätter trotz höheren Total-N-Gehaltes bedeutend mehr N aufgenommen hatten als alte Blätter. Überraschenderweise ist aber sowohl der Zuwachs in Hundertsteln des Anfangswertes, als auch der Zuwachs in Hundertsteln des Gesamtzuwachses in beiden Fällen für den Amid-N derselbe, während die jungen Blätter mehr Eiweiß und weniger Rest-N gebildet haben als die älteren.

Es ist schwer zu entscheiden, ob die verschieden starke Asparaginaufnahme lediglich von verschiedener Permeabilität und verschiedener Oberflächengröße junger und alter Blätter beeinflußt ist, ebenso schwer ist zu entscheiden, ob den eigenartigen Proportionen der Amid-Aufnahme zur Total-N-Steigerung ein eigentümliches Gleichgewichtsverhältnis zugrunde liegt. Wesentlich ist aber die Feststellung, daß jüngere Blätter trotz größeren Eiweißgehaltes mehr Eiweiß gebildet haben als ältere.

Tabelle 20.

		N in vT. des Frisch-Gewichts					
		NH$_3$	2. Amid	Rest	Lösl.	Eiweiß	Total
Junge Blätter	Zu Beginn	0,06	0,12	0,97	1,15	6,84	7,99
	4 Tage Asp. + Glucose	0,09	1,78	1,75	3,62	9,22	12,84
	Absoluter Zuwachs .	0,03	1,66	0,78	2,47	2,38	4,85
Alte Blätter	Zu Beginn	0,06	0,05	0,41	0,52	4,37	4,89
	4 Tage Asp. + Glucose	0,10	0,74	0,93	1,77	5,15	6,92
	Absoluter Zuwachs .	0,04	0,69	0,52	1,25	0,78	2,03
Zuwachs in vH. des Anfangswert	Junge Blätter	50	1380	80	224	35	61
	Alte Blätter	66	1380	127	240	18	41,5
Zuwachs in vH. d. Total-Zuwachses	Junge Blätter	0,60	34	16	51	49	—
	Alte Blätter	2,00	34	26	62	38	—

Instruktiver ist das folgende Experiment (Tabelle 21). Die Versuchsanstellung war so, daß Primärblätter junger Pflanzen und Fiederblätter alter Pflanzen zunächst 3 Tage in abgeschnittenem Zustand verdunkelt wurden, so daß in ihnen Amide angereichert wurden. Bei nun folgender 4tägiger natürlicher Belichtung bauten die alten Blätter weiter Eiweiß ab, die jungen aber regenerierten solches, wenn auch nicht in ausgedehntem Maße. Zu diesem Zweck müßten junge Fiederblätter zur Verfügung stehen, die ich mir leider nicht mehr in brauchbarem Zustande beschaffen konnte. Interessant ist auch, daß die alten Blätter während der 3tägigen Verdunkelung relativ weniger Eiweiß abbauten als junge, wohl wieder ein Beweis dafür, daß von besonders starker Neigung zu dissimilatorischen Prozessen in alten, ausgewachsenen Blättern nicht die Rede sein kann. Es mag noch ausdrücklich bemerkt werden, daß auch in diesem Falle die jungen Blätter „ausgewachsen" waren.

In der Tabelle 21 ist ein weiterer Versuch dargestellt (*Versuch 2*). Abgeschnittene Blätter von *Phaseolus multiflorus* wurden mit N gefüttert und zerstreutem Tageslicht ausgesetzt. Folgende Blattsorten kamen zur Verwendung: A. Primärblätter junger Bohnenpflanzen. B. Kleine, aber derbe Blätter vom Sproßende fruchtender Freilandpflanzen. C. Große, alte Fiederblätter von Freilandpflanzen. Die Ernährung wurde folgendermaßen durchgeführt:

   1. 9. IX. 25 Kontrollanalysen,
      9.—10. IX. in 0,2 vH. (NH$_4$)$_2$SO$_4$ + 0,2 vH. CaSO$_4$,
      10.—14. IX. in 0,3 vH. NH$_4$Cl + 0,2 vH. CaSO$_4$,
      14.—15. IX. abgespült in H$_2$O.

   2. Die Asparaginblätter wurden 4 Tage mit 1 proz. Asparaginlösung gefüttert, dann 2 Tage mit den Stielen in Wasser gebracht.

Tabelle 21.
(Vers. 1: N in vH. des Total-N; Vers. 2: N in vT. des Frischgewichtes)

			NH$_3$	2. Amid	Rest	Lösl.	Eiweiß	Total
1.	Jung	7. X. 25	0,6	3,9	13,3	17,8	82,2	
		3 Tage dunkel	0,5	13,0	18,3	31,8	68,2	
		weitere 4 Tage belichtet	0,4	11,6	17,2	29,2	70,8	
	Alt	7. X. 25	0,9	1,1	8,1	10,1	89,9	
		3 Tage dunkel	0,7	3,0	11,0	14,7	85,3	
		weitere 4 Tage belichtet	0,5	8,5	12,0	21,0	79,0	
2.	A. Primär- bl.	Kontrolle	0,08	0,38	0,91	1,37	3,22	4,59
		NH$_3$-Licht	1,28	0,67	2,02	3,97	4,58	8,55
		Asparagin-Licht	0,11	3,07	2,83	6,01	4,44	10,41
	B. Jüngere	Kontrolle	0,05	0,03	0,74	0,82	6,94	7,76
		NH$_3$-Licht	1,12	0,11	2,66	3,89	7,50	11,39
		Asparagin-Licht	0,04	1,80	2,67	4,51	7,07	11,58
	C. Alte	Kontrolle	0,04	0,01	0,60	0,65	5,58	6,23
		NH$_3$-Licht	0,92	0,08	2,02	3,02	5,25	8,27
		Asparagin-Licht	0,03	1,72	2,06	3,81	5,36	9,17

Auch der zweite Versuch zeigt ähnliche Verhältnisse. Beachtenswert erscheint die bedeutende Steigerung des Rest-N. in allen drei Fällen. Es muß also der aufgenommene Stickstoff in eine lösliche Form verwandelt worden sein, die nicht gefaßt werden konnte. Dies stimmt mit früheren Versuchen überein und läßt es ratsam erscheinen, bei der Fortsetzung dieser Arbeit auch den Rest-N eingehender zu untersuchen. Hier seien noch vier weitere Versuchsreihen mitgeteilt, die teilweise mit anderem Material durchgeführt worden sind. Die Ergebnisse enthält die Tabelle 22.

1. *Phaseolus multiflorus.* Blattmaterial wie bei 21, 2 B. und 2 C. Die Blätter wurden am 16. IX. 25 geerntet, die Blatthälften zu Kontrollbestimmungen verwendet, die übrigen mit daran belassener Mittelrippe und Blattstiel im Dunkeln in eine Lösung von 0,15 vH. NH$_4$Cl, 0,07 vH. CaSO$_4$ und 4,0 vH. Glucose gestellt. Der Versuch wurde am 21. IX. abgebrochen.

2. *Phaseolus multiflorus.* Blattmaterial wie bei 21, 2 A. und 2 C. Die Blätter wurden mit den Stielen in eine mehrmals gewechselte Nährlösung gestellt von folgender Zusammensetzung: MgSO$_4$, KCl, $\overline{\text{KH}_2\text{PO}_4\ \text{aa}}$ 0,02 vH., CaSO$_4$ 0,04 vH. NH$_4$Cl 0,2 vH. Spur Fe$_2$(SO$_4$)$_3$. Der Versuch wurde im zerstreuten Tageslicht angestellt und lief 3 Tage bei schönem Wetter. Die Temperatur war tagsüber durchschnittlich 21°. Vor der Analyse wurden die Blätter noch einen Tag in Wasser gestellt.

Flächenmessungen und Gewichtsbestimmungen zeigten, daß die jungen „ausgewachsenen" Primärblätter beträchtlich gewachsen waren. Die Blattfläche für 6 Blätter betrug anfangs 364 ccm, nach dem Versuch 469 ccm, das Gewicht erst 7,95 g, dann 9,25 g. Alte Blätter zeigten keine bemerkenswerten Veränderungen.

3. *Amicia*, junge und alte Blätter wie Tab. 18, 3. Die Blätter wurden mit der Oberseite 7 Tage lang auf eine N-haltige Nährlösung wie bei voranstehendem Versuch gelegt, danach noch 1 Tag auf Wasser. Licht- und Wärmeverhältnisse wie oben (22, 2). Bemerkt sei, daß alte Blätter von *Amicia* nur sehr schwach transpirieren.

4. *Xanthosoma violacea*. Am 20. X. 25 wurden von 2 jungen, noch nicht völlig ausgewachsenen Blättern und von zwei alten die Blatthälften längs der Mittelrippe abgetrennt und analysiert. Die übrigen Hälften mit den daran belassenen Blattstielen in eine Lösung von NH_4Cl 0,4 vH. und $CaSO_4$ 0,05 vH. bei 22° 3½ Tage lang bei normaler Beleuchtung gestellt. Die alten Blätter blieben 6 Stunden länger darin. Dann wurden beide noch 2½ Tage in eine Lösung von KCl, KH_2PO_4, $MgSO_4$ $\overline{aa}$ 0,04 vH. gestellt. *Die alten Blätter zeigten zwischen den Rippen Gelbfärbung.* Gleichzeitig wurden mit gleichwertigem Material Dunkel- und Lichtkulturen angesetzt und zwar von jedem Blatt eine

Tabelle 22.

N in vT. des Frischgewichtes			NH_3	2. Amid	Rest	Lösl.	Eiweiß	Total
1.	Jung	16. IX. 25	0,06	0,06	0,81	0,93	7,47	8,40
		bis zum 21. IX. NH_3 + Gluc.	0,19	0,48	1,18	1,85	8,53	10,38
	Alt	16. IX. 25	0,04	0,03	0,60	0,67	5,60	6,27
		bis zum 21. IX. NH_3 + Gluc.	0,10	0,42	1,03	1,55	4,85	6,40
2.	Jung	5. X. 25	0,05	0,34	1,08	1,47	6,33	7,80
		3 Tage, NH_3 - Licht. . . .	0,39	0,53	1,74	2,66	6,80	9,46
	Alt	5. X. 25	0,06	0,07	0,59	0,72	5,83	6,55
		3 Tage, NH_3 - Licht . . .	0,26	0,45	0,91	1,62	5,72	7,34
3.	Jung	Anfangs	0,07	0,18	0,78	1,03	11,72	12,75
		7 Tage, NH_3 - Licht . . .	0,19	0,90	2,21	3,30	12,30	15,60
	Alt	Anfangs.	0,07	0,04	0,54	0,65	9,48	10,13
		7 Tage, NH_3 - Licht . . .	0,70	1,41	1,89	4,02	7,63	11,65
	Zuwachs	Jung	0,12	0,72	1,43	2,27	0,58	2,85
		Alt	0,63	1,37	1,35	3,37	—1,85	1,52
	Zuwachs in vH. des Anfangswertes	Jung	170	400	180	220	5	22
		Alt	90	3400	250	520	- 19	15
	Zuwachs in vH. des Gesamtzuwachs	Jung	4	26	50	80	20	—
		Alt	42	90	89	221	—121	—
4.	Jung	Anfangs	0,08	0,05	0,43	0,56	5,59	6,15
		NH_3	0,43	0,26	0,76	1,45	6,45	7,90
		Licht	0,04	0,05	0,41	0,50	5,66	6,16
		Dunkel	0,15	0,60	1,93	2,68	3,44	6,12
	Alt	Anfangs	0,04	0,04	0,24	0,32	5,40	5,72
		NH_3	0,49	0,62	1,60	2,71	3,75	6,46
		Licht	0,03	0,39	1,22	1,64	4,06	5,70
		Dunkel	0,08	0,43	1,55	2,06	3,67	5,73

Hälfte auf Wasser ins Dunkele gelegt, die andere mit dem Stiel in Wasser ans Tageslicht gestellt. Die Mittelrippen wurden natürlich bei der Analyse verworfen.

Bemerkt sei, daß die ermittelte N-Aufnahme nur etwa einem Drittel des aus der Nährlösung entnommenen NH_3 entsprach, so daß beträchtliche Mengen von N in den Blattstielen und Mittelrippen angereichert worden waren.

Die Ergebnisse der in Tabelle 22 dargestellten Versuche zeigen weitgehende Übereinstimmung, wenn auch Übergänge zwischen typisch jungen und alten Blättern auftreten. Im Versuch 2 sind die Zu- bzw. Abnahmen des Eiweiß-N unbedeutend wegen der kurzen Versuchsdauer. Instruktiv ist der Versuch 4, welcher zeigt, daß in *alten Blättern bei Ammoniakaufnahme noch mehr Eiweiß abgebaut wird* als im einfachen Lichtversuch. Doch sollen diese Fälle — soweit es schon möglich erscheint — erst in den Schlußbetrachtungen diskutiert werden. Zusammenfassend kann zu diesem Kapitel gesagt werden:

Eiweißsynthese wird in jungen Blättern bei Gegenwart von genügend Kohlehydraten immer hervorgerufen, wenn Ammoniak oder Asparagin geboten werden. Dabei ist es gleichgültig, ob die Stickstoffquelle im Blatt selbst (durch Dunkelversuch) aus Eiweiß gebildet oder von außen zugeführt worden ist. Überschüsse von Ammoniak werden zunächst als Amide deponiert. Doch ist auch die Zunahme des Rest-N beträchtlich, und es ist sehr fraglich, ob dieser Rest-N Eiweißbausteinen gleichzusetzen ist. Junge Blätter bauen in Gegenwart von Kohlehydraten kein Eiweiß ab, auch nicht in der Narkose.

Alte Blätter vermögen nur schwer oder überhaupt nicht bei Kohlehydratzufuhr ihren Eiweißhaushalt zu balancieren. Sie bauen Eiweiß ab, sowohl, wenn im Lichtversuch Kohlehydrate angereichert werden, als auch wenn im Dunkelversuch Glucose zugeführt wird. Dieser Eiweißabbau wird durch Zufuhr von Stickstoff in Form von Ammoniak oder Asparagin höchstens gehemmt, aber nicht verhindert. Wohl aber wird diese N-Nahrung in Rest-N verwandelt, dessen nähere chemische Beschaffenheit noch ungeklärt ist. Deshalb können alte Blätter auch bei reicher N-Ernährung an Eiweißmangel zugrunde gehen. Alte Blätter transpirieren schwächer und nehmen langsamer Stoffe auf als junge.

VIII. Die Beteiligung der Amide am Stofftransport.

Die voranstehenden Untersuchungen haben ein klares Bild über die Entstehung der Amide in ausgewachsenen Blättern gegeben und die SCHULZE-PRJANISCHNIKOwschen Hypothese weitgehend bestätigt. Auch die in der vorläufigen Publikation (1925) dieser Arbeit noch erwähnten Unstimmigkeiten, z. B. die Bildung von Amiden in normal beleuchteten abgeschnittenen Blättern, haben durch weitere Versuche eine Erklärung in dem unterschiedlichen physiologischen Verhalten verschieden alter

Blätter gefunden. Schließlich haben die Experimente über die Verarbeitung des Asparagins auf graduelle Unterschiede zwischen jungen und alten Blättern hingewiesen.

Nur ein Moment ist im Verlaufe der bisher beschriebenen Untersusuchungen noch nicht näher beleuchtet worden: Das häufige und ansehnliche Auftreten der Amide in den Achsenorganen, in Stengeln und Blattstielen, das PFEFFER (1872) zu seiner Hypothese führte, wonach das Asparagin in erster Linie einen für den Stofftransport hervorragend geeigneten und dementsprechend verwendeten Stoff darstellen sollte.

Die Anhäufung der Amide in den Leitungsbahnen ist oft sehr beachtlich, wie mannigfache Hinweise in der Literatur zeigen (PFEFFER 1871, 1876, EMMERLING 1887, SCHULZE und CASTARO 1903 usw.). Doch läßt diese Anreicherung allein keinen sicheren Schluß zu, um eine Entscheidung über die Frage der Beteiligung der Amide am Stickstofftransport herbeizuführen.

Keimpflanzen haben einen hohen Asparagingehalt im Stengel und im Hypocotyl (PFEFFER 1872), und es kann kein Zweifel bestehen, daß ein großer Teil des Stickstoffs in dieser Form auch transportiert wird; doch entscheidet dies keineswegs das Problem, da die Bildung der Amide in keinem Zusammenhang mit ihrer Wanderung zu stehen braucht. Die Amide werden eben transportiert, weil sie nun einmal da sind.

Selbst in ausgewachsenen Pflanzen muß das Vorkommen des Asparagins in Stengeln einer eingehenden Prüfung unterzogen werden. Kann ihm doch eine mannigfaltige physiologische Bedeutung zukommen. Es kann eine Speicherform des Stickstoffes sein, es kann die entgiftete Form des von den Wurzeln aufgenommenen Ammoniaks sein und als solche den Blättern zustreben, es kann die Transportsubstanz der Reserveproteine der Blätter sein und endlich auch das Endprodukt eines oxydativen Eiweißabbaues. Jedenfalls ist es unmöglich, einfach auf Grund eines Nachweises größerer Mengen von Asparagin in den Achsenorganen auf seine spezifische Rolle bei der Stoffleitung zu schließen. Wenn auch der N-Reichtum seines Moleküls zu dieser Annahme veranlaßt, so können doch lediglich rein zahlenmäßige Betrachtungen eine Lösung dieses Problems herbeiführen. Denn wenn schon der N in löslicher Form transportiert wird, wofür eine Reihe von Untersuchungen über das Überwiegen dieser Fraktion in den Achsenorganen (HORNBERGER 1882, EMMERLING 1887, SCHULZE und CASTARO 1903, SUZUKI 1897/98 usw.) sprechen, dann kann eine besondere Bedeutung des Asparagins lediglich durch Vergleiche der vorhandenen Mengen mit dem löslichen N erwiesen werden und nicht durch einfache Beziehungen auf den Total-N oder gar auf das Frischgewicht.

35*

Eine Reihe von anderen Befunden scheinen ebenfalls für eine Beteiligung der Amide am Stofftransport zu sprechen. Vor allem die nächtliche Auswanderung aus Blättern und die Aufspeicherung in abgeschnittenen Blättern. Diese Ergebnisse haben auch CHIBNALL (1924, VI) veranlaßt, für die PFEFFERsche Hypothese einzutreten.

Um zur Klärung dieser eigenartigen Verhältnisse beizutragen, habe ich nun selbst eine Anzahl Untersuchungen vorgenommen in der Hoffnung, durch die Neuartigkeit der Methode nicht allein die Rolle der Amide, sondern die löslicher Verbindungen überhaupt beim N-Transport aufzuhellen. Vor allem erschien es möglich, mit Rücksicht auf die geringen Materialmengen, die die Methode noch einwandfrei zu analysieren gestattet, der Lokalisation der einzelnen N-Verbindungen nachzugehen. Dabei bin ich von Arbeiten der oben genannten Forscher ausgegangen und stellte zunächst an Keimlingen Analysen an, die Aufschluß über das Verhältnis des Amid-N sowohl zum Total-N als auch zum löslichen N geben sollten. Da mir nur ein Teil der Untersuchungen beachtliche Ergebnisse lieferte, die übrigen aber gegenüber der großen Zahl älterer Stoffwechselstudien an Keimlingen nichts Neues zu bieten vermochten, seien hier nur wenige Experimente erwähnt.

1. Versuch (Februar 1925, Tab. 23). Von jungen Kürbispflanzen, die im ersten Falle (A) eben ihre Keimblätter zur vollen Entwicklung gebracht, im zweiten (B) bereits 3—4 Blättchen entfaltet hatten, wurden verschiedene Pflanzenteile untersucht. Die Rippen einiger Keimblätter wurden in wenigen Minuten mit einem scharfen Messer herauspräpariert und für sich analysiert, ebenso wurden die Stiele der jungen Blätter abgeschnitten und gemeinsam mit den Stengeln verarbeitet.

Tabelle 23.

Stickstoff in	vT. Fr.-Gewicht	vH. Total-N					vH. lösl. N	
	Total	NH$_3$	2. Amid	Rest	Lösl.	Eiweiß	2. Amid	Rest
Hypocotyle . . .	1,77	0,56	28,57	34,60	63,73	36,27	44,85	54,28
A Keimblätter . . .	4,66	0,16	17,67	7,67	25,50	74,50	30,06	69,32
Rippen d. Keimbl.	2,89	0,22	22,87	32,36	45,45	54,55	28,33	71,19
Hypocotyle . . .	0,94	0,66	14,62	19,60	34,88	65,12	41,90	56,19
Keimblätter . . .	1,80	0,35	3,05	8,80	12,20	87,80	25,00	72,14
B Rippen d. Keimbl.	1,50	0,42	7,91	30,56	38,89	61,11	20,33	78,57
Stengel u. Stiele .	1,91	0,40	6,89	28,08	35,35	64,65	19,43	79,43
Blättchen	6,27	0,14	4,37	6,86	11,37	88,63	38,46	60,38

Die Analysen (Tab. 23) ergeben nun in Übereinstimmung mit an anderen Objekten ausgeführten Untersuchungen, daß ein starkes Anschwellen des Amid-N-Wertes bezogen auf den Gesamt-N noch keineswegs ein Vorherrschen innerhalb des löslichen N bedeutet. *So zeigen in beiden Fällen die Rippen der Keimblätter auf Total-N bezogen mehr Amid, auf löslichen N berechnet aber weniger als die Blattspreiten.* Die Achsenorgane zeigen mit den Rippen weitgehende Übereinstimmung mit Ausnahme des Hypocotyls, das ebenso wie die Blätter reichlich Amid aufweist. In beiden Fällen handelt es sich wahrscheinlich um eine N-Speicherung.

2. *Versuch* (Tab. 24). Bei *Lupinus*-Pflänzchen, die 3—5 Blättchen entwickelt haben, finden wir trotz großer absoluter Unterschiede in den einzelnen Fraktionen eine weitgehende Übereinstimmung, wenn wir den Amid-N und den Rest-N auf den löslichen N beziehen. — Auffällig ist auch hier der hohe Amidgehalt im Hypocotyl.

Tabelle 24.

Stickstoff in	vT. Frisch-Gewicht	vH. Total-N						vH. lösl. N.	
	Total	NH$_3$	2. Amid	Rest	Lösl.	Eiweiß	2. Amid	Rest
Hypocotyle .	6,43	0,31	67,36	21,73	89,40	10,60	75	24
Cotyledonen .	6,53	0,22	54,54	23,92	78,28	21,72	70	30
Stengel . . .	6,34	0,27	62,55	22,12	84,94	15,06	74	26
Stiele	6,93	0,29	63,53	21,70	85,52	14,48	74	25
Blätter . . .	7,51	0,27	36,94	15,82	53,03	46,97	70	29

Da nun in einzelnen Fällen bei Keimpflanzen schwer zu entscheiden ist, ob die in den Achsenorganen aufgefundenen Amide als Wanderstoffe anzusprechen sind oder ob sie in den Stengeln oder Hypocotylen selbst gebildet werden, wofür mannigfache Untersuchungen von E. SCHULZE sprechen, wandte ich mich der Analyse von Blattstielen zu, von denen ich auf Grund der festgestellten nächtlichen N-Auswanderung aus Blättern vermuten konnte, daß sie charakteristischer eine tatsächliche Mitwirkung der Amide beim Stofftransport zeigen würden.

3. *Versuch.* So wurden am 1. XII. 24 von zwei Blättern einer *Colocasia*-Art Blattstiele, Blattrippen und die Blattspreiten auf ihren Gehalt an löslichen und Eiweiß-N untersucht. Die Analysen ergaben (Tab. 25), daß der absolute Stickstoffgehalt von Blattspreite zu den Blattstielen beträchtlich abnimmt, daß umgekehrt die Blattstiele relativ am reichsten an löslichem N sind.

Tabelle 25.

Stickstoff in	vT. Frisch-Gewicht	vH. Total-N	
	Total-N	Lösl. N.	Eiweiß
Blattspreiten .	5,50	3,58	96,43
Rippen	1,87	13,68	86,32
Stiele	0,54	18,54	81,46

4. Versuch. Eine entsprechende Analyse wurde an Blättern von *Xanthosoma violacea* ausgeführt unter Berücksichtigung der übrigen N-Fraktionen.

Dabei ergab sich (Tab. 26) eine ähnliche Verteilung des Total-N und des löslichen N wie bei *Colocacia*. Relativ am meisten Amid-N wurde in den Rippen gefunden, am wenigsten in den Spreiten. Doch muß bemerkt werden, daß der Präparation dieser Objekte solche Schwierigkeiten gegenüberstehen, daß, absolut genommen, der sehr geringe Amidgehalt nahe den durch die Fehlerquellen der Methode stark beeinflußbaren Werten fällt.

Tabelle 26.

Stickstoff in	vT. Frisch-Gewicht	vH. Total-N				vH. lösl. N	
	Total	NH$_3$ + 2. Amid	Rest	Lösl.	Eiweiß	NH$_3$ + 2. Amid	Rest
Spreiten . .	5,57	0,51	5,67	6,18	93,82	8,3	91,7
Rippen. . .	1,61	1,92	10,35	12,27	87,73	15,6	84,4
Stiele . . .	0,475	1,98	16,84	18,82	81,18	10,5	89,5

5. Versuch (Tab. 27 a und b). Weiter seien zwei Analysen der Primärblätter der Bohnen mitgeteilt, die am 25. III. bzw. 23. VI. 25 ausgeführt worden sind. Auch hier beobachten wir eine starke Anreicherung des löslichen N in den Achsenorganen. Der Amid-N zeigt seine relativ höchsten Werte in den Stielen, die niedrigsten in den Spreiten. Ebenso verhält sich *Lynosyris vulgaris*, wie aus Tabelle 27 c hervorgeht.

Tabelle 27.

	Stickstoff in	vT. Frisch-Gewicht	vH. Total-N					vH. lösl. N	
		Total	NH$_3$	2. Amid	Rest	Lösl.	Eiweiß	2. Amid	Rest
a *Phas. mult.*	Stiele. . . .	3,19	0,50	20,60	22,76	43,88	56,12	47	52
	Blätter . . .	4,04	0,06	4,41	13,05	17,52	82,48	25	74
b *Phas. mult.*	Blätter . . .	5,99	1,3	1,1	9,2	11,6	88,4	10	81
	Stiele. . . .	2,95	3,0	16,5	32,8	52,3	47,7	32	63
	Mittelrippen.	2,92	3,8	4,9	23,4	32,1	67,9	15	73
c *Lin. vulg.*	Blattspreiten	6,32	1,2	0,8	7,4	9,4	90,6	8,5	79
	Blattstiele. .	1,1	3,4	4,9	26,2	34,5	65,5	14	76

Alle diese Analysen weisen auf eine starke Beteiligung des löslichen N am Stofftransport hin; doch steht der Entscheidung dieser Frage ein schweres Hindernis entgegen. Es ist mit den Mitteln der angewandten Methode nicht zu entscheiden, wie viel von dem in den Achsenorganen oder in den Blättern enthaltenen Eiweiß plasmatischer Natur ist, wie viel Reserveeiweiß ist. Und es wäre denkbar, daß in den Rippen und Stielen die Reserveproteine an Menge so stark zurücktreten, daß bei dem geringen Total-N-Gehalt eine bedeutende Steigerung der Werte für den löslichen N beobachtet werden muß.

Zur weiteren Klärung dieser Frage wurden Analysen verschiedener Teile der Achsenorgane derart ausgeführt, daß die gemeinhin als leitendes Gewebe bezeichneten Zellverbände möglichst sauber von parenchymatischem Grundgewebe getrennt wurden.

6. Versuch. So wurden die in Tabelle 24 bereits erwähnten Hypocotyle junger Lupinenpflanzen mit einem Skalpell in eine innere und äußere Zone geteilt, wobei jene das sogenannte Leitgewebe enthielt.

Die Tabelle 28, 6 zeigt, daß wesentliche Unterschiede in beiden Teilen analytisch nicht faßbar waren; *der innere enthielt mehr Eiweiß und weniger Asparagin.* Doch sind die Differenzen sehr gering.

7. Versuch. An älteren 30 cm hohen Lupinenpflanzen wurde eine ähnliche Zonenteilung am Stengel vorgenommen, wobei diesmal das Mark und die Rinde vom Bündelcylinder sorgfältig getrennt wurden. Es liegt in der Natur des Objektes, daß dabei das Mark am saubersten präpariert wird, die übrigen Teile aber stark mit Elementen der nächst inneren Schicht verunreinigt werden.

Die Analysen (Tabelle 28, 7) zeigen, daß, bezogen auf den Total-N, *der Bündelcylinder am ärmsten an Amid, am reichsten an Eiweiß ist.* Doch sind die Differenzen nicht sehr bedeutend, würden aber bei einer absolut sauberen Präparation sicher stärker hervortreten. Auffällig ist, daß der Amidgehalt in allen drei Zonen übereinstimmende Werte zeigt, sobald wir auf den löslichen N beziehen.

8. Versuch. Eine solche absolut saubere Präparierung schien aber dann erreicht, wenn man die an Masse bedeutend zurücktretenden Gefäßbündel aus dem Grundgewebe möglichst vollständig und unversehrt herausziehen konnte. Ich habe lange nach einem solchen Objekt gesucht, das ja außerdem noch einen möglichst starken Amidstoffwechsel aufweisen mußte. Ich fand es in *Linosyris vulgaris,* dessen grundständige Blätter bereits mehrere Male im Laufe dieser Untersuchungen verwendet worden sind. Aus den aufgebrochenen Stielen dieser Blätter (Versuch 8) wurden mit einer Pinzette die Bündel einzeln oder zu mehreren herausgezogen. Die Präparation dauerte nahezu 1 Stunde. Um alle Umsetzungen in dieser Zeit zu vermeiden, wurden die Bündel und die Grundgewebestücke in verschlossene Wägegläschen gebracht und in eine Kältemischung gestellt.

Die Masse der Bündel verhielt sich zu der der übrigen Stengelgewebe wie 3,85 : 34,20. Die Analysen dieses Objektes (Tabelle 28, 8) ergaben nun, daß die Bündel bedeutend reicher an Gesamt-N waren als das Grundgewebe. Selbst wenn man annimmt, daß während der Präparation die Gefäßbündel wegen ihrer größeren Oberfläche mehr Wasser durch Verdunstung verloren haben könnten als die übrigen Stielteile, so können doch solche Differenzen nicht auf derartige Fehlerquellen zurückgeführt werden.

In Übereinstimmung mit den anderen Versuchen sind auch hier *die Bündel am reichsten an Eiweiß und am ärmsten an Amid*, von dem nur Spuren nachweisbar waren.

Ich werde auf diese interessante Untersuchung im theoretischen Teil dieser Arbeit zurückkommen.

Tabelle 28.

	Stickstoff in	vT. Fr. Gewicht	vH. Total-N					vH. lösl. N.	
		Total	NH₃	2. Amid	Rest	Lösl.	Eiweiß	Amid	Rest
6.	Hypokotyl, innen	6,87	0,36	63,09	24,88	88,33	11,67	71	28
L. l.	„ außen	6,18	0,28	70,07	19,73	90,08	9,92	78	22
7.	Stengel, Rinde	3,83	0,27	37,56	28,37	66,20	33,80	57	43
	„ Bündel	3,12	0,33	33,79	23,59	57,71	42,29	59	41
L. l.	„ Mark	2,73	0,66	41,86	29,57	72,09	27,91	58	41
8.	Stiele, Bündel	2,7	5,4	Spuren	24,1	29,7	70,3	—	—
Lin. vulg.	„ Grundgewebe	1,1	3,4	4,9	26,2	34,5	65,5	—	—

Diese Untersuchungen haben also ergeben, daß wesentliche Unterschiede in anatomisch differenzierten Teilen der Achsenorgane nicht zu beobachten sind. Im allgemeinen ist der Bündelcylinder am reichsten an Eiweiß und ärmsten an Amiden.

In einer weiteren Reihe von Experimenten wurden die Bedingungen der Amidbildung in den Achsenorganen eingehender studiert.

9. Versuch. Zunächst wurden (14. IV. 25.) gleichmäßig entwickelte 40 cm hohe Bohnenpflanzen 3 Tage lang verschiedenen Bedingungen ausgesetzt und zwar:

A. Ein Teil in ein Nordhaus neben Eis bei 8° gestellt.
B. „ „ „ „ Südhaus bei 20° gestellt.
C. Ein Teil bei 12° verdunkelt.

Nach 3tägiger differenzierter Behandlung wurden die Spreiten der Primärblätter und ihrer Blattstiele analysiert. Die Analysen (Tabelle 29, 9) ergaben ein übereinstimmendes Verhalten von Blättern und Stielen, wenn wir den Total-N als Vergleichswert benutzen. Bezogen auf den löslichen N zeigten die Stiele ein stärkeres Ansteigen des Amid-N bei höherer Temperatur und in der Dunkelheit.

Während die Blätter nach 3tägiger Verdunkelung eine beträchtliche Einbuße an Total-N aufwiesen, war eine solche bei den Stielen nicht zu bemerken.

Dieser Versuch zeigt also, daß zwischen dem N-Gehalt der Stiele und der Blätter gewisse Korrelationen bestehen. Es hat den Anschein, daß das Überwiegen der Amide in den Stielen auf eine Mehrbildung in den Blättern zurückzuführen ist. Die Annahme erhielt eine weitere Bestätigung durch folgenden Versuch:

10. Versuch. Stiele und Blattspreiten von *Phaseolus multiflorus* wurden am 23. VI. für 53 Stunden ins Dunkle gebracht, die Stiele auf feuchter Zellstoffwatte liegend, die Blätter auf Wasser schwimmend.

Die Analysen ergaben (Tabelle 29, 10), daß die Blätter in dieser Zeit reichlich Amide bildeten, die Stiele aber nicht.

Tabelle 29.

Stickstoff in			vT. Fr.-Gew.	vH. Total-N					vH. lösl. N	
			Total	NH$_3$	2. Amid	Rest	Lösl.	Eiweiß	2. Amid	Rest
9. *Phas. mult.*	A.	Stiele	1,98	7,3	20,5	20,3	48,1	51,9	42,6	42,3
		Blattspr.	5,17	0,5	4,4	13,1	18,1	82,0	24,1	72,9
	B.	Stiele	1,96	7,5	25,4	18,9	51,8	48,2	49,8	35,5
		Blattspr.	5,15	1,2	5,1	14,2	20,5	79,5	25,0	69,0
	C.	Stiele	1,94	7,7	31,1	19,4	58,2	41,8	53,5	33,3
		Blattspr.	4,89	0,6	6,5	18,3	25,4	74,6	25,6	71,9
10. *Phas. mult.*	Anfangs	Stiele	2,95	3,0	16,5	32,8	52,3	47,7	32	63
		Blattspr.	5,99	1,3	1,1	9,2	11,6	88,4	10	81
	2 Tage dunkel	Stiele	—	1,7	16,1	33,5	51,3	48,7	·31	65
		Blattspr.	—	1,0	4,8	11,2	17,0	83,0	28	66
11. *Phas. mult.*	Abends	Stiele	2,12	0,7	22,6	41,5	64,8	35,2	35	64
		Blattspr.	4,88	0,07	5,2	16,2	21,5	78,5	24	75
	Morgens	Stiele	2,11	0,7	18,8	43,3	62,8	37,2	30	69
		Blattspr.	4,64	0,06	3,4	15,5	19,0	81,0	18	82
12. *Xanthosoma violacea*	Anfangs	Spreiten	5,57		0,51	5,67	6,18	93,82	—	—
		Rippen	1,61		1,92	10,35	12,27	87,73	—	—
		Stiele	0,48		1,98	16,84	18,82	81,18	—	—
	3 Tage warm	Spreiten	6,35	0,13	1,58	12,73	14,44	85,56	11	88
		Rippen	1,88	1,61	8,30	14,14	24,05	75,95	34	59
		Stiele	0,58	0,92	7,76	18,21	26,89	73,11	29	68
	4 Tage kalt	Spreiten	5,80	0,1	0,69	3,70	4,49	95,51	15	82
		Rippen	1,57	0,9	2,76	5,90	9,56	90,44	29	·62
		Stiele	0,49	1,16	4,16	16,68	22,00	78,00	19	76

11. Versuch. Bei Primärblättern und ihren Stielen von 40 cm hohen in Sand gezogenen Bohnenpflanzen wurde der Nachtstoffwechsel untersucht. Analysen: abends 5,15^h, morgens 9 Uhr. Nachts standen die Pflanzen bei 22° unter einem Dunkelschirm.

Diese Analysen (Tabelle 29, 11) ergaben in Übereinstimmung mit Versuch 9 und im Gegensatz zu Versuch 10 eine weitgehende Übereinstimmung des Stoffwechsels in Blattspreiten und Stielen.

12. Versuch. Je drei abgeschnittene Blätter von *Xanthosoma violacea* wurden mit den Stielen in Wasser gestellt und

B. 3 Tage verdunkelt in einem Warmhaus belassen,

C. 4 Tage in ein Kalthaus bei 5° dunkelgestellt.

Analysiert wurden die Blattspreiten ohne Rippen, die Rippen und die Blattstiele.

Wir beobachten abermals ein analoges Verhalten der Stiele verglichen mit den Blättern (Tabelle 29, 12).

13. Versuch. Durch einen weiteren Versuch sollte aufgeklärt werden, ob etwa in den Leitungsbahnen proteolytische Enzyme in besonders großer Menge enthalten sind. Dazu wurden Blätter von *Linosyris vulgaris* mit einem Korkbohrer vorsichtig unter Vermeidung größerer Leitbündel ausgestanzt. Die gewogene Blattmasse wurde dann zerrieben, mit Wasser verrührt und unter Zusatz von 1 Tropfen Toluol in eine Glasstöpselflasche gebracht und 2 Tage lang in einen Thermostaten bei 33° gestellt. Ebenso wurde mit Blättern von *Linosyris* verfahren, die nicht ihrer Rippen beraubt wurden. — Nach 2 Tagen wurde in beiden Fällen

a) der gesamte durch Säurehydrolyse abspaltbare NH_3,

b) der lösliche N,

c) der Eiweiß-N bestimmt.

Zur Kontrolle wurden Analysen mit entsprechend präpariertem Material, das nicht der Autolyse unterworfen wurde, ausgeführt.

Die Tabelle 30, 1 zeigt, daß in beiden Fällen die Veränderungen gleichmäßig abliefen. Von einer besonderen Anhäufung von proteolytischen Enzymen in den Leitungsbahnen kann also keine Rede sein.

13. und 14. Versuch. Damit stimmen auch folgende Untersuchungen an *Amicia zygomeris* überein (Tabelle 30, 2). Blätter von Freilandpflanzen wurden ihrer Stiele und ihrer Mittelrippen beraubt. 8,0 g Blattspreiten wurden ebenso wie 4,0 g Stiele und Mittelrippen mit 4,0 g Blattspreiten fein mit Sand verrieben und mit gleichen Mengen Wasser versetzt. Nach Zusatz von Toluol wurde die Pflanzenmasse der Autolyse überlassen. Im ersten Fall lief das Experiment 4$^1/_2$ Tage bei 37,4°, im zweiten zunächst 2 Tage bei 33°, dann noch 5 Tage bei 11°. In diesem 2. Versuch wurde am Ende eine elektrometrische p$_h$-Bestimmung durchgeführt; im Blattautolysat wurde $p_h = 7,32$, im Stengel-Blatt-Autolysat $p_h = 7,53$ gefunden[1]). Zur Beurteilung der Versuche sei noch angeführt, daß sich im Stiel — ausgedrückt in Tausendstel des Frischgewichtes — der lösliche N zum Eiweiß-N verhielt wie $0,55 : 2,55$, in der Blattspreite wie $0,79 : 10,30$. Auch sei vermerkt, daß die Achsenorgane von *Amicia* sehr wenig Amide enthalten im Gegensatz zu den übrigen untersuchten Pflanzen. Auch die Autolysate enthalten verschwindende Mengen von Amiden, so daß deren Werte mit den NH_3-Werten angeführt worden sind.

Tabelle 30.

		N in vH. des Total-N	NH_3 + Amid.	Lösl	Eiweiß
1	Blattspreiten	Kontrolle	2,7	11,1	88,9
		Autolyse	4,2	22,4	77,6
	Blatt + Stiele	Kontrolle	2,6	11,9	88,1
		Autolyse	3,4	21,5	78,5
2	Kontrolle	Blattspreiten	1,6	7,0	93,0
		Blatt + Stiele	2,2	9,5	90,5
	1. Autolyse	Spreiten	13	41,5	58,5
		Blatt + Stiele	9,3	46,0	54,0
	2. Autolyse	Spreiten	9	26,5	73,5
		Blatt + Stiele	6	22,0	78,0

Auch diese Versuche zeigen, *daß kein Grund vorhanden ist, in den Mittelrippen oder Blattstielen eine besonders hohe Konzentration an proteolytischen Enzymen zu vermuten.* Vielmehr zeigen sie eine schwächere Eiweißspaltung, was dann deutlicher hervortreten würde, wenn wir die absoluten Mengen abgebauten Eiweißes in Rechnung ziehen würden. Erstaunlich hoch ist der Ammoniakgehalt des Autolysates. Ob es sich hier um oxydativ oder hydrolytisch entstandenen handelt, ist auf Grund dieser Experimente nicht zu entscheiden. Deshalb bedürfen diese Untersuchungen einer Ergänzung, wie überhaupt Enzymstudien das Problem weiter klären dürften. Auch die größere Ammoniakanreicherung in dem Autolysat ohne Rippen und Stiele bedarf der Klärung, wobei zu beachten wäre, daß in diesem Versuch trotz größerer Ammoniakmenge ein niederer p_h gefunden wurde. Es ist wahrscheinlich, daß solche Studien kombiniert mit Narkoseversuchen der noch ungeklärten Entstehung des Asparaginskelettes aus Kohlehydraten und des Säurestoffwechsels überhaupt sehr dienlich sind. Doch liegt dies außerhalb des Rahmens dieser Arbeit.

---

[1]) Bei der Durchführung der p_h-Bestimmung half mir Herr Dr. WETZEL in freundlicher Weise. Dafür danke ich ihm auch an dieser Stelle herzlich.

Zusammenfassung der Ergebnisse des Kapitel VIII.

1. Die Achsenorgane sind bedeutend ärmer an Stickstoff als die Blätter.

2. Sie sind relativ reicher an löslichem N und reicher an Amid-N.

3. Die anatomisch differenzierten Teile der Achsenorgane zeigen keine bedeutenden analytischen Differenzen. Die Bündel sind im allgemeinen am reichsten an Total- und Eiweiß-N und am ärmsten an Amid.

4. Zwischen der Verteilung der N-Fraktionen in Blättern und Stielen bestehen weitgehende Korrelationen.

5. Es hat den Anschein, daß die Amide und der Rest-N nicht in erster Linie in den Achsenorganen gebildet werden, sondern daß sie den Blättern entstammen. Ihre Bildung in den Blättern scheint aber weniger von der Ableitung als von anderen Faktoren bedingt zu sein, wie sie bereits in den früheren Kapiteln untersucht worden sind, wofür auch die Tatsache spricht, daß Blätter und Stiele voneinander getrennt und denselben Bedingungen unterworfen, die Übereinstimmung im N-Stoffwechsel nicht mehr zeigen.

6. Im Vergleich zu den Blattspreiten kann eine besondere Fähigkeit zur Bildung von löslichem N, speziell von Amiden, den Achsenorganen oder Rippen nicht zugesprochen werden.

7. Das Autolysat von Blattspreiten ohne Rippen und Stiele enthält mehr Ammoniak als das der Spreiten mit Stielen, es zeigt aber einen niederen p_h Wert.

D. Schlußbetrachtungen.

1.

Da im voranstehenden experimentellen Teil abschnittweise eine Zusammenfassung der Untersuchungsergebnisse vorgenommen worden ist, kann hier auf ihre summarische Zusammenstellung verzichtet werden, soweit es nicht für eine theoretische Behandlung dieser Arbeit notwendig erscheint.

Im Mittelpunkte der Untersuchungen standen die Amide. Wenn auch im Laufe der Arbeit ihr Rahmen weiter gespannt wurde und durch die Leistungsfähigkeit der Methode einige andere Probleme des N-Stoffwechsels mit berührt werden konnten, so erscheint es doch richtig, wenn ich zunächst die den Amidstoffwechsel direkt betreffenden Ergebnisse in den Vordergrund stelle.

Zu dieser theoretischen Behandlung ist zu bemerken, daß das mannigfaltige Vorkommen des Asparagins und des Glutamins wie auch das des Harnstoffes eine durchaus verschiedene Bedeutung haben kann. Die Amide in Keimpflanzen, reifenden Hülsenfrüchten, Reservestoffbehältern, jungen Blättern, Achsenorganen und in ausgewachsenen Blättern können in jedem einzelnen Falle physiologisch völlig ungleich-

wertigen Quellen entstammen und auch verschiedene Funktionen ausüben; die physiologischen Bedingungen ihrer Entstehung können aber
in allen Fällen dieselben sein. Um dies näher zu charakterisieren, sei
ein Beispiel den vorliegenden Untersuchungen entnommen: In jungen
und alten Blättern kommen Amide vor. Werden die Blätter abgeschnitten und mit den Stielen in Wasser dem Tageslicht ausgesetzt
oder im Dunkeln mit Glucose ernährt, so verschwindet in den jungen
Blättern das Asparagin, in den alten bleibt es erhalten oder nimmt an
Menge zu. Es liegt trotz dieser Verschiedenheiten nahe, daß das sowohl
in jungen als auch in alten Blättern vorhandene Amid auf dieselbe Weise,
unter denselben Bedingungen, vielleicht sogar in denselben Organen
entstanden sein kann. Diese Bedingungen eingehend zu untersuchen,
war die erste Aufgabe dieser Arbeit. Das Ergebnis dieses Teils der vorgenommenen Experimente kann folgendermaßen formuliert werden,
wobei betont wird, daß es sich lediglich um den Stoffwechsel der Blätter
handelt:

1. Amide bilden sich in den Blättern verdunkelter Pflanzen und in
   abgeschnittenen verdunkelten Blättern (Tabelle 8—10).
2. Diese Amidbildung wird durch Erhöhung der Temperatur gefördert (Tabelle 11).
3. In Blättern, die durch längere Verdunkelung sehr kohlehydrat-
   arm geworden sind, geht statt einer weiteren Vermehrung der
   Amide eine Bildung von Ammoniak vor sich (Tabelle 10, 1 u. 4).
4. Werden abgeschnittene Blätter nicht zu hohen Alters dem Tageslicht ausgesetzt oder im Dunkeln mit Glucose ernährt, so treten
   keine Amide auf, vorhandene verschwinden und werden zur
   Eiweißsynthese verwendet (Tabelle 12).
5. Eine zahlenmäßige Betrachtung ergibt, daß die Amide bzw. der
   Ammoniak lediglich aus Eiweißen oder deren Spaltungsprodukten
   entstanden sein können.
6. Sauerstoff ist ein begrenzender Faktor der Amidbildung. Seine
   völlige Abwesenheit verhindert auch in kohlehydratarmen Blättern eine Entstehung von Amiden. Es tritt auch keine Ammoniakvermehrung ein. An ihrer Stelle beobachten wir eine Anhäufung
   des Rest-N, der Aminosäuren bzw. der organischen Basen (Tab. 14)
7. In narkotisierten kohlehydratarmen Blättern, in denen also synthetische Prozesse weitgehend verhindert sind, treten keine Amide
   auf. Wir beobachten aber reichlich Ammoniak und Rest-N
   (Tabelle 13 u. 14).
8. In nicht zu alten narkotisierten kohlehydratreichen Blättern treten
   weder Amide noch Ammoniak auf. Die Bildung des Rest-N geht
   ungehindert vor sich (Tabelle 19).

9. In autolytischen Versuchen treten ebenfalls keine Amide auf, aber reichlich Rest-N und Ammoniak (Tabelle 30).

10. In nicht zu alten Blättern wird von außen dargebotener Ammoniak bei Kohlehydratreichtum schnell zu Eiweiß verarbeitet, bei Mangel an N-freien Stoffen in Form von Asparagin gespeichert, bei Kohlehydrathunger unverändert in den Zellen deponiert, bis eine Ammoniakvergiftung der Lebenstätigkeit der Blätter ein Ende bereitet (Tabelle 15).

11. In gleichem Material wird von außen dargebotenes Asparagin bei Kohlehydratreichtum zur Eiweißsynthese verwendet, bei Mangel an N-freien Stoffen als solches gespeichert (Tabelle 16).

Diese Ergebnisse stimmen weitgehend überein mit den Beobachtungen DELEANOS (1912), die er bei der Untersuchung des Atmungsstoffwechsels abgeschnittener, verdunkelter *Vitis*-Blätter machte. Er stellte dabei fest, daß die Atmung in den ersten 3 Tagen nur auf Kosten von Kohlehydraten vor sich ging. Nach dieser Zeit, als ein großer Teil der Kohlehydrate aufgebraucht und vor allem die Stärke annähernd verschwunden war, setzte plötzlich ein Eiweißabbau ein, dem nach weiterer mehrtägiger Verdunkelung eine beträchtliche Steigerung des Ammoniakgehaltes parallel lief. DELEANO kam deshalb zu dem Schluß, daß normalerweise Eiweiße nicht im Atmungsstoffwechsel verbraucht werden. Diese Ansicht hat neuerdings auch KOSTYTSCHEW (1924) verfochten.

PRJANISCHNIKOW und seine Schüler sind in ihren sehr ausgedehnten und systematisch angelegten Studien über die Rolle der Ammoniumsalze im Stoffwechsel der Keimlinge und über die Bedingungen der Amidbildung zu Schlüssen gelangt, mit denen meine Ergebnisse prinzipiell übereinstimmen.

1899 wies PRJANISCHNIKOW nach, daß der Eiweißzerfall in Keimlingen eine „große Periode" besitzt und durch eine „große Kurve" charakterisiert ist, daß die Asparaginhäufung sich ebenfalls durch eine solche große Kurve ausdrücken läßt, die im wesentlichen der Eiweißzerfallskurve parallel läuft, gegen Ende der Keimung sie aber überschneidet. Der Eiweißzerfall geht dann also langsamer vor sich als die Asparaginbildung, als deren Quelle Nichteiweiße angesehen werden müssen. Auf Grund dieser Ergebnisse und von der Tatsache ausgehend, daß eine Regeneration von Eiweißen noch nicht eindeutig auf Kosten des Asparagins beobachtet worden war, gelangte PRJAMISCHNIKOW zu dem Schluß, daß die Bildung der Amide ein sekundärer Prozeß sei, dem eine Hydratation der Eiweiße vorausginge. Er vereinigte die ältere Hypothese SCHULZES (1880), der sich für eine hydrolytische Eiweißspaltung eingesetzt hatte, mit der von LOEW (1896) und PAL-

LADIN (1888), die eine Oxydation des Eiweißes als Ursache der Asparaginbildung sehen wollten, indem er im sekundären Prozeß dem Sauerstoff
eine entscheidende Bedeutung zusprach. Meine Untersuchungen haben
diese ersten Arbeiten PRJANISCHNIKOWs voll bestätigen können. Ich
habe festgestellt, daß auch in verdunkelten Blättern der Eiweißabbau
eine große Periode besitzt und seine Geschwindigkeit verringert wird,
je weiter sich die Eiweißmenge einem bestimmten, den Lebensprozeß
begrenzenden Minimum nähert. Trotz der Verlangsamung des Eiweißabbaues geht die Amidbildung auf Kosten des Rest-N weiter.

Eine Eiweißregeneration auf Kosten des Asparagins nachzuweisen,
ist PRJANISCHNIKOW im Jahre 1899 eindeutig gelungen. Er deutete
bereits in dieser Publikation an, daß die Stätten stärkster Eiweißbildung
aus Amiden die Blätter seien. Ich habe auch diese Befunde voll bestätigen können durch die Untersuchung des Verhaltens von außen
aufgenommenen oder in den Blättern selbst gebildeten Asparagins bei
Kohlehydratzufuhr.

In den Arbeiten von 1910 und 1912 hat PRJANISCHNIKOW eingehend
die Asparaginbildung auf Kosten von Ammoniak und ihre Abhängigkeit
vom Kohlehydratgehalt in Keimlingen untersucht und kam zu dem
Schluß, daß die höhere Pflanze bei Gegenwart von Kohlehydraten
Ammoniak in Asparagin verwandelt und in dieser „entgifteten" Form
speichert, sofern die Bedingungen einer Eiweißsynthese nicht gegeben
sind. Auch beobachtete er, daß Kohlehydratmangel eine der wesentlichsten Bedingungen der Amidbildung ist und daß bei Kohlehydrathunger selbst diese nicht mehr vor sich geht, sondern Ammoniak angereichert wird.

Auch diese Befunde habe ich bei Blättern sowohl im abbauenden
Stoffwechsel als auch bei Ammoniakernährung bestätigen können.

Nachdem es mir weiterhin gelungen ist, Parallelen zu BUTKEWITSCHs
Versuchen an narkotisierten Keimlingen zu geben, *können grundsätzliche Unterschiede zwischen der Amidbildung in Keimlingen und Blättern
nicht gesehen werden.* Die bei der Amidbildung ablaufenden Prozesse
stellen sich folgendermaßen dar:

1. *Eine hydrolytische Eiweißspaltung kann immer stattfinden und
   ist unabhängig vom Kohlehydratgehalt, aber beeinflußbar durch die
   Wärme. Sie wird leicht verdeckt durch den Ablauf entgegengesetzter
   Prozesse* (siehe Narkoseversuche).

2. *Eine Oxydation dieser Spaltungsprodukte findet nur bei Kohlehydratmangel statt. Es handelt sich offenbar um Prozesse zur
   Energiegewinnung. Die Spaltungsprodukte des Eiweißes sind
   deshalb in diesem Falle als Atmungsmaterial anzusehen. Die Oxydation verläuft unter Abspaltung von Ammoniak.*

3. *Bei Gegenwart von Kohlehydraten wird dieses Ammoniak als Asparagin „gespeichert" und dadurch „entgiftet".*

4. *Von außen aufgenommener Ammoniak verhält sich analog dem in der Pflanze entstandenen.*

Nachdem Iwanoff (1923, 1924, 1925) für die höheren Pilze, Butkewitsch (1903) für die niederen ein analoges Verhalten beschrieben haben, ist anzunehmen, daß es sich hier um allgemeingültige Vorgänge im Pflanzenreiche handelt, die auch mit dem tierischen Stoffwechsel durch bemerkenswerte Parallelismen (Prjanischnikow 1924) verbunden sind. Der Satz Prjanischnikows (1922) „*Das Ammoniak ist die erste und die letzte Stufe in den Umwandlungen der stickstoffhaltigen Stoffe in den Pflanzen, Alpha und Omega dieses Prozesses*" besteht zu Recht. Es muß in diesem Zusammenhang unwesentlich erscheinen, ob in dem einen Fall Asparagin oder Glutamin, in dem anderen Harnstoff oder in einem dritten Ammoniumsalze organischer Säuren die Funktionen ausfüllen, die Prjanischnikow als Entgiftung und Speicherung des Ammoniaks gedeutet hat.

Soweit Pfeffer sich mit der Frage der Bildung der Amide beschäftigt hat, muß heute seine Hypothese als nicht mehr aufrechterhaltbar angesehen werden. Noch 1897 sprach Pfeffer sich für eine direkte Entstehung des Asparagins aus dem Eiweiß aus, obgleich Schulze seit Jahren die Forderung erhoben hatte, daß die Eiweißspaltung in der Pflanze analog der Hydrolyse in vitro verlaufen müßte. Pfeffers Hypothese ist in einer Zeit entstanden, wo die Eiweißchemie vor einer Revolution stand. Unter anderen hatte Loew (1896) es wahrscheinlich machen wollen, daß die Eiweißbausteine bzw. Spaltungsprodukte nicht in ihm präformiert wären, ein Gedanke, der heute keine Berechtigung mehr hat. Es bleibt Pfeffers Verdienst, die Abhängigkeit der Asparaginbildung bzw. der Eiweißregeneration vom Kohlehydratgehalt als erster ausgesprochen zu haben. Seine Stellung zur Frage der Beteiligung der Amide am Stofftransport wird später noch zu diskutieren sein.

2.

Ich habe in den voranstehenden Zeilen die Bildung der Amide in ausgewachsenen Blättern behandelt und dabei eine Anzahl Beobachtungen als „typische" in den Vordergrund gestellt. Nun muß weiter untersucht werden, ob auch nichttypische Fälle sich den Folgerungen des ersten Abschnittes dieses Kapitels unterordnen.

Hierunter fallen zunächst alle Vorkommen von Amiden in Pflanzenteilen, die reich an Kohlehydraten sind; dabei sind am leichtesten alle jene Fälle in die Schulze-Prjanischnikowsche Erklärung, der ich ja zustimme, einzuordnen, wo die Amide nicht in den betreffenden Organen entstanden sind, sondern ihnen gewissermaßen als Reservestoffe zugeleitet wurden. Es entspricht völlig unseren allgemeinen Vorstellungen vom regulatorischen Wirken der Zellen, wenn wir den Pflanzen die Fähigkeit zusprechen, die Bildung von Eiweiß aus den Amiden und N-freien Stoffen nur dann vorzunehmen, wenn eine Notwendigkeit besteht, wenn es zweckmäßig ist. Daß eine weitere Klärung dieses regulatorischen Waltens in den meisten Fällen bisher unmöglich schien, ist lediglich ein Beweis für die Mangelhaftigkeit der Methoden. Wenn wir aber auf Schritt und Tritt dieser Fähigkeit des pflanzlichen Organismus begegnen, kann an ihr nicht mehr gezweifelt werden. Nun handelt es sich im vorliegenden Fall um Tatsachen, die auf verschiedenen Wegen experimentell erhärtet werden konnten. So hat IWANOFF (1924) darauf hingewiesen, daß in alten Pilzen Harnstoff auch bei Glucosefütterung nicht verschwindet und in diesem Falle als Abfallsstoff zu betrachten ist, während in jüngeren Pilzen dieses Nebeneinander der beiden Stoffe zur Eiweißsynthese führt. Auch ist durch HANSTEENS Arbeiten (1896, 1899) wahrscheinlich gemacht worden, daß nicht schlechthin Kohlehydrate für die Eiweißsynthese aus Amiden nötig sind, sondern ganz bestimmte (vgl. auch BORODIN 1878). Die für die vorliegende Arbeit wichtigen Vorkommen von Amiden und Kohlehydraten in demselben Gewebe sind in unterirdischen Reservestoffbehältern, jungen Blättern und in reifenden Früchten beobachtet worden. Soweit Asparagin und Glutamin in diese Organe eingewandert ist, können wir ihm die Bedeutung eines Speicherstoffes zusprechen.

Daß Amide tatsächlich die Eigenschaft von Speicherstoffen besitzen können, ist meines Erachtens durch die Untersuchungen von PRJANISCHNIKOW (1924) und seinen Schülern und von IWANOFF (1924) erwiesen. Durch meine eigenen Experimente habe ich nachweisen können, daß bei Kohlehydratmangel das in abgeschnittene Blätter aufgenommene Ammoniak so lange als Asparagin gespeichert wird, bis eine Eiweißsynthese auf Grund des Auftretens von Kohlehydraten ermöglicht wird. Zeigen doch auch abgeschnittene junge Blätter bei Glucoseernährung oder CO_2-Assimilation eine langsame Verwendung der Amide zur Eiweißsynthese. Daß auch in diesen Organen Amide und reduzierende Zucker nebeneinander beobachtet worden sind, hängt wahrscheinlich mit dem N-Reichtum zusammen. Die Amide werden im Laufe der Neubildung von Plasma verbraucht.

3.

Ein weiterer atypischer Fall ist das Amidvorkommen in *älteren Blättern*. Die Versuche in Kapitel VII haben eindeutig gezeigt, daß im Gegensatz zu jungen Blättern in alten eine Bildung der Amide völlig unabhängig ist vom Kohlehydratgehalt. Dieses Verhalten scheint im engem Zusammenhang mit Beobachtungen anderer Autoren zu stehen und Feststellungen in verschiedenen Kapiteln meiner Arbeit zu bestätigen. Deswegen sei etwas ausführlicher darauf eingegangen.

Im ersten Abschnitt des experimentellen Teils hat sich gezeigt, daß Blätter im Laufe einer Entwicklungsperiode immer ärmer an Eiweiß-N werden. Dieser Eiweißverminderung geht bei Blättern an der Pflanze eine Abnahme des Total-N-Gehaltes parallel. Die Produkte, die bei diesem Eiweißabbau auftreten — denn es erscheint sehr unwahrscheinlich auf Grund der Versuche über den Nachtstoffwechsel usw., daß die Eiweiße als solche das Blatt verlassen —, sind sowohl Amide als auch andere lösliche Verbindungen. Ammoniak tritt unter natürlichen Bedingungen nicht auf, da die Gegenwart der Kohlehydrate eine Amidbildung ermöglicht. Bei abgeschnittenen alten Blättern ist diese Abwanderung der Spaltungsprodukte verhindert. Sie sammeln sich an und können analytisch leichter gefaßt werden. Wie nun Blätter, die noch im Zusammenhang mit der Pflanze stehen, bei einem bestimmten Eiweißgehalt zu vergilben beginnen, so geschieht es auch bei abgeschnittenen trotz der Gegenwart von anderen N-Verbindungen. *Das Vergilben ist in diesem Lebensstadium des Blattes nicht mehr aufzuhalten. Es muß zum Tode führen.* Damit ist aber eine interessante Parallele zu den Versuchsergebnissen von H. ULLRICH (1924) gefunden, der, die Beobachtungen früherer Autoren ergänzend, zeigen konnte, daß zwischen der Größe der Chloroplasten, der Farbe des Blattes und dem Eiweißgehalt ein enger Zusammenhang besteht. Obgleich diese Untersuchungen, wenigstens soweit sie den Eiweißgehalt betreffen, mehr qualitativer Art sind, so kann ich sie doch voll bestätigen. Auch möchte ich mich der Meinung anschließen, daß nicht alles in den Chloroplasten enthaltene Eiweiß Reserveeiweiß ist. — Ich habe nun noch nicht zeigen können, ob auch junge Blätter, zum Vergilben gebracht, nicht mehr imstande sind, ihre grüne Farbe zu regenerieren. Das wäre um so bedeutsamer, als auch nach meinen Untersuchungen ein enger Zusammenhang zwischen Eiweißsynthese und Tätigkeit der Chloroplasten besteht, der direkt kaum etwas mit der CO_2-Assimilation zu tun haben kann, dessen causales Verhältnis mir aber völlig ungeklärt erscheint. Interessante Parallelen hierzu finden wir in mannigfachen Studien über den Stoffwechsel der Panaschüren (siehe besonders PANTANELLI) und bei A. MEYER (1918).

Die alten Blätter unterscheiden sich also von den jüngeren fundamental durch die Unfähigkeit, selbst bei Kohlehydratreichtum aus den Spaltungsprodukten ihrer Eiweiße diese zu regenerieren. Beim Experiment mit abgeschnittenen Blättern werden diese Verhältnisse nur quantitativ verschoben. Prinzipiell ist unter natürlichen und künstlichen Verhältnissen kein Unterschied zu finden. So ist es leicht zu beobachten, daß an vielen krautigen Pflanzen die untersten Blätter auch bei großer N-Zufuhr unter den Erscheinungen des Eiweißhungers absterben; in besonderem Maße zeigen diese Eigenschaft die Primärblätter der Bohne, deren Funktion bald erschöpft erscheint und die überhaupt den Eindruck machen, als wären sie nur eine Art Durchgangsstation für N-Verbindungen in jungen Pflanzen. Deshalb stellen sie auch ein sehr gutes Versuchsmaterial für den vorliegenden Zweck dar.

Wenn ich die hier beschriebenen Eigenschaften älterer Blätter kurz als Alterserscheinung bezeichne, so soll mit diesem Begriff weder eine Aufklärung der Ursachen versucht noch behauptet werden, daß diese Veränderungen im Blatt mit dem Absterben in direktem Zusammenhange stehen. Vielmehr liegen der Beginn dieses Prozesses und das Absterben oder Abfallen der Blätter unter natürlichen Bedingungen weit auseinander. Auffällig aber ist, daß abgeschnittene Blätter dieses Altersstadium bis zum Tod schneller durchlaufen als die an der Pflanze befindlichen. Aber nichts deutet darauf hin, daß unter natürlichen Bedingungen etwa dem raschen Eiweißabbau ein fast gleichgroßer Eiweißaufbau parallel ginge. Dann müßte es nämlich gelingen, unter den für die Synthese günstigsten Bedingungen einmal eine positive Eiweißbilanz zu erzielen. Das ist aber kaum als gelungen zu bezeichnen. Ich möchte trotzdem auf Grund der bisher vorliegenden Ergebnisse nicht soweit gehen, daß ich den alten Blättern jede Fähigkeit zur Eiweißsynthese abspreche. Mindestens ist sie stark gehemmt, wofür auch spricht, daß von den jungen zu den alten Blättern alle Zwischenformen vorhanden sind. *Das Altern der Blätter ist also charakterisiert durch ein immer stärkeres Überwiegen des Abbaues.* Und daß dies — wie bewiesen werden konnte — nicht auf eine absolute Steigerung des Abbaues zurückzuführen ist, ist eines der wesentlichsten Beweismittel der hier geäußerten Ansicht. *Denn es konnte mehrfach gezeigt werden, daß bei Ausschaltung der Synthese junge Blätter eine stärkere dissimilatorische Tätigkeit zeigen als alte.* Dies stimmt auch mit manchen von anderen Autoren gemachten Beobachtungen überein.

Unterstützt wird das hier Gesagte durch die Beobachtungen CHIBNALLS (1924, VI), die mit den meinigen weitgehend übereinstimmen. Er brachte abgeschnittene Fiederblätter der Bohne mit den Stielen in Wasser ins Dunkle und ins Tageslicht, und in beiden Fällen zeigte sich ein bedeutender Eiweißabbau. Jedoch schloß er aus seinen Versuchen, daß die translokatorische Bedeutung der Amide außer Zweifel gesetzt sei. Ich kann mich dieser Ansicht nicht ohne weiteres anschließen, wie ich im nächsten Abschnitt ausführen werde, vor allem auch deshalb nicht, weil es nicht angeht, einmal Gleichgewichtszustände zur Beurteilung heranzuziehen und im anderen Fall diese zu ignorieren. Solange nicht das Gegenteil experimentell festgestellt ist, bin ich zu der Anschauung geneigt, daß in abgeschnittenen Blättern aus Gründen der Zweckmäßig-

36*

keit und unter Berücksichtigung von Gleichgewichtsverhältnissen *die* Prozesse unterbleiben, die, final betrachtet, der Translokation dienen; ebenso wie ja auch die Stärke im abgeschnittenen Blatt nicht allmählich in die Form von reduzierenden Zuckern verwandelt wird, in der sie zu wandern pflegt, soweit nicht die Unterhaltung der Atmung diese Umwandlung erfordert. Aber zu Ansammlungen von Glucose führt diese Umwandlung nie. Auch hat CHIBNALL nicht den Widerspruch seiner Ergebnisse zu denen DELEANOS (1912) bemerkt, der generell in Blättern einen Eiweißabbau nur dann konstatierte, wenn Kohlehydratmangel eintrat. Durch die oben dargelegten Ansichten ist aber klar geworden, daß all diese Versuche mehr oder weniger vom Zufall abhängig waren, dieses oder jenes Blattmaterial zu finden.

Ob nun Blätter aller höheren Pflanzen diese Eigenschaften zeigen? Dies ist sehr wahrscheinlich, bedarf aber der Prüfung. Doch weist die Literatur manchen beachtenswerten Parallelismus auf. So ist die Bildung von Eiweißen in Blättern experimentell nicht immer gelungen. Nur ist es zwecklos darüber zu diskutieren, weil alle Angaben über das Blattalter fehlen. Aber ich möchte nicht verfehlen, auf die Beobachtung IWANOFFS an alten Champignons hinzuweisen (1924). Er schreibt (S. 386): „Charakteristisch ist, daß der Prozeß der Harnstoffassimilation besonders deutlich bei jungen Exemplaren verläuft. In alten Fruchtkörpern wird diese Erscheinung nicht beobachtet; das hängt damit zusammen, daß nach der Sporenbildung die synthetischen Prozesse, welche durch Abnahme des Harnstoffes und eine Zunahme des in Wasser unlöslichen Stickstoffes gekennzeichnet sind, aufhören". Nach der Schilderung fehlgeschlagener Versuche, alte harnstoffreiche Fruchtkörper von *Tricholoma sordidum* durch Glucosefütterung zur Eiweißsynthese zu bringen, sagt er: „Hieraus ist deutlich zu ersehen, daß es nicht genügt, einfach Glucose zu verabreichen, sondern man muß diese der Pflanze in einer bestimmten Lebensperiode des Pilzes, nämlich zur Zeit der Sporenbildung zusetzen"

Die starke Hemmung synthetischer Prozesse ist freilich nicht allgemein. So wie die CO_2-Assimilation fortgeht, *so geht auch die Bildung des Asparagins auf Kosten von Ammoniak ungestört vor sich.* Dies erscheint im Sinne der SCHULZE-PRJANISCHNIKOwschen Theorie sehr zweckmäßig. Aber die Versuche zeigten auch eine starke Anreicherung des Rest-N auf Kosten zugeführten Ammoniaks oder Asparagins. Die weitere Untersuchung muß sich nun auch auf diesen Rest-N erstrecken; denn falls es sich hier um die Bildung von Eiweißbausteinen handelt, dann würde ja eigentlich nur die Formung des Eiweißmoleküls selbst verhindert sein. Vielleicht aber sind es ganz andere Produkte, die zu dem Asparagin in näherer Beziehung stehen. Denn so wie in den Pilzen der Harnstoff, in anderen Ammoniumsalze organischer Säuren die Rolle des Asparagins spielen, so könnten auch in den höheren Pflanzen neue Verbindungen mit ähnlichen physiologischen Eigenschaften gefunden werden [1]).

Eine Erscheinung, die in allen Versuchen wiederkehrt, blieb bisher noch ungeklärt. Ich habe gezeigt, daß der Abbau in abgeschnittenen alten Blättern schneller vor sich geht als in solchen, die noch in natürlichem Zusammenhang mit der Pflanze stehen. Abgeschnittene Blätter eilen gewissermaßen ihrem Tod — der Zeit des Abfallens — schneller zu als unabgeschnittene. Es würde unnützem Spekulieren gleichkommen, jetzt schon an die Lösung dieses Problems theoretisch zu gehen. Nachdem aber bewiesen ist, daß diese schnellere Eiweißverminderung nicht durch das Fehlen entgegengesetzt verlaufender Prozesse vorgetäuscht wird, weil diese nämlich in abgeschnittenen und unabgeschnittenen gleichermaßen gehemmt sind, mögen zwei Möglichkeiten aufgezeichnet sein, die der weiteren Forschung als Arbeitshypothesen Nutzen bringen könnten. Erstens kann es sich bei abgeschnittenen Blättern um die Ansammlung von Stoffen handeln, die den Eiweißabbau und damit das Altern katalytisch beeinflussen. Oder aber es können diese Stoffe die Spaltungsprodukte der Eiweiße selbst sein, die dann also autokatalytisch ihre weitere Bildung beeinflussen würden. Dies erscheint nicht so unwahrscheinlich, nachdem von verschiedenen Forschern über die mannigfache Stimulierung der Enzymtätigkeit durch Aminosäuren berichtet worden ist. Literatur darüber bringen SPOEHR und McGEE, deren eigene Arbeit eine Beeinflussung der Atmungsintensität durch löslichen Stickstoff feststellen will. Wenn ich auch die Ergebnisse nicht anzweifele, sie vielmehr für wahrscheinlich halte, so muß doch gesagt werden, daß dieses mühsam zusammengestellte Versuchsmaterial ungeeignet ist, zu einem sicheren Schluß zu kommen. Abgesehen von der Vorsicht, die auf Grund meiner Untersuchungen über den physiologischen Wert verschieden alter Blätter geboten erscheint, ist das zu den einzelnen Versuchen von SPOEHR und McGEE verwendete Material sehr wenig einheitlich, vor allem in der Atmungsintensität zu Beginn ihrer Versuche, in dem anfänglichen Kohlehydratgehalt und im Gehalt an Aminosäuren. Es ist sehr schade, daß den sehr zahlreichen Tabellen Angaben über den Eiweißgehalt fehlen, das hätte eine Überprüfung der Fehlerquellen erleichtert.

Zur näheren Erläuterung des hier Gesagten seien zwei Beispiele angeführt. Die folgende Tabelle gibt die Tabelle 18 der SPOEHRschen Arbeit wieder. Ihr liegt

---

[1]) Was übrigens den eigenartigen „Amid-N other than Asparagin-N" betrifft, den CHIBNALL bei längerer Säurehydrolyse abzuspalten vermochte, so konnte ich trotz mehrfacher Stichproben ein derartiges Vorkommen nicht nachweisen. Es ist wohl verfrüht, Betrachtungen über die mögliche Konfiguration solcher „Amide" anzustellen, da ja auch CHIBNALL seine Ansicht in diesem Punkt wesentlich im Laufe seiner Arbeiten geändert hat.

folgende Versuchsanordnung zugrunde: Blätter von *Helianthus* wurden zu gleichen Portionen a) analysiert, b) 12 Stunden ins Dunkle in eine N-freie Nährlösung gebracht, c) unter denselben Bedingungen außer mit Mineralsalzen noch mit 0,11 vH. Glykokoll ernährt. Die Verfasser schließen aus ihren Versuchen eine Beeinflussung des Kohlehydratverbrauches durch die geringe Mehraufnahme von Glykokoll. Doch sind nach meiner Ansicht unter Berücksichtigung des nie völlig einheitlichen Materials die Unterschiede viel zu gering, vor allem wenn man bedenkt, daß die geringe Vermehrung des Amino-N auf Glykokoll zurückgeführt werden kann, das sich noch in den Leitungsbahnen befindet.

Leaves in —	Dry weight	Amino nitrogen in dry material	Total sugars in dry material
	p. ct.	p. ct.	p. ct.
Original condition	14,36	0,089	11,48
Nutrient solution only	14,31	0,238	3,34
Nutrient solution plus glycocoll	11,35	0,293	2,75

In einem anderen Versuch werden mit Glucose gefütterte verdunkelte Blätter kurze Zeit ans Licht gebracht, dabei geht die CO_2-Ausscheidung beträchtlich zurück. Da — auf Grund anderer Versuche — im Licht auch eine Verminderung der Aminosäuren beobachtet wurde, soll diese geringere CO_2-Ausscheidung einer verringerten Atmungsintensität entsprechen, die ihre Ursache in dem Schwanken des Aminosäurengehaltes hat. Ganz abgesehen davon, daß Atmungskohlensäure im Licht zur Assimilation verwendet wird, erscheint es mir überhaupt unmöglich, daß geringe Aminosäurenschwankungen solche Differenzen hervorrufen können.

Im Zusammenhang der in diesem Abschnitt verarbeiteten Versuchsergebnisse erscheint der Nachtstoffwechsel in ausgewachsenen Blättern nicht mehr unerklärlich. Junge Blätter mobilisieren nachts bei genügendem Kohlehydratgehalt kein Eiweiß. Ihr Stoffwechsel erscheint ausgeglichen, vermutlich weil ebensoviel löslicher N zuwandert wie zur Eiweißsynthese verbraucht wird. Abgeschnittene junge Blätter zeigen über Nacht deshalb Verminderung des löslichen N.

Alte Blätter zeigen ja immer einen Eiweißabbau. Ob dieser nachts stärker vor sich geht, ist zunächst kaum zu sagen. Sollte es aber doch der Fall sein, dann muß daran erinnert werden, daß zwischen „jungen" und „alten" Blättern Übergangszustände sehr zahlreich sind, und es kann Blätter geben, deren synthetisches Vermögen am Tag noch genügt, den Eiweißabbau zu balancieren, nachts aber dazu zu schwach ist. Doch genügt es zweifellos für die hier beobachteten Fälle, wenn wir die stärkere nächtliche Auswanderung mit der Verringerung des löslichen N dadurch erklären, daß nachts der Translokationsstrom stärker ist als am Tag, wie ja auch mancherlei andere Beobachtungen zeigen. Dies wird dadurch bekräftigt, daß abgeschnittene alte Blätter über Nacht ihren löslichen N vermehren. Doch erscheint es sehr wahrscheinlich, daß beträchtliche Mengen des nächtlich auswandernden N, besonders des

Amid-N nicht aus Eiweißen stammt, sondern aus mit dem Transpirations-
strom zugewanderten Ammoniak oder Nitrat. *In die Beobachtung der
Aus- und Zuwanderung löslichen Stickstoffs aus alten in junge Blätter
ordnet sich nunmehr deren verschiedenes physiologisches Verhalten zwanglos
ein. Dort überwiegt der Abbau, hier die Synthese.*

4.

Einer Erklärung viel unzugänglicher hat sich in der vorliegenden
Arbeit *die Ansammlung der Amide in den Leitungsbahnen* erwiesen.

Ich habe bereits gezeigt, daß in jungen Blättern eine dauernde
Vermehrung des Stickstoffes zu beobachten ist, und daß diese Vermehrung
vor allem auf einer Einwanderung von Amiden und anderen löslichen
Stickstoffverbindungen beruht, denn abgeschnittene junge Blätter verringern ihren Gehalt an diesen Stoffen und bilden aus ihnen Eiweiß. Umgekehrt zeigen alte Blätter eine einwandfrei beobachtete Stickstoffauswanderung, an der lösliche Verbindungen, vor allem Amide einen
wesentlichen Anteil haben. Es spricht viel dafür, konnte aber noch nicht
eindeutig bewiesen werden, daß diese Auswanderung von Amid-N, der
also eine dauernde Bildung parallel laufen muß, mit der im vorigen
Abschnitt beschriebenen Total-N-Verringerung und dem Altern der
Blätter aufs engste zusammenhängt.

Wie dem auch sei, so muß doch ein Zusammenhang des Amidgehaltes
der Rippen und Achsenorgane mit dem der Blätter als bewiesen angesehen werden, vor allem da es nicht gelungen ist, eine besonders große
Befähigung der Achsenorgane und der Blattrippen zur Proteolyse und
Amidbildung nachzuweisen. *Vielmehr zeigen die Blattstiele eine geringere
Tendenz zur Bildung von löslichem Stickstoff auf Kosten der Eiweiße
als die Blätter.*

Es sprechen also die Versuche dafür, daß die Bildung der Amide
nicht in den Achsenorganen selbst, sondern in den Blättern erfolgt,
wofür auch die Rückwirkungen von Schwankungen im Stoffwechsel der
Blätter auf den der Blattstiele sprechen. Um so wesentlicher wird die
Bedeutung der Amide für den Stofftransport, wofür sich ja vor allem
PFEFFER (1872, 1897) eingesetzt hat. Seine Untersuchungen beruhten
alle auf dem mikroskopischen Nachweise des Asparagins, und es ist
bereits im experimentellen Teil eingehend diskutiert worden, warum der
absolute Gehalt an Amiden für die Entscheidung dieser Frage nur von geringer Bedeutung sein kann. Noch weniger aber läßt sich aus Stoffwechsel-
untersuchungen an Keimlingen der Schluß ziehen, daß dem Asparagin
eine specifische Funktion als translokatorische Substanz zukommt.
Endlich muß darauf verwiesen werden, daß PFEFFERS einseitige Be-
tonung der Translokation der Reserveproteine der Samen heute keine
Geltung mehr beanspruchen kann, da die Amide nicht nur in allen

Organen der Pflanze und während aller Stadien ihrer Entwicklung nachgewiesen sind, sondern auch ihre Auswanderung aus Blättern eindeutig feststeht.

Bevor ich in eine Diskussion der eigenen Versuche eintrete, möge ein kurzer Überblick über die vorliegende Literatur zur Frage der Translokation N-haltiger Substanz gegeben sein. Seit der Entdeckung der Siebröhren durch TH. HARTIG haben sich viele Forscher mit diesen auffällig gebauten Elementen der Leitbündel beschäftigt und ihnen eine große Bedeutung für den Transport der Eiweiße zugeschrieben. Dabei war ausschlaggebend, daß die Siebröhren im Vergleich zu den mit nichtperforierten Wänden versehenen Zellen des Geleitparenchyms vermöge ihrer Siebplatten die Möglichkeit eines schnelleren Strömens kolloidaler Flüssigkeiten gewährleisten. Auch der Reichtum des in den Siebröhren beobachteten Schleimes an Eiweiß (FISCHER 1884, 1885) festigte diese Deutung ihrer Funktion. Jedoch veranlaßte gerade dieses Vorkommen FRANK (1892) und BLASS (1891), in den Siebröhren einen Eiweißspeicher zu sehen. Sie sprachen auf Grund anatomischer und physiologischer Studien den Siebröhren jede Bedeutung für den Eiweißtransport ab.

CZAPEK (1897) sah in den Siebröhren auch die für die Translokation N-freier Stoffe wesentlichen Organe, und KRAUS (1884) fand, daß die Trockensubstanz des Siebröhreninhaltes sich zu 38 vH. aus löslichen Kohlehydraten zusammensetzte. Doch hatte bereits 1885 SCHIMPER wesentliche Einwände gegen eine Wanderung der Kohlehydrate in den Siebröhren vorgebracht, und DELEANO (1911) stellte die CZAPEKschen Untersuchungen in ihren Schlußfolgerungen in Zweifel. Endlich sei noch auf die Arbeiten DIXONS verwiesen, der sich für eine stärkere Beteiligung des Holzteils am Transport organischer Substanz ausspricht und dem Phloem eine mehr regulatorische Funktion zuweist.

Quantitative Untersuchungen über die Beteiligung verschiedener N-Verbindungen an der Wanderung liegen nicht vor, wenn man nicht die oben erwähnte Arbeit von G. KRAUS in diesem Sinne bewerten will, der feststellte, daß 20 vH. der Trockensubstanz des Siebröhreninhaltes Proteine waren und 30 vH. „Amide". Mit Hilfe der eingehend beschriebenen Methode habe ich nun mit Erfolg eine Analysierung anatomisch differenzierter Teile der Achsenorgane vornehmen können. Was die Versuche anbetrifft, in denen eine rohe Präparierung verschiedener Zonen der Achsenorgane vorgenommen wurde, so kann ihnen *allein* nur eine relative Bedeutung beigemessen werden. Da aber die bei *Linosyris* sauber und rasch ermöglichte Präparation der Leitbündel bzw. ihre Analyse mit den ersterwähnten Versuchen übereinstimmen, können die Befunde aller Fälle zur Beurteilung herangezogen werden. Dabei ergibt sich als wesentlichstes Ergebnis, daß die Bündel, deren

Masse allerdings relativ gering ist, bedeutend reicher an Gesamt-N und Eiweiß-N sind, als das Grundgewebe. Sie sind ärmer an Amiden als dieses und enthalten bei *Linosyris* gar keine Amide.

Wenn also eine summarische Analyse der Achsenorgane ein Überwiegen des löslichen Stickstoffes im Vergleich zu den Blättern ergibt und so zu dem Schlusse Anlaß geben könnte, *daß die löslichen N-Verbindungen in besonderem Maße am Stofftransport beteiligt sind*, so ergibt eine fraktionierte Analyse, daß der Inhalt der besonders für die Leitung geeigneten Elemente eiweißreich ist und zwingt deshalb zu den Schluß, *daß die Eiweiße bei der Translokation N-haltiger Substanz doch eine Rolle spielen.*

Es ist damit nun keineswegs gesagt, daß nicht auch löslicher Stickstoff wandert. Daß aber die Amide in den Leitbündeln in geringerer Menge enthalten sind als im Grundgewebe oder daß sie ganz fehlen wie bei *Limosyris*, ist doch eine so auffällige Tatsache, *daß gegenüber einer wesentlichen Mitwirkung der Amide an der Translokation eine gewisse Skepsis am Platze ist*. Was spricht eigentlich *für* eine solche Mitwirkung? Da ist zunächst der N-Reichtum des Amidmoleküls und seine Wasserlöslichkeit. Dann aber die leichte Verwendung zur Eiweißsynthese in jungen Blättern, die nach unseren chemischen Vorstellungen im allgemeinen beim Ammoniak anfangen wird. Denn es ist außer allem Zweifel, daß zwischen den Reserveproteinen ausgewachsener Blätter und den plastischen Stoffen der jungen weitgehende chemische Differenzen qualitativer und quantitativer Art bestehen, die es unmöglich machen, die hydrolytischen Spaltungsprodukte der Reserveproteine ohne weiteres zur Neubildung von Eiweißen zu verkoppeln. Der Weg über Ammoniak bzw. über die Amide erscheint deshalb unerläßlich. Werden doch auch in jungen Blättern bei Kohlehydratreichtum die Amide schneller verbraucht als der Rest-N.

Wenn also auf Grund dieser zwei allerdings wesentlichen Momente eine Mitwirkung des Asparagins oder Glutamins an der Translokation zweckmäßig erscheint und ihre beobachtete nächtliche Auswanderung aus den Blättern sie wahrscheinlich macht, so muß doch das quantitative Zurücktreten dieser Stoffe in den Leitungsbahnen sehr befremden. *Ihre Wanderung müßte im wesentlichen im parenchymatischen Grundgewebe stattfinden*, wofür ja bereits PFEFFERs mikrochemische Befunde sprachen.

Doch reichen die bisherigen Untersuchungen nicht aus, dieses Problem endgültig zu lösen, vor allem auch mit Rücksicht darauf, daß den Amiden in den Achsenorganen auch die Eigenschaften von Speicherstoffen zugesprochen werden können, was vorläufig ebenso wenig zu beweisen ist wie ihre translokatorische Bedeutung.

Wie bereits in anderen Dingen die Geschichte des Amidproblems einen Mittelweg zwischen zwei herrschenden Hypothesen einschlug, so erscheint es auch nicht ausgeschlossen, daß die PFEFFERsche Ansicht über die Funktionen der Amide noch manche experimentelle Stütze erhält. *Doch bin ich auf Grund meiner Untersuchungen und der geprüften Literatur der Meinung, daß primär die Bedeutung der Amide nicht die eines Translokationsmittels sein kann, sondern daß nur dann Amide wandern, wenn sie durch Ansammlung das Gleichgewicht in ihrer Bildungsstätte stören oder wenn sie in jungen Blättern zur Eiweißsynthese verbraucht werden. Es ist aber in beiden Fällen kein Grund vorhanden, in den Amiden einen anderen Stoff sehen zu wollen, als jenes entgiftete Ammoniak, von dessen Bildung zu Beginn dieser Betrachtung eingehend gesprochen wurde.*

Die vorliegende Arbeit wurde in den Jahren 1924 und 1925 im Botanischen Institut der Universität Leipzig ausgeführt. Die Anregung dazu gab mein hochverehrter Lehrer, Herr Prof. Dr. RUHLAND. Dafür und für die dauernde Förderung, die er meinen Untersuchungen und meiner Ausbildung zuteil werden ließ, sage ich ihm auch an dieser Stelle meinen aufrichtigen Dank. Auch bin ich Fräulein stud. phil. ERNA HÜHN für die bereitwillige Hilfe bei der Übersetzung russischer Arbeiten sehr zu Dank verpflichtet.

E. Zusammenfassung.

1. Mit quantitativen mikrochemischen Methoden wurde der N-Stoffwechsel von Blättern und Achsenorganen untersucht unter besonderer Berücksichtigung der Amide.

2. Im Laufe einer Entwicklungsperiode zeigen ausgewachsene Blätter nach Erreichung eines Maximalgehaltes an Total-N eine stetige Stickstoffauswanderung vor allem auf Kosten des Eiweißes. Die Amide und auch die übrigen löslichen N-Verbindungen zeigen nur unregelmäßige Unterschiede ihres absoluten Gehaltes. Relativ nehmen sie an Menge zu.

3. Im Laufe der Nacht findet in ausgewachsenen Blättern eine N-Auswanderung statt, an der die Amide wesentlich beteiligt sind. Abgeschnittene junge Blätter zeigen nachts eine Eiweißsynthese, alte einen Eiweißabbau.

4. Der Gehalt der Blätter an löslichem Stickstoff, insbesondere an Amiden, hängt sowohl vom Alter der Blätter als auch von äußeren Bedingungen ab, von denen die Temperatur und der Kohlehydratgehalt die wesentlichsten sind.

5. Normalerweise findet in Blättern keine Amidbildung auf Kosten von Eiweißen statt. Kohlehydratmangel veranlaßt ihre Entstehung, Kohlehydrathunger das Auftreten von Ammoniak.

Eine hydrolytische Spaltung der Eiweiße ist unabhängig vom Kohlehydratgehalt. Unter diesen Spaltungsprodukten sind die Amide von geringerer Bedeutung.

6. In völliger Übereinstimmung mit Schulze und Prjanischnikow konnte bewiesen werden, daß auch in ausgewachsenen Blättern die Bildung der Amide ein sekundärer Prozeß ist, eine Oxydation der hydrolytischen Spaltungsprodukte des Eiweißes. Die Amide sind auch in ausgewachsenen Blättern als Entgifter von Ammoniak zu betrachten.

7. Eine Bestätigung dieser Sätze konnte durch Versuche in Narkose und Anaerobiose und durch künstliche Ernährung mit Ammoniumsalzen und Asparagin erbracht werden. Dabei zeigte sich, daß im Gegensatz zu älteren Blättern die jüngeren die Fähigkeit haben, bei Gegenwart von Kohlehydraten aus diesen Substanzen Eiweiß zu synthetisieren. Übereinstimmend mit Spoehr wurde gefunden, daß Asparagin den Verbrauch von Kohlehydraten steigert.

8. Ältere ausgewachsene Blätter verlieren allmählich die Fähigkeit der Eiweißregeneration aus den Spaltprodukten. Sie zeigen auch bei reichem Kohlehydratgehalt einen Eiweißabbau unter sekundärer Amidbildung, der bis zum Vergilben und Absterben des Blattes führt. Dieses Vergilben, das in keinem Zusammenhang mit der Menge der in den Blättern enthaltenen löslichen N-Verbindungen steht, entspricht allgemein einem Minimum des Eiweißgehaltes und läßt sich bei diesen Blättern weder verhindern noch aufhalten.

9. Dieses eigenartige Verhalten scheint im direkten Zusammenhang mit dem Amid- und Rest-N-Gehalt der Achsenorgane zu stehen, denen eine besondere Fähigkeit zur Amidbildung oder zur hydrolytischen Eiweißspaltung abzusprechen ist.

10. Analysen anatomisch differenzierter Teile der Achsenorgane zeigten nur geringe Unterschiede in ihrer N-Verteilung. Die Leitbündel waren reicher an Total-N und Eiweiß und ärmer an Amiden. Trotz des hohen Gesamtgehaltes der Achsenorgane an löslichem N muß deshalb den Eiweißen eine gewisse Bedeutung im Stofftransport zugesprochen werden. So weit eine Translokation N-haltiger Substanz in Form von Amiden stattfindet, was trotz mancher dafürsprechender Beobachtungen nicht eindeutig bewiesen werden konnte, so kann diese nur im parenchymatischen Grundgewebe vor sich gehen.

Literaturverzeichnis.

Balicka-Iwanowska: Bull. acad. Cracovie, Mathem.-naturw. Kl. 1913. — **Bang, Iwar**: Mikromethoden zur Blutuntersuchung (München: Bergmann). 1922. — **Bernard, Cl.**: Leçons sur les phénomènes de la vie (Paris) 1, 267 ff.: Anesthésie de la germination. 1878. — **Beyer, A.**: Über die Keimung der gelben Lupine. Arch. d. Pharm. 201. 1867. — **Blass**: Untersuchungen über die physiologische Bedeutung des Siebteils der Gefäßbündel. Jahrb. f. wiss. Botanik **22**. 1891. — **Borodin, I. P.**: Über die physiologische Rolle und die Verbreitung des Asparagins im Pflanzenreiche. Bot. Zeitg. **36,** 801. 1878. — Ders.: Die Bedingungen der Ansammlung von Leucin in Pflanzen. (Russ.) Petersb. naturforsch. Ges. **16.** 1885. — **Bousingault, M.:** De la végétation dans l'obscurité. Compt. rend. Paris **58.** 881, 917. 1864. — **Burri, R.:** Die Bakterienvegetation auf der Oberfläche normal entwickelter Pflanzen. Zentralbl. f. Bakteriol., Parasitenk. u. Infektionskrankh., Abt. II, **10,** 756. 1903. — **Butkewitsch:** Über das Vorkommen proteolytischer Enzyme in gekeimten Samen und über ihre Wirkung. Ber. d. bot. Ges. **18,** 185, 358. 1900. — Ders.: Über das Vorkommen eines proteolytischen Enzyms in gekeimten Samen und über seine Wirkung. Zeitschr. f. physiol. Chem. **32,** 1. 1901. — Ders.: Umwandlung der Eiweißstoffe durch die niederen Pilze im Zusammenhange mit einigen Bedingungen ihrer Entwicklung. Jahrb. f. wiss. Botanik **38,** 147. 1903. — Ders.: Regressive Metamorphose der Eiweißstoffe in höheren Pflanzen und die Rolle der proteolytischen Enzyme. Moskau 1904. (Russ.) — Ders.: Das Ammoniak als Umwandlungsprodukt stickstoffhalt. Stoffe in höheren Pflanzen. Biochem. Zeitg. **16,** 411. 1909. — **Chibnall, A. C.:** Investigations on the Nitrogenous Metabolism of the Higher Plants. II. The distribution of Nitrogen in the leaves of the Runner Bean. Biochem. Journ. **16,** 344. 1922. — Ders.: Investigations III. The effect of low temperature drying on the distribution of Nitrogen in the leaves of the Runner Bean. Ibid. **16,** 599. 1922. — Ders.: Investigations IV. Distribution of Nitrogen in the dead leaves of the Runner Bean. Ibid. **16,** 608. 1922. — Ders.: Diurnall variations in the Total Nitrogen Content of foliage leaves. Ann. of Bot. **37,** 511. 1923. — Ders.: Investigations V. Diurnall variations in the protein nitrogen of runner bean leaves. Biochem. journ. **18,** 386. 1924. — Ders.: Investigations VI. The rôle of asparagine in the metabolism of the mature plant. Ibid. **18.** 1924. — Ders.: Investigations VII. Leaf protein metabolism in normal and abnormal runner bean plants. Ibid. **18.** 1925. — **Clausen, H.:** Beiträge zur Kenntnis der Atmung der Gewächse und des pflanzl. Stoffwechsels. Landwirtschaftl. Jahrb. **19,** 893. 1890. — **Czapek:** Biochemie der Pflanzen. II. Auflage. **2.** 1920. — Ders.: Über die Leitungswege der organischen Baustoffe im Pflanzenkörper. Sitzungsber. d. Akad. d. Wiss. Wien, Mathem.-naturw. Kl. **106.** 1897. — **Dakin, H. D.:** The oxydation of leucin, α-amido-isovalerie acid and of α-amido-n-valerie acid with H_2O_2. Journ. of biol. chem. **4,** 63. 1908. — **Deleano, Nik. T.:** Über die Ableitung der Assimilate durch die intakten, die chloroformierten und die plasmolysierten Blattstiele der Laubblätter. Jahrb. f. wiss. Botanik **49,** 129. 1911. — Ders.: Studien über den Atmungsstoffwechsel abgeschnittener Laubblätter. Ebenda **51.** 1912. — **Dixon, H.:** Transport of organic substances in plants. Not. of botan. school Dublin **3,** 207. 1923. — Ders.: The transpiration stream. London 1924. — **Emmerling, E.:** Studien über die Eiweißbildung in der Pflanze I. Landwirtschaftl. Versuchs-Stationen **24,** 113. 1880. — Ders.: Studien über die Eiweißbildung in der Pflanze, II. Ebenda **34,** 1. 1887. — Ders.: Studien über die Eiweißbildung in der Pflanze, III. Ebenda **54,** 228. 1900. — **Fischer, A.:** Untersuchungen über das Siebröhrensystem der Cucurbitaceen. Berlin 1884. — Ders.: Studien über die Siebröhren der Dikotylenblätter. Leipzig 1885. — Ders.: Über den Inhalt der Siebröhren in der unverletzten Pflanze. Ber. d. bot. Ges. **3.** 1885. — **Frank:** Lehrbuch der Botanik. I. 1892. — **Godlewski, E.:** Ein weiterer Beitrag zur Kenntnis der intramolekularen Atmung der Pflanzen. Bull. acad. Cracovie, Mathem.-naturw. Kl. 115. 1904. — Ders.: Über anaerobe Eiweißzersetzung und intramolekulare Atmung in den Pflanzen. Ebenda, B. biol. Abt. 1911. — **Hansteen:** Beiträge zur Kenntnis der Eiweißbildung und der Bedingungen der Realisierung dieser Prozesse im phanerogamen Pflanzenkörper. Ber. d. bot. Ges. **14,** 362. 1896. — Ders.: Über Eiweißsynthese in grünen Phanerogamen. Jahrb. f. wiss. Botanik **33,** 417.

1899. — **Hartig, Th.**: Die Entwicklungsgeschichte des Pflanzenkeimes, dessen Stoffbildung und Stoffwanderung während des Reifens und Keimens. Leipzig 1858. — **Hornberger**: Chemische Untersuchungen über das Wachstum der Maispflanze. Landwirtschaftl. Jahrb. 11, 369. 1882. — **Iwanoff, N. N.**: Über den Harnstoffgehalt der Pilze. Biochem. Zeitschr. 136, 1—8. 1923. — Ders.: Über die Anhäufung und Bildung des Harnstoffes im Champignon. Ebenda 143, 62—74. 1923. — Ders.: Über die Bildung des Harnstoffes in Pilzen. Ebenda 136, 9—19. 1923. — Ders.: Der Pilzharnstoff als Ersatzmittel des Asparagins. Ebenda 154, 376. 1924. — Ders.: Über die Ausscheidung des Harnstoffes bei Pilzen. Ebenda 157, 229. 1925. — **Irving, A. A.**: Ann. of bot. 25, II., 1077. 1911. — **Kinoshita, I.**: On the assimilation of nitrogen from nitrates and NH_4-salts. Bull. coll. agric. Univ. Tokyo 2, 200—203. 1895. — **Klein** u. **Kisser**: Die sterile Kultur der höheren Pflanzen. Bot. Abhandl. H. 2. 1924. — **Komm**: Eiweißbildung bei Tier u. Pflanze. Freising-München 1925. 62 S. — **Kostytschew**: Die Pflanzenatmung. Berlin: Julius Springer. 1924. — **Kosutany, T.**: Untersuchungen über die Entstehung des Pflanzeneiweißes. Landwirtschaftl. Versuchs-Stationen 48, 13—32. 1897. — **Kraus, G.**: Über den Siebröhreninhalt von *Cucurbita*. Sitzungsber. d. naturforsch. Ges. zu Halle. 1884. — **Loew, O.**: The energy of living Protoplasm. London 1896. — Ders.: Die chemische Energie der lebenden Zellen. Stuttgart 1899. — Ders.: Dasselbe II. Auflage. 1906. — **Mayer, P.,**: Über das Verhalten der Diaminopropionsäure im Tierkörper. Zeitschr. f. physiol. Chem. 42, 59. 1904. — **Meyer, A.**: Eiweißstoffwechsel und Vergilben der Laubblätter von *Trop. maj.* Flora 111, 85. 1918. — **Myachi, T.**: Can old Leaves of Plants produce Asparagine by Starvation? Bull. coll. agric. Univ. Tokyo 2, 458—64. 1896/97. — **Mothes, Kurt**: Die Bedeutung der Säureamide für den Stickstoffwechsel der höheren Pflanze. Planta, 1, 317. 1925. — **Müller, Karl O.**: Ein Beitrag zur Kenntnis der Eiweißbildung in der Pflanze. Landwirtschaftl. Versuchs-Stationen 33, 311. 1887. — **Otto** u. **Kooper**: Beiträge zur Abnahme bzw. Rückwanderung der N-Verbindungen aus den Blättern während der Nacht sowie zur herbstlichen Rückwanderung von N-Verbindungen aus den Blättern. Landwirtschaftl. Jahrb. 39, 167. 1910. — **Palladin, W.**: Die Eiweißzersetzung in den Pflanzen bei Abwesenheit von freiem Sauerstoff. Ber. d. bot. Ges. 6, 205. 1888. — Ders.: Über Zersetzungsprodukte der Eiweißstoffe in den Pflanzen bei Abwesenheit von freiem O_2. Ber. d. bot. Ges. 6, 296. 1888. — **Pantanelli, F.**: Malpighia. 15, 1. 1901—1905. — **Pfeffer, W.**: Über geformte Eiweißkörper und die Wanderung der Eiweißstoffe beim Keimen der Samen. Sitzungsber. d. Ges. z. Befördg. d. ges. Naturwiss. Marburg 1871. — Ders.: Untersuchungen über die Proteinkörner und die Bedeutung des Asparagins beim Keimen der Samen. Jahrb. f. wiss. Botanik 8, 429. 1872. — Ders.: Über die Beziehung des Lichtes zur Regeneration von Eiweißstoffen aus dem beim Keimungsprozeß gebildeten Asparagin. Akad. d. Wiss. Berlin 1873. — Ders.: De l'influence de la lumière sur la régénération des Matières albuminoides. Ann. des scienc. natur. 5. sér. 19, 391. 1874. — Ders.: Die Wanderung der organischen Baustoffe in der Pflanze. Landwirtschaftl. Jahrb. 5, 87. 1876. — Ders.: Pflanzenphysiologie. I. Auflage, 1. 1881. — Ders.: Pflanzenphysiologie. II. Auflage, 1. 1897. — **Pregl, Fritz**: Die quantitative organische Mikroanalyse. Berlin: Julius Springer. 1923. — **Prjanischnikow**: Eiweißzerfall und Atmung in ihren gegenseitigen Verhältnissen. Landwirtschaftl. Versuchs-Stationen 137. 1899. — Ders.: Eiweißzerfall und Eiweißrückbildung in den Pflanzen. Ber. d. bot. Ges. 17, 151. 1899. — Ders.: Die Rückbildung der Eiweißstoffe aus deren Zerfallsprodukten. Landwirtschaftl. Versuchs-Stationen 344. 1899. — Ders.: Die Eiweißstoffe und deren Umsatz im Pflanzenorganismus. Moskau 1899. (Russ.) — Ders.: Zur Frage der Asparaginbildung. Ber. d. bot. Ges. **22**, 35. 1904. — Ders. u. **Schulow:** Über die synthetische Asparaginbildung in den Pflanzen. Ber. d. bot. Ges. **28**, 253. 1910. — Ders.: La synthèse des corps amides aux dépends de l'ammoniaque absorbée par les racines. Rev. génér. de Bot. **25**. 1913. — Ders.: Über den Aufbau und Abbau des Asparagins in den Pflanzen. Ber. d. bot. Ges. **40**, 242. 1922. — Ders.: Das NH_3 als Anfangs- und Endprodukt des N-Umsatzes in den Pflanzen. Landwirtschaftl. Versuchs-Stationen **99**, 267. 1922. — Ders.: Sur le rôle de l'asparagine dans les transformations des matières azotées chez les plantes. Rev. gén. bot. **36**. 1924. — Ders.: Asparagin und Harnstoff. Biochem. Zeitschr. **150**, 405. 1924. — **Saposchnikow:** Eiweißstoffe und Kohlehydrate der grünen Blätter als Assimilationsprodukte. Tomsk 1894. Ref.: Bot. Zentralbl. **63**, 246. Just. Jahresber. **1**, 297 (1895). — **Schimper:** Über Bildung und Wanderung der Kohlehydrate in den Laubblättern. Botan. Ztg. **43**, 737. 1895. — **Schulze, B.** u. **Schütz:** Die Stoffwandlungen in den Laubblättern des Baumes, insbes. in ihren Beziehungen zum herbstl. Blattfall. Landwirtschaftl. Versuchs-Stationen **71**, 299. 1909. — **Schulze, E.:** Über den Eiweißumsatz im Pflanzenorganismus. Landwirtschaftl. Jahrb. **9**, 689. 1880. — Ders.: Über die Bildungsweise des Asparagins und über die Beziehungen der N-freien Stoffe zum Eiweißumsatz im Pflanzenorganismus. Ebenda **17**, 683. 1888. — Ders.: Über den Umsatz der Eiweißstoffe in lebenden Pflanzen. Zeitschr. f. physiol. Chem. **24**, 18. 1898. — Ders. u. **Castoro, H.:** Beiträge zur Kenntnis der Zusammensetzung und des Stoffwechsels der Keimpflanzen. Ebenda **38**, 199. 1903. — Ders.: Über den Abbau und den Aufbau organischer N-Verbindungen in den Pflanzen. Landwirtschaftl. Jahrb. **35**, 621. 1906. — Ders. u. **Winterstein:** Quantitative Bestimmung des Asparagins und Glutamins. Abderh. Handb. d. biochem. Arbeitsmeth. II. 513. 1910. — Dies.: Quantitative Bestimmung des Ammoniaks in pflanzl. Organen. Ebenda II. 528. 1910. — Dies.: Studien über die Proteinbildung in reifen Pflanzensamen. Zeitschr. f. physiol. Chem. **65**, 431. 1910. — Ders.: Studien über die Proteinbildung in reifenden Pflanzensamen. Ebenda **71**, 31. 1911. — **Smirnow, A.:** Über die Synthese der Säureamide in der Pflanze. Ber. d. landwirtschaftl. Akad. Petrowskoje 161. 1920. — Ders.: Über die Synthese der Säureamide in den Pflanzen bei Ernährung mit NH_4-Salzen. Biochem. Zeitschr. **137**. 1923. — Ders.: Die Eigentümlichkeiten des Stoffwechsels bei den Lupinenkeimlingen in Gegenwart von NH_4- und Ca-Salzen. Zeitschr. f. Pflanzenernährung. A. **3**, 30. 1924. — **Spoehr, H. A.** u. **Mc.Gee:** Studies in plant respiration and photosynthesis. Carnegie Instit. Publicat. **325**. 1923. — **Stieger, A.:** Untersuchungen über die Verbreitung des Asparagins, Glutamins, Arginins, Allantoins in den Pflanzen. Zeitschr. f. physiol. Chem. **86**. 1913. — Ders.: Untersuchungen über die Verbreitung des Asparagins, des Arginins, des Glutamins, des Allantoins und der Hemizellulosen in den Pflanzen. Zürich 1924. — **Suzuki, U.:** On the formation of Asparagine in plants under different conditions. Bull. of agric. Univers. Tokyo II, 409. 1896/97. — Ders.: On a important function of leaves. Ebenda III, 241. 1897/98. — Ders.: On the formation of Asparagine in the metabolism of shoots. Ebenda. IV, 351. 1900/02. — **Takabayashi, S.:** On the poisonous action of Ammonium salts upon plants. Agric. Bull. Tokyo **3**, 265. 1897/98. — **Thoday, D.:** On the effect of chloroform on the respiratory exchanges of leaves. Ann. of bot. **27**, 699. 1913. — **Ullrich, Herm.:** Die Rolle der Chloroplasten bei der Eiweißbildung in den grünen Pflanzen. Zeitschr. f. Botanik **16**, 513. 1924. — **Zalewski:** Zur Kenntnis der Eiweißbildung in der Pflanze. Ber. d. dtsch. bot. Ges. **15**, 536. 1897.

KURZE MITTEILUNGEN.

HITZE-RESISTENZ FUNKTIONIERENDER SCHLIESSZELLEN.

Von

FRIEDL WEBER.

(Aus dem pflanzenphysiologischen Institut der Universität Graz.)

(Eingegangen am 16. November 1925.)

LEITGEB (1888) beobachtete eine besondere Resistenz der Schließzellen gegen Hitze, MOLISCH (1897) eine ebensolche gegenüber Frost.
KINDERMANN (1902) äußerte die Ansicht, daß die Ursache der größeren
Widerstandsfähigkeit der Schließzellen ihren Grund „in der eigentümlichen Beschaffenheit des ganzen Plasmas" derselben hat. Durch Beobachtung der Plasmolyseform ließ sich ersehen, daß bei Änderung
des Öffnungszustandes der Spaltöffnungen in den Schließzellen „eine
Zustandsänderung des Protoplasten vor sich geht" (WEBER 1925). Es
schien daher möglich, daß auch der Grad der Hitzeresistenz mit der
Funktion der Schließzellen einem Wechsel unterworfen sei. Um dies
zu prüfen, wurden folgende Versuche angestellt:

Versuchsobjekte waren Blätter von *Zebrina pendula, Rumex* sp.
(vermutlich *patientia* oder *crispus*), *Rumex acetosa, Dahlia variabilis*
und *Bellis perennis.* Zu jedem Versuch wurde je ein Blatt längs der
Mittelrippe in zwei gleiche Hälften geteilt; die eine Blatthälfte kam
mit einigen Wassertropfen in eine Petrischale, die dann verschlossen
und dunkel gestellt wurde. Die andere Blatthälfte kam ebenfalls in
eine Petrischale; der Boden dieser Schale war mit Watte ausgelegt, die
stark mit destilliertem Wasser durchdrängt wurde; nach jedem Versuch wurde die Watte gewechselt, damit nicht etwa (durch die Tätigkeit
von Mikroorganismen) die Reaktion der Unterlage geändert werde.
Auf der reinen Watte lag das Blattstück so auf, daß die spaltöffnung-
führende Blattunterseite nach oben zu liegen kam. Nach Verschluß
der Schale wurde sie in einer Entfernung von 30 cm unterhalb einer
Osram-Nitra-Projektionslampe (1000 Watt u. 150 Volt) aufgelegt. So

verblieben die beiden Schalen meist 3 Stunden. In der belichteten
Schale erreichten die Stomata eine hohe Öffnungsweite, in der verdunkelten Schale waren sie durchaus geschlossen. Die beiden zusammen-
gehörigen Blatthälften wurden nach beendigter Exposition aus den
Schalen genommen, der Öffnungszustand der Stomata durch mikroskopische Betrachtung rasch festgestellt und nun kamen die Blatthälften gleichzeitig an einem Glasfaden aufgereiht in ein mit destilliertem
Wasser gefülltes Becherglas, das in einem Wasserbade stand. Das
Wasser im Bade war auf 61—63° C erwärmt. Während der Zeit, in
der sich die Blatthälften im heißen Wasser befanden, wurde dieses
durch das eingeführte Thermometer ständig umgerührt; die Temperatur
schwankte dabei höchstens um 1° C, blieb aber meist ganz konstant.
Die Blatthälften blieben 90 Sekunden im heißen Wasser (*Dahlia* nur
60 Sekunden). Die Blätter wurden dabei infolge post- oder prämortalen
Turgorverlustes schlaff und meist auch schon leicht verfärbt. Von den
dem Heißbade entnommenen Blättern wurden an der Unterseite Epidermisstreifen abgezogen und zunächst in Wasser untersucht; dabei
zeigte sich folgendes:

An den vorher dunkel gestellten Blatthälften, die mit geschlossenen
Spaltöffnungen in das Bad gekommen waren, waren alle Stomata her-
metisch geschlossen, die Schließzellen ausnahmslos abgestorben, ihre
mißfarbigen Chloroplasten, Kern und Cytoplasma desorganisiert (koaguliert). Plasmolysierbarkeit war verloren gegangen. *Die Schließzellen
der geschlossenen Spaltöffnungen hatten also das heiße Bad nicht
überlebt.*

An den vorher belichteten Blatthälften, die mit geöffneten Spaltöffnungen in das Bad gekommen waren, zeigten sich nach dem Bade
die Stomata durchaus geöffnet und zwar meist weiter als vor dem Bade,
häufig sogar unnatürlich weit klaffend; diese Steigerung des Öffnungs-
grades dürfte durch das Absterben der Epidermiszellen ermöglicht worden sein. Die unverändert grünen Chloroplasten, der Zellkern und das
Cytoplasma ließen keinerlei Desorganisationserscheinungen erkennen;
nachdem sich der Turgor in den Schließzellen erhalten hatte, konnte
auch keine wesentliche prämortale Exosmose osmotisch wirksamer Substanzen eingetreten sein. Die Schließzellen ließen sich mit 30 vH.
Rohrzuckerlösung plasmolysieren, wobei sie Krampfplasmolyse zeigten,
wie dies nach den Erfahrungen an *Vicia* (WEBER 1925) bei Schließzellen
im offenen Spaltenzustand zu erwarten war. Wurden die schlaffen
Blatthälften in Wasser eingelegt, so waren meist noch am Tage nach
dem heißen Bade die Stomata offen und die Schließzellen umgeben von
totem Gewebe lebend. *Die Schließzellen der geöffneten Spaltöffnungen
hatten also das heiße Bad gut überlebt.*

Bei geöffneter Spalte sind die Schließzellen in höherem Maße hitze-

*resistent als bei geschlossener Spalte, das Protoplasma der „geschlossenen"
Schließzellen wird durch die Hitze leichter zur Koagulation gebracht,
als das Protoplasma der „geöffneten" Schließzellen, es geht mit der
Funktion der Schließzellen ein Wechsel im Grade der Hitzeresistenz
vor sich.*

Die Versuche mit *Zebrina* wurden achtmal, die mit *Rumex* zwölfmal,
die mit *Bellis* viermal, mit *Dahlia* zweimal und zwar stets mit vollkommen gleichem und einheitlichem Ergebnis wiederholt; da von jedem
Blattstück an verschiedenen Stellen mehrere Epidermisstreifen abgenommen wurden, so konnte das Verhalten von einer sehr großen Anzahl
Schließzellen kontrolliert werden.

Wie weit die Hitzeresistenz der geschlossenen und geöffneten Schließzellen differiert, bedarf weiterer Untersuchungen; der Unterschied
scheint nicht gering zu sein: so überlebten die geschlossenen Schließzellen von *Rumex* sp. die Einwirkung vom 61° C Wasser schon bei
60 Sekunden Expositionsdauer nicht mehr, die geöffneten blieben
aber selbst bei 120 Sekunden Erhitzungsdauer fast ausnahmslos
am Leben.

Die Resistenzschwankung stellt sich bei Änderung der Öffnungsweite der Stomata alsbald ein: Bei *Zebrina*, die im Lichte schon nach
$^1/_2$—1 Stunde die Stomata weit öffnet, genügt eine Belichtung bzw.
Verdunkelung von nur 1 Stunde, ja auch schon von nur $^1/_2$ Stunde
um den oben beschriebenen Resistenzunterschied einheitlich zur Ausbildung gelangen zu lassen. Bezeichnend ist auch folgendes Versuchs-
ergebnis: Blattstücke von *Zebrina* wurden 1 Stunde lang belichtet bzw.
verdunkelt, hierauf der Öffnungszustand und die Resistenz geprüft und
wie angegeben befunden; und nun wurden analog behandelte Blattstücke vertauscht, d. h. das verdunkelte Blattstück kam ans Licht
und umgekehrt; nach einer weiteren Stunde war der Öffnungszustand den neuen Verhältnissen entsprechend umgeschlagen und
nunmehr zeigten sich die jetzt geöffneten, früher aber geschlossenen
Schließzellen resistenter als die jetzt geschlossenen, früher aber geöffneten; die Änderung (Umstimmung) des Protoplasmazustandes war
also bereits eingetreten.

Es frägt sich, ob sich aus der Resistenzänderung irgendwelche
Schlüsse auf das Wesen der Zustandsänderung des Protoplasten ziehen
lassen? Es liegt nahe, die Verschiedenheit in der Hitzeresistenz mit
einer Änderung in der Wasserstoffionenkonzentration der Schließzellen
in Zusammenhang zu bringen. Kahho (1924) hat die Beeinflussung der
Hitzekoagulation des Pflanzenprotoplasmas durch Säuren an der Epidermis von *Zebrina pendula* studiert; er vermutete, daß bei den dabei
beobachteten individuellen Abweichungen „in einigen Fällen der verschiedene Säuregrad des Zellsaftes (der Epidermiszellen) eine Rolle

spielt". Lepeschkin (1910) hat gezeigt, daß die Koagulationstemperatur des Protoplasmas bei alkalischer Reaktion höher ist als bei der sauren. Auch Kahho hat die Herabsetzung der Koagulationstemperatur durch schwache Säurekonzentrationen festgesetzt. Lepeschkin (1923) gibt auf Grund seiner Versuche mit Spirogyren an: ,,The hydrogen-ions decrease the constancy of the living substance" (gegenüber Hitze). In diesem Zusammenhange ist weiterhin folgendes bemerkenswert: Iljin (1922) hat den Einfluß der H-Ionen auf die Bewegungen der Spaltöffnungen festgestellt. Nicolic (1925) gibt an: Die Förderung der Öffnungsbewegung durch die Säuren geht in der Weise vor sich, daß sie den enzymatischen Abbau der Stärke einleiten. Arends (1925) erörtert die Frage, ob nicht beim Abbau der Schließzellenstärke als Hydrolyseprodukt Oxalsäure auftritt. Hamorak (1924) findet für die Nebenzellen von *Liriodendron* das Auftreten von Ca-Oxalat charakteristisch. Weber (1923) meint, es könnte bei geänderter Beleuchtungsintensität der Säuregehalt der Schließzellen eine Veränderung erfahren, wodurch die enzymatischen Vorgänge beeinflußt werden, was weiterhin eine Verschiebung des osmotischen Wertes und so die Regulation der Spaltenweite bedingen würde. In ganz analoger Weise äußert sich Sayre (1923). Diese Angaben lassen die Annahme diskutabel erscheinen: *Die besondere Hitzeresistenz des Schließzellenprotoplasmas und die Schwankungen dieser Resistenz könnten in einem specifischen Aciditätsgrad der Schließzellen und in dem Wechsel dieses Aciditätsgrades ihre Ursache haben*[1]). Es wäre verfrüht, näher auf die Erörterung dieser Hypothese einzugehen, bevor nicht weitere Untersuchungen über Empfindlichkeitsschwankungen der Schließzellen gegenüber anderen physikalischen und gegenüber chemischen schädlichen Einflüssen vorliegen. Solche Untersuchungen bleiben einer eingehenderen Arbeit vorbehalten.

---

[1]) Auch andere Momente könnten die Resistenzschwankungen verursachen (vgl. Lepeschkin 1924, S. 165). Nach Lepeschkin (1923) nimmt im Licht als Folge der permeabilitätserhöhenden Wirkung desselben die Koagulationszeit bei *Spirogyra* ab. Das differente Verhalten der Schließzellen, bei denen im Lichte die Koagulationszeit zunimmt, ließe sich etwa damit ,,erklären", daß nach Kisselew (1925) bei den Schließzellen im Lichte (bei offener Spalte) eine Herabsetzung der Permeabilität erfolgt. — Auch Schwankungen im Quellungszustand des Protoplasmas, die gleichzeitig mit den Änderungen des osmotischen Wertes sich einstellen werden (vgl. Walter 1923, 1924), könnten die Hitzeresistenz verschieben. Aus den Plasmolyseformunterschieden bei offener und geschlossener Spalte (Weber 1925) läßt sich auf solche Änderungen im Quellungszustande schließen. Bei geöffneter Spalte ist die Viscosität des Schließzellenprotoplasmas erhöht. De Vries (1918) fand: La limite de la température pour la vie du protoplasma est d'autant plus élevée que la proportion d'eau est plus faible. Suessenguth (1922) nimmt an: Licht entquillt, die Protoplasten enthalten nach der Belichtung weniger Flüssigkeit als Quellungswasser gebunden.

Literatur.

Arends: Arch. f. wiss. Botanik 1. 1925. — **Hamorak:** Ber. d. landwirtschaftl. Inst. Kamjanetz 1. 1925. — **Iljin:** Biochem. Zeitschr. 132. 1922. — **Kahho:** Biochem. Zeitschr. 144. 1924. — **Kindermann:** Sitzungsber. d. Akad. Wien, Mathem.-naturw. Kl. I 111. 1902. — **Kisselew:** Beih. z. botan. Zentralbl. 41, Abt. I. 1925. — **Leitgeb:** Mitt. a. d. botan. Inst. Graz 1. 1888. — **Lepeschkin:** Ber. d. dtsch. botan. Ges. 28. 1910. — Ders.: Stud. plant physiol. laborat. Prague 1. 1923. — Ders.: Kolloidchemie des Protoplasmas. Berlin 1925. — **Molisch:** Untersuchungen über das Erfrieren der Pflanzen. Jena 1897. — **Nicolic:** Beih. z. botan. Zentralbl. 41, Abt. I. 1925. — **Sayre:** Science 57. 1923. — **Suessenguth:** Variationsbewegungen. Jena 1922. — **De Vries:** Opera collata 1. 1918. — **Walter:** Jahrb. f. wiss. Botanik 62. 1923. — Ders.: Zeitschr. f. Botanik 16. 1924. — **Weber:** Naturwissenschaften 11. 1923. — Ders.: Jahrb. f. wiss. Botanik 64. 1925.

ZUR PHYSIOLOGIE DER ORGANISCHEN SÄUREN IN GRÜNEN PFLANZEN.

(Aus dem Botan. Institut, Leipzig.)

I. WECHSELBEZIEHUNGEN IM STICKSTOFF- UND SÄURESTOFF-WECHSEL VON BEGONIA SEMPERFLORENS.

Von

W. RUHLAND und K. WETZEL.

(Eingegangen am 10. Dezember 1925.)

Die enorme Acidität der Zellsäfte in Begonienblättern, die ihrem hohen Gehalt an freien organischen Säuren entspricht, gab uns den Anstoß, stoffwechselphysiologische Versuche über die Entstehung und das weitere Schicksal dieser Säuren anzustellen, da hierüber für grüne Pflanzen bekanntlich bisher noch so gut wie nichts bekannt ist. Nachstehend sollen in drei „kurzen Mitteilungen" einige bemerkenswerte bisher erzielte Ergebnisse unserer Versuche schon jetzt mitgeteilt werden, während für die ausführliche Darstellung noch andersartige Versuche, auch mit weiteren Pflanzen, anzustellen sein werden. Wir wollen uns dabei zunächst auf die in größeren Mengen auftretenden Säuren beschränken und vor allem auch von den als intermediäre Spaltungsprodukte bei der Glykolyse zutage tretenden Dreikohlenstoff-Säuren (Milch- und Brenztraubensäure) absehen, da sie sowohl hinsichtlich Entstehung wie Bedeutung von den übrigen scharf zu trennen sind.

A. Ammoniak- und Oxalsäurebildung.

1. Eine von uns ausgebildete Methode ermöglicht eine sehr befriedigende Bestimmung des Atmungsquotienten (mittl. Fehler = 0,8 vH. des Quotienten). Die Blätter zeigten bei rund 30 ° C einen durchschnittlichen anfänglichen Wert von $\dfrac{CO_2}{O_2} = 1\cdot1$, der bei fortdauernder Verdunkelung in 2—3 Tagen auf 1,47—1,85 anstieg, um nach weiteren 4—5 Tagen etwa auf den anfänglichen Wert abzusinken. Wie weitere chemische Untersuchungen bekräftigten, beruht dies auf anfänglich vorwiegender Verbrennung von Kohlenhydraten, nach deren annäherndem Verbrauch sodann auf einem Überwiegen organischer Säuren, und bei der schließlichen Senkung auf einem neben diesen immer stärker hervortretenden Abbau von Eiweißstoffen und deren Spaltprodukten, der in säurearmen Vergleichspflanzen den Atm.-Quotienten in diesem Stadium weit unter 1 herabdrückte.

2. Um das stoffwechselphysiologische Schicksal der organischen Säuren (normal in den Blättern durchschnittlich bezogen auf das Trockengewicht 20 vH. Oxal-, 0,5 vH. Äpfel-, [Nachweis: Fumarsäure und Ag-Salz], 0,3 vH. Bernsteinsäure und 0,5 vH. andere Säuren; darunter sicher Milchsäure; flüchtige Säuren nicht gefunden) verfolgen zu können, wurden die vorhandenen quantitativen Bestimmungsmethoden kritisch geprüft, die großenteils durchaus unzureichend befunden wurden. Mit ihrer Unzuverlässigkeit hängt offenbar der erwähnte tiefe Stand unserer physiologischen Kenntnisse zusammen. Unser neuer analytischer Untersuchungsgang gab sehr befriedigende Ergebnisse, insbesondere ließen sich Oxal- und Äpfelsäure scharf voneinander trennen und wurden mit einem mittleren Fehler von etwa 3 vH. bestimmt. Auch war es möglich, bei den Säuren die freien und an Basen gebundenen Mengenanteile in der Pflanze zu verfolgen. Damit war auch die Möglichkeit gegeben, tagesperiodische Schwankungen im Auftreten der einzelnen Säuren, ihr Verhalten bei verschiedener Temperatur und Ernährung, Zu- und Ableitungen in den Organen usw. festzustellen. Insbesondere sollte aber die bei Schimmelpilzen aufgetauchte Streitfrage, ob und inwieweit die einzelnen organischen Säuren im Kohlenhydrat- (BUTKEWITSCH u. a.) oder Eiweiß- (MAZÉ, KOSTYTSCHEW) Stoffwechsel entstehen, für höhere Pflanzen ihrer Lösung näher gebracht werden.

3. Die Begonien enthalten morgens in ihren Blättern normal und regelmäßig auf den Gesamt-N bezogen das 5—10fache an präformiertem NH_3 als gewöhnliche Vergleichspflanzen, die keinen bedeutenden Gehalt an organischen Säuren aufweisen.

4. Dieser NH_3-Gehalt steigt bis zum Abend noch weiter auf etwa das 3fache des Morgenbetrages an.

5. Dem NH_3 gegenüber tritt der sogenannte „Rest-N" (Aminosäuren und organische Basen), verglichen mit gewöhnlichen Pflanzen, auffallend zurück. Das Verhältnis $\dfrac{\text{Rest-N}}{NH_3\text{-N}}$ beträgt bei diesen etwa 50,0, bei *Begonia* dagegen nur etwa 2—3. Sehr auffällig ist ferner, daß in ihr Amide normalerweise so gut wie völlig fehlen.

6. Bei reichlicher N-Ernährung in Wasserkulturen treten die Aminosäuren noch stärker hinter NH_3 zurück. Dieser häuft sich besonders nach heißen Tagen und zumal in jungen Blättern an und kann dann 75 vH. desjenigen der Aminosäuren und der organischen Basen betragen!

7. Eine weitere, ganz enorme Steigerung des NH_3-Gehaltes kann man aber im Versuch herbeiführen, wenn man gleichzeitig durch andauernde Verdunkelung für einen (analytisch verfolgten) weitgehenden Abbau der Kohlenhydrate sorgt und durch hohe Temperaturen (28 bis 35° C) den Eiweißabbau forciert. NH_3 nimmt dann, verglichen mit den ebenfalls stark vermehrten, aber offenbar sofort weiter abgebauten

Aminosäuren derart rapid zu, daß er sie schon nach 11 Stunden übertrifft und sein N-Gehalt nach 48 Stunden den exorbitanten Betrag von z. B. 171 vH. des ihrigen, d. i. das zehnfache des normalen und nach i. g. 106 Stunden nahezu 30 vH. des gesamten N ausmacht, während die Säureamide hierbei wieder völlig zurücktreten. Auch sie scheinen sehr rasch zu NH_3 abgebaut zu werden.

8. Dieses Verhalten *erinnert auffallend an dasjenige von Aspergillus niger* in Peptonkulturen, der nach BUTKEWITSCH 57,8 vH. des Pepton-N in NH_3-N überführte, falls die Versuchsbedingungen die gleichzeitige Bildung freier (zur Neutralisation des NH_3 verwendeter) Oxalsäure gestatteten. Diese Rolle der Säure wird dadurch offenbar, daß der Pilz bei $CaCO_3$-Gegenwart nur wenig NH_3 und viel Aminosäuren bildet, sich dann also wie andere zu ausgiebiger Bildung freier Säure unfähige Pilze (*Penicillium, Mucor*) verhält.

9. So muß offenbar auch *die exorbitante NH_3-Anhäufung* in Begonien *mit deren außerordentlicher Fähigkeit zur Bildung freier Säuren* ($p_H = 1,6$ bis 1,3) *im Zusammenhang stehen.* In der Tat sinkt mit experimenteller Herabminderung derselben auch die NH_3-Produktion. Wenn z. B. durch andauernde Verdunkelung und hohe Temperatur der Gehalt an freier Säure (teils infolge Neutralisationswirkung des gebildeten NH_3, teils durch totale Oxydation), nahezu gleich Null geworden ist, so wird die NH_3-Produktion zugunsten der Aminosäuren sehr stark abgebremst, eine Umstimmung, welche mit derjenigen des Aspergillus infolge $CaCO_3$-Zusatzes augenfälligst übereinstimmt. Die $H^{\cdot}$-Konzentration dürfte somit bei der Desaminierung der Aminosäuren ein begrenzender Faktor sein, obwohl die Menge sauren Oxalats auch dann noch ausreicht, um die seit BUTKEWISCH bekannte, bei gewöhnlichen Pflanzen eintretende NH_3-Vergiftung zu verhindern.

10. Im Tierkörper und — nach N. N. IWANOW — in gewissen Pilzen fällt die Rolle der NH_3-Entgiftung dem Harnstoff, bei gewöhnlichen grünen Pflanzen — wie zuerst BOUSSINGAULT vermutete, SCHULZE und namentlich PRIANISCHNIKOW bewiesen — den Amiden (Asparagin, Glutamin), bei *Begonia* und zum Teil bei *Aspergillus* den organischen Säuren zu. Die Fähigkeit der *Begonia*, NH_3 in noch größerer Menge als oben erwähnt, zu entgiften, läßt sich durch Versuche mit reichlicher N-Ernährung (NH_4-Salze oder Nitrate) dartun. Wir können demnach wohl die *physiologischen Typen* „Amid"- und „Ammonium"- (oder „Säure"-) Pflanzen unterscheiden.

11. Nitratkulturen sowie alte Begonienblätter, denen ein *geringer* Gehalt an freier Säure eigen ist, weisen, im Gegensatz zu normalen jüngeren Blättern sowie von Pflanzen aus NH_4-Kulturen mit ihrem entsprechend hohen Gehalt an freier Säure, *größere Amidmengen* auf.

12. Die unter 9 behandelte Parallelität von Hemmung der Säurebildung einerseits und Anhäufung von Aminosäuren anderseits bei
lange andauernder Verdunkelung scheint darauf hinzudeuten, daß in
früheren Stadien der Verdunkelung sowohl als unter normalen Verhältnissen bei der Desaminierung von Aminosäuren Oxy- bzw. α-Keto-
säuren entstehen, welche Vorstufen der Oxalsäure sind. Die Kohlenhydrate sind durch die Verdunkelung schon frühzeitig praktisch verschwunden.

13. Zu einer weitergehenden Klärung des Ursprunges der organischen
Säuren hoffen wir durch Ernährungsversuche mit Salzen derselben, mit
Aminosäuren usw., und durch Untersuchung des natürlichen Stoffwechsels weiterer geeigneter Pflanzen, auch bei anaërober Atmung,
bald beitragen zu können.

B. Der Einfluß N-haltiger und N-freier Nährlösungen auf den Oxalsäuregehalt.

In Nitratkulturen (TOTTINGHAMsche Nährlösung) weisen die Pflanzen
den höchsten Gehalt an Gesamtoxalsäure (21,3 vH. vom Trockengewicht) und die geringste Menge freier Oxalsäure (1,1 v.H vom Trockengewicht) auf. Dabei blieb die Ersetzung von $Ca(NO_3)_2$ durch KNO_3
ohne Einfluß auf Säurebildung und Säurebindung. In $(NH_4)_2SO_4$-
Kulturen (in der TOTTINGHAMschen Nährlösung wurde das Nitrat durch
dem N-Gehalt entsprechende Mengen von $(NH_4)_2SO_4$ ersetzt) beträgt der
Gehalt an Gesamtoxalsäure 18,64 vH., darunter jedoch 4,6 vH. freie
Oxalsäure. Vielleicht rührt diese Überlegenheit der Nitratpflanzen an
Oxalsäure über die Ammonpflanzen von einer oxydativen Wirkung von
NO_3' her. Dagegen kann von einer Art „Abfangwirkung" des $Ca^{..}$
bzw. $K^{.}$ keine Rede sein, denn einmal wird gebundene Oxalsäure leicht
abgebaut (STÄHELIN) und andererseits hat auch die außerordentliche
Kleinheit des Löslichkeitsproduktes $[Ca^{..}]\,[Oxalat'']$ die Abbaureaktion
nicht verzögert, wie der Vergleich mit den K-Pflanzen zeigt. Offenbar
sind hierfür genügende Mengen von Oxalatanionen, gleichgültig,
ob aus freier oder gebundener Oxalsäure, in Lösung. Die einfachen
Folgen des Massenwirkungsgesetzes sind von manchen früheren Autoren, welche die Oxalatanhäufung in der Pflanze studierten, nicht
beachtet worden.

Dem verschiedenen Gehalt der Nitrat- und HH_4-Pflanzen an freier
Oxalsäure entspricht auch eine verschiedene $H^{.}$-Konzentration (Nitrat:
$p_H = 1{,}86$; $(NH_4)_2SO_4 : p_H = 1{,}56$) des Zellsaftes der Blätter. Die
Interpretation früherer Autoren, wonach der $H^{.}$-Konzentration die Rolle
des die Säurebildung begrenzenden Faktors zugeschrieben wurde, kann
in dieser allgemeinen Form nicht einmal für die Säureanhäufung noch
weniger für die Säurebildung bestätigt werden. *Vielmehr zeigte sich*

ein innerer[1]), *enger Zusammenhang der Oxalsäurebildung mit dem N-Stoffwechsel* der Pflanzen. Ammoniumkulturen und in N-freier Nährlösung gezogene Pflanzen besitzen etwa denselben p_H (1,56 bzw. 1,54) und denselben Gehalt an freier Säure bezogen auf das Trockengewicht. Die physiologische Ansäuerung der Ammoniumkulturen wird hinsichtlich der pflanzlichen $H^{\cdot}$-Konzentration durch eine stärkere Pufferung des Zellsaftes (lösliche Oxalate) ausgeglichen. Trotz der gleichen $H^{\cdot}$-Konzentration des Zellsafts bleibt der Gehalt an Gesamtoxalsäure der in N-freier Lösung gezogenen Pflanzen mit 14,2 vH. wesentlich hinter dem der Ammoniumkulturen zurück (18,6 vH. vom Trockengewicht). In noch älteren N-arm gezogenen Kulturen (71 Tage) fiel der Gehalt an Gesamtoxalsäure unter Anstieg der gebundenen Säure bis auf 7,0 vH. vom Trockengewicht. Der besonders starke Rückgang an freier Oxalsäure ohne Vermehrung des Gesamtoxalsäuregehaltes weist auf eine entsprechend starke Hemmung in der Oxalsäurebildung hin.

Die N-Analysen der drei verschiedenen Kulturen zeigten, daß das präformierte NH_3 in den Nitrat- und Ammoniumkulturen bis zum 15-fachen Betrag normaler Pflanzen anstieg, während in N-arm gezogenen Kulturen kaum überhaupt noch NH_3 gefunden wurde.

Um so bemerkenswerter war der hohe Gehalt an Aminosäuren in diesen Kulturen, der — bezogen auf den Total-N — den der beiden anderen Kulturen um 70 vH. übertraf. Die Desaminierung der Aminosäuren erfolgt in diesen Pflanzen also trotz des erheblichen Eiweißmangels sehr langsam; übereinstimmend damit ist die Eiweißsynthese wenig ergiebig und der Eiweißgehalt geht infolgedessen auf $^1/_3$—$^1/_4$ normaler Pflanzen herab. Der Gehalt an löslichem N im Verhältnis zum Gesamt-N ist wesentlich geringer als bei den anderen Kulturen (Fehlen von Ammoniak). Das infolge der geringen Desaminierungsfähigkeit dieser Pflanzen im Minimum auftretende NH_3 wirkt hier als begrenzender Faktor für die Eiweißsynthese, der eine ebenso geringe Produktion an Oxalsäure entspricht. Dagegen spricht die Tatsache, daß in N-arm gezogenen Pflanzen trotz ihres Reichtums an Kohlehydraten (das Doppelte der NO_3-Kulturen) und der damit in Zusammenhang stehenden experimentell ermittelten Steigerung der Atmungsintensität der Gehalt an Oxalsäure fortlaufend fällt, gegen eine Entstehung der Oxalsäure im normalen Kohlehydrat-Stoffwechsel. Auch das völlige Fehlen flüchtiger Säuren bzw. der als Oxalsäurevorstufe in Frage kommenden Essigsäure spricht gegen eine Entstehung der Oxalsäure aus Kohlehydraten, da — wie bekannt — deren Abbau über Acetaldehyd geht und dieser der CANNIZZAROschen Reaktion

---

[1]) Also nicht etwa nur die chemisch selbstverständliche, äußerliche Tatsache, daß in $Ca(NO_3)_2$-Kulturen das NO_3' dem Eiweißaufbau dient und das $Ca^{\cdot\cdot}$ sich an Oxalsäure gebunden wiederfindet.

entsprechend unter teilweiser Reduktion zu Äthylalkohol stufenweise zu Essigsäure oxydiert wird. Als Hinweis dafür, daß der geringe Oxalsäuregehalt N-arm gezogener Pflanzen nicht durch einen stärkeren Abbau der Oxalsäure bedingt wird, sondern auf einer Hemmung der Bildung dieser Säure beruht, möge die geringe Desaminierungsfähigkeit sowie die Tatsache dienen, daß in diesen Kulturen die Äpfelsäure zugunsten der Bernsteinsäure verschwindet, was alles gegen eine kräftigere Oxydationstätigkeit in diesen Pflanzen spricht.

Eine Erhöhung des Oxalsäuregehalts läßt sich in diesen Pflanzen erst wieder durch Überführung in eine Nitrat- oder Ammoniumsalzlösung erzielen, wodurch ihnen die Einbeziehung der Kohlehydrate in den N-Stoffwechsel ermöglicht wird. Die rasch wachsenden Pflanzen (4—5faches Erntegewicht) steigern dann ihren Oxalsäuregehalt schon nach 8 Tagen um 33 vH. und nach 4 Wochen auf 240 vH. ihres anfänglichen Gehalts.

In diesem Zusammenhang verdient auch erwähnt zu werden, daß Knollenbegonien in der ruhenden Knolle ($p_H = 4{,}52$) einen verschwindend geringen Gehalt an freier Oxalsäure zeigten, der schon bei leichter Ankeimung ($p_H = 3{,}60$) auf das Vierfache stieg und bei etwas längerem Antreiben im Dunkeln in den Pflanzen ($p_H = 1{,}44$) den 3000fachen ursprünglichen Betrag erreichte. Wir betonen jedoch, daß wir die Frage der Säurebildung bei der NH_3-Koppelung mit Kohlenhydraten in der Eiweißsynthese an anderen Pflanzen noch exakter prüfen zu müssen glauben. Aus den hydrolytisch entstandenen Aminosäuren scheint sich auch in jungen Blättern ohne Kohlenhydratzufuhr Eiweiß nicht mehr bilden zu können, vielmehr dürfte dazu ein, wenigstens teilweiser Abbau der Aminosäuren zu NH_3 notwendig sein. Damit würde eine weitere Möglichkeit, die von uns beobachtete Säurezunahme auch bei der Eiweißsynthese durch voraufgegangene Desaminierung und Oxydation des C-Skelettes zu erklären, gegeben sein. Auch dies ist erst durch weitere Versuche zu beweisen. Immerhin können wir schon jetzt feststellen, daß eine Reihe von Versuchen durchaus gegen eine Oxalsäurebildung im Kohlenhydratstoffwechsel spricht, während andererseits alle Versuchsergebnisse mit einer solchen im Eiweißstoffwechsel in Einklang zu bringen sind.

C. Tagesschwankungen im N- und Säurestoffwechsel.

Allgemein wurde eine Vermehrung der freien Oxalsäure in den Blättern von *Begonia semperflorens* vom Abend zum Morgen konstatiert. Die Größe der Säurezunahme war abhängig von der Temperatur und dem Blattalter, und zwar derart, daß niedere Temperaturen einen größeren Säureanstieg zuließen als hohe Temperaturen (infolge geringeren Säureabbaues) und junge Blätter eine stärkere Vermehrung der freien

Oxalsäure (+ 80 vH. vom Abendwert) als alte Blätter (+ 7 vH. vom Abendwert) aufwiesen. Dagegen veränderte sich in allen Fällen der Gehalt an gebundener Oxalsäure nur wenig.

Gleichzeitig angestellte Stickstoffuntersuchungen haben ergeben, daß in jungen Blättern nachts eine kräftige Desaminierung von Aminosäuren stattfindet, so daß deren Gehalt in jungen Blättern morgens (bei Verhinderung der Zuleitung aus anderen Organen) um etwa 50 vH. fällt, während er bei Ermöglichung der Zuleitung um 37 vH. ansteigt. — In alten Blättern überwiegen nachts die hydrolytischen Spaltungsprozesse des Eiweißes in hohem Maße, wohingegen eine erhebliche Desaminierung im Gegensatz zu den jungen Blättern nicht stattfindet. Es konnte gezeigt werden, daß in alten Blättern bei Verhinderung der Ableitung die Aminosäuren über Nacht um mehr als 200 vH. ansteigen, während sie bei offenen Ableitungswegen um 33 vH. fielen. Diese Befunde hinsichtlich des nächtlichen N-Stoffwechsel an alten und jungen Blättern führen notwendig zu dem Schlusse, daß während der Nacht größere Mengen von Aminosäuren aus den alten Blättern auswandern und nach den jungen Blättern geleitet werden. Der NH_3-Gehalt sinkt nachts in alten und jungen Blättern. Während das NH_3 jedoch in jungen Blättern zur Eiweißsynthese verwendet wird, wandert es aus alten Blättern zum großen Teil aus oder wird — falls die Ableitung verhindert wird — in Amid übergeführt. In jungen Blättern findet somit bei niederen Temperaturen nachts eine kräftige Desaminierung der eigenen und zugeleiteten Aminosäuren und erhebliche Eiweißsynthese statt (vgl. auch die ausführliche Arbeit von K. Mothes, S. 472, Bd. I dieser Zeitschr.), in alten Blättern überwiegen nachts reine Spaltungsvorgänge des Eiweißes, deren Produkte zum großen Teil in junge Blätter abgeleitet und dort verarbeitet werden. Demzufolge steigt bei Verhinderung der Ableitung der Gehalt an wasserlöslichem N auf das $2^1/_2$fache des Abendwertes, während er in jungen Blättern unter denselben Bedingungen um etwa 30 vH. fällt.

Der Grad der *Desaminierung* der Aminosäuren und der *Eiweißbildung* einerseits und die Zunahme an freier *Oxalsäure* anderseits laufen also in alten und jungen Blättern *durchaus parallel*. Dieselben Zusammenhänge ergeben sich auch aus der Betrachtung der bereits erwähnten verschieden großen täglichen Oxalsäureschwankung in alten und jungen Blättern und der Veränderung des Wertes $\dfrac{\text{wasserlöslicher N.}}{\text{Eiweiß N.}}$

II.

TAGESSCHWANKUNGEN UND ANDERWEITIG BEDINGTE VERÄNDERUNGEN DES GEHALTS AN VERSCHIEDENEN ORGANISCHEN SÄUREN IN EINIGEN GRÜNEN PFLANZEN.

Von

HERMANN ULLRICH,
Leipzig.

(Eingegangen am 10. Dezember 1925.)

Die Stoffwechselvorgänge, in deren Verlaufe die verschiedenen organischen Säuren in den grünen Pflanzen auftreten, sind noch keineswegs geklärt. Dies beruht einerseits darauf, daß viele Autoren, die sich mit der Untersuchung dieser Fragen beschäftigten, die hierzu unzulänglichen Aciditätsbestimmungen durch Titration benutzten, obwohl sie sich zum Teil (KRAUS) schon bewußt waren, daß man auf diesem Wege nur die freie, nicht die gebundene Säure erfassen kann, und beruht andererseits darauf, daß man ohne analytische Bestimmung der einzelnen Säuren nur Feststellungen über die *Summe* der Schwankungen aller Säuren machen kann, während die physiologisch-chemischen Beziehungen der Säuren zueinander und zu anderen Stoffwechselvorgängen dabei ungeklärt bleiben.

Es galt also unter Benutzung der neuerdings gemachten Erfahrungen über Säurebildung und -umsatz bei niederen Pflanzen und bei Tieren einmal eine Methode zu finden, die die Bestimmung von freier und gebundener Säure ihrem chemischen Charakter nach noch in verhältnismäßig geringen Materialmengen mit hinreichender Genauigkeit erlaubt. Hierüber wird später eingehend berichtet werden. Dann mußte danach gefahndet werden, ob der Gehalt an verschiedenen Säuren überhaupt Schwankungen, insbesondere Tagesschwankungen, unterliegt, welcher Art diese Schwankungen sind und schließlich, in welcher Beziehung sie zu den übrigen Stoffwechselvorgängen stehen.

Zur Untersuchung dienten bisher fast stets ausgewachsene Blätter von *Anemone nemorosa*, *Rubus idaeus* und *Begonia semperflorens*, sowie Blätter und Blattrippen von *Lactuca sativa* und *Lactuca virosa*.

In sehr zusammengefaßter Form als Beispiel seien die Resultate über den Gesamtsäuregehalt in vH. des Trockengewichts bei einem Versuch mit *Lactuca sativa* vom 8. VIII. 1923 abends und 9. VIII. morgens angeführt:

Gesamt-	Blattflächen		Blattrippen	
	abends 8. VIII. 6³⁰ nachm.	morg. 9. VIII. 7¹⁵ vorm.	abends 8. VIII. 6³⁰ nachm.	morg. 9. VIII. 7¹⁵ vorm.
Oxalsäure	0,026	0,026	0,029	0,035
Milchsäure	0,362	0,135	0,188	0,166
Äpfelsäure	0,75	1,46	3,20	3,77
Bernsteinsäure	1,58	0,98	1,13	0,56
Summe von Äpfel- und Bernsteinsäure .	2,33	2,44	4,33	4,33

Bei Umrechnungen aller Versuchsresultate auf Frischgewicht oder Wassergehalt ergeben sich stets dieselben Richtungen der beobachteten Differenzen im Säuregehalt infolge ihrer Größe.

Aus den bisher angestellten Untersuchungen läßt sich über die Tagesschwankungen folgendes feststellen:

1. Die *Oxalsäure* unterliegt bei *Lactuca virosa* und *sativa* nur ganz geringen Schwankungen in den Blattflächen, indem der Gehalt nach dem Morgen zu sehr wenig ansteigt. Eine Erklärung dafür stehe dahin (s. Ruhland u. Wetzel).

2. Der Gehalt an *Milchsäure* ist bei allen untersuchten Objekten ohne jede Ausnahme am Abend in den Blattflächen größer, oft fast auf das Doppelte gestiegen, als am Morgen. In den Blattrippen ist diese Zunahme auch in gleichem Sinne, aber nur in sehr geringem Ausmaße bemerkbar.

3. Der *Äpfelsäure*-Gehalt ist in den Blattrippen von *Lactuca sativa* und *Lactuca virosa* morgens etwas höher als abends. In den Blattflächen dagegen erreicht der Morgenwert das $1\,^1/_2$—2fache des Abendwertes.

4. Umgekehrt ist in den Blattrippen der *Bernsteinsäure*-Gehalt abends etwa doppelt so groß als morgens. Dasselbe gilt auch für die Blattflächen.

5. Trotzdem ist die *Summe* von Äpfelsäure + Bernsteinsäuregehalt in den Blattrippen praktisch konstant. Infolgedessen müssen sich die Schwankungen im Gehalt beider Säuren weitgehend im entgegengesetzten Sinne entsprechen. In den Blattflächen dagegen zeigt sich eine *geringe* Zunahme der Summe beider Säuren am Morgen, bedingt durch den außerordentlich hohen Äpfelsäuregehalt zu dieser Tageszeit.

Die angeführten Resultate zeigen, daß sich stark chlorophyllführende Gewebe der gleichen Pflanze (Blattflächen) von nur wenig Chloroplasten enthaltenden (Blattrippen) in bezug auf den Säurestoffwechsel wesentlich unterscheiden.

Die H-Ionenkonzentration (elektrolytisch gemessen) ist in den Blattflächen nur wenig geringer als in den Blattrippen, in den Blattflächen zudem einem Tageswechsel keinesfalls unterworfen. In den Blattrippen scheint eine kleine Aciditätserhöhung während der Nacht einzutreten. Als Beispiel seien die Werte einer vergleichenden Messung der p_H bei *Lactuca virosa* gegeben:

Blattfläche		Blattrippen	
abends	morgens	abends	morgens
5,805	5,83	5,68	5,38

Ohne die Annahme eines verschiedenen Enzymgehaltes lassen sich die starken Säuregehaltsschwankungen bei dieser geringen Differenz der H-Ionenkonzentration zwischen Blattflächen- und rippen keineswegs verstehen, wenn nicht gar ein Einfluß der Assimilation oder etwa ein Wechselspiel zwischen Bernstein- und Äpfelsäure im Sinne von v. SZENT GYÖRYI (Biochem. Zeitschr. 150, 195, 1925) vorliegt. Für eine Abwanderung einer Säure sprechen die bisher gemachten Erfahrungen nicht deutlich, da sie infolge der Versuchsanstellung eine solche nicht einwandfrei erkennen lassen können. Erst ein Experimentieren mit abgeschnittenen Blättern wird auch darüber noch Aufschluß geben.

Auch kommt für die beiden genannten Säuren ein direkter oder indirekter Zusammenhang mit dem Stickstoffwechsel in Frage, denn ein Vorversuch ergab bei *Begonia semperflorens*, gezogen in N-Hunger, nur noch Bernsteinsäure (vgl. RUHLAND u. WETZEL). Ferner zeigen ältere Blätter von *Lactuca sativa* einen stärkeren Bernsteinsäuregehalt als jüngere.

Die Milchsäure dagegen ist wohl ausschließlich abhängig vom Kohlehydratstoffwechsel. Für eine Glykolyse spricht am deutlichsten die an *Rubus idaeus*-Blättern festgestellte große Zunahme des Milchsäuregehalts bei intramolekularer Atmung (eine Bestätigung der Befunde STOKLASAS und CRASEMANNS). Die Zunahme der Milchsäure am Abend in den Blattflächen ist insofern nicht ohne weiteres verständlich, als die durch die Assimilation bekanntlich gesteigerte Atmung im Verein mit den freiwerdenden Sauerstoff eine starke Resynthese von Zucker aus der durch Glykolyse gebildeten Milchsäure ermöglichen müßte. Doch genügt vielleicht die große Erhöhung des Zuckergehalts zur Verschiebung des Gleichgewichts im beobachteten Sinne. Ebenso wie diese Fragen, bedarf die einzelne Beobachtung an *Begonia semperflorens* noch weiterer Klärung, daß N-frei gezogene Pflanzen den höchsten, mit NH_4 ernährte Pflanzen einen mittleren und NO_3' ernährte den geringsten Milchsäuregehalt aufwiesen, wobei der Zuckergehalt dem Milchsäuregehalt parallel ging. Die Untersuchungen werden deshalb unter Verknüpfung mit Beobachtungen über die anderen Stoffwechselvorgänge fortgesetzt.

Aus den Bestimmungen des Gehaltes an freien Säuren geht u. a.

noch hervor, daß bei der benutzten Untersuchungsmethode die Milchsäure sich im getrockneten Material mit den übrigen Säuren bezüglich der Salzbildung nicht ins physikalisch-chemische Gleichgewicht gesetzt hat. Gemäß ihrer Dissoziationskonstante $1,38 \times 10^{-4}$ (OSTWALD) ist sie stärker als Bernsteinsäure (1. Diss.-Konst. $6,65 \times 10^{-5}$ [OSTWALD]). Daher sollte letztere in der Hauptsache als freie Säure auftreten, konnte als solche aber nicht gefunden werden, während sich vornehmlich die Milchsäure im freien Zustande nachweisen ließ. Inwieweit diese Befunde den tatsächlichen Verhältnissen der Säuren in der lebenden Pflanze entsprechen, und wie sie zustande kommen, ist noch nicht geklärt.

ÜBER DEN EINFLUSS DER KÄLTE AUF DIE REDUKTIONSTEILUNG VON EPILOBIUM.

Von

PETER MICHAELIS, Jena.

Mit 52 Textabbildungen.

(Eingegangen am 29. November 1925.)

Über die experimentelle Beeinflussung der Mitose ist schon viel gearbeitet worden. Schwierigkeiten methodischer Art sind wohl die Ursache, daß die hierbei erworbenen Erfahrungen und Methoden nur in geringem Maße Anwendung auf die Reduktionsteilung gefunden haben, trotzdem solche Untersuchungen der experimentellen Vererbungsforschung in hohem Maße zugute kommen könnten. Nur über die Wirkung von Narkotica, Röntgen- und Radiumstrahlen liegen ausführlichere Daten vor, und die Störung der Reduktionsteilung durch Chloralhydrat benutzte vor allem WETTSTEIN in seinen genetischen Untersuchungen über den Formwechsel der Moose. Über Faktoren, die auch außerhalb des Experimentes auf die Reduktionsteilung einwirken können, wissen wir noch wenig, wenn wir von der Bastardierung absehen. In TISCHLERS Pflanzencaryologie finden wir auf S. 435 eine schöne Zusammenstellung der Pflanzenarten, bei denen wohl infolge Stoffwechselstörungen abnorme Pollenentwicklung gefunden wurde, und DE MOL zeigte an *Hyacinthus*, daß durch abweichende Kultur Pollen mit erhöhter Chromosomenzahl und damit polyploide Pflanzen entstehen können. Leider sind in diesen Fällen die Ursachen der Störung wenig exakt zu fassen und daher im Experiment schlecht bei anderen Pflanzen verwendbar. Über den Einfluß der Kälte liegen von BELLING, BORGENSTAMM, SAKAMURA, YASUI und Anderen gelegentliche Beobachtungen vor, die es wahrscheinlich machen, daß es mit Hilfe der Kälte gelingt, experimentell diploide Geschlechtszellen zu erzeugen. Untersuchungen über den Einfluß der Temperatur auf die vegetative Kernteilung liegen von SCHRAMMEN, GERASSIMOFF und Anderen vor, und es gelang auch die Erzeugung polyploider Rassen durch eine Verdoppelung der Chromosomenzahl bei *Spirogyra* (GERASSIMOFF), im Moosprotonema (WETTSTEIN) und im *Datura*vegetationspunkt (BLAKESLEE).

Im Sommer 1924 wurden zahlreiche Blütenstände von *Epilobium angustifolium* verschieden tiefen Kältegraden ausgesetzt, und sowohl die Pollen- und Embryosackentwicklung, als auch das Bild des reifen Pollens untersucht. 1925 wurden die Versuche bei *Epilobium hirsutum* und *Oenothera* wiederholt. Die Onagraceen sind für solche

Versuche sehr geeignet, denn es ist bekannt, daß die diploiden Pollenkörner der Gigasformen von *Epilobium* (SCHWEMMLE), *Fuchsia* (WARTH) und *Oenothera* wie bei *Solanum* (WINKLER) statt 3 Keimporen 4 besitzen, und man könnte vermuten, daß der Vermehrung der Keimporen eine Erhöhung der Chromosomenzahl parallel verläuft. Bei den *Epilobium*-Arten der Sektion Lysimachion (zum Beispiel *Ep. hirsutum*) bleiben überdies die Pollenkörner bis zur Reife im Tetradenverbande. So lassen das Bild der Tetrade und die Gestalt des Pollens im reifen Zustande noch Rückschlüsse auf die Entstehung zu.

Die zu den Versuchen benutzten Pflanzen wurden teils in Töpfen, teils im Freiland gezogen. Sie, bzw. ihre Vorfahren, waren 1923 cytologisch untersucht worden. Abends wurden die Blütenstände zusammen mit einem Minimum-Maximumthermometer mit Leinentüchern umhüllt, und darüber ein doppelwandiger Blechcylinder — nach Art der SENEBIERschen Glocke — gestülpt, der mit einer Kältemischung gefüllt war. Die Temperatur erreichte in 1—2 Stunden das Minimum und glich sich langsam bis zum Morgen des nächsten Tages aus. Nun wurde der Kältesturz abgenommen und zu verschiedenen Zeiten Material fixiert. Die Pflanzen wurden durch die Eisbildung nicht geschädigt und ertrugen eine Kälte von $-4-5^\circ$ C und einen Temperatursprung von mindestens 20° C.

Die Untersuchung des reifen Pollens von *Epilobium angustifolium* ergab, daß auch einzelne Antheren der Kontrollpflanzen relativ viel 4-lappigen Pollen enthielten. Bei den Kältepflanzen fehlten einzelnen Blüten und Antheren die 4-lappigen Körner ganz, und nur wenige Blüten zeigten eine erhöhte Zahl 4- und mehrlappiger Körner. Von den zahlreichen Zählungen seien nur die Werte der drei Blüten mitgeteilt, die die höchsten Prozentzahlen zeigten:

	gut	schlecht	Summe	gut	schlecht		Summe des Pollens mit abnormer Keimporenzahl
Kältepflanzen .	5,7 vH.	34,7 vH.	40,4 vH.	8,5 vH.	19,6 vH.	31,5 vH.	59,6 vH.
Normale Pflanzen . .	82,5 vH.	1,2 vH.	83,7 vH.	14,3 vH.	2 vH.	—	16,3 vH.
Pflanzen aus d. Umgebung Jenas . . .	90,4 vH.	1,6 vH.	92,0 vH.	8 vH.	—	—	8 vH.
	3 Keimporen			4 Keimporen		1—2 u. 5—12 Keimp.	

Σ = mindestens 500 Pollenkörner.

Charakteristisch für die Kältepflanzen ist eine Vermehrung des 4-lappigen Pollens und vor allem das Auftreten von Pollen mit mehr als 4 oder weniger als 3 Keimporen. Die Größenmaße der 3-lappigen, gesunden Pollenkörner schwanken nur wenig um 58 μ Durchmesser und ergeben eine eingipflige Kurve; die der 4-lappigen Körner variieren zwischen 46 und 89 μ und zeigen eine deutlich zweigipflige Variationskurve. Der erste, größere Gipfel fällt mit dem der 3-lappigen Körner zusammen, der kleinere, zweite liegt bei 77 μ Durchmesser. Dieser größere, 4-lappige Pollen tritt nur nach Kältebehandlung auf. Wie obige Tabelle zeigt, finden sich im Kältepollen sehr viele geschrumpfte, inhaltsleere Körner; doch können selbst die Riesenkörner mit vielen Keimporen normales, körniges Plasma enthalten, und bei 2—5-lappigem Pollen wurde auch Keimung auf Agar beobachtet. Mehrlappige Riesenkörner standen zu Keimungsversuchen nicht zur Verfügung, sondern wurden alle zur Bestäubung verwandt; ihre Keimfähigkeit ist fraglich. Über die Gestalt der Pollenkörner gebe Abb. 1—18[1]) Aufschluß.

Bei *Epilobium hirsutum* wird eine Zählung der Pollenkörner sehr erschwert, da die Körner einer Tetrade nur schwer voneinander zu trennen sind. Bei den Kontrollpflanzen fand ich keinen 4-lappigen Pollen. Bei den Kältepflanzen traten zahlreiche gestörte Tetraden auf. Unter den 4-lappigen Pollenkörnern lassen sich wieder 2 Typen unterscheiden: In einem Falle liegen relativ große Körner (Abb. 3) paarweise Rücken an Rücken und bilden statt einer Tetrade eine Dyade (Abb. 17). Sie gehen zu zweit aus einer Pollenmutterzelle hervor und sind wahrscheinlich diploid. Ihr Durchmesser beträgt im Mittel 87 μ und sie entsprechen dem größeren, 4-lappigen Pollen von *Ep. angustifolium*. Der kleinere Pollentyp (Abb. 2) mißt 65 μ im Mittel und kommt in normalen Tetraden vor, teils allein (Abb. 15), teils zusammen mit Pollen mit 3 Keimporen. In diesem Falle sind meist ein oder mehrere Pollenkörner schlecht, so daß man eine unregelmäßige Chromosomenverteilung annehmen kann. Nur in einem Falle (Abb. 11) waren sämtliche Pollenkörner (ein 4-lappiges und drei 3-lappige) einer Tetrade völlig gesund. Hier kann der 4-lappige Pollen nicht diploid sein. WARTH hat sich neuerdings auf Grund ausgedehnter Untersuchungen von *Fuchsia*-Arten über die Beziehung zwischen Chromosomenzahl und Zahl der Keimporen dahin ausgesprochen, daß weniger die Größe, wie BOEDYN annimmt, sondern die Lappenzahl als Merkmal für einen heteroploiden Chromosomenbestand angesehen werden darf. Da ich bisher die großen, 4-lappigen Körner nur bei Kältebehandelten Pflanzen und dort im Dyadenverband antraf, wo Diploidie mit großer Wahrscheinlichkeit angenommen werden darf, so glaube ich, daß gerade die Größe — wenigstens innerhalb einer reinen Art —

---

[1]) Erklärungen der Textabbildungen siehe am Schluß der Arbeit.

in engerem Zusammenhang mit der Zahl der Chromosomen steht. Die kleineren, 4-lappigen Pollenkörner werden wohl zum mindesten hypodiploid, wenn nicht haploid sein. Die Riesenkörner mit mehr als 4 Keimporen (Abb. 18) treten stets allein auf, selten hängen ihnen einige rudimentäre Körner mit einem Porus an. Sie entstehen also allein aus einer Pollenmutterzelle, was auch die unregelmäßige Anordnung der Lappen über die Oberfläche des Kornes zeigen kann. Sie enthalten meist mehrere (Abb. 4, 7, 8) oder einen durch Verschmelzung entstandenen, großen Kern (Abb. 9). Der 2-lappige Pollen (Abb. 5) bildet nur selten zusammen mit normalen Körnern Tetraden, entweder bilden je 4 eine „Tetrade" (Abb. 12, 13), oder aber es gehen 8 Körner aus einer Pollenmutterzelle hervor (Abb. 16). Hier liegen die Verhältnisse ähnlich wie beim 4-lappigen Pollen: Die größeren, lebensfähigen sind vielleicht hypohaploid, die kleineren besitzen wahrscheinlich nur die Hälfte (9) der normalen Chromosomenzahl (18) und sind stets abgestorben. Der 1-lappige Zwergpollen (Abb. 6) begegnet uns nur in stark gestörten Tetraden (Abb. 14), oder er hängt Riesenkörnern an (Abb. 18, 7). Häufig ist in ihm schon frühe kein Kern mehr nachweisbar und sein Plasma degeneriert stets bald. Nur einmal fand ich ein gesundes Pollenkorn von der Größe der 3-lappigen, das nur einen Keimporus besaß.

Diese Befunde am fertigen Pollen waren nun durch eine cytologische Untersuchung zu prüfen und nach Möglichkeit zu erklären. Dieselben *Epilobium angustifolium*-Pflanzen, die zu diesen Untersuchungen dienten, waren im vorhergehenden Jahre cytologisch untersucht worden, und es wurde in zahlreichen Präparaten keine Störung gefunden. Auch dieses Mal wurde die normale Chromosomenzahl 18 erneut festgestellt. Eine Störung der Reduktionsteilung fand nur bei Pflanzen statt, die bis nahe an den Erfrierpunkt abgekühlt waren, und eine 2—3malige Wiederholung der Kältebehandlung mit einer jeweiligen, eintägigen Pause verstärkte die Wirkung außerordentlich.

Die Kerne im Stadium von der Synapsis bis zur Diakinese sind außerordentlich empfindlich. WETTSTEIN fand dieselbe Erscheinung auch bei der Einwirkung des Chloralhydrates. In Blüten, deren Antheren gleichzeitig Kerne in Synapsis, Diakinese und in späteren Stadien enthielten sind erstere nach der Einwirkung der Kälte meist zerstört und die Zellen abgestorben, während sich zum Beispiel Metaphasen oder Anaphasen ohne letalen Schaden weiter entwickelt haben. In diesen geschädigten Kernen tritt Caryorhexis ein, das heißt, die Chromatinbänder zerfallen bröckelig. Die Kernmembran wird auffallend deutlich, besonders wenn sie sich vom umgebenden Plasma zurückzieht. Membran und Chromatin lösen sich bald auf; der Nucleolus bleibt am längsten erhalten.

Gestörte Diakinesen kamen nur selten zur Beobachtung. Die Paarung

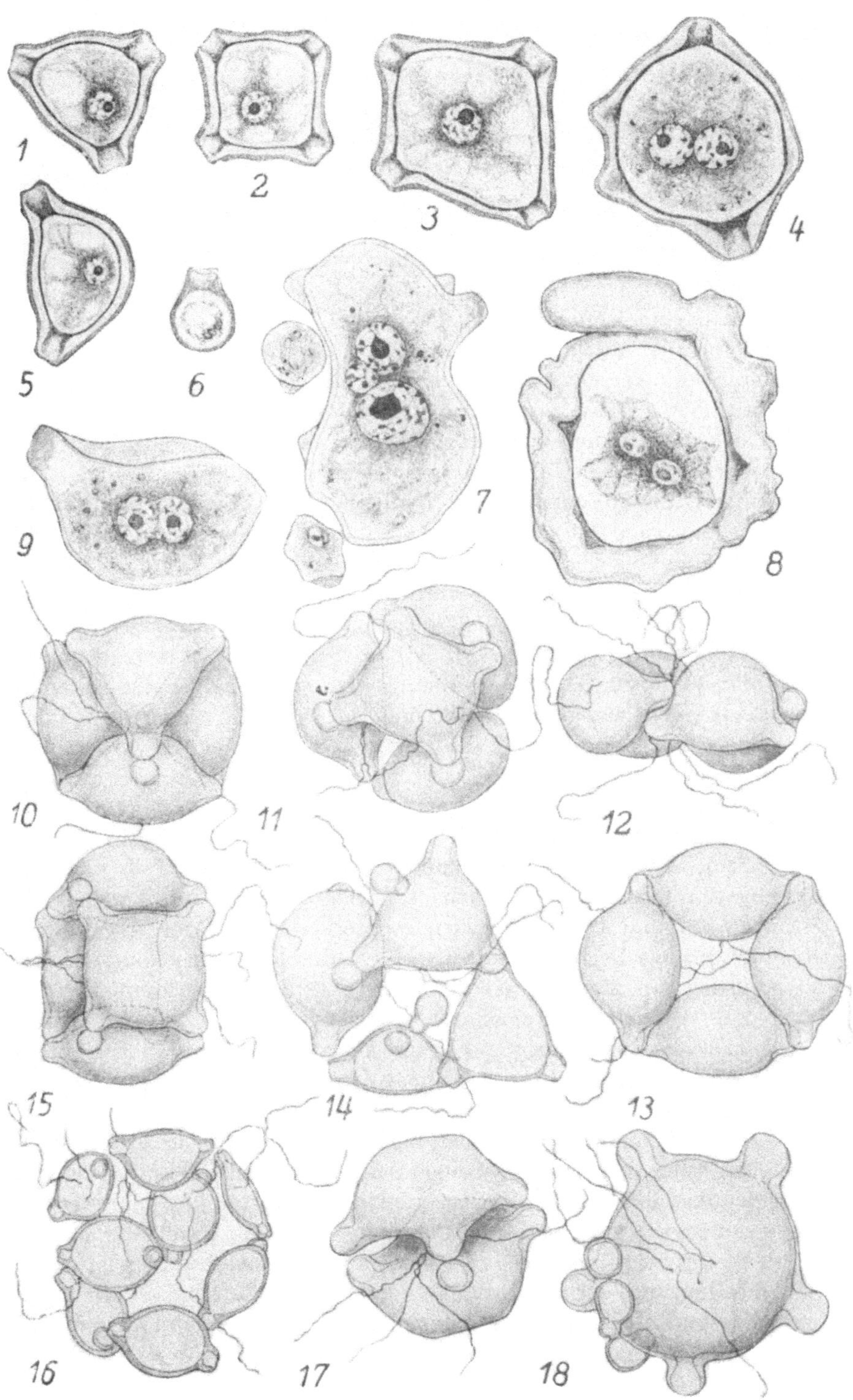

1
2
3
4
5
6
7
8
9
10
11
12
15
14
13
16
17
18

der Chromosomen ist wie bei manchen Bastarden eine sehr lockere und nicht bei allen Chromosomen vollzogen. Abb. 26 zeigt eine Diakinese, in der von den 36 Chromosomen nur 30 zu 15 Gemini vereinigt sind, die restlichen 6 sind ungepaart. Es ist möglich, daß in solchen Diakinesen eine Paarung völlig unterbleiben kann, wenigstens zählte ich in einer frühen Metaphase (Abb. 27) einer Embryosackmutterzelle mindestens 33 ungepaarte Chromosomen, an denen vereinzelt schon die Spaltung der homöotypen Teilung zu erkennen war. Interkinesen und Metaphasen der homöotypen Teilung mit mehr als 30 Chromosomen wurden öfters gefunden. Die Anlage der Spindel ist häufig abnorm, da die Kernmembran oft verschwindet bevor irgendwelche Spindelfasern nachzuweisen sind. Diese durchziehen unregelmäßig die Kernhöhlung und legen sich den Chromosomen an, die meist nicht an die Peripherie des Kernes rücken. Bei der heterotypen und homöotypen Teilung sind dreipolige (Abb. 36) oder apolare Spindeln sehr häufig. Die Anordnung der Chromosomen zu einer Äquatorialplatte kann unterbleiben. Sie sind unregelmäßig verstreut und einzelne sind gar nicht in die Spindel einbezogen. Diese zerstreuten Chromosomen bleiben entweder unverändert im Plasma liegen (Abb. 32), sie können in eine zweite Teilspindel einbezogen werden (Abb. 29—31, 35), oder sie umgeben sich mit einer Membran (Abb. 32, 37, 38). So können sich ein Teil oder alle Chromosomen zu einem neuen Kern außerhalb der Spindel vereinigen. In der Metaphase kann eine Teilung der Chromosomen fehlen, sie verklumpen innerhalb der Spindel (Abb. 30, 33), bilden eine neue Membran aus und regenerieren so einen neuen Kern (Abb. 34), der bei der heterotypen Teilung natürlich diploid ist.

Auch die Anaphase kann ganz unregelmäßig verlaufen. Teils wandern einzelne Chromosomen weit voraus, teils bleibt eine größere Zahl zurück (Abb. 20, 28) und wird nicht in den Tochterkern einbezogen. Sie bleiben dann im Plasma liegen, oft mit dem Kern durch einzelne Spindelfasern verbunden (Abb. 25), oder sie werden zu Kleinkernen zusammengefaßt (Abb. 20). Vereinzelt kamen Telophasen zur Beobachtung, deren Tochterkerne verschieden viel Chromosomen aufweisen. In der Interkinese der Abb. 41 enthält der eine Kern 25, der zweite 11 Chromosomen. So entstehen natürlich verschieden große Kerne (Abb. 24, 42), wobei der kleinere in vielen Fällen keine Kernmembran mehr ausbildet (Abb. 24, 42). Andererseits scheinen Stadien wie Abb. 39 und 41 darauf hinzudeuten, daß der Interkinesenkern ohne Ausbildung einer Kernmembran sofort in die homöotype Teilung übergehen kann. Es ist hier nicht beabsichtigt, alle die verschiedenen Störungen zu beschreiben, da eine Deutung der mikroskopischen Bilder naturgemäß oft recht schwierig und unsicher ist. Ich verweise nur auf die Abbildungen, die einige Typen wiedergeben.

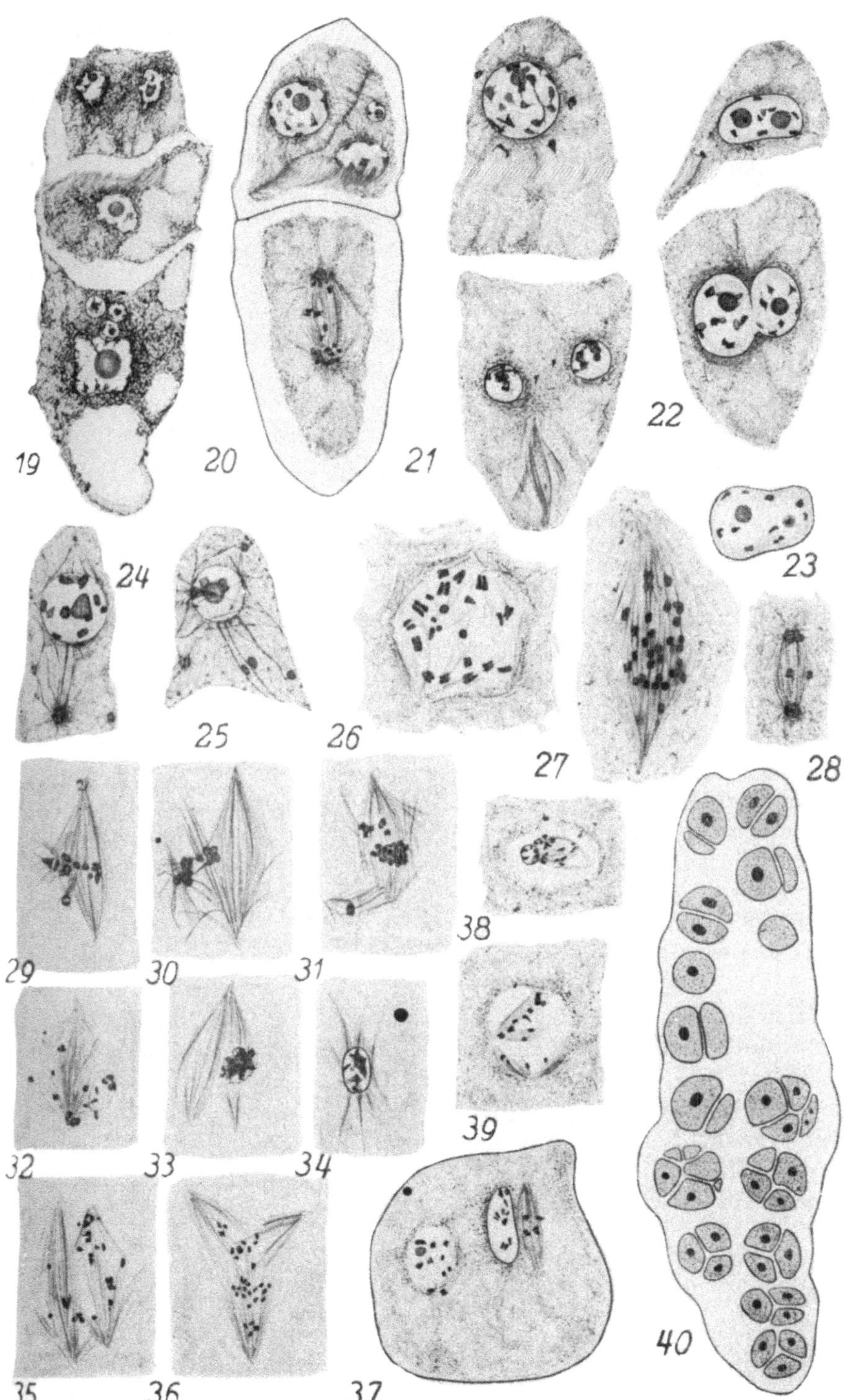

Durch diese Anomalien der Teilung entstehen mannigfache Störungen der Tetradenbildung, besonders da in Pollen- und Embryosackmutterzellen oft jegliche Andeutung eines Phragmoplasten fehlt, und die Wandbildung unterbleiben kann. Dadurch ist es möglich, daß Tochterkerne leicht wieder miteinander verschmelzen. Solche Kernverschmelzungen konnten während der Embryosack- und Pollenentwicklung auf den verschiedensten Stadien nachgewiesen werden (Abb. 22, 23, 43 bis 45, 47, 50, 51).

Wir wollen nun an Hand von Schnitten durch Antheren mit jungen Tetraden untersuchen, wie das mannigfache Pollenbild aus den Störungen der Kernteilung und aus nachträglicher Kernverschmelzung entstanden ist.

Unterbleibt die Wandbildung völlig, oder werden nur kleine Plasmateile abgetrennt, so entstehen die Riesenkörner mit zahlreichen, unregelmäßigen Keimporen. Ich fand keine Bilder, aus denen man schließen könnte, der Riesenpollen entstände aus Pollenmutterzellen ohne jegliche Kernteilung, sondern es werden Pollenmutterzellen wie in Abb. 43, 44 und 46 den Anlaß zu seiner Bildung geben. In Abb. 43 und 44 entstanden durch zwei Teilungen 4 Kerne, die wir in verschiedenen Stadien der Verschmelzung vorfinden; in Abb. 46 entstanden durch völlig gestörte Teilungen zahlreiche Kerne. Abb. 4 und 9 zeigen, daß durch Verschmelzung die Zahl bis auf wenige Kerne herabgesetzt werden kann, und in diesem Falle können die Riesenkörner bis zur Reife lebend bleiben. Häufig unterbleibt aber die Kernverschmelzung, und die Kerne degenerieren nach Ausbildung der Pollenwand. Solche Pollenkörner sind zur Zeit der Reife leer und geschrumpft. Selten wird auch die Ausbildung der Pollenwand gestört und die Exine stark verdickt. Das in Abb. 8 abgebildete Pollenkorn läßt keine Ähnlichkeit mehr mit dem Onagraceenpollen erkennen.

Die Dyaden können wohl auf verschiedene Weise gebildet werden. Es ist denkbar, daß die homöotype Kernteilung auf eine der oben beschriebenen Weisen rückgängig gemacht wird und dann nicht wiederholt wird, oder daß sie ganz ausfällt. Mit Sicherheit läßt sich dies an fixiertem Material nicht nachweisen. Dagegen ließen sich an Pollenmutterzellen, wo die Wandbildung nach der homöotypen Teilung unterblieb, zahlreiche Kernverschmelzungen finden (Abb. 45, 47, 50, 51). Diese so entstandenen Pollenkörner dürften sicher diploid sein und bei ihnen ist es am leichtesten möglich, daß sie keimfähig und befruchtungsfähig bleiben.

Geringe Störungen der homöotypen Kernteilung ergeben Tetraden aus 3–4 Pollenkörnern, die verschieden hohe Chromosomenzahlen oder verschieden viele Kerne besitzen (Abb. 48, 49). Am häufigsten fanden sich Tetraden mit einer ganz abnormen Zahl von Pollenkörnern. Die

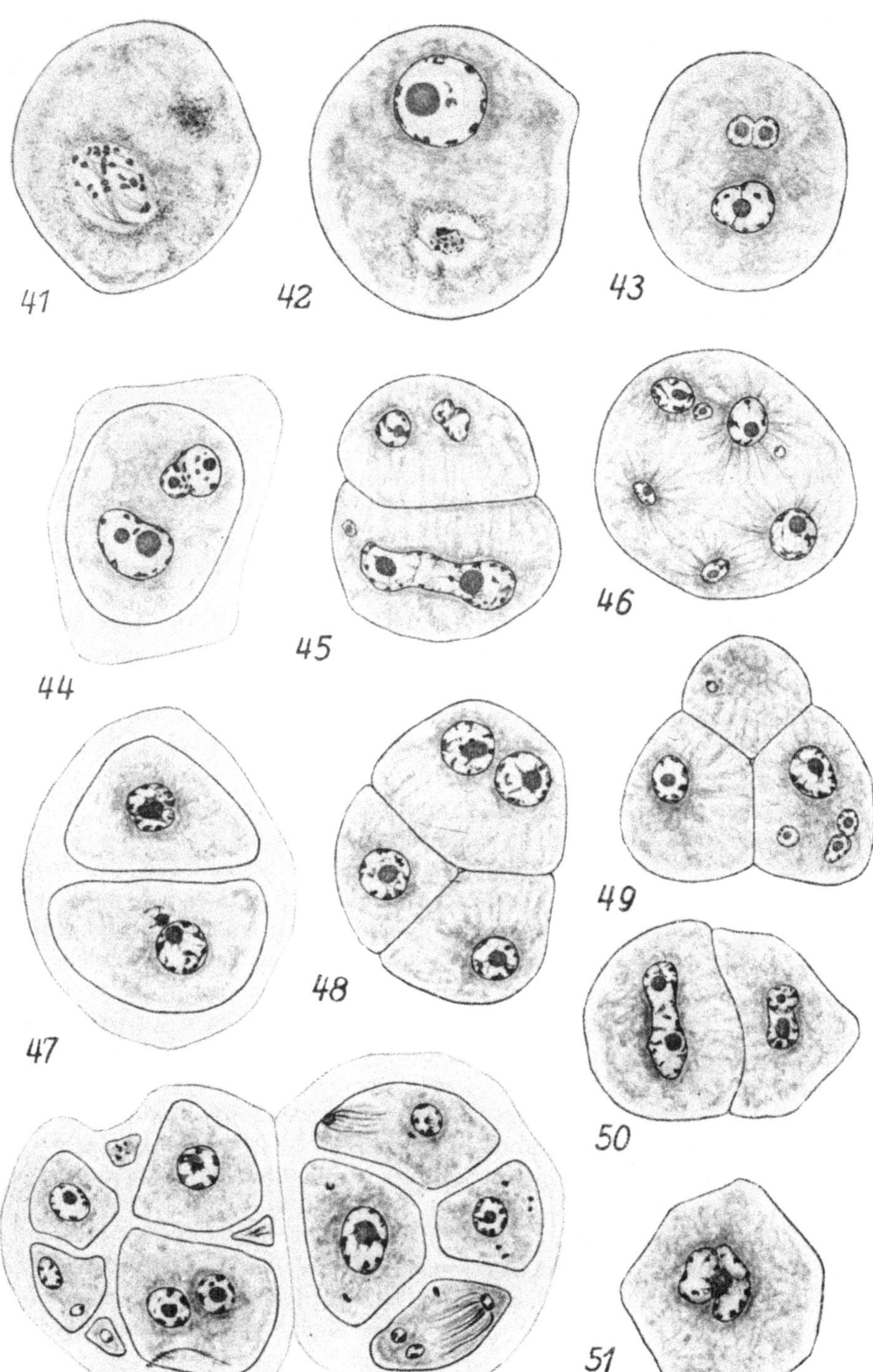

Kernverhältnisse sind, wie Abb. 52 zeigt, ganz unregelmäßig und wohl auf wiederholte Störung und apolare Spindelbildung zurückzuführen. Es ist interessant, daß Plasmateile, die nur ein bis wenige Chromosomen enthalten, noch befähigt sind, eine Pollenwand zu bilden, die in Aufbau und Gestalt kaum von der normaler Körner abweicht.

Natürlich können die Anomalien so erheblicher Natur sein, daß die Weiterentwicklung unterbunden wird. Besonders nach Störungen der heterotypen Teilung degenerieren oft Kerne und Chromosomen. Dann liegen die schlecht tingierbaren Chromatinreste meist in Vacuolen des dunkel gefärbten, körnigen Plasmas. Aber solch frühe Degeneration ist nicht gerade häufig, aus den meisten Pollenmutterzellen bilden sich trotz der tiefen Störungen Pollenkörner, die wenigstens eine normale Wand besitzen, und ein hoher Prozentsatz liefert gesund aussehenden Pollenkörner.

Die hier beschriebenen Störungen in der Entwicklung der Pollentetraden finden sich ebenfalls, wenn auch in geringerer Zahl in der Embryosackentwicklung. Abb. 19—25 geben ein paar Typen wieder. Abb. 22 entspricht einer Pollendyade: In den 2 Zellen liegen je paarweis verschmelzende Kerne. In Abb. 21 enthält die obere der beiden Zellen einen auffällig großen Kern und einzelne Chromosomen, die untere 2 kleine Kerne und eine Spindel, die in ihrer Lage keine Beziehung zu den beiden Kernen zeigt und auch keine Chromosomen in ihrer Nähe finden läßt. Abb. 20 zeigt eine Tetrade mit Zwergkernbildung und Abb. 19 einen abnorm gebauten Embryosack. Synergiden und Eizelle zeigen abnorme Lagerung, und an Stelle *eines* sekundären Embryosackkernes liegen vier im abgestorbenen Plasma.

Ein sicheres Anzeichen, daß diese zahlreichen Störungen auf eine einmalig, bzw. bei wiederholter Kältebehandlung mehrmalig eingreifende Änderung der Außenbedingungen (Temperatur) und nicht auf ein inneres Agens wie Bastardierung zurückzuführen sind, ist die Erscheinung, daß die Störungen meist in einer gesetzmäßigen Lage zueinander auftreten. Abb. 40 gibt einen Schnitt durch eine Anthere wieder. Die untersten Tetraden sind normal, dann folgen nach oben stark gestörte Tetraden und zuletzt Dyaden. Dem entspricht, daß die Teilungen bei den Pollenmutterzellen einer Anthere nicht völlig simultan erfolgen, und wir können hier annehmen, daß zur Zeit der Kälteeinwirkung die Kerne der untersten Pollenmutterzellen in der Prophase standen, daß die der mittleren die Metaphase und die der oberen die Anaphase, bzw. die Telophase durchliefen.

Kurz zusammenfassend sei wiederholt, daß infolge des Kälteeinflusses während der Entwicklung der Gonen, deren normaler Chromosomensatz in verschieden hohem Grade vermehrt oder vermindert werden kann. Infolge der nachgewiesenen Kernverschmelzungen nach der heterotypen Teilung könnte auch eine Umkombination der Chromosomen stattfinden. Die hier beschriebenen Störungen sind teilweise häufig bei Artbastarden beobachtet worden, bei sicher reinen Arten — *Epilobium angustifolium* läßt sich so gut wie nicht kreuzen, *Epil. hirsutum* ist seit mehreren Generationen unter Kontrolle — wurde sie aber nur gelegentlich gefunden. Ich möchte annehmen, daß auch bei Bastarden mit gleicher Chromosomenzahl die Störungen durch Außeneinflüsse ausgelöst werden, und daß der Bastard nur empfindlicher ist und leichter auf Eingriffe reagiert. Ich möchte hier noch kurz erwähnen, daß ganz analoge Störungen im Tierreich bei Echiniden (BOVERI, BIERENS DE HAAN), *Ascaris* (ZUR STRASSEN), usw. gefunden worden sind, und daß ähnliche Abnormitäten zum Beispiel BROMAN bei der Entwicklung menschlicher Eier und Spermien beschrieben hat. BROMAN vermutet, daß das reichliche Auftreten abnormer Spermien durch Narkotica und Autointoxikation infolge Überanstrengung und Krankheit bedingt sei, und daß sie bei der Entstehung eineiiger Zwillinge von Wichtigkeit seien. Auch GOLDSCHMIDT faßt die Bildung funktionsloser, apyrener und oligopyrener (chromatinarmer, bzw. Spermien ohne Chromatin) Spermatozoen „als physikalische Reaktion auf die Zustände der Umgebung" auf. MEVES hat die Entstehung dieser Spermien untersucht und gefunden, daß bei der ersten Reifeteilung die Chromosomen unregelmäßig verteilt werden und sich einzeln oder zu wenigen vereint in Zwergkerne umbilden, die später degenerieren. Nur 1 mehrchromosomiger Kern geht bei der Bildung der oligopyrenen Spermien in die zweite Reifeteilung ein. Die Spermien enthalten hier schließlich nur einen Kern. Von besonderem Interesse ist für uns eine Arbeit von SALA. Er beobachtet nach Kältebehandlung ähnliche Störungen bei *Ascaris* während der Bildung beider Richtungskörper. Abnorme Spindelbildung, ungleichmäßige Chromosomenverteilung finden sich auch hier, die soweit gehen kann, daß entweder das Ei oder der Richtungskörper ohne Chromosomen bleibt. Allerdings glaubt SALA, daß zum Beispiel die für den Richtungskörper bestimmten Chromosomen, wenn sie anormalerweise im Ei zurückbleiben, eine regressive Metamorphose durchmachen und zugrunde gehen. Die normal gelegentlich vorkommenden Rieseneier mit 2 Keimbläschen entstehen durch mangelhafte Trennung des Protoplasmas nach der letzten Teilung des Ureies oder durch nachträgliche Verschmelzung zweier Eier. ZUR STRASSEN glückte es auch, eine Weiterentwicklung der Rieseneier zu beobachten. Bei *Ascaris megalocephala univalens* beträgt dann die Chromosomenzahl des Embryo solcher Eier 3 oder 4 n, bei bivalens 6—8 n.

Ich bin mir bewußt, daß die Deutung der beschriebenen Störungen an fixiertem Material in mancher Beziehung hypothetisch bleiben muß. Über ihre Bedeutung hat sich DE MOL ausführlich geäußert. Ich will daher von einer genauen Beschreibung der einzelnen Präparate und von einer näheren Erklärung der Bilder absehen und möchte hier nur die Bedeutung der Kälte für die Entstehung heteroploider Geschlechtszellen betonen und durch eine Auswahl möglichst naturgetreuer Zeichnungen belegen, die aus der Pollen- und Embryosackentwicklung beliebig vermehrt werden könnte. Eine ausführliche Darstellung wäre erst nach Untersuchung einer Form mit weniger Chromosomen zu geben, und wenn sich gezeigt hat, daß wenigstens ein Teil des abnormen Pollens befruchtungsfähig ist und lebensfähige Embryonen liefert.

Literaturverzeichnis.

Belling, J. (1921): The behavior of homologous chromosomes in a triploid *Canna.* Proc. of the nat. acad. of sciences (U. S. A.) 7, 197—201. — **Bierens de Haan, J. A.** (1915): Über die Entwicklung von Rieseneiern bei Echiniden. Naturwiss. Wochenschr. 14, 200—201. — **Blakeslee, A. F.** (1924): Chromosomal Chimeras in the Jimson weed (*Datura Stramonium*). Vorläufige Mitteilung einer demnächst in The journ. of heredity erscheinenden Abhandlung. Science 60, Nr. 1540, 19—20. — **Boedyn, K.** (1924): Die Gigas- und Deuterogigas-Formen von *Oenothera.* Biol. Zentralbl. 44, 127—137. — **Borgenstamm, E.** (1922): Zur Cytologie der Gattung *Syringa*, nebst Erörterungen über den Einfluß äußerer Faktoren auf die Kernteilungsvorgänge. Ark. f. botan. 17, Nr. 15, 27 S. — **Boveri, Th.** (1887—1890): Zellenstudien. Jena. — **Broman, I.** (1900): Über Riesenspermatiden bei *Bombinator igneus.* Anat. Anz. 17, 20—30. — Ders. (1902): Über Bau und Entwicklung von physiologisch vorkommenden, atypischen Spermien. Anat. Hefte 18, 509—547. — Ders. (1902): Über atypische Spermien (speziell beim Menschen und ihre mögliche Bedeutung). Anat. Anz. 21, 497—531. — **Gates, R. R.** (1908): A Study of reduction in *Oenothera rubrinervis.* Botan. gazz. 46, 1—34. — **Gerassimoff, J.** (1904): Über die Größe des Zellkerns. Beih. z. botan. Zentralbl. Abt. I 18, 45—118. — **Meves, Fr.** (1903): Über oligopyrene und apyrene Spermien und über ihre Entstehung, nach Beobachtungen an *Paludina* und *Pygaera.* Arch. f. mikroskop. Anat. u. Entwicklungsmech. 61, 1—84. — **Michaelis, P.** (1925): Zur Cytologie und Embryoentwicklung von *Epilobium.* Ber. d. dtsch. botan. Ges. 53, 61—67. — **de Mol, W. E.** (1923): Duplication of generative nuclei by means of physiological stimuli and its significance. Genetica 5, 225—272. — **Sakamura, T.** (1920): Experimentelle Studien über die Zell- und Kernteilung mit besonderer Rücksicht auf Form, Größe und Zahl der Chromosomen. Journ. of the coll. of sciences of the imp. univ. of Tokyo 39, Art. 11, 221 S. — **Sala, L.** (1895): Experimentelle Untersuchungen über die Reifung und Befruchtung der Eier bei *Ascaris megalocephala.* Arch. f. mikroskop. Anat. 44, 422—498. — **Schrammen, F. R.** (1902): Über die Einwirkung von Temperaturen auf die Zellen des Vegetationspunktes des Sprosses von *Vicia faba.* (Diss. Bonn.) Verhandl. d. naturwiss. Ver. d. preuß. Rheinl. u. Westf. 59, 49—98. — **Schwemmle, J.** (1924): Vergleichend-cytologische Untersuchungen an Onagraceen. Ber. d. dtsch. botan. Ges. 42, 238 bis 242. — **zur Straßen, O.** (1898): Über Riesenbildung bei *Ascaris*-Eiern. Arch. f. mikroskop. Anat. u. Entwicklungsmech. 7, 642—676. — **Tischler, G.** (1922): Allgemeine Pflanzencaryologie. Berlin. — **Warth, G.** (1925): Cytologische, histologische und stammesgeschichtliche Fragen aus der Gattung *Fuchsia*. Zeitschr. f. indukt. Abstammungs- u. Vererbungslehre **38**, H. 3, S. 200—257. — **Wettstein, Fr.** (1923): Kreuzungsversuche mit multiploiden Moosrassen. Biol. Zentralbl. **43**, 71—83. — Ders. (1924): Morphologie und Physiologie des Formwechsels der Moose auf genetischer Grundlage. I. Zeitschr. f. indukt. Abstammungs- u. Vererbungslehre **33**, 1—236. — **Winkler, Ha.** (1916): Über die experimentelle Erzeugung von Pflanzen mit abweichenden Chromosomenzahlen. Zeitschr. f. Botanik **8**, 417—531. — **Yasui, K.** (1921): On the behavour of the meiotic phase of some artificially raised *Papaver* hybrids. Botan. mag., Tokyo **35**, 154—168.

Erklärung der Abbildungen.

Die Abbildungen wurden mit dem ABBEschen Zeichenapparat gezeichnet. Die Abbildungen wurden in doppelter Größe hergestellt und bei der Reproduktion wieder auf die normale Größe verkleinert.

Abb. 1—9, 19—52. *Epilobium angustifolium.*

Abb. 1. Normales, dreilappiges Pollenkorn. 1/300. — Abb. 2. Kleines, vierlappiges Pollenkorn, wahrscheinlich aus einer Tetrade. 1/300. — Abb. 3. Großes, vierlappiges Pollenkorn, wahrscheinlich aus einer Dyade. 1/300. — Abb. 4. Mehrlappiges Riesenkorn mit zwei Kernen. 1/800. — Abb. 5. Pollen mit zwei Keimporen. 1/300. — Abb. 6. Abortives Pollenkorn mit einem Keimporus. 1/400. — Abb. 7. Jugendliche Pollenkörner, die aus einer Pollenmutterzelle hervorgingen: zwei Zwergkörner mit Kleinkernen, ein Riesenkorn mit drei zum Teil verschmelzenden Kernen. 1/700. — Abb. 8. Reifes Pollenkorn mit abnormer Wandbildung. Im degenerierten Plasma liegen zwei Kerne. 1/450. — Abb. 9. Unentwickeltes Riesenkorn mit zwei eben verschmelzenden Kernen. 1/700.

Abb. 10—18. Pollentetraden von *Epilobium hirsutum*. 1/200.

Abb. 10. Normale Tetrade. — Abb. 11 Tetrade aus drei dreilappigen und einem vierlappigen Pollenkorn. Sämtliche Körner gut. — Abb. 12. „Tetrade" aus vier zweilappigen Pollenkörnern. Seitenansicht. — Abb. 13. Dieselbe „Tetrade" von oben gesehen. — Abb. 14. Stark gestörte „Tetrade" aus zwei normalenund zwei toten dreilappigen Pollenkörnern und aus zwei einlappigen Körnern. — Abb. 15. „Tetrade" aus vier vierlappigen Pollenkörnern. — Abb. 16. An Stelle einer Tetrade entwickelten sich acht, jetzt inhaltsleere, zweilappige Pollenkörner aus einer Pollenmutterzelle. — Abb. 17. Dyade aus zwei großen, vierlappigen Pollenkörnern. — Abb. 18. Aus einer Pollenmutterzelle haben sich ein fünflappiges Riesenkorn und drei einlappige Zwergkörner entwickelt.

Abb. 19. Abnormer Embryosack, zuoberst die beiden Synergiden, darunter die Eizelle. An Stelle eines Polkernes finden sich vier verschieden große Kerne. 1/600.

Abb. 20. Tetrade einer Samenanlage. Die Teilung nach der Interkinese erfolgt zu verschiedener Zeit. Der mikropylare Kern teilte sich in zwei ungleich große Kerne und in einen Kleinkern; die Wand wird schräg angelegt. In der Telophase des chalazalen Kernes haben drei Chromosomen die Pole noch nicht erreicht, zwei Paare liegen ungetrennt in der Mitte. 1/1000.

Abb. 21. Gestörte Tetrade einer Samenanlage. Die homöotype Teilung des einen Interkinesenkernes ist unterblieben, oder die Kerne sind wieder miteinander verschmolzen. Vier Chromosomen sind nicht in den Kern einbegriffen worden. In der chalazalen Zelle erfolgte die Teilung, aber die Kerne besitzen ein abnormes Chromatingerüst. Die Spindel persistiert, ohne daß an ihr Chromosomen oder Chromatinteile zu erkennen wären. (GATES beschrieb ähnliche Fälle an *Oenothera*.) 1/1000.

Abb. 22. Abnorme Tetrade einer Samenanlage. Die Kerne sind nach der homöotypen Teilung wieder verschmolzen. Der untere Kern ist bei tiefer Einstellung noch biskuitförmig, der obere schon abgerundet, besitzt aber noch zwei Nucleolen. 1/1350.

Abb. 23. Unterer Kern der Tetrade in Abb. 22 bei hoher Einstellung. 1/1350.

Abb. 24. Mikropylare Dyadenzelle einer Samenanlage nach der homöotypen Teilung. Fast sämtliche Chromosomen bilden einen großen Kern, die übrigen Chromosomen vermögen keinen Kern mehr zu bilden. 1/1350.

Abb. 25. Dyadenkern einer Embryosackmutterzelle in Interkinese. Fünf Chromosomen sind nicht in den Kern einbezogen worden und sind zum Teil mit ihm durch Spindelfasern verbunden. 1/1350.

Abb. 26. Diakinese einer Pollenmutterzelle. Bei drei von den 18 Chromosomenpaaren unterblieb die Bindung zu Gemini. 1/1350.

Abb. 27. Frühe heterotype Metaphase einer Embryosackmutterzelle. Es sind mindestens 33 ungepaarte Chromosomen zu zählen, an denen teilweise schon ein Längsspalt zu erkennen ist. 1/1800.

Abb. 28. Thelophase einer heterotypen Teilung in einer Embryosackmutterzelle. Zwei Chromosomenpaare bleiben in der Mitte der Spindel liegen. 1/900.

Abb. 29—31. Abnorme Metaphasen der heterotypen Teilung in Samenanlagen. 1/1000. Abb. 29. Einzelne Chromosomen sind seitlich aus der Spindel verschoben. — Abb. 30. Fast sämtliche Chromosomen liegen außerhalb der Spindel und bilden ein eigenes Fasersystem. — Abb. 31. Unregelmäßige Chromosomenverteilung. Einzelne Chromosomen liegen weit von der Spindel entfernt und sind mit ihr durch eine Zwergspindel verbunden.

Abb. 32—39. Kerne aus Pollenmutterzellen.

Abb. 32. Abnorme homöotype Teilung, wohl der Telophase entsprechend. Nur wenige Chromosomen sind an einem Pol vereint. Der Rest ist versprengt oder hat außerhalb der Spindel einen Kern gebildet. 1/1350. — Abb. 33 u. 34. Abnorme Spindelbildungen von homöotypen Kernteilungen. Im Äquator der Spindel wird ohne Teilung ein neuer Kern gebildet. 1/1350. — Abb. 35. Abnorme Doppelspindel einer homöotypen Kernteilung. Diese geben vielleicht den Anlaß zu den Stadien der Abb. 32 und 37. 1/1350. — Abb. 36. Tripolare Spindel einer homöotypen Teilung mit mindestens 32 Chromosomen. 1/1350. — Abb. 37. Abnorme Pollenmutterzelle. Der linke Kern hat keine Kernmembran ausgebildet, der rechte Kern ist außerhalb der Spindel nur von einigen Chromosomen gebildet, der Rest ist in der Spindel verblieben. Es handelt sich wahrscheinlich um eine Tetrade, in der die homöotype Teilung wie in Abb. 32—35 unvollkommen verlaufen ist. 1/1000. — Abb. 38. Abnorme homöotype Teilung. Es scheint schon während der Prophase ein Tochterkern gebildet worden zu sein, in den aber nur wenige Chromosomen einbegriffen wurden. 1/1000. — Abb. 39. Kern vor der homöotypen Teilung. Die Kernmembran fehlt, die Spindelfasern sind ganz unregelmäßig angelegt und durchqueren die Kernhöhlung. 1/1000.

Abb. 40. Halbschematischer Querschnitt durch eine Anthere mit abnormen Tetraden. An der Basis liegen normale Tetraden, in der Mitte sind sie gestört. Im oberen Teil finden sich Dyaden. 1/200.

Abb. 41—52. Pollenmutterzellen und Tetraden von *Epilobium angustifolium.* 1/1000. Abb. 41. Späte Interkinese mit ungleicher Chromosomenverteilung; der linke Kern enthält 25, rechts darüber liegen elf einzelne Chromosomen, die scheinbar keinen Kern mehr zu bilden vermochten. — Abb. 42. Interkinese mit einem hyperchromosomigen Kern und einer abnormen Kernbildung aus nur wenigen Chromosomen. — Abb. 43. Gestörte Tetrade mit ungleich großen Kernen und fehlender Wandbildung, was ermöglicht, daß die Kerne paarweise miteinander verschmelzen. — Abb. 44. Dasselbe. Die beiden Kerne sind durch Verschmelzung aus je zwei Kernen hervorgegangen, wie die Form und die beiden Nucleolen zeigen. — Abb. 45. Abnorme Tetrade mit unvollkommener Wandbildung. Die Kerne sind in größerer Zahl und in verschiedener Größe vorhanden. In der unteren Zelle sind zwei davon zu einem großen, bandförmigen Kern verschmolzen. — Abb. 46. Pollenmutterzelle mit 13 verschieden großen Kernen und fehlender Wandbildung. Auf dem Schnitt sind nur sieben Kerne getroffen. — Abb. 47. Ältere Dyade aus der Anthere der Abb. 40. In der oberen Zelle liegen zwei miteinander verschmelzende Kerne. In der unteren Zelle ist die Verschmelzung schon vollzogen. Links über dem Kern liegt scheinbar der Nucleolus des zweiten Kernes. — Abb. 48. Abnorme Tetrade aus nur drei Zellen. Die obere enthält zwei gleich große Kerne. — Abb. 49. Schnitt durch eine Tetrade aus vier Zellen. Die einzelnen Zellen enthalten verschieden viele Kerne von wechselnder Größe. — Abb. 50. Dyade. In jeder Zelle liegt ein Doppelkern. Der ebenfalls langgestreckte Kern der rechten Zelle ist schräg von oben gesehen. — Abb. 51. Zelle einer ähnlichen Dyade wie in Abb. 47. Drei Kerne verschmelzen zu einem. — Abb. 52. Zwei gestörte Tetraden aus der Anthere der Abb. 40. Die Kernverhältnisse wechseln von Zelle zu Zelle. In der rechten Tetrade finden sich versprengte Chromosomen. An zwei Kleinkernen sind die Spindelfasern auffallend lange erhalten geblieben. In der linken Tetrade enthalten zwei Zellen Zwergkerne aus nur einem Chromosom, zwei andere nur mehr Chromatinreste.

UNTERSUCHUNGEN AN POLYTOMA UVELLA EHRB., INSBESONDERE ÜBER BEZIEHUNGEN ZWISCHEN CHEMOTACTISCHER REIZWIRKUNG UND CHEMISCHER KONSTITUTION.

Von

E. G. PRINGSHEIM und F. MAINX.

(Eingegangen am 2. Januar 1926.)

In einer früheren Untersuchung (PRINGSHEIM 1921) hat der eine von uns gezeigt, daß *Polytoma uvella* sich durch eine eigenartige Ernährungsphysiologie auszeichnet, indem es nur dann gedeihen kann, wenn ihm Salze der niederen Glieder der Fettsäurereihe zur Verfügung stehen. Auf Grund dieses Befundes konnte es wie ein Bacterium reinkultiviert und auf Agar weitergezüchtet werden. Das von der Agaroberfläche abgehobene Material begann in Wasser bald zu schwärmen und erwies sich als gut beweglich und chemotactisch reizbar.

Da wegen der großen Zahl der sich anschließenden Fragen verschiedene Lücken geblieben waren, haben wir die Arbeit gemeinsam fortgesetzt und nach Erledigung einiger anderer Probleme unsere Bemühungen hauptsächlich auf die Klärung des Zusammenhanges zwischen der chemotactischen Reizwirkung und dem molekularen Bau des Reizstoffes gerichtet. Es schien nicht unmöglich, daß sich irgendwelche Anhaltspunkte dafür ergeben könnten, in welcher Weise die anlockenden Substanzen in die Konstitution des Cytoplasmas oder der Geißeln eingreifen. Und da die Fettsäuren, die sich in der früheren Arbeit als chemotactisch besonders wirksam erwiesen hatten, einen einfachen chemischen Bau aufweisen, so erschien es verlockend zu prüfen, wie stark der Bau des Moleküles durch Substitutionen u. a. verändert werden kann, ohne daß die Reizwirkung verloren geht. Bis zu dem angedeuteten Endziel sind wir nicht gelangt. Es haben sich aber doch einige bemerkenswerte Zusammenhänge ergeben, über die unten berichtet werden wird.

Zuvor aber sollen verschiedene Nachträge über die Eigenschaften unseres Versuchsobjektes folgen.

I. Hauptteil.

Verschiedene Fragen.

1. Verbreitung und Anreicherung.

Polytoma uvella tritt vor allem in Kulturen mit Faulschlamm, wie auch unter entsprechenden Bedingungen in der Natur in großer Menge auf. So ist es von JAKOBSEN aus Kanalmoder, Grabenschlamm und Cloakenflüssigkeit gezüchtet worden (1910, S. 154). Auch die für die früheren Versuche dienenden Kulturen stammten von Schlamm, und zwar aus einem Gewächshausbecken (PRINGSHEIM 1921, S. 92). Doch findet es sich auch vielfach in Gartenerde, mit der BOLTE (1920, S. 292) ihre Zuchten angesetzt hat. Wenn man sicher gehen will, so nimmt man aber besser Schlamm, worin sich *Polytoma* fast stets vorfindet. Eine üppige Vermehrung erfolgt nur dann, wenn Eiweißstoffe unter Luftabschluß faulen, und die Fäulnisprodukte in das darüber stehende, sauerstoffhaltige Wasser diffundieren (PRINGSHEIM 1921, S. 93 und 104). Dadurch ergibt sich die Methode der Anhäufung, wie sie BOLTE und PRINGSHEIM angegeben haben. Man bringt auf den Boden des Kulturglases eine geeignete Eiweißsubstanz, wozu wir jetzt immer Käserinde verwenden, darüber Gartenerde und eine dünne Schicht groben Sand, der die schwimmfähigen Teile aus der Erde niederhält und das Aufwirbeln verhindert, und gießt darüber Wasser mit dem zu prüfenden Schlamm oder sonstigem Rohmaterial. Will man sicher sein, daß die aufkommenden Polytomen wirklich aus dem Rohmaterial stammen, so wird das Gefäß zuvor kurz im Dampftopf erhitzt. Ebenso geht man vor, wenn man von der ersten Kultur weitere ableiten will.

Auf diese Weise haben wir eine Anzahl Stämme von *Polytoma* isoliert. Um die Verschiedenheit der Standorte zu zeigen, an denen es vorkommt, seien die Ursprungsorte unserer Materialproben angeführt, aus denen je 1—3 Stämme isoliert wurden, die sich untereinander immer gleichartig verhielten. 1. Jauchengrube in Molschen (Nordböhmen) (2 Stämme), 2. Waldtümpel bei Kunratitz bei Prag (2 Stämme), 3. Jauchengrube bei Karlstein bei Prag (3 Stämme), 4. Straßengraben bei Kuchelbad bei Prag (1 Stamm), 5. Schleimfluß eines gefällten Acer-Stammes im botanischen Garten in Prag (3 Stämme), 6. Straßengraben in Kuchelbad (2 Stämme), 7. Tümpel mit Lemna bei Karlstein (2 Stämme).

Die Anreicherung erfolgte in pasteurisierten Reagensgläsern mit Käse und Erde. Nachdem eine reiche Entwicklung eingetreten war, wurde auf den früher (a. a. O. S. 101) angegebenen Nähragar ausgestrichen. Von den sich entwickelnden Kolonien müssen, um sicher bacterienfreie Kulturen zu erzielen, noch einmal Platten ausgestrichen werden, was am einfachsten mit der Platinöse geschieht. Man fährt in dichten Zeilen über die Oberfläche des Agars hin, der zu diesem Zwecke mindestens 2 proz. sein muß, und nach erneutem Ausglühen der Öse noch einmal senkrecht zu den ersten Strichen. Es ist gut ein Ausstrichpräparat auf Bacterien zu färben, da diese zuweilen in den *Polytoma*-Kolonien nicht ohne weiteres zu erkennen sind. Natürlich kann auch ein Abimpfen in Bacterienbouillon die Reinheit der Kultur sicher stellen.

Außer *Polytoma* sind in unseren Rohkulturen wieder verschiedene andere Organismen aufgekommen, auf die wir hoffen zurückkommen zu können.

2. Beobachtungen an Rohkulturen. Niveaubildung.

An den Rohkulturen lassen sich verschiedene interessante Beobachtungen anstellen, die für die Biologie von *Polytoma* bedeutungsvoll sind. Wir wollen einen bestimmten Versuch näher schildern:

3. XI. In einem Cylinder von 25 cm Höhe befand sich am Boden ein Stück Käse, darüber eine 7 cm hohe Schicht von Gartenerde. Bis nahe zum Rand wurde Wasser aufgegossen, das mit Indigocarmin gefärbt war. Das ganze wurde kurz im Dampftopf erhitzt und mit einer Rohkultur beimpft.

12. XI. Erscheinen einer dichten Ansammlung von *Polytoma* dicht über der Erde, die sich allmählich in den nächsten Tagen zu einer dünnen „Platte" entwickelt. Letztere hebt sich bis zu 6 cm über der Erde. Darunter ist die Flüssigkeit entfärbt.

28. XI. Es zeigt sich eine Teilung in zwei Platten, welche beide aus *Polytoma* bestehen.

30. XI. Die untere Platte ist nun 1 1/2, die obere 7 cm von der Erde entfernt. Der Raum dazwischen ist von einer weniger dichten Ansammlung von *Polytoma* erfüllt. Nur unter der tieferen Platte ist die Flüssigkeit entfärbt.

2. u. 3. XII. Unteres Niveau an der alten Stelle, oberes auf 13 cm in die Höhe gerückt. Der Zwischenraum zwischen beiden ist teilweise entfärbt, nicht ganz farblos, aber auch nicht ganz blau. Die Tiefe des Farbtones wechselt mit der ungleichen Verteilung der *Polytoma*-Wolken, die von oben herunter fallen.

4. XII. Bis zur Wasseroberfläche alles mit *Polytoma* erfüllt, außer dem Raum unter der unteren Platte, die sich nun 1 cm von der Erdoberfläche befindet, und unter der die Flüssigkeit noch immer farblos ist.

7. XII. Das ganze Gefäß gleichmäßig von *Polytoma* erfüllt und blau. Allmählich wird die Flüssigkeit ganz entfärbt.

Die Erklärung dieser Erscheinungen ist nicht leicht. Die Verfärbung des Indigocarmins von Dunkelblau zu einem gelblichen Ton zeigt uns zwar, daß aller Sauerstoff veratmet ist (1921, S. 93). Auch wird die Niveaubildung zweifellos durch das Gegeneinanderwirken der „Aërotaxis" und der Chemotaxis gegen die aus der Erde heraus diffundierenden Stoffe bewirkt (1921, S. 118). Die Spaltung der Platte aber ist ein verwickelter Vorgang. Offenbar diffundiert zwar kein Sauerstoff durch die Platte hindurch, wohl aber etwas von den chemotactisch wirkenden

Substanzen. Dies ließ sich auch nachweisen, indem die Flüssigkeit über dem Niveau, in eine Capillare gefüllt, eine starke anlockende Wirkung auf die aus einer Reinkultur stammenden, in Wasser befindlichen *Polytoma*-Schwärmer ausübte. Die Versuche wurden mit der in der älteren Arbeit (S. 108) beschriebenen Methodik ausgeführt.

Es ergab sich das folgende Resultat:

Aus einer 2 Wochen alten Rohkultur, die ein schönes Niveau zeigte, wurde Flüssigkeit entnommen und auf ihre chemotactische Wirkung untersucht.

a) Flüssigkeit über dem Niveau: Sehr gute positive Chemotaxis.
Dieselbe auf $^1/_{10}$ verdünnt: Gute „
Auf $^1/_{100}$ verdünnt: Schwache „
Auf $^1/_{1000}$ verdünnt: Keine „

b) Flüssigkeit unter dem Niveau: Sehr gute Chemotaxis.
Auf $^1/_{10}$ verdünnt „ „ „
„ $^1/_{100}$ „ Gute „
„ $^1/_{1000}$ „ Noch deutliche „
„ $^1/_{10000}$ „ Keine „

Daraus ist zu ersehen, daß unter dem Niveau mehr als zehnmal so viel von den wirksamen Stoffen vorhanden ist, als über demselben, daß aber doch eine gewisse Menge derselben durch die Platte hindurch diffundiert. Jedoch kann man nicht wissen, welche Stoffe das sind. Ausschließen kann man nur, daß es sich um Stoffe aus der Erde handelt. Zwar sind auch in dieser chemotactisch wirksame Stoffe vorhanden; aber sie sind nicht wirksam genug um die obigen Schwellenwerte zu erklären. Wurde 1 l Gartenerde mit 1 l Wasser 1 Stunde im Dampftopf erhitzt, die Flüssigkeit durch Absitzen geklärt und auf das sechsfache verdünnt, so bewirkte diese Flüssigkeit nur schwache Chemotaxis. Bei weiterer Verdünnung auf das 10fache war sie nicht mehr wirksam. So viel Erde ist in unseren Rohkulturen aber gar nicht vorhanden, und doch liegt selbst über dem Niveau die Schwelle bei mindestens 100fach verdünnteren Lösungen. Da aber auch andere Stoffe chemotactisch wirksam sind, die für die Ernährung nicht in Betracht kommen, wie schon früher gezeigt (S. 112), und wofür im 2. Hauptteil eine Menge weitere Beispiele gegeben werden, so kann man doch nicht sagen, die Flüssigkeit über dem Niveau sei deshalb chemotactisch wirksam, weil die *Polytoma*-Schwärmer im Niveau nicht alle für die Ernährung geeigneten Stoffe verbrauchen. Man könnte denken, es handle sich um das bei der Eiweißfäulnis entstehende Ammoniak; aber die Flüssigkeit der Rohkulturen ist nicht deutlich basisch, und doch müßte es sich um sehr hohe Konzentrationen handeln; denn die Schwelle für Ammoniak liegt bei $^1/_{200}$—$^1/_{500}$ n. Die Flüssigkeit über dem Niveau war aber noch bei 100facher Verdünnung wirksam. Daher müßte sie

$1/_2$—$1/_5$ n sein, d. h. 0,85—0,34% Ammoniak enthalten. Das ist wenig wahrscheinlich. Selbst wenn das Carbonat vorläge, wäre stark basische Reaktion zu erwarten. Daraus können wir also keine Schlüsse über die Natur der chemotactisch wirksamen Stoffe über dem Niveau ziehen. Dadurch, daß sich ein zweites Niveau bildet und schließlich ein großer Teil der Flüssigkeit von lebhaft beweglichen und mit Stärke erfüllten Schwärmern durchsetzt ist, wird es aber doch wahrscheinlich, daß Fettsäuren durch das Niveau hindurchdiffundieren und auch die chemotactische Wirksamkeit der Flüssigkeit verursachen. Dann muß man annehmen, daß die Schwärmer innerhalb der Grenzen, die durch die Sauerstoffgegenwart gezogen sind, noch genug Bewegungsfreiheit haben. Die untere Grenze würde durch Aërotaxis, die es den Schwärmern unmöglich macht in den sauerstofffreien Raum einzudringen, die obere Grenze des unteren Niveaus würde durch Chemotaxis bewirkt. Das obere, nie so scharfe Niveau wird vorzugsweise durch Chemotaxis hervorgerufen, die der Aërotaxis und Geotaxis entgegenwirkt. In dem Raum dazwischen befinden sich nicht nur die durch Erschütterung absinkenden, sondern auch die sich dort vermehrenden Organismen, da hier ebenfalls alle Bedingungen für ihr Gedeihen gegeben sind, weil eben brauchbare Stoffe genug durch die Platte hindurchdiffundieren. Bei fortgehender Diffusion der Nährstoffe von unten her, erfüllen schließlich die *Polytoma*-Schwärmer die ganze Flüssigkeit im Gefäß und verzehren bei weiterer Vermehrung allen von oben diffundierenden Sauerstoff, wodurch eine vollkommene Entfärbung bewirkt wird.

Lehrreich ist in diesem Zusammenhang auch der folgende Versuch: Von der oben erwähnten, 2 Wochen alten Rohkultur wurde die Flüssigkeit größtenteils abgegossen und durch Leitungswasser ersetzt. Sehr bald zeigt sich über der Erde ein neues Niveau und steigt innerhalb weniger Stunden bis zur früheren Höhe, indem offenbar die in den Zwischenräumen der Erdteilchen vorhandenen Substanzen durch Diffusion und kleine Konvektionsströme hervorkommen und sich aufs neue in dem Wasser ausbreiten.

a) Flüssigkeit über dem Niveau: Sehr gute Chemotaxis.
Verdünnung auf $1/_{10}$ Schwache   „
    „   „ $1/_{100}$ Keine   „

b) Flüssigkeit unter dem Niveau: Sehr gute Chemotaxis.
Auf $1/_{10}$ „   „   „
  „ $1/_{100}$ Gute   „
  „ $1/_{1000}$ Schwache   „
  „ $1/_{10000}$ Keine   „

Daraus ersieht man, daß die wirksamen Stoffe unter dem Niveau schon wieder annähernd in der alten Konzentration vorhanden sind, darüber aber in viel schwächerer als zuvor. Erst wenn die Diffusion weiter geht, und wenn viel Substanz aus der Erde hervordringt, kommt es zur Spaltung und schließlich zur Auseinanderzerrung des Niveaus.

Das Absinken der schlierenartigen Wölkchen (1921, S. 93) erfolgt auch dann, wenn für möglichst zitterfreie Aufstellung gesorgt ist, womit aber nicht gesagt sein soll, daß es nichts mit Flüssigkeitsbewegungen zu tun hat. Vielmehr kann man leicht nachweisen, daß es unterbleibt, wenn die Flüssigkeit in engen Gefäßen sich befindet, in denen durch Capillarität größere Strömungen verhindert sind. Das zeigte sich sowohl in aus Glasrohr ausgezogenen Capillaren wie auch in kleinen Cuvetten, die durch Aufeinanderkitten von Objektträgern hergestellt waren. In diesen ist dann die Aërotaxis um so schöner zu sehen, da sie sonst durch die Wölkchenbildung sehr gestört wird. Um diese genauer zu verfolgen waren diese kleinen Gefäße ungeeignet. Dazu mußten etwas größere Cuvetten benutzt werden, in denen die Vorgänge mit dem Horizontalmikroskop gut beobachtet werden konnten. Das Nähere ist schon früher (S. 118) geschildert worden. Hier sei nur ergänzt, daß man in den mit Indigocarmin versetzten Kulturen sehen kann, wie ein in den entfärbten Raum absinkendes Wölkchen immer etwas blaue Flüssigkeit mitreißt, und wie umgekehrt dort, wo sich in einer stark blauen Flüssigkeit dichtere Wolken von *Polytoma* bilden, die Flüssigkeit ganz lokal entfärbt erscheint.

3. *Verschiedenheit der Stämme.*

a) Ernährung.

Die Weiterzucht der 15 isolierten Stämme erfolgte auf Schrägagar oder in Flüssigkeit, je nach Bedarf. Dabei konnten wir uns die früher gemachten Erfahrungen zunutze machen und hatten in keinem Falle Schwierigkeiten mit dem Gedeihen unserer Kulturen, solange wir den Agar mit Acetat und Glykokoll oder eine entsprechend zusammengesetzte Nährlösung verwendeten. Nur wuchsen nicht alle Stämme gleich schnell und üppig. Dadurch war auch die Größe der Kolonien auf Agar verschieden.

Nun wurde das Verhalten der verschiedenen Stämme zu Ammonsulfat und Glykokoll als Stickstoffquelle geprüft. Ebenso wie früher (a. a. O. S. 101f.) wurde gefunden, daß die Vermehrung mit Ammonstickstoff fast ebensogut war wie mit Glykokoll. Nur der Stamm aus 4 machte eine Ausnahme. Während er mit Glykokoll sehr gut wuchs, wenn auch ein wenig langsamer als die meisten anderen, war er mit Ammonsulfat nicht zur Vermehrung zu bringen. Der Stamm aus 4, sowie die aus 1 waren überhaupt empfindlich gegen ungünstige Einflüsse. Die Stämme aus 2 dagegen schwärmten besonders lange. Dies waren die einzigen physiologischen Verschiedenheiten, die wir an unsern Stämmen entdecken konnten.

b) Morphologie.

Auch die Unterschiede in der Gestalt sind gering. Sie sind nicht leicht sicher zu stellen, weil die Chlamydomonaden sich durchwegs durch eine große Beeinflußbarkeit ihrer Größe und Form durch die Lebensbedingungen auszeichnen. Das gilt auch für *Polytoma*, das bald große rundliche, bald schmale kleine Zellen aufweist, bald in Einzelzellen schwärmt und bald in den für die Art bezeichnenden Zellaggregaten. Zuweilen fanden wir auch Individuen mit abstehender Hülle. Alle diese Formen können bei ein und demselben Clon auftreten, entweder unter verschiedenen Kulturbedingungen oder in derselben Kultur in zeitlicher Aufeinanderfolge, ja sogar gleichzeitig in großen Massenkulturen an verschiedenen Stellen des Gefäßes.

Immerhin gibt es doch auch Verschiedenheiten, die für die einzelnen Stämme charakteristisch sind und sich konstant erhalten. So unterschied sich die mittlere Zellänge der einzelnen Stämme um Beträge bis zu 4 μ, während für die Gesamtlänge etwa 25 μ angegeben wird (DOFLEIN, S. 439). Auch die Ausbildung des Augenfleckes ist verschieden. Während er bei den Stämmen aus 1 sehr klein oder gar nicht auffindbar war, war er bei denen aus 2 sehr groß und stets hellrot gefärbt und bei denen aus 3 klein, aber intensiv gefärbt.

Schließlich zeigte sich auch eine Verschiedenheit im Farbton der Kolonien, die aber nicht auf einen verschiedenen Gehalt an den gelben Farbstoffen oder die verschiedene Ausbildung des Stigmas zurückzuführen sein dürfte, sondern offensichtlich durch verschieden starke Auflockerung der Kolonien durch Schleimbildung bewirkt wird. Je stärker die Schleimbildung, um so matter die gelbrötliche Farbe.

4. Die gelbe Farbe.

Sehr dichte Ansammlungen von *Polytoma*, wie sie in der Natur, besonders in Jauchegruben zu finden sind, sowie üppige Rohkulturen zeigen einen gelblichen Farbton. Beim Abzentrifugieren, sowie bei den Kolonien auf Agar steigert sich die Farbe bis zu orangegelb. Auch die stigmenlosen Stämme sind in dichter Anhäufung immer gelb gefärbt. Unter dem Mikroskop ist von der Farbe gewöhnlich nichts zu sehen; nur findet man zuweilen gelbliche Tröpfchen. Doch ist über die Lokalisation nichts zu ermitteln gewesen. Die Auffassung, daß es sich um Restfarbstoffe in den chlorophyllfreien Chromatophoren handle, ist daher unsicher. Solche Leucoplasten mit den gebräuchlichen Färbungen nachzuweisen ist uns nicht gelungen. Fixiert wurde mit Chrom-Essigsäure und SCHAUDINNs Gemisch, gefärbt mit: 1. wässerigem S-Fuchsin 24 Stunden, 2. gesättigt. alkohol. Fuchsin+Ammoniak, kurze Färbung, 3. gesättigt. wässer. Jodgrün, kurze Färbung. Bei *Chlamydomonas* und *Chlorella* ergaben sich damit sehr gute Chloroplastenfärbungen.

Viel wahrscheinlicher ist es, daß das Auftreten von gelben Farbstoffen im Plasma mit dem bei *Haematococcus* und *Euglena sanguinea* bekannten zu vergleichen ist. Solches „Hämochrom" ist übrigens auch bei anderen Euglenenarten außerhalb der Chloroplasten zu beobachten, und zwar unter bestimmten Lebensbedingungen, bei denen der Stickstoffmangel die Hauptrolle zu spielen scheint.

Verhält es sich aber so, so muß der gelbe Farbstoff sich auch bei Polytoma extrahieren und als Carotin identifizieren lassen. Das war seinerzeit nicht gelungen (a. a. O. S. 122). Aus getrocknetem Material ließ sich der Farbstoff mit Alkohol, Chloroform und Benzol nicht ausziehen. Zentrifugiert man aber eine üppige Reinkultur ab und übergießt den Bodensatz mit Alkohol, so geht der gelbe Farbstoff sofort in Lösung, wobei die Flagellatenkörper völlig entfärbt werden. Der frühere Mißerfolg hat seine Ursache in der Undurchdringlichkeit des eingetrockneten Schleimes für die organischen Lösungsmittel.

Schüttelt man die alkoholische Lösung unter Hinzufügung eines Tropfens Wasser mit Petroläther aus, so erhält man eine dunkelgelbe petrolätherische und eine heller gefärbte alkoholische Phase. Es handelt sich also um ein Gemisch von Carotin und Xanthophyll, die durch wiederholtes Ausschütteln zwischen Alkohol und Petroläther getrennt werden können. Das Carotin geht dabei in den Petroläther und kann durch weiteres Ausschütteln mit anderen Lösungsmitteln nicht weiter zerlegt werden, stellt also wohl einen einheitlichen Farbstoff dar. Das Xanthophyll geht in die alkoholische Phase, aus der es zu weiterer Reinigung in Paraffinöl oder Toluol überführt werden kann.

Auch nach der Kalimethode von MOLISCH (Behandlung mit 20 proz. Kalilauge in 40 proz. Alkohol durch mehrere Tage, Auswaschen in Wasser, Überführen des Bodensatzes in Glycerin), lassen sich die Farbstoffe darstellen, wobei die Chromolipoïde in Form von Büscheln nadelförmiger Kristalle und in schuppenförmigen Aggregaten ausfallen (MOLISCH 1923, S. 253). Diese geben mit Schwefelsäure die bekannte Blaufärbung, welche auch bei Unterschichtung der alkoholischen Lösung mit Schwefelsäure als ein schwach blauer Ring erkennbar wird. Dagegen wurde das abzentrifugierte *Polytoma*-Material mit der Säure nicht blau, sondern rosa gefärbt, eine Farbe, die sich unter dem Mikroskop als an fettartige Tröpfchen gebunden erwies. Nach alle dem ist aber an der carotinartigen Natur der Farbstoffe nicht zu zweifeln, die auch bei spektroskopischer Prüfung die erwartete Absorption am kurzwelligen Ende gaben.

Zum Vergleich wurden die Farbstoffe aus Dunkelkulturen von *Euglena gracilis* untersucht, die in Fleischextraktlösungen gewachsen waren. Hier verhält sich die Sache morphologisch anders, indem die Chloroplasten wie bei vergeilten Phanerogamen degenerieren und das

Chlorophyll vollständig verlieren, die gelben Farbstoffe aber behalten. Bei Wiederbelichtung beginnen die Euglenen alsbald wieder mit der Chlorophyllbildung und erreichen allmählich ihre normale Gestalt und Farbe wieder. Aus dem Dunkelmaterial läßt sich ganz wie bei *Polytoma* das Gemisch der gelben Farbstoffe mit Alkohol ausziehen und durch Ausschütteln in Carotin und Xanthophyll zerlegen. Bei spektroskopischer Prüfung war keine Spur einer Absorption im Rot aufzufinden, ein Beweis dafür, daß das Chlorophyll vollständig verschwunden war.

Schließlich wurde auch noch eine Speciesreinkultur von *Astasia ocellata* auf ihren Farbstoffgehalt geprüft. Dieser Organismus besitzt keine Chromatophoren, wohl aber einen deutlichen Augenfleck (PRINGSHEIM 1921, S. 124). Im übrigen erscheint der Körper vollständig farblos. Zentrifugiert ·man dichte *Astasia*-Kulturen ab, so ist der Bodensatz schwach ockergelb, eine Farbe, die hier offenbar allein von den Stigmen herrührt, so daß man also einmal die seltene Gelegenheit hat den Farbstoff des Augenfleckes für sich zu untersuchen. Aus dem Bodensatz ließ sich mit Alkohol eine hellgelbe Lösung gewinnen, deren Farbstoff sich durch Ausschütteln nicht zerlegen ließ. Es erwies sich als Carotin. Ob auch andere Stigmen nur durch Carotin gefärbt sind, muß unentschieden bleiben.

5. Versuche Copulation zu erzielen.

Die Copulation von *Polytoma* ist von KRASSILTSCHIK (1881) und FRANCÉ (1894) beobachtet worden. In unseren Kulturen ist sie weder früher noch neuerdings eingetreten. Das könnte daran liegen, daß Heterothallie vorliegt, und daß auch in den Rohkulturen immer nur ein + oder ein —-Stamm aufgekommen war, oder auch daran, daß die Bedingungen für die Gametenbildung in unseren Zuchten nicht verwirklicht waren. In letzterer Hinsicht konnten die schönen Ergebnisse von E. SCHREIBER (1925) Fingerzeige geben, der an koloniebildenden Volvocaceen Heterothallie nachgewiesen und gezeigt hat, daß die Gameten bei Nährstoffmangel entstehen. Letzteres allein genügte auch bei *Polytoma* nicht um Copulation zu erzielen, denn sie blieb in den in Nährsalzlösung und Wasser schwärmenden Polytomen aus Reinkulturen immer aus, obgleich man die kleinen, schmalen Individuen, die dann entstehen, für Gameten halten könnte (PRINGSHEIM 1921, S. 121).

Es wurde nun dazu übergegangen eine größere Anzahl von Clonen in derselben Flüssigkeit zu vereinen, in der Erwartung, daß darunter + und —Stämme sein und untereinander kopulieren würden.

Zunächst wurden 7 Tage alte Reinkulturen von sechs verschiedenen Stämmen auf Schrägagar mit sterilem destilliertem Wasser übergossen. Die schon wenige Minuten nach dem Hinzufügen des Wassers auftretenden Schwärmer ließen deutlich große, rundliche, mit Stärke angefüllte und kleine, stärkearme, mehr länglich gestaltete Individuen unterscheiden. Diese letzteren nehmen im

Laufe eines Tages stark an Zahl zu und gehen offenbar aus frischen Zellteilungen hervor. Copulationen waren durch 8 Tage hindurch nicht zu beobachten.

In einer zweiten Versuchsreihe wurden die Aufschwemmungen der sechs Clone 24 Stunden nach dem Hinzufügen des Wassers in allen möglichen Kombinationen paarweise vereinigt, indem sie in sterilen Röhrchen zusammengegossen wurden. Doch auch jetzt waren keine Copulationen festzustellen. Die Übertragung vom Agar in Wasser scheint also nicht geeignet zu sein, um Gametenbildung bzw. sexuelle Fortpflanzung hervorzurufen.

Es wurde nun versucht durch plötzlichen Übergang aus einer Nährlösung in nährstoffarme Umgebung Gametenbildung zu erzielen. Sechs verschiedene Clone wurden in der früher (1921, S. 100) angegebenen Nährlösung 1 Woche lang kultiviert, dann abzentrifugiert und in Leitungswasser gebracht, worin sie gut schwärmten. Darauf wurden wieder in sterilen Röhrchen alle möglichen Kombinationen hergestellt, ohne daß Cygoten auftraten.

In einem weiteren Versuch wurden zwölf Stämme durch 4 Tage gemeinsam in Nährlösung kultiviert, während welcher Zeit keine Gametenverschmelzungen gesehen wurden. Dann wurde zentrifugiert und der Satz zur Hälfte in Leitungswasser, zur Hälfte in 0,5 proz. K_2CO_3 aufgeschwemmt. Auch jetzt traten während 1 Woche keine Copulationen auf.

Es ist uns also ebensowenig wie SCHREIBER bei verschiedenen *Chlamydomonas*-Arten gelungen, das positive Ergebnis zu bekommen, über das KLEBS bei einer Art dieser Gattung berichtet.

6. *Ernährung und Stärkebildung.*

a) *Humusstoffe.* In den Reinkulturen war die Vermehrung auch dann, wenn die beste kombinierte Nährlösung mit Glykokoll und Natriumazetat, sowie optimale Reaktion geboten wurde, nie so üppig wie in Rohkulturen mit unter Erde faulenden Eiweißstoffen. Nur in letzteren traten auch die Vielzellenbildungen auf, die dem Organismus den Namen gegeben haben, und die ein Anzeichen für gutes Gedeihen, d. h. schnelle Teilungsfolge sind. Die starke Vermehrung in solchen Rohkulturen rührt sicher zum Teil davon her, daß die Nahrungsstoffe nach Verbrauch immer nachgeliefert werden. Eine so große Menge davon kann man in Reinkulturen nicht geben, weil *Polytoma* keine hohen Konzentrationen verträgt (1921, S. 99). Es muß aber noch ein anderer Unterschied vorhanden sein, denn die Vermehrung ist in der synthetischen Lösung von Anfang an nicht so rasch.

Dieser Unterschied liegt in dem Vorhandensein von Stoffen aus der Erde, wahrscheinlich sogenannten Humusstoffen. Schon früher (S. 93) war gefunden worden, daß bei Verwendung von Sand an Stelle von Erde das Gedeihen in den Rohkulturen nicht so günstig ist, daß es aber durch Zusatz von Erdeabkochung verbessert werden kann. Das gilt auch für die Reinkulturen, die in einer Mischung der Glykokoll-Azetatnährlösung mit Erdeabkochung dichtere Wolken zeigten als ohne Humusstoffe. Es traten nun auch Vielzellstadien auf, und die Organismen schwärmten bedeutend länger als sonst. Die Erdeabkochung wirkt also auf *Polytoma* wie auf viele grüne Lebewesen stark fördernd.

b) Organische Säuren und Alkohole. In der ersten Arbeit sind von Fettsäuren außer der Essigsäure, die sich für die Ernährung am meisten bewährte, nur Ameisen-, Propion- und Buttersäure geprüft worden. Die erste hatte gar keine, die zweite recht spärliche, die dritte etwas bessere Ernährung ermöglicht (S. 103). Es wurden nun eine größere Anzahl von aliphatischen Säuren herangezogen, und einige davon auch auf ihre Eignung zur Stärkebildung geprüft. Bei den Ernährungsversuchen wurden die Na-Salze in 0,2 und 0,3 proz. Lösung neben 0,1 % $(NH_4)_2SO_4$, 0,02 % K_2HPO_4 und 0,01 % $MgSO_4$ gegeben. Am reichlichsten war die Vermehrung wieder in der Acetatlösung, es folgte die Buttersäure, merklich schlechter waren Propion- und Valeriansäure, während Caprylsäure annähernd so gut wirkte wie Buttersäure. Gar keine Entwicklung trat bei Ameisen-, Heptyl-, Nonyl- und Palmitinsäure auf. Danach ist das Anfangsglied der Reihe ebenso wie die Homologen mit langer Kohlenstoffkette unbrauchbar für die Ernährung. Außerdem zeigt sich aber auch, daß die Glieder mit ungerader C-Zahl schlechter zu wirken scheinen als die mit gerader, denn Ameisensäure (C_1) und Heptylsäure (C_7) waren unbrauchbar, Propionsäure (C_3) und Valeriansäure (C_5) schlechter als Essigsäure (C_2), Buttersäure (C_4) und Caprylsäure (C_8).

Bei den Versuchen über die Stärkebildung wurde so vorgegangen, daß das Material aus 1 Woche alten Schrägagarkulturen in steriles Leitungswasser übertragen wurde, worin die Schwärmer in 3—4 Tagen ihre Stärke vollständig verbrauchen. Darauf wurde dann so viel einer Lösung der verschiedenen Salze der zu prüfenden Säuren hinzugefügt, daß sich eine Konzentration von 0,2 % ergab. Stärkebildung trat in essigsaurem, propionsaurem, buttersaurem, valeriansaurem und caprylsaurem Natrium ein, nicht aber in ameisensaurem, heptylsaurem, nonylsaurem und palmitinsaurem Na. In den drei letzten Lösungen wurde bei den Ernährungsversuchen die Stärke nicht verbraucht, was bei indifferenten Stoffen geschieht. Auch setzten sich die Schwärmer bald fest. Diese Anzeichen sprechen dafür, daß diese Stoffe schädigend wirken. Im ganzen zeigt sich bei den Versuchen über Ernährung und Stärkebildung mit Fettsäuren, daß für beides dieselben Eigenschaften der Substanzen maßgebend sind. Das hat sich auch sonst immer bewährt: *Ein Stoff, der keine Stärkebildung ermöglicht, ist auch für die Ernährung unbrauchbar.*

Nach den einfachen Fettsäuren wurden noch einige weitere Stoffe geprüft. Monochloressigs. und trichloressigs. Na waren für Ernährung und Stärkebildung unbrauchbar. Sie wirken deutlich schädigend, offenbar dadurch, daß bei dem Angriff der Organismen aus dem Anion giftige Chlorverbindungen entstehen. Ein Verbrauch der Stärke trat in solchen Lösungen nicht ein. Von Oxysäuren wurden die Natriumsalze der

Glykol- und Milchsäure geprüft, die sich als unbrauchbar erwiesen. Eine
Kultur mit Milchsäure war zufällig durch Bakterien verunreinigt. Hier
trat Vermehrung und Stärkebildung ein! Auch die Polyoxysäure
Gluconsäure, in Gestalt des Ca-Salzes, war nicht geeignet. In den Oxysäuren trat Stärkeschwund ein, die Organismen verhielten sich in den
Lösungen ganz wie in Wasser. Die ungesättigten Säuren Acryl- und
Ölsäure, als Na-Salze gereicht, verhielten sich wie die Oxysäuren, ebenso
Benzoësäure, Äthylalkohol und Isobutylalkohol. In den beiden ersten
wurde wieder bei Bacteriengegenwart Vermehrung und Stärkebildung
beobachtet. In den Reinkulturen verschwand die Stärke, ein Beweis,
daß auch diese Stoffe in der geprüften Konzentration von 0,2% nicht
schädlich sind. — Wir werden unten zeigen, daß eine ganze Anzahl der
hier genannten Substanzen stark anlockend wirken.

    c) Zucker. Das auffallende Ergebnis, daß die Zucker weder zur
Ernährung (1921, S. 103), noch zur Stärkebildung (S. 121) geeignet sind,
sollte noch einmal auf breiterer Grundlage nachgeprüft werden, weil
Polytoma in dieser Hinsicht eine merkwürdige Sonderstellung einnimmt.

    Es hatte sich früher gezeigt, daß die Zucker unter Umständen, einer
vollständigen Nährlösung zugesetzt, etwas fördern, und zwar ergab sich
das dann, wenn die Lösung beim Sterilisieren bräunlich geworden war.
Diese Erscheinung wurde auf Karamelisierung zurückgeführt, welche
beim Erhitzen von Zucker in alkalischer Lösung eintritt (S. 103). Die
neuen Ergebnisse entsprachen den früheren Erfahrungen. Außer 0,2%
Na-Acetat wurde der Nährlösung 0,2% Glucose, 0,1 % $(NH_4)_2SO_4$, 0,02%
K_2HPO_4, 0,01% $MgSO_4$ und 0,1% Na_2CO_3 zugesetzt. Als Stickstoffquelle diente das Ammonsalz, weil das Glykokoll selbst als Kohlen-
stoffquelle nicht ganz unbrauchbar ist. Die nach dem Sterilisieren leicht
bräunliche Lösung zeigte deutlich eine etwas raschere Vermehrung der
Polytoma als die farblose Kontrolle ohne Zucker; doch glichen sich die
Unterschiede in den nächsten Tagen aus.

    Um die Ernährungswirkung des Zuckers im nicht karamelisierten
Zustand ganz eindeutig festzustellen, wurde aus der Nährlösung das
Acetat fortgelassen. In der nach dem Erhitzen bräunlichen Lösung trat
bei den verschiedenen geprüften Stämmen eine schwache bis mittel-
mäßige Vermehrung ein (nur der Stamm aus Material 4, der auch mit
Ammonstickstoff nicht gedeiht, entwickelte sich nicht). Überall hörte
das Wachstum bald auf,. Wurde aber eine getrennte Sterilisation der
den Zucker und die übrigen Nährstoffe enthaltenden Lösungen vorgenommen, so daß keine Caramelisierung eintrat, so war bei keinem
Stamm eine Vermehrung zu beobachten. *Traubenzucker ist also für
Polytoma kein Nährstoff,* während irgendwelche der bei der Caramelisierung entstehenden Substanzen (Caramelan, Caramelen usw.) von
einem gewissen, wenn auch geringen Nährwert sind.

Mit diesen Befunden stimmen die über Stärkebildung wieder gut überein. Die Versuche mit Glucose wurden ebenso angestellt wie die mit Säuren und Alkoholen. Es wurde besonders darauf geachtet, daß ganz entstärktes, aber noch gut schwärmendes Material verwendet wurde, doch wurde auch mit solchem gearbeitet, das noch ein wenig Stärke enthielt. Im ersteren Falle trat bei mehrfach wiederholten Versuchen nie Stärke auf, im letzteren verschwand sie völlig! Verschiedene Zuckerkonzentrationen hatten immer dasselbe Ergebnis. Auch caramelisierter Zucker war zur Stärkebildung ungeeignet. Diese Ergebnisse legen die Vermutung nahe, daß die Stärke bei *Polytoma* überhaupt nicht auf dem Wege über den Zucker gebildet wird, falls nicht das Ergebnis dadurch zustande kommt, daß der Zucker im Gegensatz zu den Fettsäuren nicht in die Zelle eindringt.

7. *Schwärmerbildung.*

Bei Besprechung der Bemühungen Copulation zu erzielen ist schon einiges über das Schicksal des von Agar in Wasser übertragenen Materials berichtet worden. Da es wichtig war für die Chemotaxisversuche möglichst gut bewegliche Schwärmer zu bekommen, wurden neben destilliertem Wasser verschiedene Salzlösungen geprüft. Das Wasser wurde aus Glas in Glas umdestilliert. Es machte kaum einen Unterschied ob reines Wasser oder Nährsalzlösungen verwendet wurden, falls diese nicht zu konzentriert waren. In 0,2 und 0,1 % $Ca(NO_3)_2$ war die Schwärmerbildung schon recht gering, bei 0,05 und 0,025 % war noch eine geringe Hemmung zu bemerken, ganz gleich ob daneben noch $MgSO_4$ und K_2HPO_4 vorhanden war. Geringe Mengen von $Ca(NO_3)_2$ oder $CaSO_4$ (0,001 %) hatten eine kleine Förderung der Beweglichkeit zur Folge. Auch Leitungswasser war gut zu brauchen, vorausgesetzt, daß man es gut hatte ablaufen lassen, da es sonst, offenbar durch geringe Mengen von Schwermetall aus den Leitungen, giftig wirkt. Damit haben wir dann die Versuche über Chemotaxis angestellt, mit Ausnahme derjenigen über die Wirkung der H-Ionen, bei denen das Carbonat aus dem harten Wasser der Prager Leitung vermieden werden sollte.

Am ersten Tage vermehrte sich die Zahl der Schwärmer durch Freiwerden der aus dem „Palmellenstadium" in den beweglichen Zustand übergehenden Individuen. Es gehen auch anfangs noch Teilungen vor sich; doch bleiben immer eine Menge Zellen unbeweglich, die sich am Boden des Reagensglases anhäufen. Für die Chemotaxisversuche wurde das Material mit einer Pipette von oben genommen, wo sich die beweglichsten Schwärmer infolge ihrer Aëro- und Geotaxis ansammeln (1921, S. 106). Ein und dieselbe Wasserkultur läßt sich durch mehrere Tage bis zu einer Woche verwenden. In 3—4 Tagen wird alle Stärke verbraucht, worauf dann die Beweglichkeit stark nachläßt, bis sich alle Individuen am Boden anhäufen und zugrunde gehen.

Neben den normalen Teilungen traten, besonders bei den Stämmen aus Material 3, abnorme Teilungsbilder auf, die dadurch zustande kommen, daß die Trennung der Tochterzellen nicht zu Ende geführt wird. Sie bleiben dann mit dem Hinterende „verwachsen". Aus solchen unvollkommenen Teilungen können zusammenhängende Gruppen von 2 bis 5 Individuen entstehen, die freie, wohlausgebildete Vorderenden mit Geißeln und — wie Färbungen zeigen — eigene normale Kerne besitzen. Dadurch, daß jede Einzelzelle in der Richtung ihrer Längsachse vorwärts strebt, kommt eine eigentümliche unregelmäßige Bewegung dieser Rattenkönige zustande.

II. Hauptteil.
Chemotaxis.
1. Methodik.

a) Gewinnung und Verwendung des Materiales. Die Versuche über Chemotaxis wurden alle mit demselben Klon aus Material 2 angestellt, der besonders üppig wuchs und gut Schwärmer bildete. Die Kultur geschah auf einem Agar, der dieselbe Nährlösung enthielt wie früher (S. 107), nämlich essigs. Na 0,2%, Glykokoll 0,2%, Glucose 0,2%, K_2HPO_4 0,02%, $MgSO_4$ 0,01% und Na_2CO_3 0,2%. Von Agar brauchte der besseren Qualität wegen nur 2% gegeben zu werden. Der Agar muß aber genügend steif sein, damit sich das *Polytoma*-Material gut abheben läßt, ohne daß Bröckchen des Nährbodens mit übertragen werden. Dieser war durch Caramel leicht braun gefärbt. Die Impfung geschah in Zickzacklinien oder noch besser in einzelnen Tupfen, da die im letzteren Falle sich bildenden „Riesenkolonien" sich fast restlos mit der Platinöse abheben lassen. Nach einer Woche bei Zimmertemperatur ist das Material verwendungsreif; doch kann man es auch noch eine Woche später benutzen.

Als Aufschwemmungsflüssigkeit wurde immer Leitungswasser benutzt, das, wie oben geschildert, gutes Schwärmen bewirkt. Frühestens nach einem Tage war das Schwärmermaterial verwendbar (1921, S. 108). Es konnte dann durch mehrere Tage benutzt werden. Sein Alter macht keinen Unterschied, auch nicht in bezug auf die Höhe der Schwelle, solange eben noch gute Beweglichkeit herrscht.

b. Die Chemikalien stammten zum größten Teil von MERCK und KAHLBAUM. Wo irgend möglich, wurden die reinsten Präparate verwendet. In einigen Fällen, wo Zweifel an der Reinheit auftraten, wurden die Präparate besonders gereinigt, in anderen wird gelegentlich auf unsere Bedenken aufmerksam gemacht werden. Da nicht alle Chemikalien käuflich zu haben waren, sahen wir uns auf die Unterstützung von

Kollegen angewiesen. Wir haben zu danken: Herrn Geheimrat Abderhalden in Halle, Herrn Prof. G. Klein, Wien, Herrn Prof. H. Meyer und Herrn Dr. O. Croy, Prag, und Herrn Prof. H. Pringsheim, Berlin, für Chemikalien, Herrn Prof. V. Rothmund und Herrn Privatdoz. Dr. K. L. Wagner, Prag, für Ratschläge auf dem Gebiet der physikalischen Chemie.

c) *Die Lösungen* wurden alle in Molen oder in Verdünnungsgraden davon angesetzt, um Vergleiche zu erleichtern. Die Genauigkeit brauchte nicht sehr weit getrieben zu werden, da meist nur dezimale Verdünnungen angewendet wurden, so daß kleine Fehler in den Konzentrationen nichts ausmachten. Nur für besondere Zwecke wurden noch Zwischenstufen geprüft, doch war dann meist die Entscheidung, wo die eigentliche Schwelle liege, nicht mehr sicher zu treffen, weil sich nicht alle Individuen ganz gleichartig verhalten.

d) *Die Anstellung der Versuche* geschah in genau derselben Weise wie früher. Auch jetzt wieder zeigten sich sofort Störungen, wenn irgendeine Vorsichtsmaßregel in bezug auf Sauberkeit unterlassen wurde (1921, S. 108). Ein Fall mag besonders erwähnt werden, weil er lehrreich ist. Die aus sorgfältig gereinigten Glasröhren hergestellten Capillaren, die vor den Ferien tadellos geeignet gewesen waren, zeigten nach einigen Wochen des ruhigen Liegens unter Staubschutz unerwartete Ansammlungen der *Polytoma*-Schwärmer, und, wie sich herausstellte, auch an der Außenfläche. Die Prüfung ergab, daß auch mit destilliertem Wasser Anlockung stattfand, die sonst nie beobachtet wurde. Eine Wiederholung wurde in der Weise angestellt, daß Capillaren durch 8 Wochen offen oder zugeschmolzen im Laboratorium aufbewahrt wurden. Nur die ersteren bewirkten positive Chemotaxis gegen eingefülltes Wasser. Also dürfte der wirksame Stoff, der sich an den Capillaren ansetzt, aus der Luft stammen und nicht durch oberflächliche Veränderung des Glases entstehen. Letzteres wurde zuerst gemutmaßt, weil *Polytoma* auch durch Ca-Salze angelockt wird (1921, S. 116).

Die einzelnen Stoffe wurden in der Weise geprüft, daß zuerst eine verhältnismäßig hohe Konzentration angewendet, und, wenn diese sich als wirksam erwies, über dezimale Verdünnungen bis zur Schwelle weitergeschritten wurde. War bei der ersten Lösung keine Wirkung zu entdecken, so wurden, wo angängig, auch noch höhere Konzentrationen geprüft.

2. Arbeitsplan.

Wie in der Einleitung bemerkt, lag die Absicht vor, nicht nur festzustellen, gegen welche Substanzen *Polytoma* chemotactisch reagiert, sondern vor allem auch nach Beziehungen zwischen dem Bau des Moleküls und der chemischen Reizwirkung zu suchen. Über dieses Problem scheinen bisher nur wenig exakte Ergebnisse vorzuliegen.

Der Mensch besitzt bekanntlich zweierlei chemische Sinne, Geruch und Geschmack. Durch den Bau der Sinnesorgane ist dafür gesorgt, daß der erstere gewöhnlich nur durch gasförmige, der letztere durch gelöste Stoffe erregt wird. Doch ist das kein grundsätzlicher Unterschied, da in beiden Fällen die Substanzen an die Sinneszellen nur in gelöstem Zustand herantreten dürften. Beim Geschmack unterscheidet man vier Modalitäten, die durch die Ausdrücke: Süß, bitter, sauer und salzig gekennzeichnet werden. Während bei den letzteren der Zusammenhang zwischen chemischer Zusammensetzung und Reizwirkung ziemlich klar ist, kann das von den beiden ersten nicht behauptet werden. Der saure Geschmack wird immer durch H-Ionen hervorgerufen, der salzige durch Salze der Alkalien, des Ammons und einige des Calciums, vor allem durch die Halogenide, dann durch Bicarbonate und manche Sulfate und Nitrate. Aber süß schmecken sehr verschiedene Stoffe, so: Zucker und höhere Alkohole, zu denen auch schon der einfachste zweiwertige, das Glykol zu rechnen ist. Bei diesen kann man noch von einem ähnlichen Bau sprechen, nicht aber bei den süßen Aminosäuren Glykokoll, d-Leucin, d-Asparaginsäure, sowie bei Saccharin, Dulcin, Berylliumverbindungen, Bleisalzen, Arsenik und Chloroform. Noch heterogener sind die bitter schmeckenden Verbindungen, zu denen Glykoside und Alkaloide, Gallenstoffe, Amide, Magnesiumsalze, Harnstoffe gehören. Irgendwelche Gesetzmäßigkeiten aufzufinden ist da wohl überhaupt noch nicht versucht worden.

Noch schlimmer aber liegt die Frage beim Geruchssinn, bei dem es annähernd so viele Modalitäten gibt wie Reizstoffe, wo auch diejenigen, die man als ähnlich ansprechen möchte, sich doch unterscheiden lassen, und wo eine Beschreibung oder ein System große Schwierigkeiten macht. Es zeigt sich zwar, daß der Geruch vielfach an das Vorhandensein eines bestimmten Atoms wie As, S, Br, I gebunden ist, oder an die einer Atomgruppe, die als Odoriphor bezeichnet wird, wie bei Estern, Aldehyden, Ketonen; aber im einzelnen ist die Mannigfaltigkeit so groß, daß sie noch jeder wissenschaftlichen Behandlung spottet.

Auf dem Gebiete der chemischen Reizbarkeit bei Pflanzen liegen einige Angaben vor. Besonders zu nennen ist hier die schöne Arbeit von SHIBATA (1911), der bei der Untersuchung der Chemotaxis der Pteridophyten-Spermatozoiden ähnliche Gesichtspunkte zugrunde legte, wie sie uns vorschwebten. Die Ergebnisse waren freilich recht verschieden von den unseren, worauf bei Gelegenheit zurückzukommen sein wird. Ferner ist bei Bacterien die chemotactische Wirksamkeit der optischen Isomeren von Aminosäuren geprüft worden (H. u. E. G. PRINGSHEIM 1916). Abgesehen von gelegentlichen Nebenbefunden ist damit aber alles aufgezählt, was sich mit unserem Arbeitsplan berührt.

Dieser bestand demnach darin, bei einem so eindeutig reagierenden und auch in einer indifferenten Flüssigkeit lange beweglich und reizbar bleibenden Objekt, wie es *Polytoma* ist, nach Beziehungen zwischen dem molekularen Bau der Reizstoffe und dem Vorhandensein und der Stärke der Anlockungswirkung zu suchen, ferner zu prüfen, ob sich Gesetzmäßigkeiten bei den einzelnen homologen Stoffgruppen und ihren Substitutionsprodukten finden lassen, und wenn möglich diese auf bekannte physikalisch-chemische Tatsachen zurückzuführen.

Wir gingen dabei von denjenigen Substanzen aus, die sich als für die Ernährung geeignet erwiesen und auch als Chemotactica bewährt hatten, den einbasischen gesättigten Fettsäuren. An diese schlossen sich dann andere organische Säuren, deren Substitutionsprodukte, Alkohole und so weiter an. Im ganzen sind etwa 140 Substanzen, fast immer in einer ganzen Reihe von Konzentrationen geprüft worden.

In den Tabellen sind die Stoffe so weit wie möglich nach der Ähnlichkeit ihres molekularen Baues aufgeführt. Von den organischen Säuren wurden meist die Na-Salze, zuweilen auch die freien Säuren verwendet. In der vierten Spalte findet man die Schwellen. Der Einfachheit wegen haben wir den reziproken Wert der Verdünnung der molekularen Lösung angegeben. Dies bedarf wohl kaum einer Erklärung im einzelnen. Es bedeutet also z. B. 10^3, daß die molekulare Lösung noch bei 1000facher Verdünnung anlockte, bei einer 10000fachen aber nicht mehr. Waren auch nahezu gesättigte Lösungen unwirksam, so wurden Stäubchen der Substanz als solcher unter das Deckglas gebracht.

3. Organische Säuren.

Tabelle 1. *Gesättigte einbasische Fettsäuren.*

$H \cdot COOH$	CH_2O_2	Ameisensäure	10^3	Na-Salz
$CH_3 \cdot COOH$	$C_2H_4O_2$	Essigsäure	10^5	Na-Salz u. freie Säure
$CH_3 \cdot CH_2 \cdot COOH$	$C_3H_6O_2$	Propionsäure	10^5	Na-Salz
$CH_3 \cdot CH_2 \cdot CH_2 \cdot COOH$	$C_4H_8O_2$	Buttersäure	10^7	Na-Salz u. freie Säure
$\dfrac{CH_3}{CH_3}{>}CH \cdot COOH$	$C_4H_8O_2$	Isobuttersäure	10^7	Na-Salz
$CH_3 \cdot (CH_2)_3 \cdot COOH$	$C_5H_{10}O_2$	Valeriansäure	10^6	,,
	$C_6H_{12}O_2$	Capronsäure	10^6	,,
	$C_7H_{14}O_2$	Heptylsäure	10^6	,,
	$C_8H_{16}O_2$	Caprylsäure	10^5	,,
	$C_9H_{18}O_2$	Nonylsäure	10^5	,,
	$C_{10}H_{20}O_2$	Caprinsäure	10^4	,,
	$C_{16}H_{32}O_2$	Palmitinsäure	$5 \cdot 10^3$	,, Schwellenkonz. a. d. Gehalt d. konz.
	$C_{18}H_{36}O_2$	Stearinsäure	$5 \cdot 10^3$	,, wässr. Lösung errechnet.

a) *Gesättigte einbasische Fettsäuren* hatten sich schon in der ersten Arbeit (1921, S. 109) als gute Chemotactica erwiesen. Diesen Befund können wir nun auf alle geprüften Glieder erweitern (Tab. 1). Von der Ameisensäure mit einem C-Atom bis zur Caprinsäure, die deren zehn besitzt, liegt eine lückenlose Reihe vor. Von den höheren Homologen kommen nur Palmitin- und Stearinsäure häufiger vor. Selbst die am wenigsten wirksame Ameisensäure ist noch immer in einer $^1/_{1000}$ mol. Lösung ein Anlockungsmittel für *Polytoma.* Diese Lösung enthält nur etwa 0,007% des Salzes. Die neu bestimmten Schwellenwerte stimmen mit den früher für einen anderen Stamm gefundenen völlig überein, so daß man also auch deren Höhe zu verallgemeinern berechtigt ist, indem man annimmt, daß andere Stämme sich nicht abweichend verhalten werden.

Vergleichen wir die Höhe der Schwellenwerte bei den einzelnen Gliedern der Reihe, so fällt auf, daß die Schwellenwerte erst ab- und dann wieder zunehmen, so daß ein Maximum der Wirksamkeit vorhanden ist, welches bei der Buttersäure liegt. Auf ihre außerordentlich niedrige Schwelle, wie auf die Tatsache, daß die Salze dieselbe Schwelle haben wie die Säuren, wurde schon früher aufmerksam gemacht. Für die Essig- und Buttersäure wurde es von neuem bestätigt. Neu ist dagegen die Tatsache, daß auch die Isobuttersäure mit verzweigter C-Kette chemotactisch wirksam ist und in ihrer Schwelle hinter der normalen Buttersäure nicht zurückbleibt.

Tabelle 2. *Ungesättigte einbasische Fettsäuren.*

$CH_2:CH \cdot COOH$	$C_3H_4O_2$	Akrylsäure	10^4	Säure
$CH_3 \cdot CH:CH \cdot COOH$	$C_4H_6O_2$	Krotonsäure	10^6	„
$CH_3 \cdot CH_2 \cdot CH:CH \cdot COOH$	$C_5H_8O_2$	Angelikasäure	10^3	Na-Salz und freie Säure
$CH_3 \cdot (CH_2)_7 \cdot CH:CH \cdot (CH_2)_7 \cdot COOH$	$C_{18}H_{34}O_2$	Ölsäure	10^8	Na-Salz

b) Auch die *ungesättigten einbasischen Fettsäuren* erwiesen sich als chemotactisch wirksam. Hier konnten freilich nur vier von den unzähligen möglichen Verbindungen beschafft werden (Tab. 2). Gesetzmäßigkeiten sind daher nicht abzuleiten; doch sei auf die außerordentlich niedrige Schwelle der Ölsäure hingewiesen, die noch niedriger liegt als bei der Buttersäure und die der Stearinsäure mit gleichviel C-Atomen um mehr als 5 Dezimalen übertrifft.

c) *Oxysäuren und halogen-substituierte Fettsäuren* sind, soweit geprüft, gleichfalls Anlockungsmittel, mit alleiniger Ausnahme der Gluconsäure (Tab. 3). Die Verzweigung der Kohlenstoffkette bei der Oxyisobuttersäure ändert nichts an ihren Verhalten als Chemotacticum. Soweit aus den wenigen Gliedern, die geprüft werden konnten, zu ersehen ist, steigt auch hier wieder die Wirksamkeit mit der Zahl der C-Atome bis zur Oxybuttersäure.

Tabelle 3.
Oxysäuren.

$CH_2OH \quad COOH$	$C_2H_4O_3$	Glykolsäure	10^3
$CH_3 \cdot CHOH \cdot COOH$	$C_3H_6O_3$	Milchsäure, razem.	5.10^3
$CH_3 \cdot CHOH \cdot CH_2 \cdot COOH$	$C_4H_8O_3$	β-Oxybuttersäure	10^5
$\frac{CH_3}{CH_3}{>}COH \cdot COOH$	$C_4H_8O_3$	Oxy-Isobuttersäure	10^5
$CH_2OH \cdot (CHOH)_4 \cdot COOH$	$C_6H_{12}O_7$	Gluconsäure	0

Halogen - substituierte Fett- und Oxysäuren.

$CH_2Cl \cdot COOH$	$C_2H_3O_2Cl$	Chloressigsäure	10^4
$CCl_3 \cdot COOH$	$C_2HO_2Cl_3$	Trichloressigsäure	5.10^3
$CCl_3 \cdot CHOH \cdot COOH$	$C_3H_3O_3Cl_3$	Trichlormilchsäure	5.10^3

Die Chlorsubstitutionsprodukte erweisen sich gleichfalls als Anlockungsmittel. Die Trichlormilchsäure ist sogar ebenso wirksam wie die Milchsäure, während bei der Essigsäure die Ersetzung von H durch Cl eine Erhöhung der Schwelle bedingt, die bei der dreifach substituterten Trichloressigsäure stärker ist als bei der Monochloressigsäure. Zur Ernährung hatten sich diese Verbindungen wegen ihrer Giftigkeit nicht als geeignet erwiesen; aber bei der kurzen Einwirkung im Chemotaxisversuch, bei dem ja auch viel geringere Konzentrationen verwendet wurden, war von einer Schädigung nichts zu bemerken.

Tabelle 4. *Zwei- und mehrbasische ges., unges. u. Oxysäuren.*

$COOH \cdot COOH$	$C_2H_2O_4$	Oxalsäure	θ	Na-Salz und freie Säure
$COOH \cdot CH_2 \cdot COOH$	$C_3H_4O_4$	Malonsäure	θ	—
$COOH \cdot CH_2 \cdot CH_2 \cdot COOH$	$C_4H_6O_4$	Bernsteinsäure	θ	—
$COOH \cdot CH:CH \cdot COOH$	$C_4H_4O_4$	Maleïnsäure	θ	—
$COOH \cdot CHOH \cdot CH_2 \cdot COOH$	$C_4H_6O_5$	Äpfelsäure	θ	—
$COOH \cdot CHOH \cdot CHOH \cdot COOH$	$C_4H_6O_6$	Weinsäure	θ	—
$COOH \cdot CH_2 \cdot C \cdot CH_2 \cdot COOH$ (OH, COOH)	$C_6H_8O_7$	Zitronensäure	θ	Na-Salz und freie Säure

Tabelle 5. *Aminosäuren.*

$CH_2(NH_2) \cdot COOH$	$C_2H_5O_2N$	Glykokoll	5.10
$CH_3 \cdot CH(NH_2) \cdot COOH$	$C_3H_7O_2N$	Alanin	10
$CH_3 \cdot (CH_2)_3 \cdot CH(NH_2) \cdot COOH$	$C_6H_{13}O_2N$	Leucin	θ
$CH(NH_2) \cdot COOH$ / $CH_2 \cdot COOH$	$C_4H_7O_4N$	Asparaginsäure	θ
$CH(NH_2) \cdot COOH$ / $CH_2 \cdot CONH_2$	$C_4H_8O_3N_2$	Asparagin	θ
$CH_2 \cdot CH(NH_2) \cdot COOH$ / $CH_2 \cdot COOH$	$C_5H_9O_4N$	Glutaminsäure	θ
CH_2——S—S—CH_2 / $CH(NH_2)$ $CH(NH_2)$ / $COOH$ $COOH$	$C_6H_{12}O_4N_2S_2$	Cystin	θ
(OH-Benzolring) $\cdot CH_2 \cdot CH(NH_2) \cdot COOH$	$C_9H_{11}O_3N$	Tyrosin	θ

Tabelle 6.

Aromatische Säuren.

Struktur	Formel	Name		
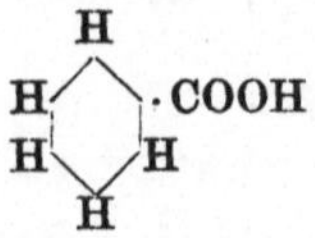 H H⟨ ⟩·COOH H H H	$C_7H_6O_2$	Benzoësäure	10^4	K-Salz
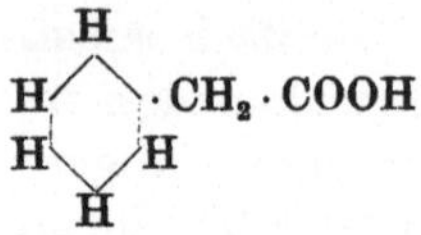 H H⟨ ⟩·CH$_2$·COOH H H H	$C_8H_8O_2$	Phenylessigsäure	10^7	—
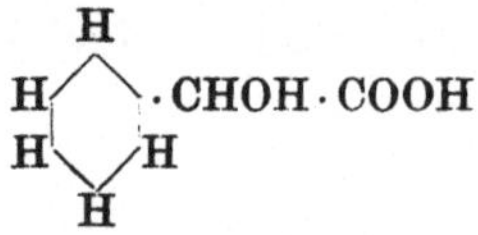 H H⟨ ⟩·CHOH·COOH H H H	$C_8H_8O_3$	Mandelsäure	10^6	—
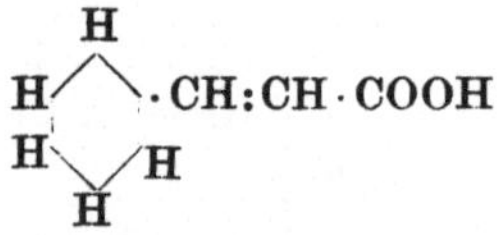 H H⟨ ⟩·CH:CH·COOH H H H	$C_9H_8O_2$	Zimtsäure	10^4	—
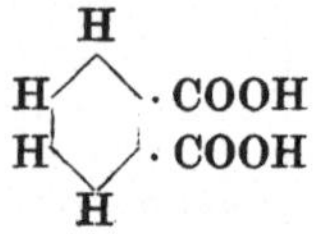 H H⟨ ⟩·COOH H⟨ ⟩·COOH H	$C_8H_6O_4$	Phthalsäure	0	—
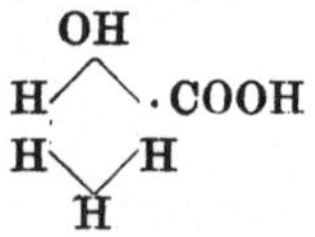 OH H⟨ ⟩·COOH H H H	$C_7H_6O_3$	Salicylsäure (o-Oxybenzoësäure)	10^4	—
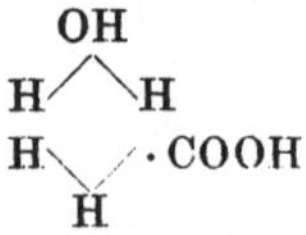 OH H⟨ ⟩H H⟨ ⟩·COOH H	$C_7H_6O_3$	m-Oxybenzoësäure	10^3	—
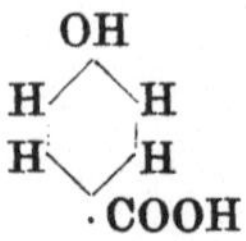 OH H⟨ ⟩H H⟨ ⟩H ·COOH	$C_7H_6C_3$	p-Oxybenzoësäure	10^3	—
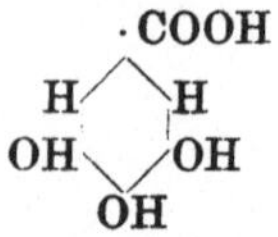 ·COOH H⟨ ⟩H OH⟨ ⟩OH OH	$C_7H_6O_5$	Gallussäure	0	—
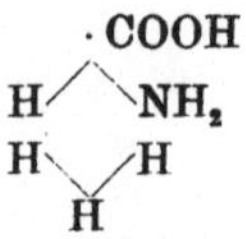 ·COOH H⟨ ⟩NH$_2$ H⟨ ⟩H H	$C_7H_7O_2N$	Anthranilsäure	10^4	—

d) Zu den *zwei- und mehrbasischen aliphatischen Säuren* gehören die sogenannten Pflanzensäuren. Deren chemotactischer Wirksamkeit wurde daher mit besonderem Interesse entgegengesehen. Allerdings hatten sich Weinsäure, Äpfelsäure und Citronensäure schon früher (1921, S. 107) als chemotactisch indifferent erwiesen. Das gleiche gilt, wie man aus der Tabelle 4 ersieht, auch für die anderen geprüften mehrbasischen gesättigten, ungesättigten und Oxysäuren. Diese alle sind übrigens auch für die Ernährung ganz untauglich, was besonders hervorgehoben sei, da sie sonst als gute Nährstoffe gelten.

e) Die *Aminosäuren* stellen durchwegs keine guten, größtenteils gar keine Chemotactica dar (Tab. 5). Doch sind Glykokoll und Alanin allerding serst in verhältnismäßig hohen Konzentrationen wirksam, was früher übersehen wurde, weil so starke Lösungen nicht geprüft worden waren. Wir haben hier also eine Gruppe von chemischen Verbindungen, die als gute Nährstoffquellen gelten, und zum Teil ja auch für die Stickstoffversorgung und selbst für eine kümmerliche Ernährung von *Polytoma* ausreichen (1921, S. 98), gleichwohl aber nicht oder schwach anlocken.

f) Die *aromatischen Säuren*, die geprüft wurden, sind sehr verschiedenartig im Bau, so daß sie sich nicht in eine bestimmte Reihe ordnen lassen. Sie sind fast alle gut chemotactisch wirksam und haben zum Teil sogar eine recht niedrige Schwelle, wie vor allem die Phenylessigsäure, die nicht hinter der Buttersäure zurückbleibt. Nur die Phthalsäure und Gallussäure sind unwirksam, was wir später zu erklären suchen werden (Tab. 6).

4. Alkohole und Ester.

Tabelle 7. *Einwertige Alkohole.*

$CH_3 \cdot OH$	CH_4O	Methylalkohol	1	—
$CH_3 \cdot CH_2 \cdot OH$	C_2H_6O	Äthylalkohol	10^2	—
$CH_3 \cdot CH_2 \cdot CH_2 \cdot OH$	C_3H_8O	Propylalkohol	10^4	—
$CH_3 \cdot CH_2 \cdot CH_2 \cdot CH_2 \cdot OH$	$C_4H_{10}O$	Butylalkohol, primär	10^5	—
$\genfrac{}{}{0pt}{}{CH_3}{CH_3}{>}CH \cdot CH_2 \cdot OH$	$C_4H_{10}O$	„ Iso-	10^5	—
$\genfrac{}{}{0pt}{}{CH_3}{CH_3}{CH_3} > CH \cdot OH$	$C_4H_{10}O$	„ tertiär (Trimethylcarbinol.)	10^5	—
$CH_3 \cdot (CH_2)_4 \cdot OH$	$C_5H_{12}O$	Amylalkohol, primär	10^3	—
	$C_7H_{16}O$	Heptylalkohol	10^2	—
	$C_8H_{18}O$	Octylalkohol	?	Die ges. wäßr. Lösung ist unwirksam. Schwelle $>10^4$

a) Die *einwertigen aliphatischen Alkohole* bewirken wiederum Chemotaxis, obwohl sie zur Ernährung ganz untauglich sind. Die Schwellen sind höher als bei den entsprechenden Säuren (Tab. 7). Es fällt wieder auf, daß die Wirksamkeit mit der Länge der Kohlenstoffkette erst zu-, dann abnimmt. Gleichzeitig nimmt die Löslichkeit ab, so daß die gesättigte Lösung von Octylalkohol nicht mehr die Schwelle erreicht. Gleich dem normalen primären Butylalkohol haben sich auch die Isomeren mit verzweigter C-Kette, soweit sie beschafft werden konnten, bei der Prüfung als sehr gute Chemotactica erwiesen.

Tabelle 8. *Mehrwertige Alkohole.*

$CH_2OH \cdot CH_2OH$	$C_2H_6O_2$	Glykol	0	—
$CH_2OH \cdot CHOH \cdot CH_2OH$	$C_3H_8O_3$	Glycerin	0	—
$CH_2OH \cdot (CHOH)_2 \cdot CH_2OH$	$C_4H_{10}O_4$	Erythrit	0	Schwache Chemot. gegen starke Lösung. Verunreinigung!
$CH_2OH \cdot (CHOH)_4 \cdot CH_2OH$	$C_6H_{14}O_6$	Mannit	0	—
$CH_2OH \cdot (CHOH)_4 \cdot CH_2OH$	$C_6H_{14}O_6$	Dulcit	0	—

b) Ganz anders verhalten sich die *mehrwertigen Alkohole* (Tab. 8), die gar keine chemotactische Wirkung haben. Der Erythrit schien eine Ausnahme zu bilden, da hier starke Lösungen eine schwache Anlockung bewirkten. Es zeigte sich aber, daß das Präparat nicht rein war.

Tabelle 9. *Ungesättigte und aromatische Alkohole.*

$CH_2 : CH \cdot CH_2OH$	C_3H_6O	Allylalkohol	10^4
(Benzylring mit CH_2OH)	C_7H_8O	Benzylalkohol	10^5

c) Von den *ungesättigten* und *aromatischen Alkoholen* konnte leider nur je ein Vertreter geprüft werden. Sowohl der Allyl-, wie der Benzylalkohol erwiesen sich als stark wirksam (Tab. 9).

Hier seien die Ester angereiht, als Verbindungen von Alkoholen mit Säuren.

Tabelle 10. *Ester.*

$H \cdot COOC_2H_5$	$C_3H_6O_2$	Ameisensaur. Äthyl	10^2
$CH_3 \cdot COOC_2H_5$	$C_4H_8O_2$	Essigsaur. Äthyl	$2 \cdot 10^2$
$CH_3 \cdot CH_2 \cdot COOC_2H_5$	$C_5H_{10}O_2$	Propionsaur. Äthyl	10^3
$CH_3 \cdot (CH_2)_2 \cdot COOC_2H_5$	$C_6H_{12}O_2$	Buttersaur. Äthyl	10^4
$CH_3 \cdot (CH_2)_3 \cdot COOC_2H_5$	$C_7H_{14}O_2$	Valeriansaur. Äthyl	10^3
$CH_3 \cdot COOC_5H_{11}$	$C_7H_{14}O_2$	Essigsaur. Amyl	10^2

d) Von den Äthylestern der Fettsäuren stand eine Reihe von fünf Verbindungen, vom Formiat bis zum Valeriat, zur Verfügung (Tab. 10).

Alle waren chemotactisch wirksam, wobei wir wieder sehen, daß mit der Länge der C-Kette die Schwelle erst sinkt, um dann wieder zu steigen. Auch das Amylacetat war ein guter Reizstoff. Die Ester sind weniger wirksam als die entsprechenden Na-Salze, was insofern auffallend ist, als die letzteren ebenso stark anlocken wie die freien Säuren.

Tabelle 11. *Ester mehrbasischer Säuren oder mehrwertiger Alkohole.*

$COOC_2H_5 \cdot COOC_2H_5$	$C_6H_{10}O_4$	Äthyloxalat	10^2	—
$CH_2OH \cdot CHOH \cdot CH_2OOC_2H_3$	$C_5H_{10}O_4$	Acetin	10^5	—
$CH_2\text{——}CH\text{——}CH_2$, OOC_2H_3 OOC_2H_3 OOC_2H_3	$C_9H_{14}O_6$	Triacetin	10^5	—
$CH_2\text{——}CH\text{——}CH_2$, OOC_4H_7 OOC_4H_7 OOC_4H_7	$C_{15}H_{26}O_6$	Tributyrin	10^7	Die Substanzen wurden erst in Äther gelöst. Dann erfolgte Verdünnung mit Wasser
$CH_2\text{——}CH\text{——}CH_2$, $OOC_{18}H_{33}$ $OOC_{18}H_{33}$ $OOC_{18}H_{33}$	$C_{57}H_{104}O_6$	Trioleïn	$10^8\text{-}10^9$	

e) Von den *Estern mehrbasischer Säuren* oder *mehrwertiger Alkohole* konnten nur wenige geprüft werden, die sich als gut wirksam erwiesen. (Tab. 11.)

5. Aldehyde, Ketone und Äther.
Tabelle 12. *Aldehyde.*

$H \cdot COH$	CH_2O	Formaldehyd	0	Die Giftwirkung stärker als die Reizwirkung
$CH_3 \cdot COH$	C_2H_4O	Acetaldehyd	10^2	—
$CH_3 \cdot CH_2 \cdot COH$	C_3H_6O	Propylaldehyd	$(>10^3)$	Altes, z. T. verharztes u. unlösl. Präparat
$\dfrac{CH_3}{CH_3}{>}CH \cdot COH$	C_4H_8O	Iso-Butyraldehyd	10^5	—
$CH_3 \cdot (CH_2)_3 \cdot COH$	$C_5H_{10}O$	Valeraldehyd	10^5	—

a) Von den *Aldehyden* erwies sich der als starkes Gift bekannte Formaldehyd als so wenig wirksam, daß die tödliche Konzentration die Schwelle nicht erreichte. Die höheren Homologen waren alle Anlockungsmittel. Die Schwellenwerte hatten wieder die Tendenz mit der Länge der Kohlenstoffkette zu sinken, soweit das aus der geringen Zahl von Werten zu erkennen ist (Tab. 12).

Tabelle 13. *Ketone.*

$CH_3 \cdot CO \cdot CH_3$	C_3H_6O	Aceton	1
$CH_3 \cdot CO \cdot C_2H_5$	C_4H_8O	Methyl-Äthylketon	10^4
$CH_3 \cdot CO \cdot C_3H_7$	$C_5H_{10}O$	Methyl-Propylketon	10^6
$CH_3 \cdot CO \cdot C_4H_9$	$C_6H_{12}O$	Methyl-Butylketon	10^7
$CH_3 \cdot CO \cdot C_6H_{13}$	$C_8H_{16}O$	Methyl-Hexylketon	10^5
$C_3H_7 \cdot CO \cdot C_3H_7$	$C_7H_{14}O$	Dipropylketon	10^3

b) Die *Ketone* waren auch Chemotactica. Von dem wenig wirksamen Aceton stieg die Wirkung bei den Methylketonen mit der Länge der Kohlenstoffkette bis zu C_6, um dann wieder abzunehmen (Tab. 13). Die Schwellenwerte liegen zwischen denen der entsprechenden Alkohole und Säuren, wenn wir nur den Rest von der Ketogruppe ab betrachten.

Tabelle 14. *Aldehyd- und Ketonsäuren.*

$HOC \cdot COOH$	$C_2H_2O_3$	Glyoxylsäure	$5 \cdot 10^2$
$CH_3 \cdot CO \cdot COOH$	$C_3H_4O_3$	Brenztraubensäure	10^4
$CH_3 \cdot CO \cdot CH_2 \cdot CH_2 \cdot COOH$	$C_5H_8O_3$	Lävulinsäure	10^5

c) Die drei geprüften *Aldehyd-* und *Ketonsäuren* erwiesen sich als gute Chemotactica (Tab. 14).

Tabelle 15. *Aether.*

$C_2H_5 \cdot O \cdot C_2H_5$	$C_4H_{10}O$	Äthyläther	2	?
$C_3H_7 \cdot O \cdot C_3H_7$	$C_6H_{14}O$	Propyläther	0	—
$C_5H_{11} \cdot O \cdot C_5H_{11}$	$C_{10}H_{22}O$	Amyläther	0	Es wirkt eine Verunreinigung!
$C_2H_5 \cdot O \cdot C_6H_5$	$C_8H_{10}O$	Phenetol (Phenyläther)	0	In Substanz

d) Die *Äther* seien hier eingefügt. Abgesehen von dem schwach wirksamen Äthyläther, bei dem der Verdacht einer Verunreinigung durch Spuren von Alkohol nahe lag, waren sie alle unwirksam (Tab. 15). Bei Amyläther war die Verunreinigung leicht nachzuweisen, da die Anlockung nach Waschen mit Wasser nicht mehr erfolgte.

Tabelle 16. *Zucker.*

$CH_2OH \cdot (CHOH)_4 \cdot COH$	$C_6H_{12}O_6$	Glucose	0	—
$CH_2OH \cdot (CHOH)_4 \cdot COH$	$C_6H_{12}O_6$	Galaktose	0	—
$CH_2OH \cdot (CHOH)_3 \cdot CO \cdot CH_2OH$	$C_6H_{12}O_6$	Fructose	(10^2)	Verunreinigung! Nach Waschen nur mehr 10!
$C_6H_{11}O_5 < O > C_6H_{11}O_5$	$C_{12}H_{22}O_{11}$	Saccharose	0	—
		Karamelis. Glucose	10^3	$0{\cdot}1$ Mol. Glucose $+ 0{\cdot}5\%$ K_2CO_3 1 Stunde gekocht

e) Mit den *Zuckern* kommen wir wieder zu einer physiologisch wichtigen Gruppe von Verbindungen, die sich gleichwohl weder für die Ernährung noch für die Anlockung von *Polytoma* als brauchbar erwiesen haben. Durch Kochen mit Alkali entstand aber aus der Glucose ein chemotactisch wirksamer Stoff, eine Erfahrung, die wir entsprechend bei den Ernährungsversuchen gemacht haben. Eine ähnliche Verunreinigung dürfte die schwache Wirksamkeit unseres alten und leicht bräunlichen Präparates von Fructose (MERCK) verursacht haben. Denn die wirksame braune Substanz befand sich nur an der Oberfläche der Zuckerteilchen und konnte durch Abspülen großenteils entfernt werden (Tab. 16).

6. Kohlenwasserstoffe und ihre Derivate.

Tabelle 17. *Gesättigte Kohlenwasserstoffe.*

Aliphatische.

35 vH. Methan CH_4, 4·4% sonstige Kohlenwasserstoffe	Leuchtgas	+ +	Wasser, durch das 1 Stunde Leuchtgas geleitet wurde.
Verschiedene niedere Kohlenwasserstoffe, besonders C_6H_{14}, C_7H_{16}, C_8H_{18}	Petroläther	+ +	Gesättigte wäßrige Lösung.
Höhere Kohlenwasserstoffe, besonders $C_{22}H_{46}$, $C_{24}H_{50}$, $C_{26}H_{54}$, $C_{28}H_{58}$	Paraffin u. Paraffinöl	0	In Substanz, sowie H_2O, das mit verflüssigtem P. durchgeschüttelt wurde.

Aromatische.

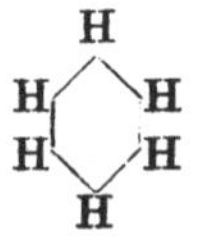 C_6H_6	Benzol	0	Ges. wäßrige Lösung
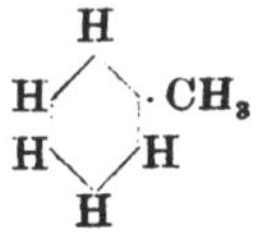 C_7H_8	Toluol	0	„ „ „
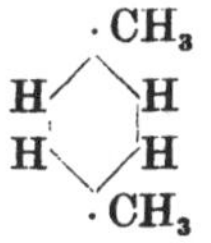 C_8H_{10}	p-Xylol	0	„ „ „

a) Die *aliphatischen und aromatischen Kohlenwasserstoffe* (Tab. 17) sind bekanntlich durchwegs sehr wenig löslich. Trotzdem erwiesen sich die ersteren, außer den Paraffinen, die als ganz unlöslich angesehen werden können, als sehr gute Anlockungsmittel. Sie müssen also sehr niedrige Schwellen haben, die wir aber mit unseren Mitteln nicht bestimmen konnten. Über die Löslichkeit von Benzol, Toluol und Xylol konnten wir in der Literatur keine Angaben finden, da auch diese Substanzen als unlöslich betrachtet zu werden pflegen. Wurden diese Substanzen mit Wasser ausgeschüttelt, so lockte zwar diese Flüssigkeit *Polytoma* deutlich an; das kommt aber nur von Verunreinigungen. Denn bei erneutem Schütteln der Kohlenwasserstoffe mit Wasser war dieses nicht mehr wirksam. Das gleiche gilt für Paraffinöl. Wahrscheinlich wurden aus der Luft chemotactisch wirksame Stoffe absorbiert. Auch ein monatelang unter Watteverschluß im Laboratorium aufbewahrtes

Tabelle 18. *Derivate der aromatischen Kohlenwasserstoffe.*

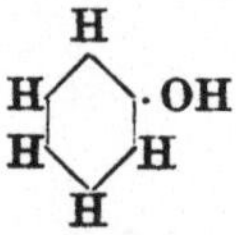 C_6H_6O	Phenol (Oxybenzol)	10^4
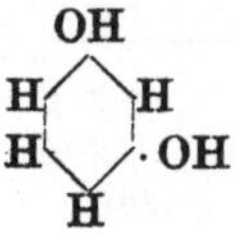 $C_6H_6O_2$	Resorcin (m-Dioxybenzol)	0
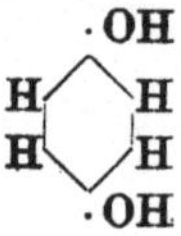 $C_6H_6O_2$	Hydrochinon (p-Dioxybenzol)	0
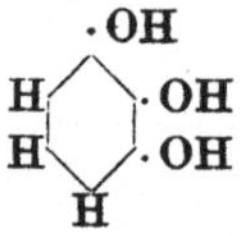 $C_6H_6O_3$	Pyrogallol (1, 2, 3-Trioxybenzol)	0
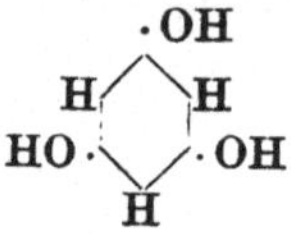 $C_6H_6O_3$	Phloroglucin (1, 3, 5-Trioxybenzol)	0
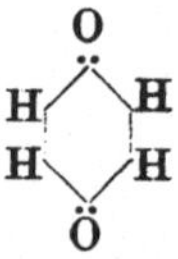 $C_6H_4O_2$	Chinon (p-Diketon eines Dihydrobenzols)	0
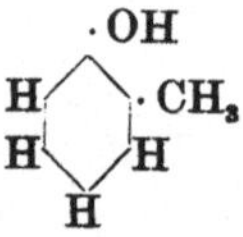 C_7H_8O	o-Kresol (Oxytoluol)	10^4
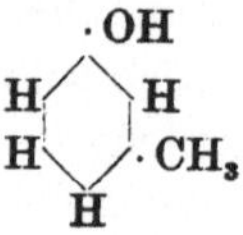 C_7H_8O	m-Kresol	10^2
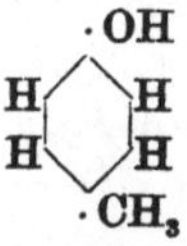 C_7H_8O	p-Kresol	10^2
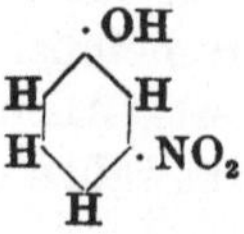 $C_6H_5O_3N$	m-Nitrophenol	$2 \cdot 10^2$

Tabelle 18.   (Fortsetzung.)

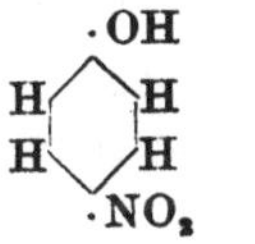 (Struktur p-Nitrophenol)	$C_6H_5O_3N$	p-Nitrophenol	10^5
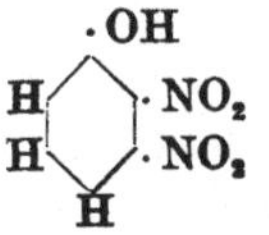 (Struktur α-Dinitrophenol)	$C_6H_4O_5N_2$	α-Dinitrophenol	⊖
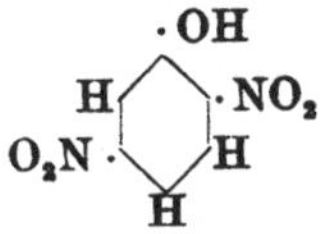 (Struktur γ-Dinitrophenol)	$C_6H_4O_5O_2$	γ-Dinitrophenol	10^4
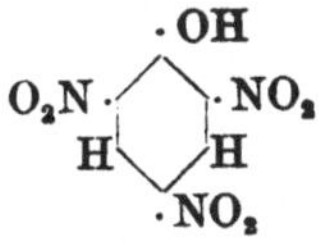 (Struktur Pikrinsäure)	$C_6H_3O_7N_c$	Pikrinsäure (1, 2, 4, 6-Trinitrophenol)	⊖

steriles destilliertes Wasser wirkt schwach attraktiv. Ähnliches haben
wir oben bei den Capillaren gefunden (vgl. S. 597).

b) Von den *Derivaten* der *aromatischen Kohlenwasserstoffe* waren
einige Oxy- und Nitroverbindungen, die leichter löslich sind als die
Kohlenwasserstoffe selbst, ganz gute Chemotactica, andere wieder nicht
(Tab. 18). Die Beziehungen sind hier, bei der im Verhältnis zur Mannigfaltigkeit des molekularen Baues geringen Zahl von geprüften Verbindungen, nicht ganz leicht zu übersehen; doch werden wir unten im Zusammenhange mit den allgemeinen Gesetzmäßigkeiten doch auf einige
sich auch hier wiederholende Regeln aufmerksam machen können.

7. Heterocyclische Verbindungen.

Tabelle 19.

Heterocyclische Verbindungen und deren Kondensations-
produkte.

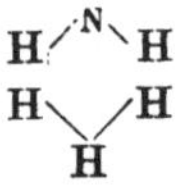 (Struktur Pyridin)	C_5H_5N	Pyridin	⊕
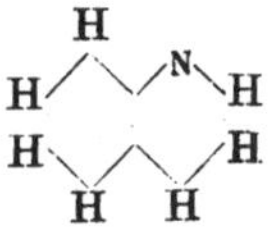 (Struktur Chinolin)	C_9H_7N	Chinolin	⊖
	$C_{20}H_{24}O_2N_2$	Chinin	⊖
	$C_{17}H_{19}O_3N$	Morphin	⊕
		Chininsulfat	⊕

Unter den fünf geprüften Substanzen mit einem N im Ring hat sich keine als chemotactisch wirksam erwiesen (Tab. 19), auch nicht die Alkaloide, in denen SHIBATA (1911, S. 24ff.) gute Chemotactica für Pteridophyten-Spermatozoïden auffand. Wir haben daher keine weiteren zur Untersuchung herangezogen.

8. Allgemeine Schlußfolgerungen.

a) Stoffe sehr *verschiedenen chemischen Baues* haben sich bei der Chemotaxis von *Polytoma* als wirksam erwiesen, Säuren, Alkohole, Ketone, Kohlenwasserstoffe usw. Wären wir nur auf die Unterscheidung zwischen Reizstoffen und indifferenten Substanzen angewiesen, so würden sich nicht viel Schlußfolgerungen ergeben; aber die Bestimmung der Reizschwellen liefert uns eine quantitative Methode, die einen Vergleich der Empfindlichkeit unseres Objektes gegen verschiedene Stoffe ermöglicht. Auf dieser Grundlage können wir nicht nur innerhalb der einzelnen, in je einer Tabelle zusammengestellten Stoffgruppen, sondern auch zwischen den verschiedenen Stoffgruppen Vergleiche anstellen und die Lösung einer ganzen Reihe von Fragen versuchen, die die Beziehungen zwischen chemischer Reizwirkung und Molekülbau betreffen.

b) Dissoziation. Aus Tabelle 1 ersehen wir, daß die Fettsäuren und ihre Salze die gleiche Schwelle haben [1]). Die Art des Kations hat nichts zu sagen. Ob aber das Anion oder das Molekül das Wirksame ist, kann man daraus nicht mit Sicherheit entnehmen. Auch der Versuch, durch Zurückdrängung der Dissoziation mit Hilfe von indifferenten Salzen desselben Kations zu einer Klärung dieser Frage zu kommen, mußte scheitern, weil die dezimalen Verdünnungen die relativ geringen Unterschiede nicht zum Ausdruck kommen lassen. Der Vergleich mit den Estern (Tab. 10), die geringere Wirksamkeit als die Na-Salze haben, macht es wahrscheinlich, daß deren geringe Dissoziation irgendwie mit der relativ hohen Schwelle zusammenhängt. Ob daraus aber zu schließen ist, daß die Säureanionen das Wirksame sind, möchten wir bezweifeln. Jedenfalls ist die verschiedene Stärke der Säuren nicht maßgebend für die Höhe der Schwelle, denn dann müßte die am meisten dissoziierte Ameisensäure die größte chemotactische Wirksamkeit haben, was nicht der Fall ist. Derselbe Schluß läßt sich auch aus den Schwellen der chlorsubstituierten Fettsäuren (Tab. 3) ziehen. Diese sind bedeutend stärker dissoziiert als die Fettsäuren selbst, ihre Schwellen sind aber höchstens denen der letzteren gleich. Keinesfalls kann man die Reizwirkung allgemein den Ionen zuschreiben, da auch Alkohole, Ketone, Kohlenwasserstoffe usw. Anlockungsmittel darstellen.

---

[1]) Entsprechendes fand schon PFEFFER (1884, S. 381) bei den Farnspermatozoïden für die Äpfelsäure und ihre Salze.

c) Mit der *Länge der Kohlenstoffkette* steigt — wie wir mehrfach betont haben — innerhalb der einzelnen Reihen homologer Verbindungen die chemotactische Wirksamkeit erst an, um dann wieder abzufallen. Diese interessante Gesetzmäßigkeit wird durch Vergleich der verschiedenen Stoffgruppen untereinander dahin erweitert, daß immer das *Maximum der Wirkung bei vier C-Atomen* liegt. Das zeigt sich bei den gesättigten und ungesättigten Fettsäuren (Tab. 1 u. 2)[1], den Oxysäuren (Tab. 3), den aliphatischen Alkoholen (Tab. 7), den Äthylestern (Tab. 10), den Aldehyden (Tab. 12) und den Methylketonen (Tab. 13). Bei den Äthylestern und Methylketonen muß nur berücksichtigt werden, daß die gleichbleibende Atomgruppe, im ersteren Falle C_2H_5, im letzteren CH_3-CO abgezogen werden muß, so daß also die Kohlenstoffkette nicht im ganzen gerechnet werden darf, sondern nur von der Stelle ab, wo sie auch bei verschiedenen chemischen Manipulationen zu zerbrechen pflegt.

Es ist uns nicht gelungen auf Grund von bekannten chemischen Tatsachen ein Verständnis dafür zu gewinnen, warum die Homologen mit vier C-Atomen die stärkste Reizwirkung ausüben[2].

d) Die *Verzweigung der Kohlenstoffkette* ist nicht nur kein Hindernis für die chemotactische Wirksamkeit, sondern ändert sogar nichts an der Höhe der Schwelle gegenüber den Isomeren mit normaler Kette. Das zeigte sich in gleicher Weise bei den Buttersäuren (Tab. 1), den Oxybuttersäuren (Tab. 3) und den Butylalkoholen (Tab. 7)[3]. Auch diese Gesetzmäßigkeit ist schwer erklärbar und scheint dem zu widersprechen, was wir oben bei den Ketonen und Estern über die Länge der dem Vergleich zugrunde zu legenden C-Kette gesagt haben, denn an

---

[1] Unter den einbasischen ungesättigten Fettsäuren bildet die Ölsäure wegen ihrer niedrigen Schwelle eine Ausnahme.

[2] Aus den Schwellenwerten bei Shibata (1911) können wir einiges über die Bedeutung der Länge der C-Kette für die chemotactische Wirksamkeit entnehmen, wenn auch der Verfasser selbst keine derartigen Schlüsse gezogen hat. So fand er bei den mehrbasischen Säuren (S. 7 und 8) in bezug auf die Chemotaxis der *Isoetes*-Spermatozoïden keine Chemotaxis bei Oxalsäure (C_1) und Malonsäure (C_2), dagegen immer dieselbe Schwelle von $1/200$ Mol. bei den höheren Gliedern, Bernsteinsäure (C_4), Glutarsäure (C_5), Korksäure (C_8) und Sebacinsäure (C_{10}). Gegenüber Equisetum waren die Amine (S. 33) um so wirksamer, je länger die Kette war, so bei Methylamin (C_1) 0, bei Äthylamin (C_2) $1/20$—$1/10$, bei Propylamin (C_3) $1/100$—$1/50$.

Auch bei F. Müller (1911) finden sich ein paar Angaben. Die Zoosporen von *Saprolegnia* reagierten auf Amide. Die Schwellen lagen folgendermaßen: Acetamid $1/150$ Mol, Propionamid $1/800$ Mol, Butyramid $1/1400$—$1/1600$ Mol. — Einheitliche Schlüsse lassen sich aus diesen Angaben nicht ziehen.

[3] F. Müller (1911, S. 453) fand, daß bei *Saprolegnia* Amido-n-Buttersäure und Alanin wirksamer sind als Glykokoll, während Amido-Isobuttersäure viel weniger wirksam ist. Dasselbe gilt für die Amino-Valeriansäuren. Hier ist also die Verzweigung der Kette von großem Einfluß.

der Verzweigungsstelle ist die Bindung am lockersten. Hier müßten offenbar bei einer wirklichen Theorie der Reizwirkung, zu der wir vorläufig nur Material liefern können, die besonderen analytischen Fähigkeiten der Zellen berücksichtigt werden, von denen wir aus unserer Arbeit nur eine schwache Ahnung gewinnen.

e) Vergleichen wir Stoffe *verschiedener Körperklassen mit gleichem Kohlenstoffskelett,* so finden wir Unterschiede, die sich bei den einzelnen Homologen wiederholen. So haben z. B. *alle* Fettsäuren eine niedrigere Schwelle als die entsprechenden Alkohole, denen sich die Aldehyde nähern, während die Ketone in der Mitte stehen. Diese Gleichartigkeit des Verhaltens ist wieder eine allgemeine Gesetzmäßigkeit, die sich auch bei einem Vergleich der ungesättigten Säuren mit den gesättigten wiederholt, denn die ersteren sind durchwegs weniger wirksam als die entsprechenden Verbindungen der zweiten Kategorie. So hat die Acrylsäure die Schwelle bei 10^4, die Propionsäure aber bei 10^5; die Crotonsäure bei 10^6, die Buttersäure mit der gleichen C-Zahl bei 10^7; ebenso die Angelicasäure bei 10^3, die Valeriansäure aber bei 10^5. Nur die Ölsäure mit ihrer aus der Reihe fallenden niedrigen Schwelle (vgl. S. 600) bildet auch hier eine Ausnahme, indem ihre Wirksamkeit weit größer ist als die der Stearinsäure.

f) Die *mehrbasischen Säuren* und die *mehrwertigen Alkohole,* die alle keine Reizstoffe darstellen, dürfen wir aus diesem Grunde wohl zusammenfassen. Warum diese Regel gilt, läßt sich wieder auf chemischer Grundlage schwer begreifen (vgl. aber S. 614). Die Tatsache zeigt sich nicht nur an den mehrbasischen aliphatischen Säuren (Tab. 4) und den mehrwertigen aliphatischen Alkoholen (Tab. 8), sondern ebenso an den mehrwertigen Aminosäuren (Tab. 5) und der Phthalsäure als mehrbasischer aromatischer Säure. Auch die *Zucker* als Ketone oder Aldehyde *mehrwertiger* Alkohole dürfen wir hierher rechnen, und so ergibt sich ihre Unwirksamkeit als Reizmittel aus einer allgemeinen Regel. Eigenartig ist das Verhalten gegenüber den Estern mehrbasischer Säuren und mehrwertiger Alkohole. Sie sind chemotactisch wirksam, da sie neben dem mehrwertigen Radikal auch immer ein einwertiges enthalten (Tab. 11). Dem letzteren entsprechen denn auch die Schwellenwerte; nur ist zu bedenken, daß es zwei bis mehrmals darin enthalten ist, wodurch bei den dezimalen Verdünnungen die nächste Stufe erreicht werden kann, wie beim Äthyloxalat, das mit 10^3 wirksamer ist als der Äthylalkohol mit 10^2. Acetin mit *einem* Essigsäurerest, Triacetin mit dreien haben in der Tabelle dieselbe Schwelle 10^5 wie die Essigsäure. Das dürfte daher rühren, daß auch die dreifache Konzentration an CH_3COO zufällig noch nicht die nächste Dezimale erreicht. Dasselbe kann man von Tributyrin und Triolein annehmen, deren Schwellen mit 10^7 bzw. 10^8—10^9 nicht merklich tiefer liegen als die der Buttersäure und Ölsäure. Eine Verminderung der Wirksamkeit der Ester gegenüber den Salzen wie bei den Estern der einwertigen Alkohole ist hier nicht deutlich erkennbar. So kommt es, daß das Acetin, der Glycerin-Essigsäure-Ester mit 10^5 viel wirksamer ist, als der Äthyl-Essigsäure-Ester mit 2×10^2.

g) Von den *Substitutionsprodukten* wollen wir hier nur diejenigen Verbindungen betrachten, bei denen ein H-Atom durch eine kohlenstofffreie Gruppe ersetzt ist. Sonst hätten wir die in den beiden letzten Abschnitten besprochenen Gesetzmäßigkeiten zum Teil auch hier nennen können. Die Ersetzung von H durch Cl bei den Säuren hat eine nur schwache Erhöhung der Schwelle zur Folge, so daß die Monochloressigsäure fast ebenso wirksam ist wie die Essigsäure selbst, während die Trichloressigsäure erst in etwas höherer Konzentration anlockt (Tab. 3). Die Wirkung der Cl-Atome summiert sich also, was wir bei anderen Substitutionen bestätigt finden werden. Die Trichlormilchsäure dagegen steht der Milchsäure nicht merklich nach[1]).

Substitution von H durch OH bewirkt schon eine stärkere Erhöhung der Schwellenwerte, wie wir das bei den Oxysäuren gegenüber den Fettsäuren sehen (Tab. 1 u. 3). Wir vergleichen die Glykolsäure mit der Schwelle 10^3 mit der Essigsäure mit 10^5, die Milchsäure mit 2×10^3 mit der Propionsäure mit 10^5 und die Oxybuttersäure mit 10^5 mit der Buttersäure mit 10^7. Da die Stärke der Fettsäuren durch die Einführung des Hydroxyls erhöht wird, so haben wir hier einen neuen Beweis gegen die Bedeutung der Dissoziation für die chemotactische Wirksamkeit (vgl. S. 610).

Bei den aromatischen Säuren scheint die Ersetzung von H durch OH weniger auszumachen (Tab. 6): Die Mandelsäure hat eine nur um eine Dezimale höhere Schwelle als die Phenylessigsäure. Einen ganz entsprechenden Unterschied zeigen die p- und m-Oxybenzoësäure gegenüber der Benzoësäure selbst; dieser Unterschied kommt jedoch bei der Salicylsäure (o-Oxybenzoësäure) gar nicht zum Ausdruck. Die Stellung der OH-Gruppe im Benzolring ist also nicht ohne Bedeutung. Bei den Kresolen=Oxytoluolen (Tab. 18) können wir die Erniedrigung der Schwelle durch die Einführung des Hydroxyls gegenüber dem Toluol nicht angeben, da dieses wegen seiner Unlöslichkeit nicht geprüft werden konnte. Das m- und das p-Kresol bleibt um zwei Dezimalen weiter zurück, so daß hier die Stellung im Benzolring sich in derselben Richtung auswirkt wie bei den Oxybenzoësäuren.

Wie bei den Cl-Derivaten summiert sich auch bei den Oxy-Ver-

---

[1]) Shibata (1911, S. 8) fand, daß bei *Isoëtes* die Dibrombernsteinsäure und die Isodibrombernsteinsäure annähernd dieselben Schwellen haben wie die Bernsteinsäure, während Monobrombernsteinsäure sich als etwas wirksamer erwies.

bindungen die Wirkung bei der Vermehrung der Substitutionen. Alle Verbindungen mit zwei oder drei OH haben wir unwirksam gefunden. Das gilt für die Gluconsäure (Tab. 3), die Gallussäure = Trioxybenzoësäure (Tab. 6), für die beiden Dioxybenzole Resorcin und Hydrochinon und für das Phloroglucin = Trioxybenzol (Tab. 18).

Wenn wir wollen, können wir auch die Alkohole als Oxyverbindungen der Kohlenwasserstoffe ansehen. Verschiedene Ergebnisse würden dadurch in einen Zusammenhang gebracht werden. So enthalten die mehrwertigen Alkohole zwei bis mehr OH-Gruppen und sind keine Anlockungsmittel. Vielleicht darf man dann auch annehmen, daß die Alkohole überhaupt weniger wirksam sind als die entsprechenden Kohlenwasserstoffe, die wir nicht auf ihre Schwellen prüfen konnten. Die starke Wirksamkeit der gesättigten Lösungen von Leuchtgas, das von Kohlenwasserstoffen hauptsächlich niedrige Glieder enthält und von Petroläther, der ein Gemisch höherer Kohlenwasserstoffe darstellt, kann in diesem Sinne gedeutet werden, wenn wir bedenken, wie wenig in diesen Lösungen von den wirksamen Stoffen enthalten sein kann und ferner, daß die den höheren Kohlenwasserstoffen des Petroläthers entsprechenden Alkohole schon schlechte oder gar keine Chemotactica sind (vgl. Tab. 7 u. 17). In Verfolgung dieses Gedankenganges kann man schließlich auch die Säuren als Derivate von Kohlenwasserstoffen auffassen, die höhere Schwellen besitzen als diese. Wiederum würde dann durch Summierung die Unwirksamkeit der mehrbasischen Säuren verständlich werden.

Die Substitution von H durch NH_2 bei den Aminosäuren (Tab. 5) hat eine starke Verminderung der Attraktionswirkung zur Folge. Man sieht das aus dem Vergleich der Schwellen von Glykokoll = Aminoessigsäure, die 5×10 beträgt gegenüber 10^5 bei der Essigsäure und von Alanin = Aminopropionsäure mit 10 gegenüber 10^5 bei der Propionsäure. Dabei fällt auf, daß der Unterschied bei der längeren Kette größer ist. Das zeigt sich auch darin, daß das Leucin mit 6 C ganz unwirksam ist. Die anderen geprüften aliphatischen Aminosäuren sind zweibasisch und stellen deshalb keine Chemotactica dar (vgl. S. 601).

Die Wirkung der Nitrogruppe ist bei den geprüften Phenolen recht verwickelt, so daß wir hier keine Gesetzmäßigkeiten ableiten können. Weder hat die Stellung im Benzolring eine den oben (S. 613) dargelegten Regeln entsprechende Wirkung, noch kann überhaupt allgemein von einer Verminderung oder Vermehrung der chemotactischen Wirksamkeit gesprochen werden (Tab. 18).

Dagegen hat die Substitution von Wasserstoff durch Phenyl allgemein eine die Schwelle erniedrigende Wirkung. So sehen wir, daß Benzoësäure (10^4) wirksamer ist als Ameisensäure (10^3), Phenylessigsäure (10^7) wirksamer als Essigsäure (10^5) und Mandelsäure = Oxyphenylessigsäure (10^6) wirksamer als Glykolsäure = Oxyessigsäure (10^3). Auch ist der Benzylalkohol (10^5) viel wirksamer als der Methylalkohol (1) und kommt dem Butylalkohol gleich.

h) Von den *optischen Isomeren* standen uns vier Paare zur Verfügung, nämlich die l- und d-Modifikationen von Milch- und Weinsäure, von Alanin und Leucin. Da Weinsäure und Leucin zu den nicht anlockenden Stoffen gehören, konnten wir nur die beiden anderen bei *Polytoma* auf etwa vorhandene Unterschiede in der chemotactischen Wirksamkeit prüfen. Solche waren nicht vorhanden! Die Schwellen für Rechts- und Linksmilchsäure, die in Form der Zinksalze sowie als freie Säuren geprüft wurden, stimmten unter sich und mit der inaktiven Milchsäure überein. Ebenso hatte das d-Alanin dieselbe Schwelle wie das l-Alanin.

Entsprechendes gab PFEFFER (1888, S. 634) für die inaktive Äpfelsäure an, die die Farnsamenfäden ebenso stark anlocke wie die optisch aktive, „denn für beide wurde die Reizschwelle (als Natronsalz) mit 0,001 proz. Lösung erreicht". Da PFEFFER nicht angibt, welche Verdünnungen er geprüft hat, darf man die Beweiskraft dieses Versuches bezweifeln, weil die inaktive Säure, selbst dann, wenn nur die natürlich vorkommende aktive Komponente wirksam wäre, doch anlocken müßte. Freilich wäre die Schwelle doppelt so hoch; aber so geringe Unterschiede lassen sich meist nicht mehr sicher nachweisen. Derselbe Einwand muß gegen die Schlußfolgerung von SHIBATA (1911, S. 13) erhoben werden, der bei der Trauben- und d-Weinsäure dieselbe Schwelle gefunden hat und daraus die Bedeutungslosigkeit der Raumanordnung der Atome für die chemotactische Wirksamkeit ableitet. Da er nur mit dezimalen Verdünnungen gearbeitet hat, läßt sich aber über unser Problem aus seinen Versuchen nichts entnehmen (H. u. E. G. PRINGSHEIM 1916, S. 178). Unseren Versuchen gegenüber kann ein solcher Einwand kaum erhoben werden; denn uns standen die beiden optischen Isomeren selbst zur Verfügung. Wir haben mit Verdünnungen gearbeitet, die im Verhältnis von 100 : 50 : 20 : 10 : 5 : 2 : 1 usf. standen, wodurch die Lücken zwischen den dezimalen Verdünnungen ausgefüllt wurden. Unsere Substanzen hätten also zu 40—50% mit der anderen Komponente verunreinigt sein müssen, um die beobachtete gleiche Schwelle der beiden Isomeren vorzutäuschen, wenn etwa in Wirklichkeit nur die eine chemotactisch gereizt hätte. Kleine Unterschiede in der Schwelle der beiden Komponenten hätten freilich auch uns entgehen müssen.

Anders als die *Polytoma*-Schwärmer verhalten sich die Vibrionen, für die nachgewiesen werden konnte, daß sie nur die natürlich vorkommenden Aminosäuren als Reizstoffe empfinden, nicht aber (oder doch viel weniger) die nur künstlich darstellbaren optischen Antipoden derselben (H. u. E. G. PRINGSHEIM 1916).

9. Negative Chemotaxis.

Eine negative Chemotaxis gegen Säuren und Alkalien wurde schon früher festgestellt (1921, S. 116). Neuerdings fanden wir eine Repulsion unter allen geprüften Substanzen nur bei Stoffen mit freien H- bzw.

OH-Ionen. Es war aber festzustellen, ob die Stärke der Säuren und Alkalien der Höhe der Schwellen für die Repulsion entsprach. Eine Zusammenstellung alles dessen, was über diese Frage bei der Chemotaxis bekannt ist, gibt F. MÜLLER (1911, S. 50f.). Wir benutzten eine der seinen im Prinzip gleiche Versuchsanstellung. Er hat mit den Zoosporen von *Rizophidium pollinis* und *Saprolegnia mixta* gearbeitet. Zu einer Reizlösung, die gut anlockend wirkte, setzte er Säuren und Alkalien in bestimmter Menge zu und bestimmte diejenige Konzentration, bei welcher sich gerade noch eine schwache, aber deutliche Repulsivwirkung geltend machte. Es zeigte sich, daß die Schwelle der starken Säuren der Normalität entsprach, während bei den nicht als ganz dissoziiert anzusehenden schwachen Säuren die Dissoziationskonstante Berücksichtigung finden mußte. Dasselbe gilt für die Basen.

Wir benutzten als Anlockungsmittel bei *Polytoma* Isobutylalkohol in einer Verdünnung von 10^2. Da es uns nur darauf ankam zu prüfen ob eine Beziehung zwischen H- bzw. OH-Ionenkonzentration und negativer Chemotaxis hervortritt, haben wir uns auf wenige Versuche beschränkt. Die allgemeine Gültigkeit des Ergebnisses ist nach den breit angelegten Versuchen von SHIBATA und F. MÜLLER nicht zweifelhaft. Bei der Herstellung der Verdünnungen sind wir von Normallösungen ausgegangen. Die Schwellenwerte beziehen sich also auf diese, nicht auf molare Konzentrationen.

Tabelle 20.

Säuren und Basen.

Salzsäure	10^2	Natronlauge	10^2
Schwefelsäure . .	$2 \cdot 10^2$	Natriumcarbonat . . .	10
Phosphorsäure . .	$3 \cdot 10$	Ammoniak	1
Essigsäure	$5 \cdot 10$		
Oxalsäure	$4 \cdot 10$		

Aus diesen Angaben ersieht man, daß Beziehungen zwischen der Stärke der Säuren und Basen und ihrer Repulsivwirkung bestehen. Eine Proportionalität zwischen der chemotactischen Wirksamkeit und der H- bzw. OH-Ionenkonzentration ist dagegen nicht nachzuweisen. Wir haben deshalb die für die entsprechenden Verdünnungen geltenden Dissoziationsstärken, die auch in der Literatur kaum aufzufinden sind, nicht angegeben. Bei genauerer Betrachtung der Tabellen von F. MÜLLER sieht man, daß auch bei seinen Objekten keine genaue Proportionalität bestand.

Die Versuche, eine Osmotaxis, wie sie von PFEFFER (1888, S. 616) für *Polytoma* angegeben ist, nachzuweisen, und festzustellen, ob wirklich die Repulsion der osmotischen Konzentration entspricht, scheiterten daran, daß wir keine negative Reaktion auf starke Lösungen fanden.

Weder eine gesättigte Natriumacetatlösung noch 10 und 20% Rohrzucker und gesättigte NaCl-Lösung, die als Anlockungsmittel $^1/_{10}$ Mol. Na-Acetat enthielten, wurden geflohen. Überall drangen die Schwärmer in die Capillaren ein, sogar ohne in der kurzen Zeit der Beobachtung in ihrer Bewegung gehemmt zu werden. Schließlich freilich wurden sie in allen diesen Lösungen abgetötet.

10. Unterscheidung der Sensibilitäten.

Auf Grund des WEBERschen Gesetzes haben wir bekanntlich die Möglichkeit, zu entscheiden, ob zwei Reizstoffe auf dieselbe oder auf verschiedene Weise suszipiert werden. Der Gedanke stammt von PFEFFER und ist von ROTHERT (1901, S. 385ff.) zuerst in die Tat umgesetzt worden. Er fand, daß sein „Amylobakter" in seiner Empfindlichkeit gegen Fleischextrakt nicht durch Äther beeinflußt wird und schloß daraus, „daß es qualitativ verschiedene chemotactische Empfindlichkeiten gibt". Man sprach später meist von Sensibilitäten. Es ist aber das Entsprechende gemeint, was man beim Geschmack als Modalitäten zu bezeichnen pflegt (vgl. S. 598).

Bei *Polytoma* war früher (1921, S. 115) schon festgestellt worden, daß essigsaures Na in der Außenlösung Abschwächung der Empfindlichkeit gegen buttersaures Ca bewirkt, aber nicht in dem Grade wie bei demselben Stoffe. „Ammonsalze, Calciumsalze und Thiosulfat wirkten, wie weitere Versuche lehrten, auf besondere Sensibilitäten, denn ihre anlockende Wirkung wurde weder gegenseitig noch durch Acetat und Butyrat irgendwie beeinträchtigt." Da wir nun über eine größere Anzahl von anlockenden organischen Stoffen verfügten, die sich ferner stehen als die Fettsäuren untereinander, so wurden einige Stichproben mit zu verschiedenen chemischen Gruppen gehörigen Substanzen gemacht.

Reizstoff: *Buttersaur. Na.*

Außenlösung	Mol.	Schwelle
Wasser	—	10^7
Butters. Na	$^1/_{100}$	2×10
Butylalkohol	,,	10^4
Benzoës. K	,,	10^7

Reizstoff: *Benzoësaur. K*

Außenlösung	Mol.	Schwelle
Wasser	—	10^4
Benzoës. K	$^1/_{100}$	$1,6 \times 10$
Butters. Na	,,	10^4
Butylalkohol	,,	10^4

Reizstoff: *Butylalkohol*

Außenlösung	Mol.	Schwelle
Wasser	—	10^5
Butylalkohol	$^1/_{100}$	$1,6 \times 10$
Butters. Na	,,	10^3
Benzoës. K	,,	10^5

Reizstoff: *Capronsaur. Na*

Außenlösung	Mol.	Schwelle
Wasser	—	10^6
Butylalkohol	$^1/_{150}$	10^4

Reizstoff: *Phenol.*

Außenlösung	Mol.	Schwelle
Wasser	—	10^4
Butters. Na	$^1/_{100}$	10^4

41a

Aus den obigen Angaben lassen sich einige Schlüsse ziehen:

1. Die Verhältnisschwellen sind für Chemotaxisversuche niedrig, nämlich bei Buttersäure 5, bei Butylalkohol und Benzoësäure 6[1]).

2. Capronsäure, Buttersäure und auch Butylalkohol stumpfen gegeneinander ab, aber nicht in dem Maße wie gegen sich selbst.

3. Benzoësäure und Phenol erregen unser Objekt auf eine andere Weise, denn hier tritt gar keine gegenseitige Abstumpfung mit den aliphatischen Substanzen ein. Höchstwahrscheinlich besteht also eine besondere Sensibilität für aromatische Verbindungen.

Demnach besitzt *Polytoma* mindestens acht verschiedene chemotactische Sensibilitäten, nämlich gegen Sauerstoff, Säuren, Alkalien, aliphatische Verbindungen, aromatische Verbindungen, Ammonsalze, Calciumsalze, Thiosulfat.

11. Chemotactische Stimmung.

Die Gültigkeit des WEBERschen Gesetzes bei der Chemotaxis deutet darauf hin, daß die Sensibilität durch die Einwirkung eines Reizstoffes vermindert wird. Den entsprechenden Vorgang bei der Lichtreizbarkeit nennen wir Stimmungserhöhung. Eine theoretische Unterscheidung zwischen beiden Begriffen ist nur dadurch nahegelegt worden, daß die Lichtstimmung auch nach Aufhören des sie bewirkenden Reizes höher bleibt als sie im Dunkeln ist, während bei der chemischen Reizbarkeit eine solche Nachwirkung bisher nicht bekannt war. Doch sinkt, wie wir jetzt wissen, auch die phototropische Stimmung sogleich nach der Übertragung ins Dunkle allmählich ab (BREMEKAMP 1918, S. 149), und andererseits ist schon früher (PRINGSHEIM 1912a, S. 347f.) aus theoretischen Gründen angenommen worden, daß auch bei der Chemotaxis eine Nachwirkung bestehen dürfte.

Wir haben nun Versuche unternommen eine solche Nachwirkung nachzuweisen. Die Möglichkeit dazu gibt die Schwellenbestimmung an einem durch Zentrifugieren und Waschen aus einer Lösung in Wasser übertragenen Schwärmermaterial. Bei den ersten Versuchen stießen wir auf Schwierigkeiten, die dadurch verursacht wurden, daß die *Polytoma*-Schwärmer nach der Überführung aus einer Acetat- oder Butyratlösung in Wasser ihre Beweglichkeit einstellten. Die Schwärmer waren in der gewohnten Weise durch Übertragung des Materials von der Agaroberfläche in die betreffende Lösung gewonnen worden. Es war dabei gleich, ob die Übertragung unmittelbar in die Lösung erfolgte, oder ob die Schwärmer sich erst in Wasser entwickelten und dann durch Zusatz einer Lösung des Chemotacticums deren Einfluß ausgesetzt wurden.

---

[1]) Warum bei den früheren Versuchen (1921, S. 115) eine viel höhere Unterschiedsschwelle gefunden wurde, können wir leider nicht sagen. Die neueren Versuche sind bedeutend zahlreicher als die alten.

Auch die Dauer der Einwirkung der Lösung spielt dabei keine Rolle. Immer werden die Schwärmer bei der Übertragung in Wasser unbeweglich. Wir haben also hier das Gegenteil der beim Übertragen aus Wasser in eine Reizlösung zu beobachtenden Chemokinesis (1921, S. 117) vor uns.

Diese Schwierigkeit konnte schließlich dadurch überwunden werden, daß *Polytoma*-Material aus Rohkulturen in Käse-Erderöhrchen verwendet wurde. Die in der Lösung und bei bester Ernährung gezüchteten Schwärmer waren widerstandsfähiger gegen ungünstige Lebensumstände als die von Agar in Wasser übertragenen. Die Schwelle der in der Kulturflüssigkeit befindlichen Schwärmer gegen Na-Acetat lag bei 10^3, war also um zwei Dezimalen höher als wenn die Außenlösung Wasser war. Das hat seine Ursache in der Gegenwart von Fettsäuren in der Kulturflüssigkeit. Nach zweimaligem Waschen mit Wasser in der Zentrifuge war die Beweglichkeit noch sehr gut, die Schwelle lag zunächst noch bei 10^3! Nach 1 Stunde war sie auf die normale Höhe von 10^5 hinuntergegangen. So war also die *Nachwirkung sicher gestellt*. Um nun auch noch den Verlauf der Stimmungsveränderung zu verfolgen, wurde ein gleicher Versuch angestellt, bei dem aber die Höhe der Schwelle in kürzeren Pausen geprüft wurde:

Sofort nach dem Waschen war die Schwelle bei 10^3 Na-Acetat,
    nach 10 Minuten schwache Reaktion bei 10^4 ,,
  ,, 30   ,,   starke   ,,   ,, 10^4 ,,
                 sehr schwache ,,   ,, 10^5 ,,
  ,, 45   ,,   schwache   ,,   ,, 10^5 ,,
  ,, 75   ,,   starke   ,,   ,, 10^5 ,,

nach einigen Stunden alle Schwärmer festgesetzt und unbeweglich. Dieses Unbeweglichwerden war also hier viel später eingetreten als bei dem Agarmaterial.

Es wurde nun versucht die entgegengesetzte Veränderung, nämlich die Erhöhung der Schwelle nach dem Übertagen aus Wasser in eine Reizlösung zeitlich zu verfolgen. Zu dem Zwecke wurde Material verwendet, das in der üblichen Weise 2 Tage vorher von Agar in Wasser übertragen worden war und die normale Schwelle bei 10^5 Na-Acetat aufwies. Die Aufschwemmungsflüssigkeit wurde mit soviel einer Na-Acetatlösung versetzt, daß sich eine Konzentration von 10^3 ergab. Sofort danach lag die untere Grenzkonzentration für die Anlockung bei 10^2, während die halbe Konzentration unwirksam war. Das entsprach der uns aus früheren Versuchen bekannten Unterschiedsschwelle. Eine Änderung trat auch nach 15 und 30 Minuten nicht ein, so daß die Stimmungserhöhung so rasch erfolgt, daß sie mit unserer Methode nicht zeitlich verfolgt werden konnte. Beim Phototropismus geht ebenfalls die Stimmungserhöhung weit rascher vor sich als die Rückkehr zur Dunkelstimmung (Bremekamp 1918, S. 150ff.). Weitere Versuche ergaben nur eine Bestätigung der Tatsache, daß nach dem Übertragen aus Wasser in eine Reizlösung die Schwelle so schnell den der Unterschiedsempfindlichkeit entsprechenden Wert erreicht, daß der Stimmungswechsel sofort einzutreten scheint.

12. Die Bedeutung der Schwellenkonzentrationen.

Als Schwellenwerte bezeichneten wir diejenigen Konzentrationen, die eben noch eine merkliche Anlockung bewirken. Die unterste, von den Organismen noch suszipierte Konzentration muß aber offenbar niedriger liegen. Denn durch Diffusion, Strömungen und die Bewegung der Organismen wird sogleich eine Vermischung der Reizlösung mit der Flüssigkeit, in der sich die Schwärmer befinden, hervorgerufen. Auch muß man aus der Gültigkeit des Weberschen Gesetzes schließen, daß z. B. dann, wenn in der Capillare die Schwellenkonzentration geboten wird, durch eine noch niedrigere Konzentration in der Außenlösung die Anlockung verhindert wird (Pringsheim 1912, S. 282f.), daß somit auch diese noch eine Reizwirkung hat. Wir haben bei *Polytoma* versucht diese zunächst nur theoretische Schlußfolgerung durch Versuche zu erhärten. Es zeigte sich tatsächlich, daß das Webersche Gesetz bis zur untersten Grenze gültig ist. Da aber die Verhältnisschwelle recht niedrig ist, erwies sich unser Objekt für den gedachten Zweck nicht recht geeignet. Bei einer Konzentration der Außenlösung von 10^7 an isobuttersaurem Na bewirkte 3×10^6 noch eine Anlockung, während die zehnfache Verdünnung auch gegen Wasser als Außenflüssigkeit nicht mehr wirkte. Dieselbe Verhältnisschwelle haben wir auch bei höheren Konzentrationen bis hinauf zu 3×10^3 gegen 10^4 gefunden, während bei 10^2 in der Außenlösung erst 2×10 eine Anlockung bewirkte, so daß hier also die Verhältnisschwelle etwas erhöht erscheint.

Wenn wir oben gesagt haben, daß die wirklichen Suszeptionsschwellen noch niedriger sein dürften als die im Versuch gefundenen Konzentrationsschwellen, so dürfen wir doch auch von diesen behaupten, daß sie niedriger liegen als irgendwelche früher von anderen gefundenen Schwellen. So bewirkte Buttersäure noch eine Anlockung bei einer Konzentration von 0,000 000 1 Mol, Ölsäure sogar noch bei einer solchen von 0,000 000 01 bis 0,000 000 001 Mol. Pfeffer fand z. B. die Reizschwelle für Farnsamenfäden bei 0,001 % Äpfelsäure, Shibata die für *Isoëtes* bei $^1/_{20\,000}$ Mol Ba(OH)$_2$ und $^1/_{15\,000}$ Mol Äpfelsäure. Geringere Konzentrationen sind unseres Wissens nicht angegeben worden.

Dies gilt für die Chemotaxis; aber auch aus anderen Reizgebieten werden keine so niedrigen Konzentrationsschwellen gemeldet. So wird unser Geschmack durch sehr niedrige Konzentrationen z. B. von Saccharin und von Säuren erregt, die hier die wirksamsten Reizstoffe sind. Vergleichen wir aber die Schwellenwerte, so finden wir für Saccharin 2×10^5 und für Salzsäure 3×10^3 angegeben (Handwörterbuch d. Naturwiss. S. 1029), also Verdünnungswerte, die nicht entfernt an die obigen für *Polytoma* heranreichen. Beim Geruch allerdings scheint es anders zu stehen, denn die wirksamsten Duftstoffe erreichen schon bei sehr großen Verdünnungen die Schwelle, so Ionon bei 2×10^{12}, Skatol bei 5×10^{11} und die auch bei *Polytoma* geprüfte Valeriansäure immerhin schon bei 5×10^{10}. Aber diese Konzentrationen, die wir nach dem Handwörterbuch d. Naturwiss. (S. 970) auf unsere Art umrechneten, beziehen sich auf Luft als Verdünnungsmedium. Bevor sie aber an die Sinneszellen der Nase herantreten, lösen sie sich in der sie umspülenden Flüssigkeit, in der sie vermöge ihrer Löslichkeit eine weit höhere, nicht bekannte Konzentration erreichen dürften, so daß diese Zahlen mit den unseren nicht verglichen werden dürfen.

13. Zusammenfassung.

I. Teil.

1. *Polytoma* ist weit verbreitet und läßt sich mit unserer Methode aus den meisten Schlammproben anreichern.

2. Die Erscheinungen bei der Bildung von Niveaus lassen sich auf Grund der taktischen Reizbarkeiten erklären.

3. Die Stämme aus je einer Schlammprobe sind untereinander gleich, die aus verschiedenem Rohmaterial zeigen kleine morphologische und physiologische Unterschiede.

4. Der gelbe Farbstoff stellt ein Gemisch von Carotin und Xanthophyll dar.

5. Die Versuche Copulation zu erzielen waren vergeblich.

6. Nur einige niedrige Fettsäuren sind für die Stärkebildung und Ernährung geeignet.

7. Bei der Schwärmerbildung von Agarmaterial in Wasser treten zuweilen unvollkommene Teilungen auf.

II. Teil.

1. Die Chemotaxisversuche wurden mit einem bestimmten Klon angestellt. Für die Schwellenbestimmungen wurden meist dezimale Verdünnungen angewandt.

2. Um einen Einblick in den Zusammenhang zwischen chemotactischer Reizwirkung und chemischer Konstitution zu bekommen, wurden sehr verschiedene organische Verbindungen, aliphatische und aromatische, geprüft, von denen sich eine große Anzahl als Reizstoffe erwiesen.

3. Von den organischen Säuren waren die einbasischen gesättigten und ungesättigten, die Oxysäuren und halogensubstituierten Säuren wirksam, ebenso einige aromatische Säuren, nicht aber die mehrbasischen.

4. Alle geprüften Alkohole und Ester waren wirksam, mit Ausnahme der mehrwertigen Alkohole.

5. Auch die Aldehyde und Ketone lockten die Schwärmer an, nicht dagegen die Äther und Zucker.

6. Die aliphatischen und aromatischen Kohlenwasserstoffe, sowie die Derivate der letzteren waren größtenteils gute Chemotactica, die geprüften heterocyclischen Verbindungen dagegen nicht.

7. *Polytoma* wird also durch viele, verschiedenen Stoffgruppen angehörige Substanzen angelockt, von denen die meisten für die Ernährung untauglich sind.

Folgende allgemeine Schlußfolgerungen sind zu ziehen: a) Der Dissoziationsgrad ist für die chemotactische Wirksamkeit ohne Belang. b) Innerhalb der homologen Reihen liegt die niedrigste Schwelle, berechnet auf die molare Konzentration, bei vier C-Atomen. c) Verzweigung der C-Kette hat keinen Einfluß auf die Höhe der Schwelle. d) Die Fettsäuren sind chemotactisch wirksamer als die Ketone, diese wirksamer als die Alkohole. e) Mehrbasische Säuren und mehrwertige Alkohole, zu denen auch die Zucker gehören, sind unwirksam. f) Substitution von H durch Cl, OH und NH_2 bewirkt Erhöhung der Schwellenwerte, solche durch C_6H_5 aber Erniedrigung. g) Die optischen Isomeren haben die gleichen Schwellenwerte.

8. Negative Chemotaxis konnte nur durch H- und OH-Ionen hervorgerufen werden, eine Osmotaxis war nicht nachzuweisen.

9. Die aromatischen Verbindungen wirken auf eine andere Sensibilität als die aliphatischen, welche ihrerseits untereinander eine Abstumpfung verursachen.

10. Beim Übertragen aus einer Lösung in Wasser konnte eine Nachwirkung der Schwellenerhöhung nachgewiesen werden.

11. Manche Stoffe, wie Ölsäure und Buttersäure zeigen eine Wirksamkeit noch in Verdünnungen wie sie auf keinem anderen Gebiete der Reizphysiologie bisher bekannt geworden ist.

Literatur.

Bolte, E.: Über die Wirkung von Licht und Kohlensäure auf die Beweglichkeit grüner und farbloser Schwärmzellen. Jahrb. f. wiss. Botanik 59. 1920. — **Bremekamp, C. E. B.**: Theorie des Phototropismus. Recueil des travaux botan. néerlandais 15. 1918. — **Doflein, F.**: Lehrbuch der Protozoenkunde. Jena 1912. — **Francé, R.**: Die Polytomeen. Jahrb. f. wiss. Botanik 26. 1894. — **Handwörterbuch der Naturwissenschaften.** Jena 1912ff. 4. 1913. — **Jacobsen, H. C.**: Kulturversuche mit einigen niederen Volvocaceen. Zeitschr. f. Botanik 2. 1910. — Klebs, G.: Die Bedingungen der Fortpflanzung bei einigen Algen und Pilzen. Jena 1896. — Kniep, H.: Untersuchungen über die Chemotaxis der Bacterien. Jahrb. f. wiss. Botanik 43. 1906. — Krassiltschik, J.: Zur Entwicklungsgeschichte und Systematik der Gattung *Polytoma*. Zool. Anz. 5. 1882. — Molisch, H.: Mikrochemie der Pflanze. Jena 1913. — Müller, Fritz: Untersuchungen über die chemotactische Reizbarkeit der Zoosporen von Chytridiaceen und Saprolegniaceen. Jahrb. f. wiss. Botanik 49, 1911. — Pfeffer, W.: Locomotorische Richtungsbewegungen durch chemische Reize. Untersuch. a. d. bot. Inst. Tübingen 1. 1884. — Ders.: Über chemotactische Bewegungen von Bacterien, Flagellaten und Volvocineen. Ebenda 2. 1888. — Pringsheim, E. G.: Das Zustandekommen der tactischen Reaktionen. Biol. Zentralbl. 32. 1912 (a). — Ders.: Die Reizbewegungen der Pflanzen. Berlin 1912 (b). — Ders.: Zur Physiologie saprophytischer Flagellaten. Beitr. z. allg. Botanik 2. 1921. — Pringsheim, H. und E. G.: Die Chemotaxis von Bacterien gegen optisch-aktive Aminosäuren. Hoppe-Seylers Zeitschr. f. physiol. Chem. 97. 1916. — Rothert, W.: Beobachtungen und Betrachtungen über tactische Reizerscheinungen. Flora, N. F. 88, 371. 1901. — Schreiber, E.: Zur Kenntnis der Physiologie und Sexualität höherer Volvocalen. Zeitschr. f. Botanik 17. 1925. — Shibata, K.: Untersuchungen über die Chemotaxis der Pteridophyten Spermatozoiden. Jahrb. f. wiss. Botanik 49. 1911.

DIE ENTWICKLUNG DER CHONDRIOSOMEN UND CHLOROPLASTEN VON CABOMBA AQUATICA UND CABOMBA CAROLINIANA AUF GRUND VON DAUERBEOBACHTUNGEN AN LEBENDEN ZELLEN.

Von

FRANZISKA KASSMANN.

Mit 15 Textabbildungen.

(Eingegangen am 27. Januar 1926.)

Einleitung.

Trotz vieler Untersuchungen über den Ursprung und die Vermehrung der Chloroplasten hat man bei den Phanerogamen bis jetzt darüber noch keine Klarheit gewinnen können. In der umfangreichen Literatur dieses Gebietes, die schon in den Arbeiten von C. L. NOACK, GUILLIERMOND, FRIEDRICHS, ALVARADO und SCHÜRHOFF eingehend besprochen wurde, sind im wesentlichen zwei verschiedene Ansichten vertreten.

1. SCHIMPER, ARTH. MEYER, RUDOLPH, SCHERRER, SAPEHIN, MOTTIER, DANGEARD und C. L. NOACK vertreten eine strenge Individualität der Plastiden. Chloroplasten entwickeln sich nur aus Plastiden und haben keine genetischen Beziehungen zu den Chondriosomen. Die jungen Plastiden werden als solche in meristematischen Geweben von Zelle zu Zelle übertragen und vermehren sich durch Teilung.

2. PENSA, LEWITZKI, FORENBACHER, MAXIMOW, GUILLIERMOND, MEVES, FRIEDRICHS und ALVARADO behaupten, daß in meristematischen Zellen eine Entwicklung der Chondriosomen zu Chromatophoren stattfinde. Für ältere Zellen nehmen auch diese Autoren allgemein eine Vermehrung der Chloroplasten durch Teilung an.

Diese Annahme stützt sich für die Phanerogamen auf Untersuchungen von SANIO (1864). Dieser fand bei *Peperomia blanda* und *Ficaria ranunculoides* alle Übergänge zwischen abgerundeten, langgestreckten und vollkommen geteilten Chloroplasten. KNY wies dann 1872 bei einer großen Anzahl von Angiospermen ebenfalls alle Stadien der sogenannten Teilungsformen nach. Er untersuchte Schnitte und Gewebeteile von *Ceratophyllum, Myriophyllum, Elodea, Utricularia, Sambucus* und *Impatiens* und schloß aus dem Vergleich verschiedener Teilungsbilder nebeneinander auf das „allgemeine Vorkommen der Teilung der Chloroplasten im Pflanzenreich". Seitdem wurde eine Vermehrung der Chloroplasten durch Teilung für Phanerogamen allgemein angenommen.

Als MEVES dann 1904 über das Vorkommen der Mitochondrien bzw.

Chondriomiten in Pflanzenzellen berichtete, suchte man diesen Zellbestandteilen besondere Aufgaben zuzuweisen. Auf Grund von eingehenden Untersuchungen an fixiertem und gefärbtem Material fand man kontinuierliche Übergangsformen zwischen Chondriosomen und Chromatophoren. So kam man zu der Überzeugung, daß in meristematischen Zellen eine Umwandlung der Chondriosomen ˙in Chromatophoren erfolge. Es gelang aber nicht, hierfür einen jeden Zweifel ausschließenden Beweis zu bringen, da man die Umwandlung der Chondriosomen nicht direkt nachweisen, sondern nur aus Bildern fixierter und gefärbter Zellen folgern konnte. Es ist daher noch der Einwand berechtigt, daß die Chondriosomen und Chromatophoren auf einer gewissen Entwicklungsstufe deshalb nicht zu unterscheiden sind, weil sie in ihrer morphologischen und chemischen Struktur ähnlich sind und sich der Färbung gegenüber gleich verhalten.

Andererseits versuchte man, die allgemein anerkannte Teilbarkeit der Plastiden noch in den meristematischen Zellen nachzuweisen. Wohl fand man im Meristem des Vegetationskegels junge Plastiden (NOACK), aber eine Teilung der Plastiden hat man nicht beobachtet. Das Vorhandensein der Plastiden in meristematischen Zellen genügt aber nicht, um die Individualitätstheorie zu beweisen, dazu muß der Ursprung der Plastiden nachgewiesen werden. Diesen erklärt man nach der Individualitätstheorie so, daß die jungen Plastiden bei der Teilung und beim Befruchtungsvorgang als solche von Zelle zu Zelle übertragen werden und sich weiter durch Teilung vermehren. Nach der Chondriosomenlehre entwickeln sich aber schon in den jüngsten Zellen Plastiden aus Chondriosomen.

Eine Entscheidung, welche von den beiden Ansichten richtig ist, könnte herbeigeführt werden, wenn es gelänge, einzelne Chondriosomen und Plastiden in der lebenden Pflanze in ihrem Entwicklungsgang lückenlos zu verfolgen. Dabei müßte sich zeigen, ob die Chondriosomen sich zu Chloroplasten entwickeln, oder ob vorhandene Plastiden von Zelle zu Zelle direkt übertragen werden und sich nur durch Teilung vermehren. Von diesem Gedanken aus habe ich die folgenden Beobachtungen unternommen, in der Absicht, die direkte Entwicklung der Chondriosomen in fortwährender Dauerbeobachtung von meristematischen Zellen ab zu verfolgen.

I. Material und Methode.

Es kamen nur Phanerogamen in Betracht, die einfach gebaut waren und deren Blätter wenige, deutlich abgegrenzte Zellschichten hatten. Nach den bisherigen Erfahrungen war es das Gegebene, das Untersuchungsobjekt aus den Wasserpflanzen zu wählen, da diese zum Teil Organe mit relativ guter Durchsichtigkeit haben. Von den beobachteten Pflanzen: *Elodea canadensis*, *Elodea densa*, *Limnophila heterophylla*,

Potamogeton natans, Lemna trisulca, Hydrilla verticillata, Cabomba aquatica und *Cabomba caroliniana* erwiesen sich nur die beiden letzteren als brauchbar. Diese zeigen in histologischer und cytologischer Hinsicht keine Unterschiede, die für die Untersuchung in Betracht kommen.

Bei *Lemna trisulca, Limnophila heterophylla, Potamogeton natans* und bei den ebenfalls untersuchten Landpflanzen: *Impatiens parviflora, Tropaeolum* und anderen war die beabsichtigte Dauerbeobachtung schon wegen der Undurchsichtigkeit und Unklarheit junger Zellen nicht möglich. Dagegen gestatteten die meristematischen Zellen von *Cabomba* wenigstens im allgemeinen klare Durchsicht. Das Objekt hat aber auch den Nachteil, daß in zahlreichen Epidermiszellen eine Schleimbildung eintritt, die den Zellinhalt so stark trübt, daß genaue Beobachtungen nicht mehr möglich sind. Sie tritt jedoch nicht in allen Zellen ein, und man bleibt bei der Wahl der Zellen sehr vom Zufall abhängig.

Manche Pflanzen, z. B. *Elodea densa, Potamogeton* und *Tropaeolum*, eignen sich nicht zur Dauerbeobachtung, weil sie infolge ihrer Stengeldicke bei der notwendigen starken Vergrößerung und in dem dadurch bedingten geringen Objektabstand gequetscht würden. Selbst bei *Cabomba* habe ich wegen des inzwischen eingetretenen Dickenwachstums des Sprosses oft die Dauerbeobachtung abbrechen müssen. Bei vorsichtiger Arbeit und mit den auf S. 628 näher beschriebenen Hilfsmitteln (Abb. 2) war es aber in vielen Fällen doch möglich, eine Quetschung zu vermeiden und eine Beobachtung während des Wachstums durchzuführen.

Auch die Verlagerung der Chloroplasten ist bei *Cabomba* so gering, daß die Beobachtung dadurch nicht gestört wird.

Bei Versuchen, in denen es auf eine genaue Feststellung der Chloroplastenzahl ankommt, ist es mir ebenfalls nur bei *Cabomba* möglich gewesen, die Chloroplasten an der Trennungswand übereinander liegender Zellen eindeutig einer bestimmten Zelle zuzuordnen.

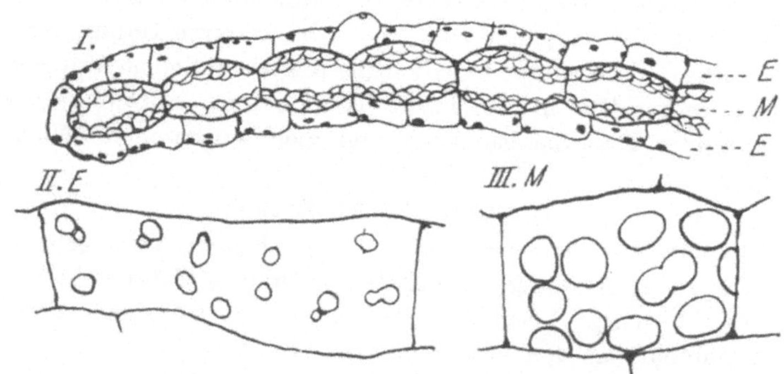

Abb. 1. I. Blattquerschnitt von *Cabomba aquatica* bei einer Blattlänge von 2,1 cm. II. Epidermiszelle. III. Mesophyllzelle (beide in der Aufsicht).

Außerdem sind die Blätter noch durch einen besonderen Vorzug zur Chloroplastenuntersuchung geeignet. Sie bestehen, wie der Blattquerschnitt Abb. 1 II zeigt, aus einer oberen und unteren chlorophyllärmeren Epidermis und einem chlorophyllreichen Mesophyll, welches nur aus einer Zellschicht besteht.

Die Chloroplasten des Mesophylls sind bedeutend größer als die der Epidermiszellen, was für diese Untersuchungen von besonderer Wichtigkeit ist. Den Unterschied der beiden Zellarten zeigen am besten Abb. 1 II und 1 III, die beide mit gleichen Vergrößerungen gezeichnet sind. Das Verhältnis der Chloroplastendurchmesser in Mesophyll und Epidermis ist $\geqq 2 : 1$. Es ist demnach bei *Cabomba* mit Sicherheit zu entscheiden, zu welcher Zelle ein Chloroplast an der Trennungswand aneinander stoßender Zellschichten gehört.

Bei der Auswahl der einzelnen Versuchspflanze kommen folgende Gesichtspunkte in Betracht: gute Bewurzelung, gesundes Aussehen des Sprosses, besonders der Sproßspitze, und geringe Stengeldicke in der Nähe des Vegetationspunktes. Letztere ist deshalb notwendig, damit bei dem geringen Objektabstand keine Quetschung des Sprosses eintritt. Bei der Beobachtung größerer Blätter kommt dies nicht mehr in Betracht, weil der Beobachtungspunkt weit genug von der Sproßachse entfernt liegt.

Um den Pflanzen während der Beobachtung normale Lebensbedingungen zu schaffen,

Abb. 2. Anordnung des Versuchs für die Dauerbeobachtung. a = Objektträger, b = Glimmerplättchen, c = Fließpapier.

pflanzte ich Stecklinge in kleine Tontöpfe von etwa 3 cm Durchmesser und 4 cm Höhe. Jedes Töpfchen wurde mit einem Gipsdeckel verschlossen, welcher in der Mitte eine Öffnung für den wachsenden Sproß hatte. Der Gipsdeckel hatte den Zweck, bei der horizontalen Lage des Topfes ein Ausschwemmen der Erde zu verhindern. Die Pflanze wurde in eine Glasschale von 20 cm Durchmesser und 4 cm Höhe gelegt, die etwa 2—3 cm hoch mit Wasser gefüllt war. Herausragende Teile von Topf und Sproß wurden mit Fließpapier überdeckt, damit sie stets feucht blieben.

Um die Sproßspitze beobachten zu können, schneidet man die sie verdeckenden Blätter ab und verklebt die Narben vorsichtig mit Wachs.

Pflanzen mit verklebten Wundstellen zeigen, wie durch Vergleichsversuche festgestellt wurde, besseres Wachstum als die mit offenen Blattnarben. Dies ist wohl darauf zurückzuführen, daß bei offenen Wunden am Vegetationspunkt die Nährstoffe leicht an das Wasser abgegeben werden. Den Vegetationspunkt legte ich auf den Rand eines geschliffenen Objektträgers, damit der untere, dickere Sproßteil noch den Raum der Objektträgerdicke zur Verfügung hatte, um der Objektivlinse auszuweichen (Abb. 2). Als Deckglas benutzte ich Glimmerplättchen von 10—20 μ Dicke, die sich infolge ihrer Biegsamkeit den Unebenheiten des Objektes anpaßten, wodurch die Gefahr der Verletzung der Pflanze vermindert wurde. Wenn die beobachtete Zelle selbst und ihre Lage im Blatt besonders gezeichnet wurde, machte es keine Schwierigkeiten, die beobachtete Zelle wiederzufinden. Auch die besonderen Merkmale der Blattzipfel und Zähne trugen zur Orientierungsmöglichkeit bei. Für die Beobachtung benutzte ich als Objektive die Apochromatwasserimmersion 2,5 mm, Egv. 70, Apt. 1,25, die mir Herr Professor Dr. Heilbronn in bereitwilliger Weise zur Verfügung stellte, und als Okulare die Kompensationsokulare 8 und 12 von Zeiss. Die Zeichnungen wurden mit Hilfe des Abbéschen Zeichenapparates angefertigt. Als Lichtquelle diente neben dem natürlichen Tageslicht bei schwierigen Beobachtungen die Osram-Punktlicht-Gleichstromlampe für 1,3 Amp.

II. Dauerbeobachtung an Zellen des Vegetationspunktes und an Blattanlagen.

Die Dauerbeobachtung der Zellen des *Vegetationspunktes* war experimentell am schwierigsten, und sie gelang trotz immer wiederholter Versuche im günstigsten Falle nur 4 Tage. Die Zellen waren hier überaus empfindlich. Bei gutem Wachstum aber wurde die beobachtete Zelle von den sich in rascher Aufeinanderfolge bildenden Blattanlagen überdeckt, so daß ihre Entwicklung nicht mehr verfolgt werden konnte. Auch die dichte, lange Behaarung·an den jungen Teilen des Sprosses wirkt während der Beobachtung recht hinderlich und kann leicht das Gesichtsfeld verdunkeln und verdecken. Die Länge und Breite der Zellen schwankt am Vegetationspunkt zwischen 10 und 15 μ. Der kugelrunde Kern ist im allgemeinen in seinen Umrissen scharf erkennbar und füllt fast die ganze Zelle aus. Er ist von zahlreichen kleinen Körnchen umgeben, die stark lichtbrechend sind und die, von der Durchschnittsgröße der Chondriosomen im fixierten Material an, bis zur Grenze der Sichtbarkeit vorkommen. Ich halte sie nicht für Microsomen, da diese noch außerdem im Plasma regelmäßig verteilt sind. Die größeren Chondriosomen sind meist dem Kern dicht angelagert. Unterschiede, wie C. L. Noack sie zwischen jungen Plastiden und Chondriosomen in meristematischen Zellen gefunden hat, habe ich in den lebenden Zellen des Vegetationspunktes von *Cabomba* nicht feststellen können.

Um über die Natur der zu beobachtenden Körnchen Aufschluß zu bekommen, setzte ich während der dauernden, scharfen Beobachtung einzelner Körnchen Chloraljod zu. Dabei konnte ich Dunkelfärbung (Stärkereaktion?) der bezeichneten Körnchen verfolgen. Wegen der Kleinheit der Körnchen ist ein bestimmter Farbton nicht festzustellen. Bei der Wiederholung der Reaktion und der Beobachtung des Gesamtbildes der Zelle sah ich, daß die am nächsten um den Kern gelagerten größeren Körnchen auch am schnellsten und stärksten reagierten. Einzelne, besonders kleine Körnchen verschwanden vollständig und lösten sich vermutlich im Chloraljod auf.

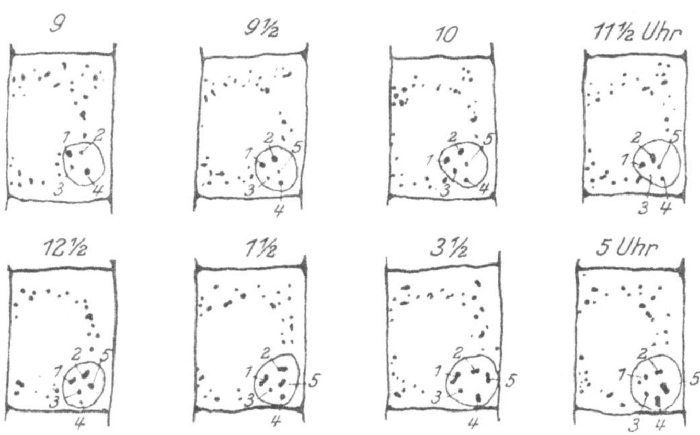

Abb. 3. (Protokollnr. 83.) Veränderung einer Gruppe von Körnchen in einer Zelle des Vegetationspunktes bei Dauerbeobachtung am 18. X. 1924. (Die beobachtete Gruppe ist mit einem Kreis umschrieben. Kern in der Mitte der Zelle.)

Die Dauerbeobachtung einer Zelle des lebenden Vegetationspunktes bezog sich stets mit besonderer Aufmerksamkeit auf einzelne bestimmte Körnchen in der Zelle, die durch Lage und Gruppenbildung besonders hervortraten (Abb. 3, Körnchen 1, 2, 3, 4, 5). Dabei habe ich die Beobachtung oft von neuem beginnen müssen, wenn mir die Körnchen aus dem Gesichtsfeld verschwanden, oder wenn sie bei Verlagerung unter den zahlreichen anderen Körnchen nicht wiederzuerkennen waren. Mehrere Male habe ich tagsüber und nachts eine ununterbrochene Beobachtung bis zu 36 Stunden durchgeführt, wobei ich die beobachtete Gruppe nach verschiedenen Zeitabschnitten genau zeichnete und das Gesamtbild der Zelle wiedergab. (Eine genaue Zeichnung des *ganzen* Zellbildes würde so viel Zeit und Aufmerksamkeit erfordert haben, daß die wesentliche Beobachtung darunter stark gelitten hätte.) Die beobachteten, sehr kleinen Körnchen waren nicht mit genügender Genauigkeit zu messen, um geringe Gestalts- und Größenveränderungen festzustellen. Auch die Zeichnungen mit Hilfe des Zeichenapparates hoben aus dem gleichen Grunde die beobachteten Unterschiede nicht scharf genug hervor, um die verschiedenen Bilder später in bezug auf Größe der Körnchen vergleichen zu können.

Ich wandte darum folgende Methode an: Die Gruppe der beobachteten Körnchen wurde aufgezeichnet, und zwar wurden Lage und Größe der Körnchen in der Gruppe gegeneinander abgeschätzt. Der Vergleich aufeinander folgender Bilder ließ eine stark variierende Größenveränderung feststellen, wie aus Abb. 3 hervorgeht.

Wenn diese Körnchen Stärke enthalten, könnte ich mir ihre Größenänderung durch einen verschiedenen Stärkeumsatz in der Zelle erklären.

Außerdem war manchmal zwischen den Körnchen der Gruppe das Auftreten neuer Körnchen an der Grenze der Sichtbarkeit zu beobachten (Abb. 3, Körnchen 5, $9^h30'$). Häufiger (in Nr. 71, 73, 74, 75, 77, 83, 86, 87, 95, 96, 102, 111, 116, 117, 124, 125, 127, 128 des Protokolls) trat eine Streckung des Kornes in bestimmter Richtung auf, der z. B. in Nr. 83 (Abb. 3) in $1^1/_2$ Stunden ($3^h30'$ bis $5^h0'$) eine vollständige Teilung folgte. Diese Teilung dauert bei anderen Beobachtungen (Protokoll-Nr. 86, 87, 111) bis 48 Stunden. Bei 23 Gruppenbeobachtungen wurde 7mal Teilung festgestellt. In den 16 anderen Gruppen konnte nur Streckung, Größenveränderung und Lagenveränderung beobachtet werden. So habe ich z. B. bei einer 36stündigen ununterbrochenen Dauerbeobachtung (Nr. 79) nur eine Lagenveränderung festgestellt.

Um die Zahl der Körnchen mit der Zahl der Plastiden in ausgewachsenen Zellen zu vergleichen, habe ich sie in 20 Zellen so genau wie möglich gezählt und kam zu folgendem Resultat:

$$64, \ 85, \ \ 73, \ 92, \ 78, \ \ 86, \ 104, \ 85, \ 98, \ 122,$$
$$65, \ 82, \ 152, \ 65, \ 74, \ 107, \ \ 96, \ 73, \ 56, \ \ 62.$$
$$\text{Mittelwert: } 83.$$

Die Schwankungen in den Zahlen erklären sich durch die Vorgänge bei der Teilung, bei der, wie ich direkt beobachten konnte, die Körnchen in annähernd gleicher Anzahl auf beide Tochterzellen verteilt wurden (Abb. 4).

Leider war es mir aus den auf S. 628 angegebenen Gründen nicht möglich, die Zellen des Vegetationspunktes bis zum Ergrünen zu beobachten.

Das erste Stadium, bei dem die Vorgänge wieder mittels Dauerbeobachtung verfolgt werden konnten, fand sich in denjenigen jungen Blättern, in denen die ersten Anlagen zu den Blattzipfeln 2. Ordnung gebildet wurden. Um aber diese beobachten zu können, mußten die sie verdeckenden älteren Blätter entfernt werden. Es war nun zuerst zu untersuchen, ob eine solche Präparation der jungen Blätter ohne Schädigung ihres Wachstums möglich sei. Immer wiederholte Versuche ergaben, daß bei genügend vorsichtiger Ausführung und bei Verschluß der Wundstellen mit Wachs das Blatt noch zu einer normalen Größe heranwuchs. Die Präparation war allerdings sehr schwierig und mußte zum Teil unter dem Mikroskop (LEITZ-Objektiv 1) ausgeführt werden. Geringe Schädigungen waren oft erst nach 2—3 Tagen erkennbar. Der Inhalt sämtlicher junger Zellen wurde dann trübe.

Da mir eine gute Präparation des Sprosses verhältnismäßig selten gelang, mußte ich jedesmal dieselbe Operation mindestens an zehn Sprossen ausführen, um für die Beobachtung einen brauchbaren zu bekommen. Materialmangel wurde bei dem großen Verbrauch dadurch verhindert, daß die verletzten Sprosse noch stets wieder zu Stecklingen benutzt werden konnten, die in ungefähr 3 Wochen Seitensprosse gebildet hatten, in denen die Blattanlagen beobachtet werden konnten.

Am besten war der Inhalt der Randzellen des Blattes wegen der klaren Durchsicht zu untersuchen. Die Größe der Zellen stimmt mit derjenigen des Vegetationspunktes überein. Auch Lage und Anhäufung der Körnchen um den Kern ist dieselbe. Bei Zusatz von Chloraljod tritt ebenfalls die vermutliche Stärkereaktion ein. Es finden sich überhaupt keine Merkmale wesentlicher Verschiedenheit, so daß anzunehmen ist, daß sich in diesen meristematischen Zellen noch derselbe Entwicklungsgang abspielt, der in den Zellen des Vegetationspunktes aus experimentellen Gründen nicht in seinem ganzen Verlauf zu verfolgen war.

Das Chondriom stellt auch hier, genau wie am Vegetationspunkt, kleine Körnchen dar, die zuweilen als Hanteln und Doppelkörner ausgebildet sein können, doch ist die sie verbindende Brücke in lebenden Zellen niemals länger als der Durchmesser eines einzigen Kornes. Auch die schon von C. L. NOACK und FRIEDRICHS beschriebenen Körnerreihen habe ich in vier Zellen gefunden. Ebenso wie am Vegetationspunkt fand auch hier eine Vermehrung der Körner statt. Die Teilkörner rückten aber in den beobachteten Fällen so weit voneinander, daß von einer Reihenbildung nichts festgestellt werden konnte. Die Streckung, Einschnürung und Trennung (Protokollnummer 129, 130, 133, 135, 136, 137, 139, 141, 143, 147, 153) war meist wie am Vegetationspunkt (Abb. 3) innerhalb eines Tages abgeschlossen. In Ausnahmefällen (Protokoll-Nr. 140, 157) dauerten diese Vorgänge 3—4 Tage. Außer dieser Teilung konnte auch eine Neuentstehung der Körnchen beobachtet werden, die heranwuchsen und sich dann weder durch Form oder Farbe noch Verhalten von den durch Teilung entstandenen unterschieden. Längere fadenförmige Chondriosomen, wie sie FRIEDRICHS bei *Elodea* in Taf. I, Fig. 3, gezeichnet hat, konnte ich bei *Cabomba* in lebenden Zellen niemals finden.

In einem Blatt, dessen Beobachtung am 27. I. begann, konnte ich
am 29. I. noch keine grüne Farbe erkennen. Am 30. I. hat es den Anschein, als ob sich um den Kern eine schwach grün gefärbte Zone bildet,
in der die Körnchen gleichsam wie in einem Nebel undeutlicher werden.
Es scheint mir dabei auch eine Loslösung der Chondriosomen vom
Kern zu erfolgen (Abb. 4).

Der Kern rückt dabei in den Randzellen einer dem Blattinnern
zugekehrten Zellwand näher und beginnt sich allmählich an dieser ab-
zuplatten. Die schwach grün gefärbten Körnermassen lagern sich ebenfalls an die Zellwände der Nachbarzellen, wie es in der entsprechenden
Zeichnung (Abb. 4) zu sehen ist. Sie bilden anfangs an der Innenwand
einen Ring um den Kern (Abb. 4; 31. I.). Die bis dahin noch verfolgten
Körnchen verschwinden allmählich wie in einem dichten Nebel. Grün

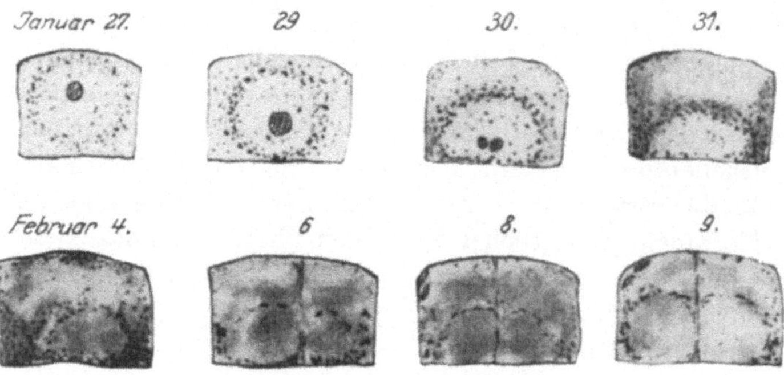

Abb. 4. (Protokollnr. 162.) Dauerbeobachtung in der Randzelle einer jungen Blattanlage.

gefärbte Massen scheinen sich in der Aufsicht an zwei Seiten des
Kernes stark anzuhäufen. An dieser Stelle ist in jeder Beobachtungs-
reihe, sowohl in Mesophyll- als auch in Epidermiszellen, eine unvermeidliche Lücke in der Dauerbeobachtung, da man die einzelnen Körnchen nicht mehr erkennen kann (Abb. 4, Protokoll-Nr. 162, „Nebelstadium" vom 30. I. bis 9. II.).

Trotz der Verschwommenheit der Zellbilder habe ich die Dauerbeobachtung nicht unterbrochen und konnte in den Zellen (Protokoll-
Nr. 137, 141, 162; vgl. Abb. 4) feststellen, daß bei Zellteilungen die
grünen Massen ungefähr gleichmäßig auf beide Tochterzellen verteilt
wurden.

Die grünen Anhäufungen welche anfangs an der dem Blattinnern
zugekehrten Wand lagen verschoben sich langsam und in unregelmäßigen
Gestaltsveränderungen über die Zellkanten hinweg an die Seitenwände,
denen die grünen Massen meist recht flach angelagert waren. Nach
6—10 Tagen ließ sich das Auftreten der Chloroplasten wieder feststellen.

In Zelle 162 (Abb. 4) wurde am 9. II. der erste grüne Chloroplast deutlich erkennbar. Er wanderte an die freie Außenwand der Zelle.

Da das weitere Verhalten an der vertikal gestellten Außenwand der Randzelle schwer zu verfolgen und bildlich darzustellen ist, will ich es an einer Zelle der Blattfläche (Protokoll-Nr. 154) schildern.

Abb. 5 zeigt eine Zelle (Protokoll-Nr. 154), in der bis zum 11. V. noch kein Chloroplast sichtbar war. Am 12. V. fand ich darin 2 junge Chloroplasten, die während der Nacht an der oberen Zellwand deutlich erkennbar wurden. Am 12. V. und am 13. V. war während des ganzen Tages

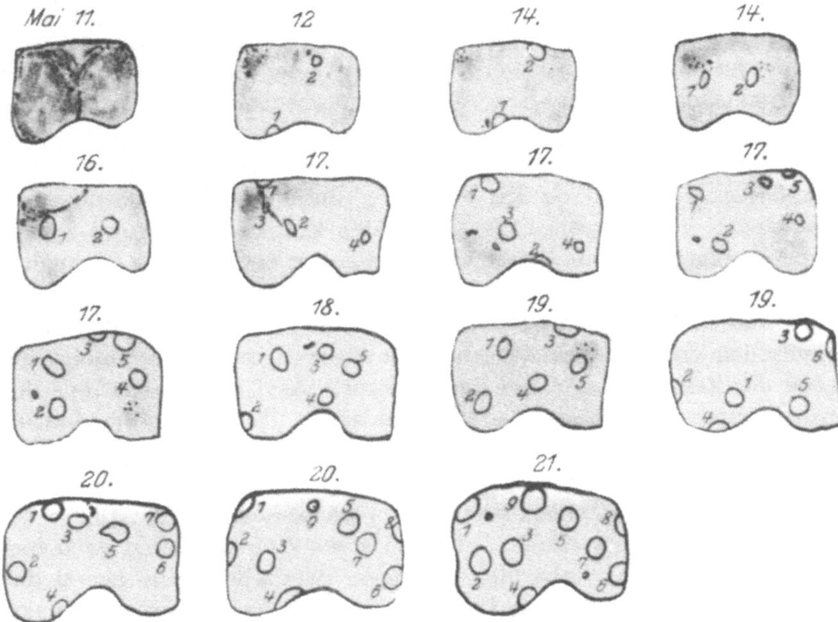

Abb. 5. (Protokollnr. 154.) Dauerbeobachtung in einer Epidermiszelle der Oberseite eines jungen Blattes.

keine Veränderung an der Zelle zu sehen. Am 14. V. rückten die Körner im Laufe des Nachmittags beide zur Mitte der Zelle. Am 15. V. war das Bild unverändert. Am 16. V. wurden in der Zelle auffallende Plasmastrukturen sichtbar. Da ich eine Veränderung der Chloroplasten vermutete, setzte ich die Beobachtung während der Nacht ununterbrochen fort. Es trat an der Zellwand ein kleines Körnchen auf, das von einem hellen Hof umgeben war. Während sich der Chloroplast 1 (Abb. 5; am 17. V.) der oberen Zellwand anlagerte, rückte Chloroplast 2 der Zellmitte zu und auf dem zwischen 1 u. 2 sichtbar werdenden Plasmastrang zeigte sich ein neues Körnchen (3), das aber nur zeitweilig mit Deutlichkeit sichtbar war. Im Laufe des Morgens war das Körnchen 4 deutlich

42a

als Chloroplast erkennbar, und am Zellrande tauchte zudem noch ein neuer Chloroplast (5) auf, der bisher in keiner Andeutung gesehen worden war. Er hatte sich unbedingt als fertiger Chloroplast von der Seitenwand her auf die obere Zellfläche verschoben. Vom 18. V. bis 19. V. habe ich die Beobachtung wieder während der Nacht fortgesetzt und keine Veränderungen gefunden. Am 19. V. trat im Laufe des Nachmittags an der rechten Seitenwand ein fertiger Chloroplast (6) auf, und am 20. V. wurde das Auftreten fertiger Chloroplasten nochmals viermal beobachtet. Immer wiederholte Dauerbeobachtungen an den Epidermiszellen der Fläche (Protokoll-Nr. 42, 43, 44, 47, 50, 51, 55, 64, 108, 156, 165, 170 171) ließen das unvermutete, plötzliche Auftreten der Chloroplasten vom Rande der Zellen aus erkennen, so daß ich, da ich die Neuentstehung der Chloroplasten trotz ununterbrochener Dauerbeobachtung nicht gesehen hatte, annehmen mußte, daß sie vom Zellgrunde aus (vgl. Abb. 4; am 8. II.) an den Wänden bis zur freien Außenwand heraufgewandert waren. Zu dieser Annahme war ich berechtigt durch die Beobachtungen in Randzellen (vgl. Protokoll-Nr. 162, Abb. 4), deren Zellgrund infolge ihrer Profilstellung am Rande des Blattes der Beobachtung zugänglich war. Bei den Epidermiszellen der oberen Blattfläche konnte ich den Zellgrund nicht so genau beobachten, da die darunter liegenden Mesophyllzellen das Bild des Zellgrundes undeutlich machten. Infolge der Lage der Zellen konnte also die Isolierung der Chloroplasten aus den grünen Massen am besten in den Randzellen, das Wachstum und die Verlagerung der Chloroplasten aber in den Epidermiszellen der Blattfläche beobachtet werden.

In den Mesophyllzellen liegen die Verhältnisse, wie die Bilder der Abb. 15 zeigen, ganz ähnlich. Die farblosen Körnchen sind auch hier wie am Vegetationspunkt und in jungen Randzellen anfangs um den Kern gelagert. Bei längerer Dauerbeobachtung sieht man, wie sie sich nach und nach vom Kern loslösen und sich in Richtung auf die Zellwände hin verlagern. In diesem Stadium zeigte die Zelle öfters (Protokoll-Nr. 32, 35, 37, 40, 166, 167, 173, 180) einen schwachen, grünen Farbton, der zuerst in den Chondriosomen am deutlichsten sichtbar wurde. Ich glaube darum, daß der grüne Farbstoff an die Chondriosomen gebunden war und daß der grüne Farbton der Zelle durch diffuse Lichtbrechung im trüben Medium entstand. Ein Luminescenzmikroskop, das eine objektive Feststellung ermöglicht hätte, stand mir nicht zur Verfügung. In der peripheren Lagerung blieben die Körnchen noch 1—3 Tage sichtbar, ehe das deutliche Zellbild durch das Auftreten der geschilderten grünen Massen, in denen die Körnchen wie in einem Nebel verschwanden, verschleiert wurde. Wie bei den Epidermiszellen sieht man auch bei den Mesophyllzellen vor der Zellteilung eine deutliche Anhäufung der Chondriosomen an den beiden Enden der Zelle. Dies hat ihre annähernd gleiche Verteilung auf die Tochterzellen zur Folge. Sobald die ersten Spuren grüner Farbe in der Zelle auftreten, verschwinden die scharfen Konturen der Körnchen in grünlich erscheinende dichte Massen, die sich langsam der Zellwand anlagern. Aus diesen grünen Zonen an den Zellwänden werden die Chloroplasten erst wieder nach mehreren Tagen mit scharfen Konturen sichtbar (vgl. Abb. 15; am 16. und 18. VIII.). Die Chloroplasten der Mesophyllzellen treten wegen ihrer größeren Farbintensität sogleich deutlicher hervor als in den Epidermiszellen. Anfangs haben sie ganz verschiedene Größe (Zelle Protokoll-Nr. 167, Abb. 15; am 18. VIII.). Diese Unterschiede gleichen sich durch Wachstum erst allmählich aus. Das Heranwachsen der jungen Chloroplasten mit einem Durchmesser von etwa $2\,\mu$ zu vollkommen ausgebildeten Chloroplasten mit einem Durchmesser von durchschnittlich $9\,\mu$ ist gut zu beobachten.

III. Die Biskuitformen der Chloroplasten.

Schon in meinen ersten Untersuchungen war es mir aufgefallen, daß die von den bisherigen Chloroplastenforschern als Teilungsformen gekennzeichneten „Biskuitformen" sehr häufig gar nicht zu Teilungen führten, sondern sich vollkommen rückbildeten (vgl. Abb. 6, 7, 8). Ich stellte es mir daher zur Aufgabe, die Biskuitformen in ihrem Auftreten und in ihren Veränderungen zu beobachten, um festzustellen, ob es berechtigt ist, sie als Teilungsformen zu bezeichnen.

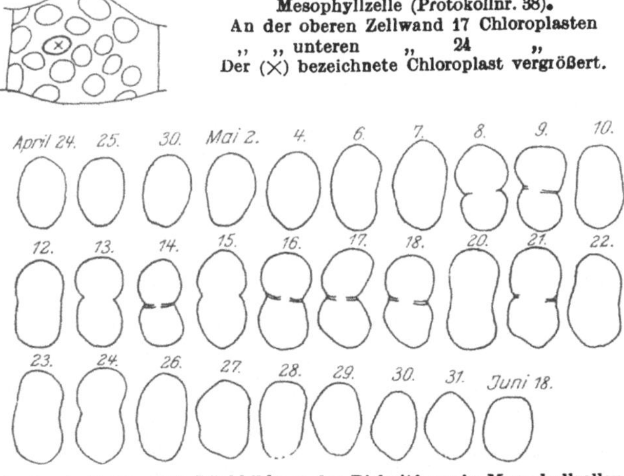

Abb. 6. Auftreten und Rückbildung der Biskuitform in Mesophyllzellen.

Sie kommen weder in ganz jungen, noch in vollkommen ausgewachsenen älteren Blättern vor, sondern treten auf, wenn ein Blatt ungefähr seine endgültige Größe erreicht hat. Ich zählte bei verschiedenen

Sprossen die Biskuitformen in je 20 Zellen aufeinander folgender Blätter und fand sie nur bei einer Blattlänge von 1,6—2,3 cm (vgl. Tab. 1).

Die Entstehung der Biskuitformen habe ich während der Dauerbeobachtung einzelner Chloroplasten nur dreimal beobachten können, obschon ich bei allen Untersuchungen stets darauf geachtet habe. In

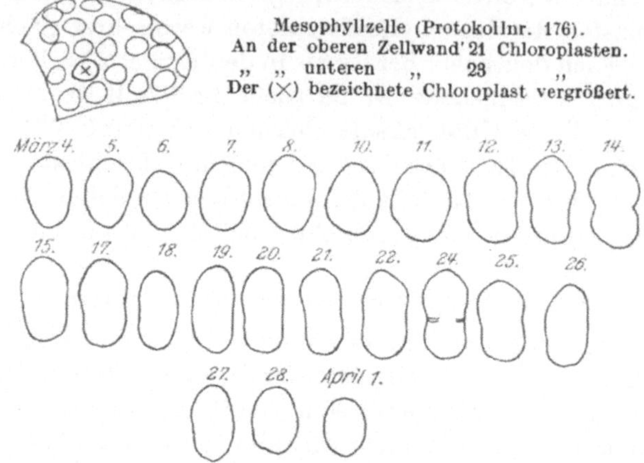

Abb. 7. Auftreten und Rückbildung der Biskuitform in Mesophyllzellen.

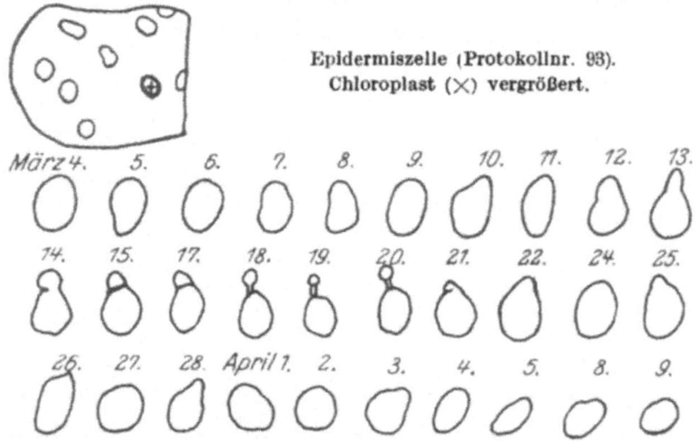

Abb. 8. Auftreten und Rückbildung der Biskuitform in einer Epidermiszelle.

den Mesophyllzellen beobachtete ich die Entstehung der Biskuitform zweimal (Abb. 6 u. 7).

Im dritten Falle habe ich die Biskuitbildung in einer Epidermiszelle verfolgt. Es entstanden zwei ungleiche Endstücke (Abb. 8).

Diese ungleiche Einschnürung ist in Epidermiszellen ebenso häufig wie die gleichmäßige. In den Mesophyllzellen gesunder Pflanzen aber sind die beiden Endstücke stets gleich groß.

Daß sie aber unter besonderen Bedingungen auch ungleich sein können, geht aus folgendem hervor: Vier ungefähr gleich große, 1,5 cm lange Blätter hatten von Anfang August bis Ende September unbeachtet in einer geschlossenen Petrischale im Leitungswasser gestanden. Als ich sie zufällig noch einmal untersuchte, fand ich im ganzen Blatt Zellbilder, wie sie Abb. 9 wiedergibt. Sie waren in allen vier Blättern gleich. Es scheint hier eine Schädiguug durch Kulturbedingungen vorzuliegen.

Tabelle 1. Beziehungen zwischen Blattlänge, Zellenzahl und Vorkommen der Biskuitformen und zwar A an sämtlichsn Blättern *eines* Sprosses, B an einzelnen Blättern von fünf verschiedenen Sprossen.

A

Blattlänge in mm	Länge des Mittelzipfels von der letzten Verzweigung an	Zellenzahl in der Länge des Mittelzipfels	Mittlere Reihenzahl der Breite	Zahl der Biskuitformen in 20 Zellen
I	II	III	IV	V
23,5	9	180	20,3	—
23	9	178	21,3	—
25	10	112	22,6	—
22	10	124	21,6	—
22,5	9,5	195	22,3	—
24,5	11	221	20,6	—
21,5	8	210	23	—
21,5	8	151	23	—
20	9	230	23	—
18	9	228	21	—
17	7	236	24	—
17,5	7	240	23	—
16	8	261	23	—
17	7	221	22	—
16	8	189	21	2
17	6,5	170	20	7
16	9	200	19	—
15	8	185	20	1
15	7	183	22	—
16	7	216	21	—
14	7	208	23	—
12	7	158	19	—
9	4	210	20	—
8,5	5	185	21	—
8	4	192	23	—
8	4	182	21	—
5	2	124	20	—
5	2	120	18	—
3,5	1,5	82	21	—
2,5	0,8	74	20	—
1,2	0,4	36	21	—
1	0,3	31	17	—
0,5	0,14	23	15	—
0,5	0,11	19	?	—
0,2	0,08	10	6	—
0,2	0,09	11	7	—

B 1

I	II	III	IV	V
25	10	196	20	—
20	9	210	22	4
12	7	165	22	—
5	2,5	60	19	—
3	0,1	32	?	—

2

I	II	III	IV	V
30	10	200	23	—
22	8,5	216	22	2
11	7	186	20	—
7	2	55	17	—
4	0,1	29	9	—

3

I	II	III	IV	V
26	9,5	189	20	—
19	7,8	156	22	—
9	6,5	195	20	—
6	2	54	13	—
3	0,1	24	7	—

4

I	II	III	IV	V
28	90	198	23	—
16	9	210	21	—
9	5	186	21	—
2	0,9	79	19	—

5

I	II	III	IV	V
23	9	208	20	3
18	9	201	20	1
12	7,5	194	20	—
8	4	176	20	—
5	1,5	110	9	—

Die Häufigkeit der Biskuitformen in Mesophyllzellen schwankt in nebeneinander liegenden Zellen ganz beträchtlich und steht nicht in Beziehung zur Zellgröße und Zahl der Chloroplasten (vgl. Abb. 10).

Die obere Zahl in jeder Zelle bedeutet die Chloroplastenzahl, in der

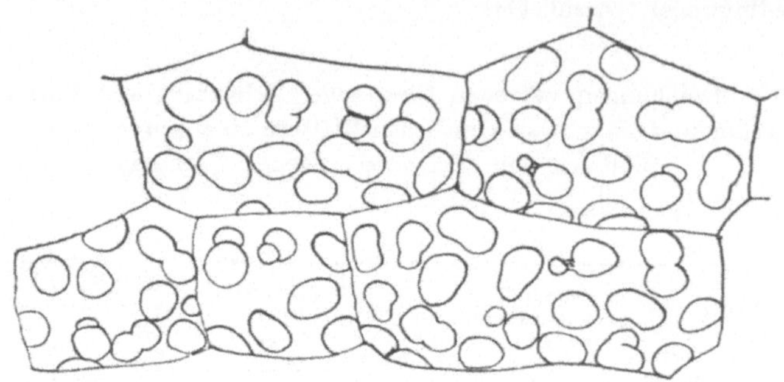

Abb. 9. Anormale Zellbilder aus Blättern, die ungefähr 2 Monate abgetrennt im Leitungswasser gestanden haben.

Klammer steht die Zahl der Biskuitformen. Es sind z. B. die mit (*) bezeichneten Zellen annähernd gleich groß, aber die linke hat 2 Chloroplasten mehr und 8 Biskuitformen.

Bei der Dauerbeobachtung der Biskuitformen konnte ich nur in wenigen Fällen eine Teilung feststellen. Von ungefähr 120 biskuitförmigen

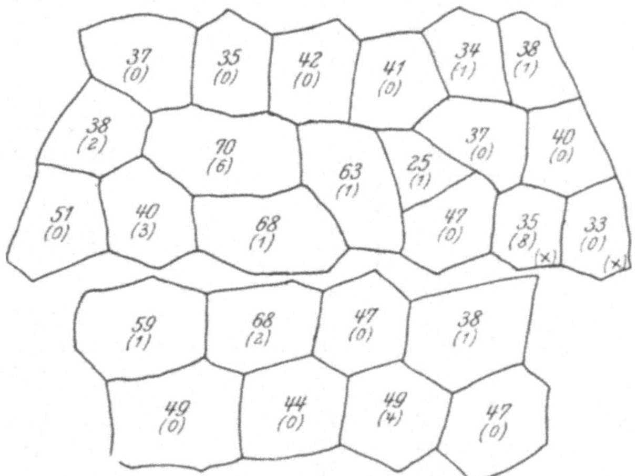

Abb. 10. Unabhängigkeit des Auftretens der Biskuitformen von dem Verhältnis der Zellgröße zur Chloroplastenzahl.

Chloroplasten haben sich nur acht geteilt. Die übrigen rundeten sich vollständig wieder ab (vgl. Abb. 11 u. 12). Die dargestellten Epidermiszellen stammen aus einem etwa 1,6 cm langen Blatt, welches an einem unverletzten, gut bewurzelten Sproß saß, der lebhaftes Wachstum zeigte. Das

Blatt wuchs während der Beobachtung zu einer Länge von 2,4 cm heran. Das Gesamtbild dient zur Orientierung über die Lage der Chloroplasten und das Wachstum der Zelle. In der daneben stehenden Reihe sind die Chloroplasten stark vergrößert dargestellt, um Formunterschiede besser hervortreten zu lassen. Ein Vergleich der untereinander stehenden Chloroplasten zeigt ihre Veränderung in dem angegebenen Zeitintervall. Man erkennt, daß trotz der starken Einschnürung mancher Körner, z. B. Abb. 11, Korn 7 und 12; Abb. 12, Korn 3, 5, 7, 8, 9, 16, 18, ja sogar trotz der Ausbildung der farblos erscheinenden Trennungszone und dem Auseinanderweichen beider Teile (Abb. 12, Korn 18) doch eine vollständige Rückbildung zum abgerundeten Korn eintritt. Aus diesen Beobachtungen geht hervor, daß die Biskuitform im allgemeinen nicht als Teilungsform aufgefaßt werden darf.

Wie schon oben erwähnt, trat nur in 8 von 120 beobachteten Fällen eine vollständige Trennung der Körner ein. Der Verlauf eines Teilungsvorganges stimmt in den ersten Stadien mit den in Abb. 6 dargestellten Umbildungen überein. Später verlängert sich die farblose Plasmabrücke (Abb. 12, Korn 18), sie wird dünner und zerreißt schließlich vollständig. Die Teilkörner rücken weit auseinander und dann wurde in 8 Fällen eine Vereinigung nicht wieder beobachtet.

Die Zeitdauer der Bildung der Biskuitformen in den in Abb. 6, 7, 8 gezeichneten Zellen beträgt 4, 3, 9 Tage. Die Zeitdauer des Zurückgehens ist ganz verschieden. Bei Abb. 12, Korn 3, beträgt sie z. B. 9 Tage, in anderen Fällen 5, 15, 11, 21, 30 Tage. Die ganz verschiedene Zeitdauer erklärt sich auch daraus, daß der Zeitpunkt, in dem die Beobachtung begann, vom Zeitpunkt der Entstehung der Biskuitform wohl ungleich entfernt lag und daß die Einschnürungen nach verschiedenen Intervallen wiederkehrten. Es trat z. B. bei Zelle Protokoll-Nr. 38 (Abb. 6) an demselben Korn eine Einschnürung fünfmal nacheinander auf, in Zelle Protokoll-Nr. 176 (Abb. 7) zweimal nacheinander. Das Auseinanderweichen der Teile nach Bildung einer breiten, farblosen Trennungszone vollzog sich stets innerhalb eines Tages.

Um festzustellen, inwieweit die Biskuitbildung mit der Zellvermehrung und dem Zellwachstum im Zusammenhang stehe, zeichnete ich mir in mehreren Versuchen das Zellnetz mit dem Zeichenapparat auf und verglich die erhaltenen Bilder nach verschiedenen Zeitabschnitten mit dem wachsenden Objekt. Dabei fand ich, daß keine Zellvermehrung mehr stattfand, nachdem die Chloroplasten mit deutlichen Konturen in der Zelle auftraten. Die Zellvermehrung war darum auch bei dem Auftreten der Biskuitformen längst abgeschlossen. Dasselbe Resultat ergab sich auch mit Hilfe folgender Zählmethode. Es wurde in allen Blättern eines Sprosses die Zahl der Zellen in der Längsachse des äußersten Gliedes des Mittelzipfels gezählt und ein Mittel in der Zellenzahl

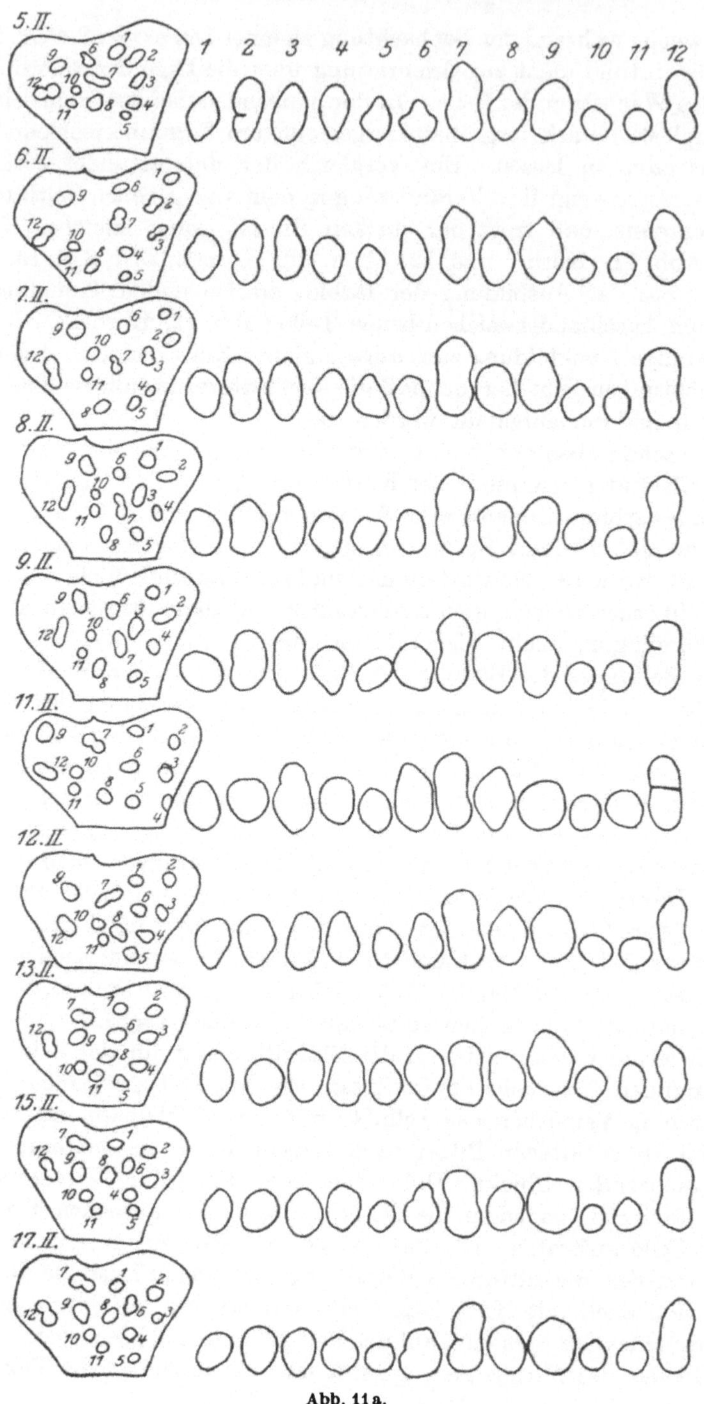

Abb. 11a.

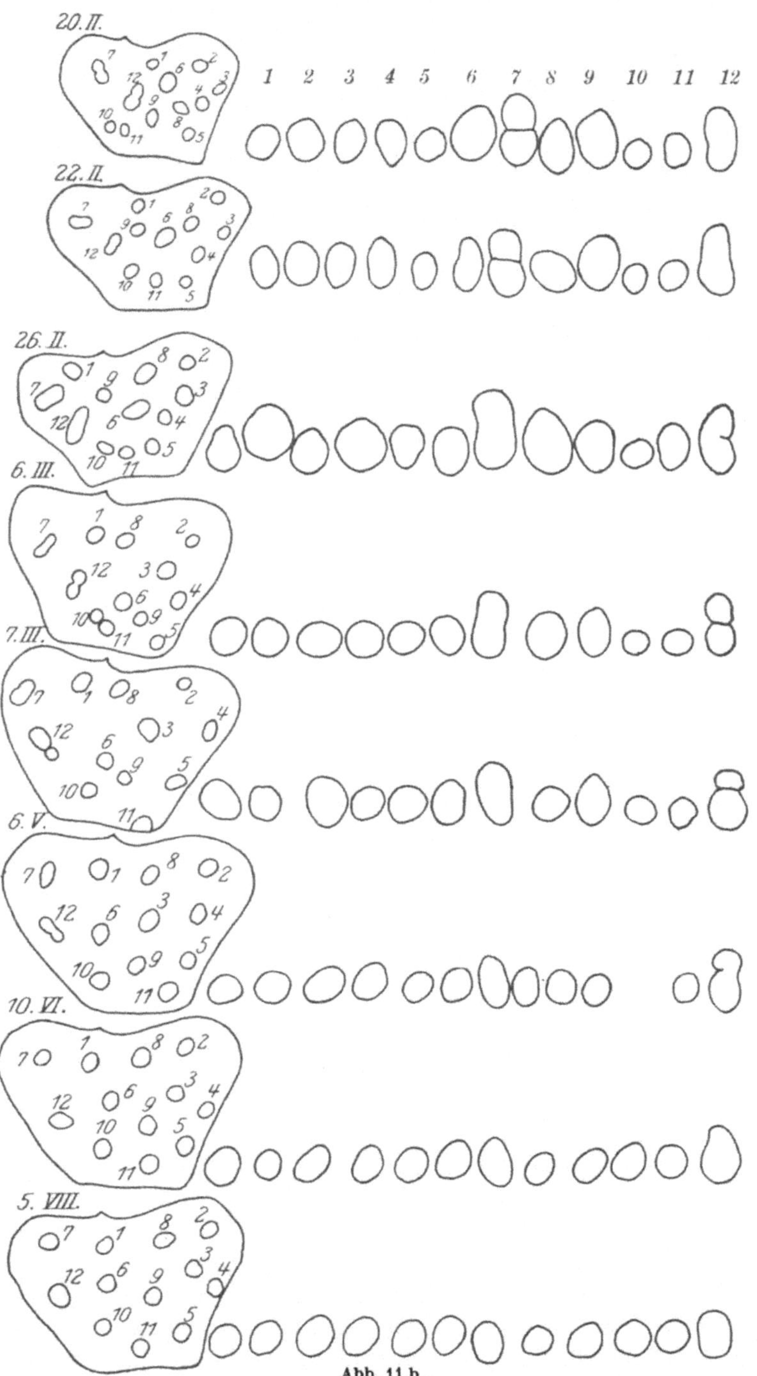

Abb. 11. a u. b) Die Veränderungen der Chloroplasten in einer wachsenden Epidermiszelle während 181 Tage.

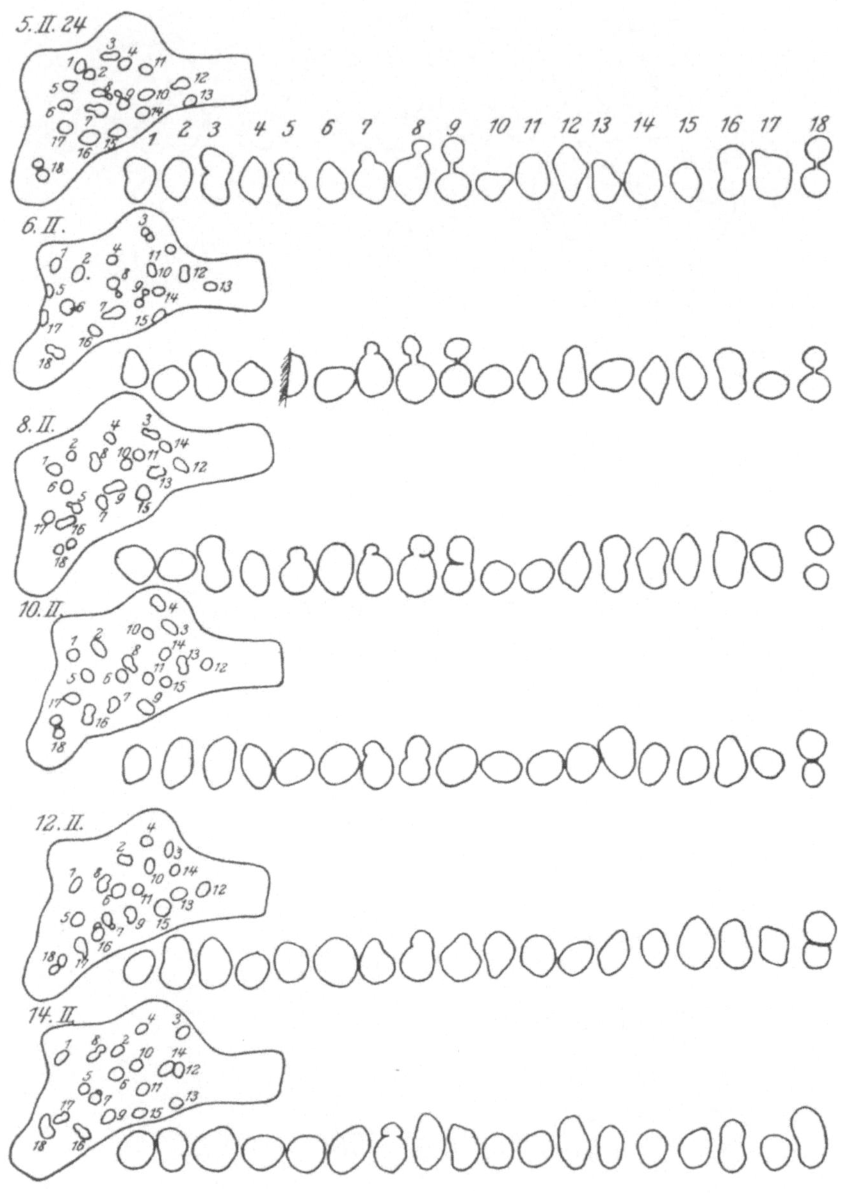

Abb. 12a.

der Breite gesucht. Das Ergebnis zeigt schon Tabelle 1 A. Der Mittel-
zipfel desselben Sprosses hat von der Länge 8,5—23,5 mm annähernd
gleiche Zellenzahl. Tabelle 1 B stellt das gekürzte Ergebnis bei fünf

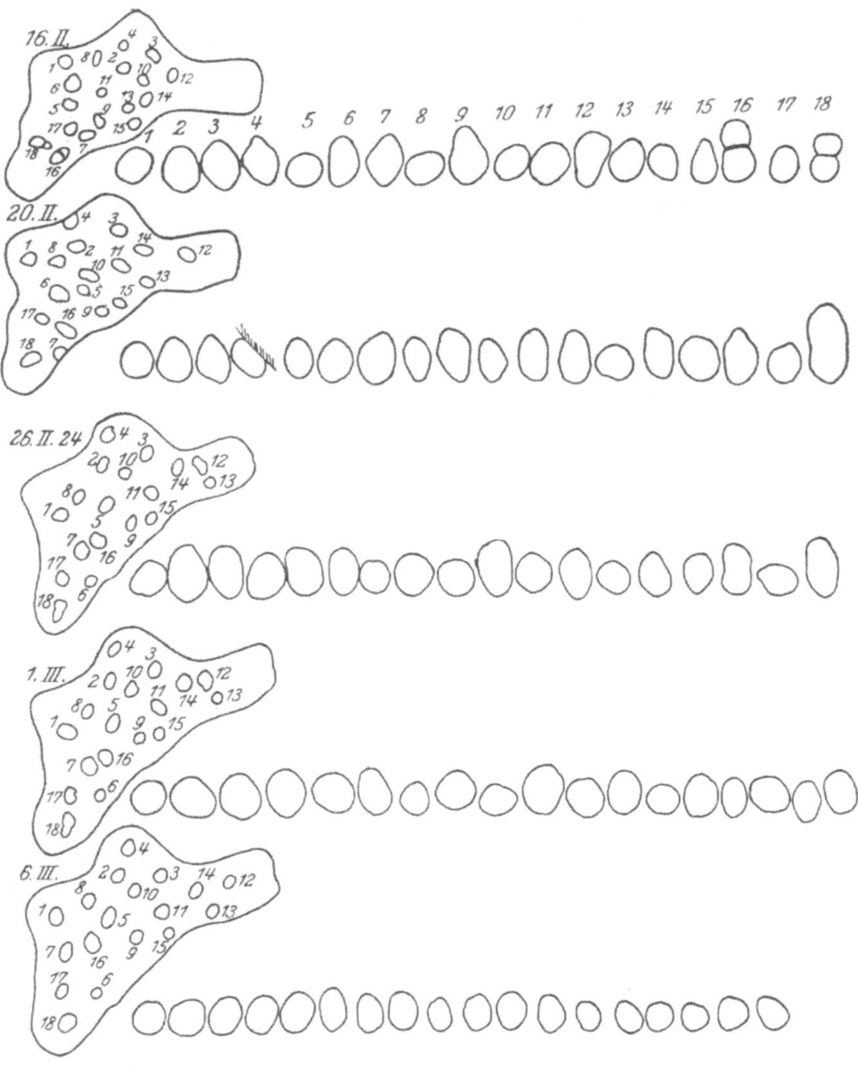

Abb. 12 b.

Abb. 12. a u. b) Die Veränderungen der Chloroplasten in einer wachsenden Epidermiszelle während 29 Tage.

anderen Sprossen dar. Hiernach ist die Zellvermehrung im allgemeinen bei einer Blattlänge von 1 cm abgeschlossen. Eine spätere bedeutende Blattvergrößerung kann demnach nur durch Wachstum der einzelnen Zellen zustande kommen.

Wie verhält es sich mit der Chloroplastenvermehrung bei diesem Zellwachstum? Um darüber Aufschluß zu bekommen, zählte ich die

Chloroplasten in zwei Blättern desselben Sprosses, die jünger und älter waren als diejenigen, in deren Zellen Biskuitformen vorkamen. Dabei wurde folgende Zählmethode angewandt:

Die Chloroplastenzahl wurde zuerst von der Blattoberseite aus festgestellt. Dann drehte ich das Blatt um und zählte von der Blattunterseite aus die Chloroplasten in denselben Zellen. Das Ergebnis zeigen die Summenzahlen in Spalte 3 und 6 (Tab. 2). Nun wurde die Pflanze dem direkten Sonnenlicht ausgesetzt. Nach 1 Stunde war bei direkter Bestrahlung eine teilweise Verlagerung der Chloroplasten eingetreten. Nun wurde die Zählung in derselben Weise noch einmal vorgenommen. Das Ergebnis zeigt Spalte 9 und 12 (Tab. 2).

Tabelle 2.   Chloroplastenzahl.

| Vor der Verlagerung | | | | | | Nach der Verlagerung | | | | | | Lfd. Nr. |
| Von der Oberseite gezählt | | | Von der Unterseite gezählt | | | Von der Oberseite gezählt | | | Von der Unterseite gezählt | | | |
Obere Wand	Untere Wand	Summe	Obere Wand	Untere Wand	Summe	Obere Wand	Untere Wand	Summe	Obere Wand	Untere Wand	Summe	
27	23	50	27	23	50	26	24	50	26	24	50	1
28	27	55	28	27	55	29	26	55	29	26	55	2
22	21	43	23	20	43	22	21	43	23	20	43	3
33	23	56	33	23	56	33	23	56	33	23	56	4
23	22	45*	24	20	44*	23	23	46*	23	23	46*	5*
30	19	49	30	19	49	30	19	49	30	19	49	6
23	21	44	23	21	44	22	22	44	22	22	44	7
23	20	43	23	20	43	24	19	43	23	20	43	8
20	19	39	20	19	39	20	19	39	20	19	39	9
33	23	56	33	23	56	34	22	56	34	22	56	10
28	22	50	28	22	50	28	22	50	28	22	50	11
24	21	45*	24	21	45*	25	22	47*	24	22	46*	12*
26	23	49	26	23	49	26	23	49	26	23	49	13
21	20	41	21	20	41	21	20	41	21	20	41	14
38	32	70	38	32	70	35	35	70	35	35	70	15
33	20	53	33	20	53	32	21	53	32	21	53	16
17	14	31	17	14	31	17	14	31	17	14	31	17
28	19	47	28	19	47	27	20	47	27	20	47	18
25	22	47	25	22	47	25	22	47	25	22	47	19
22	18	40	22	18	40	22	18	40	22	18	40	20
23	24	47	23	24	47	24	23	47	24	23	47	21
22	19	41	22	19	41	22	19	41	22	19	41	22
28	25	53*	27	24	51*	27	26	53*	27	26	53*	23*
18	18	36	18	18	36	18	18	36	18	18	36	24
21	15	36	21	15	36	20	16	36	20	16	36	25
21	20	41	21	20	41	21	20	41	21	20	41	26
25	19	44	25	19	44	25	19	44	24	20	44	27

Damit ist eine Kontrolle der ersten Feststellungen gegeben. Die Zahl der Chloroplasten in den einzelnen Zellen ist auf vier verschiedene Weisen erhalten. Ein Vergleich der Spalten 3, 6, 9, 12 (Tab. 2) zeigt, daß von 27 Zellen nur 3 Zellen (*) geringe Abweichungen zeigen. Diese

Genauigkeit konnte ich für beide in Betracht kommenden Blattgrößen erhalten und ich bekam für beide Blätter desselben Sprosses das gleiche Mittel für die Chloroplastenzahl der Zelle.

In einem anderen Versuch zählte ich die Chloroplasten in mehreren Zellen eines jungen Blattes von ungefähr 1 cm Länge. Es fand darin also nach den vorhergehenden Untersuchungen keine Zellvermehrung mehr statt. Dann überließ ich es seinem Wachstum, und nachdem das Stadium der Maximalanzahl der Biskuitformen überschritten war, zählte ich die Chloroplasten in derselben Zelle wieder. Ich kam zu dem Ergebnis, daß trotz der Biskuitformen in den Zellen keine Vermehrung, sondern nur eine Größenzunahme der einzelnen Chloroplasten stattgefunden hatte. Beide Versuche bestätigen also, daß die Biskuitformen normalerweise keine Teilungsformen sind.

Ich habe mir bei meinen Beobachtungen immer wieder den Einwand gemacht, daß das Zurückgehen der Biskuitformen doch vielleicht auf eine Entwicklungshemmung bzw. auf eine Schädigung der Zelle während der Untersuchung zurückzuführen sei. Darum habe ich Kontrollversuche mit gleichalterigen Blättern verschiedener Sprosse gemacht. Ich setzte sie nach der mikroskopischen Beobachtung des einen Sprosses gleicher Belichtung und gleichen Wachstumsbedingungen aus. Beide Blätter zeigten in allem völlig gleiches Verhalten.

Ich versuchte auch den Einfluß von Kulturbedingungen auf Biskuitformen zu prüfen, fand aber gar keine Beziehungen. Es trat wohl eine Schwankung im Wachstum auf, sie hatte aber keine Formveränderung der Chloroplasten zur Folge. Um den Einfluß von Licht und Wärme zu prüfen, beobachtete ich gleich weit entwickelte Biskuitformen in entsprechenden Sprossen. Es wurden Blätter und ganze Pflanzen einerseits starker Belichtung, andererseits längerer Dunkelheit ausgesetzt, und zwar in Parallelversuchen bei gewöhnlicher Zimmertemperatur und konstanter höherer Temperatur von 20—22°. Ich habe dabei keinen Unterschied gefunden.

Dann versuchte ich Pflanzen in Rohrzuckerlösungen verschiedenster Konzentrationen von 3—0,01 vH. längere Zeit zu kultivieren. Auch dabei habe ich keine Beeinflussung der Biskuitformen festgestellt.

Die Formveränderungen der Chloroplasten scheinen mir daher unabhängig zu sein von der Zellvermehrung, von dem Verhältnis der Zellgröße zur Chloroplastenzahl und von den angeführten Kulturbedingungen.

IV. Vergleich der Lebendbeobachtung mit der Beobachtung fixierten und gefärbten Materials.

Um die besonders an jungen Zellen gemachten Untersuchungen mit den bisher bekannten Ergebnissen der Chondriosomen und Chloroplastenforschung in Zusammenhang zu bringen, habe ich zum Vergleich

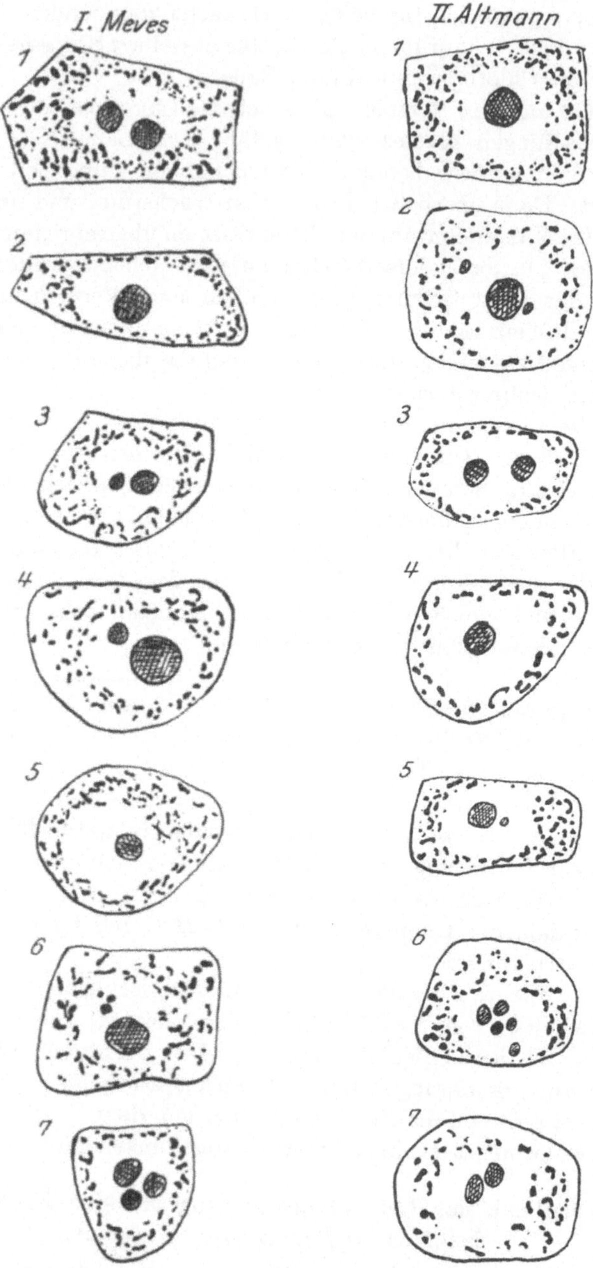

Abb. 13a.

Abb. 13a u. b.   Zellbilder aus der Spitze aufeinanderfolgender Blätter (vom Vegetationspunkt angefangen). Serie I gefärbt nach MEVES. Serie II gefärbt nach ALTMANN.

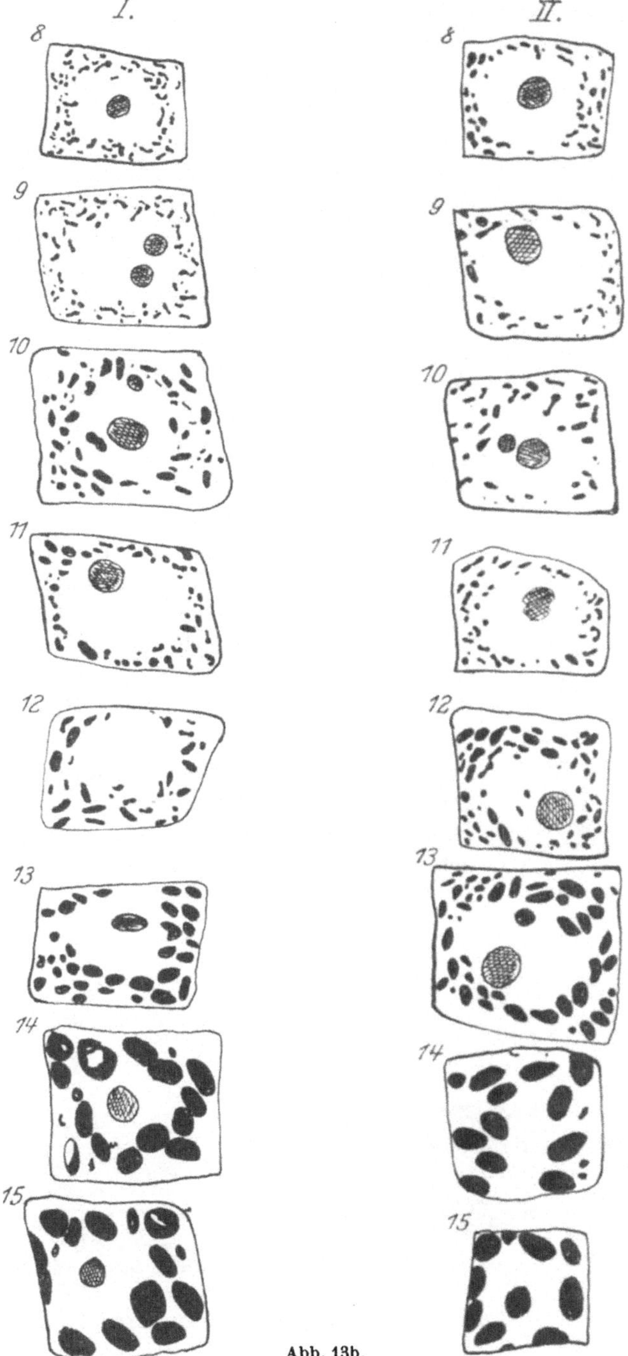

Abb. 13b.

mit den Ergebnissen der Dauerbeobachtung fixiertes und gefärbtes Material untersucht. Bei der Wahl der Methode der Fixierung und Färbung

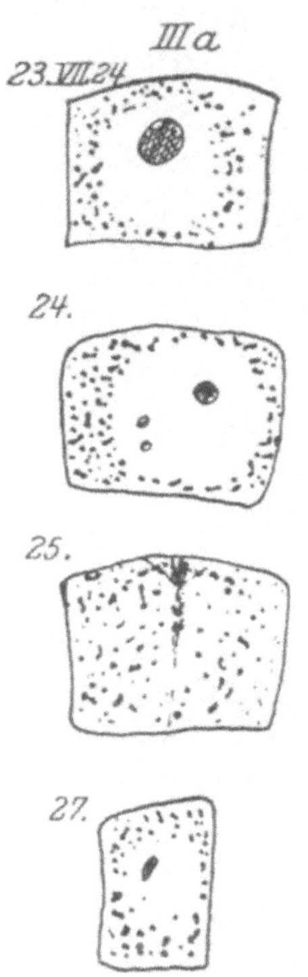

Abb. 14.
Bilder aus der Dauerbeobachtung des Vegetationspunktes.

stützte ich mich auf die Erfahrungen und Berichte von C. L. Noack und Friedrichs und wandte wie diese die Fixierungsmethode nach Regaud und die Chondriosomenfärbung nach Meves und Altmann an. Auch die Fixieŗung nach Bouin und Lenhossek habe ich versucht, doch schien mir dabei der ganze Zellkörper stark verändert und zum Vergleich mit der lebenden Zelle wenig geeignet. Die Abb. 13—15 S. 646 bis 648 enthalten vier Serien, in denen die gefärbten Zellen mit entsprechenden Bildern aus der Lebendbeobachtung zu vergleichen sind. Serie I (Abb. 13) stellt die nach Regaud fixierten und nach Meves gefärbten Zellen dar, die in ihrer Reihenfolge der Spitze aufeinander folgender Blattanlagen entnommen sind. Es sind stets Mesophyllzellen gewählt, und zwar in jedem Blatt die dritte Zelle von der Spitze aus. Die Zellen beider Färbmethoden (I u. II) zeigen gleiche Bilder und stimmen im wesentlichen mit den von Friedrichs gemachten Beobachtungen an *Elodea canadensis* überein. Doch kommen bei *Cabomba* im gefärbten Chondriom die Chondriokonten als „homogene Fäden" nicht in der Häufigkeit vor, wie Friedrichs sie bei *Elodea* gefunden und beschrieben hat. Sie sind bei

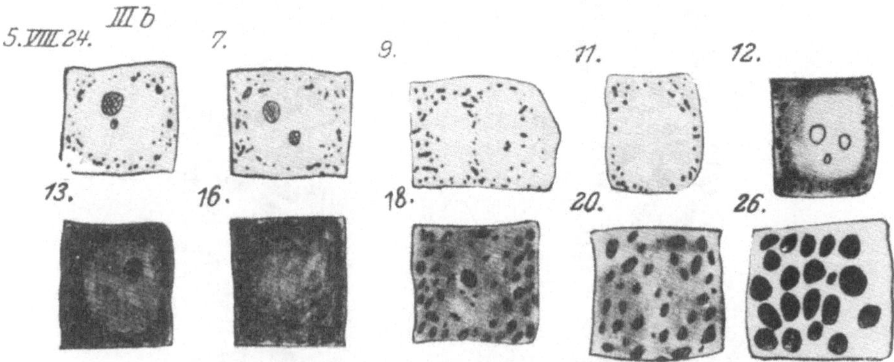

Abb. 15. Bilder aus der Dauerbeobachtung der Mesophyllzelle eines jungen Blattes.

Cabomba nur ausnahmsweise in gefärbten Präparaten zu finden. Ich habe im *lebenden* Objekt *nur* Körnchen, Doppelkörnchen und kurze

Hanteln finden können. In gefärbten Zellen sind ferner die Formen mit Endverdickungen und langem Verbindungsstück sehr häufig. Diese habe ich ebenfalls in lebenden Zellen nicht gesehen. Bei *Elodea* habe ich mich dagegen von der Sichtbarkeit der von FRIEDRICHS beschriebenen Strukturen des Chondrioms auch in lebenden Zellen leicht überzeugen können.

V. Erörterung.

Die vorliegenden Untersuchungen sollten zeigen, was man auf Grund von Dauerbeobachtungen an der lebenden Zelle von *Cabomba aquatica* und *Cabomba caroliniana* über die Entwicklung der Chondriosomen und Chloroplasten feststellen kann. Obgleich die Zellen des Vegetationspunktes für 3—4 Tage gut zu beobachten waren, mußte doch ihre Dauerbeobachtung aus den auf S. 628 angegebenen Gründen aufgegeben werden. Eine Wiederaufnahme der Dauerbeobachtung war erst bei denjenigen Blättern wieder möglich, an denen die Blattzipfel 2. Ordnung gebildet wurden. Aber auch diese Zellen zeigen noch vollkommenen meristematischen Charakter und unterscheiden sich in ihrem Chondriom nicht von denjenigen des Vegetationspunktes. In diesen jungen Blättern habe ich einzelne Chondriosomen längere Zeit verfolgen können. In den beobachteten Gruppen von Chondriosomen war die Neuentstehung kleiner Körnchen festzustellen, die vom ersten Auftreten an in 1—2 Tagen bis zur Durchschnittsgröße und Deutlichkeit der typischen Chondriosomen heranwuchsen (vgl. Text S. 630). Es treten oft Teilungen der Körnchen auf, die sich nach 3—4 Tagen wiederholen können.

Die als „homogene Fäden" charakterisierten Chondriokonten habe ich im lebenden Material überhaupt nicht gesehen. Ich fand nur Körnchen, Doppelkörnchen und kurze Hanteln. Im gefärbten Material sind dagegen Formen mit langen Verbindungsfäden zwischen den Endanschwellungen häufig zu finden. Ich halte sie für Kunstprodukte, die bei der Fixierung aus den kurzen Hanteln entstanden sind.

Die Dauerbeobachtungen haben leider ergeben, daß man bei *Cabomba* das Schicksal der Chondriosomen nicht über das meristematische Stadium der Zelle hinaus direkt verfolgen kann. Immer und immer wiederholte Dauerbeobachtungen der einzelnen Chondriosomen mußten für einige Tage aufgegeben werden, weil die Entwicklung des Zellinhaltes die weitere Verfolgung des einzelnen Chondrioms unmöglich machte. Das Bild jedes einzelnen Körnchens wurde allmählich unklar und war schließlich überhaupt nicht mehr zu erkennen (vgl. Text S. 632 und Abb. 4). Es hat den Anschein, als ob dies im wesentlichen durch das Protoplasma bedingt würde. Dies scheint undurchsichtig zu werden und macht zuletzt den Eindruck einer diffus grün gefärbten Substanz. Die Undurchsichtigkeit könnte vielleicht daher rühren, daß Chondriosomen sich auflösen; denn die Anzahl der später in der Zelle allein vorhandenen Chloroplasten (etwa 45—50, vgl. Tab. 2!) ist bedeutend geringer als die der vorher vorhandenen Chondriosomen (vgl. Text S. 630, Mittelwert 83). Es war mir unmöglich festzustellen, wie der grüne Schein zustande kommt. Ich glaube nicht, daß eine diffuse Färbung des Protoplasmas vorliegt, sondern halte es für wahrscheinlich, daß die grüne Farbe von der beginnenden Bildung und Färbung der Chloroplasten herrührt. Ebenso wie ein Gegenstand bei der Aufhellung des Nebels zuerst in seiner Lage und nach und nach in immer schärfer werdenden Grenzen erkennbar wird, so findet man auch bei der Klärung des Zellinhaltes allmählich stets deutlicher werdende Konzentrationspunkte grüner Farbe, bis die Chloroplasten als begrenzte Körper hervortreten. Vor der Chlorophyllbildung ist also ein Stadium eingeschaltet, in dem die Chondriosomen in der lebenden Zelle nicht mehr erkennbar sind. Dadurch wird es auch unmöglich, eventuelle Beziehungen zwischen Chondriosomen und Chloroplasten direkt zu beobachten. Es ist nur insofern ein Zusammenhang zwischen Chondriosomen und Chloroplastenbildung festzustellen, als mit dem Beginn der Chloroplastenbildung und dem Auftreten des Chlorophylls zugleich ein Verschwinden der Chondriosomen vor sich geht, die auch nicht wieder bei Aufhellung des Zellinhaltes sichtbar werden. Dieses zeitliche Zusammentreffen mit der Chlorophyllbildung bringen die fixierten und gefärbten Zellen nicht zum Ausdruck, weil darin die jungen Chloroplasten von den Chondriosomen nicht unterschieden werden können. Nach dem geschilderten „Nebelstadium" findet man im Protoplasma grün gefärbte, kleine Chloroplasten von ungefähr $2\,\mu$ Durchmesser, deren Entwicklung zu älteren Chloroplasten von nun an wieder an einzelnen Individuen verfolgt werden kann. Dabei ist festzustellen, daß die Biskuitformen, die bisher als Teilungsstadien der Chloroplasten aufgefaßt wurden, normalerweise keine Teilungsformen sind. Auch ihre Entstehung ist anders, als FRIEDRICHS sie angenommen hat. Dieser sagt: „Die Tatsache, daß das Auftreten der Biskuitformen im Laufe der Entwicklung der Zellen zusammenfällt mit dem Verschwinden der Zweispindelformen, spricht dafür, daß die typischen Teilungsbilder der älteren Chloroplasten zum Teil Fortbildungen der letzteren sind, deren Schwesterchromatophoren sich bei fortwährender Größenzunahme nicht trennen, sondern als kugelige Gebilde mit zwei abgeflachten Stellen ihrer Oberfläche. aneinander haften." In vorliegenden Untersuchungen konnte ich aber durch direkte Beobachtung feststellen, daß die Biskuitformen sich aus abgerundeten Chloroplasten bildeten. Damit ist also auch eine neuere Ansicht KOZLOWSKIS widerlegt, der sagt, daß die Hantelformen der Chondriosomen und Plastiden hervorgerufen werden durch Nebeneinanderstellung zweier Elemente von außen her.

Nach meinen Beobachtungen führen Biskuitformen nur ausnahmsweise zu Teilungen, ohne daß ein Grund dafür in Zellgröße und Chloroplastenzahl erkennbar ist. Die Zellvermehrung ist bei dem Auftreten der Biskuitformen ebenfalls abgeschlossen. Meine Beobachtungen über die Formveränderungen der Chloroplasten stimmen mit den von SCHRATZ gemachten Feststellungen an Moosen überein; allerdings hat SCHRATZ bei seinen Objekten einen viel häufigeren und schnelleren Wechsel der Chloroplastenformen gefunden.

VI. Zusammenfassung.

Die Dauerbeobachtung von Vegetationspunkten und Blättern bei *Cabomba* hat ergeben:

1. In allen Zellen des Vegetationspunktes kommen kleine, farblose Körnchen, Doppelkörnchen und kurze Hanteln vor, deren Wachstum und Teilung sich an der lebenden Zelle verfolgen läßt. Die Teilung ist meist nach 1 Tag abgeschlossen und kann sich nach 3—4 Tagen wiederholen.

2. Bei Zusatz von Chloraljod zeigen die größeren Körnchen, Doppelkörnchen und Hanteln Dunkelfärbung (Stärkereaktion?), während die kleinsten, kaum sichtbaren Gebilde ganz verschwinden und sich vermutlich auflösen.

3. Bei Zellteilungen findet eine annähernd gleichmäßige Verteilung der Chondriosomen auf beide Tochterzellen statt.

4. Die Zahl der Chondriosomen ist in jungen Zellen etwa doppelt so groß, wie die Durchschnittszahl der Chloroplasten in älteren Zellen.

5. Die Zellelemente junger, meristematischer Zellen lassen sich bei *Cabomba* nicht mit Sicherheit als Chondriosomen und junge Plastiden unterscheiden.

6. Eine direkte Entwicklung der Chloroplasten aus Chondriosomen habe ich nicht beobachten können, da durch einen Trübungszustand in der Zelle die Chondriosomen vor dem Auftreten der Chloroplasten unsichtbar wurden.

7. Nach der Chloroplastenbildung sind in der Zelle keine Chondriosomen mehr vorhanden.

8. Die jungen Chloroplasten zeigen bedeutende Größenunterschiede, die sich allmählich durch Wachstum ausgleichen.

9. Haben die Chloroplasten beinahe ihre endgültige Größe (ungefähr 6—9 μ Durchmesser) erreicht, so können Biskuitformen auftreten.

10. Die Biskuitformen bilden sich nicht aus hantelförmigen Chondriosomen (FRIEDRICHS) und nicht durch Aneinanderlagerung zweier Ele-

mente von außen her (KOZLOWSKI), sondern sie entstehen durch Formveränderung eines abgerundeten Chloroplasten.

11. Sie treten auf, wenn die Zellvermehrung bereits abgeschlossen ist, und ihre Häufigkeit ist unabhängig von dem Verhältnis der Zellgröße zur Chloroplastenzahl.

12. Biskuitformen sind normalerweise keine Teilungsformen, sondern Einschnürungsstadien, die nach einiger Zeit wieder rückgebildet werden. Von 120 beobachteten Biskuitformen haben sich nur 8, d. i. 6,7 vH., geteilt.

Nachtrag.

Infolge der Schwierigkeiten in der Beschaffung der französischen Literatur wurden mir die letzten Arbeiten von GUILLIERMOND: „Observations vitales sur le chondriome des végétaux etc." erst nach Beendigung meiner Untersuchungen zugänglich. GUILLIERMOND sagt darin: „La question des mitochondries ne sera résolu que lorsqu'on aura trouvé le moyen de suivre sur le vivant l'évolution des mitochondries et leur participation dans l'élaboration de la cellule."

Seine zahlreichen Untersuchungen beziehen sich in der Hauptsache auf die Entstehung der Chromoplasten, doch beschreibt er bei *Iris germanica* auch eingehend, wie er die Entstehung der Chloroplasten in Blättern und Blattstücken gesehen hat. Seine Beobachtungen waren aber keine lückenlosen Dauerbeobachtungen derselben Zellen, sondern GUILLIERMOND hat aus vielen Einzelbeobachtungen lebender Zellen verschiedenen Alters den Entwicklungsgang des Chloroplasten rekonstruiert.

Junge, wenige Millimeter lange Blätter breitete er auf dem Objektträger aus und untersuchte sie in einem Tropfen Wasser. Wegen der Durchsichtigkeit ihrer Zellen gestatteten sie eine genaue Beobachtung des Inhaltes. Aus älteren Blättern schnitt GUILLIERMOND „zarte Randpartien" aus und untersuchte diese Stücke in gleicher Weise. Für Beobachtungen in der Epidermis löste er diese vorsichtig vom Blatte los und untersuchte sie in isotonischen Lösungen. Leider fehlt in der GUILLIERMONDschen Abhandlung ein datiertes Protokoll, so daß man bei den entscheidendsten Beschreibungen nicht weiß, ob er den Vorgang selbst in seinem Verlauf beobachtet hat, oder ob er Schlußfolgerungen aus Einzelbildern zieht. Jedenfalls bringt er in seinen Abbildungen niemals dieselbe Zelle in verschiedenen Entwicklungsstadien wieder, sondern er erläutert seine Beschreibung stets an anderen Zellen.

Nach seinen Lebendbeobachtungen in den Blättern von *Iris germanica* beschreibt GUILLIERMOND z. B. folgenden Entwicklungsgang der Chloroplasten. In dem Cytoplasma der jüngsten Zellen finden sich zahlreiche kleine runde und längliche Vacuolen, welche (aufgelöst oder in Bläschenform) Phenolderivate enthalten, die zuweilen schwach violett gefärbt und stark lichtbrechend sind. Mit Neutralrot und Nilblau geben sie eine kräftige Lebendfärbung. In etwas älteren Stadien verschmelzen die Vacuolen miteinander, wodurch der Inhalt der Zellen durchsichtiger wird. (Die hier erwähnte zeitweilige Undurchsichtigkeit des Zellbildes ist vielleicht eine Erscheinung, die mit dem von mir bezeichneten „Nebelstadium" identisch ist.)

Außerdem enthält das Cytoplasma junger Zellen Fetttröpfchen und ein Chondriom aus körnigen Mitochondrien und kurzen Stäbchen, die zusammen als Zellelemente bezeichnet sind. „Ein wenig später" beobachtet man nahe am Kern die Umwandlung „eines Teiles" der Zellelemente in Chondriokonten, die sich mit Fetttröpfchen füllen (GUILLIERMOND, P. 25, 1 u. 2). Bei den Mesophyllzellen sind schon die Chondriokonten mit Chlorophyll durchsetzt. Die Fetttröpfchen bedingen die Bildung zusammengesetzter Stärkekörner im Innern der Chondriokonten. Dies hat an einer oder an mehreren Stellen Anschwellungen des Chondriokonten zur Folge, die sich im Laufe des Wachstums der Stärkekörner isolieren, indem die zwischen den Anschwellungen liegenden dünnen Verbindungsstücke zerreißen. Die mit Stärke gefüllten einzelnen Gebilde erscheinen als Chloroplasten, die anfangs noch an einer oder an beiden Seiten dünne Fortsätze zeigen, die nach und nach resorbiert werden, so daß die Chloroplasten zuletzt oval oder rund sind. Während der Chloroplast wächst, wird die Stärke wieder resorbiert. Dasselbe gilt von den meisten schon in den Chondriokonten vorhandenen Fetttröpfchen.

Nach dem meristematischen Stadium findet man im Cytoplasma außer zahlreichen Fetttröpfchen ein Chondriom, bestehend aus körnigen Mitochondrien, kurzen Stäbchen und großen Chloroplasten. Letztere haben gewöhnlich das Aussehen größerer Bläschen von runder, ovaler oder polyedrischer Form. Sie umschließen ein oder zwei Fetttröpfchen. Manchmal können sie auch noch ungefärbte, fädige Anhänge haben, die noch von den Chondriokonten herrühren.

GUILLIERMOND hat auf Grund seiner Beobachtungen zwar den ganzen Entwicklungsgang des Chloroplasten geschildert, aber er begnügt sich damit, das Nacheinander der verschiedenen Entwicklungsstufen festzustellen und sagt nicht, daß er die Veränderungen selbst in ihrem Verlauf an einem Individuum beobachtet hat. Deshalb konnte er auch wohl keine Angaben über die Zeitdauer der geschilderten Vorgänge geben, die in seiner Arbeit fehlen.

In den jüngsten Zellen fand er Fetttröpfchen, Mitochondrien und kurze Stäbchen. Davon entwickelt sich „etwas später" „ein Teil" in Chondriokonten. Welche von den Zellelementen mit diesem „Teil" gemeint sind, geht nicht aus der GUILLIERMONDschen Arbeit hervor. Da er seine Untersuchungen, wie schon erwähnt, an abgetrennten Blättern und Blattstücken vornahm, war auch wahrscheinlich eine längere Dauerbeobachtung derselben Zellelemente gar nicht möglich. Es scheint mir daher notwendig, daß die Guilliermondschen Untersuchungen nochmals wiederholt und in den erwähnten Punkten ergänzt werden.

Die Untersuchungen wurden im Botanischen Institut zu Münster i. W. auf Veranlassung und unter Anleitung von Herrn Prof. Dr. Hannig ausgeführt. Ich spreche ihm, sowie auch Herrn Prof. Dr. Benecke, der mir in liebenswürdiger Weise die Mittel des Institutes zur Verfügung stellte, für das Interesse und die Unterstützung auch an dieser Stelle meinen besten Dank aus. Die Arbeit wurde von der Philosophischen und Naturwissenschaftlichen Fakultät als Dissertation angenommen.

***

Literaturverzeichnis.

Alvarado,S.: Die Entstehung der Plastiden aus Chondriosomen in den Paraphysen von *Mnium cuspidatum*. Ber. d. dtsch. botan. Ges. 41. 1923. — **Benda, C.:** Die Mitochondriafärbung und andere Methoden zur Untersuchung der Zellsubstanzen. Verhandl. d. anat. Ges., 15. Tag., Bonn. Anat. Anz., Ergänzungsh. zu 19. 1901. — Ders.: Die Mitochondria. Zeitschr. f..d. ges. Anat., Abt. 3: Ergebn. d. Anat. u. Entwicklungsgesch. 12. 1902. — **Bredow, H.:** Beiträge zur Kenntnis der Chromatophoren. Jahrb. f. wiss. Botanik 22. 1891. — **Cholodnyj, N.:** Über die Metamorphose der Plastiden in den Haaren der Wasserblätter von *Salvinia natans*. Ber. d. dtsch. botan. Ges. 1923. — **Dangeard, P. A.:** Recherches sur la structure de la cellule dans les *Iris*. Cpt. rend. hebdom. des séances de l'acad. des sciences 174. 1922. — Ders.: Sur la structure de la cellule chez les *Iris*. Ebenda 174. — Ders.: Desgl. Ebenda 175. — **Emberger, L.:** Évolution du chondriome chez les Cryptogames vasculaires. Ebenda. 170. 1920. — **Forenbacher, A.:** Die Chondriosomen als Chromatophorenbildner. Ber. d. dtsch. botan. Ges. 29. 1911. — **Friedrichs, G.:** Die Entstehung der Chromatophoren aus Chondriosomen bei *Helodea canadensis*. Jahrb. f. wiss. Botan. 1922. — **Guilliermond, A.:** Sur les mitochondries des cellules végétales. Cpt. rend. hebdom. des séances de l'acad. des sciences 153. 1911a. — Ders.: Sur la formation de chloroleucites aux dépens des mitochondries. Ebenda 153. 1911b. — Ders.: Nouvelles remarques sur l'origine des chloroleucites. Cpt. rend. des séances de la soc. de biol. 72. 1912. — Ders.: Sur le mode de formation des chloroleucites dans les bourgeons des plantes adultes. Ebenda 72. 1912b. — Ders.: Mitochondries et plastes végétaux. Ebenda 73. 1912c. — Ders.: Sur les différents modes de la formation des leucoplastes. Ebenda 73. 1912d. — Ders.: Recherches cytologiques sur le mode de formation de l'amidon et sur les plastes des végétaux (leuco-, chromo- et chloroplastes). Contribution à l'étude des mitochondries des cellules végétales. Arch. d'anat. microscop. 14. 1912e. — Ders.: Nouvelles remarques sur la signification des plastes de W. Schimper par rapport aux mitochondries actuelles. Cpt. rend. des séances de la soc. de biol. 75. 1913. — Ders.: État actuel de la question de l'évolution et du rôle physiologique des mitochondries. Rev. gén. de botan. 26. 1914a. — Ders.: Bemerkungen über die Mitochondrien der vegetativen Zellen und ihre Verwandlung in Plastiden. Eine Antwort auf einige Einwürfe. Ber. d. dtsch. botan. Ges. 32. 1914b. — Ders.: Nouvelles remarques sur les plastes des végétaux. Evolution des plastes et des mitochondries dans les cellules adultes. Anat. Anz. 46. 1914c. — Ders.: Sur l'origine mitochondriale des plastides à propos d'un travail de MOTTIER. Ann. des sciences nat., 10. sér. T. 1. 1919a. — Ders.: Observations vitales sur le chondriome des végétaux et recherches sur l'origine des chromoplastides et le mode deformation des pigments xanthophylliens et carotiniens. Contribution à l'étude de la cellule. Rev. gén. de botan. 31. 1919b. — Ders.: Sur l'évolution du chondriome dans la cellule végétale. Cpt. rend. hebdom. des séances de l'acad. des sciences 170. 1920a. — Ders.: Sur les éléments figurés du cytoplasme. Ebenda 170. 1920b. — Sur la coexistence dans la cellule végétale de deux variétés distinctes de mitochondries. Cpt. rend. des séances de la soc. de biol. 83. 1920c. — Ders.: Sur l'évolution du chondriome pendant la formation des grains de pollen de *Lilium candidum*. Cpt. rend hebdom. des séances de l'acad des sciences 170. 1920d. — Ders.: Nouvelles remarques sur la coexistence de deux variétés de mitochondries dans les végétaux chlorophylliens. Cpt. rend. des séances de la soc. de biol. 83. 1920e. — Ders.: Sur l'existence de corps protéiques particuliers dans le pollen de diverses Asclépiadacées. Cpt. rend. hebdom. des séances de l'acad. des sciences 175. 1922. — Ders.: Remarques sur la formation des chloroplastes dans le bourgeon d'*Elodea canadensis*. Ebenda 175. 1922. — **Geitler, L.**: Über die Verwendung von Silbernitrat zur Chromatophorendarstellung. Österr. botan. Zeitschr. 71. 1922. — **Heitz, E.**: Untersuchungen über die Teilung der Chloroplasten. Straßburg: Heitz 1922. — **Hofmeister, W.**: Vergleichende Untersuchungen über Kryptogamen. Leipzig 1851. — Ders.: Die Lehre von der Pflanzenzelle. Leipzig 1867. — **Kny, L.**: Das allgemeine Vorkommen der Teilung der Chloroplasten im Pflanzenreich. Sitzungsber. d. Ges. naturforsch. Freunde, Berlin. Botan. Ztg. 1872. — **Kozlowski**: Critique de l'hypothèse des chondriosomes. Rev. gén. de botan. 1922. — **Küster, E.**: Beiträge zur Physiologie und Pathologie der Pflanzenzelle. Zeitschr. f. allgem. Physiol. 4. 1904. — **Lewitzky, G.**: Über die Chondriosomen in pflanzlichen Zellen. Ber. d. dtsch. botan. Ges. 28. 1910. — Ders.: Vergleichende Untersuchung über die Chondriosomen in lebenden und fixierten Pflanzenzellen. Ebenda 29. 1911a. — Ders.: Die Chloroplastenanlagen in lebenden und fixierten Zellen von *Elodea canadensis*. Ebenda 29. 1911b. — **Maximow, N. A.**: Über Chondriosomen in lebenden Pflanzenzellen, Anat. Anz. 43. 1913. — Ders.: Sur la structure des chondriosomes. Cpt. rend. des séances de la soc. de biol. 79. 1916b. — **Meves, F.**: Über das Vorkommen von Mitochondrien bzw. Chondriomiten in Pflanzenzellen. Ber. d. dtsch. botan. Ges. 22. 1904. — Ders.: Die Chloroplastenbildg. bei den höheren Pflanzen und die Allinante von A. MEYER. Ebenda 34. 1914. — **Meyer, A.**: Das Chlorophyllkorn in chemischer, morphologischer und biologischer Beziehung. Leipzig 1883. — Ders.: Bemerkungen zu G. LEWITZKY: Über die Chondriosomen in pflanzlichen Zellen. Ber. d. dtsch. botan. Ges. 29. 1911. — **Mikosch, C.**: Über die Entstehung der Chlorophyllkörner. Sitzungsber. d. Akad. Wien 92. 1885. — **Mottier, M.**: Chondriosomes and the Primordia of chloroplasts and leucoplasts. Ann. of botany 32. 1918. — **Noack, C. L.**: Untersuchungen über die Individualität der Plastiden bei Phanerogamen. Zeitschr. f. Botanik 13. 1921. — **Pensa, A.**: Osservazioni di morfologia et biologia cellulare dei vegetali (mitocondri, chloroplasti). Arch. f. Zellforsch. 8. 1912. — **Ruhland, W. u. Wetzel, K.**: Der Nachweis von Chloroplasten in den generativen Zellen von Pollenschläuchen. Ber. d. dtsch. botan. Ges. 42. 1924. — **Rudolph, K.**: Chondriosomen und Chromatophoren (Beitrag zur Kritik der Chondriosomentheorien). Ebenda 30. 1912. — **Sapehin, A.**: Ein Beweis für die Individualität der Plastide. Ebenda 31. 1913. — Ders.: Untersuchungen über die Individualität der Plastide. Arch. f. Zellforsch. 13. 1915. — **Scherrer, A.**: Die Chromatophoren und Chondriosomen von *Antho-*

ceros. Ber. d. dtsch. botan. Ges. 31. 1913. — Ders.: Untersuchungen über Bau und Vermehrung der Chromatophoren und 'das Vorkommen von Chondriosomen bei *Anthoceros*. Flora, N. F. 7. 1915. — **Schratz, E.:** Studien über die Natur der biskuitförmigen Stadien der Chloroplasten. Biol. Zentralbl. 44, 615. — **Schimper, A. F. W.:** Über die Entwicklung der Chlorophyllkörner und Farbkörner. Botan. Ztg. 41. 1883. — Ders.: Untersuchungen über die Chlorophyllkörner und die ihnen homologen Gebilde. Jahrb. f. wiss. Botanik 16. 1885. — **Schürhoff, P. N.:** „Die Plastiden." In: LINSBAUER, K., Handb. der Pflanzenanatomie. I. Abt., 1. Teil. Berlin. 1924.

EIN NEUES PRODUKT DER ZUCKERUMWANDLUNG BEI DEN PILZEN.
(I. MITTEILUNG.[1])
Von
WL. S. BUTKEWITSCH.

(Eingegangen am 10. Februar 1926.)

Die Substanz, die in dieser Mitteilung beschrieben werden soll, wurde von uns aus Zuckerkulturen von *Aspergillus oryzae* erhalten. Zwar ist ihre chemische Natur noch nicht ganz aufgeklärt, doch legen die vorliegenden Angaben schon jetzt die Vermutung nahe, daß die betreffende Substanz ein physiologisch wichtiges intermediäres Produkt der Zuckerumwandlung darstellt, und erlauben, gewisse Schlüsse in bezug auf den Charakter der ersten Stufen dieser Umwandlung zu ziehen.

Die Ergebnisse unserer Versuche sind auch dadurch von Interesse, daß sie bis zu einem gewissen Grade die von uns früher ausgesprochene Vermutung bestätigen, und zwar daß die Umwandlungen von Zucker und von Chinasäure bei den zur Verwertung der letzteren fähigen Organismen in irgendwelcher Beziehung zueinander stehen[2]).

Durch unsere Versuche mit Pilz- und Bacterienkulturen auf Chinasäure war festgestellt worden, daß sich ihre Verwertung durch diese Organismen unter Bildung von Protocatechusäure vollzieht. Dabei wird also eine gesättigte Verbindung durch Dehydratation und Oxydation in ein ungesättigtes Benzolderivat mit Doppelbindungen verwandelt. Irgend etwas Ähnliches kommt auch in der weiter unten erörterten Umwandlung des Zuckers bei *Aspergillus oryzae* zustande.

In den Zuckerkulturen dieses Pilzes häuft sich unter gewissen Bedingungen eine Verbindung an, die eine charakteristische Reaktion mit Eisenchlorid, und zwar intensive kirschrote Färbung, gibt. Durch diese Reaktion wurde die Verbindung in den Pilzkulturen entdeckt.

Nach einer Reihe von Versuchen, die die Farbreaktion mit $FeCl_3$ gebende Substanz auszuscheiden, ist es mir endlich gelungen, diese die Eigenschaften einer Säure besitzende Substanz als Calciumsalz erhalten, das sich in schönen, glänzenden, orangegelben Prismen krystallisieren

---

[1]) Diese Mitteilung wurde auf der Versammlung der Botaniker in Moskau in diesem Jahre am 23. Januar vorgetragen.

[2]) WL. BUTKEWITSCH, Biochem. Zeitschr. 145, 442, 1924; 159, 395, 1925.

läßt. Später wurde auch die freie Säure aus den Pilzkulturen direkt wie aus dem Calciumsalz durch Bearbeitung desselben mit Oxalsäure erhalten[1]). Beide auf diesen verschiedenen Wegen erhaltene Präparate der Säure waren allen ihren Eigenschaften nach ganz identisch.

Die Säure löst sich leicht in Wasser und Alkohol und läßt sich aus den beim Erhitzen gesättigten Lösungen nach Abkühlen derselben leicht in nadelförmigen, schwach rosagelb gefärbten Blättchen krystallisieren. In Äther ist die Säure fast unlöslich. Ihre Lösungen geben eine intensive kirschrote Färbung mit $FeCl_3$ und eine schwach rotviolette Färbung mit a-Naphthol und Schwefelsäure, reduzieren FEHLINGsche Lösung beim Kochen und Permanganat in der Kälte; ammoniakalische Silberlösung reduzieren sie aber auch beim Kochen nicht. Die Säure verbindet sehr gierig Brom aus seinen Äther- oder Alkohollösungen, die momentan in der Kälte entfärbt werden. Sie bildet gut in prismatischen Nadeln krystallisierte Salze mit Quecksilber und Blei, die auch wie das oben genannte Calciumsalz gefärbt sind.

Die durch Umkrystallisieren aus Alkohol gereinigte Säure zeigte einen beständigen Schmelzpunkt bei 148—148,5°. Sie schmilzt ohne Zersetzung, und nach Erstarren beim Abkühlen bleibt ihr Schmelzpunkt unverändert.

Die Säure ist optisch inaktiv ihre wässerige Lösung zeigt keine Drehung.

Die Elementaranalyse der Säure gab folgende Resultate:

a) *Die direkt aus der Kulturflüssigkeit ausgeschiedene Säure.*

1. Zur Analyse genommen $-0,2931$ g.

$$\text{gefunden} \begin{cases} CO_2-0,5292 \text{ g, } C-0,14433 \text{ g}-49,24 \text{ vH.} \\ H_2O-0,1045 \text{ „ } H-0,01195 \text{ „}-4,08 \text{ „} \end{cases}$$
$$O \text{————————} 46,68 \text{ „}$$

$$C-\frac{49,24}{12}=4,10 \qquad H-\frac{4,08}{1}=4,08 \qquad O-\frac{46,68}{16}=2,92.$$

2. Zur Analyse genommen $-0,3030$ g.

$$\text{gefunden} \begin{cases} CO_2-0,5480 \text{ g, } C-0,14946 \text{ g}-49,32 \text{ vH.} \\ H_2O-0,1118 \text{ „ } H-0,01251 \text{ „}-4,13 \text{ „} \end{cases}$$
$$O \text{————————} 46,55 \text{ „}$$

$$C-\frac{49,32}{12}=4,11 \qquad H-\frac{4,13}{1}=4,13 \qquad O-\frac{46,55}{16}=2,91.$$

b) *Die aus dem Ca-Salz erhaltene Säure.*

---

[1]) Die Bedingungen, unter denen sich die fragliche Säure in den Pilzkulturen anhäuft, und das Verfahren zu ihrer Ausscheidung müssen später in einer ausführlicheren Mitteilung beschrieben werden.

3. Zur Analyse genommen — 0,3038 g.

gefunden $\left\{ \begin{array}{l} CO_2 - 0,5468 \text{ g}, \quad C - 0,14913 \text{ g} - 49,09 \text{ vH.} \\ H_2O - 0,1083 \,_{,,} \quad H - 0,01212 \,_{,,} - 3,99 \quad _{,,} \end{array} \right.$

$$O \text{————————} 46,92 \;_{,,}$$

$$C - \frac{49,09}{12} = 4,09 \quad H - \frac{3,99}{1} = 3,99 \quad O - \frac{46,92}{16} = 2,93.$$

Durchschnittswerte aus drei Analysen.

$$C - 49,21 \text{ vH.}/12 - 4,10$$
$$H - \;\; 4,07 \;\; _{,,} /1 - 4,07$$
$$O - 46,72 \;\; _{,,} /16 - 2,92$$

Die erhaltenen Werte entsprechen nahezu der molekularen Zusammensetzung $(C_4H_4O_3)n$ von dem Molekulargewicht $(100)n$.

Zur Bestimmung des Wertes n kann man durch Titrieren der Säure gelangen:

Titrieren der Säure mit Phenolphthalein als Indicator.

1. Abgewogene Substanz —0,2300 g. Beim Titrieren $n/10$ $Ba(OH)_2$ verbraucht —14,9 ccm, also auf 1 g Säure —64,8 ccm $n/10$ $Ba(OH)_2$.

2. Abgewogene Substanz —0,5340 g. Beim Titrieren $n/10$ $Ba(OH)_2$ verbraucht —35,3 ccm, also auf 1 g Säure —66,1 ccm $n/10$ $Ba(OH)_2$.

3. Abgewogene Substanz —0,9962 g. Beim Titrieren $n/10$ $Ba(OH)_2$ verbraucht —66,2 ccm, also auf 1 g Säure —66,5 ccm $n/10$ $Ba(OH)_2$.

Das normale Salz der Säure reagiert mit Phenolphthalein alkalisch, und beim Titrieren mit diesem Indicator wird 0,3—0,5 ccm $n/10$ $Ba(OH)_2$ weniger verbraucht, als zur vollständigen Sättigung der Säure nötig ist. Deshalb gibt das Titrieren um so ungenauere Werte je kleiner die Menge der zur Titration gebrauchten Substanz ist.

Zur weiter unten folgenden Berechnung des Molekulargewichtes nehmen wir den Wert, der beim Titrieren 3. erhalten wurde. Aus diesem Wert ergibt sich das Molekulargewicht für die einwertige Säure als 150,37, für die zweiwertige als 300,74.

Da n in der Formel $(C_4H_4O_3)n = (100)n$ nur eine ganze Zahl sein kann, so müssen wir das gesuchte Molekulargewicht gleich 300 annehmen, und die betreffende Säure läßt sich auf folgende Weise darstellen.

$$C_{12}H_{12}O_9 \text{ bzw. } (C_{10}H_{10}O_5)(COOH)_2.$$

Dieser Zusammensetzung der Säure entspricht auch der CaO-Gehalt im oben erwähnten *sauren Ca-Salz*, wenn man zwei Moleküle Krystallisationswasser in demselben annimmt.

Das Salz von Zusammensetzung

$$(C_{10}H_{10}O_5)_2 (COOH)_2 (COO)_2 Ca \cdot 2H_2O$$

muß 8,31 vH. Calciumoxyd enthalten. Der gefundene CaO-Gehalt des betreffenden Salzes kommt dem angegebenen Werte nahe.

1. Aus der Pilzkultur ausgeschiedenes saures Ca-Salz. Abgewogene Substanz —0,2000 g. Gefunden CaO—0,0167 g —8,35 vH.

2. Aus der Säure synthetisch erhaltenes saures Ca-Salz. Abgewogene Substanz —0,5118 g. Gefunden CaO—0,0423 g —8,32 vH.

3. Dasselbe Salz, umkrystallisiert. Abgewogene Substanz —0,2122 g. Gefunden CaO—0,0178 g —8,39 vH.

Der Gehalt des Salzes an Krystallisationswasser konnte nicht genau bestimmt werden, da das Salz bei 100° getrocknet nicht nur dieses, sondern auch noch beinahe zwei Moleküle Konstitutionswasser verliert. Insgesamt erreicht der Gewichtsverlust beinahe 11 vH., während der Gehalt des Salzes an Krystallisationswasser nach der oben angegebenen Formel nur 5,34 vH. ausmachen kann. Dabei verändert das Salz wesentlich seine Eigenschaften; es wird braun gefärbt und in Wasser schwer und wenig löslich. Bei 125° verändert sich das Salz noch weiter; es wird noch dunkler braun gefärbt und der gesamte Gewichtsverlust übersteigt 14 vH. Dadurch unterscheidet sich das Ca-Salz wesentlich von der freien Säure, die bei den oben angegebenen Temperaturen ganz beständig und unverändert bleibt und, wie oben schon erwähnt wurde, sich bei 148,5° ohne Veränderungen schmelzen läßt.

Das saure Ca-Salz reagiert auf Lackmus fast neutral und auf Phenolphthalein sauer. Beim Titrieren des Salzes mit Phenolphthalein als Indicator wird $Ba(OH)_2$ in einer Menge verbraucht, die etwas niedriger als die dem Ca-Gehalt des Salzes äquivalente Menge ist.

Titrieren des sauren Ca-Salz mit Phenolphthalein als Indicator.

1. Abgewogene Substanz —0,1632 g. Beim Titrieren verbrauchtes $n/10\ Ba(OH)_2$—4,3 ccm; daraus auf 1 g Salz —26,4 ccm $n/10\ Ba(OH)_2$.

2. Abgewogene Substanz —0,7923 g. Beim Titrieren verbrauchtes $n/10\ Ba(OH)_2$—22,4 ccm; daraus auf 1 g Salz —28,2 ccm $n/10\ Ba(OH)_2$.

Die Menge $n/10\ Ba(OH)_2$, die dem Ca-Gehalt des Salzes äquivalent ist, macht auf 1 g Salz 29,6 ccm aus.

Hier tritt dieselbe Erscheinung zutage, die beim Titrieren der Säure beobachtet wurde: Je kleiner die Menge der zum Titrieren gebrauchten Substanz ist, desto größer ist die Divergenz zwischen den durch Titration und durch Rechnung erhaltenen Werten.

Das normale Ca-Salz, $C_{12}H_{10}O_9$. Ca, wurde synthetisch erhalten, indem eine entsprechende Menge $Ca(OH)_2$ der wässerigen Lösung der Säure zugesetzt wurde. Das Salz ist in Wasser sehr leicht löslich und wurde aus der durch Abdampfen im Vakuum eingeengten Lösung durch Fällung mit Alkohol ausgeschieden. Im Vakuumexsiccator über Schwefelsäure getrocknet stellte das Salz ein fast weißes Pulver dar, das aus kleinen Sphäriten zusammengesetzt war. Sein CaO-Gehalt entsprach der oben angegebenen Formel.

Abgewogene Substanz —0,2192 g.
CaO gefunden —0,0359 g —16,38 vH.

CaO-Gehalt nach der Formel $C_{12}H_{10}O_9$.Ca gerechnet —16,57 vH. Bei 100° verliert dieses Salz im Gewicht beinahe 6 vH., was annähernd einem Molekül Wasser entspricht (5,33 vH.). Läßt man Kohlendioxyd durch konzentrierte Wasserlösung des normalen Ca-Salzes durchströmen, so scheidet sich das in Wasser verhältnismäßig schwer lösliche saure Ca-Salz in schönen glänzenden orangegelb gefärbten Krystallen aus.

Auf Grund der Elementaranalyse, des Titrierens und des CaO-Gehalts der Ca-Salze läßt sich also die Zusammensetzung der untersuchten Säure durch die Formel $C_{12}H_{12}O_9$ bzw. $(C_{10}H_{10}O_5)\,(COOH)_2$ ausdrücken.

Da die Säure anfangs in den Pilzkulturen auf Rohrzucker aufgefunden wurde, so lag natürlich die Vermutung nahe, daß sie ein Produkt der direkten Umwandlung dieses Zuckers darstelle. Diese Vermutung wurde durch die Versuche mit Dextrose beseitigt. In den Kulturen von *Aspergillus oryzae* auf Dextrose bildete sich die Säure ebensogut und sogar noch besser als in den Kulturen auf Rohrzucker.

Weiter wurde durch Hydrolyseversuche mit Schwefelsäure festgestellt, daß die Kohlenstoffkette der Säure keine Verbindung über Sauerstoff enthält.

1 g Säure wurde mit 20 ccm n/20 Schwefelsäurelösung im Autoklaven 3 Stunden unter 3—4 Atmosphären Druck erhitzt. Darauf wurde die Schwefelsäure mit Bariumhydrat entfernt, und das Filtrat vom Bariumsulfat durch Abdampfen auf dem Wasserbade eingeengt. Nach Abkühlen der Lösung schied sich eine krystallinische Substanz aus, die der für den Versuch verbrauchten Säure ganz ähnlich sah und denselben Schmelzpunkt wie diese, d. h. 148—148,5°, zeigte.

Die untersuchte Säure stellt eine ungesättigte Verbindung dar. Das ergibt sich aus ihrer Zusammensetzung wie aus ihrem Verhalten gegen Brom, Permanganat und Salpetersäure. Es gibt keine Grundlagen, die Anwesenheit eines Phenolkernes anzunehmen. Die Reaktionen mit MILLONschem Reagens und mit Zucker und Schwefelsäure fallen ganz negativ aus.

Mit verdünnter 40 proz. Salpetersäure wird die untersuchte Säure beim Erhitzen der Lösung sehr leicht und stürmisch unter starker Gasentwicklung oxydiert. In der Salpetersäurelösung, in welcher etwas Säure schon oxydiert wurde, geht die Oxydation der von neuem zugesetzten Säure schon in der Kälte vor sich. Außer Kohlendioxyd und Oxalsäure bilden sich dabei noch Produkte, die nach Entfernung der Oxalsäure aus der Lösung einen voluminösen Niederschlag mit Bleiacetat geben. Die Oxydationsprodukte müssen näher qualitativ und quantitativ untersucht werden.

Permanganat wird in wässeriger, mit H_2SO_4 angesäuerter Lösung der betreffenden Säure außerordentlich leicht reduziert. In dieser Lösung entfärbt sich Permanganat schon in der Kälte fast momentan. Durch ein Molekül der Säure (Molekulargewicht 300) werden besonders leicht die ersten 5—6 und etwas langsamer, aber doch auch ziemlich leicht noch weitere 5—6 Sauerstoffatome des Permanganats, also insgesamt, 10—12 Atome, aufgenommen. Darauf kommt die Reduktion des Permanganats zum Stillstand, oder geht nur noch sehr schwer und langsam vor sich. Es gibt einen ziemlich scharf ausgeprägten Grenzpunkt, bei welchem die leichte Reduktion abgeschlossen ist, und dieser Punkt verschiebt sich nicht beim Erhitzen der Lösung. — Titriert man mit Permanganat die Lösungen der Säure, die durch $FeCl_3$-Zusatz kirschrot gefärbt sind, so verschwindet die Farbe ganz, nachdem eine gewisse Menge des Permanganats der Lösung zugesetzt worden ist.

Was die Struktur des Radikals — $C_{10}H_{10}O_5$ — anbelangt, so kommt zunächst die Vermutung in Betracht, daß es aus den Enolgruppen —CH=COH— und aus den ihnen tautomeren Ketogruppen —CH_2—CO— zusammengesetzt ist. Es ist möglich, daß hier auch eine Anhydridgruppierung —CH— —CH — mit einem verbrückenden O stattfindet.

Für die Gegenwart der Enolgruppierung in der vorliegenden Verbindung sprechen ganz bestimmt die Reaktionen mit Eisenchlorid und mit Brom.

Es ist von WISLICENUS[1]) festgestellt geworden, daß die rotviolette Färbung mit Eisenchlorid eine der Enolgruppe eigentümliche Reaktion bildet.

Als ebenso charakteristisch für diese Gruppe kann man auch die rasche Bindung von Brom in der Kälte annehmen.. Nach KURT MEYER[2]) kann diese Reaktion mit Brom nicht nur zum Nachweis der Enolgruppen, sondern auch zur quantitativen Bestimmung derselben dienen.

Wir haben das von KURT MEYER ausgearbeitete Verfahren[3]) zur quantitativen Bestimmung der Enolgruppen auch in der von uns untersuchten Säure angewendet. Durch Titrieren derselben mit Bromalkohollösung in bis zu $0°$ abgekühlten Lösungen wurden folgende Ergebnisse erhalten.

a) In Alkohollösung

1. Abgewogene Substanz —0,0580 g. Beim Titrieren verbrauchtes

---

[1]) WISLICENUS, Ber. d. Dtsch. Chem. Ges. **32**, 2837, 1899.

[2]) KURT H. MEYER, Liebigs Ann. d. Chem. **380**, 212, 1911; Ber. d. Dtsch. Chem. Ges. **45**, 2843, 1912.

[3]) loc. cit.

Brom —0,06208 g.   Brom auf ein Grammolekül (300) —321,1 g/80 =
4,01 Atome.

b) In Wasserlösung

2. Abgewogene Substanz —0,0778 g.   Beim Titrieren verbrauchtes
Brom—0,08614 g. Brom auf ein Grammolekül—332,1 g/80=4,15 Atome.

3. Abgewogene Substanz — 0,1003 g.   Beim Titrieren verbrauchtes
Brom—0,11230 g. Brom auf ein Grammolekül—335,9 g/80 = 4,20 Atome.

Da eine Enolgruppe zwei Atome Brom bei der Bromierung bindet,
so ist nach den angegebenen Titrationsresultaten anzunehmen, daß das
Radikal $C_{10}H_{10}O_5$ zwei solche Gruppen enthält. Neben diesen existieren
hier wahrscheinlich auch Ketogruppen, die sich mit den ersteren in
beweglichem Gleichgewicht befinden.

Nach KURT MEYER[1]) kann sich der Gleichgewichtszustand zwischen
Enol- und Ketoform bei der Lösung in verschiedenen Lösungsmitteln
und beim Eintritt neuer Gruppen in das Molekül in weitem Umfange
verschieben.

So ist z. B. das in festem Zustande als Keton beständige Acetyldibenzoyl-
methan in Alkohol zu 90 vH., in Benzol sogar zu 98 vH. enolisiert, während
umgekehrt der als Enol im krystallisierten Zustande beständige Oxalessigsäure-
methylester in Lösung weitgehend ketisiert ist. — Den Einfluß der Lösungsmittel
auf das Gleichgewicht zwischen Enol- und Ketoform können folgende aus
K. MEYERs Arbeit entnommene Angaben demonstrieren: Die Zahlen bedeuten den
Enolgehalt beim Gleichgewicht in vH. in etwa 3—5proz. Lösungen von Acet-
essigester

Wasser	0,4	Äthylalkohol	12,7
Eisessig	5,7	Benzol	18,0
Methylalkohol	6,9	Hexan	48,0

Die Einwirkung des Eintritts neuer Gruppen ist aus folgenden Zahlen ersichtlich, die dasselbe wie die vorigen bedeuten

Oxalessigsäure in Alkohollösung	60
Methylester dieser Säure „	23.

Daß die von uns untersuchte Säure die unter gewissen Bedingungen
zur Enolumlagerung fähigen Ketogruppen enthält, dafür sprechen
einige Erscheinungen, die sich in den Lösungen der Säure mit bro-
mierten Enolgruppen beobachten lassen, wenn Eisenchlorid diesen
Lösungen zugesetzt wird. Die durch $FeCl_3$-Zusatz kirschrot gefärbte
Lösung der Säure entfärbt sich nach der Sättigung der Enolgruppen
mit Brom. Läßt man diese farblose Lösung stehen, so kommt die
Färbung bald wieder. Anfangs färbt sich die Flüssigkeit violett, darauf
verstärkt sich die Färbung nach und nach, und schließlich nimmt die
Flüssigkeit kirschrote Farbe an wie früher. Macht man die Flüssigkeit
durch neuen Bromzusatz wieder farblos, so kann man die soeben beschriebenen Erscheinungen wiederum beobachten, und das läßt sich

---

[1]) KURT MEYER, Ber. d. Dtsch. Chem. Ges. **45**, 2843, 1912.

mehrmals wiederholen. Die Wiederkehr der Färbung kann nur durch eine Neubildung der Enolgruppen bedingt werden, und das kommt wahrscheinlich durch Enolumlagerung der im Molekül befindlichen Ketogruppen zustande. Die Geschwindigkeit dieser Umlagerung wird, nach Kurt Meyer [1]), durch Eisenchlorid katalytisch erhöht.

Die von uns aus den Zuckerkulturen von *Aspergillus oryzae* ausgeschiedene und untersuchte Säure bildet ein intermediäres Produkt der Zuckerumwandlung. Darüber kann kein Bedenken bestehen, und das ergibt sich aus den beobachteten Tatsachen in bezug auf Anhäufen und Verbrauch der Säure in den Kulturen. Der Gehalt der Kulturflüssigkeit an der Säure kann 2—3 vH. erreichen, und ihre Ausbeute in bezug auf verbrauchten Zucker machte bei unseren Versuchen beinahe 20—25 vH. aus. Bei längerer Dauer der Kulturen verschwindet sie ganz, und in solchen Kulturen konnte die Säure auch durch die sehr empfindliche Reaktion mit Eisenchlorid nicht entdeckt werden.

Als Zwischenstufe der Zuckerumwandlung bildet sich hier also eine ungesättigte Verbindung, die die Eigenschaften von Keto-Enol-Desmotropen besitzt.

Zur Zeit ist nur eine einzige ungesättigte Verbindung unter den Produkten der Zuckerumwandlung durch die Pilze bekannt. Das ist die Fumarsäure, COOH—CH=CH—COOH, die von Ehrlich [2]) in den Zuckerkulturen von *Mucor stolonifer* und später von Wehmer [3]) in denen von *Aspergillus fumaricus* nachgewiesen wurde. Diese Säure ist aber ein Produkt der schon weit fortgeschrittenen Umwandlung des Zuckers.

Die von uns bei *Aspergillus oryzae* aufgefundene ungesättigte Säure scheint ihrer Konstitution nach dem Zucker ziemlich nahe zu stehen, und deshalb kann ihre nähere Untersuchung von bedeutender Wichtigkeit zur Erklärung der ersten Stufen der Zuckerumwandlung werden.

Auf Grund der vorliegenden Angaben ist schon jetzt als festgestellt anzunehmen, daß der Übergang von Zucker in die betreffende Säure auf dem Wege der Dehydratation und Oxydation zustande kommt. Dieser Vorgang läßt sich auf folgende Weise zum Ausdruck bringen.

$$2\,C_6H_{12}O_6 - 6\,H_2O + 3\,O = C_{12}H_{12}O_9.$$

Ähnlich verläuft auch die von uns bei den Pilzen, unter anderem auch bei *Aspergillus oryzae*, festgestellte Umwandlung der Chinasäure in Protocatechusäure. Hier haben wir auch einen Übergang von gesättigter in ungesättigte Verbindung, der von Dehydratation und Oxydation begleitet wird. Das ist aus folgender Gleichung ersichtlich:

---

[1]) Kurt Meyer, Ber. d. Dtsch. Chem. Ges. 45, 2893, 1912; auch 44, 2725, 1911.

[2]) F. Ehrlich, Ber. d. Dtsch. Chem. Ges. 44, 3737, 1911.

[3]) C. Wehmer, Ber. d. Dtsch. Chem. Ges. 51, 1663, 1918.

$$C_6H_7(OH)_4COOH - 3\,H_2O + O = C_6H_3(OH)_2COOH.$$

Dabei kommt auch hier eine Bildung von Keto-Enol-Desmotropen zustande, da Phenole auch als solche Desmotrope betrachtet werden können, die in Enol- und Ketoform existieren. So können z. B. für Brenzcatechin zwei tautomere Formen angenommen werden:

In alkalischer Lösung geben Brenzcatechin und seine Derivate auch die der Enolgruppe eigentümliche kirschrote Färbung mit Eisenchlorid. Von tautomeren Formen der Phenole ist, nach K. MEYER[1]), die Enolform besonders reaktionsfähig.

Was die Beziehung zwischen der Dehydratation und der diese begleitenden Oxydation anbelangt, so scheint sie nicht als ein zufälliges Zusammenfallen betrachtet werden zu dürfen. Es ist wahrscheinlich, daß beide Vorgänge in einem innigeren Zusammenhang miteinander stehen. Dafür spricht schon die Tatsache, daß dieser Zusammenhang bei Chinasäure wie bei Zucker zum Vorschein kommt. Damit wird auch bis zu einem gewissen Grade die von uns ausgesprochene Vermutung[2]) bestätigt, daß derselbe Oxydationsmechanismus für die oxydative Umwandlung der Chinasäure und der Kohlehydrate maßgebend sein muß.

Um die Konstitution wie auch das Molekulargewicht der hier beschriebenen Säure sicher feststellen zu können, sind noch nachträgliche Versuche nötig. Diese Versuche sind im Gange. Weitere Ermittelungen müssen den Vorgang der Zuckerumwandlung im gegebenen Fall eingehender aufklären; die vorliegenden Ergebnisse gestatten nur eine allgemeine Vorstellung vom Charakter dieser Umwandlung zu bilden. Es tritt aber doch schon jetzt zutage, daß der verhältnismäßig träge Zucker durch diese Umwandlung in eine viel beweglichere und reaktionsfähigere Verbindung übergeht, welche die Rolle eines Zwischengliedes im Stoffwechsel der lebenden Zelle beim Zuckerverbrauch spielen muß.

---

[1]) KURT H. MEYER, Liebigs Ann. d. Chem. **379**, 37, 1910.
[2]) WL. BUTKEWITSCH, Biochem. Zeitschr. **159**, 395, 1925.

(Aus dem Botanischen Institut der Universität Rostock.)

ZUR KENNTNIS LEBENDER BEWEGUNGSMECHANISMEN.

Von

HERMANN VON GUTTENBERG.

(Eingegangen am 18. Februar 1926.)

In den letzten Jahren sind unsere Kenntnisse über die Bewegungsmechanik jener mannigfaltigen Einrichtungen, bei welchen lebende
Gewebe die Ausschleuderung von Früchten, Samen oder Sporen bewirken, in erfreulicher Weise vertieft worden. Besonders die Arbeiten
von OVERBECK (1 a, b, c) und ZIEGENSPECK (2 a) haben zur weiteren
Klärung verschiedener solcher Fälle beigetragen. OVERBECK hat in
seiner zweiten Arbeit ausführlich dargetan, daß bei einer Reihe von
Turgescenz-Schleudermechanismen (*Impatiens-*, *Lathraea-*, *Dorstenia-*
Früchten, *Oxalis-*, *Biophytum-*Samen) „ein ganz bestimmtes Bauprinzip
hinsichtlich Gestalt und Anordnung der mechanisch wirksamen Zellen"
gemeinsam ist. „Diese Zellen sind senkrecht zu jener Richtung gestreckt,
in der die Mechanik der Schleudereinrichtung das Wirken von Druck-
kräften sowie die Ausführung einer Bewegung erfordert." Im Gewebeverband befinden sich die Schwellzellen in einer Zwangslage, nach seiner
Aufhebung können sie sich abrunden, wobei sie ihren größten Durchmesser verkürzen, den kleinsten verlängern. Da dieser kleinste Durchmesser aber in die Richtung der auszuführenden Bewegung fällt, erklärt
sich diese einfach aus der Gestaltsveränderung der Zellen; das turgescente
Abrundungsbestreben ist die Bewegungsursache, eine Volumzunahme
findet nicht statt.

Das von OVERBECK geschilderte Bauprinzip liegt, wie ich in einer
ausführlichen Darstellung der pflanzlichen Bewegungsgewebe demnächst
zeigen werde, einer sehr großen Anzahl lebender Bewegungsgewebe zugrunde. So hat es schon SCHWENDENER (3) für die Blattgelenke von
Mimosa und besonders von *Oxalis* beschrieben nach HABERLANDT (4)
trifft es für die gleichen Organe von *Biophytum* zu, nach GOEBEL (5)
für die von *Oxalis* und *Phyllanthus*-Arten. Ferner fand es HABER-
LANDT (4) im Bewegungsgewebe der Grasknoten, WOYCICKI (6) in den
Schwellpolstern der Gramineenblütenstaude, um nur einige Beispiele zu
nennen. Die weite Verbreitung dieser charakteristischen Gewebsform
ist bisher übersehen worden. Ihre Zellen sind prismatisch oder schlauch-

förmig, die Kurzwände sind pyramidenförmig und beschreiben infolgedessen an den Schnittbildern Zickzacklinien, die eine Verlängerung dieser Kurzwände auch ohne Membrandehnung gestatten.

Daß indessen auch andere Typen von Schwellzellen vorkommen, geht unter anderen aus meiner Beschreibung des Schleudermechanismus von *Cyclanthera* (7a) hervor. Hier liegen gekerbte Schläuche nicht quer sondern in der Längsrichtung der Bewegung gestreckt. *Cyclanthera* steht nicht ganz vereinzelt da, dieser zweite Typus findet sich z. B. in verschiedenen reizbaren Filamenten und im Blatte von *Dionaea*. Während nun beim ersten Typus, wie OVERBECK ganz richtig bemerkt, eine Volumzunahme zur Ausführung der Bewegung nicht erforderlich ist, wenigstens soweit Explosionsmechanismen in Frage kommen, liegen die Verhältnisse im zweiten Fall ganz anders. Die Verlängerung der Zellen in der Bewegungsrichtung, die hier mit der Längsachse der Zellen zusammenfällt, ist nur denkbar, wenn diese ihr Volum vergrößern oder wenn die Zellen sich entsprechend ihrer Verlängerung verschmälern. Nach Aufhören der Zwangslage in der geschlossenen Frucht werden die Zellen wohl das Bestreben haben sich abzurunden; wäre dieser Faktor aber allein wirksam, so müßten die Zellen breiter werden und nicht, wie es für ihre Verlängerung notwendig ist, schmäler. Eine Verlängerung der Zellen bei gleichzeitiger Verschmälerung ist aber durchaus denkbar, da die Endgestalt der Zelle ja nicht nur durch den Innendruck, sondern auch durch den verschieden starken Widerstand bedingt wird, den die Membranen in verschiedenen Richtungen ihrer Dehnung entgegensetzen. Besteht die Längswand aus quer gelagerten Micellarringen, so wird sie, sobald sie aus der Zwangslage befreit ist, sich und die ganze Zelle verlängern und dabei auch etwas verschmälern. Eine starke Verschmälerung wird aber nicht zu erwarten sein, da die Micellarringe selbst wenig dehnsam sind, also auch im Zwangsverband nicht erheblich verbreitert gewesen sein können[1]). Eine ausgiebige Verlängerung der Zellen wird demnach auch in diesem Fall nur bei Volumvermehrung, also bei Wasseraufnahme möglich sein. Ein solcher Fall ist bekannt. Die Bewegungszellen der *Centaurea*-Filamente besitzen nach HABERLANDT (4) Querstruktur, ihre ausgiebige Verlängerung erfolgt aber unter Wasseraufnahme. Auch bei *Cyclanthera* liegt sichtlich eine Volumzunahme vor, denn die Zellen werden nicht nur länger, sondern auch etwas breiter. Zunächst bedingt das Abrundungsbestreben eine Verlängerung der Schwellzellen; denn die einspringenden Falten dieser blasebalgähnlichen Zellen werden nach außen gedrückt und die ursprünglich stark ge-

---

[1]) Ein mit Jodjodkalium behandelter Querschnitt von *Cyclanthera* zeigt weder im Schwellgewebe noch im Collenchym Blaufärbung, auch nicht wenn das Alkoholmaterial mit Eau de Javelle oder verdünnter Salzsäure vorbehandelt wird. Die Wände sind also wohl nicht amyloidisch.

wölbten Membranabschnitte werden dabei flacher. Der Augenschein lehrt ferner, daß diese Abschnitte noch darüber hinaus verlängert werden, wobei die Membran erheblich dünner wird. Die Membran hat also sicherlich Querstruktur, denn sie erweist sich als in der Längsrichtung besonders dehnsam. Wenn aber eine Volumvergrößerung eintreten soll, muß den Schwellzellen Wasser zur Verfügung stehen, und zwar muß dieses in ihrer unmittelbaren Nähe liegen, sonst wäre die blitzschnelle Wasseraufnahme nicht möglich. Ich konnte mich nun neuerdings davon überzeugen, daß sämtliche Intercellularen des Schwellgewebes mit einer trüben Flüssigkeit erfüllt sind. Diese stammt wohl aus dem zugrunde gegangenen Fruchtfleisch, das in der jungen Frucht deren Höhlung erfüllt. Tatsächlich ist das Innere einer aufgesprungenen Frucht naß. Es liegt nun eine besondere Benetzbarkeit der Wände, die das Intercellularsystem des Bewegungsgewebes begrenzen, vor; denn unmittelbar daneben, wo nach außen zu die assimilierenden Zellen der Fruchtwand beginnen, sind sämtliche Intercellularen lufterfüllt. Das System der langgestreckten Schläuche wird also dort als Bewegungsgewebe verwendet, wo Wasseraufnahme und damit Volumvermehrung möglich ist. Wir finden es, wie gesagt, z. B. in den *Centaurea*-Filamenten, wo nach der Reizung das ausgestoßene Wasser wieder aufgenommen wird, ferner im *Dionaea*-Blatt, wo das Wasser, das aus dem reichentwickelten Gefäßbündelsystem stammen dürfte, endlich bei *Cyclanthera*, wo die zugrunde gehenden Zellen des Fruchtfleisches das Wasser liefern.

In einer kurzen Mitteilung hat kürzlich OVERBECK den Mechanismus von *Cardamine impatiens* L. beschrieben. Ich habe mich gleichzeitig mit dieser Gattung beschäftigt, da mir die kurzen Angaben HILDEBRANDS für die obenerwähnte Zusammenfassung nicht genügten. Obwohl ich nur die Anatomie an Herbarmaterial von *C. hirsuta* untersuchte, glaube ich doch OVERBECKs Angaben in mehrfacher Hinsicht ergänzen zu können. Wir wissen jetzt durch seine Untersuchung, daß die Bewegung der Fruchtklappen (turgescentes Einrollen nach außen) bei diesem Objekt durch ein *Verkürzungs*bestreben der *Konkav*seite zustande kommt, im Gegensatz zu allen anderen ähnlichen Fällen, bei welchen ein *Verlängerungs*bestreben der *Konvex*seite vorliegt. Epidermis und zwei darunter liegende Zellagen sind aktiv, besonders erstere, deren Gesamtverkürzung dadurch zustande kommt, daß die in der Organlängsrichtung gestreckten Zellen beim Lösen der Klappe sich unter Verkürzung verbreitern, was wieder durch ihr Abrundungsbestreben erklärbar ist. Das gilt indessen nicht für alle Arten. Die Epidermis der Klappenaußenseite von *C. hirsuta* zeigt im Flächenbild fast quadratische Zellen, die durch Querteilung längerer collenchymatischer Zellen zustande gekommen sind. Man wird also annehmen müssen, daß diese

Zellen in querer Richtung dehnsamer sind, das heißt, daß ihre Micellarringe parallel zur Organlängsachse orientiert sind.

Auf einige für die Bewegungsmechanik bedeutungslose Parenchymzellen folgt als vorletzte Schichte nach innen zu ein eigentümliches
Widerstandsgewebe. Es besteht nicht, wie in ähnlichen Fällen aus
Collenchymzellen, sondern aus prosenchymatischen Zellen, die auf der
dem Fruchtinnern zugewendeten Seite mächtig verdickt und verholzt
sind, während die übrige Wand zart ist. Die Verdickungen bilden am
Querschnitt Kuppen (vgl. die Abbildung OVERBECKs) mit einer schmalen
sich gabelnden Tüpfelspalte in der Mitte. Die Kuppen sind seitlich nur
an ihrer Ursprungsstelle verbunden, gegen das Innere zu frei und bilden
im ganzen eine Schlangenlinie. Ich möchte hier nun besonders darauf
verweisen, in welch ausgezeichneter Weise dieses Widerstandsgewebe
der ganzen Bewegungsmechanik angepaßt ist, weil OVERBECK in seiner
Mitteilung nichts davon erwähnt. Bei *Impatiens* und anderen Formen,
steht das Widerstandsgewebe zur Zeit des Gewebeverbandes in Zug-
spannung, denn die damit verbundenen Schwellzellen haben ein Ausdehnungsbestreben in der Organlängsrichtung, in der auch die Zellen
des Widerstandsgewebes verlaufen. Hier ist also zugfestes Collenchym,
das in all diesen Fällen auftritt, am Platze. Bei *Cardamine* hingegen
herrscht ein Verkürzungsbestreben des Schwellgewebes und wir sehen
an Stelle des Collenchyms die druckfesten Leisten auftreten, die eben
beschrieben wurden. Sie verhindern die Contraction zur Zeit des Ver-
bandes. Die Anpassung geht aber noch weiter. Eine starre mechanische
Platte würde bei der Verbreiterung der Außenzellen hinderlich sein;
diese sind ja mit den mechanischen Zellen fest verbunden. Die Wider-
standsschichte ist aber in querer Richtung beweglich, denn sie beschreibt,
wie erwähnt, eine Schlangenlinie. Verbreitern sich die Außenschichten,
so klaffen die Tüpfelspalten weiter auseinander, die freien Kuppen
nähern sich. Das Widerstandsgewebe entspricht also durchaus einem
Stück Wellpappe, dessen Rippen druckfest und biegungsfest sind, während eine quere Einrollung keinen Widerstand findet.

Schließlich ist noch die innerste Zellage zu besprechen. Ihre zarten
hochturgescenten Zellen haben durchaus den Charakter der Schwellzellen des ersten hier beschriebenen Typus. Sie sind schlauchförmig bis
prismatisch, ihre Kurzwände beschreiben Zickzacklinien. HILDEBRAND
hat sie wegen ihrer hohen Turgescenz als das aktive Schwellgewebe betrachtet, doch konnte OVERBECK zeigen, daß sie ohne die Außenschichten
keine Krümmung bewirken. Ich glaube indessen nicht, daß sie ganz
bedeutungslos sind, vielmehr möchte ich ihnen folgende Funktion zuschreiben. Sie liegen *quertangential* gestreckt auf der Innenseite der
Klappe. Wird diese frei, so führt das Abrundungsbestreben der Innen-
zellen dazu, daß sie sich in dieser quertangentialen Richtung verkürzen

und dabei senkrecht dazu, also in der Längsrichtung der Klappe verlängern. Auf diese Art unterstützen sie aber in ausgezeichneter Weise die Tätigkeit der Außenzellen. Diese machen die Klappe auf der Außenseite kürzer und breiter, jene auf der Innenseite länger und schmäler; es ist klar, daß dadurch Energie und Ausmaß der Bewegung gefördert wird.

Schließlich sei mir noch gestattet mit einigen Worten auf die ausführliche Kritik einzugehen, die ZIEGENSPECK (8 a, b) meiner Arbeit über die Bewegungsmechanik von *Dionaea muscipula* (7 b) hat zuteil werden lassen. Mit mir ist ZIEGENSPECK der Ansicht, daß die Bewegung nur „durch Expansion gewisser Gewebe erzeugt werden" kann. Ich habe als Schwellgewebe die schlauchförmigen Zellen betrachtet, die das Innere der ganzen Spreite durchziehen und habe nachzuweisen versucht, daß die Innenepidermis nur wenig dehnsam ist, während aus Versuchen früherer Autoren klar hervorgeht, daß die äußere Epidermis plastisch oder elastisch dehnsam ist und nach der Dehnung die dabei erreichte Länge bald beibehält; das ist bei plastischer Dehnung ohne weiteres, bei elastischer Dehnung durch nachträgliches Wachstum leicht verständlich. Diese verschiedene Dehnbarkeit der Epidermen muß bei einer Expansion des Schwellgewebes zum Verschluß des Blattes führen; über weitere Einzelheiten und die Versuche, die mich dazu führten eine solche Expansion des Schwellgewebes als Bewegungsursache anzusprechen, sei auf meine oben zitierte Arbeit verwiesen. ZIEGENSPECK kommt auf Grund einer Betrachtung der chemischen Natur der Membranen ohne Experimente gemacht zu haben zu einer anderen Deutung. Er zeigt vor allem, daß das ganze Gewebe, das im Medianus oberhalb des Gefäßbündels liegt, aus Amyloidsubstanz besteht, ebenso die obere Epidermis der Lamina. Daraus folgert er, daß diese Teile besonders dehnsam wären. Er betrachtet sie als ein Schloßgewebe. „Das durch das gespannte Schloß an seiner Ausdehnung verhinderte Schwellgewebe dehnt eine innere nachgiebige Epidermis und biegt sie nach außen um. Die Emergenzen am Rande spreizen. Infolge des Reizes entspannt sich das Schloß über den Mittelnerven; der Widerstand in dieser Richtung fällt aus und das Schwellgewebe stellt das Gleichgewicht in seinen ungleichmäßig gedehnten Wänden her. Da das Schwellgewebe keinen Widerstand in den amyloidischen Membranen findet, klappt das Blatt zusammen." „Beim Eintreffen des Reizes verlieren die Zellen des Schloßgewebes ihre Turgescenz."

Die Deutung ZIEGENSPECKS hat zweifellos den Vorzug, daß die Annahme eines Turgescenzverlustes als Ursache einer raschen Bewegung plausibler ist als die einer Turgescenzerhöhung. Es liegen indessen zahlreiche Tatsachen vor, die mir seiner Deutung zu widersprechen scheinen; in der von ihm vorgebrachten Form scheint sie mir schon an sich nicht möglich zu sein. Betrachten wir zunächst einmal vergleichsweise die beiden Epidermen.

Für die Beurteilung ihrer Dehnsamkeit und Elastizität sind besonders zwei Versuche wichtig. Erstens die Markierungsversuche, die die
Veränderung des Querdurchmessers der Blattspreite an der Unter- und
Oberseite vor und nach der Reizung erkennen lassen. Für die Unterseite
herrscht volle Übereinstimmung (bei Munk [8], Batalin [9] und
Brown [10]) darin, daß sie sich nach der Reizung verlängert und daß
diese Verlängerung der unteren Epidermis bald (aber nicht sofort!) irreversibel, also wohl durch Wachstum fixiert wird. Das ist keine Annahme,
sondern experimentell durch Messung erwiesen; die Verlängerung beträgt bis zu 13 vH., an einen Irrtum ist also gar nicht zu denken, auch
ist die Anzahl der durchaus übereinstimmenden Versuche eine ausreichende. Es ist also unzulässig, wenn sich Z. über diese Tatsachen
einfach mit dem Satz hinwegsetzt: „Bei der Reizbewegung soll sie
(d. h. die äußere Epidermis) erheblich gedehnt werden und die Dehnung
dann durch Wachstum fixiert werden‘‘. Z. führt dazu in Klammer an,
es sei „eigen, daß sie zuerst konkav war und nun konvex wird‘‘. Diese
Ansicht geht auf die Knysche *Dionaea*-Tafel zurück, an der das ungereizte[1]) Blatt so zurückgeschlagen ist, daß die Unterseite konkav ist.
Diese Ansicht ist aber unrichtig. Fast alle von mir bisher beobachteten
ungereizten *Dionaea*-Blätter waren unterseits *konvex* oder höchstens
eben, die Konkavität tritt sicher nur ganz ausnahmsweise auf, und es
wurde von Kny vielleicht nur um der Deutlichkeit der Darstellung
willen gerade dieser seltene Fall gewählt. Das Argument, daß die untere
Epidermis der Dehnung einen größeren Widerstand leiste als die obere,
weil „sie im ungereizten[1]) Blatt die konkave Seite einnimmt‘‘, steht
also auf sehr schwachen Füßen. Dann heißt es „Außerdem ist ein deutliches Zeichen für den größeren Widerstand gegenüber einer Dehnung
der Umstand, daß sie auf der konkaven Seite beim Ansteigen des Turgors
während der Verdauung liegt.‘‘ Die Tatsache ist richtig, die ursprünglich gewölbten Blatthälften werden flach und schließlich kann es dazu
kommen, daß die Außenseiten, wenn auch nur schwach, konkav werden.
Diese Konkavität erhöht sich dann beim neuerlichen Öffnen nach der
Verdauung. Diese Vorgänge kommen aber nach Batalin und Brown
durch epinastisches Wachstum der Blattoberseite zustande, und es ist
mir unbekannt, wer ein Ansteigen des Turgors während der Verdauung
bewiesen haben sollte. Die experimentell bewiesene Tatsache, daß die
untere Epidermis bei der Schließbewegung stark gedehnt wird und eine

---

[1]) Bei Ziegenspeck heißt es, offensichtlich durch einen Druckfehler, „im
gereizten Blatt‘‘, der Zusammenhang und die oben zitierte Stelle ergeben aber,
daß das ungereizte gemeint ist.

schließlich dauernde Verlängerung ihrer Elemente erfährt, kann also durch die Argumente Z.s in keiner Weise widerlegt werden.

Schwieriger liegen die Verhältnisse bei der oberen Epidermis, weil hier die Meinungen der Experimentatoren geteilt sind. Auf der Oberseite vor der Reizung angebrachte Tuschepunkte rücken nach der Reizung zusammen. Die ersten Beobachter, DARWIN (11) und BATALIN berücksichtigen aber, worauf BROWN aufmerksam machte, nicht, daß die Spreitenhälften sich wölben und bei der Messung der erstgenannten Forscher demnach nur die Bogensehnen zwischen den Punkten bestimmt wurden, nicht die Bogen selbst, die natürlich länger sind. Es ist also zweifelhaft, ob die Zellen der oberen Epidermis sich wirklich verkürzen, man wird nach BROWN zumindest annehmen müssen, daß diese Verkürzung keine große ist. Sicherheit können hier nur neue Versuche bringen. Ich nahm auf Grund der Angaben BROWNS an, daß die obere Epidermis wenig dehnsam ist, wofür mir auch zu sprechen schien, daß sie dickere Wände besitzt als die untere. Nach Z. soll sie aber leicht überdehnbar sein, weil sie aus Amyloidsubstanz besteht. Nun sind wir zwar über das Vorkommen solcher amyloidischer Membranen durch die Studien Z.'s gut orientiert, aber noch kaum über die physikalischen Eigenschaften dieser Substanzen. Z. schreibt ihnen große Dehnbarkeit bei geringer Elastizität zu, im Gegensatz zur Collose, die größere Elastizität damit verbindet. Auf die genannten Eigenschaften des Amyloids schließt Z. aus der Ähnlichkeit zwischen dem Chemismus dieser Substanz und dem des Pergamentpapiers. Daß letzteres unelastisch, dagegen plastisch dehnbar ist, hat seinen Grund aber nicht in der chemischen Natur der Substanz, sondern darin, daß in ihr durch Überquellung die Micellarverbände gesprengt sind. Gleiches kann man für das von der Pflanze aufgebaute Amyloid nicht annehmen, höchstens, daß in dieser Aufbausubstanz die Micellarverbände lockerer sind als in der fertigen Cellulose. Das erklärt vielleicht die geringere Elastizität der Collenchymcollose gegenüber Cellulose, die sich selbst aber wieder sehr verschieden verhält. Wir tappen hier also noch ganz im Dunkeln. Manches erscheint mir sehr gegen eine leichte plastische Dehnbarkeit des Amyloids zu sprechen. Ich führe als Beispiel nur die Asci an. Die ringförmige Zone unterhalb des Scheitels, in welcher nach vielen Forschern der Ascus aufreißt, ist amyloidisch (isolicheninhaltig). Daß die Membran an dieser Stelle reißt, beweist uns ihre geringere elastische Dehnbarkeit gegenüber der seitlichen Ascusmembran, und daß das Festigkeitsmodul in der Ringzone niedriger ist. Wäre diese aber plastisch dehnsam, so würde sie dem Innendruck durch Überdehnung ausweichen, sie würde sich verlängern oder ausstülpen, was nie beobachtet wurde. Bei *Impatiens* Fruchtklappen hat Z. die Überdehnung der Schwellgewebsmembranen allerdings experimentell nachgewiesen und auch gezeigt, daß die Quellbarkeit dieser amyloidischen Membranen hier eine wichtige Rolle spielt, inwieweit das aber auch für andere Fälle gilt, müßte jeweils einzeln erwiesen werden.

Hier ist dann auch von der zweiten Tatsache zu reden, die Z. veranlaßt, die obere *Dionaea*-Epidermis für dehnsamer als die untere zu halten. Oberflächenschnitte, bestehend aus Schwellzellen und einer Epidermis, krümmen sich so, daß letztere auf die Konkavseite kommt. Bei nachfolgender Plasmolyse streckt sich die untere Epidermis wieder ganz gerade, die obere bleibt aber etwas gekrümmt. Ich habe daraus den Schluß gezogen, daß sie wenig dehnsam, vor allem nicht plastisch dehnsam ist, weil sie unter allen Umständen kürzer bleibt als das Schwellgewebe. Z. nennt diesen Schluß falsch, die obere Epidermis sei überdehnt und behalte deshalb ihre Gestalt. Dazu sei zunächst bemerkt, daß eine solche Überdehnung nur oder vorwiegend für die Innenwände der Zellen in Frage käme, denn wären die äußeren gleich stark überdehnt, so würden die Zellen gerade und nicht gekrümmt sein. Ihre Form läßt sich indessen auch unter der Annahme erklären, daß sich die Außenwände bei der Entspannung stärker elastisch kontrahieren als die Innenwände. Mir scheint eine Überdehnung wenig wahrscheinlich. Warum soll sie nur auftreten, wenn man Gewebestücke isoliert und nicht auch im intakten offenen Blatt, in welchem die Schwellzellen gleichfalls die obere Epidermis spannen und nach Z. soweit dehnen, daß diese konvex wird; dann müßte die Epidermis aber konvex überdehnt werden. Zellen mit leicht überdehnbarer, also plastisch dehnsamer Membran eignen sich überhaupt nicht als Widerstandsgewebe. Es muß Z. selbst auffallen, daß bei seinen übrigen Objekten, besonders *Impatiens*, die *Schwellgewebe* überdehnbar sind, was für Explosionsmechanismen mit einmaliger Wirksamkeit sicher vorteilhaft ist, daß die *Widerlager* aber aus elastisch dehnbarer Substanz bestehen, was unbedingt notwendig ist, wenn überhaupt eine Spannung zustande kommen soll. Überdies zeigte Munk, daß sich die obere Epidermis abgetragen „sehr deutlich und ansehnlich" verkürzt, daß sie also nicht plastisch überdehnt war. Viel eher darf man das doch für die untere Epidermis annehmen, die sich bei diesem Verfahren kaum verkürzt. Der oberen Epidermis kommt also wohl eine gewisse *elastische* Dehnbarkeit zu, die zu messen von großer Wichtigkeit sein wird, aber für *plastisch* dehnsam kann man sie nicht halten.

Dazu kommt folgendes. Sehen wir, wie wir es bisher immer getan haben, zunächst von der Mittelrippe ab, so ist nach den Vorstellungen die Z. entwickelt, gar nicht einzusehen, warum sich abgeschnittene Blattspreitenhälften einkrümmen. Z. meint, daß dann, wenn die Turgescenz der oberen Epidermis erlischt, das Blatt und auch die Zähne sich krümmen müßten. Er geht dabei von dem seltenen Fall aus, daß das Blatt soweit geöffnet ist, daß die Spreitenhälften zurückschlagen, also die oberseitige Epidermis konvex gekrümmt ist. Bleiben wir zunächst bei diesem Fall und nehmen wir mit Z. an, daß die Lage des Blattes dadurch bedingt wird, daß die Schwellgewebszellen in ihrem Ausdehnungsbestreben bei der oberen Epidermis einen geringeren Widerstand finden als bei der unteren; dann wäre auch die obere Seite der Schwellgewebszellen stärker gedehnt als die untere. „Wenn nun infolge eines Reizes das Schloßgewebe seine Turgescenz verliert, so verliert diese Seite der Feder den Widerstand; sie klappt zusammen." Wie Z. zu diesem Schluß kommt, ist mir unverständlich. Das Schloßgewebe besteht in der Spreite nur aus der Innenepidermis. Diese wird nach ihm durch das *Schwellgewebe* gedehnt und in die konvexe Lage gebracht, nicht durch den eigenen Turgor. Der Innendruck wirkt allerdings gleichfalls dehnend auf die Epidermiszellen, er erleichtert also den Vorgang, wovon Z. übrigens nicht spricht. Den Widerstand gegen die Ausdehnung des Schwellgewebes leisten aber die Zell*membranen* der Epidermis, nicht der Zell*turgor*. Durch das Aufhören des Turgors kann also dieser Widerstand nicht weggeschafft werden. Verlieren die Zellen der oberen Epidermis ihren Turgor, so fällt nur der eine Faktor weg, der sie dehnte, der zweite Faktor, das Anschwellungsbestreben des Schwellgewebes bleibt erhalten. Dieser zweite Faktor ist aber nach Z. der ausschlaggebende, das Schwellgewebe muß also die Epidermis auch dann noch spannen, wenn der Turgor ihrer Zellen erlischt. Der Turgor von Zellen kann, kurz gesagt, nur gegen eine *Druck*spannung als Widerstand dienen nicht aber gegen eine *Zug*spannung. Langgestreckte turgorlose Zellen können sich bei Zug sogar insofern leicht verlängern, als ihre Längswände jetzt, wo sie nicht durch den Innendruck auseinandergedrängt werden, eine Annäherung gestatten. Ist das Blatt, wie es meist der Fall ist, nur dreiviertel geöffnet, wobei die innere Epidermis die *konkave* Seite darstellt, so liegen die Verhältnisse im Prinzip gleich. Erlischt in der oberen Epidermis der Turgor, so bleiben die Zellen immer noch durch das Schwellgewebe gespannt.

Demnach halte ich Z.s Erklärung für unrichtig. Der Satz „Die Turgescenz der Oberseite ist auf den Blatthälften gleich geblieben" (nach der Reizung nämlich), „nur die Spannung der Wände hat sich geändert", ist mir unverständlich. Turgescenz ist doch Spannung der Wände, wie kann sich dann, wenn erstere gleichbleibt, letztere ändern? Soll sich die obere Epidermis durch Turgorvariation an der Blattbewegung beteiligen, so müssen ganz andere Voraussetzungen gemacht werden und zwar folgende. Die obere Epidermis muß *aktiv* durch den Innendruck ihrer eigenen Zellen gespannt sein, dieser Innendruck muß höher oder mindestens ebenso hoch sein wie der der Schwellzellen, denn die Zellwände dürfen nicht durch das Ausdehnungsbestreben der Schwellzellen weiter gedehnt werden als ihrem eigenen Innendruck entspricht.

Zweitens müssen die Wände der oberen Epidermis in der Längsrichtung der Zellen *elastisch* dehnbar sein und sie dürfen sich nicht durch die vorhandene Spannung überdehnen lassen. Unter diesen Voraussetzungen kann man folgendes annehmen: Das Blatt ist offen, so lange alle Zellen der Spreitenflächen ihre volle Turgescenz besitzen. Je höher der Turgor der Innenepidermis ist, um so mehr verlängern sich ihre Zellen, um so mehr öffnet sich also das Blatt. Erlischt ihr Turgor, dann fällt tatsächlich ein Widerstand weg für den Fall, daß das Blatt vorher durch das eigene Ausdehnungsbestreben dieser Epidermis gewölbt gewesen war. Verkürzen sich die Membranen der oberen Epidermis nicht nennenswert, so resultiert dabei keine erhebliche Bewegung, es liegt dann kein Anlaß vor, der die oberen Schwellzellen gegenüber den unteren kontrahiert und so die Innenseite konkav macht. Nur wenn die Wände der oberen Epidermis im turgescenten Zustand elastisch verlängert waren und sich bei Aufhebung des Turgors elastisch erheblich verkürzen, kann es zu diesem Vorgang kommen. Dann wäre die Einkrümmung der Spreite das Ergebnis zweier Faktoren, nämlich des turgescenten Ausdehnungsbestrebens der Schwellzellen einerseits und der aktiven Contraction der Membranen der Innenepidermis andererseits. Notwendig ist dafür eine leichte Dehnbarkeit der äußeren Epidermis — diese ist durch Messung erwiesen. Von einer elastischen Verkürzung der inneren Epidermis bei Isolierung spricht wie erwähnt MUNK; die Verkürzung bei der Bewegung des Blattes ist, wie schon ausgeführt wurde, strittig. Ich habe seinerzeit wohl auch an die Möglichkeit einer Mechanik im eben ausgeführten Sinne gedacht, glaubte sie aber ablehnen zu müssen, erstens weil mir BROWNS Zweifel an der Verkürzung der Innenseite berechtigt schien, besonders da er dafür experimentelles Beweismaterial brachte; zweitens wegen des Ausfalls der Plasmolyseversuche. Auf der Oberseite mit Glycerin bedeckte Blätter schließen sich nicht[1]), auch nach Berührung der Borsten nur langsam und unvollständig. Wäre letzteres nicht der Fall, so könnte man meinen, es sei vielleicht überhaupt keine Plasmolyse eingetreten; das muß aber doch wohl der Fall gewesen sein, warum wäre sonst die Bewegung beeinträchtigt worden? Auch die von Z. angenommene Störung der Reizleitung setzt Plasmolyse voraus, freilich könnte man vermuten, daß nur die Insertionsstellen der Fühlborsten plasmolysiert worden waren, also nur hier die Unterbrechung der Reizleitung vorhanden sei. Dieser Punkt ist wichtig und vielleicht experimentell zu lösen. Es ist aber unrichtig, wenn Z. an der stattgefundenen Plasmolyse deshalb zweifelt, weil das Glycerin wegen des Vorhandenseins einer Cuticula nicht eingedrungen wäre und daß nur „die kleine Menge Glycerin" zur Wirkung komme „welche durch

---

[1]) Das gleiche Resultat erhielt DARWIN mit Zuckersirup.

das Protoplasma der Haare hindurchgeht, oder durch die Lücken, welche deren Plasmolyse erzeugt". Dagegen spricht die bekannte Erfahrung, daß ganze Blätter, in Plasmolytika getaucht, alsbald plasmolysiert und daher schlaff werden. Bei *Dionaea* kommen auf der Oberseite noch die zahllosen Drüsen, an welchen die Cuticula unterbrochen ist, dazu. Es ist jedenfalls wichtig solche Versuche zu wiederholen, sie können von ausschlaggebender Bedeutung werden. Die osmotischen Verhältnisse der ungereizten oberen Epidermis zu studieren wird kaum möglich sein, in der gereizten fand ich bei der Plasmolyse einen geringeren osmotischen Wert als in den Schwellzellen; das nützt wenig, solange man nicht weiß, ob und wie stark sich die Zellen der Epidermis bei der Reizung kontrahiert haben, auch ist wohl eine größere Anzahl von Untersuchungen notwendig als ich bisher anstellen konnte; deshalb sei hier nicht weiter darauf eingegangen und nur noch erwähnt, daß der hohe Wert der Schwellzellen nicht die natürlichen Verhältnisse wiedergibt, da diese im gespannten Zustand ein größeres Volumen und entsprechend verdünnten Zellsaft besitzen.

Nun seien noch die Verhältnisse im Medianus besprochen. In diesem vermehrt sich die Zahl der amyloidischen Zellagen. Nach Z.s Abbildung sind schon in seiner Nähe zwei subepidermale Lagen der Oberseite mit Amyloidwänden versehen, dann das ganze Parenchym, das die Oberseite des Gefäßbündels bedeckt. Das anatomische Bild ist hier zweifellos der Annahme, daß dieses Parenchym ein Schloßgewebe darstelle, günstig. Denkt man sich in Z.s Abbildung die Zellen des Amyloidgewebes osmotisch gedehnt, so wird eine Verbreiterung der radial senkrecht zur Blattfläche (zum Medianus) orientierten Zellen die Spreitenhälften auseinanderdrängen und die Verlängerung der parallel zur Oberfläche verlaufenden Elemente neben dem Medianus die Blattoberseiten hier verlängern. Vorläufig fehlt aber jeder Beweis dafür, daß dieses Schloßgewebe im geschlossenen Blatt tatsächlich durch Turgorverlust entspannt ist. Befinden sich aber seine Zellen im geschlossenen Blatt wie die Schwellzellen der Spreitenhälften in voller turgescenter Spannung, dann versagt Z.s Erklärung. Auch hier müssen also neue Experimente einsetzen. Indessen würde auch im Medianus ein Turgorverlust des Schloßgewebes allein die Bewegung nicht erklären, und seine Zellen dürften im offenen Blatt nicht passiv durch die seitlich verlaufenden Schwellgewebszellen gedehnt sein; vielmehr müßten sie durch ihren eigenen Innendruck unter starker elastischer Dehnung der Membranen gespannt sein, und deren elastische Contraction wäre von ausschlaggebender Wichtigkeit für die Schließbewegung. Der Irrtum Z.s geht am klarsten aus seiner Schlußbetrachtung hervor, wo es heißt: „Da das Schwellgewebe keinen Widerstand in den amyloidischen Membranen findet," (nämlich nach dem Turgorverlust in diesen Zellen), „klappt das Blatt zusammen". Das

Umgekehrte müßte geschehen: fehlt auf der Innenseite ein Widerstand gegen das Ausdehnungsbestreben der Schwellzellen, so verlängern sich diese hier stärker als auf der Unterseite, an welcher die nach Z. wenig dehnsame untere Epidermis die Ausdehnung verhindert; das Blatt muß dann oben konvex, unten konkav werden, während in Wirklichkeit das Gegenteil eintritt. Das Schwellgewebe sucht sich ja *auszudehnen*, nicht aber sich zu *kontrahieren*.

Bei *Aldrovandia vesiculosa* konnte ich an Querschnitten nirgends Blaufärbung mit Jodjodkalium wahrnehmen. Die Mittelrippe besteht hier aus wenigen Zellagen; über den leitenden Elementen liegen zwei Reihen Schlauchzellen nebeneinander, die kürzer sind wie die der Spreite und in der Richtung des Medianus, also längs verlaufen. Die obere Epidermis besteht an dieser Stelle aus kurzen quer verlaufenden Zellen, die untere aus längeren längsverlaufenden. In den Spreitenhälften sind Epidermiszellen und Schlauchzellen wie bei *Dionaea* quer orientiert. Dieser kreuzweise Verlauf der Elemente könnte für die Bewegung von Bedeutung sein, ebenso die deutliche Querstruktur der Zellen der oberen Epidermis, die aus zahlreichen schmalen Quertüpfeln auf den Radiallängswänden erschließbar ist. Vor allem ist *Aldrovandia* von *Dionaea* durch die schwache Ausbildung des Medianus unterschieden; er scheint also für die Bewegung der Blätter der erstgenannten Pflanze von geringerer Bedeutung zu sein als für die der letztgenannten.

Der von Z. geführte Nachweis einer Differenz im Chemismus der Membranen beider Blattseiten von *Dionaea* ist zweifellos wichtig und ich habe den Weg gezeigt, wie durch Annahme eines Turgorverlustes an der Oberseite verbunden mit der Annahme einer elastischen Contraction der Membranen auf dieser Seite die Schließbewegung sich erklären ließe. Dieser Erklärung stehen aber vorläufig verschiedene experimentelle Befunde direkt entgegen; ich muß also meine früher gegebene Erklärung aufrecht erhalten und hoffe durch neue Versuche eine weitere Aufhellung des Problems zu erreichen. Ich schließe mit der Bitte, daß jene Fachkollegen, welche über Samen oder Pflanzen von *Dionaea* verfügen, mich durch freundliche Überlassung von Material unterstützen möchten.

Literaturverzeichnis.

1a. **Overbeck, Fr.**: Zur Kenntnis des Mechanismus der Samenausschleuderung von *Oxalis*. Jahrb. f. wiss. Bot. 62. 1924. — 1b. Ders.: Studien an den Turgescenz-Schleudermechanismen von *Dorstenia contrayerva* L. und *Impatiens parviflora* D. C. Ebenda 63. 1924. — 1c. Ders.: Über den Mechanismus der Samenausschleuderung von *Cardamine impatiens* L. Ber. d. dtsch. Botan. Gesellsch. 43. Jahrg. 1925. — 2a. **Ziegenspeck, H.**: Über Zwischenprodukte des Aufbaues von Kohlenhydrat-Zellwänden und deren mechanische Eigenschaften. Botan. Arch. 9. 1925. — 2b. Ders.: Referat im Botanischen Echo. 1. 61—66. 1925. —

3. **Schwendener, S.**: Die Gelenkpolster von *Phaseolus* und *Oxalis*. Sitzber. d. k. Preuß. Akad. d. Wiss. 12. 1898. — 4. **Haberlandt, G.**: Physiologische Pflanzenanatomie. 6. Aufl. Leipzig 1924. — 5. **Goebel, K. v.**: Die Entfaltungsbewegungen. 2. Aufl. Jena 1924. — 6. **Woycicki, Z.**: Über die Bewegungseinrichtungen an den Blütenständen der Gramineen. Beihefte z. Botan. Zentralbl. 26. 1910. — 7a. **Guttenberg, H.**: Über den Schleudermechanismus der Früchte von *Cyclanthera explodens*. Sitzungsber. kais. Akad. d. Wiss. Wien, Mathem. naturw. Kl. 119. 1910. — 7b. **Ders.**: Die Bewegungsmechanik des Laubblattes von *Dionaea muscipula*. Flora. 118/119. Goebelfestschrift 1925. — 8. **Munk, W.**: Die elektrischen und Bewegungserscheinungen am Blatte der *Dionaea muscipula*. Arch. f. Anat., Physiol. u. wiss. Med. Jahrg. 1876. — 9. **Batalin, A.**: Mechanik der Bewegungen der insectenfressenden Pflanzen. Flora. 60. 1877. — 10. **Brown, Wm. H.**: The mechanism of movement and the duration of the effect of stimulation in the leaves of *Dionaea*. American Journal of Botany. 3. 1916. — 11. **Darwin Ch.**: Insectivorous plants. London 1875.

DER TÄGLICHE VERLAUF DER PHOTOSYNTHESE BEI LANDPFLANZEN.

Von

S. Kostytschew, M. Kudriavzewa, W. Moissejewa und M. Smirnowa.

Mit 6 Textabbildungen.

(Eingegangen am 1. März 1926.)

Die wichtige Untersuchung der Intensität der photosynthetischen CO_2-Assimilation in verschiedenen Tagesstunden wurde bisher noch nicht ausgeführt. Man hat viel die Frage diskutiert, ob die grünen Pflanzen infolge des niedrigen CO_2-Gehaltes der atmosphärischen Luft an der Grenze des Hungers leben, oder nicht. Neuerdings hat Lundegårdh[1] in überzeugender Weise dargetan, daß die in der Luft enthaltene CO_2-Menge bedeutenden Schwankungen unterworfen ist; daher kann von einem CO_2-Vorrat in der Atmosphäre wohl nicht die Rede sein: es existiert nur ein dynamisches Gleichgewicht zwischen CO_2-Bildung und CO_2-Verbrauch in der Natur. Die Kurve der CO_2-Assimilation in verschiedenen Tagesstunden könnte u. a. den Umstand erläutern, inwieweit der niedrige CO_2-Gehalt der Atmosphäre einerseits und die inneren Faktoren andererseits die Photosynthese unter natürlichen Verhältnissen limitieren. Auch für die wissenschaftliche Landwirtschaft sind folgende Fragen von Bedeutung: zu welchen Tagesstunden findet eine Überfüllung der Laubblätter mit Assimilaten statt? Zu welcher Zeit erfolgt eine besonders intensive Entleerung der Blätter? In welchen Grenzen schwankt der tägliche Gewinn an Trockensubstanz? Auch andere theoretisch und praktisch wichtige Fragen sind mit Bestimmungen des täglichen Verlaufes der Photosynthese eng verbunden.

Die vorliegende Arbeit hat den Charakter einer orientierenden Untersuchung, die durch weitere, mittels genauerer Methoden ausgeführte Versuche ergänzt werden soll. Unsere Untersuchungen wurden in Peterhof an der Newamündung ausgeführt. Vorläufig haben wir folgende drei Pflanzen als Versuchsobjekte gewählt: *Lappa tomentosa*, *Phragmites communis* und *Betula pubescens*. Wir bedienten uns der Sachsschen Blatthälftenmethode[2]. Diese für ökologisch-physiologische Unter-

---

[1] Lundegårdh, H.: Der Kreislauf der Kohlensäure in der Natur. 1924.

[2] Sachs, J.: Arb. a. d. botan. Inst. Würzburg **3**, 19. 1883.

suchungen sehr bequeme Methode kann unter Einhaltung der von
Thoday[1]) empfohlenen Kautelen gute Dienste leisten, ist aber mit
einer Fehlerquelle verbunden, die durch keinerlei Kunstgriffe beseitigt
werden kann. Die Veränderung des Blattgewichtes nach der Exposition
ist eine Resultante von zwei Vorgängen: der CO_2-Assimilation und der
Ableitung der Assimilate. Letzterer Vorgang kann hierbei kaum mit
einer tadellosen Genauigkeit ermittelt werden. Sachs selbst begnügte
sich damit, daß er die Intensität der Ableitung der Assimilate in der
Nacht schlechterdings als Maß der während der Exposition am Tage
stattfindenden Ableitung betrachtete; diese Berechnung ist jedoch
offenbar ungenau. Auf Grund von zahlreichen Kontrollprüfungen waren
wir genötigt, bei jedem Versuche zwei Blatthälftenportionen anzuwenden, und zwar eine Portion der am Lichte exponierten und eine
andere Portion der verdunkelten Blatthälften. Auch dieses Verfahren
ist freilich nicht einwandfrei, denn es ist kaum zweifelhaft, daß die
Ableitung der Assimilate bei den belichteten und den verdunkelten
Blatthälften nicht mit gleicher Geschwindigkeit stattfindet. Es besteht
hier dieselbe Schwierigkeit, wie bei der Einführung der Atmungs-
korrektur in gasometrischen Versuchen über die CO_2-Assimilation. Sowohl Atmung als Ableitung der Assimilate findet nach der Belichtung
mit einer größeren Intensität statt, als vor der Belichtung, und die Intensität der Atmung bzw. der Ableitung während der Exposition kann nicht
durch einfache Interpolation berechnet werden. Diesen Fehler mußten
wir aber mit in Kauf nehmen, und wir begnügten uns damit, solche Blätter
für den Versuch auszuwählen, die vor der Exposition sich unter denselben Belichtungsverhältnissen wie während der Exposition selbst befanden. Wir nehmen also an, daß die Ableitung der Assimilate während
der Exposition in einem gleichmäßigen Tempo vor sich ging und glauben
schließen zu dürfen, daß der durch nicht ganz genaue Ermittelung der
Ableitung verursachte Fehler nicht schwer ins Gewicht fiel und unsere
Schlußfolgerungen jedenfalls nicht beeinflußte. Andererseits hielten wir
es für interessant, bei unseren ersten Versuchen eine Methode anzuwenden, die gleichzeitig mit der Bestimmung der Photosynthese auch eine
Schätzung der Ableitung der Assimilate gestattet. Die Verdunkelung
der Blatthälften geschah durch Aufsetzen der speziell für die zu untersuchenden Blätter angefertigten Scheiden aus schwarzem undurchsich-
tigem Papier, welches beim Aufbewahren von lichtempfindlichen Platten
gebräuchlich ist. Im allgemeinen hielten wir uns an die Anweisungen
von Thoday (a. a. O.), mit dem einzigen Unterschiede, daß, wie oben
angegeben, immer gleichzeitig mit der Exposition auch Verdunkelung
der Blatthälften in Anwendung kam. Die Gesamtfläche der Blatt-

---

[1]) Thoday, O.: Proc. of the roy. soc. of London (B) 82, 1 u. 421. 1909.

hälften bei je einer Bestimmung war immer gleich 300 qcm. Zu sämtlichen Versuchen dienten Pflanzen aus Beständen, die sich an offenen sonnigen Orten befanden. Der Boden des Phragmitesbestandes wurde nur bei hohem Wasserstande überschwemmt.

A. Versuche mit Lappa tomentosa.

Versuch 1 (14. Juli).

A. Kontrolle:	5 U. vorm.	Temp. 15,6°.	Wolkenlos.	Trockengewicht		0,705 g
B. Licht:	9 U. „	„ 24,4°.	„		„	0,841 g
C. Dunkelh.:	9 U. „	„ 24,4°.	„		„	0,702 g

Ausbeute: 0,139 g. Abgeleitet: 0,0 g.

B. Kontrolle:	9 U. vorm.	Temp. 24,4°.	Wolkenlos.	Trockengewicht		0,701 g
Licht:	1 U. nachm.	„ 22,5°.	„		„	0,739 g
Dunkelh.:	1 U. „	„ 22,5°.	„		„	0,562 g

Ausbeute: 0,176 g. Abgeleitet: 0,138 g.

C. Kontrolle:	1 U. nachm.	Temp. 22,5°.	Wolkenlos.	Trockengewicht		0,765 g
Licht:	5 U. „	„ 18,7°.	„		„	0,728 g
Dunkelh.:	5 U. „	„ 18,7°.	„		„	0,663 g

Ausbeute: 0,065g. Abgeleitet: 0,102 g.

D. Kontrolle:	5 U. nachm.	Temp. 18,7°.	Wolkenlos.	Trockengewicht		0,669 g
Licht:	9 U. „	„ 17,0°.	„		„	0,724 g

Ausbeute: 0,055 g.

Versuch 2 (22. Juli).

A. Kontrolle:	5 U. vorm.	Temp. 17,0°.	Wolkenlos.	Trockengewicht		0,668 g
Licht:	9 U. „	„ 22,0°.	„		„	0,791 g
Dunkelh.:	9 U. „	„ 22,0°.	„		„	0,541 g

Ausbeute: 0,249 g. Abgeleitet: 0,127 g.

B. Kontrolle:	9 U. vorm.	Temp. 22,0°.	Wolkenlos.	Trockengewicht		0,740 g
Licht:	1 U. nachm.	„ 20,0°.	„		„	0,702 g
Dunkelh.:	1 U. „	„ 20,0°.	„		„	0,592 g

Ausbeute: 0,111 g. Abgeleitet 0,147 g.

C. Kontrolle:	1 U. nachm.	Temp. 20,0°.	Wolkenlos.	Trockengewicht		0,781 g
Licht:	5 U. „	„ 18,5°.	„		„	0,780 g
Dunkelh.:	5 U. „	„ 18,5°.	„		„	0,789 g

Ausbeute: 0,0 g. Abgeleitet: 0,0 g.

D. Kontrolle:	5 U. nachm.	Temp. 18,5°.	Wolkenlos.	Trockengewicht		0,846 g
Licht:	9 U. „	„ 15,6°.	„		„	0,762 g
Dunkelh.:	9 U. „	„ 15,6°.	„		„	0,763 g

Ausbeute: 0,09 g. Abgeleitet: 0,083 g.

Versuch 3 (21. Juli).

A. Kontrolle:	5 U. vorm.	Temp. 17,5°.	Wolkenlos.	Trockengewicht		0,686 g
Licht:	9 U. „	„ 24,4°.	„		„	0,712 g
Dunkelh.:	9 U. „	„ 24,4°.	„		„	0,588 g

Ausbeute: 0,124 g. Abgeleitet: 0,099 g.

45

B. Kontrolle: 9 U. vorm.   Temp. 24,4°. Wolkenlos. Trockengewicht 0,781 g
  Licht: 1 U. nachm.   „   23,1°.   „   „   0,840 g
  Dunkelh.:   1 U.   „   „   23,1°.   „   „   0,748 g
         Ausbeute: 0,032 g. Abgeleitet: 0,032 g.

C. Kontrolle: 1 U. nachm. Temp. 23,1°. Wolkenlos. Trockengewicht 0,956 g
  Licht: 5 U.   „   „   20,0°.   „   „   0,848 g
  Dunkelh.:   5 U.   „   „   20,0°.   „   „   0,829 g
         Ausbeute: 0,018 g. Abgeleitet: 0,127 g.

D. Kontrolle: 5 U. nachm. Temp. 20,0°. Wolkenlos. Trockengewicht 0,763 g
  Licht: 9 U.   „   „   16,9°.   „   „   0,718 g
  Dunkelh.:   9 U.   „   „   16,9°.   „   „   0,716 g
         Ausbeute: 0,0 g. Abgeleitet: 0,047 g.

Versuch 4 (24. Juli).

A. Kontrolle: 5 U. vorm.   Temp. 18,8°. Wolkenlos. Trockengewicht 0,567 g
  Licht: 8 U.   „   „   25,0°.   „   „   0,602 g
  Dunkelh.:   8 U.   „   „   25,0°.   „   „   0,538 g
         Ausbeute 0,065 g. Abgeleitet: 0,029 g.

B. Kontrolle: 8 U. vorm.   Temp. 25,0°. Wolkenlos. Trockengewicht 0,706 g
  Licht: 11 U.   „   „   27,5°.   „   „   0,782 g
  Dunkelh.:   11 U.   „   „   27,5°.   „   „   0,654 g
         Ausbeute: 0,128 g. Abgeleitet: 0,052 g.

C. Kontrolle: 11 U. vorm.   Temp. 27,5°. Wolkenlos. Trockengewicht 0,736 g
  Licht: 1 U. nachm.   „   23,7°.   „   „   0,793 g
  Dunkelh.:   1 U.   „   „   23,7°.   „   „   0,737 g
         Ausbeute: 0,057 g. Abgeleitet: 0,0 g.

Abb. 1 stellt die Resultate der ersten vier Versuche graphisch dar[1]).

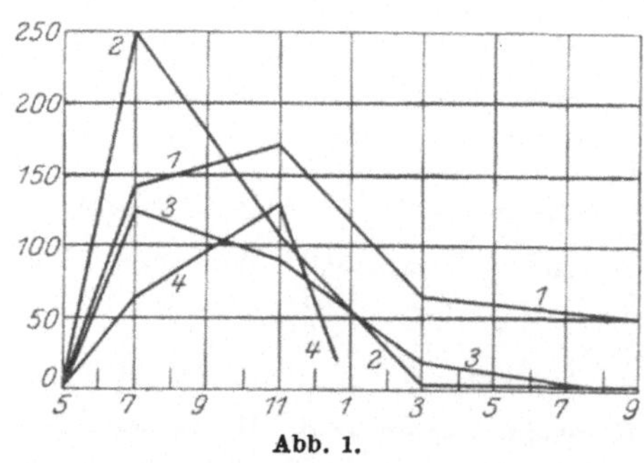

Abb. 1.

Es ist also ersichtlich (Abb. 1), daß die Photosynthese an mäßig warmen Tagen im direkten Sonnenlichte nicht gleichmäßig verläuft. Bereits am Vormittage erreicht die Intensität der Photosynthese ein Maximum, wonach sie zuerst schnell, dann allmählich abnimmt. Der Versuch 4

---

[1]) Auf allen Abbildungen sind auf der Abszisse die Tagesstunden, auf der Ordinate die Ausbeuten in mg abgetragen.

erläutert ausführlicher den Verlauf der Photosynthese bei *Lappa* am Vormittage. Von 11 Uhr ab fällt die Geschwindigkeit der Photosynthese noch erheblich schneller, als es nach den anderen Versuchen mit größeren Zeitintervallen der Fall zu sein scheint.

Versuch 5 (20. August).

A. Kontrolle: 5 U. vorm. Temp. 18,5°. Wolkenlos. Trockengewicht 0,524 g
   Licht: 9 U. „   „   15,0°. Bedeckt.   „   0,553 g
   Dunkelh.:   9 U. „   „   15,0°.   „   „   0,508 g
Ausbeute: 0,045 g. Abgeleitet: 0,016 g.

B. Kontrolle: 9 U. vorm. Temp. 15,0°. Bedeckt.   Trockengewicht 0,525 g
   Licht: 1 U. nachm.   „   16,6°.   „   „   0,652 g
   Dunkelh.:   1 U. „   „   16,6°.   „   „   0,509 g
Ausbeute: 0,143 g. Abgeleitet: 0,017 g.

C. Kontrolle: 1 U. nachm. Temp. 16,6°. Trüb.   Trockengewicht 0,542 g
   Licht   5 U. „   „   14,0°. „   „   0,525 g
   Dunkelh.:   5 U. „   „   14,0°. „   „   0,526 g
Ausbeute: 0,0 g. Abgeleitet: 0,016 g.

D. Kontrolle: 5 U. nachm. Temp. 14,2°. Trüb.   Trockengewicht 0,611 g
   Licht: 9 U. „   „   11,2°. „   „   0,567 g
   Dunkelh.:   9 U. „   „   11,2°. „   „   0,531 g
Ausbeute: 0,036 g. Abgeleitet: 0,081 g.

Versuch 6 (9. Juli).

A. Kontrolle: 5 U. vorm. Temp. 27,0°. Wolkenlos. Trockengewicht 0,519 g
   Licht: 9 U. „   „   28,8°.   „   „   0,592 g
   Dunkelh.:   9 U. „   „   28,8°.   „   „   0,517 g
Ausbeute: 0,075 g. Abgeleitet: 0,0 g.

B. Kontrolle: 9 U. vorm. Temp. 28,8°. Wolkenlos. Trockengewicht 0,724 g
   Licht: 1 U. nachm.   „   31,0°.   „   „   0,912 g
   Dunkelh.:   1 U. „   „   31,0°.   „   „   0,650 g
Ausbeute: 0,262 g. Abgeleitet: 0,074 g.

C. Kontrolle: 1 U. nachm. Temp. 31,0°. Wolkenlos. Trockengewicht 0,736 g
   Licht: 5 U. „   „   25,0°.   „   „   0,723 g
   Dunkelh.:   5 U. „   „   25,0°.   „   „   0,732 g
Ausbeute: 0,0 g. Abgeleitet: 0,0 g.

D. Kontrolle: 5 U. nachm. Temp. 25,0°. Wolkenlos. Trockengewicht 0,838 g
   Licht: 9 U. „   „   22,5°.   „   „   0,767 g
   Dunkelh.:   9 U. „   „   22,5°.   „   „   0,562 g
Ausbeute: 0,205 g. Abgeleitet: 0,276 g.

Versuch 7 (15. Juli).

A. Kontrolle: 5 U. vorm. Temp. 15,6°. Wolkenlos. Trockengewicht 0,572 g
   Licht: 9 U. „   „   24,5°.   „   „   0,779 g
   Dunkelh.:   9 U. „   „   24,5°.   „   „   0,504 g
Ausbeute: 0,275 g. Abgeleitet: 0,068 g.

45*

B. Kontrolle: 9 U. vorm.   Temp. 24,5°. Wolkenlos. Trockengewicht 0,712 g
   Licht: 1 U. nachm.   „   20,0°.   „   „   0,759 g
   Dunkelh.:   1 U.   „   „   20,0°.   „   „   0,499 g
            Ausbeute: 0,260 g. Abgeleitet: 0,213 g.

C. Kontrolle: 1 U. nachm. Temp. 20,0°. Wolkenlos. Trockengewicht 0,797 g
   Licht: 5 U.   „   „   18,8°.   „   „   0,803 g
   Dunkelh.:   5 U.   „   „   18,8°.   „   „   0,796 g
            Ausbeute: 0,007 g. Abgeleitet: 0,0 g.

D. Kontrolle: 5 U. nachm. Temp. 18,8°. Wolkenlos. Trockengewicht 0,842 g
   Licht: 9 U.   „   „   16,2°.   „   „   0,816 g
   Dunkelh.:   9 U.   „   „   16,2.   „   „   0,727 g
            Ausbeute: 0,089 g. Abgeleitet: 0,115 g.

Versuch 8 (11. Juli).

A. Kontrolle: 5 U. vorm.   Temp. 17,6°. Wolkenlos. Trockengewicht 0,661 g
   Licht: 9 U.   „   „   18,7°.   „   „   0,777 g
   Dunkelh.:   9 U.   „   „   18,7°.   „   „   0,591 g
            Ausbeute: 0,186 g. Abgeleitet: 0,070 g.

B. Kontrolle: 9 U. vorm.   Temp. 18,7°. Wolkenlos. Trockengewicht 0,752 g
   Licht: 1 U. nachm.   „   26,6°.   „   „   0,793 g
   Dunkelh.:· 1 U.   „   „   26,6°.   „   „   0,672 g
            Ausbeute: 0,122 g. Abgeleitet: 0,080 g.

C. Kontrolle: 1 U. nachm. Temp. 26,6°. Wolkenlos. Trockengewicht 0,664 g
   Licht: 5 U.   „   „   18,5°.   „   „   0,659 g
   Dunkelh.:   5 U.   „   „   18,5°.   „   „   0,660 g
            Ausbeute: 0,0 g. Abgeleitet: 0,0 g.

D. Kontrolle: 5 U. nachm. Temp. 18,5°. Wolkenlos. Trockengewicht 0,773 g
   Licht: 9 U.   „   „   17,6°.   „   „   0,741 g
   Dunkelh.:   9 U.   „   „   17,6°.   „   „   0,664 g
            Ausbeute: 0,072 g. Abgeleitet: 0,110 g.

Die Resultate der Versuche 5, 6, 7 8 sind in der Abb. 2 graphisch dargestellt.

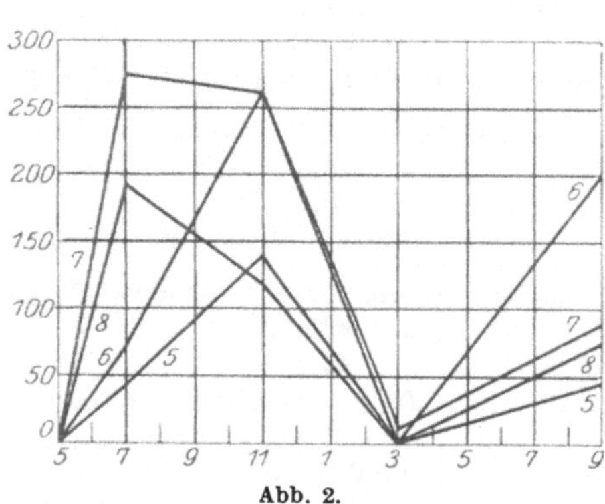

Abb. 2.

Es ergeben sich für alle diese Versuche zweigipfelige Kurven. Dies ist darauf zurückzuführen, daß in den Nachmittagsstunden die Spaltöffnungen bei den Versuchspflanzen geschlossen waren. Erst in den späteren Nachmittagsstunden war wiederum ein Öffnen der Spaltöffnungen zu verzeichnen. Im Versuch 5 war das Eintreten des trüben Wetters und die damit verbundene plötzliche Änderung der Beleuchtung die wahrscheinlichste Ursache des Schließens der Spaltöffnungen; in den übrigen drei Versuchen wurde das Schließen der Spaltöffnungen vielleicht durch starke Hitze verursacht. Es liegt die Annahme nahe, daß die Pflanzen der südlichen trockenen Gegenden ihre Spalten überhaupt nur früh am Morgen offen halten. Der Zustand der Spaltöffnungen wurde in unseren Versuchen sowohl mittels der Infiltrationsmethode, als mittels der LLOYDschen Methode geprüft.

Die in der Abb. 2 dargestellten Versuche zeigen noch deutlicher als die Versuche der ersten Serie, daß das Maximum der Photosynthese bei *Lappa* in die Vormittagsstunden fällt.

Die vier folgenden Versuche illustrieren den Verlauf der Photosynthese von *Lappa* bei trübem Wetter.

Versuch 9 (10. Juli).

A. Kontrolle: 5,30 U. vm. Temp. 15,0°. Regen.   Trockengewicht 0,908 g
   Licht: 12 U. mitt.   „   17,0°. Trüb.   „   0,821 g
   Dunkelh.: 12 U.   „   „   17,0°.   „   „   0,754 g
          Ausbeute: 0,067 g. Abgeleitet: 0,154 g.

B. Kontrolle: 12 U. mitt. Temp. 17,0°. Trüb.   Trockengewicht 0,618 g
   Licht: 5 U. nachm.   „   16,2°.   „   „   0,656 g
   Dunkelh.: 5 U.   „   „   16,2°.   „   „   0,604 g
          Ausbeute: 0,051 g. Abgeleitet: 0,013 g.

C. Kontrolle: 5 U. nachm. Temp. 16,2°. Trüb.   Trockengewicht 0,894 g
   Licht: 10 U.   „   „   15,0°.   „   „   0,770 g
   Dunkelh.: 10 U.   „   „   15,0°.   „   „   0,733 g
          Ausbeute: 0,037 g. Abgeleitet: 0,161 g.

Versuch 10 (30. Juli).

A. Kontrolle: 5 U. vorm. Temp. 17,5°. Regen.   Trockengewicht 0,667 g
   Licht: 9 U.   „   „   19,0°. Trüb.   „   0,675 g
   Dunkelh.: 9 U.   „   „   19,0°.   „   „   0,645 g
          Ausbeute: 0,031 g. Abgeleitet: 0,022 g.

B. Kontrolle: 9 U. vorm. Temp. 19,0°. Trüb.   Trockengewicht 0,567 g
   Licht: 1 U. nachm.   „   19,4°.   „   „   0,649 g
   Dunkelh.: 1 U.   „   „   19,4°.   „   „   0,571 g
          Ausbeute: 0,082 g. Abgeleitet: 0,0 g.

C. Kontrolle: 1 U. nachm. Temp. 19,4°. Trüb.   Trockengewicht 0,726 g
   Licht: 5 U.   „   „   16,2°.   „   „   0,758 g
   Dunkelh.: 5 U.   „   „   16,2°.   „   „   0,706 g
          Ausbeute: 0,052 g. Abgeleitet: 0,019 g.

D. Kontrolle: 5 U. nachm. Temp. 16,2°. Trüb.   Trockengewicht 0,630 g
   Licht: 9 U.   „   „   12,5°. „   „   0,608 g
   Dunkelh.:   9 U.   „   „   12,5°. „   „   0,594 g
        Ausbeute: 0,014 g. Abgeleitet: 0,047 g.

Versuch 11 (16. August).

A. Kontrolle: 5 U. vorm. Temp. 17,0°. Trübes Wetter. Trockengew. 0,585 g
   Licht: 9 U.   „   „   20,0°. „   „   „   0,584 g
   Dunkelh.:   9 U.   „   „   20,0°. „   „   „   0,538 g
        Ausbeute: 0,045 g. Abgeleitet: 0,047 g.

B. Kontrolle: 9 U. vorm. Temp. 20,0°. Trüb.   Trockengewicht 0,601 g
   Licht: 1 U. nachm.   „   19,4°. „   „   0,609 g
   Dunkelh.:   1 U.   „   „   19,4°. „   „   0,601 g
        Ausbeute: 0,007 g. (Spur). Abgeleitet: 0,0 g.

C. Kontrolle: 1 U. nachm. Temp. 19,4°. Wolkenlos. Trockengewicht 0,629 g
   Licht: 5 U.   „   „   17,0°.   ,   „   0,629 g
   Dunkelh.:   5 U.   „   „   17,0°.   „   „   0,577 g
        Ausbeute: 0,052 g. Abgeleitet: 0,052 g.

Versuch 12 (19. August).

A. Kontrolle: 5 U. vorm. Temp. 13,7°. Trüb.   Trockengewicht 0,588 g
   Licht: 9 U.   „   „   14,4°. Weiße Wolken.   „   0,609 g
   Dunkelh.:   9 U.   „   „   14,4°. „   „   „   0,577 g
        Ausbeute: 0,085 g. Abgeleitet: 0,011 g.

B. Kontrolle: 9 U. vorm. Temp. 14,4°. Weiße Wolken. Trockengew. 0,585 g
   Licht: 1 U. nachm.   „   15,0°. „   „   „   0,627 g
   Dunkelh.:   1 U.   „   „   15,0°. „   „   „   0,545 g
        Ausbeute: 0,082 g. Abgeleitet: 0,040 g.

C. Kontrolle: 1 U. nachm. Temp. 15,0°. Trüb.   Trockengewicht 0,859 g
   Licht: 5 U.   „   „   12,5°. „   „   0,760 g
   Dunkelh.:   5 U.   „   „   12,5°. „   „   0,765 g
        Ausbeute: 0,0 g. Abgeleitet: 0,094 g.

D. Kontrolle: 5 U. nachm. Temp. 12,5°. Trüb.   Trockengewicht 0,556 g
   Licht: 9 U.   „   „   10,6.° „   „   0,542 g
   Dunkelh.:   9 U.   „   „   10,6°. „   „   0,532 g
        Ausbeute: 0,010 (Spur). Abgeleitet: 0,024 g.

Die Resultate der Versuche 9, 10, 11 und 12 sind in Abb. 3
dargestellt.

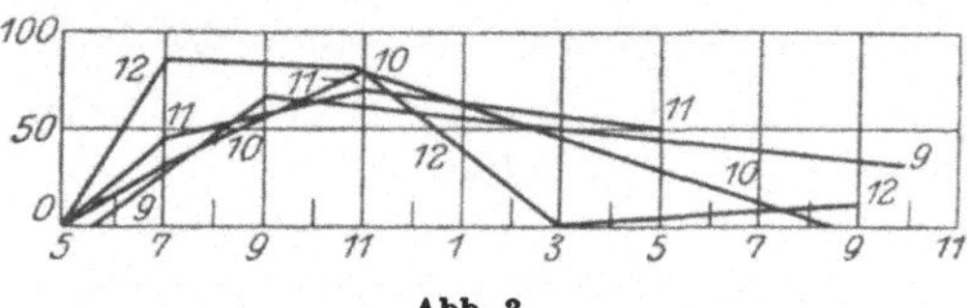

Abb. 3.

Es zeigte sich also, daß die Photosynthese von *Lappa* bei trübem
Wetter bedeutend schwächer ist als im direkten Sonnenlichte. Auch
hat die Kurve des täglichen Ganges der Photosynthese bei trübem

Wetter nicht dieselbe Form wie bei Sonnenschein: im letzteren Falle
ist nach 11 Uhr ein rasches Sinken der Intensität der Photosynthese
bemerkbar, wogegen bei trübem Wetter die Intensität der Photosynthese
zwar ebenfalls am Vormittage ein Maximum erreicht, doch am Nachmittage nur sehr allmählich sinkt. Ein scharf ausgesprochenes Maximum
ist nur im Versuche 12 zu verzeichnen, wo eine vorübergehende Auf-
heiterung des Wetters stattgefunden hat.

B. Versuche mit Phragmites communis.

Versuch 13 (21. Juli).

A. Kontrolle: 9 U. vorm. Temp. 24,4°. Wolkenlos. Trockengewicht 1,896 g
 Licht: 1 U. nachm. „ 22,5°. „ „ 1,979 g
 Dunkelh.: 1 U. „ „ 22,5°. „ „ 1,735 g
  Ausbeute: 0,244 g. Abgeleitet: 0,161 g.

B. Kontrolle: 1 U. nachm. Temp. 22,5°. Wolkenlos. Trockengewicht 1,979 g
 Licht: 5 U. „ „ 20,0°. „ „ 1,896 g
 Dunkelh.: 5 U. „ „ 20,0°. „ „ 1,728 g
  Ausbeute: 0,167 g. Abgeleitet: 0,251 g.

C. Kontrolle: 5 U. nachm. Temp. 20,0°. Wolkenlos. Trockengewicht 1,806 g
 Licht: 9 U. „ „ 17,1°. „ „ 1,770 g
 Dunkelh.: 9 U. „ „ 17,1°. „ „ 1,775 g
  Ausbeute: 0,0 g. Abgeleitet: 0,030 g.

Versuch 14 (16. August).

A. Kontrolle: 6 U. vorm. Temp. 17,0°. Bedeckt. Trockengewicht 1,787 g
 Licht: 9 U. „ „ 20,0°. „ „ 1,853 g
 Dunkelh.: 9 U. „ „ 20,0°. „ „ 1,751 g
  Ausbeute: 0,103 g. Abgeleitet: 0,037 g.

B. Kontrolle: 10 U. vorm. Temp. 20,0°. Bedeckt. Trockengewicht 1,853 g
 Licht: 2 U. nachm. „ 19,4°. „ „ 1,876 g
 Dunkelh.: 2 U. „ „ 19,4°. „ „ 1,842 g
  Ausbeute: 0,033 g. Abgeleitet: 0,011 g.

Versuch 15 (19. August).

A. Kontrolle: 5 U. vorm. Temp. 15,0°. Bedeckt. Trockengewicht 1,930 g
 Licht: 10 U. „ „ 17,5°. „ „ 2,026 g
 Dunkelh.: 10 U. „ „ 17,5°. „ „ 1,922 g
  Ausbeute: 0,104 g. Abgeleitet: 0,008 g.

B. Kontrolle: 10 U. vorm. Temp. 17,5°. Bedeckt. Trockengewicht 2,026 g
 Licht: 2 U. nachm. „ 18,7°. Wolkenlos. „ 2,198 g
 Dunkelh.: 2 U. „ „ 18,7°. „ „ 1,988 g
  Ausbeute: 0,210 g. Abgeleitet: 0,038 g.

C. Kontrolle: 2 U. nachm. Temp. 18,7°. Wolkenlos. Trockengewicht 2,198 g
 Licht: 6 U. „ „ 16,2°. Gewitter, trüb. „ 1,999 g
 Dunkelh.: 6 U. „ „ 16,2°. „ „ 1,957 g
  Ausbeute: 0,042 g. Abgeleitet: 0,241 g.

D. Kontrolle: 6 U. nachm. Temp. 16,2°. Halb bedeckt. Trockengew. 1,999 g
  Licht: 9,30 U. „   „ 15,0°. Bedeckt.   „   1,944 g
  Dunkelh.: 9,30 U. „   „ 15,0°.   ll   „   1,943 g
            Ausbeute: 0,0 g. Abgeleitet: 0,055 g.

Versuch 16 (30. Juli).

A. Kontrolle: 5 U. vorm. Temp. 15,0°. Regen.   Trockengewicht 1,668 g
  Licht: 9 U. „   „ 17,0°. „   „   1,749 g
  Dunkelh.: 9 U. „   „ 17,0°. „   „   1,651 g
            Ausbeute: 0,098 g. Abgeleitet: 0,017 g.

B. Kontrolle: 9 U. vorm. Temp. 17,0°. Bedeckt.   Trockengewicht 1,749 g
  Licht: 1 U. nachm.   „ 19,0°. „   „   1,968 g
  Dunkelh.: 1 U.   „   „ 19,0°. „   „   1,745 g
            Ausbeute: 0,223 g. Abgeleitet: 0,004 g.

C. Kontrolle: 1 U. nachm. Temp. 19,0°. Bedeckt.   Trockengewicht 1,928 g
  Licht: 5 U. „   „ 15,2°. „   „   1,911 g
  Dunkelh.: 5 U. „   „ 15,2°. „   „   1,902 g
            Ausbeute: 0,0 g. Abgeleitet: 0,026 g.

D. Kontrolle: 5 U. nachm. Temp. 15,2°. Bedeckt.   Trockengewicht 1,891 g
  Licht: 9 U. „   „ 12,5°. „   „   1,755 g
  Dunkelh.: 9 U. „   „ 12,5°. „   „   1,761 g
            Ausbeute: 0,0 g. Abgeleitet: 0,130 g.

Versuch 17 (11. Juli).

A. Kontrolle: 5 U. vorm. Temp. 17,6°. Wolkenlos. Trockengewicht 1,653 g
  Licht: 9 U. „   „ 18,7°.   „   „   1,784 g
  Dunkelh.: 9 U. „   „ 18,7°.   „   „   1,648 g
            Ausbeute: 0,136 g. Abgeleitet: 0,005 g.

B. Kontrolle: 9 U. vorm. Temp. 18,7°. Wolkenlos. Trockengewicht 1,784 g
  Licht: 1 U. nachm.   „ 26,6°.   „   „   1,959 g
  Dunkelh.: 1 U.   „   „ 26,6°.   „   „   1,770 g
            Ausbeute: 0,189 g. Abgeleitet: 0,014 g.

C. Kontrolle: 1 U. nachm. Temp. 26,6°. Wolkenlos. Trockengewicht 1,959 g
  Licht: 5 U. „   „ 18,5°.   „   „   1,881 g
  Dunkelh.: 5 U. „   „ 18,5°.   „   „   1,794 g
            Ausbeute: 0,088 g. Abgeleitet: 0,165 g.

D. Kontrolle: 5 U. nachm. Temp. 18,5°. Wolkenlos. Trockengewicht 1,881 g
  Licht: 9 U. „   „ 17,6°.   „   „   1,750 g
  Dunkelh.: 9 U. „   „ 17,6°.   „   „   1,720 g
            Ausbeute: 0,030 g. Abgeleitet: 0,161 g.

Die Resultate der Versuche 13, 14, 15, 16 und 17 sind in der Abb. 4 graphisch dargestellt.

Sie ergaben dasselbe Resultat wie die Versuche mit *Lappa*: bereits am Vormittage erreicht die Intensität der Photosynthese ein Maximum und sinkt danach plötzlich. Ein nebensächlicher Unterschied zwischen *Lappa* und *Phragmites* besteht darin, daß *Phragmites* auch bei bedecktem Himmel gut assimiliert.

Versuch 18 (9. Juli).

A. Kontrolle: 5 U. vorm. Temp. 28,0°. Wolkenlos. Trockengewicht 1,707 g
Licht: 9 U. „ „ 28,8°. „ „ 1,747 g
Dunkelh.: 9 U. „ „ 28,8. „ „ 1,697 g
Ausbeute: 0,049. Abgeleitet: 0,010 g.

B. Kontrolle: 9 U. vorm. Temp. 28,8°. Wolkenlos. Trockengewicht 1,747 g
Licht: 1 U. nachm. „ 31,0°. „ „ 1,836 g
Dunkelh.: 1 U. „ „ 31,0°. „ „ 1,730 g
Ausbeute: 0,106 g. Abgeleitet: 0,017 g.

C. Kontrolle: 1 U. nachm. Temp. 31,0°. Wolkenlos. Trockengewicht 1,836 g
Licht: 5 U. „ „ 25,0°. „ „ 1,942 g
Dunkelh.: 5 U. „ „ 25,0°. „ „ 1,730 g
Ausbeute: 0,211 g. Abgeleitet: 0,105 g.

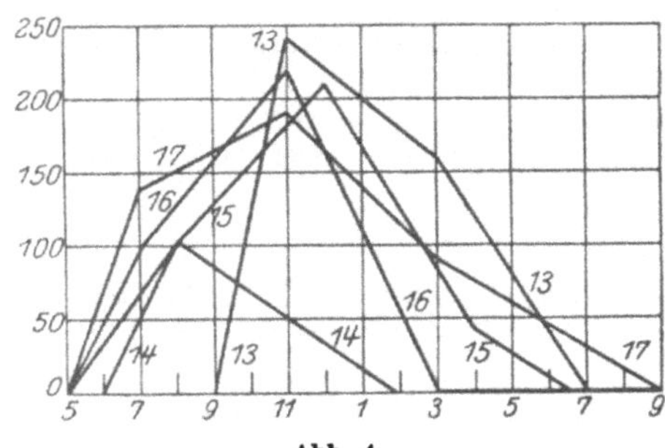

Abb. 4.

D. Kontrolle: 5 U. nachm. Temp. 25,0°. Wolkenlos. Trockengewicht 1,646 g
Licht: 9 U. „ „ 22,5°. „ „ 1,616 g
Dunkelh.: 9 U. „ „ 22,5°. „ „ 1,610 g
Ausbeute: 0,0 g. Abgeleitet: 0,036 g.

Versuch 19 (16. Juli).

A. Kontrolle: 5 U. vorm. Temp. 15,0°. Unbeständ. Trockengewicht 1,839 g
Licht: 9 U. „ „ 19,4°. Bedeckt. „ 1,840 g
Dunkelh.: 9 U. „ „ 19,4°. „ „ 1,790 g
Ausbeute: 0,050 g. Abgeleitet: 0,049 g.

B. Kontrolle: 9 U. vorm. Temp. 19,4°. Bedeckt. Trockengewicht 1,840 g
Licht: 1 U. nachm. „ 16,9°. Trüb. „ 1,842 g
Dunkelh.: 1 U. „ „ 16,9°. „ „ 1,814 g
Ausbeute: 0,027 g. Abgeleitet: 0,026 g.

C. Kontrolle: 1 U. nachm. Temp. 16,9°. Trüb. Trockengewicht 1,842 g
Licht: 5 U. „ „ 16,2°. .. „ 1,788 g
Dunkelh.: 5 U. „ „ 16,2°. „ „ 1,764 g
Ausbeute: 0,023 g. Abgeleitet: 0,077 g.

D. Kontrolle: 5 U. nachm. Temp. 16,2°. Trüb. Trockengewicht 1,788 g
Licht: 9 U. „ „ 15,6°. „ „ 1,777 g
Dunkelh.: 9 U. „ „ 15,6°. „ „ 1,789 g
Ausbeute: 0,0 g. Abgeleitet: 0,0 g.

Versuch 20 (14. Juli).

A. Kontrolle: 5 U. vorm. Temp. 15,6°. Wolkenlos. Trockengewicht 1,809 g
Licht: 9 U. „ „ 24,4°. „ „ 1,943 g
Dunkelh.: 9 U. „ „ 24,4°. „ „ 1,796 g
Ausbeute: 0,146 g. Abgeleitet: 0,013 g.

B. Kontrolle: 9 U. vorm. Temp. 24,4°. Wolkenlos. Trockengewicht 1,943 g
Licht: 1 U. nachm. „ 22,5°. „ „ 1,931 g
Dunkelh.: 1 U. „ „ 22,5°. „ „ 1,764 g
Ausbeute: 0,167 g. Abgeleitet: 0,179 g.

C. Kontrolle: 1 U. nachm. Temp. 22,5°. Wolkenlos. Trockengewicht 1,931 g
Licht: 5 U. „ „ 18,7°. „ „ 1,963 g
Dunkelh.: 5 U. „ „ 18,7°. „ „ 1,766 g
Ausbeute: 0,197 g. Abgeleitet: 0,164 g.

D. Kontrolle: 5 U. nachm. Temp. 18,7°. Wolkenlos. Trockengewicht 1,821 g
Licht: 9 U. „ „ 17,0°. „ „ 1,781 g
Dunkelh.: 9 U. „ „ 17,0°. „ „ 1,784 g
Ausbeute: 0,0 g. Abgeleitet: 0,037 g.

Versuch 21 (15. Juli).

A. Kontrolle: 5 U. vorm. Temp. 15,6°. Wolkenlos. Trockengewicht 1,893 g
Licht: 9 U. „ „ 24,4°. „ „ 2,056 g
Dunkelh.: 9 U. „ „ 24,4°. „ „ 1,783 g
Ausbeute: 0,272 g. Abgeleitet: 0,109 g.

B. Kontrolle: 9 U. vorm. Temp. 24,4°. Wolkenlos. Trockengewicht 1,909 g
Licht: 1 U. nachm. „ 20,0°. „ „ 1,876 g
Dunkelh.: 1 U. „ „ 20,0°. „ „ 1,882 g
Ausbeute: 0,0 g. Abgeleitet: 0,027 g.

C. Kontrolle: 1 U. nachm. Temp. 20,0°. Wolkenlos. Trockengewicht 1,873 g
Licht: 5 U. „ „ 19,4°. „ „ 1,893 g
Dunkelh.: 5 U. „ „ 19,4°. „ „ 1,808 g
Ausbeute: 0,085 g. Abgeleitet: 0,069.

D. Kontrolle: 5 U. nachm. Temp. 19,4°. Wolkenlos. Trockengewicht 1,893 g
Licht: 9 U. „ „ 16,2°. „ „ 1,805 g
Dunkelh.: 9 U. „ „ 16,2°. „ „ 1,806 g
Ausbeute: 0,0 g. Abgeleitet: 0,087 g.

Die Resultate der Versuche 18, 19, 20 und 21 sind in der Abb. 5 graphisch dargestellt.

Die Versuche 18—21 zeigen einen abnormen Verlauf der Photosynthese, der durch verschiedene Ursachen bedingt sein kann. So war in den Versuchen 18 und 20 bereits in den früheren Vormittagsstunden die Temperatur hoch gestiegen, wodurch das Assimilationsmaximum auf die Nachmittagsstunden verschoben wurde. Im Versuch 21 war ein Schließen der Spaltöffnungen am späteren Vormittag zu verzeichnen. Im Versuch 18, der bei trübem Wetter ausgeführt worden war, ergab sich dieselbe Kurve der Assimilationsintensität, wie in Versuchen mit *Lappa* bei trübem Wetter.

Aus allen oben dargelegten Versuchen ist der Schluß zu ziehen, daß die Intensität der Photosynthese der beiden von uns untersuchten krautartigen Pflanzen schon lange vor dem Sonnenuntergang bedeutend abnimmt. Dies ist um so beachtenswerter, als namentlich die späteren Nachmittagsstunden mit ihrem hellen Sonnenschein und milder Temperatur für eine ausgiebige CO_2-Assimilation besonders günstig zu sein scheinen. Der Sonnenuntergang findet in diesen Breiten im Juli um 9 Uhr nachmittags statt, doch tritt alsdann keine Dämmerung ein; dieselbe ist erst um etwa 11 Uhr bemerkbar; vor 3 Uhr vormittags geht aber die Sonne schon wieder auf. Nichtsdestoweniger wird das Assimilationsmaximum beim normalen Verlauf der Photosynthese sogar am Vormittag erreicht und nur in Ausnahmefällen auf höchstens 3 Uhr nach-

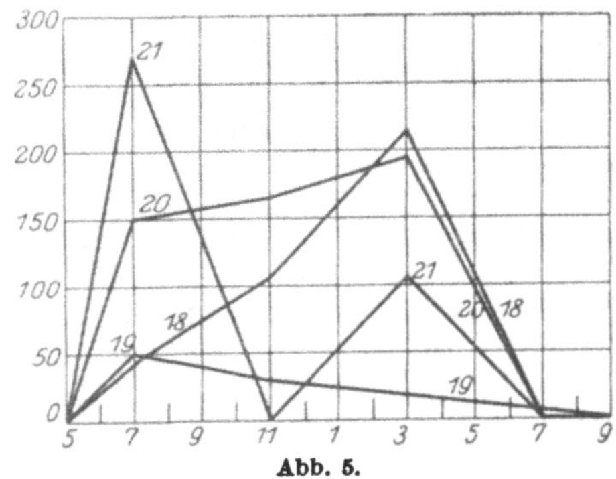

Abb. 5.

mittags verschoben. Bevor wir diesen Umstand ausführlicher besprechen, müssen noch die mit der baumartigen *Betula pubescens* ausgeführten Versuche dargelegt werden.

C. Versuche mit Betula pubescens.

Versuch 22 (9. Juli).

A. Kontrolle: 5 U. vorm.   Temp. 27,0°. Wolkenlos. Trockengewicht 1,279 g
   Licht: 9 U. „   „ 28,8°.   „   „   1,269 g
   Dunkelh.: 9 U. „   „ 28,8°.   „   „   1,251 g
      Ausbeute: 0,019 g. Abgeleitet: 0,028 g.

B. Kontrolle: 9 U. vorm.   Temp. 28,8°. Wolkenlos. Trockengewicht 1,367 g
   Licht: 1 U. nachm.   „ 31,0°.   „   „   1,383 g
   Dunkelh.: 1 U. „   „ 31,0°.   „   „   1,357 g
      Ausbeute: 0,026 g. Abgeleitet: 0,011 g.

C. Kontrolle: 1 U. nachm. Temp. 31,0°. Wolkenlos. Trockengewicht 1,347 g
   Licht: 5 U. „   „ 25,0°.   „   „   1,407 g
   Dunkelh.: 5 U. „   „ 25,0°.   „   „   1,250 g
      Ausbeute: 0,157 g. Abgeleitet: 0,097 g.

D. Kontrolle: 5 U. nachm. Temp. 25,0°. Wolkenlos. Trockengewicht 1,220 g
   Licht: 9 U.   „   „   22,5°.   „   „   1,410 g
   Dunkelh.: 9 U.   „   „   22,5°.   „   „   1,136 g
          Ausbeute: 0,274. Abgeleitet: 0,084 g.

Versuch 23 (26. Juli).

A. Kontrolle: 5 U. vorm. Temp. 21,2°. Wolkenlos. Trockengewicht 1,454 g
   Licht: 9 U.   „   „   28,9°.   „   „   1,460 g
   Dunkelh.: 9 U.   „   „   28,9°.   „   „   1,439 g
          Ausbeute: 0,021 g. Abgeleitet: 0,015 g.

B. Kontrolle: 9 U. vorm. Temp. 28,9°. Wolkenlos. Trockengewicht 1,660 g
   Licht: 1 U. nachm. „   32,3°.   „   „   1,732 g
   Dunkelh.: 1 U.   „   „   32,3°.   „   „   1,634 g
          Ausbeute: 0,098 g. Abgeleitet: 0,025 g.

C. Kontrolle: 1 U. nachm. Temp. 32,3°. Wolkenlos. Trockengewicht 1,698 g
   Licht: 5 U.   „   „   28,7°.   „   „   1,759 g
   Dunkelh.: 5 U.   „   „   28,7°.   „   „   1,591 g
          Ausbeute: 0,168 g. Abgeleitet: 0,106 g.

D. Kontrolle: 5 U. nachm. Temp. 28,7°. Wolkenlos. Trockengewicht 1,595 g
   Licht: 9 U.   „   „   20,0°.   „   „   1,732 g
   Dunkelh.: 9 U.   „   „   20,0°.   „   „   1,414 g
          Ausbeute: 0,318 g. Abgeleitet: 0,181 g.

Versuch 24 (15. Juli).

A. Kontrolle: 5 U. vorm. Temp. 15,6°. Wolkenlos. Trockengewicht 1,285 g
   Licht: 9 U.   „   „   24,0°.   „   „   1,350 g
   Dunkelh.: 9 U.   „   „   24,0°.   „   „   1,246 g
          Ausbeute: 0,104 g. Abgeleitet: 0,038 g.

B. Kontrolle: 9 U. vorm. Temp. 24,0°. Wolkenlos. Trockengewicht 1,374 g
   Licht: 1 U. nachm. „   20,0°.   „   „   1,449 g
   Dunkelh.: 1 U.   „   „   20,0°.   „   „   1,261 g
          Ausbeute: 0,188 g. Abgeleitet: 0,113 g.

C. Kontrolle: 1 U. nachm. Temp. 20,0°. Wolkenlos. Trockengewicht 1,447 g
   Licht: 5 U.   „   „   18,8°.   „   „   1,578 g
   Dunkelh.: 5 U.   „   „   18,8°.   „   „   1,160 g
          Ausbeute: 0,418 g. Abgeleitet: 0,287. g,

D. Kontrolle: 5 U. nachm. Temp. 18,8°. Wolkenlos. Trockengewicht 1,569 g
   Licht: 9 U.   „   „   16,2°.   „   „   1,452 g
   Dunkelh.: 9 U.   „   „   16,2°.   „   „   1,460 g
          Ausbeute: 0,0 g. Abgeleitet: 0,110 g.

Versuch 25 (14. Juli).

A. Kontrolle: 5 U. vorm. Temp. 15,6°. Wolkenlos. Trockengewicht 1,585 g
   Licht: 9 U.   „   „   24,4°.   „   „   1,696 g
   Dunkelh.: 9 U.   „   „   24,4°.   „   „   1,182 g
          Ausbeute: 0,514 g. Abgeleitet: 0,403 g.

B. Kontrolle: 9 U. vorm. Temp. 24,4°. Wolkenlos. Trockengewicht 1,285 g
   Licht: 1 U. nachm.   „   22,5°.   „   „   1,333 g
   Dunkelh.:   1 U.   „   „   22,5°.   „   „   1,261 g
   Ausbeute: 0,072 g. Abgeleitet: 0,024 g.

C. Kontrolle: 1 U. nachm. Temp. 22,5°. Wolkenlos. Trockengewicht 1,786 g
   Licht: 5 U.   „   „   18,7°.   „   „   1,764 g
   Dunkelh.:   5 U.   „   „   18,7°.   „   „   1,224 g
   Ausbeute: 0,440 g. Abgeleitet: 0,562 g.

D. Kontrolle: 5 U. nachm. Temp. 18,7°. Wolkenlos. Trockengewicht 1,731 g
   Licht: 9 U.   „   „   17,0°.   „   „   1,753 g
   Dunkelh.:   9 U.   „   „   17,0°.   „   „   1,317 g
   Ausbeute: 0,436 g. Abgeleitet: 0,413 g.

Die Resultate der Versuche 22, 23, 24 und 25 sind in der Abb. 6 graphisch dargestellt worden.

Besonders auffallend sind die Resultate der beiden Versuche 22 und 23. Es zeigte sich, daß die Intensität der Photosynthese von *Betula pubescens* an einigen Tagen bis zum Sonnenuntergang fortwährend zunimmt. Im Versuch 24 ist ein Maximum am Nachmittage zu verzeichen. Es ist aber im Auge zu behalten, daß die bei der Anwendung der Blatthälftenmethode unvermeidlichen langen Zeitintervalle das senkrechte Herabfallen der Assimilationskurve nicht darstellen lassen. Da nun die Photosynthese nach 7 Uhr nachmittags nachweislich zum Stillstand kam, so ist die Annahme nicht unwahrscheinlich, daß dieser Stillstand durch plötzliches Schließen der Spaltöffnungen bereits früher eingetreten war, und daß die Assimilationskurve in Wirklichkeit nach 3 Uhr senkrecht herabgefallen ist. Sollte dies tatsächlich der Fall sein, so hätte die Assimilationskurve im Versuch 24 bis 3 Uhr dieselbe Form, wie in den beiden vorstehenden Versuchen. Was nun den Versuch 25 anbelangt, so ist hier die Assimilationskurve durch das am Vormittage eingetretene zeitweilige Schließen der Spaltöffnungen deformiert worden. Beachtenswert ist jedoch der Umstand, daß die

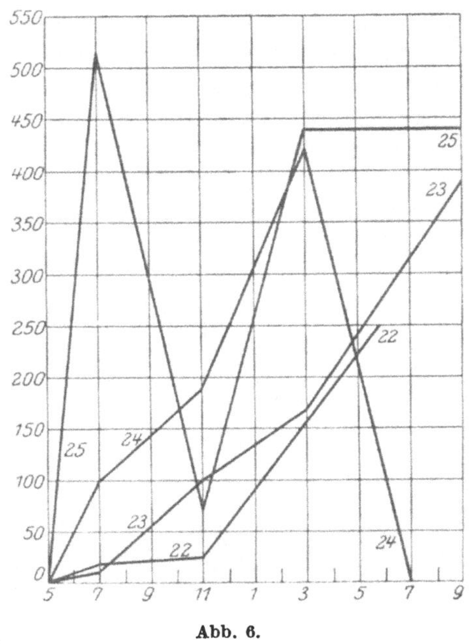

Abb. 6.

Photosynthese danach wiederum einen sehr hohen Wert erreicht hat. In diesem Versuche war die CO_2-Assimilation bereits in den frühesten Tagesstunden äußerst intensiv.

Was nun die Ableitung der Assimilate aus dem Blatte anbelangt, so zeigte es sich, daß dieselbe bei allen drei untersuchten Pflanzen im großen Ganzen durch die jeweilige Intensität der Photosynthese bedingt wird. In den frühen Vormittagsstunden ist die Ableitung der Assimilate meistens unbedeutend; eine Ausnahme von dieser Regel bilden diejenigen Fälle, wo die Assimilation bereits zu dieser Zeit eine ungewöhnlich hohe Intensität erreichte. Folgende Tabelle zeigt, daß die Gesamtausbeute an sonnigen Tagen größer ist als die Menge der gleichzeitig abgeleiteten Stoffe. Es bleibt also am Sonnenuntergang eine gewisse Menge der Assimilate im Blatt, die während der Nachtstunden fortgeschafft wird. An trüben Tagen kann im Gegenteil das Übergewicht auf Seiten der Ableitung sein, und es werden daher nicht nur die Ausbeute des nämlichen Tages, sondern auch die bereits früher im Blatt enthaltenen plastischen Stoffe abgeleitet. Bei der Beurteilung der nachstehenden Tabelle ist im Auge zu behalten, daß die Blatthälftenmethode keine große Genauigkeit beanspruchen darf. In der Tabelle sind selbstverständlich nur solche Versuche angeführt, die von 5 Uhr vormittags bis 9 Uhr nachmittags dauerten.

Nr. d. Vers.	Tagesausbeute	Tagesableitung	Differenz
2	359 mg	358 mg	+ 1 mg
3	234 „	305 „	— 71 „
5	225 „	129 „	+ 96 „
6	542 „	349 „	+ 193 „
7	695 „	397 „	+ 298 „
8	379 „	260 „	+ 119 „
9	156 „	329 „	— 173 „
10	178 „	88 „	+ 90 „
11	105 „	99 „	+ 7 „
12	177 „	169 „	+ 8 „
15	356 „	342 „	+ 14 „
16	320 „	177 „	+ 143 „
17	443 „	345 „	+ 98 „
18	366 „	168 „	+ 198 „
19	101 „	152 „	— 51 „
20	510 „	393 „	+ 117 „
21	358 „	292 „	+ 66 „
22	476 „	220 „	+ 256 „
23	605 „	328 „	+ 277 „
24	710 „	549 „	+ 161 „
25	1461 „	1402 „	+ 59 „

Der Sachverhalt im Laufe der Nachtstunden wird durch folgende Versuche illustriert:

Lappa tomentosa.

Versuch 26 (23. Juni).

A. Kontrolle: 9 U. nachm. Veränderlich. Trockengewicht 0,867 g
Licht: 3 U. vorm. Wolkenlos.   ,,   0,740 g
Dunkelh.: 3 U. ,,   ,,   ,,   0,687 g
Ausbeute: 53 mg. Abgeleitet: 179 mg. Gesamtabnahme 126 mg.

Versuch 27 (24. Juni).

Kontrolle: 9 U. nachm. Wolkenlos. Trockengewicht 0,958 g
Licht: 3 U. vorm.   ,,   ,,   0,869 g
Dunkelh.: 3 U. ,,   ,,   ,,   0,834 g
Ausbeute: 35 mg. Abgeleitet: 124 mg. Gesamtabnahme: 99 mg.

Versuch 28 (25. Juni).

Kontrolle: 9 U. nachm. Bedeckt. Trockengewicht 0,932 g
Licht: 3 U. vorm. Wolkenlos.   ,,   0,928 g
Dunkelh : 3 U. ,,   ,,   ,,   0,906 g
Ausbeute: 22 mg. Abgeleitet: 26 mg. Gesamtabnahme: 4 mg.

Versuch 29 (26. Juni).

Kontrolle: 9 U. nachm. Bedeckt. Trockengewicht 0,750 g
Licht: 3 U. vorm. Wolkenlos.   ,,   0,700 g
Dunkelh.: 3 U. ,,   ,,   ,,   0,701 g
Ausbeute: 0,0 mg. Abgeleitet: 49 mg. Gesamtabnahme: 49 mg.

Phragmites communis.

Versuch 30 (24. Juni).

Kontrolle: 9 U. nachm. Wolkenlos. Trockengewicht 1,891 g
Licht: 3 U. vorm.   ,,   ,,   1,793 g
Dunkelh.: 3 U. ,,   ,,   ,,   1,759 g
Ausbeute: 34 mg. Ableitung: 132 mg. Gesamtabnahme: 98 mg.

Versuch 31 (1. Juli).

Kontrolle: 9 U. nachm. Bedeckt. Trockengewicht 0,914 g
Licht: 3 U. vorm.   ,,   ,,   1,835 g
Dunkelh.: 3 U. ,,   ,,   ,,   1,825 g
Ausbeute: 10 mg. Abgeleitet: 89 mg. Gesamtabnahme: 79 mg.

Betula pubescens.

Versuch 32 (27. Juni).

Kontrolle: 9 U. nachm. Bedeckt. Trockengewicht 1,685 g
Licht: 3 U. vorm. Wolkenlos.   ,,   1,541 g
Dunkelh.: 3 U. ,,   ,,   ,,   1,503 g
Ausbeute: 38 mg. Abgeleitet: 182 mg. Gesamtabnahme: 144 mg.

Eine geringe CO_2-Assimilation während der Nachtstunden ist eine in dieser Gegend übliche Erscheinung[1]. Im Juni und Juli sind die

---

[1] KOSTYTSCHEW, S.: Ber. d. botan. Ges. **39**, 334. 1921.

Nächte ausreichend hell, um eine schwache Photosynthese zu unterhalten. Die Mengen der während der Nacht abgeleiteten Stoffe sind von derselben Größenordnung wie diejenigen der am Abend im Blatt erhalten gebliebenen Assimilate.

Es ist also ersichtlich, daß die Ableitung der Assimilate aus dem Blatt bei günstigen Assimilationsverhältnissen hinter der Photosynthese zurückbleibt. Dieser Umstand ist wahrscheinlich die direkte Ursache der auffallenden Erscheinung, die in obigen Versuchen mehrmals zum Vorschein kam, daß nämlich die Photosynthese bei durchaus ausgezeichneten äußeren Verhältnissen eingestellt wurde. In folgender Tabelle sind die Mengen der vor dem Aufhören der Assimilation im Blatt aufgespeicherten Assimilate angegeben:

Nr. d. Vers.	Zustand d. Photosynthese	Ausbeute	Abgeleit. Menge d. Assimilate	Differenz
2	1 U. Stark gesunken	216 mg	131 mg	86 mg
5	1 U. Eingestellt	188 „	32 „	156 „
6	1 U. Eingestellt	337 „	74 „	263 „
7	1 U. Stark gesunken	535 „	281 „	254 „
8	1 U. Eingestellt	307 „	150 „	157 „
15	5 U. Eingestellt	313 „	46 „	267 „
16	1 U. Eingestellt	320 „	21 „	299 „
18	5 U. Eingestellt	366 „	132 „	234 „
20	5 U. Eingestellt	510 „	356 „	154 „
21	9 U. vorm. Eingestellt	272 „	109 „	163 „
21	5 U. nachm. Eingestellt	358 „	205 „	153 „
24	5 U. Eingestellt	710 „	205 „	505 „
25	1 U. Stark gesunken,	514 „	403 „	111 „

Diese Zahlen zeigen, daß im Moment des Aufhörens der Photosynthese immer mindestens 0,15 g Assimilate auf 300 qcm Blattfläche im Blatt aufgespeichert und nicht abgeleitet wurden. Ein Gehalt von 0,085—0,1 g der Assimilate bewirkte eine ansehnliche Hemmung der Photosynthese. Auf Grund dieser Ergebnisse ist die Schlußfolgerung naheliegend, daß auch die allgemeine Form der Kurve des täglichen Verlaufes der Photosynthese in erster Linie durch den Vorgang der Ableitung der Assimilate bedingt wird. Bereits am Vormittage läßt sich eine unvollkommene Ableitung wahrnehmen; dieselbe bewirkt höchst wahrscheinlich die darauffolgende Abnahme der CO_2-Assimilation im Laufe der Nachmittagsstunden. Bei der Anhäufung von sehr großen Mengen der Assimilate wird die Photosynthese vollkommen eingestellt. Nur die Blatthälftenmethode ist ungeachtet ihrer nicht großen Genauigkeit in der Lage, den wichtigen Zusammenhang von CO_2-Assimilation und Ableitung der Assimilate durch Zahlen zu erläutern.

Daß die Photosynthese bei trübem Wetter durch andere Ursachen und zwar durch Licht- und Wärmemangel sowie durch das hierbei eintretende Schließen der Spaltöffnungen zum Stillstand gebracht werden kann, ist schon längst bekannt. Dieser Sachverhalt wird denn auch durch unsere Resultate erläutert.

Der in unseren Versuchen hervortretende eigentümliche tägliche Verlauf der Photosynthese zeigt, daß die gegenwärtig vorherrschende Ansicht, laut welcher der bei der Photosynthese im Minimum vorhandene Faktor der geringe CO_2-Gehalt der atmosphärischen Luft sein soll, kaum richtig ist. In den meisten Fällen wird die Photosynthese unter natürlichen Verhältnissen bei Sonnenschein in erster Linie durch die unzureichende Ableitung der Assimilate limitiert; diese hängt ihrerseits wohl nicht mit der unvollkommenen Entwicklung des Leitungssystems, sondern mit der unzureichenden Geräumigkeit der Reservestoffbehälter der betreffenden Pflanzen zusammen. Bei den meisten Pflanzen ist die assimilierende Apparatur viel zu mächtig in Anbetracht der tatsächlich zu befriedigenden Lebensbedürfnisse, sie ist daher nicht imstande, bei Sonnenschein den ganzen Tag hindurch mit voller Kraft zu arbeiten. Der genannte innere Faktor, der für die Produktivität der Photosynthese in erster Linie ausschlaggebend ist, kann wohl als Ursache der ungleichen specifischen Assimilationsintensität verschiedener Gewächse gelten. So ist aus obigen Versuchen der Schluß zu ziehen, daß die tägliche Ausbeute bei der Birke (10—15jährige Exemplare) größer ist als bei den beiden krautartigen Pflanzen. Im Zusammenhange damit ergab sich, daß bei der Birke (zum mindesten an einigen sonnigen Tagen) keine Hemmung der Photosynthese zu verzeichnen war. Dies ist nicht verwunderlich: verbraucht doch die kontinuierlich wachsende Baummasse eine bei der Berechnung auf das Laubwerk relativ bedeutendere Menge der Assimilate als krautartige Gewächse mit einem nicht ungewöhnlich stark entwickelten System der Reservestoffbehälter.

Es besteht zur Zeit eine Uneinigkeit betreffs der sogenannten Luftdüngung mit Kohlendioxyd. Dieselbe scheint nicht mit allen Kulturpflanzen gleich günstige Resultate zu ergeben. Nun liegt der Anwendung des Luftdüngers der Gedanke zugrunde, daß hierdurch der wichtigste die Photosynthese limitierende Faktor, nämlich der CO_2-Mangel, beseitigt wird. Diese Ansicht ist aber vielleicht nur in Ausnahmefällen zutreffend, denn viele Pflanzen sind nicht in der Lage, die volle Leistungsfähigkeit ihres Laubwerkes selbst unter den natürlichen Verhältnissen zur Geltung zu bringen. Es ist im Auge zu behalten, daß Versuche über die günstige Wirkung des gesteigerten CO_2-Gehaltes, die in verschiedenen wissenschaftlichen Instituten zur Ausführung gelangten, von kurzer Dauer waren. Indes kommt der Einfluß des unzureichenden Stoffableitung nur in lange dauernden Versuchen zur Geltung. Es ist denn auch der Umstand bemerkenswert, daß die Luftdüngung namentlich mit solchen Pflanzen erfolgreich ist, die über enorm entwickelte Reservestoffbehälter verfügen (Gurke, Kürbis, einige Solanaceen u. a.). Bei diesen Pflanzen ist vielleicht der CO_2-Mangel wirklich der wichtigste limitierende Faktor.

Wie bereits oben angedeutet, konnte der Einfluß der Stoffableitung auf die Intensität der Photosynthese nur mit Hilfe der Blatthälftenmethode verfolgt werden. Die Anwendung dieser Methode war daher in orientierenden Versuchen unerläßlich. In weiteren Versuchen gedenken wir den täglichen Verlauf der Assimilationskurve durch genauere quantitive Methoden zu ermitteln.

Zusammenfassung der wichtigsten Resultate.

1. Der tägliche Verlauf der Photosynthese der krautartigen Gewächse (*Lappa* und *Phragmites*) im direkten Sonnenlichte wird durch eine eigentümliche Kurve dargestellt. Die Photosynthese erreicht ein Maximum noch mehrere Stunden vor dem Sonnenuntergang, meistens aber bereits am Vormittage. Nach dem Erreichen des Maximums tritt eine starke Hemmung der Photosynthese ein.

2. Die Hemmung der Photosynthese am Nachmittage im direkten Sonnenlichte und bei günstiger Temperatur wird dadurch hervorgerufen, daß die Ableitung der Assimilate mit dem Aufbau der organischen Stoffe am Lichte nicht gleichen Schritt hält. Durch eine übermäßige Anhäufung der Assimilate im Laubblatt wird die Photosynthese gehemmt, und bei einer Zunahme des Blattgewichtes um etwa 0,15 g und darüber auf je 300 qcm Blattfläche, kommt die CO_2-Assimilation bei durchaus ganz günstigen äußeren Verhältnissen zum Stillstand.

3. Dieses Verhalten zeigt, daß bei vielen Pflanzen als hauptsächlichster limitierender Faktor nicht der vermeintliche CO_2-Mangel, sondern die unzureichende Ableitung der Assimilate anzusehen ist. Hierdurch wird allem Anschein nach in erster Linie die ungleiche Intensität der Photosynthese bei verschiedenen Pflanzen unter natürlichen Verhältnissen bedingt.

4. Die gegen Abend im Laubblatt aufgestapelten Assimilate werden im Laufe der Nacht abgeleitet. Infolgedessen ist die Ableitung gleich nach dem Sonnenaufgang eine minimale. In späteren Stunden besteht ein gewisser Zusammenhang zwischen Photosynthese und Ableitung. Die Hauptmenge der Assimilate wird bereits in den Tagesstunden abgeleitet.

5. Durch Schließen der Spaltöffnungen können unter Umständen scharfe Störungen des normalen Verlaufes der Photosynthese verursacht werden.

6. An trüben Tagen ist die Intensität der Photosynthese bei den untersuchten Pflanzen eine bedeutend geringere als im Sonnenlichte. Die an hellen warmen Tagen übliche plötzliche Abnahme der Assimilationsintensität findet an trüben Tagen nicht statt.

7. Bei *Betula pubescens* findet oft keine Hemmung der Photosynthese am Nachmittage statt. Dies ist wahrscheinlich auf eine ausgiebige Verwendung und eine damit verbundene schnelle Ableitung der Assimilate zurückzuführen.

8. Im Juni und Juli kommt eine geringe CO_2-Assimilation während der hellen arktischen Nächte zustande. Dieselbe ist allerdings viel weniger ausgiebig, als die gleichzeitig stattfindende nächtliche Stoffableitung aus dem Laubblatt.

NACHTRAG ZU MEINER ARBEIT:
„ÜBER DEN EINFLUSS CHEMISCHER AGENZIEN" USW.[1]

Von

JOHANNES ARENDS.

(Eingegangen am 10. Februar 1926.)

Herr Prof. F. E. LLOYD, Montreal, legt Wert auf die Feststellung, daß er Beobachtungen über den Wechsel des Stärkegehalts in den Schließzellen schon vor den von mir zitierten Autoren gemacht hat. — Seine Hauptarbeit, The physiology of Stomata, Carnegie Inst. of Wash. Publ. Nr. 82, 1908, ist sehr bekannt, und zudem von Frau STEINBERGER, an deren Arbeit die meine anknüpft, auf der ersten Zeile an erster Stelle zitiert, so daß ich von einer Zitierung absehen zu können glaubte, weil LLOYD Bestimmungen des osmotischen Werts nicht vorgenommen hat.

Ich benutze die Gelegenheit, auf Veranlassung von Herrn Prof. RENNER, der die Fassung des Abschnitts VI nicht ganz billigt, ein Versehen zu berichtigen. S. 103 in der Überschrift ist zu lesen „im Inhalt" statt „im Plasma"; S. 105, Zeile 6 von unten, „des Zellsafts (und Protoplasmas?)" statt „des Protoplasmas"; S. 111, Absatz 2, Zeile 4, „Inhalt" statt „Plasma", ebenda Zeile 10, „des Zellinhalts" statt „des Protoplasmas".

---

[1] Bd. I, S. 84 dieser Zeitschrift.

Autorenverzeichnis.